梓园新艺曲

——建成环境艺术报道、评论集

上 册

程国政 著

同济大学 出版社
TONGJI UNIVERSITY PRESS

图书在版编目（CIP）数据

梓园新艺曲：建成环境艺术报道、评论集：全 2 册 /
程国政著 .—上海：同济大学出版社，2017.5
ISBN 978-7-5608-7040-3

Ⅰ.①梓… Ⅱ.①程… Ⅲ.①建筑设计－环境设计－
中国－文集 Ⅳ.① TU-856

中国版本图书馆 CIP 数据核字 (2017) 第 103952 号

梓 园 新 艺 曲（上册）
——建成环境艺术报道、评论集

程国政 著

责任编辑 卢元姗
责任校对 徐春莲
封面设计 唐思雯

出版发行 同济大学出版社 www.tongjipress.com.cn
　　　　　　（地址：上海四平路 1239 号 邮编：200092 电话：021－65985622）
经　　销 全国各地新华书店
印　　刷 江苏凤凰数码印务有限公司
开　　本 787mm×1092mm 1/16
印　　张 60.75
字　　数 1 215 000
版　　次 2018 年 1 月第 1 版　2018 年 1 月第 1 次印刷
书　　号 ISBN 978-7-5608-7040-3
定　　价 180.00 元（上、下册）

序言一

手捧数十万言的书稿，翻看一篇篇优美的文字，我的心中被一遍又一遍地温暖、感动，眼前同济过往的十余年鲜艳又火红地在眼前一幕幕闪现。

百年校庆，大礼堂、文远楼、综合楼……改造与新筑不少，其中的技术与艺术奥妙与精髓都在程国政同志的文字里、姜锡祥同志的镜头里生动活泼地展现了出来，而今它们都定格在《新民晚报》这张百万大报的发展史里了。

作为一张发行量巅峰时超过120万、飞入寻常百姓家的报纸，《新民晚报·国家艺术杂志》自2005年开始，在十余年的时间里，将报道始终对焦同济大学，这要感谢该报《国家艺术杂志》主编黄伟民先生，每周六像约好似地至少一篇、多的时候能有三篇，这样的版面、篇幅，我只能用"浓情深笃"来形容。

从艺术的角度深入而持久地报道同济的营造、建成环境工作，对于一所以工程、工科见长的学校来说意义重大，因为这所学校正在向综合型、国际化方向发展，并且正全力以赴"扎根中国大地，建设世界一流大学"，可以说没有艺术的涵养滋润，世界一流大学建设也就很难有郁郁葱葱、活色生香的灵气和底蕴。

由于工作的原因，上海成功申请举办2010年世博会后，我便担任上海市世博科技研究中心副主任，同时担任同济大学世博中心常务副主任。近十年的时间里，我与姜锡祥同志、程国政同志，还有晚报的黄伟明同志经常见面，有时还为具体的文章交流磋商，我们的话题涉及同济的工作、同济人的设计灵感、世博会的主题演绎、工业遗产的再生、标志物的历史流变、夜景灯光的新趋势……话题丰富、广泛而深入，很多好文章就是这样碰撞出来的。那时，我的印象中"晚报"上同济的曝光率是高的，一个星期至少有一两篇报道同济的世博工作，出去开会、出差，经常有熟人跟我说起，说又在报纸上看到了你们做的事情。上海世博会，同济站到了国家需要的最前沿。如今，这些智慧和汗水都记录在这张百万大报里，变成了与时代、与祖国同行的辉煌历史了。

大家都知道，报纸文章难写。由于受到篇幅、格式、语言风格等等的限制，千字左右（长的也就2 000字左右）的文章要想表达出上海中心、港珠澳大桥、世博建筑的风采，并且让人乐于接受，最好还要难以忘怀，很难很难。但是，读着书里一篇篇的"格式文"，我却为其一语道破、言简意赅所折服，几句话便奔入主题，一小段文字下来，介绍的对象便风光摇曳，数分钟读完之后心中老是意犹未尽，这大概也就是报纸为文的一种境界吧。本书的作者做到了，而且做得非常出色。

我也是《新民晚报·国家艺术杂志》的忠实读者，每当我看到同济人的新作品，像常青院士的桑珠孜宗堡、椒江，讲述营造的理念、作品的风致；郑时龄、吴志强、唐子来、郝洛西、曾群、章明等，他们的世博作品，融于其中的激情和才情，总是让我想起他们的日常，都是文雅的书生，可是一旦进入角色，生命就爆发了！老一辈同济人，他们身上的那种优雅与深沉，通过作者的文字都活灵活现地呈现出来了。

本书汇聚了程国政同志在晚报上撰写的近400篇文章，许多篇章是作者周游各地的观察心得，他在为我们的城市、为人类的生存环境鼓与呼，他用文字彰显了同济人的精神原色：济人济事济天下。

总之，我很乐意聊撰数语，以充序言。

同济大学党委副书记、教授　姜富明

2017年7月于同济园

序言二

2001 年 9 月，我当时正主持《新民晚报》专刊部工作，报社编委会指示我策划并创办《国家艺术杂志》，根据要求和办刊的宗旨，我当时首先提出了向"大美术"方向探索，并指导广大读者关心、关注身边无时无刻发生的艺术，这就需要一种适当的传播途径，《新民晚报·国家艺术杂志》应该承担起用科学的态度传播专业知识、提高市民审美素质的责任。

那时，我急需几位在专业领域里有研究、有见解的写作强手，做本刊特约评论员。同济大学新闻中心程国政同志的写作能力和专业知识此刻就进入了我的视线。他也是当时《国家艺术杂志》特约艺术评论员和撰稿者之一。他在城市环境艺术、城市建设改造、城市设计、城市文脉、地下空间开发设计等方面，知识储备颇丰，撰述颇多，也是写作获奖大户，曾获得中国报告文字"正泰杯"大奖、中国大学出版社图书奖优秀学术著作二等奖等数十个各类奖项。特别是他在2010 年前后的上海世博会建设期间、开园以后的现场报道和分析评论，在广大读者及社会各界引起了极大的关注和重视。

在这篇序言里，我真地很想向本书的读者及专业领域的学者多多介绍一下这位高速而又高产的作者，但由于篇幅有限，只能记取个别片段以飨读者。

这本集子里，汇集了程国政同志有关城市创意设计、城市建筑规划、艺术创客等现象的千字左右评论文章近四百篇，每一篇基本都是立足于大的城市设计、规划和大美术概念，从观察、思考、批评等多个角度，表达对艺术与城市之间密切关系的想法与建议，我把它定性为"大艺思"式的研究与实践，有些提法颇为大胆，有些批判颇为有趣、引人瞩目和思考。

这些言论中，不少是关于城市创意设计的话题，是对"设计之都"和"创意之都"背后的原因进行解读的文字。如他认为，从 1997 年英国前首相布莱尔执政演讲始，就向全国人民承诺要把伦敦打造成为世界的"设计之都""创意之都"。他解剖的角度、拿捏的事实是布莱尔作为一名首相，一直亲自担任着"创意产业特别工作组"主席一职，一个大国首相、一个大忙人，始终"执着"地抓着创意产业这一"小"块不放，最终让伦敦在自己的任职期内评为了世界第一设计之都，实现了承诺。文中，程国政有比较地批评了一种现象，就是我们早已习惯了越高位的管理者越是"抓大放小"，实在不习惯布莱尔的"御驾亲征"，伦敦一个城市的创意产业怎么会是一位国家首相应该管的事呢？然而伦敦创意产业的迅速崛起不得不让人收起之前的质疑，心服口服，首相喜欢为百姓做得更具体、更细节，有什么不好？相比之下，北京、上海、深圳城市想被冠上"设计之都"称号，然而早早挂上名头是否真的名副其实呢？他由此提出："我们不少创意活动声势浩大，但充其量仍然只是一场表演或者是一场让领导做主角的开幕式，实际上市民们真正收获的却不多，这说明我们的创意设计缺乏一种持续的生命力。"

另外，他的不少评论是有关城市建设规划态度的反思。在谈到"大美术"的作用时，程国政认为这个城市的艺术远远不止是美术展、设计展等等，更应该涵盖整个社会生活的方方面面。如面对严重的城市老龄化，他撰文强调并认为"应该鼓励老人们成为艺术消费的重要人群，发掘他们的潜力，让艺术全民化逐渐成为上海的特色"。要做到这个程度，他倡议"文化艺术领域的上层角色在思考过程中应该更加较真一些，才能提高全民艺术素养"。

此外，在艺术意识思考方面，程国政始终坚持批评性的解释。譬如有一次同济大学请来建筑家安藤忠雄作演讲，他就从一个非常小的角度：一本四百多元的安藤忠雄作品集在演讲前马上被卖光，而现场至少四分之一的人手中都拿着这本书在听演讲，这时他在文中敏锐观察到："其实，任何成功的设计，其艺术表象背后都有深刻的人文思想蕴含其中，经验是不可复制的，大师的作品再精彩，你直接模仿过来，那也是人家的，抄不走的是人家的思想和灵魂。只有你和安藤一样用建筑艺术去思考，才有可能出现大师。"程氏的结论——灵魂难抄。就此我们可以看到，程国政同志在做艺术评论时，不是单纯的批评和论述，而是从艺术心理以及暗示的小角度来审视一种习惯和方式，从而诱导读者从身边的一件小事、一场活动、一个动作、一个人物、一次报告来反思自己是不是在合理的演释当中。这就是一个艺术评论员的高明之处，而它本身表达出的信息和公共语言却是带有强烈的对比、敏感和愿想。

程国政同志在大问题上的小角度式艺术批评中找到了自己的个性。但同时他在对城市中极小、极具有限性的具体艺术表现形式也颇为关注，看法也颇为独到、犀利。如关于越来越多出现的行为艺术，他一直认为应该把它作为一种城市文化生态，因为有其独特的生存价值和空间，尽管有人喜欢、有人讨厌，但行为艺术总体打破了"艺术与非艺术""艺术与生活"的界限，行为艺术家走上街头、走进地铁，观众往往还成了其作品的群众演员，共同完成艺术作品。但所谓的行为艺术挑战道德甚至法律底线的事常有发生，原因何在？他一语道破：还是政府不认可，也有老百姓不习惯所致。为此程国政首先摆出事实，后论据清晰地指出：无论社会怎么开放、怎么自由，当代行为或表演性的艺术的核心字眼还是"艺术"，行为同样不能违背社会公理，不能污染公众视觉，艺术表现的目的、欣赏者的印象都应该是美好的，行为艺术就是艺术本身，而不是为达到某些目的而使用的手段，行为艺术应该趋向人文关怀的真善美，趋向人性的健康和阳光。从这些评述中，我们可以看到他在呼吁，他在婉转地引领并解释一种矛盾的义化现象，决不是将他们一竿子打死，一鼓作气地压死。

所以我为什么在本序言里着重谈程国政同志在他的评论写作中，总是带着批判性的、审视独特的语调向读者推荐自己的观念？就是因为他善于在事实中洞明一个又一个的事理，从来不讲大道理。

人们可以在这本小集子里看到他有分寸地把握评论尺度，篇篇文章有事实、讲依据，是很难得的建成环境、艺术综合体裁报道、评论集。我和大家一样，拭目以待这本文集的出版！

《新民晚报》专刊部主任、《国家艺术杂志》主编　黄伟明
2017 年金秋时节

前 言

　　这是一部同济师生关于建成环境艺术的报道、评论集。

　　自 2005 年，同济大学在《新民晚报·国家艺术杂志》发表第一篇报道后，随后的十几年时间内，我们在这家媒体上发表了数百篇有关建筑环境艺术的报道评论。

　　同济大学校园内的建筑：大礼堂、文远楼、综合楼、土木工程学院大楼，它们忠实地记录了学校与时代同步的每一个脚印，这些脚印都刻在这张发行量过百万的大报上；同济人参与的国字号工程，像上海中心、港珠澳大桥、洋山深水港、江阴长江大桥、杭州湾大桥……同样在这家报纸的同一个位置留下时代的强音；还有老城改造，像外滩、弄堂石库门、犹太人纪念馆、老场坊、老工厂，乃至周边的一个个江南小镇，等等，都被我们忠实地记录下来，并在时光里凝固成同济与国家同行、与时代同步的一个个坚实脚印。

　　苏州河上的桥是历史形成的，每座桥都烙下了深深的历史印记。但随着时代的发展，有些桥老旧到实在不敷使用了，于是，我校项海帆、范立础两位院士在苏州河桥梁论坛上作为评委，选出大学生们设计的各种让人脑洞大开、新颖别致的桥梁。莫干山路（规划）跨越苏州河人行桥设计产生 3 位金银奖，1981 年建成的西康路跨越苏州河人行桥（改建）设计产生一名银奖。无论是"蝶舞飞扬"还是"叶桥"，"外形很清新、养眼，也很有创意"！老院士范立础为年轻人的才情感到兴奋。同济学子的作品既有桥梁设计，也有工业艺术品设计，甚至还造纸板房子，这些都忠实地反映到了媒体上。

　　最值得同济人骄傲的还是 2010 年上海世博会。从 2005 年到 2010 年，上海作为主办城市，所有关于"城市让生活更美好"的努力，都化作了一座座场馆、一处处风景，在同济人的手里变得具体、真实而充满温情。《新民晚报》在长达七八年的时间里，反映同济人参观爱知世博会的观点、上海世博会的工作以及世博城市、世博后的工作，内容之丰富、题材之广泛、报道内容的深入细致和持久性，可谓是史无前例并很难再有后来者，所发表的文章超过 100 篇。并结集出版了一部《设计：世博城市》，书里收集了 40 余篇文字，于世博会开幕前夕出版。时任同济大学党委书记周家伦说："五年多来，同济大学的世博科研、规划和设计的专家们与新民晚报《国家艺术杂志》周刊的负责人，以'艺术，让城市更美好'为主题，为上海市民策划、贡献了世博、城市、艺术、人文的精彩篇章。第一手资料、专业解读、多角度剖析，全方位展现了设计师、建设人、志愿者的各种畅想与理念、探索和实践。"翻阅 2010 年 1 月出版的这部书，当年访专家、走工地、看图样的情景历历在目；随后，我们又发表了六七十篇同济人的世博篇章，从理念解读、展示设计，到后世博工作，其中包括城市最佳实践区变身"城市客厅""全球创意工坊"，包括城市未来馆变身当代艺术馆、十六铺、徐汇滨江等的后世博创意故事，一所大学与一届世博会、一所著名学府与一个国家的发展进步被展现得淋漓尽致。

还有同济校友的故事在本书中也得到浓妆淡彩总相宜的展示。青浦到嘉定的设计实践，同济人唱主角的一次"小清新"晨曲，无论是朱家角的市民中心、练塘的镇公所，还是远香湖的环境、建筑设计，同济校友主导，同济师生参与，设计出的许多建筑现在甚至成了"小清新"的标志符号；还有同济人参与的老街、老城改造，运河、古巷的更新。更值得一提的是，由于同济的专业特色，上海高校建筑、公共环境设计的评比也由同济担纲，这些活动都在《国家艺术杂志》上得到充分的体现，获得各方好评。

中国也有普利兹克奖得主，那就是我校校友王澍，消息传来，同济人当然十分振奋。这种喜悦的心情、育才的往事，我们都通过自己的笔让历史留下了深深的印记：一个通版、三个版面，让 2012 年的《国家艺术杂志》很是"出挑"。

当国家的发展开始转型，建成环境的品质开始跃升时，环境对艺术的要求，艺术对环境品质的贡献指数便越来越高。于是，在我们的城市里，住宅的艺术因子、公共建筑的人文品质，出行的愉悦感如何就成为城市是否宜居、乡村是否能够留得住乡愁的重要影响因子。我们借助学校的科研、学科建设力量，对国外建成环境、城市品质开展了持续而深入的观察和评论；对国内各城市的建成环境也给予了极大的关注；对建筑、标识、雕塑、流浪艺术家、传统艺术乃至快闪、涂鸦，都一一关注，我们歌颂真善美，我们对高大洋奇和山寨营造给予善意的意见和批评，我们希望建成环境的品质更好一点，更让人舒服愉悦一点。

这些文字合起来就成了眼前的书，但与同济人所做的许多工作依然是一粟与沧海之比；但是，一家社会媒体，在长达 12 年的时间里，为一所学校提供数百个版面，供其刊发某一个专题，这在中国报业史上也是孤例。其缘份与友情已经远远超出了事情本身了！这个人就是《国家艺术杂志》主编黄伟民先生。

程国政
2017 年校庆时节于同济园

目 录

同济人的世博会

同济设计艺术天空

办公区里的传统建筑符号

早就听说沪上有一处办公区挺有特色，心向往了很久。这是一处怎样的地方？日式布置还是欧洲风格？是素面朝天还是铺红挂绿？装饰与办公气氛协调吗？

终于，在北风料峭的一个冬日，我们来到这家名叫"凯捷房产"的公司。说实话，行走在幽深而曲折的写字楼回廊里，我的心里一个劲儿犯嘀咕：这座普普通通的写字楼会有出人意料的办公环境？

很快就被震住了。一进门，浓郁的中国建筑风扑面而来：硕大的斗拱巍巍然矗立在东面墙上，顶天立地，古朴而夸张，橘黄的柱子灰砖的墙，反差实在太强烈！协调吗？细看，斗拱紧贴屋顶，紧握墙面，传统建筑构建的含义还在，反差不正凸显现代人的回归愿望吗？斗拱正对面是会客区，背景处理成了照壁模样，白色底子上绘了菱形深灰色吉祥图案，素雅且宁静，我们仿佛走进了江南农家院落。供职于同济大学室内设计工程公司的设计师郑鸣介绍说，因为照壁背后是硕大的水泥立柱，一做两就地便把照壁安排在了这里。这也很符合传统建筑因势造型的理念嘛，我想。

传统建筑符号随处可见。很时尚的玻璃门上不知用什么办法镶上了饕餮纹的门环，古铜色，灯光下反射着幽幽的细光，神秘而别致，玻璃、木头、铜环，我们怎么也想不出对比如此强烈的材质组合到一起居然也如此和谐，这大概是"距离即美"的别样诠释吧。这样的诠释在这里俯拾皆是，民居里常见的木门，不经意挂在墙上的木质方格窗，或长条状、或独格成型、或成了墙上的嵌饰，风格各异但无一例外地轻声细诉着中华民族的优雅与博大。白色镂空窗巧妙地把背面的玻璃门借了过来，质朴而空灵，静静地候着每天上班的主人。

站在细长的走廊一头，细细的挂窗、古色古香的木门、尽头饰有饕餮环的玻璃门，一组传统的建筑符号把我们带到了熟悉的江南水乡，虽没有烟花三月的蒙蒙细雨，我们却真切地感受到缕缕丁香花温柔袭来，品味出小桥流水、柳暗花明的阵阵惬意。这大概就是现代人有意无意的回归意识吧，奋斗拼搏却常常思归东篱南山。在这样的环境中上班，大概也是件很快意的事吧！

巨大的仿古大宅门，高两米有余，饕餮、门钉、木纹，一招一式粗犷而张扬，地上却铺着柔软的地毯，门前竟是一张硕大的会议桌，顶上的幻灯放映机分明告诉我们：这是一处可以召开现代会议的场所！在这里参观，我们不断发现传统建筑、民居符号，博古架上古色古香的升、釉色很好的壶，下面的柜上居然挂了一把铜质挂锁。我们一次次被带回传统，一次次回到乡间……

饕餮、照壁、窗、斗拱、电脑、电话……出门后，这些现代的、传统的符号奇特而温暖地扭缠在一起，甜甜的。

设计师语

同济大学室内设计公司　郑鸣

现代科技的发展迅速地提高了人类的生活水平，极大地满足了现代人的物质需求，但是，享受着丰富物质生活的现代人在内心深处却不能完全摆脱过去生活留下的烙印。一方面，他们希望守着现代社会提供的丰富物质文明不愿放弃，另一方面，却又深深依恋着过去的生活而无法割舍。在这种矛盾中，他们寻找一种平衡。

本设计在一个现代的办公环境中，融入一些古典建筑的空间片段和造型符号，以期呼应人们在心理上对历史印记的追寻，满足现代人重温往事的精神需求。

让艺术为地铁站"点睛"

——扫描 4 号线空间设计

即将通车试运营的地铁 4 号线是上海市第一条轨道交通环线，已经建成的部分将与 3 号线等多条线路连接，形成"申"字形地铁的基本网络骨架。有专家把地铁 4 号线称为上海市第一条规划设计时就创造性地将科技、艺术融合在一起的地铁线。

标识设计独特

大尺度的直线在 4 号线空间构成中十分抢眼。

一进入海伦路站，大家的目光立刻就被笔直的地脚线、笔削的墙角线吸引了过去，就连别处常见的方形立柱也没有了熟识的、形状各异的柱脚，地板、顶部、转角处……到处是挺括、简洁的 90 度分割线。"这是从乘客及维护两方面考虑采取的设计。"同济大学的束昱教授说，站方维护方便、乘客感觉轻松是设计的目的。另外，直线作为建筑符号传达的是"阳光和朝气"，给人积极的暗示。

不同于上海别处已经建成的地铁线，4 号线标识的国际化色彩尤其突出。目前国际上，地铁进站引导系统颜色均是绿色，而出站引导系统普遍采用的是黄色，4 号线已与国际接轨。在灰白色的空间环境中，各出口的黄色数字标识等起指示作用的符号非常"跳"，乘客数十米外一眼就能认出。即使是不熟悉环境的乘客，站内的站区图、上下行图、运行示意图、街区图也能为大家指明方位。

束昱教授说："更重要的是，4 号线运营后，先期建成的 3 条线路标识系统都将进行改造。"在标志牌上我们发现，1 号线，红色；2 号线，绿色；3 号线，黄色；4 号线，紫色。整齐划一的标志色很容易让人找到安全感和归属感。我们相信，4 号线运行后，其引导指示标志的优势会很快彰显出来。

装饰大气典雅

"规划中，海派绘画和雕塑就被明确地纳入地铁空间环境艺术设计之中。"参加过 4 号线车站装饰装修设计方案评审的束昱教授告诉我们。

海伦路站和临平路站与该线其他十几个地铁站一样，艺术作品的材质都为铜。

海伦路站用壁雕的手段展示了上海车辆的"进化史"。样式古朴的老爷车，布加迪、求盛伯格、法拉利、福特……似像非像，熟悉而又陌生，你得远观近察才能弄清它们究竟属于哪种车型。而这些车大都曾在十里洋场上海滩风光一时，追捧者众。灯光下，墙壁上这些车雕发着幽幽的金属光芒，诉说着曾经的高贵。

临平路站则是另外一幅景象，壁画反映的是当年犹太人在上海的生活。长20余米、高2米有余的铜制壁画由3幅组成，画面从犹太人走下上海港的轮船那一刻开始展现：当年犹太人为了躲避德国法西斯的迫害，来到上海，生活在虹口区等各个角落。4万名犹太人在这个"上帝为我们打开的一个逃生空间"里开厂、上学、做小生意、逛街、闲谈……一个个典型生活场景都被记录下来，犹太人特有的智慧、乐观和生活方式被展现得非常生动。

从形体、结构、色彩到装饰作品，可以说地铁4号线是现代科技与海派艺术集合、交融的一次可贵尝试。

上周四、周五（2005.6.16），一场"上海城市地下空间国际研讨会"一时间让"地下空间"成为大家注目焦点。与会的同济大学地下建筑与工程系束昱教授和我们谈起了日本大阪地下空间的广场空间艺术。

主题鲜明　生机盎然
——束昱教授谈大阪地下广场空间艺术

上个世纪30年代，日本大阪开始了地下空间开发。1970年的大阪世博会，使这座城市的地下空间开发进入鼎盛时期，其成就为世人叹服。

大阪地下空间开发利用的特色是它的地下街，而地下街中最抢眼的就是地下广场。每一个地下广场都按不同的主题营造环境，在深数米甚至数十米的地下，主题鲜明的地下广场把人类非凡的想象力拓展至地下。

广场分布

在大阪，地下广场分布比较集中的地方是位于大阪市中心阪急区、北区的梅田及长堀桥等地。

彩虹街既是繁荣的地下商城，也是引人入胜的旅游景区。它位于大阪市中心阪急区地下，分南北两街，上中下三层，号称日本最长的地下街。街顶离地面8米，总建筑面积 3.8 万平方米，建有 4 个广场，著名的彩虹广场就位于地下街中心。

大阪市北区的梅田，是当地的经济中心。大阪站就位于这里。在日本规模最大地下街之一的梅田地下街，有美丽喷泉的"泉水广场"，广场周围一带俨然已成了一座地下小城市。

长堀地下街分布着 8 个主题广场，串联起 4 个购物区，形成著名的长堀八景。

大阪世博会后，该市进入地下空间开发的全盛期，有地下街的地方就有地下广场。至今，大阪这座 200 多万人的城市每天至少有 1/3 的人在地下生活、工作；加上络绎不绝的游客，地下人数每天达百万以上。

名目繁多

著名的大阪地下广场有彩虹广场、爱情广场、星的广场、泉的广场、绿的广场、火箭广场、游鱼广场等等，名目繁多、数不胜数。

大阪是座水城，彩虹广场建有 2 000 多支可射高 3 米的喷泉，在各色灯光的照射下，水柱变化着不同的造型，五彩缤纷、美不胜收；爱情广场则是以日本历史上流传甚广的一个爱情故事为主题，壁画、雕塑加上曼妙的灯光、悠扬的音乐，营造出浪漫的地下环境；星的广场由几千只灯泡汇聚到一起，预示着世界人民凝聚在一起，广场四周的一圈座椅上，游人悠然自得地坐着；泉的广场中，水从泉顶部漫下来，一层层、一叠叠，映衬着变幻的灯光，寓意着大阪的飞速发展，展示的是该市的勃勃生机；绿的广场位于一条地下人工水系的中央，各种各样的盆栽花红叶绿，红的鲜艳耀眼，绿的青翠欲滴，游人全然忘记这是在深数十米的地下；还有一飞冲天的火箭广场，尖尖的箭头直指地面，展示日本航天技术取得的成就。

广场理念

长堀地下街以"水和时间"为大主题营造了 8 个小的广场，每个小广场一个主题，8 个广场构成一个大主题，有机联系又相互独立，让人流连忘返。

播音广场是长堀整条商业街的音乐主控中心，站在播音广场，游人不一会儿就变得心平气和；游鱼广场的水域中放置了各种海洋生物，鱼当然是主角，人与大自然在这里融为一体；位于地下街中心的地铁广场四周悬挂着大量浮雕作品，浮云漂游、奔马苍狗，群聚时的气势磅礴，游离时的奔放不羁，预示着大阪美好的未来；瀑布广场巧妙地将瀑布分布于扶手梯两侧，墙面被刻画出深浅不一的槽，垂直水流经过时活力四溅，旋律轻快而缠绵；占卜广场中庭一幅图景描绘了江户时代祭奠天神的景象；水计时广场的一座水钟替代了古代计时工具——漏刻，以水位变化记刻时间。在日本，传说招财猫会带来生意兴隆，不知道猫咪广场中的母子猫，会给大阪带来什么好运？

这些不同的小主题，共同组成长堀"水和时间"的大主题，需要游人静下心来细细体会，体会大阪地下空间的艺术追求，体会科技、艺术背后深刻的理念追求。

广场在地下街的作用

同济大学地下空间研究中心　束昱

地下街构筑中，广场发挥着重要而独特的作用。具体说来有以下几点不可忽视——

防灾。大阪的地下街，每隔50米左右就有一个广场，或大或小，一旦遇到紧急情况，地下人员便可迅速疏散到广场内，关上通道与广场之间的防灾闸栏，生命就有了保障。特别值得一提的是，每个广场都有直通地面的出入口，比如泉的广场就设有4个地面出入口，为人员安全提供了有效的保障。

地下广场是地下辨别方向、位置的标志物。人员处于地下，很容易失去方向和位置感，大阪地下街纵横交错，极为复杂，地下广场能很好地帮助人们找到所在的位置。比如两人约定"在泉的广场见面"，双方很快就能找到；如果没有广场，就很麻烦。

广场是消除枯燥、乏味很好的空间要素。人处地下，环境单一，时间长了就很容易产生枯燥、乏味的感觉。广场的存在，能让人不断地转换心情，从而流连地下。

地下广场很好地满足了人在地下的心理需求。人处地下，心理需求依次为：安全—方便—舒适—环境美。地下广场的存在，非常契合人的这一需求特点。

地下广场也成为了日本精神的载体。日本的地下空间营造，已经从注重功能发展到精神追求的境界，大阪的地下空间构筑就是通过艺术创造来体现日本民族的精神，在建设者的手下，地下空间已从生硬的钢筋水泥变成了有灵魂的东西。

上海世博会已经成为城市地下空间开发的有力引擎。近20年来，上海地下空间开发取得的成绩有目共睹，地下铁、越江隧道、共同沟、地下商业街……上海已经有了数百万平方米的地下空间。世博会的成功申办，上海的地下空间开发进一步向立体化、集约化方向发展。可以说，现在上海地下空间开发已经从准三维时代进入全三维时代。但是，大阪经验告诉我们，只注重功能、忽略环境、忽略安全、忽略以人为本的理念，地下空间开发不太可能有质的飞跃。

因此，今后我们应该按照以人为本、科教兴市的总体原则，培养大批地下环境艺术设计专才；积极把阳光、水、植物，甚至动物引入地下；在地下空间环境的营造中，更多地赋予中国元素，赋予海派特色，让我们的地下空间成为展示上海精神的重要窗口。

村姑这样变模特
——设计师讲线条的情趣和魅力

普陀区食品药品监督所是一处面积不到 2 000 平方米的二层传统民居式建筑，由于受到场地的限制，房屋走向曲曲折折，老旧的红瓦坡屋顶在周围有些破败的环境中显得更加潦倒而沧桑。它的背后却有一栋罗马式建筑，刚装修过，越发衬出这栋房屋的寒碜。

食品所找到同济大学室内设计工程公司李保林设计师，提出简洁、明亮、现代的装饰要求。

用什么样的手法来处理这个难题？掀掉坡屋顶，不行，要动房屋结构；就房屋原貌加强内部装饰，也不行，不符合业主的要求……数易其稿，反复琢磨，李保林设计师还是想到了自己常用的线条。

用线条组成栅栏的形状置于房屋前面，让其高过红瓦屋顶，方案得到食品所的赞同。

一进门，空心方钢组成的围墙便把我们的视线一路引到食品所的办公楼，就只见高约十余米、宽约六七米、由三组立起来的栅栏组成的一面香槟银面墙阳光下很精神地欢迎我们，顺着栅栏向右看过去，玻璃面墙、一组红色栅栏墙、又一组红色栅栏墙、玻璃面墙，整栋房屋让我们神情为之一振。

"你看，栅栏背后的坡屋顶，红色的。"顺着李保林手指的方向，影影绰绰地就看见红色坡屋顶从栅栏缝隙中"溜"出来只耳片甲。设计师介绍说，栅栏是用铝合金材料的船桨板，每条约有 1.5 米长，斜斜地叠上去，梯子状一直伸过屋顶。香槟银色的栅栏在房屋两头，表达的是食品所素净的气氛；橘红色栅栏紧挨着大门，朝气蓬勃。

稍近观看，原本破旧的坡屋顶竟也有缝就钻、三三两两地溢出感人的红，别有了一番神秘的意味；走廊上的盆栽或浓绿、或嫣红、或淡黄，一律羞涩地犹抱琵琶半遮面，平添了几分催人怜爱之趣；有了隔而不断、灵动生趣的栅栏，玻璃面墙也变得生动起来，阳光下也不是那样刺眼了。

走在二层的回廊上，阳光尽情地分割着地面，栅栏的影子犹如一排排钢琴键，一溜一溜滑过去。走在上面，突然有了拨动琴键的感觉，空间立刻流淌在音乐的河流里。回廊里看对面，香槟银、橘红随即重重叠叠，像渔网、像积木……鲜活而亲切。

"这里原来是隔断的，非常狭小，光线也不好。"李保林指着二楼卫生间处对我们说，"思来想去，我把原有的屋顶打掉了。换上了玻璃顶以便采光，安置旋梯以便出入，卫生间也从别处变成现在的宽敞模样了。"仔细看，这里是一处过渡空间，先前过于狭小确实影响两边工作人员的心情；而现在则不同了，办公室出来走上十来步，眼前即刻一亮。原来装饰还有美化心情的妙用呢。

"李老师把一个村姑变成了一个模特，我们很满意。"食品所的胡所长一点也不掩饰赞许之情，"就用了点铝合金板，简简单单的线条，花钱也不多，空间有了情趣，房屋也变样了、青春了。"

速度的历史在这里流动

2006 年 10 月 24 日，位于嘉定区安亭镇的上海汽车城博览公园内、占地11 700 平方米、建筑面积达 27 985 平方米的上海汽车博物馆开馆。

同济大学建筑设计研究院设计二所副所长陈剑秋介绍，按照国际汽车城领导小组的要求，总展示面积约 1 万平方米的博物馆展示空间的功能被规划分为历史馆、技术馆、品牌馆、古董车馆 4 部分；建筑形态上我们采用了大量流动的曲线，外观上看它酷似一部欲动又静的汽车。

"整栋建筑都没有生硬的转折线！"参观中大家纷纷赞扬设计师这一做法：建筑所有转折处都采用了简洁流畅的弧线形式，使建筑自身如同一辆动感十足的汽车飞驰而过；建筑材料采用金属、玻璃组合，展现出的是强烈的虚实对比，与内部功能要求极为吻合；银灰色的蜂窝铝板幕墙由立面延伸至屋面，整个建筑便有了流畅的形体。

远远望去，博物馆更像一辆欲动又止的轿车。阳光下，大面积的玻璃，大尺度的钢柱、梁，简洁而又帅气；博物馆内部空间宽敞而通透，身处其中恍若进入汽车历史的宽阔隧道：每小时 18 公里的速度行驶的德国人卡尔·奔驰制造的第一辆三轮汽车，到今天加速至时速 100 公里只需 3 秒钟的超级跑车，一百多年来，汽车工业发展的每一个脚印都在这个空间内找到鲜明的印记。

据了解，设计师之所以采取大面积的玻璃幕墙的手法设计博物馆就是为了显示 21 世纪汽车博览的开放式要求；而建筑细部对水平线条的强调，加上金属百叶的结合运用，则较好地体现了节能与装饰的双重作用。

"夜幕灯光下的博物馆就是一座琼楼玉宇。"陈剑秋介绍，湖水畔的博物馆建筑通体透亮，玉润冰洁；湖水波光举出根根水银棒，那是博物馆灯光撒入水中的颗颗珍珠。

"让建筑运动起来"
——同济大学建筑设计院陈剑秋谈上海汽车博物馆设计理念

前不久，上海汽车博物馆开馆迎客。参观了这座极具动感、美感的建筑，我们找到了其设计者、同济大学建筑设计研究院设计二所副所长陈剑秋，请他我们解读一下有关设计理念。

陈建秋介绍，上海国际汽车城建设是优化上海经济布局和产业结构，提升城市综合服务功能和国际竞争力的重大举措。而近日落成的上海汽车博物馆、上海汽车会展中心则是上海国际汽车城的核心功能性项目。项目由同济大学建筑设计研究院担任总体设计，德国 IFB 设计公司承担方案设计与顾问。

建筑表达汽车

运动是汽车的生命，动态的建筑形式设计表达了其对速度的渴望，会展中心临水而建，双翼伸展如精灵，简约又不失宏伟壮观，柔软的流线型外观恰到好处地融入了周边的景致，构成一幅美妙绝伦的风景。

博物馆灵动、流畅的总体令人联想到汽车的速度与动感，大面积的玻璃和从建筑内部延伸出来的"路"——弧形的坡道反映了建筑的功能，拓展了展示的空间。以一个朝向广场的开放的姿势，博物馆、会展中心向参观者至以问候和欢迎。

几个不同的展览大厅分布于各层，且被折叠的建筑外壳包裹起来，倒成圆角的形体表达了自然的动感和运动及速度的主题。朝向博览公园的建筑主立面形制、色彩丰富而迷人，银色的金属建筑外壳和动感的坡道赋予整体表现力，简洁而充满动势的建筑造型直接源于汽车流线型的外观，给人以强烈的视觉冲击。博物馆主入口上方两层展览大厅悬挑而出，最远处出挑达 15 米；展览馆主展厅跨度达 55 米，最大空间高度 18 米，建筑形态演绎刚劲有力的风格，生动地反映了力量是汽车的动力。

建筑融入自然

如何让建筑与自然水乳交融，如何实现人—建筑—环境的交流与互动？我们采取的是两个项目一起设计，设计中充分考虑建筑的风格、立面材料及与广场环境的统一协调。

广场环境的设计吸收和强调了建筑主体的动态的特征，然后将其引申到整个公园的自然环境。动感的光带暗示了运动和速度，提供了导向性和识别性，它们是汽车动感和速度的象征，引导游客进入建筑物。在汽车博览公园行走，处处感受到平和、放松的气息。晚上，整个广场在运动着，光影合着都市的韵律在广场舞动。

空间表现交融

博物馆前后两个中庭空间贯穿一至三层展厅，构成视觉上的联系，三部透明的玻璃电梯穿插其中，宽大的弧形坡道作为垂直空间上的联系，创造了丰富的内部空间层次，展现了汽车的动感；从室内延伸至室外的坡道，使得室内空间延伸至室外，创造了内外交融的空间氛围。

展览中心以丰富多变的入口大厅形成空间序幕，舒展奔放的异形体、熠熠发光的云石墙体，现代材料、构图与光影，形成了令人过目难忘的大厅感受。大展厅空间开阔，55 米宽，120 米长的现代化无柱空间，成为汽车的上佳展示场所。

"为了表达这些理念，我们进行了一系列的技术创新。"陈剑秋说，首先是大跨度结构与大悬挑结构的运用。例如，博物馆四、五两层展厅有将近 1/3 面积是悬挑而出的，最大为 15 米，针对这一部分大悬挑结构设计，经过多次专家论证，并进行节点模型试验来验证，很好地保证了设计的安全性；另外，设计中，我们将水平交流与垂直交通相结合，创造出多重立体的交通层次。布置的道路系统呈环状分布，较为理想地做到了人车分流。

墙面采用由内向外倾斜的形式，玻璃幕墙及金属幕墙将外面的景观最大限度地融入到内部空间。设计中金属幕墙采用了双层体系，上层为开放式铝蜂窝板，下层为直立锁边铝屋面系统。中空LOW-E玻璃幕墙，以及顶棚的丝网印刷玻璃，均达到了节能的要求。

国际背景融入育才之道

——从同济大学 2006 届艺术设计系毕业生作品展想到的

近日，在同济大学建筑与城市规划学院的展览厅里，2006 届艺术设计系毕业生作品展正在举行。工业产品、环境设计、平面设计以及多媒体、动画作品琳琅满目，现场参观者络绎不绝。为此我们找到艺术设计系主任殷正声教授，请他谈谈艺术设计的育才之道。

殷正声教授介绍说：同济大学的设计教育与这次展览凸现了自己的特点。一是同济师生国际化程度较高。近半数老师毕业或学习于美、德、法、芬、日等先进国家的著名设计院校，其中还有很多金发碧眼的"外教"。学生中也有不少国外留学生，单 2006 届就有近 20 名。留学生的作品体现出各自鲜明的民族特点。像朝鲜学生韩昌民设计的 2010 年上海世博会朝鲜馆，就采取了该民族图腾——太阳鸟的形象，通过灵巧的变形、幻化，使用到包括展馆外墙等各种平面上。

二是毕业作品很多围绕世博题材。从场馆的空间安排到标志、标识设计，各种各样的内容应有尽有。马立勋同学用空间三维动画的形式重点描述的殿堂和声、锈带再生、舟桥梦色、祥云瑞虹等世博规划中的 4 个重要场景，让我们有身临其境的感觉。上海世博会是在城市核心区举办的展览会，节约占地面积、节约能源和高效率是必须兼顾的内容，同学们设计出的场馆车就采取了超市购物篮的收集办法，车辆在空置时，后面的车子就能够一辆一辆插进前一辆车中，氢能源、锌空能源在这些作品中自然也得到了广泛应用。

三是在国际化环境中进行教学。去年，芬兰赫尔辛基教授和本校学生一起进行了中国竹材料家具设计；法国迪卡侬公司派了 5 名设计师来办工作室；荷兰设计学院则与本校学生一同举办了为非洲设计的电动车设计项目。这也为师生创造了一个有利的教学大环境。

整合地下空间

——日本大阪长掘地下街建设艺术

为迎接 2010 年世博会，上海正以每年 40 公里以上的速度进行地铁建设，预计届时将建成四百多公里的地下轨道交通的网络系统。如何实现城市交通功能的地下化转移，让地下街实现将地铁车站及周边设施有序整合，营造出一个舒适、便捷、安全、美观的地下世界？大阪长掘地下街的建设经验值得我们借鉴。

长掘地区是大阪中心城区最为繁华的地区之一。长掘街在历史上曾是一条流淌不息的河流，三条地铁线横穿街道，但车站间却不能互连互通。人乘地铁至此，便升至地面，造成这一地区人车混杂、分外拥堵繁忙。大阪市政府 20 世纪末开始筹划建设一条地铁新线——长掘鹤见绿地铁线，来连通原有的三条地铁线，构成新的地铁换乘系统。

我们现在看到的长掘地下街，就是一条连接四条地铁线路车站，并将商业、停车、人行过街等设施整合为一体，成功实现地区性人车立体分流的大型地下综合体。其地下分为四层：一层是集商业、饮食和人行公共步道为一体的地下步行商店街；二、三层为地下车库，四层为换乘系统，最深处达 50 米。

在改造升级时，建设者为人们考虑得极为周到：

在狭小地下为人们营造了一个富有张力的环境。这条长达 2 000 米的地下街建了 8 个大大小小主题不同的广场，瀑布广场、月亮广场等就是其中的代表，加上玻璃顶上流淌不息的"河水"，人们走在地下街上，能目不暇接地移步换景，不容易感到疲劳。

留住历史的记忆手法也很高明。长掘地下街给人印象较深的就是水的艺术化造景，顶上再现该地区历史的"河流"，加上地下不时看到的水的各种形态，设计者通过高超的手段告诉人们这里的历史：历史上的长掘河虽然没有了，但记忆却是真实而新鲜的。

上海大规模的地铁建设，一定也会碰到类似长掘这样的问题。我们能不能将眼光放得长远些，综合考虑好、安排好新建设施与既有设施的有机整合，功能设施与地域历史文化、环境相融合等诸多问题？大阪长掘地下街的建设值得我们借鉴。

寻找现代空间中的文化之根

——近距离感受岳阳医院的室内设计艺术

位于虹口区甘河路 110 号的上海中医药大学附属岳阳医院是上海唯一一所三级甲等综合性中西医结合医院，为 23 层新三角型建筑，约 30 000 平方米。这栋大楼最近已竣工投入使用。每一位前来就诊的患者都为其大气的室内空间、文化符号的巧妙穿插、安排所折服。

这是一栋集门诊、办公与住院部为一体的综合性办公楼。大堂采取的是乳白基调，从地板到立柱，到墙面，而细部的相近色彩穿插较好地彰显了乳白的纯粹与庄重。

一路看上去，住院部的翠绿传达出的宁静，贵宾病区的淡淡的粉红、棕色给我们的温暖，办公区深浅不同的棕色传达出的稳重与宽厚，我们心情不断汩汩冒出"大气""简洁""亲切""温馨"……许多"体己"的汉语词汇。

参观过程中，感受最深的还是碎银撒地、随处可见的中华文化、中医文化符号。墙上、立柱上、照壁上、电梯门楣上……仿佛是不经意，隶书、小篆、行书、楷书……各种各样的字体书写着"精勤仁信""君子博学于文，约之以礼""望闻问切""视触叩听"……他们"盯"着每天经过的医务人员。"文化和艺术本是抽象的概念。在本案的空间设计中，我们选择了传统文化视角来诠释、设计、布置整个室内空间，让室内的空间来彰显岳阳医院深厚的文化底蕴。"设计师之一——李保林这样解释设计动机。

不仅如此，大堂内立柱的镂空橱柜里众多与中医、中药密切相关的物品立刻拽住了我们的视线。水银温度计造型的玻璃橱窗内、橘黄的灯光下，泛着铜绿的药铲、药秤，《黄帝甲乙经》线装本，牛角脉枕，锡制药瓶，还有针灸用的针具……这些曾经熟悉的东西又回到我们的面前，无言地诉说着祖国传统中医药的博大精深。

门庭内，一处樟汩汩踊突的泉水、其对面墙上飘逸的草书吸引了我们。成立于 1976 年的岳阳医院以地名为名，迁至现址后立此泉，刻铭文以示饮水思源；清泉稍远处的墙上就是《岳阳之歌》——该医院院歌，斜阳撒在五线谱上，绚烂而又温暖。"整个设计中，我们将岳阳医院的文化，打散整合成若干片段，自由组合在这个现代设计的环境空间中；通过材料的各种表现形式与色彩的烘托来展现中西合璧又极具文化感的医院环境。"李保林说。

"整个设计中的人性化特色十分突出，比如残疾人扶手；再者就是祖国文化的很多理念与医院文化的建筑语言表达十分到位。我们很满意！"岳阳医院副院长魏建军表示。

参观的过程中，身边不断传来"真漂亮""有品位"之类的赞扬，那是患者发出的声音。

（该作品由上海同济室内设计工程有限公司主任设计师李保林、上海天淳文化艺术发展有限公司叶倩设计）

新月的风采
——上海长途客运南站建筑结构艺术扫描

本月（2005.11）10 日，作为上海市"三主七辅"客运站"三主"之一的长途客运南站投入运行。这座按照国家一级站标准设计、建造的客运站有何特点？近日，我们随同同济大学有关专家前去探访。

远远地，我们就看到一轮弯弯的"新月"就像一条弯弯的船"泊"在港湾，橘红的塔楼阳光下分外抢眼，那是"艄公"的"撑竿"。上海长途客运南站——"新月"的臂弯远远"望"着上海火车"日"型南站，两站之间的广场上大片大片的绿地让空间变得疏朗而生机勃勃，高高的景观柱穿插在"日""月"之间，似隔非隔、似连非连，火车站、客运站就这样成为一个整体。

客运站占地面积 2 万平方米、总建筑面积 2 万平方米，地下一层直通站前广场地上地下，是一座极具现代气息的公共建筑。

银灰的色调、简洁的线条把大气挥洒得淋漓尽致。阳光下，客运站高高的墙面发着隐隐的光，配上镶嵌的玻璃窗户，明快而简洁；极具现代感的镂空飞檐牵着阳光撒满墙面，斑驳陆离，煞是好看，数十米高的客运站立刻生动起来。束昱教授说："灰色是世界上交通建筑流行色。更重要的是，相较火车南站，汽车站块头较小也符合未来交通运输发展的大趋势。"

客运大厅是钢构玻璃的世界。如果说，弯弯的"月儿"是条船，那这客运大厅就是一只挂在船边的"鱼篓"了。梯形圆柱体的售票大厅阳光下通体透亮，轻巧的钢架上一色的玻璃围盖。厅内，电子大屏幕、售票口、问讯台、检票口、地下入口……很难想象如果是在以前，日旅客吞吐量达2万人次的汽车客运站还能如此"文质彬彬"，忙而有序。阳光填满了每一个角落，椭圆型屋顶的影子随着太阳光在地上静静地移动、悄悄地画圈，看得人着迷。"用钢构玻璃等现代材料和造型把阳光引入室内，突出体现了现代人渴求与自然亲近的愿望。当然，如果能够很好地解决钢构玻璃的保温隔热问题，那就更完美了。"束昱教授说。

无障碍设施体现人文关怀。弯弯客运站的"月尖"处，一座电梯房十分惹眼。"这是无障碍电梯，方便残障人士进出地下广场和火车站的。"束教授说，这种设施在这座规模宏大建筑群的最初规划设计中就被详尽考虑到了。果然，在参观过程中，我们发现残障步道、电梯随处可见，甚至厕所中也有专用蹲位。"到这里，残障人士一定会很温馨的。"我们不住地感叹。

"火车站是'日'，汽车站是'月'，体现了公路与铁路互补互通的建筑设计理念。"束教授说，等到明年春天火车南站投入运营，那时"日""月"照应，上海南站肯定会熠熠生辉了。

汽车站连接 20 万平方米地下空间

束昱

上海长途客运南站和即将建成的火车南站是我国第一个铁路、公路、城市公共交通融为一体的大型枢纽站，因此，外地人了解上海的第一个重要窗口。

可以说，以此为标志，我国的大型枢纽站建设翻开了崭新的一页。具体说来，上海长途客运南站建设以下经验值得借鉴：

首先，这是一座以人为本的车站。功能上，客运站实现了真正意义上的零换乘。在这里，距离较远的城市之间，旅客进入城市后换乘轨道交通（城—轨）、城市公交均可以不出车站实现换乘。可以说，真正零换乘，此站全国第一家。日本福冈等少数城市也有把铁路干线、城市轨道交通和公交换乘纳入一座大楼的实践，但在我国，这种以人为本理念贯穿规划设计、建设全程的做法还是第一次。

其次，很好地实现了资源的节约。我们国家土地资源十分紧张，如何在尽量少的土地上让公共设施发挥的效能最大化是个紧迫的课题，而客运南站土地的立体化、集约化和复合化开发便是一次很好的实践。在这块地方，全部建筑面积达到30余万平方米，可是地面却看不到拥挤的摩天大楼，而是让1万多平方米的客运大楼连着地下 20 余万平方米的巨大空间。这种竖向的科学配置空间资源、充分挖掘土地潜力的行为，是落实科学发展观的一次成功尝试。

还有，环境友好也是这座建筑的一个显著特点。由于传统车站的很多功能在这里都会被引入面积巨大的地下，因此，在这栋建筑内部以及站前广场上，我们看不到传统车站商店、客服等嘈杂、拥堵的场面，安全、优美，甚至有明显休闲特点的景观环境在这里十分惹眼。楼的新颖造型、楼内大尺度开敞净空、站前高大的景观柱、绿草如茵广场等等传达出的都是惬意，加上站内站外清晰、便捷的诱导系统，我相信旅客到了这里都会停下匆匆的脚步，纵目享受，心情愉悦。

宝塔干云 "惊叹号" 点亮神州

——路秉杰教授的塔艺术追求

5 月 13 日，由同济大学建筑与城市规划学院路秉杰教授设计的浙江长兴市水口镇寿圣寺寿圣宝塔落成。塔共 9 层，高 68.99 米，呈方形，楼阁式与多宝塔的组合，是少见的灵秀别致的佛塔。夕阳下，远远望过去，"红纱" 飘曳的苍穹下，明朗而灵秀的寿圣宝塔，从密密的竹林中高高伸向空中；隐隐传来的风铎声清脆悦耳，闻之洗心涤神。

"塔入中土千百年，盛世而兴"

说起塔，路秉杰有说不完的话。他说，随佛教传入中国，印度式窣堵坡与中国的重楼结合后，历经发展演变，逐步有了楼阁式塔、密檐式塔、亭阁式塔、覆钵式塔、金刚宝座式塔、宝箧印式塔、五轮塔、多宝塔、无缝式塔等形态；四边形、六边形、八边形、圆形……塔的外观丰富多彩；夯土、木材、砖石、陶瓷、琉璃、金属……构筑材料极为繁富："塔入中土千百年，现在逢盛世而大兴。"

路秉杰一辈子钟情于塔，他常说自己比老师陈从周幸运多了，"平生所学到了晚年大派用场"。近年来，他先后设计了海宁镇海塔、绍兴应天塔、常州天宁宝塔、湖州寿圣宝塔，主持江苏涟水能仁寺妙通塔复原设计。

天宁宝塔：唐风雍容华贵

"塔是有灵性的。"路秉杰说，如果你登上开封铁塔，那修长而雄伟的塔身，通身敷贴的彩色琉璃砖，栩栩如生的飞天、佛像、花卉……每一位游客都会为之倾倒的；仿木砖砌的铁塔塔砖如同斧凿的木料一样，个个有榫有眼，有沟有槽，垒砌起来严丝合缝，其工艺水平之高让后人惊叹不已。

盛世，为知塔的路秉杰提供了宽广的舞台。他设计的天宁宝塔取盛唐风格，但考虑到四面八方望过去均有良好的视觉比例，外观取八角形十三层，第十三层楼板面标高 108 米；塔高取 153.79 米，用尽阳数，且为较小组合数字；塔顶五刹并列，中心突出，"有效避免了塔刹孤立空中的落寞，犹如一佛二菩萨，金碧辉煌、华丽丰富"；宝塔基台层叠，望柱头丛聚如林，以应史上"过江第一丛林"之誉；重 15 吨的大铜钟悬挂于 122 米的塔顶钟亭，是为神州第一高钟……悠扬的钟声声闻数十里。

登上 108 米高塔，礼上 108 次佛陀，听上 108 次钟声，解除 108 种烦恼，祈求天下安宁。

寿圣宝塔：别致的楼阁式多宝塔

多宝塔之名世人皆知，但实物却不易见到。熟知日本多宝塔的路秉杰决定在浙江寿圣寺造一座多宝塔，以应皈依天台宗的寺庙住持圆成一生行迹。

"寿圣寺地处顾渚山茂密竹林中，深藏有余而显露不足，塔须高高举于空中，矮了不行；寿圣寺三面环山，一面临溪，唯东南一隅虚缺，宜造塔以求空间上的端正、平衡，俗称'青龙抬头'。"路秉杰这样解释他的设计理念。

我们眼前的寿圣宝塔呈四方形，1∶1.4 的比例是为了各边看过去都赏心悦目；下面七层都是楼阁式，至第八层，为正方形圆，内有四根柱子撑起第九层洁白的圆形塔身，以应"天圆地方"的传统观念；层层叠加的斗拱挑出飘逸的塔檐，檐下摇曳的铃铎发出的清声雅音沁人心脾；68.99 米，寓意地久天长；莲花柱础、直棂窗、圆形攒尖顶……因为宝塔的灵秀而别致。塔上秘藏着圆成大和尚七十岁抄写得妙法莲华经一部。

寿圣塔落成仪式上，路秉杰又收到福建等地的造塔邀请。

给您一些纸板子，您能拿它来干什么？做成纸箱子、杯垫子、凳子……对了，同济大学的学子们拿它来做房子。5月30日上午，C楼到文远楼近300米宽的楼前走道成了热火朝天的房屋营造大工地。可是有时间限定的，一天下来——

菠萝房·蒙古包·风琴响起……

——2007年同济大学首届建造节印象

同学们干得有模有样

纸板子、螺钉，用于造房子的材料就是这些，要是我，早就傻眼了。可是，这些材料在才情横溢、热情如火的同学们手下，一切都变得容易。

再次来到现场已经是下午5点时分，更忙了！一手拿尺、一手捏笔划纸板的，套住螺母拧螺栓的，往临时插电葫芦上插插头的，举着刷子朝房子上刷油漆的，三四个人抬着"构件"往纸板墙上送的，顺着连接缝贴透明胶带的，"咕咚咕咚"大口喝水的，手上缠着创可贴仍在"穿针引线"的……"像五角星？折纸鹤？圣斗士的秘门暗器？你说像什么就像什么，总之很酷的。"个子小小的女生一点也不怯，介绍着他们14人团队的"宝贝"。

绝大部分房屋都造好了，一路数过去：29栋。可是，那家气势恢宏的'大屋顶'却一直在那"挣扎"，七八个男生高高低低站在两层桌子上、站在地上顶的顶、扛的扛，女生则是递的递、喊的喊，不亦乐乎，"大屋顶"就是不上去！"到晚上八点多，屋顶还是顶上不去。没人号召，其他组的队员都来了，抬的抬、拧的拧、递的递，大家齐心协力，顺着搭得高高的桌子往上爬，场面非常感人。"此次建造节的策划赵巍岩老师动情地说。

纸房子能住十几个人

"我们这房子才花了450元钱的材料费。你看这结构多简洁、里面多宽敞！"

"看，中间的衬子，凸出；两头的衬子，直立……我们的房子外观很简洁，结构很简单，里面面积很大，稳定性很好。"

……同学们七嘴八舌逢人便"呱呱呱"介绍起来。

原来，为了激发学生的创造性潜能，学院在一年级教学计划中设置了"纸板建筑设计与建造"竞赛。要求同学们建造一栋纸板建筑。做到：房子牢固、好看、舒适，防雨、防潮、通风、自然光照俱佳，为验证效果，"参加竞赛的学生晚上要在自己造的房子里睡一晚"。"竞赛规则"中说。

要求参加竞赛的呼声是空前热烈。结果，竞赛跨出学院，共吸引了400名学生浩浩荡荡在长长、宽宽的广场上摆开擂台——造房子。

早晨的光线成了雕塑家

清晨，阳光早早地就来了，抚摸着房子、梳理着竹子，光顾过的一律伸出长长的影子，安静而优雅；广场上的29栋纸房子的影子或圆或尖，或锯齿或如钩，纵横交错、重叠咬合、千奇百状。

菠萝？一块块突起，麻麻的，影子就洒在房顶，这些"疙瘩"怎么连到一起的？往里面一瞅，长长地廊屋活像长长的教堂，顶上，"疙瘩"之间的螺钉分明在告诉我们：结构就是这样"默默奉献"！弯了腰的菱形递上去，一层、两层、三层……涂上清漆防雨，新型蒙古包就这样成了：简简单单，美观实用；还有更简单的，几块瘦瘦长长的三角形事先做好，到现场，竖起，螺钉一拧，得——风琴响起，"下面小三角窗，透气、观景、瞭望、点缀……"同学们啥都想到了！

或长或方、千奇百怪的房子有的像玛雅人的金字塔，有的如古建里的大屋檐优雅地伸出去，有的像刚刚出锅的麻花，有的犹如夸张的王冠，有的则是标准的麦加帐篷、候车亭、花雨伞、某位国际要人爱住的帐篷……房屋一律没有名字，你只管说："像……"

阳光抚摸着纸房里酣睡的脚丫子，美！

青春常驻文远楼
——同济大学文远楼生态化改造印象

同济大学四平路校区内充满着风格各异、形态万千的建筑，从在这条路上安"家"开始，这所学校就一直把追踪世界建筑设计潮流当成己任，绿树丛中、不注意极易滑过的文远楼就是当年包豪斯在中国的"第一站"。如今，这栋上了中外许多教科书的老楼经过生态节能改造越发显得青春而活力四射了。

历史：因"第一"而辉煌

容颜清秀、优雅雍容的文远楼1953年建成，由黄毓麟、哈雄文设计。取名"文远”则是当时分管基建的夏坚白教授之意，夏慕祖冲之天文学贡献，以其字"文远"名楼。

文远楼整座建筑布局合理、体型丰富、外貌简洁，曾获得"中国建筑学会优秀建筑创作奖"，入选"新中国50年上海经典建筑"，并被誉为"现代主义建筑在中国的第一件"。20世纪90年代末，文远楼被载入《世界建筑史》，全国仅有37座建筑获此殊荣。

改造：节能环保而舒适

作为同济大学百年校庆的重点工程之一，文远楼的改造早早便已开始。

"我们的设想，是要通过保护性改造，引入生态、节能新概念，将文远楼改造成我校首栋生态节能历史保护建筑。"具体实施改造设计的建筑与城市规划学院朱亮介绍说，改造过程中已对能耗过大的钢窗等采用了新型保温隔热材料，外墙面采用的新型墙体保温隔热材料犹如为建筑穿了一层保暖内衣，而屋顶采用的是无土种植草皮技术进行绿化，而太阳能利用、土壤中热量的传输是文远楼改造的亮点。

兼顾节能、美观而实用的改造现已完成，效果如何？该校副校长陈小龙介绍说，自然通风、雨水收集及回用、地源热泵等都是亮点，很好体现了当初确立的"节能、环保而舒适"的改造理念。

印象：建筑让时间凝固

"校庆期间，很多老校友回来纷纷在当年的座位上坐一坐、照照相，大家觉得这栋楼呵护得真好。"建筑与城市规划学院副院长钱峰对笔者说。

文远楼整体采用不对称的布局方式，按照不同空间的使用要求、尺度大小进行形体灵活组合。它将大空间的阶梯教室层叠后安置在主体建筑的东西两侧，中间部分放置成排的小空间教室，并在4个部位设置了入口，使流线和功能使用均十分合理，同时形体也直接体现了内部空间的不同性质，灵活而自由。"自由的平面布局、不对称的形体组合、简洁而平整的立面、平屋顶所造成的体块感，其至钢窗的分隔方式⋯⋯包豪斯要素在这栋楼得到集中体现。"朱亮说。

但是，文远楼的"中国风"同样鲜明。通风口的"钩片栏杆"图案、楼梯扶手的"回"字图案、门厅入口处的石台和转角墙面的小立方体块装饰图案⋯⋯中国建筑元素的神韵随处可见。

这一切，今天依然如此，只是材料是新的，标识系统是新添的，但风格亦如五十年前。

"清清爽爽、舒适温馨，青春的文远楼。"这是同济建筑专业新老学子们共同的感受。

青春焕发大礼堂

2007年元月5日，同济大学新年音乐会在修葺一新的大礼堂举行。外面依然如故的大礼堂，其实已经发生了巨变。

当年亚洲最大的礼堂

可容纳3 000人大礼堂，建成于1962年，建筑面积3 600平方米，主要结构师俞载道、冯之椿。大礼堂采用钢筋混凝土预应力联方网架、双曲薄壳屋面结构，其设计、施工之新颖，跨度之大，在当时的我国建筑界产生了很大的影响。尽管其体量和容量十分庞大，礼堂内部却没有一根柱子，而拱形结构自身又赋予建筑真实而独具特色的形式，给人以简洁、轻盈的视觉感受。建成之时，是亚洲地区最大的无柱中空大礼堂。

竣工后两年，西班牙国际壳体协会还来函约稿，表示出浓厚兴趣。1999年，大礼堂荣获"新中国50年上海经典建筑"提名奖。目前该建筑是上海市保护建筑。

保存当年的记忆

"大礼堂在我们父辈心中有着不可替代的位置。"改造工程主要设计者陈剑秋说，大礼堂的结构、外观都必须把那份美好的记忆留住。

远远望去，大礼堂正立面的折板雨篷——当初建筑创作构思的记忆阳光下依旧明亮；设计师们在此基础上加以整理，把立面原本封闭的实墙改成了通透的玻璃幕墙，视觉和光线都进入了门厅。

屋顶的"装配整体式钢筋混凝土拱型网架薄壳结构"则是同济大礼堂的主要

价值所在。改造后,这一特征不应弱化而应强化。设计师们在室内仍保持网架露明的做法;屋面上原先是简单的遮雨挡风的平铺,新的设计思路以网格为单位,铺设保温层材料,表面涂以沥青状涂料。

<h2 style="text-align:center">老建筑的青春之歌</h2>

外面看起来不起眼的大礼堂,只要你的脚步一迈进门厅,你的记忆立即需要重写。

迎面而来就是原本没有的楼梯。原来的礼堂进深56米而升起不足1米,后排观众视线严重遮挡;而现在被抬升了6米多,站在礼堂里不再像以前那样总有空落感。

这些被抬高的观众席地下部分,被开挖出一个深约1.7米~4米的地下室,空调设备及管道安置其中。每一个座位下面都有一个黑黑粗粗的柱状物,那是座位下送风的出风口。"我们采取的是侧回风方式,这样既可满足人体舒适度要求,又符合节约型建筑原则。"陈剑秋说。

尤值一提的是"地源新风"。其利用的是热传递原理,在大礼堂旁地下5米处,挖出一道数十米长的采风地下道,地下道一端深入草地,一端与空调系统相连。地面5米以下温度为13摄氏度左右,冬暖夏凉,外界空气通过地下道经热传递后,再送入空调进行适度降(升)温,大大节省了空调运行费用,比传统空调系统节能20%。

修缮一新的大礼堂

大礼堂改造是百年校庆的重要内容之一。承担改造任务的设计者们为这座保护建筑做了大量卓有成效的工作。配合节约型校园建设,大家采取了"地源新风"、侧回风等诸多新技术;为了维持老建筑原有的神韵,运用了大量新的手段为大礼堂"强身健骨";他们在大礼堂侧立面采取了加建玻璃封闭侧廊的办法,人群逗留的灰空间和礼堂的舒适度都兼顾到了;在拓展舞台表演空间的同时,扩建了后台辅助空间。加建部分的立面,采用简约大方的构图设计手法,韵律感很强。这样既解决了大礼堂原背立面的单调之味问题,新旧墙面浑然一体的立面使大礼堂越显青春焕发。

改造很成功！

——同济大学原党委书记 周家伦

【大礼堂掌故】

作为当年亚洲最大的礼堂，新颖的薄壳结构虽遭逢非常时期，但还是声名远播。发生在大礼堂建设中的掌故也颇有趣：

手摇计算

当年没有今天这样运算神速的计算机，主要设计者俞载道只能凭借手摇计算机一个数字一个数字地计算礼堂的力学机构，计算整整持续了半年。

大礼堂在"文革"中

由于大礼堂容量巨大，所以建成后就成为同济大学乃至上海市的重要活动场所。文革期间，上海市的许多会议都在这里举行，很多老专家、老领导都在这里接受批斗……大礼堂见证了民族的劫难，也见证了同济大学的命运。

出行，原来这样体贴而温馨
——上海轨道交通人性化氛围营造印象

"方便多了！"这是我们跟随同济大学地下空间研究中心副主任束昱教授感受新开通的上海市轨道交通"三线两段"运营过程中听到最多的一句话。

"人性化标识随处可见"

一次这么多条线开通，很多站点均有多条线路交汇，会不会迷路，会不会上错车？如果你是第一次"遭遇"轨道交通，在那些两条以上线路交汇的车站，"首先你记住所乘线路的颜色，比如2号线，绿色；3号线，橙色；4号线，浅蓝……跟着颜色，顺着步道、楼梯、头顶前上方标识，你就能找到想乘的车"。束昱说，不仅如此，车厢门前地上的铜箭头，站台墙上醒目的巨大站名，都是为你方便而快捷地出行服务。

束昱介绍，世纪大道换乘站尽管有2、4、6三条线路交汇，但如织的人流却井然有序，原因就是因为这里的换乘系统设计科学合理。

不仅如此，电子指示屏、站层图、街区图……共同营造了庞大而方便的通行指示大网。

浓浓的中国韵

8号线，15分钟，我们很快就从鞍山新村站来到人民广场。抬头一望，红红黄黄、蓝蓝紫紫的凤凰图展现在我们面前。"中国元素的撷取是这次几条通车线路很大的特色"，束昱介绍。展翅翱翔的凤、团团如扇的凰，人们争相驻足观赏、留影。

西藏南路，古铜的颜色版刻着端午、中秋、重阳等传统节日情景，轿子、龙舟、月夜，童子献桃……中国式生活方式原来如此美丽；耀华路，人还在电动扶梯上，眼已经不由自主被红红的中国结拽了去，一个、两个，还有一个更大的！再看看，中国结周围十二生肖各个卡通，各个灵动，灯光穿过，让人欲走又还，念念徘徊。

"应该说，这些中国元素的选取，标志着中国轨道交通人已经从学习向自主创新、追求自我转型了，十分可喜。"束昱说。

让阳光多些、再多些

在地下，尤其是大型换乘站，如何让人忘却在地下？这是个问题。人民广场地下换乘站为我们提供了一个很好的范例。

站在观光电梯往下看，上海市规划馆北侧，一块两千平方米见方的草坪上，一个看起来并不大的透明装饰顶，4个换气井，它的下面就是面积近万平方米的1、2、8号线换乘站了：出了8号线，跟着人流，很快就看见大片的阳光瀑布般涌进来；圆圆且透明的玻璃顶上，白玉兰？牡丹？世界地图？阳光映衬的金黄让人在冬日里分外温暖。

"应该说，随处可见的标识系统，中国元素的巧妙运用，阳光的大量引入……标志着上海地铁人人文关怀越来越细致入微，上海城市轨道交通让市民的感觉越来越温馨。"束昱说。

日本艺术，让我们想起……

日本无疑是世界上最善于学习的民族，艺术亦复如此。从飞檐宫宇的营造、亭榭园林的布置，到茶道、书道乃至浮世绘，都是他们向古代中国学习的深深印记，学会了，发扬而广大之，于是至今还放射出灿烂的光。

西阵织被称为日本的国宝级丝织艺术，在日本已有1 200年历史。这种编织物利用各种颜色的丝线和金线来编织。由此编织出来的锦缎因为艺术价值极高而闻名于世。这门艺术便是在中国宫廷编织技术上演变过来的。在15到16世纪期间，中国端庄文雅的宫廷编织技术，包括金线、银线编织技术传入了日本。如今，纯手工的西阵织品依然是华贵与身份的象征。西阵织，2010年将在上海世博会日本馆里"回娘家"。

明治维新后，日本学习的目光转向了欧美。1873年维也纳世博会，日本政府派出的77人代表团中，66人是工程师。这些专家在"世博会的工厂和车间"中尽情地徜徉、流连，写出了一份96卷的报告，日本从世博会中吸收了西方工业精髓。1877年，日本开始在国内举办相当规模的工业博览会。

那以后，日本开始了翻天覆地的变化，二战失败也没能滞缓其向现代文明挺进的步伐。城市建设、交通组织乃至人与自然关系的重新审视，日本人的创造力和艺术素养在这些每天发生的各类活动中淋漓尽致地挥洒，以至于人们说："东京地底还有一座东京。""在日本换乘等待不超过5分钟……"

正因为如此，日本成为亚洲举办各类世博会最多的国家，共5次。大阪世博会的"好大一棵树"，千奇百怪的创意建筑让人眼花缭乱；爱知世博会"自然的睿智"，人与自然和谐共生，人们生活得更加舒适，自然生态赏心悦目……日本用心地"吐丝"，链接着世界、链接着自然，于是，"紫蚕岛"以"心之和、技之和"的日式微笑来到2010中国"娘家"，用淡淡的紫色演绎过去，创造"和美未来"。

设计：加入国际大循环

——同济城规学院艺术设计系主任殷正声教授谈艺术设计生培养

近日，同济大学城市规划与建筑系2006届艺术设计毕业生作品展正在举行。在展览现场，我们看到大到上海世博会的环境设计，小至银行虹膜认证器，作品或恢宏大气，或玲珑剔透，现场参观者熙熙攘攘。

笔者一连观察了三天，观众不减。为此我们找到艺术设计系主任殷正声教授，寻求答案。

殷正声教授介绍说，这次展示有国际性、企业对接性好和世博内容丰富等三个显著特点。来自德国、朝鲜等国学生在接受严格的艺术设计训练的同时，他们作品表现出了鲜明的民族特点。像朝鲜学生韩昌民设计的2010上海世博会朝鲜馆，采取了该民族图腾太阳鸟的形象，通过灵巧的变形、幻化使用到包括展馆外墙等各种平面上；当然，2010上海世博是大家的热门话题，从场馆的空间安排到标志、标识设计，各种各样的内容应有尽有。马立勋同学用空间三维动画的形式重点描述的殿堂和声、锈带再生、舟桥梦合、祥云瑞虹等世博规划中的4个重要场景让我们大有身临其境、欲罢不能的感觉；还有一点就是，我们很多产品设计原本就是在教学实践基地的企业完成的，像为"好孩子"企业设计的多款新童车，不但都已经实现了工业化生产，有的已经批量远销海外。

在作品展现场，笔者注意到，大家谈论得最多的就是"展览与时代、与市场贴得很近；同学们的想象力很丰富"的议论，这个特点在殷正声教授那里也得到了印证。殷教授说，上海世博会是在城市核心区举办的展览会，节约占地面积、能源和高效率是必须兼顾的内容，同学们设计出的场馆车就采取了超市购物蓝的收集办法，车辆在空置时后面的车子就能够一辆一辆插进前一辆车中，氢能源、锌空能源在这些作品中自然也得到了广泛应用。

"我们是在国际化环境中进行教学的。"殷正声说，顾熠琳同学这两天就要出发到法国排名第一的设计公司迪卡罗公司工作半年。去年，该公司主动申请派员来艺术设计系开课，在教学过程中发现了小顾同学；"类似来同济寻找灵感的国际设计企业很多。"殷正声说，荷兰、英国、德国、美国，有的为我们的同学提供实践基地、有的提供教学器材……"教学、设计的国际化，同学们摘金夺银的劲头十足。"殷教授说，布朗中国区设计竞赛、杜邦中国区设计竞赛我们的学生都取得了第一名的成绩；刚刚结束的长虹产品设计大赛，二年级同学王海萍以作品可产品化最优的成绩赢得2万元奖金。

殷正声介绍，艺术设计系产品设计、环境设计及视觉传达方向今年的毕业生早已被国内外著名企业抢购一空，不少同学自己的设计工作室也开得如火如荼。

又到一年毕业季，在就业形势依然严峻的当下，大学毕业生以怎样的才华示人方能获得青睐？如果他们的作品因为艺趣超群而引领时尚，又会给人怎样的感觉？最近，同济大学设计创意学院首届毕业设计作品就——

秀出艺术的未来趋势

流线型、迤逦状、坡跟，极具金属感的……你猜猜是什么？那是碗，在这样的碗中舀汤，什么感觉？"建筑大师扎哈的设计灵魂在于流动，将静态的空间赋予一种动势。"就这么一只碗，设计者居然让它中外交融、心气相通起来。原来，这所学院的育人方针就是要"打破专业、行业及国界的限制，走学科交叉与融合、产学研联合办学、国际化合作办学之路"。

按照这样的思路，吸纳古今中外艺术设计的灵感智慧，把握社会、未来的审美情趣自然就成了这个学院学生们的自觉追求，它体现在杭州培智学校、北师大珠海分校设计学院的设计上，体现在对残障人士生活不便的深刻理解上，体现在法拉利太空梭式座舱、前置的裸露式发动机上，"让色彩、造型在视觉上与速度、热爱并驾齐驱"，作品中的红色激情告诉我们。

徜徉在该学院80多名学生的成果海洋里，端详着内容涉及工业设计、环境设计、传达设计、数字设计等领域，五颜六色、争奇斗艳的各种作品，我们的情绪很快就如鼓鼓的风帆，不由自主地想飞。设计首先是用弧线降低需要扶住的钢管高度，同时通过硬朗的线条和肯定的连接键结构，表达顽强的生命力：那是《轮

环艺设计：多功能剧场（李鑫）

法拉利：两侧的可变形材料，能使驾驶者获得最佳的空气动力辅助（黄云东）

椅》；不仅变室外走廊为室内走廊、安上扶手，还用大块的明黄、湛蓝的墙、巨大的玻璃窗、颜色鲜艳的气球装饰感觉统合训练教室，就是你我走进去，也会不由自主想挥挥胳膊、动动腿，颜色太鲜亮、日子很阳光：这是"培智学校"。

即使是妇孺皆知的中国剪纸，一旦被学生拿来作为毕业设计的元素，其样式也就连通吉祥元素、邮票设计，变身成为材料环保、功能多样的旅游、祝福类组合卡片。

为何设计学院的设计作品如此艺术而时尚？从学院的支持单位名单上我们读出了端倪：国际艺术设计与媒体学院联盟、国际工业设计协会、国际设计研究协会、国际社会创新和可持续设计联盟……他们都在设计世界的前沿。

设计亮点勾画空间艺术

百年同济：新建成钢结构教学科研楼印象

二十世纪五十年代以来，同济大学吸收了全国十数所高校的土建专业，逐渐成为中国建筑教学与科研的大本营之一。被誉为建筑师摇篮的同济大学明天将迎来百年校庆。而新近的献礼之作就是国内首创钢结构形式的同济教学科研楼。

大楼的概念方案出自法国著名建筑师让·保罗·威格尔（JEAN PAUL VIGUIER），大楼反映了当代国际建筑设计的最先进理念和未来趋势。整个建筑主体平面呈正方形，楼层功能平面呈 L 形，L 形平面每三层对应形成竖向基本功能单元，21 层共 7 个单元实体在相邻处呈 90 度旋转叠加，构成 16.2 米 × 16.2 米统高中庭及与之贯通螺旋上升的组合中庭。

一进大厅，我们就被高高的中庭所吸引，中庭竟贯穿了整栋楼，敞开胸怀拥抱蓝天。据了解，在这个中庭的周围以螺旋形上升布置着 7 个小中庭，在大中庭的顶部设计了 8 扇电动启闭的自然通风窗和 4 台大功率机械通风风机，每个小中庭的底部均设置了多扇可开启外窗。夏季夜晚，可利用机械排风风机在整栋大楼形成一个自下而上的自然通风环境，储藏夜间的凉空气以备白天使用，降低空调的负荷。除此之外，大厦的冰蓄冷系统利用晚间较低电价蓄冰，白天化冰供冷，具有很好的宏观节能和环保效益。

大楼的智能照明采用多模式控制达成照明和节能目标，不同模式中各个照明

土木工程学院教学科研楼外景

回路的开关状态通过计算机编程预定义了四种模式：节日模式、节能模式、值班模式和应急照明模式。

　　从外面看上去，同济大楼哪个角度都是简简单单、普普通通。可是一进大楼，丰富的变化几乎让人目不暇接了！不几层就出现一处异构的小中庭，它们或方方正正，或如平卧的葫芦，或如童趣十足的童话屋；进入多媒体中心、会议中心，其雍容端肃不由让人屏住呼吸……

　　别有洞天的还有 13 层、16 层、19 层。蹑脚从楼内廊桥走过去，草地一波一波涌过来，童话样的长凳拖着长长的影子向我们伸出手；方形吊脚屋或幽蓝、或铁灰、或土黄，煞是惹眼。

　　"楼内空间丰富，层与层之间呈规律性穿插融合，寓意高校与社会、国内与国际之间的开放融合，彰显的是 21 世纪中国高等教育开放性特点；这栋楼也是一个展示与交流的平台，楼内运用了大量当代成熟的工艺、设备和技术，让大家一走进来就能感受到建筑高等教育的新呼吸。"该建筑师团队负责人任力之说。

显示拥抱世界的开放姿态

非洲大陆上中非友谊的新艺术地标——非盟会议中心是中国政府援建项目。

非盟会议中心

近日，该项目主创设计师任力之向媒体透露创意灵感：

建筑群整体呈 U 字形，仿佛来自中国和非洲人民的手，合在一起，汇成中心的椭圆形大会议厅。"这个圆圆的会议中心同样寓意非洲各国的团结友爱。"他介绍，"它也犹如向外不断发散的涟漪，寓意非盟强大的凝聚力和辐射力。"

而高高矗立、外形挺拔的办公主楼，建筑高度 99.9 米，象征着 1999 年 9 月 9 日"非盟日"。设计中被赋予了深刻内涵：它是一座里程碑，标志着新非盟会议中心的建造掀开了非洲发展史上重要的一页，也掀开了中国援非的历史新篇章。

坚实而阔大的基座，蕴含展示非洲各国多彩文化的大舞台；层层递进的台阶，展现的是非盟拥抱世界的开放姿态；从基座上跃起的大会议厅，昭示着非洲的腾飞。

"简洁的造型蕴涵着丰富的内涵。"任力之介绍，不仅如此，以圆形为母题的建筑造型，期望非盟会议中心能够展现非洲的腾飞和崭新的形象，能够成为建筑新技术、新材料、新形式的典范；室内设计遵循的是简约大气原则，力图体现非洲大陆的辽阔和非盟团结的力量。墙面，使用当地产木材；地面，使用当地产石材，"非洲的、本土的、节能的、亲切的、友好的……都是设计团队力求表达的"。

非盟中心会议厅

新建筑这样融进历史风貌区
——上海音乐学院教学楼印象

在历史街区保护区内的弹丸之地凤阳路上，如何构筑一栋既不与周围环境唐突又敷教学使用需要的建筑？同济大学建筑城规学院徐风团队设计的上海音乐学院教学南、中、北楼为我们提供了一个很好的范例。

融进历史风貌区

一进凤阳路，不一会就看见了路的右边三个优美的弧线沿街滑动，那就是新近落成的音乐学院教学楼，四层体量不大的楼宇居然有近3万平方米的使用面积！

历史街区，教学、演奏练习、报告厅、音乐家沙龙集于一身，海内外多家著名设计机构一起竞争……这就是徐风面临的设计现实。

两处隔而通透的中庭，两处下沉式广场，一条沿街、顺着楼宇弧圈游动的内置走廊，层高15米的教学楼就成了凤阳路上优雅跳动的琴键。"3个半圆形成的空间退让把沿街 130 米的尺度由大化小；钢琴琴键状花岗石采用的是与整条街上老建筑颜色合拍的黄颜色，用机器打毛。太阳光下光线漫射溢出的颜色黄黄的，特别高贵、娴雅。"徐风说。

附近的居民说，不注意看，根本不晓得这里又添了一栋新建筑。

"让学校看出去"

"让学校看出去"是教学楼被列入市重点工程时有关部门的要求。

如何让学校融到街区去，让街区透进来？徐风等采取的是临街一层架空式结构，3 栋楼宇之间的两处中庭呈 1/4 扇形，朝街面优雅地伸出邀请的手，中庭内的演奏、交流活动，居民便可一览无余；二层以上的 180 余间琴房窗户全部临街开设。"琴声穿绿树，摇摇曳曳，飘飘洒洒，优雅、空灵，多美的景象！"徐风说。

徐风介绍，不仅可以看，市民可以走进教学楼内参加沙龙、赏玩乐器。由步阶，下到地下一层，眼前立刻就是面积近 4 000 平方米的音乐家沙龙了。

下沉式广场：风景这边独好

两层、10 000 平方米组成了教学楼的地下部分，由两个下沉式广场引领着。

"光线好、使用起来很舒服，一点也没有地下的感觉，大家特满意。"上海音乐学院副院长华天礽津津乐道。

报告厅、教室、打击乐演奏室……长长宽宽的走廊、细细长长的落地窗，地下各个空间都有充足的光线；不经意间，红顶黄墙的房屋、绿色满枝的树木就进入了你的眼帘。累了，你尽可站在走廊上伫立，走到下沉式广场上休憩。

地下报告厅的窗户有些特别。细细长长的窗户，一面是黄黄的板材，一面是厚厚软软的布状饰物。"这是满足教学不同需求的设计，开会时打开窗户；音乐会时关上，一室便可多用了。"徐风介绍，这样的设计在

音乐学院很普遍，比如篮球馆变身可容纳 200 多人的合练音乐厅，演奏效果也非常美妙。

棕、黄、灰、绿、红……每一间教室，每一处相对独立的公共空间，仔细观察，你都能发现颜色的细微差别。"暖色调为基础的不同颜色相互搭配，形成了高雅、温暖、宜人的视觉氛围，强化了艺术气氛。"华天礽副院长说，在尊重历史街区氛围的基础上满足现代教学功能需求，同济的设计树立了一个很好的榜样。

神奇的客家围龙屋

因了公差的机缘，我们来到客家之都——梅州参观早已如雷贯耳的围龙屋。

留余堂是中国现代言情小说重要代表、创造社的发起人之一——张资平家族的府第，虽历百余年风雨，但上厅堂抬梁、照壁上的雕花饰草依然凹凸有致、映红照绿，灯光下凝重与华贵让人肃穆。这间老屋里曾经走出 7 名举人和为数更多的文人、政客、武将和巨贾。

牛角屋位于梅县白宫镇富良美村，又名丘氏大夫第。嘉应大学一位教授说，这种牛角形的客家围龙屋天下独此一家。刚进屋，看房老婆婆就热情迎上来，从她嘴里我们得知，建造这栋房屋的主人是丘开麟、丘湘麟兄弟，二人一个做官一个经商，光绪十年（1884 年）建成此屋：三进三围六横式结构。与常见的围屋不同的有两点：一是门前没有半圆形水塘，此屋门前开敞，正对大路；二是屋后围合部分是优雅的牛角形状，呈半开放型。我们数了数，"牛角"上共有 11 间屋子，屋内堆放着杂物。当年这些屋子都是拴牛、养猪养鸡的。牛角根部、紧贴正房外墙角地上有两口水井。老婆婆说："是牛眼睛。"真是匠心独运！

围龙屋因绕横屋的一圈圈房屋连绵围合成月弓形状，犹如蛰龙伏地而得名，屋脊就是龙脊，青灰的瓦就是龙鳞。围龙屋与四合院、陕西窑洞、云南"一颗印"、广西干栏式建筑并称为中国五大传统民居，在梅州这个客家之都围龙屋又分成多种类型。历史上，客家人大多是中原达官望族，由于各种原因前后数次大规模迁徙到这个四面环山的封闭环境中，他们用中原的建筑技术，诸如夯土、斗拱、瓦当等，采取中轴对称的建筑法则，结合当地的地形、气候特点等营造这种反映中原传统伦理、文化心理的居所。

建筑样式上，围龙式的主体是堂屋。堂屋是围龙屋的中轴所在和家族集体活动的场所，感观上大多像留余堂、牛角屋那样庄重、华丽。堂屋呈方形，一般分为三堂。上敞堂为祖公堂，中堂是议事厅，下敞堂进深小，呈长方形，是门厅。堂与堂之间以天井相隔。堂屋两侧为横屋，后面建半月形的围屋连结横屋，半月形内为花头。围龙屋有二横一围龙，四横二围龙……至今已有500余年的梅县温公祠围龙屋三进四围八横，房屋达到惊人的390间！客家围龙屋多依山而建，前低后高，门前有晒谷场、照墙和半月形的池塘，整体结构呈椭圆形，配上院内方形房间寓意天圆地方。留余堂围龙屋也是这种形状，门前还曾经矗立着高数丈的牌坊7座，是彰表张家7位举人的，可惜毁于"文革"。

留余堂的张梅祥老伯说，围龙屋是客家人团结、内敛品格的典型反映。在设有祖宗牌位的厅堂里各家家长聚集议事；逢年过节，合族家家挑着供品到这里祭祖；儿婚女嫁，须在这里拜天地、别祖先，欢宴宾客；老人过世，这里则成了族人共同举哀发丧的灵堂……围龙屋集客家人所有日常需要和不虞之需于一体。"人丁兴旺，不够住了，再加一围龙，因此这也是可持续发展的建筑样式。"张老伯说。

外滩会越变越靓丽

——建筑城规学院郑时龄院士谈外滩改造

外滩改造牵动着无数人的心，同济大学建筑与城市规划学院郑时龄院士说起外滩便激动起来，他说："外滩的建筑会越来越靓丽，外滩的环境也会越来越人性化。"

2月底，随着亚洲第一弯开始拆除，外滩开始大手术。据了解，2010年上海世博会前，外滩地区现有的11根车道将缩减为6车道，主要供公交车行走。而道路两边大面积扩张的人行道和休闲区、旅游区和绿化带，则供行人行走和购物休闲。原有的城市三纵三横交通干道功能则转移到地下，变成一条双层双向小车专用通道。

根据规划，外滩通道主线南起中山南路老太平弄、延安东路河南中路，北至吴淞路海宁路、东长治路旅顺路，全长约 3 720 米，其中地下道路长约 3 300 米。这条通道犹如给上海的外滩和陆家嘴做了一个"心脏搭桥术"，将有效解决中心商务区交通"瓶颈"。据悉，外滩地下通道今年将全面展开建设，计划于 2010 年 3 月世博会前完成。

这些大手术会对外滩建筑群以及景观环境产生怎样的影响？"外滩地区一直相当敏感，历史风貌区保护利用方案至今还在优化中。"郑院士说，第一轮方案包括德、美、英、澳大利亚、瑞士在内共有 9 家单位竞争；到第二轮包括同济，还剩下美、奥、德 4 家。这些方案的焦点都集中在交通干道功能进一步优化、历史建筑的更好保护上。其中包括道路，像四川北路就不能拓宽，拓宽了历史信息就没有了。

最近十数年来，外滩越变越漂亮了。"儿时的记忆外滩用铁链和石墩。"郑时龄回忆说，开埠初期，绵长的外滩滨江带都是大大小小的码头，汽笛声声，人声鼎沸，行旅的、叫卖的、搬运的、乞讨的……虽然临街的建筑优雅地划着曲线从人们眼前掠过去，闪出来，但是嘈杂而凌乱的环境让这颗明珠蒙上了厚厚的灰尘。

"除了码头，市民也不大容易亲近水体的。"郑院士沉浸在儿时的回忆中，现在回过头来看看外滩建筑，虽然说不上是件件优秀，但不同风格的作品集中到一起，尤其是水光、天色、岸线、建筑群高高矮矮的顶部分割、黏合而成的天际线确实相当美！

"近年来，外滩大大小小的改造一直在进行，比较大的是 1993 年配合上海市三纵三横交通干线网建设，外滩成了主干道。随后，外滩建筑经历了置换、整修、亮化等等'手术'，并伴随着对面陆家嘴金融贸易区的成形，应该说外滩建筑成为上海乃至中国建筑艺术的一个响亮符号。再就是这一次了……"郑院士说，说外滩及其建筑的改造"修旧如旧"是不够的，随着改造的不断进行，外滩建筑群的艺术品质在不断提升。他介绍，1999 年，日本的《新建筑》评选二十世纪世界代表建筑，中国入选的只有外滩的汇丰银行和海关大楼。

"应该说，历史上，外滩是以功能性诉求为核心的。"郑时龄介绍，建国初期，这里还景于民，码头渐渐搬迁，外滩慢慢成为景观带，但随着城市的发展，交通的考虑占了上风。于是，二十世纪八十年代以来外滩的建筑景观线又渐渐被割裂，天际线支离破碎起来。

现在的外滩会渐渐被改造成公共开放空间，"包括南北外滩在内，沿黄浦江的整个外滩都将'还'给市民",郑时龄说,类似俄国领事馆、外滩 33 号这些原本"藏在深闺"的老建筑都会放出光芒来。

郑院士认为,外滩的建筑合在一起是一首雄浑的交响诗,保护须在使用中进行,而且建筑艺术价值的提升与外滩大环境的人性化密不可分。"建筑是原来的建筑,外滩宽阔的马路上没有了车子,人们自由地漫步,自由地亲水,蓦然回首,建筑也平添了栩栩的灵性。"郑院士说。

谈起近期大修的外白渡桥,郑院士说:"再过 50 年,外白渡桥依然是上海的一个地标。"他认为,外白渡桥作为上海的一个标志,是因为 100 年来它已渐渐成为上海市民心中的一道靓丽风景,游子忆家乡的一个重要表征符号。

"有了传统,我们的发展才更有底气,我们的脚步才更加坚实。"郑院士说,超期服役的桥进厂大修,有人建议将来不让机动车通行,仅供观光游览;也有人建议把它往外移到河口处,原址侧再造一桥以供车辆通行。"无论其交通功能有没有及怎样改变,它都是上海的'名片'。"

郑院士介绍,自己参加过外滩保护规划的审查。"对外滩建筑的保护反映了政府对历史、文化的尊重,也反映了对未来的思考,"他说,"随着我们的不断努力,肯定会让后人看到一个艺术而人性化的外滩。"

外滩改造正在有序进行,专家眼里的地下通道与周边建筑群是什么关系?建成后能否与老建筑相得益彰?同济大学地下空间研究中心束昱教授说——

"改造后的外滩值得所有人期待"

外滩改造与世博主题相呼应

一谈起外滩改造,束昱教授立刻兴奋起来:"外滩交通改造是浦西外滩、浦东外滩和北外滩共同构成的上海 CBD 核心区重要交通工程之一,其中地下通道就是整个 CBD 核心区规划建设'井'字形交通系统中的主通道。"

凸显上海世博会的主题"城市,让生活更美好",作为近代上海起点与发展的外滩地区建筑群展现的是外来文明与本土文明的有机糅合、创新发展和"海纳百川"的气度和文化。但是，客观地说，这些高品质的建筑群却由于外滩目前的环境难以让人们近距离接触和享用，而且日益巨大的车流量也加快了这些历史建筑的衰老步伐。

改造：外滩历史风貌区可以"小憩片刻"

"改造可以让外滩历史风貌区'小憩片刻'。"束昱说，外滩的历史建筑年龄大都在数十年乃至上百年，由于长期的地面沉降、当时建造时材料和技术等因素，外滩建筑的"健康状况"都已经发生了很大的变化。特别是近十几年来，随着车辆的急剧增加，振动和尾气对建筑物的影响亦不可低估。

正在拆除并将运抵修理厂的外白渡桥已经超期使用50年，大修之后它还将服役50年，让人们在地下通道建成后可以更加近距离地享用和观赏这座意义特殊的"外婆桥"了。

按照规划，这次外滩通道改建过程中，将会同时对周边建筑进行必要的修缮和加固，使这些保护建筑更加健康。

令人高兴的是，外滩源修缮工程已经在紧锣密鼓地进行。圆明园路上老房子里的单位、住户如今都已搬迁完毕，原本热闹的街上现在只有忙碌的相关工作人员。阳光下，斑驳的老房子门、窗、墙，还有那厚重的铭牌……都在诉说着曾经辉煌的历史：英国领事馆、兰心大剧院、青岛公房、各种出版机构……

地下通道会与外滩建筑相得益彰

地下通道的修建可以有效分流车辆，但能否与外滩历史建筑在景致上相得益彰？束昱的回答是肯定的。

他介绍，地下通道的最大交通功能就是让穿越式车辆在地下快速通过，使浦西外滩地区的地面车辆大为减少，为到达车辆和观赏人群创造更多、更安全、更舒适的空间，空气好了、环境品质得到了大幅提升，世人便可以更好地亲近历史建筑和水体，孩子们也可以自由地跑了……城市确实可以让生活更美好。

再者，这次改造中，科研设计人员还集成应用了不少高新科技，计划阳光引入地下通道，提高地下通道视觉环境的舒适性。束昱教授还建议，如果能结合地下通道的装饰装修设计，运用空间环境艺术手法、创作反映外滩和上海文化艺术题材的壁画与彩绘、全面提升地下交通建筑的公共艺术品味，与地面外滩建筑和谐呼应、相得益彰，就可创造新的外滩文明。

"改造后的外滩值得所有人期待。"束昱说。

桥，让苏州河蝶舞飞扬
——同济·普陀苏州河桥梁设计大赛获奖作品印象

　　你心中的苏州河应该架设什么形状的桥梁？5 月 29 日，苏州河桥梁文化发展论坛上，桥梁专家项海帆院士"桥梁美学设计"演讲描绘了他心中最美的桥。与此同时，普陀区联合同济大学举办的苏州河桥梁设计大奖赛决出优胜者，其中莫干山路（规划）跨越苏州河人行桥设计产生 3 位金银奖，1981 年建成的西康路跨越苏州河人行桥（改建）设计产生一名银奖。

蝶舞飞扬的叶桥（3 号方案）

　　"整体造型我们把它设计成一片刚刚发芽的嫩叶，卷曲着，伸展着，'春天'就写在桥顶的椭圆形开口上。"莫干山路桥方案金奖得主代表邢昕介绍，在"叶片"两侧，开着很多很多各式各样的蝴蝶窗，宛如成群的蝴蝶列队飞来，

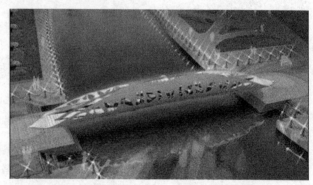

获金奖作品　莫干山路新建桥（叶桥）　设计者：邢昕、张于骅、丁文俊、余震、王清、杨国涛

扑打着，原本安静的桥梁立刻就有了勃勃的生机。"蝴蝶窗大小正好适合一个人站在中间，处身其间，游人立刻添了舞动的蝶翅。"

　　"设计的灵感来源于中国传统园林的框景手法。自然景观'漏'过景框，'剪裁'了的自然美、人工美便升华为艺术美。"邢昕说。

范立础点评：

　　"叶桥"设计是一首晨曲，外形很清新、养眼，也很有创意！

　　结构上，设计者在中间用一拱圈挑起桥面，很聪明。希望在接下来的工程施工中，结构内部要进一步采取加劲设计。（点评者为中国工程院院士，桥梁专家）

银色彩虹"挂"上苏州河（一号方案）

　　"在苏州河的背景中，拱桥具有传统的优美感。"淞缘桥设计者胡方健开宗明义，拱圈与水面倒影"合璧"而获得圆满，象征着苏州河哺育上海人民这一功

德的圆满。

拱圈底部分离，到顶部，合而为一。拱圈向上挺拔而立，阳刚之气直冲霄汉；桥面平缓过渡，其曲线释放出舒缓阴柔之美：阴阳结合，"神"上互补。视觉上，拱圈含蓄而内敛，圈内吊杆由"V"而"∧"，开放而张扬：外柔内刚，"形"上互补。

夜景照明，基调定位为白色和金黄色。拱圈用白色灯光，关键部位用泛光灯点缀；桥面采用外侧投光灯紧贴路面照明：烘托桥梁气势，力避视觉污染。

范立础点评：

淞缘桥设计，动了脑筋。拱圈很高，阳刚之气被烘托出来了；人行桥造型不错，比例、形状、走势……从四周看上去都很不错。

从力学结构上来说，人行路加的横向结构，处理得较合理。而且从两岸的开发现状来看，上下高低都很舒服。

C & F：连接文化与未来

吴超设计的桥名叫C & F，设计者希望由自己设计的桥梁联系文化与未来。"如果选择斜拉桥或者悬索桥，势必就需要规模较大的索塔结构，即使造型新颖独特，也难免被附近的高层建筑'淹没'，还会给绿地和保护建筑造成压迫感。"因此，作者选择了"拱与悬带"交织的桥型。

吴超说，这两个结构结合，一方面可以产生此起彼伏的视觉效果，远远看过去，犹如一个个的波浪，"水上架水"的建筑"波浪"；另一方面，这种结构布置，行人有了多个交流的桥面，从而使在桥面上的行走也成为一种乐趣。

绫桥：西康路桥改造的一个样本

廊桥、蜂巢状六边形、大理石路面、悬吊在外侧的自行车道、桥两端布设木桩和钢桩……这是从涂熙、兰成名为"绫桥"的西康路桥改建方案中读到的字眼。

普陀曾是纺织工业重地，"蜂巢"意指上海人民的勤劳。"六边形膜结构从桥腹绕上去，覆盖至桥顶，于是获得廊桥的遮阳避雨功能"；"廊桥内部空间很珍贵，于是自行车改道，走'悬廊'过河"；"桥梁两岸布置木桩和钢桩，'找回'二十世纪二三十年代特征"；"六边形晶格框镶嵌毛玻璃，配上色彩丰富的夜景灯光"……所以叫"绫桥"，"我们希望艺术家加入设计，让每一块晶格成为'会说话的眼睛'"，涂熙说。

"凤凰"这样优雅变身

——上海财经大学图书馆印象

稍长些上海人的记忆中，"凤凰"自行车就是身份的象征，而位于武川路上的凤凰牌自行车厂就是他们心中的"圣殿"，那里制造"尊贵"。

"圣殿"长的啥样？

如果你不是"凤凰"的粉丝，如果你猛一下站到这栋魁梧的建筑面前，你能把它和50年前创立的凤凰自行车联系起来？

他就是凤凰自行车的诞生地，众多"凤"丝心中的圣殿。30年前，"凤"丝们在洪水来临时，要做的第一件事就是把"凤凰"放到床上，然后才考虑其他。

普普通通的水泥墙，普普通通的钢窗，七层窗户构成四层的凤凰自行车总装车间，外墙上"挂"着人行便道，从一层一直通到四层。

不远处就是办公楼，块头稍小而短，上下两个楼阁式通道与主楼相连……灰、旧，有些破败：这就是"凤巢"留给当年"朝圣"者的印象。

车间这样变成图书馆

上海财经大学并购凤凰后，如何利用这些历史建筑就成了破费思量的课题。

"'修旧如旧'不足以描述改造原则，数万平方米的面积，层高空阔的内部，使用面积紧张的校舍现状，无论如何都不能允许安于旧厂空间现状。"这是所有预事人员的不二想法。

利用完好的厂房框架和层构模式（7层窗），加入时代对图书馆的开放式阅读的要求，充实完善两栋楼之间的勾连……总装车间改造而成的图书馆主楼由4层变成了7层，每一层都设便道与办公楼相连。

两栋楼之间底层的新增空间还静静地"闲"在那里，望出去，玻璃墙外的密密修竹沙沙作响，顿觉清凉世界就在眼前，"肯定是用来服务师生的。比如小电影、小讲堂……有'粮'就好办"。馆长李笑野博士告诉我们。

开敞式：阅读空间契合时代

二层开始，都是书的海洋。

一律的开敞式，书桌就在书架里。眼睛一溜过去，书、书、书，学子、学子……书架、书桌整整齐齐地"列队"跳动着向远处，青春的节奏明快且爽朗。"130

多万册纸质图书，105 万电子图书，就这样疏疏朗朗地分布在 30 000 多平方米的空间里。"馆长说。

"书的海洋。"学子们的回答如同一辙，静谧、通透、优雅……没听到"前世今生"的讲述，人们根本联想不到这里曾经机器隆隆、人声鼎沸。"其南区原为凤凰自行车厂办公楼，北区为总装车间，今以连廊相衔而为三万二千平方一壮观馆舍……新馆'修旧如旧'，原址原貌并品牌文化两存之。"李笑野在《新馆修建记》中说。

老厂房优雅变身，"凤凰"提供了一个成功的范例。

创新，向德国看齐

同济大学世博研究中心常务副主任　姜富明

都说德国人注重实际，所用之物都牢固结实，宁肯失之笨重，也不愿徒有虚表；都说德国人一板一眼，人人都有记事本随时记录以备查忘和核校；都说德国人墨守成规，投资保守，其股市是世界上最缺乏活力的资本市场；都说……

其实德国是最不缺乏创造力和创新精神的国家。

想象一下吧，如果没有马克思、恩格斯、莱布尼兹、爱因斯坦、歌德、康德、黑格尔、马丁·路德、尼采……我们的世界会是这个样子吗？不可能！

想象一下吧，假如没有贝多芬、门德尔松、瓦格纳、海涅、柏林爱乐乐团……我们的世界会如此丰富多彩？不可能！

而建筑，雄伟的勃兰登堡门、华丽的无忧宫、轻盈雅致的科隆大教堂、简洁明快的包豪斯校舍……无一不是流芳后世的建筑艺术精品。这些伟大的建筑的背后站着的则是那些默默无闻的伟大工匠和才华横溢的设计思想家们……密斯凡德罗的"少就是多"，他设计的巴塞罗那世博会德国馆把"纪律、秩序和形式"演绎到极致；格罗皮乌斯的"设计师第一责任是他的业主"的理念影响着二战后全球建设工艺的发展方向，联合国总部、巴西议会大厦，当然也包括包豪斯在中国的第一站——同济大学文远楼。如今这栋楼已经是历史保护建筑：大窗户、不对称、大面积玻璃窗、简洁……都是关于这栋楼的词语。

德国人是严谨的。以不到 36 万平方公里的土地创造了近 33 000 亿美元的

GDP，成为世界第四大经济体，没有严谨和纪律，就没有领先世界的高技术。也许正因为如此，世界展览业中心之一的德国直到 2000 年才第一次举办综合类世博会——汉诺威世博会，当然也是其唯一一次举办综合类世博会。然而这届世博会，创造了世博会历史上参展方的最高纪录，这个记录的创造得益于德国政府当时提供的 1 亿马克"发展政策援助"，104 个国家受惠于这一政策，其中，非洲 40 个，世博会在全球范围内的更大层面上展现了影响力。这一做法，极大启发了上海世博会，上海世博设定的此类援助金额为 1 亿美元，目前已有 239 个国家和国际组织确认参展上海世博会，其中非洲国家 51 个。

有了汉诺威的创造，德国人同样在上海有惊人之举：直径 3 米、重两吨、外表装有上万根发光二极管的金属球，随观众的呼喊"听话"地摆动，声音越大摆动越快，"和谐城市"离你就越近；德国人甚至将一座海港城市搬到了世博德国馆，这座城市就是汉堡……

创新，先要向德国看齐。

一桥飞架　钱塘从此安澜

——同济大学桥梁专家陈艾荣教授解读杭州湾跨海大桥

赤橙黄绿青蓝紫——你能把它与一座桥联系起来不？5 月 1 日通车的杭州湾跨海大桥就让五彩斑斓的颜色上了全长近 36 公里的桥面。除此之外，这座长度目前世界排名第一的跨海大桥还创下多个"第一"，通车前夕我们跟随同济大学桥梁专家陈艾荣等走上大桥，深度参与大桥建设的专家们对这些"第一"如数家珍。

挡风屏障：特殊塑料显神威

钱塘潮的威力世人皆知，而杭州湾跨海大桥横跨在钱塘江的大喇叭口上。东风或东南风刮起时，喇叭口便形成了"窄管"效应——风力迅速被放大。同时，大桥南北航道桥桥面高度近 60 米，海上风力随着高度的增加进一步增大。而杭州湾跨海大桥的通行采取路桥一致的原则，即只要高速公路能通车，大桥就要做到通车。

要与公路一致，只有采用风障。但目前国内没有此类风障可鉴，国外也只有法国米约、英国赛文二桥等少数桥梁采用。经过反复比对，同济大学课题组采取了风障设在防撞护栏上，材料采用 PC 耐力板。

放眼望过去，竖琴状的风障从桥塔处斜斜地往远处"滑溜"下去，最高处 4.2 米、最低 1.5 米，南北桥塔附近设置风障的总长约 5 公里。赤橙黄绿青蓝紫的栏杆托举的风障分外的优雅、恬静，大有控风踏浪只等闲的气度。"护栏上装风障，世界首创；风障采用 PC 材料，从我们开始。"王达磊说。

风障主要研究者之一王达磊介绍，风障装好后，当地气象部门专门在一个大风日，开着"追风车"上桥测量。结果，南侧没装风障部分风力 10 级时，南北主航道桥面风力只有 8 级左右。

数字大桥：交通信息立体预报

在桥上，间歇出现的形状方正的电子可变信息板吸引了我们的目光。"别看它和上海路况指示牌差不多，它出现在高速干线上却是第一次，而且有很多'视而不易见'的新创获。"陈艾荣介绍。

同济大学郭忠印课题组的这套灾害性天气桥梁运营管理系统包括气象信息和交通信息实时采集子系统，基于风、雾、雨、冰雪等多灾害天气下的桥面行车控制决策子系统和桥梁运营管理信息发布子系统等。测风仪、监控摄像头、遍布全桥的传感器就是这套系统的"千里眼、顺风耳"，它们收集的数据通过系统的模拟试验及仿真，由看不见的的核心决策数据库比对后来给出行车控制措施。

给出措施后怎样做？各种应对措施都会显示在这些不起眼的电子信息板上，"每一区域的电子信息版告知的内容都是针对各自区段的路面状况的"。陈艾荣说。

海中平台：长虹卧波的一个"顿号"

"杭州湾跨海大桥首次引入了景观设计的概念。"陈艾荣介绍。景观设计师们借助西湖苏堤"长桥卧波"的美学理念，兼顾杭州湾水文环境特点，结合行车时司机和乘客的心理因素，确定了

北边雄伟的双塔斜拉桥屹立在茫茫大海中

大桥总体布置原则。整座大桥平面为 S 形曲线，总体上看线形优美、生动活泼。从侧面看，在南北航道的通航孔桥处各呈圆拱形状，起伏跌宕就像优美的华尔兹转体。

大桥离南岸约 14 公里处，有一个面积达 1.2 万平方米的海中平台，卧波长虹有了一个优雅的"顿号"。据了解，大桥建成后，这一海中平台将是一个海中交通服务救援平台，同时也是一个绝佳的旅游休闲观光台，观光塔、酒店和休闲场所等项目都在紧锣密鼓地推进中。

侧身俯瞰，秀美挺拔的柱子纷纷从海底钻出来，成群结队地向观光平台"游"过去，由稀疏而密匝，那是它们托举的四条匝道；匝道从桥两侧向平台"滑"去……转弯了，快到了，地上早就铺好了"红地毯"，那是红色的车道——每个莅临平台的观光客都能体验一回"国宾"待遇！

一桥飞架，钱塘从此安澜；长虹迤逦，神州分外妖娆！

永远的古城——平遥

空中俯瞰山西平遥古城，呈龟形。古城南门是龟的头，城门外的两眼井是龟的眼睛，城的东西两边的四个门是龟的腿，而北门则是龟的尾巴，微微东甩，静静的古城居然龟行起来。

设计平遥古城的是一位儒生。在"高筑墙、广积粮、缓称王"的明代，这位儒生设计了这座形状独特的古城。与当时各地勃兴的筑城运动不同的是，平遥古城不但作龟行，而且垛口、敌楼还附会了孔子的 3 000 弟子、72 贤人。

山西平遥一带，历朝历代大都是军事防御要地，可这并不妨碍商人们贩丝卖盐、行迹万里。赚了钱不回家盖起深宅大院，在他们眼里就如同锦衣夜行，于是平遥就有了现存 3 797 处古风纯朴的民宅，仅是完好如初的宅子就超过 400 处。这些深宅大院，无不雕梁画栋，或狮子，或寿字，名人题字更是不可或缺，至于花鸟虫鱼、百子闹春等等乡风里俗图景更是随处可见、数不胜数。

专家介绍说，以市楼为中心，平遥古城的城墙和各大街小巷组成了一个八卦图案，古寺、市楼、街道、民宅成为了八卦图中的黑色部分，穿插其间的大街小巷则是白色卦样，与纸上八卦丝丝合缝，分毫不差。600 年前的明代，规划设计水平如此之高，着实令人惊叹。

平遥民居与江南民居区别甚大。这些二进、三进、四合院轴线严谨，严格对称，自觉不自觉地模仿皇家建筑布局，砖拱窑洞和木构瓦房的巧妙结合，房屋主人便既冬暖夏凉，又滋润奢华了。精巧的木雕、砖雕和石雕，乡土气息浓重的剪纸、窗花，无不惟妙惟肖，栩栩如生，北方民居的极致让梁思成先生相见恨晚。

日升昌票号不是平遥古城中面积最大的宅子，却是游人必到的地方，因为它是中国票号博物馆。"天下第一号"日升昌坐南朝北，三进院落，临街面阔五间，建筑面积1300余平方米。令人惊奇的是，往里走，渐渐就发现院落成了坐北朝南的布局；不仅如此，硬山顶、五级青石台阶、抬头不见顶、墙厚不知边的外部面貌，游人除了惊奇还是惊奇。可是，到了院内，天地洞开，优雅与细密合鸣，秩序与灵动共舞，一处集古代银行严谨与封建士绅生活舒适于一体的日升昌就这样陪伴着它的主人度过数百年的荏苒光阴。

平遥古城1997年被联合国教科文组织列入《世界遗产名录》。

民宅看乔家

"皇家有故宫，民宅看乔家"，位于山西祁县的乔家大院占地8724.8平方米，建筑面积3870平方米，有院落19进，房屋313间。整座建筑群被设计成"双喜"字形。

一条长80米的石铺甬道把六个大院分为南北两排，西尽头处是乔家祠堂，与大门遥相对应。大院内主楼4座，门楼、更楼、眺阁6座。令人称绝的是，每一处院落房顶均有走道方便连接，那是用于武装家丁24小时巡更护院的。

木、砖、石……每一件建筑材料无不浸透精巧的智慧。门，半出檐门、石雕侧跨门、双翘仪门，层出不穷，花样繁复；窗，棂丹窗、通天夹扇菱花窗、栅条窗、雕花窗、大格窗，变化无穷，看花你的眼；房顶，歇山顶、硬山顶、悬山顶、卷棚顶、平房顶等，高高低低、宽宽窄窄，或飞扬，或谦逊，千姿百态……就连140余管烟囱，也是花样翻新，无一雷同。

乔家大院大门正对的就是砖雕百寿图，三代帝王师祁集藻书写。一百个寿字无一雷同，五谷杂粮、江河湖海、风雨雷电、花鸟虫鱼、飞禽走兽，甚至阴阳八卦，常人能想得到的都一一在这个百端变化的"寿"字中变得惟妙惟肖。"损人欲以覆天理，蓄道德而能文章。"个性张扬的左宗棠为其题写的对联，越发印证了乔家经济实力的雄厚、权利核心的近距离。

四院侧门的猫蝶秋菊、喜鹊登梅，掩壁上砖雕龟背翰锦，还有砖雕的牡丹、莲花、秋菊、梅花等四季花卉，民间所有表达多子多孙、福禄寿喜等吉祥寓意的纹样在乔家大院一应俱全。

乔家大院原名"在中堂"，是清代金融家乔致庸的宅院，现为"中国民俗博物馆"。

渠家大院

位于祁县城内的渠家大院规制宏阔，建筑面积 3 271 平方米，人称"渠半城"。它是目前全国现存罕见的五进式穿堂院。院内建筑高高低低，错落有致；主院挺拔明阔，偏院雅致静谧，全部院落层次分明，犹如张弛有度的华彩乐章。院落之间由牌楼、过厅相隔，隔而不断，纹饰精美的抱厦、屏门似连似隔，生动非常。彩绘、砖雕、石雕、木雕，或诗文、或花卉，随处可见，刀法精湛，就连一个个门墩、一处处石础上都未遗漏，让人不由得惊叹中国富贾生活的精致奢华。

渠氏先祖渠济经商时经常往返于祁县上党之间，干的是倒贩土特产的营生，渐渐积蓄了点资财，便在祁县城内定居下来；到第 9 代，设铺面，创字号；至 17 世"源"字辈时，渠氏商业进入了黄金时期。传说"旺财主"渠源浈的后人在其死后，仅从一座银窖中便挖出白银便有 300 万两。

渠家大院以其气势宏伟的城堡式形制、精巧繁复的内部结构、花样别出的细部装饰与乔家大院一起被誉为"清代北方民居建筑的双璧"，解放后被辟为晋商文化博物馆。

找回"失落的空间"

——怡和纱厂改造理念解读

业界把城市中心区域的产业建筑称之为"失落的空间",在北外滩的杨树浦水厂边上就有一处名叫怡和纱厂的地方。厂子早已停业了,但最早建于1909年的5栋建筑还在,他们全都是上海市优秀历史保护建筑。

近年,这些建筑连同百余亩厂区由相邻的杨树浦水厂并购,按照在使用中保护的总原则,选择同济大学建筑城规学院莫天伟教授课题小组承担改建、保护设计任务。

功能:水厂生产系统组成部分

杨树浦水厂也是一座有着百余年历史的企业,至今还在不断壮大中。怡和纱厂被并购后,其大工场将被改造成自来水加压车间。

外面是深5米,大小如篮球场的蓄水池,再次净化后经过深埋地下的近十根粗大管道进入加压车间。加压后被送往千家万户。

但是,包括气楼、外墙在内的大工场厂房一律予以保留。

原则:谨慎·可识别·全面保护

作为优秀历史建筑,怡和纱厂大工场、废纺车间、大仓库、空压站及仓库、英老板住宅等分别建成于20世纪初。怡和纱厂大工场是上海最早的外商兴建的产业建筑之一,它的历史信息记载了上海工业文明的进程,其建筑蕴含的历史、文化、艺术和情感等价值无可衡度。

莫天伟课题组成员岑伟介绍说,我们遵循的原则是:

谨慎缜密。虽然现在看起来这些建筑表面陆离斑驳、衰老不堪,但红、青砖夹杂砌筑的墙体、灰浆粉刷的墙面作为原初建筑组成部分,蕴含的历史信息唯一而不可再生,是优秀历史建筑主要价值所在,必须十分谨慎地对待。

可识别。尽管怡和纱厂的房屋产权现属自来水公司,但其建筑风格与水厂都铎式风格迥然不同。改造采取的措施都必须完全尊重原怡和纱厂建筑的历史、形体和美学的真实性,让原有的风格光大并延续下去。唯其如此,方才可读。

全面保护。5栋历史建筑的保护性改造必须采取一切可能的手段,保持历史现状或维系历史空间意向,保证各种重要信息不被篡改,尽最大可能恢复优秀历史建筑原有的风貌。

课题组是这样工作的

莫天伟课题组成员王珂说，闹市中有这样的工厂，已经是"化石"级宝贝了；闹市中的工厂改造后还作为工厂，全世界绝无仅有。因此，课题组把这次工作当成诊治"大熊猫"。

原怡和纱厂大工场在修建之初就是当时厂区规模最大的生产车间，空间较大，层高较高，虽然原始资料与历史档案较缺乏，但建筑物本身保留完整，因此保护修缮工程具有可行性。课题组很快就拿出了改造方案。

在现场，我们发现建筑许多地方因为屡经加建，墙体破损不堪，墙面层层覆盖。王珂说，不少时候，我们只能根据破损处截面去揣摩原始建筑材质，但这正是考验我们缜密、耐心的机会。

我们相信，改造完成后，世博关联带之一的怡和纱厂一定会很好地体现"生活让城市更美好"这个主题，市民一定能够在这里走入"历史隧道"，找到城市工业文明摇篮期的美好记忆。

怡和纱厂历史建筑简介

大工场

建于1909年，两层，原砖木结构，中间升起处为气楼，作采光和通风之用。

废纺车间

建于1911年，一层，砖木结构，钢筋混凝土锯齿式屋顶，开中国工厂钢筋混凝土结构的先河。建筑外立面为红色清水砖墙，外墙有墙柱；门窗排列韵律感强。墙、柱、门窗虽无任何装饰，但色彩、比例沉稳而和谐。

空压站及梯形仓库

分别建于1909年和1938年，三层、砖木结构，钢筋混凝土锯齿形屋顶，外立面水泥砌筑，窗户高宽比例接近1/2，窗顶部有弧形起券。

废纺车间的老建筑与浦东新建筑遥相呼应

大仓库

建于 1941 年，为怡和纱厂厂房。砖木结构，红色清水砖墙外立面，窗顶部有弧形起券。

英老板住宅

建于 1909 年，两层砖木结构英国式乡村别墅。四坡屋顶，糙鹅卵石外立面。南立面有外廊，铸铁几何图形栏杆，整体保存状况尚可。屋后生机勃勃的广玉兰古树一棵，今已 136 岁。

这 5 栋建筑除了空压站及梯形仓库为上海市第三批第四级优秀历史保护建筑外，其他都是三级保护建筑。

奥运乒乓馆挺起"中国脊"

——钱锋教授细数体育建筑艺术"中国风"

在刚刚结束的第二十九届奥运会上，中国乒乓球队包揽了全部 4 枚金牌，中国揽金福地北京大学乒乓馆一次次成为欢乐的海洋。兴奋的人群中，乒乓馆设计组牵头人、同济大学建筑与规划学院钱锋教授指着一张张图片，不断重复着一句话："'中国脊'在大赛的考验中挺住了，北大乒乓馆是国球的福地。"

民族、教育、建筑、体育……奥运场馆设计开始招标，钱锋、汤朔宁就开始寻找能够集四者于一体的建筑"符号"：乒乓球——国球；北大——中国现代教育的发祥地；中国传统建筑——大屋脊……"中国脊"，"就让变幻着的中国脊来体现中华民族百折不挠的精神、中国现代教育事业的脊梁、中国体育的拼搏精神、传统建筑灵魂。"钱锋很是为这一创意兴奋。他介绍，经过转化与变异的中国传统"大屋顶"设计上让屋脊围绕中央的玻璃穹隆顶旋转起来，弯扭"飞动"的屋脊带

北京奥运会乒乓球馆（北京大学体育馆）

动两侧的屋面形成极富活力的画面。"现代体育建筑的动感与中国传统的'大屋顶'的美感很好地统一到一起，玻璃穹顶——'飞动的乒乓球'旋转着'落'在屋顶中央，国球就这样'王者天下'！"

贴在墙上的灰色'砖块'像不像长城砖？其实它是颜色近似的混凝土板。除此之外，乒乓馆端庄的外部形状、协调的外部颜色很好地融入周边的建筑中去了。

细细揣摩，金属屋盖与墙体之间向外倾斜的百叶，不同建筑材料之间的过度"不动声色"；屋角处，1、2、3……8层，是"斗拱"？是屋檐？反正看起来很舒服，也雅致，还时尚，阿拉喜欢。

当建筑碰到古树时？

人文奥运、绿色奥运……建筑肯定要给树让"位子"，虽然乒乓馆本来就"袖珍"，四周逼仄，但还得给基地东北角的保护建筑——治贝子园及六棵北京市挂牌保护古树挪空间。

设计中，设计者们数次调整方案，退出古树保护规定的范围后，又将乒乓馆地下室向南平移不少。"工作量是增加了，但我们成功地把限制因素转化为了绿色奥运、人文奥运的'得分'元素。"钱锋说。

目前，六棵古树郁郁葱葱、蓬蓬勃勃，与传统建筑一起，成了体育馆东侧最幽雅、静谧的去处。

"金牌"都是压力的产物！不信，您看了乒乓馆就知道了。

钱锋说："乒乓馆是新建奥运场馆中运用新技术最多的一个场馆，这是北京奥组委的评价。"他指着蓝色的座椅介绍，座位下送风技术确保了国际乒联赛场区域内最大风速必须小于 0.2 米 / 秒的要求；灯光设计除了亮度满足电视转播要求外，设计组还特意将赛场四周的坐席与吸声墙面处理成蓝色、银灰色，这样一来，比赛时赛场区域变得瓦亮瓦亮的，乒乓球的划过的轨迹也是水闪水闪的。雅典奥运会中成功使用的无铅化专业体育照明产品也在这里很好地应用了，"总体上，智能照明控制系统可以根据使用、转播的要求，灵活方便地切换"。

墙体采用的是保温隔热材料，利用季节冷暖变化储冷储热的地源热泵技术解决了取暖制冷问题，屋面则采用虹吸式雨水排水系统回收利用雨水。

"乒乓馆圆了我的体育建筑设计梦。"钱锋说。

建筑也要"旧瓶装新酒"

——走进长征中学教学楼感受装饰设计艺术

在上海的一些校园中，有些教学楼已经具有了很长的年岁，比如1965年建的长征中学教学楼，建校至今已有40周年。步入21世纪，老教学楼也需要重新修葺一下，如何"旧瓶装新酒"就成了考验设计师的一个难题。如何让老楼既保持原有特色，在装饰设计上又显得与时俱进？这次让我们一同走进长征中学去看个究竟。

富有节奏韵律

走进校门，首先映入眼帘的就是黑条石上不同年代化成的一列排列整齐的数字。阳光下，主教学楼走廊外立面粉白、浅灰的线条层层叠叠，密集而规整，一直延伸过去，拐角处，整齐划一地旋过来，依然齐刷刷如阅兵队列。

设计师李保林告诉我们，教学楼外立面原本是光滑的老式白瓷砖，陈旧且显得呆板。设计构思中，采取了立体三角直线，充分利用阳光照射，给些灵动的元素，增加朝气。我们注意到，虽然都是一色的白色涂料，但由于装饰中采取了立体装饰手法，阳光制造出的浅灰色效果让这几栋体量庞大的多层教学楼显得活泼起来。

楼内的线条表现依然是整齐而带着活泼。围着方形天井，一层层递进上去的走廊方方正正，香槟银栏杆把阳光"溅"到各个角落；教学区与办公区之间的天井装饰横梁被设计师加上了立体孔眼板装饰柱，形成网格状，线条与空间立刻丰富起来。

塑造静穆气息

教学楼外立面、内走廊、门……到处是不断强化的线条，虽然材质不同，但粉白、香槟银等浅色调线条装饰出的块面都营造出了让人静心读书的肃穆气氛。

简洁的直线组合出的空间十分敞亮。"这个装饰设计的一个重要追求就是让阳光最大限度进入室内。"李保林说。为了达到这一目的，拆除了建筑东面原来的一层砖墙，换上明亮的玻璃，拓展了进入中庭的步道，室外的阳光进来了，中庭的阳光也借过来了，原本较为灰暗的办公楼"门面"敞亮了。

亮色运用活泼

教学楼边立着"自信、自强、自主、主动发展"的校训，颜色从红至黄，渐变而下，黄金分割的长方形组成色彩鲜艳的立柱，与教学楼素净的颜色形成强烈对比。直线、长方形、鲜艳的色彩，学校之"魂"立刻鲜亮而醒目起来。

这样的形状、色彩在3号楼梯状屋顶上重复出现，学校之"魂"用建筑装饰的手法吟唱着。

一进校园，路边草地上线脚整齐，黄金分割的长方形诗歌碑一路延伸过去，直达教学楼，与对面的红军长征雕塑墙相映生辉，有力烘托出了"长征精神"。

钢铁玻璃接天纳海
——上海深水港办公楼室内设计看点扫描

东海大桥、洋山深水港，近几年来，这两个响亮的名字"出镜"率颇高。洋山深水港建成后将成为超过鹿特丹的世界第一大港，东海大桥是中国第一座真正意义上的跨海大桥。而他们的"大脑"就是这座办公面积近八万平方米、被设计成集装箱变体的多栋复合式办公大楼。

钢铁玻璃十字廊

满目的钢管铁架，长长地接地撑天；玻璃，或满铺，或半盖，透亮透亮的，叫人神清目爽；深秋的暖阳牵着钢铁支架的影子洒满颜色或浅或深的大理石地面，似渔网、如棋枰，大气、静谧而优雅。"你会被它镇住"，深水港一名工作人员情不自禁地说，脸上的自豪盛不下，漫出来。

同济大学室内设计公司设计师顾骏介绍说："十字连廊的交叉处，也是视线最集中的地方，我们设计了一个以古代船只的桅杆与波涛结合的螺旋形雕塑，预祝深水港集装箱业务蒸蒸日上，祝福海船乘风破浪。"螺旋雕塑在十字廊交汇点的上方，红黄各色交织的灯具宛如巨轮上飘扬的旗帜，酷似大海卷起的浪花；十字廊地面尽头，一方小小的喷水池，池中的玻璃竖墙上海鸥仿佛被巨轮浪花惊起。

十字廊围合的空间，钢铁支架的影子被太阳引领着，翻飞徜徉，墙壁上、地坪上、钢管上……斑斑驳驳、五彩斑斓，每一个角落都成了影子的世界。

海鸥把大海领进来

海鸥一群一群，或凌空翱翔，或低空盘旋、或似停非停……姿态各异，灵动着、忙碌着，巨大的钢铁空间有了勃勃生机，那是大堂内主要的照明用具。夜幕降临，整个十字连廊上空悬浮着成群结队的海上精灵，钢铁构件的单调被打破，整个深水港大堂仿佛也成为一只矫健的海鸥。

类似的视觉小品还有很多。挑高三层的大堂空间里，一系列视觉元素与功能语言，合理地体现出空间秩序感，身处其间，你就能与大海亲密对话。

茫茫海上头等舱

"东海大桥剪彩仪式很可能就在这间餐厅举行。"顾骏介绍。层高达 11.4 米、玻璃墙体的餐厅犹如一只巨大的飞碟插入蔚蓝的大海，少了大堂的粗犷，多了浓浓的典雅。

"真像明朝的官帽！"看着餐厅的大立柜，我们情不自禁地说。

"那是灯具，我们专门为这个餐厅设计的。"顾骏说。十余座官帽形灯具下半部就是中央空调的出风口，铁灰色，半圆形，默默地站在那里，与屋顶的伞形灯具、墙上巨型郑和下西洋绢画相映生辉，一副即将扬帆远航的图景。

"这里的一切设计都与大海有关，要亲密接触，一定要到现场来。"顾骏最后说。

用规划理念设计"大脑"

洋山深水港是上海市重大工程，作为深水港"大脑"的办公大楼建成后将承担起深水港一关三检、港政管理、信息中心及企业办公等诸多功能。如何让深水港的"眼睛"和"脸面"更明亮、更光鲜，我们采访了同济大学室内设计公司总建筑师陈忠华教授。

笔者：体量如此巨大的空间，安排上的困难肯定不小。

陈：仅大堂面积就有 4 000 平方米、挑高达 3 层，可谓是一个微型的城市。我们采用规划的理念来进行室内设计，运用"主题"轴线来创造室内空间的丰富感与层次感，同时通过一系列视觉小品元素保持整个室内空间中人体的尺度。

笔者：你能说得更具体一些吗？

陈：比如十字廊上空的海鸥，白天是大堂装饰品；夜晚，整个十字连廊上空成群结队、银光闪闪的白色海鸥又成为大堂内一个个跳跃的生命元素，柔化了钢铁，使人产生亲近感。

笔者：既然是一座微型城市，功能应该是第一位的。如何做到既功能清晰，又有优雅的工作环境？

陈：十字廊担负着整个 A、B、C、D、E、F 六个区域的交通组织功能，是视觉的焦点。一层，我们设计的重点落在轴线上。主要精力是强化视觉节点、控制大堂空间的变化节奏，让轴线两侧的超市、银行、咖啡厅、邮局、商务中心、甜品店、鲜花店等空间自然向着轴线。二层，我们只在天桥开口之处略作扩大，这样既不破坏大堂立面的造型及比例，又让天桥与二层走廊相交的空间有了足够的视觉缓冲余地。

笔者：除此以外，还有其他的亮点吗？

陈：阳光、大海。我们在设计时，最大限度地考虑了阳光的价值，巧妙地将阳光元素植入室内。阳光装点下的室内景点别具风采。

意境中寻找雕塑气韵

2005 年 5 月在上海举行的"国际科学与艺术展"上，日本雕塑家松尾光伸的椭圆艺术造型作品获得金奖。

让雕刻清澈映射人的心灵。35 年中，松尾光伸以椭圆为主题，从最初的平面思考到后来的立体造型，将其理念以环境雕刻的形式不断向观众展开。松尾光伸说："雕刻是反映人们心中信息的一面镜子。"多年里，他始终坚持以让人们有无限感受的椭圆的构造为出发点去创造作品。其用椭圆为基本元素绘出了运动着的人体，更多的是以不锈钢、木头、黄铜等各种材质通过切割、打磨等手段得到的椭圆。最近他

松尾光伸作品

完成的作品也是椭圆的钢质作品，4个组件轻松地就有了800种以上变化，松尾光伸介绍说，这些组件已经被幼稚园、养老院等机构广泛应用，用来开发幼儿智力和老人康复了。

英国哲学家罗素所说："数学，如果公正地看，包含的不仅是真理，也是无上的美——一种冷峭而严峻的美，恰像一尊雕刻一样。"松尾光伸以椭圆为主题从平面到立体的造型，致力于发现椭圆的无限的、独有的构造和关系，能使你深深体验到椭圆无限地穿梭在直线与圆之间所象征的生命生存的结构和运动状态产生无限的感悟。

室内设计，用现代语言"阐述"
——同济大学五位设计师谈各自创作理念

对于绝大多数人来说，生活在室内的时间占了生命的大部分。无论是哪一种室内空间，都与我们的生活息息相关。上周，在同济室内设计工程公司举行了一次设计师论坛，主题为"室内设计的现代语言"。以5个室内空间为例，5位设计师用各自作品阐述了他们不同的创作理念。

居家设计：构架一个心灵空间
俞文斌（副总建筑师）

建筑虽由无生命的材料建成，但它应具有生命，并富有生机。设计不同于艺术，不应只被理解，还应该被体验、被感觉。在居家空间设计的实践中，我们就是追求一种体现心灵空间的人性化，这就需要我们用自己的心境体会别人的心境。"夫仁者，己欲立而立人，己欲达而达人"，这就是我的设计理念。

这是一套市中心的80多平方米的居室，我们试图将它构架成一个心灵空间。在居家设计中，我们认为"家"原始的居住功能已经淡化，建筑已经上升为一个符号、一种象征。这里交织着人生的喜怒哀乐，正如某作家将"家"形容为"理想与现实、梦境与实际、可能与不可能之间的夹缝"。家是物质与思想的共存体，其最初的庇护功能的淡化，加上了某种象征意义。而设计师正是期待这种象征意义的出现，从而达到社会文化范畴内的某个制高点。

在这个方案中，我们将光运用得很生动，所有线条的引入都是为了让空间延伸、拓展,让本来不大的空间可以给人更为舒展的感觉,也让家成为主人想象的空间。

寺庙附属建筑室内设计:创造一种空间精神

樊可江(总工程师)

在越来越多的寺庙修缮、扩建,寺庙附属建筑不断建成的情况下,如何将这些建筑的室内设计成符合现代寺庙办公、接待等功能的场所空间,是放在室内设计师面前的一个新课题。

觉群楼是玉佛寺中的一座综合性建筑,集办公、会议、住宿等为一体。为了和寺院原有的建筑相衔接,觉群楼的外观仍然沿用了传统建筑赤柱深檐的形式。但在我们接手做室内设计的时候,僧人们提出不必再拘泥于传统的造型,希望我们设计一个既能够传递佛教精神又具有现代风格的室内环境。之后我们得出一个共识:佛教精神要在室内设计中"归于物质",于是,莲花造型和贴金工艺木雕成为觉群楼室内设计的主题元素。在总体上,完全以现代空间构成的手法组织觉群楼室内空间,细节上加入经过提炼概括的传统佛教符号;符号同空间构件结合起来运用,追求简洁的亲和感。

世上的许多事情都是这样:重要的是内在的精神,而非外在的形式。通过这个工程,我们有所感悟:室内设计更多是创造一种空间精神,渲染一种空间气氛,使进入者在无意识状态自然而然地受其感染——这才是设计的任务。

餐厅室内设计:传统元素现代诠释

郑鸣(主任设计师)

以前我们讲"民族形式",现在讲"继承传统",我觉得是个进步。形式是可以改变的,但是传统的特质却是源远流长的。身在室内设计行业,作为室内设计师,我们有责任让中国的建筑传统离我们更近一点,也有责任多创造这样的机会,让生活在现代社会的人们能时时感受传统的气氛,只有传统天天在我们面前出现,才能确保它不被遗忘。

这是正大广场爱晚亭餐厅的设计,该餐厅西面紧邻浦东滨江大道,外滩建筑景观是这个餐厅最大的资源,因此最充分地利用这一有利条件,使餐厅里更多的用餐者共享美景成为本设计的主旨。

设计的最初设想来自于湖南湘西民居的吊脚楼,结合地势而成的吊脚楼固然是与地形妥协的结果,但抬高的楼层是不是也有了更好的视野和观赏角度?根据这一思路,我将餐厅地面高度被分为两个层次:沿江紧靠窗边为第一层次;靠内部包房区为第二层次,比窗边地面抬高60厘米,在此用餐的人虽然身处内区,但观看风景却也毫无阻碍。这个设计并没有照搬所谓的民族形式，但是却吸取了湘西民居解决问题的独特方式，做到了功能和形式的巧妙结合。

博物馆室内设计：建造一个时间驿站
顾骏（主任设计师）

我们主张"通过设计去建造特定素质的场所（路易·康语）"。这个场所反映在具体工程项目中是对城市环境作出响应，对建筑中的各种次序作出回答，从而限定出场所本身的形象，并表达出它的真实含义。这是一种空间、边界和人的意向共同创造出的和谐而特定的空间。

德艺陶瓷博物馆位于上海北区一条僻静的小街中，是由一座名人旧宅改建而成的。所有的设计都被限制在"12米×12米×12米"这样一个建筑容器的内部。博物馆的中央被设计成一个中庭，展示空间就围绕着它而展开。底层有一个叫作"1920年"的酒吧，给整个博物馆带来活力与色彩。透过酒吧区还可以看到一个朴素的庭院。朴素的灰砖被切成薄片，创造着室内气氛又与室外的民宅产生着联系，拆除旧宅而留下来的木料，带着历史的痕迹，被赋予了新的形式，就这样一种新的生活质感被创造出来了。

我把房子当成一个针孔照相机，外在的影像投射到室内，让人与历史、文化、空间相交融。不局限于单纯的陈列与展示，而是让展品置身于广阔的地域文化场景之中，让观者体味历史、文化、展品混合的滋味。

医院空间设计：处处体现人文关怀
李保林（高级工艺美术师）

医院空间设计应该是功能、文化、科学并重，充分体现人文精神与人文关怀需求的公共空间的环境。但目前多数的医院环境都不尽如人意，所以人文关怀的设计理念走进医院空间势在必行。

导向设计在众多医院环境中没能融入环境美之中，没能科学地走进医院，而是以贴膏药的形式出现，使得空间效果大失所色。为了更快速度将资讯传递给病人，我们设定了几种体验人文关怀的元素走进医院空间：借助导向视觉文字图案来讲故事，借助色彩与块面创造情绪，借助版面释放的信息、图像传达情感，借助洁净、舒适的空间来制造文明。

为了使病人能在看病途中享受到便利，我们设计了宽敞、明亮、整体、简洁的空间。首先映入病人眼帘的是导向及目的地候诊区，所以我们把导向标识设计得很醒目。在就诊区里，我们安置了绿色植物，有效地缓解了病人的不良情绪。

至于就诊室，我们尽量采取一人一间的明亮空间。

另外，走廊设计我们提倡宽亮，这样，各种各样的病人，走得慢的、快的，背着的、架着的，可以互不干扰。这种设计对病人非常重要。

当城市别离石油之后会怎样？

当城市没有了石油和煤炭作为能源支撑，会怎样？最近，由联合国人居署和瑞典环境部共同发起的"超越石油的城市"国际设计竞赛在上海同济大学落下帷幕，面对迫在眉睫的能源危机与全球变暖，瑞典皇家工业大学、瑞典皇家大学艺术学院、查尔姆斯工业大学和国内哈尔滨工业大学、同济大学、华南理工大学、复旦大学等7校学子们端出了五彩缤纷的人居创意"大餐"。

让世博会在水中举办如何

"圆顶的建筑，既可以保证水流的通畅，又可以达到相同空间体积下表面积最小"，同学们这样安排没有以"燃烧"为基本能源获取手段的城市，将一个街区作为一个空间单元，街区被一个连续的穹顶所覆盖，房子犹如人的肺叶，飘浮在水上，黄浦江的潮汐水流从屋顶淌过，"而建筑内部的中庭成为风道，空气在风道中被加速，产生能被人利用的动能"。

综合建筑内部单元之间以及建筑之间，用新型的垂直交通方式连接起来。人的出行在管道里，"管道充满了水，人在密封舱中，被水推动前进"。动力来自潮汐能，并通过不同舱体上下运动，来分配这些能量。

同学们选择的就是举办上海世博会的园区，这里的每个单元被设计成大尺度的建筑综合体，外观看起来就是一个个大大的"水泡"，每个居住综合体可以容纳3 000~4 000人，公共活动综合体可容纳10 000人以上。

让水为城市提供无限动力

采取先进的技术，将水分离成氢和氧。氢气集中存放在氢站中，为车辆、空调、厨房……人们工作生活的每一个角落提供清洁和高效的能源；氧气则被送到随处可见的氧吧之类场所，供市民享用。

而在氢、风能等清洁能源为主导的动力支持下，轨道交通则成为人们出行的主要工具。在这样的环境下，人居环境是复合而集成的，屋顶风车、集热板为居住、工作提供电力，垂直的建筑架构从上至下依次是能源、居住、工作、公共场所及地面空间……屋顶不仅是能源产生地，还是葱翠和富于活力的休憩"岭上风光"。

超越石油，学子的创意很"灵"

出写字楼的白领们，蹬上自行车，奔驰在高架与地面之间的专用自行车道上：如果真能那样，这座城市的许多市民恐怕都要弃四轮汽车而涌向这种绿色而健康的出行方式！

——这是中国学生的城市出行创意。

类似的创意很多：让房屋变成葱翠油绿的，支一把巨大的"伞"：大伞顶部宽度900米、高450米；伞收集阳光、雨水，通过支柱中的转换装置为它庇护的建筑提供能源，伞卜的房屋顿消日晒雨淋。

还有高高的聚能塔。高1600米，外表有点像鼓鼓囊囊的千足虫，阳光、雨水、风乃至地面的热空气，通吃！利用的是巨大高度形成的同样巨大的温度落差，把吸收到的这些能量转换成人居需要的能量……这座塔是封闭自循环、零排放，居住尤为惬意的"理想之塔"。

世界学子们的笔下，没有石油的人居环境更为舒适、诗意。

废旧集装箱、玉如意、桂林山水、矿泉水瓶子……你觉得它和二○一○年上海世博会城市最佳实践区上的凳子、售货亭、自行车棚的距离有多远？在同济大学建筑与城市规划学院研究生们的笔下——

看弃物如何变脸成为街具

我家的集装箱会"变脸"

川剧的变脸把中华传统艺术展现得让世人神醉情迷，在邓蓓蓓、周哲苑的笔下，废弃的集装箱也有这种功夫：形色各异、高低长短不同的座椅那是人家的家常"小碟"，吧台、售货亭、自行车棚、婴儿护理亭……你想得到的，想不到的，只要是实践区内可能用到的，都能用它做出来。

作品表达的是可持续发展的理念。"可持续发展的社会应该是循环利用、零排放的，展现人类先锋理念的上海世博会更应该走在日常生活的前头。"邓蓓蓓表示，红红的颜色、铁灰的原色红红的门……喜庆、环保而且舒适。

专家们给这件作品金奖。

丢弃的瓶子这样变身

瓶子，丢弃的矿泉水瓶子，剪掉瓶底后，吴燕雯同学拿起它，对着镜头，于是丢弃的矿泉水瓶子可以用来观景。这只是其广泛用途的"一毛"……

金奖作品"城市记忆"——设计：邓蓓蓓、周哲苑——以集装箱为元素，设计的休闲坐椅群

它还可以拿来绿化、围合、支承，充当器物的"门脸"。世博街具中的凳子、椅子、吧台、售货亭、岗亭、自行车棚……都是由矿泉水瓶子用围合、叠加、支承这几种方式组成，白白的瓶子一粘、一垒，加上必要的配件勾连、缝合，一座座形制

银奖作品"bottles'"——设计：周泽渥、吴燕雯——以瓶子为元素，设计的绿化柱

奇特的卫生间就成了，里面马桶、盥洗盆、小便池，应有尽有；一粘、一垒，方方长长的多功能岗亭就成了，问讯、应急、休憩……逛世博的地球公民就有了"城市，让生活更美好"的场所。

"高炉、储罐、锅炉——'瓶子'是这片老工业区的标志性物件，以它来表达上海世博会实践区的绿色和宜居理念非常合适。"评委之一、同济大学建筑与城市规划学院教授莫天伟说。

海宝带着"家族成员"来了

海宝是世博会的吉祥物，在同济研究生们的笔下，海宝的家族成员好多都被动员来了——

海螺商亭：上半部的遮盖物是可以滑动的，开启后露出宽阔的营业窗口；闭合后就是一尊美丽的雕塑。亭子的背面设有出入口和营业窗口，同时可以在两个方向开展服务。在内部装 LED 灯，外部做景观灯光，"夜幕降临，美丽的七彩贝壳会让街区如梦如幻"。建筑系陈冠华、桥梁系邢昕描绘的海螺商亭像首诗。商亭由月牙形塑材及月牙形有机玻璃两种材料组成，"这些构件根据需要可绕轴转动，形成一个贝壳或海螺的造型"。

水母状的多功能亭，设计者这样描述："三块空间是由三块曲面玻璃围合而成，中间封闭的空间可以灌水，可以养真正的水母哦！"海螺厕所："一个巨大的海螺在街区内，哪个区域最需要这个海螺就埋在那里。"人们进去的时候，只要把海螺的滑盖一推，3米×1.5米的空间内，现代厕所内应有的都有，包括折叠在侧板上的婴儿护理台。

"实用、美观、方便、环保、节能……涉及环境友好、可持续发展的各种问题，同学们都解决得很好。"莫天伟教授告诉我们。

本案背景

2008年11月初，由上海世博土地控股有限公司、同济大学建筑与城市规划学院联合主办的2008参与世博——研究生设计竞赛（暨上海世博会城市最佳实践区城市街具方案设计）开锣。

街具设计竞赛围绕功能性、实验性、原创性、艺术性、安全性、经济性、可操作性、可持续性等目标，具体要求：设计方案符合人体工程学和行为科学；设计尺度人性化、摆放位置符合大众行为心理特点；造型和色彩与周围环境协调统一。

比赛结果于2008年12月31日公布：邓蓓蓓、周哲苑的作品"城市记忆"赢得金奖；周泽渥、吴燕雯的"bottles'"，程冠华、邢昕的"海之宝"获得银奖。获奖作品都有可能成为街具实施方案。

2008年5月22日，温家宝总理再次来到北川，郑重提出将老县城作为地震遗址予以保留，修建地震博物馆。一年过去了，担任上海市支援《北川国家地震遗址博物馆规划》策划项目组组长的同济大学建筑与城市规划学院常务副院长吴长福教授说——

建筑语言铭刻永恒生命

留存灾难记忆　展示大爱力量

"北川国家地震遗址博物馆实际上应该是一个纪念性地震展示综合体。"吴长福告诉我们，北川县城遗址呈现出地震破坏强烈、灾害类型多样、工程破坏类型全、抗震救灾事迹集中等 4 个基础特征，"这些特征可以作为人文教育、地震灾害、地震次生灾害、建筑结构抗震的研究及地震知识的科普教育提供丰富翔实的现场实例"。

因此，概念策划上，专家组重点考虑遗址博物馆建设目标：留存大灾难的记忆、展示人类爱的力量、提升人对自然的再认识。按照这些思路，地震综合体划分为博物馆、县城遗址保护区、次生灾害展示与自然恢复区等 3 个功能区。

按照功能要求，地震博物馆建筑主体将以对灾难、事迹、大爱和知识的记忆为核心内容，全方位展示自然灾害在自然、人文和科学各方面与人类文明的关系，以实物、模型、多媒体等互动展示方式，使参观者亲身体会到地震的威力和影响；遗址保护区部分将分为老城遗址保护区、中心祭奠公园、新城遗址保护区、龙尾山自然保护区、县城北部综合服务区等 5 大区域，设计原则遵循：祭奠与参观相结合、原真保护与恢复相结合、现状与新建相结合、自然修复与人工介入相结合。

设计场景原真　亡灵不应打扰

吴长福介绍，设计的最重要原则之一就是保持地震遗址场景的原真状态。建设量相对较大的地震博物馆建筑选择在与县城遗址有一定距离的任家坪也是这个考虑。

当然，地震博物馆也是结合北川中学遗迹保护进行整体性设计，教学楼遗址整体保留，办公楼、宿舍等危房予以抗震加固；操场保留泥石流冲刷现场，种植爱心林。中学边上以地景式建筑处理新建总面积 2.2 万平方米的地震博物馆。"整体形态结合依山地形，平缓升起与自然景观融于一体。"吴长福说，遗址区内学校里的课桌凳椅、课本书包等师生遗物都先做抢救性保护，待条件具备再放至馆内。

根据当地政府与有关专家的意见，设计提出了以滑坡灾害区、崩塌灾害区、泥石流灾害区、河流堰塞区、城市废墟区等为主要内容，联合本次地震震中地汶川、工业遗址地汉旺及地震遗迹地漩口等，共同以"强烈地震"为动因的申报"世界文化与自然遗产"方案。

"北川在地震中损失惨重，亡灵不应被打扰，生命应该受到尊重。"吴长福的话语低沉。

大地裂痕裂心　绿色承载追忆

"地震博物馆及综合服务区建筑总体以一条南北向的折线墙为形态、功能和概念的统领。"吴长福面色凝重，"要用建筑语言铭刻永恒生命。"5·12 的大地裂痕是人类永远的痛，也是设计手法的核心原则；方案中，这一统领性的墙体在空间上是倾斜的，墙每转折一次，其倾斜的角度也随之不同：建筑形象不断地暗示、唤醒参观者们关于地震的记忆；建筑顶部的天窗和屋架等结构被设计成错动的形象。为何这样？那你就去震区看看吧，看看那些七拱八翘、坑坑洼洼的路面，那豁裂赤黄、百孔千疮的山梁……

方案中，北川县城的入口处、中央区域、南面及北面，设了四座守望塔。守望塔造型源于羌族传统的碉楼，具有眺望、预警及承载寓意天地对话的生命长明灯等功能。"逝去的亲人已经安息，受伤的心灵需要抚慰，废墟中让我们坚强地守望北川。"设计书上写道，塔下植树，树池基座取义方舟，"绿色方舟"以绿色承载追忆、感悟，用生命纪念生命、诠释生命。

"看了你们的方案，我们觉得对得起死去的亲人了。"2008"感动中国"年度人物、北川羌族自治县县长经大忠说。

从日本回国的我常常感叹："艺术不能只在大雅之堂，我们的城市也要办世博会了，我们的街头多么需要艺术家们的热爱、呵护与激情的挥洒。"

繁华都市朴拙而清新的点缀

刘艳丽

日本是个多次举办世博会的国家，世博会对日本的影响是广泛而又深刻的。大到经济增长方式，小至环境营造艺术……我们一走进日本，无尘的自然空间的巧妙设计、人性化的亲吻阳光的创意，让城市呼吸着现代的气息，被打造的生活很惬意；还有"后世博"天空下皇家气派的园林建筑、古老的商业小街……欣赏每一处"恰恰好"的城市雕塑小品，真真切切地感受着大自然离我们很近很近。

发现的眼睛从原始生态中出发

从原始生态中拿来就是艺术，发现的眼睛是关键。于是，原本不起眼的公共水龙头的制作，将水与树木"结亲"，提示人类来自于丛林的哺育。站在这里，你会沉思片刻、会心一笑？于是，取水的地方，设计师就为您呈现一个烙上的精彩，没有痕迹，灵感已经掠过。

走近随意摆放的一组乌色礁石，没有刻意的雕琢，蓝蓝碧波见底不见鱼儿的洞爷湖水，牵手太平洋的博大爱心，交汇在八国峰会高处不胜寒的庭园里，乌乌墨黑的礁石点缀着皑皑白雪、白白的石子，与跳跃的松鼠"磋商会晤"，昭示人们别忘了爱护自然，别忘了松鼠、礁石都是地球平等的"居民"。

朴拙的小品诉说着艺术活力

漫步在北海道札幌的车站，灯具，镶嵌在普通的石材外壳中，谦逊、朴拙但不减热情，无论雨水、无论风声、无论川流的人群接踵而过，它们都不声不响、不眠不休。那一排排的灯光，如高尚的使者擎着光明的神火，照亮了乡人的回家之路，温暖着他乡之客的早春黄昏。

生活的美好触目皆是。东京惠比寿的商圈，红色的建筑群如同天鹅化自丑小鸭般源于旧仓库的改造，如今已孕育出一处美丽的风景和清丽的水系。一切都在化废旧为神奇中，一簇簇鲜花聚集在黑色报废的轮胎上，欢快地漂浮在池水中游来游去，您可以尽情地想，想那轮胎与鲜花的反差与和谐，想着人类不羁的创造活力。

已知道的东京有不同的追忆，千山万山的石料中，东京六本木一块石头的存在，那神奇脱胎自不经意的雕琢。顺口说出："快拍下来，回去再造一块。"遭来同行专家们的批评，可是依然认为那块石头很美，有人批评更美。

疲惫的脚步被轻轻拽住

漫步在大小城市、乡野，常常疲惫的脚步总被拽住。

步道两旁铺设的小石子中冒出的水柱，伴着若有若无的背景音乐，随行人惬意地欣赏，水柱儿像阳光下蹒跚学步的小童，探头一望一笑，一会儿高高站起，一会儿蹲地戏耍，这样的情景书写着——闹春的欢喜！

东京台场，瞭望城市的壮观的建筑群，宁静也迷人。坐下，繁华中朴拙而清新的点缀——流线型的休闲椅，一次能坐上 20 个人，一样能感觉设计带来的体贴、人性和感观愉悦，没有相同的造作、没有廉价的仿造，平静、朴素、实用中，座椅同样情怀博大、品位高尚。

六本木街头的椅子

在这里，普普通通的红砖，普普通通的建筑材料，会变成一个个音符且熟悉，让流水从每一个音阶中传扬。静静地凝望着，即使已沾满了岁月的瘢痕和锈迹，它仍在讲述一段段感人的城市故事，与还未实现的愿望，依然饱含着对生活的热情和期待。入夜，灯光透出红砖、穿越水帘，让人沉湎不已、向往不已……

小憩的坐凳也会使人享受着艺术的造化，仰望着爽朗的天空，瞟一眼樱花儿纷飞，低视干净的地面。日子一天天滑过，微风吹来，哦，也许时间最快的计算方法就是忘记往返的约束，一定谁都愿意只留住幸福。

素有"小上海"俗名的台州椒江，旧称海门。前不久，老老的椒江因为一条街成功地转身，获得联合国教科文组织二○一○年亚太地区文化遗产保护荣誉奖，同时还作为四十个可持续改造设计案例之一，被刚刚在德国出版的《更新中国》一书收录。

"细雨湿桃花"的水墨江南

记 2010 年联合国文化遗产可持续改造设计案例——椒江

老街文化留下标本艺术

看江南，最宜在细雨之中看，所谓"斜风细雨不须归"，就有了水墨江南，就有了"细雨湿桃花"的江南，眼前的这条长度才 225 米的台州北新椒街就是水墨江南的一例，水光光的、亮晶晶的，巨大的麻面花岗石板、青砖，摆出各种不同的姿势，他们已经这样静静地躺了数百年，沐浴了数百年的细雨甘露。

老街的样子没变，可"肚"中的内容已大不同。本着"留下标本"的艺术原则，以同济大学常青教授为首的设计规划团队把老街上的石头、青砖一块块编上号，在下水道、煤气管道、光电缆一一埋设完毕后，再将它们请回原位。

于是，街上的居民一步迈进当代生活，而老街还是他们熟悉的那条老街，一片石头一块砖，哪里磨圆一只角、哪块肚上有个凹，都还在记忆中的那个角落，双脚走过，还是从前的步幅节奏，足感旋律，轻纱飘过、细雨沐过，老街越发灵性！

和上海开埠历史一样长

街上的老人说，数百年的老街，与上海开埠的历史几乎一样长。只不过，随着航运重心的转移，老街停留在了清末民初。"老街保存的意义，首先就在于留下了此类历史城市的'标本'"，常青解释"标本"的特征及其意涵：中式建筑多在靠老城吊桥头的一侧，向江边延伸；西式建筑则从椒江向吊桥延伸，二者交汇混杂于街道的中部，"展示了街道由老城向码头发展的演变轨迹"。

罗马柱、拱券门、对称式山墙、镂空花窗，更加上很中式的窗户盖着一顶西洋"小帽"、俏皮的西式马头墙百回千转，常青团队对杨府庙、海门关、接官亭、大关前、聚宝楼、同康酱园……修缮无不小心翼翼，即使一根朽腐梁木的替换也标号、留色，以别于"古董"梁柱。于是，我们就看到了中西合璧、精美杂糅的建筑，精致、精彩的泥雕、木雕、玻雕，"标本级"北新椒街因了精心的修缮变得鲜活而美丽。

修旧如旧功能当代化

常青说，"修旧如旧中的创新"就是把老街的功能当代化、老街上的亮点放大。于是，他们保留了原有街道空间格局，街道中部的两侧街廓背后，形成了复原的戏场和民俗广场，社区活动中心也得以重塑。

精致的艺思，让老老的老街青春做伴，光鲜还乡。

细雨中，修复后老街的味道有点甜。依然是斑斑驳驳的墙面，甚至墙上岁月的泪痕依旧静静地垂挂，但这座年代模糊的老房子看上去却很阳光、很热烈。这是一根斗拱样的短柱，细细端详，那士人、那童子、那瑞禽、那莲藕，生动而活泼：传统味儿浓浓的、暖暖的，如意而吉祥。

入夜，灯光更让老街的中西建筑文化极致馥郁。天圆地方花窗格、山花烂漫窗戴帽、连绵幽雅女儿墙，咦——那棵树分明长在房顶上，老街风采雍容华贵、气质迷人。

因为改造后的老街气质高贵而典雅，老街还在一项历史老街的评比中当选为"江南知名古街"。

他游曳在光影中

——金石声的摄影艺术

他是中国城市规划的大师之一，他还是中国资深摄影家之一，他在摄影中布局着严谨和细密，他在规划中挥洒着灵感和意趣。于是，他有着两个名字，作为城市规划专家的金经昌和摄影家的金石声。

1940年代初：《自拍像》(德国达姆斯塔特)

欣赏金石声的摄影作品，你需具备中国画的修养和境界、西洋画的熏陶和功力。他的作品中逸趣横生、张力肆溢，且又构图谨严、用笔浑厚。无论是一根锁门的绳索、一条泥泞的小路，抑或一所晨霭中的房子、一径夕阳下的曲巷，那光、那影、那取景、那构图，记录的都是摄影家金石声对生活的热爱和独特的理解，这种热爱甚至爬上了他的书桌、跳到了他的阳台、凑近了他的眼镜。

摄影伴随着金石声一生，相机一直跟在他的身边，他的镜头总是不拘一格，世界的美被他尽数收入，德国的乡村风光、威尼斯的水城迤逦、湿漉漉的乡间道路上点头前行的拉车马、粼粼闪动着摇晃着小船的雪后水波、上海外滩的帆影与汽笛，有人甚至说，金石声记录了外滩的历史：光影外滩，空旷而悠闲的滩。

在光影艺术还未被绝大多数中国人知晓的年代，金石声就在世界竖起了一座中国摄影的"碑"——《飞鹰》。更为珍贵的是，他对摄影艺术近乎痴迷的孜孜追求影响了他一代又一代的规划专业的学生，让他们也在光与影中寻找着规整和严谨，在规划中灌注着灵感、气韵，寻觅着欢喜的灵境。

"空间是会呼吸的生命体"

这是世界上第一

"福刚博多运河城是世界上第一座大型商业综合体",束昱教授开门见山,在相对逼仄的空间内把商业购物中心、酒店、餐饮业集中到一起,这在"二十世纪九十年代中叶是一件具有里程碑意义的创意与规划"。

博多运河城

"更难能可贵的是,综合体还将舞台、喷泉、市民集聚空间设计汇于一体。"指着眼前巍峨而又多彩的高楼,束教授兴致勃勃,舞台设在水中央,看台"嵌"在楼道上,"你们看,多宽的廊道,每层都是这样;再从对面看,楼道是圆形的,像不像音乐厅里的弧形观众席。而且,这里观众席的形态、舞台的位置,收纳声音的效果一流"。

水引进建筑体内

"博多运河城除了空间营造的匠心外,更大的亮点是将水引入建筑结构之内。"束昱说,水是充满灵性的物质,灵性、生命、活力,有了水,世界就碧波荡漾,生机盎然。"博多运河城之前,世界上没有谁在建筑设计中把水引进建筑体内。"

有了水,就有绿。墙上挂的藤萝彩蔓、地上植的花卉乔木,有了水的滋养,个个光鲜水灵。"1996 年以前,水和绿与钢筋水泥玻璃共生的创意设计未见大的作品。博多运河城开创了这一艺术手法的先河。"束昱说,有了水,有了绿化,人在狭小空间里,就不会感到枯燥烦闷了。

声光柔化了空间

围着运河城内外反反复复地走,周围的城市街道空间还是让我们倍感挤压;运河城内,空间同样十分紧凑,站在"剧场"的环形廊道上,对面的酒店伸手可触,但我们却没了被挤压的感觉。问束教授,他说:"是运河,是水分割并柔化了空间。"

天渐渐暗了下来,喷泉伴着曼妙的音乐翩翩起舞,灯光让她抛玉撒银,越发袅袅婀娜起来。让我们惊奇不已的是，虽然我们就站在二层的看台上，但高高扬起的水珠却溅不到身上。"这些细节，设计者都考虑到了。"束昱说。

再看，杆子上四只大小不同、层层同心的圆是"太阳"，细细的光芒说明了它照亮了这里的空

间；那边，弯弯的月亮像条船，黄黄的光还有些羞答答。"设计者艺术灵感的泉源是他们把这里的空间看成是会呼吸的生命体，然后点化它们。"束教授告诉我们。

地下空间，功能外还有视觉美

地上和地下协调发展

今天，城市里的地下空间已经告别了封闭、潮湿、阴冷的时代，功能便捷、采光敞亮、环境宜人早已为城市中人所熟悉、所认可。城市广场绿地和大型建筑物的地下，更有三十余座城市规划建设地铁，数十座地下综合体的建成使用，都把我国城市地下空间的功能拓展推向一个新的高度，把城市地上、地下的协调发展推向更宽的广度。

但是，"地下空间除了功能和安全的要求外，视觉美的追求更应上层次"。同济大学地下空间研究中心副主任束昱教授近日告诉记者。

一滴水渲染文化天地

"上海城市地下空间营造已经全面进入'美时代'"，束昱教授开门见山，无论是十六铺码头地下空间的文化营造，还是北外滩国际客运中心的文化渲染，无一例外地都是大手笔。

先说十六铺，筋骨高张与玻璃作顶的透明大伞，让我们依稀又见世博轴的风姿；从地下往上，东方明珠居然尽收眼底。

再说国际客运港，大颗的水滴、湛蓝的立柱、柔曼的藤萝、大块的绿荫，客运港的地下空间美不胜收，配上浦江边港口候船室那颗硕大无比的"一滴水"，

这"一滴水"竟收揽了一个世界。

"这都是近年来上海城市地下空间注重环境美的经典之作，它们让我们看到设计者和建设者对地下空间环境美的追求与创造。"束昱说。

艺术审美不能够缺席

"地下空间的审美追求对一座城市的文化建设至关重要。"长期从事地下空间规划设计研究的束昱强调。

如今，每一座大中城市的地面都被塞得满满的。"我们的地下空间不能重蹈地上城市建设的覆辙。"束昱说，从规划开始，地下空间里，阳光、新鲜空气、活水和绿色植物，都是一个也不能少的；不仅如此，"一座城市的文化、历史积淀当然也要艺术地进入，这座城市的性格、理想和追求也要自然而然地融入"。

"提升城市文化品质，地下空间的艺术审美与营造不能缺席。"束昱指出。

因为宁波博物馆的设计而获得普立兹克建筑奖——这个世界建筑界的"诺贝尔奖"，王澍最近已经成为各大媒体追逐的对象，关于他的作品、他的教师生涯、他的设计风格……他的一切都激起了大家浓厚的兴趣。

最近，我们找到了王澍的博士生导师、同济大学建筑与城市规划学院著名城市设计专家卢济威教授，谈起与自己朝夕相处达五年之久的弟子王澍。

建筑"诺"奖获得者的背后

热的、冷的、自己的

今年的普立兹克建筑奖选择了中国的王澍后，国内媒体一片欢呼，戴高帽者众，称他为建筑师、建筑家、建筑导演，甚至建筑"怪才"都不乏其人；对其作品贴标签者亦众，当然是赞赏有加，新江南、新乡土主义、复古主义……这都是热的情：仿佛王澍一夜之间，如超人般伟岸在我们眼前。

其实王澍今天的辉煌是寂寞20余年"酿"出来的，板凳坐得廿年冷，才有今天的"女儿红"（浙江等地的一种黄酒，女儿出生时始酿，十八年后女儿出嫁

利用废弃的旧石料、老砖瓦砌筑的"瓦片墙"，是王澍设计的建筑特色之一，远看就像一幅画

宁波鄞州公园五散房之一的画廊，屋顶一波三折，檐下空间具有典型江南建筑的气候特征

时喝，味道香浓馥郁）；坐冷板凳的同时，还要耐得住寂寞，禁得住诱惑，扛得稳理想，在这个功利多多、诱惑多多的时代，理想一旦"摇晃"，"武功"顷刻尽废。

王澍心心念念的是想营造一个人性化的城市、设计出宜人居住的房子，且房子要与环境协调，要可持续，甚至幻想着人能在其中"游戏"，于是他在"点子盛行"的时代静静地读了五年、思考了五年，挂笔"散漫"了好些年，他不想随波逐流，他想找到"自己的"。

"美国人也不想你学他。"其师卢济威说，"王澍的执著是有价值的。一位好的建筑设

上海世博园里的滕头村内部

计师必须厚根底、远眼光，才能找到'自己的'世界。"

哪里拆房子他都会闻风前往，由此建立了自己的施工队

"王澍的作品，我看过宁波美术馆。"卢济威介绍，青砖平台、地面，那些砖散发出本土的气息，墙面打破常规，运用橙黄橙黄的原木片，当然也表现出现代的氛围。"当青灰和橙黄结合的时候，我的心里非常愉悦。"

王澍喜欢用中国传统的建筑材料，哪里拆房子，他都会闻风前往，老砖老瓦、门当蹲兽，甚至老梁旧柱都拉回来；他还有自己的施工队，"因为他的房子普通施工队做不了，这些宁波周边捡回来的砖瓦其实是把宁波的历史砌进了建筑体内"。卢济威娓娓道来。

王澍近年来还相继设计了苏州大学文正学院、宁波博物馆、中国美院象山校区，卢济威说："王澍设计的作品，体量都不很大，都喜欢用中国传统的营造材料，比如砖、瓦、木头，'慢、精致、小'是其设计的基本特点。"顿了顿，卢济威说，"他试图走一条地方特色与现代功能结合的设计道路，纵观他近年的设计实践，我感觉是在寻找一条中国式的建筑设计道路。现在看来，他的努力得到了世界的认可。"

博士论文：城市应该像一个游戏，它永远是一个矛盾的集合体

"虚构城市，就是用一种结构性的语言去谈论城市语言本身，甚至越过语言，回到实物，就是对以往那种不思考的城市设计的不思考。"这是王澍《虚构城市》序言中的话。论文究竟说的什么？"很想出点思想"，卢济威为我们解密，王澍想把自己学建筑以来的所有思考都沉淀在这篇博士论文中，他想批评城市，批评城市的规划和设计，所以他对心中理想（名之曰"虚构"）城市的潜在规律进行阐发。

众所周知，当代城市是伴随着功能分区的实践而展开的，而这种展开又按照汽车为本规划设计并迅速膨胀，大马路、大广场、大而高的建筑都是以汽车的速度和身处车中人的视界为本的。

"王澍的想法与我心中的城市理想其实是一致的，即现代城市应以人为出发点和基本维度。人的行走是慢的、看到的建筑是小的、精致的。喜欢迷宫样的城市和游戏般的生活。"

卢济威解释弟子的博士论文说，论文最基本的思想是"城市是为人服务的"，理想的城市以人的需要为中心；再者就是"城市应是规模适度的"。他在《虚构城市》提出，"城市其实是个矛盾的集合体，功能要交互，城市规划要适度模糊，城市应该像一个迷宫，像一个游戏"。

不跟也不听市场风声，认定了目标就一直走

和那时很多研究生不一样，卢教授沉浸在回忆中："他除了跟着我做了几个小项目，基本是每天都在安静地读书。博士5年，他读了很多书，文学、哲学、艺术、建筑、规划……无书不读。"

爱读书的王澍"个性强烈"，卢教授描述，对城市问题，尤其是对当代的城市规划和设计批评颇多，其中就包括现代城市的功能分区理论，他从不随波逐流；再者，这个学生很执著，认定了目标就一直走，不跟市场的风声，"整天躲在西南楼的小房间里读书、思考"。

让学生从生活体验中规范知识 他把第一堂课搬到了草地上

二十世纪九十年代中期考入同济大学念博士的王澍，当时已经三十出头。

按照要求，博士生得有教学实践环节，并计入学业考核。王澍上课第一天就把课堂搬到了草地上。"学生们就很兴奋。我没仔细数，只模糊感觉坐在草上跟我聊天的学生比我实际带的要多。"王澍在一篇文章中回忆说，且不断有学生加入；上课以讨论问题为主，问题也是五花八门：如果把一排里弄合并成一户，这住宅就同时拥有若干完全相同的正门。如果把这作为不许更改的条件，从此开始猜测，这住宅内部的生活方式将会如何？另一学生兴趣在九宫格，就把格子做房间，格线放宽做走道。王澍问他，九宫格本质上是均质的，房间和走廊的划分法依据在哪儿？

王澍在教学中试图让学生从生活中的体会出发，而不是从已经习惯的规范知识出发去对建筑中的根本问题重新思考，对已经过分熟悉而成自然的东西重新思考。

结果是，按照"九宫格是均质的"造出来的房间、走廊大小一样，客厅和厨房厕所大小一样，楼梯也占了一间房，叫楼梯间，卧室搬进了走廊，客厅变成了一张桌子。卢教授说："我觉得这房子还是设计得不错的，有新意。只是基地若是放在水中就更好，在水中就不必去分方向，四面都是水景。"

上海地下空间的功能性开发与环境艺术的创造性实践展示了我国近年来地下空间开发中一个可喜的追求：人与环境的和谐。设计者试图通过艺术化的努力为人们创造一个温馨舒适的地下空间环境——

扫描上海地下空间

五角场　人性化的下沉式广场

夜幕降临，五角场广场就变成了璀璨的星河，数千平方米的下沉式广场——"落水广场"由墙体向广场中心，水体、草坪、花卉随着曼妙的音乐喷洒、起舞，如梦如幻，让人欲痴欲醉。

同济大学地下空间研究中心副主任束昱教授介绍说，五角场下沉式广场主要是通过水体、灯光变换和音乐流的呼应，由音乐控制光和水营造出一个艺术化动态的空间，在目前上海市地下空间环境艺术的创造方面独具特色。

站在优雅而宽敞的广场圆形廊道里，听着《命运交响曲》《茉莉花》《小夜曲》……就看见面前的水幕或激情奔放、或袅袅依依地喷洒，本已被灯光映照得五彩斑斓的水面欢笑着、荡漾着，涟漪层层叠叠奔跑着。

火车南站　地下空间的大手笔

7月1日，上海铁路南站开始使用。作为世界上第一座圆形站屋的大型交通枢纽，人们对她巨大的圆形屋顶印象深刻。其实，作为一座大型交通设施，上海铁路南站的地下空间的环境艺术更值得琢磨。

新落成的上海铁路南站是中国内地铁路建设中第一次融入"航空港"设计理念的现代化火车站。旅客到达层设有旅客出站地道、南北地下换乘大厅等设施，虽然各种车辆进进出出、拖着行李的人们川流不息，但这里一点也看不出一般车站常见的潮水般拥挤现象。束昱说："就是因为采用了开敞式地下广场设计，将人分流到不同的三维空间中去，从而有效地缓释了平面环境带来的视觉压力。"

据了解，围绕着巨大圆形站屋，南北广场地下通道采用了环状放射形设计，长长的地下廊道能够快捷地与轨道交通1号线和3号线、长途客运及旅游专线等实现"零换乘"。

走在宽畅的、一眼望不到头的地下廊道里，紫蓝色、深蓝色、橘黄色……小圆顶灯组成的灯河一路从头顶漫过去，犹如夏夜星空中长长的银河。

值得一提的是，为了缓解行人行走在悠长廊道上的单调感，设计者在途中安排了四处大型的过渡空间，竹子、玻璃屋顶，阳光进来了，绿色出现了，疲惫的行人乘坐电扶梯立即来到了地面，设计者在这样巨大规模地下空间的安排上还是动足了脑筋。

创智天地　建筑绿化完美和谐

夜里到创智天地，别有一番境界。

创智天地在五角场巨蛋北边约500米的淞沪路上。面积巨大的两栋五层楼房犹如古代宫门前的两座硕大的观阁，拥着中间同样面积巨大的下沉式广场，"朝拜"着北面宫门样式的江湾体育场。

漫步在方方正正、距地面约10米的下沉式广场，地灯在脚下不停地变幻着紫、蓝、橘黄、红……难以尽数的奇妙颜色；新栽的树、竹，也分不清什么品种，但一律精神地昂着头，微风中晃着脑袋，朦朦胧胧的月光中别样神秘；草也是移植的，灯光下绿得如翡翠一般，层层拾阶递上去，把绿意一直传递到江湾体育场的大门前。

创智广场是近年来上海市地下公共空间与周边建筑、绿化、景观环绕结合得相当成功的案例，她大气、简洁，独具匠心，为创智广场周边建筑群进行科技创新的精英们提供了一个相当惬意的休憩、交流的开放空间。

可喜的设计追求

同济大学地下空间研究中心　束昱

五角场下沉式广场是以人为本理念的一次成功实践。具体说来有三大特点：

首先，景观动态化。无论是水体、光影，还是音乐，全部都实现了动态化安排。而且通过音乐流来控制水流、光影变化在上海地下空间开发中还是第一次，特色非常鲜明。

其次，环境生态化穿插在水体中间的各种绿色，如植物、花卉，配合灵动的水体，营造出非常有活力的生态环境。

还有一点就是设施人性化。每一个孔口的诱导系统十分醒目。下沉式广场四周布置了5条步道通达周边商厦、地面。广场与地面相衔接的每个出、入口均配有自动扶梯，出口处覆盖全玻璃幕墙屋顶以遮风挡雨留住阳光，为行人下到广场所必经的步道营造了良好的采光条件；而在广场的5个入口处，巨大而柔和的数字让人远远就能看到，很人性、很艺术。

火车南站给人印象较深的首先是地下空间环境的艺术化营造，可以看出设计者还是努力地试图营造出一个换乘便捷、感觉惬意的地下空间环境来。

站在站屋二层的地平面上，我们可以很容易观察到开敞式二层地下广场，那里较为集中地安排了汽车进站通道、人行步道等附属设施。由于这些功能性设施是在不同的三维空间里实现的，而且采取了开敞式设计，因此看不到一般火车站通常的熙攘人流和嘈杂拥挤。

再者，过渡空间环境的营造下了不少功夫。植绿、引入阳光……南北广场四处过渡空间的设计借鉴了国外常用的生态手法，可以较为有效地缓解人们行走在漫长地下通道中累积的压迫感。需要特别指出的是，这些过渡空间的设置，还能在紧急情况发生时有效疏散人流，起到较好的综合防灾作用。

地下廊道顶部的"银河"费了设计者不少的心思。"银河"弯弯曲曲伸过去，既可以起到一定的引导作用，还可以缓释逼仄环境中人们的心理压力。当然，如果在其中设置一个导引色彩更为强烈的色带、适当配一些简洁的文字，导引效果就更好了。

总的来说，这两处地下空间的功能性开发与环境艺术的创造性实践都展示了我国近年来地下空间开发中一个可喜的追求：人与环境的和谐。设计者都试图通过艺术化的努力为人们创造一个温馨舒适的地下空间环境，我们应该鼓励并且引导好这种努力。

随着城市建设的大规模展开，中国的城市变成了一个巨大的工地。在各地，标志性建筑你追我赶地涌现，老城追着比着消失，有论者甚至说，最近数十年是城市文脉消失速度最快的年月。人与建筑、建筑与城市、城市与环境究竟是什么样的关系？

卢济威谈环艺设计

——路边景色应该值得细细品赏

环境育人，城市要素整合

我们居住、工作的建筑与城市究竟是怎样的关系？伴随着上海浦东陆家嘴金融区的规划与开发而出现的城市设计讨论，让卢济威开始深入思考并尝试城市设计的实践。

商业步行街、城市广场、地标建筑等城市设计的实例，都要考虑人与建筑、人与环境的合适尺度和空间。"城市设计的宗旨必须体现以人为中心的理念。"卢教授说，城市设计正向立体化、绿色化、交通枢纽集约化、城市要素渗透化方向发展，因此，应全面考虑城市发展中的社会、经济、行为、生态和技术等因素的影响，更要遵循合适的美学原则。

环境育人，城市要素整合

"比如，有水的地方都要留出视野空间，以便于滨水亲水；不仅如此，还要有合适的环境艺术作品，所谓"环境育人"；往对岸看过去，房屋的天际线当然要顺自然、有节奏，看起来和谐而舒服。"卢济威在城市设计方面提出"城市要素整合""城市立体基面组织"等理论与方法。如今，他的学生已将这一理论细化成为专著了。

杭州滨江，用水激活自然

"这里好！""看得远，空气好！""水好、树好、花好。"和暖的春风里，走在杭州滨江区钱塘江畔的艺术家园、钱王广场、历史文化区、儿童游戏园、科技广场上，千余米的大道上，市民纷纷告诉我们。

如何让水在滨江堤坝与城市空间之间组织、调谐自然与人居关系，连通历史和今天，营造舒适的城市环境？设计者找到了历史上的钱王镠，因他为治水，令"采山阴之竹为杆，炼钢火之铁为镞，造箭三千支"以射潮头。于是，杭州市召来雕塑家在钱王广场立了高大的"钱王射潮"。不仅如此，还预留咏诗园的位置，准备将李白、白居易、范仲淹、王安石、苏轼、陆游、毛泽东、柳亚子等先贤歌咏钱塘潮的诗句，镌刻在摩崖石碑上，汇聚成林。

"滨江空间的城市设计，我们一开始就与水务部门通力协作，让防汛等实用功能与各种艺术要素紧紧结合在一起，让艺术的环境育人。"卢济威说，"现在看来，这种努力是有价值的。"

以人为本，保留精致元素

说起自己的博士学生王澍最近获得普利兹克奖之事，卢教授笑着说："当然很高兴。"顿了顿，"我们都有一个共同的理念，以人为维度设计城市。"以城市为背景的人性化如何实现？人的行走应该是慢的，路边的景色应该是细腻的值得细细品赏、咀嚼和回味的，房子应该是小巧精致的。"我们的祖先做得很好，汽车发明后，城市中的这些精致元素都慢慢丢失了。"

卢教授说，"城市设计是门艺术。"他介绍自己近年的城市设计案。例如：上海轨交10号线四川北路站的"地下与地面空间一体化"、浙江临海崇和门广场的"新城与旧城"整合，都是不同形式的立体基面整合，像崇和门广场的三条轴线，让广场有机地镶嵌在城市结构中，新老城区以这三条轴线为"勾连"，和谐成为了一体。

如今，汽车已成为人们出行的重要工具；斑斓灿烂的汽车文化，更是让人们尽情欣赏生活的美好与时尚的 in 与 hold。可是，你想沉浸在汽车文化的海洋里，还得去安亭的上海汽车博物馆——

让汽车穿透视觉成盛宴

汽车博物馆里时尚感

位于上海西北郊安亭镇的上海汽车博物馆，是上海市重点文化工程之一，它以跨度达百年的 70 辆经典汽车展示世界汽车的发展历程，当然还有汽车背后的波澜壮阔的人物传奇和技术沿革的洪流滚滚。

博物馆有关人士介绍，博物馆展示的重点包括"博览""汽车"及"上海"三个关键词。博览部分穿越历史与现代、科技与商业、古董与时尚，他们都是关于汽车的传奇；而"汽车"部分表达的则是汽车的行业特征和家族密码。众所周知，汽车与人类的现代文明可谓是如影随形，喜忧参半，但究竟细节如何？风景如何？你还是得到馆里来细细品味吧。还有上海，当然是汽车与上海：经典与时尚、技术与艺术、理性与感性，其实平衡就是美。但什么才是平衡？你得来当回裁判。

从建筑形态感受速度

一家以汽车文化为主题的博物馆，流动和速度当然是建筑设计的要素之一。

先看外形，临水而建的展馆双翼伸展犹如精灵展翅，柔软的流线形棱角檐廊，恰如青山绿水上一道彩虹划过；再看，透过大面积的玻璃，仿佛从内部"修"出来的路，弧形的坡道如热情的手臂"滑"出来，那是在迎候你；分布于各层的历史馆、技术馆、品牌馆、古董车馆被外形如叠加的书本"含"住，而圆圆的建筑形体则表达了自然的动感和运动的加速度。

参观过的游客都说，盘旋游曳于馆内上下，最忙的是眼睛，最甜的是心头。建筑外立面的大面积通透玻璃，窗外红的花、绿的叶，偶尔还有白的水鸟，尽收眼中。建筑采用的流动的曲线，象征了汽车高速行进划过的美丽轨迹曲线。

让人大呼痛快的宝贝

无疑，这里是老少咸宜、汽车发烧友不可不来的时尚高地。

一楼的历史馆以百年历史为线条，分成了若干个主题展区，世界各地精选入馆的 20 余部"第一"和"之最"级别的汽车,让人大呼"痛快":世界第一辆获得专利的汽车卡尔·本茨设计的三轮汽车;汽车销量冠军德国大众的"甲壳虫";中国第一代正式生产的轿车红旗 CA72 型高级轿车。这里还有 1902 年制造的第一辆凯迪拉克、第一家出口汽车制造商奥兹莫比尔。不来?就怕你 hold 不住!

二层的古董车馆则集中展示了美国黑鹰集团提供的从 1900 年到 1970 年的 20 多个品牌的 40 余款经典车型。如劳斯莱斯四款顶级车型幻影Ⅰ、幻影Ⅱ、幻影Ⅳ、幻影Ⅴ和 1953 年的凯迪拉克"黄金之国"。参观者无不大呼过瘾,连称"视觉盛宴",原来人与汽车的关系如此"零距离"!

年轻人、心脏强健者可别忘了三楼的汽车探索馆。这里以科技为主线,结合了汽车历史及汽车人文线索为参观者普及汽车知识。馆内的多媒体装置、实物模型,你可随心所欲扮演汽车设计师、工程师、赛车手,尽情在汽车的海洋里徜徉、探索。来过的,可是都不想离开的。

尺幅之间　雅风清远
——读江理平画作

山,层层叠叠,高耸但清癯、淡雅,山间细烟如影、如雾,山脚下的房子隐约于清风明月的溪流旁,那里住的定是隐居的士大夫了;再看扇面,水从天际尽头袅袅而来、愈近愈白,是瀑布遥挂,还是溪流潺潺,松壑苇涂之间欢快地唱着清爽的歌,题款说"溪山静远",但近瞧远观分明有"吴兴清远"的闲散曼妙。

江理平虽以严谨的工程力学为职业,但却专而博、博而广,琴、棋、书、画、评弹、摄影,门门涉猎,尤喜书画。青少年时,他即拜名师学书、学画。后又叩陆俨少、朱屺瞻、谢之光门庭,亲炙大师熏染。得益于名师大家的指点,江理平从隶楷入手,临帖读碑,学褚遂良、学颜真卿、学欧阳询、学虞世南等;画则临宋人墨迹、元四家笔法,进而由书画而悟修身养性,终而到达平和冲淡的境界。

这种平淡,就如他笔下的六月荷风,阳光下,绿叶如烟有似无,粉荷香气不招而自入吾庐,于是,托出一位温文尔雅的谦谦君子。

说明:江理平,毕业于同济大学力学系。曾任教于同济大学航空航天与力学学院。现为上海市书法家协会会员、同济中国书画协会会长。

昨天，素有世界建筑界"诺贝尔"奖之称的普利兹克奖（2012年）在北京人民大会堂颁发给了中国美院建筑设计艺术学院院长王澍。颁奖仪式前夕，王澍回到母校同济大学，与师友济济一堂，畅谈5年博士期间的读书、思考时光，纵论房子设计活动中的审美追求和坚持。

虚心接受 坚决不改 挺好的

累到不想干的时候，获奖了

王澍回到母校后的座谈会，其乐也融融。导师卢济威说，当年，他跟我说，从东南（大学）出来，思考了多年，思考了很多问题，现在看来还得回学校读书。卢济威说："5年博士，他就躲在8平方的宿舍里静静读了5年书，思考了5年。"

这种思考，长期从事建筑理论研究的伍江归结为建筑烙上哲学、文化的思考。伍江说，改革开放三十年来，中国建筑界缺的不是技巧和机会，缺的是文化思考。"建筑设计中带着文化的思考，王澍是一个。至今我还保留着他狂草的论文复印件。"

王澍说："5年博士，其实第三年就有了5万字的论文。呈给导师，讨论完，回到家；'全部重写'是我当时说的话。"后来，论文写得很疯狂，"伍老师看到的那已是第三稿了"。这篇博士论文最基本的思想是"城市是为人服务的"，理想的城市是以人的需要为中心；再者就是"城市应是规模适度的"。在王澍心中，城市、建筑是从传统中发展而来的，是应该与自然和谐相处的。"好在累到不想干的时候，获奖了。"

坚持一条道走到黑，爆发了

"走出同济，爆发了。"王澍说，毕业后，回到位于杭州的中国美院任教，此后十年是设计"房子（他说'我不做建筑，只做房子，房子就是业余的建筑'）"的收获期，相继完成了包括宁波当代美术馆、宁波博物馆、宁波五散房、中国美术学院象山校区一期工程在内的十余件作品。

"我设计的建筑，会对我微笑。"王澍说，中国美院象山校区一期占地800亩（其中山地河流近350亩），可谓是天赐山水。他用300万片旧瓦片，采用中国传统"大合院"的形式，让建筑从江南悠悠的历史中走出来，从沃饶的土地中长来。王澍说，"做瓦檐的时候，想象着学生看窗外雨水顺着瓦檐滴落的浪漫情景"，"地面铺满古老的青砖，缝隙里长出各样的野花、青草和青苔，踩上去滑滑的，很美"，"图书馆院落围合处留一个缺口，种上一棵树。等树长大，学生们就能在树阴下看书了"，"在一半建筑一半原野的环境里，普遍种植燕麦"，这样一来，象山校区一期黑瓦、石墙、长长的草、自在而散野的泥土，沟池边层层叠叠的水渍线：这里的环境带上了营造后的粗犷、节制着的荒凉。

"因了建筑，我一条道走到黑，象山诞生了。"越来越多的人爱到这里散步。

一句话点醒梦中人，想好了

可是，象山校区落成时日，也是王澍饱受批评之时。那时，王澍经常在各种场合遭受各种批评。破砖碎瓦垒成的建筑能不能适应当代教学需要？让镇上的铁匠敲打制出风钩、插销是否必要？建筑中，如此巨量地使用不同年代的旧砖瓦，且费时费力地四处搜罗，符合建筑标准否？甚至校园里的溪流、土坝、鱼塘均被原状保留，清淤生出的泥土也舍不得丢，溪塘边的芦苇被复种，都成了争论、批评的话题。

"由于我的设计路数不合群，遭受了各方批评，要是年轻时，我肯定是一拍桌子起身走了。"王澍说，回到家，妻子很淡定地跟我说："虚心接受，坚决不改。"一句话点醒梦中人，运来旧砖陈瓦，让传统活在今天，挺好；原生环境不破坏，建筑成了，环境活了，挺好。"妻子的那句话成了我的'定海神针'。"王澍说，我认为自己的路子是对的，所以你说你的，我干我的。现在看来这种坚持是有价值的。"每每走在象山校区，从心底里觉得我设计的建筑总是冲着我微笑。这片建筑是尊重这里的山水的，它是自在的、自由的；这里的环境是有思想的、有气质的，带着哲学思考的光辉。"

太阳能屋，我们的设计艺术控

太阳能，是清洁能源，当然是未来人类的发展方向。但是，太阳能屋能更美观，更有艺术感吗？人类对生活品质的要求总是越来越高，大家都懂。那让我们走近9月下旬在西班牙马德里举行的"2012欧洲太阳能十项全能竞赛"的赛场去，感受一下年轻人给我们带来的惊奇。

造型款，出奇出怪出新

一走进晴空万里、醉人蓝天下的宽阔广场，形状各异的太阳能屋立刻叫人眼花缭乱，各种材料是那样的生鲜而明丽。木纹色，亮得隐约能听见亮铜般清脆的声音；仿佛是纸板，但整齐而长长的锯纹和着凸出的"窗"、黑黑的影，阳光下很有型；因为阳光的清澈透亮，就连那些原本黯淡的青灰砖，仿佛也想扯住你的衣襟说话。

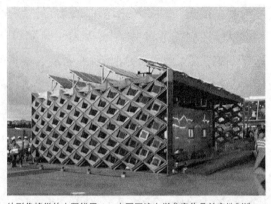

外形像蜂巢的太阳能屋——中国同济大学参赛作品并实地制造

当然，年轻人玩的就是房屋设计控，越是别具一格当然就越是出位和自我了。就说这栋纸板房吧，斜斜的屋顶冲着天空，是呼喊"我来了"还是……往里看，很有型的纸片还是铝箔剪出的"飞鸟"被当作了墙衣？下面撑的自然是铸铁的立柱了，材料、功能都是要按照组委会的要求做的，形状上驰骋想象力，那是必须的。

还有这幢，看不出形状来，但阳光早已把它"雕刻"得层次空灵、我型我秀，仔细看，不过就是些木头椽子，隐约还能看到屋顶的太阳能板。

组委会，比创意比艺术

比赛是由美国能源部发起并主办的，每届在全球高校中选拔20所大学参赛，比拼太阳能建筑技术与才艺灵感，意大利博尔扎诺自由大学、西班牙萨拉戈萨大学、法国格勒诺布尔建筑学院、西班牙塞维利亚哈恩大学等著名高校获得邀请，而同济大学是代表中国参赛的国内唯一一所高校。

评委根据十项标准对参赛的太阳能房屋进行评分，包括建筑设计、工程及建设、太阳能系统、舒适度、用途、通讯以及社会媒体、产业化及市场前景、创新和可持续性。房子好看与否、艺术感觉当然也是能否获胜的必备要素。

同济号，赢了欧洲"眼球"

像蜂巢，还是像菠萝？夕阳下，方方正正的"同济号"太阳屋，镀上色泽极为丰富的金膜——那是阳光的杰作，亮金映衬下倒显得黑黑的、棱形的空洞，看起来分外有形；四组太阳能集热板，在傍晚的天空里，仿佛振翅的夜莺，是在思考着是否带房子一起飞？日前已获得室内舒适环境调控测试单项第一。

"同济号"的功能，还是那句话，肯定要符合组委会要求；造型咋样？还是引别人说过的话吧。网上对这栋房子的报道是这样说的："因其独特的外形设计，吸引了大批参观者及新闻媒体。西班牙电视台、意大利建筑杂志、中国新华社驻西班牙记者等等都对此进行了专题采访。意大利建筑杂志选取了这栋造型帅而酷的参赛建筑，派专业建筑摄影师进行拍摄，并将用 6 页的篇幅来进行介绍。"如果不激荡着艺术灵感的"潮"，能这样就抓了挑剔的欧洲人的"眼球"！

2012 年 10 月 1 日，上海"双年展"择地上海当代艺术博物馆举办。从当年的南市发电厂，到 2010 年上海世博会的城市未来馆，再到今年闪亮登场的上海当代艺术博物馆，这座百年老厂房经历了怎样浴火重生的百年穿越？上海当代艺术博物馆建筑总设计师章明谈到这座展馆和正在举办的双年展时告诉我们，艺术家们给他短信说：

"这里的空间让人眼馋"

——上海当代艺术博物馆建筑总设计师章明谈双年展

世博后续利用重点项目

上海世博会已经结束，未来馆如何后续利用？上海市将其作为文化战略的重要"棋子"进行布局，"于是，从 2006 年到 2012 年，团队脑子里闪跃跳动的就是'未来馆''艺术馆''展览空间'这些词"，章明说，而今展现在大家面前的就是展览面积超过 1.5 万平方米、大大小小展览空间超过 15 个，并拥有大量开放式展示空间和总面积达 3 000 平方米、25 米标高临江平台和有着巨大工业构件的 7 楼室外大露台。

当代艺术馆中的展览

"传统的空间概念在这里已经被模糊"，章明介绍，"作为老厂房，旧电厂中最重要的特征性元素：高耸的烟囱、平台之上的发电机、高中低三级梯度的厂房空间，巨型行车以及屋顶上四个巨大的粉煤灰分离器，我们都留下了；内部交通组织设计我们借鉴了原输煤栈桥的形态意向。"

争取引爆艺术创造灵感

章明说："运用输煤栈桥意象作为馆内交通组织方式打破了层与层之间、室内室外之间的界限，让楼梯'弥漫'在随时需要的地方。"果真如此，在馆内，我们不知不觉就从七楼走到了五楼，又从室内漫步到了露台，一路走一路看，青花瓷坛子穿越的"旗杆"，室内与室外遥相呼应；一根杆子上，古代的轿子，当代的手机，杆上还"穿越"着手风琴、电饭锅、风雨衣、童车、抽水马桶、藤椅……

馆内还用灰色标识原有保留的空间构架与结构构件，用白色表明新生的墙体等体系。

这个巨大的弥漫性空间里，传统的楼层已经模糊，当代艺术的表达需要与空间高度互动，展馆内部空间的张力极大、魔幻万千，艺术家尽可在此泼洒想象力，"这里的空间叫人眼馋"，一位著名的业内人士告诉章明，"会引爆艺术创造的灵感的"。

是艺术家挥洒的大舞台

章明说，设计这座当代艺术馆，我们首先想到的就是打破展览建筑传统的白空间，打破密闭分隔的空间概念，将亲民性、为艺术家提供挥洒自如的想象空间放在设计的首位。"所以，双年展开始酝酿时，我就对组委们说'筹划、征集作品时，可通知我参加，这样便于我们把空间处理得更好，让空间更有弹性和亲和力'。"章明说，当代艺术中不少艺术家模糊了日常生活和艺术的界限，比如一个小便斗从卫生间放进展厅，日常器具就在艺术家眼里变成了艺术品，这需要空间更丰富、灵活。

水晶球，放在开放空间的这处"敞空"位置，球内水柱、球面上下左右皆"镜像"，艺术家独到的眼光让人着迷；宽台阶上的"丽贝卡"阵，原本放在室外,平的，移到这宽阔的台阶上，一下子"立体了"，上下左右、风生水起，"人入其中景更妙"；再比如，大露台上"飞翔的鸟"，空灵且意境丰富，若是在室内，飞翔的效果定会大打折扣……我们注意到，在馆内，类似"借窗""借东风"的作品还要多。

尺度，还是尺度

——设计师章明谈上海当代艺术博物馆

在建筑设计师章明的眼里，上海当代艺术博物馆，这座昔日的电厂老建筑犹如一坛老酒，如今正开始弥漫淡雅而迷人的香，今年的双年展算是展馆"新莺初啼"。

"但从设计师的角度说，这次双年展的艺术家们对空间的利用和理解还不够完美。"章明坦言，这座展馆内有大量有趣的可变空间、流动空间，馆内的光线、地形、空间张力和弹性的利用还有丰富的文章可做，"可是双年展的一些艺术家们还是更愿意将大空间割裂成一个一个小空间；一件件展品也被防护隔离带围上，这对作品的完整性、亲民性的障蔽是明显的，都是与当代艺术的开放性宗旨不符的"。艺术家们表示，"有些装置作品尺度偏大，空间被挤得有些窒息了"，"小空间对大空间的割裂"，"追求分隔墙更高、更独立"，他认为："展品尺度与空间的比例关系原是可以协调得更好些的"。

作品与环境的关系、作品与空间的关系、作品与观赏者的关系，究竟如何处理安置？采访章明的过程中，我们一直在思考这个问题。也许这真是个难题：怎样的尺度是空间中合适的尺度？怎样的尺度才是艺术家应该把握的合适尺度？怎样的作品才不会被讥"浪费""招摇"、顾影自怜？这恐怕还得设计师、艺术家乃至观赏者长期的实践与磨合才能找到刚刚好的尺度。

新闻背景： 现代城市中的地铁运行在深达十几米的地下，其环境气场要让乘坐者感觉很美，当然是件挺难的事情。所以，将地铁艺术作为一门公共艺术纳入艺术评比的"盘子"里，当然是件大好事。前不久，武汉地铁二号线的环境艺术和出口设计获得第二届国际环艺创新设计大赛（北京）一等奖，就很令人欣喜；今年元月，上海正式启动了"地铁公共文化建设（2013—2015）三年行动计划"。

地下文化，营养在城市里
——上海城市科学研究会副会长束昱谈地铁环境艺术

创建地铁视觉风景线

"武汉地铁修建伊始，决策者、建设者和艺术工作者想到了一起，要把地铁二号线的 20 多个站点打扮得漂漂亮亮。"长期从事地下空间工作的束昱教授开门见山。于是，教育局、地铁公司、艺术学院都行动起来了，"把武汉'画'进地铁里"，全市儿童开始画着心中的地下长龙；美院的师生用陶瓷、用装置、用雕塑、用灯光开始打扮建设中的地铁，江城百姓一起用心浇灌养育着还未出世的"2号线"。

漫长的孵化后，去年底，130余万块瓷砖"画"成的长江大桥到二桥的"江城印象"成了：夜晚，波光粼粼的江水，摇荡着龟山电视塔，两江汇流处的武汉灵动而曼妙；巨画前面，还"飞"来四只黄鹤，与水中的莲荷嬉戏玩耍。小朋友们的画作那是要在"绿色的苹果树上结出沉甸甸的果实"的，脱颖而出的画作总共是36幅；还有江汉路站的卖报儿童、人力车夫、扇子舞、滑板少年等取自商埠实景的"时尚江城"浮雕，还有宝通寺站的白铜浮雕"菩提树"，光谷站则声光电齐上阵展现楚汉文化；地铁出风口如何设计？"树叶""梅花""佛手"送"福寿"，一座风亭就是一道风景线：武汉地铁二号线因此也被直接称为"艺术地铁"。

身在地下感觉着城市

"令人高兴的是，这些年各地开通运营的地铁普遍重视'身在地下，感觉阳光'的地铁环境艺术营造。"束昱告诉我们。

束昱介绍，根据计划，上海在原有52个车站装饰的60幅大型浮雕壁画的基础上，新建的11、12、13号线的上海游泳馆站、自然博物馆站等18个车站的装饰设计中都安排了具有本市风貌特点和历史文化特质的大型浮雕壁画项目，形成70座车站近100幅大型浮雕油画的地铁文化艺术氛围。最近开通的13号线，将世博的记忆运用到站点的装饰之中，世博园里的新加坡馆、俄罗斯馆"垫"在了站名的后面，就是行动计划的时鲜例子。

束昱说，国外，这种将城市特色元素、生活元素艺术化进地铁的案例也不在少数。西班牙巴塞罗那足球队当然是一支足球劲旅了，于是地铁里硬朗线条，热烈而喜庆的橘红、棕酱色把站点装扮得热血沸腾，很足球；莫斯科地铁，走进去的人稍一恍惚，就以为自己到了皇宫了；斯德哥尔摩的地铁，很岩石、很洞穴，雕塑和绘画仿佛就是从岩石中生长出来，月台和铁道俨然也是破壁而来。在斯德哥尔摩坐地铁，色彩鲜丽的树叶枝桠、光怪明朗的照明效果，乘客们在其中迷幻着就穿越到了远古的洞穴之中。

记忆中的每一个细节

"考察世界各地正在蓬勃兴起的地铁环境艺术，虽然还是以艺术工作者的激情挥洒为主旋律，但是，这些已成形的公共艺术作品的题材、内容源泉都在城市里，营养都出自生活。"

"艺术源于生活。"艺术理论家车尔尼雪夫斯基认为，任何艺术创作的源头都在生活里，从生活中汲取营养，让生活激发创作的灵感，就可能产生伟大的作品。就如莫言，高密东北乡的生活、少年的饿饭、红萝卜的记忆，都是他的艺术创作源头。公共艺术也是一样，假如创作者背离了生活，忘记了周围的风土人情、文脉历史，而是一味追着艺术流派、想着某件名作，最后弄出来的很可能就是效颦的"东施"。

束昱认为，作为一门公共艺术，地铁环境艺术创作的土壤就是城市，城市的风貌、历史、文化，记忆中的每一个生活细节。

在国人眼前，又一个建筑新高度已经出现，那就是已经超过 500 米的上海中心，它还在天天长高。目前这座还很"骨感"的大楼究竟怀揣着哪些不为人知的秘密？上周，看到本报头版刊登的消息，已经有许多心急的市民纷纷致电本报或在微博上询问。这里，我们就为大家解读这朵"数字化之花"。

"骨感"大楼怀揣哪些秘密
——探究上海中心建筑设计"数字化"风采

锉形塔楼"一览众山小"

设计总高度 632 米、总计 121 层的上海中心塔楼，自下而上共分为 9 个分区（节），每个分区设置 12~15 个楼层；放眼望去，高高的塔楼其实有两层皮，一是楼中心的圆形塔楼，一是外层呈圆角的等边三角形玻璃幕墙。设计者让外层幕墙沿着塔楼轴心顺时针方向往上扭转，于是，将来我们将会看见塔楼外层幕墙朝着北偏东的方向朝上旋转着平滑爬升，阳光下就像一把闪闪的锉子。

有意思的是，塔楼中间的圆柱与表皮的三角形之间，由于"里圆外三角"的形状不同，生出了空隙，这样一来，中间的 7 个分区层每层就"生"出 3 只如钩新月，全楼一共就有了 21 个"月儿弯弯"的中庭；再说塔楼形状，从下往上形体逐渐收小并平滑扭转，无论是从美学还是从力学上看，这一设计不但很好地削弱了塔楼的风荷载，风一碰到光滑螺旋着的塔楼表皮，就被卸力并推开，风变得柔软并快速溜走了；人处百米空中的宽敞中庭，大有"一览众山小"的飘飘欲仙之感，更有天光云影共徘徊的美妙感受。

参数化设计大显身手

地面温度 30 摄氏度，632 米的空中就只有 24 摄氏度了，塔楼利用了这一温差特性了吗？不仅如此，如此巨量建筑面积的塔楼如何与浦东这块地方的环境和谐？传统的角尺加图纸能够应付这栋楼建造中出现的多如牛毛的工程问题吗？

没关系，参数化设计从工程酝酿时起，就已经大显身手了。举个例子吧：上海中心外层幕墙是带圆角的等边三角形，外观平滑飞动，非常养眼，但是它越往上外形不变，形状却越来越小，还是均值变小；更加上西边这个角还有一个三角形切口，就像一个圆西瓜从上到下被切去一只小小的三角体。可是，这种既扭转又须均质的要求，在参数化软件中轻松就可实现，只要设计师设定算法，计算机立刻就会给出关联性模型，保证你的要求层层递升，建筑形态的缩放和旋转分毫不差地均匀变小。当然，专业术语还有很多，比如线性缩放和指数缩放等，那都是建设者们的事情，我们感兴趣的是：这种参数化设计，在保证获取最大使用面积的前提下，我们的大楼还能获得最接近自然形态的曲线，好看吗？再者，恶劣天气和环境下塔楼的身姿还优雅吗？"参数化设计让数学与美学相遇并调制出统一之美、宏大却又清新之美。"业内专家如是说。

而且，这种参数化设计贯彻塔楼建设的全程，设计、施工、配套等环节中，只要一个小数点发生变化，生产线上的计算机、现场的指挥电脑上立刻生成相应的数据——正所谓牵一发而动全身。"每个施工班长都需配备 iPad，通过 Design Reviem APP 就可以直接访问生成的楼宇样子，展开施工了，再也不是先前的图纸加电话模式，外加嗓门大。"一线建设者纷纷表示，施工的过程也很享受。

上海中心小档案

632 米高的上海中心大厦，是中国目前最高的摩天楼，落成后也将是世界级的可持续超高层建筑。上海中心大厦预计将于 2014 年完工，将成为全世界最高的双层表皮的超高层建筑，并将与金茂大厦和环球金融中心共同组成陆家嘴的超高层群落，重塑陆家嘴天际线。

三足鼎立脉象稳　场所品格归沉著

最近数十年来，参数化设计浪潮席卷全球，仰仗计算机越来越强大的计算能力，从前设计师们想都不敢想的建筑样式纷至沓来，所以普利兹克奖得主扎哈的合伙人舒马赫直接将之命名为"参数化主义"。这些都是专业人士讨论的，我们要说的是，浦东陆家嘴出现了单体面积超过43万平方米的高大建筑，意味着什么？

如果把长江比作一条龙，上海无疑就是巨龙的头了，龙头气象如何就看浦东，浦东的眼睛是陆家嘴。陆家嘴三栋楼中，最先出现的金茂大厦，塔形意象正合了传统建筑的场所精神，塔镇水定风；后来出现了环球金融中心，刀型（又像开瓶启子），刃朝着市中心，以致这里场所失稳；现在，即将建成的上海中心远看就是一把挫锋的锉子，挡住刀，拦了锋，原本气脉失衡的陆家嘴现又三足鼎立，脉象稳了，气韵圆润了：场所品格重归"沉著"。

更值一提的是，上海的天际线因上海中心的矗立而改变。站在外滩，隔江望去，粼粼波光对岸的陆家嘴，从海港大厦向右数过去，东方明珠、金茂、环球金融中心、上海中心，就像音乐里的"多来米法索"，最高音"索"就是"上海中心"了；而国际会议中心、东方明珠上的"球"就是这组跳动音符上的豆儿，让乐音气韵生动活力充盈。不信？你仔细看看！

浦东这块黄金三角地，因为上海中心而稳如磐、意舒卷、调悠扬；上海，当然也是。

三足鼎立脉象稳
场所品格归沉著

话题缘由：明天就是5·12汶川大地震5周年的日子。古往今来，人类历史上的灾难、劫难总是与文明的脚步如影随形，玛雅文明的消失、庞贝古城的消逝，大好的艺术作品往往随之或湮灭或隐入历史的沉沉大幕后面。除去人为造成的战争之流，伴随着各种灾难而生的艺术作品往往成了传世的精品，正如清人赵翼所吟："行殿幽兰悲夜火，故都乔木泣秋风。国家不幸诗家幸，赋到沧桑句便工。"所以———

大难当前有大艺

——从五·一二大地震五周年看艺术如何为灾难疗伤

灾难艺术与人类结伴而行

虽然地震已经过去数年，但在都江堰的5·12抗震救灾陈列馆，看到灾害造成破坏的惨烈程度还是让我们目瞪口呆。地震源附近，原本有33户人家的山沟瞬间壑成为龇牙咧嘴的石丘，土黄麻白的石头土块将大桥也吞没了；更多的则是绘画、雕塑、装置等各种艺术作品，我们从中看到了巨大灾难面前人类的坚强和勇气，看到了人性的光辉、人们的守望相助，看得我们的心里一阵阵温暖、感动和鼓舞。

灾难是文艺、艺术创作的重要题材。精卫填海、夸父逐日、伊利亚特、俄狄浦斯王，人类历史长河里一个个巨大灾难中诞生的英雄经由口耳相传进入各类典籍；有的则是由文学作品才广为人知，像《哈

馆内大型雕塑：妈妈再喂我一次

姆雷特》中的王子复仇、《鼠疫》里人与瘟神搏斗的故事等等。

可以说，人类的历史有多长，与灾难的抗争历史就有多长；彰显灾难中人性的美与丑、善与恶，记录其间人类喜怒哀乐、悲欢离合、生离死别、美好爱情的艺术画卷就有多么恢弘壮阔。

设计展现人性真实与升华

从墨西哥南部一直往南，你就能见到气势恢弘的金字塔，它们遍布危地马拉、巴西、伯利兹、洪都拉斯、萨尔瓦多的山岗丛林之中，高耸的塔、精美的雕塑，甚至浓绿丛林中的那些残垣断壁，都成了精湛且神奇的胜景，那是印第安文明的标志。可是有谁想过，这些从公元前数千年一直延续到公元九世纪的壮丽金字塔、宫殿，突然间就"消失"了，只剩下了这些精美绝伦却又了无人迹的遗存。

灾难带给人类的，除了这些艺术价值极高的遗迹之外，更多的则是绘画、雕塑、文学，当然还有那些被搬上银幕的《泰坦尼克号》《唐山大地震》《1942》等等，灾难主题的各类艺术作品不胜枚举。影视作品中，再现灾难主题的大制作总是和"大场面"联系在一起，从善用声光电的电影人们的描述中，我们不仅看到了天灾人祸的惨烈壮观，更多看到的还是人性的真实与升华。

关怀人们赖以生存的自然

优秀的灾难艺术作品，无不穿透灾难，关注其时其境中人的善与恶、崇高与猥琐、勇敢与怯懦、抗争与逃避、希望与绝望。

"5·12"地震发生后，大量即兴表达哀痛情感、大写生命光华的诗作，一时间大放异彩。绘画与雕塑同样当仁不让，我们至今还记得汶川地震一周年时举办的雕塑艺术展：《我们的毕业照》，那是一张老师缺席的毕业照，老师在地震中张开双臂护孩子，牺牲了，孩子们得救了，让参观者重温了希望与感动。正所谓大难临头有大爱相随，大难当头有大艺。

但是，我们要提问的是：灾难过去之后，我们的艺术家们用何种方式、怎样展现和升华这些场景、细节与人性之美？受灾的家园要重建，受创的心灵更要抚慰，灾区人民的守望相助要表达，生存反思、人性关怀需要记取，这一切都需要我们的艺术家"到场"，然后反刍酝酿。我们呈现的艺术作品应彰显人性之美，展现人类抗争的伟大，关怀我们赖以生存的自然；如果是战争灾难呢？反思与谴责不可或缺，战争中人性的光辉也不能缺位。

拒绝戏说

每次看着这尊地震废墟上高举担架的雕塑，心中总是充满温暖。地震固然可怕，但因为人的勇敢、顽强和相互支撑，我们的心不孤单，所以雕塑家让这个场面成为生活中的一盏灯，一盏点亮未来的灯。

今天，艺术消费化的趋势越来越强烈，即便是灾难，也常常沦为消费品，难逃被娱乐的命运。八年抗战，大家都知道那是中华民族的巨大劫难，可是近年的雷人"抗战剧"，频频出现空手白刃穿梭枪林弹雨，双手一使劲就把鬼子活活撕成两半，抢起菜刀就能砍瓜切菜般把荷枪实弹的日本兵统统砍翻的荒唐情节；甚至还有台词："同志们，八年抗战从今天起正式开始了！"不知他怎能如此"诸葛亮"？！这些抗日神剧，大有娱乐埋葬历史的架势。

然而灾难是不允许拿来消费的。灾难主题的艺术有其严肃性，作品中贯穿的应是忧患意识、危机意识，被赋予的应是人性的美与善、人生的终极关怀，这就意味着这类艺术探究的是人类的情感、体验，人生感喟、生命的情怀，思考的是人与环境、自然的关系，开掘的是人类存在的理想境界，所以灾难艺术不娱乐，而是标标准准的宏大严肃主题艺术。

庞贝文明的消失给世界留下了珍贵的艺术财富，然而意大利却保护着它的原始和破损，让人在欣赏古城艺术的同时，接受灾难和毁灭最真实的恐怖面目。与其过多地人为修饰，不如这最原真的模样，既庄严又可敬。

宏大严肃的主题艺术需要的是艺术家们怀着虔诚的心去酝酿情绪、塑造场面、叙述故事、勾画细节，因为他们面对的是民族，展露的是国家和人民对灾难的态度、意志、心态和情绪。正因为如此，灾难艺术是艺术之林中的"正剧"，必须"赋到沧桑"，不容八卦和戏说。

地下美景"求关注"

——城市应该有第二张艺术地图

地图，有它在手就可以对要去的地方一目了然。现在很多城市开始编制起艺术地图，如北京、上海等城市，甚至珠三角还编有《岭南艺术地图》，每周都在网上介绍珠三角各大美术馆、纪念馆、音乐厅、歌剧院的展览、演出等信息。

我国城市地下空间开发利用正呈爆炸式增长。在我国，很多大城市正在有条不紊地绘制第二张地图，即"城市地下空间开发利用规划图"。在开发利用城市地下空间资源的同时，我们的众多大中城市都非常注意引进文化艺术元素，布置愉悦身心的地下空间环境。行走在北京的地铁里，你就会看到荷塘月色，不仅荷叶田田，还有老北京的叫卖场面、鼓楼大街的暮鼓晨钟。所以在很多乘客眼里，地铁及地下空间环境艺术是城市公共艺术的重要组成部分，是一种态度、一种眼光、一种体验、一种生活方式，甚至是一种独到的城市境界。

正因为如此，公共艺术的许多元素都被引进了地下空间。武汉地铁2号线就是艺术的大世界，64幅学生画作拼成《书山有路》、134万颗马赛克拼成40米长的《江城印象》，2号线的21座车站中有6大车站被确立为艺术特色站。而今，进2号线享艺术大餐已成为众多武汉市民的周末选择。成都地铁2号线环境艺术的川味极浓，图案繁华、织纹精细、配色典雅的蜀锦，蜀山蜀水一站一景的精心打磨，让成都市民津津乐道。

上海市文化广播影视管理局制定了《上海地铁公共文化建设（2013—2015）三年行动计划》，在原有52个车站装饰的60幅大型浮雕壁画的基础上，在100座车站实施120项地铁公共文化建设项目，初步形成具有"时代特征、上海特点、地铁特色"的上海地铁公共文化体系，使上海地铁公共文化成为"城市文化的新品牌，公共艺术的新空间，群众文艺的新平台，社会文明的新能量"，为乘客创造一个古典与现代融为一体的艺术环境。

需要指出的是，地下空间环境艺术的营造主力军都是艺术院校或专业机构。牵头北京地铁公共艺术研究的是中央美术学院，他们先后完成了"北京市轨道交通站点公共艺术品全网实施系统研究"以及北京地铁8号线、9号线的公共艺术品设计；担纲武汉地铁2号线艺术环境设计的是湖北美院，杭州地铁环境布置交给了中国美院，等等。高水平的团队保证了高质量的艺术作品，更加上市民的广泛参与，我们城市的地下空间环境就能较好地反映市民的诉求和城市的品格，这些诉求和品格最后便物化成了充满艺术灵感的地下空间。也正是在这个意义上，广州地下空间艺术环境的相对贫乏受到不少市民的批评，被指"没有打造成充满人文情怀的公共艺术空间"。

既然有如此丰富的地下美景，何不制作一张《城市地下空间环境艺术地图》呢？配上地铁线网及车站引导，放在城市的地铁口、景点处、报亭里免费获取，让大家按图索骥，循着南京地铁来欣赏名城遗韵、云彩地锦、水月玄武、六朝古都、民国叙事等雕塑、壁画；去杭州地铁看向日葵、车轮、潮水、年轮，过坊巷生活，传统和时尚就这样被串联起来。这样的地图将是多么精彩！

至于地下空间环境艺术地图的形式，我看既可以是依据一定的数学法则，使用制图语言，绘制出来的图形；也可以是依据事件、物理空间列出的图标；还可以是像《岭南艺术地图》那样的网页，一打开，各城市、各种环境艺术类型尽收眼底，还具备站内搜索功能，一分钟观光客就能全搞定。

艺术地图于城市，肯定是加分的，艺术分、品质分；那第二张地下空间环境艺术地图呢，不仅是加分了，更具有弘扬中华文明、建设美丽中国的战略眼光。（按：本文以地下空间专家束昱的口气撰写）

言论：编地图　提境界

编制地下空间艺术地图不仅仅是件技术活，更体现了这座城市的战略眼光和亮家底的勇气。

当下，城市成为人类越来越重要的居住环境，如何让钢筋水泥的森林多一些山水自然的气息、如何在地下空间里布置近似地面环境的氛围，越来越成为重要课题。于是，地下空间的人性化营造与艺术品质提升就成为大家不约而同的努力目标，无论是莫斯科、斯德哥尔摩、纽约、东京、巴塞罗那、巴黎等等，无不纷纷将地下空间作为艺术空间来打理，他们营造的地下空间如今已然成为城市的第二张"名片"。

在我国，300万以上人口的城市是建造地铁的要件之一，所以数十个人口数达到这一标准的城市都在积极争取地铁等地下空间的开发。于是，未雨绸缪地筹划编制艺术地图，就可成为开发的"镜子"和"催化剂"。编地图的过程，就是城市艺术品质提升、城市境界提升的过程。地下空间艺术地图年年更新年年丰富，一年年集起来，城市品质提升的来路就更加清晰，我们的城市境界就会一步一个脚印，走得踏实、走得从容、走得优雅。

游走在世界各地，喜欢徜徉在各大城市特点鲜明的地下空间，但极力搜寻地下空间艺术地图，却至今未获一张。不知是因为自己语言不通，还是真的都没有？我们的艺术道路不必完全跟着国际走，国外没有，我们当然可以先绘制，使用得好了，也会给世界一个很好的参考的。

国外地下艺术简述

自 1863 年英国伦敦开通第一条地铁以来，现代意义上的地下空间开发已经走过一百余年的历程。

● 瑞典斯德哥尔摩的地铁可以说是世界上最长的艺术博物馆，被誉称为"世界最长的地下艺术长廊"；

● 马德里的地下艺术城是一所规模巨大的地下娱乐场所，就建在市中心的哥伦布广场底下，不仅有剧场、电影厅、图书馆，还有儿童乐园、雕塑艺术展览室等娱乐场所；

● 蒙特利尔地下空间的规划与开发至今仍堪称一流水准，以玛丽广场为代表的宏大构筑甚至改变了人们的生活方式、商业业态方式；

● 在巴黎和伦敦，活跃着数不清的地下艺术团体，在地下空间里"飙"音乐，举办隧道艺术展，活动名目繁多。

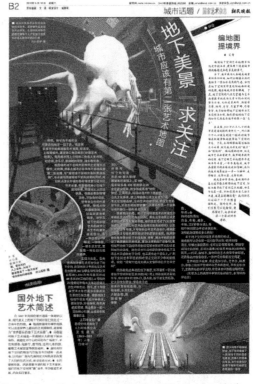

说在前面：近日，上海市绿化市容局宣布，上海将建21座大型郊野公园，总面积达 400 平方公里，近期开建5座，两年后建成。上海总面积只有6000余平方公里，如此大手笔的"花园""森林公园"建设是上海市民的福气。

郊野公园与公共环境艺术关系如何？最近来到上海的著名策展人、东京现代美术馆馆长长谷川祐子女士直言"在上海没有发现印象深刻的公共艺术项目"，倒是对上海城市中心的花园感兴趣，那些坐在花园的长椅上的人们与花园的景致融合在一起，这种状态比一般的作品更有意思。可见，公园自身就是公共环境艺术的大秀场。

公共艺术是花园

——从长谷川祐子的视觉角度看嘉定新城紫气东来公园

看了有关长谷川祐子的这篇报道，我倒是对这位记者的提问表示异见。其实，在很多城市设计者、艺术工作者的眼里，公共艺术就是令人惬意且流连不舍的环境营造，而雕塑、装置等等只是其中的元素、符号而已。正如长谷川祐子所说，好的公共艺术交互性强、给人以能量，如位于嘉定新城的紫气东来公园。

紫气东来公园就是上海的郊野公园。"一个郁郁葱葱的城市之肺，一个蛙声蝉鸣的世界，一个男女老少徜徉的地方，一个嘉定人欢聚的场所"，这是设计者为紫气东来公园设定的目标。在设计者的眼里，紫气东来作为新城中央的条形中央公园，肩负了现代大型城市公园的多重使命：它是周边居民自然而然的户外活动场所，是公共集会、节日活动的理想场地，是碳中和的主力军，是收集地表径流、控制雨洪的自然手段，是野生动物的天堂。于是，设计者让"林中的舞蹈"成为公园的社区活动区、健身区、政府和科教中心区、交口茶座区和湖区等五个区域设计的共同理念。

行走在公园的动感走廊里，我们不时地被铁锈紫的各种装置吸引，它们都是当地的动植物意象：秋风起，蟹脚痒，轨道11号线高高的桥架下面就是螃蟹爬满墙的大型装置，那蟹仿佛在告诉城里的人们"又是一个谷满仓、鱼满仓的丰收年"；对面就是当地随处可见的野菊花装置了，场地中间布置着大大小小的黑白"凳子"，原来，它们都做足了"欢迎"的功课。

设计师张斗说，公园里的走廊共有四种类型，除了动感走廊，还有静谧走廊、滨水走廊和林荫走廊，他们都是引导视界、激发能量的"管道"。静谧走廊是欣赏自然景观的廊道，串联公园中部空间并联系公园外的主要景观节点，它以曲线为主，并随地形从一个空间蜿蜒进入另一个空间，铺道用天然石材，简练清晰，"其线性风格受到陆俨少绘画技法的极大启发"；滨水走廊是水边的散步道，设计对现有的运河驳岸和材料进行了调整，布置了湿地和植被覆盖的河岸，水草等水生植物阶梯式层层递至陆地，两岸布置散步道和栈道，"美景中的主角是人"。

张斗还介绍，紫气东来还是一个"可持续设计"案例：林中的舞蹈点明了可持续性与公园空间融为一体的宗旨；这个公园与中国传统城市公园有较大的差异，其大尺度的空间特性要求促使简洁性，单个空间的完整性、独立性被焕发出来；公园里的树木全部是长三角地区的乡土品种，"我们舍弃了常见的追求成熟大树进园的做法"，因为那是杀鸡取卵、吃力不讨好的做法；我们在赤橙黄绿青蓝紫的丛丛树阵（装置作品：用原木涂上各种颜色，插在林中的空地上，形成"树林"意象）下采用大量的豆石铺装，以增加透水率和速度。不仅如此，公园设计中，还大量使用了现有材料和构筑物，如将旧工厂改造为嘉定科教中心，保存旧桥为人行天桥及野生动物走廊，甚至打碎天祝路两侧的沥青块用来铺垫林中小路。

如果长谷川祐子看了紫气东来公园，会怎样看上海的公共环境艺术？

"设计就是要人感受到美好"

——同济大学创意设计学院吴国欣教授谈城市细节

"设计就是要人感受到美好"，同济大学创意设计学院吴国欣教授反复说到这句话，他说从事设计这么多年，收获最大的就是这点。笔者通过与吴国欣的交流充分感受到城市设计绝不简单。

用心虽累，但要坚持设法传达感受

谈到要成为一名好的设计师需要具备哪些特质时，吴国欣无奈地笑了笑说："关键是要用心吧。但用心的设计师其实很累，每一项设计，哪怕是张明信片，你都不可重复自己；再者，你又不可抄袭别人；你还必须选对合适的方案。"何谓合适？当设计叫人眼睛一亮、笑逐颜开，继而啧啧称奇，那便是了。尽管有着无奈和疲倦的时候，但当自己的设计受到这些真诚的赞美，设计师的心中自然也就快乐如泉，汩汩而出了。

"一个展览也是，不能仅仅停留在让人看什么；要设法传达什么，让人感受到什么：期待而来，愉悦而去。"吴国欣说，"外文不好的人踏上外国的土地，走一走，看一看，对这个国家的印象也就有了，而且和那些精通该国语言的人相差无几，为何？感受的重要性不言而喻，所以参与上海世博会的外国团队方案都致力于'传达感受'，筹办世博会的三年中我得到了很多。"

化繁为简，简化视觉只为加强情感

"展示设计作为视觉传达的重要内容其最高境界应当是化繁为简。"在吴国欣看来，一个很简单的东西，如果把它弄得很繁杂，那么肯定是不对的。展示设计的创新是围绕参观者的体验进行的，看什么，怎样看才能直达要旨？这些都是需要设计者不断琢磨透彻，然后选用合适的方式化繁为简地表现出来。"视觉传达的目标不仅是完成简单的视觉信息的传递，而是要给人以情感上的感染和满足。"所以，"好的设计一定是简约的"。

再延伸到城市设计中，吴国欣说："很多地方看到天安门庄严、鸟巢有味，就在当地山寨一个，很是滑稽。"他常跟学生说，一个城市的空间肌理、天际线、建筑体量等等，都是容易给来访者留下第一道印痕的，比如北京的故宫、天坛放到上海就不太合适，因为街道的尺度不一样，历史文化、环境意蕴、民风民情也不一样；比如金茂大厦放在北京不合适，放在浦东，坐镇陆家嘴，既传统又现代，恰恰好，你把它放到天安门、故宫边上，实在是怪。

中国元素，绝不都是看得见的符号

中国元素是否一定都是中国红、琉璃瓦，抑或马头墙？或许对于完全不了解中国的外国人就是这些，但在中国，课堂上是不用教这些的，因为学生们天天感受到的都是"中国"元素，天人合一、顺势而为、叠山理水、漏窗借景等等，都不是靠看，而是感受到的。吴国欣认为，让学生将这些潜移默化得来的中国元素设计进作品，不必刻意就自然是中国的了。或许没有中国式符号，但浸透的肯定是中国意蕴、中国味道。"所以我的课堂从来不刻意去教这些"，吴国欣说，"比如世界首届规划院校大会，我用'Planning'的第一个字母'P'缠绕旋转着编成中国结作为大会的会标，既大气、喜庆，又很中国；大家一看就明白：中国的！"

"同样道理，一座城市就是一件展品。"吴国欣举了个例子，曾有位藏友拿着一件宝贝来要他评价好不好，他说不评，因为"我不知道你把它放在哪里。一件东西好不好，首先要看它放在哪里，一座城市也一样"。简单的类比却让人充分理解了他对城市设计的态度。

一个城市 一件展品

同济大学设计创意学院教授 吴国欣

"一个城市就是一件展品"，这是吴国欣对城市设计的观念，放眼世界验证了这句话的实例比比皆是。即使不懂外文，到了一个国家，看看它的街道、商店、公园、道路，也就能对这个国家有个感性的认识，这就是设计的力量；到人家里也是，一进门，屋里装饰风格、家具特色、陈设、颜色，几分钟，初步印象就形成了。

上海的城市设计一直向世界介绍着上海，同样为上海迎纳世界打开了大门。教育部在上海主办的第三届中外大学校长论坛虽已过去近十年，但我们对当年会议的形象设计、环境设计的印象却依旧清晰，安静的主色调——深绿与开会时节的树叶颜色十分吻合；深绿、碧绿、

在法国巴黎都日丽公园里的上海形象展示

橘红、橘黄等五色的会标构成了会议的圆桌；彩旗、指示牌、气球、凳子、桌子等分门别类，安静的深绿做了背景墙、会议桌，活跃的橘红、橘黄做了凳子、彩旗、标语。整个项目运用了100多项形象设计，把会场装扮得宽严相济、秩序井然、赏心悦目，与会者纷纷称赞"色彩的运用层次分明，极易识别；整体效果一气呵成"。

作为上海中外交流"招牌"的中法文化年"上海周"每年都非常引人关注，每年的展示设计则充满典型的中国味道。设计者说，到法国做设计，我们的根还在中国。张艺谋、王澍被世界认可，全是因为"中国风"，这种中国味道是充盈在我们的心里、血脉里，画出来、表达出来就绝不会是亚平宁，也不会是高卢鸡，更不会是洋葱头建筑，意象在里面、味道在里面，中国意蕴就会自然而然地渗出来。所以，当这样的作品出现在世界面前时，谁都能立刻就认出"这是中国红，但不是大红灯笼；这是屏风意象，但不是屏风而是展架；展架是地道的中国榫卯结构，虽然架子是铁铸的"。在巴黎都日丽公园，徜徉在中国"屏风"样的门阵里，看着中国红的"窗棂"上、书册脊背意象的墙上张贴的儿童画、书法作品，"屏风"前的中医咨询台（人体穴位铜人像立于一旁）、书法表演等等，节目丰富，看得法国人啧啧称奇。作为上海周中的"上海教育展"，在设计中充分让法国人看到一个既神奇又现代的中国，"听到"上海与巴黎在对话。

作为上海人最难忘的当然还要提到 2010 年上海世博会的点点滴滴，要在世界范围内的展示设计方案遴选工作更考验到决策者的眼光是否独到。"设计的作品好不好？如何评价？就要看放哪里，没有最好的，只有最合适的"，决策者如是说。为 5 个主题馆挑选展示设计方案，那真是看花了眼，看晕了头。如果说为大学论坛设计是同步世界，巴黎展示设计是感受中国，世博会则是中外展示设计同台竞技了。5 个主题馆，国内外共有 15 家单位参与竞标。"一定要有国内的团队！"抱定这样的信念，经过大量认真细致的审核工作，最后评审专家选定了德国、荷兰、西班牙和两个中国团队。在细节上，比如参观中国馆，考虑到如果自下而上的流线，人流就无法顺畅，于是"人流从四个立柱乘电梯上到顶，然后逐层往下参观"，这样的设计建议产生了，终于解决了因为建筑漏斗形状带来的参观难题。人们都说，世博会有三大看点，第一是建筑，第二是展示，第三是管理，应该说展示艺术的精彩纷呈为上海世博会加了不少的分。

多年来与国外高水平展示团队接触，与国外设计师打交道，让中国设计师们学到了很多，展示设计所关注的不仅仅是参观者看到了什么，摸到了什么，闻到了什么，更重要的是感受到了什么。五官全到，五味俱全，当然就容易感受到"五美"是否齐备了。

绿化墙、中庭绿化苑、太阳能屋顶……一年前说这些词，那肯定是在说世博园里的建筑。今天，世博的后续利用在巴士一汽变身设计一场的创意中，我们又见这些耳熟能详的词汇——

巴士一汽"转身"设计一场

为地球减负是首选理念

是的，"世博会中很多技术在这里得到后续利用"。主设计师曾群告诉我们。

云淡风清的秋日里，我们来到了曾经是上海单体面积最大立体公交停车场巴士一汽停车场，现在它已经成了以建筑、环境、交通设计为主要内容的创意设计场所。行走在长而坡度舒缓的车道上，高高的立柱把阳光舞蹈得远远地、奕奕缭缭地，天也被醉得湛蓝湛蓝的；厚厚的水泥墙、水泥柱还在，据说有 7 万吨呢，要是拆了、倒了，地球就又多了 8 600 余吨二氧化碳的负担。如今它们还在面积 4 万余平方米的设计一场角角落落，继续发挥作用。

环保设计延续"再生"样板

宽敞的落地窗一溜过去，长长的走廊幽深而敞亮；沿着墙、顺着坡，藤萝枝叶到处伸着调皮的颈脖；中庭疏疏朗朗、屋顶上绿叶扶疏的就是高高大大的绿化树木了；甚至办公桌隔板顶上也被绿萝之类的植物"占领"。"屋顶上安装了 6600 平方米的太阳能光电板，理念、模式都是设计上海世博主题馆时实践过的。"曾群坦言。

没有想到高贵的古铜色与混凝土灰色这样地协调，没有想到一场的门厅区一下子让人找回了世博会非洲馆的"气场"，没有想到屋顶的太阳能板如此地"主题馆"。如果你将信将疑，就到清清爽爽、恢弘大气的设计一场感受一番。在那里，"再生"有了鲜活的样板。

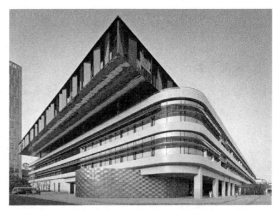

原来的巴士一汽，现在的同济建筑设计院

重抖擞"大"有可为

——曾群谈巴士一汽创意

要改造巴士一汽停车场这样的庞然大物，对于任何设计师来说都是一种挑战。曾群清楚地记得自己第一次走进这座建筑时的感受："大，没有人情味。我当时就想，要怎样将这个长久以来只住机器（汽车）的空壳改造成吸纳无数创意型人才的产业园呢？"刚完成上海世博会主题馆设计的曾群团队驾着"低碳"的"轻车"，很快找到了门径。

建筑外部的线条被艺术化地保留了下来，内部空间则被重新切割。"配合其简洁、粗犷的外形，内部造景也采用干净、率性的风格。另外，我们还特别保留了之前的车道，那是这座交通建筑的重要回忆，如今它连接着地面和四楼的停车场。"曾教授专门提到他们对铜的运用，"这种材质是有表情、会呼吸的。时间愈久，愈显出岁月感。在这座建筑里用铜和木头这样原生态的材质，能让人觉得它是有生命力的"。

铜、木还只是视觉上的修饰，屋顶及外立面上的太阳能板，才是这座建筑真正的力量之源。曾教授笑言："正因为建筑体量这么大，能装下那么多太阳能板，才成就其'上海首幢太阳能楼宇'的殊荣。一般的小楼可不行呐！"

新闻背景：（2014 年）1 月 19 日，港珠澳大桥首跨钢箱梁在深海区开始架设。远远望去，长 132 米、重 2815 吨的钢箱梁被驳船上的大吊车轻轻举起，缓缓存放到了浪花层叠的高高墩台之上，蓝天下塔吊前，巨大的梁板静静卧在浩渺洪波之上。现场安静平和、顺顺当当，没有了造桥工地常见的机器轰鸣、泥浆四溅、喊声四起……

工程花园　大美不言

● 港珠澳大桥采取的是工厂化施工，能在岸上完成的绝不放到海上。想象中，世界头号工程——港珠澳大桥的预制工厂，应该是搅拌车"辘辘"地转，工人们有条不紊地操作灌浆吊斗穿梭地忙碌着，可是，当我们随着中国土木工程协会副理事长、同济大学李永盛教授科研团队来到茫茫大海中的桂山岛，来到中山桥梁预制厂，脑子里的既有印象被彻底颠覆了。

首先看到的就是世界级的隧道沉管预制车间，哪有喧嚣繁忙的景象？T 形、U 形弯头的长长钢筋分门别类，一律码成了堆堆垛垛，整整齐齐，工程师指着底部方块样的 T 形弯头对我们说，这种铆焊的钢筋是让机器在块钢上高速旋转产生的高温让钢筋粘牢的，采用的是当今世界的新工艺，它比普通焊接的质量更好。看着一根根底部铁锈红的钢筋齐刷刷地列队摞在那里，想着它们很快就默默地在宽六车道、高三层楼的巨大沉管里上岗，我的心里有说不出的熨帖和欢喜，因为现场忙而有序、整洁如新，这样的工厂质量靠谱。

往前走，到处都是微尘不起、干干净净，到处都是有条不紊、秩序井然，模具如同摇篮，里面的管节钢架角度不一地到处伸展，但顺着一溜往前看，22.5米连起来，同一角度的钢筋就如列队的仪仗兵，刷刷地一般齐，看着美得叫人心都醉了；听介绍，水泥从搅拌塔到浇筑口、到沉管成型，22米长的巨大沉管浇筑成型都能稳定地保持在25度，不差分毫，可能吗？工程师说，我们做到了，已经浇筑的千余米沉管没有一条裂缝，我们顿时对高高清秀的搅拌塔肃然起敬，对同样整洁如新的浇筑车肃然起敬；更神奇的是，一根沉管从钢筋绑扎到成型，全都在流水线上，一直长到180米，重量超过8万吨，怎么走？"它们走自己的路，平、直，到最后直角横移，直至进入水中，一切一气呵成。"工作人员如是说，我们听着，看着，明白了什么叫庖丁解牛、行云流水，我们眼中的预制厂就是一座美不胜收的"工程花园"。

● **参观者说，没想到，没想到，真没想到！8万吨的沉管居然能这样听话；它听话，全赖程序流畅，线路设计巧妙，"看着现场行云流水的制作流程，有条不紊、成竹在胸的操作，不禁感慨指点江山、激扬文字的人居然如此淡定坐城头摇芭蕉扇"。**

从绑扎到驳运，180米一节的沉管在流水线上分成了8个节段进行预制。浇筑，两台喂料车一刻不停地连续作业，成型的沉管在原地养护达到移动条件就被推着一路向前22.5米多，它的位子就被腾出，接着下一节绑扎好的沉管就入了位，骨感的它就等待浇筑。就这样一节节，沉管沿着锯齿状的平直轨道一路前行，直到8节全部成型，沉管就到了池子边。

看见没，静静躺在轨道上的沉管两只大"眼睛"加上中间的"鼻梁"，它的宽度就是37.95米，轨道上两节沉管并排躺着，仿佛在切切喁喁；你再仔细看，沉管身上深灰色的"缝"，那就是接头的地方了，这里装着的就是沉管柔性连接的秘密，同济大学提供的"方子"，为何要柔性连接，这是应对复杂海底状况像地震的措施之一；数那缝，一、二、三、四、五，至少有六七条缝，你每数一个缝就意味着它往前滑动了22.5米，连续地、无声无息地，数到第七条就意味着180米的沉管成了，正所谓天儿依旧湛蓝，鸟儿已经飞过。这管节就这样不动声色一直朝前滑，滑到180米，它自自然然就正对着池子了，可是它已经8万吨了，天下哪有这样的吊机吊走它？！

没关系，聪明的桥梁人已经准备好了。先把"鱼鳔"注进水，喏，就是池中远处那个长了15个"痣"、悬着3根棒棒糖、侧面还有好几根红色脊柱的盒子，让盒子含些水坐底堵住入海的口，一道堤坝自然就形成了；接着往池中注水，数台大功率水泵，日夜抽，两天300万方水入池，你知道发生了什么？躺在轨道上、两头已被密封的沉管就变成了巨大的空盒子，浮起来了，接着就乖乖地随人愿从水中滑到了深水区。

● 徜徉在这座气势恢宏的工程花园里，我们为钢筋水泥圆洞中漏下来的蓝天着迷，为巨大的"T"形墩台倾倒，蓝天之下它们安安静静、沉着淡定，一贯的灰白（蓝天映衬下有些发青）。

和沉管预制一样，桥梁预制厂的一切同样看得人犹如进了花园，只不过这里培育的不是花草而是跨海的梁柱墩台。

从绑扎开始，大墩台的身上就留有四个圆洞，那是为插梁柱预留的，制好的墩台自重就达到了2 700吨。不知道是多重，一辆轿车如果是水泥实心的重量大约6吨，而一个墩台的重量是它的400倍，还不知道？那就摆起400部轿车。桥梁预制，包括了墩台、钢箱梁、桥面板等等，它们在工厂里一堆堆、一片片，成片成片安静地呆着，等待着排队登上"小天鹅"等运输船上，前往它们的秀场。

钢箱梁，长度百米开外，横头一副旧时量米升斗的模样，梯形底部呈100度左右的仰角，上面整整齐齐搁放着桥面板，板上一律伸出梳齿样的钢筋，那是为将来桥面成型预留的。走在钢箱梁边，人的影子就长长地"浮"在底面板上，一问，原来这是一种防腐油漆的影像效果，光溜如镜但人影模糊；往钢箱梁中空里看，"人"字形撑梁，构成了绵长的大屋梁、金字塔？到了海上他们都隐于桥面之下，但依旧"顶梁"，梁上就是桥面了。

今年1月15日上午，2台2 000吨大红龙门吊在蓝天下分外喜庆，密密的钢缆束下，四只黄黄的大"发夹"粘住钢箱梁，轻轻地一抓梁就起来了，这可是一段长132.6米、重2 815吨的大家伙。提起来，龙门吊沿着轨道慢慢滑动，滑着滑着就来到码头，轻轻地钢箱梁就躺到1.8万吨级的平板驳船上，亲眼目睹这一场面的我们啧啧称奇，瞬间理解了"举重若轻"的含义：胸有成竹，我们的工程就会散发出厚重的美；大美不言魅力自远。

工程美以文明打底

港珠澳大桥工程是继三峡工程、青藏铁路、南水北调、京沪高铁等工程之后，我国的又一重大战略性工程，也是当今世界超级大工程之一，其难其艰前所未有。

可是，就是这样的一座巨型工程，我们去了隧道沉管预制厂，却没有看见一星半点的灰尘垃圾，鞋子出来时依旧如新；在这样的环境里，我们看见了工人安静地干活，偌大的工厂里偶有机器声，常态是安静，一切仿佛都是悄悄地。

就这样，我们看到工人绑钢筋的情景，心里熨帖舒服；工人检查沉管口门的神情，看得我们入了迷；我们看到两片露出水面的沉管面板就像两个足球场大小。工程美，以文明打底，美就从里到外透出来：我自不言，春已满园。

常见的建设工地都是：眼未见，耳朵、鼻子先知晓，因为机器隆隆声、浓浓灰尘味已先敲了门。这样的工地，人的心情先被弄坏，于是，美自然就打了折扣；更何况，有些工程本就不美。

工程美先要文明，因为文明是工程美的"底料"。吃火锅的人都知道，底料好坏优劣决定了火锅的风格和品位，至于你下的什么菜，那倒是第二位的了，麻辣的、三鲜的，还是椒盐的，全在你，但"底色"不对，一切枉然。正所谓：工程要美，文明先行。

新闻背景：又到一年新生报到的时节，沪上各大高校骤然又添许多新面孔。高校中的雕塑作品自然成了新生们自拍、留影的标志物。校园文化是社会主义精神文明在学校的体现，是一所学校独特的精神风貌。近期，高校特色文化环境评比展示活动正在上海高校中进行，活动着力推进各高校的特色校园文化环境建设，特别是在硬件建设中体现人文精神，加强"文化育人"。高校雕塑，作为高校特色文化环境的重要部分，同时也是一个学校文明建设的示范平台和向社会展示文明形象的窗口。

各美其美的高校雕塑

讲历史讲专业，也讲追求

沪上高校大多有着悠久的历史，短的虽只有数十年，但长的已经横跨三个世纪。这些高校大都历经风雨沧桑，经历波折坎坷，都积淀了独特的精神气质和人文内涵。于是，这些学校发展历史中的细节、关键时刻的历史人物，学校的专业精神和理想追求都融入到了各校的雕塑之中。

李国豪塑像就是同济大学发展历史中典型细节的典型雕塑。1977年，在历史的转折关头，"文革"中饱受冲击的李国豪走上同济大学校长的岗位上，他积极带领同济"两个转变"（从一所以土木为主的大学向多科性大学转变；恢复与德国的联系，向国际化大学转变），为学校的长远发展打下了坚实的基础，所以塑他的半身铜像当然是对这段峥嵘岁月的纪念和敬意。今天，当你走到校图书馆后面绿茵茵的草坪时，李国豪就在那斜斜的小坡上微笑着慈祥地望着过往的师生；孟承宪是华东师范大学的第一位校长，他入雕塑理所当然；上海音乐学院的蔡元培像也一样……

除了这样对一所学校的诞生和发展贡献杰出的人物外，上海海洋大学专门在校园主干道上塑立20多个历史人文图像卷，七道校门、七块校牌，外加张謇、黄炎培、张镠、朱元鼎这些贡献尤巨者的或具象或抽象的雕塑，于是学校的曲折历史就如河水般洄演而来，已然成书。

讲专业、讲追求同样很多很多。华东政法大学校园里广列中外名家如孔子、老子、柏拉图、亚里斯多德、沈家本、天平女神等等以表达对传统文化的尊重、法学精神的推崇；华东理工大学娓娓道来的是典型的科学特色，第一颗青霉素、秦山核电站，它们体现的都是学校的"化学之美"；上海中医药大学的六组名医雕塑；上海金融学院的《融》浮雕，大都拿学院特色入话题。

高校雕塑怎样才美

高校雕塑，每所学校多少都有，可是哪个好看，真还得思量思量。拿学校历史上的著名人物直接入雕，当然好，但现实是，看着雕塑人（亲历者）就能想起那段历史颇不易、催人奋进的雕塑也不多。这是因为雕塑的作者大多没有细细研磨当时历史，入其中与当事人同声共气、喜怒哀乐，所以这样的历史雕塑常常是只见音容，不见精气神，更难见气韵神妙。

无论是讲历史、讲追求，还是展现学校的青春活泼；无论是具象还是抽象的手法，对美的追求总是大家欣赏雕塑的共同旨归。大学是文化富集之地，思想富集之地，更应该是美的富集之地，所以，作为大学文化重要展现手段之一的校园雕塑，追求具象美、抽象美，乃至意趣美，应是理所当然的。

追求美，当然要选择合适的艺术表现手法。华东理工大学的 C60 雕塑，展现的就是该校名誉教授、诺贝尔化学奖获得者罗伯特·柯尔教授发现的"足球烯"的造型：雕塑呈白色、镂空，由 60 个白色的小圆球（碳原子）组成，有 60 个顶点和 32 个面，其中 12 个正五边形、20 个正六边形，形状如足球，形象而直观地刻画出这个零维结构碳材料的模样；类似展现"化学之美"的雕塑还有手性模型、蛋白质泛素浮雕等，都是用雕塑表达科学之美，挺好的。

最高境界是表达意趣

具象的、抽象的当然都有杰作，但初看不明所以，再看似有所以，仔细研磨方知意趣韵致所归的雕塑则是雕塑之中荦荦大者，像复旦大学的"驴背诗思"就属此类。

大学是文化的堡垒，甚至是人类精神的最后家园，所以学以致用不是全部，大学还应允许教些"无用"的东西，这东西就包括骑在驴背上反复琢磨"推"还是"敲"，思考太阳明天会不会升起，看着天上那一块白云往哪飞,或者对着天空发呆半个下午,于是,复旦大学光华楼前就有了这尊"奇怪"的雕塑。

骑驴诗人

　　驴子和诗人有着亲密的关系。唐代郑启说："诗思在灞桥风雪中，驴背上。"大学问家钱钟书说："驴子仿佛是诗人特有的坐骑。"因为驴子"得得"地慢慢而有节奏地行走，其舒缓而慢条斯理的声响正适合诗人的捋须沉思、抑扬拣字，所以诗人贾岛、陆游经常骑在驴背上构思，驴子一颠一簸，他们一摇一晃，于是吟出"圭峰霁色新，送此草堂人""十年磨一剑，霜刃未曾试""山重水复疑无路，柳暗花明又一村""矮纸斜行闲作草，晴窗细乳戏分茶"这样的佳句来。史料载，杜甫一生骑驴作诗千篇，字里行间充满着无限的国计民生之痛彻。

　　也许正受此启发，大家袁晓岑以骑在驴背上的诗人（思想者）入题，雕塑一律黑色，一律地看不清模样，但幽清淡默、荒旷虚寂，乃至淡淡的道玄素真都仿佛可感。知情人说，驴背上的这位老者仿佛陷入了沉思之中，他会给我们带来什么样的妙思佳句，我们暂时无法得知。但有一点确信无疑，即身陷现代性困境的当代人，在奔波忙碌之余，是可以从这尊塑像中得到很多启发的。更有专家称，诗是一种特殊的思想，思想也是一种特殊的诗，诗与思说存在，说命运，说着天地神人的原初，说着人间的际遇与欢喜，"所以，这尊雕塑就被安放在哲学系的门前"，好！

　　当我们的物质生活越来越富有，当我们的条件越来越优越，"我们为什么活着，我们活着是为了什么"就越来越成为问题，于是无用的学问就变得有用起来，因为生活条件再优越，物质也不是"人的脊梁"，支撑中华民族生生不息的脊梁是看似无用的"思想"：孔子、老子、朱熹、王阳明……他们就是一个个骑在这头小毛驴背上的"思想诗人"。

观点：好看 VS 耐看

　　好看，当然是校园雕塑的法则。一尊大家看了就要揶揄几句的雕塑，最多也就算是"看图说话"式雕塑，是不符合大学"原创"与"独立思想"等精神原则的。

　　第二类就是好看的雕塑了，比如华东理工大学的孺子牛雕塑，金灿灿的，说"师生们口口相传称其为孺子牛、开拓牛、牛雕塑"，可见学校官方对它的热爱之情，以至于称"与勤奋求实、自强不息、勇往直前的精神很契合"，雕塑成为校园内的赫赫人文景观也就很自然了；东华新校区里的体育群雕，由学生充任雕塑主力，反映的也是青春的飞扬勃发，于是沿着体育馆走过去，足球、手球、篮球、网球……雕塑一律大写意，大气磅礴并轻盈飘逸：它们都好看。

　　好看但不独特，于是我们要问：校园雕塑何时更耐看？高校作为科学技术的主力军、思想库和人才的摇篮，特点决定了文化氛围的营造也"不走寻常路"，如果在证券公司、在外滩也看到一头"牛雕"，在市民体育中心也看到"球群雕"，恐怕就有些记忆"打架"了：嗯？在哪儿见过。

于是，"耐看"就真成了问题。要耐看，首先要吃透学校的文化特质、思想追求和精神旨归，然后契合艺术的"焊接点"，让那头驴开始低头沉思，诗人自然就有"清趣"，学校文化特质当然也就是"这一个"，很难复制。

近日，"各美其美，美美与共——大学特色文化环境"评比展示活动近日结束，一批优秀老建筑的"环境育人"效应备受瞩目。众所周知，改革开放以来的上海优秀建筑作品层出不穷，但民国时期的上海同样有许多令人过目难忘的上品建筑，有的安静地待在上海的高校中，融为校园文化的一部分，成为大学一张张特色"名片"。上海高校中的民国时期老建筑——

有体温地优雅着

中西合璧是那时建筑的主流

都说复旦的子彬院号称"小白宫"，其实只要你仔细看，虽然严格的对称、玲珑的气窗、大门前亭亭的立柱颇有欧风和畅的意思，但长长的曼妙的黛瓦硬山顶则明显地吐着本土营造的芬芳：中国顶冬暖夏凉、防漏隔热，是人类建筑艺术的精华，当然要用到学校建筑上。

绿瓦大楼，稍谙历史的人都知道，那是 20 世纪 30 年代大上海计划的一部分，原是作为上海特别市府办公用的，因为日寇侵华，作罢。外面看，那是一栋典型的中式建筑：高高的台阶，典型的宫廷式营造做派；高高的红立柱隔出的五开间分明就是中国殿宇意象，屋顶是绿瓦庑殿顶，檐上走兽。但你走进室内就发现，里面的结构布局都是西式的了，扶梯、电梯，一到四层办公室各种现代设备一应俱全。现在，绿瓦大楼已成为上海体育学院的标志性建筑，甚至是"图腾"。

不仅这两栋，那时的设计师们大多像绿瓦大楼的设计者董大酉一样饱学中西文化，且试欲"挽回沪市九十年来太阿倒持之局"。像华东政法的交谊楼、韬奋楼，同济大学吴淞时期的许多建筑，可惜，残暴的日寇将它们都毁了。

那时的西式建筑如今已成了珍藏

上海高校中，还隐藏着不少民国时期的建筑珍宝。华东政法大学的四十号楼，如今的女生宿舍。看那些窗户，新古典主义、犹太式、地中海式，还有杂糅式，在米黄的墙上绽放的是青春和活泼，典型的欧式风格房屋；但只要你仔细看，内置式庭院（四合院）、回字形结构，隐隐地中华风依旧在吹。这里就是当年一部青春戏的取景地呢，四合院、草坪上的大梧桐，当然还有俊男靓女，有印象吧？

爱庐，你懂的，就是东平路9号（民国时期法租界贾尔业爱路9号）那栋，是宋子文送给妹妹美龄当陪嫁的，现在归上海音乐学院所有。典型的法式建筑：窗户大而敞，是因为原设计按法国南部的地中海式；屋顶是四坡法式红瓦，棱角分明，局部处理为孟沙式；墙面嵌鹅卵石，墙角隔石做成扇形棱角，与当时流行的宝瓶形不同。奇的是，那时生态观念居然也很强：墙面附攀着蔓藤，随四季变幻色彩。

音乐学院还有一栋老房子——专家楼（百龄的比利时驻沪领事馆）。一栋孟沙式屋顶的珍贵样本：双折屋面，每一坡被折线分成上下两种坡度，下部坡较上部坡陡一些；双坡老虎窗，让屋顶尽显错落韵致。底层为砖墙，水泥粗拉毛墙面，半圆拱券门洞和窗洞，券身突出加毛石间隔点缀：德式风格，局部北欧风格。内部西式的楼梯、护壁、壁炉做工十分考究，看着很是养眼。正因为楼精致，贺绿汀主政音乐学院时，把这里作为接待外国专家的"专家楼"。

那时，还有一类功能性为第一需求的建筑，像同济大学的一·二九礼堂，简洁而实用，宽宽的走廊一看就是为较大人流准备的；楼边的丛竹那是想让人与自然更近些。当年，参加反饥饿、反内战、反迫害的"一·二九"运动的学子们就是从这里出发，如今这里已经成为爱国主义教育基地了，于是楼宇前面的纪念园在丛翠之中便多了几分肃穆。

老构筑，每栋都有体感舒适的"温度"

无论是中西合璧，还是纯粹西式，上海高校民国时期的老建筑，让我们感觉都很舒服，即如复旦那栋1947年在废墟上重建的青瓦白砖、红色窗格相辉堂，让我们想起先贤马相伯、李登辉，心中很是温暖。

"小白宫"子彬院更是这样，因为这里走出了童第周、冯德培、胡寄南、徐丰彦，还因为这栋建于1925年的四层楼房躲过了暴戾的日寇炮火：唏嘘、庆幸、感慨，反正心潮难平，景仰系之。华东师大的群贤堂在日寇炮火中被炸去一层，当然要修！抗战胜利后，当时的大夏大学立刻动手修缮，如今群贤堂已被定为"大夏大学旧址不可移动文物"，随之这里接纳了吕思勉、施蛰存、王元化、徐中玉、钱谷融、许杰等一大批人文精英。于是，漫步在群贤堂，摩挲着陈旧的木门、大铁门栓、木扶手，静静看着那把老式的挂锁：有了人文底蕴的建筑艺术，当然就有了体感舒适的温度。

言论：建筑好看好用才算艺术

思考上海民国时期的老建筑，心头萦绕的念头挥之不去：建筑设计与建造，什么才算关心人、体贴人？

如今的很多建筑，外表十分的华美绚丽，各种山水园林意象、各种动植物的形象，甚至你想不出的奇怪模样都能进入设计师的视野，并且用建筑语言表达出来，于是，标志性建筑满天飞，各个犄角旮旯里都能冒出让人惊骇的"筑雷"。可是，在这样的大楼里，我常常找不到要造访的房间，我常常按照指示牌却转得晕头转向：外表好看，内里常常折腾人呢！

民国时期的这些老建筑，外表并不先锋但越看越舒服；进入室内，这里也有洞天也有拐弯但我轻易就到了要去的房间，无论美庐、绿瓦大厦、子彬院，都是。

因此，建筑外表何妨让大家"慢慢看、慢慢品、慢慢美"，内在里就要时刻把自己当成新来乍到的办事人，唯有如此，你设计的楼才有舒适的体感温度，才会在岁月里越来越有艺术的美感。美的东西愉悦人、熏陶人，不是吗？

新闻背景：近日，上海高校优秀建筑评选刚结束，大学现代建筑又成为了创新设计关注的焦点。作为学府建筑，既要兼顾现代感，同时也要保留书卷气息，营造出独特的校园氛围。本文将重点关注高校中现代建筑的设计及其背后故事。

不仅要"潮"，更要很"书卷"
——大学现代建筑体现人性化创新

引领世界潮流才算经典

同济大学文远楼是以我国古代天文学家祖冲之的字"文远"命名的，听名字就知道，这是准备用作测绘学院教学办公的。这楼是包豪斯建筑在远东的第一次实践，包豪斯建筑的简洁外形、大大的窗在这里展现得淋漓尽致，工业风格鲜明的结构里每一处空间都被仔细安排停当，"没有一点多余的空间"。如今，改造后的文远楼更加地环保、低碳、可持续了，它在1999年被列入"新中国50年上海经典建筑"名单。

大礼堂同样先锋新锐。要知道，1962年，没有计算机辅助设计，各种建材也不像今天这样"不怕做不到，就怕想不到"。那时，要建一座宽40米、外跨宽度54米的矩形建筑，而且里面没有一根柱子，谈何容易！更先锋的是，结构师还想采用钢筋混凝土的网架结构，当时国内无一例。但同济建成了，结构师们用手摇计算器、大量的试验换来了至今依然从容淡定卧在那里的大礼堂。它的顶厚才5公分，整栋建筑如蝉似翼，轻盈得见到他的人都想飞翔。

还有一栋建筑不能不说，它就是同济设计院。老上海都知道，这里原来是巴士一汽，上海最大的单体立体公交停车场，新世纪初置换给同济了。停车场改成设计楼，该是什么模样？我们去体验了一回：长而舒缓的车道上，高高的立柱把阳光挥洒得远远的，天也被醉得湛蓝湛蓝的；宽敞的落地窗一溜过去，长长的走廊幽深而敞亮，匆匆而无声的脚步穿梭在我们眼前；沿着墙、顺着坡，藤萝枝叶想到哪就到哪；中庭疏疏朗朗、屋顶上绿叶扶疏的就是高高大大的绿化树木了；屋顶上还安装了数千平方米的太阳能光电板，设计者说这些理念、模式都是从上海世博会搬过来的。

中西合璧依然很"吃香"

建国后，建筑设计的中西合璧如丝如缕，不绝于途。华东师大的"三馆"，外国语大学的俄语系教学楼都是异域风情的上海"花朵"。俄语楼有典型的拜占庭式"洋葱头"，严谨的对称格局、西洋风格的窗户都是异域的风采，楼内饰有丰富多彩的油画、俄罗斯套娃、雕塑、茶炊、壁炉等，一走进去就到了异国他乡。

贺绿汀音乐厅则是典型的古典欧式风格，高高的廊柱、红红的墙、白的装饰条，你要是在夜幕降临、华灯亮起时来到上海音乐学院，金黄、雪白的灯光装扮后的音乐厅更加如梦如幻，老街区汾阳路也平添几分神秘色彩。

还有视觉艺术学院的"大眼睛"，有人说这是图文信息大楼，有人说是剧场，清清的湖水边，一双世界上最大的眼睛（还是双眼皮）正在深情地注视着进入"眼帘"的莘莘学子。这是一栋典型的钢筋混凝土玻璃建筑，弧形的拱梁，两层（下面的是双眼皮的下一层，不受太大力），披挂在桁条上的玻璃微微向外突出，就如人的眼睑一样晶莹剔透。注意看，地面的眼睛是半只，要与水中的一起看才能体会出"大眼睛"的灵动和美来，不信你站在湖对面试试。

人性化设计以学子为先

没有了莘莘学子，当然也就没有了引领潮流的高校建筑，所以要为他们设计，为他们的大学生活设计。

上海大学有栋两层的J楼，那是大型讲座的阶梯教室，故名。奇的是这栋楼的楼顶和周围四栋教学楼都是经由连廊沟通的。当年设计这些楼宇的时候，钱伟长老校长就说，学生下课"转场"时间只有10分钟，不能让他们走得太累，不能让孩子们淋雨……于是就有了这栋J楼引领的教室楼群。

J楼楼顶有个圆形广场，形状酷似古罗马的角斗场，设计者想以此来表现校训精神；"角斗场"核心区有一个露天舞台，圆形的舞台背靠涂鸦墙，从舞台向外有一层层逐渐升高的台阶，站在舞台中心，音量会增大，广场就成为天然"扩音器"。紧张了、放松了、郁闷了、浪漫了，学子们都可以到这里吼上两嗓子；在墙上涂涂鸦，"我爱你，再见""高数不会离开你"，宽宽的过道里简直就成了涂鸦墙集结号吹过后的景象，怎一个"壮观""杂遝"了得！这所学校的招贴说：若问上大有什么标志性建筑，众多校友们一定会深刻记得外圆内方的白色建筑，那里有上大学生的青春、上大人的气韵和览尽校园美的宽阔视野。

观点：设计艺术，圆心是大写的"人"

高校建筑，当然要引领潮流，因为作为智库的重要源泉，高校里的师生往往是率先接触世界风的一群，他们听闻、传播最新潮流趋势理所当然。

但是，不是所有的新潮都适合人，不是所有的先锋艺术都能体贴人，比如行为艺术中的有些行为，常人就难以接受，像南斯拉夫的玛丽娜·阿布拉莫维奇的某些作品。建筑设计也是一样，假如你进入一栋楼找不到你要找的房间；假如你在楼群中穿行，日晒雨淋常常让你衣冠不整，这样的楼外观再漂亮，也不是优秀的艺术作品。

不可否认，随着经济实力的增强，高校中也出现了一些单纯追求艺术品位、务求高大上的建筑，面积、能源等各种浪费惊人，环境也不和谐，这些都不符合大学精神的，当改之、避之、力戒之。设计艺术，最终还是要服务于人，不围绕"人"这个中心，怎么会有智慧的设计？

新闻背景：今年春节前后出现了一种新现象：都市年轻人除了选择去电影院看"贺岁档"，更有不少选择到图书馆去静心"充电"，似乎上图书馆成了一种新的休闲方式。那么图书馆又是因为什么成为了节假日"新宠"呢？让我们去看看世上最美的一些图书馆。

知识海洋化身艺术殿堂

——图书馆不仅适合读书，更能提供美的享受

让大家走进图书馆的，首先当然是书籍。大部分人去图书馆无外乎需要查资料、补充各种知识，或只是为了找个安静的地方进行阅读、工作。无论哪种需求，人们一定更希望去那种模样很美、看了就喜欢的馆舍，一定都喜欢能让阅读变得很舒服自在，甚至萌生"如家一般"感觉的图书馆。

能被评为世上绝美的图书馆，瑞士的圣加伦修道院图书馆自然有让人心驰神往的理由。由于圣加伦修道院的第一块石头安放于公元 612 年，所以建筑就成了一本厚重的历史大书，9 世纪、15 世纪、18 世纪重建、扩建了 3 次，一直在原址。所以现在还可以看到 7 世纪的石基和柱头、9 世纪的修道小堂、15 世纪的壁画，而主体建筑的风貌都属于 18 世纪。最让人震撼的当然是院里的图书馆了。其外表就是常见的巴洛克式建筑风格，其外观低调而简洁，但进去之后一个不可思议的世界立刻展现在眼前：窄窄长长高度足有两层楼的拱窗把光线泼洒到室内，洛可可风格的室内装修精细绚烂，大幅彩色壁画和浮雕铺满天花板，一排排高大的橡木书架上，那些年代久远的书籍被装订得很精致……

位于威尼斯圣马可广场上的圣马可图书馆是 16 世纪的意大利巴洛克雕塑风格的雕刻家、建筑家桑索维诺文艺复兴后留下的一个杰作。一个狭长的地带上，双层拱廊结构的样子就像总统府邸，罗马爱奥尼克式柱子把走廊撑出好远好远，宽宽的廊道甚至成了人们遮荫休闲的场所。柱子上、拱廊的肩部、屋顶上的石栏杆上到处是浮雕；屋内天花板上的绘画出自提香之手。"华美的内部设计仍让人切身体会到当时的威尼斯人拥有怎样丰富的文化生活。"介绍世界著名图书馆的普莱塞如是说。历史韵味就让这两座图书馆本身令人流连忘返，这也是现代图书馆所难以企及的独特之美。

历览而观，现代图书馆更多展现的则是大气和灵性。荷兰代尔夫特科技大学图书馆远远望去活脱脱一只圆锥形的磨坊气窗，气窗周围是绿茵茵广阔的草坪，正适合躺下日光浴；不进去，谁也想不到草坪的下面就是一座大大的图书馆。原来，透明圆锥体的天窗正处于图书馆的中心位置，引入天然光，将馆内的热气带走，一举多得。馆内的图书就围着天窗四周布置；阅读座位有的传统向壁，有的朝着透露日光的圆锥体。读书用的台子、凳子形状不一、用色不同，把空间装点得整洁、灵性而恬静。"图书馆是个有灵性的地方，在宁静的环境里，读者可以感觉到自己的内心感受，就像在教堂灵修一样，与自然、世界，以至宇宙交流。"该图书馆的馆长说。

这样美妙的图书馆还有挪威文讷斯拉图书馆。图书馆建筑内部结构与家具被一体化地设计了，进入大厅你就犹如置身在生物体内，因为这里有韵律感极强的27根"肋骨"。肋骨的颜色是温暖的木头黄，功能包括照明、书架、阅读座椅。在这里看书，无论想私密，还是想躺下，都能轻易实现。埃及的亚历山大图书馆远远看去宛如中国的日晷，青灰的墙上满刻着古埃及的文字；整座建筑被大广场和盈盈水池包裹着，设计师试图让"古代埃及世界在现代复活，让建筑回忆知识，循环历史，并呼应亚历山大港的圆形布局"。

或充满古典韵味，或体现现代理念，图书馆带给人的不仅是获取知识便利，更有艺术的享受；除了舒适的阅读环境，更能给精神带来审美的放松，才是吸引无数年轻人越来越爱"赖在"图书馆的理由吧。

评论：好书服务少不了　个性建筑吸引人

无论是世界上最古老的图书馆之一的天一阁，还是柏林自由大学图书馆、巴西的皇家葡萄牙阅览室、奥地利梅尔克修道院图书馆……图书馆的核心无一例外是图书。圣加伦修道院图书馆虽然只有3万册图书，但书龄超过千年的图书就有400本，包括了拉丁文手抄本、古老的德文书，大量的古爱尔兰语书籍。

好的图书馆还要有人性化的服务，如温哥华的公共图书馆。这里，你可以在本馆借书，就近还书，因为这家公共图书馆有遍布全市的22个社区级分部；只要是温哥华市民，就可获得免费的图书卡。而且，温哥华图书馆还提供读书会、民事对话、电脑培训、孩童故事会、招聘培训及各类讲座，甚至免费的音乐会。

不光是服务，挪威文讷斯拉新图书馆甚至利用心理学知识让建筑"放下身段"：

靠近街道处的部分被设计成亲民的低矮样子，人路过、进去都觉得格外舒服；临街入口处还有供人休息的公共座椅。它并没有世界第一的宏伟，也不是全球最大，但这一份家的感觉才是最棒的。

当然，建筑的美轮美奂也必不可少。奥地利梅尔克修道院那道著名的螺旋形的楼梯在书海前层层环绕，盘旋上升。美国新罕布什尔州的菲利普斯—埃克塞特学院图书馆，普普通通的红砖表皮里，洞天巨大：清水混凝土的撑柱墙体上，到处都是弧形圆框，圆框背后的木头书架层层叠叠，仿佛万马，遭勒缰而齐奋蹄。

图书馆想留住读者，首先当然要吸引读者，古典风格图书馆让人获得尊贵感，现代图书馆让人有回家的舒适温暖感，都是烘托读者"因书而尊贵"的好做法。

观点：当欣赏大于阅读

试想一下：当你来到图书馆，却发现这里没有书看，或是没地方看书时，是否会纳闷这座图书馆还能带给你什么？这样的图书馆居然不止一处，比如宁波天一阁，普通人无法在馆内看书，因为天一阁创始人范钦当初定下了严格的规矩；奥地利的阿德蒙特修道院图书馆里也没有一张桌子，要看书的修士们得拿回房间慢慢看。但是无论是天一阁还是阿德蒙特，却能带给你艺术的享受，因为建筑本身就是被洗礼了数百年的艺术品，站在它们面前慢慢品味就是件难得的美事。

将欣赏建筑放在阅读前面的还有圣加伦修道院图书馆，这里之所以每年吸引那么多的人，首先就是因为建筑美。去过的人描述："圣加伦修道院是这次欧洲行印象最深刻的地方，圣加伦的美是你想象不到的，没去时书上介绍得再美轮美奂，我也不理解，可亲眼见到就知道这种视觉盛宴绝不令人后悔。"

新闻背景： 学校是学生们最主要的活动场所，优美的建筑、良好的生态所营造出的文化艺术环境，更能让青少年舒缓学业压力，也能利用建筑进行更丰富的课余活动。当学校建筑也走起"艺术范儿"，学生自然会感到新鲜有趣。

学校也有"艺术范儿"
——用生态环境美给校园建筑添灵性

现在的校园完全不一样了。北京四中房山校区的校园环境，不但"文化范儿"十足，而且灵性满满，空中俯瞰，这里的建筑仿佛葱翠山野间长出的一棵大树，根深叶茂，生态自然。

设计师请的是现在风头正劲的新锐，评委也是，因为绿色三星学校有国家标准但无现成案例，所以请权威做评委就成为老校长的必选。最后，李虎的"田园学校"从三位设计师中脱颖而出。

"李虎将学校和都市农业、公园景观相结合，还设计了很多开放空间扩大孩子们的社交，并且在设计方案里把节能的理念融入其中。关键是，他的方案颠覆了传统，满足了孩子们无限的好奇心，满足了孩子们各种探索的可能性。"参与评审的专家提起比选方案时的情景就对"田园学校"方案赞不绝口。

无论是教学空间，美术、艺术体操等个性化教学空间，还是食堂、会堂等社会交往空间，不再中规中矩。房子成型后，太阳能得到了最大化利用，建筑的自然通风也很好。"夏天，这里的微型风环境，尤其是底层穿堂就是一个大风箱；都是有孩子的人，都知道阳光比任何高级的灯光都好。"李虎说。

来到四中房山校区，发现这里的房子和别处不一样，整体像一个汉字，是"王""羊"，还是"美"，琢磨了半天，觉得更像"美"字。横竖勾连的建筑，栋栋底层只要面向操场全都挑空，孩子们活动空间无限开阔。再看，前面的草皮坡下还有天井，天井里面的光把竹树照得婆娑摇曳。设计师说，学校的大量空间都被置于地下及半地下，与地面的公园巧妙地相互融合。这些空间构成了地面生态公园和花圃的起伏形态，而且还支撑并连接其顶部的传统教室。"表面辅以覆土种植，地下及半地下空间向自然敞开，不但大大降低了能源的消耗，建筑更好地融入了自然。关键是，让学生们对建筑设计的无限可能性产生颠覆性的理解。"

一位长期从事教育建筑设计的业内人士如是说。

走在"美"字楼里，我们明显感觉到走廊更宽了，时不时就发现一个小围间，数一数，没记住到底是十个还是八个，反正不少，它们的颜色明黄、翠绿、天蓝，都是诱导人心情明朗的颜色。原来这是为了方便学生课间讨论问题，聊天而设计的，用体贴入微、童心恰恰来形容很适合。

走过各色不一样的楼梯，又发现楼上的窗没有一扇是相同的。楼梯，形状、走势、颜色、扶手，找不到相同的模样，就只见这里的同学们三三两两坐在原木装饰的楼梯上，看书、贴耳说话，很惬意的样子；窗体系统的数字化设计以斐波拉切数列为基础，通过多种不同的模块化窗体的排列与组合来以获得无限的可能性；整个教学楼几十个楼梯的设计风格都不同，"这也是为了增加学生的新鲜感，增加他们的创新能力"。

其实，这里最闪眼的是环境的营造。地面没有水泥，直接在土体上植绿，于是偶遇的绿植山坡和石板路让我们忘记了身在学校；农田也被设计上了屋顶。登上屋顶，就看见，整个教学楼屋顶已经覆盖上泥土，并被分成约 36 个地块，因为全校有 36 个班级，一个也不能少。"这样一来，稼穑有农田可耕，习礼有树下可坐，传统教育的'习礼大树下，授课杏林旁'几希可以实现了。"李虎说。

校舍靠设计融入自然 创意让上学成为享受

学校建筑如今也越来越有设计感，注重与自然环境的结合。比如王澍设计的中国美院象山校区，那里望得见山，留得住水，碰上下雨随便找个地方就能发半个下午的呆。这里的青山绿水里，校区里的栋栋建筑都以四合院为基本格局，或削一角，或裁一边，辗转相间，面山体而环抱场所，聚巧形以舒展气势，形成山环水复，藏风聚气的腹地。正所谓：孤山、南山、象山、山连山、山山承传，一山胜似一山岚；视院、传院、础院、院携院，院院相通，一院更比一院强。

中国美院附中的综合楼，同样大有嚼头。学校带水环绕，景色葱翠，常常含纱带雾，气韵生动。更可亲近的是：综合楼划定的基地里，植被茂盛，香樟为多，几棵百年老樟成了转塘标志物，一条 4 米宽的林荫道缓缓上坡，两侧青砖坡顶，二层居多，迤逦坡道翠绿诱人。拐弯直角处，恰一棵老且大的樟树，树冠下就是综合楼。"保留原来地形及一切痕迹，大树石阶概不移除，重构山院。"设计师邵健说出"关键"。于是，3 000平方米的建筑面积，包含教师办公室、图书阅览室、多媒体教室，都被纳入了"山房"的创意之中：西向开院以纳景，远处的山峦、近处的葱翠，扑面而来的都是清旷；南面，场地局促，于是设计以骑楼式内退的样式以便师生遮风避雨。骑楼通向围合的内院，一池青竹点醒了空间，块石墙上攀援的是藤萝绿蔓；山风微微掠过，山的气息满抱入怀，就只见三三两两的师生院子里、池子边，说话读书悠游自在。用专业的眼光看，这里建筑入林，场域含混，颇有山经书院的穿越感，游学其中，自然惬意。

应该说，美院附中的综合楼设计很成功。为何能成功，设计者打破了规整端正的现代学校建筑设计模式，将传统文人山水观融入了设计，将艺术灵感化作了创意的原动力，这样构筑的"山院"当然充满了山水诗意。

用艺术"留住"回家的学生

无论是北京四中房山新校区的中国式田园学校试水，还是稍早的转塘象山校区建筑设计，设计者们都试图在四平八稳的校园建筑设计中注入环境意识、山水意识和建筑诗意。

这样，原本没有范本可参照的四中房山校区就成了全国绿色三星学校样板，孩子们在独特开放的环境中能更好地放松身心，他们下了课可到黄、绿、红、蓝角去休息、谈天；他们放学了可到楼顶看看他们种的瓜果花卉、稻谷玉米开花了没，出穗了没，向日葵是不是真的绕着太阳转；他们甚至可以光着脚，踩着溜溜的石头走山路，比比谁走得快。环境的多变让学生在学校除了读书做作业，还能参加各种让头脑和身体动起来的活动。

转塘也是。那大樟树就在路的转弯处，课余时约上三五好友，看看蓝天白云，信步校园间还能看到

影影绰绰的叠翠山峦；天黑了，高高矮矮的灯散布在夜色中，如蜡烛般点亮夜行的路，此时，"山林溪谷"中的桥、树、山房、竹径，正如一幅宋人的"万壑松风"。

这样的环境，让那些"归心似箭"的学生们在不能回家的时间，也心甘情愿地"留下"了。

同济人的世博会

"城市：让历史鲜亮地延续"

——莫天伟教授谈世博会场馆之一、上钢三厂厚板车间改造

"'城市让生活更美好'当然包括记住城市过去的辉煌，留存城市历史的记忆。"上海世博会场馆——上钢三厂厚板车间改造项目研究组牵头人、同济大学建筑与城市规划学院莫天伟教授说，"城市就应该让历史的光彩鲜亮地延续，我们不能无视过去和历史遗存去进行世博会场馆设计。"

宝钢集团上钢三厂的前世今生

上钢三厂的前身是和兴化铁厂，它与汉阳铁厂一起，代表了中国最早的民族钢铁企业。而厚板车间建成投产时又是亚洲最大的单体车间。

位于 2010 上海世博会围栏区的西南角的厚板车间东西全长 873 米、南北宽60 米，属于典型的巨构建筑。根据《2010 上海世博会控制性详细规划》，西环路以西的厚板车间段将作为世博会期间的物流库房使用；西环路以东的厚板车间段将被改造为容纳美洲联合馆与餐饮、服务设施等功能的综合性建筑，其中的美洲联合馆也将是本届世博会唯一一座利用老厂房改造而成的国家展馆。

"受上海世博土控中心委托，我们对车间进行了详细的调查和设计研究。"莫天伟介绍，厂房建筑高度一般在 22~24 米，最高点 26 米，"结构尺度巨大，

极具大工业的特色"。

改造遵循什么原则？

1989 年建成的厚板车间并不能归类为历史建筑，但它的前身是久远的和兴铁厂，代表的是中国钢铁业的一段辉煌历史。"这一承载着城市辉煌历史的巨构建筑，一旦消失就永远无法再现。因此，我们的改造提出了三阶段概念的定位。"莫天伟说。

第一阶段：保护历史。将厚板车间作为产业建筑遗产，保留并凸显体现工业文明的特色空间和建筑元素，体现本地段独特的发展历史和产业文化内涵；改造工作中新增建筑元素尽可能明显地与历史元素相区分，以保护历史记忆的清晰。

第二阶段：支撑世博。改造利用的场馆不但要与世博区域其他产业建筑共同形成世博会产业遗产特色观展线路；而且容纳大量服务设施、辅助设施，形成世博会的特色服务系统；改造后的厂区要成为世博园区内一处产业历史遗迹的亮点。

第三阶段：后续发展。根据世博总体规划，世博会后厚板车间所在地段均将作新的开发，这一过程需要大约 5～20 年的时间。所以厚板车间世博会后通过简单改造，应迅速容纳新的功能，率先建立起服务整个地区 15～20 年的社区服务体系，带动周边地区的会后开发。

改造后效果如何？

"空间巨大的、光彩鲜亮的一定是艺术而令人震撼的。"莫天伟说。这位因"上海市'新天地广场'设计研究"获得上海市 2001 年度优秀工程设计一等奖的项目主持人说起改造后的效果就很兴奋。

他介绍，最有特色也最让人震撼的是巨型主体结构柱和屋顶桁架所形成的连续性、节奏感以及巨大空间的流动感。"上下两层、每层净空 6 米的人行步道从厂房中穿过。设想一下，走在上面，看着两侧的国家馆、俯瞰下面的各色美食，时不时还能看到脚下的铁轨，那是什么感觉？"项目研究组博士生王珂介绍已经获得评审通过的实施方案时说：改造充分利用原有厂房内 20 多米高净空，分隔成多层的功能空间，底部结合广场布置美洲联合馆，二层布置餐饮空间，并形成二层的室外景观餐饮广场。原有的地下空间也被充分利用；原有天窗和屋顶突出物形成展厅和餐饮区域自然采光、排风的空间；东北角新建的空间体块突出厂房主体机构，与原厂房西北角的突出体量相呼应，原有厂房主结构柱直接插入地面，形成入口柱廊及等候空间，突出了建筑主入口形象。

"总之，我们努力将新、老建筑元素穿插、融合在一起，充分利用他们的优势，不仅创造一个节能的、生态的、宽敞实用的展览空间和服务空间，还希望行人走在里面将有别样的时空隧道感，让人们感受到历史、现在与未来的对话。世博会后，这里一定会是上海的又一处'新天地'！"莫天伟说。

再现古代机械，重焕璀璨光芒

——机械工程学院副院长林建平谈中国古代机械复原

中国古代，科学技术曾长期遥遥领先于世界。中国人民的老朋友李约瑟博士在其宏篇巨著《中国科学技术史》总论中，以英文字母编号，列举了26种中国古代的杰出发明。他风趣地写道，"26个英文字母用完了，但中国古代的杰出发明远未说完"。李约瑟博士在书中所列举我国古代的26种发明中，机械就占18种之多，不难看出当时中国古代机械科学的辉煌，其种类、数量和丰富的科学内涵对我国乃至世界科学技术发展的影响巨大。特别需要指出的是，其中以水、风等为动力的机械彰显出的美感不由让人对我们祖先的聪慧肃然起敬！

然而，由于种种原因，近些年，我国古代的辉煌成就逐渐淡忘，人们特别是青少年对中国古代机械的科技成就知之甚少。

同济大学于1982年4月创立中国古代机械复原研究制作室，在陆敬严教授的带领下复原制作了古代机械模型5大类80余种200多具。这些模型再现了我国古代农业机械、手工业机械、起重运输机械、战争器械、自动机械的科技成就，集中反映了中国古代科技一千多年来领先于世界科技发展的辉煌盛况。制作室经过多年的复原研究，积累了许多经验，发表了一百多篇学术论文、出版了8本专著、参与编写6本书籍，曾获得国家教委、国家文物局、上海市文管会科技进步奖。同济大学中国古代机械制作室先后为中国人民革命军事博物馆复原制作了9种展品、为中国科技馆复原制作了两种展品。得到过上海市科委、机械工业部、中国人民革命军事博物馆、中国科技馆、中国改革开放基金会及国家自然科学基金会的支助。

中国古代科技有着博大精深的智慧和精美绝伦的美感，但要是能在世博会这样盛大的展览中展现我们祖先的科技成果精髓，使人们能够近距离接触和了解中国古代科技发展的辉煌历史，为今人提供精神大餐，弘扬民族文化，唤起国人的民族自豪感和自主创新意识。为此，上海世博研究中心与同济大学机械工程学院对我国的古代机械进行了深入的挖掘，围绕中国古代机械的三个方面，"可再生能源的有效利用""高效的自动化机械丰富了人们的物质生活"以及"运输工具的发展对社会生活的促进"来展示世博"科技改变城市生活"的主题。这一想法也得到了上海市科委的肯定和支持。

我国古代机械的伟大辉煌表现在许多方面，特别是我们的祖先在水能、风能等清洁能源的利用上可以说是极具智慧。其中卧轮水磨的原理至今仍有极为广泛的应用。而自动化程度很高的机械，如水轮三事、鼓风扬谷机、绞车等扬谷、起重设备极大缓释了人们劳动的强度，对促进社会发展、城市的形成和物质生活的丰富作用极大；运输设备的发展对社会发展、南北交流的影响更是巨大。中国古代的众多机械不但功能强大、实用，其精美的外观和奇妙的结构往往让今人惊叹不已！比较著名的有水运仪像台、指南车和诸葛亮的木牛流马，有些机械至今人们仍然难以复原再现。

链接：同济大学现代制造技术研究所复原的部分古代机械

高转筒车

高转筒车属于提水机械，最早出现在晚唐，用于灌溉水稻。王祯《农书》记载高转筒车提水高度可达十丈。课题组对此进行了深入的研究，认为：高转筒车属于提水机械，以人力或畜力为动力；下轮有一半埋于水中，汲水高程可达十丈，如两架筒车配合则可达二十丈；从传动方式看，高转筒车也是链传动的实例，是现代斗式提升机和刮板输送机的雏形；高转筒车以上轮为主动轮，由于动力不同，轮轴部件构成有所变化；高转筒车的发明年代，从文献考察可推断在唐代。唐人刘禹锡的《机汲记》和陈廷章的《水轮赋》都形象地描绘了高转筒车的功能。

立式风车

立式风车是一种由风力驱动使轮轴旋转的机械，旋转的轮轴带动磨或水车，从而达到磨麦或取水灌溉的目的，它发明于宋代。

到20世纪50年代初，渤海之滨就有立轴式风车约600部仍在使用。民间有诗云："大将军八面威风，小桅子随风转动，上戴帽子下立针，水旱两头任意动。"

课题组成功复原立式风车。认为：立式风车是一种由风力作为原动力，来驱动轮轴旋转的机械；立式风车最为巧妙之处在于风车运转过程中风帆能适应各个方向风的变化；立式风车主要结构由平齿轮、立轴和风帆等组成。"立式风车采用风力作为原动力，是不折不扣的绿色能源。"

连机碓

所谓的连机碓，就是以水为动力的一种谷物加工工具。《晋书》记载："今人造作水轮，轮轴长可数尺，列贯横木，相交如枪之制。水激轮转，则轴间横木，间打所排碓梢，一起一落舂之，即连机碓也。"即其工作时，以一个大型卧式水轮带动装在轮轴上的一排互相错开的拨板，拨板拨动碓杆，使几个碓头间断地相继舂米。像洛阳一带，由于使用了连机碓来加工谷物，生产效率大大提高，使这一地区的米价得以下跌。到东晋时，连机水碓已经被广为应用，一直到清末民国初，历久不废，直至 20 世纪 20 年代以来才逐渐为柴油机碾米机所替代。另外，连机碓不仅用于粮食加工，还用于舂碎陶土、香料等，至今有的地方仍在使用。

水排

在古代机械中，有一件非常了不起的发明——水排。

水排是我国古代一种冶铁用的水力鼓风装置，在公元 31 年由杜诗创制，其原动力为水力，通过曲柄连杆机构将回转运动转变为连杆的往复运动。人类早期的鼓风器大都是皮囊，我国古代又叫"橐"。一座炉子用好几个橐，放在一起，排成一排，就叫"排囊"或"排橐"。用水力推动这种排橐，就叫"水排"。

杜诗创制的水排，不仅运用了主动轮、从动轮、曲柄、连杆等机构把圆周运动变为往复运动；还运用了皮带传动，使直径比从动轮小的旋鼓快速旋转。它在结构上，已具有了动力机构、传动机构和工作机构三个主要部分，水排的出现标志着中国早于西方 1 000 多年就已经有了复杂机械。远在汉代，就能创制出这样复杂的水力机械，确实显示了中国古人的高度智慧和创造才能，在世界科技史上占有重要的地位。

同济大学古代机械课题组多年来坚持不懈深入研究并部分复原了众多古代机械，类似踏碓、卧式水磨、水转九磨、磨玉车……这些机械，显示了中国古人的高度智慧和创造才能，在世界科技史上占有重要的地位。

小细节中显睿智

——戴复东、吴庐生夫妇谈爱知世博会印象

这段时间，爱知世博会吸引了来自世界各地的人们。中国工程院院士戴复东

与他的夫人中国工程勘察设计大师吴庐生也前往爱知感受了世博会的魅力。这次世博会的主题是"自然的睿智",而给两位老人留下最深印象的也正是世博会所显现出的"睿智",即使是一些看似不经意的小细节,也将"睿智"两字发挥得淋漓尽致。

数码技术神奇无比

在戴复东院士、吴庐生教授眼里,韩国馆是传统与现代结合得很好的国家馆,精美的陶制品就不必说了,其数码技术也让人十分着迷:站在光溜溜的屏幕前,手举过头顶,屏幕上立刻出现了粗壮的大树,呼啦啦、呼啦啦,细细的树枝、摇摇的树叶不一会儿就长满了,大屏幕上不一会儿就显得郁郁葱葱!手一点,蝴蝶来了,花的、粉的、黄的……成群结队,扑动着翅膀朝手指飞过来;手一离开,眨眼间蝴蝶无影无踪,真是太奇妙了。

如果月球不存在?"这个问题用数码技术展现出来,让我们大开眼界。"戴院士告诉我们,数码技术只用了 5 分钟的时间,就把知识传授得很透彻,花费不大震撼力却很大。除此之外,美国的登月影像、富兰克林的电力试验,这些在现场都是用数码技术展示出来的。博览会就是这样形象地把知识传授给人们。

环保细节令人心动

在这次世博会召开之前,有关环保、可持续利用的报道就已经很多了。比如移栽到世博园区的树木、竹子都被一一编上号,世博会结束后,都要"物归原处"。

世博会的建筑绝大部分都是临时的,包括日本馆。但临时并不等于凑合,日本馆外面是由芦苇、竹子编织而成,里面是用钢筋、木料做的梁架,很坚固。"我一贯对'百年大计、质量第一'有保留意见,日本馆就是个很好的例子,功能完备,造价却很便宜。日本馆里的竹子很吸引人,疏疏苇苇,一律地绿,灯光下惬意而神秘。原来,这活灵活现的竹子全都是用纸造的。"吴教授说。

戴院士还告诉我们,走在园区的路上,他们发现脚下的路软而有弹性,仔细观察了半日,竟弄不明白是什么材料造的。导游指着木牌上的示意图说,这是用废旧轮胎碎块、沙砾等掺和铺设的,世博会结束后,都要被用到别的地方的。"走在软木一样的路上,轻快且省力,惬意呀!"

小厕所体现大文化

早就知道日本的厕所文化声名远播,在世博园区里,绝大部分建筑均是临时的,可是却一点也不凑合。远远看去,传统的日式灰色屋顶、黑色廊柱、白色格窗,配上柔和的日光灯,精致而静谧;最让人感动的就是残障人士的标志都非常醒目，坡道设计亦是别具匠心。里面的摆设和街上永久性厕所一样，只是没有日本大公司里常见的厕所里所设的专属置物箱；每一处厕所里面都是一律的干净，还有淡淡的清香萦绕左右。

两位老人说，在园区里，大致每隔150米左右就有一个厕所。"时尚、体贴、温暖，日本味十足。"而在爱知世博园区地图上，笔者粗略数了数，发现标明厕所的指示图就有60余处。厕所是一个国家文明程度的"标杆"，不知道是谁曾说了这句话，两位老人拍了这么多厕所照片，让我们体会到别样的感受。

后记：被关怀的感觉真好

人文关怀在此次世博会上也处处体现，即使是残障人士也能处处能到温馨的关怀。环形道路旁专为残障者设置的电梯、画在地上人大的轮椅标志引导你畅通无阻地走东串西。"我们俩腿脚都不太好，看着很长的队伍就傻眼了。正发愁，一申请，轮椅立刻推过来了，我们坐着轮椅逛世博，看到了不少稀奇光景。被关怀的感觉真好！"吴教授说。

相信这些都会成为今后的世博会的鉴介。

世博天空里　他们的灵感自由翱翔

——"塔吊""阳光谷"雕塑设计印象

7月11日，同济大学建筑与城市规划学院钟庭，130名学子的心情与天气一样火热。由上海世博土控中心与同济大学联合举办的"上海世博会世博轴'阳光谷'雕塑设计""世博村B地块标志性构筑物（塔吊）设计"进入收官阶段。同学们提交的43个方案正在接受专家们的严格考评。

下午，比赛结果终于决出。张程凯、蒋丽斌、伊诺勒泰等设计的"世界上唯一的塔吊餐厅"获得塔吊设计一等奖，王萌、何金、狄淼、杨子江设计的"礼乐射御书数"获得阳光谷一等奖……"同学们的想法没有程式框框和功利

目的，他们的灵感自由地翱翔。"评审专家之一、同济大学建筑与城市规划学院博士生导师莫天伟很是兴奋。

世界上唯一的塔吊餐厅

"作为上海近代工业的遗存，我们希望这些原本'冰冷'的工业构筑物和机械设备能够舒适亲切地融入人们的生活。"同学们这样设定设计的主题。

让人们即可以在这里吃饭、饮咖啡，又能观光？于是，高高立于半空的控制箱成为了餐厅；集装箱也被搬来了，穿插在塔吊根部，看似随意搭地连在一起，实际上你走进箱内，一落座，抬头往外看：中国馆、白莲泾、杨浦大桥、卢浦大桥、和谐塔……尽收眼底，当然，你得走进合适的集装箱。因为，每个集装箱的口所对的方向都不一样：距离远近、高度不一，箱体长度、开口角度都不一样，你眼中的世博"风景"当然不一样！但设计这座塔吊餐厅的目标只有一个，迷人的景物都得进来。

"（设计）很干净，很纯粹，没有一点'赘物'，点子新奇，景'借'得好！"莫天伟评价。

让中国文化精髓"旋"起来

雕塑处在世博轴心的位置，有六个，"我们应该让它充分彰显中国文化的精髓"。王萌与伙伴们最后选定"礼乐射御书数"六艺作为阳光谷世博轴雕塑的主题。

如何表现？

用古琴演绎乐，水做"琴弦"。通过水柱的粗细、落地材料的处理以及灯光、音乐的配合，表达琴声的美妙；篆书、竹简，加上排列、灯光，"有些字有些模糊，这样人们看起来就会去猜，中国文字的厚重、还带点神秘就形象化了"，同学们说。

御，用充气的车轮悬浮在巨大的"玻璃杯"中；射，用光束模拟箭矢，借玻璃外罩"制造"出弓；白色的"玻璃杯"中一只金黄色、巨大的细颈礼器瓶，阳光下，震撼！

"整个雕塑干干净净且动感十足！"专家们评价。

"同学们的想法出乎意料"

"同学们的很多想法出乎我们的意料。"评委们在 43 个方案的展板前走来走去、流连徘徊，三遍、五遍，精挑细选……"真难下笔！"

让塔吊再次"吊"着物件……这物件是浮着的观光亭？是大大的秋千？还是通透的咖啡屋？不知道，反正它闪着浪漫、绚丽的光，红的、紫的，幽蓝幽蓝、鹅黄鹅黄的……很好看；让墨迹丹青劲舞一回？用简洁轻盈的笔触演绎太极五行，舞出悠悠的中华文明，秀出写意江山……绿的、蓝的、黄的、红的，它们是飘逸的丝绸，从温婉的水乡飞向世界；典雅的屏风，敞开着胸怀笑迎宾朋；优雅的卷轴，汇纳的都是快乐的笑声。

"同学们的才情开拓了我们的思路，以后我们还要邀请他们参加类似的设计。"此次比赛的主办方之一、上海世博土控有限公司董事长白文华高兴地说。

想象力的翅膀有多长

——解析掩藏在优秀标志性建筑背后的艺术灵感

上海世博园区的规划方案已经进入细化阶段。在我们拭目以待的同时，同济大学的项秉仁教授告诉我们，近现代标志性建筑对世博园区这类公共建筑的规划设计有很多可借鉴的地方。第二次世界大战以来，经济的迅猛发展对世界各地的社会、生活影响巨大而深刻。由于技术的不断进步，单体建筑的高度、宽度等也在迅速增长，建筑师的想象力仿佛插上了翅膀。这次我们就来了解一下现当代优秀标志性建筑背后透出的设计灵感。

引领潮流的建筑形式

思想的解放和技术的进步极大地释放了建筑师的创造力，使现代标志性建筑体现出极为丰富的样式和无穷的张力。

现代艺术家和前卫建筑师突破古典美学的樊篱，表现出不同凡响的想象力和向建筑极限挑战的勇气。在现代科技力量特别是数字技术的支持下，不断推出新的引领潮流的建筑形式。立足于现代艺术观念的标志性建筑，追求的是惊世骇俗，以多维、流动、复杂的建筑空间和形体，提供人们新的视觉和审美体验。由弗兰克·盖里设计的西班牙毕尔巴鄂美术馆、扎哈·哈迪德设计的广州歌剧院，以及雷姆·库哈斯设计的北京中央电视台大厦正是这方面的典型例子。

现代标志性建筑进一步体现了人类创造力和想象力的无限，表现方式和手段也更趋多样。天上飞的、水里游的、地上走的、传说中、历史书中的各种事物，一一进入设计师们的视野，这些遍布各地的建筑物或扬帆、或展翅、或作自然物体形状……不一而足。这些极度飞扬的设计灵感都是我们进行世博标志物设计时需要汲取的。

包豪斯学派、勒·柯布西埃、赖特、沙里宁、约翰逊、路易斯、尼迈耶、贝聿铭等大师们，则把近现代建筑浪潮推向新高度。

城市公共建筑是缩影

城市公共建筑包括国会大厦、艺术中心、博览建筑、会展中心、电视通讯塔、空港候机楼等等，它们都可能成为城市或国家的标志性建筑物。它们往往是这些城市或国家的政治、经济、科技、文化发展的综合体现和缩影。

帝国大厦在"9·11"之后又成为纽约最高的建筑。这座建于20世纪30年代的摩天大楼高381米，其钢骨架铺设速度为一天半一层。能够如此高速，和施工组织严谨、钢构件制作的精确密不可分。这座建筑保持世界建筑高度冠军达42年之久，今天仍名列前茅。法国塔恩河谷上新近建成了一座世界上最高的大桥，高340多米、全长近2500米的银白色桥梁与当地云雾缭绕的塔恩河谷形成了奇妙无比的人文自然美景。为了保证大桥的抗风抗震，工程采用了计算机模拟风力、水力试验，甚至动用了GPS卫星定位系统以确保桥面准确合龙。云从桥上过，车在云里行，塔恩河谷的米约大桥无疑又成了法兰西的新标志。

优秀作品数不胜数

在近现代名家设计的城市构筑物里，优秀的作品数不胜数。位于密西西比河畔圣路易斯市的大拱门高192米，呈倒U字形，使用886吨不锈钢建成。游客来到该市，远远就能见到这座纪念美国拓荒西部建筑的闪亮光芒；1992年奥运会在西班牙巴塞罗那举办，所有的客人都被位于建筑群制高点上的奇特建筑吸引，它是卓罗山通讯塔。说它是通讯塔，还不如说它是一座独具匠心的雕塑作品。高136米的塔身倾斜的角度与当地夏至日太阳的入射角度相同，太阳的投影在圆圆的平台上移动时，长长的塔身与圆圆的塔盘正好组成日晷的形状。塔通体洁白，塔基也是白色混凝土做成的雕塑，塔盘中央悬浮的全白的巨型塔针则矫正了视角的倾斜感。

可见，城市构筑物中的建筑技术、审美感受和思想诉求已经变得越来越合一，合股奔流的趋势越来越明显。

优秀古建筑是世博教科书

——同济大学项秉仁教授谈标志物设计

数千年人类的历史，某种程度上也是人类营造城市标志性建筑的历史。在8 000多年造城的历史中，我们的祖先为我们留下了数不胜数的优秀建筑，这些古典地标性建筑分布在世界各大洲，其魅力随着时间的推移吸引了后人越来越多的目光。

无论哪一类型的古典建筑，都有非凡的作品流传到今天。而这些标志性建筑也成为今日世博标志物设计的教科书。

城邑建筑

主要包括城墙、城楼与城门，还有钟楼和鼓楼。比如城墙，起源于新石器时代，在古代社会得到极大的发展。像北京内城正阳门城楼及箭楼、城东南角楼是明代优秀作品。

巴黎凯旋门也是此类建筑的优秀作品。巴黎凯旋门高约50米，宽约45米，厚约22米，由三个拱形组成，是欧洲100多座凯旋门中最大的一座。建筑石质躯体上布满了精美的雕刻。中心拱顶内装饰着111块宣扬拿破仑赫赫战功的浮雕，与拱门四脚上美轮美奂的巨型浮雕相映生辉；门柱上紧跟在自由女神身后的是一名出征的战士雕塑——著名的"马赛曲"，另一个是拿破仑凯旋归来后举行庆祝胜利仪式的欢腾场面，这两幅雕塑均是不朽艺术杰作。共和国、抵抗运动、和平之歌、奥斯特利茨战役……凯旋门上的件件雕塑堪称精美绝伦。

伦敦泰晤士河畔的国会大厦同样如此。它是复古主义建筑流派最具代表性的建筑之一，世界上最大的哥特式建筑。这座大厦既强调垂直线，注重高耸、尖峭，又追求变化丰富的轮廓线。每当夕阳西下，晚霞便将国会大厦、大本钟楼及维多利亚塔染成醉人的金黄色，壮观且迷离。

宫殿、祀祠及陵墓建筑

宫殿在世界各地都有杰出代表。故宫、白金汉宫、吴哥窟、卢浮宫……这些建筑将各种艺术手法发挥得淋漓尽致，调动一切建筑语言来表达神权和皇权思想，取得了难以超越的成就。

礼制和祠祀建筑大略分为三类：祭祀天地社稷、日月星辰、名山大川的坛、庙；从君王到百姓崇奉祖先或宗教祖的庙、祠；为统治阶级所推崇、为人民所纪念的名人专庙、专祠。像北京天坛便是古代坛庙建筑中最重要的遗存之一。

世界各地都有数量极为丰富的陵墓。秦始皇陵、明十三陵、玛雅金字塔等等，不一而足。陕西临潼县秦始皇陵，是中国第一座帝陵；明北京昌平十三陵是一个规划完整、气魄宏大的陵墓群；玛雅金字塔仅在墨西哥境内就有十万座，大致分为平顶金字塔、尖顶金字塔、壁龛式金字塔、陵墓型金字塔等四种类型，玛雅人却把他们的金字塔建成各种风格的变体。有的甚至有 60 度左右陡斜的坡度，从塔脚下向上望去，塔身高耸入云，十分威严神圣。

宗教建筑

宗教建筑也是充分展现我们祖先聪明才智的场所。

中国民间建佛寺，始自东汉末。最初的寺院是廊院式布局，其中心建塔，或建佛殿，或塔、殿并建。佛塔按结构材料可分为石塔、砖塔、木塔、铁塔、陶塔等，按结构造型可分为楼阁式塔、密檐塔、单层塔。而石窟是在河畔山崖上开凿的佛寺，大致有塔庙窟、佛殿窟、僧房窟和大像窟四大类。像甘肃敦煌莫高窟、山西大同云冈石窟、河南洛阳龙门石窟等都是其中不朽的杰作。

西方的宗教建筑同样数量众多、精美绝伦。世界上最大的天主教教堂——梵蒂冈的圣彼得大教堂便是其中的代表。总面积达 49 737 平方米的教堂内部大理石墙壁上镶嵌着大量壁画和雕刻作品；穹顶下方高高的教皇专用祭坛上，贝尼尼所作的铜铸华盖熠熠生辉，是巴洛克美术的代表作品；米开朗琪罗的著名雕刻"哀悼基督"陈列在右侧厅一礼拜堂里……历经 200 余年建设的圣彼得大教堂汇集了各个时期顶尖艺术家、工程师和劳动者的智慧，留下了数不胜数的艺术精品，成为意大利文艺复兴时代一座不朽的纪念碑。

还有不计其数的园林和园林建筑，在东西方均有大量分布。山、水、花木和建筑把多种艺术形式集于一身，反映着传统哲学、美学、文学、绘画、建筑、园艺等多门类科学艺术和工程技术的成就。

让黄浦江熠熠生辉

——展望世博景观艺术

2010 年上海世博会究竟会在怎样的景观环境中进行，这是市民和游客普遍关心的问题。本周末，首届国际景观教育大会将在同济大学举行，趁着这个时机，记者找到了该校建筑与城市规划学院景观系主任、博士生导师刘滨谊教授，请他来谈谈上海世博会的景观规划艺术。

新奇视角尽呈现

2010 世博会期间，你也许会在中心园区的黄浦江边看到高挑剔透的"潮汐柱"。透明的柱子里装着黄浦江水，江水每涨落 1 米，柱内的水就会涨落 5 米，循环往复、涨落不已。神奇的是，柱子中还安装了限位开关，当江水涨到一定的位置时，水的顶托力就会接通开关，自动开启烟火、表演等活动，五颜六色的烟花不经意间就绽放在夜空，游客的欣喜、惊奇可想而知。

黄浦江水现在能喝吗？不能。可是从世博园人工河后滩取水，经净水台 28 层净化，通过透明管道通向世博水畅饮廊，游人便可直接饮用了。"那是世界上最好的水！"刘滨谊说，关键是每一步净化，通过高高大大的透明水墙游客都能看到。眼见为实，知道了世界上标准最高的饮用水是怎样生产的，即使不渴的游客没准也要尝尝它的滋味了。

中心城区能看到湿地吗？肯定不可能。可是，刘滨谊教授就在上钢三厂发现了纯天然的湿地。于是在他们的景观规划中立即着手扮靓、凸显这块千金难买的世博景观廊，"保育"绿色。届时，大家就可以在中心城区看到青青的水草、白白的细浪、蓝蓝的天，生机勃勃自不用说，这里很有可能成为市中心一处自然循环的微生态环境。等到绿色和蓝色直接在黄浦江边衔接时，那该是怎样一幅图景啊。

当然，更多的是架空、屋顶绿化等等各类人造景观，这些都会让游人感觉轻松惬意，游兴盎然。

神采奕奕世博眼

届时，各学科专家、工程人员将会在黄浦江中心营造世界上最大的水幕、水舞台，那是所有 6.8 平方公里世博园区景观的"眼睛"。

江面，偎水而建的和谐桥，桥中心是一座巨大的水上舞台。入夜，和谐桥徐徐合拢，浦江两岸变成为了万众沸腾的欢乐海洋，人、月、水的互动庆典全过程——上演，只要你愿意立即能成为其中一员。这样的普天同庆活动将每天举行两次。

在"眼睛"周围，12座净水台，也是12座观星台（池），分别对应黄道12星中的一星。观星池水下暗藏光电星象图，灯光亮起，指导游人不同季节观星；人工营造的和谐山两侧有观星草坡，草坡上安置大量观星石头躺椅。夜观星象，日观蓝天，你说能不惬意吗？

刘滨谊说，为什么老上海人熟悉黄浦江，因为他们在江上行船捕鱼，在江边取水洗衣做饭，天天和黄浦江水打交道；而现在，黄浦江离我们越来越远了。他说，世博园内有一条净化浦江水的小河，游人可以玩玩踩水车、跳水床，快乐且富有公益意义。你每踩一下船踏板，就在参与为河水曝氧、增压渗透的工作。这样循环往复，半年时间河水慢慢地就更清了。这就是上海世博会的"快乐生态"设计。

多管齐下共打造

上海世博园区面积庞大，又处中心城区，如何使用可能的技术手段，营造出一个和谐的景观，愉悦观众的眼球？刘滨谊等专家们颇费心思。具体说来，有以下几点：

活动空间塑造方面。通过建筑物底层架空，增加开敞空间的数量；场馆区开敞空间覆盖高大乔木，提升活动空间质量；设置不同类型、大小的广场，实现开敞空间最优化。

城市最佳实践区中的人行天桥（设计效果图）

绿化生态方面。采取各种手段充分尊重自然环境如滨江水体、湿地、自然地貌等；普遍的多层次绿化；运用高生态价值的绿化、喷雾等手段，实现绿化生态最优化理念，提升园区的承载力。

刘教授介绍说，在项目进行过程中，为验证底层架空和喷雾等对于局部小环境的改善，专门组织进行了实验，这些实证数据有效支持了总体方案和理念。他说，届时，集绿色、净水、采能、降温等多种功能于一体的世博园区景观，一定能让来园区的游客真切体会到"城市让生活更美好"的世博主题的可触摸性。

精心打造世博景观

2010上海世博会的主题是"城市让生活更美好"，同济方案中的景观规划设计则以创造上海外滩21世纪新景观为总目标，具体分为三个子目标：创造绿色生态——城市中的自然，聚集文化——海纳百川的文化，以及新生环境——史无前例的景观。从生态绿化、视觉形象和旅游休闲三条技术途径入手，努力创造人类美好生活及其相应的"环境"。

每一个景观的创造都应从观众的视觉为出发点，整体环境营造力求赏心悦目，标志性景观让人过目不忘。

在上海世博会的景观规划设计，我们在理念上提出了视觉景观最优化设计方案，通过创造史无前例的景观资源、提供多元视点以及保证正常视点的通透性、保证高效的视觉感受等手段，满足游客对于水、绿、景观标志物等的观赏需求，增加园区的吸引力。还有活动空间的塑造方面、绿化生态方面等等，我们均围绕着黄浦江这条"水"主线，来进行我们的景观规划设计的谋篇布局。

上海世博会总用地超过6平方公里，两岸齐飞、特点鲜明的空间条件，给了我们很大的创造空间。我们希望营造出史无前例的视觉形象和空间结构；上海的气候、动植物、土壤、水等条件也很独特，都需要我们充分利用高科技的手段，造就优质的生态环境；游客和市民的旅游休闲主要是获得心理的愉悦和活动的快乐，我们必须策划出精彩的世博活动，让游客获得情理之中、意料之外的独特体验。

为了将以上理念用更戏剧化的方式表现出来，我们和相关专家齐心协力，设计出世博和谐塔、世博轴线、和谐桥、和谐山、和谐水、山环水抱的和谐城、潮汐水位柱、世博采能伞、世博增绿园、世博降温廊、世博净水台等诸多景观。在剩下的时间里，经过不懈努力，到上海世博会开幕之日，我们一定能够让大家深刻体验到，"城市让生活更美好"的世博主题原来就在我们的脚下、身边和眼睛里。

炫目法兰西 "脚底" 艺术

——第三只眼看巴黎地下空间和立体地层

巴黎这座欧洲时尚之都的地下同样光彩炫目。绵延伸几百公里展的巨大采石场、高大空旷的梯形石膏矿石场、纵横交错的地下铁路网、地下排污管道网、压缩空气管道和四通八达的电缆线路，还有地下教堂、地下天文台、地下墓穴、秘密隧道……

巴黎的地下，简直就是一个巨大的迷宫。巴黎是世界上举办世博会次数最多的城市之一。仅 1855 年到 1937 年巴黎共举办过七次博览会。博览会的青睐促进了法兰西民族开发地下空间的热情。

洞里听到蟋蟀声　世博向地下延伸

特拉卡代罗宫是 1878 年的世界博览会举办地。其部分建筑物的地下是 18 世纪时的采石场遗址，人们利用其坑道建成了地下水族馆；借助水泥，将旧采石场改造成了浪漫而神秘的岩洞。世博会开始后的很长一段时期里，人们纷纷前来观赏法国的各种鱼类，到洞穴探奇。1900 年世博会，采石场地下另一区域又被改建成两个大型展览的会场。其中一个命名 "地下世界"，中国和印度的庙宇、埃及金字塔和古意大利香槟储藏窖……世界各地的地理、考古或历史奇观一一在此现身。参观者被大量吸引到地下，个个兴奋异常。

世博会多次选择巴黎，极大促进了地下空间艺术的发展。1898 年第一条地铁开通，巴黎随即在 1900 年举办世博会。为了改变地下空间给人造成的压抑感，巴黎调集了一批艺术家为其做装饰。巴黎地铁的特殊设计美学、造型和象征意义，无不让人流连忘返。

值得一提的是，巴黎地铁的清洁工人在每天打扫完毕后，还要在地铁站台上喷洒带有花香且具有防尘作用的香水，于是，匆匆赶路的人们就闻到了淡淡的草香味。人们甚至还能一年四季在地铁里听到蟋蟀的问候，鸣叫着的是蟋蟀、倾听着的是过客，忘记了季节，却没忘记保护这美妙的叫声，于是 1992 年巴黎有了 "地铁蟋蟀保护者协会"。

设计师与金字塔　交汇于古老建筑

古建筑保护成功的范例数列·阿莱地区改造和卢浮宫的扩建。巴黎的列·阿莱地区原是一个交通拥挤的食品交易和批发中心，周边密布着众多古老建筑，地下数条地铁亦在此交汇。随着城市的快速发展，批发中心功能渐渐衰退。如何让这里焕发生机，有效保护古建筑？最终，巴黎人选择了建设大型地下空间综合体。建成的综合体分四层，地铁、城郊铁路、公交换乘站、车库、商店、步道、游泳池等都被有序安排在地下，形成一个总面积超过20万平方米的地下城，成为世界上最成功的旧城改造范例。

卢浮宫的扩建是另一例古建筑现代化改造的典范。巴黎市中心的卢浮宫是世界著名的宫殿，因原展览面积不够需扩建，地面用地没有且古典建筑必须保留，国际建筑大师贝聿铭先生利用宫殿建筑包围的拿破仑广场下的地下空间容纳了全部扩建内容，广场正中和两侧设置了4个大小不等的金字塔形玻璃天窗，剧场、餐厅、商场、文物仓库、一般仓库和停车场等设施全被有序地安排在金字塔天窗的地下。

身边创意显实用 视觉就是一把尺

立体城市最成功的案例当数拉德芳斯地区。丹麦建筑师奥托·冯·施普雷克尔森的设计方案体现了现代和未来城区的多功能设计思想。经过16年分阶段建设，拉德芳斯新区已是高楼林立，地下快速交通系统、大型下沉式广场、高楼地下的多层立体停车库、11部电梯组成的地下换乘枢纽、地下快速道路两边的商务中心、为附近大楼提供能源、信息和动力源的共同沟，使这一地区真正成为集办公、商务、购物、生活和休闲于一身的现代化多层立体城区。

如今的拉德芳斯地区，地下交通四通八达，上班、购物、休闲娱乐十分方便。但是，拉德芳斯区的立体建设并未结束。为使交通更加方便，高速列车将开进拉德芳斯区。可以相信，拉德芳斯区在新世纪地上、地下将会得到更加完美的开发，变得更加适宜人类居住、工作。

"问人"不如"看牌子"

——殷正声教授谈爱知世博会标识艺术

爱知世博会吸引了众多业内人士的目光，作为工业设计领域的资深专家，同济大学艺术设计系主任殷正声教授不久前也前往参观。在接受我们采访时，殷教授不无感慨地说，日本不愧是现代标识系统的扛鼎国家，他们的标识艺术在此次世博会上体现得淋漓尽致。

标识系统，分工明确

殷教授介绍说，爱知世博园区内各种各样的标识牌随处可见，有的介绍园区各场馆位置，有的导引参观路线，有的说明功能，有的联动控制……五花八门，分工精细，让人叹为观止。

在园区主场馆附近有两块硕大的绿底的标识牌，红色三角形清楚地表明游客所在位置，在标识牌下半部分则写着场馆名称。到了晚上天暗了，标识牌上的文字是否还能看清晰？殷教授告诉我们，在这块标识牌顶上，装有一个太阳能电池板，白天，电池板收集太阳能，并将太阳能转换为电能，晚上则由三角架上的灯照明。多余的电，则由电线送到用电量大的地方，真是既环保又智慧。

在园区里，即使是垃圾箱上也装有标识牌，甚至还有四种文字的说明，清楚表明了哪个垃圾箱应该放什么。

清楚说明，一目了然

在世博园区里，不少游客迷了路习惯问人，可是当地懂英语的世博志愿者太少，于是大家只好四处寻找标识牌。没想到，在园区里，不论你身在何处，不出百米准有标识牌，标识牌上用汉语、英文、日文及韩文四种文字标明，非常方便。有些志愿者也搞不清的地方，标识牌上却写得一清二楚。更让人感动的是，环形路上的标识牌分布很密，每块标识牌都仔细标明你的位置、附近场馆，顺着看，就能很快找到最佳路线。

有些标识牌制作得很别致。殷教授指着一张地铁站换乘牌的照片说："神奇的是，这块标识牌竟是一处水池的池底。阳光照在水面上，波光粼粼，我们看着水面变化的颜色，感叹标识牌竟能做到如此完美。"

"这是什么？"我们指着一张照片问。照片上有一处木做的凹槽，凹槽下的鹅卵石，以及隐隐露出来的铁丝网让我们困惑。"这是出水管道。"殷教授告诉我们，放鹅卵石是为了防止水溅出来，鹅卵石下面就是窨井。"要不是在这旁边也有标识牌，大家一定想不到。"

控制入场，体现智能

爱知世博园区的标识牌成为了一个完整的系统，而且很多标识牌具备了控制功能。殷教授说，比如有一块控制展馆里人数密度的标识牌，它反映了周边14个场馆的人流情况，当标识牌上显示一个小人时，表示展馆内宽松；显示两个小人时，则表示适中；显示三个小人时，就表示拥挤了；如果显示四个小人，这个场馆就被限制进入。

参观世博场馆是需要提前预约的。殷教授告诉我们，他们参观克罗地亚馆预订的时间是 14 时。提早到了的话是不允许进去的。后来同行中有人摸出一张前一天的过期门票，放在感应器上，机器说：这是昨天的门票。于是，他又将当天 14 时的门票放到感应器上，机器说：还有 10 分钟入场。可见爱知世博会的标识系统与其他系统结合得很好。

小小标识，关怀备至

不仅在园区里，爱知县街上的各色标识牌也是随处可见。殷教授告诉我们，有一处古街道的参观指示牌，画在地上，顺着它指示的方向你就能最大程度地观赏到有价值的东西，既节约时间，又绝对不会迷路。在不远处的地上，还有一幅类似的地图，找到红箭头，你就能确定自己所在的位置。

爱知世博会一直延伸到了机场。为此次世博会专修的机场里吃喝玩乐一应俱全，一样的到处都是标识系统，导引你参观、歇息、吃饭……丰田、松下等各大企业纷纷在此摆开擂台，各色商店使尽招数吸引顾客。"光在这里面逛一天就不知不觉过去了，累了，按图索骥，很快就能找到休息的地方……真正让人体验到无微不至的人文关怀。"殷教授感叹道。

和谐空间，创意无限

——唐子来谈爱知世博会公共空间艺术

公共空间的规划艺术，对于一个世博会来说，是给人留下最广泛印象的所在。对于爱知世博会，同济大学的唐子来教授在接受我们的采访时说："在园区里看了几天，感触最深的就是主办方对公共空间的规划和安排，简直无可挑剔。无论是道路、入口、公共交通工具，甚至特殊观众的应对措施，凡是你想到的，他们就为你做到了。"

全球环道妙不可言

吸引眼球的首先得数园区的全球环道。这是一条架设在空中的葫芦形迂回长廊，使用的全部是可回收材料。长廊全长 2.6 公里，平均廊宽为 21 米，地面高度达 14 米，分上、中、下三层，顶层行人、通车，中层行车，底层供人行走，公共交通车站也被安排在这里。

"这条环道把主要场馆、广场串了起来，场馆看起来就像一根长长的藤上结出的瓜果。"唐教授说，"山林、瓜藤、瓜果，如有可能从空中俯瞰，那是怎样的一幅秋收季节农家庭院啊！"这条路居高临下，行人走在上面，园区所有的场馆、广场一览无余，大大方便了游客参观，节省游览时间。各主题馆全都散落在山坳里，整个展区远远看去就像一个个自然村落。

交通设施一应俱全

爱知世博会预计参观人数 1 700 万人，如何应对？不论你从哪一个入口进去，门口一定备有婴儿车、轮椅这些代步工具；行走困难的残障人士、抱着婴儿的参观者均不用操心任何不便的问题。

在全球环道上，还能看见专供走累了的游客使用的黄色人力出租车。为了让路面可以承受更大的压力，主办方还特地在软木一样的路面铺上了强度较高的金属板，供车辆行走。

除此之外，园区里还备有便捷的交通工具——智能巴士，采用无污染燃料、无人驾驶，并且按固定线路行走，前后车还能智能地保持车距，遇人会自动避让，受到大家的欢迎。

排队也成一门艺术

在这样一个和谐的公共空间里，每个参观者都很友善、文明。主题馆每天人山人海，但大家都自觉排队，长长的队伍前不见头，后不见尾。"排队也很有艺术"，唐教授赞叹不已。如果在队伍的末尾看见志愿者举着"最后尾"的标牌，意思是参观者到此为止，请不要再继续排队；而在队伍的最前端则站着一名工作人员，那是告诉你这是队伍的最前端。井井有条的管理，让人心服口服。

用灯光书写科技艺术

——郝洛西谈世博园照明创意设计

上海世博园区正在紧锣密鼓地建设，作为园区不可缺少的夜景照明将贯彻怎样的思路？届时，世博会将奉献怎样一个如梦如幻的光影世界？为此我们采访了世博园区夜景照明总体规划负责人、同济大学照明艺术研究中心郝洛西教授。

五大理念策划照明脉络

"要用高效、集成、人性化与可持续的技术手段实现园区灯光美的享受。"温文尔雅的郝洛西如数家珍。她说,世博园区的灯光规划理念分为五条:

策略层面,塑成高效节能的城市照明范例;文化层面,创建世博园区历史遗迹的生态保护型照明模式;技术层面,第一次大规模地在世博会最佳城市实践区实现集成应用半导体技术;人文层面,让人们在与灯光艺术的互动体验中享受照明科技所带来的创意生活;产业层面实现"中国制造"产品的最大化应用。

她说:"比如,世博园区的旧厂房等,灯光景观如何在新技术条件下实现与保护建筑的和谐、与周围环境的优雅衔接,灯光的亮度分级、照明色温、光点布置……我们正在细化规划、设计方案。"

光源营造梦幻世博园区

"按照这一理念,我们把世博园区夜景照明分为四个区域。"郝洛西介绍,动态彩色光照明主要是在节日里及世博轴、舟桥等公共区域。根据园区功能的不同,我们划分的四个区域分别为:

使用彩色动态光的区域包括世博轴、舟桥、沿轴建筑(演艺中心、主题馆及中国馆),"这些地方要求使用彩色光照明的同时辅以动态光变幻"。

少量使用彩色动态光的区域包括活动绿地、集散广场以及高架步道。要求使用少量的彩色光照明来加强步行道及活动场所的趣味性,并进行色彩的动态变化控制。

不使用彩色动态光的区域包括滨江景观绿地以及场馆区外围绿地。"外围绿地接近居民区,不宜使用彩色动态光。如果使用,不仅影响居民正常休息,也会造成光污染。"

其他主要是指自建馆及租赁馆,包括外国馆、企业馆、博物展览馆、最佳实践区展馆。可以采用少量的彩色光照明,并进行色彩色的动态变化控制,视各馆情况而定。

"相信通过控制,我们会向世界展现一个梦幻曼妙的世博园区。"郝洛西说。

"母亲河"将参与灯光汇演

"夜幕下,母亲河黄浦江也将参与灯光汇演。"郝教授笑逐颜开,她的脸上写满了陶醉。

南浦大桥浦西引桥造型优美,曲线螺旋形优雅地"旋转"着,分出上下三环分岔。我们将在世博会期间对桥塔、拉索进行适当装饰性照明设计，如对桥塔增加上下不同的彩色光照明，对悬索使用小光束角的彩色投光灯投射，凸显其"标志性"。

世界第一钢结构拱桥卢浦大桥的观光平台位于拱肋最高点，距黄浦江江面110米，犹如一顶"桂冠"，它是观赏世博会"花桥"的绝佳之点。世博会期间，其拱形结构及中间拉杆适当增加 LED 投光照明，增添彩色光照效果。"想想，曼妙的灯光或聚或散，摇曳的江水五彩斑斓，人会醉的。"郝教授说。

而舟桥照明设计，与江面水影的相映成趣、摇曳生辉效果更是设计团队的出奇出新点。"我们会让舟桥与江面喁喁呢喃，相牵相依的。"郝教授强调。

谈兴正浓的郝教授娓娓道来，其他照明如绿地，如城市最佳实践区，如世博塔……"用灯光书写'和谐'、书写当代中国的风采是我们的最高理念。"

你知道吗？第一次大规模集中应用半导体照明技术的世博会是哪一届？你知道上海世博会 5.28 平方公里的土地上会展现怎样一幅恢宏壮阔的夏夜画卷吗？承担世博园区夜景照明总体规划的同济大学郝洛西教授，为我们描述了高科技支撑下的光影艺术世界——

灯光之夜为你而设

梦幻灯光　讲科技"护航"

半导体照明技术首次应用于园区照明的世博会是汉诺威，从建筑设计到材料运用，"人类·自然·科技"的主题得到了充分的表达。

爱知世博会上，灯光则成了不可或缺的"演员"。无论是日本馆艺术画廊中映出球形光影的巨大灯光作品（主题是"满园灯光和轻风"，寓意人与自然的关系），还是普通的路灯、花草、小径照明，无不遵循节能高效、环保且人性化的原则。

北京奥运会那光彩夺目、姹紫嫣红的开幕式，那舒卷自如、变化莫测的画轴，相信很多人至今历历在目，那一切都是以强大的灯光技术作为支撑的。上海世博会是继北京奥运会后，我国又一次承办的、大规模且采用半导体照明技术的国际盛会。夏夜星空如洗、黄浦江波光粼粼、外滩灯火璀璨、陆家嘴高挂琉璃，世博园区灯光……大家会有怎样的期待？

园区亮点　展示节能创想

作为当代为数不多的在大都市主城区举办的世博会，如何用丰富多彩的灯光技术扮靓园区，就成为各方关注的"焦点"。

郝洛西教授负责完成的《2010中国上海世博园区夜景照明总体规划》明确提出"高效节能与景观艺术高度结合"的原则，将绿色环保的生态理念贯穿始终，不仅如此，规划还把展会后市民的夜间照明考虑到创想设计之中。

规划从亮度上对园区进行了分区分级：庆典广场世博轴、中心场馆等地区为一级照明区域；高架步道、出入口广场等为二级区域；场馆区、最佳城市实践区为三级区域；而滨江绿地、围栏区内外被定为四、五级照明区域。不同的区域，光照的亮度、灯具的种类、光照环境的风格等都不相同，聚光灯下、灯火阑珊处，明暗疏密总相宜是灯光规划的最高理念。

高新技术的应用是世博照明的一大亮点。如，以太阳能光伏发电及风光互补技术为代表的可再生能源，让其与高新技术亲密结合，将是园区绿色环保照明的重要手段之一；而各种可以改变光学性能的亚力克及玻璃、透光混凝土技术、特殊乙烯薄膜等新材料也会在世博园区照明中广泛运用。

曼妙夜景　艺术在你身边

深浅不同的园区灯光将扮演游客的"向导"。世博园区人流巨大，如何安全有序地疏散？没关系，天黑了，如果你还在园区逗留，按照地面上不同光色的地砖行走，就可以安全快捷地通过或者避开人流密集区了。因为采用半导体照明技术的各类物体，如地砖上的色彩、明暗会随着人流量的变化显示出不同的颜色、明暗：颜色深、亮，人流密集；反之亦然。

还有，会唱歌的地板、走在上面能"溅"出涟漪的地面、人数一多就迅速枝繁叶茂的植物、一从桥上走过影子就自动投到桥两边栏板上的人行天桥，以及视频图像、激光表演、数字激光全息影像、水幕灯光表演等，这些反应灵敏、善解人意、灵气十足的"新照明"，极大地丰富了世博会园区夜景的观赏性及趣味性，你会不由自主地想到："城市确能让生活更美好。"

美妙无比的世博园区之夜，都是为你而设的。

不久前，参加 2010 上海世博会国家馆之一荷兰馆动工建设，至此，已经有数十个国家的自建馆开工建设，他们都是什么样子？让我们走进去，仔细体味——

从快乐街、童话园到动力之源

荷兰馆："快乐街上"风景多

郁金香、大风车，还有那古老的皇宫……对了，这些代表荷兰的符号在参加上海世博会的荷兰馆中都有体现，设计师约翰·考美林把荷兰风情带到了世博会，变成了"快乐街"。

远远看过去，荷兰国家馆宛如"过山车"；近看，上下咬合的"街"扭成了"8"字，串起17幢房子，"欢乐街"象征一座理想中的城市：建筑井然有序地排列在商贸街的两旁；城市生活的各个方面将相互融合，和谐共

荷兰馆

生，全然不同于我们日常的住宅、工作、工业区域的职能划分。17幢楼，每一幢都是一座微型展馆，折射出荷兰在使用空间、能源和水等自然资源时的创意思想。

"黄、红、灰、绿……到了夜晚，荷兰馆就是一座奇光异彩、瑰丽陆离的微型荷兰国。"协助完善方案的同济大学建筑设计院设计师赵颖告诉我们。

丹麦馆："海的女儿"童话园

两条环形轨道划分出室内和室外，轨道螺旋着上升汇成一个连贯性的平台。台下中心位置，一个大大的淡盐水池，海水就是按丹麦哥本哈根朗格宁海滨的成分配比的；螺旋着的"轨道"上，上百辆自行车写意地摆放着；还有小美人鱼：那就是哥本哈根海

丹麦馆

滨的那条以安徒生的童话《海的女儿》中的主人公为原型雕塑的美人鱼!

丹麦国家馆占地约 3 000 平方米,建筑面积 5 290 平方米,其室内与室外展示空间分别为 1∶2。它不仅造型独特,参观者穿梭于室内与室外,瞬间就能体验别有洞天的"幸福生活"。来到这里,你尽可以骑上自行车,与丹麦人闲聊。你可能想不到,这里的自行车与江对岸的上海世博会城市最佳实践区中丹麦奥德赛自行车城遥相呼应;中心大水池是孩子们的"童话乐园",设想一下:与安徒生"海的女儿"一起尽情玩耍,领略来自丹麦的有机食品,用足尖感受"来自丹麦港口的水",那该是多么美妙的人间胜景?!所以,设计师把丹麦馆主题定为:幸福生活,童话乐园。

美人鱼被丹麦 BIG 年轻设计团队安置在国家馆"焦点"上,这是美人鱼的第一次远行。根据设想,小美人鱼"访问"上海期间,在哥本哈根安放小美人鱼的原地将树立起中国艺术家创作的雕塑作品。雕塑还将安置视频画面,播放"小美人鱼"在沪的 24 小时幸福生活。

德国馆:"动力之源"显亮点

世博期间,如果你来到欧洲国家馆展区,远远地就会看到一处轻盈飘逸的建筑,无论在哪个方位,它似乎都张开嘴邀你同游:米拉与何德林设计团队就是想让德国馆之行成为穿行于"和谐都市"的一场旅行。

建筑面积 6 000 平方米的展馆像是悬浮在空中,主要由四部分建筑体组成,感觉如同一座"三维雕塑"。远远望去,巨大开口的"通道"式展馆分别被设计成未来规划室、人文化园、发明档案馆、欢乐剧场、创新工厂……在这里,你可以乘着滑梯领略材料之园、海港新貌。最精彩的则是下尖上圆的"动力之源",它被轻盈、透明的建筑膜板包裹起来,是整个"和谐都市"的心脏,也是德国展馆的亮点。

踏入这个五彩包裹、瑰丽神秘的大厅,参观者可从回廊的不同阶梯上观望这里的中心元素——金属球。这颗直径达 3 米的金属球表面装着 3 万根发光二极管,球面上将显现出多种图像。屋顶是一个大大的舞台,德国人眼里的"和谐都市"

德国馆

将在这里轮番上演。届时到德国馆参观，您一定要听从你的导游——虚拟形象严思和燕燕的指挥，齐心协力让金属球转动起来。记住，金属球会对大家的努力"投桃报李"，你越踊跃，金属球摆动的速度越快，幅度就越大。"人心齐，泰山移"在这里催人行动、让人兴奋。

主题馆是历届世博会参观者最难忘的场馆之一，更是一个国家"世界观"的"眼睛"。国际展览局秘书长洛塞泰斯曾表示，他只关心主题馆的设计。2010 年上海世博会主题馆感觉如何？

城市，让"鸟儿列队飞来"

筑成最大屋顶

驱车从浦东下南浦大桥，你就会看见右手边成片的红瓦白墙房屋，里弄屋顶一律呈现出均匀而有节奏的三角形，那可是上一辈上海市民温暖的"家"的记忆，是上海最令人陶醉的城市意象。

主题馆的设计者、同济大学建筑设计院曾群团队就把这

仔细数数，是不是 20 只"大雁"？

一意象引进 2010 上海世博主题馆设计方案中：屋面总面积 6 万平方米；为利于大屋面排水，屋面设计为折线型；屋顶设置水平支撑，将太阳能发电板与屋面结构集成为一个整体。黄浦江上空，往西，斜斜地俯瞰，4 排、每排 5 只"大雁"排成的方阵（见上图）就组成了总面积约 8 万平方米的巨大展馆。

借鉴中国古建"出檐深远"的特点（见下图），主题馆在南北方向设计出大挑檐，出挑的屋面高度达 27 米，出挑 17 米。这样一来，南北两边在主题馆出入口处和等待区的游客便可免受夏日阳光的蒸炙了。

雨水排泄问题，设计者也进行了很好的安排。每一个向下弯折的屋面形成坡屋顶，弯折的下部安置排水天沟，利导水流。这些收集来的雨水不会白流掉，通过过滤、沉淀等处理，便是园区花草树木的灌溉用水了。

主题馆的大屋檐

生态绿墙"漂游"在你身边

节能是设计者十分重要的考虑。屋顶的太阳能电池呈菱形，每块面积约 1.3 平方米，共 13 000 多块，组成总量 24 块巨大的集热屋面，设想一下，太阳下巨大屋顶那晶莹、瓦蓝的壮观场景吧！太阳能屋面的年发电总量为 200 万度以上，每年减少二氧化碳排放量 2 500 吨。它是目前国内最大的单体面积太阳能屋面。

主题馆东西两侧外墙设置垂直生态绿化墙面，面积达 5 000 平方米。是目前世界最大的待建生态墙。生态墙上的绿草红花被排列成烟火绽放的形状，由下往上呈伞形，下面翠绿的草，上面或火红、或粉白、或淡紫、或湛蓝……各色花儿竞相绽放，"城市，让生活更美好"肯定"漂游"在你的脑海里！

无柱大空间　世界最大之一

你想知道世博会史上这最大展馆之一内部究竟多大？一号展厅长 180 米、宽 108 米，面积约 2 万平方米；二号展厅与三号展厅隔而不断，长 180 米、宽度 126 米、梁底净高 14 米，面积 24 000 多平方米。

想象不出来多大？告诉你，二、三号展厅可以放进 4 架大型客机，一个标准足球场放进去绰绰有余。它是目前国内最大的无柱大空间。

这么大的面积，采用的钢结构总重达 1.7 万吨，还没有柱子支撑，如何施工？据了解，展馆的钢管桁架安装采用机器人滑移安装技术。此项技术是具有完全自主知识产权并拥有国家专利，滑行最大距离达 180 米，达到国际先进水平。

主题馆作为上海世博会为数不多的永久性场馆之一，会后将保留下来作为标准展馆，以弥补上海大面积展馆的不足。

　　"城市，让生活更美好"是2010上海世博会的追求，而地下空间资源的开发利用可以有效克服现代城市"交通、环境和土地"的焦虑问题。2010年上海世博会将地下空间资源的开发利用系统作为世博园区建设十大系统之一。"通过我们的研究，世博地下空间环境可与地面环境一样健康舒适。"同济大学地下空间研究中心束昱教授在介绍他和彭芳乐教授共同领衔的"世博地下空间环境生态化综合指标与技术集成研究"时说——

地下空间环境怎样生态化

"2010上海世博地下城会与地面环境一样健康舒适"

地下空间做何用途

　　2010上海世博地下空间有个统一的名字：世博地下城。它的主要功能将包括：世博轴地下空间、地铁、地下道路、地下车库、市政综合管沟、地下展示馆、地下公共步道、地下商业和餐饮街、地下文化娱乐设施等。

　　以世博轴为例，它是世博地下空间交通枢纽，四通八达。而其外形则如逶迤拖曳的长条形"遮阳伞"，"伞"下分布着下沉广场、步行街、阳光谷等多种形式的地下空间。

　　"这样规模庞大的地下，呈现出功能高度聚集、空间高度集约、人流高度密集、安全性要求严、便捷性要求高、舒适性要求特别等诸多特点。"束昱说，正因为如此，上海世博局对世博地下空间资源的开发利用提出了"人文、生态、绿色、数字化、智能化、安全、舒适、协调、和谐"等全新系统理念。

生态理念和技术焦点

　　为了把地下空间环境营造得和地面环境一样健康舒适，甚至更为惬意，设计者从整体出发，注意整体系统的优化，能源和资源的综合利用。"宜人的温度、湿度和风速，清洁的空气，充沛的光照，良好的声响以及安静、洁净、安全、便捷、赏心悦目的环境，一个都不能少。"束昱说，"少占少用资源、减少环境负荷、高效率循环利用是地下空间环境生态化实施方案孜孜以求的目标。"

　　方案中，束昱和彭芳乐领衔的科研团队将地下空间环境生态化系统研究设定为生态化光环境、生态化通风换气环境、生态化声环境、生态化装饰装修、生态化绿化、生态化节能等6个子系统，先分别研究各子系统环境生态化指标与技术，在此基础上进行环境评价、系统集成，提出应用指南。

过程就是在享受艺术

令人欣喜的是，专家们已经找到了实用经济、绿色生态、安全健康、快速高效的技术途径实现世博地下空间环境的生态化。

以光环境为例，除了传统的高侧窗、开天窗等被动式采光形式外，还可以通过光导管、阳光采集器、光纤等主动式阳光导入系统把自然光传入地下。

主动式太阳光导入系统的基本原理是根据季节、时间计算出太阳位置的变化，采用定日镜跟踪系统作为阳光采集器，用高效率的光导系统将天然光送入深层地下空间需要光照的部位。如，超级反光的光导管收集自然光，弯头可调节，光线顺着可以自由弯曲、转动的光导管，温顺且准确地到达你需要的地方，从黎明到黄昏，甚至是阴雨天气，地下空间环境的明亮与地面同步。

固定种植池绿化技术、立面垂直绿化技术、移动容器组合式绿化技术、水体绿化技术……"选择耐阴性的植物是必要条件。"束昱说，比如绿萝、鱼尾葵、花叶万年青、沿街草、富贵竹、棕竹、鹅掌柴、漫长春花、巴西木等都不错，"栽种之后马上叶茂花繁，易于养护、便于观赏"。

长期潜心研究是一件非常艰辛的工作。但是，束昱表示："娴熟、系统的新型科技集成，实现地下空间环境生态化的过程本身就是在享受艺术。"

上海世博会国家馆展区中加拿大馆和英国馆，一个是闻名的"枫叶印象"，一个是世界创意之都"发光的盒子"，两国设计师——

把迷人的精彩进行到底

枫叶，这样映"像"

如果你明年到上海世博会国家馆展区，加拿大馆非常值得你流连观赏。因为这些乍看如一串随手凿过、随意码放在那的大石头。

凑近，"大石头"高高地昂着头，"下巴"处人流如梭；仔细打量，巨大"脑袋"

一边是整齐、光洁而安静的淡青色幕墙，一边则是线网密织、颜色棕黄的"五官"，凹凸有致，有些怪异，但看过，很快意。整个建筑犹如一条丢在那里的长长的石头项链，向内蜿蜒"游走"，尽头处就是加拿大馆的演艺广场了。

夜幕下的加拿大馆

加拿大政府与太阳马戏团组成的联合设计团队在创意说明中说，一到枫叶飘落的季节，从南到北、从东往西，树林里、街道上、小径中……到处是红红、厚厚的枫叶，密密匝匝、层层叠叠：占地6 000平方米的中国世博会展馆就展示"枫叶印象"。

加拿大展馆由3组大型几何体建筑组成，展馆外部墙体采用的是一种特殊的温室绿叶植物覆盖，雨水也将被排水系统回收，在展馆内需要水的地方重新使用。

木头做成的凳子，树叶状的椅子，可回收材料制成的勺、筷子、碟子、桶，加拿大的朋友们可是准备好了邀请你到他们展馆做客的，届时你得去！

盒子，创意发"光"

前不久，上海世博会园区英国国家馆以种植银杏树的方式破土动工，因为英国馆这只"发光的盒子"宗旨就是要"让自然走进城市"。

占地面积达6 000平方米的英国国家馆，是上海世博会40个左右国家自建馆中面积最大一类中的一个。

不知道你到过海底与珊瑚亲密接触过没有？潮汐过处，五颜

英国馆

六色的珊瑚婀娜摇曳，醉人！你到了英国国家馆跟前，如果恰逢风和日丽，微风过处，七彩"麦"浪同样让你如痴如醉！

"不错，虽然看不出有什么设计意图，但是个人很喜欢"，"好像一颗水果糖哦"，"怪怪的，像块香皂"……这是英国馆图片公布后，网友们的跟帖如潮。英国馆最让人着迷的是建筑外部伸展的6万根有机玻璃材质的"触须"。每根触须顶端都带有一个细小的彩色光源，可以组合成多种图案和颜色。触须随风轻微

摇动,展馆表面的光泽和色彩立刻如童话世界,瑰丽而迷幻,英国创意产业界不拘程式、引领潮流的精神展露得淋漓尽致。不仅如此,"触须"在室内的那端也有一个细小的光源,并集合形成一个巨大的数码屏幕。

远远看去,方方的英国馆宛如"水果糖",像是随意"丢"在乡间,上面森林遮盖,两侧草地缓缓地形成斜坡,观众席、展览区、商店以及接待区均坐落其中。

值得一提的是,英国馆备选的6个方案还由英国驻沪领事馆在上海举行了专门的展览,接受市民的"挑剔"。结果,"水果糖"因为所有材料都将是可回收循环利用的,且能实现零碳排目标,加上互动性强而获得最高票数。

据了解,英国馆在整个世博会期间,将及时收集参观者的想法和意见,随时调整馆内的展示内容和活动。"因此,英国馆不是一成不变的,将很有可能在世博会召开的近半年时间里,以不同的面貌展现给参观者。"英国驻上海总领事艾琳告诉我们,"如果观众天天想看到贝克汉姆,也可以一直在大屏幕上看到他。"

当纸上所有的智慧、灵感、争论都变成了眼前的现实,当阳光照射在长长的世博轴上,眼前的一切凝重而热烈、轻盈而优雅,如梦、如童话、如仙境……我们被震撼了!这是人类的艺术杰作!这是2010上海世博会奉献给世界的视觉盛宴!

站在世博轴上……

久违的阳光重又洒到浦江两岸,我们立刻风风火火来到热火朝天的世博工地,来到人类智慧与灵感吹响集结号的上海世博园,站在了名闻遐迩的世博轴上。

虽然我们已经记不清多少次接触中国馆的讨论、设计、创意,不知多少次接触世博轴设计汇聚的全

世博轴夜景

球智慧，于是我们知道了"东方之冠"、中国红，知道了"芙蓉出水"样阳光谷、片片云彩样世博轴大屋顶、浪漫而写意的空中廊道……但站在阳光灿烂的世博轴上，我的心仍然被震撼了！

蓝天白云下的火热中国红迎面扑来，写意的斗拱层层出挑，越跳越远，越跳越高，直到"铸"出一个周周正正的"中国鼎"；"鼎"下那些轻盈的"云彩"伸展着、簇拥着，张开"嘴"冲着蓝天欢呼着，阳光下热热闹闹舒展着潇潇洒洒的蝉翼样翅膀……可别忘了，到了夜晚，他们都成了百变精灵，变幻出万千色彩。这就是中国馆，这就是世博轴！

一年前，眼前所有的情景大都还是一张草图、一份文案，甚至一场争论；两年前，所有这些都还是一个想法、一份标书，甚至一个念头……可是，今天它成为了眼前真真切切、空灵清逸的"云彩"、浪漫的长廊、厚重的中国巨鼎：艺术把人类的建造思想挥洒得如此灵动而热血沸腾！这就是2010年上海世博会。

到时，去世博轴敞开你的胸怀，拥抱这个充满智慧的人类艺术吧。

阳光灿烂的十月里，我们到了世博园西班牙馆工地，立刻被密密麻麻的脚手架迷惑了！虽然心中清楚"藤条、篮子、诗情画意"都是它设计意象的相关词汇，但在现场的我们还是被来自地中海的——

西班牙馆激情地"网"住

提起西班牙　你会想起——

塞万提斯、毕加索、达利、多明戈、弗拉门戈舞……他们都是关于西班牙的词汇，激情、狂放、奔放，还有世人皆知的诙谐与幽默；提起西班牙，还有球迷们如数家珍的"黄金一代"，还有2008年的欧洲杯冠军，当然还有斗牛……欧洲南部的这个热情奔放的国度，灵动飞扬。

西班牙不大，50多万平方公里、4 000多万人，但不大的西班牙一点也不缺少智慧。1992年，塞维利亚世博会一举改变了"北富南穷"的面貌，6座大桥、高速铁路、国际机场、塞维利亚科技园，还有"魔幻岛"……借力世博会一举成名的卡图哈岛早已今非昔比。

2010 上海世博，西班牙智慧会开出怎样的花朵？设计师贝纳德塔·达格利亚布艾给我们带来了"诗意的藤条"。

工地上，我们见到了这种藤条：铁青、米黄、棕灰……好多种颜色，阳光下，总觉得与眼前的铮铮矗立的钢架粘不到一起。

诗意藤条艺术编织

施工人员可不这样看，"外面很怪，里面很方正"，"像只大海螺"，"在国家馆中，它最漂亮"……"别看它现在拱着、翘着，到了 12 000 平方米的墙上，看过去就服帖了"。看着我们狐疑的眼神，从工友到工程师全都信心满满。

8 000 余块藤条，每块面积约 1.5 平方米见方，于是，眼前这蜿蜒如流水、如蜗牛的西班牙馆就能穿上诗意的"衣裙"，阳光还会透过藤条的缝隙，在展馆的地上、墙上划出各种意想不到、赏心悦目的图画来。

藤条、钢管、半透明的纸、太阳能板……是西班牙馆带给我们诙谐而又大胆的设计体验；可持续、节能、环保……是这个国度对地球的承诺。

"远远的，参观者看到这些诗歌，就会知道：'哦！这就是西班牙馆！'"贝纳德塔·达格利亚布艾表示，哪一首中国古诗，还没定……她笑。

创意元素才情四射

歌剧、弗拉门戈舞、拉丁音乐……这都是世博会上西班牙馆天天上演的内容；馆内展示内容在西面，2 400 余平方米，邀请的策展者是 3 导演，"世代相传的城市"展示的是"从自然到城市""从我们父母的城市到现在""从我们现在的城市到我们子孙的城市"三大内容。

远古人类怎样从荒野走向了城市，子孙后代继承一个怎样的城市？ 3 导演将运用元素和符号讲述"根源"：远祖的、实质的、最初的地球；从近代到当今的城市，导演会使用诗化手段，演绎毕加索的《向日葵》、达利的《记忆的永恒》、弗拉门戈舞那翻飞的裙摆……第三展厅的互动性更强，选择的是初次来访的观众，视听和互动演绎人类未来，激情、趣味和惊喜是这一节的词汇。

能够产生激情奔放的弗拉门戈舞、能够产生天籁之音的多明戈、能够在强手如林的欧罗巴抢得冠军杯，西班牙馆的展示令人期待……

于是，西班牙人希望永久保留这座建筑，世博后变身西班牙文化在中国传播的"种子"。

设计师介绍： 2010年上海世博会西班牙馆的设计方案经过公开招标，共有18家知名的西班牙建筑师事务所参加竞标。女建筑师贝纳德塔·达格利亚布艾领导的米拉莱斯—达格利亚布艾建筑师事务所（EMBT）提交的方案最终获胜。

给您一块总面积2.4平方公里的土地，你如何安排办公场所、住宅庭院、商场餐馆，乃至公共绿地、锻炼游戏等等适宜市民生活、工作的空间？如果把它作为上海城市四大副中心之一呢？近日，上海市各高校的学生们就按照《上海市真如城市副中心规划方案》的要求，开展了真如城市副中心公共环境艺术获奖设计竞赛，在——

垂直城市树起激情标杆

大处着眼大手笔

"037号作品从整个城市大局出发，对城市主题进行完整、综合性的思考，使得整个区域构造舒畅大气而富有层次，将水面、立面等各种元素进行了较好的融合。"这是同济大学陆文靖、董嘉、王绪男三名同学的方案获得金奖的理由。

真如的核心部位是文化艺术公园，金奖作品的造型灵感便由此滋生。高高低低的城市建筑，视力所及形成的一系列高差，让它与公园周围环境纵横串接连成虚线，于是，公园内就开始"铺设"一条条高高矮矮、纵横交织的人行坡道。

"用红橙两色'勾画'出高低层次，坡

道如一张张绿色的丝绒地毯缓缓'滑'向地面，昂首指向高楼。用激光束勾连公园与高楼的亲密关系。"加上结合地形设置的瀑布水景、观景平台、下沉广场，最终形成大都市已十分稀罕的真如核心区"步行体验休闲系统"。

真如的 logo 是一个篆体"真"字，用 2.4 平方公里的土地来"写"这个"真"字，气魄够大吧？！上海师大的黄婷等在这个"真"字上安排布置小桥流水、绿树荷塘、亭轩座椅……风物景致清清爽爽。

细微之处显功力

曲院风荷、亭轩花草，仅有这些还远远不够，于是早川公司的方案便在真如的核心区公园内设置大地神——"温柔、舒心，母亲一样的大地。在有历史的地方"。设置水神——"象征着生命力、气势、萌芽。在曾经繁荣的水乡"。两座神像的雕塑草图在方案里都一一列具；方案中还说，"公园里迤逦起伏的草坪上到处点缀着艺术作品"。

正因为这个方案很好地体现了《规划》中"公共活动中心"的功能定位，且"对公园绿地各个方面进行了整体性构思，并具有较强的实施性"，因而获得铜奖。

不仅如此，方案的公共艺术观赏性和参与性为上海城雕品位的提升也提供了相当的想象空间。

奇思妙想灵气足

历史上的真如顶顶有名，真如寺、铁路、水码头个个名闻遐迩。把它们熔为一炉，设计公共艺术品，你选择何种材质？"以枕木为元素，以横向线条为主，塑造真如未来垂直城市；临近水产市场纪念馆，形成木制码头意象；远眺真如寺，用斗拱让生活充满禅意。"

尖锐且不规则的钢框扭曲、堆积、组合，变成了真如公园广场上的"高楼大厦"、休息走廊、座椅，当然还有网格状指示牌，东华大学的李秉函珂把这称之为"挤压的城市"。

高毅斌的设计则简单许多，两条扭抱螺旋的DNA线来阳光地寓涵"城市发展、前进、创造的'密码'"，真如得到了什么，失去了什么？我们将面临什么样的新真如？黄黄的、咬合着、旋转着指向远方的线条很养眼。

真如曾经是桃花盛开的地方，沧桑巨变下，这里如今已不允许桃林如海、花香如蜜了，于是同学们就在钢筋编制、折断的"树干"里长出柔弱的桃枝，让你去想象"两岸桃花锦浪生"的胜景，作者把它叫"重生"。

远远地就看见长颈鹿在徜徉，非洲联合馆主设计师陈剑秋说，不错，这就是上海世博会非洲联合馆——

"长颈鹿奔跑的地方"

非洲联合馆细节一一数来

非洲联合馆位于世博园浦东外国馆区，为单层大空间展馆，钢结构框架体系。宽107米，长227米，女儿墙高度15米，并设公共演绎区域3 000平方米，总建筑面积26 266平方米，为世博园区最大的国家联合展馆。

巨大的展厅按照非洲国家所在地理位置成组安排，4个组团各自独立又相互联系，各自有区域中心以充当公共演艺场地，同时各组和主要公共演艺中心也有联系，展馆内设有45个国家展位，每个展位独立展示面积250平方米。

非洲联合馆

外墙立面是张大"画布"

因为是临时场馆，设计师采用夹心彩钢板和镀膜保温安全玻璃作为外立面材料，所以远远看过去主体建筑形态非常简洁且大气。

长、大是这座场馆给人的第一印象，于是单调就会让参观者望而却步，不愿进入。正因为如此，设计师在高15米的墙上种上"翼展"百米以上的参天大树。树下，暖暖的金色已浸透了地平线，火火的红霞已晕彻了非洲的天空，长颈鹿、非洲象、或圆或尖的屋顶……大非洲写意明快、俊朗且带着神秘。

"这是一张硕大的'画布'，届时会邀请非洲艺术家尽情在上面泼墨挥毫，尽情享受世博带来的快乐。"陈剑秋说。

志在打造"最引人注目展馆"

非洲馆志在打造上海世博会"最引人注目展馆"。非洲驻华使团团长、多哥驻华大使诺拉纳·塔—阿马介绍，迄今为止，已有50个非洲国家以及非洲联盟实质确认参展，除了安哥拉、阿尔及利亚、埃及等 8 个国家以租赁馆形式独立建馆外，其余 42 个国家以及非盟均云集在这里，联袂演绎精彩非洲。

届时，在这 2 万余平方米的空间内，你将看到非洲联合馆的四大展示特色：远古神秘的人类源头，丰富、多元、和谐的非洲本色，富于生命力和节奏感的非洲天性，回归自然的美好梦想。

"画面和颜色首先会拽住孩子们的眼球；来了，可别忘了与热情的非洲朋友一起分享快乐。"陈剑秋笑着说道。

联合馆里的木雕

"心之和，技之和"

不给环境添负担的创意和设计

日本馆叫"蚕宝宝"，她安静而且平和，凹下去的是呼吸的"鼻孔"，翘起来的是"羊角辫"，蚕宝宝用一半是火焰、一半是海水"孵化"成这样一个"淑女"身。这是一栋关心环境的建筑，节能、低碳、可持续……你能想到、见到的各种"人—境"和谐的词语在这里都有精致的答案。于是，2010 年上海世博园中的蚕宝宝低调而新锐、平和而浪漫、悦目可亲且可敬：建筑，设计扮靓生活！

日本馆

从杂乱的钢架还没成形，到紫色的"蚕衣"盖到屋顶，日本馆的营造虽然低调而平和，但一点也不弱化我们关注的目光，用雾降温如何进行？"凸"出去的

"触角"、"凹"进去的"鼻孔"如何呼吸？我想知道的是，心与技如何通过这座安静的展馆微笑着链接时空。

大家都知道，世博会日本馆因了在上海建造，朱鹮、西阵织、蚕宝宝乃至鉴真……一切与中国有关的东西都被展示在这里，中日两国本来就是一衣带水的友好邻邦，不是吗？

大家都知道，和其他发达国家走过的道路一样，日本也曾经历过大气、水质污染，绿地减少，水质下降，赤潮绿藻频发……钢铁、水泥等等技术高度进步带来的境不和、人不和乃至心不和让这个民族痛定思痛，治理了包括琵琶湖在内的一大批"受伤"环境。

什么样的技术才是"和"？心和之人会提供怎样的技术、运用怎样的艺术手段？二十世纪八九十年代以来，日本人自觉地寻找"心之和，技之和"。

爱知世博会至今让人津津乐道，原因就是因为这里有雨天不湿鞋的路面，涂有隔热涂料的路面能把温度控制在 40 摄氏度，竹子编制的展区外壳，碎块、沙砾掺合铺设的园区道路……鞋子干爽的参观者当然喜欢这种高机能铺装技术，感觉凉快的人们当然喜欢这种"采菊东篱下"的自然野趣。还有更奇的：农田铺上一层保护膜，一番加工以后就成了停车场，世博结束后，农田还是农田，但"履历"多了一笔；厕所也因为技术人员添加的微生物和臭氧，排泄物少了污秽腥臊，多了静洁清透，一路"十八变"的水也成了花草树木的灌溉用水。在爱知，技之和让当地环境世博后"鸟儿已经飞过，天空依然湛蓝"。

不给环境添负担，于是，上海世博园区的紫蚕岛凹凸分明，饱满圆润，薄薄的紫衣吸收阳光，吐呼吸纳，让"观者"神清气爽。紫蚕岛是一座建筑，是一个生命体，会呼吸、会吐纳。"凹槽把雨水引入馆下储水空间，通过水的蒸发，带动空气更快地流通，降低馆内的温度。凹槽是展馆内的换气系统和制冷系统中枢，是办公室的光源，还是支撑房顶的支柱。"日本馆设计总监彦坂裕就是这样设计构思的。他还说，紫蚕通体紫色是因为内嵌在膜中的太阳能发电装置是深紫色的；作为屋顶的每一块膜的形状都模仿树叶，当然能量制造和传输的原理也和树一样。

不给环境添负担，于是彦坂裕笔下的日本馆"轻些，再轻些"，不打地桩，不用混凝土。"紫膜，与水立方外衣一样，重量比常规场馆减轻一半。材料轻，运输卡车就少，二氧化碳排放就少；膜有自洁功能，清洁的人力也省却了。"彦坂裕如是说。

彦坂裕是"默默无闻"的设计师，是日本国民的"沧海一粟"，但他的和谐之技展现的却是这个民族发自内心的与环境和谐共生的理念，表达的是与世界朗朗灿烂的"微笑相连"。届时，我们就会看到一个和谐连接着过去、现在和未来的日本馆；夜幕降临时，就会看到紫蚕岛的灯光一起一伏在"呼吸"——蚕宝宝是活的！

心和，技艺温暖世界。

这是六本木一栋宏大的构筑，具体名字叫什么已经不重要了，重要的是这些健硕的"钢树"，支起的屋顶为人们挡住了风雨、挽住了阳光，于是，工业文明的投影就编织了甜甜蜜蜜的生活之网，洒在夏日的小广场上，凉爽而惬意。

开敞的大屋顶下，那树、那椅，还有图片外树林里那野趣盎然的块石……六本木这栋建筑把环保、节能与和谐环境演绎得淋漓尽致。

六本木的钢构建筑

这是东京新宿的"蚕宝宝"——设计学院大楼，把环境打扮得精致、前沿并恰到好处。我们是在地下一层往上看，不影响紧贴着楼面的金属网筋放着光、潇潇洒洒在天空集结成一个"圆点"。

设计需要激情，更需要汩汩的灵感，于是，设计学院就成了这曲线玲珑的样子，"同样周长，圆的面积最大"，且圆润可亲。

东京"蚕宝宝"

当你看到这个似圆又扁，还张着幽幽郁郁圆圆的嘴的石头，第一念头是？

六本木地下小广场

这是东京六本木一处地下小广场道路交汇处的雕塑，简简单单、圆润安静地就这样趴在那里，仿佛对来来往往的过客行注目礼，张着的"O"似乎在说：别那样脚步匆匆，停下来看看，看看这阳光，多好！还有投影，三层呢！还有，这里还是巧用自然光照亮地下的例子呢！节能，心思很巧妙吧？

拼装艺术在这里大气明快

——欧洲联合馆、租赁馆创意设计印象

有一首歌这样唱道：这里的春天很美丽。地处外形争奇斗艳、颜色叹为观止的上海世博会欧洲馆区，欧洲联合馆确实很难算得上是鸿篇巨制、花繁叶茂的场馆。但是，冬日暖暖的阳光下，欧洲一馆、二馆乃至租赁馆的风景也很美丽。

欧洲也有租赁联合馆

英国、法国、丹麦、荷兰、德国、西班牙……欧洲馆个个都是风头十足的大"家伙"，但是数十个国家的欧洲也有不少小国、穷国，为参与世博的一个临时性场馆一下子拿出数千万乃至上亿元，建个只有数月生命的场馆，着实有些犯难。

于是，中国政府为其在上海世博园欧洲街区建造了欧洲联合馆一馆、二馆，还有数座租赁馆。

欧洲联合馆内景

欧洲联合馆一馆位于浦东新区世博会规划区域C10街坊，总建筑面积近2 000平方米，单层大空间展馆；与之"对脸"的欧洲联合馆二馆建筑面积则近5 000平方米，为两栋"挽着手臂"的单层大空间展馆；二馆斜对面就是

租赁馆了，宛如安静的农家小楼立在阳光下。

阳光下的联合馆悦目赏心

有了阳光，就有了灿烂的世界。站在联合馆街区，这个感觉尤为强烈。

长长的阴影、银亮的金属板、笔直的线条……一切简简单单，可因为阳光，有了明暗变化，于是世界变得凹凸有致、场馆变得悦目赏心：我们的目光就这样被牵着、拽着、探寻着，兴致盎然。

屋檐上布满圆点的是遮光板？那板显然被镂空了，叠在蓝色的"底子"上；因为阳光和阴影，它的明亮不由分说"跳"进了你的眼帘。下面是直棂窗？阴影里纷纷跳出、排列整齐等着检阅……原本简单的设计因为光与影竟也如此生动，如此强劲地闯进视线！

欧洲联合馆

设计师如此阐释设计理念

必须严格遵循"造价不高品质高"的设计原则，联合馆主创设计师陈剑秋介绍。

遵循着这个原则，设计师们利用承担了大部分政府项目的优势，在欧洲馆的设计上采取"工厂化设计"理念。结构上采用轻型钢结构框架，外立面上墙部分采用彩钢保温板，简洁拼装，于是建筑的明快、大气之风扑面而来。

稍远再看，透过玻璃门，阳光已把门内渲染得五彩斑斓，立面上部的彩钢保温板让人脑子里始终悬浮着"娴静"二字。"这里就是参展各国宣传的重要平台。"带领参观的小郑告诉我们。

弯弯的月儿像条船，微微昂起的场馆也是一条船。光净的立面谦虚地缩进去，上翘的"帽檐"潇洒地"支"起来。只需要一点点灯光，蓝便幽深似海、幽思成魅。设计师说，人类文明不需要太多的装饰，简简单单的板材、清清爽爽的线条加上恰如其分的创意，于是世博园区就"泊"了这条欧风劲吹的城市文明之船。

欧洲联合馆夜景

上面是镂空的彩钢板，圆圆的孔洞默默地数着世博会倒计时的日子。

到了5月1日世博会开幕，板子上就是租赁这处场馆的欧洲各国才情比拼的舞台了，各类招贴、海报会让它五光十色、神采飞扬；而下面，整整齐齐的白色"栅栏"是小酒馆的栅子门。它与黑色的"底子"是如此地对比强烈。不对，它是墙，依然是彩钢板编织的墙。这是欧洲馆的"门脸"，很绅士吧？

欧洲联合馆

钢结构的颜色有多少种变幻？淡紫、鹅黄、浅灰、天蓝、粉白……我没数清楚。这是欧洲联合二馆两栋房屋中间的连接走廊，阳光就这样泼洒下来，那是下午三时多的阳光，漫不经心就"绘"了这样一幅画；尽头处的红色"跳"入眼帘，仔细端详，它竟把五千平方米的欧洲二馆"端"到我们面前。阳光是最好的设计师，不是吗？

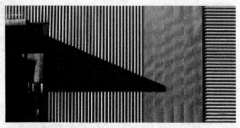

欧洲联合馆

这是光影的世界！斑斑驳驳，没有规律没有节奏，粗粗细细你叠着我、我挽着你，明明暗暗、随心所欲，于是我们的眼睛忙碌且暖意融融：光与影居然也生机勃发、风帆高张！长长的投影，由银白而金黄，过渡是那样的自然，色彩是那样的鲜活。摄影师说，这是无意间拍到的，他还说只有在冬日里光线才有这样的"生命体征"。

看过去，对面的门内透着光，是欧洲哪个国家的馆舍？

欧洲联合馆

原本平平常常的屋檐、普普通通的彩钢板，阳光下竟也如此迷人！屋檐的剪影"悄悄地"在墙上剪出一个神秘的三角地带，是东欧绵绵群山的剪影。还是西欧绵长而曲折的海岸？泛着光、露着郁郁的黑色，一律深不可测，让人心怀敬肃。

剪影里透出了"风景"，那一定是巴尔干的山林在唱歌、斯拉夫民族在吟诵，抑或是喀尔巴阡山幽蓝的湖水在摇曳……

欧洲馆内景

把人类城市的顶尖智慧表演给你看

——城市最佳实践区探营

冬日的暖阳下，穿行在上海世博园城市最佳实践区感觉特别好。

已经初露端倪的城市最佳实践区是人类 158 年的世博历史上第一次出现，被公认为 2010 年上海世博会上的一个创新亮点。

人与自然和谐联动

既然"城市让生活更美好"，那么可否将一座城市当作演绎可持续发展理念的"实验室"，变成"人·人与人·人与自然"和谐联动的"生态圈"？

于是，上海世博会提出了"城市最佳实践区"的概念，通过向全球征集案例的行动向参观者展示全新的生态城市生活方式与发展模式的实践，演绎未来的城市将为市民提供什么样的居住、办公、休憩与娱乐空间。

丰富灵活艺术案例

"城市最佳实践区"位于浦西世博园区的 E 区，占地面积约为 15 公顷。上海世博会别出心裁地把"城市最佳实践区"分为北部的模拟城市街区、中部展馆展示区和南部的未来馆、全球城市广场。北部区域将成为一个模拟生态街区，

3.5 万平方米的建筑面积将容纳 15 个实物展示案例，其中包括居住、办公和商业三组生态建筑，建筑、开放空间、基础设施等形成模拟生活街区、生态街区；中部街区 4.5 万平方米，利用老厂房改造而来的 4 组形态、色彩各异的展馆展示 40 余个案例，表现宜居家园、可持续的城市化、历史遗产保护与利用、建成环境的科技创新等主题；而在南部，3.6 万平方米的未来馆与 2.5 万平方米的全球城市广场，将通过剧院式、论坛式、多媒体式、网络式、展板式等丰富灵活的形式，展示城市最佳实践的各种优秀案例。

<h3 style="text-align:center">1：1"拷贝"视觉创意</h3>

一句话，城市最佳实践区展示的是未来城市的新生活。

北部街区模拟着城市生活、工作、休闲、交通等功能的综合街区，每栋小楼、每条街道、每个细节都是展品，灯光、自行车道、遮阳系统、花园都代表着一种未来可能的生活形态。漫步在这个街区，能提前领略未来城市的美好生活方式，感知城市未来发展理念。

北部街区云集了德国汉堡之家、米兰 24 小时《太阳报》、沪上生态家、巴黎植物墙建筑、奥登塞的自行车道、麦加恢弘的"帐篷城"、马尔默的"魔术盒"生态住宅、加拿大卡尔格雷的"水中心"办公大楼、澳门的百年老当铺"德成按"、四川成都的"活水公园"……15 个当今世界的城市最佳实践案例均按 1：1 的比例"拷贝"到了这里。

中部 4 组展馆分别展示全球挑选出的 40 个展示案例。布里斯班展示亚热带气候环境中的可持续城市实践、布拉格带来简单易制的移动型抗洪堤坝、费城微软"未来学校"、杭州以西湖为核心的治水实践、不来梅的交通解决方案、开罗的历史老城复兴、利物浦的历史遗产保护与再利用、台北的无线宽带和资源全回收垃圾零掩埋……

55 个展示案例经过国际遴选委员会按照"在自身领域里领先、具有创新意义且有推广价值"的原则在来自全球的 106 个有效案例中千挑万选始出来。

2010 城市最佳实践区，上海把人类城市的顶尖智慧表演给你看，一场造型、色彩、声音的盛宴。

既是世博创意　更要成为街区改造范例

上海世博会城市最佳实践区总策划师　唐子来

人类世博设计的"亮点"

为了更好地演绎"城市"主题，2010年世博会特别设置了"城市最佳实践区"，它是人类世博会历史上具有特殊意义的亮点项目：

其一，世博会的传统参展方包括国家、国际组织和企业，2010年世博会的城市最佳实践区使城市首次能够直接参与世博会，这是世博会历史上的一个创举，顺应了时代潮流，将对世博会的未来发展模式产生重要影响；

其二，国际社会共同期盼，2010年世博会的城市最佳实践区将成为展示、交流和推广城市最佳实践的全球平台，对世界城市的未来发展趋势产生积极影响；

其三，城市最佳实践区是世博园区中新理念、新技术、新材料、新工艺的集中示范基地，将成为体现可持续发展的街区改造范例。

最佳实践精神的"展品"

城市最佳实践区不仅是来自世界各国的城市最佳实践案例的"展区"，其本身也应当成为体现城市最佳实践精神的一个"展品"。这就是说，城市最佳实践区在街区规划、工业建筑利用和环境设计等方面，要充分体现可持续发展的理念，使之成为街区改造的最佳实践案例。

汇聚实物展示案例的模拟街区是整个世博园区中独具特色的展示区域，包含城市街区的各类建成环境元素，既有来自上海、伦敦、马德里、汉堡、法国罗阿大区和阿尔萨斯大区的生态建筑，又有来自沙特麦加朝圣的帐篷和澳门的历史建筑，还有来自丹麦奥登赛的自行车交通方式、里昂的城市照明、成都的公共绿地等。城市最佳实践区的街区规划不仅将这些实物展示案例整合成为一个"模拟街区"，而且要完整地体现可持续发展理念，包括混合用途、紧凑形态、公共空间主导、非机动化交通方式、充分利用既有的建筑和设施等。

工业建筑再生的实践

城市最佳实践区所在区域原为传统工业集聚区，其中的南市发电厂更是百年老厂。工业建筑具有大跨空间特征，较为适合改造成为展览建筑。完整地保存街区历史脉络和有效地利用既有资源也是可持续发展理念的重要体现。在城市最佳实践区中，保留的工业建筑将占总建筑面积的 60% 以上，基于工业建筑的主体结构和基本形体，进行功能化、时尚化、生态化、节能化的改造，不仅成为世博会的各种展馆，而且是工业建筑再生的创新实践。为此，在国际方案征集的基础上，邀请了国内外多个设计团队分别担纲各组工业建筑的改造设计，形成各具特色的时尚风格。

城市最佳实践区的街道和景观设施不仅为游客提供便利、舒适和愉悦的活动环境，也将成为生态环保的创新设计领域。如今，城市最佳实践区的各项建设工作正在如火如荼地进行之中。我们始终思考的一个重要命题是：城市最佳实践区作为街区改造范例将是长期的实践过程，更要关注世博会以后的发展模式，使之成为上海城市发展的有机组成部分，显示出经济、社会和环境的持续效应。

记者手记：已经记不清多少次进入世博园了，每一次进去都被惊喜狠狠地撞了腰；已经记不清多少次阳光下远看近瞧那些形态各异、体量迥别的建筑了，最喜欢的还是——

光影下，那翩翩起舞的世博建筑

巨构建筑　影子"说话"

说世博园是人类智慧的结晶，那是明年（2010 年）5 月 1 日以后才能全方位体验的；说世博园是设计师奇思妙想、才情与激情的大爆发，那是进入世博园探营的我们反反复复体验着的现实。

中国馆外观上，通体披一层鲜亮的红色，予人强烈的视觉冲击力，层层出挑的大屋檐，越跳越高。

阳光谷由 13 根大桅杆、数十根缆索和巨大的幕布巧妙组成。数万平方米的世博轴无疑是上海世博会的巨构之物，世博轴，异形线条仿佛是随意叠加、传递，于是天空早已"舞"得心花怒放；阳光穿过薄薄的蝉衣，淡紫装进那巨大的喇叭，于是中国馆直楞的线条便也舞动起来，振翅欲飞。

顺着世博轴两旁纵目望去，主题馆、中国馆、演艺中心、世博中心全是建筑面积以万平方米为单位的大家伙。阳光下，它们毫不例外拖着自豪的、长长的影子；阳光里，泼剌剌的中国红陶醉了蓝蓝的天空；阳光里，铁灰的主题馆亦金亦赤、亦黄亦蓝，结果看它的人醉了。

钢筋铁骨　争奇斗妍

因为国家馆区都是临时建筑，所以不少国家都采取了钢结构搭建。

"钢筋铁骨"到了设计师的手里，奇思妙想同样如火山般喷发，于是在C片区，我们的想象力和海啸般的设计激情翻来卷去，不能自已、不能自拔。

晶莹剔透的智利馆，圆圆的外形因了阳光的照射，近处的立柱一清二楚，稍远的台阶朦胧迷离；墨西哥馆，红红的钢柱与中南美洲馆的红色相映成辉，把外国馆区渲染得热热闹闹、红红火火；想知道浦西的企业联合馆在傍晚的阳光下是什么样子？那就选择冬日的黄昏站在巨廊下面，你会被气势恢宏的老建筑那密密的竖线条（都是建筑外结构纹理），那静穆、那壮观震慑而口型为"O"！

心在这里狂跳不已

城市最佳实践区无疑是2010年上海世博会奉献给人类文明的"盛宴"。

阳光透过老老的"花格子布"屋顶洒到同样老老的老砖上，于是一张别样的"花格子老布"就成了，深浅浓淡各不同……这就是日本设计师的作品；同样是在中部，大块的黄、蓝、红，阳光下，颜色有些奇怪，是因为色彩不正，还是光线不好？知情人说，等到表面的那层膜揭了，阳光下，老"抬杠"（旧建筑的梁柱）里的"轿子"就在黄浦江边欲舞欲飞夜夜飞了。

心在这里鼓胀着、狂跳着！

深深的橘红色意大利面砖怎么变成了黑黑的颜色，要不是花纹的"指引"，连模样都认不出来。我们钻进老建筑的走廊，于是背光的面砖就成了外婆织布机上刚下来的蓝花布的模样，黑黑的，很深沉，很深沉，仿佛对我们述说着遥远的往事。

用旧工业风骨搭建艺术秀场

中南美洲馆二层平面台阶处，站在这里，沧桑与现代冲撞得澎湃而温暖 看起来不像展馆？你可就错了，这里的使用面积以万为单位

一提起中南美洲，桑巴舞、探戈舞、伦巴……遥远大陆数不清的舞蹈品种会让你眼花缭乱。幸运的是，2010 年，您不出家门便可在中南美洲联合馆宽敞的门前广场上，尽情"沐浴"在拉丁美洲长歌劲舞的海洋里。

原上钢三厂旧改新设计

中南美洲各国普遍以入驻展览举办方提供租赁馆、联合馆的形式参与上海世博会。

巴西、阿根廷等使用租赁馆，其他众多中南美洲国家明年（2010年）5月1日前都会齐聚中南美洲馆这个使用面积超过1万平方米的超大空间内，尽情演绎数十个拉美国家的乡风民俗的迷人风采、社会经济的骄人成就。

入驻这里的参展者也许不知道，体量庞大的中南美洲馆前身就是上钢三厂厚板车间，20世纪末典型的工业建筑，但是，数次来到这里，我们每次都被深深地震撼！阳光下，呈酱灰色的高大立柱整整齐齐一溜排过去，单调但每次都让我不忍离去：赤红的钢板溜出轧机是怎样的壮观景象？当年在这里忙碌的工人兄弟现在在哪里？抬头久久凝望湛蓝而静谧的天空，再看看门楣上，分明写着"中南美洲联合馆"……旧旧的钢架上，生命的绿色依然生机勃勃。

原厚板车间创意变身

工业巨构建筑与传统民居差距巨大，其高度、长度、结构形式……说是怪物也不显"囧"；大量金属板材的锈蚀、腐坏，混凝土柱的破损……陈剑秋等设计者立刻有了给建筑变"魔术"的冲动。

如何让辉煌历史的记忆活在所有到场者的眼里、心里？我们在现场看到了，粗粗大大、不修边幅的老柱子、老钢架立面硬是装进去一座同样高大的"新房子"：玻璃、彩钢板，很时髦的灰色，阳光下是那样的安静、雅洁，有时迎着阳光还泛着迷离的紫罗兰色，于是中南美洲馆平添了一份神秘。

领着我们参观的郑鸿志说，设计团队采用的是保存、改建、新建策略，对老建筑进行再生设计。

看来，这种做法效果很好。

再生的建筑视觉很美

反反复复地跑上跑下，宽敞的钢构楼梯被鞋子砸得"嗵嗵"响，楼梯也是20年前的物件。

新生的老钢厂，里面安安静静，外面不由分说的"彪悍"；里面是润洁，外面是粗犷；里面是静静的高贵，外面是笨笨地老土着、翘着撅着……可是，外面的钢筋铁骨包着里面的光滑细洁、柔媚千转竟是如此地协调，一点也不让人觉得唐突，不由分说让我们想起护犊的老牛，油然而生的安全感、美感塞满胸腔——蓝蓝的天穹下，酣畅而清爽！

小郑说，在老构架里装进一个新房子，如何绕梁穿柱，既保证新建筑的好用，又不破坏旧架构的"筋骨"？陈老师、王老师、孙倩他们没少费心思。

前后左右、里里外外，我们围着展馆反复观赏，三排挺立的混凝土柱、鲜绿的钢架依然精神抖擞、昂首蓝天；阳光顺着天窗爬到新筑的二层、三层台阶上、门墙上，随心所欲，自由自在；摸摸冰冰的旧柱子，冰冰的玻璃、彩钢板，感觉着或粗糙、或光洁的材料表皮，心里的感动一样：为设计者、为国家。

冬日的暖阳里，反反复复地行走在城市最佳实践区中部街区，我们的感受、我们的感情不能自已，甚至不能呼吸，因了——

人类设计的创意激情呼啸而来

老厂房的"风骨"

花砖·仿生衣·飞盒，眼睛已经忙不过来……

棕红、橙红、淡绿、浅白、杏黄……冬日暖阳里的城市最佳实践区中部街区，踩着刚铺好的地面，我们的眼睛忙不过来了，那是B1、那是B2、C1……万物肃杀的冬天，中部街区的色彩如此丰富；远近高低你映我衬的四组展馆内，走进穿出，我们的想象力被彻底征服！

蜂窝是什么形状？那用六边形"保鲜膜""裁剪"成蝴蝶振翅的形状呢？再加上夜晚梦幻的灯光，你在"仿生衣"前肯定醉了！还有意大利面砖敷贴成的建筑，那砖原本有个很拗口的原名，记不住，但集合而成的建筑形体、颜色、镂空花纹一色地好看；玩具般的红、黄、蓝组成的建筑，到时候里面还种上

展馆穿上"仿生衣"

树、竹，天高云淡、月清风动的背景里，一幅怎样的化境？老老的砖、大大的"酒瓶"、高高的天窗……中部街区一个个老老而光鲜的"童话世界"临朔风而玉立。

老房子原来可以这样"魔幻"

一色的老房子，一色的创新手法，这些似真亦幻的建筑怎样"孕成"？

"蜂窝结构体的无限衍生性和单一性、蝴蝶翅膀的趣味性，对之进行抽象和建筑化改造"，设计书中如是说，于是我们就看到了"仿生衣"——这组老厂房子的"筋骨"；意大利面砖组合而成的其实就是陶土板外立面，粘合在老厂房外框上演绎着意大利人心中的"改善城市，改善生活"理念；红、黄、绿，三色外表看似简单，其实变化极为丰富：老厂房的"骨架"变成了"轿杠"，设计者"新旧嵌合、架空开放"的思路尽情释放，于是我们看到"飞盒"凌空，底部架空，下设清池，炎炎夏日人行其下，风扑面、水清凉！

老厂房改造而来的展馆

这里就是大"酒瓶"！旁边就是日本人设计的老砖屋，花格子布顶棚，叫人看得舒坦，看得享受，看得有些惭愧：我们城市中常常见到这样的老砖，堆在那里……

老厂房改造而来的展馆

大酒瓶，外有框，高高的，三只"瓶口"耸上天，看得帽子差点落地。设计师将"框"用条木造就，于是我们看到了裸露的结构、玻璃百叶，包住一个浓浓的绛红色"大酒瓶"。

世界智慧在这里"赶集"

明年（2010年）5月1日开始的184天里，来自世界各地的40余个展示案例就会齐聚这里集体诠释"城市让生活更美好"：

历史港口利物浦重新利用的阿尔伯特码头、绳索工场、圣乔治大教堂……将占据900平方米的展示空间；循着水、垃圾、食物、能源、健康、移动、商业七个主题，你将在这里体验到"可持续城市、未来城市"芝加哥；还有因古城保护的杰出工作获得"国际改善人居环境最佳范例奖"的苏州；还有水都大阪的挑战、不来梅的"租车项目"、香港的智能卡、台北的"无线宽带—宽带无限的便利城市"和"迈向资源循环永续社会的城市典范"……

流连不已，欲去又回，虽然世博大幕尚未拉开，但谁又能说这四组建筑本身不是绝好的"展示案例"呢！

世博会一百五十八岁了，每届世博会总有自己的个性与追求——2010年上海世博会上公认的一个创新亮点，便是城市最佳实践区。

融合生态环保

城市最佳实践区，精彩继续

城市最佳实践区所在区域原为传统工业集聚区，其中的南市发电厂更是百年老厂。工业建筑具有大跨空间特征，较为适合改造成为展览建筑。在城市最佳实践区中，保留的工业建筑将占总建筑面积的60%以上，基于工业建筑的主体结构和基本形体，进行功能化、时尚化、生态化、节能化的改造，不仅成为世博会的各种展馆，而且是工业建筑再生的创新实践。这就是说，城市最佳实践区在街区规划、工业建筑利用和环境设计等方面，要充分体现可持续发展的理念，使之成为街区改造的最佳实践案例。

世博展馆

汇聚实物展示案例的模拟街区是整个世博园区中独具特色的展示区域，包含城市街区的各类建成环境元素，既有来自上海、伦敦、马德里、汉堡、法国罗阿大区和阿尔萨斯大区的生态建筑，又有来自沙特麦加朝圣的帐篷和澳门的历史建筑，还有来自丹麦奥登赛的自行车交通方式、里昂的城市照明、成都的公共绿地等。尼日利亚城市伊巴丹怎样将屠宰场垃圾变废为宝？葡萄牙城市阿威罗如何成功将自行车重新引回城市，解决空气污染与交通拥堵？德国不来梅"公共交通拼车工程"，怎么通知"拼车志愿者"停靠等候其他市民拼车？瑞典城市克里斯蒂安斯塔德又是怎样变成一座"没有矿物燃料的城市"？这些都是"城市最佳实践区"案例的展示内容。

城市最佳实践区的街区规划不仅将这些实物展示案例整合成为一个"模拟街区"，而且要完整地体现可持续发展理念，包括混合用

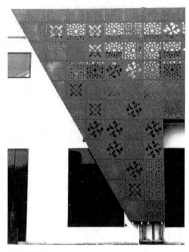

世博展馆

途、紧凑形态、公共空间主导、非机动化交通方式、充分利用既有的建筑和设施等。

你知道卢森堡在哪吗？不知道，没关系，2010年卢森堡大公国——这个位于欧洲西北、面积2500余平方公里、人均GDP世界第一的国家，把参加世博会以来第一次自行设计并建设的国家馆放在了上海世博园。

卢森堡馆森林环绕着一座缩微城市

欧洲"绿肺"让人欲离不舍

确实，卢森堡馆在世博园欧洲馆区并不算大，但不知为什么，每次围着它端详，着迷；被同伴催着离开，不忍：

铁锈红，每隔一段时间看一次，它都更红一次，红红的，红红的，万里无云的蓝天下，热烈，热烈得让冬天也暖和且柔媚起来：那是耐候钢，专门从钢铁王国卢森堡运来的；被切开的是窗户，玻璃的，与红红的钢铁一对照，它仿佛是个冷美人。奇怪，怎么有这种感觉？！

厚厚的、热烈的红墙圈住的是高高的、奇异的城堡，三层窗户，卢森堡人说：

小也是美。就这样，绿树爬上了红红的墙里，卢森堡就成了欧洲的"绿肺"。

森林城堡的国度来到东方

名副其实的袖珍国家卢森堡占国土 1/3 的面积被森林覆盖。

来到上海世博园的卢森堡人在占地只有大国展馆一半的舞台上尽情演绎"小也是美"：那不规则的"堡"高才 20 米许，"建成后，会有一湾清水环绕；清水与外墙之间，隔着一条环形走廊，种植着郁郁葱葱的葡萄架和树木"。卢森堡馆中方设计师、同济大学建筑设计院顾英介绍，观众来到卢森堡馆，可小憩，可入"堡"顶上的"森林"，投入大自然怀抱。

卢森堡产好钢、卢森堡有大片的森林，而这些，智慧的卢森堡人都让它们入驻世博园，"推销"给全世界。

设计融进篱笆和浮萍元素

与卢森堡馆热烈的外墙相比，凹进去"闭关"的"窗户"更吸引眼球：各种姿态的三角形、菱形，更多的说不出形状，它们或独自"沉思"，或三五成群就这样随意"丢"在那里，仿佛是方方正正的"豆腐"被人挖去一块又一块。

"窗户"大都是钢凹进去的，制作起来极不易，中国工程人员看上去挺牛；

卢森堡馆里风景

卢森堡馆内部

卢森堡馆前雕塑"金色少女"

再看，还有窗户映着天光，那是"玻璃内胆"，有了玻璃，卢森堡馆平添了一份柔美；瞧，"窗户"上"泪痕"斑斑，是冰川时期的痕迹，还是环境日益恶化的最后"泪水"？设计师说，随着风吹雨淋，这种瘢痕会越来越"沧桑"。

顾英告诉我们："随机的、自由形状的凹窗，打破了单一表皮的枯燥，融入了更多的建筑语汇。"她还说，卢森堡人还在这座小小的展馆设计上融进篱笆、浮萍、园林等诸多中国元素，甚至"移步换景"的理念也被引入千余平方米的国家馆设计之中。

是随俗，还是吸纳？

激情的建筑挥洒成澎湃诗篇

世博轴迎风摇曳

你说世博轴是什么形状？圆的、弧形的，还是喇叭形……我也说不出它究竟

是什么形状，看的角度不一样，世博轴就千变万化成自由的喇叭花、出航的风帆、生命的帐篷、庆功的酒杯。

如果说世博会没有了花桥、没有了和谐塔，不少投身其中的激情设计师心中有了些许缺憾，但谁又能说这长千余米、宽百余

世博轴

米的世博轴不是上海世博留给后人的"标志物"呢！

自由构形的阳光谷、世博轴组成的是一个巨大的立体交通枢纽、观光平台，阳光、雨露甚至新鲜空气都被这巨大的"漏斗"吸入地下，于是长长的地铁出入口、迤逦着、舒展着的空中步道变得温馨而又绵长，世博轴也成为了迎风摇曳的景观轴。

造型迥异四大馆

站在中国国家馆屋顶厚厚的玻璃上，遥望风帆摇曳的世博轴两旁，体量巨大的世博中心长长地、长长地，犹如巨大的集装箱静静卧在黄浦江边，是等待填充

热情，然后伸开双臂邀请四海宾朋，还是装载面包、捧出鲜花祝福世界？！

方方的主题馆，近看远看似乎其容其貌都不惊人，但深知内情的我们终于看到这面积巨大的光电太阳能板后，还是半日说不出话来：谁说这周正的光电大屋顶本身不就是个传奇呢？主题馆，一如既往地平和着，但中国建筑设计的传奇已被悄悄更新。

中国馆的斗拱

方方正正的大屋顶、层层出挑的斗拱、中国红……都是关于中国馆——这顶"东方之冠"的词汇，站其下，气势迫人而来。还有贝壳？飞碟？8万平方米的演艺中心，东方夏夜里花灯齐放，

恍若"浮游都市"。不仅演艺中心，喜庆的黄色烘托着中国红是中国馆的主旋律，生命的绿、宝石的蓝、梦想的紫、火热的红；还有两侧的"星星点灯"是主题馆的"声音"，世博轴的"繁星"汇成了灿烂的东方世界……

俯瞰，造型迥异的四大馆就是世博轴串起的四串喜庆的鞭炮，静静等待阳光明媚的日子里响起喜庆的锣鼓。

顶上风光无限好

空中世博园，建筑设计绘就的是一首波澜壮阔的世纪诗篇：

世博轴涟漪绵绵，浪花朵朵；主题馆"钱塘波涛"，堆山而来；世博中心超大集装箱正万里归来，破浪停泊；人行步道上那两行"乐谱线"像不像采蘑菇的小姑娘丰收后喜悦的"唇线"？

哦！那边就是蚕宝宝，日本设计师把它叫做"紫蚕岛"，那可是一栋环境负担为零的建筑；还有沙漠之舟、竹篮、童话街、"绒绒球"、玻璃屋，那只苹果怎么被咬了一口？哦，那是罗马尼亚馆……世博园区建筑造型，设计师激情四射的自由构形汇成了澎湃的诗园。

冬日里、暖阳下，我们再一次站在巨大的"人"字柱下，看着屋檐、墙面交接出的三角形；走进高大、空旷的中庭、展馆，感受着设计师们高涨的创造热情、飞舞的设计灵感——

沐浴水面下的汹涌波涛

世博园内，主题馆率先竣工；展会期间，这里很少出现排队长龙，这是一个设计十分成功的展览建筑。

主题馆

"大屋子"的特色词汇

大屋顶，光电太阳能板，世界最大的绿化墙之一，屋檐出挑17米余、高24米余的"人"字柱……这些关于主题馆的词汇现在已是国人皆知、名闻寰宇了：

大屋顶上的太阳能光电板已经开始并入城市电网，开始为可持续的城市发展出力了；最大的绿化墙冬日里，贴近身，仔细看，尽管雾霭让它面有尘色，但绿油油的"面庞"依然清晰、依然在宣示"生命"的意义；"人"字柱，高，如青山云里看，设计师心中原本没底的支撑柱阳光里却如此优雅，如此轻灵欲飞；屋顶一般人看不到：夕阳里，它就是一湾静静的海水，醉人！

中庭里人很小很小

6万平方米多大？

主题馆内部

想象不出多大就走进主题馆，一走进那巨大的中庭，你便立刻变小了，小了，小到对自己的身形都有些惭愧。

主题馆实在太大，有人说，里面可以放进去好几架波音、空客飞机，有人说它有好几个足球场那么大；我说，站在10年代门槛上的中国需要一批激情设计师的"大制作"。

设计师说，主题馆中庭统领着展馆室内设计构思和风格。因此，主创设计师曾群他们将之作为立面延续空间进行设计，沿着南北长近200米、东西宽36米，高近30米的大空间安排入口玄关、空中天桥、观光核心筒、下沉式中庭、空中天桥、入口玄关……于是，空间被拉长、加大，视线"长焦"了，景深丰富了，场所感强了，所以我们就小了。

自己小了，感觉好了，为这些才华横溢的设计师们。

走进去，读懂了"巨大"

往里走，人更小。

朝着太阳西下的方向，连为一体的二、三号展厅里。每一个工人远远看去全都如米如豆，我们的视线尽情驰骋，毫无拦隔：南北180米、东西126米、净高约20米，最低处净高也近15米，一览无余。

房子得有梁和柱，尽人皆知。可主题馆内不论东西南北长度都在百米以上，设计者用什么魔法竟让我们看不到一根柱子？站在空空旷旷的巨大展厅里，我不能说话：就算一平方米一公斤的分量，这2万多公斤可不是小数字！而实际重量远不止每平方米一公斤。可是，曾群他们却让它们安静而优雅地跳空安坐在我们的头顶——设计让结构难题变成了空间"风景"。

"这里不仅能满足世博会期间主题布展的需求，会后，这种超大空间不仅可供大规模展览，甚至能办运动会、大型文艺表演，成为'城市客厅'。"曾群告诉我们。

做平和的建筑艺术

主题馆主创设计师　曾群

参加世博会，贡献我们的设计智慧，是同济大学建筑设计研究院所有设计师的荣幸。

上海市获得 2010 年世博会承办权之后，我就和大家一样在考虑设计一座怎样的建筑去展示 10 年代的中国。

上海世博组委会号令一出，按照院里的部署，我带领设计一所的精兵强将开始主题馆的设计。

从吹响集结号到递交方案，只有 20 多天。团队的勇士们居然在 2 天内想出了 20 多种比选方案。比较、磋商、涂画……我们争论，我们静默，我们面红耳赤，第 10 天，兄弟们先前设计的方案被全盘推翻，不要花里胡哨，不要不可持续，不要不切实际……最后，我们拿出的是一个形如"水立方"的方盒建筑，评审专家一致认为它"达到功能与经济最佳结合点"。

主题馆前雕塑"飞翔的心愿"

平和中融入上海符号

最初的 20 多种方案虽被淘汰，但这些方案教给我们的很多很多：光电"第五立面"——发电屋顶、大面积绿化墙面、无柱大空间……现在关于主题馆的特点，"坊间"知晓度已经很高，他们都是播种、孵化、孕育于大家这些最初的方案之中，并在投标方案中萌芽拔节、发扬光大并被评委们相中的，这里就不展开说了。

主题馆外观就是一个方方正正的大盒子。大屋檐出挑近 18 米，立面长 300 米，如果空空的、平平的、直直的，那是一幅何等单调、沉闷的模样？！于是我们在挑檐

主题馆顶的太阳能板

主题馆内部

底面引入屋面的几何特征"三角形",这样屋面到外墙有了过渡,挑檐有了韵律感,大立面变小了尺度感,墙面单元立刻活跃起来。要知道,这里的三角形还与屋顶上的"雁阵"三角形遥相呼应,相互衬托,设计符号也要有连续性、统一性不是?!

主题馆细看变幻多多,远观还是平和。方方正正、安安静静就如10年代的中国,沉稳、大气而宽容。

好用的也会是很美的

主题馆属于大型展览建筑,服务世博会展示需求是其最主要的功能。因此,与功能结合的可行性成为设计取舍的核心标准,所以主题馆没有令人炫目的曲面,没有刻意渲染的高技术,一切自自然然,与环境和平相处。

但这并不妨碍设计者的美学追求,上海城市肌理的老虎窗,繁花绿树装进外墙,甚至外墙上的"空洞"都是经过我们精心安排的。考虑到展览建筑的室内光线均匀且不需过强自然光的特点,主立面幕墙造型采用双层幕墙体系:丝网印刷玻璃幕墙(内层)+不锈钢板外遮阳幕墙(外层)。外层不锈钢板上开方孔,从下往上依次减小,形成从虚到实的渐变效果;不锈钢板表面选用了深压花打磨的肌理,既形成了对光线的漫反射、折射,也增加了近距离观赏的细节美感。

还有灯光的功能性、经济性追求,灯光设计的原则是主次分明、适度表现:主要突出北立面、整体表现南立面、适当量化大屋面以及点缀装饰东西面。从试灯的情况来看,用五彩斑斓、如梦如幻都不足以形容其曼妙的灯光效果,非常理想!

设计世博,今生难再。上海是一座不张扬、精致且自律的城市,希望主题馆的平和气质能与其相得益彰。

主题馆的大屋檐

用工业文明遗存构建"宜居飞盒"

——上海城市最佳实践区 B3 展馆主创建筑师李麟学访问记

现在,在黄浦江西岸近卢浦大桥处,一组由红黄蓝三色组成的建筑相当引人注目,那就是上海世博会最佳实践区 B3 展馆。世博会期间,这里将用来展示世界各地征集来的"宜居家园"案例,其本身的建筑设计当然也一定要符合"宜居"这一关键词。

建设中的"飞盒"

涅槃 空间继续倾诉

来到这片老工业区踏勘,我们面对的是成片成片的老厂房,颜色斑杂,形态基本都是大屋顶、大立柱、大空间……弥散着说不出的落寞,等待谁给它注入重生的力量。

B3 展馆的前身是上海电机辅机厂厂房,普普通通的混凝土立柱、普普通通的石棉瓦屋顶,这栋建筑不属于历史保护建筑,完全可以全部拆掉重新盖房。可是,这样一来老厂房的历史信息就尽数丢失,人们看到的将是一处没有根的建筑,那不是我们想看到的。我们想让这次设计充满独特性,要有历程、有故事,这样才更有价值。厂房最有价值之处,就是粗犷的立柱和混凝土桁架组成的整体结构骨架和空间。正是它们扛起了上海工业文明的辉煌历史,我们决定通过设计让其走向未来。

架空 骨架重获新生

我们接受任务时,针对这处老厂房的设计方案已经三番五次被推翻过了。作为最佳实践区,无疑将是全世界智慧和能量聚集爆发的场所。能匹配这种聚集的建筑应该是什么模样?这个问题如影随形缠绕着我们的思路。最后,我们决定把新构筑嵌入老骨架,把老厂房的底部重新打理后架空开放。

这样另类的建筑形态之前鲜有人尝试,是否能被受众接受还是未知数。但我想到了 2000 年我去欧洲游学，实地察看了大量现代主义作品后，我发现早在现代主义诞生前，就有很多锐意进取的前辈在尝试，正是他们的努力，催生了现代主义，并让其席卷全球。当时，我就感慨：任何一种新潮流，都有着深厚的土壤，都有着悠久的源流。现在，我们让老骨架抬起新飞盒，谁能说，新建筑形态的"种子"不会在这样现实案例的某个角落萌发？

"飞盒"剪影

于是，我们用最简单的红、黄、蓝三色"盒子"与老房子的骨架发生最纯粹的撞击与并置——让飞盒有了"根"，让曾经的工业文明场所再次焕发生机盎然的"青春"气息。

"宜居飞盒"效果图

理水　展馆有容乃大

建筑设计的根本目的是为了公众，开放性、尺度感是其重要诉求。可以想象，在上海的七八月份，烈日炎炎、酷暑难耐，这就是前来最佳实践区参观的世界观众所要面临的现实。"飞盒"下部架空，让建筑与公众和谐交融、让公众身处其中备感惬意，这是我们设计的艺术追求。

设计中，我们在两座老厂房的底部用"园林"的理念"理水架桥"，让水在建筑物之间荡漾流动，让芙蕖在习习凉风中摇曳点头，让鱼儿在水中自在嬉戏，让观众在展馆下部惬意穿行。一泓清水就是一个天然大空调，这里将成为最佳实践区最吸引观众的空间焦点之一。而飞盒内部则承载了来自世界各地的城市最佳实践案例的展示，建筑空间与展示主题相互映衬、相得益彰。

"雕塑是可以让人玩的"

——张建龙心中的"世博村雕塑与公共艺术规划"

2010上海世博会在城市中心举办且面积巨大，如果所有的土地上都是房子、道路和树木，你会感觉缺什么？对了，雕塑。可是如此大面积的地块上随意搁置一些风格各异的雕塑作品，你一定会觉得杂乱且容易心烦。

正因为如此，上海世博局未雨绸缪，邀请同济大学建筑设计研究院都市建筑设计分院的张建龙、阴佳、李翔宁等年轻专家们"主刀"世博村雕塑与公共艺术规划。

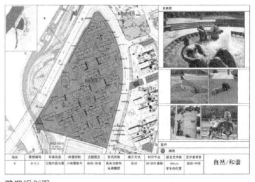

雕塑规划图

"雕塑是可以让人玩的"

"雕塑是可以让人玩的。"张建龙开门见山，世博村面积巨大，而且村内轴线面对的都是上海的标志物，类似东方明珠、黄浦江、白莲泾……对景的契合性要求我们必须在轴线聚焦处设置雕塑。

但设置高高在上的雕塑，是我们规划所不取的。"城市让生活更美好"要求我们雕塑必须走下"殿堂"，成为市民可以触摸、可以躺在上面休闲，甚至可以是群体游戏的一名"成员"。

在世博村内，这样的雕塑应该占有较大的比重，市民愿意走近它，与之对话，这样才对。

"雕塑必须用质朴的材料"

按照规划，世博村雕塑设置主要包括塔吊雕塑、18号楼雕塑组成的一个核心，白莲泾主题雕塑南、北两条景观带，四条主题雕塑构成的景观轴，7个环境雕塑地块组成的七坊以及两个主题区（C地块的公共艺术创意区、A地块的都市风情演绎区）。

世博村的雕塑设计按照其所处的环境特征确定主题、尺度、色彩和形态，雕塑必须尽量采用质朴的材料，生态性是我们考虑的重心。比如，巴塞罗那的很多雕塑，所用的材料不少都取自当地的粘土砖等，市民见到这样的雕塑很容易产生亲近感。"我们要做的就是让大家情不自禁地上去摸摸。"张建龙说。

"雕塑里头装着故事"

世博村中，原来不少都是闻名遐尔的老厂子，像上海港口机械制造厂、上海溶剂厂……其中有很多场地、工业文明乃至人情风土的故事，通过雕塑把这些曾经栩栩如生、有案可稽的故事"讲"出来。

如何讲？一部分内容可以用原厂遗存的部件，曾经立下汗马功劳的部件往目光汇聚处一放，爷爷级市民自然就会对着孙子辈讲那峥嵘岁月；一部分可以用新的材料再现那些关键的"细节"、焦点的"镜头"和典型的"物件"……历史走进今天的生活，因为有距离，肯定会让市民体会到"城市是这样让生活更美好"的！

"艺术氛围的营造，艺术思想能在现实中'落地'，首先要消除市民的敬畏感。百姓能与之交流，雕塑就真的有了'生命'，就活了。"张建龙最后说。

穿越　从过去直达"未来"

——上海世博会未来馆主设计师章明访问记

"老建筑承载了一个城市的记忆，是一个区域场所精神的载体。许多东西是可以放弃的，但人们对场所与场所精神的记忆和认同是不能轻易割舍的。"上海世博会未来馆主设计师章明说。

蓝天下的未来馆

前世今生　问题如影随形

南市发电厂是一座具有110余年历史的百年老厂。其主厂房始建于1985年，长129米、宽70米，总建筑面积2.7万平方米，建筑总高度近50米；主厂房北侧烟囱高度165米，其高耸入云的挺拔身形是上海人对这座老厂的印象。

大烟囱高耸入云，如何发挥其"高"的特征，将它变身为一览众"馆"小的观光塔？主厂房高大而空旷，怎么把四层变成更多层？报告厅如何安排，如何留置展示、交流空间……那些日子，这些问题如影随行、如梦如魅，浸染其中的我倒也因思索而享受其中，其乐无穷。

善待老房　改造为其"续命"

老建筑要被善待，但并不意味着耽于怀旧而放弃作为。只有不断与新的功能要求相契合，这座建筑的生命力才能得到真正的延续，慢慢地我心中开始酝酿这样几种可能。

保护性改造——即针对建筑遗产的历史价值、文化内涵或地域特征等特点进行保护与修缮，最大限度还原或强化其历史地位，并扩大或延展其文化影响力。外滩的多幢老建筑就采用了这样的改革策略。

未来馆中的装置

批判性改造——即在维持老建筑原有结构体系的前提下，对其功能定位、文化定位、艺术定位进行全方位的改造。

再生性改造——即在维持其原有形制和特征不变的情况下，通过适当的加建、置换以及建筑语言的演绎使改造对象满足全新的功能要求。

风骨依旧　只待"新酒"飘香

再生性改造，我们的设计十分注重对老厂房进行文化层面的深层解读：房子的"骨架"肯定要保留，屋顶四组气势磅礴的硕大分离器要保留，逐级上升的屋顶，甚至外墙都要原样带入未来的世博会。世博会期间，它将成为展示"未来城市探索"的未来馆、世博园浦西片区的能源中心以及用于展示非物质的、无形的城市实践案例的城市最佳实践区案例报告厅。

关于这栋老建筑的未来，众说纷纭。但我相信南市发电厂是以科技为依托，通过设计的力量化腐朽为神奇，从而演绎城市的历史，描绘城市的未来的一次大胆尝试。改造后的南市发电厂老厂房必将成为一个展示新技术、新概念的平台，它将作为让城市"和谐延续"的一次大胆尝试被上海这座城市铭记。

零碳社区　看上去很美

——世博伦敦屋预告"新生态设计时代"

六套样板房　"碳"为观止

伦敦的贝丁顿生态村是一处占地1公顷，拥有近百套房屋、千余平方米办公区及一个展览中心、一家幼儿园、一家社区俱乐部和一个足球场的社区。限于空间，世博会期间展示的零碳屋只有两栋，不过这两栋房子里餐厅、报告厅、展示厅一应俱全，还有六套令人耳目一新的"样板房"，分别表现未来风格、田园风格、极少主义等六种不同风格的公寓，供游客参观

零碳社区

体验。届时您来参观，在零碳屋里就餐，可以看到吃剩下的饭菜转眼间变成发电供暖的原料。"样板房"里的家具、门窗、电器、内饰等目前尚在征集中，无论哪个国家的人都可向伦敦屋提供家具。当然，唯一的要求就是"零碳"。

屋顶似海浪　大有名堂

伦敦屋的大坡屋顶，如海浪般起伏。南面安置有太阳能板，这是零碳馆能源的主要来源。北向则种满了绿草鲜花，培育屋顶植被。这样的屋顶设计不仅视觉美观，更能最大限度收集、利用水能源，将太阳能转化成电能，提供室内照明。

伦敦屋

设计师说，该建筑在设计上采用退台形式，使每户住宅都有宽大的露台，确保私密活动空间。建筑外表皮的构造由外至内分别为干挂水泥纤维板面层、天然保温材料层、外墙体支撑结构及内饰面高密度石膏抹灰。于是，阳光、雨水……照单全收，变成了为我所用的电能、饮用水、浇花水。

七彩"大鼻头"　闻风而动

低碳屋的另一大看点就是屋脊上的"大鼻头"，数十个五颜六色的"鼻头"并不是摆着做装饰的，它们可是房子的通气口。这些通气口在屋顶上，随着风向、温差会灵活地转动，利用温压和风压将新鲜的空气源源不断地输入每个房间，并将室内空气排出。

低碳屋

伦敦夏季高温高湿，与上海夏季的气候较为相似。由于上海世博展区的条件限制，伦敦屋样板房采用的是太阳能热水驱动的除湿系统，再配合江水源热泵系统，加上利用气压差原理的"大鼻头"，室内空气自然清爽宜人了。

处处开眼界　学而时习

利用阳光和导热材料采暖、妥善利用水资源、设计新型通风系统、利用废木头发电并制造热水……这些"零碳"技术，大都被移植到了上海世博的伦敦屋。与"零碳生活"相关的讲演、电影、展示、就餐，是这里的常规项目；而零碳服装节、零碳艺术节、零碳文化节……各种新鲜、奇特的零碳主题活动更是你方唱罢我登场。

如果你逛累了，可以到零碳图书馆小憩，看看全球收集来的环保书籍，畅想"新生态设计时代"的未来城池。

竹屋　人诗意地栖息

——城市最佳实践区马德里案例解读

说起城市的标志性建筑，你的脑海中或许会闪现埃菲尔铁塔、自由女神、悉尼歌剧院、东方明珠、迪拜塔……而对于西班牙马德里来说，则是竹屋和"气候树"。竹屋原是政府提供给低收入人群居住的廉租屋，但它独特的设计为居住者创造了一种"回归自然"的原生态氛围。"生态气候树"则是马德里生态大道三座圆柱形钢结构建筑之一。

马德里廉租屋

"树"上安放了各种绿色植物，"树"顶安装有太阳能电池板。一到夜间，此处就成了音乐的天堂，白天储存的电力完全可以满足照明、音响的需要。在世博城市最佳实践区北部街区，设计师将把这两个建筑的精髓呈现给参观者。

一屋一世界　一树一天堂

马德里的竹屋被一层竹皮包裹，很好地调节了光线，为建筑提供了一层温度、声音和视觉的屏障，使屋子能隔绝马德里冬季的雨雪、冷风和夏季的高温、强光。实践区里的竹屋也保留了这一特点，屋子大面积落地窗外遍布可推拉折叠的竹百叶板，我们也称其为"竹帘"。每块竹帘宽 0.5 米，高 3.8 米，包裹着三个立面。这些竹帘的原料来自浙江安吉，都是由设计师亲自挑选的。阳光下，色泽鲜亮、质地密实的竹子编织成密密匝

竹屋和气候树效果图

匝的竹墙，反射着迷离的光芒，煞是好看。为了更好地适应上海夏季高温湿热、冬季潮湿寒冷的地域特点，马德里设计者"入乡随俗"地将竹皮覆盖整个屋子的原型打破，把北面的竹皮改成双层节能玻璃。

高大的"气候树"冠上覆盖着巨大的银色薄膜，因为有这层太阳能镀膜，树内的能源自给率大大提高，光照下温度也下降 8～10 摄氏度。"气候树"的名称可谓名副其实。虽然造型不够另类眩目，但实用、环保、节能的设计理念，以足以让其成为新型城市公共建筑的典范。

白昼赏竹墙　夜来享阴凉

到马德里案例区参观，白天和晚上可安排两种路线。白天，你欣赏完外面的竹墙，可直接乘上竹屋侧面那部外挂电梯至四楼，在这里，你将就看到一个宽大的中庭，由这里自上而下参观。四楼是展示大厅，声光电一起上的视频、图片会把你带到马德里，美景一览无余；三楼和二楼布置有模拟家庭展区，让参观者体验马德里市民的日常生活，并观赏马德里的文化演出、体育竞赛，当然，还能分享西班牙红酒、火腿、腊肠等美食；来到一楼，就逛逛西班牙味十足的小商店，感受一下马德里街头购物的惬意。

晚上，则一定要先去"生态气候树"。来到"气候树"内部的公共广场，站在数百平方米的广场上，你会立刻体会到炎炎夏日的"冰爽"感觉。因为这里运用了先进的环境科技手段，人造出了一个"露天空调房"。当你欣赏演出、观看马德里视频时，可别忘了琢磨其中奥妙。

世博会召开在即，各参展方布展正紧锣密鼓地进行。回归已10年的特区澳门以百年老店德成按和"玉兔宫灯"两个展馆亮相园区，他们都给世界带来了——

支起一对骄傲的耳朵

——澳门馆外形设计将"粘"住人们眼球

依偎在中国馆边的就是澳门特区馆——玉兔宫灯了。宫灯的形象是我们小时候元宵节的晚上常常提在手上的兔子灯，点上蜡烛，走着，嬉笑着，一年中的首个月圆之夜就分外喜庆。只是，五十多岁的澳门设计师马若龙把它变成了世博园区里的澳门馆。

世博会期间，只要你来到澳门馆，立刻就会看到高高的澳门馆长长而略"腆"腰线，还有那一对骄傲支起的耳朵，远远地就"粘"住了人们的眼球。双层

玉兔宫灯

玻璃薄膜作为外墙材料，夜晚的灯光下宫灯的颜色自然想变就变；不仅变颜色，还可以变内容——澳门馆外墙本身就是一个巨大的屏幕。设计者说，兔子脑袋和和尾巴其实是一个气球，任意升降；不仅如此，尾部二楼还有一个滑梯，孩子的乐园。

世博会期间，来澳门馆前，你立刻就会得到一只小兔子灯笼。然后你进入了馆内的时光隧道：顺着步道行走，360 度的屏幕围绕着你，上下左右全是影像。步道需 17 分钟，电影就 17 分钟，那是一个澳门小女孩生日礼物宫灯失而复得的故事，串起的是澳门的过去、现在和未来。

如果说中国馆是一座神话中的南天门，那依偎其身旁的就有"玉兔"。澳门馆的高度 19.99 米，正合澳门回归的 1999 年，含义隽永。

德成按：老当铺的"新活法"

澳门的当铺业自然发达。但位于世博园城市最佳实践区的澳门百年老当铺——德成按展现的却是"新活法"。

首先，它在色彩五颜六色的城市最佳实践区里素朴示人，青灰的外表一点也不张扬，让人有些狐疑其入选的理由。不过你要是到澳门

德成按

最繁华的商业街上去寻找它的"母本"，你就会发现什么叫做"古建保护与再生"了：功能被修复，外表融入环境。于是，实践区邀其入座。

实践区里的德成按当然要再现当年当铺的"光景"，印章、当票、当簿、竹牌等工具乃至老味十足的"遮丑板"，目的就是要让您见识原汁原味的"当"；不仅如此，当年对德成按进行修复与保养的"官、民、商"三合一修缮模式也重现于世博园。当年，典当博物馆修缮，政府出钱；全球第一家金庸图书馆，由澳门一家公司运营；再就是私人物产。老当铺有了新内涵，德成按因此荣获"2004联合国教科文组织亚太文化遗产保护奖"。

最佳实践区内的德成按按 1 ：1 复制而稍大，且三层都用来展示：当铺历史文化、金庸图书馆、澳门创意，甚至武术各居其所，恭迎八方来客。

作为人类世博历史上第一次以"城市"为主题的博览会，上海世博第一次设立"城市最佳实践区"，展示人类城市实践的各种巧思敏慧，宜居、可持续、环境友好自然是全球人们的聚焦处，麦加帐篷、阿尔萨斯水幕馆也不例外——

白天遮阳　晚上散热
麦加帐篷来到世博园区

地球上人口最密集的地方是哪？是朝圣期间的麦加。在不超过 4 平方千米的范围内，解决的是 300 万人的居住问题。于是，沙特政府在米纳山谷搭起每顶 8 米 ×8 米、总数数万顶的朝圣帐篷组成有史以来最大的帐篷城——米那帐篷城，为世界各地纷至沓来的朝圣者提供舒适的栖息场所。

账篷屋

如今，沙特政府把米纳帐篷城带到上海城市最佳实践区，18 个帐篷、直径 26 米的遮阳巨伞构成模拟的极限条件下的人居环境。先说遮阳巨伞，白天遮阳，晚上收起散热更快。

再说帐篷城：帐篷防火、挡风、防腐蚀、防滑，只允许一成阳光入篷内；篷里基本的生活设施一应俱

"帐篷城"巨伞打开之后的遮阳效果

全，甚至还有空调、通讯设备；还要告诉你，米纳帐篷城让 45 人住进了 60 平方米的空间里，生活还挺美！

世博园区的"帐篷城"被分为 6 个区域。届时，你入城参观，可以通过模型、影像从时空转换的各个角度看到帐篷城的总体模型、朝觐历史，感受每小时通过 50 万朝觐者的新加马拉大桥，欣赏

帐篷里很阴凉

世界上最大的人工蓄水池的独特风采。不仅如此，沙特政府雄心勃勃的"未来圣城"规划、中沙特联合兴建的"圣城高速铁路"项目都能让你通过影像先睹为快。

来自法国阿尔萨斯的水幕馆是一栋青枝绿叶的"绿墙"建筑，可是这栋建筑最神奇的还不是它的绿墙，而是位于建筑中间的"水幕太阳能墙"，它每天跟着太阳转圈圈。

阿尔萨斯，水幕墙跟着太阳转

人与环境是什么关系？法国阿尔萨斯用神奇的水幕墙做出自己的诠释。

来自法国阿尔萨斯的水幕馆是一栋青枝绿叶的"绿墙"建筑，可是这栋建筑最神奇的还不是它的绿墙，而是位于建筑中间的"水幕太阳能墙"，它每天跟着太阳转圈圈。

"水幕馆"展示的是法国人对自身环境维护实践的总结，来到世博会园区内的水幕墙表达的是再创新设计。案例地上三层、地下一层，内部均为大空间展示厅。设计说明中说，"水幕馆"的外部围护结构是创新设计的精华所在，整个建筑的每个立面都体

水幕馆

现了环保和节能的理念。植被墙体、水幕太阳能墙体、通透遮阳系统等构成建筑"表皮"。

据了解,通过主控电脑的调度,墙体中的玻璃舱会在夏天开启以散热,冬天密合以聚热,神奇吧?还有,建筑顶部和部分墙面安装上太阳能设备,水幕墙体的水体循环系统所需的能量就够了。

展馆内部

设计人员介绍,水幕系统从外到内有 3 个层面,外层为太阳能电板和第一层玻璃,中间层为密闭舱,后面层为水幕(玻璃),简单、科学且高效,恼人的能源、环境问题在这里"一贴"搞定。

到时候,你一定要来看看它是如何转圈圈的。

千余米世博轴舞动起闪亮的翅膀

中外设计师精心设计、共同打造的世博轴是人类世博会历史上第一次完美地将功能、空间、技术及可欣赏性艺术完美结合的精品。

鸟瞰效果图

世博轴规划图

办博史上的空间利用

世博会的历史上,给人印象深刻的利用地下空间"文章"只有 1878 年和 1889 年的两届巴黎世博会,主办方在世博园区废弃的地下矿穴中修建了水族馆,还成功设置了被称作地下世界的大型展馆,向人们展示世界各地的地理、考古和历史奇观,如中国和印度的庙宇,以及埃及、古意大利和古罗马的墓穴等，创造惊奇，引起轰动。

此后，世博园区对地下空间的利用鲜见佳作，直到本届上海世博会。上海世博会在中心城区举办，且承办方试图将其与老工业区、老城区改造结合起来，于是世博园区的功能、空间、技术乃至可欣赏性艺术的追求便格外"挑剔"。

地上地下集约而有序

功能上，世博轴是世博园的立体发展轴，地上地下各两层，集交通、展示、商服、观光、防灾、市政、能源供给等七大功能于一体。世博轴营造出的是四通八达的立体交通枢纽，参观人群从入口广场经安检匝道进入园内后，立刻可以顺畅地分层、分向循指示牌所指方向而去；世博轴内空间可依据人群流动特点布置展览，提供多种购物、餐饮和休闲服务，更值得称道的是它本身就是一个展示未来城市地上地下立体化和谐发展的案例；位于浦东园区的世博轴又是园区的核心主轴，沿着轴线布置的世博主题馆、中国馆、世博中心、文艺中心共同构成地标性建筑"一轴四馆"，是人群最密集的区域，作为应急疏散通道，一旦有事，四馆中大量观众便可通过世博轴四层立体空间快速疏散和隐蔽……世博轴成功地把地上地下空间整合得集约有序而安全舒适。

喇叭口变成了风漩涡

技术上，关于阳光谷尽收阳光、雨水、空气于"囊"中的报道甚多，但不只如此，阳光谷还把地能、水能和风压、热压等自然要素完美结合到一起。比如，雨水收集到地下二层大水池中储存处理后，不仅是浇灌冲洗等用水，这个大水池还是一个天然大空调，轴内气温都能受其调节；又比如，只要有风，阳光谷上部巨型"喇叭口"就变成了一个风漩涡，其虹吸作用使得轴内空气流动，空间环境得到净化，而这样的现象每时每刻都在发生……

世博轴

下沉庭院展绿地生态

同济大学地下空间研究中心　束昱

世博轴的空间营造特点也大不同于以往。首先是地上与地下的过渡，地上一层与地下一层，通过开敞式坡道原本闭合的地下一层豁然开朗，地面与地下的"过渡"也变得模糊；而且，坡道上绿莹莹的青草、葱翠的树木、斗艳的花卉……大自然就在身边；场馆连接的廊道直通世博轴地上一层，于是这条千余米的轴又添了舞动的"翅膀"。

数年前，我便开始呼吁营造生态地下空间环境，应把阳光、植物、水体等自然要素导入地下。参与世博轴方案评审时，对中外规划设计师的努力由衷地敬佩且深感欣慰：

现在呈现在世人面前的世博轴，地上地下各两层，入口广场、阳光谷、遮阳帷幕、空中走廊、下沉开敞式庭院绿地等与世博轴体结构结合得那样完美，6个阳光谷就如6只喜庆的喇叭，将在今年（2010年）5月1日吹响，这是世界的节日；站在世博轴平台上，感受天光日影、霓虹异彩，其景其情，真"不知天上宫阙，今夕是何年"了；纵观世博轴，长长宽宽的轴与周边空间的过渡，其韵律、其节奏、其视野、其欢喜……届时你一定要上上下下享受一回；由地下往上，你没有了局促、没有了逼仄，也没有了限制，有的只是自在的脚步、开阔的视野和满眼的绿意。

世博轴，为未来城市的立体化与集约化、综合性和艺术性化空间环境营造提供了一个经典范例。

10.M平台安检区、地下敞廊、绿坡

世博轴

加拿大馆：C字奇特外表的设计语言

世博园的外国国家馆，无一例外地都把吸引当地观众作为头等大事，加拿大馆也不例外。

首先是外形，加拿大馆被设计成"C"状，为何？加拿大（Canada）的第一个字母是"C"，都知道；再仔细看，"C"像人的两条手臂，围合中间的广场，城市的基本功能就是提供交流的场所；还有，"C"还是中国（China）的第一个字母，中加友谊的"两手相握"也成为这个场馆奇特外表的设计语言。

从加国运来的木材让阳光下的加拿大馆金黄金黄的，格外温暖且让人欢喜不已，木材名叫红杉，窄窄的、大片大片地盖在钢架上成为馆舍"外套"；光线从红杉板缝隙"钻"进展馆，地上就有了排排琴键，记住，经过时你一定要凑近闻闻这些板子淡淡的幽香；C形建筑的内圈墙体是绿意盎然的植被墙，加拿大人说这是一种特殊的绿色植物，诠释的是"可持续发展"；展馆内部则更是"一个活着的城市"：

按照加拿大确定的"兴旺之城"展示主题，加拿大"国宝级"太阳剧团担纲展馆的创意、设计和展览。游客一进馆内，一面虚拟瀑布便"扑面而来"，好奇吧？你把手放上去，他把手放上去，大家都把手放上去，瀑布的姿态、你的感受

加拿大馆

即刻不同：城市大家建造、快乐大家共享嘛。

不仅如此，你骑上巨大的三维大屏幕前的自行车，加拿大山川河谷的影像就"陪伴"你周游这个美丽的国度；你骑自行车时是否低碳，他们也给你"计量"好了，别忘了看。当然，还有原汁原味的枫叶糖、鳕鱼、鲑鱼、鳟鱼、鲈鱼、蚬肉汤和熏鲑鱼、鲑鱼牛排……纯天然美味。

太阳剧团设计的展示方案，按照上海世博会加拿大政府总代表大山的说法是"展览和展示活动极具表演性"。太阳剧团为排队观众表演高跷、乐器演奏、变魔术等自不待言，加国摇滚小天后艾薇儿等舞蹈、音乐、戏剧、文学、视觉艺术和媒体艺术名家也会现场献艺，以展现该国的多元文化。

夜晚，你要米加拿大馆，馆内灯光透过红杉木板的缝隙，影影绰绰地"溜"出来，你就有了空中看城市、灯火斑斓的美妙体验。

紧挨着中南美洲联合馆的墨西哥馆最惹眼的就是五颜六色的风筝林了，那是由 124 只风筝撑起的屋顶草坪广场。

墨西哥馆让风筝带你找寻地下宝藏

这些风筝大有文章。红、黄、紫、蓝和绿 5 种不同颜色的百余只风筝分别由长短不一的白色柱子支撑起来，"风筝都由透明的聚酯纤维制成，这种新型环保材料具有极高的弹性和韧性，防水，可回收再利用"。墨西哥 SLOT 建筑团队的设计师介绍，风筝柱子上布满的小孔，有的会喷出凉凉的水汽，有的会发出刮风下雨、虫鸣鸟叫的声音；还有更奇的，有的风筝就是一只电子荧屏，说不定你在广场上打个哈欠就被它"现

墨西哥馆前的"风筝"

场直播"了。

　　还要告诉你，每一根风筝柱子旁都有一块三角形白色斜板，这些小白板就是墨西哥馆地下主展馆的窗户，白天撒天光，夜晚映射展馆透出的灯光，点亮只只风筝，于是风筝林就成了灯的海洋。

　　风筝连着中国、墨西哥这两个历史悠久的古国，以此为意象的 SLOT 建筑团队便胜出，团队以"斜坡"象征玛雅金字塔设计出世博园区的地下展馆。

　　阳光下，墨西哥馆斜斜的屋顶、红红的立柱齐齐整整，煞是威武。团队设计师莱默茨说："将主展馆建在地下，一是寓意墨西哥现代化的坚实基础，同时展馆建在地下更能节约建筑空间、材料，更环保、更可持续。"

　　墨西哥馆的主题定为"更美好的生活"，如果说你在风筝广场体验的是墨西哥现代生活，那顺着主入口进入展馆，来到三层地下空间中你体验到的就是神奇的"寻宝之旅"。从墨西哥馆运来的众多珍宝，跨越了该国城市发展的史前、殖民地及现代都市等不同时期。其中最引人注目的当然是玛雅文明遗迹，你将看到玛雅蛇形装饰、图腾、面具等。这些宝贝有的来自墨西哥国家博物馆，有的来自私人收藏，加上屏幕上魅力无穷的自然风光，你就亲身游历了一次美妙墨西哥之旅。

墨西哥馆

　　可别忘了品尝墨西哥美食！

都说孩子是我们的未来，但俄罗斯人用建筑设计语言把我们的城堡、城市变成了孩子们的天堂，在这里讲述人类的过去、现在和将来——

为了孩子们能喜欢的城市

俄罗斯馆太漂亮了！

蓝天下，红、白、金，大片大片的或平坦、或凹凸的白色底子上，细线般的红、游丝样的金，蹦出来，闪了去，迷离着，游走着……定睛看，那是阳光这位雕塑大师的神工鬼斧，竟让我们的眼睛忙不过来，奔跑着、找寻着、估摸着：古堡？高楼？诺索夫笔下的童话森林？还是苍穹里怒放的"太阳之花"？我们不能自已地忙碌着。

俄罗斯馆

俄罗斯馆"外墙"由12座白色为底色的塔楼环抱着里面规整的立方体，"孩子们喜爱的城市才是最好的城市"，俄罗斯儿童文学家诺索夫的名言成了俄罗斯馆设计、布展的指导理念，于是，展馆的设计意象便类似古代斯拉夫人的小村落。12座"白金黄"塔楼就成了"生命之花"或太阳的象征符号；而"天堂的生活"根源就在"和平之树"的根部——里面那座方方正正的立方体"豆腐"里，俄罗斯人把它理解为"文明立方"。

童话指导着建筑设计，还是布展的灵魂。不仅二楼直接被布置成诺索夫《小无知历险记》中的童话森林，一楼也在儿童画基础上憧憬着未来城市；充任向导的小无知5月1日开始便天天引导我们在6 000平方米的俄罗斯馆内"求知"：俄罗斯的历史文化、

俄罗斯馆内部

地方风情、最新科技成果……12座塔楼和"豆腐"里都是，其中包括节能环保技术、潮汐发电技术。

俄罗斯馆，你可要常来。因为这里的展品经常更新，频繁时一个月会有两三次；参观时，如果你有兴趣，还可以在这里参加"最佳城市"和"最佳生活"为题的辩论，贡献你实现"和谐世界"的方法和理念；说不定你还可以碰到梅德韦杰夫呢！

还有42天……距世博会开幕的日子近了、又近了，3平方公里的核心区内，千姿百态的场馆绽放的都是何等颜色、模样的花蕾？不少亚洲国家馆都一眼被认出，因为它们不约而同地烙上浓郁的民族、地域特色——

脱下"冬衣"，绽放美丽

阳光灿烂的日子里，走在长长的世博轴上，看着脚手架拆掉后的一个个亚洲国家馆，心狂喜！亚细亚的阳光是那样具有个性，那样的鲜亮而火热！

泰风劲吹的泰国国家馆，层层叠叠的金色屋顶往上渐渐收拢，顶上就成了一刹擎天的模样，梵风佛雨育成浮图世界；还有那高贵金赤的亭子，红的、金的、白的……那柱、那顶，一切都是那样的鲜艳而靓丽。

莲花座、大立柱，高高敞敞的大门、窗户，玉米粒般整齐排列的女墙；圆形、方形、菱形、多边形、星形……高贵典雅的伊斯兰风扑面而来，这就是巴基斯坦馆，它的原型就是拉合尔古堡。古堡是因了泰姬"躺在床上看星星"那句话，于

泰国国家馆

巴基斯坦馆

是莫卧尔王朝的沙·贾汗国王便下令在这座古堡里修了"镜宫"，一支蜡烛就点燃了满天的星星，浪漫！如今它来到了世博园。

字母能修筑展馆？能。韩国馆就是用韩文字母作为设计语言修筑的,怎么样？你看这外形像不像七仙女织出的五彩云锦！

瞧，高高翘起的一对"翅膀"就是马来西亚馆了，红红火火的颜色，赶紧用你的眼光把那"翅膀"抓住，否则它就飞走了！

阿联酋人用"沙丘"向你讲述节能的故事：一面粗糙、一面光滑的"沙丘"，活脱脱就是这个国家的"特质"。阳光照在不锈钢面板上，我们仿佛看见连绵的沙丘上腾起滚滚的湿红热浪；但你不要因此而却步，靠近、进入，清清的溪涧、凉爽的树林、奢华的建筑……阿联酋馆里一场绿野仙踪式的游历就开始了。

沙漠更渴望绿洲，沙特人驶来"活力之船"：光滑、优雅、圆润，阳光下大船优雅地"泊"在黄浦江边；没有一扇门和窗户，可"船"里光线十足，空气畅通。原来，它也是用了"手段"让光线听话、船底吸风。届时，你还可以在"船底"和"甲板"摘椰枣，别忘了！

韩国馆

马来西亚馆的大屋顶

阿联酋馆

沙特阿拉伯馆

一半是石头，一半是玻璃，蓝天下的以色列馆玻璃晶莹通透，飘飘欲飞；石头"脚"扎热土、咬定青山：设计师海姆·多顿让"两手环抱，握为一体"，成就了这座外形奇特的以色列馆，并称其为海贝壳。多顿说，他的母亲出生在上海。

以色列馆

扁扁的、薄薄的，长长短短、宽宽窄窄的，阳光下，墙上"胡须"的颜色浓淡深浅总相宜，那就是新加坡馆——灵动的"音乐盒"了。圆圆鼓鼓的，新加坡人说，城市是个大花园；四大支柱撑起展馆，新加坡人说国家是由多元种族共同支撑的；广场上的喷泉已露端倪，那里将要演示新加坡人的国

新加坡馆

民意识：节水。你玩累了，当然可以坐在新加坡馆的草坪上休息，把脚放在水池里——玩水。

脱下"冬衣"——脚手架的亚洲国家馆，美！

如果不告诉你，你绝不会想到数年前这里还是百年高龄的南市发电厂，只有那根大烟囱能让你依稀记得这里曾经的烟尘飘扬。而今，黄浦江边举目望，天蓝蓝，水清清，城市广场上的视野辽阔极了——

满园春色关不住

——记世博南部街区城市广场的环境艺术

变化万端伞世界

这里已是伞的世界、花的海洋。

与日常的阳伞造型别无二致，全球广场上的伞林分为两组，朝着未来馆的方向延伸着，连接蜿蜒的伞碗或者开口向天，或者敞怀朝地，颜色、形状一下子就让人想到浦江对岸的世博轴；草坪，起伏着、扩展着，背负着其中的绿树红花投入春天，一幅"满园春色关不住"的绚烂图景；是被海遗忘了的波浪，还是被冬天遗弃的雪坡凝固在这里？白色、起伏的景观坡逶迤着，优雅地朝未来馆摇曳而去，城市广场立刻便有了脉动的音符；更奇特的就是未来馆前起伏鼓动的翅膀了，那是篷布走廊，犹如羽羽白鸽列着队振翅欲飞，又像是海浪累了，歇在了船坞边？广场中央，一溜玉兰花开了，这便是造型奇特的灯，可要仔细瞧！玉兰花里大有文章。

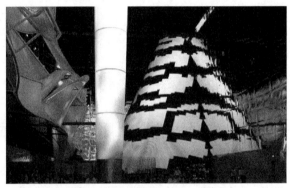

城市未来广场，超高空间，加上声、光、形、色，超炫

全球城市广场示意图

设计创造"意"在先

城市广场作为连通城市最佳实践区水、陆交通入口和周边重要展馆的交通枢纽，形成以交通集散功能和标志性景观功能为主的复合、公园型广场，广场具备景观、遮阳降温、休憩等候、演艺、创意、信息载体等功能。

依据这一功能诉求，围绕"城市"主题，创意形成了以"伞"为基本设计元素的主题演绎路径。"地球，城市"主题广场周边，两列"伞"阵犹如白鸽舞动的翅膀，振振欲飞。设计师说，以伞作为基本设计元素，意在让遮风挡雨的"伞"成为"城市，提供人类庇护的场所"，载着"城市让生活更美好"的理念飞向天际。

184 天里不言落幕

在城市广场，我们反反复复，上看下看、远观近瞧，发现如波似浪的遮阳膜通过若干个正反放置的圆形"漏斗"——伞，自自然然、轻轻松松就形成了广场休闲区域的遮阳体系。

据了解，世博期间，万余平方米的全球城市广场将成为 184 天里不言谢幕的大舞台。广场上近 200 平方米的舞台上，将轮番举行城市特别日活动、文化演出及世博系列活动，而 6 000 平方米的观演空间里，你来了，就是"主角"。

奥地利馆：用陶瓷吉他弹奏蓝色多瑙河

一位深度参与世博会设计方案评审的创意专家谈起外国国家馆，立刻眉飞色舞，赞叹不已："外国国家馆个个漂亮！"

说世博园区里的奥地利国家馆是一座瓷宫恰如其分，阳光下，卢浦大桥上看过去，那红白交织、如玉似绸般反射着阳光的"A"字形展馆就是奥地利馆了。

奥地利设计团队说，音乐使他们的设计获得了

奥地利馆

很多的灵感，主展厅、餐厅、VIP 室……场馆里空间之间的流动感，"连贯与流畅成为结构与细节的'关键词'，没有一堵墙是直立的、直角的"。团队成员桑德拉·曼宁格告诉我们。

呈现在我们眼前的奥地利馆形状就如奥地利（Austria）国家名字的第一个字母"A"，又像中文的"人"字；站在稍高处一看，它成了一把大"吉他"——弧线优美的那一头。

到了奥地利国家馆，你一定要摸一摸，陶瓷墙什么感觉。数量超过千万的六角形陶瓷拼成了展馆的流线型外墙，这些瓷片全部由中国人烧制，奥地利人用这种方式诠释着友好与和谐。

展示主题，奥地利馆选择了"和谐的城乡互动"。届时，你进入该馆的等候区，美妙的奥地利之旅就开始了：用手机蓝牙，接收奥地利的图片与音乐；虚拟壁纸上，大名鼎鼎的茜茜公主、莫扎特、约翰·施特劳斯……奥地利的布展团队会带你游览高耸的山脉、茂密

奥地利馆内部

的森林、丰茂的草地、潺潺的河谷低地，一路畅游的你……倾听自己脚下"嘎吱嘎吱"的踩雪声，忘情地扔雪球，看小鹿、小松鼠跳跃腾挪，听低沉而汹汹的兽吼，一会儿眉开眼笑、一会儿毛发竖起、一会儿眉头皱紧……最终来到城市。

来到城市，就是参观的最后一站了。莫扎特、施特劳斯就在 280 平方米、绿红蓝三色城里欢迎你，热闹的击鞋舞、炫目的时装秀、蓝色多瑙河、国际 VJ 之夜……城市交通跟随着华尔兹的节拍忙碌，起重机伴着莫扎特的音乐起舞，这就是奥地利：草地和森林延伸到城市中央，人们喝着来自雪山的清泉，汇集在维也纳的森林边郊游野炊，跳入多瑙河中游泳嬉戏……城市与自然就是如此和谐。

瑞典馆：城市与森林透出写意之光

不约而同想到森林的还有瑞典，这个诗意的北欧国家给所有旅者印象深刻的就是望不到边的森林了。

森林也被带进了上海世博园区，空中俯瞰，一个巨大的"+"号把瑞典馆变为了四栋方形建筑，四栋建筑朝外的格子状墙面就是斯德哥尔摩市街区图，而内墙则是摄影家镜头中的瑞典青山绿水、蓝海极光……瑞典馆以这样的"创意之光"，在建筑外形和展示内容上诠释创新、沟通和可持续性这三个关键词。

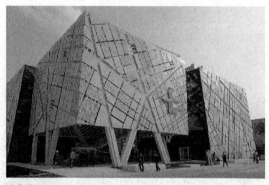
瑞典馆

最为别出心裁的自然是东北角的那栋木构大厅了，这里是游客参观的入口，也是瑞典馆的门面：瑞典人从本国运来 12 个集装箱的木头，让粗壮的木梁木柱与精细的搭建艺术完美结合到一起，还应策展者要求充满创意地在二楼水泥楼板上打一个洞，为儿童参观者建一个滑梯下楼。"想法不错，不过我们又要忙了。"上海世博会瑞典参展组委会技术总监柯斯文说。

馆里的喇叭滑梯

瑞典是个充满创意冲动的国度，自动取款机、电脑鼠标、安全火柴、活动扳手、拉链……它们的发明者都是瑞典；诺贝尔是无可争议的创意大师，总能想出

馆内会呼吸的"肺"

各种奇妙鬼主意的"长袜子皮皮"也是。

今年（2010 年）5 月 1 日，两根辫子、满脸雀斑、古灵精怪的童话人物长袜子皮皮、创意大师诺贝尔又将变身展馆导游，带领我们探索瑞典馆，跟随影像、装置、情景、音乐体验瑞典的文化、社会精神、工程技术、文化传统，感受"长袜子皮皮"如何成长为"诺贝尔"的：特立独行、无拘无束，充满创意激情。

不信？回头看看瑞典馆动工仪式上的"挖掘机表演"，走走瑞典馆的空中玻璃廊道吧，体验一回什么叫"主角"，玩一把行走式"惊悚"，感受一回瑞典人的创意如何媲美绚烂妖娆的北极之光。

西班牙馆：柳条艺术围合城市客厅

一部 7 分钟影片

C 片区，率先建成的西班牙馆以一部 7 分钟的影片为世界讲述西班牙城市文化的"起源"，标志着改观进入试运行阶段。蓝天下，深浅有致的"柳编瓦"依稀写出"日、月、全"等汉字，吸引游客走进一个浓缩西班牙世界。

8 500 余块"柳编瓦"由中国山东工人手工制作，它们盖在钢架为骨、玻璃为"胆"的场馆墙上。

夜幕下的西班牙馆

制作过程中，藤条因水煮的次数不同便产生深浅不同的色泽，5 次是棕色，煮 9 次就成了黑色。

篮子里展示的就是西班牙人献给本届世博会的展示主题：我们世代相传的城市。

颠覆传统的创意

柳条设计颠覆了传统建筑的四方盒子形态，以"篮子"的形式连接室内与室外，引导参观流线，创造出一系列非凡的空间体验。

贝娜蒂塔·塔格利亚布带领的 EMBT 建筑事务所一直坚持着"传统"与"现

代"的融合，她多次访问中国，察觉到当代城市面临的主要问题是如何理解传统城市与现代城市，而所有人必须根源于传统并将之融入全新的生活。以西班牙传统柳条编织手工艺展现曲面造型的新式建筑，则很好地表达了这一主张。

西班牙馆内部

彰显飘逸的汉字

所有的"篮子"均由双层钢结构支撑，钢结构外侧覆盖着柳编装饰板，钢结构内侧的围护墙体为玻璃及金属板。建筑集合了钢结构严谨精确、坚固结实的优点及柳编板的良好塑性。

尤其值得一提的是，柳编板与钢结构的连接节点被保持在最

热情的西班牙女郎在表演

精简的状态，而柳编板则被标准化为四种肌理、三种颜色。不同颜色与肌理的柳编板在这些"篮子"上组合，彰显出飘逸的汉字——这些汉字没有联结为篇章，却反映出中国先民传统、纯朴的"象天法地"宇宙观。

到底有多少汉字？届时，您要驻足辨认。

"柳编瓦"里有故事

世博园区。通过设计语言，由形体的巧妙组合，西班牙馆中心位置也有了三面围合的室外广场——1 000平方米，广场上看篮子，有了最开阔的视觉空间。

这一"西班牙式"的广场，是整个建筑的心脏以及展览的起点和终点，迎来送往，更将内部展馆空间与外部城市空间紧密联为一个整体。从白天到夜晚，透过光线的变幻，参观者可以充分感受到充盈在广场内的气息——清新、放松、欢愉。白天，自然光线将通过广场的上方，穿越柳条编织，洒向广场上的人群以及展厅内的参观者，形成跃动的光影；夜晚，展馆内部的灯光将透过立面玻璃，照亮柳编建筑表皮，不仅凸显展馆的变幻肌理，更将展馆内的活动向外投射，连接到广场与城市。

布展智慧在老建筑里大放异彩

愉悦，讲究创意

目前，在改造完毕的联合馆紧张布展的企业有日本企业联合馆、思科馆和交通银行馆。

思科公司设置了智能互联解决方案体验区及"2020 年城市"模型，展示其网络在交通、能源、建筑、教育及医疗等方面的强大功能，为人类未来城市演绎"智能 + 互联生活"愿景。

萌萌哒的机器人

日本产业馆展示主题依然是"日本牌""创意的美好生活"，比如在厕所里，你就能在感受"世界上最干净"的同时体验到创意生活如何让你身心愉悦。日本企业馆里云集了 24 家企业和自治体联合。

交通银行馆给你的展示主题则是未来生活中银行无处不在。展厅中央圆圆的信用卡体验区，指纹一输进去就办张卡；银行内的触摸屏，只要一伸手，从早到晚、不论何处，你都能享受银行给你带来的便捷生活……其展示以一个故事的演进为线索，告诉你"未来银行"你离不开它。

3 家布展企业，对船体车间的"好用"众口一词。

细说，形体功能

视觉冲击强烈是因为设计的魔力：

功能再整合。因为世博会期间用于展览的面积只有 2 500 平方米左右，在功能上对其进行切分便十分必要。于是，我们把展馆内的展厅沿东西向布置。一层各企业馆的南侧为各自的门厅和等候区；东侧两展馆的公共空间可分可合；北侧为配套服务设施和设备办公用房。二层通过展厅北侧走道形成一条环路，沿环路设置购物、餐饮、功能与休息空间。

形体细部努力优化。土灰色是老厂房的主色调，粗笨是其主旋律，老旧是其主风貌，针对这些情况，我们把外部形体与结构形式结合起来进行设计：屋架采用角钢焊接的梯形钢屋架，各跨间设置天窗，屋面为双坡彩钢板，让造型在整体统一中见高低变化，形体分明而层次丰富。与此同时，东、西立面基本开敞，上部采用彩钢板部分围护；西部日本联合馆则以乳白色、密密的、细细的钢架编织展馆"外套"；等候区里黑黑的灯架里，让白白的节能灯管"漏"出来……细腻的彩钢板、密密的细钢架与粗犷的钢架和立柱形成了强烈的对比，老建筑的青春不可遏止地"涌"出来。

让金色阳光带你走进加勒比

金色的、暖暖的有些热烈的阳光包裹着你，细细的、脚印满满的绵软沙滩没有边际，层层推挤着、吴侬软语般耳语的浩瀚碧海，高高的一望就让你落帽的椰林沙沙地婆娑，茵茵绿树间、阳伞低撑的沙滩上那古铜色的俊男美女，当然还有奔放的劲歌热舞——这就是加勒比。

加勒比在哪儿?

加勒比在哪儿？这恐怕是很多人都要问的问题，因为这确实是个问题。

现在要告诉你，加勒比在上海世博会的浦东 C 片区，是一处总建筑面积逾 8 000 平方米的单层大空间展馆。

大片大片的蓝色，那是这处位于大洋中、主要由岛国组成的

加勒比共同体联合馆

美丽地区的主色调；鲜亮明快的黄色，那是这些岛国的青春活力……"加勒比共同体联合馆主体建筑形体简洁大方，同时在经济合理的原则下塑造出一定的自身特色，立面主要材料采用夹心彩钢板，夹心波纹板和镀膜安全玻璃，通过立面上材质的变化使形体有一定的漂浮感，如同一艘方舟，寓意加勒比岛国文明。"主创设计师陈剑秋告诉我们。

加勒比展示什么

参加世博会，展示国家的历史、风俗、文化、美食，还有先进的科技、良好

的生态伦理、热情的人民、崇高
的未来责任感……这些都会是众
多国家不约而同的选择。

加勒比展示什么？椰树、草
亭、栈道、古朴的木船，还有大
片大片由浅变深的大海……大红、
明黄、湛蓝、碧绿，这是加勒比
人共同的蓝天碧海；蓝山之国、

加勒比联合馆内情景

泉水之岛牙买加除了美丽的风景、迷人的风俗外，世博会上当然还要展示民族的
骄傲——男女飞人博尔特、弗雷泽；多米尼加带来的除了拉美陆地最低点恩里基
略湖，还有为争取自由、独立而进行的火与血的斗争历史；而形如石榴的格林纳
达的展示当然离不开"团结如同一人，不断前进"的国家格言；苏里南，人口不
足50万人，却为世界足坛孕育了里杰卡尔德、古利特、西多夫、戴维斯、克鲁
伊维特、温特、雷兹格尔……苏里南的最著名的名片——足球，当然要带到上
海……

海地会来吗

2010年1月17日，海地发生的大地震造成重大人员财产损失。这次地震发
生在太子港，巧的是，上海世博会海地的展示主题就是有关太子港的。原来确定
的展示主题是太子港历史及风情，而现在重点转到展示太子港震前震后图景。

负责加勒比参展事务的有关官员透露，"城市让生活更美好"是本届世博会
的主题，将地震前后的太子港图景搬入海地馆展示，一方面体现海地人民重建家
园的信心，另一方面真切表达他们对国际社会的呼求。"世博会为海地留一个温
暖的家，正是世博会主题的具体实践。"这位官员表示。

而目前，加共体还没有接到海地不参展的信息，他们正与海地积极联系参展
事宜。"海地，中国为你留着一个'家'。"这是我们的呼唤。

加勒比共同体联合馆南北墙面，在阳光照射下，构成不同光影效果，像大海、
大海中的小舟……

世博园中，你会看到千姿百态的东西，五颜六色、形态各异的建筑自不待言；馆内的展示同样花样翻新，让你惊异不已；不经意间路边的雕塑、你歇息的凳子、头顶的灯具都会让你满心欢喜。同济大学创意设计学院教授、博导吴国欣说——

请注意您身边最美妙的

观博览，思考什么

世博会 150 年的历史中，产品与艺术展延续了 80 多年的时间，直到 1933 年美国芝加哥世博会确立"一个世纪的进步"的展示主题，世博展示内容才发生革命性的变化。从那以后，主题如何演绎成为全人类共同的课题。

从那以后，围绕着主题的演绎，各参展国的奇思妙想你追我赶，精彩迭出。

于是，在往后的世博会上，建筑、音乐、雕塑、装置、街具，乃至与时俱进的声光电艺术纷纷登场，我们便从中感受到"科学、文明和人性""人类、自然、科技、发展""自然的睿智"等世博主题的精彩演绎。

意大利馆里的墙，是古罗马的议会大厅、圆形剧场的石头墙、还是神庙里的图腾？意大利人让它来到了上海，于是曾经辉煌的文明也妆点了东方的天空

进世博，要看什么

上海世博会的主题是"城市让生活更美好"，围绕着这样的主题，本届世博会的建筑、展示内容较以往更加注重人的愉悦、和谐，环境的协调、友好。

比如，按照展示形式的需要设计的瑞士馆，设计师将缆车作为一个游戏元素纳入设计中，带

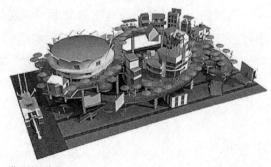
荷兰馆示意图

着乘客从负荷沉重的城市进入馆顶的"自然乐园"，于是城市与自然和谐互动。瑞士馆设计师解释说："可持续发展表现在闭合的无限循环的路线上。"

再如荷兰馆，完全将建筑贯穿并融于展示，所有的元素都是围绕着"展示"这一核心展开的。荷兰馆总代表形容它"是一个开放式的展馆，没有前门和后门，26座小房子组成的展馆本身就是一个展品"。

美妙的，细细理解！

世博园区太大，但这并不意味着风景都在远处。

"川"字形鹅卵石塑就的水槽，活水公园净化完毕的水到了这里就可浇灌花草树木了；零碳馆客厅里悬挂的纸箱子、纸房子，就是在提醒我们生活行为应当环境友好，应当循环利用，这样我们的未来便可持续；而葡萄牙的展示一眼望去颜色鲜艳，极富观赏性，凑近身摸一摸，竹子、石子、废弃的电缆和胶线……色彩艳丽的装置艺术昭示的还是"可持续"。

世博园里的装置

城市让生活更美好，世博园里，我们随时随地从一张德国运来的海涅长椅、一团团红红的线团中切切实实地欣赏到。

世博园里千姿百态的展示形式，让我们会觉得生活中无处不在的艺术创造。

日本馆门口的灯光装置

满园"艺"色关不住　小品"异"彩见真章

——世博园内装置、雕塑略览

今天上午开园的 2010 年上海世博会无疑是这个五一节全世界瞩目的焦点。气势恢宏的大构筑、争奇斗艳的各种馆舍，还有叫人眼花缭乱的公共设施，无不让你啧啧称奇。可是，在为"大场面"惊叹的同时，千万别忘了关注细节。或许就在你歇脚的椅子旁、路过的小道边，甚至在你的头顶……就安置着凝聚艺术家创作激情的艺术精品。

世博雕塑分为两大类：一是为世博展出征集来的专门作品。世博轴附近、沿江景观带、各主要入口广场和江南广场的雕塑作品，大多属于这类。还有就是来自世界各个国家、地区，具有历史意义的雕塑精品。如凝视波罗的海的"小美人鱼"、守护卢森堡的"金色少女"、展现"中国白"巅峰技艺的福建和鼎等。除了雕塑，各个场馆中的装置更是惹眼。见过了"大场面"，这些精致的"小品"也同样是世博园为游人双眼准备的"礼物"。

欣赏不尽的艺术非洲

"非洲馆有好多好东西，一定要去买。"五一节至今，我不断听到从世博园归来的参观者这样说。很高兴非洲馆的人气兴旺的同时，我还是要把我所了解的非洲馆展览艺术告诉大家，当然欣赏和了解应该是主要的。

非洲馆里的脸谱墙

世博、神秘非洲初相遇

世博会 159 年的历史上，上海世博会是非洲大陆第一次拥有自己的联合馆。

第一次集中在一个非洲联合馆内展示自己的 43 个参展国极为重视上海世博会主办方提供的机会，宁愿压缩售卖区面积，也要设立专题展区；不仅如此，非洲展馆里的各个国家展区也一改往日的方正豆腐块展馆形状，变为弯弯曲曲的线条，行走在这弯曲且色彩各异的地面上，你立刻就有了神秘的非洲感觉。

撒哈拉沙漠是我们印象中的非洲，可非洲远不止这些，它还有湛蓝湛蓝的海洋、青青翠翠的丛林，于是，在非洲馆里，蓝色的地板代表海洋国家、绿色地板代表雨林国家、黄色代表沙漠国家……非洲联合馆前所未有地绚丽、灿烂和温暖。

都市激情非洲式演绎

非洲对于我们大多数人而言，遥远而神秘。

绚丽、明艳的色彩，摄人心魄的声音，热情、奔放的舞蹈，口感独特的啤酒和浓香扑鼻的咖啡……这远不是非洲的全部，你还可以亲手触摸那棱角分明的乌木雕、石雕，仔细端详那令人目眩的文身、面具、编织，当然还有酷似岩壁的超大投影屏，那里面非洲的山山水水，激情的土著舞蹈，原生态乐器表演，色彩缤纷的服饰、面具表演：演绎的是"原汁原味"的艺术非洲。

非洲版的城市魅力怎样？本届世博会的"城市"主题同样点燃了非洲朋友演绎都市印象的激情：一边是沙漠古城，另一边是现代城市——首都努瓦克肖特，

非洲联合馆里的塞拉利昂馆

马拉维木雕

去看吧，毛里塔尼亚的视觉冲击很强烈；到阿斯玛拉去看看，它是厄立特里亚首都，位于东非高原最北端，这座远离海平面、远离繁华喧嚣的城市，默默坚守自己的朴素和简单，它却是非洲最美丽、最干净和最安全的城市之一，名副其实的

和谐之城、君子之城。如今，它来到了非洲馆内，拜占庭文化和伊斯兰文化都被带来了，还有现代装饰艺术建筑形式。

非洲还有……

风土人情独特魅力

格布扎大桥和卡布拉巴萨水坝，这是莫桑比克的大工程；萨瓦金门，那是苏丹馆的门脸；乌木色为主色调的草杆屋檐，加上长颈鹿雕像、乞力马扎罗山，还有桑给巴尔岛的传统木门和民俗工艺品，坦桑尼亚的展览吸引力巨大；东非大裂谷横穿哪个非洲国家？马拉维湖在哪？对了，这个国家叫马拉维。金色沙滩、蔚蓝天空、清澈湖水、自然野趣……马拉维不仅有被列入世界遗产名录的马拉维湖公园，同样有形制古朴的木舟、神秘迷人的艺术品。

袖珍国家莱索托也是世界上海拔最高的国家，他们把草帽和披毯带到了上海。我们也戴草帽，但看了莱索托人的草帽，就知道了艺术的因子在莱索托激荡：帽子呈圆锥形，帽顶有 5 个草环，像个小花篮，帽沿周围布满装饰花纹，这是用当地特有的山草编制而成的，设计灵感就是其境内的一座山；欣赏莱索托的披毯是件美事，颜色斑斓，工艺传统，花纹风土，毯子是莱索托人每日不可离开的：温差大大的高原，冷，莱索托人就披上，睡觉时是被子，下雨时就是雨衣……披上毯子，进入石头、泥土垒起来的莱索托茅草小屋，我们就到了遥远的非洲。

说不完的非洲，欣赏不尽的非洲……在这里，你可以尽情体验艺术非洲。

初入上海世博园区的游客普遍反映，园区太大，场馆太多；排队时间太长，太辛苦；进入各个场馆后却感觉大同小异，找不到展示的亮点……作为布展设计者，我觉得有责任向大家介绍如何去欣赏一些极富文化内涵和民族特色的世博展览艺术。

了解文化才能看懂国家馆

外国展馆，精彩礼物

从世博园区一些外国国家馆排队的景象，你就能够体会到这些国家馆受追捧的程度。

比如瑞典馆，一向以创意灵感源源不绝著称的瑞典人，设计的展馆外墙由很多块冲孔钢板拼接覆盖而成，交错的图案正构成了首都斯德哥尔摩的街区地图。通过十字形的透明立体通道，你可以穿梭于 4 个相互独立的建筑体来回参观。十字形代表着瑞典的国旗，也通过它链接着瑞典的城市、自然、乡村和森林，这就是诺贝尔诞生的国度展现给我们的"创意之光"。还有展馆内发光的秋千、墙面变幻的幻灯片、奇妙的摄影作品等等，那都是瑞典人送给全世界的礼物。

瑞典馆顶部灯光

上海世博会工程建设指挥部办公室副总工程师吴国欣介绍，类似瑞典这样的国家馆比比皆是，其实每一个国家馆都在展示艺术、历史文化、发明创造以及未来思考等方面不遗余力地挥洒着创意与智慧。

从这个意义上说，要欣赏世博会的展示艺术，无需排在长长的队伍后面去追捧一些热门的场馆，在任何馆内你都可以尽情地感受到。

土耳其馆，期待发现

作为土耳其馆的展示创意人员，我们要对大家说，走进土耳其馆，你将会对这个神奇的国度产生出浓厚的兴趣和深深的向往。

土耳其馆是世博园区 40 余座租赁馆之一，虽然也是方方正正的火柴盒，

土耳其馆内部

但土耳其人在盒子上举重若轻地加上一只大大的红色"蜂窝"，远远地，它就能"跳"入你的眼帘。它的设计灵感来源于世界上最古老的村落之一恰塔霍裕克的考古发现，外立面镂空的部分点缀着古老的图腾纹样。

在展馆中，你可依次通过"梦回过去""耕耘现在""畅想未来"三个展区与土耳其来一个近距离接触。利用真实场景的搭建、实物、图片和多媒体等展示形式，在光影的映衬下，母系社会的首个见证"女神"雕塑、最早的国际和平条约、第一个人物雕塑、第一次经过规划的城市、第一面镜子、第一个热水瓶等将一一呈现在你眼前。

就像土耳其总统阿卜杜拉·居尔访华时曾说的："中国还没有真正发现土耳其，土耳其也没有真正了解中国。"这次世博会就是中国发现土耳其的绝好机会，赶快去体验一下这座蕴含了 8 500 年前建筑风格的展馆，看看古老的水道桥和地下宫殿，听听横跨欧亚大陆的伊斯坦布尔的声音，品尝真正的土耳其烤肉和坚硬的冰激凌。

智利馆，有世界观点

从空中俯瞰外形如水晶杯的智利馆，不用排队，但却依然精彩。

智利馆内的深井是用多媒体影像技术做成的，向这口"时空之井"中张望，你将会看到地球那一端智利的风土人情。多地震的智利同样也是一个森林覆盖率很高的国家，馆内奇特的木屋散

智利馆内廊道

发着原木香气，闪着幽幽光芒的屋顶更会让你震撼不已。

站在空中廊道上，远远地就能看见一层展厅里的原木雕塑：女人的脸"浮"在木头的一端，漫射的光线高高低低地散落在上面，似乎那张脸要和你说话。走下去，原来脸后部长长的一节凹凸起伏的原木是她的"头发"，极飘逸！站到原木尾部，凑近一听，中空的部分正在播放着智利人建设更好的城市，创造更美好生活的"世界观点"。

说上海世博会的展示主题千般变化、万般迷离一点也不过分。如何看懂一个展馆甚至一个展厅对于大多数参观者来说都是不大不小的难题。世博会已渐入佳境，我们的欣赏水平是否也渐入佳境？我们找到城市足迹馆智慧厅展示主创设计师李保林，请他教大家如何欣赏世博展示艺术。

在智慧厅里解决卓别林难题

城市足迹馆展什么

城市足迹馆，顾名思义，它展示的就是世界城市从起源到今天，城市如何为人类提供越来越舒适的居住、出行、工作，乃至娱乐环境。"说城市是人类的庇护伞恰如其分。"城市足迹馆智慧厅主创设计师李保林告诉我们。

城市足迹馆外观

但是，城市不断长大的过程中各种各样的问题也不断出现：人口膨胀、住房紧缺、交通拥堵、不合理绿化、环境污染……城市与人成了一对"冤家"。"人与城市的关系应该是和谐的。"李保林如是说。

所以，以"城市，让生活更美好"为主题的上海世博会设立了城市足迹馆，在其中安排了城市起源、城市发展、城市智慧等3个展厅。

如何看懂智慧厅

城市起源、发展之后，带来了各种各样的问题，智慧厅提供的就是解决方案。

观众一入展厅就看到"卓别林"。李保林介绍，"卓别林饰演的工人"是工业革命时期被异化的人物典型，由他来吟唱工业城市的"双刃剑"病象非常合适。为此，"卓别林"在我们的设计中，眨眼说话、面部表情丰富地演唱，双手还在弹着吉他。同时配上声音、雾气、灯光效果：工业革命带来的城市病越来越重了！

巴黎、纽约、伦敦三城市分别以奥斯曼计划（以干道网、地铁、下水道、大型公园为标志）、纽约格子计划、伦敦拦河大坝等方案成功解决了"卓别林难题"。

城市足迹馆里巨大的地球

"大家看到的巨大钻石装置其实是一个特殊的影像装置，弧面影像与虚拟成像结合，三城市改造计划成功实施后已成了世界经典的'钻石城市'。"李保林说。

城市遗产是重要财富

城市遗产是人类的重要财富，李保林反复强调说。煤气罐变身成为艺术场、码头成了博物馆、旧厂房里布置T形台……历史遗存通过巧思妙想、精心设计就成了今天我们的城市"风景"。

"在智慧厅，观众看到的最后部分是大运河、舞台，那也是城市遗产的再生。"李保林解释，大运河流淌千余年，两岸的城市至今很宜居：春雨细密的运河边，城里的阁楼上清茶当酒话古今；清晨打太极，傍晚纳风凉，小桥流水有人家；再看舞台，设计中沿运河从南到北各种戏曲竞相登台亮嗓，运河再流1000年，沿线城市照样宜居。

"设计中，还有电光玻璃。有投影时，商业繁华，老城静谧，若即若离；不通电，近村远山，如纱如幻，真个是'出门三五里，各地一乡风'。"说起设计来，李保林很投入。

"要看懂展厅中的'片段'，事先要做相应的'完整版'功课。"他提醒说。

美好地下将是一个永续模式

地下空间是个受到特殊限制的封闭环境。可是，在上海世博园区，如果不提醒，你在世博轴的地下一层以及世博园唯一一个建在地下的国家馆，墨西哥馆很难想到这是在地下。世博轴地下空间设计方案评审专家之一，束昱教授直截了当地告诉我们——

地下休闲让人惬意

"当你们走累时，就在地下避避阳，当然觉得有点凉还可以晒晒太阳。"随地下空间研究者束昱教授走在世博园内，他却开门见山地对我们说。

上海世博园1000余米长的世博轴，其6个巨大阳光谷的阳光、水、空气全收自不必多说；"我希望观众如走累了，就到这地下一层的石砌长凳上坐一会儿，感觉一下，晒晒太阳，看看风景，顿时就会觉得心旷神怡。"束昱介绍，当初参加评审时，就对这一拖着长长草坡的地下"长凳"给予了高度赞扬。

阳光谷地下

夕阳西下时分，在地下餐厅用好餐，按照束教授的指点坐到这长长的石凳上。说是石凳，其实是石砌的护坡栏。抬头，一眼望不到头的世博轴顶棚因了夕阳的泼洒色彩斑斓着、变幻着；远望，鸟巢？还是堆放的木棍？原来那是世博轴雕塑，这样的雕塑沿世博轴还有不少。

不一会，夜色上了世博轴，奇幻的灯光已经让人目不暇接、幻如仙境了。我自然不会忘记拍下此景的瞬间。

地下展馆风光特别

墨西哥馆是上海世博园内唯一的全地下式展馆。"地下展馆一样风光无限。"束昱告诉我们，五颜六色的风筝把我们带进地下之后，寻宝之旅就开始了。

入口处的大钟，依稀让人们感受到遥远的墨西哥和古老的中华民族说不定是"邻居"；那古老的玛雅柱，不远万里从墨西哥运来的柱子距今已有2000多年的历史，柱子上刻着魔幻般的玛雅文字和"鸟人"图形，这是玛雅人对宇宙和航天的见解，至今难以破译。还有众多高贵、神秘的展品，三维影像传达出的墨西哥的民族文化和艺术，不一而足，精彩纷呈。

墨西哥馆把珍贵的地表空间留给了游客，风筝广场变身游客休憩广场；而把自己埋入地下，风筝覆盖着的馆舍内敛中透着优雅。你要解读玛雅文化，了解墨西哥的历史以及文化和艺术，那就进入地下去寻找宝藏吧。

地下环境低碳品质

束昱预测，随着世博会展示理念的不断进步，地下空间的开发利用会越来越普遍、越来越赏心悦目。"世博轴、墨西哥馆带了一个很好的头。"他说，随地下着技术的不断拓展，地上地下的界限已经越来越模糊。

上海世博会园区通过地下空间的大规模开发利用，释放出更多地面空间营造绿地、广场，不仅提升了土地空间利用效率，改善了环境品质，还提升了本届世博会"低碳世博"的理念。

风筝的下面就是墨西哥馆入口

不仅如此，地下空间的开发利用，阳光、水、空气的引入，空间变大了，环境宽敞了，人感觉更舒适了，上海世博园区为人类城市提供了一种全新的绿色低碳化永续发展模式。

"这种模式日后的世博会肯定会发扬光大。"束昱说。

6 个家庭 = 6 大洲城市生活人
——记荷兰设计师考斯曼创作的世博会城市人馆

我们创造了城市，我们生活在城市，我们又在消费着城市，牛奶盒、易拉罐、油漆罐、百叶窗、档案柜、提水桶……城市中各种各样的废弃物都是我们不断提高的消费"胃口"产生的直接后果。我们就这样让城市慢慢变成垃圾箱？

来自世界各地的 6 个家庭成为了城市人馆的"主角"。他们来自中国、美国、澳大利亚、巴西、加纳、鹿特丹，他们生活在地球上不同的城市里，他们都很快乐。

城市人馆内部

在城市人馆里，有牛奶盒剪成的三层楼住宅小区、几千个油漆桶垒成的墙、啤酒箱塑料筐做的高楼大厦、数也数不过来的书，除此之外，还有一尾充气的鲤鱼。工作、学习、生活、交往和健康是创作的"关键词"，"6 个家庭代表 6 大洲的城市生活模式，以小见大，滴水见太阳"。这座城市人馆的设计者考斯曼对中国文化很感兴趣，甚至还知道在中国，鲤鱼代表"年年有余""吉祥如意"。

城市人馆内，西洋镜、全景电影、橘黄色的梯子、硕大的机器……我们眼前轮番出现着纽约、东京、上海、伦敦、开普敦这些多元化城市的风情各异的城市"元素"。

城市人，让家园温情而精致。

这里很有"艺"思

——设计师顾骏揭开世博村神秘面纱

世博村，地球村。为解决 2010 年上海世博会参展国客人的住宿问题，上海官方专门在白莲泾北边建起一片总面积 50 余万平方米的超大居住区。和"笑迎天下客"的世博园不同，这里的私密度非常高，普通人是很难进入的。世博村是怎样的？本周二，记者有幸前往探个究竟，在世博村 B 地块室内总设计师顾骏的带领下，我们走进了这个神秘的小区。

简约构诗意空间

世博村 B 地块由高低错落的 17 幢建筑组成，沿黄浦江的第一梯度为 5 幢沿江 8 层建筑，第二梯度为 6 幢 10—15 层，第三梯度为 6 幢 16—20 层的高层建筑，形成了三条崭新的天际线。顾骏告诉我们："前面那幢三层红砖外墙的建筑，是上海港口机械厂，我们特意保留了当年的烟囱，那是城市的记忆。"

"村"里的塔吊与装置

"世博园归来，看到怎样的休憩环境，这些世界各地的工作人员能快速解除疲惫、放松心情？"顾骏思考着，如何用极少的手段实现室内环境空间、形体、色彩以及虚实关系的恰到好处，让设计实现的居住环境富有想象力、充满诗意？"简约而不简单。"这是顾骏最后的答案。

朴素却处处入画

走进 B 地块中的东湖公寓式酒店，我们立刻从酷热进入了清凉世界：地面如水，简约清凉的白色钢椅架在地上投下优美的"倒影"，清风拂过，浓密的树影漾开涟漪片片；不知从哪里找来的朝代不明的木槽，置上玻璃面，摆放一盆花，简单的小品却很有吸引眼球的"磁场"；有意无意地，东方的坐具与西式茶桌凑到一起，也能"聊"得热火朝天……

从门厅往上走，没有刻意地雕花绣锦，从地面到墙面、到房顶，一切都很简单，一切都很朴素。只有公共空间的大明窗如一个个大画框，大片大片地引入窗外的风景———树木、房屋、大吊车、黄浦江还有远处大桥的剪影，都入了画。"我们想通过设计去建造特定素质的场所，让带着疲惫和劳累回家的人们，能拥有一片让身心停泊的港湾。"顾骏顿了顿，又笑道，"滑滑梯也是港湾的一部分。"

小品消弭了国界

"这里的环境很放松、很自然。"在小区内散步的一个外国年轻小伙子如是说。他比划着，用不太熟练的汉语表达着他对小区的喜爱：高挑冷艳的吊车、穿了花衬衫似的烟囱，还有儿童乐园的设施，都是令人着迷的风景。到了晚上，烟囱下面的啤酒吧更是大家的快乐大本营。

世博村酒店的墙面装饰

被设计师当做"记忆种子"保留下来的各种工业元素，成为世博村住客了解上海昨天的重要媒介。而散布在小区各处的小品、雕塑、装置，为这里的居民提供了更有"艺"思的居住环境。"天圆地方"雕塑小品、红白相间的路边装置、坡上"长"出来的黄色藤蔓，它们与绿树灰墙、映着天光的玻璃相映成趣。艺术没有国界，无论来自世界哪个地方，都会在这里找到自己喜欢的。

在队越排越长的世博园里，相信参观过世博园中国船舶馆的人肯定会对这里排队不用担心日晒雨淋记忆犹新，船舶馆里那些中国制造的大船肯定也会一次又一次震撼着心灵。可是，在这栋宽敞无比的大房子里，肯定有很多人没有再往东走，离黄浦江近些，再近些，也是在船舶馆，那里不用排队，江南造船厂的机器、江南厂生产的螺旋桨、锚锭等装置正用一种无声的方式展现着力与美。

欣赏那用钢铁承载的艺术

夜幕下的船舶馆东头寂无一人，慢慢地徜徉着，欣赏着：仿佛浮在水面的大"船坞"上，1930年的巨大油压机，那是用来制造船的曲面板的，就这样放在这里；

弯管机，是用来弯制各种船用管道的，最大弯曲直径达 16 厘米；三辊卷板机，1925 年由法国制造的，它的年龄比我们普遍都大……这些都是当年工厂里的主角，再大的船都是从它们的肚子里"生"出来的。如今，它们就这样变身成了艺术装置，默默地诉说着中国船舶的沧桑和辉煌。

船舶馆外墙

还有更多的则不用介绍了，螺旋桨、锚锭、方向盘、罗盘，当然有传统样式和西式的。不过，当我们仔细欣赏着这些用原物制成的装置，还是很惊奇：个头看上去也不起眼的螺旋桨，居然万吨级巨轮就靠它来破浪前行；很骨感的锚居然是 7 万吨级船舶的定海神针，神！

馆里的小品，都是之前的船舶器件

还有，显然被放大了的罗盘、方向盘。想当年他们都是指点迷津、运筹帷幄的"诸葛亮"，如今他们就这样"躺"在这里，是颐养天年，还是指引后人乘风破浪？

来船舶馆东头看看，看看这些厚重的历史。

汲天地之精，取自然之美，蜕去神秘面纱

仿生将设计进行到底

世博园城市地球馆演绎科学与艺术

仿生学为何物？大多数人恐怕都语焉不详。这似乎是个离我们很遥远的科学概念，但事实上，仿生学与我们的生活息息相关。踏入世博园城市地球馆内的走廊，一排仿生学装置正演绎着令人着迷的五彩斑斓。这些装置给我们的启示是：美，源于自然。

船桨划水，便会破浪前行；飞机有了翅膀，就能直上云天。这些都是我们的先辈观察鱼儿游弋、鸟儿飞翔的成果，它们都属于仿生学"管辖"。大自然的优胜劣汰进化出姿态万千的生物。聪明的人类便向那些已经掌握生存"看家本领"的邻居——飞禽走兽、鱼鸥龟鳖学习。我们不仅学会了涉水、飞天的技能，也借用了那些被时光打磨出的美丽曲线。

城市地球馆里的显示屏

城市地球馆里这一组仿生学装置有一段文字说明：仿生学是模仿生物特殊本领的一门科学；仿生学结构表示模仿自然、回溯自然，向生物界索取灵感，发展出的绿色未来技术。的确，人类的灵感，无论在艺术领域还是科技领域，都有极大部分来自自然。比如地球馆里的这些装置，它似乎是模仿了苍蝇那如向日葵花盘般的复眼，又好像借鉴了鲨鱼粗糙的、细孔密布的外衣。从远处看，又很像蜘蛛丢弃在这里的蛛网。

映着幽蓝的光、裹着满天的星斗，

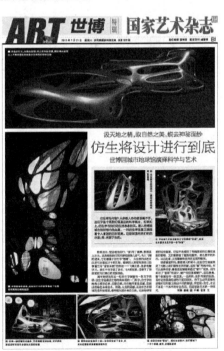

这组仿生装置构成了无数让我们窥视世界的窗。这些"窗"有高有低。你可以选择站着、蹲着甚至躺着来透过"窗口"观景。因为采用了"复眼"的设计，窗户里面套着窗户，层层叠叠。整个装置没有一条直线，一色圆润、曲折有致的弧线。面对这些弧线组成的不规则形状，你可以动用发散性思维对它的意义给出不同的解读，并发现：仿生，在此不再是一个冰冷的专业名词，而是创造艺术的一种形式。

逛世博，在被各国的文化所吸引的同时，园区内别具特色的场馆本身也成为世博会最大的看点之一。各色外"衣"和深厚内涵的相融，使这些极具观感的建筑通过钢筋水泥，让人们贴近艺术，让艺术走向城市。

外"衣"更显外"艺"

——从世博展馆看形态与色彩牵手

走进世博园，首先震撼我们眼球的就是色彩缤纷、形态各异的展馆外"衣"，因为它们的装扮，这些或大或小的展馆个个气质高贵、气宇轩昂。

藤编的、纸制的、钢铸的，青草点缀、红灯装点，缤纷亮丽的展馆"衣裳"在传达环保、绿色、可持续理念的同时，无不散发着艺术的气息。

对文化内涵的追求，使这些展馆"外衣"显得气度非凡。那些奇特的造型，配合细节上的精美细致，勾勒出或沉着大气、或玲珑别致的形态，在实现了设计师的艺术理念之外，更多的是表达了具有各国特色的文化内涵，对人们理解异国文明起到推波助澜的作用。可以说，展馆的"外衣"布置，其本身也构成了展览的

《新民晚报》报样

一部分，成为世博会园区内不可不看的风景。

动感韵律的展现，是展馆"外衣"的又一特色。在这目前世界上半导体照明技术应用最为广泛的园区，世博夜景自然是必不可少的观赏点。夜，是展馆"外衣"各显神通的舞台。借助灯光，展现在人们面前的是明与暗的编织、光与影的交互，仿佛琼楼玉宇，诉说着美轮美奂的神话故事、艺术韵味。

形态与色彩牵手、静谧与律动结合。走进世博，让我们直面那些奇妙的展馆和它们的"时装"，感受艺术元素在世博园区内的大展身手。或许，世博就在向人们传递这样一种信息：让艺术走近生活、走近城市。

老房子老地标"江畔塔影"
——看昔日旧建筑在世博园两岸成功转型

或许你没有进过中国馆、日本馆、沙特馆这些热门展馆，但你肯定在江边见过磅礴大气的宝钢大舞台，全是钢筋搭建，有着健朗的风骨，各省市活动周揭幕仪式都在这里热闹开场；还有排队同样很长的日本产业馆、人气很旺的中南美洲联合馆、很酷很酷的未来馆……

乍看上去，你可能不习惯，也不大容易看明白，乱乱的钢桁架、钢梁柱，怎么就被选定作为国家馆日、省市活动周的庆典地？可是仔细端详，发现：当年立下汗马功劳的上钢三厂特钢车间，如今成功转身，却还保持着"英雄本色"。不信？

宝钢大舞台室内

你也仔细去看看那废铜烂铁、电容电阻、螺丝钉等摇身一变"翱翔"在屋顶的"凤凰"，去看看那巨大的电风扇，那整齐得像仪仗队的翠绿"风嘴"，它们都很养眼。

江边那巨大的吊车，一个"人"站在那里就已经威风凛凛了，并排的有两台。走过去，随意地在它"肚子里"穿来穿去；编号还在，军容整肃，仿佛军号一响，就可披挂上阵。虽然，今天它们已作为"江畔塔影"，标志这里曾经的码头"场所记忆"了。江水粼粼、斜阳洒金，原本孤傲的大吊车有了一种不可言说的美。

徜徉在世博园里，不经意间，就看到了系船桩、航标灯，就看到了叫不上名字的老机器。老机器就这样放在那里，甚至连油漆也没刷，但看到它时，亲切和温暖立刻浮上心头：艺术就是这样绽放魅力。

宝钢大舞台里的风嘴

将光影料理成一席盛筵

——在世博园里"品赏"影像滋味

阿拉也算是见过世面的人，什么3D、半导体照明之类都见过的，可这回到了世博园：天！那场面，太拽了！不说世博轴这样据说是世界上半导体照明应用最大面积的实例，那个辉煌，过目不忘；随便你走进哪座场馆，瓷瓶子、鲜花、A字、欢庆的人群……就这面"镜子"，还是"门"，变换着数也数不过来的热闹、温馨、安静的场面，这是巴塞

萌哒哒的灯光装置

罗那人想出的奇妙主意：让影像在演出。它是什么原理已经不重要，经过的人都会情不自禁地停下脚步，入神地观看、快乐地照相、兴奋地议论，老灵咯！

还有杜塞尔多夫，窗户中映出的市民，侬可要仔细看，看看能不能找到阿拉黄浦江边的老娘亲。简简单单的黑影子，就着灯光，眼睛这么一瞄，温馨、踏实，还有说不出的美！谁说影像不艺术？

樱花飘飘，漫天飞舞，摇摇晃晃就落入脚下的小桥流水之中，顺着樱花摇落

的方向看下去，小桥流水潺潺过，烟雨樱花踪影无：这也是影像"乱"了感觉的缘故；不仅屏幕里的影像，丝网样的"笼"子、"滚"着的过道、"蚊帐"样的屋顶上，影像没不灵的。要去看！

以森林的名义：木雕艺术走进世博园

人类是从森林里走出来的，与木头是亲密的伙伴。自古以来，人们就发现了它们那种特别温和与美丽，以及纯朴的品质。这种亲密的伙伴关系，在上海世博园区随处可见，当然你要有一双发现美的眼睛。加拿大馆那红杉林"外衣"，当然不用多说了；印度尼西亚馆的独木舟，诉说的是千百年来华人南洋谋生的历史；就说你坐着的凳子吧，它们也千姿百态，很是养眼。

国际组织联合馆木雕，头上那么多羽毛，应该是个"酋长"　　　　这件木雕很神秘

关于东帝汶，有个美丽的传说：从前有只鳄鱼被一个小男孩救了，最后鳄鱼变成了一座岛，这座岛就是东帝汶。于是，世博园里就看到了东帝汶国家馆里的鳄鱼木雕：有些古朴、有些简单，也有些神秘，灯光下，森林的气息、泥土的芳香扑面而来。

展馆的灯光照射着、漫溢着，灯下的木雕，有的精细镂刻，根根羽毛毫发毕现；有的仅刻面部，但转着圈，围着看，那没雕的原来是长长的头发：奇思妙想！那一层层摞上去的小人，憨态可掬，再看看，怀里抱着还有一个，再看看，怀里的那个小人怀里还有一双眼睛呢；那木雕手心攥的是啥？凑近，哦，原来是两颗心，该不会是手捧红心向心爱的人表白吧？也有夸张的，心形的大嘴、门环样的鼻子、眼睛里好像嵌着蓝蓝的宝石，我们打量着、端详着，不愿离去。

更多的，是供人歇息的木凳，虽然他们大多低调，样子朴素；但也有老远我们就急急靠近的。扭曲着仿佛在跳舞的凳子；样子像个大西瓜、大竹筐？也是凳子；还有神奇的，木头里的灯光上下游动、木头方阵宛如森林，那是匈牙利馆里跳"集体舞"的木头。

世博园里，看奇妙的木头"变戏法"。

未来馆里淘出来的美

世博园中的五大主题馆一直备受关注，其中城市未来馆因其展示人们对未来城市的美好和无限畅想，成为主题馆中令人向往的热门场馆之一。城市未来馆位于世博园 E 片区，馆内的展示以互动方式呈现，邀请参观者畅想未来的城市。

设计师巧妙地利用声、光、电装置等手段把这些场景逐一介绍给我们看。令人惊喜的是，我们的观众居然都有聪慧而活跃的艺术细胞，都有一双发现美的眼睛，他们纷纷拿起相机，

未来馆的装置

把一个个美景收入镜头。光影跃动之间，我们仿佛看到人类对未来的梦想正在飞翔，仿佛看到人们追逐的脚步推动着城市的前行。

世博园区的外国国家馆从外形到展示可谓是八仙过海、各显神通。外形争奇斗艳不说了，就说里面的布置，各种想得到的手段都派上了用场，各种国宝也都纷纷登场，各种国粹表演也都如磁铁般吸引游人眼球。但像意大利馆这样，从吃、穿、用中找出灵感、拽扯口水的却也还是凤毛麟角，味道老好嘞——

"吃""穿"出来的造型艺术

说到意大利，你想起什么？法拉利赛车、罗马古城、国际米兰足球队，还是范思哲、普拉达、杰尼亚、手工皮鞋，而这些都现在都能在上海世博园里的意大利馆见到。

最令人称奇的还是馆内展示的通心粉。相信大家都吃过这种软软的、弹弹地，被作料打扮得五颜六色的粉，可在灯光下，它就变了：红红的剔透着，圆圆的口张着要跟你说话呢；还是红红的，深浅不一，样子短短的，"嘴巴"更多了，像一群调皮的孩子乐呵呵地看着你就过来了；也有一卷卷扁扁窄窄的，蜷在一起，舞蹈着、行进着，节日里的人们就是这样欢庆的。通心粉——"吃"就这样变身成了欢喜人的装置艺术。

意大利手工皮鞋享誉世界，可中间放着一只"绑"着的鞋子，红、绿、白鞋子在它周围围成一圈，什么意思。说实话，我也不明白，可是觉得很好看，"穿"出来的装置艺术，于是就让这张好看的图片上了"台面"。当然还有那只鲜红、巨大而优雅的高跟鞋，她的后跟上"长"着串串葡萄般的漂亮"女儿"——小高跟鞋。鞋子原来如

灯光里的通心粉

此迷人！

绿绿的，像鬈发，像挂面？因为灯光透过，深浅浓淡各不同，嗲；看得出来这张像中国大铁锨的东西叫什么？作者也没有给它取名字。因为灯光下，这张"锨"好看，名字嘛，等你来取咯。

世博艺术：我真的很喜欢

都说世博园是人类激情和艺术灵感荟萃之地，这回世博会在阿拉家门口举办，算是真正体会到了。好多馆，粗粗一看，似乎平常；慢慢端详，那真是别有洞天呢！帅得让人惊奇。忍不住一次又一次举起了相机，好在现在不用胶卷了，要不然，嘿嘿——

梦幻光世界

说不上头顶上那蓝得醉人的球叫什么，就是觉得看着看着心就醉了，就拍了；就那么几根竹子模样的棍儿，有的还歪歪的，但灯光一照就是好看……世博园里那些不起眼的国家馆，走进去，这样的装置、模型、灯光布置，美着呢！

可不，一堆木柱站在那里，就说是古代秘鲁人的寺院建造模型，光线倒是暖暖的捜人脚步；巴西人弄一堆足球，灯光一照一托，很有图腾感；还有爱尔兰那些极富雕塑感的陶瓷装置，咋就那么好看！很喜欢秘鲁的灯光装置"流水"，弯弯的曲线像在舞蹈、在回首，在欲

木雕作品

去又回；看不懂的是捷克馆这件龟甲似的装置，是玛瑙，是玻璃？希望达人来解。

俄罗斯馆：童话还在继续

俄罗斯馆用白、金和红三种颜色就塑成了"童话的森林"，让这座展馆无论你从哪个角度看，都觉得神清气爽，都会啧啧称赞，我们在前面也做过介绍。上周，我们再次进入世博园，并再次走进俄罗斯馆，它们的色彩更加绚烂夺目。

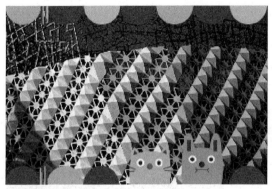

俄罗斯馆外墙

俄罗斯馆内部

很多人都见过或者玩赏过俄罗斯套娃，娃娃们相互套在一起，你中有我，我中有你，世界各地的人们赋予了它各式各样的意义，寄予亲情、见证爱情，或者是表达思念。进入世博园里的俄罗斯馆，你就会发现"套娃"家族人丁兴旺，都是一色的绚烂夺目。形状自是千变万化，色彩明黄、翠绿、大红，热烈奔放；还有娃娃城堡，不过是由乌龟驮着；"童话树"自然是少不了的，赶快对它许个愿吧！看看树梢上挂着的"愿望果"，你就知道了：你许的愿都能实现的。

有娃娃，当然有快乐的花园。从矮矮的门走进去，雏菊、牵牛花、向日葵，更多的是叫不出名字的花花草草，各色各样的蘑菇，加上明艳的灯光，一幅"童话乐园"就这样绘成了。

俄罗斯馆内部

不经意间，你就碰上了"风车先生"，一副正襟严肃的样子；再看看风车前面的帽子，那"鼻子"却让人忍俊不住；还有后面的汽灯，说不定又一个童话正在 18 世纪的莫斯科郊外森林边这盏灯下上演呢！而你想扮演什么角色呢？

感受不完的"艺"思

世博园里有拍不完的风景，感受不完的"艺"思，人类智慧"烹调"出的艺术大餐不知不觉就让我们产生了"此曲只应天上有，人间能得几回闻"的感觉。随便你走到哪里，世博轴、各国国家馆、世博文化中心，这些料想不到的艺术精灵争着拽住你的脚步，抓住你的镜头，于是，我们不由自主地拍了一张又一张。

如果我不说，你知道这是灯具不？它就是灯光装置，长得瘦瘦的、长长的、青青的小圆伞就这样顶着，晚上亮起，空灵感扑面而来，疑似玉宇琼楼吧；瑞典馆的灯光是深秋原野里的霜花，还是庆祝的礼花？黄黄的、暖暖的，像咱们吉林江边的雾凇，潇洒而随意。还有那仿真的肺泡，要是被污染，可就没有这般洁净了，就如我们的城市。卡通的手印、科幻的灯柱、曼妙的喇叭，它们都是用灯光"烹制"出的彩"艺"世界。

波兰馆里的剪纸

用一些钢管就这样缠来绕去，世界就变得相互依存、相互衬托了；波兰馆的剪纸，是钢琴，是电视？灯光映衬着，就变成了风景万千的装置艺术；不知道你是否注意到蒙古包样的展馆，它就是金碧辉煌的印度国家馆，养眼着呢！不敢藏着，就拿出来大家一起分享。

展馆里，钢管绕来绕去

记录精彩世博：留住艺术记忆

再过 8 天，2010 年世博会就要合上精彩的大幕了。开幕式的流光溢彩、漫天烟花仿佛还在眼前舞动；开园后的世博园自然更好看。"原汁原味的拉丁舞蹈，爽"。"意大利馆的展览布置得真用心。""这么大的地球升起来，震撼。""队排得真辛苦，不过值……"184 天的一幕幕这么快眨眼就过去了。过去了？这么快就结束了？！还是赶快用我们的镜头——

看着鱼儿游过来，金黄的脑袋、洁白的围脖，什么鱼已不重要，两条红红的鱼已在前面迎候：一个显示屏，加上几根细线，镜头里的展馆就幻化成了蔚蓝的海洋。停下脚步吧，摇曳的珊瑚还会告诉你更多。

看到这片醉人的蔚蓝了吧，挂着的其实就是普普通通的玻璃球（也有人说是水晶球），但这样的蓝已让人如痴如醉，如醉如迷，法国人将浪漫与艺术的纯粹演绎得炉火纯青；看了半天也没有看明白，这 11 个玩偶样的小人究竟在干什么，但他们脸上的表情告诉我，他们很快乐。快乐地工作、娱乐，就是仰望天空发发呆，平常的日子就有了味道，于是，快乐就从澳大利亚飘洋过海来到

世博园里的灯光塔

园区灯光，千家万户亮着灯？

世博园里感染了我们。

这是世博村里的雕塑，不锈钢做的，是没有完工的圆圈，还是瞪大的眼睛？或者是张大着嘴巴在询问远处的塔吊：你看到了什么精彩的艺术？有一样我们是清楚的，他俩每天就这样迎候着扮靓展览的世界各地的艺术家们回"家"。

篱笆墙上的脸谱、小橱窗里的物件、竹子上的留言条、样子怪怪的汽车……奇怪了，想着再过几天就结束了，这心里就觉着世博园里的这些装置、雕塑、灯光怎么也看不够，拍不够！

附录：愿与艺术一起飞
——本报《国家艺术杂志》周刊创刊 6 周年座谈纪要

查尔斯·狄更斯在《双城记》中留下了这句名言："这是个最好的时代，也是个最坏的时代。"提醒着人们始终能对我们身处的世界有着更成熟的认识和更广阔的眼界。而无论是媒体、艺术家或教育工作者，他们都用自己独立的思考和坚持不懈的努力，承担着打造城市精神的崇高职责。

上周六（2010.10.30），同济大学嘉定校区传播与艺术学院迎来了一批特殊的客人，他们大多是工作在文化艺术领域第一线的学者、艺术家，同时，也都是《国家艺术杂志》周刊的忠实读者和老朋友。就像主持人黄伟明的开场白所说的，这是一次家庭式的、非常朴素的座谈会，共贺《国家艺术杂志》周刊六周年庆。同济大学党委书记周家伦、文新报业集团党委书记缪国琴代表宾主双方在会前致辞。新民晚报党委书记吴芝麟、党委副书记韩春培、副总编朱大建、严建平参加了座谈会。

城市话题　敢为众人先

一杯清茶，几瓣甘甜的橘子，一根香蕉上写着座谈嘉宾的姓名，大家笑着说，世博精神，低碳环保理念已经在这会场上体现了，座谈会在轻松而愉悦的氛围中开始。

没有过多的客套，与会者笑忆当年，但也正是 6 年前《国家艺术杂志》（以下称《国艺》）诞生时的那些质疑，令办报者立足"晚报"的办报方针，在读者群巨大的综合性报纸上，创办起了这样一份以"为身边的艺术发声，用亲和的语言让更多人爱上艺术"为宗旨，一周四版的艺术类周刊。正如知名国画家陈家泠、张桂铭、胡振郎、张培础、王劼音、杨正新等分别用不同形式所言，因为刊名中有"国家"在前，所以起点很高，选稿标准很高，有权威性；又因刊名中有"杂志"在后，所以包容量很大。上海市美术家协会副主席张雷平、张培成等认为，借着"晚报"一百万份发行量的载体，《国艺》的影响力超过了其他媒体上的艺术版面，起到了普及美术教育、提高百姓艺术鉴赏力、扩大读者视野的作用。而知名画家谢春彦更以手书"国家不能无艺术，艺术必须此周刊"的条幅，表达了自己对《国艺》的喜爱之情。市委宣传部阅评组成员忻才良则为《国艺》总结了"十六个字"：大事不漏，综合有方，紧跟时尚，有声有色。

近几年《国艺》在城市雕塑、城市环境艺术、世博建筑艺术、创意产业和改革开放三十年美术回顾等大美术话题、城市话题等，都作了比较充分的反映。同济大学世博研究中心副主任徐迪民、华师大艺术学院教授韦天瑜回忆起《国艺》的世博情缘更是感慨良多。早在世博报道全面启动前一年多，《国艺》就已经推出了与国际上世博会有关的相关报道，共发表了150多篇。这150多篇的报道，编辑团队花了不少工夫寻找不同的切入点，力求寻找到其中的艺术角度，在国内媒体还没有集中开始报道世博会之前，就让新民晚报的读者对国际上办博以及上海世博会有了初步的认识，让大家逐步了解了这些各具特色的展馆，并萌生了对世博会的向往。文新报业集团党委书记缪国琴回忆道，去年年底，在同济大学，举行了由《新民晚报·国家艺术杂志》编辑出版的《设计世博城市》一书的盛大首发仪式，以及今年五月一日上海世博园开园之际，在文新大厦大厅举行的国家艺术杂志周刊世博专题报道的图片艺术展；如今回忆起来，都表达了我们新闻工作者对城市建设的美好愿望和责任性，也是对《国艺》前期世博报道的最好的总结。

融入时代　皆为艺术狂

作为一份大众类媒体，为了能把那些小众的艺术大众化，把大众的艺术精英化，《国艺》有意识地借用了大学以及专业的资源，并形成了自己的一种独特的合作模式。

同济大学党委书记周家伦回忆，六年前，《新民晚报·国家艺术杂志》创刊，创刊号刊登的第一篇文章就是同济大学专家撰写的；随即，《国家艺术杂志》就开设"世博专栏"，第一篇文章就是《国艺》记者采访上海世博会总规划师吴志强教授的"世博规划艺术"；接着，唐子来教授的城市最佳实践区理念、同济教师对历史保护建筑的再生改造、园区灯光规划设计理念、地下空间营造艺术、主要场馆的设计理念……《国艺》为专业院校的研究成果与社会传播搭建了一个互利的平台。

上海大学教授李超、艺术评论家龚云表如今已称得上是《国艺》的资深评论员，既要有真知灼见，又要深入浅出；注重策划，并走在时间和作品之前；在和《国艺》合作的过程中，他们不断思考着怎样把学术资源和上海这个主流媒体的传播的方向相结合，这样一个很有意思的课题。

复旦大学上海视觉艺术学院学科负责人俞璟璐、陶行知研究会副会长叶良峻、世界摄影联盟 WPL 驻上海总代表沈志文从各自的角度，肯定了《国艺》在一定程度上颠覆了《新民晚报》传统的办报风格和形式，是《新民晚报》在新的时期涌现出的一个具有特色的周刊，为《新民晚报》争取年轻读者群找到了一个很好的切入点。

上海市食品药品监督管理局唐民皓副局长、华东设计院副总建筑师、世博中心馆总设计师傅海聪以一位摄影爱好者和《新民晚报》老读者的身份参加了座谈，表达了对《国艺》要继续承担起推动大众艺术和城市建筑及创意产业艺术的重担的希望。

来自上海人民出版社的王为松总编辑、上海科学普及出版社社长周兵、上海书店出版社副总编梅学林则对于"读图时代"艺术面临的机遇和挑战给予了评论。他们认为，在这样一个科学与艺术融合的大时代，更需要有责任感的媒体，挺身而出，为艺术立言。

有声有色　心静求品质

座谈会过半，茶歇时间，与会者纷纷来到会场——传播学院楼的二楼平台，登高望远。而巧合的是，学院楼的设计者，正是上海世博会主题馆的设计者、同济大学建筑设计研究院设计师曾群，《国家艺术杂志》周刊也曾对他的世博会建筑设计创意给予过报道。

回到会场的艺术家，开始将话题引向对上海艺术环境的话题。

上海美术馆馆长李磊指出，当社会经济飞速发展的今天，城市更需要艺术文化来支撑，媒体有责任倡导这样一种热爱艺术，追求精神充实的氛围。在一切追求速度，急功近利的当下，艺术可以是一种"催慢剂"，让工作扎实起来，让人的心静下来，慢下来，追求更有品质的人文精神。

上海市美术家协会副主席朱国荣和雕塑家张海平则建议《国艺》在以后的办刊中，围绕上海，做好三条线索：要继续保持独创的办刊风格，加强回顾城市记忆，展现上海自民国以来独创性的艺术创作；描摹城市性格，报道世界上前沿艺术潮流、流派及代表艺术家；凸显城市地位，加强对城市公共艺术、环境空间改造等方面的报道，策划主题性报道，甚至可以以连载的形式让读者加强印象。

画家谢春彦不乏幽默地将《国艺》比喻成上海牌的维纳斯，而他对这位本埠的维纳斯小姐的希望是，更大胆一些，更海派一些。

《新民晚报》副总编辑严建平代表总编辑陈保平答谢所有与会者对《国艺》和新民晚报的厚爱，表示从"大美术"概念出发，《国艺》将继续把绘画、摄影、雕塑、建筑、环境、设计、收藏等不同的艺术门类融合在几个版面的篇幅中，既要避免内容平板单一，又不能给读者散漫芜杂的感觉。要有头版大气宏观的"时效艺术思考"，也要有"纸上展厅""品味典藏""建筑物语""创意设计"这样精巧、雅致的"小品"。就像主持人所表达的，每次版面编排都像一次艺术创作，那样反复斟酌的目的，就是为了能让读者怀着发现的喜悦心情去品赏艺术的滋味。而在以后的日子里，将整合报社的力量，将《国艺》这片属于上海的文艺阵地不断拓展，办得更加有声有色。

低碳、碳足迹、生态和谐、可持续……都是大家耳熟能详的词汇了。大家还知道，再不珍惜地球，我们可能很快就消费完"未来"了。可是，如何才能用行动、用细节实实在在减排，绘出我们的"碳足迹"？其实，让我们的碳足迹画出优美的审美曲线，很简单。其中一项就是记住我们身边无处不在的木头——

以绿色之名，木头对你说

木头装置很耐看

现在，在街头巷角、公园路边看到木头样的装置已经很容易了。你知道吗？我们木头从森林中走来，成为人类盖房架屋、修桥铺路，罗汉床明式椅，那是实用为主、审美兼顾的阶段；到了前些年，装置艺术传入中国，我们的另一个功能逐渐被人认识，逐渐蔚成潮流，那就是让人愉悦、快乐的审美对象——木制装置。

不论是像鸟窝、像火把样乱乱的"冰淇淋"，还是纹理颜色照我们的模样编织的灯光"森林",它们在青山绿水之前、高架步道之下,无一例外地都迅速抓住你们的眼球:因为我们"绿色且活力"。

绿色且活力的装置巧妙地点染了青山绿水、灰色地面,世界就鲜艳且舞蹈起来,生活就鲜活而写意起来,大家的日子就惬意且诗意起来。

木头装置很持续

把木头做成房子、凳子和花床,成为大家的庇护所和厚实的支撑,当然是我们乐而趋之的;边角余料成了供人徜徉的灯光森林、炫丽的"冰淇淋蛋筒",我们最为高兴,因为物尽其用且可持续,因为低碳而美丽。

当然,成为既能观赏又能歇息的"棚子",透而不露的屋顶,美极了,舒服极了。

前些年有个不错的装置,青青的草地上放着几根百年老房梁,装置设计者称其为"缘木求境",示意大家看着草地上的酱色原木,思考人与环境的关系,人与其他物种的关系,人与森林的关系,其用意很深的。

我的老家在森林

说出来不怕献丑,在人面前,我们是弱者;于人,我们是乐于奉献的,因为我们的奉献会给大家带来审美愉悦和快乐,比如檀木、阴沉木家具、装置的那种光泽和手感,灵的!所以这几年一热再热,热到炙手。

可是,把我们从森林里拿出来,要适度;把我们制成各种物件和装置,要物尽其用:因为我们的老家是森林。出来了,那就是"游子";伐而无度,森林将会消失。不尽其用,不约束你们的用度,美也会无处可审。

希望大家换位思考,从我们的角度来思考人与环境、人与美的事物、人的感官愉悦与生态和谐的关系,我们的生活足迹一定会画出优美的曲线,弹出美妙的乐章。

我的老家在森林

孔子曰：闻韶乐，三月不知肉味。说的是美妙的音乐给人的愉悦是余音袅袅，久久不去的。但世博这场高科技盛宴把"城市，让生活更美好"的主题演绎得曼妙非常，以至于我们常常梦回世博，徜徉在那数平方公里的人间胜境之中。难舍世博，难舍的是其中的方便和美景。后世博时代，我们的科技还能持续地把我们的城市演绎得如此梦幻曼妙？

是否承诺：我们不给环境添负担

当科学遇上了艺术

当科学遇上了艺术，科学就有了青翠的枝叶、芬芳的花朵；当科学与艺术在城市相遇，市民的出行就添上翅膀、填满了情调：有没有看见这对情侣手上的钥匙、脚下的车？他们的日子是清澈而和谐的，就如灯光映着的背影；他们的城市也是迷人的，没有喧嚣的笛鸣，只有随处可见的鲜花和绿草。

当木头遇上了灯光

城市的未来是属于儿童的。这是谁家的孩子，推着的是"月球车"？不管是谁家的，我们的科技都不能偷走他们的童真，都应该让他们的脸上挂上笑容。

技术的"保姆"是科学，有了保姆的技术是美的。

让硬技术美丽起来

影影绰绰的人影、风格各异的打扮、湛蓝湛蓝的眼睛，依稀还有动物的尾巴，他们无一例外都随着灯光摇曳，变换彩衣，散发出蓬勃的生命活力、城市的活力。这是世界各地城市的夜晚某个城市的广场，上海、纽约、巴黎，

装置作品

还是摩纳哥……迈开的脚步是要赶回家享受那喷香的晚餐，簇拥着的一家人是在享受不夜的霓虹，伸着颈项的是在看精彩的演出……今天我们应该如何生活？德国人用简简单单的材料，粗犷而仿佛不经意的装置，披上色彩斑斓的灯光，我们夜城市的广场便填满了活力，充满了魅力，饱蕴着张力。

艺术着的科学很友善

艺术着的科学很友善，就如这辆城市精灵——自行车。有着优美弧线的座垫，酷酷的船型风帽。绵绵软软的把手，当然，白底黑字的车架履行的是对"和谐城市"的承诺：我们不给环境添负担。不给环境添负担，我们的社会才更和谐，城市才能越来越让生活更美好。

纳米是什么？是长度单位。如果把10亿人排成一排，为1米，那么一个人就是1纳米。随着科学技术的进步，纳米技术以其丰硕的成果带动了很多新兴学科、新型材料的迅猛发展。纳米材料在显微镜下展现出来的线条、色彩、图案、明暗、反差、浓淡、深浅各不同，可谓是气象万千、五彩斑斓，它们让艺术家的想象力澎湃、抓狂——

请看请看，纳米这样艺术

这是一幅全新的图像

这幅图像首先出现在显微镜下，它是纳米科学绘成的世界：凝固的，流动的，细微如刺绣的，粗犷如山岳的；抽象而写意的点线链接，热闹如繁花铺锦的……它们就在我们身边，桌子、凳子、金属、陶瓷，等等。专家说，因为纳米科学，纺织、建材、化工、石油、汽车、军事装备、通讯设备等都将免不了一场"材料革命"。"革命"成功后，我们的瓷器就摔不碎了，我们的房子就冬暖夏凉了，我们的航天器体积会更小、重量更轻、飞得更远，功能也更强大了。

于是，科学家眼下神奇的纳米材料引起艺术家极大的兴趣。画家、雕塑家、行为艺术家纷纷驰骋艺术的想象力对纳米科学的结果进行再创造和图解。实验室的纳米图谱，其不加掩饰的五彩斑斓迅速变身为艺术家手中的产品造型、实用器皿，成为绘画、雕塑、装置的素材。

纳米世界，灵动水世界

显微镜下的纳米世界灵动如行云流水。方方的框子里，水滴波浪起伏、水珠玉润珠圆，汇集在一起波澜壮阔而又井然有序；还是水滴，仿佛泼出去溅起的一圈水花，兴奋而有节奏地舞成了一个圈，设计者告诉我们，纳米晶体的链接、流动与变幻如音乐般流动、舞蹈般流畅、雕塑般微妙，放大后它就是这样风采迷人。

气泡泡，鼓胀着，越长越大，越长越大，《孵化》的设计者李义恒用不锈钢做了这尊纳米装置，让生命在水泡泡里孕育，让时间变成了充满期待的一个个"花环"；李义恒说："太

纳米泡泡

阳、月亮及九大行星和它们的卫星都自觉地选择了圆形的'泡泡'。"

有气泡泡，就有生命。

纳米艺术，劲吹极简之风

这是蜡染的蓝印花布，还是丰收的红樱桃？这些密密麻麻、圆而鲜艳的"籽儿"都是纳米的放大版。还有，重重叠叠的自行车轮，实用的和艺术的就这样叠在了一起，简约仍依旧，境界已不同：轮子象征速度，粒子象征纳米；人类发现了纳米，纳米也将改变人类。可不是嘛，"谁是地球上最常见的物质了，但哪个生命体能离开它"？答对了，水。最简约的水滴是什么样子，"当它们突然以硕大的形态悬于空中"，谁又会怀疑"水滴石穿，惊涛拍岸"不是它们吹响了集合号？

如今的世界各地，纳米艺术的探索者很多很多，他们执着地转换、诠释显微镜下的纳米世界，那里的沟沟壑壑、山峦湖泊，都成为了各自心中的"香格里拉"。在他们看来，纳米已经不是一个长度单位，一个科学命题；纳米艺术打开了视觉艺术的一扇窗，这扇窗直通我们的心理、观念和精神世界。

运用纳米技术，路旁的绿树就能变成明亮的路灯：科学与艺术联姻，就能。

新十六铺："城市"主题的后世博样本

——地下空间专家束昱采访记

进入世博园游览过的人，肯定都会对那六个巨大的阳光谷印象深刻。它作为上海世博留给人类的遗产对世博城市、对当今和未来城市发展的影响必定会深刻而持久。这不，在上海十六铺码头，又见"阳光谷"。

十六铺的"阳光谷"

这里有创新的传统

十六铺码头的名字源于防御太平军进攻而实行的联保联防制度——铺，久而久之就成了地名。

成了地名的十六铺创新的传统一如既往。1982年，上海把晚清时李鸿章创办的招商局仓库拆了，建造了十六铺新客运站。新客运站有三大亮点：一是自动扶梯；二是摄像头监控；三是造了7个小候船室。候船室里落地门窗、空调、沙发，附近的市政府各委办常常过来借用，因为它"灵光"。

这时候，候船的人们在十六铺江边、路边熙来攘往，川流不息。

世博让十六铺华丽转身

世博会落户上海，给一度落寞的十六铺码头华丽转身的机会。

占地3公顷的临水场地，经过设计师们妙笔改造，往日一眼望尽码头的印记毫无踪影，它们全都隐身到沿江绵延600米的地下去了，岸上只布置了3座体量小巧、线条简洁、层高不超过四层的小楼，大片大片的岸边空间漂浮的是片片"浦江之云"，生长的是青翠的树木鲜艳的花，且地下直通城隍庙，这里的总建筑面积竟有6.73万平方米。

十六铺华丽转身，不仅把地面打造成极富现代气息的大型公共滨江绿地，而且，把原十六铺客运码头的功能与大型商业、餐饮、公交、停车、人行过街等功能整合在一起，创造了上海乃至中国第一的水陆交通枢纽新样板。今天的十六铺，更是绝佳的远眺、近观黄浦江、百年外滩的亲水观景平台，正应了"收景在借"的那句造园老话。

世博主题的园外样本

"城市，让生活更美好"随着上海世博会的成功举办已成为大家耳熟能详的理念。世博过后，如何延续这个主题？尤其是在世博城市，这是一个任重而道远的话题。

应该说，十六铺码头的华丽转身就是世博主题园外实践的又一成功样本。

就码头的原有功能而言，改造后的码头地下空间很好地处理了交通集散、餐饮娱乐及观光路径的关系，阳光、雨水、空气的综合利用也很高效。简单地说，虽然地下空间面积有数万平方米，但无论你走在地下一、二层，还是三层，白天时阳光都能照射到。所以有人把这里叫"小阳光谷"。

随着交通功能的弱化，十六铺码头的观光、游乐功能随着这次改造大为强化。亲水平台的大面积留置，餐饮美食和购物休闲的空间安排，都让"生活更美好"；游客徜徉在宽敞的平台上，江水粼粼、笛声阵阵，浦东陆家嘴的金融区风采、浦西百年外滩的万国建筑尽收眼底。这种结合地区特点，通过环境的创造性设计，把历史、文化、城市风光集于一身的做法，很好地体现了"城市，让生活更美好"这一世博主题，很好地提升了上海的城市品质。

工业遗产随着经济社会的全面转型，其老厂房、老机器如何处置？这已经不是问题了。近几年来，全国各地的老厂房不再是一阵轰鸣过后，便瓦砾一片；老机器不再是哗哗啦啦落入熔炉、藏身垃圾山了。他们中有意思、有故事的物件可能就成了装置、就成了风景。那是因为它们——

老机器与创意激情相遇

沧桑着、靓丽着的老机器

圆形、三角形、扇形，各个不同的形状；沟槽、轧辊、墩柱，还有灯光下的疙疙瘩瘩，它们的样子很酷，什么名字、什么用途已经不重要；重要的是，看着它，我们就会想起那些火热的年代，就如这红红火火的轮圈。还有，创意无需太多，数盏灯，亮起，马鞍样的老机器便山峦起伏、漏窗有景。

这台机器叫什么？很像儿时的滚滚轮，但它就这样定格在了这里，不再推动工业时代的滚滚车轮。透过"滚架"往里看，风景这边独好。齿轮、齿轮，除了齿轮还是齿轮，因为灯光的照射，经风雨见沧桑的齿轮颜面"万水千山总是歌"。

江南造船厂里的老机器

作为人类工业遗产的金色脚印

工业遗产是人类的凝重"脚印"。工业文明的标志——老厂房、老机器，自 20 世纪 70 年代以来一直存在着保护为主还是再生利用为主的两大保护流派，保护者用充满激情的创意对留下来的工业建筑与土木设施、生产工具等进行再造、再生，使之成为城市景观、城市历史文脉的组成部分，记录的是城市厚重的历史。

不仅如此，再生的工业遗产也成为人类的金色脚印，成为文化风景的组成部分。如英国的铁桥谷地区的 1960 年以来的靓丽转身，最后成为世界上第一个因工业而闻名的世界遗产。铸造厂、车间、仓库、住屋、公共设施、基础设施及运输系统，加上塞弗恩峡谷森林的美丽自然景观，铁桥谷地区高峰期年度吸引游客40 余万人，收入超过千万英镑。

再生的遗产很美丽

中国工业遗产的再生与美丽同样因为创意产业的蓬勃兴起而迅猛发展。

上海新天地、苏州河沿岸，北京 798 等等都是创意产业的新成果。上海世博会的工业遗产大面积再生利用，则是中国人创意激情的一次集中迸发。现在看来，创意成果是丰硕的，再生改造是成功的。

据了解，城市最佳实践区已经开始了"后世博"进程。其总策划师唐子来表示，从全球征集而来的城市最佳实践案例，其价值是任何一处工业遗产都无法比拟的；世博后这里将成为世博城市——上海的"城市客厅"，供人歇息、溜达，当然也可以在这里对天发发呆，因为这是"家乡记忆"的一部分。

世博后的工业遗产，已经不仅仅是观光的对象，而是要变身成为城市的第三场所——市民聚会、交流和休憩场所（如咖啡吧等），创意孕育孵化的新场所。

正是工业遗产的再生，令上海世博会别开生面。

世博盛宴，让世博城市上海的文化大都市建设不断加速，这种加速度在今年的上海市两会上同样热情高涨。我们需要怎样的文化都市？应该说，文化城市里的艺术种类、分布场所、参与的人数都越来越多，品类越来越赏心悦目。可是，仔细端详街头巷尾、房檐屋下，雕塑、装置、壁画，乃至摄影、剪纸、涂鸦等等，几乎都出自名家高手，稚气未脱的学生作品却极为鲜见。

其实，学生，哪怕是刚进大学的学生，城市里，他们的艺术天分同样渴望有地方可以迸发，他们希望——

城市艺术中的一抹翠绿

哪怕是一年级的新生，他们也同样不缺少对城市空间的批评和思考，他们也在进行着严肃的重构和再生，用自己的艺术方式。

剪纸，都知道，用剪刀去剪一张纸，抑或数张纸，红的、黄的、白的，五颜六色的，不一会，巧思妙想就变成了灵动的飞禽走兽、花鸟虫鱼并栩栩如生，让人欢喜得忘了今夕是何年。在同济建筑与城市规划学院，一年级的学生却用钢皮铁纸建成了城市高架路，舞蹈着的高架路宛如一朵铁嘴钢牙的花，美丽而狰狞；以无限螺旋上升的 DNA 表现城市的发展与复制，城市的欲望不可遏止却又充满了不确定性；城市承载了太多的悲欢离合、喜怒哀乐，于是一张张表情丰富的脸，一个个新鲜出炉的"囧"成为了这个冬季熟悉而又温暖的城市皮肤、城市表情；他们还能娴熟地运用阴刻与阳刻，穿插着、组合着城市空间的复杂与变幻……年轻人的眼睛里，城市一样地让人欲离又还、既爱又恨，让人欢

剪纸作品之"城市就这样疯长"

田园之窗，绚丽而梦幻

喜让人忧。

年轻人艺术之海里的城市就是一场光明透彻的交响乐，他们的创意虽不是一份宣言，但艺术与激情穿梭其间，在他们的眼里、手中，每个地方都可以成为中心，每一幅作品都在自我表达，因为他们希望现实是平行的，更因为他们需要新的生长版图。

呼吁，城市中为他们留下这片版图，因为从他们的稚嫩中我们看到了未来的城市；未来的城市本来就是他们的，让他们的艺思早点发芽、长高，我们的城市文化便多了一抹翠绿、一份朝气。

转眼间，上海世博会开幕就迎来两周年了。世博会结束的一年多里，5平方公里的世博园发生了那些变化？中国馆"变身"了，意大利馆留下了，更多的馆舍拆除、搬家了；当初就说好的，城市最佳实践区15公顷的街区是要基本保留的，留下做什么？里面的建筑、街区形态将会怎样，是否还是灵气满满？最近，我们找到当年的城市最佳实践区的总策划师唐子来，他说这里是——

激发文化梦想　吸引世界精英

——"导演"唐子来谈城市最佳实践区变身"城市客厅"

"最佳实践区正变身创意街区"

"城市最佳实践区将在世博会以后成为充满活力的城市文化创意街区，为城市发展树立新的标杆。"唐子来快人快语。

"文化创意街区不是一个孤岛。我们所说的成功的'创意产业街区'，是一个创意集聚区、灵感富集区，更要形成文化创意所依赖的土壤。"唐子来说，以前所说的"新天地+8号桥"，"应该说，这两处加起来，也没有我们今天在这块土地上正在落实的内容丰富"。也就是说，将来这里将是一个装满各种灵感、诱发创意诞生的地方，会吸引世界各地的创意精英。

世界各地的人们离开家、走出办公室，在这里聚会、交流，让点子激情而自由地碰撞，城市最佳实践区就成了典型的不像家那样过于私密宁静，不像办公室那样过于严肃拘谨的轻松、惬意，灵感易被激活的"第三场所"了，这里理所当然也就成了"城市客厅"。

创意街区里有什么？

"我们将街区定位为：文化创意产业的独特集聚区、世博文化遗产的重要承载区、低碳生态发展的最佳实践区、充满活力的复合街坊、彰显魅力的城市客厅。"唐子来兴致勃勃地介绍。

他说，街区将以一业为主，多业融合，同时嵌入各种艺术魅力元素。具体而言，即以文化创意产业为主题，商务办公、文化艺术、会议展览、商业餐饮、休闲娱乐、酒店公寓、开放空间融为一体，嵌入当代艺术博物馆、时尚秀场、巴塞罗那高迪龙、法国玫瑰园、马德里空气树等魅力元素，形成具有协同效应的创意综合体。"这些内容完成了，城市客厅也就形成了。"唐子来说，就像威尼斯的圣马可广场，"有趣的是，这里的形态格局也酷似圣马可广场"。

街区空间如何安排？

面对我们"创意街区空间如何安排"的提问，唐子来介绍："罗阿大区案例馆近日将对外开放，它将成为城市最佳实践区内首个'复出'的场馆；另外，未来馆变身上海当代艺术馆，10 月份开馆。"

"世博会是我们最珍贵的精神财富。"唐子来说，生态楼、空气树、汉堡之家、滕头馆等大部分案例都是要留下的，它们本身就是"形神合一"的艺术品；奥登赛自行车案例迁到绍兴了，因为丹麦奥登赛与绍兴是友好城市。

"世博后，这里不再会有巨量的人流，因此，实践区的空间形态我们也做了相应的调整。"唐子来介绍，调整后的街区形态可归纳为一轴线、两核心、九组团，一条步行轴线贯通南北街坊，串连开放空间核心和建筑组团；广场和绿地分别形成南北街坊的两个开放空间核心；九个建筑组团围绕开放空间核心，形成复合功能布局。"比如人行通道，世博会期间的宽度为 30 余米，现在只需 12~15 米左右即可。空出部分，广植树木和花卉，再配上艺术装置和街道设施，营造触发创意灵感的艺术环境。"

最后成型的创意街区，北街坊将以商务办公为主、商业服务和文化休闲为辅；南街坊以商业服务和文化休闲为主、商务办公为辅，形成复合互补、动静相宜的功能布局。"5 年后，这里会成为上海贵雅迷人的'城市客厅'，会让人流连忘返的。"唐子来最后说。

大卫像当然是意大利的国宝了，所以上海世博会开幕两年后重新开放的意大利中心，把它作为镇馆之宝置于最显眼的地方，供人观瞻；虽然是复制品，但还是颇聚人气。但是——

"复出"的意大利馆，除了雕塑还有很多……

达·芬奇就有"工作室"

关于达·芬奇，那幅《蒙娜丽莎》永远和"天才""不可思议""难以逾越"等等词汇联系在一起。可是，达·芬奇天才的光芒远不止这些，这位并未受过系统教育的十五世纪意大利人，以自然为师，一生对许许多多的事物产生浓厚的兴趣并孜孜不倦地深入探究，它的设计迸射出耀眼的光芒。

就拿这辆自行车来说吧，灯光下就像一件儿童玩具，可它不是玩具，它是达·芬奇设计的自行车，是可以骑上就走的，它被认为是现代自行车的鼻祖。当然，达·芬奇设计的不仅自行车，还有人形机器人、众多威猛的火炮武器，他还甚至尝试着设计汽车。

达·芬奇的工作室里，被这些神奇的设计产品所充满，它们无不集功能与美感于一体，就像眼前的这辆自行车。

设计着的意大利很灵动

沿着达芬奇的道路，充满激情和灵气的意大利设计灵感纵情地流淌至今：时装、皮鞋、珠宝、家具……生活中的每一件东西都盛满了亚平宁人对美好事物的热爱和陶醉；当然，还有法拉利，那更是让全世界的车迷如痴如醉的艺术品，它简直就是力量与速度、功能与美感的完美化身了。

即使最简单的椅子，在展馆里，你看它们的形态、颜色和材质，虽是远观，同样悦目：这把黄色的、圆而有些卡通的，那把宛如盛开花瓣的，上面那把疑似红色木质的，那黄面灰靠背看起来很硬汉的，把把都有可观之处；坐上去，应该是哪一把都很享受的，因为看起来它是符合人体屈伸特征的。

餐具当然也是艺术品。仔细看，那些壶，哪一件是重样的？哪一款用起来都会让你很有派儿和范儿。还有那让人眼花缭乱的盘和碟儿，不说颜色，不说款式，单看那形状早已让人的眼睛忙不过来了；而材质，看台面上的筐，木做的、瓷制的、不锈钢做的，还有更多说不清是什么材料做的，但有一点可以肯定：没有充沛的灵感和激情，加上肆溢的智慧，是做不出来的。

设计，意大利为什么能

文艺复兴以来的意大利，其设计艺术成绩在世界上的位置十分重要，可以说是领袖世界之一的"带头大哥"。回首看，这个面积不大的国家不仅有地中海温暖的阳光、阿尔卑斯皑皑的雪、老老且厚重的罗马城，还有时常喷射的火山、达·芬奇设计的米兰护城河，它们都是意大利设计领跑世界的不绝源泉。

以自然为师，文艺复兴以来的意大利人把自己和自然紧紧连在了一起，达·芬奇就是一个范例，他鼓励人们向大自然学习，到自然界中寻求知识和真理。他对自然界中的各种现象的探究迷而成痴，痴而后化出，终而设计出许多超乎时代的杰作；以人为师、以人为本，把人的功能性需求和审美需求融于一体，然后调动想象力、填满热情，于是，我们的想象力就"在现实与想象之间寻找平衡"、就能"让激情成为创造的发动机"，我们的"想象力就用如同诗歌一样的艺术表达方式"，在"复出"的馆里绘出美轮美奂的"意大利符号"。

曾获 1986 年世界珠宝界奥斯卡奖第一名的项链作品

如今，想在繁华的大都市如上海的闹市里寻一处清净之地已非易事，今天的城市设计常常被容积率、得房率等诸多因素所左右，听青蛙叫、下河捉蟹摸鱼已经成为许多市民儿时的记忆，现只能常挂在嘴边回味念叨了。最近，徐汇区滨江的龙腾大道已经开放，不用市民掏一分钱，长长大大的一片很冲淡、很疏朗、很疏野的滨江写意空间已被百姓所拥有。

上海世博两周年，左岸端出一道"后续大餐"

两年，艺术滋润城市环境

上海世博会很快就迎来举办两周年纪念日了，常常念想世博的我们站在风和日丽的黄浦江边，遥遥地就只见对岸网状的法国馆、积木样的意大利馆，还有大象、骆驼、长颈鹿悠游徜徉的非洲馆，世博的热闹与精彩仿佛就在昨天。

上海世博有很多好的理念，如低碳、可持续、亲近自然，艺术地生活……它倡导的理念在这座后世博城市滋润市民百姓了吗？我们的城市设计、老厂改造、公共空间安排都更人性化了吗？

世博闭幕后的今天，徐汇在浦江左岸端出了这道后世博大餐，该区有关人士说要打造一条数公里长的滨江亲水带。而今，我们站在木板栈道上，天高地阔、视野开朗；对面黄灿灿的油菜花，美极了！

创意，改变这片工业废墟

和世博会广泛利用旧厂房、老建筑一样，这里的创意灵感也被工业符号所激灵。红红的大吊机，看着它高昂的头你就知道它当年多么威风，货物，轻轻地一抓就起来；如今，它们依然挺直着腰板，只不过功能已经转换：供人攀爬瞭望；还有那龙门吊，依旧方方正正、帅帅地站在那里，啥也不用做，就能引着你想象当年的景象，这叫导"脉"，导的是城市的底蕴之脉。

往前走，老房子，应该是仓库，你看你看，老老的火车头就谦虚地躲在它后面。我们去，它还没弄好，犹抱幕布全遮面，说不定将来这里就是"驿站餐厅"了；循着火车往前看，老老的铁轨，不拆，让石缝、砖隙中钻出青草来，很适合追往怀旧。一座城市需要记忆，而关于黄浦江的工业记忆是专属上海的，得留住。

于是，设计师细心地留住了系缆桩、防浪石，让它们在木制的廊道上继续敦敦憨憨地站岗执勤，躲在木制亲水平台留设的框井下慢慢怀旧。

亲民，这里可以引吭高歌

来吧，来这里可以天近地远、草亲人稀，你可以引吭高歌，看着芦苇在脚下摇曳，看着树木上的花儿冲你点头。你是什么样的心情？反正我是醉了。

带着孩子来，那是必须的。这里的设计早就为你家宝贝安排好了黄绿青蓝的杆子，让他们去耍吧；或者，把他们放到软软的、厚厚的垫子上，那是五颜六色、适合奔跑攀爬的儿童乐园，放孩子在那里玩耍，你只管谐

黄浦江边的装置

佳偶遥看世博后滩，数天上鸟儿飞过、云彩几朵；当然还可以执子之手，高歌浦江。这里适合高歌，因为风儿和煦、原野疏朗、江水潺潺、船儿游曳。

编者按：四年前，上海世博会新鲜开幕；四年后，世博轴变身"世博源"，这里已成为上海最大的休闲娱乐购物中心；乘坐地铁在中华艺术宫站下车，大红的中华之冠的升斗柱也"现身"成了地下廊柱。四年里，当年的世博遗产有的已经化作了我们城市生活的一部分，展览、博物设计艺术当年的大手笔都有了新去处。大型展事、赛事的后续利用话题既熟悉又陌生，如何不让这些场地成为一次性消费还需更多探讨。

艺思永不"落幕"

——"后世博"时代后续利用探讨还在继续

集思：汇聚顶尖艺术家的竞技场

现代以来，所有大型赛事如奥运会、足球赛的场馆和用品，大型展事的方方面面都会吸引世界各地的艺术家们，各路平面的、立体的、声像的高手们广泛参与设计。

"一国的赛事，世界的智慧，人类的艺思"越来越成为人们的共识。北京的"鸟巢"邀请瑞士著名设计师雅克·赫尔佐格设计，"水立方"的设计也来自一个中外团队；即使是坚持伦敦奥运主场馆均由英国本土设计的2012英国奥运会组织方，也选中了扎哈·哈迪德建筑事务所的游泳馆方案。"波浪形的屋顶，外面看里面看，都是波浪形的。"看赛事的人们对游泳馆这种别出心裁的设计赞不绝口。虽然这栋建筑让业内人士争论不已，但扎哈·哈迪德说："我一直相信好的建筑应当是具有流动性的，如果我们能够很好地做到这一点，对我来说，这就是我的舞蹈时刻。"她说，伦敦奥运游泳馆的设计灵感正是源于"流动的水"。

同步："伦敦碗""海浪"去哪了？

和往届相比，伦敦奥运会称得上"抠门""小气"，却受到世界各大媒体的交口称赞。值得关注的是，这些美轮美奂的艺术品早在设计之初就想好了去处。

伦敦奥运会的34个比赛场馆中，14个是新建的，新建中的8个又是临时场馆，比如"伦敦碗""海浪"。"伦敦碗"就像一只大大的饭碗，设计采用了"遗产"设计理念：2.5万个固定座椅设计在碗底下，外围架设有一个可拆卸的轻质铁架作为附加的5.5万个坐椅的看台。奥运会一结束，"伦敦碗"上面的4层就被拆除，"碗"就成了一个小型的足球场，它的买家是英超球队西汉姆联队，今年夏季它就将在变身后闪亮登场。

扎哈设计的伦敦奥运"海浪"游泳馆是用"伸缩概念"设计的，远看就像一本翻开的书，现在早早地就成为伦敦和地方社区的"奥运遗产"了，现在"海浪"当然已成了世人的美好记忆。

类似的场馆还有手球馆、篮球馆和自行车馆等。你见过木头做的自行车馆吗？到过伦敦奥运会就能见到，现在它已经成了一个面向社会的自行车运动园；现在，伦敦奥运会的部分场馆，有的已经现身英国各地的市政工程，有的已经到了下一届奥运会主办国巴西了。

再生：遗产不仅是展示给公众看

其实，各种大型赛事遗产的利用自古就有，第一届伦敦万国博览会的"水晶宫"就被移到了西汉姆重建，成为一座娱乐中心。当然，这是设计者帕克斯顿个人努力的结果，并非有意识的后续利用行为。

上海世博会集纳了人类的非凡智慧，体现了当代人文艺术的最高水准，它吸引人们反复进入园区，人们在里头享受到的那种奇特、美好的感觉，仿佛让我们回到了梦幻、快活的童年；更多的场馆像俄罗斯馆，光看其五彩光芒、闪烁陆离的外部模样，仿佛到了王子公主的童话城堡一般。

时隔四年，精彩落幕后，重点就转移到后续利用上了。我们已经在各地看到了一些原本世博园区的馆舍，比如浙江的一家农业科技园，就看中了草屋顶的非洲馆；当然更多的还是已经或者正准备就地转化、消化，虽然有些慢，但又有什么关系呢？想好了再做总比匆忙做了过几天又拆强。于是，慢慢地城市最佳实践区变了，徐汇滨江变身了，世博村也在变，它们变成了儿童艺术中心、世博博物馆、当代艺术博物馆……我们乐观其成。

题内话：对"一次性"说不

艺术，拒绝并批判一次性消费。

其实，展事、赛事的后续利用在不少国家已经被人们自觉践行了很久。1962年美国西雅图世博会场则把市中心一处废弃的空间成功变成了今天的西雅图中心，1992年西班牙塞维利亚世界博览会举行带来了整个安达卢西亚地区的神奇变化；爱知世博会，从一开始就按"临时"来安排场馆，会后"回归自然"，自然还是自然，自然充满睿智。上海世博会把大片的工业区成功转型，而接下来的阶段，转型的目的则是开发其后续价值，这恐怕是更为重要、也更加长远的阶段。

我们的很多展事、赛事还没能做到从筹办阶段就考虑结束以后的后续利用，不信你去看看我们许多大型赛事的后续情况。偌大的东方体育中心在2011年成功地举办了第14届国际泳联世界锦标赛，而如今偌大的场馆利用率还有待进一步提高。世博会原址上除了一些国家自建馆依照约定已被拆除，其他受到他国赠与的场馆在这四年间依旧闲置着，浦西的最佳城市实践区更是几乎纹丝不动，不少优秀的建筑都无人打理，有不少优秀的雕塑作品被移除甚至丢弃，实在浪费得很。

最近，当年的世博轴时隔四年才成为了商业中心"世博源"，单从商业价值来看，这四年空档期的损失就足以令人惋惜，我们没有做到在规划之时就将场地的商业销售同时进行，那么至少在活动结束后，应当更积极、合理地利用好这些既充满商用价值又兼具艺术价值的资源才是。拒绝对举办大型活动造成的一次性消费，既是尊重设计，更是对城市规划的负责。

建成环境评论

更重要的是发现和重塑

——关于城市标识设计的创意与思考

单个看上去，其实这都是些简简单单的雕塑、装置，甚至老旧的钢架——那种通常被称为工业遗产的物件，但我们在城市的某个角落不经意发现它们，并把它们拼到一起呈现给大家的时候，发现它们的共同点都指向了"城市标识如何创意"。

眼前的这些城市标识材质、形态、颜色、位置，直至表现手段个个特点突出、风格鲜明。钢铁、陶瓷、玻璃，乃至树脂都一一登台亮相；颜色当然是万紫千红，即使什么颜色也没有的玻璃，也泛着若有若无的青色；位置更是不同，城市的人工小森林、高楼旁的小广场、挑空的楼台、市民活动的小花园，还有地下空间的屋顶；它们无一例外地表达着城市的活力与色彩绚烂。

想到了把电视屏幕与胖胖的女人体放到一起，让色彩的反差体悟出人

巴塞罗那街头的标识

生长大的逻辑关系，这种美酒、面包与女人变肥的创意肯定让设计师激动了好一阵子；瘦瘦弯弯、高低流转的管子，竟让它身后的大楼看上去也温柔了、苗条了不少，创意固然简单，但灵感却很灵的；还有更简单的，灯光一上，

东京台场的吊机

石头立刻有故事；蓝拐搁在那儿，肥硕的大楼仿佛因了"顿号"而小憩，而不再长大。

更让我们着迷的是，这石头说不定就是那次大型建造留下的"剩石"，但设计师巧思妙手竟让麻雀变成凤凰，点化的功夫了得，这当然是极富功力的发现；一段红红的钢架，不管它的前世如何，现在它因为很美而进入我们的镜头，这是创造性的重塑，虽然设计师可能什么都没做，只是让人把它刷刷干净。

我们的城市标识更需要这种发现和重塑；有了这种发现和重塑，我们的城市就有了更大的魅力。

建筑与其身边的标识如何匹配？怎样的城市标识能够瞬间抓住眼球，让人停下脚步？这是个问题。游走在世界城市的各个角落，我们不断记录下让人感动的城市标识，不断端详着它们与身边建筑的或浑成一体、或若即若离、或欲离又回，甚至欲说还休的奇妙关系。城市建筑与标识艺术产生的匹配性——

是呼应还是决意反差

——用眼丈量从建筑到艺术的"距离感"

无一例外，几乎一座城市都充斥着高楼大厦，挤压感已经让越来越多的人们不适，这是个世界性的问题。越长越高的城市如何让生活在其间的我们舒适点、散荡点，这是全世界的建筑设计师和环境艺术工作者努力的目标和辛勤耕耘的动力。

数年来，在造访世界各个角落城市的体验中，我们不断地被感动、被抓住眼球，停下脚步。平展展的广场为何齐整整地竖着这些沧桑坎坷的柱子，仔细看：柱子一般高，有槽，越近大楼，柱子上的平展部分就越长。乍看平平常常的柱子也有了心曲，有了艺思；再看看身后的大楼，平滑着，高耸着，天光、风景在其"脸"上漂浮着。为何柱子要放到这样的楼前？是志在呼应还是决意反差？

东京街头的雕塑

多好的一只圆润且优雅的"潜水艇"，它的圆润与身旁的建筑棱角形成了强烈的反差，因它的存在仿佛这样庞大而硬朗的构筑也带上几分柔情和"儿女情长"；否则，焉能如此阳光而通透！

仔细看，这根优雅舞动的钢管就这样"鹤"立楼前。黄而亮的小柱子，手感至今还很润泽；而它与不锈钢柱的冷峻对比竟如此强烈。再看，因了这个快乐的音符，身后的大楼也灵动起来。"车轮"滚滚的装置作品，

近观东京街头雕塑

它在哪儿已经不重要，重要的是它的存在，阳光就有了，建筑就活了。

还有：平地上，"钻"出两只很"型"的构筑，仿佛随意地"抠"了几扇窗。楼前有只钟，很正常，很普通；拐来拐去的"弹簧"，很夸张，于是，钟一下子灵动起来，楼也活跃起来，这里的环境就活泼起来。

不断地感动，我们不断地记录着这些感动的瞬间。

温馨、怀旧、浪漫

——北海道小樽老建筑印象拾零

如果说东京是车水马龙的现代符号，那小樽到处都是怀旧的历史音符。这个音符就如人们熟知的八音盒发出的，很温馨、很怀旧，也很浪漫。小樽还有"坡城"之称，城内多坡路，其中有取名为"地狱坡"的陡坡和斜而弯曲的舟见坡。和众多北海道的地名一样，"小樽"缘自爱奴语的发音，原是"沙滩中的河流"。那条并不知名的水已不复存在，小樽的名字却流传了下来。

傍晚时分的小樽

城市的历史：很怀旧

北海道西部、面临石狩湾，小樽百年前作为北海道的海上大门发展起来。数不清的银行和企业纷纷到来，数不清的皮肤各异、声音迥别的人们接踵而至，于是，来此淘金的人们纷纷以各种方式建造起风格各异的建筑，蓝天白云、清凌凌的水面、干干净净的街——房子的

雪中小樽

墙，红的、灰的、浅褐、麻黄……房子的窗，窄窄长长、宽宽大大、圆券弧顶，甚至戴上尖削而高耸的红色"帽子"。行走在安静的小樽街道，我们忘记了时间，穿越了时空的隧道，百年前的小樽——日本"北方的华尔街"，醉人。

昔日运河如今已归沉寂，但河中两岸仓库的倒影分明告诉我们：百年前的小樽就在我们眼前。

建筑的感受：很温馨

红红的房子，黛青的顶，有的还戴上俏皮的"瓜皮帽"。一栋标记为小樽市历史建筑物的"旧大家仓库"建造于 1891 年，修缮后钉上的铭牌上清楚地写着房屋原为"木架石造"，"外墙采用札幌软石，高出的小屋顶和入口部分的双层拱门为其特征"。2002 年，小樽市对这栋房屋的外墙和屋顶瓦部分进行了维修。这样修旧如旧的仓库在小樽很普遍，修过的房屋不是用来开商店，就是作为办公及协会组织用房，也有的变身成了博物馆，如"北一哨子"。

"北一哨子"的主人浅原 20 前把手中的旧仓库局部略作改动，一部分成了咖啡馆，里面不用电灯，点上 167 盏煤油灯照明；仓库的另一部分，做了玻璃精品的展销厅。

浅原的做法启发了其他旧仓库的主人。随后，一家家店铺在旧仓库中开了起来，玻璃制品、八音盒纪念馆、礼品店……仓库古朴厚重的外观与里面色彩繁复、节奏明快的现代产品相映成趣，于是小樽在现代日本很温馨、很好看。

细节的胜景：很浪漫

运河墙、深青的石头上镌刻的乐谱、每天薄暮点燃 63 盏煤油路灯的点灯人、二月的"雪灯之路"……这都是关于那千余米小樽运河的记忆。入夜，点点灯火摇曳着清清浅浅的河水，酝酿出浪漫迷人的异国情调。

放眼望去，河岸的"旧小樽仓库"被改造成"运河广场"，周围聚集的方巾裹额、斗笠在头、麻布为衣、腰束布带的人力车夫，硕大而夸张的银色车轮、花色不一的车上凉棚仿佛时光倒流的错觉中流淌的还是浪漫。

"你好吗？我很好！"小樽的浪漫不由分说地浸润在拙朴的石头、灵性的玻璃、笨笨的蒸汽钟、粼粼的河水、神秘的石柱、古老的邮筒之中，不经意地寄出了那封经典的《情书》，于是小樽浪漫地拥抱了世界。

城市的新地标如何越长越高？城市的风景线怎样吸纳古老的弄堂风情？耸入云霄的塔楼如何与矮矮的老虎窗匹配？走在冬日里的沪上街头，徜徉在寒夜里泛着橘黄色灯光的老宅中——

守住老风景的标志和自尊

在街头阅读城市悟性生长

疑问、注视、沉思，脚下的一汪浦江水柔柔拍岸，泼金洒银的粼粼波光摇晃着眼帘，我们豁然开朗：浦江一水，挽起滩上的昨天和今天，反差成就了审美的距离，距离让城市有了悟性成长的空间。于是，我们看到的城市典雅高贵又青春勃发。

不仅如此，悟性的城市还在老城区里东一丛、西一簇地生长着，犹如雨后莫斯科郊外的蘑菇。"骑"着街道的高耸建筑分明就是远航的巨轮，里面的灯光当然就是茫茫夜里妈妈那声温暖的召唤，冷不丁，一束车灯划过，原本黑乎乎、幽闪闪的东西立刻变身雪白润圆的银锭，那椭圆的口、那黑而蓝的影、那层层叠叠的环，我们倏忽间被"拿"住，我们被"冻结"。"巨轮"俯瞰的地方就是新天地——那片著名的老房子，据说老外中流传的"不来新天地，白来上海城"的地方。

老房子，那些富贵人家的石库门建筑大多如此，小姐窗上扎着密密的花灯，咦——怎么这窗"化"成了珠光宝气的马车？可不是马车！那轮上的灯如溜溜球般忽闪忽闪的，那长长的绳不就是长长的缰，连那车刹都如此地优雅，而且马车飞到了墙上，莫非是等不及了，要揎袖上墙抢了小姐不成？

在这里，马头墙、格棂窗、洋洋的洋品牌与远处的壮楼大屋倒也棱锋偎依、清爽逼人。尤其是，老建筑描点口红涂点胭脂之后，那"第二春"立刻撒了缰绳。

"小姐窗"变成富贵马车

苏州，历史这样华丽转身

——中信集团中国市政工程中南设计研究院苏州分院院长陈明健访问记

我们眼前浮现……

徜徉苏州，千百年来的城市格局古风犹存，俯拾皆是的老园子，不经意就会勾住你的眼、牵住你的脚，进去；更有那看不尽的婉约水巷，如丝如线，仿佛随意地，弯弯清水就把古城"网"了起来，"网"得灵气十足；窄窄的水巷边排满的一层、两层，层层叠叠"跳跃"着的安静民居，家家户户都向河道开着窗，修着水埠，他们的生活，水灵。

苏州博物馆犹如古城中的一幅"水墨画"

你知道吗？过去的岁月里，小河中来往着的就是老苏州的"生活"：早晨的鲜蔬瓜菜、下午的柴薪垃圾；哪家全体出动踏青去了，哪家成员看郎中去了，哪家乔迁住大屋去了，还有哪家大姑娘出嫁了，晃悠着、摇曳着的小船就是一切。还有那船娘柔媚而尖亮的叫卖花腔，楼窗上吊下的竹篮……因了水，苏州婉约曼妙，千回百转。

艺术在千年水城

改革开放以来，很多老城都颓然倒在推土机尖豁狰狞的牙齿之下，真正是兵火未焚、"文革"未灾，却毁在了急于达成的"富裕"狂想、火烧火燎的政绩工程"枪口"之下。

但古苏州并未湮灭，虽然它也和其他老城一样，也急着扔掉"三桶一炉"（吊桶、马桶、浴桶、煤球炉），但苏州没有去"欧城美苑"，没有去"广场花园"，而是严格按照保护古城风貌的要求，对城市的式样、用材、色彩、装饰手法等都一一定出详细的规矩，老老实实在专家指导之下谨慎从事，于是桐芳巷、十全街、干将路，乃至平江老城、山塘老城……每一位来到苏州的客人，走着看着，看得眉开眼笑，看得天高地阔：这里没有摩天大楼，没有张扬古怪的房子，于是惬意、轻松、宜居。城市原来也可以这样艺术!

化蛹成蝶话活力

现代了的苏州,动感十足、韵味十足,因为成批成批的天才设计师来了,他们让苏州化蛹成蝶,蝶舞飞扬而蛹茧仍然圆润。

小鸡雏、起舞的金鸡、扁舟一叶、计算尺子……都是灵动飘逸、活力四射的雕塑!轻舞飞扬地一溜过去,叫不出名字没关系,有它,工业园便活力四射,古老苏州便青春勃发;这不是苏州博物馆吗?贝聿铭老先生的封笔之作,果然让你看到了"叠山理水"的苏州,果然让你见到了优雅依旧的苏州,果然让你看到了韵致悠长的苏州,而这一切依旧"隐"入那粉墙、那黛瓦,还有那竿竿翠竹、那清清流水、那青石小桥……

东太湖大桥

水多,于是苏州桥多,究竟有多少,不知道。古城的枫桥、吴门桥,周庄双桥,同里太平桥、吉利桥、长庆桥……世博展示方案苏州案例的入口,观众就由古桥经园林进入 370 余平方米的展区。

因为醇厚的历史,苏州的今天活力四射;因为祖先的营养,设计苏州变得创意无限。不是吗?

椅子? 椅子!

程 曦

我们每天都需要椅子,就像是每天都要吃饭、睡觉一样。而今天,有人给出了这样一道问题:椅子 + 艺术 = ?

很多人觉得这问题有些矫情:"椅子就是个拿来用的物件嘛,搞得那么艺术叫人都不敢坐了,那岂不是本末倒置?"其实艺术并不那么高不可攀,融入了艺术设想的椅子也同样可以满足人们使用的需要,供人歇息甚至享受。

关于椅子的创意艺术，实用性一直排在前列。要想让人坐着舒服，材料是关键。当今各种新型材料的出现更是给了这些艺术家发挥的空间：石质的、木的、合金的，凡是你能提出来的要求，新材料几乎都能帮你做到。毕竟，累的时候有张坐着舒服的椅子比只能看着却不敢坐、不能坐的摆设要实在得多。

远处就是富士山

另一个设计师考虑的关键，就是椅子与环境的相性问题。恰当的东西出现在合适的位置才会让人感到赏心悦目。因此，设计师们最大限度地参考了椅子所在的环境，例如，公交车站的椅子只是人们等车时暂坐的，因此尽量设计得简单，配以明亮的色彩，即使是雨天，到车站避雨、等车的人们也会因为这么一张色彩明快的椅子而愉快不少。

再往上，设计师们就开始考虑造型的问题了。椅子要在外型上脱离工厂量产化的枯燥，向别具一格的创意艺术靠拢。于是有的椅子回归古朴，以一整条石块

意大利设计师的椅子墙

的造型，佐以简单的金属扶手设计，整体简约厚重，但不失现代感；而有的则在椅背上做文章，彻底将椅背当作了线条艺术发挥的舞台，穿梭缠绕，乍一看就像是画在墙上的抽象油画，赚足了眼球。

返璞归真也好，别具一格也好，椅子的艺术让这样一个普通的物件"亮"了起来，也让用了一千多年椅子的中国人看到了创意带来的无穷可能。

附：车站内，也是一道风景

陈　濛

椅子这物件，每个人都知道，都用过，都离不开它。中国人吃饭，总要一桌菜，一家人，椅子上一坐，才叫团圆；弄堂口的老太太聊天，一把蒲扇，一壶茶，一张老竹椅，嘎吱嘎吱摇着，扑扇扑扇晃着，就瞅着太阳从西边邻家的晾衣架的孔里经过，沉到老砖墙后边，才叫过了一天。

但如今，椅子在公共空间中承载着更多功能，车站、地铁站、公园……哪里都需要它们来供人休息，同时也提供一个舒适又美观的公共环境。这样的椅子艺术也成了绝佳的摄影题材。曾经在国外一个再普通不过的公交站点看到这么一个景象：一名身着休闲服的女性独自坐在站台长椅上，听着音乐，跷着腿，摊开报纸正悠哉悠哉享受着下午的阳光。整个站台有着透明的挡板，将阳光毫无保留地照进来，整个人都变得懒洋洋了。这椅子坐着舒不舒服，即便小姐不说我们也能看得到，这样一个看似简单的设计，却将公交站点变成了一个小歇之处，即便是小小的这站内，也俨然是一道美丽的风景了，此时我拿起手中的相机，咔嚓一声。

远离阳光，也可以如此斑斓
——跟随内山英明的镜头看日本地下世界

你对地下空间的印象如何？狭窄、逼仄、阴暗、潮湿……相信大多数人脑子里闪出的都是这样的词汇，那个远离阳光的地方也以这些"脾气"疏离着我们。但看了日本摄影家内山英明的地下空间照片后，你的这种印象就会立刻改变。

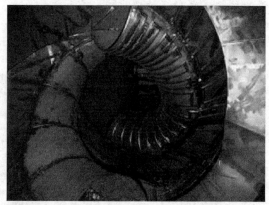

螺旋形的核能融合试验装置给人带来强大的视觉冲击（2005年内山英明摄于岐阜县土岐市的核融合科学研究所）

对于大多数中国人而言，内山英明是陌生的。

这位1949年在日本静冈县出生、后来成为摄影家的人早年的学业并不顺利，1976年从东京综合写真专科学校退了学。随后，背上行囊周游列国，开始了"行万里路"的生活，随后渐渐开始在各种媒体上发表摄影作品，《迷宫都市》等摄影集陆续问世。

展现在我们面前的摄影集名为《日本地下世界》，全套3册，数百张各地"淘"来的镜头画面，为我们展示了一个色彩斑斓且温馨异常的地下世界。内山说，书中收录的照片全部来自地下空间设施内的现场摄影，他的眼里，地下就"如同刚刚落幕的盛大节日，色彩依然斑斓；或者是废弃已久的空旷城堡，昔日尊贵依稀"，漫游在这些地下通道、商业街、共同沟、设备间……"在地球的深处，光线如同幻觉，世界光怪陆离，我常常忘记这是在冷冷的地下，美妙的感受慢慢沁入骨髓"。

内山说，地下影像如同一个

内山英明摄影

寓言，镜头过处，裹着的长袍便优雅撩起，于是我们的想象力便被轻而易举地"砸碎"，我们的眼球不由自主地被画面吸引。

看内山摄影，远离阳光的地方色彩斑斓而温馨。

绿树丛中先睹文化"凤凰"

"《萧韶》九成，凤皇来仪。"《书》里的这句话说的是庄严的音乐响起，凤凰纷纷闻之而来，扑棱棱全落在凤尾竹、美人蕉、檀香树的森林里。莫不是说的上海市久负盛名的文化广场，我们分明在寸土寸金的复兴中路、陕西南路和永嘉路之间看到这样的情景：

白而银的穹顶犹如凤凰振翅归来，通明透亮的落地玻璃窗里，"凤凰林"不由分说夺目而来，抢占了你的视野，幽蓝幽蓝地晶莹透亮。建设者说：按照画家的原图，将玻璃一块块烧好后，拼接起来，灯光一衬，凤凰就在大厅的墙上泼剌剌开了"屏"。

钢构的"大伞"分明也是凤凰张开的"屏"，或吉光片羽、精致非常，或圆润写意、飞满梁檐，或者落在廊上、窗沿、屋顶上，连立柱都椭圆润泽而温情脉脉起来，灯谦逊地躲在了羽毛的"缝隙"里，不事声张，低调放光。

半弧形的前厅，当然也是凤凰闻乐而欢悦、欢喜划出的"屏"。这"屏"甚至洒落到了地上，那是凤凰舞蹈留下的"影"。

国际招标征集而来的设计方案有：德国扑面而来的巨浪、加拿大小巧精致的园林、波特曼气势恢宏的大构筑……"尘

拟物式建筑设计，凤凰开屏满厅堂

埃已经落定，集众智而涅槃，文化中心眼前的'凤凰'赏心悦目。"地下空间专家束昱教授如是说。他介绍，文化、体育等公共服务系统地下化已成为21世纪的潮流，重建后的文化广场地面上下环境结合、协调得很和谐；观众进出剧院，

行走通透开阔，望去满眼皆绿，进入室内则在半地下的厅内观赏节目，十分契合人们观赏时的视觉、心理需求。

"凤凰于飞，翙翙（音huì，鸟飞声）其羽，亦集爰止。"集、止在这片葱翠的都市丛林里。

搜尽你心中明清老街、明清江南老街的词汇，灰墙黛瓦、卷草明窗、青石铺地、繁缛砖雕、桃花映水……如果我告诉你古风浓郁的明清江南就在上海，你信吗？

灰黛排闼入眼来

到高桥来看看，就在上海北部。那是一座老老的、老老的镇子，老人说镇子已有八九百年的历史了，真是还没有上海市，就有了高桥镇。长长的、安静的老街，灰墙、排窗、细瓦，画着"Ω"弧线的观音墙，还有屋脊檐角时常翘起的翚翅，

蓝蓝的天空下，老街护佑着屋檐下、画栏前闲话的大娘、奔跑的儿童、打盹的老者：老街让我们熨帖着、温暖着。

高桥镇已经被上海市宣布为30个历史文化风貌区之一，这样的风貌区在偌大的浦东仅有两处。沿河而建的900米古镇东西老街上，"老宅的一砖一瓦，都融合了中西方特色，散发着独特韵味"。当地老人指着头顶的"太阳轮"和锦标般的穗穗，告诉我们，这样中西结合的建筑在20世纪初的高桥民居中很是常见。看来，高桥镇上的明清古建融进上海外滩"万国博览"式建筑

建于1918年的高桥镇西街凌氏民宅，门窗中西合璧

元素，也很入眼、好看。

在市政府规划局网站上，我们看到了《浦东高桥老街历史文化风貌区保护规划》。规划把高桥镇历史风貌保护区功能定位为：区内由保存较为完好的众多风貌独特的名宅故居、古桥、古园林和河道共同组成，体现"因河而生"的功能特色，"因桥而名"的命名特色，及"丁字街、丁字河"的城镇整体空间结构特色，并具有明

西洋风留下的印记：高桥镇东街仰贤堂

清时期水乡城镇整体风貌特征的历史文化风貌区。

走着、打量着、感动着，"走马楼"过廊、门头上眼花缭乱的砖雕、平拱的窗楣、备弄四通的钟惠山府邸；杜月笙家祠，五开间三进深仿明清庙宇式混合结构建筑，据说宅邸规模之宏伟、陈设之富丽堪称一时之最；坐北朝南、沿河而建的两层三进院落应该就是当年建筑材料供应商黄庆年的豪宅了；还有道道地地、镇上独一无二的石库门建筑敬业堂；石、木、砖雕刻一应俱全的老营造商王松云豪宅；园地、河浜、竹园样样齐备的孙氏住宅；为孝敬老母而造的三开间、假三层花园别墅谢氏民宅……

尤值一提的是位于高桥镇东街56—58号的印家花园。这是一所名副其实的住宅园林，建于20世纪20年代，其主人是高桥著名的儒商印渔村。这处园林西临北街是印家住宅，中间有清浦江流过，河上架一座专用木桥。江东是一座花园，内建有印家祠堂和有三层的近江台等亭台建筑，印家将住宅、祠堂、园林等连成了一体。

这些宅子的主人可都是"滴滴刮刮"的高桥人呢。

公共艺术作品，让人看还是让人"用"，这是个问题。

最近数年游览世界各地，特别注意各大城市的城雕、装置甚至指示牌等公共艺术的情形，出人意料的造型，灵气飞扬的作品，我们自然久久驻足，看了又看；如3月11日（2011年），日本东北部9级地震发生时，东京写字楼"咣当咣当"的摇晃声，其间人们惊恐的眼神、凝固的表情，我想他们中的大多数人可能都难以正常思维了，如果此时人们的视线所及处有个指示逃生路径的公共艺术装置，情形又会怎样？

从让人看想到让人"用"

——城市标识与公共艺术新观察

因太卡通而"无厘头"

即使不细心的人也会发现，在沪上一所著名大学的街心绿岛上，原本《钢铁是怎样炼成的》《物种起源》《资本论》和大提琴、单簧管等书卷气浓郁的装置处，最近换成了甲壳虫、斑点虫、红红黄黄的昆虫，煞是让人挠头闹心。

告知周围环境的横偶地面街标识，干净的标识为周边环境营造良好的氛围。

世博，让上海的城市空间添了不少的艺术品位，广场、街角常常成了艺术家、城市美容师们驰骋灵感、施展才华的地方，这本是件好事。但是，一件好的公共艺术品应该与它所处的地方心气相通、相得益彰才对，这样才会塑造出声通息宁的和顺气场。在安静而优雅的高等学府前摆上热闹而鲜艳的昆虫，让人觉得就如在"蓝色多瑙河"的旋律中掺进了纽约街头躁狂的摇滚，"无厘头"而格外别扭。

再者，公共艺术毕竟不同于《蒙娜丽莎》，画中的艺术家尽可全然彰显自我，公共艺术因为它姓"公共"。姓了"公共"，又是艺术，它应该具有哪些特质？

等你互动默契"一笑"

何谓公共艺术？简单地说，它是设置于公共空间的艺术品。其类型包含雕塑、壁画、喷泉、铺砌图案、特殊光照、特殊建筑、园林等。这些艺术品具有公共的、开放的特点。它首先是艺术的，它同时又是可"用"的。

近年来，不少公共艺术家、设计工作者都纷纷强调公共艺术的参与性、互动性。"你已经走了2 200步了，你已消耗了体内多余的46卡路里。向你表示祝贺！望您继续努力！"这是世纪公园里一个木制人体剪影上的文字，你看到了肯定会默契地一笑，然后继续朝前走。

公共艺术不需要太多，就能给人很多。

找到恰当的"发力点"

公共艺术的独特限定，要求艺术家带着"镣铐"在"圈"中跳舞，所做的一切都是为了找到艺术与使用的结合点，找到艺术灵感和才华智慧的"恰当"的"发力点"。

很容易让人迷茫的地下，当你看到一尊古希腊的美女雕像，这尊雕像又似名画《泉》中少女那样，丰腴、柔美似水波般的身体曲线散发着青春的热力；往上看，那水罐到了肩上，接着你就看到了去往的地点：艺术感与可用性完美地结合到了一起，"发力点"找到，这里的感觉就是"恰当"而愉悦。

东京、大阪、巴黎、纽约、墨尔本……这样的公共艺术装置很常见，即使是看上去颇荒凉萧索的北海道，也不乏这样"恰当"的装置，安静、用心，提示得恰到好处。

公共艺术，让人欣赏，也要让人好"用"，关键是摈弃唐突和无厘头，迎回"恰当"。

随着工业、社会转型的不断加速，大工业时代标志性的大机器、大厂房乃至小小螺帽、挂钩之类弃置的物件越来越多，如何安置它们？这是个问题。

发现，关键要有一双"慧眼"

——工业废弃物再生艺术漫谈

昔日功臣今天的"鸡肋"？

"机器轰鸣""汽笛声声""川流不息"，"到处是一派热火朝天的繁忙景象"……大凡今天50岁左右的人们脑海中关于社会主义建设场面，很自然就能浮现这些词汇、语句。

当年的热火朝天与沸腾的钢水、巨大的钳子、硕大的锚锭、长长的铰链、高高的罐子总是分

徐汇滨江边的大吊机

不开的，它们无疑都是当年社会主义高歌猛进的功臣和"辙印"。

但时至今日，我们身边很多的大工厂、大机器就这样扔在那里，风吹日晒、寒来暑往，一天天破旧下去。即使是送这些"废品"进回收站、熔解炉，往往也因资金、设备等问题而搁置、拖延，仿佛曾经的功臣无可争议地成了今天的"鸡肋"。

这些错放地方的"资源"物件果真就没有升华、涅槃的可能？

升华？至少缓行丢弃

升华或涅槃？至少缓行丢弃。我们的城市一步步走到今天，当初的每一步、每一道车辙都是城市成长的忠实记录。即使这些脚印和车辙，以今天的眼光看起来，或许有些蹒跚、有些歪斜，甚至有些跌跌撞撞，但是谁也不能否认，我们城市当下的纹路、肌理、骨骼中就有它们留下的"胎记"。

有了这些"胎记"，我们的城市就有了"出身"，有了来路，我们的城市就有了"根"。这"根"越粗壮，越绵长，从大地母亲的怀里汲取的乳汁养料就越

醇厚丰美，城市的底气就越浑厚醇美，未来就越美好。

正因为如此，没有想好安置大工厂、大烟囱之前，最好缓行丢弃。放在那里，晾一晾，说不定哪一天奇思妙想就有如神助绵绵不绝，奔涌而来，当年好用的大烟囱又成了今天好看的"1933 地标"。

蓦然回首　风华依旧

不割断，歇一歇，城市的历史就会因小憩而发酵，就有可能升华。

大机器、大工厂这些曾经"挥汗如雨""一日千里"的城市历史需要歇一歇，我们城市里的许多当年亲历其中的市民同样需要歇一歇、看一看、想一想。亲历者从置身其中，转而"隔岸"，继而蓦然回首，就可能发现"灯火阑珊处"的大机器原来如此迷人。

因置身其中而觉酣畅淋漓的昔日壮美，今天因"隔岸"而袅袅娜娜地优美起来。这种载满了深厚思想和历史气息的大机器、大工厂，变成了装置摆在"老地方"，还是那个它，但了解它前世今生的人们嘴里念叨的就会是"当时只道是寻常"；对其历史知之不详的人们走近它，感受到它或轩昂、或谦逊的"身段"，感叹的定会是"天地之间有大美"。

老机器、旧厂房，一双发现的"慧眼"就能让它找回"第二春"。

世博城市世博后，过得如何？怀着种种疑问，三月春风剪杨柳的明媚日子里，我们穿行在上海的郊区古镇、闹市大街，乃至弄堂小巷，寻找着后世博城市的艺术氛围，感受上海的海派印记——

寻访都市艺术有喜也有忧

有点艺思的世界"大秀场"

上海的精细和艺术品位追求一直延续到了新世纪，上海世博会又给了这种追求一个千载难逢的秀场。

世博会闭幕转眼已经 5 个月了，世博园中精彩的艺术氛围是否弥漫到上海的街头巷尾？上海是否以更博大的胸怀吸纳全球艺术家的才情挥洒？近日，我们在刚刚撩开面纱的北京路雕塑公园里找到了精彩的答案。

在这里，美国的、法国的、比利时的、英国的艺术家，装饰性的、抽象的、写意的、新古典的，各种风格的作品比比皆是。

肥肥的牛儿，肥肥的人们，配上瘦瘦的、高高的、红红的、鸟巢蜂窝状如云彩飘过来的"高楼大厦"，于是懒懒地卧在草地上的牛儿就百思不解：人们为何脚步匆匆？为何不停下来享受一下泼金洒铜的美妙夕阳？还有来自世界各地的儿童，火星上的，还是天外来客？他们的样子都很热烈，热烈地转成了圈圈，兴奋得个个模样都很卡通、很搞怪。

徘徊在"撕裂的乐器"前

音乐可以看？凝视着"一"字排过去的大提琴、小提琴、小号、中号，还有仿佛人形的腿，他们都被撕裂、分开，为何？法国艺术家就用这种方式表达着对音乐之都维也纳、诺贝尔颁奖盛典的崇敬、热爱和着迷。

走来走去，看来看去。"上海为何要请来这些'撕裂'的乐器？""艺术家为何要用这种方式表达对艺术、对音乐的沉迷、陶醉？"这些铜雕的乐器应该是费了艺术家很多的力气和大把的光阴，普通路人却看不懂其中的奥妙。

为何看不懂？平时太缺熏陶。是不是因为艺术馆那张门票而被"挡"在了艺术殿堂的门外，结果户外有了这些艺术的"精灵"，自己却看不懂。看不懂，却很舒服，很不愿意离去。

徘徊在"撕裂的乐器"前，看着这些"爆棚"的乐器，感受着音乐的劲飙，"命运敲门声"的"笃笃"响起，久久不愿离去；又想起3月5日上海美术馆终于免费开放，看来越来越多的市民享受艺术带来愉悦的日子近了。

然后，大家一起来看"音乐"。看不懂没关系，看着这些跳出常理的雕塑，能产生一些思考就行。

可否绘张"上海艺术导游图"

世博会期间，我们曾经提出园区"公共艺术导览图"的问题，联想到近期漫游街头基本靠"撞"的情景，还是要问：上海，能否绘张"上海艺术导览图"？

音乐的力量　阿曼（法）

这张"图"应该标明上海角角落落的艺术馆舍、院校、户外艺术分布位置，同时载有到达路线、乘车路线等等。例如，户外装置、雕塑，如果能再标明与作品相对应的艺术家就更美了。

有了这张图，找寻起来，就方便多了，再也不用像我们这些公共艺术的发烧"驴友"们这样费力地满大街碰运气了。当然，上海国际化大都市的软实力自然也就多了一个加分点。

又到一年油菜花开的季节，粼粼河水边、黛顶螺髻、天蓝如洗的地方，哪里的油菜花开放得最热烈？广西南丹、龙胜、阳朔，广东从化、英德、花都，还是云南的罗平、湖南的衡南雁北？但无论是花开得多么轰轰烈烈，少了"有山有水才安居"的民居，就少了"画里乡村"的情致和韵味。有了油菜花烘托的白墙黛瓦，有了薰日里的歪斜打盹，那种环境叫自在，那种宁谧叫恬静——

那里的乡村叫艺术徽州

明代，"胸中小五岳，足底大九州"的徽商荣归故里后，就第次盖起了"四水归堂"的栋栋深宅大第，高墙白屋、简洁清澈的外表，往往掩不住徽派民居高墙里的韬略风云、万千风起。

适应山区逼仄空间，从"干栏式"建筑演变而来的徽州楼房，融通北方"四合院"而以"天井"构屋，再配高高的马头墙以防火。于是，自明末以来，徽州的青山绿水间、汀边坳曲处，凡是油菜花常常开放的地方，星星点点、丛丛簇簇的白墙黛瓦就成了"焦点"。

徽派建筑的这些特点在村落民居、祠堂庙宇、牌坊和园林等等构筑形式中，都鲜活地散发着依山抱水、追求水秀山明的情趣，都无一例外地勘山察水且善用风水。

雾霭里的徽州

这里的房屋布局常常以中轴线对称分列，面阔中规中矩地分为三间，中为厅堂，两侧为厢房。厅堂前方正对天井，采光通风。房屋内院落层层叠叠、环环相套，家庭的生活空间也因此而幽曲自得起来。民居外观则高墙封闭，马头翘角，墙线错落，于是一眼望去，所有的徽州乡村青山绿水之间的都是黑瓦白墙，波澜不惊而有深水激流。

房屋的装饰，木雕、砖雕、石雕——"徽州三雕"是必须的，或衬托"冬瓜梁"，或变身"大门槛"，更多地则是把原本平淡的窗、平整的门点化得风生水起、花团锦簇，房屋就在能工巧匠的手里精美得如同一首春天的诗。

有人说，徽派建筑凄迷幽暗而压抑，那是因了徽商与家人聚少离多而因物生情。其实，徽派建筑所集聚的山川风物之灵气，所融汇的民族文化之精华，都尽情地散落在了民居、祠堂、牌坊的每一根梁柱、每一羽飞檐、每一面马头墙上，春天里，它们把山野的菜花烘托得灿如云霞，把世界折服得神醉魂迷。

那里的乡村叫徽州。

建筑戴上粉黛的"徽"，如何？

每次到徽州、婺源的画里乡村，都被那里安静且典雅精致的徽派建筑所倾倒。

钢筋水泥、高楼大厦、拥挤的马路，现代的城市已经把我们的生活撕裂、扭曲得很是乖张，我们必须如此巨量的房屋吗？我们的城市必须都这样千城一面吗？

徽州人家

去徽州看看吧。

远处看，每一处古村落的选址都是依山傍水、背风向阳，尊重山水的自然地貌，并且布局合理、交通顺畅，建筑融于山水之间，环境犹如画里；近处看，每一栋房屋的构筑都是高墙封闭、马头翘角，山水间的栋栋屋、面面墙仿佛约好般错落有致，大小不一、"脸面"多样的斜坡屋顶一律地闲庭信步、落落楚楚；更加上砖雕门罩、石雕漏窗、木雕楹柱，徽州民居的样式丰富而耐看，韵味十足；进去看，以天井为中心围合的多进式院落，按功能、规模、地形灵活布置，更是徽派建筑一大特色。

虽然我们看到的徽派建筑常常是青山绿水、繁花锦簇中的白墙黛瓦，但走在屯溪老街上，6~7 米的街宽、7 米左右的建筑物高度，高宽比约 1：1 的尺度，走在街上的人都是那样地从容、悠闲：良好的空间感带给了人恰恰好的舒适感。

徽派建筑中，浸润最为深彻的还是理念，那种人与自然、人与伦理的和谐，尊重自然、礼重人伦，然后吸纳古今、融汇南北，于是徽派建筑就谦逊而博大、安静而风生水起起来，成了底蕴深厚的经典。

生活需要这种人与自然、人与历史、人与伦理和谐的建筑规划和营建；粉墙黛瓦，给建筑戴上粉黛的"徽"，如何？

如果我不告诉你这是哪里的古镇，你能把它与上海联系起来吧？真的，的的确确就是上海，尊荣高贵的外滩，新锐时髦的陆家嘴之外，还有这宋代就有的老老的街——

嘉定光影 HOLD 上海城市底色

快看快看，老街的麻石

那天，大约是日头斜暮的光景，我们徜徉在嘉定的老街。

霎那间，我们被眼前一位推自行车的人，还有光彩炫目的满街麻石"灼"住了。就这样呆呆地看，人一色的剪影，长长地拖着，紧跟着主体游动；街上的石头，耀眼地、晶晶亮地簇拥着一直伸

蓝天、白墙与光影，老街民居韵味十足

到远处，越往日头处越晶而烁，一直亮到睁不开眼。

麻石、轿子、麻团叫卖声、得得的马蹄声……忽然就回到了近千年前的南宋嘉定年代，国际化都市上海底蕴原来如此地绵远醇厚。

那澹定的宝塔和瓦当

那宝塔就是法华塔，年龄很老很老了，鎏金的塔刹、红红的立柱，甚至连简洁的栏杆，在蓝天下一色地淡定且从容，衬了雪白的观音墙，老老的塔仿佛在与檐上的"电视锅"喃喃对话。

观音墙、马头墙，一旦隐在了柔软的柳条、优雅的银杏树后，立刻就灵动而曼妙起来；观音墙把蓝天分割出层叠的线来，会怎样？就是一部风生水起的交响乐了，多声部、多乐器，把上海的天空渲染得艺舞飞扬。

细处看，镂花圆窗，外层一圈，那是砖雕，里面则是铸铁做的花了；屋檐上的世界同样精彩：瓦当，当然是"寿"字图案，各种各样的"寿"字密密布阵层层高；再往上，当然是童子拜寿，一堂的融融和气。

嘉定，Hold上海底色

都说上海是一座西洋建筑风劲吹的城市，是一座万国建筑博览园。对，但不全对，上海的外滩、陆家嘴固然是尽现代上海的"胎记"，但不是全部，上海的中华底色一样浓厚而纯正：仓城、嘉定、高桥、召稼楼，它们厚厚实实地打牢了上海这座城市的底色。

因为这底色，上海的文化之根深深扎入中华文化泥土之中，这座城市变得文气十足、文化味儿绵醇浓郁；更加上海纳百川广浸四海艺风，上海这座城市国际化进程中便神定气闲、优雅十足，艺术因文化的醇厚而高雅起来。

"公元 2002 年起，洋山深水港、东海大桥、临港新城起步建设，此乃构筑上海国际航运中心重大举措"；"雄伟壮观的防洪大堤，蜿蜒东海八十余里，在南汇嘴形成拐角，恰为上海大陆最东南之端点，此乃上海'天涯海角'也"。这样的纪史文字，刻在上海的什么地方？看到这样的文字的，上海有几人？

艺术创作勿忘大众资源
——在观海公园感受城市环境雕塑

发现组雕、装置纯属偶然

记得那是一个初春的夜晚，因为参加一次学术会议，我们来到上海的天涯海角——临港新城。

酒店紧贴大海。甫一入住，有着找寻身边的艺术习惯的我们立刻循着亮光朝东海边走过去，墨黑暝寂的四野，点点灯光也在料峭的寒风中瑟瑟地颤抖，但那里的光不同，泼泼剌剌，硬是撑开一片阔而敞的天穹，就连海中的波纹也粼粼地闪着无尽的光泽——那是一片人工的作品！

观海公园里的雕塑"司南"

果然，硕大的欧式宫殿门骄傲地昂着头，坚定地朝着南方；五位工人正在船上忙着作业，看样子是在清理挖出来的东西；还有看不清里面的玻璃金字塔、硕大无比的吹沙管、歇息的工人：是反映临港新城建设者的艺术装置、雕塑！我们为意外的发现兴奋不已。

路上，我们只碰到两名巡夜的保安。

劳动者的艺术如此震撼

上海启动国际航运中心建设，临港新城立刻开始向海要地。按照规划，临港新城 45% 的面积（约合 133 平方公里）是要向大海要的。

筑坝、填海、铺路……
向大海要地，谈何容易！
穿着10多斤的胶皮衣裤，
踏着没膝的泥沼，一下去
就要走上几个小时；工作
在距海岸6公里的潮滩上，
常常是连续数月的工作；
而简易工棚里没有电、没
有淡水，吃的饭得从数公

当年的吹泥管

里外的食堂用肩挑过来：这样的日子工人们得坚持数年。

再来公园已是清晨。眼前，当年填海时一吹数十米的黝黑吹沙管如今已变身成了观海公园里列队的"战士"，但那姿态仿佛还在静静地等着冲锋的号角响起；粗犷的填海石"弓"在那里，仿佛随时准备"跨栏"填海；而安静的金字塔里装着的都是海底的细沙；工人还在忙碌，队伍仍在集合，两位黝黑的填海工人在小憩、在交谈，也许正在谈论着临港新城的未来？早晨的阳光让他们黝黑的脸泛着亮光。不远处，小小的地球仪周围，不同的方位布着纽约、斯德哥尔摩、开普敦、悉尼、莫斯科……反反复复、上前绕后，我们看着，想象着：以劳动者为对象的艺术表达还是最能震撼人心！

巡夜的保安没有了，公园里还是只有我们两人。

劳动者艺术应更贴近大众

早晨6时许的晨曦里，指南鱼拖着长长的尾巴，那高昂的鱼头其实是模仿鲸鱼做的。当时正值吹沙填海的繁忙季节，"一尾丈余幼鲸乘潮游入南汇嘴不慎搁浅，建设者见之，救助于滴水湖，而后护送至东海放生"。装置旁的《司南鱼记》中写道。

在鱼中，我们钻进钻出，瞻前观后，这么好的题材、这么好的装置，要是离市区、离市民更近一些，那该多好？肯定会有更多的人来看，来感受劳动者的光荣与伟大，来享受劳动者艺术的磅礴与震撼；当然还有孩子，司南鱼肯定成为他们的嬉戏乐园、攀爬的"云梯"，司南鱼的故事说不定还是他们作文的素材呢。

那时，观赏者肯定不会就我们俩了。

劳动者艺术，期盼着，何时归？

明天就是劳动节了，感谢作者发现这么好的劳动者艺术题材。

虽然，观海公园离我们的城市、离市民还有不短的距离，但临港新城的建设者们用这种形式记录下吹沙填海、围海造城的这段珍贵的历史，十分令人敬佩；这种艺术形式，也值得大力提倡！

坦率地说，劳动者艺术离我们今天的生活已经相当遥远了。不好说这是对文革时期艺术"主流"的一种"反动"，因为那时触目皆是，甚至是唯一的艺术形式；但今天劳动者形象从各种艺术创作活动中几近销声匿迹，也绝非常态，更不是好事，不论这种销声匿迹是有意还是无意的。

现代化、和谐社会需要全体人民建设，用各种艺术形式反映建设者的形象当然也是必须的；更何况，这种散发着阳刚、英雄气的艺术是很容易激发人们蓬勃向上、克难攻坚的斗志的。你说呢！

期盼着劳动者艺术早日回归到我们生活的街头巷尾、广场公园。

期盼着，何时归？

假如只有土和极少量的木材，你如何建造房屋？且这种房屋要求低碳、环保、防震、防风、防寒，讲究阴阳风水，要求天人合一，你能做到不？我们的祖先做到了，他们挖就的历史长长的——

日子在这里蹦蹦跳跳
——地坑院讲述着建筑设计与文化的故事

地坑院也叫天井院，三门峡当地人更喜欢称为"天井窨院"。据说，这种源自我们祖先穴居方式遗存的"地下四合院"，已有约四千年历史了。

"进村不见房，闻声不见人"描述的就是河南三门峡地坑院的情形，那里至今仍有100多个地下村落、近万座天井院，较早的院子有200多年的历史，住着六代人。

地坑院是一种奇妙的建筑形式。行走在里面的我们常常迷路，因为从空中看

下去的一孔孔"眼"就是一个个
院落，这样的院落里每一个都"藏"
着七八间房，在平整的黄土地面
上先挖一个正方形或长方形的深
坑，六七米深，然后分期分批在
坑的四壁挖窑洞，儿子多了，窑
洞也就多了，直至主窑、客窑、
厨窑、牲口窑、茅厕、门洞窑一
应俱全，水井当然是要挖的；长

屋在地下，门楣在墙上：地坑院

辈的主窑一门三窗，其他窑一门两窗，主次分明、尊卑判然。这样的院落是独门
洞独院，也能是二进院、三进院，甚至更多。

　　彰显着中华民族与黄土深深依恋之情的地坑院讲述的是大智慧、大艺术。

　　众所周知，房屋都要要建在地上的，可是，我们的祖先就把房子"建"在地下。
在今天看来，这是建筑史上的一种逆向思维，而这正好是现代建筑孜孜以求的"低
碳、环保且宜居"境界；底下的"家"，留住了温暖、舒适，辞了酷暑严寒。

　　地坑院除了极少量的木材，它几乎不需要任何的现代建筑材料。它四周蓝
砖蓝瓦砌成的"拦马墙""落水檐"，弧形的抛物线在周正的院落上仿佛跳跃
的音符，蓝天下把生活的韵味烹炒得明快而鲜亮；恰如其分的窗花，望过去，
日子在这里蹦蹦跳跳、红红火火；打造"家"的就是土、砖、瓦、木头这几个
建筑"音符"。

　　如果你懂些周易，"东震宅""西兑宅""南离宅""北坎宅"等院落形式
肯定会让你流连不已、乐而忘归；如果你仔细观察穿山灶（我更愿意称之为"长
龙灶"），老祖宗把炸蒸煮炒和保温集热整合得如此地简单明快而情味足足；如
你运气好，赶上婚嫁场面，那震天的锣鼓、噼啪的鞭炮、红红的洞房，"日子就
应该这样汤浓浓、艺秾秾（音 nóng，盛美貌）"肯定是你由衷的感叹。

艺术地坑院，"钥匙"能开多少锁？

地下空间专家　束昱

再次考察河南的地坑院已是30多年后的今天了。

应该说，地坑院还是过去贫穷人家"不得已"的选择，但其体现的"天人合一，共生共养"的和谐理念却是走了很长弯路的我们又想回归的现实样板，正因为如此，地坑院成了新时期的"国宝"。

随着生活水平的提高，百姓再回到地坑院的可能性已经不大，但地坑院的窑洞穴居与大地连成一体，自然图景与生活图景浑然天成的生活态度却告诉我们很多。因此，陕县顺

地坑院的秋天

势而为迁出居民、接盘再造，让"院"外的人多多来、经常来的做法，我相信很快就会唤回地坑院的"第二春"。艺术地坑院，这把"钥匙"其实能开多把生活的锁。

固然，地坑院有较为原始、现代设施不足、光线较暗、通风不畅等弱点；再者，虽然占地很少，但地面未能充分利用也是其不足。可是，现代地下空间的成熟技术，解决这些问题可谓是举手投足、轻而易举。到那时，太阳光电进入窑洞、汽车开进地坑院落、龙头一开热水就来，您洗好澡了，走进地下院落，泡桐花盛开的上面就是碧落苍穹、眨眼的星星；上到了地面，牡丹芍药成片成片地点着头、摆着手欢迎您，地坑院就让生活诗意盎然起来。

节地的、安全的、低碳的、环保的、舒适的、充满艺思的，地坑院应完全可以作为破解城市难题的"钥匙"。"地坑院"褪去了城市病，生活定会艺趣满满、情味满满。

这是典型的纪念性建筑，对称的"方盒"两边一边插着五面红旗——那是扁扁的石柱，简朴且花而红的石头一路到顶，但檐下正中央鲜红的锤子、镰刀告诉我们，这里的天空因为中国共产党的活动而通明透亮，这里的——

建筑，因红色而典藏

不需要太多的装饰，紫铜的门钉、紫铜的门扣背后就是红色的历史了，关于幼年共产党的历史，南湖的那条小船上走来了今天中国这七千万人的大党。

那条江南常见的乌篷船，那常见的焚烧鸦片、先驱浴血群雕，南昌、遵义、延安……那些我们耳熟能详的建筑，无论是传统的殿宇楼阁、石库门屋、窑洞还是高高的宝塔，他们无一例外地都因了"红色"而典藏了历史、穿越了时空，成为一代又一代中国人心中的经典和神圣的殿堂。

因为南湖圆圆的小岛上那栋烟雨楼典藏了共产党人艰苦卓绝的战斗岁月，因为当年这片土地被热血染红，于是，素净的南湖边便矗立起了素朴但肃穆而庄严的这栋纪念馆。

谁说南湖革命纪念馆那出挑深远的大屋檐不是为你我遮风挡雨的呢？建筑，因红色而典藏。

用建筑语言镌刻峥嵘历史

今年（2011年）7月1日是中国共产党建党90周年，各地形式丰富的纪念活动已经渐有声色、渐入佳境。九十年的风雨中，中国共产党从上海、南昌、井冈山、遵义、延安、西柏坡……一路走来，艰苦卓绝而又功勋彪炳。

中共党人曾经开会、活动的石库门里，曾经打响第一枪的大旅社，曾经在生死攸关的危急关头挽救了党、挽救了红军、挽救了中国革命的遵义会议召开地——柏公馆，还有革命圣地延安的座座窑洞，指挥解放战争的西柏坡农家院落：这些建筑原本都是中国建筑历史上普普通通的"印痕"，但因为共产党人的革命活动，它们穿透了暗黑的历史苍穹，走到了今天，因为承载厚重，我们尤其要善待它们。

令人高兴的是，无论是寸土寸金的上海闹市区，还是僻静的西柏坡，这些老老的房子并没有因岁月的磨蚀而黯淡，而因了精心的呵护愈发荣光熠熠：浓浓树荫下的石库门平添了如许的庄严，遑论一大、二大、四大会址；黄黄的黄土墙、木制的独轮车、圆圆的石头碾子，甚至老屋旁黑而遒劲的柿树枝，它们都因了"修旧如旧"而成为革命历史的闪光"音符"。

红门

砖木结构、高墙垂门，中西合璧、巍巍峨峨的两层楼房，那是当年国民党二十五军第二师师长柏辉章的私邸，遵义城里首屈一指的宏大建筑，因了遵义会议，今天它还是一楼一底曲尺形歇山顶，顶上依然盖着小青瓦，但它却成了中国革命历史性转折的代名词，类似普普通通的旅社，石头做门框、乌漆实心厚木当门扇的普普通通江南民居"石库门"……建筑因内涵的变"红"而峥嵘，而不朽。

不朽的建筑穿越了时空，更加上装置、雕塑、壁画，乃至展览手段的声光电，于是红色的建筑之旅方兴未艾。

本期开始，我们将用一如既往的建筑语言镌刻中共党人的峥嵘历史。

用任何美好的言语、词汇来形容中国共产党的 90 年奋斗史都不为过，但什么样的语言都没有眼前这几幅镜像、绘画给人的震撼力、冲击力巨大，绘画、雕塑、装置、构筑，什么样的载体、什么样的形式已经不重要，重要的是，它们让原本平常——

历史，因艺思飞扬而隽永

这里是会宁，虽然这里走过秦皇、汉武、成吉思汗、林则徐、左宗棠，但如果不是红军一、二、四方面军在此会师，它也就是"秦陇锁钥"中普普通通的一处城池关隘。1936 年 10 月中旬，红军三大方面军在此会师，边陲小城会宁的西津门就进入中国现代史，成为鲜红的"会师门"；会师门外的会师塔，红墙翠檐，三足挽手并立，直插云霄，正面书邓小平题"中国工农红军第一、二、四方面军会师纪念塔"；毛泽东说，"会宁、会宁，红军会师，中国安宁"，三大主力合为一体，民族解放的征程便洪流滚滚。

硝烟还未散净，到处是丢弃的辎重武器、举起双手的"国军"，这样的场景在解放战争的历史大片中相信很多人都见过，你知道吗？它的"母本"就在西柏坡纪念馆。艺术家用半景画的手法，加上模拟的战场厮杀、枪炮轰炸等音效，走进纪念馆，我们就能感受到当年的血雨腥风、惊心动魄。1948 年 5 月，毛泽东率领中共中央、中国人民解放军总部移驻这里，西柏坡这个普通的山村成为"解放全中国的最后一个农村指挥所"，最终从这里走出了一个崭新的中国。

大块的石头，昂着头冲向天际，拿着枪、吹着号的工农子弟兵向着晨曦初露的地方呼喊着、挥舞着、冲锋着，他们的前面就是金灿灿的曙光。

与这片赭红、金黄的土地紧紧相依，与这片土地上的百姓鱼水不离，于是，画卷里的莽莽红山、漫漫坡道，烟霭重重的原野就成为中国共产党的"力源"。

历史，因艺思飞扬而隽永，而摄人心魄。

作者拍摄的会议旧址　1949 年 3 月 5 日—13 日，中国共产党在西柏坡召开了著名的七届二中全会，做出了"党的工作重点由乡村转移到城市"的重大部署，全会号召全党同志必须警惕骄傲自满情

由于工作关系，熟识的朋友们聚到一起经常聊起苏州，说苏州不仅有阊门、拙政、沧浪亭和平江老街，吴侬软语、人间天堂的苏州同样有现代化大都市的时尚和潇洒，一如——

现代大道上的现代作品
——苏州工业园区现代大道雕塑、装置的启示

苏州现代大道，是伴随着苏州工业园区建设而规划设计的一条大道，当初苏州工业园区诞生时，与有着数千年文化底蕴的苏州古城相比，一片田野中"长"出来地园区的传统文化氛围可谓是一片空白。

在规划设计者的眼中，苏州工业园区是一个新城区，园区数十万居民都是"新移民"，新园区、新移民，核心在一个个"新"字。规划潇洒而大气，建筑时尚而新潮，环境清新而神采飞扬、朝气勃发，易地而建的新城区为的是腾出空间保留一个原汁原味的老城区，新城区彰显的是古老苏州的现代气象。根据这一定位，经过十七年的建设，大道周边的金鸡湖地区，已经成为苏州的一个新的地标，品味风格迥然不同于烟雨亭桥、池塘荷风的清雅苏州，而是一派阳光明媚、大气俊朗。

你沿着京沪高速苏州工业园区出口进入现代大道，阳光的苏州立刻呈现在你的眼前：绒毯样的草地上，牛还是垦荒的模样，但牛的线条已经是舞蹈的身段，鲜红的颜色，少了滞重，多了生动；红红的剪纸样装置，箭头指向天空，是在用老苏州的格门花窗彰显现代苏州的速度？还有现代的齿轮与传统的纹样执手相拥，鱼儿在蔚蓝的洋流中鱼贯向前，加上现代感极强的圆规、角尺……宽阔的马路两边，一眼望不到头的绿树与草坪中，色彩艳丽的雕塑时不时迎上来，打招呼。

这些雕塑、装置作品，无论在环境搭配，还是园区精神的思考与提升上，大都做到了构思、色彩与造型的协调，都有着独特的视角，甚至仿佛不经意"撂"在那里的棚子，给人的感觉都是"恰恰好"。形似神似的具像与抽象、大红快绿色彩的反差，表达的都是环境设计者们向世界传达一个现代苏州的愿景。

谁都知道，苏州是吴越的、明清的、江南的、曼妙而优雅的；但走上现代大道，苏州则是阳光的、活泼的、热烈的，朝气蓬勃而活力充沛的。

为避免毁坏而择地另建新区，既让古老苏州的魅力常驻人间，又让新区带给了世界一个新天堂，可谓是一举两得，给我们的启示良多。

有没有看见这个，想起了中学的数学？

在种类繁多、数量巨大的博物馆海洋中，虢（guó）国遗址博物馆实在是算不上身世不凡、声名显赫，甚至它在哪里，恐怕世人也知之者寥寥。但是，这里展示的却有全国最早、规模最大的地下车马军阵，有"中华第一铁剑"，这里还是世界郭姓的衍源地，它们都是从虢国最后的归宿地——河南三门峡向我们走来。它们从地下走向世界，都因——

展馆：驰骋在黄土高原上的战车

虢国是西周时一个重要的姬姓封国，开国之君为周文王的弟弟虢叔。最初分封在今陕西宝鸡附近，西周晚期，东迁到河南三门峡一带，建都上阳（今三门峡市区李家窑附近），公元前 655 年，被晋国"假虞灭虢"之计所灭。

虢国墓地是我国迄今为止发现的唯一一处规模宏大、等级齐全、排列有序、保存完好的西周、春秋时期大型邦国公墓，总面积超过 32 万平方米。探明各类遗址 800 余处，已发掘的 260 多座墓葬中出土文物近 3 万件。尤其是 20 世纪 90 年代发掘的虢季和虢仲两君大墓，因出土文物数量多、价值高，墓主人级别高，分别被评为 1990 年、1991 年全国十大考古新发现之一。2001 年 4 月，虢国墓地遗址被评为"中国 20 世纪百项考古大发现之一"。

虢国墓的发掘是因为三门峡水库的兴建而于 1956 年开始发掘的，时任中国科学院院长郭沫若指示"原地原状"保护。

赭红色的墙上，浮雕的都是虢国国君东征西讨的英武事迹，而门口巨大的阳燧就是地下文物的放大版，它是用来借日取火的；最多的还是馆内陈列的各种铜器、玉器，它们或者静静地等在玻璃后面，或者叠加着散落在棺椁周围；最神奇的当然就是把中国人工冶铁的年代提前了近两个世纪的"中华第一剑"；由 14 件象征面部特征的玉片连缀在丝帛上制作而成的缀玉面罩，是马王堆金缕玉衣的"祖宗"；排列整齐、阵容威武的地下军阵，它是秦兵马俑的源头……这些都是国宝级的文物，因为有了这因形就势、巧妙设计的恒温、恒湿的"家"，它们都散发着高贵、优雅的迷人风采。

虢国博物馆选址在虢国墓地遗址上，馆舍北至黄河仅 600 米左右。站在展馆的主楼平台上，北看黄河东流去，九曲回荡，咫尺眼前，真不知 2 800 年前虢国南迁面对它是何等情状？

因为墓葬规格极高、内容极丰富，建筑的设计者别具匠心地把博物馆设计成了一辆巨大的战车，序厅和虢国春秋展厅的顶部为两只圆形车轮，两边办公区和东边的车马坑展厅设计为两个长方体，成了车的两厢，正面的山墙和照壁连在一起为车轼（古代车厢前面用作扶手的横木）。6个展厅按照不同的展示内容，分别采取天圆地方的理念而造型，有的采用墓中出土的玉璜、玉璧造型，

从望楼上看去，整个建筑像一辆巨大的战车，驰骋在莽莽苍苍的黄土高原上。

来虢国博物馆看看，"假虞灭虢，唇亡齿寒"、三十六计中的第二十四计——"假途伐虢"都因这栋被设计成战车样的建筑而在这里战火硝烟袅袅未尽。

虢季幕，大型竖穴土坑墓，埋葬于西周晚期。1990年虢季幕被评为全国十大考古新发现之一

无论是毛泽东在瑞金的旧居、我党创始人之一邓思铭的肖像，还是藏在深山的兵工厂、调皮的小毛狗，它们都因一个共同的主题"建立新中国"而成为眼前的画卷；都因为在画里——

用画笔绘就永远的丰碑

用画卷铭刻中国共产党人为中华民族的独立与强大而抛头颅洒热血，成为当下画家们的不二选择。

瑞金，如今已与中华苏维埃政权紧紧连在一起，在这里毛泽东留下了许多亲民的故事，红军桥、红井、谢大娘家的天窗、一根灯芯办公，如今这些记忆都化作了这栋画卷里静隐树后的房子；不用分清黄黄的土地上长的是柿子树、枣树，还是白桦树，画卷里它们都是英雄树，因为就在这树荫里、山崖下，藏着支撑八路军浴血抗日的十几个兵工厂，视线顺着隐约的寨门往上，那隐约的房子后面可

能就经常运出枪、手榴弹、地雷乃至火炮，在画里，它们安静，安静得很深沉，就如饱经磨难的中华民族；还有邓思铭，这位文质彬彬的贵州荔波县水族年轻人，就是中国共产党创始人之一。他曾担任过青岛市委书记和山东省委书记，在 1931 年在济南英勇就义。画里的邓思铭，还是书生模样，安静而坚定。

永远的丰碑　丁筱芳——朱德、邓小平、陈毅，还有更多不知道名字的革命先驱，它们铸成了中华民族的丰碑

革命不仅是刀光剑影、前赴后继，也有调皮的小毛狗——叫小毛狗，那是因为他没有名字却又参加了革命，你看那件宽大的外套就知道了。小毛狗不想睡，拿着根草——也许是狗尾巴草，那草上的绒绒毛挠鼻子效果好。有了队伍里的小毛狗，革命便因之而生动活泼起来。

因为这些先行者，因为画面描绘的革命细节，新中国的先驱者们排山倒海、澎湃而来，他们铸成了历史的丰碑。

"万顷寒烟外，茅茨枕碧流。枫林巢乳鹤，沙溆乱鸣鸥。漠漠菰蒲晚，苍苍芦荻秋。""暮蔼隐栖鸦，三两人家，么蟾（指蝌蚪状）瘦瘦小艇斜。几点惊鸿飘渺处，霜覆芦花。"这都是古人笔下的沙洲汀渚美景。如今，在世界第一座河口专题科普馆——长江河口科技馆，宝山区政府邀天下——

赏芦花　观宝船　听蛙鸣

——长江河口科技馆参观记

这里是芦苇的海洋，芦花的海洋。一进长江河口科技馆，迎面而来的就是巨大的"画"，上下两层高的墙上，全是。长江河口远处帆影点点，近处芦苇摇曳、绒绒的大树树冠擎天。驻足看，视域未变，河口还是那个河口，池皋还是那处池皋，但颜色却由翠变绿、浓绿、淡黄、橙黄，渐渐地满目尽是白茫茫一片，4分钟里四季更迭，不变的只有白鹭依旧翻飞：原来，这是用电子手段演绎长江河口的四季变幻。

科技馆内的河口环境模拟

科技馆内的环境整体布置成了芦苇荡，灯光下、暗黑中，你走路千万当心，别不小心踩着了小鱼小虾。玻璃箱中的鳙鱼（俗称胖头鱼）、鲴鱼、武昌鱼，还有身体鲜红、叫不上名字的鱼，它们都是长江入海口广大水域里的主人；当然还有大闸蟹、青蛙、泥鳅、河蚬……种类繁多的长江口生物都在科技馆里"和谐相处"。

宝山区政府斥资近两亿，2009年底开工建设的这座长江口科技馆，请来华东师大河口海岸国家重点实验室、设计学院联袂支持。经过一年多的建设，在吴淞口炮台湾湿地森林公园内，长江、黄浦江汇合点上建成了这座外观酷似半只海螺的科技馆。

"这几种构筑海塘的器件，如果搭得好，上面的水放下来就冲不垮。"长江口科技馆主设计师、华东师大设计院院长魏劭农介绍，还有汩汩下潜的海底观察船、八根灯柱模仿出世界八大河口的流水声，"灯柱里的声音都是从尼罗河、亚马逊河、密西西比河等河口录回来的。感兴趣，还可下载作为手机彩铃"。

涨潮槽、输沙率、假潮、港池……转动嵌于墙里的科普方块，这些名词都有多维解释；滑动电子屏，对准墙上的惠吉号、保民号，乃至当今最大的集装箱船之一，江南造船厂的历史便一页页翻过；宝山来历碑、反映河口历史的张张照片、本本典籍，这家展馆很有底蕴。

到长江口科技馆来看看，这里的设计很艺术、很精彩。

"设计，让自然、科技与人文艺术地融合"

——访华东师大设计学院院长　魏劭农

"刚刚落成的上海长江河口科技馆是世博会后上海建成的第一个国际水准的专题类科技馆。"华东师大设计学院院长魏劭农开门见山。

河口科技馆所在位置曾是废弃钢渣的堆积场，宝山区人民政府出资近两亿元在此兴建了这座世界上独一无二的科技馆，介绍和普及河口科学知识。科技馆以怎样的面貌出现，才能符合其功能要求？这是作为总设计及艺术总监的魏劭农教授面临的挑战。

"让设计始终围绕着自然、科技与人文艺术的融合展开。"魏劭农介绍，科技馆的两个建筑单体，中间开了个"口"正对着大江大海，寓意"河口"。建筑内部从墙面到屋顶，互连对接着的曲线正负凹凸：凹下去的，好似宝山、上海张开双臂拥抱世界；凸出来的，就是中国人民抵抗外来侵略紧绷的弯弓、攥紧的拳头。凹凸的曲线，贴上弧面玻璃，当你走过时，建筑立面就是流动的风景。

建筑面积 7 千余平方米的科技馆，分别安排有序厅、资源环境厅、科技应用厅、人文历史厅和临时展厅等五个展厅，设有一个 4D 影院及图文信息中心。展馆外立面覆草，远远地展馆就是一个青青翠翠的缓缓山坡了。这座翠绿的"山坡"是目前世界上弧形屋顶覆草面积最大、坡度最大、施工难度最高的建筑单体之一。

展示，团队采取全程互动、全程体验式设计模式。"从激发好奇心入手，将自然、科技和艺术完美融合在一起，通过各种互动体验，让人了解河口。"魏劭农说，一进门，等候厅墙上的色彩斑斓立刻"吸"住你，那是世界 25 条主要大河的入海口的影像；还有仿真游艇、观测潜艇、脚下的长江口地图、地下的风暴潮影院、郑和下西洋、抗倭、江南造船厂、"八一三"抗战……长江口的自然、历史、人文都被设计进这座科技馆中。"河口科技馆的上网、咖啡休闲区是上海自然景观最好的咖吧之一。"魏劭农最后说。

长江河口特色之一芦苇丛，弯曲连绵。

最近到了天津海河意式风情区参观，夏夜里的马可波罗广场，暖暖的灯光犹如光明旖旎的地中海水、热情奔放的亚平宁平原。走在意大利风劲吹的喷水池边，想象着当年梁启超、李叔同、曹锟、曹禺、张廷谔因为各种各样的心思走过或徜徉在这里的情形。他们眼中所见、脑中所想，可曾有"租界"二字？

无言而告：艺术底蕴无法克隆

浓缩意式规划、建筑精髓

1902年6月7日，意大利公使与天津海关道正式签《天津意国租界章程合同》，租借海河以北，津浦铁路以南，东、西分别与俄、奥两国租界接壤的区域为意大利租界，总占地约51公顷。这是意大利在域外的唯一一处租界。晚清中国又一次丧权辱国。

意租界设立之后，租界当局对此地进行了认真的规划与建设。规划中，引入了意大利城市建设思想，以马可波罗广场为中心规划了完整的道路网及完备的公用设施。租借内以住宅为主，街道呈棋盘状，房屋建造被要求以意大利花园别墅为主，并严格规定沿街建筑不许雷同。区内不但有大量住宅，还建有领事馆、兵营、学校、医院、教堂、花园、球场、菜市场和消防队等，各种社区功能一应俱全。其中两个圆形广场的命名也很"意大利"——马可·波罗广场、但丁广场。这片租界里，几乎囊括了意大利各个时期风格迥异的建筑，这些极具意大利古典韵味的拱券、穹顶、塔楼、柱石都保留着古罗马建筑"稳定、平展、简洁"的特色：意大利风情区犹如一杯醇香的美酒。

注重环境的优雅、整体美

意式建筑十分注重环境的优雅和整体美，这里也不例外。广场建纪念石柱、铜人、喷水池和园林小品；楼房均为庭院式、别墅式，并注重绿化、美化；楼房的房顶多为意式角亭，亭有圆、方之别；柱有圆、方、瓜之分，门头、窗楣、墙面常用圆拱、平拱、尖拱、连拱、垂柱装饰点缀：这里的环境营造从细节到天际线轮廓，不分巨细，悉数精心设计、文火慢炖。

于是，我们在这里就看见了高低错落的角亭，稍稍抬头，角亭檐角雕塑柱组合成优美的建筑空间、分割出恰恰好的天际线，遥远的亚洲海河边就有了这块原汁原味的"地中海"式建筑群。可以想见，当年远涉重洋、怀揣各种各样目的来到亚洲的意大利人，走在这片天空下，看着熟悉的拱券、穹顶、塔楼、柱石，乡愁聊解、亚平宁又见的喜悦是何等模样！

天津卫海河边，意大利以"租借"的名义，在规划、建筑的视域里，创造出了一种异域文化与中国城市环境结合的独特意境。

当下，何必热衷"山寨"

由于"意租界"里的建筑靓丽、环境优美，流亡归来的梁启超、曹禺的父亲万德尊、两任天津市长的张廷谔纷纷在此置地兴筑，营构意式建筑：花岗条石砌墙，门窗一律宽大，方砖墁地，广植各种树木，甚至廊厦之下左右开了坡道以便汽车出入……达官名流、商贾巨富全都以意大利标准兴筑，并乐此不疲。于是，天津的意大利风情妩媚万方，直到如今。

当下，中国城市规划、建筑也在劲吹欧美风。"欧陆风情"小区、社区、街道、小镇、泰晤士小镇、莱茵小镇……在大江南北、长城内外遍地开花。遑论北、上、广、深，即便如信阳、来宾、固原也频现"欧陆""北美"命名的所在；报上更有载："过去朋友问我在哪儿上班，我总要用离无锡多远、距苏州多远来解释。如今，我只需说在'欧洲小镇'上班，朋友就都清楚了。"你知道这是哪儿？我也不知道，报上说是"江苏江阴新桥镇"。

更有甚者，美国媒体今年6月17日爆料称，中国一家开发商正准备将一个奥地利村庄——哈尔斯塔特"原样复制"到中国惠州，工程已于4月开工。且不说"山寨版"的奥地利村庄能否解人乡愁，至少抄袭来的村庄成了徒有其表的"豆腐"，而不是真正的杏仁软糖了，因为，这些徒有其表的村庄没有了千百年积淀的当地原生文化，没有了建筑传统土壤里孕育的兴筑艺术

夜幕下的马可·波罗广场

基因、底蕴。

没有底蕴的村庄、小镇，充其量也就是山寨版、模仿秀而已。

徒有外表的绝不是欧洲，因为这些建筑没有精气神。中国本土有着数千年的建筑文化积淀，能为我们的规划、建筑设计提供丰厚的养分，为何不去汲取？！

你想象中的棉纺厂是什么样子？飞纱走线、尘雾飞扬、机器轰鸣，对面说话听不见；下班时，齐刷刷白围裙、青春靓丽的女工走出厂门。一位阅历颇丰的市民说，二十世纪六七十年代，十七棉所在的杨树浦这一带可是大家羡慕的上班地点。可是，随着改革开放的深入，国营棉纺的日子江河日下，老厂子向何处去？

设计艺术激活十七棉之后……

感受曾经的老工厂

眼前的这处占地面积巨大的工厂，我们怎么也无法将它与曾经的纱尘飞扬联系在一起。

地铺的当然是老老的花砖，间杂着当代的材料，与锯齿样的厂房呼应着；入口处房子原有的墙壁不见了，只剩下老老的柱子，红砖样的、木头样的。红砖一律素颜朝天，别有韵味；木柱上涂着白色颜料，素净恬淡。往上看，屋顶一色的通光透亮，下面是咖吧、秀场？总之空间开敞、轻松而包容。

往前走，还有大块的黑、大片的黄，黑的显然是显示屏，它正对的就是小广场了；大片的黄覆在剧场顶上、挂在大屋檐边；再往上，到了江边，对面就是复兴岛，当年的排污管道也能如此打扮，竟有些帅气。

大片的锯齿还在，插进的黄、黑，加上透透的玻璃，老老的十七棉，活了，活得如此生鲜而灵性。

设计，远不止修旧如旧

十七棉，建成运营于1921年的老厂，有着3万余平方米的设计才情挥洒空间，如何激活这片沉寂了近20年的"万人厂"？

知情人说，十七棉改造方案是法国团队的智慧。行走在花砖锯齿样的厂区里、屋檐下，不仅有红红灰灰的当年色，更有时不时跃入眼帘的大块黑——墨黑，大片黄——闪闪的金黄，还有疏疏朗朗的空间分割、跳跃舞动的天际线裁剪，一律地生动，常常地出人意料。

无论廊中檐下、亲水平台，还是登上高台、俯瞰黄浦江复兴岛，你常常有意外的发现：直棂窗式屋顶，鲜艳的木条活脱脱一群小马驹比着赛着奔向大海；木条拼成的板上，突然就有一把"辘轳"站在那，它边上还有皮肤一样黑的管道；哦，那是运棉花、棉布的码头，啥也不饰，就那样"撂"在那里，于是历史就走到你的眼面前，"钻"到你的记忆里；于是，场所就有了韵味、精神和境界。

对待历史建筑，我们挂在嘴边的就是"修旧如旧""寓保护于利用"，来十七棉看看吧。这里，设计妙手让老厂分明活了，活得如此厚重且时髦，甚至有些耍酷，设计艺术，让老厂"修旧而活"，活得相当靓丽。

创意，有了园子等凤凰……

有关十七棉的介绍说，这里要被打造成以服装创意为主的"上海国际时尚中心"，这里甚至还设计有专门秀鞋子的冰面秀场和带淋浴房的人体彩绘秀场，志在吸引全球时尚元素入驻。

十七棉，场所已被法国设计团队的艺术才情激活了，让老建筑的保护性利用上了一个大台阶，给泥于"修了旧建筑、看了还是旧"的设计者们上了一堂生动的时尚课。

但园子修好了，凤凰树种下了，是否凤凰就一定纷纷来了？这是个问题。纵观当今中国，有多少创意园区，成功的呢？"老厂房——创意园区"似乎成了固定的思维模式，但如果全球没有那么多的创意怎么办？即使有许多创意，人家来你这里的理由？

所以，看了如此生鲜的园区，我还不是敢立刻把它与"创意""时尚"连到一起。

要成为创意园区，路还很长；要成为国际时尚中心，路更长。虽然有了目标，路就在脚下，可脚下的路一定是平的、宽的？

当然，我们希望全球的时尚创意"凤凰"早点来此筑巢……

锯齿形外表的纺纱织布车间，修旧一新

要想同时看砖雕、木雕、石雕、金雕、铸雕，到哪里？要想在一座房屋里同时看到梁、桁、柱、檐上精美的装饰，到哪里？俗话说，一层雕，一层难，苏州东山雕花楼的门楼砖雕竟达六层——

雕花楼，香山帮的辉煌绝唱

要说香山帮，恐怕知者寥寥；但说天安门、三大殿，恐怕不知者亦寥寥。天安门、三大殿就是香山帮的代表——蒯（kuǎi）祥的作品，工匠按照他的样式施工，"不差毫厘"（《吴县志》）。

笔者眼里，香山帮的绝唱就是雕花楼了。金锡之、金植之兄弟有了钱了，就在 1922 年开始造雕花楼，250 余名工匠昼夜施工，用了 3 年的时间，花去了近 4 000 两黄金打造了一所私家宅园，孝顺的儿子甚至还为老母专门建造了诵经念佛楼。

楼当然宛如人间仙宫了。这处仿明式建筑，虽然护墙高而陡，乌黑油亮，但走近大门，我们立刻就被雍容、灵动和华贵震住，实在是太漂亮了：门楼屋脊上树状东西就是万年青了，寓意家道昌盛万万年；类似的吉祥图案还有门楼上、中、下三枋数不清的牡丹、菊花、石榴、蝙蝠、佛手、祥云……进入门内，一定要转过身、抬起头，门楼上的八仙上寿、鹿十景、郭子仪八十寿庆都为你捧上了"吉祥"：门楼的砖雕技艺精湛至极。

雕花楼里，处处好看、处处耐看，即如楼上的玻璃，透过那红、黄、蓝、绿，远处的山谷田野，立刻一年有四季，山川风物各不同。

当然，香山帮雕刻技艺体现得最出神入化的还是主楼下面的大厅。这里简直就是雕刻精品博览会：梁、柱、窗、栅，无所不雕，无处不刻。仅梁头就刻着几十幅三国演义场面，窗框刻了全二十四孝图；大厅雕了 86 对凤凰，不知你数清楚了没有？苏州话里，"八六"发音为"百乐"，寓意"百年快乐"。

彩绘玻璃，已经九十高龄了，依然光鲜，是室内一道风景线

因为"雕"无处不在，"花"朵朵绽放，雕花楼就成了"江南独一楼"。

明代以来，苏州胥口镇香山的一帮工匠，将建筑技术与建筑艺术巧妙结合起来，创出了中国建筑史上的重要一脉——"香山帮"。2009年，香山帮成为联合国教科文组织"非物质文化遗产"，但这也改变不了现今当地几乎没有年轻人从事"匠雕"的局面。香山帮后继乏人、技艺失传与当前各地仿古建筑有"形"而无"魂"的现实形成的强烈反差，堪忧！

归来吧，香山帮。

围着四行仓库反复转着圈，看着眼前这其貌不扬的六层老建筑，屋顶上面还夹杂着塑料板搭建的棚子，知情人说："四行仓库保卫战的相关展馆就在这棚子里。"街上的建筑，以"创意仓库""创意角"命名再生了的老屋，不在少数。由"老房子"而趋于"创意设计"，四行仓库正——

呼唤大创意　唤回大历史

历史：这是一场有无数观众的战役

淞沪抗战，是中华民族抵御外侮的又一悲壮战役。"八一三"抗战，从8月打到10月，最后，谢晋元率领的"八百壮士"奉命死守四行仓库。

窄窄的苏州河，北边的四行仓库战火纷飞。头一天里，小日本鬼子就在这栋钢筋混凝土的仓库前丢下200多具尸体，而"谢晋元"们无一伤亡；更加令人叹为观止的是，这边枪林弹雨、炮声隆隆，苏州河对岸英租界的外国人、市民观望者乌压压人头攒动、乌拉拉喊声震天，举起大黑板为守军指路："鬼子过街角了！""20多鬼子！""……""打得好！"民众齐声高唱《八百壮士之歌》："中国不会亡！中国不会亡！"

恼羞成怒的鬼子第二天终于撕开了四行仓库外围阵地，他们潜至仓库底层墙角，这里正是守军射击的死角！鬼子正在成包成包地堆放烈性炸药，鬼子要炸毁仓库。千钧一发之际，六楼跃下一名敢死队员，身上捆满手榴弹，导火索"滋滋"冒着烟！他一头扎进鬼子堆里，手榴弹炸了！他与十几名鬼子同归于尽——他的名字叫陈树生。

还有，战斗正酣的 10 月 28 日午夜，一名 14 岁的女童子军，夜渡苏州河送了一面青天白日满地红旗给守库士兵。第二天一早，苏州河南岸的大楼顶上、堤岸边、街道上，数不清的人们就看见这面旗就在四行仓库平台上高傲地猎猎飘扬，全不把脚下的膏药旗放在眼里。送旗的女孩名叫——杨惠敏。

四行：一个几近被遗忘的名字

"八一三"抗战 74 周年前夕，我们来到四行仓库，眼前的情景让已有思想准备的我们还是颇为吃惊。

长长的房子、白白的墙，河对岸看过去，除了大，就是破。询问仓库周围的人，说"这里是文化用品市场""仓库是一家企业的"，年轻人则说："抗战？没听说过。""这里有抗战？"

围着仓库转，楼上楼下转，除了仓库门口一尊谢晋元像和一榜"四行仓库保卫战"介绍外，这里已经完全没有了曾经让这个民族信心大增、自豪感油然而生的踪影。我们问：展览馆为何关着门，隔壁照相馆（疑似）的人说：设在塑料棚内的四行保卫战展览"星期五下午 1∶30—4∶00 开。""有实物没有？""没看见有。"

创意：让大历史成为大壮美，如何？

"淞沪抗战"是中华民族抗战史上绕不过去的一页，仗打得悲壮而惨烈，四行仓库保卫战更是在国际社会、普通民众面前打得扬眉吐气、打出了中华民族的凛凛豪气。对于更多的市民，尤其是年轻人而言，四行仓库就在眼前，"八百壮士"气壮山河的呐喊声、拼杀声动天地、泣鬼神：四行、民族、脊梁……有他们，国家不灭，民族有望。

今天，硝烟虽已散去，而将军谢晋元、壮士"陈树生"、童子军杨慧敏们的精神不灭，他们理应成为我们孩子们心中的英雄。用我们的大艺思、大设计把这里变成爱国主义战争艺术的展示基地，让这里成为民族抗日的主题秀场，如何？让孩子们在这里好好"打鬼子"！用我们设计灵感、用激情的火花点亮这里的角角落落，而不是出

位于西藏路桥西北光复路一号的四行仓库（修缮前）

租、仓储，更不是充斥着买卖的吆喝！

上海需要这样一块"中华民族抗日"的主题创意之地，盛满着大壮美、大自豪的设计秀场。我们盼望着，盼望着。

按：本文发表于 2011 年 8 月 13 日。

2015 年 8 月 13 日，修旧如旧的四行仓库开放，距本文发表恰好 4 年整

蓝天、白云、绿色的草原上就是圆圆的蒙古包了。圆圆的、大大小小或傍水、或依山，凡是水草肥美的地方，就有汩汩流淌数千年的匈奴、契丹、蒙古人的家，今天我们称之为"蒙古包"的"房屋"——

圆圆的"包"里有巧思

"虏帐冬住沙陀中，索羊织苇称行宫。从官星散依冢阜，毡庐窟室欺霜风。"这是九百余年前苏辙出使契丹看到的虏帐，古称穹庐。圆形帐包，帐顶留一圆形天窗，以便采光、通风、排放炊烟。

但如果因此认为蒙古包很简陋、很原始，那就大错特错了。

辽阔的草原上，仿佛朵朵白云般的帐篷，那就是蒙古包了，里面铺上厚厚的地毯，四周挂上镜框和招贴花，就是一个温暖的家。贵族的大帐包那就更讲究了，金撒帐指的就是用细毛布做成的金碧辉煌的宫帐——金殿。这种宫帐下面呈桃儿形，模仿天宫；上面葫芦状，象征福禄寿祥。宫帐金顶辉煌，用黄缎子覆盖，蒙古包上还覆盖有藏绿色流苏的顶盖；大帐的门槛和里面的立柱都是用金箔包裹的。

蒙古包可大可小，从直径为 3 米，到可容数千人的可汗大帐幕都有。蒙古包可大可小的秘密就在于哈那——围墙支架。

把长短粗细相同的柳棍，等距离互相交叉排列起来，形成许多平行四边形的小网眼，在交叉点用皮钉（以驼皮最好）钉住，就成了蒙古包的围墙支架。蒙古包要高建的话，哈那的网眼就窄，包的直径就小；要矮建的话，哈那的网眼就宽，包的直径就大。雨季，哈那要搭得高一些，风季要搭得低一些。

蒙古包白色部分是窗户，呈放射形的蒙古包顶，富有节奏感

屈伸自如且可持续利用的哈那用木是指头粗细的红柳，这种柳轻而不折，打眼不裂，受潮不走形，粗细一样，高矮相等，网眼大小一致，合起来能承受二三千斤的压力，这样撑起能坐两三千人的大帐篷就不稀奇了。

说起上海的城市交通，上海年轻人的心中立刻会出现四通八达的地铁、立交、隧道，或是遍布城市每一个角落的公交。然而在老一辈、老老一辈上海市民的心中，总有一种难以释怀的情结——那便是往来黄浦江两岸的轮渡，还有那码头上老老的仓库。

码头变身　艺思如潮

程　曦

它，记录了上海历史

汇山码头就是老上海众多轮渡码头中的一个。

它位于黄浦江下游西岸。起东秦皇岛路，西至公平路，全长约 825 米。前身是日本游船会社码头，码头里米黄色老老的建筑就是日本人 1929 年建造的仓库。

这些仓库保留着那个年代特有的气息，明黄色的墙面反射着夕阳的暖光，漆成墨绿的栏杆和扶手在墙面上拉出柔韧的角度、粉墨的线条。曾经用作运输货物的滑道已经被无数次的摩擦和风雨的侵扰腐蚀露出了原本"含"在水泥里的一根根扁平的钢条，就像是沧桑老者额头上深深浅浅的褶皱，让人不由得在它面前久久驻足。

世博会，激活码头

2010年，世博会在上海举办。半年的时间内，汇山码头成了世博水门之一——秦皇岛码头的水门。随着水门的设立，一度沉寂的码头仓库也开始了变身、重生之旅。

老仓库有四栋，别墅样的、铸铁檐的，挂着米黄色外挂大走廊，地中海式拱窗，玻璃大屋顶，红红的、麻麻的墙……被岁月涂抹而失去颜色的老屋，被心灵手巧的设计师们一番梳洗打扮，现又一色地青春焕发、熠熠生辉起来。当然，还有那嫩绿配鹅黄的"写意树"，后加的，那就是码头的大门了。门洞里，大吊车就这样俯首孺牛多年，如今依然颜色正红，精神正红。

老宁波码头、宝顺码头、华顺码头……重生后的汇山码头因为长长的历史而厚重，因为生花妙笔的点化设计而亮彻大上海的黄浦江。

场所中徜徉，看到的是文化

反反复复围着红墙麻砖、曲折回环的楼梯，我们看着、说着，兴奋着。

曲折的走廊上已没有了谈论价格、船期、货品的高声大语，缓缓的台阶上也没有了滞重、缓慢的扛包脚步，但我们从原汁原味的、不到正常台阶一半高度的扛货台阶上，我们还是读出了当年码头工人的辛苦，还是看出了建筑设计者的人文关怀。

而今，号子声已经闪入沉沉史幕后面，但粗壮而敦实的岸桩那黝黑黝黑的铸铁墩与它身边那标志色样鲜明的连体桌椅的"对话"，时光却分明被轻轻一拽，历史就穿越到了我们眼前：码头文化的"苦""利"已经淡去，"义"和"品位""时尚"，乃至"潮"翩翩归来。

许多上海年轻人的口中，家乡上海都被冠以"魔都"之称。上海的确是一座有魔力的都市，它的致命吸引不仅仅来自矗立在黄浦江边的"东方明珠"，或是华灯初上、灯火辉煌的外滩。它更来自于那条静静流淌千百年的——黄浦江，来自往来两岸的渡船，来自那绵长悠远的声声汽笛，还有那老码头和码头上异域风劲吹的老仓库。

观点：老码头 "潮"一回

随着现代社会、经济发展方式的变化，很多曾经人声鼎沸、生意兴隆的码头大多已经风光不再，伴随而来的就是面积巨大的码头空间、附生在上的人们如何重生？

汇山码头最老的那一部分建于1860年，东头的码头也是二十世纪初建成的，码头上风格各异的房子就是当年上海历史的沧桑见证。如今，汇山码头已经不做客运码头使用，即使一度借用为国际邮轮码头也已停歇。

让汇山码头"潮"一回。

航运功能的弱化、停歇，艺思激越的设计唤醒并放大了码头文化。不论是欧美风格的厚墙明窗，还是东瀛的和式明黄，重生后的老屋门楣上，铸铁的影子，阳光下一点也不羞涩，长长的影子就这样热热闹闹地拖着；巨大的吊机，张着双臂，向东、向东、向东，拥抱着世界，长长的臂膀蓝天下泼剌剌地舒展着、舒展着。

汇山码头的改造设计是谁已不重要，重要的是随着设计的点化，码头嘈杂与忙碌已经远去，老码头在我们眼里"潮"

大门上现代的装饰，与老仓库的反差，让人走进时空隧道

起来。于是，傍晚的码头因建筑文化的纷繁多样而品味高高。

袁隆平院士指导的超级稻第三期目标亩产900公斤高产攻关获得成功，其隆回县百亩试验田亩产达到926.6公斤。民以食为天，农为国之本，上海也不例外。150亩，不大；穿越元明清三代，很长，这样规模年龄的江南民居若是"生"在上海，那就很是震撼了。离著名的外滩直线距离不到30里的浦江镇就有一座召农耕种的召稼楼——

召稼召根召文化

召稼楼，藏着上海的根

召稼楼位于浦东土地熟化、人口迁移的第一地带。北宋以来，召稼楼地区成为吸纳移民的磁场，垦殖耕稼、围海煮盐，一代又一代"浦东人"在这里"大田多稼（种植谷物），既种既成"（《小雅·大田》），应着楼上召集耕稼的钟声走出家门，聚集下田，又稼又穑（收割谷物）。

因了农耕，召稼楼地区就是比其他地方更加繁荣。专家说，史籍上，召稼楼的名字最迟在清雍正四年（1726）已出现，那时召稼楼已成为南汇县的3个邮铺（设于大村重镇的邮政代办所）之一。清嘉庆《松江府志》的地图上就已标有"召稼楼"。

因为农耕的需要，明代的叶宗行倡行开浚黄浦江，奠定了上海大发展的基础；上海城隍秦裕伯（屡召不应征，逝后朱元璋以为"生不为我臣，死当卫我土"，封他为城隍），他们都是召稼楼这块土地养育出的果。邵家楼的灵气、书卷气放入上海国际化大都市进程的历史长河里，散发出的就是难能可贵的韧性和贵气。

历史云烟里，召稼楼固守农耕文化

鸦片战争扯下了天朝的"皇帝新衣"，上海成了列强角逐的乐园。1840年以来，滩上高楼一栋栋拔地而起，工厂一座座蜂拥开工，上海城市周边的青年人，甚至原本"足不下堂"的妇女亦纷纷跟进，农村往往"空巢"，田地谁来"召稼"？

那些耕读传家的士人，那些告老还乡的士大夫，他们用石桥、用青石街道、用说书的茶馆、用袅袅的柳树、用粉墙黛瓦坚守传统上海的文化之根。于是，今天的我们就看到了五水围合、似镇非镇的召稼楼，骑马墙、观音墙，粉墙黛瓦，那都是上海的穿越历史的底蕴；资训堂、贡寿堂、梅月居、宁俭堂、礼耕堂、逸劳园都在这神定气闲的召稼古镇叙说着那老老的故事。"诗礼继世、耕读传家",面宽三间、进深五间、高两层,穿斗式的礼耕堂里高高立起撑厅大橱柜两只,无言宣告:耕与稼是上海文化高贵(柜)的根。

大都市里,我们还需召稼

而今,读书人、仕宦者、商贾者,告老时,谁还会像宋元明清的读书人那样回到"召稼楼"?还会在召稼楼办"奚家私塾"不?如果是,农村就不会有殷殷期盼君归来的"半张八仙桌"(徽州民居中常见,期盼漂泊商贩的夫君回家团圆而有此设);如果是,乡下的青年人就不会追着赶着去城市寻"梦"了。

召稼楼,用她的那份恬适与澹定,坚守着沉甸甸的稻菽金黄,坚守着浓馥的桂香、淡雅的梅影。我们需要召稼楼,我们不需要陀螺般的忙碌与追逐,更不需要"蚁居"和"胶囊旅馆",我们需要的是宁静的原野和恬适的蛙鸣。仰望夜空发发呆,那就到召稼楼吧,那里有暖暖的炊烟、懒懒的犬吠和抖数的鸡鸣。

召稼楼,小桥流水人家,江南水乡的一幅美丽画卷

在这里，建筑布局已经不再是焦点，那细长的木棍能够撑住上面的房子吗？已经一千五百年了，那房子依然飞檐翘角，仿佛冰冷岩石间的一抹飞动的红霞。得益于历朝历代的细心呵护，悬崖峭壁上的那抹红霞虽逼仄却温暖穿越时光的隧道——

悬空寺：此艺竟归人间有

由来：不愿闻鸡犬之声

悬空寺选择了北岳恒山金龙峡西侧翠屏峰的半崖峭壁，是因为北魏王家道坛的南迁。道教修道成仙，当然想不闻鸡犬之声，于是在这翠屏峰的半崖峭壁里"掏"出四十余间房屋来，这里现在成了国内仅存的佛、道、儒三教合一的寺庙。

始建于北魏太和十五年（公元 491 年）的悬空寺半插飞梁为基，巧借岩石托承梁柱，掏开岩石拓展空间，殿宇廊栏左右相连，四十余间殿楼把原本平面的寺庙布局、形制"立体"起来，山门、钟鼓楼、大殿、配殿一应俱全，"挂"在山崖的庙宇对称中有变化，分散中有联络，曲折回环，虚实相生，行走其中常常"柳暗花明"；一进庙内，你便不觉得是弹丸之地，隔岸望仅仅"一抹"的悬空寺内部空间相当丰富，层次极富变化，布局迭出紧凑，高低错落如音符，其布局既不同于平川寺院的中轴突出，左右对称，也不同于山地宫观依山势逐步升高的格局，依崖壁顺势凹凸，凌空杰设而构，层次叠出错落，大有"这里空间我做主"的自由之气势。

构筑：悬空寺真悬空

悬空寺构筑的北魏年代，没有炸药、没有挖掘机，甚至没有铸铁的脚手架，但这已不重要，重要的是悬空寺已经融进了民族文明的漫漫长河。无论春夏秋冬、云遮雾绕，浮雕般玲珑剔透的悬空寺，就这样镶嵌在惊心的峭壁间，振振欲飞。

再说全寺的 40 间殿阁，全赖这碗口粗的木柱支撑着，但我要是告诉你：看上去支撑三层楼阁的木柱，其实根本不受力，你作何感想？悬空寺初建成时，原本没有这些木桩。于是前来礼瞻的人们就不敢上到悬空寺里，为了让大家放心，建造者在寺底下安置了些木柱。

攀悬梯，跨飞栈，穿石窟，钻天窗，走屋脊，步曲廊，迂回周折，上下腾挪，左右回旋，仰视一线青天，俯看涧水推搡，悬空寺就是一部奇思妙想的艺思教科书，这里有单檐、重檐、三层檐结桅构，有抬梁、平顶、斗拱结构，屋顶有正脊、垂脊、戗脊、贫脊，巧构如潮，重重叠沓，最终形成窟中有楼，楼中有穴，半壁楼殿半壁窟，窟连殿，殿连楼的独特风格。

保护：三教合一聚一寺

悬空寺常常处于双边冲突的边疆，按常规，历经千年的寺庙，又处于绝壁悬崖之上，哪怕是哪一个掠边、守御的低级军官狼心发作，寺也就毁于兵火了。但悬空寺却安然信步千余年，为何能？

原来，悬空寺独特的"三教合一"，以巧妙的多元宗教文化内容，闲庭信步于草原、田垄之间，不论是哪个民族主宰了这片土地，几乎都无一例外地在这里找到归心之处，对其保护自然情在理中。

悬空寺千手观音殿下的石壁上，我们看到了嵌着的两块金代石碑，碑文赞颂了三教创始人各自不同的出身和伟大的业绩。从那以后的800余年间，悬空寺由单一的佛陀世界变成了三教合一的寺庙。

三教合一，山还是那座陡峭的山，庙还是那座奇特的庙，只有那抹红霞谁见了都忍不住想托一把，于是，悬空寺从今往后再穿越一千年！

悬空寺面对恒山，背倚翠屏，上载危崖，下临深谷，楼阁悬空，结构巧奇

100年前，武昌辛亥起义打响了推翻帝制的第一枪，武汉的红楼也成为首义之楼；上海也有贴着"辛亥""民国"标签的纪念物。高高的铁塔、欧风劲吹的小洋楼，是它们让——

民国，从这里走来

钟楼敲响辛亥革命的钟声

位于黄浦区小东门街道乔家路老街的小南门钟楼，是一座火警瞭望塔。

1910年建成的这座6层钟楼，高约35米，钢铁结构。那时的"上海救火联合会"队员们登此楼，放眼望，整个上海一览无余。

可是，当年拨地修建此楼的大清上海县令李超琼恐怕做梦也未想到，第二年，钟楼上的大铜钟就敲响了帝制的丧钟。1911年11月3日，陈其美等率领同盟会、光复会上海支部成员，以钟楼钟声为信号，带领上海商团各部、敢死队等起义，战斗只持续了短短几个小时，就光复了上海。

钟楼，建立民国的"信号楼"。

两栋楼，都与"孙中山"紧紧相连

上海还有两栋楼，孙中山行馆和孙中山故居，同样意非凡。"孙中山就是从这里赴南京宣誓就任临时大总统的。"熟识历史的市民告诉我们，1911年11月，孙中山应邀从海外归来，准备就任临时大总统，就住在这里。

那数十天里，这里日日车水马龙，贵胄名流出入者众多，登堂入室可谓"一刻千金"。而摄于当时的老照片则证实，1911年12月26日，孙中山与黄兴等在此召开同盟会最高干部会议，研究临时政府组织形式等重大问题，"民国就是从这里走来的"。

当然，还有孙氏夫妇住得更久的楼，今称孙中山故居。孙氏夫妇1918年至1924年居住于此，孙中山逝世后，宋庆龄居至1937年。寓此长达18年，此楼对于中华民国，对于中国现代史，可谓渊源极深。

三处遗址，都保存得很好

如今，三处"辛亥"都受到上海市政府的良好保护。循着一百多级台阶拾级而上，再攀上一座小小的木梯，登上钟楼最高处，如今钟楼上的我们已经不能俯瞰全城了，当年巨大的铜钟也不知所踪。可是，新近修缮一新的钟楼清清爽爽，周围的环境干干净净，看上去挺美。

也许是迎合孙中山、宋庆龄夫妇的喜好，行馆和故居都是欧式建筑。红墙红瓦，矮矮的仿罗马柱，二楼宽宽的檐廊，圆圆的拱券，明亮的玻璃……这些在欧风劲吹的 20 世纪上海滩，并不稀奇。可是，因为辛亥，因为孙中山，因为民国，这些深藏闹市的洋房别具情味。

有了这些建筑，上海的颜色更加丰富，上海的底蕴更加深厚，不是吗？

小南门钟楼，今年已经 106 岁了

2011 年成都双年展正在火热展出，其中的国际建筑展吸引的目光尤其众多。米兰世博会总设计师斯特凡诺·博埃里（Stefano Boeri）、西安世园会主题馆设计师爱娃·卡斯特罗（Eva Castro）等 70 余位名家创意作品的纷纷来到成都工业文明博物馆，它们能为我们带来什么？我们近日走进展馆——

艺思纷繁中寻找 "田园秘境"

"好看" "好玩" 成为流行词汇

走近工业文明馆，远远地就见场面熙熙攘攘，热闹！凑近前，男女老少脸上一律飞扬着兴奋和热烈："好玩！""稀奇得很，房子跑上墙了嘛！""好看噻！""看不懂，忍不住还想看。"……短短的入馆穿越之路，听到的尽是这样的川味抒情。

抬头看，满眼的竹子，数百根，每根长度约两米，透明的细线斜斜地挂在空中，密密地顺着一个方向，没有叶子的竹林照样激情飞翔。"茶馆和农家小院里的竹子充满了风雅悠闲的气质，建筑师们都很喜欢。"设计者刘宇扬说，于是这种感觉就变成了展馆门口的 "空中竹林"。

不仅竹林，还有长长的竹制坡道，直直地通向二楼的茶馆，那是德国设计师马库斯·海因斯多夫的作品。他从 1997 年就开始在设计中应用竹材；阳光下，山峦层层叠叠，仿佛云贵间那层层叠叠的梯田，那是同济大学袁烽正在进行的城市农业探索；房子"长"在墙上，安在柱子里，叠在纸箱子里……3 000 平方米的展馆里天天人头攒动。

城市可否田园？同济在这里探索

这次展览有个抓眼球的词汇：田园。应了成都市打造"国际田园城市"的美好愿景。

城市可否田园？全球活跃在设计创意一线的人们纷纷汇聚成都工业文明馆，用智慧、用激情，让绿色躲进黑色的翅膀里管窥，让村落藏进高耸入云的大柱内，让乡村也有都市主义……

汇集了全球 70 余个案例的国际建筑展由同济大学《时代建筑》杂志社社长支文军带领的团队策展。团队在不到一年的时间内，吹响案例征集的集结号。包括耶鲁大学建筑学院院长斯坦·艾伦（Stan Allen）、上海世博会西班牙馆设计机构 EMBT、荷兰 MVRDV、德国柏林艺术大学建筑学院院长阿道夫·克利尚尼兹（Adolf Krischanitz）、日本的塚本由晴在内的世界众多著名设计师和机构提交设计创意的激情与智慧。

田园城市，艺思如何伴你飞

徜徉在国际建筑展的两层展厅里，感受着各种艺思飞扬的展品，历史绵远的成都工业文明博物馆在眼前舞动得很潮、很亲、很迷你。

意大利作家卡尔维诺著作《看不见的城市》虚构了一个马可·波罗给忽必烈汗讲述城市的故事，是一本关于"概念城市"的寓言式随笔，书中描绘了形形色色的城市：记忆的城市、欲望的城市、连绵的城市、符号的城市、贸易的城市、死亡的城市、隐蔽的城市等等，它们都藏在我们生活的某个城市里，也隐藏在眼前的展品里。

田园，还是城市？我们的艺思可以如何伴你飞？今天，我们分明发现这座"看不见的城市"，那理想中的田园城市就在身边，就在展馆内。

田园城市，要听心灵的呼唤

建筑设计师们从来不缺乏激情，尤其是在这个创意的年代，成都双年展又为我们提供了一个很好的范本。

不论是音乐公园里的设计展，还是美术馆的艺术展，抑或是人气爆棚的国际建筑展，艺术家们的激情肆意挥洒，他们无不心思神往地描摹未来的"田园城市"。

田园城市是什么？是我们眼中常见的草坪和树杆粗壮、枝叶寥寥的大树，还是鸡犬之声相闻、污水异味乱溢的乡村？设计又能为田园和城市做些什么？

正如学者们所说，我们的城市病如今已纠结多年，我们的乡村真的很田园？我们心中的田园究竟是什么？可以肯定的是，肯定不应是与"庙堂""心机""争斗"相对而存在的文人士大夫式"桃花源"。

虽然人类从未放弃田园城市的追求，我们的设计可以让乡村的自然更加自然且宜居，我们的艺思还可以让田园更有文化、更有底蕴、更有韵味，我们的智慧可以把祖祖辈辈对土地、水系，甚至眼前一草一木的理解挥洒得更加"亲亲"。

关键是，无论是田园城市，还是城市如田园，都要听来自我们心灵的呼唤，都需要艺思有双绿色的翅膀。

"林盘城市基础设施"由袁烽、创盟国际设计，吸收"林盘"这一四川传统聚落形式的人居态度，以期实现一种隐匿自身的新城市类型

云中长袖　冈上劲舞

程　曦

云冈石窟

山西省大同市向西 16 公里，有一条武周山麓。就在这东南绵延一公里、北魏时期连接塞内塞外的交通要道之中，菩萨像的衣褶飘飘欲飞，伎乐的短笛、琵琶声脆曼妙，这是大同云冈的北魏造像。

云冈石窟

世界美术史经典之作

看窟、看形、看佛、看画；看艺、看史、看联、看寺。一切可言、不可言的，尽在这大大小小、形状各异的石窟里。这里的佛像或坐或立，或庄严肃穆、悲悯苍生，或拈花一笑、普度众生；这里的石壁或深或浅，有瑞气千条、兰指含笑的，亦有衣袂飘飘、抱琴飞扬的，一尊尊，一幅幅，卷着穿越时空的红黄蓝绿，挥洒在这一千米刀刻斧凿的曼妙长空里。

都说云冈是座石窟佛像艺术的宝库，联合国也早早地将其列入世界文化遗产名录，说：位于山西省大同市的云冈石窟，有窟龛 252 个，造像 51 000 余尊，代表了公元 5 世纪至 6 世纪时中国杰出的佛教石窟艺术。其中的昙曜五窟，布局设计严谨统一，是中国佛教艺术第一个巅峰时期的经典杰作。

用心勾画艺术之瑰宝

就拿昙曜五窟来说吧，洞中佛像大都在 13 米以上，如此巨大的佛像如何保证其完工后精工杰致、栩栩如生？如此大的石窟是如何凿成的？整整一座山又是如何被劈削成如此整齐的石崖？高僧昙曜是个激情四溢、才情四溢、巧思泉涌的艺构大师，这已毫无疑问；而那些名不见经传的工匠呢？虽然他们由北魏从全国各地掳来，身份大多为战俘，但他们祖祖辈辈因袭传承下来的石雕技艺却在这千米长廊上凝固、永恒；身份低微的他们用手中的一刀一锤，用心中的一勾一划镌刻出了这属于全人类的艺术瑰宝。

云冈石窟佛像

西域艺风浑厚又淳朴

无论是"太武灭佛",还是"文成复法",都已是过眼烟云,唯有这座历经千余年风雨的石窟,还有窟中的菩萨似笑非笑,静静地立在云冈,看世间沧海桑田,斗转星移。

进云冈石窟,大像窟、佛殿窟、塔庙窟林林总总,三世佛、释迦、交脚弥勒,石佛造像为最多,佛龛、佛座、勾栏等多饰以莲纹、麟纹、飞天纹等吉祥纹饰。短短的一千米里,西域艺风的浑厚淳朴,北魏中期的繁杂华丽及晚期的"清骨秀像"交融碰撞、和谐共生,成为了佛像艺术的第一个巅峰。行走其中,一千五百年前工匠们的敲击声,一声声,乒乒乓乓,恍在耳边,敲了多少个晨钟暮鼓,敲过了多少个春夏秋冬?已不清楚,清楚的是,敲击声因为云冈而亘古不变。

东临沧海　犹有"新"涛
——中国航海博物馆参观记

程　曦

观其形　如帆也似鸥

从申港大道一路驶来,远远便见这座极富现代感的建筑屹立在远方。洁白的外壁好似两张迎风饱满的船帆,又似两只交颈而眠的海鸥。博物馆抽象的建筑风格让人在看见它的刹那便能引发无限想象。

察其间　妙手携巧思

宽敞的展厅内最醒目处是一艘巨大的福船。走入船舱内,大到床铺桌椅,小到灶台纸砚一应俱全,仿佛人们就是船长,而小小船舱之外便是一望无际的海洋。原本闲置的船舱经过这样的巧思利用,也立刻鲜活起来。

馆中有福船这样的"庞然大物",也有精致至极的"迷你战船"大翼战船。

战船由台湾著名微雕艺术家吴卿用黄金制成，约43厘米长、17厘米高。"满城尽带黄金甲"固然吸引眼球，然而每个战士身上盔甲的纹路、甚至表情都在妙手雕琢下栩栩如生，更添加了其作为艺术品的观赏性。

行其中　科技显关怀

流连于各个展厅内，不时就能发现各种"高科技"的运用。

馆内设有一流的4D影院。利用声效、光效和体感科技，真实呈现影片中主人公所经历的一切：袭击人的蝙蝠、从天而降的雨水、摇晃的感觉，坐在影院的这张椅子上都能感受得到。展馆内，无处不在的是电子向导，供游客查阅馆内的介绍，找到最心仪的去处。而馆内那张巨大的电子触摸屏幕，用科技手段模拟出了甲午海战的全部过程。无微不至的方便和关怀使偌大的展厅立刻温暖起来。

　　无论是蓝天下赭褐色、二胡样的老仓库，还是圆窗拱券、黛瓦粉墙，它们都属于中西合璧的"老码头"。在这里，曾码叠着无数因创意而生的产品，洋货、国货竞逐风流。沿江而立的老楼见证了创意给上海带来的发展与财富，而今已成历史记忆的载体。

把江畔创意继续"码"下去

开门"艺术之风"四方来

和很多人固有的印象不同，浦江两边的老码头、老仓库其实是五彩斑斓的——粉白、橘红、麻黄、铁灰，间或五色掺杂，教人眼前一亮。它们的外观更印烙着不同国家的建筑风格——英国的、美国的、日本的、地中海的……那些窗、门、

汇通中洋的石库门老宅，已然成为黄浦江边的时尚新地标

老仓库外墙的滑道，更像是建筑体上的装饰（摄于其昌栈码头）

墙，以及各种元素的运用，让我们清楚地看到当年它们所有者的审美情趣。

因了这些色彩缤纷的老仓库，当年的黄浦江、上海滩被渲染成了热热闹闹、熙熙攘攘的远东大都会。

转身世博激活新灵感

进入新世纪，随着航运业的快速发展和百姓生活方式的变化，当年威风八面、风光无限的老码头及其所代表的生活方式渐渐淡出人们的视线，喧嚣的码头渐渐归于沉寂。

精致的入口设计，反映出其原主人的艺术品位（摄于其昌栈码头）

最近，世博回顾展正在上演，上海人民再次回味那精彩难忘的 184 天。可人们很少会想到，就是世博举办权花落上海再次激活了黄浦江沿岸的众多老码头、老仓库。世纪初的那些年，仿佛整个世界都为黄浦江的精彩而"艺思狂发"。因为那里有无数兴市的老港、码头，还有紧挨着的老仓库。

世界顶尖设计师、初入竞技场的"牛犊"们，全都抱定"尊重历史，尊重建筑所在场所的精神并彰显之"的原则，既修旧如旧，又要激活、升华码头环境的气韵。十六铺、东码头、其昌栈……在他们的手中骄傲地迎回"第二春"。

升华找回怀旧归属感

曾经忙碌的黄浦江边，已经没有了吊车的长臂善舞，也没有了大货车的喇叭声昂，更看不到弓腰前行的扛包工人，码头空旷且有些寂寥。行走着，高楼下的瓶状屋，中西情韵杂糅的房子，麻麻的墙、紧凑其形的小楼……在此长大的人们，小时候的记忆里可有那低沉而悠长的劳动号子，抑或是手把窗棂窥探里面的究竟？

在设计师妙手中焕发青春的老房子，放大并点亮了我们"家"的认同感、家乡的归属感、家园的自在感。

附："上海西岸"
——志在打造世界级文化滨水岸线

上海西岸，目前也许还是一个知名度不太高的名词，不像伦敦南岸、巴黎左岸那样在世界范围内声名显赫，但是当你看完这篇文字后，也许你的看法就会改变。因为这是上海一块正在破壳羽化的神奇土地。

西岸 2013 建筑与当代艺术双年展

西岸，曾经无上荣光

在上海黄浦江上游的徐汇区境内，有一个名叫"徐汇滨江"的地方，我们更愿意叫她"上海西岸"。徐汇滨江区域是指北起日晖港，南至徐浦大桥，纵深至中山南二路和龙吴路，范围7.4平方公里，其中滨临黄浦江的岸线长度达8.4公里。世博会前，这里集聚了南浦火车站、北票码头、上海水泥厂、上海飞机制造厂、龙华机场等上海工业化时代大企业，中国现代化的重音符。

先说南浦火车站。建于清朝光绪三十三年（1907）的南浦火车站，当时称为日晖港货栈。日晖港货栈是当时上海地区唯一自备专用码头的铁路车站，主要负责黄浦江上货物的装卸，并和上海南火车站分别负担着沪杭铁路的货运和客运业务。1908年4月20日，沪杭铁路上海南站至松江站首列客车开行，上海南站和日晖港站同时开通运营。随后的一百年里，这座火车站客货运输业务一直繁忙。1983年，上海南火车站的浦江码头进行了大规模改建，排水量2 000吨级的货轮可在码头停泊。上海世博会召开前夕，由于南浦火车站站址位于规划展区范围内，车站在2009年6月28日关闭。

上海水泥厂创建于 1920 年，创办之初名叫"华商上海水泥公司"。它是中国近代著名爱国实业家刘鸿生创办的系列民族企业之一，为中国第一家湿法水泥厂，工厂选址上海龙华地区，濒临黄浦江西岸。厂区占地 30 多万平方米，沿江岸线长达 1 000 米，设有百吨至五千吨级的码头 10 座。《上海水泥厂的前世今生》（载上海市历史博物馆论丛《都会遗踪》第八辑第 29 页）描述道："1920 年末，爱国实业家刘鸿生创办华商上海水泥股份有限公司，开始了从洋商买办向民族实业的转化。该公司是中国建设的第一家湿法水泥厂，其水泥商标为著名品牌'象牌'。二十世纪三十年代上海海关大楼等多幢标志性建筑，都是采用象牌水泥建造。水泥公司的成功运作，是刘鸿生经营才华的结晶，他也因此被人人称为'水泥大王'。象牌水泥广泛应用于本市及周边省市各大重点工程，享誉国内外。"

龙华机场是我国较早的机场之一，创建于 1922 年，当时称龙华飞行港，有飞机 8 架。1927 年改为陆军机场。1929 年 6 月，由航空署接管改为民用机场，并设立龙华水陆航空站管理机场。同年投入民航运输。1966 年，上海至中国各地的国内航班，均由龙华机场迁至虹桥机场。1978 年，龙华机场改名为中国民航管理局龙华试飞站，1982 年改为龙华航空站。

以龙华机场为根底成立的上海飞机制造厂成立于 1950 年，从修理和改装飞机起步，直至 1980 年 9 月 26 日，由上海飞机制造厂制造的运十飞机首飞并成功，引起了世界舆论的广泛关注和高度赞誉。美国波音公司副总裁斯坦因纳在《航空周刊》上说："'运十'不是波音 707 的翻版；更确切地说，它是该国发展其设计制造运输机能力十年之久的锻炼。"英国路透社北京 1980 年 11 月 28 日电："在得到这种高度复杂的技术时，再也不能视中国为一个落后国家了。""运十"客舱设 124 个座位，如果按照经济舱布置可载客 178 名；飞机试飞高度达到 12 000 米；先后试飞转场到达北京、哈尔滨、广州、昆明、合肥、郑州、乌鲁木齐、成都等地，并 7 次飞到拉萨执行援藏任务。

可以说，徐汇滨江地区曾经是"海陆空"汇聚之地，北票码头当年商贾云集，龙华机场飞机轰鸣，繁荣岁月里的刘鸿生每天早晨起来第一件事情就是站在自家的阳台上观察水泥厂的烟囱冒出的烟是何种颜色。刘鸿生观察颜色的水泥厂也在 1990 年关闭了，因为高耗能、高污染。

西岸转型也经历过阵痛

上个世纪 90 年代以来，随着工业革命而来的"镀金时代"渐渐成为西下的夕阳，因为高排放、高污染、高耗能的粗放模式渐渐成为众矢之的。原在市中心、河水边的各种城市命脉的工厂，渐渐颜色黯淡起来——废气污染天空，废渣侵害土地，卸货装箱的轰鸣声不请自来日益成为市民生活的心头之患，城市不想再和"三高"共处。

西岸双年展展馆

上海的转型比欧美老牌工业化国家来得稍晚一些。伦敦老城区（南岸）、巴黎左岸、德国鲁尔地区、纽约苏荷（SOHO）等，都具有市中心、临水、集中连片设厂等特点，它们的艰难转型始于二十世纪六七十年代，基本完成于世纪之交，普遍打的都是文化牌，而细化深入工作至今仍在继续。在上海，最早停止冒烟的上海水泥厂面积超过 30 万平方米，不干水泥了今后做什么？答案的明晰则在十年以后了。

2010 年上海世博会提出"城市让生活更美好"的口号，这让上海这座中国经济中心获得了前所未有的转型升级机遇。2010 年上海世博会场地位于南浦大桥和卢浦大桥之间，沿着上海城区黄浦江两岸进行布局。世博园区规划用地范围为 5.28 平方公里，浦江两岸码头鳞次栉比的老工厂基本都得搬走。西岸的徐汇滨江也有 8 公里岸线，其环境、交通都得整治，当时的"七路二隧"、轨道交通、公共开放空间等既是世博配套工程项目，更是民心工程。

问题是，搬走厂房空出来的大片土地怎么安排？规划如何找到切入点，是卖地进行商业开发，还是模仿伦敦、巴黎、纽约的转型改造模式？徐汇区的决策者们也经历了较长时间的摸索和试验。

不能再走卖地搞商住的惯常模式，得走出一条新路。做什么样的新路？先把环境整治好。于是，徐汇区通过国际招标，引入 CORNICHE 理念，决心打造"上海 CORNICHE"（"上海 CORNICHE"的方案源于法语，原意指法国戛纳到尼斯的沿地中海大道，现已成为享受优质生活的标志），通过四级梯度空间设计及楔形绿化原则，将城市景观从滨江岸线引入区域腹地，打造上海目前唯一一条可驱车饱览黄浦江美景的滨水景观大道——龙腾大道，并预留轨电车轨道，设计休闲自行车道、休闲步道及亲水平台等多重休闲空间，让市民能够与黄浦江零距离亲密接触，坐在芦花荡里看看天、看看水、发发呆。

既然徐汇滨江曾是著名的工业集聚地，那些标志性的老厂子、老码头当然也得留下来，如南浦火车花园的老式蒸汽火车、北票码头塔吊、煤炭传输带、水泥厂预均库等等。

于是，徐汇区将滨江区域从北至南划分为B、C、D三个开发单元。世博前后，当时徐汇区给徐汇滨江的定位是"徐家汇商业圈的延伸"，并未想到文化创意，决策者们想到的是融医疗、研发、文化、居住、旅游和生态功能为一体的国际医疗保健中心、国际医药设备物流中心和学术交流中心，以航空服务业为特色的现代服务业集聚区，思路还是围着房地产、商圈打转转。

徐汇滨江，是上海的西岸

撰此文时，笔者上网输入"徐汇滨江""国际医疗保健中心"二词，没有一个网页跳出，而输入"文化""西岸文化""双年展"，则跳出网页无数。"徐汇滨江的开发思路经历了一个调整、明晰的过程。"徐汇区有关同志直言不讳。

徐汇滨江变成"上海西岸"，定位为主打文化牌，是在上海市政府《黄浦江两岸地区发展"十二五"规划》出台之后，《规划》要求把"浦江两岸计划打造世界级滨江带"。随着规划出台，徐汇滨江成为上海市六个重点开发功能区之一。紧接着，徐汇区出台了《文化发展三年行动计划》及《徐汇区滨江地区发展"十二五"规划》。

时任徐汇区区委书记孙继伟坦言，搞房地产当然容易，2009年以及2012年，徐汇滨江就曾诞生过两个"地王"。但是，徐汇经济要转型，发展想持续，就得走一条新路。正因为这块地方集中连片，前期搬迁、安置等等工作都进行得很顺利，所以我们特别珍惜，生怕一个小细节的处置不当，就会在这"钻石带"上留下"划痕"。他说，今年（2012年）是浦江两岸综合开发正式启动10周年，回顾上海的发展历程，如果说外滩代表上海的过去，陆家嘴代表改革开放30周年，世博园区和滨江则应代表上海的未来。上海的未来画什么样的图画，徐汇滨江开发会散发出什么气质？"文化气质，文化将是点燃徐汇滨江的引爆点。"孙继伟语气很坚定，"打造'西岸文化走廊'，让上海西岸在将来与巴黎左岸、伦敦南岸遥相呼应，将成为国际高端创意文化艺术产业聚集区。"

西岸欲打造上海城市文化新地标思路已经明确，但从何下手，如何下手？通俗地说，以何种理念为指导，采用的方法是什么？徐汇区政府首先采取的是环境整治入手，为了确保环境整治的高水平，他们聘请了世界一流的设计师团队，其中包括伦佐·皮亚诺（Renzo Piano）、妹岛和世、大卫·奇普菲尔德、SASAKI事务所等一批著名设计师和景观设计公司主持滨江的重点项目设计，同时聘请巴塞罗那奥运会总规划师、世界著名城市规划专家胡安·布里盖茨作为规划顾问，对参与西岸传媒港的设计师进行协调把关。从整体的城市设计到单体建筑、景观设计，他们都要反复斟酌，力求完美，努力打造经典之作、传世之作。

整治环境的同时，决策者们心目中，西岸与世博园区众多的市级文博设施的关系也逐渐明确，中华艺术宫、当代艺术博物馆，那都姓"国"，西岸得姓"民"，要发挥商业杠杆作用。在此认识基础上，徐汇区借鉴巴黎左岸国家图书馆、日本的六本木中城等建设经验，把"百年机场"变身跑道公园，废弃油罐改建实验剧场，水泥厂遗址建设"梦中心"文化主题公园，通过这些公共文化项目的触媒效应，引得文化圈内知名人士纷纷前来，收藏家刘益谦夫妇投资建设龙美术馆（西岸馆）、著名印尼华人收藏家余德耀及基金会投资的余德耀美术馆现都已成为西岸文化地标。

光有馆舍还不行，还得有活动，用活动聚人气。为此，徐汇区主导开展"西岸音乐季"系列活动，"阿秘厘"水上音乐会、"西岸音乐节"和"西岸建筑与当代艺术双年展"；今年（2015年）9月8日，上海西岸艺术季再次闪亮登场，光是大型节目就有十五个，"西岸中国好声音音乐节""西岸艺术与设计博览会""上海城市空间艺术季""颗粒到像素——摄影在中国""盛清的世界——康雍乾宫廷艺术撒站""雨屋"……都有点数不过来了。

政府要做的工作之一就是接触入驻者的后顾之忧，其中就包括建设"西岸艺术品保税港""西岸文化金融中心"，徐汇区志在完善艺术品产业链，正在努力建设包括融保税仓储、展示交易、艺术品创作及配套服务等多种功能于一体的艺术品保税区域，"让进入西岸的海内外收藏家、艺术家、艺术机构专心做艺术的事"，他们这样说；同时，积极引入艺术品基金、拍卖行、藏家及评估鉴定、保险、经纪等专营机构，编织艺术品交易上下游产业链，引导促进艺术品金融集聚区的形成。"目前，艺术品保税仓库已经投入运营了。"徐汇区有关领导表示。

发展愿景锁定"文化"

9月8日，"2015艺术西岸"的主打节目"艺术与设计博览会"在西岸艺术中心举行，来自国内外31家画廊与8家设计机构为观众呈现了一场艺术与设计的盛宴文化。举办的场所就是西岸一处老仓库，改造设计师"将多种与艺术相关的功能注入这片充满城市记忆的工业空间之中，使之成为黄浦江西岸新的公共活动及艺术中心"。

"上海西岸"现已成为文化创意的高地。原上海水泥厂将成为一个融合剧场区、全球最大的 IMAX 电影院、艺术展览和时尚餐饮娱乐集聚区——"梦中心"。该项目建设总投资达 150 亿元，2017 年正式落成。华人文化产业投资基金（CMC）、美国梦工厂及兰桂坊集团将共同成立合资公司，进行项目的开发、营运及管理。到 2017 年，"上海梦中

西岸展馆

心"将成为上海面向全球的国际级"新地标"，总建面超过 46 万平方米，其中包含 12 个创意文化艺术场地。

不仅如此，西岸还将成为艺术馆、博物馆、图书馆，还将是最大的户外艺术博览中心。徐汇滨江开发投资建设有限公司副总经理乔轩透露，我们将重点打造上海的"西岸文化走廊"和"西岸传媒港"，以大项目为龙头"力促徐汇滨江成成上海最具有文化品位和文化气质的滨水区域。"他表示，新的建设项目都是包容性强、有机更新特点鲜明的模式，比如龙美术馆就以北票码头构筑物"煤漏斗"为原型，原滨江上海飞机制造厂的 36 号机库改造而来的余德耀美术馆，民航历史记忆依旧保留。

以文化为龙头，徐汇区同时推进滨江地区商务商贸、航空服务业等重点行业的发展，大力引进中外著名企业总部和国内民企总部，力图打造知名企业总部聚集区和国际一流的商务街区。不仅如此，"对那些先期拿地的企业，区里通过深入细致的工作，督促这些企业完善开发模式，提升档次和能级，使这些开发项目切实符合我们对滨江地区的整体定位"，这位负责人告诉我们。

西岸，是市民的西岸

"西岸，首先是市民的西岸。"徐汇区主要负责人说，所以，昔日"烂泥湾"的改造走的是亲民、便民路线。

据了解，徐汇滨江公共景观空间开发建设和整体规划，通过多轮国际方案征集，最终采用了英国 PDR 公司的"上海 CORNICHE"规划设计理念。

徐汇滨江是目前上海最长的滨江大道

这一理念的核心是人们可以在 CORNICHE（指一条从戛纳到尼斯的沿地中海海滨大道）上散步、观景、活动、欣赏沿途风景。

按照计划，滨江公共开放空间综合环境建设工程总占地面积 100 公顷，沿江岸线全长 8.4 公里，分为三期分批推进。

龙腾大道已是江滩改造的成功范例。首先，路面标高从原先的 4.5 米抬升为 6.5 米，与二级防汛墙的高度相同，这样无论你是驾车还是行走，都能满眼尽是浦江美景；其次，龙腾大道上的 4 排大树，法国梧桐、银杏树，四季交替、层次分明，非常完美地诠释了"上海 CORNICHE"绿树成荫的概念；还有，龙腾大道上的龙华港桥——龙之脊，现在是一道靓丽的风景了，不信你清晨、傍晚去看看。

不仅如此，这一段滨江工业遗存的底蕴被都提亮、放大。漫步在滨江宽阔的景观带上，老机库变成了展览馆，北票码头的煤炭传送带改建成观景长廊，老码头上装卸塔吊那红红的精气神，一个字——"啧"！南浦站的货运站，老物件都在，拍老电影那是帅呆了，还有码头成了亲水平台，木板子踩上去声音悦耳极了（清晨去声音更脆）；水泥厂预均化库现在用处可多了，都姓"文化"。

"在滨江更新改造过程中，我们十分注重城市景观和环境艺术的品质，将艺术创作和工程技术相结合。通过建筑创作，将有代表性的工业建筑保留并改造成文化休闲服务设施。城市家具、公共艺术品和标识系统也都经过统一设计，体现出了景观艺术与实用功能的结合，并且蕴含了滨江地区所具有的文化元素。"时任徐汇区建交委主任许建华介绍。

老物件让滨江有了地气、灵气，从过去到未来的气脉通了，让江水城市的环境靓了。这些老老的标志物有火车花园的老房子、老火车，北票码头旧址变身而来的琥珀枫林城市，煤炭传送带变来的海上廊桥，还有"南浦 1907"（原货运十八线仓库，现名金晖南浦花园）、塔吊广场、海事瞭望塔等等，可谓亮煞人的眼。

"我和老婆一路走走停停，随时摆

芦荻与吊机共舞

个POSE，让我给她拍照留念，她有时又像孩子一样，做出一些匪夷所思的动作，让人忍俊不禁。我们在江边悠闲地逛了两个小时，直到日落时分，才打车回家。"网友还说，下个星期，我准备带着相机好好逛上一逛。顺便说下，那里还有自行车出租，有专门的自行车观光道。如果你准备一双轮滑鞋，一路滑着去逛一圈也是很不错的。

凤凰纷至筑巢忙

曾经是上海"铁、煤、砂、油"汇聚的滨江地区，如今已成为国内外知名企业纷至沓来的金梧桐。

第一个进入的美术馆是印尼华裔藏家余德耀美术馆。2014年1月7日，余德耀美术馆在徐汇滨江举行落成仪式。说来曲折，余德耀很早就想在上海建一家私人美术馆，但由于种种原因，一直未曾如愿，于是他就发了一条微博，感叹自己"爱国无门"，说自己想做公益却这么难。微信恰好被当时的徐汇区委书记孙继伟看到，"于是，他打电话给我的助理，我助理就把遇到的种种困难大致说了一下。他就叫我去看徐汇区的几个地方，看看哪里适合"，余德耀说，第一个在龙华庙隔壁，我看后觉得不行，当代艺术与寺庙太近，气息上不太搭调。第二个就是现在这里，我看后马上就激动了，后两个地方自然也就不用去看了嘛。"第一眼看上去，这个仓库里堆得很乱。但是如果用来做展览，我收藏的一些大型装置放在这里，效果一定不得了。"

于是我们就看到了"绿盒子"，那是日本设计师合作藤本壮介的设计。这位"马库斯建筑奖"得主设计的余德耀美术馆由原龙华机场大机库和绿盒子拼

余德耀美术馆

接而成，总面积达 9 000 多平方米，主展厅有 3 000 多米，空间巨大而极具张力。不仅如此，他还把老机库涂上鲜亮的中国红，作为整个建筑的主展厅展示余先生收藏的装置作品；新建的玻璃大厅设计成为玻璃通透的钢骨架"绿盒子"，适合大型作品。"这样对比鲜明的设计，使老机库凝重且富于历史的沧桑感，玻璃大厅富于亲和力和环境融入性，两者反差显著却又不显唐突，在西岸煞是抢眼。"业内人士评价说。

余德耀来到西岸，在世界文化艺术圈内一石激起千层浪。用他自己的话来说就是"人家说余德耀拿到那片地区最好的地方啦"。余德耀介绍，不少美术馆、顶级画廊都开始接触徐汇区政府；他说，"西岸"的概念是政府和大家不断碰撞爆发出来的产物，西岸会火。

龙美术馆也来了。它的拥有者是中国金融证券界与艺术界都名闻遐迩的刘益谦、王薇夫妇，二人从事艺术品收藏近 20 年，其藏品的规模和规格堪称国内私人藏家之翘楚。王薇说："创立美

龙美术馆

术馆是因为我买了太多艺术品，导致家里连走路的空间都没有了，我就跟我先生提我们盖一间美术馆，将艺术品摆在公共空间里头，这样大家也可以欣赏，不是很有教育意义吗？"

机缘巧合，我们的想法与当时徐汇区孙继伟书记规划的"西岸文化走廊"想法一拍即合。"他说：'宁可少赚点钱，也要做一个文化区域。'于是，原本的煤漏斗这一带几个商业项目被拿掉，拿出来让我们开设龙当代美术馆。我很敬佩他，他看得很远，很有大智慧。"王薇说。

2014 年 3 月 29 日，伴随着"开今借古——龙美术馆开馆大展"，龙美术馆在徐汇滨江正式开馆。龙美术馆（西岸馆）由中国新锐建筑师柳亦春负责设计建造，建筑总面积约 33 000 平方米，展示面积达 16 000 平方米。这是一座新建筑，但设计师让一座长 110 米、宽 10 米、高 8 米的煤漏斗卸载桥作为新建筑入口处的"标志物"，"工业遗存就是这家美术馆的阅历"，柳亦春解释，不仅如此，这里还有先前挖的地下停车场，为 8.4 米间隔的网格结构，"于是，我们顺势开发了一种'无隔墙计划'，让房间之间形成流动的空间"。柳亦春介绍，这种设计让业主刘益谦大加赞赏，省钱又好看，还大有利于布展，观者不需要顺着一个

个房间进去出来地游览，而是观看然后移动身体，成为想到哪儿就到哪儿的自由观众，因为无隔墙。

与私人艺术馆落户西岸不同，2014年3月21日正式启动的徐汇滨江"西岸传媒港"的旗舰项目"上海梦中心"项目是习近平访美的积极成果。根据中美经贸合作论坛上签署的协议，华人文化产业投资基金（CMC）将联合上海东方传媒集团有限公司（SMG）、上海联和投资有限公司（SAIL）与美国梦工厂动画公司在中国上海合资组建上海东方梦工厂影视技术有限公司。上海东方梦工厂影视技术有限公司被媒体界称为"东方梦工厂"，公司将引进消化美国梦工厂的核心制作技术和创意管理经验，发掘中华传统文化题材和当代中国价值追求，打造国际水准的原创动画影视及各类衍生产品和互动娱乐形式，实现全球发行和推广，推动中国文化融入世界的步伐。

"创"改故楼，"艺"显关怀

程　曦

茶楼、酒肆、乌篷船，鲁迅、秋瑾、竺可桢。这些几乎是每一个中国人对于绍兴最基本的印象。诚然，绍兴有道不完的美情美景，更有数不尽的名人名家，然而绍兴之美，并不止于此。

仓桥直街是绍兴市内一条寻常的小巷，然而在鳞次栉比的民居之中，却藏着一间精巧的个人艺术馆。"旧时王谢堂前燕，飞入寻常百姓家。"旧时王谢早已不在，白墙黑瓦的乌衣巷中，如今飞入的是名为艺术的气息。

改·旧貌今换新颜

张桂铭艺术馆坐落于获联合国教科文组织亚太区文化遗产保护奖的绍兴仓桥直街，总面积1 040平方米，四进、二层、五开间。艺术馆经由老建筑改造，在保留原有白墙黑瓦风格

馆内天井种植的一池荷花在秋时更显清幽

的基础之上重新修葺、粉刷而成。站在艺术馆门前，首先映入眼帘的就是门口朱红的廊柱、厚重的大门，以及造型古朴简约的木窗，艺术馆无处不散发着历史特有的独特风韵。濛濛细雨之下微微湿润的黑色瓦当交织着大片深红氤氲在小巷中，恰如江南女子的眼，柔和而朦胧，却似能从中看出道不完的故事。

设·彰显艺术气息

不止是外部，艺术馆内部的布展也大有文章。绕过玄关，抬首便看见一个精致的天井。天井的塘中种满了荷花，每到夏季来临，别有一池荷香，几声蛙鸣，端的让整个艺术馆有了淡雅宁静的气息。而观内部装潢，设计却极尽简单，除了偶有几个木质隔断和支撑房屋的梁柱之外，几乎没有任何装饰。楼上的创作区和接待室也多采用与艺术馆整体风格相吻合的明代风格家具，线条多是横平竖直，而少见多余的装饰。

张桂铭先生的画作就挂在一楼展览区统一刷成白色的墙壁之上。这位被称为"东方毕加索"的老先生的绘画风格也拥有如毕加索般艳丽大胆的用色，每幅作品几乎都有对比鲜明的抽象色块，形成视觉上的冲击。这些大小不一的艺术品挂在单调甚至有些沉闷的老屋内，只消一个抬眼便能轻易吸引所有参观者的眼球。

张桂铭的《葫芦图》

布展设计中繁杂与单一的强烈对比，正如老先生画作中抽象艺术与中国传统国画手法的结合，看似毫无关系甚至是相互矛盾，却因着设计者的巧手妙思融合在一起，形成了一种反差之美。

寻·回归人文关怀

当走出展馆，再一次踏上青石板的街道，耳边立时传来阵阵喧嚣。

左手边是卖糖炒栗子的小摊，香甜暖糯的香气和着小贩手中小铲翻动粗砂的声音，充满在小巷之中；对面则是家普通的杂货店，冷饮零嘴、油盐酱醋一应俱全；再旁边则是家裁缝店……这些形形色色的小店布满整个街道，这条小巷，也如同所有小巷一般平凡热闹。

茫茫然站在小巷中间，仿佛刚才那些浓墨重彩之笔、抽象写意之境都如黄粱一梦、武陵一源。再回首，却又看见那门楣上庄重的黑底金字牌匾：张桂铭艺术馆，才知并非虚幻一场。

艺术馆有坐落在都市街道的、有隐居于僻静角落的、有傲然于高楼之中的，却少有端立于小巷民居之中的。

艺术家避开了喧闹的都市而选择了绍兴，避开了热闹的市中心而选择了巷弄，给这个沾染着市井味道的小巷增添一抹艺术的清香。这不仅仅是艺术的回归，从中我们还看出了艺术家对于故乡、对于小巷、对于艺术馆的浓浓的人文关怀。

新闻背景： 东郊，是成都工业文明的发源地。在老一辈成都人的眼里，"东郊"这个名字代表了一代成都人的光荣与梦想。而今，位于东郊的老厂房被改造成了成都工业文明博物馆，并作为成都双年展的展览地之一使用。

今天，双年展的余温犹在，在这个"后双年展"的时间里，这座老厂房的身影仍在记忆里挥之不去，带给我们更多的思考。

脱胎不换骨看钢与铁
——写在成都艺术双年展之后

程　曦

立而不破　老厂创改经风雨

展馆馆舍利用原成都宏明厂机修车间改造而成。风雨沧桑的老厂房在东郊扎根已有数十年了，要将它改造成适应展览要求的展馆并非一件容易的事情。

常言道"不破不立"，而老厂房的改造中，最为难能可贵的便是将它原有的框架网柱予以最大程度的保留，因此，当参观者走进展馆，首先映入眼帘的便是敞开的工厂大门和根根笔直的钢柱。这些冰冷的钢铁构造被富有人情地保存了下来，远远望见，仿佛其中仍有机器的轰鸣声，昼夜不停。

老机器成了今天的装置

结构形式与构件的保存，能够最大程度上保留原有建筑的"骨骼"，也是最能够直观反映"工业老厂房"的视觉元素。这些本应被拆除的东西，如今被完整保留，唤起每一个人对老厂房、对工业发展饱含深情的记忆。同时，由于人们的改造，对厂房空间进行合理有效的利用，并加入创意、休闲元素，为老厂房加入了新鲜的"血肉"，形成了全新的功能模式，重焕勃勃生气。

存而不僵　旧物变身成景观

若说老厂房的改造是含蓄的独舞，那么对于老厂中旧物的改造就是张扬的群舞。

甫一踏上展区，就立刻被遍布整个场地大大小小的"装置"所吸引。这些"装置"有的从地底探出，有的被放置在一个底座上供观赏。不用怀疑，这些看似机械零件的"装置"们，就是货真价实的机械零件。它们都来自于被改造成展馆的机场房中，曾经是工业生产不可缺少的"钢铁工人"。它们被漆上红、黄这样鲜艳的颜色，就像是散布在画布上的色块，给整个展区带来耳目一新的活力。

把机器搬到露天，不仅仅为了吸引人们的眼球和参观的欲望，也是一种创意的延续。这些冰冷的机器通过艺术的再生，衍变成环境雕塑——为老厂改造而成的展馆量身定做的环境雕塑。

老厂、旧物，这些钢铁铸造的死物，被人们保留下来，巧手改造成了今天的特别展馆、露天展厅。它颠覆了传统展览中展厅与展品各自独立的概念，将它们"糅"成一个整体，共同表达同一个理念。这种成本极低的后续利用也让物件的概念得到升华，被赋予更高的艺术价值和人文理念。

这是针对成都宏明厂机修车间的改造；是钢与铁的重生；是人们在创意改造、变"旧"为宝上迈出的可贵一步。

成都音乐公园门口的装置

观点：椟兮？珠兮？

买椟还珠的故事，每一个中国人都应该耳熟能详。然而，这个故事在今天，又具有了全新的意义。

成都工业文明博物馆在改造以前，几乎所有人都认为这是个价值不大的"椟"。破旧的屋顶、锈蚀的钢梁，让这座老厂房险些面临被整体拆除的危境。厂里废弃的机器，也差一点就变成废品站中的一员，默默等待自己被拆解熔炼的命运。

双年展在上海也举办过，展地多是选在如人民公园这类十分具有代表性的地方。成都老厂房里的双年展让我们看到：原来除了代表性，还可以有这样厚重的人文价值深藏其中，让展地本身也变成了理解展览理念的一部分。

是创意把这个所有人都认为是废壳子的工厂变成了充满艺术和人文气息的"珍珠"。椟兮？珠兮？一切自在人心。

张开大嘴的扳手，像是在欢迎参观的人们

深秋里，忆徽州！

行走在深秋的大街上，风卷梧桐枯叶"沙沙"地，遍地翻卷金黄。

忽然想起徽州，那里的山薄雾总是曼妙，那里的屋粉墙总披黛瓦，变换的只有漫山的青翠忽一日如痴如醉地红起来，只有原野的油菜花轰隆隆、泼刺刺遍地金黄，黄得你想醉在那里不想走。

安静的徽派建筑

山转，水走，还是粉墙在曼舞？金黄、葱翠到浓绿，梦里徽州就这样生生不已，代代相传，不变的就是那弯弯的流水、高高的马头墙。行走在徽州的山水里，不经意间就在风景的拐弯处悄悄地出现了一片粉墙黛瓦，那房安安静静不扰一草一木，那树那叶便把"白纸"泼洒得意趣生动，美妙难以言表：哦！人造与自然原来还可以这样相处。

建筑不扰环境，山水便点化人居，与自然和谐相处的徽州民居大有看头。

如果不是亲眼所见，怎么也无法相信这家县级市的图书馆竟然是国家一级图书馆；如果不是仔细察看、琢磨，怎么也想象不出，原本是震区都江堰一家老旧的造纸厂竟能成为震区灾后文化重建的标志性建筑——

老厂再生，不仅仅是建筑

建，还是改建

"要为都江堰人民造一座图书馆"，这是 2008 年大震后，对口援建都江堰的上海人民的强烈愿望。位于都江堰的成都造纸公司是一家大型国有企业，"专造别人造不出的纸"。

都江堰图书馆

1986 年，上海援建的都江堰青城纸厂地震中已经牛了一回。虽然遭受重创，但其立柱框架基本完好。对口援建的上海与都江堰当地政府一谋即合，灾区老建筑幸存的不多，留住老厂房就为灾区留住了"根"。

灾后重建，老厂房就变身都江堰图书馆，设计者就选同济。

"让环境、空间、形态'再生'"

"都江堰的老建筑改造，必须要让环境、空间和建筑形态'再生'。因为这里是震区，生生不息、顽强生长在这里有特别的意义。"设计师谢振宇确定的改造原则就是：保留厂房空间，再利用其中的历史建筑材料，重新表达细部形态，体现建筑的文化性和时代性。

按照这一思路，设计者们以保留的纸厂建筑为主，新建的报告厅为辅，巧妙地形成一长一短、一新一旧的"Y"形布局。功能组织上，在老厂房里由东向西依次布置陈列展示、图书馆及储藏管理等功能空间，报告厅、娱乐休闲被放到了加建空间里；活泼是孩子们的天性，因此儿童阅览室被放进了"Y"的交叉部位，"呵护"起来。

"厂房内部工业文明特征强烈的结构构件．如钢筋混凝土排架、牛腿吊车梁等都被保留并融进新建筑里；机械设备，部分改造成了装置小品。"谢振宇说，新旧共存、空间调整、表皮更换都以和谐为原则。

因它，"壹街区"有"历史"

图书馆所在的环境——壹街区，是上海对口援建的示范工程。"图书馆改建时，我们特别注重老建筑的厚重与加减部分的空灵形成强烈的视觉反差。为的就是呼应'壹街区'的环境，同时又让壹街区多一个'和而不同'的亮点。"谢振宇说。

徜徉在崭新的壹街区、老老的图书馆空间里，感受着图书馆半开放院落体现出的建筑形态对于周边景观资源的利用，体会着新老建筑之间相互衬托、遥想呼应的关系、都江堰的空气很是惬意。

进入图书馆宽宽高高、敞亮疏朗的门厅，立刻被墙上抗震救灾的油画"拿"住：众人高高抬起一位救出的群众，忙碌地朝前传送。而今，时间虽已过去 4 年，画面依然震撼。行走在连接新老建筑的架空廊上，我们更加清晰地观察老厂房的中庭和阅览室，原来的混凝土屋面被拆了，换上了钢板，嵌进了采光带，看着由采光带漏洒在地面的细长光带，看看粗犷的屋面，我们的心里暖暖的。

围着图书馆徜徉着、观察着，红红的藏羌装饰墙，均匀布设的方形砖孔把阳光挤得斑斑点点，它们都是红的；东南面，玻璃幕墙把阳光打扮得五彩缤纷……缕缕阳光透过玻璃射进屋内，显得

走进图书馆，首先看到的是梁君午先生以抗震救灾为题材创作的一幅画

格外安静。

有了再生的图书馆，都江堰变得鲜活而底气。

一个馆升华一座城

设计，肯定是双妙手！看一座老旧的、历经大震的都江堰青城造纸厂的再生史，你就豁然了。

就那几位年轻人，留下老厂中那些英雄的牛腿柱、钢架梁，加一些、改一些、再建一些，老厂房共新构筑仿佛变戏法般就成了国家一级图书馆。

这还不够，图书馆让原本普普通通的诺大一座壹街区的居民一下有了文化的资本、知识的眼睛、休闲的天堂；还不够，图书馆还成了都江堰市文化重建的标志性建筑。

谁说一座建筑不能改变一个城市？设计，让城市的情味跃然升华。

德班气候大会又不出意料地在争吵中结束，虽然为环境减排已成为世界共识，但真正切实地行动起来，减排二氧化碳，就必须坚定不移地升级产业结构。升级产业结构当然会带来工业大机器、小配件的淘汰落后，这是一件艰难的事。

为环境减负，不仅仅是淘汰一条路？以艺术的名义去重新安排我们的周围环境，点化后的大机器完全可以升华生存的品质。

负担？完全可以点化并升华
——德班争吵后的环境思考，以艺术的名义

机器，还是那个机器

这是一处工业文明的记忆符号。当年，那机器轰鸣、白烟袅袅的情景至今还是许多上了年纪的人心中温暖的记忆。

可是，今天它们却已集体改行。机器，体量大小不一，但功效整齐划一，穿上颜色不同的外衣，站出高低错落的身姿，把环境渲染得热热闹闹、生鲜闹猛。

行走在迷宫般巨大的厂房内，或驻足、或仰头，甚至伸出手仔细抚摸，工厂里的这些胖得离奇的机器，长得一眼望不到头的管道，仰望站在那里的铁罐……想当年它们该都是豪门巨族，在厂里地位显赫；工厂转型时，它们肯定是人们心中的沉沉重荷。因了艺术的妙手，它们个个找回了"精气神"。

负担还是担当，就在转瞬间

大机器，体格巨大，面目嶙峋，颜色灰土，要想亲近它颇为不易。虽然它们都已转了身，但我们怎么也难转过弯来，眼前的粗犷前卫且潮流的机器装置，把夕阳西下的工厂舞蹈得曼妙而优美。

全因了担当，全赖生花的创意，旧机器仿佛已被羽化升华：

长长的管道不好搬家，涂上蓝蓝的油漆，让规则的格子按照你的意愿分配天空；大烟囱，刷刷干净，露出本色，还这样特立独行地通向苍穹；管道，涂黄色，标明这是危险气（液）体的"贵宾"通道；眼前的签字台是老机床变的，花车的前世是矿车；大罐子，从前应是装乙炔、液氧类气体的，搬个家，落户水池上，就开始"泉水叮咚"……

设计妙思，让废弃的汽车上房，负担瞬间变成担当。

废弃物再生考验创意设计

徜徉在灵感炒豆子般激情四射的空间里，看着阳光检查着每一根管道，颜色、粗细、关系，甚至干净与否，全都纤毫毕现，历历在目：设计者的用心周密可见一斑。

签字台，灯光照亮的只有明镜般的桌面，还有桌上的大红签字簿，老旧部分基本影影绰绰，但油光已经擦干，金属感依旧强烈，还有机器肩胛处的身份标牌。凑上前，仔细看，是老东西。

花儿灿烂地开，那是一品红；老锅炉的风门，也那样有派；红花（其实是叶）

老锅炉做成的喷泉

废弃物做成的艺术品装置

还须绿叶扶，下面就陪衬了许多绿藤，翻斗车？往下看，轮圈告诉你，是行走在轨道上的矿车：只要创意常青，生活总能如花般灿烂。

还有"泉水叮咚"，一刚一柔，一阴一阳，风骨与柔美就这样妙合天成。

又想起德班：人不能被定势困住，要对既成的世界进行再设计。这样负担便可点化并升华。

废弃物再设计的反向思考这样提醒"德班"。

编者按：上海作为我国东部沿海地区重要的枢纽，历经百年的演变发展至今。海纳百川的文化影响下，上海的建筑也呈现出多姿多彩的特色。外滩的万国建筑群、金茂大厦、国际饭店、浦东机场等等，这些耳熟能详的建筑经由建筑师们的双手而大放异彩，成为上海具有标志特色的建筑。或许我们知道这些建筑，也了解这些建筑对于上海是何等的重要，但我们对这背后的设计师却知之甚少。而今，通过"影响上海建筑艺术的设计师"这一专题，我们将带大家走进这些建筑，探寻建筑背后的一个个身影。

从百乐门到十里洋场，从外滩到金茂大厦，上海自20世纪初就被冠以"大都市"之美称。而世人却少有关注那些构成大都市灵魂的标志性建筑，以及那些巧手搭建出这座都市的建筑设计师。今天，就让我们走进勾勒出上海天际线的一位大师威尔逊。

江天之际　凝固之曲

——外滩天际线铸造者威尔逊

程　曦

鲜为人知的建筑家

威尔逊这个名字，或许对生活在上海的人们来说很陌生，但有一样东西提起来，所有上海人马上能够在脑海中组成一个完整的印象，那就是外滩。又有多少人知道，正是这位不为人熟知的威尔逊，一手打造出了外滩的天际线，让这连绵几公里的建筑组成了所有人心中的上海城市意象？

1912 年，这位建筑师来到了当时的上海，筹建公和洋行上海分行，设计建造了洋行在外滩所建造的九栋建筑中的六栋。闻名退迩的汇丰银行和海关大楼便是出自他之手。这两座大楼在设计上互为一体，构成外滩天际线中的重要一笔。

简洁风格的追求者

一百年过去，如今的外滩上，建筑师们的杰作依旧屹立在那里，楼前车辆行人依旧川流不息，仿佛一百年的光阴中，一切都还是原来的样子。大楼前来来往往的人们，或目不斜视，或偶尔一瞥，便匆匆经过。世人皆知它们是上海的标志，又有几人仔仔细细地打量过这些承载着上海记忆的标志呢？

其实，走进它们你就会发现这几幢建筑别有洞天。就拿汇丰银行来说，今天作为浦发银行大楼的原汇丰大楼，在威尔逊设计时摒弃了繁琐、夸张的巴洛克风格，以简洁、纯净的新古典主义为主。上有罗马式穹顶，而建筑的主要部分则讲究严格的对称，形成视觉上的均衡感，肃穆而又不失典雅。整座建筑以竖直的线条为主，这点与同为威尔逊设计的和平饭店结构如出一辙。没有了繁琐的装饰，建筑本身的比例与结构之美得到了完美的呈现。楼内的穹顶上绘着具有宗教色彩的壁画，有着如教堂般庄严、深远的感觉。

海关大楼作为后期建造的作品，则体现出威尔逊这位建筑大师不断与时俱进的建筑理念。大楼的整体仍是讲究比例与结构上的美感，没有多余的装饰。门口立柱上的每一道凹槽都是手工雕琢，弧度与角度都极其精确。柱子底部稍粗，到了顶部逐渐收拢。这一点很少有人注意到，但大致看来，却能够体会到一种饱满而富有生命力的东西，仿佛破土而出的春笋。大楼主体更加简洁，符合办公楼所需的标准，顶部钟楼层层叠上，形成一种高耸的感觉，这座大楼的亮点也在这里。

外滩天际的铸造师

若站在黄浦江上来往的游船上远望浦西外滩，就能将这条上海的天际线尽收眼底。这条线自左开始，平平而起，到了浦发银行和海关大楼这里，成了一个起伏，而后又落下，行至和平饭店这里，便又是一个动人心魄的起伏，复又平缓，再到上海大厦，戛然而止。都说建筑是凝固的音乐，有人曾将这条天际线用电脑绘制下来，按节拍分割，最后形成的竟是一曲雄浑的交响乐。

这条城市的轮廓，早已深深烙印在上海人乃至所有人的心里，那些沉默的建筑偏偏好像一曲跌宕起伏的华彩乐章，回响在黄浦江边。而威尔逊，便是这曲乐章的作曲者，用自己的双手和思想编织了这一曲城市交响乐。

外滩夜景

背景：威尔逊其人

乔治·L.威尔逊的杰出职业生涯 1898 年开始于伦敦的 H.W 派克建筑师事务所。他乐于离开英国接受新的挑战，1908 年他在香港公和洋行（即巴马丹拿建筑师事务所前身）得到了一个助理的职位。1912 年威尔逊来到上海筹建公和洋行上海分行，1914 年他成为合伙人。由威尔逊主持或协助设计了公和洋行在外滩所建造的 9 幢建筑中的 6 幢，其中包括最著名的汇丰银行大厦、海关大厦及沙逊大厦。威尔逊设计的外滩的其他标志性建筑包括汉密尔顿大厦、上海新城饭店、皇家亚洲协会大厦。其实整个外滩建筑天际线的关键几笔就是出自威尔逊之手，特别是汇丰银行和之后建成的海关大楼之间的关系。1925 年，海关决定重新建楼时，新的汇丰银行大楼已经成为外滩占地最大、最雄伟的大楼，威尔逊认为，海关大楼在设计上应尽可能与汇丰银行大厦成为统一的整体。

一条南京路，百年上海史。南京路上的建筑也如外滩建筑一般，是一个时代的上海象征。在南京西路上相距百米的范围之内，并立着两座堪称"第一"的传奇建筑，它们均出自匈牙利建筑设计大师邬达克之手。

予我乐土　报之穹梁

——匈牙利建筑设计大师邬达克

实习生　程曦　本报记者　黄伟明（文）　姜锡祥（摄）

收留这位流亡设计师

1918 年，从战俘营逃亡到上海的邬达克在美国的一家建筑事务所开始了自己作为一名建筑设计师的生涯。在这片异国的土地上，举目无亲的他不会想到，7 年以后，能够拥有自己的建筑事务所，更不会想到自己设计的建筑能够成为上海标志性的建筑。

上海这个海纳百川的土地收留了流亡的邬达克，在这个"英雄不问出处"的舞台上，他的建筑才能得到了最大的发挥，风格也渐渐走向成熟。

南京路上百米内传奇

邬达克在上海留下了几十件建筑作品，其中最负盛名的当属素有 20 世纪 30 年代"远东第一高楼"之称的国际饭店。饭店共 24 层，地面以上高度达到 83.8 米。整座建筑占地不大，结构紧凑。外立面采用竖直线条划分，至 15 层以上猝然一收，之后层层上叠呈阶梯状，给人以高耸挺拔之感。

国际饭店

今天的国际饭店周围早已高楼林立，人们已经寻不到当年那"一览众山小"的感觉。但是这座如今在高楼环抱下显得黯然失色的大厦，曾经保持上海第一高楼的地位长达半个世纪，这个纪录至今无法超越。

在距离国际饭店仅仅百米的距离之内，人们又能看见邬达克的另一件作品，那便是大光明电影院，和国际饭店一样，它也拥有一个响亮的称号——"远东第一影院"。

邬达克丰富的想象力和科学的创意在这座建筑上得到了充分的发挥。整座建筑犹如波浪中航行的巨轮，流畅的曲线环绕整个影院。墙面采用层叠的方式，犹如盛开的花瓣般簇拥着建筑主体。竖直建造的墙面将建筑分割成为协调的数个部分，极具简明的欧美建筑风格。建筑内部设计也毫不拖泥带水，没有多余的装饰，拥有1 300多个座位的放映大厅不但不显拥挤，还如同影院的名字一般光明敞亮。

百米之内两座"第一"的建筑均出自一人之手，这是属于邬达克的传奇。

画完设计稿后的豪言

国际饭店、大光明影院、百乐门舞厅，这些建筑中都有邬达克的身影。但若你认为他的作品都是如此的光鲜亮眼、声名显赫，那便错了。除了这些拥有响亮名字的建筑，邬达克还设计了许多私人住宅。这些住宅或隐于闹市之中，或是在时间的打磨下无声地消逝。如今我们有幸看到的其中一座，就是位于铜仁路北京路口的"绿房子"。

这座神奇的房子完全地体现了他现代派的风格。邬达克在画完设计稿后曾自豪地说道："我可以保证，再过五十年，哪怕再过一百年，它仍不会过时！"而现在，时间已是最好的证明。

邬达克的作品风格各异，有欧美风格的简洁，有文艺复兴式的妩媚，也有前卫的现代主义。邬达克并不是一个守旧者，相反，他非常乐意接受并实践新的风格。他的作品，散落在上海各地，成为一个时代、一个独属于一位建筑师的记忆。

邬达克是上海的一笔宝贵精神财富，而上海对于这位流亡至此的建筑大师来说，更是一片乐土。邬达克的建筑丰富了上海建筑的轮廓，他无穷无尽的想象力和创造力，已化为凝固的建筑，深深烙印在这座接纳并包容了他的城市之中，再也无法分离。

背景：邬达克小资料

邬达克（L. E. Hudec）（1893—1958），男，匈牙利籍建筑师。二十世纪二三十年代，他在上海设计了60多幢建筑作品，其中三分之一现在被列入上海市优秀近代建筑名录。邬达克是30年代上海最著名的建筑设计师，1893年生于斯洛伐克，1914年毕业于布达佩斯皇家学院建筑系，同年入伍，参加第一次世界大战。1916年，被俄国人抓住，送往西伯利亚的战俘营。1918年，从西伯利亚逃到上海，此后在上海住了30年，设计了60多幢建筑作品。1947年离沪，1958年于美国去世。

眼下，景观在建筑设计的环境营造中越来越被重视了。坊间传北方某小城费千亿数年间打造出的新区内，雕塑比人多，大有当年大跃进的架势。人·建筑·环境究竟应是怎样的距离和尺度，才能产生美感？最近在太湖边的一处建筑新作中徜徉，大有"湖山清远"之叹——

这里的创意与环境"恰恰好"

诙谐的装置，大有看头

最先"抓"住你眼球的就是这组雕塑了：水兵（应是刚从前线回来）挽住女孩（可能不认识）深吻，女孩的腰都被压弯了：那是著名的二战摄影作品《胜利之吻》的卡通版；还是白色的肉体、黑色的骨架，加上一把无弓无弦的小提琴：《音乐之声》；当然还有并排站着的两人，脚前面的方块就是泰坦尼克号的船头了。

设计者在南太湖这片广阔的水边，用夸张乃至变形的卡通手法，黑白两色很写意地变出了异域的风情，游客看过的表情都是笑靥：会心地微笑，开怀地大笑，轻声地议论。

这里的环境与人"生机盎然""心有灵犀"。

"湖山清远"是这里的底蕴

看了卡通人，再看若隐若现的天目山、洞庭山，心中莫名地透明空翠、清新愉悦。

"五山一水四分田"的湖州，西南山势起伏绵延，东望"以天为堤"，平原无垠。元人赵孟𫖯他们在这里春秋佳日，小舟浮水，看"众山环周，如翠玉琢削，空浮水上，与舡低昂，洞庭诸山，苍然可见，是其最清远处耶？"赵孟𫖯笔下的"吴兴清远"写出了南太湖的独特底蕴：设计不能打扰环境，但可以融入并点亮它。

于是，我们从卡通人的造型中体味到了南太湖的俏皮与妙处。

用船·缆绳·明珠营造"水文化"

太湖是水做的,所以设计的元素当然还可以是船、缆绳,甚至硕大的"明珠"。

穿过圆圆的石头向远处望,帆影点点,披金戴银的就是千百年来的"渔歌唱晚"了。那熟悉的波涛依然前呼后拥、绵绵不绝,不过那渔船已是典型的融入式设计;融入之后,环境就古旧醇厚起来。

还有那缆绳,船缆?当然可以作为船缆,不过太新而少风浪的历练,如果经历些风雨,出没些波涛,当然就更有沧桑感,看起来就与环境更协调了,那要你若干年后再来看了,设计者围绕"水文化"全神贯注地挖掘灵感值得肯定;值得肯定的当然还有那颗硕大的"明珠",那是一座超五星的综合体。空中看,它还是两千余平方公里太湖的"点缀"。

创意设计与环境应该恰恰好,适合南太湖的恰恰好是透明、空翠、清新。

"巴山蜀水"在这里风影摇曳

——成都当代美术馆印象

高楼森林里的"巴山蜀水"

不要以为高楼丛集的森林里这样一处山坡模样的建筑很突兀,它是艺术家们在忙忙碌碌的人海里寻找"巴山蜀水"的可贵尝试。

建筑东厢,宽宽的不合规矩的大台阶把我们的目光一步步往上举,上面就是川西人家常见的藤果架了。你想上到屋顶去,那就得走"山路",窄窄的,陡陡的,走起来有些费劲,本来嘛,山路就大多不好走的。

上了山顶(其实是建筑的屋顶),石头凳子、木头凳子、长条石凳子,加上散落的花花草草，调皮的阳光让棚架子把影子拖得长长的，大有弥补多日阴雨绵绵的憋屈之憾。我们的眼光滑下坡去，再爬上对面，那里就是蜀水了，水叮叮地、潺潺地流淌，藤萝似乎散散漫漫地挂，成都人的生活就这样慢慢地、悠闲地过着。

"巴山蜀水"里的川味儿浓

去美术馆参观时恰好碰上美术展览，自然是要看的。

墙上，画里，好多好多的凳子、窗子，还有巨大的屏风，一字儿排开，顶上似乎是星星在点灯。是剧场，是宫殿，还是民居？没有疑问的是藏羌之风吹到此。另一幅：一群人在玩游戏，软软的绳架，活跃的身影，爬软绳的女孩怎么比男孩多？还有织网这幅，几张我们小时候都坐过的木凳，是蜘蛛结网？这些都是展馆里看到的作品，美术、装置、甚至行为艺术都有，煞是热闹。

展馆门前的那件作品最"抓"人了。作品名字叫"天与地"。一块凹凸不平的磨盘石上，大概是用电钻打了密密麻麻的深孔，插上了密密麻麻的不锈钢细柱，阳光下颇似踢踏着的大河之舞。

远远的草坪上，锡纸包裹的是几块硕大的石头，眺望？我们看着的感受则是山光水秀。

艺术家的探索很可贵

高楼的森林里突然出现这样的"山上水中"的建筑，确有些闹猛。穿过两座房屋中间的可以行车的大道，近距离观看西半的"水中村落"，也没有见到"都江堰"或者"九寨"那样的清冽之水，但屋顶上水渠意象倒是蜿蜒着，穿过密密的藤萝，水痕犹在；房顶上那高张的绿色玻璃墙，大概就是四川常见的壁立沟壑了——金沙江、岷江的峭壁。

远远望去，东"山上"、西"水中"更像一只振翅欲飞的"太阳鸟"（四川三星堆出土文物），振翅三层高的展厅里自然是艺术家们的灵感与激情绽放的舞台。我想说的是，人类社会丢失自然已经很久，真山真水早已被尘封在记忆里，甚至记忆里的山水也已模糊。于是，艺术家们在这片森林里扎下了这座"巴山蜀水"，虽有些异样，但试图唤醒我们心中那尘封的记忆的尝试不可小视。

美术馆里的装置作品

应该说，他们的探索是可贵的。

那时我就创意了

——民国活跃在上海建筑设计舞台的中国人

程　曦

陆谦受，让外滩舞动中国韵

1936 年，广东人陆谦受设计外滩中国银行大楼时，从伦敦英国建筑学会建筑学院毕业才 4 年。时任上海中国银行建筑科科长的他，设计出的大楼比逼紧挨着的沙逊洋行大楼（今名和平饭店）高而受到干涉，外滩上这栋唯一由中国人设计的大楼被迫降低高度。

但即便如此，乍一看西洋风劲吹的中国央行大厦还是遍布中国艺术元素：且不说四角攒顶、斗拱撑檐的传统匠式，仔细仰望，孔子周游列国图像连续剧般展开：打渔者、行船者，裁衣补锅者、耕种读书者、吹拉弹唱者……大小 30 多个浮雕人物，陆谦受想以这种方式表达农商耕读为金融之基的现代金融业理念；层层上递的"中"字镂空石雕窗——宛如一副高高垂挂的对联；营业大厅天花板上，甚至还飘荡着过海的八仙。

中国韵在外滩舞动。

设计师小卡片

陆谦受（1904—1992），广东省新会人。1930 年伦敦英国建筑学会建筑学院毕业，为英国皇家建筑学会会员。1930 年回国，任上海中国银行建筑科科长。1949 年，与他人成立五联建筑师事务所。1949 年后赴香港。他的建筑设计主张是：一件成功的建筑作品，第一不能离开实用的需要，第二不能离开时代的背景，第三不能离开美术的原理，第四不能离开文化的精神。

上海的"维也纳金色大厅"

在人民广场的浓荫翠绿中，有一处地道的西方复古主义建筑，厚重、典雅且内敛，那是中国建筑师范文照的作品。但 1928 年完成南京大戏院（1949 年后改今名）设计后，游历了一趟欧洲，范文照转了 180 度的弯，转而全面拥抱新式现代建筑。

1930 年开幕的南京大戏院的名气大涨是因为它出色的音响效果。1959 年 5

月上海首次音乐舞蹈汇演在此举办，厅内超群的音响效果俘获了所有人的耳朵和心灵。从此后，这里就成为上海滩上见证中外名家、名曲、名乐队的"维也纳金色大厅"了。

1949 年，范文照移居美国，但他的建筑艺术思想对上海的现代主义设计流派的产生起到了重要的作用。

设计师小卡片

范文照（1893—1979），广东人。1921 年毕业于美国宾夕法尼亚大学，建筑学学士。1927 年回上海后开设私人事务所，参与设计了八仙桥青年会大楼。其早期作品亦为"全然复古"，并喜欢以折衷主义的思路在西式建筑中融入中国传统建筑的局部。但后提倡"全然推新"的现代建筑，代表作是美琪大戏院。

派拉蒙·百乐门

老上海不知道百乐门的恐怕寥寥，但知道派拉蒙的恐怕也寥寥。

其实，这都是源于同一个词汇，"Paramount"，这个英文词的原意是"至高、至大"的意思。在美国，它是好莱坞四大电影公司的名称；到了上海，聪明的中国人把它洋泾浜为"百乐门"。

百乐门所在的区域是旧上海著名的富人区，富人区没有娱乐场所怎么行？于是，顾联承请来杨锡镠设计了这座"东方第一乐府"。最大的舞池可容纳近千人同时起舞，地板用汽车钢板支托，人称"弹簧地板"，舞者旋转其上能飘而欲仙。时髦的建筑材料全都用上，精巧的设计构思全都呈现，人性的私密空间全都想到，这都不说了，单说：在这里，哪位客人离场回府，服务生总能及时地在房屋顶层巨大的圆形玻璃钢塔上，用电光印上客人的汽车牌号或其他独特标识，车夫一见，立刻将汽车开到舞厅门口。

百乐门就是百乐门，中国人巧思无穷。

设计师小卡片

杨锡镠（1899—1978），江苏吴县人。毕业于南洋大学土木工程科。1930 年在上海自办建筑事务所。1949 年后，历任中国建筑学会第一至四届理事。

地下空间，功能安全外还应有视觉美

——访同济大学地下空间研究中心副主任、教授 束昱

"视觉美，上层次"

今天，城市里的地下空间已经告别了封闭、潮湿、阴冷的时代，功能便捷、采光敞亮、环境宜人早已为城市中人所熟悉、所认可。城市广场绿地和大型建筑物的地下，更有三十余座城市规划建设地铁，数十座地下综合体的建成使用，都把我国城市地下空间的功能拓展推向一个新的高度，城市地上、地下的协调发展推向更宽的广度。

但是，"地下空间除了功能和安全的要求外，视觉美的追求更应上层次"。同济大学地下空间研究中心副主任束昱教授近日告诉记者。

上海城市地下空间营造已全面进入"美时代"

"上海城市地下空间营造已经全面进入'美时代'。"束昱教授开门见山，无论是十六铺码头地下空间的文化营造，还是北外滩国际客运中心的文化渲染，都无一例外地都是大手笔。

先说十六铺，筋骨高张与玻璃作顶的透明大伞，让我们依稀又见世博轴的风姿；从地下往上，东方明珠居然尽收眼底。再说国际客运港，大颗的水滴，湛蓝的立柱、柔曼的藤萝、大块的绿荫，客运港的地下空间美不胜收，配上浦江边港口候船室那颗硕大无比的"一滴水"，这"一滴水"竟收揽了一个世界。

"这都是近年来上海城市地下空间注重环境美的经典之作，他们让我们看到设计者和建设者对地下空间环境美的追求与创造。"束昱说。

"美的地下空间必然提升城市文化品质"

"地下空间的审美追求对一座城市的文化建设至关重要。"长期从事地下空间规划设计研究的束昱强调。

如今，每一座大中城市的地面都被塞得满满的。"我们的地下空间不能重蹈地上城市建设的覆辙。"束昱说，从规划开始，地下空间里，阳光、新鲜空气、活水和绿色植物，都是一个也不能少的；不仅如此，"一座城市的文化、历史积淀当然也要艺术地进入，这座城市的性格、理想和追求也要自然而然地融入"。

"提升城市文化品质，地下空间的艺术审美与营造不能缺席。"束昱指出。

言论：美的城市文化，地下空间营造"添柴"

我国城市地下空间开发利用现今可谓是方兴未艾，但如何让争着抢着上马的地铁、地下城为我们生活的城市添美、添愉悦，让生活在其中的人们乐于前往、勤于前往，可就不是一件简单的活儿了。

在功能和安全追求之外，为地下空间的开发利用加一点艺术、加一点情趣、加一点文化吧，让人们审美的眼睛在地下与艺术精灵撞出激情的火花，让我们的城市文化多一处放飞的"伊甸园"。

有了艺思灵动的地下空间，我们的城市一定会煽动品位的翅膀。

走在闷闷的地下街，除了单调烦闷还有脚步匆匆；地面上，见到阳光你就躲你就赶紧用书本用手上一切能遮阳的东西往头顶放，可是在地下见到阳光、见到璀璨的灯光那叫艺术，那叫地下空间生态化——

到地下，激发艺术灵感

地下入口处的"8"字

这尊地下街入口处的"8"字让我们凝视、琢磨了很久。它就这样慢悠悠地转着，大约两分钟转一圈；它的外表黄灿灿的，虽然外面的阳光不是很好，它照样黄得风生水起、明暗分明，雕塑感极强；上面的结合部一口一柱、阴阳合契：这是一件装置作品。

为何采用"8"字？为何是接而未合的"8"字？把它放在地下街入口处且不停息地转动，为何？久久伫立且凝视的我们想："8"在日本也是幸运数字？接而未合是作者认为此"幸运"的机缘还未到？我们可以肯定的是，远远地，坐地铁的人们看到金灿灿的"8"字，肯定会心一笑

地下入口入的雕塑

车站到了，"8"字点头招手了，这里往下走就可以坐上地铁了。

日本的上班族每天看着这抽象的"8"字，肯定会天天想着，结合着自己的心思，经常还会扩展开来想，所谓浮想联翩，其实这"8"字就是心思摇动的"生发器"。

地下空间装置大有可观

应该说，随着地下空间开发的速度、规模的不断提升，地下空间的生态化、艺术化和舒适性营造也在快速地进步，每每走在地下，一抬头我们就看见嫩红黝棕的砖墙上流水潺潺，就见颇有皇家风范的大挂钟"堵"然在前，我们原本烦闷的心情立刻大为改观。

地下空间大有可观，随处可见的藤萝蔓菁、花草乔木，甚至摇摇游曳的红鱼绿龟、昆虫飞禽都进入地下，水中游、空中飞。地下容易迷路？别怕，人家早在交叉路口为你设计了一尊指路女神，喏，就立在那里。驻足，仔细看，就一定能找到你要去的地方；当然，女神的模样也很"in"的，你可别只顾看而忘了赶路。

地下空间营造再多些灵气

虽然，如今地下空间的营造意境意识已经大为进步，但是与地面的环境装饰艺术水平比较起来，还是有着相当大的差距。

应该说，科技进步到了今天，地下空间技术已经相当成熟了，可谓是"不怕做不到，就怕想不到"。关键是，我们要把地下空间的人文氛围、艺术氛围和生态氛围营造看作是人居环境不可或缺的组成部分，看作是地面空间的"兄弟"，我们的智慧就会在地下愈加放出异彩。

想起了上海外滩观光隧道，那是多年前建起的一条纯粹的观光游乐隧道：声光电集于一身，短短数十分钟的游览、回到地面的你，"回味""陶醉""有意思"肯定是你关于这隧道情景描述的常用词。

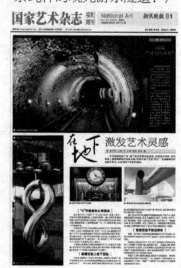

观点：地下艺术，呼唤"闪光的汗水"

随着我国城市建设速度的不断加快，地下空间的艺术化营造，呈现出越来越迫切的需求。应该说地下空间环境的生态化、人性化和艺术化营造与地面环境艺术相比还存在这不小的差距。

如何让人们在地下的时光更加愉快且乐于前往，需要我们的规划设计者、决策管理者、艺术工作者，乃至市民齐心协力地参与，所谓众人拾柴火焰高。如果哪一天朋友聚会，有人提议说，"到地下看雕塑展去，顺便在地下街心公园野餐"，则标识着我们为地下环境的艺术营造献智出力的"每滴汗水都在闪光"了。

这里的商业空间很卡通
——冲绳美国村印象

这里的房子都时尚

这是美国村，美国人把这里的房子弄得千奇百怪，装扮得飞红走绿，修饰得调皮而淘气。

冲绳时尚商业一条街——美国村，摩天轮那是不能少的。店面房屋，窗户也不见得方正规矩了，在"坚硬的岩石"上掏出一个"洞"来，透光透气就够了；还有，那房子一看就是别的民族的样式，加上一个美国式工棚，居然也别致；房子前面，影子样阿猫阿狗的造型那是必须的，当然还有花和草；涂鸦、老式路灯，甚至糖葫芦、乐器放到墙上，看起来那也是酷很酷的。

这里的房子，是商业街吗？孩子喜欢。孩子喜欢，大人就得来。

这里是吃喝玩买一条街

如果我不告诉你，这里是集吃喝玩乐的商业总汇，你会想到吗？没能先知道答案的话，没准就会想到这是"儿童世界"呢！

这里就是吃喝玩耍买一条街。你看你看，那涂鸦，带着孩子的家长走到这里，还能不被孩子"绑"进去？还有那明黄橙红的颜色，远远地，孩子不会拽着大人的胳膊望这里而来？

走过路过的，看到这凳，还是船？我不由自主停下了脚步，"粘"了半天，没看明白；这木制老爷车，这数不清的商标、瓶盖、空瓶子、汽车牌照……看了很久很久：这些平时我们根本不会去注意、随手丢弃的东西，到了这里，就这么汩汩地往外冒着时尚！

这里我们买了牛仔帽

在"卡通"美国村，我们徜徉着、流连着，像美国人一样拿着一小瓶啤酒靠着吧台张望着；在朴拙可爱的花车前为美国式的皮带、牛仔衣连说带比划地讨价还价。我们很快乐！

走在或宽或窄的巷子里，我们的脑袋不时地被屋檐上的毡草撩拨着，不时地被小车上的小物件粘挂住，我们的心情就像眼前忽然出现的石碾子及石碾子中心处的汩汩泉眼，快乐欢快地流淌着。

美国式创意，其实是冲绳

这不，短而逼仄的小街上，我们的视线正被逼仄着，忽然一下就敞亮起来，敞亮得天蓝蓝海蓝蓝，蓝蓝的心里痒痒的。哦！那就是浩瀚的太平洋了。就在湛蓝的海边，一处明黄明黄的房子又吸引住我们了。在那里，我们买了一顶牛仔帽。

走在这样的商业街上，逛了数小时的我们不觉得累！

渔舟唱晚是太湖

最富"渔舟唱晚"情景的是哪里？当然是太湖。浩渺的太湖之上，帆高张，桅高耸，舟竞发，网抛洒，渔民古铜的脸庞映着圆而红的夕阳，水天一色，影子倒映湖中，就连湖也激动得胸膛突突，脚步凌乱。不信，看那一湖摇曳的水你就知道了！

静静歇在那里的渔舟呢？帆已落下，弦还在杆上；夕阳揉皱了一湖的涟漪，那小舟里载的是丰收的喜悦吧。再看，本来平常无奇，但因了涟漪，水中的桩影竟也弹起了曼妙的小夜曲。只有那水中的帐幔依然如此淡定：把天光揽在怀里，把水影印在心里，让晚霞里的太阳就这样留了个"镜中水影"。

太湖木桩

你知道吗？这就是著名的阳澄湖，那水就是满载渔民喜悦的大闸蟹池了。

卢浮宫如何从一座皇宫变成了巴黎乃至全体法国人的艺术宫殿不说了，卢浮宫里藏了多少艺术珍宝也不说了；卢浮宫里的无数珍宝是如何得来的，也不说了。这里要说的是，一座艺术宫殿与一座城市的文化、精气神到底是怎样的关系？

卢浮宫，巴黎精气神的"丹田"

《蒙娜丽莎》的失与归，看敬重艺术的巴黎人

卢浮宫里的艺术精品逾40万件，有人说，即使一分钟看一件，也得十年方能看完。但卢浮宫里的镇馆之宝也只列出三件，两件是雕塑（维纳斯和胜利女神），另一件就是达·芬奇的名画《蒙娜丽莎》了。

路易十三、拿破仑，几代法国帝王都对达·芬奇的这幅名画情有独钟。可是，卢浮宫内的这幅名画却在1911年8月21日不见了！消息一出，巴黎顿陷泪海，这一天4万多巴黎市民走上街头痛哭流涕，几成国殇。为了追回名画，法国抽调精锐侦探，动用无数警力，最终还是铩羽而归。两年后，意大利人促成名画归还。蒙娜丽莎在上墙展览那天，巴黎全市的所有商品降价40%，以示庆祝。

卢浮宫金字塔内部

饱受争议的金字塔，看艺术巴黎的纠结

卢浮宫"C"形庭院内要修"金字塔"！1989年，华人建筑设计大家贝聿铭的方案一出，巴黎哗然。

"这是什么地方！""巴黎不需要埃及的死人金字塔！"甚至有人说："怎么能让一个中国人修一个吓人的金字塔呢？这是对法国国家风格的严重威胁！"

多年以后，贝聿铭回忆依然清晰如昨，投身卢浮宫扩建的 13 年中，两年的时间都花在了吵架上。1984 年 1 月 23 日，把金字塔方案当作"钻石"提交到历史古迹最高委员会时，得到的回答是：这巨大的破玩意只是一颗假钻石。当时 90% 的巴黎人反对建造玻璃金字塔。为了说服巴黎，贝聿铭做了一个模型，邀请了 6 万巴黎人前往参观投票表达意见，设计方案终于获得通过。

玻璃金字塔修了，卢浮宫这座原本严肃深沉的广场立刻变成了生气盎然的院落。因固守艺术传统而显得挑剔的法国人认可了，且啧啧称美了。所以，当密特朗把这座金字塔作为自己"14 年任期内最骄傲的成就"时，深深理解巴黎并点亮卢浮宫场所精神的贝聿铭赢了；现在，接受贝聿铭大胆的艺术探索的巴黎也赢了。

巴黎人心中，艺术的地位至高无上

不论是《蒙娜丽莎》丢失后，巴黎人走上街头失声痛哭；还是面对贝聿铭希望"让人类最杰出的作品给最多的人来欣赏"的金字塔设计，巴黎人心中，城市的艺术气质、城市的气场是不能随便扰动的，是至高无上的。

巴黎人投入地哭和坚定地反对，都是因为卢浮宫们是他们这座城市的"丹田"，巴黎人要护住的就是这座城市的"丹田"真气。有了丹田真气，浪漫巴黎就会时尚而优雅，从容而淡定；巴黎人甚至可以在怀旧中变得慵懒。于是，遥远而来的游人们就能从街头踽踽而行的老者那里、从静静读书的脸庞中读出城市的底蕴与品味。

卢浮宫西南角

城市，就这样用细节彰显文化。

观点：让城市文化优雅，需要全体市民

每一座城市，要想被人记住，都需要深厚的文化艺术底蕴。说起巴黎，优雅、时尚、品味……脱口而出便是一串美词。

文化的圣殿、艺术的宝库，巴黎为世界各地的人们鲜明地辨认出来，是因为有卢浮宫、有巴黎圣母院、有埃菲尔铁塔、有香榭丽舍大街、有凯旋门，是因为全体巴黎人无不顶礼而膜拜它们。因此，巴黎这座城市就彻底地优雅而品味起来。

巴黎人为这一切而骄傲，而痴迷，而自豪，而忘情地呵护。巴黎人忘我地尊重哲学家、科学家、文学家、艺术家和建筑师，因此，哪怕是街头上的艺术家或文学家的雕塑，他们也倍加爱护，他们把这些当成了空气和水；于是，当这些发生异样时，巴黎人的爱和笑容，或悲伤的泪水自自然然就从心底涌出来，率真、投入而忘我。

于是，我们看到了底肥足、花自艳的巴黎，感受到了优雅而澹定的巴黎。

编者按：我一向认为艺术之间的感觉是互通的，也相信真正好的艺术品，为人类感官带来的快意肯定不局限在一种感觉中。身处都市的人们，大多过着缺乏激情、缺乏动感的生活。如果在街角处、广场边或者某个交通枢纽的指路牌下，能碰到一些会激起两种以上感官愉悦的装置，每天的起床或许会更让人期待。

装置，艺趣同指音乐

琵琶铮铮　重奏工业"狂想曲"

一把骨感十足的琵琶，就这样在一座旧厂子的门口立着，那高扬的头部分明是在思想着如花的年华。但越往下，越让人生疑——这是把琵琶？或许是露出"内胆"的年轮之钟，那齿轮、表盘，仿佛滴滴答答地跑着光阴如梭的读秒声。

装置——脸谱算盘

稍远些看，这的确是把宛如时间之钟的"琵琶"。装置矗立的地方是一家老工厂，城市里常见的那种工厂。工厂算不上文物，拆毁对环境伤害很大，设计者就这样变戏法一样刷刷、添添、减减、改改，再把它往工厂大门前一放，这里的场所立刻就活了。

元素变身　参与情调"交响曲"

他们一色的高挑，一色的悠闲自得，他们是酒吧里正在享受音乐的一群。铜的，或者坐在高高的凳子上，正沉浸在指尖流出的旋律中；或者手支下巴，正在陶醉某个角落淌进来的曼妙之音；那两位端着咖啡杯，正在交谈的内容说不定就是柴可夫斯基或者贝多芬，抑或是空灵的《蓝色天际》。

长长的过道边，没有音乐，只有仿佛是随着音乐起舞的一排年轻人。没有音乐，甚至没有一件乐器，但年轻人的陶醉与投入还是让我们感受到了音乐的张力和热力。其实他们都是城市的才艺精灵。有了音乐，甚至连汽车都上了房顶，不信？你看：音乐，让纺纱机也抓狂，废弃的纱锭也能变身，变成了战神"金刚"；侧耳的恐龙，肯定也因嗅到了音乐的奔奔跳跳。

无声装置　演绎都市"谐趣曲"

在城市的角落里偶然碰到这组装置，它们就进入了我们的镜头。梳理时，发现它们竟一致地表达着同一个主题——音乐的魅力。

音乐与我们的生活当然是水乳交融的，与我们的城市呢？城市的街角处、广场边、道路交叉口也应该有吹笛人用笛子诙谐地指路，也应该有下学回家的孩子痴迷地看着打击乐队的表演，也应该有……当然都是艺术的产物。

当装置、雕塑，甚至行为艺术与音乐约会时，我们的城市就灵动了。

东京台场雕塑

短评：通感

孔夫子听了《韶》，三月不知肉味。虽然没有记录，但我想，当时孔子的眼前必然呈现过尧舜盛世、安泰祥和之景，故能给该曲"尽善尽美"的评价。古有"听声类形"，若不是有此通感，白居易大约也写不出"嘈嘈切切错杂弹，大珠小珠落玉盘"的佳句。那么今日，当艺术家在城市视觉装置中融入音乐元素，会为受众带来什么样的审美体验呢？

这种融入并不是指在装置上添加音响，使其发声。而是让人在欣赏装置的同时，于无声处，聆听到作者想吟唱的旋律。由造型出发，产生的移觉通感，给了城市住民视觉上的惊喜，为都市奏响了独特的旋律。

都说宽窄巷子是成都的"新天地"，只不过上海的"新天地"激活了石库门，成都的宽窄巷子留住了北方胡同文化的南方孤本，那是专家们讨论的事，我们要看的是这里的"修旧如旧"能否让我们眼前一亮？

宽窄巷子想到艺术"宽窄"

——成都少城宽窄巷子走马

这里，我们随时光倒流了

走进宽窄巷子，一股子北方胡同味道立刻扑面而来。宽宽窄窄的小街弯弯曲曲，自然是一眼望不到尽头；房子形态、门窗、柱头那更是千姿百态：歇山式屋顶、两层的小姐楼、八字影壁、川西老门头、西洋四柱三山式门头、西式拱形门窗、门簪雕花、罗马圆柱，甚至红砂上马石……宽窄巷子就是东西南北、中式西洋建筑艺术的露天展馆。

再生，当然是要修旧如旧，激活、彰显并放大它，惟其如此，我们的艺术激情才有显示价值的舞台。如今，这一切就这样汁味地道地刺激着我们的感觉"味蕾"：宽窄巷子里，梧桐树洒着一地的碎影，画眉鸟在院中树上的笼子里跳跃，屋檐下的老茶馆，一只猫懒懒地盘在老人脚下打盹……我们仿佛随着时光倒流了！

这里，每件物什喜欢看

看到没，阳光挺吝啬，就洒这么一点金黄，可就是这一点，这尊门当"亮了"：圆圆的石鼓"嘭嘭"地催着家人远行，上马的是经商的主人，还是赶考的秀才？只有那石狮子依然如故地守护者家人的平安；马拴在墙边，扭着头，是有生人前来撩拨？要不然耳朵不会这样劲且直，眼睛不会这样躲闪而警惕；其实，这马一半是雕，一半是画。

那钟，哆来咪法嗦，从大至小，一字儿排开，把阳光渲染得深浅橙红、耀眼明目；那凳子，就这样一锯，一钉，一放，靠墙而蹲，它们是那样低调而诚恳，累了，你只管坐下歇歇脚；普普通通的八旗火锅，西洋味儿十足的圆椅子，它们到了一起，竟也让我们会心一笑：这里的灵心巧手全在不动声色处。

艺思其实无宽窄

走在宽窄巷子里，我们看着思考着，宽窄巷子里挥洒才华的设计者们把艺术之根扎进了这里厚厚的历史泥土里，让它们生根发芽，"啪啪"拔节。因此，他们的艺术舞台其实没了宽窄，心有多大舞台便多大。

宽窄巷子入口

于是，巷子里，那些房子那些墙，那些门儿那些窗，无论是西洋的还是川西的，它们都是从前的，留下；那些拴马石锁那些木头凳，虽是新添却也用心尽在质朴处。于是，我们在朴野甚至笨拙处看到了艺思巧构的锦心绣胆。

无论是希腊圣托里尼岛红沙浴场，还是美国的羚羊峡谷，抑或是云南东川的红土地，它们或者如熊熊火焰光芒腾炽，或者红得明晃晃、亮晶晶、如绸似锻，或者绿的苗、红的土、银的树、近如红螺远如轻纱——

大地无言却无言而大美

红沙滩 山如炽

希腊圣托里尼岛有着世界上著名的"红沙滩"，那里不仅沙滩是红色，山也是红色的，据说是由于火山喷发中含大量的铁矿石，经过年深日久的氧化形成了红色，织造出令人惊奇的"红沙滩"。

那天我们到达红沙滩已近中午，首先映入眼帘的是火红的沙滩、如烈焰升腾的山脊——原来，那红得耀眼的其实是阳光下大山的脊梁，而黑色的部分则是没有阳光的山坡。惊叹之后，我立高处，调框景，记录下这壮丽的一幕。

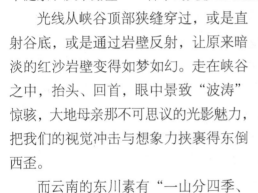
红沙难

谁说大地不言画

羚羊峡谷位于美国亚利桑那州北部印第安人保留区，是世界上著名的狭缝型峡谷之一。

到达羚羊峡谷是上午十时，因为是夏天，阳光够强、够烈，赤红、鲜红、赭红、枣红，银白、灰白、白中飘红、白中泛紫、灰中露金……谷中的光影已经让我们叹为观止了。

光线从峡谷顶部狭缝穿过，或是直射谷底，或是通过岩壁反射，让原来暗淡的红沙岩壁变得如梦如幻。走在峡谷之中，抬头、回首，眼中景致"波涛"惊骇，大地母亲那不可思议的光影魅力，把我们的视觉冲击与想象力挟裹得东倒西歪。

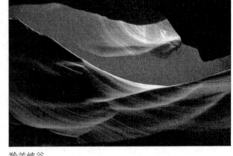
羚羊峡谷

而云南的东川素有"一山分四季、十里不同天"的传说，这里的红土地让我们着迷。去的那天，雾、雨雪一直如影随形随着我们，上了山顶，看着近处的禾苗稍远的红土地，迤逦披挂着，看看天，有希望，我们就这样在公路边等。一个多小时，天突然放晴，阳光如瀑布，山川

云南东川

刷地亮了！刚拍完，又起雾了。你看，如螺般的两块红土地，像不像大地母亲那红红的盖头，远处的轻纱是不是她蝉翼般的衣裳？！

请为我们的子孙留住大地母亲这无言的大美。

"这里的空间我做主"

——踏访北岳恒山金龙峡翠屏峰"悬空寺"

受力靠短粗横柱　真悬

悬空寺选择了山西北岳恒山金龙峡西侧翠屏峰的半崖峭壁，是因为北魏王家道坛的南迁。道教修道成仙，不愿闻鸡犬之声，于是能工巧匠们在这翠屏峰的半崖峭壁里"掏"出四十余间房屋来，这里就成了如今佛、道、儒三教合一的寺庙。

悬空寺的四十余间房真的悬空。别看半山腰里那些长长地插在岩缝里的柱子很受力的样子，那都是"聋子的耳朵摆设"，真正受力的是插入深岩中的短粗横柱，它们千百年来恪尽职守、默默无闻地顶起崖腰的这抹"红霞"。有了这些横插的"根基"，悬空寺高墙厚屋依崖凹凸，凌空杰构，螺蛳壳里翻转腾挪，迭出错落，任风涛烈烈，大唱"这里空间我做主"。

镶嵌在峭壁之间　镂雕

北魏年代，构筑悬空寺的工匠们没有炸药、没有挖掘机，甚至没有铸铁的脚手架，但这已不重要，重要的是悬空寺已经穿越风云千百年，无论春夏秋冬、云遮雾绕，就这样镶嵌在一望惊心的峭壁间，凌云信步，振振欲飞。

悬空寺为何有木柱？乍看起来支撑三层楼阁的木柱，其实根本不受力。为何要加？因为，寺成后，前来礼瞻的人们见层层叠叠的庙宇就这么悬着，无人敢上悬崖入寺里，建造者只好在寺底装了些"耳朵"。

其实，我最喜欢的还是远远地看着寺庙，掉帽原是庙太高，但还是要看，看着看着就想起《核舟记》，那巧艺，那鬼斧神工；看着看着，庙宇就从峭壁巨崖里"镂雕"出来，不！是长出来的，人哪有如此巧绝的技艺？！

传统建筑于一身　奇艺

小小悬空寺，大小房间不过四十余，但这里几乎集中了房屋营构的所有奇思妙想。

单是屋檐就有单檐、重檐、三层檐；屋顶，亦有正脊、垂脊、戗脊；梁柱结构，抬梁式、平顶式、斗拱样，巧构宏制，层层叠叠。进入其中，看到的则是窟中有楼，楼中有穴，半壁楼殿半壁窟，窟连殿，殿连楼，只看得我们眼花缭乱、目眩神迷。而行家则视其为"集园林建筑艺术、传统建筑格局于一身"的杰构作品。

斗拱

更出乎预料的是，寺处山崖"痒痒窝"，置于 500 米空中，既免洪水冲刷，又免日晒风吹。奇思妙艺至此，我们能做的唯有"高山仰止"了。

"城墙"与大海共生存

——冲绳博物馆·美术馆观后感

海岛与艺术在调色

真的没想到，在比例尺寸稍大些的地图上，连位置都找不到的冲绳岛，竟然有如此大气、又有艺术性的博物馆！

单看建筑外形，简直就是一座小型城堡：雪白的立柱，雪白的"城墙"，配上密密麻麻润圆的"气窗"，冲绳县博物馆就像一件精美的瓷器；因为地处热带，土著部落常见的草亭自然是少不了的，厚厚的草编屋顶，活脱脱一顶夸张的帽子。

博物馆，展品丰富：陶器、竹器，动物骨骼、犁靶锄锨、锦衣绣屏、书法壁画，它们或原就是生活的器具，或是冲绳祖先灵感激情的艺术结晶，或者是文化交流的标志产物，它们共同展示天之遗珠——冲绳的生鲜浪漫、沉着淡定和海天一色。

冲绳博物馆外的装置

太阳与月亮在对话

博物馆·美术馆内，屋顶的一处设计让我们久久抬头凝望：那是一把把巨大的"降落伞"，每把伞的伞柄上都有12根伞骨，顶起巨大的伞面，伞面足有百平见方，中间的亮光眩人眼目，莫非设计者想以此种艺术手法叩问苍穹，通向天宫？

在馆外，太阳与月亮正在对话。那雕塑让我们砰然心动：蓝色是湛蓝的大海；海中是枣红色的太阳——孩童的造型，它应该就是大海的儿子了；偎依着他的，就是月亮，柔曼且婀娜的公主，二人就这样缠绵而立，窃窃私语，呢呢不休，全然不顾他们面前的"机器人"早已鬃毛猎猎、扬鞭奋蹄。

乡土与现代在唱响

冲绳美术馆里，乡土画家正吉展正在举行，雕塑、油画、风景人物，看得出

来，正吉的作品大多与自己生活的那霸地区关系密切，无论大色块的泼洒，还是鼻眼眉发的细细雕琢，画家眼里的冲绳，无论人物还是风景，既自然质朴，又自然天成。

展览的介绍文字说，毕业于东京美术学校的正吉用自己的画笔、刻刀营造了一个既冲绳又是世界的艺术天地。

冲绳博物馆

短评：自然的　质朴的　大气的

如果说，冲绳是造物主不小心洒落的珍珠的话，冲绳人则用晶心莹艺还造物主一个惊喜，这串珠子遗于此，值！

无论是房子、环境布置，还是馆内所藏，博物馆·美术馆用蓝、白、红三色把大海、沙滩和激情渲染得恰到好处，质朴自然、漂亮大气是我们在一个小时的参观中时脑海里常常浮出的词：冲绳就应该是这样的颜色。

一座展馆与一个城市，展馆所展示的艺术作品自自然然、质质朴朴，它们所装扮的城市自然就是大气天成，别无"分店"的"这一个"。

近年来，随着全国高等教育事业的迅猛发展，各地大学扩张的速度当然也与时俱进，新校区、大学城比着赛着长大。

学校以学生为中心，大学更是如此。因为大学生大都别家远行、负笈他乡，日夜都以校园为家，为他们造一处宜居的校园，设计营造的出发点当然应该是"以学生为本"——

大学校园应这样"软装修"

园林化的，还应该生态化

园林化，自然让人想起穷思极巧的江南园林。但我认为，园林的基本精神就是房屋与环境和谐相处，水与陆比例协调，大致三分屋舍七分林和水，适当配以小桥流水、曲径风荷，如果杨柳能够点头蘸水那就更好了。但如今的大学校园大多新建，除非直接搬来大柳，否则难办。

难办没有关系，所有的园林都不是一日造成的，园林是养成的。当设计师，要有这个远见和意识，真把古人造园的智慧用到大学校园的营构之中，我们的校园一定就会慢慢长成为园林化、生态化的校园；二十年、三十年后，我们的校园就会坐山得水如厦大，怀山临水如武大，美得很。

人性化，那是必须的

走了各地很多的新校园，平心而论，各地人性化校园并不多见，且不说现在各高校都在接纳身体残障的学生，就说平平常常的日晒雨淋，除了少数的建筑综合体像同济嘉定校区的教学楼不用撑着雨伞、顶着烈日去赶场上课外，大多校园不能。其实，不让学生成落汤鸡、受炙烤是很容易做到的。

真正从人性化的立场出发，校园环境设计的每一个环节都会让莘莘学子们温暖，环境就真能教育人：哦！这便池真好，放书包的位置都有；这飘带真美，还能遮风挡雨（华东师大闵行校区的环境装置）。

愉悦激起他们模仿，实践，我们生活的环境就会越来越美。

人文化，提升品质

大学校园要像拙政园、狮子林不现实，但要做出园林的味道和意境还是很有挑战性的，人文化环境软装修正适其时。

何谓人文化环境软装修？当代大学大都颇有历史渊源，颇有名师和杰出校友；不仅如此，学科的根本宗旨、先贤大师，乃至世界各地建筑风物、为人类福祉的宏远目标，都可以是人文化软环境的符号，让他们以装置、雕塑、小品乃至招贴的形式出现在小径的拐弯处、清清的溪流边、大楼的正门前、走廊里……校园清幽文静的环境自然品高一格。

松江大学城大学生体育中心体育馆

说到这里，还要说一句，安置这些东西要求我们“化”和“融入”，而不是“堆”和“敷贴”。

上海的老饭店，几乎每一座都有显赫的身世，都有娓娓而能道来的故事，它们见证了上海乃至中国的风云变幻，见证了这座城市、这个国家的酸甜苦辣、屈辱和荣光。在地标性建筑如春笋般涌现的今天，这些大都带着西洋风的老饭店怎样了？我们去——

逛逛上海西式老饭店

那时的地标，这时的人

年龄 60 岁以上的上海人脑子里关于上海的记忆，总是少不了国际饭店、和平饭店、浦江饭店……如果谁的婚礼是在这些饭店里，那一定特有面子，一定是常常要翻出来晒晒咂咂的谈资。

本来就是，人家国际饭店那可是邬达克设计的，那种红色的墙、那白色的窗，都快八十年了，依然这样生鲜时髦，一点也没有要落伍的样子；上海开埠以来第一家西商饭店——浦江饭店更是“上海里程碑建筑”啦，中国第一盏电灯在此点亮，中国第一部电话在这里通话，西方半有声露天电影在这里首次亮相中国……浦江饭店成为当时西方最先进技术进入中国的窗口；还有，若在当年爱因斯坦、卓别林、罗素住过的房间里度一回蜜月，说不定孕育的孩子也会沾上灵气、成了"家"呢。

不信？你一推开这些老饭店的客房，曾经入驻的名人画像，用过的烟斗、家具、灯饰、电话都静静地在那欢迎你，你不兴奋地大喊大叫才怪；不信？光着脚在小木块拼成的客房地板上蹦一蹦，那都是150多年前的原物——与历史对话，你还能HOLD住，还能不愉悦？！

而今，老饭店风采依旧

建国后，这些原本是政要及上流社会出入的老饭店，像和平饭店、金门大酒店，都归人民共和国所有，因此，家底稍稍殷实些的上海的老克勒们的婚姻喜宴，甚至贵宾前来，都可能席设这里，那叫派头，有面子。在这里吃一顿饭，回忆就是一辈子，性价比高！

可是，随着年深月久，这些老饭店都渐渐地现出老态，但进入新世纪后它们借着世博会的东风纷纷变脸变靓；变靓后，大块的石头还是那样坚定地护住大屋的"脚跟"，亦西亦中的尖屋顶阳光下还是那样粼粼地闪着碧绿，还有屋内那些让人沉着淡定、思绪生香的木地板、木护栏：纷纷焕然一新的老饭店风采依然。

它们已经成为高端生活符号

重焕青春后的老饭店，原本高贵的像多次接待过元首级贵宾的和平饭店九霄厅，门饰的是顶级拉利克艺术玻璃，还是那样不宣自贵；还有那上海最早的屋顶花园，依旧葱翠，依旧满眼鹅黄英红，花开得渐迷人眼：当然想在这样的饭厅里坐坐，花园里走走啦！

"门口楼梯、旋转门和大堂太惊艳了，哪有三星级酒店大堂这么有感觉的，五星级的都完败了。""房间里面到处透出古旧的味道，我喜欢这个味道。""住这个酒店，完全融入在老上海的感觉当中，小洋房给我完全的感觉。酒店的房间不大，但是完全性的意大利建筑风格让我真的很喜欢。酒店的床给我很舒服的感觉。""门童竟然有年长的大叔，保洁人员多是上年纪的阿姨。用上海话对话完全就是回家的感觉。在这里喝杯咖啡让人有一种回到过去的氛围。"……这都是在这些饭店里

典型的巴洛克式宫廷建筑风格的和平饭店和平厅

吃过住过的驴友们的留言，看着他们生鲜而愉快地描述，你不动心？

诺大一个上海，国际化步伐越来越快，需要这些高贵典雅且温馨浪漫的后花园，需要这些高端的时尚符号。

在上海虹口区长阳路上，有幢三层青砖红线墙面、风格朴素稳重的建筑，这就是"上海犹太难民纪念馆"，该馆是为纪念二战期间犹太难民的上海生活居住历史而设的主题纪念馆，由摩西会堂旧址、两个展示厅和一个中庭小广场组成，是上海虹口区"提篮桥历史文化风貌区"的重要组成部分——

这记忆让上海厚重而博大

记录两个民族的患难与共

二战期间，得益于中华民国驻维也纳总领事何凤山等向犹太人无条件签发前往上海的救命签证，大批犹太人流向上海这座当时世界上唯一无需签证甚至无需护照便可自由进入的港口城市。

上海接纳的犹太难民近三万名，他们进入上海的犹太难民常住的街区，处于工部局庇护之下。聚集地是虹口，因为这里很早便是俄籍犹太人的居住区，房租也较低廉，虹口成了犹太难民躲避纳粹屠杀和迫害的"诺亚方舟"。那时，在虹口提篮桥"无国籍难民限定居住区"地区就生活着近两万名犹太难民，他们与当地居民和谐相处、共渡难关。

1945年战争结束，生活在这里的大多数犹太难民得以幸存。

摩西会堂承载着历史的记忆

展览馆的主要建筑摩西会堂是一栋三层的房子，灰砖为主、红砖间杂穿插的墙面，缓缓的歇山斜尖顶，罩着廊顶的红色拱券，券翅向两旁洒开去，就像层层涟漪飘荡着；正中的门廊上，贴着古以色列国王大卫王之星门饰；镂花的铁门、咖啡深色的木门、石拱的门廊，颇有巴洛克风。整个会堂里静悄悄的，只有长长的座椅，一排排静静地在那里，它们莫非也在回忆那艰难却又温馨的岁月？

摩西会堂1928年由俄罗斯籍犹太人修建，二战期间是上海犹太难民宗教活动中心，犹太青年组织也一度将其总部设在这座会堂内。目前，它是上海仅存的两座犹太会堂旧址之一，2004年被列为上海市第四批优秀历史建筑。2007年3月，虹口区政府依据从档案馆发现的原始建筑图纸，斥资对会堂进行全面修缮。如今，它是上海"犹太难民聚居区"的文字和实物资料最多、最为完整的地方，已成为犹太人士来上海怀旧的必到之处。

架起跨国文化的交流桥梁

摩西会堂为主要标志的上海犹太难民纪念馆，现已与"辛德勒""瓦伦堡"一样成了"拯救"与"避难地"的代称。据不完全统计，许多曾居住在虹口区的犹太人近年来纷纷携儿带女重游此地，缅怀难忘的岁月、重温患难的情谊，每年人数超过5 000人。

展览馆里，他们看照片、观实物、读介绍，当年提着薄薄的行李，迈着匆匆的脚步，挤上漂泊的轮船，穿越了半个地球，颇为慌乱疲惫的情景一幕幕浮现到参观老者的眼前。当他们终于脚跟站稳，进入这座完全陌生的东方城市，它能否接纳自己？未来的命运如何？一切都是未知数。

可是，当他们中有人被日本人圈在隔离区里长达一年之久，弄堂里二千余犹太人最后大都奇迹般地活了下来。是周围的上海居民，采用"空投"——将面饼等食物掷过去的原始方法救了他们。珍贵的记忆还有很多很多，吸引以色列前总统赫佐克、现任总统佩雷斯、前总理拉宾和美国前总统克林顿纷纷前来。在此度过童年岁月的美国前财政部长布鲁门撒尔再次看到那熟悉的场景时，老泪纵横，连声致谢；1993年，拉宾参观后留言："二次世界大战时上海人民卓越无比的人道主义壮举，拯救了千万犹太人民，我谨以以色列政府的名义表示感谢！"

走出纪念馆，我们思绪万千：高楼林立的上海，政府还为我们留住如此珍贵的城市记忆，这记忆让上海厚重而博大。这样一处温暖的地方，当然值得生活在这座城市的人前去礼瞻。别忘了，家长要带上孩子哦，很"尚"的。

上海犹太难民纪念馆

走在今天的街头，我们常常会被不期而遇的雕塑"撞"了腰，眼中的惊喜和心中的温暖常常会油然而生。说——

红色标志物似无声热情
——街头雕塑创意与维护有喜而忧更多

红色飘动的是热烈

看到这组红色的雕塑没？它们或者圆润饱满，或者力道贲（bēn，扩张，兴奋，光彩）张，或者飘扬犹如熊熊的火把，这些都是从世界各地街头"拣"来的雕塑，它们的模样都如这阳光热烈的春天。

憨态可掬的这一组胖乎乎的雕塑，作者灵感的来源是英文字母。你对号入座试试，看看作者都点化了哪些英文字母，我们看了半天也没有全对上号，这就是艺术的"似与不似"。似与不似，神似即可。

还有那火炬，后面就是无垠的大海，它是不是要为夜归的航海人指明家乡的所在？那牛，三条，都如此用力，是在告诉人们"春耕深一寸，可顶一遍粪"？是想说，耕得深一点，才能"春播一粒粟，秋收万斛粮"呢。

街头雕塑能指路

作为街头公共艺术品，街头雕塑、装置不仅让我们身心收获愉悦，当你迷路时、疲惫时，你不妨端详打量一下你面前的那些雕塑和装置，它们说不定就能为你指路、为你舒松疲惫的双脚。专家说，这是公共艺术品不同于一般艺术品的地方，街头艺术品常常会有功能性的内容。

你仔细看看这些"英文字母"，那个有点像"C"的，下面就是一张凳子，可以坐的；那两个，一个像小"a"，一个像半只"T"，多好的孩子玩具。不仅可以供你玩儿、歇息，在这样的雕塑前拍个照留个影也是不错的选择呢。街上的那尊剪影式雕塑，坐着歇息和"入怀"留影都可以的。

生存环境堪忧

实话说，如今的街头雕塑生存环境堪忧，不时传来的拉提琴少女手中的弓不见了，哪里的雕塑腿折、胳膊断了，哪里的铜雕不翼而飞了……个个消息都让人揪心不已。

由街头雕塑、装置的特性所决定，它们只能是露天地处在公共场所，接受市民的瞩目、观瞻甚至把玩，它们的存在表明我们的城市环境品质在提升；可是，当它们原本独特而完美的形象被破坏、被撕裂、被扭曲之后，我们的城市环境品质你能说没打了折扣吗？而雕塑、装置这样的境遇却经常发生，这样的折扣经常在打。

不需要知道它叫什么，觉得它生动有趣、诙谐幽默就够了

想一想吧，将原本美好的东西破坏了，更加丑陋的已经不是被损坏的雕塑了，而是我们的心灵。为什么要让我们原本美好的心灵受伤残缺呢？！

街雕让日子美美的，就让它继续美下去吧。

街头艺术老问题　责任和意识

上海街头、公园和社区里的雕塑越来越多，但是初建时光彩夺目，几年下来伤痕累累、斑驳褪色的不在少数，有的还缺胳膊断腿，采用玻璃钢材质的雕塑，日长时久也渐渐会被人为破坏。

申城现已有3 500多座街头雕塑，是大庭广众的文化形象、无声的艺术，最接近市民大众，怎么样来爱护维护，是一个检验城市文明风范的问题。

要普遍确立城市雕塑保护人人有责的意识，一是需要法律和规章的约束，由政府制定雕塑建设的管理法规，确认雕塑的管理具体部门和责任，落实维护资金和责任追究。规定，明确公共雕塑日常清洁维护和定期检修要

求，从机制和法规层面，保障沪上街头雕塑活力和风采。另外在新的城市街头雕塑建立之前，尽量征求居民意见，让更多的居民自觉形成保护意识，珍惜家门口的雕塑，更加乐于亲近和爱护，形成自觉保护的意识，把街头雕塑看成城市不可或缺的文化标志物。

刚刚还是非洲丛林风情，转眼间就已是欧洲中世纪宫廷特色；当我们还沉浸在五彩缤纷、长袖翩翩的海洋里，灯光下的舞台就已经转到俊男妙女、骑士公主的世界……这是我们4月16日晚在上海大剧院看到的上海戏剧学院舞台造型艺术"着色·十年"的醉人场景。

着色十年，醉人场景多彩绽放
——上海戏剧学院服装与化妆专家徐家华教授专访

为了学生激情释放

说起徐家华，可能有人会感觉陌生。但2008年北京奥运会那宏大的开幕式场面您肯定不会陌生，那场开幕式的化妆造型总设计师就是徐家华。不仅奥运会，2010年上海世博会、2011年世界游泳锦标赛开闭幕式的文艺演出，涉及化妆和服装部分，都是徐家华的手笔。

但她说，最爱做的事情还是教书育人。"每当学生们的作品在舞台上让观众如痴如醉的时候，心中的愉快用言语总是难以形容。"徐家华告诉我们，"我爱我的学生，他们个个才华横溢，充满激情。"因此，徐家华以"着色"为题，为学生的激情释放创造了一个舞台。在过去的九年里，这个舞台分别上演了"民族风情""戏曲""海洋""未来世界""后台"等作为创作的主题，而今年的着色主题是"色彩·绽放"。

星光闪烁点化舞台

"学生们的创造潜力不可限量。"徐家华告诉我们，一年又一年，他们创造出了一个又一个活力四射、独特而出乎意料的造型，这些造型在舞台上弹指间便穿越上下五千年、纵横逾越九万里。"在一年又一年的着色活动中，学生们用青春的视角去探索自然中的美，并通过独特的视觉语言进行表达，歌颂自然之美、色彩之美、生命之美。"徐家华说道，"我的学生们对形象的思维是自由自在的，对色彩的理解是浪漫不羁的，对材料的选择是无拘无束的，这些就是'着色'作为舞台艺术、服装艺术的亮点和精髓所在。"

这是一个美妙的夜晚，在大剧院中厅，我们原汁原味地感受到了年轻人的热力、创造力和激情四射的青春张力。朦胧曼妙、淡紫微蓝、椰风阵阵或仲夏之夜，这是舞台；流光溢彩、霓虹初挂、斗转星移或者星光闪烁，这是灯光，它们跟随音乐，点化服装；还有音乐，还有背景，还有穷尽智慧的服装，我此刻捉笔只恨词已尽。

自由地驰骋想象力

"围绕着'色彩·绽放'这个主题，学生们有的选择自然界的植物、动物，有的着力表现龟裂的土地，想方设法去找材料、找音乐，安排灯光。"说起这台原创时装秀，徐家华有着说不完的话，舞台的灯光绚丽而迷幻，瑰丽且朦胧，灯光和舞台设计专业的学生也参与表演中来；面对我们"音乐特别让人痴迷"的提问，徐老师说，学生们到处找音乐，拿来很多带子，说"这个（那个）音乐和服装风格很配"，让我们经常感动不已。

"应该说，'着色'十年，我们主张的'让学生发散着去思维，自由地去思考，自由地驰骋想象力'的教育思想较好地激发并挖掘出一届又一届学生的灵感和潜力。"徐家华介绍，时尚的创造需要天马行空的人，需要无拘无束的花儿朵朵，我们的责任就是找出并点化他们。

如果我问曹素功、周虎臣，恐怕知道的人已经不多；如果我说上海有一家笔墨博物馆，您知道在哪儿吗？此正所谓藏在闹市人未识。身处福州路上的上海笔墨博物馆——

名号响当当　今天文化生活还需要它不?

它是国内唯一一家笔墨博物馆

它是国内唯一一家以文房四宝为陈列、收藏、研究对象的专业主题博物馆。它就在福州路上，但你可要仔细了，寻找"上海笔墨博物馆"的挂牌，否则，很容易就滑过去，变成了过其门而不得入。

展馆在二楼，面积虽不大，但陈列精致有序，上海老克勒们心头响当当的名号"周虎臣""曹素功"，您要看看它的真容，就得到这里了。来了看了，您就知道了什么叫古色古香，什么叫不宣而贵、而雅。

在这里，布展者以历史发展和传世遗存为主线，探究上海以至全国文房四宝发展的轨迹。随着国粹文房四宝离人们的生活渐行渐远，这家博物馆已经越来越成为上海底蕴的那个历史音符，上海生活中名叫"高雅"的那个时尚元素。

这里的笔墨件件"门第"高贵

与很多博物馆的藏品不同，这家博物馆很讲究四宝的"门第"。比如说墨吧，曹素功在康熙南巡时，因进墨得到皇帝赏识，御笔亲题"紫玉光"，一时间世上有"天下之墨推歙州，歙州之墨推曹氏"的盛誉。其后人来上海，开墨店，曹雪芹的祖父曹寅、洋务派首领李鸿章、爱国将领冯玉祥等，都曾向曹家定版制墨；国民党元老于右任更是把在曹家定制的墨名为"鸳鸯七志斋"。

走进博物馆，最吸引眼球的当数一组"御园圆墨"。或许是为了铭记当年康熙墨的华彩经历，这组墨的画面取材颐和园的景色，材料采用纯天然的朱砂、石绿、石青、雄精等高级矿物作为颜料，不掺杂星点的化学原料，行家称这组墨的价值以"百万"为单位计。

用曹素功的墨书写作画，效果如何？您到墨品展区来看，康熙的《耕织图》、钱慧安的《提梁墨》、任伯年的《名花十二客》、王一亭的《良金美玉》、吴昌硕的《寒香》、郭沫若的《光彩陆离》等，大都出自名家之手。

大师多用周虎臣笔

周虎臣是这家博物馆的另一位镇馆大家。江西省临川人周虎臣从小受家传，深得毛笔制作之精要。乾隆 60 大寿时，贡 60 支寿笔，龙颜大悦，特赐"周虎臣笔庄"牌匾。周虎臣后人避战乱迁店至上海，笔庄遂在上海为名家、为贵胄制作毛笔。

博物馆展示了海派书画大师们的用笔，吴昌硕、赵之谦、沈尹默、张大千、吴湖帆、潘天寿等，这些笔中有多少出自周虎臣后人

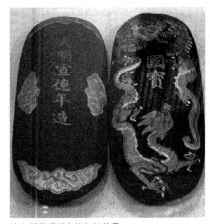

馆内所藏明朝宣德年间的墨

之手？有意思的是，这里展示的笔大都有堂名斋号，如"师牛堂""落木草堂"，那是李可染的两支狼毫笔；展出的笔中，有支名叫"金不换"，那是鲁迅用笔中唯一买而未用的毛笔。此外，还有两支格外苦眼的毛笔，它的毫毛长达 10 厘米，可谓笔王。这是李可染用 70 年的时间，从千万根优质狼尾毛中精挑细选做成的。

闹市中逛这家博物馆，是件清雅而有韵味的时尚活动。

土布也有"奢侈范"

——访根雕家范敬贵和他的崇明土布馆

在崇明岛的中北部，坐落着一个名叫江南三民文化村的地方，这里到处洋溢着清新的田园气息，一间间古朴的展馆里，展示着衣食住行艺玩商等各式各样的物品，仿佛带我们穿越到父母乃至之前更早的年代，一同经历他们难忘的岁月。

走在文化村里，笔者寻着叽叽的织布声，进入了崇明土布馆，亦有幸见到了文化村的负责人范敬贵先生，随意攀谈几句，觉得范先生是个很健谈、很热情，也很有想法的人，他让我们称呼他为老范，说这样感觉比较亲切，于是我们一边欣赏着馆中展出的各种不同系列图案的土布一边开始了与老范的交流。

点滴忆过往

老范自从十几年前来到崇明，就深深爱上了这块土地，现在的他已经完全视自己是崇明人，谈起崇明土布，他便有说不完的话。他说，崇明位于长江的入海口，

三面环江、一面临海，是世界上最大的河口冲积岛。由于崇明的土地兼有山峦、梯田、川泽等成分，于是种出的棉花、吐絮畅、纤维长、色泽好，如此纺成棉纱、织成土布，其优良质地深受大家喜爱。在 20 世纪初，崇明土布享有很高的声誉，崇明土布业也几乎达到了鼎盛时期，但随着社会的发展和土布业制造工艺本身存在的些许局限，于是渐渐从市场上消失。

不过幸好国家非遗文化抢救工程的出台，唤起了一些有识之士的关注。好比江南三民文化村，就已经搜集很多散落在民间乡村的土布，现在陈列馆中展出的已有一百三十种土布品种。

设计出新品

不过在老范看来，土布质地天然、纯手工织造，无污染、透气性好、不起静电，符合现代社会崇尚环保和回归自然的时尚潮流，它完全不应该只是被展出或是存在于人们的记忆里，它应该可以再现辉煌，成为时尚领域又一道美丽的风景。

笔者细细观赏这些土布，七种基本色透过不同的织法变幻出的几百种色彩并展现出丰富图案，像芦扉布、格子布、秤星布等，艳丽复杂却很悦目。老范告诉我，像大彩条、大格子布或色彩鲜丽的布，比较适合做居家的被里或地毯。小格子布、芦扉布则比较适合做成衣裤。不过，为与时尚融合，他已经成立了一个设计团队，将时下的流行元素与土布的色彩图案配搭，设计出壁挂、挎包背包、手袋、花瓶等很多新的产品，让更多的年轻人可以感受民族与品味、与舒适的完美结合，享受带有文化底蕴的休闲生活。"本就物以稀为贵，"老范笑了起来，"再加上那么多的人力和心思，这'土'也很奢侈啊！"

听完老范的话，我抬头看了看墙上一组展示着精湛而繁杂的纺织工艺流程的壁画，脑海中不禁浮现出一女子采棉花、纺线、上机织布的场景，继而陷入深深的沉思。

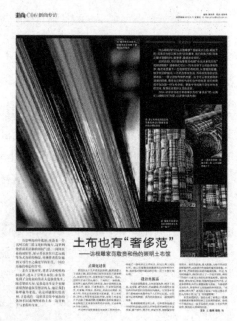

笔者的话

什么是时尚？什么又是奢侈？是被设计出的、被赋予的，还是因为物以稀为贵？在我看来，我们民族之根、母亲之爱才是最时尚、最奢侈、最值得珍惜的。

此时此刻，你的脑海里是否有那"你挑水来我织布"的鲜活画面？或者我们可以一同来回味下以前的弹棉花声，继而再想象下一位母亲在织布机前，从傍晚到晨曦，梭子来回穿梭间，一匹匹布渐渐形成，而母亲的容颜却渐渐老去……穿上这些布做的衣服，似乎可以感受到母亲温暖的抚摸、感受到田野的气息和自然的味道，我们收获的不仅仅是一件土布衣服，更是中华民族千百年来传承的文化、智慧和对美好生活的追求。

所以，好好珍惜这份承载着岁月的"奢侈品"吧，让我们以拥有它们为荣，以返璞归真为傲！

5·12大地震已经过去4年了，4年里，四川汶川县震区都发生了哪些变化？房子新了，道路新了，山川依旧美丽了，红的花、绿的树、清得醉人的水，一切都是新的。还有那些走着走着就不请自来、撞入你视界的环艺小品——

今天，这里用艺术凝固着记忆

肩扛着家园的绵绵希望

2008年那场突如其来的大地震，瞬间将时间定格在下午的2点28分。

灾难是残酷而巨大的，但更为强大和坚强的是人们的意志和信念。东倒西歪的房屋前、层层叠叠的废墟边、面目全非的家园里，不屈的人们坚定地刨挖着生命的丝丝声迹、肩扛着家园的绵绵希望。如今，这一切都以艺术的形式固化在震区的青山绿水之间、生机勃勃的城市里：

灾后重建的都江堰陈列馆前的雕塑生动展现了大地震发生时救助的场景

"2008.5.12"、钟盘上的时针、分针就这样永远停在"2:28"的位置，而背后就是漩口中学倒塌的教学楼；小而黄的菊花提醒人们"灾难需要铭记，铭记是为了明天"。看，又一名伤员被抬上了担架，大家或攀或望，或低头探路，行进，向上、向上，黑黑的材质那是以铜为雕，写实的手法是为了再现那曾真真切切的救人现场；斜冲向上的三角形态则是灾区人民不畏艰难的鲜活写照：这座群雕就矗立在都江堰的抗震纪念馆门前。

撞入眼帘的装置生活品

灾难已经过去，生活照旧继续。徜徉在震区的大地上，打量着这片葱翠清澈的青山绿水，创伤已经远去，到处是生机勃勃。而时不时撞入眼帘的装置小品，仿佛山水间的一个个精灵：

红红的桁架列列如梳如齿的，那是刚刚建成的人行桥，当地百姓说，这样的桥形状不同、颜色不一，多得很嘞；这里，孩子们还在快乐地吹着"我们是共产儿童团"，那姿态让我们驻足很久很久。

新建的青少年活动中心

街头巷尾，村头寨尾，见到更多的还是羌风浓郁的房屋宅院，薄薄如纸片的石头，叠起来就成了矮矮的女墙、窄窄的鱼池，池里的小鱼自由自在地游来游去；片石，叠着叠着，就成了长长的廊檐车棚，串串玉米棒槌仿佛在宣示"我们是这里的主角"：因了这些小品，羌寨如此安详、淡定。

我们需要本地化的环境

踏着震区的土地，饱览着川西的美景，脑子里时常闪出的是：我们的城市为何越来越千篇一律？我们需要怎样的环境艺术？

震区原是一片神奇的地方，山川奇秀、羌风浓郁、人文荟萃；地震及震后重建让这里的一切为世人所瞩目。于是，灾难的瞬间、抗震的悲壮和坚强、重建后的灵山秀水都成为了重生的震区独一无二的符号。我们的艺术家抓住了它们，用雕塑、装置等艺术形式——再现到大家面前，于是我们的脑海就刻下"坚强""同舟共济""山川依旧如画""这才是过日子的地方"……这些环境艺术作品让我们对生活充满感激，对明天充满憧憬。

好的环境艺术作品一定是当地的，一定是当地百姓熟悉的；好的艺术家一定能够用自己的方式把百姓心中所想变成大家眼中能见的"这一个"。这，灾区重建中的艺术家们做出了可贵的努力。

随着经济社会水平的不断提升，各地复建古物的热潮可谓是方兴未艾。小到一座牌坊、一栋屋宇，大到一片街坊、一座古城。但为何复建者众，成功者却很少？为什么被人戏称为"假古董"者众，而屏息宁心而观赏者却少？或许，日本的——

熊本城复建结果告诉了我们什么？

看，那头盔、那鸱尾

这是我们在熊本城内参观时看到的东西，根据造型和材质判断，当为建造熊本城时的原物，因为大火，这精致的鸱尾和头盔零落尘泥，湮灭直至二十世纪六十年代重建时。

鸱尾的称呼很多，螭（chī）吻即是其一。传，它是龙生九子中的儿子之一，平生好吞，是宫殿屋脊正脊两端的装饰性构件。传到日本后，也常常用于城池的营造。张开的大口，它要吞的可是长长的一条屋脊；鳞叶如层层铠甲，翕张着，生鲜灵动；大张的尾巴，舞动着仿佛为其使劲呐喊。想想，熊本城屋脊两端，有这样的鸱尾，该是何等的生机盎然！

还有那头盔，大约是重建时偶然从土里刨出来的。近百年的土埋水渍，让檐额处锈迹斑斑；但往上看，那纹饰、那盔钉，那流线感极强的造型，还有豁然空缺的盔顶，该是五彩鲜艳的璎珞羽翼了。这头盔的主人是将军，还是一般的士兵？我们在猜，而蹲在那里的头盔很淡定。

因为是原物，所以很宝贝。城复建完毕，赶紧安放在这原汁原味的熊本气场里。

木、石、瓦，找寻原物的气息

石头、木料、瓦片，熊本城复建最为重要的材料。因为当年加藤清正建此城时，没有大卡车、大吊机、大机器，所以无论一石一瓦、一木一砖，都要靠人的双手运至百米高处，安放到位。你看那石头，数米厚，大石层层叠码、碎石细细充填，整面墙陡峭而巍峨。砌成了，熊本就成了攻者望之兴叹的金汤之城。

但当年的大火把城烧了，摧残到什么程度，我们已无从知晓。我们由衷惊叹的是：1960年开始复建的熊本城，那石、那木、那瓦，还是一丝不苟地寻着原样、用着古法——构筑到位，以至于很多到此参观的人常常误以为这就是正清所造的那座城：那石头，原是哪里开采的，如今还到那里去挖；原是什么木头的还用那木头，原来是乌漆的黑色，现在还是乌漆的黑色；就连亮亮的油漆，上前闻，隐约还是老老的桐油漆。

复建，无限趋于原物

熊本城复建告诉我们，古建筑的复建，是一件急不得、将就不得、"政绩"不得的细活，总之，是来不得半点投机取巧、掺杂使假的活儿。

虽然，熊本城复建过程中，肯定使用了大型机械，但眼前这座艺术感超群的建筑分明在告诉我们：一石一瓦、一砖一木，丝丝合扣、安放到位，需要的是耐心和时间，还有无尽的灵气和细心。

柱础上的粗大方木，如果换成水泥的，正清时代的气息则就丢失殆尽；陡而高的墙体，如果大石之间换成水泥，城肯定就成了假古董；还有那门，整齐划一的黑瓦当，拱出的粗大榫卯，紧贴墙体的构造，如果不是这样，一定就不是丰臣秀吉时代的日本。这一切，重建的熊本城做到了。

而我们，做得到吗？答案是：做不到。为何？原本需要数年甚至数十年才能复建完毕的工程，我们一两年就成了，因此我们的古建只有工程，没有工艺，更没有艺术；原本青石，我们将就为麻石；原本糯米加草木灰、石灰的材料，我们一律假以水泥；原本需要老老实实遵循古建规律的活，因了某位长官一句话即刻走样。于是，中国很少见到"熊本城"。

熊本城里的鸱尾

作为老上海的记忆，码头、船厂是不可或缺的一环。曾几何时，汽笛声声、轮船游曳、帆樯高挂是"滩"上之人不能少的家乡、童年记忆。如今，浦东的上海船厂原址改造而来的滨江大道延续段，延续的是老上海的历史、文化和艺术，千余米的大道因码头文化记忆印痕深深而熠熠辉映于金茂、环球腋下。但徜徉其间，我们觉得——

上海底蕴应有顶层谋划

外白渡桥？像

静静地站在这桥上，我们就这么看：粗粗长长的投影，印上脚下的木栈道；颠来倒去的"V"字，层层递进的"X"字，就是这桥的桁架梁了，漏下来的是白白蓝蓝的天；只有那水，千百年来如绉纱、如鳞片，映着天光闪着亘古不变的银色涟漪。

外白渡桥？不是，这里是上海船厂的空间，沿着船坞原址上架起的"外白渡桥"，走着走着就到其昌栈了。这桥原本是没有的，改造中，设计者模仿外白渡桥的模样仿制了一座观光亲水栈桥。"外白渡桥是上海的艺术文化底蕴的一个符号，以它为向度设计这座亲水栈道，很好地体现了这座城市的集体记忆和审美情趣。"业内专家如是说。

一桩一缆，都留下

徜徉在长长的滨江大道延续段上，看到更多的是系缆桩、防洪柱，还有松松的护栏链、黄黄的救生圈，都留下了。留下并刷新，于是滨江大道接上了"地气"，凝固并"封缸"了曾经辉煌的历史；改造后，焕然一新的原址上，这些原物因记忆的印痕深深，闯入了我们的视线，亲切而怀旧，风度而淡定。

周围的上海老阿拉告诉我们，上海船厂搬迁后，很多设施如船坞、滑道、起重机和铁轨等，都留下了，如今它们都融进了这片滨水空间里。"国际化程度很高的上海不缺少风采劲飚的时鲜元素，但上海要想神定气闲、彬彬有度，底蕴深厚的老东西不可缺席。"业内专家告诉我们，所以，作为码头的上海，哪怕是一只螺旋桨、一根船缆、一个锚锭，都是珍贵的，"历史因无法复制而珍贵，文化因无法模仿而高贵"。

制定"上海历史遗存保护改造规划",如何?

世博会,让上海的旧城改造上了一个大台阶,这是众所周知的事实。但是,最近十年左右,我们目睹着上海旧城、旧厂、旧街区改造的一个个案例却发现:上海历史文化的"记忆"翻新,还是缺少统一的安排和规划。虽然上海市已经制定了《历史文化风貌区和优秀历史建筑保护条例》,但这仅是规定能不能做;而摸清上海历史遗存家底、给出顶层保护改造的原则和方法,即如何做,付之阙如,而这项工作现在已经迫在眉睫。因为目前上海的历史遗存改造,还是停留在你干你的、我干我的零打碎敲、各自为阵的阶段,各自为阵,难免有乱象,难免有假古董,如建国西路建业里石库门里弄建筑群,变身为51栋身价半亿豪宅的"保护性破坏"。

我们能否像城市整体规划一样,由政府相关部门组织专家、市民等各方人士,在摸清家底的基础上,制定出"上海历史遗存保护改造规划",内容应包括并分步制定出"整体规划""详细规划"乃至"修建性规划"?"规划"里,应该为上海历史遗存给出理念、定位、功能区分、改造原则、改造手段等等指导原则及

方法,以打破目前的码头文化、棉厂文化、船厂文化……一哄而上,弄不好又一哄而散的尴尬局面。比如"文化产业创意园",现今可谓是大江南北遍地开花,可是,由于各自为阵,真的人气旺旺、气韵生动者又有几家?由此看来,仅有热情是不够的。

夜幕下的江边,两岸灯光遥相呼应

上海底蕴应有顶层呵护方案,应有高瞻远瞩的谋划。因此,我们呼吁尽快动手、尽早制定此类规划,唯有如此,我们的城市才能历久而弥香、雍雍而有度。

都知道，外滩属于上海，老的被称为万国建筑博览会，一色西洋风；宁波也有老外滩，这里的外滩中西合璧，有石头墙、哥特风与飞檐翘角……

让焦点最终成为精致

——"中国文化遗产日"前走访宁波老外滩

几个关键"符号"需要记住

一是，它的历史比上海外滩还早 20 年；二是，"港通天下"的宁波自古就是航运口岸之一，因此，开埠后的外滩一带浓郁的欧陆风情与传统民居中西杂处，不像上海外滩西风劲吹。

还有它就是一部建筑及环境的成长"大书"。宁波外滩的文物，旧的、较旧的、半新的，还有新的像旧的，旧中缀新的，当然主色调是二十世纪三四十年代的：宽敞的马路、整洁的街面、电灯、自鸣钟、脚踏车……老老的很淡定、很偎傺。

宁波帮闻名天下，要看真正的宁波商帮文化，得到宁波外滩去，那里的 54 处文物有 30 余栋与"精致"有关。

"村姑"变成艺术靓丽的"世姐"

徜徉在江北老外滩上，远远地就看到那座尖尖的屋顶，那就是哥特式天主堂了；走近了，你再看，那墙却是青砖造的：就地取材中国砖。建筑的中西交融当然包括材料的互通互连。宁波的外滩改造也就是从这里开始的，2001 年，宁波人做的第一件事就是把教堂周围大量的建筑拆除，让亮点最终成为焦点：教堂前如今的开阔绿地已让灰头土脸的"村姑"变成了光鲜靓丽的"世姐"。每天吸引无数的人来看。

世纪之初开始的老外滩"再生"，宁波人不急不躁，分步推进，细凿慢除，慢慢地、慢慢地剔涤缠绕在这片历史风貌片区头上的"破衣烂衫"，仔仔细细清洗外滩"缝隙角落"里的岁月风尘，这一剔一洗就已十余年。于是，宁波老外滩大片的绿化告诉人们，百年的滩而今青春正豆蔻；宁波人还采用片段记忆法，不但要留住历史建筑的精彩与辉煌，还修了一座座相应的历史博物馆将滩上的历史"回声"放大。

从厚重历史中走出来的美术馆

老外滩，也有新建筑。著名的就是宁波美术馆了。新的，但长得像旧的，仿佛是从厚重的历史里拔节长出来似的。

宁波美术馆是由轮船码头航运大楼改建而成，规模仅次于北京的中国美术馆，整座美术馆外墙由青砖、木材、钢材构成，像一艘即将远航的轮船：沉稳、内敛、厚实，且颇显神秘；近前，民间搜罗而来的灰砖砌成的台阶、墙面，内敛而沉稳，但与橙红的木色"对脸"而立显出的大气和高贵，则是我们没有想到的，可能是因为这些砖饱蘸着江南烟雨和地气的缘故吧。

宁波美术馆

电视、影像、屏幕，大家都知道，它们与时尚有何关系？它可否作为一个媒介成为一个触发灵感、触发时尚的"介点"？

影像，大品牌、大制作

——走近杨青青策展的"转媒体时尚艺术"展

随机跳跃出的新锐作品

一走进展厅，略显幽暗但颇为宁静的宽敞空间里，数十个大小一致的屏幕就吸引了我们。宽阔的屏幕上，一色的影像故事：一个男人的胸脐间成了屏幕，肉色屏幕上一名比基尼女人腾挪跳跃、婀娜摇曳，就这样自顾自地表演着；从91层的快速电梯中下来，什么感觉？让人不安、有些诡异？屏幕上这名女士在软软的毯子上颠来爬去就是此类感觉被夸张了的影像；还有长度超过8分钟的《兰花指》，大约是同年或者梦呓中的零碎片段在屏幕上被串起来，放出来，童真、网络、色情、历史、八卦、身体、幻想，也许还有艺术……没有哪个画面或片段是重要的，要被强调的，在时间里它们就这样随机而出。

东方明珠和大上海，他能用一指玩转它，你能不？还有，《一年之际》，仿佛是穿越，又像是魔幻影像短片，那是一个民国、清朝的上海，东西汇流，格格服、洋伞、牛皮箱、尖头皮鞋，把我们穿越得不断自责：智力跟不上人家节奏。只因画面太难懂，可是人家就是大品牌出的大价钱买来的影像大制作广告。

无规律触动智慧和灵感

在现场，我们注意到，正对每一个屏幕，都放有一尊"袅娜"模特，身上一色的裹着不同款式、材质、颜色的布料。

《彩虹》影像 3 分 22 秒，那男人的背渐渐改变颜色，抽打的手虽看不见，但手印却只只迭次落下，清晰可见，不一会儿，那背就从浅粉变成深红；我们看到的节奏是无规律的，时而停顿，时而"啪啪"。看到这些，你的智慧和灵感被触动了没有？戏剧学院的师生们将之转成了羽纱般柔软的布料，布上一朵朵显而不露的花，那花像是美丽的牡丹。

《兰花指》影像仿佛是童年的梦呓，屏幕前则变成了红蓝黄围成的一个个同心圆做底的布，同心圆涟漪圈圈，没有尽头；斑斓的底料上缝缀酱黑色、裁剪过的同心圆布，一层的、两层的，最多的三层，呼应着底料上的圈圈涟漪。

东方明珠为主角的《轻而易举》则变成了仿佛是外婆家的蓝印花布了，只不过布的针脚有些生硬。

跨越原有边界激情表现

走着看着想着，这些从全球搜罗而来、试验性极强的影像片段，其实还是有边界的，比如图像、情节（镜头片段）、声音；它们如何能跨越原有边界，转化为时尚艺术？

杨青青告诉我们，奥妙就在于"转"，在于彼此传递。今天，艺术和时尚已经密不可分，时尚如何从当代艺术中汲取灵感？艺术如何向时尚借鉴表达技巧和方法？"转媒体时尚艺术试图让艺术与时尚互动转换，把前沿的探索转成实际的需求。"她说，因此，"转"有广阔的空间和可能性。

她说，"转媒体"就是将艺术作品所呈现的视觉映像转化成时尚用品，它可以是服饰服装，可以是摆饰用品，可以是居家饰品，也可以是文具用品，生活中的各种东西，其实都可以经由艺术作品激发灵感、转化创意。她说，展示影像中就有不少影像、品牌互联互通的作品，它们都是世界一线品牌、奢侈品牌，"转媒体"是一个思想对撞、相互嵌入、裂变涅槃的过程。"其实，艺术与时尚没有阻隔，声气相通。"杨青青说。

"门脸"文化如何创意

——走访冲绳、福冈商业街区后的思考

如今，商业活动已经浸透了生活中的每一个细节，商业文化也花繁叶茂、千变万化，大有"貌"不惊人誓不休之势。走在大街上，你随便往两边瞧，立刻眼花缭乱；百般出新的店铺"门脸"，搞怪弄萌装嗲卖嫩。最近我们在日本南部城市商业街发现了艺术与非艺术门脸设计。

贴近生活，意识跟进

这是木格子，阳光下，方方长长的木头被规则地编扎后就成了商店顶部的装饰；从上到下，木头杈子足有4层：这是一家咖啡店的门脸。咖啡的颜色味道仿佛和木头神似？

随后，我们又在美国村看到了圆圆的大脑袋——那是汽车。是辆大客车，老式的，二十世纪五十年代的那种，前挡风玻璃还能开启；玻璃上贴着生活中常见的"星"——以前和现在当红的大明星，供某些人追的那种；再加上灯光一打，靠椅一放，门脸就颇具"牛仔"风了。

但是，有些繁华商业街区的大制作直到现在我们也没弄明白，就是这尊高度20

冲绳商业街，店面上巨大的手，似乎剖开了墙壁，听当地人说，这象征着欢迎人们的到来，但细一看，这种"欢迎"好象有点凶猛、有点吓人

米开外的钢制装置。没看懂，但就觉得蓝天下它的样子很是威严、肃穆，还有些威风凛凛的意思。也许它预示着，进入这家商店前，你得摸摸口袋、照照镜子理理容呢。

卡通设计，永恒手艺

高高的柱子上，你说那是一只什么动物？狗头、猫脸、人形，弯弯的腿和长长的尾巴分明是在说：顶多俺就是你们的远房亲戚。端着的是很夸张的盆，那是在告诉饥肠辘辘的我们，这是家吃饭的店铺；还有它脖子上的牌子，好像在说"我的手艺不错哦"。

这个场景我看出来了，是一只小松鼠，挥杆正欲击球，千万当心瓷盆！那么好看的一只盆子。看到这般会心的场景，脚步疲乏的我忍不住停下来端详好半天；墙里突然伸出一只手来"欢迎"，分明是欢迎我们的，只是冷不丁我们被这只人手吓了一跳，仔细看：人家已经这样"探"出来好些日子了，只是我们陡然看见而已。

再往下看，可爱的小猪头可亲多了。张着嘴，圆睁着大眼睛，两只招风耳肉肉地红，哦，他的脖子下面是菜谱呢！再往左边看，就是很现代的门牌号码了：这图景，诙谐、简单而时尚。

面子文化，合适就好

木头门脸，简朴、简单、简洁且美。日本人对木头有着发自内心的欢喜心和亲近心，那里甚至有洗木头的行当，而且洗木头也能洗成大师。所以在日本，无论在哪里看到木头，总是干干净净的；当然，洗木头要成大师，至少要历练20年以上。说到这，木头做门脸你大约就明白了，简约的后面是深厚的文化土壤呢。

当然，汽车文化和我们很近，也很疏离，但美国人是在汽车轮子上长大的；而那件后现代的高耸装置，虽然至今我们也没弄懂其义，但后现代的东西大都是让人猜的，它的意思也是跟人转的。

动物永远是人的朋友，所以它们装点门脸，这家店铺肯定平易而随和，搞怪而温暖，人们喜欢驻足端详，迈腿进入也就是自然而然的了。

商业店铺的面子文化，其本质还是要让人愉悦、招人亲近、引人进入，所以，无论怎样装点，合适就好；门脸合适，就有面子，就有文化。

想象中的大都会应该是霓虹闪烁、如梦如幻，应该是人在画里游，那是当然；但当我们傍晚时分来到徐汇滨江大道，我们的心理预期还是被轻易地突破了，被劈头盖脑地震撼了，我们的心醉了——

老码头新生，此景如雕塑

看，那如痴如醉的蓝

从没有见过这样纯粹的蓝，蓝得叫人的心都醉了，醉得一塌糊涂。

那时，太阳已经完全没入地平线，灯光初上，天仿佛露出宽宽的缝隙，让光线在黑暗到来前肆意地弥漫着；而天由红而蓝，浅蓝、瓦蓝，直至透心彻骨的湛蓝、深蓝，房屋、桥梁、树木，甚至水面，都蓝了，连灯光都是蓝蓝的。

晃过神来，我连按相机快门，"收揽"着眼前的一切，湛蓝中的橘黄如雕塑般，塑出大吊车层次分明、昂首向天的"型"；蓝色海洋中的卢浦大桥长弓上游动的霓虹让桥不动也游，仿佛一只夜精灵……

那一刻，我直拍到手酸，直跑到腿软。

活色生香地，原是老厂区

别看这里夜景这么漂亮，往前十年，这里可是废弃荒、脏乱差。说滨江大道，很多上海老克勒可能不一定晓得了，但说上港六区开平、北票和上海铁路南站、上海水泥厂，恐怕不晓得的老克勒很少。那时候，这里装卸黄沙石子等建材的小码头，整天尘土飞扬，附近居民意见老大老大了。

世博会为老厂区的再生提供了良机，借着这个东风，上海市对这一块工业厂区展开了再生改造。改造成什么？工业时代，厂在城中冒烟，货在城中江边装卸，被看作是城市蒸蒸日上、兴旺发达的标志；如今把碧水、把清洁的滨江交给市民才是城市品质提升的标签。

于是，原来的龙华机场，变成了滨江宽宽的大马路，装卸的码头全都成了亲水的设施，承载码头记忆的缆桩、塔吊、救生圈当然都要留下。不仅码头，上海南站的火车也被留下，还有水泥厂厂房、货运仓库都留下了，一时还没想好做啥用途，那就先留下、放着。不着急，想好了再改造。

点化，就如脑筋急转弯

留下了场所的记忆，现在的徐汇滨江大道就让行走的我们感到气韵生动。绿树虽未成荫，但搬来的树，衬着幽幽的灯光，配上脚下木栈道脆脆的"扑哒扑哒"的回声，我们的行走其间心情依然非常地好。

那朵巨大的含苞"玉兰"原来是水塔，也有说是海事塔。那个头，伟岸得很，但湛蓝的背景中，却给我们轻盈、亭亭玉立的感受。花苞最鼓的地方就是当年盛水的塔了，而今它躲进了花苞成为了"蕊"，改造这座塔的人一定是位对生活充满了激情和诗意的人，要不然他（她）不会想到如此灵性的主意。点化，看来就如脑筋急转弯。心静、投入、不急于功利，捅破了老水塔与"玉兰"花之间的那层窗户纸，花儿就这样夜夜闪烁在湛蓝的江边。

徐汇滨江塔

观点：不着急，想好了再改

老城改造，伴随着我国产业结构的升级换代，正在神州大地大规模轮番上演。我们要说的是：老城改造，不要着急，想好了再改造。

由于政绩的影子在掣肘，老城改造难免带上"几个月必须拆完""×年新区必须要竖起来"，甚至"拆掉、推平，这是××任务"……不一而足，一句话，老城拆除要快，新城矗立要快；令人格外沮丧的是，拆毁老城的动机往往都是好的、善良的。

但，"政绩"推手背后的长官并不明白，每一片老城、甚至一座房子，都不是天上掉下来的，都带有祖先的气息、场所的气韵，都是有灵性的，必须读懂，必须善待。读懂，必须

去找老土地、找达人；读懂了，找到了护地气、发灵气的对策，才能称善待。老城改造，不是就一个"拆"字了得，得与历史聊天、做朋友，慢慢地，抛开功利的你就能寻到腠理，就如庖丁那样解得"老牛"；这样，新生的老城才可能光鲜。

这一切，都需要时间，急不得。好酒是需要酿和藏的。

如何让我们的城市越来越赏心悦目？这是个课题，且是个见仁见智、花样百出的大课题。游历大小城市，留意城市里的雕塑、装置、小品，我们的情绪常常被弹拨得风生水起，时乐时忧。走着看着想着，天天生活在城市中的人们如何看身边的环境？问他们，得到的答案往往是"好看""看不懂"，有时则摇摇头，莞尔地笑一笑。于是，我们端出这盘"装置"，是想说——

环境美化其实应做"加法"

这就是北外滩彩蛋

世博会后，上海的旧城（尤其是旧厂房）改造鏖战正酣，每当改造完毕，移开遮面的"琵琶"之后，我们常常就被震撼了，北外滩的彩蛋就是这样"击中"了我们。

细看，构成彩蛋的也就是钢筋龙骨、玻璃饰面，外加钢索勾连，可是一旦贴上了橘红的"螺旋桨"，情况可就大不同了！那红跃跃思跳出；到了晚上，灯光上身立刻又精灵成了飞动的鸟儿；更加上身旁抽象而斑斓的双球，它们仿佛幻化成了天宫神九身边的"托月者""群众演员"？

北外滩，码头文化延续百余年，这里曾经船行全球，财汇世界；而如今马达不再轰响、汽笛已经停歇，但换颜之后的北外滩记忆要留下，于是就有了这"潮

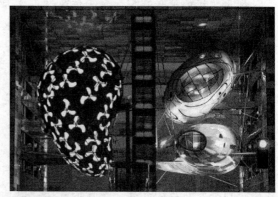

北外滩彩蛋

潮"的创意，这里的环境就被点了"睛"。

实用并不意味不美丽

实用并不意味着不美丽、不悦目，你看你看那"向日葵"。

这里，花儿朵朵，主角当然是向日葵，那花瓣大人看了回到了童年，小孩看了不肯挪脚。其实，这原本是件极为简单的活儿，一只毛刷、几桶油漆，外加攀爬的梯，画面一日即可完工。但，原本陋简的气窗（设备层），就这样被点化，即刻活色生鲜起来，城市随之少了一块"疤"，添了一片景。"向日葵"遮住丑陋、画儿端出美丽，是因为创意。

当然还有那如船舷的屋顶，漂亮吧？如音符、如旋律，更如一条游动的鱼；可是，它采光效果同样一流，实用性与装饰的美观集于一身，亦因为创意；即如草地上的"儿童""A"字，还是步步高升的"梯"？红配绿的衣服挑人，但绿配红的装置却很美；孩子们来了，可攀爬、可穿越，更可钻进一张张"脸"里照相呢！玩耍当然是"实用"的一大疆域，在这里，玩耍且美丽着。

废物这样利用

这应该是废物利用，地点就在成都音乐公园。

装置在公园入口处，一只只齿轮，铜做的、钢做的，当然也有合金做的，虽然我说不全其材质类型，但我知道它们的前世肯定都处重要岗位，甚至是心脏部位，而如今它们集合到了这里发挥余热，同样有型有气度。音乐是时间的艺术，音乐是跳动的，这些旧而不老的齿轮重叠交错，同样节奏铿锵。

那天在这尊装置之前，我们就这样被它拿住，凝神伸颈转着圈地看，这些帅气高大的齿轮，从彰显其实用功能到而今转行展示其很型很酷的外表，继续美丽着这个世界，谁说它不富有？它是那标准的"高富帅"。

评论：今天，我们如何打扮城市

城市如人，如何梳妆打扮，是个问题。因为城镇建设方兴未艾，各地在城市里剖膛开肚、拉皮祛斑那是常有的事情，概不能免。可是，我们的城市环境原本先天不足，拉了皮挖了坑扒了房之后怎么办？还得装扮，得遮掉那些见不得人的"疮疤"。

装扮城市环境，无非做建筑本体、街面环境、公园及水的美文章。在我们的城市，一栋栋书架般漏着光扔在那里的房子，一条条拉开"拉链"呻吟着的道路，一座座钢筋水泥加玻璃的楼屋，得让装置、雕塑、小品们"出场"美化它们，如北外滩。

但我们不禁要问，谙此道的决策者、设计者、建设者有几何？谙此道但不愿为者又几何？不愿为之人，有监督喝止者没有？

曾见为城市"疮疤"辩解的报道，说"暂时忍一忍，×年后还你一个美丽"，我哑然：城市，美丽不能等！

浦东嘉里城，抽象红色装置，像"音符"、像群"孩子"，耐看有情趣

水如镜，桥如弓，粉墙黛瓦映碧空，这是江南小镇常见的风景。淡烟细雨滋润着的江南，山也青青，水也清清，傍山向水的青黛小镇怎能不亲亲宜人？

把"根"留住，是个问题

这就是江南

桥，老老的，圆圆的，就像用力拉开的圆弓，虽然只有半只倒影，但我知道了，这就是江南——江南的桥，如镜的水中它就是一只跳动的音符、半只弯弯的新月，而桥边空空的石凳分明在告诉我们，一场演出刚刚结束，那情景正应了"曲终人散后，一钩新月天如水"的诗境。

瞧那山墙，有"品"，因何？留下一半作邀明月、听清风的窗。屋檐上，俏皮的瓦当镌刻着小镇人家的满心欢喜和心中祈愿：风调雨顺、龙凤呈祥、福寿安康……往往就镌刻在这凹凸、简洁而不简单的青灰色浮雕之中。再往门楣上看，花开富贵、二龙戏珠，全是吉祥的图案，烘托着的就是下面的公堂理事图：这户人家指定出过为官的人。不信？你看那写意的高厦大屋、满屋的武胄文员，他们都是在烘托中间坐着的"主人"。因为没有毁，我们还能感受当时这户人家的崇隆和富贵气象。

新场，留住石笋乾坤

这是我们看到的南汇新场古镇的一角。宋时，这里因盐而兴，随着沧海桑田而渐渐成为市镇、成为盐的交易场所。宋朝到如今，新场留下了一座座精美的石拱桥、一栋栋精致的民居，一扇扇高高垒起的石驳岸。渐渐地，这里又矗立起藏书楼、伽蓝院，慢慢地这里最终"煲"成了写意的江南。

新场还有一个好听的名字：石笋里。石笋，是因了其形如笋，质为石。传说，很久很久以前，当地人在新场受恩桥石头湾沙中曾发现石笋，深不见底。大家见而奇之，就把这里命名为"石笋里"。于是，写意的江南又有了一个清清爽爽、澹定且诗意的名字。

把"根"留住，是个问题

令人欣喜的是，镇里如今正下大力气试图留住这片祖宗留下的宝地，他们深知这是新场的"根"，新场因它而翩翩鹤立于当今城镇建设跃进浪潮的潮头。

跳出新场看九州，随着城镇化进程的不断加快，这种清风明月般的小镇越来越少了。古镇，无论江南江北、长城内外，无不承载着厚重的历史、蕴含着祖先的喜怒哀乐，饱蘸着千古的云烟地气。保护起来，往往费时费力，且"政绩"还没法儿斤称量校；而推土机一上，则一二日便告平坦，宋时房舍明清桥，尽化作了一片瓦砾，便好做高楼大屋了。

于是，祖宗的呼吸随推土的烟尘散去，千百年聚集的地气因机器的轰鸣而破

灭，天地之灵气因此而化作乌有，神速崛起的新镇因此而淹没在千万座似曾相识的钢筋混凝土"森林"之中，再也不是原来的那片"红叶"了。

把根留住，是个问题。因此我们更加敬佩石笋里——新场，他们让小镇跳出了大千世界，在空间里留住了悠悠的时间。

新场古镇河边

外滩那当然是好看啦！随便报纸电视网络还是什么的，上面关于它的介绍那是多了去了，美景美图当然也是多了去了。建筑好看，照片这么一拍，那真叫做美不胜收。可是外滩源，知道的人恐怕就不甚多了，其实外滩是从这里发源的，这里的景色也是顶呱呱——

在源头寻找得意美景

这里的建筑一色的红

外滩源，就是上海成为租界后，洋人最先落脚并建筑的地方。这里的建筑几乎都是红色的，但砌法不一样，呈现出来的形状、纹路也就不一样。仔细看，横砌、竖砌、斜着砌，砌上几层让一下，让一块砖缩进半分，就风骨别然了，砌几层，凹进去几层，阳光就把建筑的外形"雕刻"得凹凸

外滩源建筑

有致，远远看过去，就如整齐的琴键，配上白白的"鱼儿"，红砖墙生机盎然了。

再看这凸出的窗，倒过来看，像不像冰淇淋蛋筒？红红的塔楼尖尖的顶，迎着远远的东方明珠，西洋味儿在这里耐看、有味道。

喜欢摄影这里的红

喜欢这里的红，不论是风吹雨下的日子，还是阳光灿烂的光景，只要有了空，就喜欢在这里转。红砖砌成的拱券，高高的帽子上顶着的就是"安倍洋行"了。眼前的窗，红砖托底，竟砌得那样的圆，圆圆的底座上就是铸铁的窗了，同样圆而又圆，深黑的铸铁仿佛也镀了一层红……喜欢这些红红的、老老的墙和墙上的窗，那一砖一缝，都与今天人干的活判然不同，别看那外表只是简单，但简洁的外表里透出的是淡定和平和，还有品味和格调。

我让这些细节一一进入镜头，用影像定格它们。于是，我的镜头里就有了这对特别的窗户，两层玻璃窗中间红砖砌的也是窗户，凸出来，凸出来一扇小小的

窗户，仿佛是玻璃窗的"底片"：倘若急于求成，是砌不出这样有花头的窗的。当然要拍下来、存起来。

外滩源，大家都来拍

常来外滩源，因为这里的感觉与别处不一样。数十年的老房子，经过用心的人们细细剔洗打磨，原本的红砖更红了，原本的缝隙清爽了，原本的棱棱角角更挺更直了，原本的颜色更加的鲜艳了，看着人的心里就舒服，彻彻底底地舒服。

很多人喜欢追星，追到"星"们的发型、穿戴，什么牌子的洗发水，事无巨细。我们喜欢往外滩源跑，新鲜出炉、整修一新的外滩源一砖一瓦、一柱一檐，全都大有看头，个个都很特别，它们都大不同于周围的建筑，而且，阳光下、雨雾中，它们的风采千变万化，绝不雷同。

记不得去了多少次，只觉得自己快要成外滩源的"粉丝"了。

它们都在闹市，一个在繁华时尚的浦东陆家嘴，一个位于名闻遐迩的朱家角；它们都是近代以来的建筑，都建于 20 世纪初，一个叫课植园，一个叫吴昌硕纪念馆，它们都有一个共同的特点——

推陈出新意在先

课植园：通古今融西洋

走进静静躲在熙熙攘攘朱家角街上的课植园，你很快就会发现这里的建筑和环境与常见的园林颇为不同。亭台楼阁、林石水桥，既有传统风格的飞檐廊柱，也有男女分开行走的阴阳廊；院内的最高建筑就是那栋望月楼了，四方形五层楼，典型的中国理念西式手法，楼快建成时，马文卿听说镇上洋人的房子比楼高，于是又加了望亭，这样楼又高出洋建筑些许。

课植园，一座典型的庄园式园林，典型的中国风味儿，马文卿告诉自己和孩子，"课读之余，不忘耕稼"，所以园内安排了稻香村以供耕植。十余年里，马文卿遍观江南名园胜景，一一复制，书城楼用了西式的马鞍形双耳楼梯，不过楼梯下则是圆圆的中式拱券，马文卿就这样让中西合璧。

这样，历经15年，博采众家之长的课植园建成，一时名噪海内。

纪念馆：老房子 老朋友

海派艺术大师吴昌硕的故居其实在上海北山西路吉庆里，他在这里度过了生命的最后22年。吴昌硕纪念馆却在浦东陆家嘴，为何？

静静安居绿地中的吴昌硕纪念馆，百年前的石库门建筑样式依然那样的熟悉而亲切，只是砖缝里的抹灰略新，要不然老虎窗、短屋檐，青砖墙里杂红砖的样子会让更多的游人认为：这里就是吴昌硕老人的故居。

原来，这外表石库门风格的房子原是"颍川小筑"——陈桂春的老宅。房子动工于1922年，在课植园竣工前一年建成，常年与洋人做生意的陈桂春建的是一栋融东西文化于一体的庭院式民居住宅，楼上房间、卧室、书房当然是中式的；楼下的餐厅、茶室、卫生间装修、设备都是西式的。画栋雕梁，刻镂门窗，传统的花鸟、狮、鹿、骏马那是不能少的，三国演义的故事甚至刻上了梁、檩（lǐn，用于架跨在房梁上起托住椽子或屋面板作用的小梁，亦称"桁"）、枋；而山墙立面、檐口线条处处呈现的却是西方色彩，传统木刻手法雕出的法国百合花、郁金香、玫瑰等很典雅。

更令人称奇的是，吴昌硕与陈桂春是挚友，当年陈桂春、王一亭等沪上名流发起募捐，吴昌硕等一批上海艺术家共同筹款创办了浦东沿江地区首座医院——浦东医院（今东方医院）。敏锐的浦东人今天将旧居修葺一新之后，让中西合璧的房子里展出海派大家的墨宝，当然是珠联璧合了。

学习、传承，关键是意在先

课植园里，你可以观赏到不一样的江南园林；吴昌硕纪念馆里，中西合璧、海纳百川的感觉常常涌上我们的心头。

无疑，课植园的营构，意在行先。马氏要由课植而体味人生，所以他要收进古今中外，尽藏明月清风，在园中尽情逍遥人生。把陈桂春故居改成纪念馆的人，同样意在行先。中西合璧的石库门房子，里面展示海派艺术大师吴昌硕的诗书画印"四绝"作品，当年吴昌硕那些作品诞生时的气场、当年二人声气相通的情景，走进纪念馆的人们眼前浮现的就是海纳百川的大上海。

古建筑点化，需要"媒子"。而要找到这媒子，则需要登堂入室得其精髓，然后才能发酵升华化出精品。

狮子亭中的藻井

关于中国汉字，你的脑海里的第一反应是什么？你想过它应该有一座博物馆没有？黄金作顶，四阿重屋，远远地，我们就被它那宏伟博大的气势拿摄住，这就是位于河南安阳的中国文字博物馆——

在这里，中国文字有了艺术之"家"

建筑，当代人眼里的"四阿重屋"

《周礼》里说，殷商宫室"四阿重屋"。四阿重屋究竟是什么样子？中国文字博物馆的设计者用后现代的设计方法，四坡顶（四阿），两重檐（重屋）；颜色取殷商宫廷普遍使用的铜黄色；凑近看，宽宽长长的屋檐上，满是浮雕、彩绘着的饕餮（tāo tiè）纹、蟠螭（pán chī）纹；宽敞的阶沿之上，粗大的立柱厚重的中国红上面浮雕着的仍是千变万化的饕餮纹、蟠螭纹。

原来，饕餮纹盛行于商朝。当时的人们把这种神秘怪兽想象成了没有身体，只有一个大头和一个大嘴的样子。它贪吃，见到什么吃什么，由于吃的太多，最后被撑死，商朝人把它广泛铸刻于青铜器上。因为青铜器是那个朝代重要的饮食器皿，倒也贴切。而蟠螭则是一种没有角的龙，其特点是张口、卷尾、蟠（屈曲、环绕、盘伏的意思）屈。这种纹饰一直从战国流行到清朝。

将这两种纹饰广泛用于重屋的身上，在这里安放神州大地上五千年间风云掩卷的古老文字，当然好了。

这里是中国文字"大家庭"

今天，每天拿笔写字的国人究竟有多少？自从电脑进入家庭并个人化后，拿笔书写变得越来越稀罕了。但在文字博物馆里，你会感受到中国文字的博大精深和波澜壮阔，这里是中国文字的大家庭，这里的汉字更是"五千年间同一堂"。

还没进博物馆，老远老远，巨大的装置——"字"就撞入你的眼帘：那"字"是金灿灿的铜色，宛如一栋别致的屋，孕育着、庇佑着炎黄子孙一脉相承五千年；而在"字"巨大的身影两侧，就是直通"重屋"的28块甲骨字碑林了：外形还是"字"屋，屋子里用青铜铸成考古发现的甲骨卜辞，那片最大的青铜卜辞龟片重量可是有3吨重呢！

文字里面是历史，是生活。28片向上天卜问吉凶祸福的铜铸甲骨片还隐含28星宿，象征人与神秘自然之间的密切相连；而今这些联系都记录在一片片甲骨里，于是我们理解了为什么仓颉造字成功后，"天雨粟，鬼夜哭，龙为之潜藏"。

馆藏艺术手段丰富

作为一家新生的国字号博物馆，中国文字博物馆除了通过捐赠、调拨、借展、租赁等办法收集大批国宝级文物外，更多的是运用各种技术、艺术手段展现文字的魅力。

雕漆样的画面里，巨大的铜鼎上镌刻的是获封爵位的文字、族徽，车马士兵反映的都是主人为天子征战的场面，鲜红鲜红的底色，就如青春燃烧的岁月；另一幅，还是红色，镌刻的是宴乐耕种、打水居家的场景，还是红红的铜鼎，只是鼎两边有了大段的甲骨文字，那是从鼎上拓下来的：灯光印在浮雕上，殷商的生活离我们并不远。

徜徉在各个展厅，眼睛耳朵脑海里，被声光电、各种装置加上国宝级的展品填满；甲骨、金文、大小篆、隶书一直到我们熟悉的楷书，还有数不清的叫不出名字的文字，字的海洋；从竹简书写到活字印刷，到电脑输入、排版，汉字与时代同行；更有汉字特有的书法，大家辈出，流派纷呈，真可谓是恢弘数千年，壮阔九万里。而今，它们都在这里安了"家"，数百世同一堂。

言论：想想，祖先的发明还有哪些需要博物馆？

如果我问：今天还有多少人在用笔书写，又有多少人每天用笔书写？恐怕这真是个问题。在这个汉字书写日渐稀罕的时代，我们真担心"汉字申遗"那一天的不请自来。

那就为汉字造一座博物馆吧，让祖宗惊天地、泣鬼神的伟大发明有一个"家"，因此中国文字博物馆的建设可谓是一件大好事。

在为文字博物馆开放手舞足蹈的同时，我们想问：我们祖先的发明浩如烟海，而今我们用博物馆的形式凝固并光大着的有多少？13亿人口的大国，我们拥有的博物馆数量是否太少？令人欣喜的是，近年来各地逐渐意识到博物馆不可替代的作用和意义，纷纷起而建之，但其中去浮云、放眼量之谋划又有几何？

正因为这些，我们为中国文字博物馆鼓掌欢呼，并期待着这类不为浮云遮望眼的博物馆不断出现。

文字博物馆广场上的字雕

石头与时尚有关系吗？石头如此山野，藏在山中、溪边；石头这样陋朴，基本没有哪一块长得眉清目秀。可是现在，我们生活的城市里到处都能见到它们的身影，被用来建造房屋、营构园林，架桥铺路，被用来珍藏把玩，原来——

天价石头担当起"顶梁柱"

干的活都是"厚"基础

都说男人是山，山的脊梁是石头，不信？你看眼前这陡峭的山，层层叠叠的都是石头，毛茸茸的都是树——附着在石头上的绿色生命，最神奇的当然是脊梁上的房子了。那房子盖得周周正正、干干净净，远远望去，山顶山的村庄茵茵郁郁、生机盎然，全都托了脚下敦敦实实的石山的福，那山村才世代繁衍到如今。

再看，仿佛鬼斧神工般平平展展、层层叠起的山体上，人们又垒砌了高高矮矮的城墙，那铁链告诉我们，这是山里的寨子，有了这陡峭的山崖上的墙遮蔽，兵荒马乱的年月这里的百姓就有了安全的屏障。有了这屏障，百姓就有了主心骨，心不慌，气能宁。

担当的都是"顶梁柱"

说石头是顶梁柱，其实还有些欠贴切。眼前的这栋石头房子，我们在山里看到的普通民宅，石头地面石头墙，石头柱子撑房梁，放上梁橼和陶瓦，就成了一家人的安乐窝，石头就是这个家庭的编外成员——顶梁柱。

再到四野走走，你还会在河道上、村庄里、溪涧之上，发现更多的石头梁柱。圆形的、菱形的柱墩，扛着上面同样石头做的桥面，弯弯的、圆圆的或者直板板的，桥面因石头而很有型。

有没有石头不做梁柱？有，你到湖北、四川、贵州去看看，那里就有用石头片当做瓦来盖房子的，这就是石头中的"偏才"了。

日本，王城也用石头扛

这些用石头打基础、扛到今的王城、皇宫，都有数百年的历史了，即使在时尚的人和物如过江之鲫的今天，它的沉稳、内敛和淡定依然让我们这些他乡异客着迷。

大阪城的这块垒城巨石，说至少有 250 吨重，在那个没有大货车、大吊车的年代是如何运来的？还有，它们切割得如此整齐、码放得如此规整，在那个没有电锯等现代工具的年代，是如何做到的？我们不解，所以着迷。

还有皇宫，这城墙，陡峭却曲折有致，脊梁处大条石叠加着，弯腰向内向下，稍小的石头充当墙面，远远望去，墙面就像首抑扬顿挫的歌，为何要叠成这副模样？有人说，这是为了防守的需要，陡峭的墙易守难攻，但我们还是要问，因为墙体给我们的信息远不止这些：为什么墙缝里没有水泥，却能风雨中挺立几百年？为什么这里的石头墙看起来如此舒服？和远处的高楼比起来，为何我们觉得这里的石头简单却更有内涵？

回来，再次面对王宫石头墙的照片，我们依稀明白了：石头是大自然的"主心骨"，搬来，垒在那里，我们也就近了自然了，于是就简单了、美了、时尚了。

都说上海的历史短，正经算起来顶多数百年的历史，可是你到松江、嘉定，甚至崇明去看看，这些地方无不底蕴淳淳、魅力厚厚，青浦当然也不例外。最近，走进青浦博物馆，发现——

艺术符号演绎文博魅力

房子，振动蝴蝶翅膀

青浦博物馆的房子，远远望去，犹如一只振翅的蝴蝶。虽然也是玻璃、钢筋、混凝土的材料做成，但走进去一看，发现这栋房子很有想法。中央的船形屋顶，展柜的矩阵设计，仿佛一艘远古的文明之船向我们驶来，节奏清晰而明快、色调灿烂而明朗。

围着旋转楼梯的石头屏风，上面那些圆圆的孔洞大约就是先民们用过的玉佩之类饰品的意象吧？往下看，那些鳞次栉比的民居，一色的粉墙黛瓦，间杂了苍松翠竹、亭台楼阁和玲珑宝塔，就把一幅江南大镇的繁荣大锦"端"到了我们面前。

这里，场所很博古

往外走，发现这里的场所环境营造更有韵味。

大约是用麻石，模拟着的是考古现场的情景：圆圆的那是露出地面的玉环、玉玦或者零零地散落在地的项链，那些都是这里先民生活的艺术化再现；更多的当然是陶罐、石斧、酒器，还有黑黑的、黑黑的瓦釜，没有人工声光电的岁月，我的祖先生活一样充实、丰富且生机盎然。

作者用场景再现的方法，用红红的砂岩样的材料，就这样在博物馆的广场之上就成了"穿越"的场所，就有了思古的"媒质"。我们就这样来回地走着，望着露出地面的瓦釜、陶罐，端详着器物上简单却耐看的波浪形纹饰，想象着先民们的生活场景：虽然没有电灯、电脑和 iPad，但他们的日子一点也不单调。

崧泽文化，在这里安家

一家区县级博物馆，场所气氛营造得如此有品位，展品如此丰富，是我们始料不及的。一打听，原来，博物馆是设计大师形同和设计的，《青浦博物馆介绍》上说：空中看，这只蝴蝶有五只翅膀，每只翅膀里装的东西都不一样。

崧泽考古发现在这里当然是"主力队员"。就说眼前这串项链吧，花生样的、朝天椒样的，一色的玉，细细地磨，慢慢地钻孔，耐心地穿，如果我告诉你崧泽时代距今已有6 000年历史，你一定会为祖先在只有石头、木棍的情况下，制作这样一副项链感到神奇！想一想，如果没有对美强烈的渴望和追求，你有信心花上一年甚至数年的时间去慢慢磨、细细穿吗？

博物馆里，这样的展品很多。瞧，那石斧的孔多圆，用绳索穿孔绑在棍上，就成了砍劈的利器了；那酒壶，像一只昂首摇尾的鸭子，6 000年后的我们看了依然忍不住"我心飞扬"；还有一把崧泽陶壶，长长的尾巴和扁而拱的提梁都搓成了麻花样式，壶嘴扁扁地大张着，造型宛如一只嗷嗷待哺的小鸭子。这手法，即使在今天也很时髦。

博物馆大厅里的浮雕

都知道甲骨文是奇文字，是咱们中国的；都知道殷商的青铜器独步天下，那器形、那个头、那美得叫人目醉神迷的纹饰！可是，你知道它们的前世都是在地下吗？它们的今生都是在哪里重见天日的？你知道这都属于神奇的商朝吗？位于河南安阳的小屯村如今早已名闻天下，那是因为——

殷墟博物院，大艺不雕

殷墟：木栅栏茅草房

殷墟的宫殿模样告诉我们，3 000多年前的帝王就是住在这样的房子里。泥巴墙、木头柱、草屋顶，房子建在高高的台子上。我们看到的就是乙二十仿殷大殿了，它东西长51米，由于东侧的20米地下文物尚未发掘，所以只复原了西侧的31米。仿制的宫殿依然以黄土、木料为建筑材料，房基置柱础，房架用木柱支撑，墙用夯土版筑，屋顶覆盖茅草，正如《周礼·考工记》的"茅茨（以茅苇盖屋）土阶，四阿（四注屋，即雨水可从屋顶四面流下）重屋"。

殷墟博物馆

门前广场上那尊声名显赫的司母戊大方鼎告诉我们，这就是中国青铜器登峰造极的商朝，这里就是盘庚迁殷后定居270余年的商都，别看它现在四周都是茂密的农田，那时候它就是今天的"故宫"呢。

结构繁复、回廊勾连、二重檐、面积巨大，都是考古发掘关于商朝宫殿的描述。已经发现的商朝都城有50余座宫殿、宗庙遗址，宏伟壮观，其中仅一号基址长度就有170余米，面积达1.6万平方米，它不仅是夏、商、周三代最大的单体建筑，甚至可谓是历代宫殿之最！它的建筑面积相当于故宫里六七个太和殿的面积总和。殷都里，还有甲骨文、青铜器、玉石器……所以，殷墟无需张扬，用中华龙做门牌号码，用稻草盖了房顶，就可"龙行天下"。

博物馆："洹"字隐地下

如此规模的出土文物，震惊了世界，博物馆当然是要建的。

这样声名显赫的一代王都之上建博物馆，如何才能绿叶扶花不张扬？是个问题。商朝最后270年的都城，洹水围护，风水极好。设计者就把"洹"用作博物馆的形态意象，将3 535平方米的馆舍隐入地下。于是我们除了看到几个不显眼的豁口外，馆舍之上依然青草依依、数十米外的洹河安详如镜。

参观，沿着穴道，走进馆内，我们被震撼的依然是陶器、青铜器、玉器及甲骨文等国宝级文物，一共500多件。博物馆建筑既不抢殷商都城（哪怕如今只是个墟）的风头，又达成科学、环保、安全、便于研究的目的。

文物：全是国宝级

虽然这座存在了270余年的殷商都城，历史上无数次被盗掘，地面上如今已没有任何昔日辉煌的蛛丝马迹，但地底下的世界依然繁富如锦。

已经发掘的青铜、甲骨和玉器，早已让人类感受到"一个灿烂的中国文明"。重达875公斤的司母戊大方鼎、车马坑，曾被称为"龙骨"的甲骨文。其中一座甲骨窖穴就出土刻辞甲骨17 000余片，这些甲骨，记载了祭祀、田猎、农业、天文、军事等内容,商代社会生活的方方面面无所不包,堪称中国古代最早的"档案库"。

考古发现一个殷商青铜器铸造厂的一个圆形青铜器内范,口径 1.6 米,专家说,如果它是一个圆形的鼎,比司母戊鼎壮观多了;而出土青铜器 468 件、玉器 755 件、骨器 564 件、海贝 6 800 枚的妇好墓,随葬品不仅数量巨大,种类丰富,且造型新颖,工艺精湛,可谓国之瑰宝,艺术造诣登峰造极。

正因为如此,2006 年,殷墟被列入《世界遗产名录》。

言论:关键是把魅力"发"出来

博物馆建设,最要紧的是什么?把表现对象的魅力"发"出来。

众所周知,既然是博物馆建筑,它首先是甘当配角,不抢"戏",自觉让"主角"在馆内挥洒魅力。所以,一个好的设计者,正如一名高超的酿酒师,选好料,想好方子、步骤,控好火候,不急不躁,循序渐进,慢慢发,缓缓酿。

近年来,游历各个大小城市,参观大小博物馆,常常为博物馆建筑设计的斗奇争艳、喧宾夺主所伤感、忧闷,设计它们的人大约是忘了自己的使命和担当,于是不经意间就抢了"戏",参观的人们往往就记住了"椟",忽略了"珠"。

博物馆门上的"妇好玉龙"图案

从这一角度看,殷墟、殷墟博物馆"发"得好,参观了、回过味来的人们,会为泥巴墙、茅草房、木栅栏叫好,会说"大艺不雕"的。

钢筋、混凝土、玻璃，当今城市建筑无非就这些材料构成。楼高耸入云，夏日里走在明晃晃的玻璃高楼下，眼睁不开、热不能当；可是见到这张照片，我们才知道，晃晃的艳阳下，幕墙玻璃原来大有看头——

幕墙，有多少魔力可以读……

玻璃引入建筑，改变了世界

玻璃大规模进入建筑，也不过二十余年时间。最初时，海蓝的、棕茶的，当然还有青绿的，街上，大片地反着光。一不留神，正踩着单车的我们就会猛地刹车，定睛一看，原来是玻璃反了一片煞白的光，正"扔"在道前，你我以为是"挡道"的物件，本能地就这样一个急刹，顺带地还惊出一身冷汗。

现在，这样的幕墙少了，养眼的幕墙多了。就说这栋楼吧：似柱的材料间错落地镶嵌无色的玻璃，一路到屋顶；顶上，天光从玻璃里渗出来，就成了"画框"；侧面的，则是淡青色，"调子"变了，对面的景物影影绰绰地荡漾在里面，大幕墙中间还留几条呼吸的"管沟"，煞是好看：幕墙让世界越发色彩斑斓起来。

魔力，从照片中溢出来

看了眼前这张照片，我被震慑了！玻璃的魔力，从照片中溢出来。

活脱脱就是一幅印象派的画，那色彩，只有阳光能有这样的魔力，湛蓝中显着亮蓝、银白，隐隐的，还有些米黄，阴影处的深灰同样赏心悦目。这样的场面与大块螺旋样的紫、绿、橘黄色调的"混搭"，谁见此景，能 hold 住，淡定？！

周周正正的楼，因了周周正正的玻璃里舞步凌乱的"对面楼"，而变得韵味十足起来。哪怕是断断续续，只要有玻璃，"邻居"的身影就会在我的"心田"里出现，

幕墙就是一幅画

还有碎银似的阳光。浓浓黑黑的树叶，情味别开生面；人家伸过"手"来，大家便相互支持着，向天空，向那白云深处进发。

这是傍晚 7 点的照相

这是上海一栋普普通通的楼宇，这是这栋楼宇晚 7 点的照相，一句话：洗心涤肺爽到歪歪！

太阳已经完全没入地平线下，但万里无云，余光借着云气漫射着溢满苍穹，天湛蓝，光揽和，于是整体湛蓝的天空变得深浅明暗各不同。那楼，远处的仿佛"泡"在了醉人的蓝里面，近处的，灯光已经深邃而有层次，那楼面黑洞洞，衬着远处的蓝越发地不知天已晚、鸟归巢了。

这里号称"中原第一大宅"，这里曾经是慈禧逃难的歇脚处，这里引得光绪亲笔撰写碑文，这里还是刘邓大军的司令部，这里就是河南安阳的马氏庄园——

在这里，艺术让时光不穿越

这里的房子低调而厚重

屋脊划着优美的弧线，向两边撇着，山墙看上去硬硬的，素面朝天，没有了江南民居的粉墙，也没有了高高的马头墙，有的只是青青的砖一层层码上去，砖缝间勾出细细的白线；这里当然也没有江南民居轻盈的飞檐，卷曲着欲乘风飞上蓝天，远远望过去，这里的屋檐短短地、楞楞地，甚至有些"木讷"——这就是声名显赫的马氏庄园。

不仅房屋形态低调且厚重，砖雕和装饰，也很耐看。门楣上，植物的绿纹样卷草纹至今看上去还是生动：草卷着、连续着，不断线，不到头，就像幸福、安康一样；草里的葫芦分明就是宝瓶——"保平安"呢。

马氏大宅造了数十年

粗粗地、远远地看，马氏大宅除了规模宏大，与中原其它四合院型民宅没有区别，但往细里看，差别可就大了。且不论大门规格崇礼重数，就如墙根檐角，这里的礼数也与其他民居大不同，这栋房子的主人是清朝的一品大员呢。

在清光绪至民国初将近50年的漫长岁月里，马氏庄园渐渐长大成为北、中、南三区六路，十余个四合院的大宅。每一路建筑的中轴线上都开了九道门，俗称"九门相照"，整座庄园的厅、堂、楼、廊、房合起来的房屋超过300间。行走在迷宫一样的宅院中，主人房的威严神秘、小姐楼的轻巧浪漫、私塾的严整端肃，大宅的廊廊环绕，院院相通，如行迷宫之中。

细微处见到的匠心

马氏庄园得以保存至今，与马家的"与时俱进"关系密切。第一代马丕瑶为"百官楷模"，第二代正当辛亥革命前后，既有爱国商人马吉森，也有悬壶济世的马吉枢，更有"南秋瑾北青霞"中的马青霞。

保留至今的马氏庄园2000年成为河南省级文物保护单位。徜徉在气势恢宏，修旧如旧的大宅中，端详着墙根柱础，望着拐角矮柱间探出头的小狮子，看着圆鼓鼓的南瓜石。门缝里看过去，仿佛是汉白玉砌城的扶梯，斜斜地通向了看不见的阴影背后，再上面就是硬硬的屋檐了，走着看着，尽力想象着这里曾经的风云激荡、天伦之乐。细细体味着大宅营造的礼数、浸润着的艺术雨露。

马氏庄园的门

厅堂上，阳光从纸糊的窗户中漫到八仙桌上，亮光中的青花瓷盖碗，就这样静静地候在那里，等他的主人；就这样，轻轻地挽住时光。

高高的塔吊那长长的臂，蓝天下它的样子很酷很酷；灰白灰白立在钢架上，那就是当年工业大机器的心脏呢！更多的，当然还是那些钉钉铆锚、棒棒墩柱，经历大工业的洗礼后，它们在今天大多"退居二线"了。是进入铁水炉，还是成为装点生活的音符——

设计，就在脑筋转弯处

——工业废弃物的再生之思考

我们眼前的这些"风景"

波涛沓沓的水边，这些橘红色的大塔吊已经是许多工业城市曾经自豪的符号了。它们摆着头、甩着线，吊来放下的可都是当年的幸福生活和甜甜的希望。如今，它们大多是静静地在原地发呆，塔还在，不转了；线也还在，不甩了，因为城市转型了。

还有那曾经的工业气瓶、呼呼的风机转页，黑黑的定海锚头，甚或是曾经的铁片、螺母、螺丝、铁线，在我们的眼里，它们或者变成了汩汩流淌的泉水，斑驳的圆筒上面开个口，阳光下，长长的舌头上飘下来的水，诗意着的是生活。螺钉螺母就这样捏到一起，就变成了金刚或者未来战士，立在大楼前为我们站岗放哨。即如黑漆的锚、橘红的叶，也成了街头园中悄悄的风景呢！还有那"心脏"，猛一看，像白宫？

对待他们，世界各地各有奇招

近年来，行走在世界城市的街头巷尾，留意着各地对待工业遗产的态度和做法，发现其中大有嚼头。

生活与艺术的距离究竟有多远？其实远在天边，尽在眼前，于是无论是达达艺术的代表人物杜尚，还是五十年代英美的波普艺术，都把眼光集中到生活中的废弃物，废旧的厂房、报废的机器，甚至丢弃的螺丝钉都成了艺术创作的材料。在世界各地，废弃物成了街头的雕塑、酷酷的装置，变成了极简艺术、大地艺术或其他艺术思潮的表达符号。

世界各地城市中出现的这些工业废弃物变身而来的作品，实用功能都已褪去，生活与艺术的距离大都已消解，表达的思想则仁者见仁、智者见智：再生，戏谑，还是反讽？反正生活因它们而更艺术。

艺术，就在脑筋转弯处

看着这些生鲜有趣、已经再生的废弃物，他们仿佛幻化一般变成了意想不到的艺术品，行走在世界的街头巷尾，我们一再为艺术家们的创造活力所感动、而温暖，也为当局的宽容、放手所感动。

看，眼前这尊"卫士"像，铁条、铁片、铁柱……年轻人孔武粗犷，表情轻松活泼，整个造型颜色虽然是一色的铁锈红，但仔细瞧，镂空与填实的拿捏恰到好处不再说了，细腻与大剌剌配伍得竟也如此协调；还有这尊"白宫"装置，貌似发动机的外壳，你看那密密麻麻的螺丝钉，像不像环卫在"白宫"周围的士兵？拆掉里面的转子，露出黑洞洞的大口，就这样往那里一放，这本无用的空壳就成了蓝天下不可多得的艺术装置：原来，艺术就在脑筋转弯处。转过弯的艺术极简而帅气。

评论：再生，主体应是艺术家

废弃物再生的历史其实很长，20世纪初，立体主义艺术家们已开始用实物拼贴的方式制作艺术品，毕加索就用废报纸、硬纸板创作过画作。以后，这股潮流大有方兴未艾之势，艺术家们试图消解的就是生活与艺术的距离。

而今，这股潮流随着我国社会经济的转型同样风起云涌，蔚为大观。当工业废弃物进入艺术家创造的视野，它们传达怎样的意蕴和意境，那就是很个人的事了，或警示、或升华、或诗意而优美而生动，或戏谑反讽，创造并点化它们的主体无疑都是艺术家。

于是，保护创造主体——艺术家就是城市里政府的责任，相信他、任用他、依靠他，给他充分的自由，让他的灵感自在地飞翔，这座城市就可能产生伟大的艺术品，城市的品位就可能随之而飞升。

传：有媒体目前正在海选"城雕十大丑"，结果最近将会出炉。近年来，随着城市的纷纷长高，城市品位提升的需求日趋旺盛，除了大树接踵进城、水城遍地开花之外，更多的则是纷纷起而城市雕塑。于是，各地用不锈钢、用水泥、用各种材质堆人像、凿石头猪、装飞天神女，连此都塑不出的，干脆直接仿造"翔"之类，竖在城市的"额头鼻尖"处，很是招摇，怪不得艺术家们说：城市雕塑与艺术无关。

城市雕塑三问

城市雕塑是否跟艺术无关？

因为近年来雷人的城雕实在太多，所以艺术家愤愤地说：城市雕塑与艺术无关。城市雕塑真的跟艺术无关吗？当我们走在阳光炙烤的大街上，突然发现前面一名姑娘正扛着土土的一瓦罐清泉，薄薄的衣衫湿漉漉的，水正哗哗地流淌：那就是你眼前的一尊雕塑。你说这尊雕塑为你舒缓了汗腺，送来了清凉，带来愉悦没有？

城市雕塑当然是艺术，像巴塞罗那加泰罗尼亚广场上那尊倒放着的楼梯，虽然我至今还未读懂它的意思，但是，每每对着这尊雕塑的照片，我的心立刻回到了现场：是这里的人们上了云霄后抛下的，还是告诉人们楼梯还可以这样放着供人遮阳避雨？没想清楚，但有味，此"楼梯"时不时地就跑到我的脑子里。谁说城雕不是艺术！

城市雕塑与场所何干？

城市雕塑与场所何干？城市雕塑迅猛发展到今天，鱼龙混杂到今天，这个问题必须要问。比如说在一所以土木工程闻名的高校门前，放置五颜六色、许许多多的甲壳虫；在人头攒动的市民广场雕一对坦胸露乳、翘臀卧爬的"孝顺猪"；宽阔的十字路口，弄一尊酷似农村祭奠时"纸人"样的植物花堆雕塑——飞天神女。

因为雕塑手法实在低劣，因为更多的是与场所太不协调，所以这些雕塑一出，大家便直呼为流氓猪、飞天神婆，网友甚至惊呼："我简直审美无力了。"看着这些竞相出丑的城雕，我想起早年在法国巴黎圣拉扎尔火车站见到的一尊装置，一根约3米的杆子上，全都是时钟，规则的、不规则的，扭着的、侧着的，冲上的、向下的，各个方向、各种姿态，应有尽有，只要匆匆赶路的人们走到这里，望一眼，无论哪个方向，无论个高个矮，都能清楚看到自己的那个"点"。多年过去，这个装置总是时不时造访我的脑海。

城市雕塑愉悦谁？

城市雕塑愉悦谁？这真是个问题。它是艺术家纯个人的？是愉悦城市决策者的，还是让广大的草根日日见之而会心一笑？

毫无疑问，有的城雕是有实用功能的，比如电影胶片式的装置，那长长的"片"子上就能坐人；即使没有实用功能，也大多有象征意义，像学校里的蓝红绿三色"浪花"，谁说那不是知识海洋里扑腾着的人溅起的？而温馨的"@"那是提醒我们赶紧去网上"冲浪"呢。

可是，一旦雕塑者指责观众"想歪了"，一旦神女与乡间神婆无异，雕塑的审美功能沦为审丑游戏，雕塑当然也就变成了误入观者肚内的"苍蝇"了。

评论：我们需要怎样的城市雕塑？

无论丑城雕海选的结果如何，有一点是确定无疑的，那就是：我们都需要看一眼就能快乐半天的城雕。

为何近年来丑陋的城雕批量出现？我看至少有以下几个方面的原因：一是艺术家的使命感渐渐丢失，创作这种纯艺术、纯感性的事情变得功利起来；二是决策者的不作为、乱作为，在城雕作品酝酿、征集的诸多环节，城市决策者们要么缺位，要么搅局，艺术的规律、城市的底蕴和特点、市民的感受，全被忘却；还有就是城雕的评审专家是否中立、公正、专业。我想，如果真的做到这三点，我们的城市就不会让美感品相很低的"猪"和"婆"在大庭广众面前招摇了。

其实，市民需要的城雕就是要看上去舒服，回到家能常常想起的东西，它们应该是为城市聚气、提神，升品味的，一句话，作为公共艺术的城雕：有味道，合适就好。

编者按：最近，编辑部经常收到市民来信，谈论各地风起云涌的"标志性建筑"，比如酒厂就盖起酒瓶样的大楼，叫"金厦"的就用"￥"做建楼的模子，至于镇政府、区政府干脆就做成"白宫""天安门"。市民说，现在，阿拉真的弄不懂好好的房子为什么都这样一窝蜂地争奇搞怪，为什么非搞什么"标志性"，他们说："房子本来是用来住的、用的，路人看的，而现在的很多楼看上去一点也不美，直叫人起鸡皮疙瘩。"我们将其中一位的来信整理、发表出来，希望能引起关注、警醒和反思——

标志性建筑，别让环境很受伤

"标志性建筑"数过来

这位市民说，最近苏浙两地的"地标性建筑"接连出现，把他雷倒：一幢高大壮硕的"秋裤"，两只"裤管"就这样楞楞地"叉"在一条繁忙的交通干道上，驾车的司机和路过的市民都要"穿"过它的裤裆；南太湖的这一栋，设计者还特意在太湖上布置了不少帆船，据说都是从民间收来的旧船，放在酒店前的湖面上，为这座酒店营造"扬帆出海""渔舟唱晚"的氛围，可是，酒店的造型却被网友们称为"马桶圈"；这样一来，原本灵灵光光的太湖顺着一想，在大家的脑壳里一下子变得污秽难堪，成了说不出口的"马×"了。

看着网友们的调侃，细细琢磨楼宇造型，心里觉得这实在怨不得大家尖酸刻薄。楼宇的造型确实是叫人心里难过，想想北京的"大裤衩"，我们就觉得这些建筑作为环境艺术的组成部分，实在无美感可言；这些建筑里似乎掺进了什么，似乎失去了些什么。"总之，建筑变得复杂了，味道不对了。"这位市民说。

"我爱北京天安门"

"我们这一代，是在跃进年代受教育的。小时候就唱'我爱北京天安门'。"这位市民说，天安门怎么看都舒服，庄严、典雅，看着心里就舒服、就温暖，崇敬的暖流就汩汩地往头顶冒，就觉得天安门美得醉人。后来，上山下乡到了黄山脚下，徽派民居的粉墙黛瓦让我变得简单而安静，让我知道了青山绿水繁花间的黑白世界也很美。

再后来，赶上了改革开放的好时光，我又去看了埃及的金字塔，印度的泰姬陵，法国的卢浮宫、埃菲尔铁塔，看了美国的自由女神像、澳大利亚的悉尼歌剧院，"无论是数千年、数百年的老建筑，还是现在的新建筑，给我的感觉都很舒服，很美"。这位市民说，这些建筑都很安静，不浮不躁不嚣张。而这些年我国比着赛着出现的新建筑，"那些声称'地标性''标志性'的建筑，大都一心搏'出位'，给我们的感觉就是笨手笨脚的小丑马戏"。

<h3 style="text-align:center">"在字典里找定义"</h3>

这位市民坦言，看到的建筑乱象让他困惑，就想着到字典里找"源头"。他翻遍了手头的各种词典，寻找"标志性建筑""标志""地标"的解释。

他说：词典里说，标志性建筑是城市的"名片"，是"所有建筑的主角"；标志是"识别的记号"，地标则是"指某地方具有独特地理特色的建筑物或者自然物"。如此说来，这些秋裤、马桶圈、酒瓶、裤衩之类，用来作为"地标"供人指路是很合适的，但把它们作为城市中所有建筑的"男一号"，作为扬美名的城市名片是不合适的，因为这些建筑看起来实在不美，联想起来还让人胃部不适。

"建筑的基本功能当然是满足阿拉的生活工作需要，然后才是求新求变，但求新求变不能脱离大家的审美口味。"这位市民说，眼下的"标志性建筑"问题让他坠入云里雾中，"希望专家们能够指点迷津"。

观点：标志性建筑，别让环境很受伤

诚如这位市民所言，现在各地风起云涌的标志性建筑确实让看的人很尴尬，比如"秋裤"，让百姓整天在其间钻来钻去，说是"胯下之×"也不为过。

细想想，为何各地争相"标志性建筑"，这种风气甚至已经蔓延到了乡镇？是不是建筑已经不是单纯的建筑，功夫到了"诗"外。如果是这样，建筑自身的规律、特点肯定被忽视，建筑把环境的"睛"点瞎，也就很正常了。

没有哪一座建筑还在脑子里、图纸上、施工中，而因决策者的一厢情愿就有了"标志性"。房子至少要先建起来，好用，看起来很美，让环境变得活了、灵了，才有可能慢慢变成人们脑海里美的符号，成为"家乡"的符号——如外白

马德里标志性建筑——现代之门

渡桥是老上海的符号。现实是，如果设计者逢迎而为，其作品肯定不再是单纯的建筑了……

要知道，任何一座建筑都要经过时间长河的淘洗，最后才会在我们的心里成为永恒的、老家（城市）的"标志"，而一厢情愿的"地标"，往往最后都成了"警标""笑标"。

你有过在地铁里找不到通向地面出口的尴尬吧？你有过在商场里找不到附近车站标识的烦恼吧？我们就见过外国人在中国厕所里看见红色标识而不敢方便的紧张神情——

城市标识，想说爱你不容易

尴尬的情形依然普遍

坦率地说，作为一名城市居民，我觉得近年来大中城市里的标识意识已经长足进步了。比如，盲道的设置、交通信号灯的人性化，医院、商场等大小公共场合的标识都让大家的生活日益方便。

但是，我们还是常常看到繁华的街头不断有人问着明明就在不远处的"馆""园"；车闯了不该闯的灯和线被警察抓住，开车人却一头雾水，说："禁止？""不让转？没见到标识嘛。"看见外国人进了厕所，看见墙上鲜红的警示"创可贴"，红着脸憋着又出来了，因为国际标准中红色代表禁止……我们的城市常常让人迷路、常常让人感觉不便、常常让人尴尬。细想原因，很多都是因为标识。

在境外感受城市标识

因为感觉不便，所以这些年有机会出国，行走在别人的街头就很留意城市标识。

久久地行走在漫长而又庞大广阔的大阪地下街，川流不息的十字路口正中大大的广场上，远远地就看见了一名肩扛水罐的少女"维纳斯"。罐子已不像画里那样流水了，而是满插着宽大的绿叶片，叶子舒展着、斜坠着，扭着倾着，姿态不一，数十米外眼尖的就能看到。走到近处，无论行人身材高矮，一抬头就能知道往哪走。

浓浓的绿叶小区里，路径要紧、显眼处，摆一尊鲜红且很卡通的人脸装置，主意挺不错：远远地就能看到，眼睛、鼻子、嘴巴，像又不像，乐；再看，目的地一目了然，绝不误事；回头，绿叶丛中一片红，心中暖洋洋的。

要不就在地面做一块"即时贴"，上面直接画画，告诉你篮球场在哪，美术馆在哪，公园在哪，商店在哪，你只要顺着上面标明的上下左右位置走就行了；还有，在墙上画一幅毕加索风格的画，大大的红色菱形框中标明方向，朝画面中素净的方向，你就能找到马德里的地铁站。

标识，如何才能爱上你

在日本东京的六本木地区，喜欢自由行的我很少问人，迷惑处就看标识，穿行在六本木大厦、东京中城、日本国立新美术馆，从未迷路，我感觉遍布其中的导向标识发挥的作用功不可没。

细细咀嚼，六本木地区导向标识的形态、大小、位置不但以"人"为考量起点，指路功能强大，而且与环境非常协调。回来后再思考，感觉这里标识的层次极为分明，标识之间的衔接和系统性强悍。

首先，标识以"形"说话，六本木标识的形至少有单柱、双柱形，倾斜向人的、嵌在地面和飞在墙上的，还有卡通、象形、搞萌、小清新等各种艺术型的，形态丰富而生动，绝不单调乏味。再者，为何我们行走中总能很容易就看到标识？仔细琢磨这些标识发现，这里的导向标识放置的位置、高度、角度、姿态，标识的材质、颜色、字体大小，事先一定经过反复模拟试验才确定下来，如视野范围、遮挡避让等等都事先想到了，所以我们才能轻易看到，清晰阅读，绝不迷茫。

见贤而思齐，真希望在我们生活的城市早日看到这类人性、方便、养眼的标识，让我们走到哪里都觉着被关爱，被美的东西熏陶。

评论：请激活城市艺术"细胞"

认识一座城市，应从标识开始，因为它是城市里随处可见的艺术"活力细胞"。

大家都知道，标识的基本功能是指路。可是，在我们的城市里，有多少标识起不到这个作用？更有甚者，标识为人指错路、指迷路的呢？

再者，标识能人性化地指路。像六本木那样，人需要时它就出现，恰恰好出现在你停下脚步迷茫的地方。要人性化，功夫就要下得更深了。还有要求更高的，标识与环境相得益彰，像获得国际大奖"花园里的鱼"那样的中国作品，让人养眼、感觉很舒服的"万绿一点红"，城市标识真的就很艺术，拉着城市上品味了。

大家都知道，我国有70余种"标准"涉标，但相比国际标识协会已办了66年标识艺术展而言，我国的标识目前依然没有作为一门独立的艺术门类，标识艺术创作的路还很长。要追赶，可否在高校设标识设计专业，在全国成立行业协会，定期开展此类交流和展出活动，越早越好。只有这样，才能让城市的标识艺术"细胞"靓丽起来。

巴塞罗那接头标识，钢圈成了地标

话题缘起： 如果你在闻名遐迩的国际展览中心前看到"一线品牌"的包包，很休闲的样子，配上古铜质感、泛着肉红色的提带，西装革履走出写字楼的你是否想来一段"城市Style"？行走在城市里，环境装置在大都市里是个什么状态？装置艺术对中国城市环境艺术的发展有何影响？对于设计之都呢，加分还是减分？

是环境配角也得艺术出彩

眼前的这些装置都是淘来的，虽然他们的"真身"现在依然散处世界各个角落，但在这里汇于一版却让我们怎么也平静不下来。"正装肃静"的写字楼前，放几块流行的土黄色、乡野的、闪亮的石头，用铜作纽带，一只时尚的休闲包就成了，路人看了只想拎进楼内的商场买东西；写字楼里出来的"精"们，看见它了，心情立刻松弛下来，望一眼，眼前的水池里芦花荻荻、水泛涟漪，漫漫碎银翻欲飞。

还有，从地下钻出来，骨感而穿越的灰管子，神秘得叫人浮想；甲壳虫模样，圆脑袋、肥屁股，卡通得叫人只想跟着一块儿爬。于是，躺在暖暖冬日草地上的你，看着管子便心生："莫不是21日飞向法国比加哈什山的飞行器经停这里？"

充满巧思的石头包包

在设计之都中，作为环境艺术重要组成部分的装置现状其实很不乐观。虽然这些年在街头巷尾，看到的小物件——装置作品渐渐多了起来，像淮海路上一家商场墙上的灯光秀装置就颇能吸引夜行人们的眼球。

但现实是，我们街头的装置，具象模仿的多，抽象过头的多，恰恰好的少。何谓恰恰好？就是指既不是特具象地模仿小猫小狗，也不是插根棍就说是"天路"，放个旧轮胎说是"时光"那样的不着边、不着调，而是巧妙地用有腔调的形态拨动市民想象力的弦，供大伙儿一乐呵，如果能吸引着大伙停下步，眯眼，嘴角上翘，然后会心一点头、张嘴一大笑，说："有才！"那你的装置为大家洒下的就是"一路阳光一路歌"了。

观点：小角色 大戏份

装置，从它出现的那天起，就是要打破传统艺术门类的界限和定位，绘画、雕塑、建筑、音乐、诗歌，甚至声光电的人为藩篱，它们都试图打破，而且，装置艺术从那位法国邮差（19世纪末，这位邮差以水泥、石头和贝壳，用20余年业余时间，修建了造型怪异的"理想宫殿"，被英国艺术批评家尼古拉·德·奥利维拉称为"装置艺术的鼻祖"）开始，就试图把观众"置身其中"作为追求、让大家一起来体会艺术家的才情和喜怒哀乐，甚至观众的视觉、味觉、触觉、嗅觉，都是装置艺术作品的"言内之意"。

设计之都内容丰富、涵盖面极广，装置艺术只能算是其中的一个配角。按照联合国的约定，设计之都城市至少应该包括设计行业、设计学校和设计研究中心、创意和设计的运作群体在当地或国内的可持续活动、设计展会、设计推动的创意产业，等等。可是谁能说，当你的城市细节有着艺术灵动，人们常常因这些装置而驻足，而会心一笑，正所谓小细节里有大乾坤，小角色里有大戏份呢！

设计之都，不能缺了应大大丰富的、亲民悦民的装置艺术。

　　"创意""设计"两词近来大热，和"生态文明""环境友好""可持续发展"的热乎劲儿一起，成为大中城市纷纷起而追逐的时尚词汇。创意和设计，各地首先想到的当然就是弄个工坊，搞个园区，或者旧街区改造直接奔"×号桥"和"×天地"而去，但名为"创意设计"，可园区里空空如也，大多也让走进去的人感觉怪怪的，工业废弃物是文明进程的组成部分，是记忆中的"老时光"，理应是设计之都的重要内容之一，因为——

有它，设计之都底气圆融

有话要对"创意名城"说

　　近日传来，2012中国城市榜名单揭晓，上海、北京、深圳、成都、广州等获得全球网民推荐的"最中国创意名城"称号。当然是好事，但我们不知道，这个评选的具体内容要素如何，是否包括工业废弃物的再生利用和艺术化设计？

　　我们都知道，随着大家对生活品质要求的提高，冒着滚滚浓烟的工厂与居民区、商业区共处的局面不复可能，于是搬迁后的旧厂房就成为了一个又一个的创意园区，当然好：厂房、烟囱都还在，老老的红砖、高高的烟囱，归来的游子、夜归的儿孙"看见它就到家了"。

　　可是，我们看到的设计创意城不少却不尽如人意，空空地只见修葺一新的房子，房子里的"胎记"却已全无，这里原来是干什么的？纺织、造车、炼钢？大多只能从"介绍""指南"中依稀窥见"前世"的一鳞半爪了，实在而温暖的具象符号——老物件没有了。

废弃物，艺术创意无极限

　　废弃的一次性筷子、盘子丢了？可惜了。看看我们艺术学院的学生们把它做成了什么。把它做成钟表——筷子做指针，盘子做表盘，把物质的浪费和时间联系在一起，提醒人们：这种无限度的浪费和消耗的最终结局是什么？就像日食的时候，无光的月亮逐渐吞噬了红日，白色的垃圾会吞没整个地球的。还有废旧的皮鞋，贴上头花、绒布，结上钢丝网、破玻璃瓶、假睫毛，鞋内放上塑料瓶，买些花来插上，哪里看得出来是旧鞋子，分明时尚浪漫、温馨而诗意浓浓。学生们说："废弃物的艺术化利用，一举而四得：减少环境污染、缓解资源危机、节省垃圾处理费用，加上美化生活。"

厂里的旧钢圈、旧支架，甚至螺丝帽、旧砂轮，粘起来，变成了"变形金刚""未来战士"，往新生的园区门前一放，厂子的历史感、文脉都有了，老职工看到，想起的是峥嵘岁月；年轻人看到，是一切皆有可能；娃娃看到，是"太空战警"；还有巨大的蒸汽机"墙"、酷酷的锉床酷酷的钳子，硕大得有些夸张，为它们刷上油漆，让它们在曾经挥汗如雨的厂子前"列队"站岗，阳光下便又风采依然。

铁卫士，用废弃物做的

设计之都，别忘了他们

设计之都，固然要灵感飞动的斑斓创意，当然需要"古董"级的黛瓦、灰砖、石板街，但仅有这些还不够，灵感创意也要有工业废弃物的一席。

说"废弃物"，不对，应该说"旧物"再利用。一只灯泡、一片风扇叶、一顶灯罩、一个灯座，等等，他们的使用功能消褪了，旧了，再次吹响集合号，将他们置于某处建筑物的房顶，一朵硕大富贵的"牡丹图"就成了，还是品种稀贵的白牡丹呢！

创意已现已成为设计之都的自觉行为，多么希望把"旧物"的艺术化再生也作为设计之都的必修课，因为仅有空壳的所在不能叫血脉充盈的"都"的。都者，汇也，人汇、智汇、艺思汇方能繁华美好。没有养料来源的"都"自然会"贫血"，作为都会血脉养料的旧物件，让他们绽放出艺术的熠熠光辉，设计之都肯定会血气充盈、神采斐然。

观点：设计之都，请为他们虚席

虽然设计、创意"园""桥""坊"仿佛一夜春笋，争相绽放，但真正人气旺旺、品位上格者又有几何？我不敢说，类似上海田子坊、8号桥、1933等创意园区，当然如雷贯耳、名头响响。可是细细想来，我们城市中创意园区里充满着的是什么？艺术家、设计家，不时的展览、经常的沙龙，还是酒吧、餐馆、展销会？如果是后者，则是园区依稀成商场，创意则溜之乎也了。

不是说，"桥"、园区里不该有商业和餐饮，但主业为何，必须要问。很遗憾，如果统计一下，我们大中城市里有多少"羊头狗肉"的园区？设计之都就是一个又一个设计创意富集区的叠加产生几何效应的结果，园区除了房子和时尚外，更多的是需要充满智慧的创意设计者，他们点石成金，把过去的一切"老物件"都变成今天大家共赏的艺术品，"抢"

它们都是废弃的材料做的

了我们的眼球，"撞"了我们的心，然后我们的日子就填满快乐、写满美好。这样，设计之都就不仅仅是外壳华丽、名头招摇了。

说起眼镜，我们的脑海里首先跳出的大概多是花样百出的太阳镜、款式新颖的各种材质和用途的眼镜，都会说："大牌的眼镜都是外国的。"可是我们要说："中国宋朝的眼镜款式今天还很时髦。"你信吗？

时尚：老老的眼镜立潮头

各领风骚三两月？

时尚，各领风骚三两月？即便如此，在今天已经很是不易了，因为我们所处的世界时尚的风向转得实在是太快了！各种时髦的东西，犹如过江之鲫已是不争，因为大家的注意力转移得快，因为我们的欣赏口味变换得犹如狂舞的龙灯。

可是静下心来想一想，除了这些，时尚的内涵浅而薄是否为一大原因？好东西是要时间孕育的，不能像快餐那样立等可取。有谁听说"女儿红"一两年就酿成的？

宋朝的眼镜，今天依然酷酷的

眼睛博物馆里，最让我们着迷的就是这副宋朝的眼镜了：借着灯光的烘托，木制的镜框泛出鱼肚白，余下的框圈依然漆黑，两只镜框就这样深沉静穆地并排立着，拖着千年的长须。那镜片通明透亮，有若似无，什么材质做的？说不上来，行家若知道，望告知。不过，仔细观察，镜片与镜框接口处，脏脏的，验证了这镜片质地肯定优良，使用它的肯定不是一般百姓，要不然能传上千年？你说呢。

万历年间（1573—1620）的这副眼镜，镜框铜制，眼镜整体轻巧了许多，工艺也成熟了许多；你看那挂耳的圆片，多特别，与今天的款式大不同，戴这副眼镜的人一定满腹经纶；再看看这副，铜件的铆钉、弯钩、铜环，无框的款式，也是万历那时候的，这眼镜搁在今天，你能说不酷？！

眼镜馆，也是科普馆

眼镜馆里，明代万历时的玳瑁直腿眼镜、古老的西洋镜、老字号吴良材八边型眼镜……这里是眼镜的海洋。

《假如给我三天光明》、哪些食物有利于眼睛健康、眼镜王国寻宝记；"江苏一座汉墓中发现了一只小巧玲珑、金光灿灿而又晶莹剔透的金属嵌水晶放大镜，该镜直径1.3厘米，全重2.3克，可放大物体4—5倍。据考证，该墓是东汉光武帝儿子刘荆之墓……"博物馆也是科普馆呢，上面介绍的都是馆内的科普节目，尤其适合发育成长阶段的青少年们前往；它的地址是"上海市闸北区宝昌路533号"，5元钱的门票说不定就改变孩子的一生。

明万历年间、清眼镜型式，直腿铜制

编者按： 前不久，设计之都上海市为30家企业颁发设计创新示范企业奖牌，意在表彰它们在汽车、服装、电源、首饰、化妆品、数码等领域的创意设计成绩。元旦前夕，我们到一家博物馆参观，一幅幅漫画成为了馆内的微型雕塑装置，一个个动画中的故事情节成了馆内的一幕幕场景，街头巷尾，一件件妙趣横生的创意之作拽着我们的脚步。看着这些生鲜有趣的作品——

设计之都，多一些跨界创意

我们看到的跨界创意

先讲我们博物馆中看到的情景，蜘蛛侠从天而降，身后的大楼纷纷开裂，

美国式济世救民英雄轰然出
世，这原本是动漫中的故事
情节，但那情景就出现在动
漫馆的门脸前，原本是漫画
中的三毛、孙悟空等，还有
漫画家丰子恺、华君武、黄

漫画家手中的笔成为上海动漫博物馆的大型装置

永玉、张乐平、方成、丁聪都一一亮相于此，他们的手模在橱窗里正等你一一指
认呢；从30家获奖创意企业名单中，我们同样读出了这些企业走出了自己的"一
亩三分地"，用新颖别致的创意设计从竞争激烈的市场中抢得先机。

他们都做了跨界创意的事，于是我们在展馆外就看到了外形动漫、造型酷帅
的力士。馆内，这种融合了声光电、雕塑、装置，各种平面表达手段的创意形象
比比皆是。工业产品在设计、宣传上，借助驰骋的想象力、各种创意手段、缤纷
的材料，最终让自己的产品时尚、优雅。

关键是要让脑筋急转弯

跨界创意在当今的设计实践中取得的成绩不错，但冷静观察后我们觉得似乎
还缺点啥。

其实，创意设计与我们日常生活的每一个细节都是密切联系的。在创意之
都伦敦坐火车，一只小小的咖啡杯上面的文字不禁让我们会心一笑："我很热辣
（Hot），请轻吻我。""别随便抛弃我。"看到这样的话语，我们自然小口慢饮，
细细端详着活泼跳舞着的文字，我们的眼睛被灵动拨弄着，心中被温暖填得满满。

这种"脑筋转弯处的风景"在伦敦随处可见。毛衣可能是祖母留下的，但一
定弄到好穿好看，二手市场上的各种杂货大柜子、小汽车，直到锅碗瓢盆针头线
脑，件件创意十足、颇有赏头，走着走着就忍不住停下脚步观看，心里想着：怪
不得"人民的想象力是我国最重要的资源"被写进了英国的国情咨文；怪不得自
撒切尔政府以来，电影电视、印刷出版、广告设计、IT数码、动漫设计等十三
大类大创意产业，经过三十年的发展，在英国成为仅次于金融业的第二大产业。

让创意走出江湖、走向民间

艺术原本没有门类的区隔和界限，但因为近现代以来艺术门类的不断细分，
以至于今天它们之间已经山重水远，门户森严。于是，创意设计也就跟着有了江
湖，有了门派。

想想我们的祖先，《诗经》中的每一首诗都是歌之唱之、手之舞之、足之蹈

之的，不像今天诗人是诗人，作曲是作曲，舞蹈是舞蹈的。创意，就是要让想象力充满我们的脑细胞，填满我们的每一根神经，让创意走出江湖、走出门限，走到自由融合的缤纷世界。

其实，我们生活的城市、乡村，百姓民间都蕴藏着丰富活跃的创意矿藏，每个地方都是大家展示创意的舞台，创意设计往往就是他们的即兴表演。要知道，在你我的周围，民间蕴藏了无穷的创意智慧，发现他们、聚焦他们、放大他们，创意设计的产物就会变成一件件叫人爱不释手的宝贝。

创意，设计之都要做的就是要让创意走出门限，走向民间。

观点：跨界创意，邀请民间智慧

观察英国的创意设计走向成功的路，我们想，与中国创意产业倚重专门人才相比，英国所走的创意设计道路则宽得多。短短二三十年，工业革命兴起之国就成功转了型，创意塞满了伦敦及英国众多城市和乡村。

党的十八大已将文化创意产业作为未来支柱产业之一，设计之都自然先行先试。但如何行，如何试？除了每位设计师要抓住脑子里每个倏忽闪过的创意火花，擅长脑筋急转弯式思维。更为重要的是，我们还应该把蕴藏在民间的创意热力开发出来，让民间创意的激情成为熊熊的火把，众人拾柴自然火焰就高。

否则，创意的园子好圈，设计的人才有限，创意设计之都难免会捉襟见肘，所以我们倡议：举办民间创意大赛如何？

文化互动看设计美感

有多少设计悖了"设计母音"？

设计，如何文化？这确实是个问题，尊老是中华民族的优秀传统，也有着深厚的民间土壤，照理说，艺术工作者开发此类题材应该天地广阔，但为何以艺术形式彰显"孝"文化的作品鲜有上佳者？是因为，艺术工作者们没有真正吃透"孝"的内涵，所以，才出现了两人（大约是晚辈）抬着赤身老人尿尿的尴尬事发生。中国的"孝"文化、中国传统文化含蓄而蕴藉，必须吃透，吃透而会心一笑，我们的作品里才可能浸润弥满"文化母音"而意蕴天成。

公共艺术品中，还有一种更为浅薄的"附会文化"。在一些地方看雕塑、看装置、看画展，常常听到介绍，高××米表示什么，宽××米表示什么，左上的5朵花代表什么，下面的×块石头表示什么；雕塑高××米是纪念某年某月某日生，底座高××米是纪念享寿多少，

表现田园生活的作品《稻草人》，用玻璃取代织物，有文化构思技术巧妙之感

浪花是代表他走过的曲折人生路，如此等等。这种"附会文化"是另一种典型的没文化，因为让艺术形式成为注释的符号，注释意义的生硬符号，作品形式的根本旨归——"看上去很美"就丢失了，附会文化真的就没文化了！

丑陋的艺术显露了审美趋向

2012年的丑陋雕塑散布在全国各地，武汉的"生命"、重庆的"记忆山城"和"美女入浴"、昆明"灵魂出窍"、北京的"望京欢迎您"、桂林的"扶老"、郑州的"小猪雕像"、赣州的"十龙聚龟"等等，比拼网友们的选票最后"脱颖而出"的十大丑陋，一定程度上反映了审美的民意趋向，说明你我看到这些雕塑都太那个啥了。

应该指出的是，网友们大都是年轻人，他们大都受过良好的教育，具备一定的欣赏能力和审美能力，为何他们从许多丑陋雕塑中独独选出这十尊？经过数星期的仔细琢磨后我们发现这些作品都有一个共同的特征，都是"没有文化的所谓文化设计"。

什么意思？乍一看，用树枝、不锈钢"鸟蛋"搭就的"生命"鸟窝，怪有象征意义，放在绿树丛中颇能吸引"小鸟"前来模仿而筑巢，物以类聚嘛！但是，稍一想，这种"象征"过于原始和初级；还有"美女入浴"，且不说"赤裸着"章子怡是否会惹来官司，但肯定是不太符合中国老少爷们的习惯，说不定带着孩子的家长们走到这里还会捂住小孩的眼睛的：借助娱乐明星来招摇，顶多也就能算八卦一把"文化"！还有，直接抄袭上海世博"中国馆"意象的，还辩说不是；题为"扶老"，就让老人赤身露体，这种"孝"法，实在是与传统文化的内敛含蓄南辕北辙。

从玻璃博物馆看文化互动

最近去看了宝山区玻璃博物馆，被设计者对展览文化、玻璃文化及艺术的理解所深深打动。玻璃、镜子、光滑、铸造、工艺、熔融、温度、艺术，设计者在考察全球数十家博物馆后，在吃透了玻璃的特性和光怪陆离变幻万千的玻璃文化后，在这间玻璃老厂房改建的展馆中，设计者融进了古埃及的神秘容器、英国的酒杯，中国唐代的器皿、清代的花瓶，一直到巨大的LED走灯，玻璃的历史、文化，甚至展馆的老厂房在这里都化作了各种玻璃展示艺术，装置、雕塑、绘画墙，当然还有各种灯光的运用，这里的空间是互动而开放的。

在这里，如果你有兴趣，可以亲自体验一回"玻璃诞生记"。

玻璃有历史，玻璃需要光，就像人离不开光和水一样。锋利的玻璃遇到似火热情就"心太软"，所有关于玻璃的文化，在这里都有艺术而又直观的体现，这样的设计艺术就有文化，就是被深厚的文化滋养而泼剌剌开出的艺术之花。

评论：如何有文化

不可否认，现在的设计有文化的不多，而现在的设计师文化底蕴深厚的更少。且不说有多少是饱学之士，就说今天从业的设计师们有多少在大学里还上语文课、历史课、人文课？多乎哉，真不多也！

我不敢去问那位"扶老"的雕塑者知不知道中国"孝"文化有多深的水、多厚的民间基础，有多少习俗和禁忌，有多久的传统，这些传统优势如何一步步成长起来并成为国人观念和行为尺度的；我们只想问，如果他连24孝都说不全，就去雕一尊"扶老"像，不出这样的洋相那才叫怪事！更何况，这种注释图解式、喜感颇强的创作，较为直白地侮辱了我们的审美能力。设计者们，真的要好生读书！

让设计创作者有文化，教育当然要先行，所以我们十分赞成有条件的大学在古建筑专业研究生中开设"建筑文献"课，我们还希望在现今严重偏工程、偏技术图纸的艺术类本科专业中也开设古文课，而这也正是"文化强国"建设必须补上的重要一课。因为，要有文化强国，必须先有"文化强人"，而作为中国人，英文课是不应该比中文课课时安排还长的！

但面对更残酷的现实是，现在数量庞大的设计队伍，缺的就是中国文化课，所以我们建议在制度安排上，要在每件设计稿出来前，补上"文化"课，中外传统文化、建筑设计文化、审美文化，尤其是中国历史文化课。还有，在设计作品出炉时，还要有文史专家的签名并问责的制度。

设计是马，文化是缰。缰绳紧松合适，马才能奔驰千里。同理，艺术作品被传统文化土壤深深滋润，方能并灼灼鲜美地开放，合适合宜合心。

新闻背景： 2012年，中国建筑设计界的好消息不少，先是中国人王澍拿了号称世界建筑诺贝尔奖——普利兹克奖；年底时，以"建筑的社会意义和人文关怀"为评奖标准的中国建筑传媒奖产出"双黄蛋"，大陆设计师李虎的歌华营地、台湾设计师黄声远的罗东文化工场获奖。

随性"丝瓜棚" 铁打"田中央"
——中国建筑传媒奖产出艺术"双黄蛋"的思考

特别介绍一下黄声远。宝岛台湾的台北宜兰县，有一群建筑艺术工作者（领导者是黄声远）组成了一家名叫"田中央"的设计事务所，17年来，他们规划设计作品遍及宜兰大小城市的街头巷尾。其中有一个项目叫"罗东第二文化中心（也叫罗东文化工场）"，建造的历程漫长而曲折，

黄声远设计的罗东文化工场的标志性建筑——被当地居民亲切称为"丝瓜棚"

建成后，当地居民亲切地称之为"丝瓜棚"。

亲身体会民意，表现细节关怀

都知道丝棚瓜吧，田埂上、地角边，乃至房前屋后的棚架上，只要洒下种子，他就会"嘭嘭嘭"无声地随意地长，不用一两个月，藤就爬满了足迹所到处的草树花木，这些地方随心随意就成了绿荫如盖、如胶似漆的"一家"了。奥秘在于：你事先并不知道它要往哪里长，它随性，它自在，它寓设计于"无为"之中。2012年中国建筑传媒奖获得者黄声远就是这样的"丝瓜棚建筑师"。

建筑设计专业出身，游学、实践经历丰富，最终黄声远回到了台湾，在老家宜兰创办"田中央"建筑设计事务所。他带着"田中央"的同仁们天天和当地居民打成一片，居民说"把路变窄一些就好，这样大家碰见了可以说话"，居民还说"把照明的路灯调暗一点，这样青蛙就能自在地鸣叫，鸟儿就可以好好睡觉了"，居民还说"老东西要留下来，它是我们记忆的一部分"。于是，黄声远在与赤脚的农民拉呱，在稻田中央开方案会，这些好主意都进了他的设计图纸里。这样，17年里，"田中央"的建造设计延伸到小城的历史遗产改造、河流整治、城市规划等活动里，当然也包括马路街角处旧枕木搭的花坛，黄声远也因此被戏称为"赤脚建筑师"。

黄声远说："亲身体会后再来设计，不是肩负使命感，而是充满生活细节的关怀。"他还说："'丝瓜棚（即照片中的罗东文化工场）'是自由的，没有谁说了算，有着模糊的创作边界，他可以根据民众的需求长出不同的形态，变得千姿百态。"

模糊建筑界限，让空间有弹性

每天，"田中央"的设计者们上午大都会到河边游泳，然后到街边小店喝咖啡、发呆，然后再回"田中央"吃大锅饭，"如果没吃饱再去小店补个餐，才开始工作"。闲散而自由的黄声远要做的是从生活细节往上构架自由"田园"城市，他说田园城市才不会让城市一直膨胀，自由的城市可以让小孩安全地骑车，自由的城市里以前发生过的故事以后还都找得到痕迹。

正巧赶上宜兰"文化立县"，于是就有了"罗东第二文化中心（如图）"项目，设计者的初衷是要模糊建筑的界限，让空间更有弹性、更有想象力，但房子没有墙，屋子没有窗，只剩下飘飘如"荷叶舟"样子的一片屋顶，让县官、县里的文化局长们很是别扭，"这哪叫屋！"可是，黄声远他们软磨硬泡，就是不改。软磨硬泡了14年，县长换了3任、局长换了7任，文化工场图纸里的"丝瓜棚"

还是年复一年执着而顽强地飘着两片"叶儿",所以当地流传着"铁打的'田中央'流水的县当局"的民谚。

最后,罗东文化工场——"丝瓜棚"建成了,成了居民们人人爱来溜达集会的空地,成了建筑创作中的艺术"留白"。丝瓜棚与众不同的钢构设计,宛如太空舱的天空艺廊。2012 年的台湾金马奖也相中了这里,当地媒体评价"创意建筑与电影文化擦出的火花令人期待"。

黄声远的坚持,让我们联想起王澍,他常年用各地收集来的旧砖瓦造房子,还拥有自己的施工队,还在 2010 年上海世博园里造了"滕头村",因为这样的房子不好造,得技术娴熟、细工慢活。于是,也有很多人批评他,给他提建议,王澍采取的对策是"虚心接受,坚决不改",与黄声远的坚持异曲同工、如出一辙。正因为如此,他们的设计魅力就像成年花雕酒,慢慢地从里到外地散发幽幽淡淡的香气,最终获奖。

建筑设计概念,因态度而艺术

观察王澍、黄声远、李虎的设计作品,琢磨着他们为什么能获得奖励,"原来他们都在设计中模糊了一些东西"。王澍把江南地区的历史与今天的界限模糊了,他用宋元明清的砖瓦来造我们日用的房屋,把我们的孩子送到这样的房子里接受高等教育——那就是中国美院象山校区。

黄声远模糊了建筑的功能区隔,一块"丝瓜棚"其实就是一场环境改造运动,设计师们不赶什么潮流,而是持续地熟悉和关注自己周围的生活环境并秉着持续设计的态度,所以黄声远说:"我们不要先行的概念,从熟悉的事物出发,最近几年,我们不断地在拆东西、留空间,把本来要被建设填满的地块,变成可以弹性使用的空白空间。"

李虎的歌华营地也一样。2 300 平方米的营地要让在这里学习、体验的青少年看到一个关于建筑与自然、建筑与人关系的当代阐释,即建筑是如何处理场地、材料、当地文脉以及能源节约的问题。歌华营地包括了剧场、大型活动空间、DIY 空间、咖啡屋、书屋、小型音乐厅、大师工作室、VIP 室等复杂功能。"比如体验中心一个

李虎的歌华营地

120 席位的小剧场，既可承担专业的高水平演出，它舞台后的两层大型折叠门，可以分别或同时打开，将室外庭院纳入剧场空间。"李虎说，设计的态度对路了，歌华营地的表演和观看就有了无数全新的可能。比如京剧可以从室内演到室外，内层白色的折叠门可以做超大型露天电影的屏幕，演出可以同时从室内室外观看等等，"一个空间轻易就变身三个空间"。还有屋中间的庭院，它采用的是四合院意象，展现的是四季的景观，一变身就成了多功能厅演出的观众席。建筑屋顶为绿化和各种各样的青少年活动场地，"每一个空间都不是单一功能的"。李虎说。

话题缘起：模仿还是抄袭，这是个问题。近年来，建筑设计、公共艺术的抄袭问题一直是缠绕在中国创意产业领域上空的乌云，朗香教堂本是法国浮日山区的一座教堂，建筑大师勒·柯布西耶的代表作，被郑州抄袭，后在人家抗议声中被迫拆毁；北京望京的"银峰"SOHO被重庆复制、广东的"哈尔斯塔特小镇（母本在瑞士）"，广州白云的雕塑"人生之环（80%以上抄自挪威奥斯陆公园'人生之环'雕塑）"，等等。英国《卫报》今年1月7日发表"中国的抄袭文化对建筑意味着什么"的文章，直言批评。

模仿，你怎么看？
——关于艺术模仿与抄袭的思考

西班牙也有一座"水晶宫"
大家都知道第一届奥运会在伦敦海德公园的水晶宫里举办，但随后这座璀璨华丽的水晶宫就被人买走。晚清的时候，中国人王韬在伦敦郊区看到的水晶宫依然"广厦崇旈，逶迤联翩，雾阁云窗，缥缈天外"。玻璃巨室的墙壁"砖瓦榱桷，窗牖栏槛，悉玻璃也；目光注射，一片精莹"。用今天的话来说，就是豪华大屋气势恢宏连绵而来，屋宇就像仙宫玉宇，建造常用的砖瓦、木椽、窗户、栏杆在这里都用玻璃代替了。水晶宫是工业革命以来"功能主义"建筑的代表作。

1887年，西班牙也要举办博览会了，西班牙人也在园区建了一座水晶宫，宫殿式的房屋用的也是铸铁和玻璃，模仿的就是伦敦的水晶宫。有评论说："在那个玻璃还是奢侈品的时代，用玻璃盖起一个宫殿是非常奢华的举动。"

如今，西班牙的水晶宫也成了当地的地标性建筑，成为人类不可多得的艺术遗产了。

张大千、黄永玉的艺术实践

不仅建筑艺术和公共艺术界，绘画领域此类模仿者亦不乏大家，如张大千、黄永玉。

有媒体直接就用"张大千：模仿最成功的画家"为题叙述他的模仿生涯，张大千的画技被徐悲鸿称为五百年来第一人，他的模仿也到了以假乱真的地步。研究一下他的履历就会发现，四十岁之前漫长的岁月里，张大千细心地描摹石涛、徐渭，以至宋元各家的传世之作，甚至在兵荒马乱的岁月里，在了无人烟的敦煌，模仿壁画，时间长达近三年，最后，他出师了。

有评论称，张大千的模仿往往融合两家或更多名家的风格意境，从不依样画葫芦，从不拘泥笔法的皴染勾勒。就如他的《仿王蒙青卞隐居图》，没有一笔一笔地去模仿，而是在构图的章法安排、笔墨的疏密浓淡、光影之明暗对比、布局之走向、设色之浓淡上，细心致力，创造出的是一种别样的风韵，所谓神似。

亨利·豪里达的《但丁与贝特丽丝邂逅》描写的是但丁与贝特丽丝相遇并一见钟情的情景，画面阳光而浪漫，但画家黄永玉用相同的图式把三名美丽的女子改画成倾谈嬉戏的三名肥女，把站在桥头的但丁改成仅穿一条裤衩、叼着烟斗的自己，以此戏说自己当年的感情境况。两图相比，情景令人忍俊不禁。论者说："先生移用一些名句或名画再创作去表达一种认同或另作趣解的作品并不少见。"

黄永玉借别人的图说自己的事，此又是模仿的另一途，艺术在此别开另一洞天。

艺术理论中有"模仿说"

模仿，《现代汉语词典》中的解释是："照某种现成的样子学着做。"模仿是人的天性，是人学习能力的体现。

模仿是艺术实践活动的重要内容之一。产生于古希腊时期的"模仿说"在欧洲文学史上历经千年而不衰，亚里斯多德说："艺术创造是每个人类个体都具有的能力，因此'人人都是艺术家'。""模仿是人产生快感的源泉。"他还指出，"艺术模仿不只是对实在世界进行复制和抄录，而是在自然事物基础上的自由创造。""模仿说"成为欧洲文学史上千年不衰的创作原则。

当今社会，模仿可谓是随处可见，最有名的当然就是"模仿秀"了。

其实，艺术理论领域的"模仿"与现实中大家同声讨伐的"模仿"是有本质区别的。现实生活中遭人谴责的模仿，其实叫"抄袭"。历数西班牙、张大千、黄永玉乃至"模仿秀"，这些案例都在说"模仿是创造之母，抄袭是创造之墓"。

观点：驱逐"抄袭"

抄袭，《现代汉语词典》上解释："把别人的作品或语句抄来当成自己的。"稍作比较就会发现，它与"模仿"的含义是有天壤之别的。

模仿，无论是西班牙的水晶宫，还是张大千、黄永玉的画作，其实再造的都是原作的"精气神"，转化出的都是自己的新境界。如果说，西班牙的水晶宫功能化倾向还在，但我们从中看到的更多是这栋建筑的装饰美感、宫廷风格；而张大千直接被很多人称为"造假高手"，但有谁说他抄袭？因为他看山形、听松涛，师法自然，因为他模仿然后融会而贯通之，于是他受徐悲鸿盛赞；黄永玉呢，看他那画，再看原作，你定会会心一笑：诙谐、自嘲，还略带一点荒诞，全无了原作的"风度"，活脱脱一个顽童——黄永玉。

不要在中国看到"埃菲尔铁塔"，不要在华西村看到"故宫"，这些"山寨"让人闹心：驱走抄袭，迎来脱胎换骨式的再创造——模仿。

话题缘起：今年怎么过春节？当然是走出国门旅游。我们选择了历史上的今天——柬埔寨的吴哥窟，这神秘的宗庙建筑被列入世界文化遗产。在那里，我们被震撼了！"精彩绝伦"都不足以形容那些建筑物散发出来的艺术魅力。可是，我们常常也为游客太多而无法近距离观看那些精美的浮雕而遗憾。由此联想到中国也有世界文化遗产地只重旅游不重保护而被警告的事实，不禁为这些人类艺术精华的处境而担忧。

以艺术之名让她们休息

壹

作为世界上最大的、最著名的宗庙建筑精品，吴哥窟约建于 1150 年，是高棉王国境内千百个宗教建筑之一。有意思的是，吴哥窟神秘失踪了四百年，19 世纪中叶被发现后，大热。1992 年成为世界文化遗产，接着就被联合国教科文组织警告，于是德国、日本、中国的专家纷纷前去抢救。

巴戎寺建筑形式复杂，有人把它比作"人用手塑造和雕刻出的一座山峰"

被抢救回来的吴哥窟焕发出迷人的魅力：五座手法高超的石塔严谨均匀地排列构成传说中的须弥山，建筑群里随处可见的雕塑、画廊，虽然沧桑却不掩尊贵和精致。那塔，大塔在中间，小塔在四周，哪个角度你放眼一望，她都是天堂你都是仙；那画廊，数十根立柱，一字排开，仿佛跳跃的琴键，多来米法索拉西，流出的就是美妙的音乐。就连那层层叠叠的高耸台基，来历都很神奇，专家们说源头在希腊，传入了印度，但其精品却在柬埔寨这片神奇的热带雨林里。在吴哥窟，你不经意间一抬头，说不定就发现眼前的建筑刚才看过，不错，就在你背后呢，回头看看，喏，就在那儿。这种手法专业名词叫"镜像对称"，其实通俗的说法就是"照镜子"。

可是，这里最精美的浮雕就只能远观了，哪怕是东方维纳斯——手舞足蹈的仕女（阿帕莎拉）浮雕，游人太多了，怕损坏，就用绳子拦起来了。吴哥窟成为世界文化遗产后的1994年，一年只有区区7 000游客，而现在年均超过150万人次。

贰

游吴哥窟，我们心中立刻浮现2012年的国庆，故宫、长城、布达拉宫、平遥古城等等，哪一处世界文化遗产地，不是只见人头不见景！就连电视画面里播出的、攒动的人头也把我们"挤"得心惊肉跳。当旅游成为世遗不堪承受之重时，我们该怎么办？

敦煌的女儿——樊锦诗（敦煌研究院院长）坦言，敦煌这样一座艺术宝库，洞穴大的才20平方米，小的才几平方米，游客增多，洞内温度、湿度、二氧化碳就跟着不断变化，都会影响壁画和洞窟。"十年前的壁画照片和现在比，颜色、形态都有细微的变化。"樊锦诗告诉我们，敦煌最佳接待量是每天3 000人，但现在超过了。于是，在每个洞内安装了当今世界上最先进的传感器，洞窟内的数据一旦超标，马上关闭，让洞窟能够得到休息。"世界就一个敦煌，她首先是艺术宝库、文化遗产，要让子孙后代能看到，就要先想尽办法保护。"

叁

如潮的游客塞满各个世遗地，这是个世界性的难题。我们在呼吁游客倍加爱惜人类共同的、独一无二但又极脆弱的艺术精品的同时，其实还可以运用技术、艺术手段做很多。

据了解，敦煌目前正在进行的"数字敦煌"，高科技手段就成为艺术敦煌保护的利器。球幕、三维图像技术正在大展拳脚。拍摄所用的是改进型十亿级像素"飞天号"数字相机系统，它专门为敦煌莫高窟量身定制，它完成一张9平方米壁画的采集仅需十几分钟；更重要的是，它的分辨率大大超过人眼。"敦煌的佛像、油画，研究美术史或者临摹，对画的颜料厚度的拿捏要很准确，这正是'飞天号'的长处。'飞天号'还可拍摄立体图像，各个匪夷所思的角度都可观看。"樊锦诗告诉我们，"洞窟又窄又暗，即使进去看，也不一定能看得清楚。数字化后，游客真实体验几个洞窟后，就可以沉浸在3D环境中观赏敦煌壁画和彩塑，看到洞窟中无法看清的细节，要看多久就看多久，想看多细就看多细。先用减法退一步，就能再迈开双脚进三步。入洞的人少了，景区游客却倍增了，且敦煌的艺术魅力更逼真、更震撼了。"

429

新闻背景: 刚刚过去的 2012 年，中国的古城改造可谓是方兴未艾，烽烟四起。开封决意重现北宋汴京胜景，湖南凤凰斥资 55 亿再造凤凰古城，台儿庄古城已经重建完毕对游客开放；但这些年古城缮修也有令人欣喜的，大同决然和大拆大建说不，苏州另辟新地造新城，绍兴缮修古城如同绣花。

善待古城

古城改造乱象环生有原因

因为战乱、动乱，古代遗存原本丰富的中国，现在的古城、古建筑日渐稀少了；更可怕的是，随着古城重建、再造的热情高涨，建设性破坏愈演愈烈，一处处古建筑、街区在推土机的轰鸣声中颓然倒下，业内人士坦言最近二十多年来破坏的规模和彻底性是任何一次动荡时期都无法比拟的。

在大拆大建、推倒重来基础上的古城缮修和改造，为何就像流感一样盛行不衰？主要是政绩内驱力以及对古建筑艺术的水之深浅一无所知或仅知皮毛造成的，这些人（主要是决策者）是活脱脱"有知识的文盲"，胆大妄为，什么"瓷器活"都敢去干。

殊不知，任何一座古城，哪怕一座亭子、一面残墙，其由来可能都会灰线千里，有很多外婆的外婆娓娓道来的故事、传说。这些亭子、墙的结构、材质，甚至她的朝向，可能都是待解的谜。不问青红皂白、不探究其中蕴藏的信息、艺术价值，推倒重来，待解的谜于是都灰飞烟灭，永远沉入历史大幕的后面了。

古城、古建筑改造、缮修领域，这样的"有知识的文化盲人"——官员很多。

看看人家怎么做

让我们看看欧洲如何保护古城。在意大利，我们见到最多的是各种风格的教堂和废弃的残垣断壁，这些发掘出来的皇宫、教堂都被原汁原味地保存下来了，带领我们参观的意大利学者马丁介绍："在真实历史遗迹之上弄出任何现代的复制品，都是作假。"他认为，艺术的第一要素是真实，所以哪怕是一段引水槽、一座残破的城门、一段破损的古城墙，一旦被发现，后来者（新的建筑和规划）必须为这些遗存让路。

在意大利人的眼里，古城的保护是一门高深的艺术，要尊重、要研磨、要小心翼翼，所以意大利众多古街道，路面还保留着过去铺的小方形石砖，即便是新修的道路，铺路材料依然是老老的小方形石砖。老城里造新房子，直冲云霄的高大建筑几乎看不见。

到过威尼斯的人，可能都对圣马克大教堂的广场上成千上万只鸽子印象深刻，但你很少看到鸽子停在教堂顶上。为何？原来，为了让腐蚀性很强的鸽粪不损害教堂，意大利人在教堂屋顶鸽子能歇脚地方都放上了密密麻麻的细针，手法堪称艺术。

艺术也是保护的利器

不仅意大利，欧洲各国如法国、英国、西班牙等等，无不怀着对文物的敬畏之心，小心而虔诚地对待这些宝贝。

即便小国斯洛文尼亚，我们也在皮兰看到了令人叹服的一幕：广场上刻着"1466"的旗桩，就这样沧桑地立着，没人去动他；不仅是旗桩，散落在街头巷尾的一棵与一根石柱死死缠成一体的古藤、东一块西一块有刻痕的建筑残石、多半已经锈烂在土里的铁锚……没人去动它们。一座中世纪的修道院，早已荒芜，仅存中庭，只有一些残损的雕像或兽头放在廊沿上，其他空空如也。人们把庭院打扫干净，却任由野草丛生，播放一些古典音乐——用音乐唤起的想象与情感装满庭院。所以，看到这一情景的艺术家冯骥才感慨："皮兰人用它来轻轻唤醒历史。"文物"被人们当做'沉默的老者'，备受尊崇地活在人间"。我们也感慨：原来艺术也能保护并点活文物。

评论：我们需要什么样的古城改造

提出这个问题有点傻，但是眼下喜忧参半的古城命运，我们觉得还是要提。

古城改造，首先是态度。没有读懂古城之前，不轻言"斥资"多少多少，古城缮修首先不是钱的问题，而是你是否有颗敬畏敬重的心。你知道他的来龙去脉不？你感受到他的艺术魅力否？你感受到他的气场否？不能体味他的呼吸和喜怒哀乐，就别妄言"再造"！

古城改造是艺术。一块铺地的金砖要怎样烧制？一根木头要怎样裁割刨磨、留榫打眼？墙如何砌？九浆十八灰如何调制？若不知道，就要虚心做学生，从把鸡蛋画得像鸡蛋开始。

可喜的是，这些年，不少地方叫停了推倒重来式的古城改造，如大同；多了"修旧如旧"式，像台州椒江古街、绍兴古城的缮修；让古建筑、文史专家在古城保护上有了更多的话语权。但也出现了郑州繁华闹市复原性修复一南一北两座"仿古（商朝）城墙（夯土墙）"，与周围现代建筑和市民生活颇不协调，也不好看。所以，历史原貌有的恢复不了，或者缘木求鱼式的，那就实事求是，留下残垣破壁，神韵还在那里嘛！

编者的话：行走在城市的街头，观看世界各地的建筑，我们发现他们大都个性突出，要么昂首向天干云霄，要么远远就见一堵长城在前面。城市的高度正以惊人的速度被打破，建筑的体量记录正在迅猛地被刷新，高歌猛进的建筑森林正把我们的城市塞得密不透风。城市建筑设计者，可否在建筑设计中思考"以退为进"的艺术哲学？

设计，"退"出艺术新天地

建筑设计，不仅是个技术活

我们的城市，各式新颖的建筑正在兴奋而热烈地比高、比大、比奇特，但是我们的城市越来越像一个模子做出的"豆腐"，同质化趋势日趋强烈。以至于有言辞激烈者言：除了换了名字，我们的城市面貌都一样。

安藤忠雄的六本木美术馆，不仅是简洁

为何如此？因为我们的建筑设计基本上还停留在赶工、赚钱等技术和利益计算的层面，能再考虑一些与环境匹配、建筑节能就已经很了不起了，我们会去考虑建筑的设计、艺术哲学问题吗？在设计实践中思考我们的设计是否恰当，我们设计的作品是否冒犯了这里原生的场所氛围？是否与这里的风俗习惯、居民的习俗相冲突？是否与已有的建筑相生相得、和谐共处？

正因为很少思考功利目的以外的东西，正因为没有很好地吃透附生于钢筋、水泥、玻璃等材料中的"衍生"潜质，我们看到的建筑常常很嚣张地就"矗"在那里，与环境格格不入，因为我们只知道"冲"和"突"，而不去想"融"（入环境）和"化"（出新境界）。

感受贝聿铭和西泽·佩利

都知道贝聿铭，都知道贝聿铭设计出很多著名建筑作品，可是当我静静地站在卢浮宫古老的拱券门里望着眼前这座晶莹剔透的玻璃金字塔，还是久久不愿离去。卢浮宫的视觉完整性当然要保持，但安置怎样的入口才能把实用性和视觉的完整性完美地结合起来？没有设计出这座玻璃塔前，贝聿铭的心情该是多么纠结，脑子里如车轮般翻转的想法该让他多么焦虑！

眼前的卢浮宫入口，一座以退为进的设计艺术品：入口放入地下，既实现了功能的完美，又让出了宝贵的视觉疆域。以透明若无的玻璃衬出古老宫殿的庄重和典雅，一虚一实，卢浮宫便愈发高贵和厚重。更为可贵的是，虚化了的入口与苍天更协调、更接近了。站在穿门下的我，隐隐地就觉得那玻璃塔就是天上滑落的片片云彩。

西泽·佩利当然也是一位大师了，吉隆坡的双子楼就是他的作品，他同样深谙"以退为进"之道，大阪国际西洋美术馆就是他设计艺术才华的一个"重音符"。美术馆位于高楼林立的中之岛内，市政厅、公会堂、法院及众多高耸的商业大楼让空间已经十分逼仄，再造一座大楼加入"比拼"？西泽·佩利念起了"退"字诀，将美术馆所有的建筑体量沉降到地底下，让出了地面的大部分视觉空间，美术馆的地面上只有"钢龙"扬起的翅膀，还有龙脊在阳光下熠熠闪烁的光辉。"由于设计者采取了'以退为进'的手法，原本剑拔弩张的空间关系，一下子轻松了许多、活跃了许多、优雅了许多。"地下空间专家束昱如是说，以退为进，反而让自己成为艺术视觉的焦点了。

能退善退是智者

看现实，思智者，我们的城市真的需要那么多嚣张的高楼吗？城市问题仅靠一个"高大"就能解决吗？因此想：我们城市的设计者、建筑师们在城市设计实践中，应该常常思考"进退"之道，思考建筑设计中的艺术哲学问题。

后现代主义之父文丘里说："少就是多。"而世上成功的设计作品，如卡拉特拉瓦的"眼睛"建筑：科学城的影像馆、巴塞罗那电信塔底部、瓦伦西亚地铁站出入口，他们都像"眼睛"，白天绽放，夜晚合上，开合自如，这里的环境就变得灵性而诗意。道路前方，明黄明黄的两栋建筑立在路边，够明亮了。再看，两块明黄的方体"夹"挟着一栋古老的木制建筑——至少是数百年前的遗存，老房子似乎被"明黄"压迫得喘不过气来，仔细观察它的立面，木门上还钉有门牌号码，窄小但韵味犹在的迷你庭院让我们闻到了田园的气息。更奇的是，院内还有白色的卵石、青青的竹篱。抬头看，老房子越发地羸弱和单薄，我们的心一下子揪得很紧很紧！凑近门前，不锈钢门牌，用力一拉：哦！原来"老屋"其实是扇门，迈腿，我们进入的就是黄房子了。原来，进退之道还可以这样！

世界范围内的建筑设计中，善用进退之道的如福冈文化中心——长满花木的"山坡屋"，王澍搜集宋元明清材料构筑滕头馆、宁波博物馆、象山校区则是另一种艺术进退哲学。因此，在当下都市建筑设计"进"字当道之际，大家是否尝试念一念"退"字诀，让我们的城市更加五彩斑斓。

新闻背景：走在今天的街头，我们的城市里建筑的样式越来越纷繁复杂了，很卡通、很仿生、很娱乐的建筑越来越多，反映出我们的建筑设计想与人（路人）亲近、与自然亲近的意图。而前不久新加坡 2012 年世界建筑节上透露出的信息与此不谋而合，其艺术气息和哲学思考都无一例外地围绕人与自然的和谐共生而大秀技艺。建筑设计当然要为人服务，功能性需求和审美需求都要满足，但是人也是自然的组成部分，人也应与自然和谐共处。所以我们的建筑艺术——

秀出我的"自然派"

同一个地球同一个"派"

在新加坡的 2012 年国际建筑节吸引了全世界的目光，节上比拼的作品达到创纪录的 500 余件，奖项名目也达到十项以上，但获得"年度建筑"殊荣的却每项名下只有一个。即使在这种形势下，中国获得的各类项目仍有 4 项，其中包括篱苑书屋、北京艺术家村美术馆等单体建筑作品。

墨尔本花瓣云大厦，整个建筑就像一朵云彩

琢磨这些来自于全世界范围内的作品，让我们想起最近颇为流行的"派"字，姑且称之为"自然"派。模山拟水，化入自然而顺势设计，建成之后成为自然一景，让人使用起来很惬意，观赏而心生愉悦，谈论起来很有派——"我在云大厦上班"，如此等等，正所谓"源于自然，而高于自然"，放入自然，自然而然，一点也不唐突。

黑山共和国迪妮莎一五三住宅，造型独特

中国作品看过来

与中国是世界上最大的建筑设计试验场相适应，两件获奖的中国建筑作品分别以不同的形式让我们感受到"人化自然"的艺术魅力。

篱苑书屋在慕田峪长城脚下的山村里，面积很小，这里风景如画，野趣浓郁，建怎样一座书屋才能与环境相配并相互提气？设计者李晓东想到了用山上捡来的树枝木棍做书屋外面的篱笆墙，扎扎牢，就成了书屋的"外套"，于是我们就看到铁灰且有些斑斓的墙整齐、低调而淡定。金黄火红的秋天里，这间书屋俨然就是一户农家的院落。可这一点也不妨碍村民、游客脱鞋入室、惬意地或躺或卧、或靠或坐地，徜徉在书屋里木黄而明亮的书架间，里面的设施时尚而舒适。

北京艺术家村美术馆则是另一番"自然派"。房子的天际线与背景的山形起伏相呼应，或硬山顶、或坡形顶，或者褶皱起伏，不长的屋顶却与山同声息。而墙，一色的青砖、黄砖，或镂空作网状，或密密严严叠叠砌，那青、那黄与山野上树林的春秋更迭正相呼应。玻璃窗仿佛知趣地"躲"在里面，不大抛头露面。这房子，形制正与传统的建筑文化遥相呼应、声气相通。

城市中的尴尬场景

"让想象力与自然再近些。"这是世界建筑节获奖作品给我们的启示之一。端详着那些出人意料却又情在理中的建筑艺术品，我们不禁在想：城市里，我们的设计有多少是背离了"自然派"——人化自然的追求？

　　"人化的自然"其实并不需要太多，我们在美国佛罗里达看到一家"小鸡教堂"，久久不愿离开：普通的十字架、普通的瓦房，全因斜斜地冲着路的塔楼上两只圆圆的"鸡眼"和稍下墙脊处的"鸡鼻子"拽住了我们的视线。于是，一座很普通的教堂就这样长久地留在了我们的脑海里，成为"温暖旅程"的记忆符号。作为世界上最大的建筑市场，我们城市里有多少建筑作品是从人的需求角度（不仅仅是物质需求）设计作品，从文化、环境的维度去研究场所精神又有几人？

　　于是，我们的城市里，常常因为千篇一律的房子迷了回家人的路，我们的建筑常常因一味追求外形的奇异而在功能上"削足适履"，用起来很不方便。我们就遭遇过在一座异形高楼里找电梯足足费时十分多钟的尴尬事。于是我们想，城市里的建筑既不一味功能化而成钢筋混泥土森林化，也不要无视功能而一味地卡通化，这样的局面形成我们的城市便可成为"人化的自然"，就能更人性化、艺术化了。

观点：人化的自然

　　世界建筑节上获奖的作品，当然是引领未来建筑设计走向的风向标。在环保、节能、环境友好呼声日益高涨的今天，我们应该以怎样的设计态度和艺术创新精神融入并引领建筑设计的世界潮流，当然是值得所有设计师思考的大问题。

　　建筑设计当然是"人化的自然"。虽然，现在的住宅有设计成蜂窝的、蛋形的，甚至岩洞中叠床架屋的，但主流仍是功能性需求摆在第一位，建筑设计为人服务，人们用起来舒服、方便，建筑设计的"自然"围绕的核心自然是"人"。但人是自然的一部分，所以我们常常要对自然身怀感激敬畏之心，我们的活动不能因为能力多多就违逆自然特性，尊重自然并因势利导，尊重环境并因势利导，尊重文化文脉并发扬光大，于是我们要设计阐发的就自然成派，不违逆，好顺生，我们的建筑艺术自然就如滔滔江水，源源而来，绵绵不绝，自自然然了。

新闻背景：6月2日—6日，爱尔兰布鲁姆国际园艺节盛大开幕。池馆水榭、峭石翠竹、花间隐榭、水际安亭，带着浓郁东方风情的江苏扬州谊园成为爱尔兰首都都柏林凤凰公园里的"明星"。占地面积约210平方米的谊园，充分利用当地自然地形地貌，运用中国园林建设中的借景、框景、对景等手法，展示了"青砖小瓦马头墙，回廊挂落花格窗"的扬州古典园林建筑风格。其实，苏州、扬州、广州园林营造出的"水墨江南""锦绣中国"早已名播海外。

中国园林，咫尺之间大写意

较早的上佳案例当然是明轩

中国园林的流布海外，最早源于17至18世纪，伴随着文艺复兴对东方的崇拜情绪，欧洲刮起一阵中国旋风，当时在欧洲建造了许多中国风格的园林和建筑，它深刻地影响了欧洲的近代造园艺术。

以苏州园林为代表的中国园林艺术高水平、大规模流布海外源于改革开放。1980年4月，园林专家陈从周带领苏州匠人在美国大都会博物馆北翼仿照网师园建了一座缩微版的苏州园林——明轩。

明轩占地460平方米，建筑面积230平方米，建在纽约大都会博物馆二楼的玻璃天棚内，庭院全长30米，宽13.5米，四周是7米多高的风火山墙，建有楠木轩房、曲廊假山、碧泉半亭、花界小景等。明轩布局吸取了网师园里殿春簃（yí，楼阁旁边的小屋）小院的精华，设计手法借鉴了明画山水小品淡雅设色、舍繁就简、静里生奇的特色，运用空间过渡、视觉转移等处理手法，使全园布局紧凑，疏朗相宜，是境外造园的经典之作。时任总统尼克松亲临现场并接见我工程技术人员。馆方称，工程的"工艺质量达到了值得博物馆和您的政府自豪的标准"。

中国园艺到海外，唱主角的当然是苏州园林

自那以后，崇尚造化自然、表达天人和合的中国造园手法就在海外不断有了新案例，加拿大温哥华的逸园、新加坡的文秀园、马耳他的文园、爱尔兰的爱苏园、法国里尔的湖心亭和巴黎的怡黎园、瑞士日内瓦的姑苏园，当然园子最多的还是美国。也许受到明轩的影响，美国人对中国园林发生了极大的兴趣，纽约寄兴园、弗罗里达锦绣中华苏州苑、波特兰兰苏园、洛杉矶流芳园、马里兰州沧浪亭……

可谓是苏州园林全美开花。

加拿大温哥华的逸园建设，52名工匠全部来自苏州，所需材料也全部来自苏州，园子里秀石清泉居中，堂、屋、榭、亭等环绕，疏密相间，成为当地人的最爱，成为思乡之人常去的地方，获奖自然数不过来了。

加拿大温哥华的逸园

美国的寄兴园1995年建成，苏州古典园林的依地就势，堆山理水，藏露应势在这里都有，令人称奇的是驳岸和叠石所需太湖石都由国内运去。既然一丝不苟，园子造成后包括华裔建筑师贝聿铭在内的业内大腕都一致给予了高度评价。苏州与波特兰是友好城市，2000年建成的兰苏园是当时北美唯一完整的苏州古典园林。造园林，有水则灵，兰苏园的中心湖区当然以水景为主，流香清远、香冷泉声、翼亭锁月、柳浪风帆、万壑云深、浣花春雨等亭泉叠石小品，把园子渲染得清泓荡漾，诗画盎然。开园时，大使李肇星前去剪彩。

中国园林艺术流播海外，也得适应西洋水土。像兰苏园地处地震带上，就得满足当地八级抗震要求。苏州专家与美国技工合作，采用全钢结构还引入纳米、碳纤维等多种技术，布置亭台楼阁、假山瀑布，"湖石瀑布山洞假山的施工，不仅要求造型优美，而且安全性上必须万无一失，为此洛杉矶市政府特派两名督察监控从设计到施工的整个过程，完全颠覆了以往假山结构施工的方式"。苏州园林专家贺风春介绍，相邻湖石间隔30厘米必须打深25厘米的洞眼，插入16毫米直径的不锈钢钢筋，用专用强力胶粘结后，再绑扎在钢筋网上，然后浇筑混凝土，使假山与混凝土墙连成一片，施工的复杂程度超乎想象。但他赞叹的却是："美国人对法律法规的敬畏令人动容！"

广州园艺、徽州园艺……都有成功案例

中国园林艺术博大精深，苏州园林的意境深远、构筑精致、艺术高雅、文化内涵丰富，自不用多说；岭南园林集山清水秀、植物繁茂之自然特性，加以繁构丽饰，把开放性、兼容性和多元性演绎得浑然天成；北方皇家园林因山就水，规模宏大、气势雄伟，建筑壮丽豪华，色彩鲜艳强烈，风格的雍容华贵：此乃中国园林三大流派。还有，粉墙黛瓦绿树的徽州园林、博采众长的海派园林等都是中

国先民体悟天人之道，挥洒大地艺术的代表之作。

德国慕尼黑的芳华园是我国参加 1983 年慕尼黑国际园艺展的作品，也是当代欧洲的第一座中国古典园林。在自然形成的马蹄形小谷地上，广州造园人以水为中心，安排钓鱼台、方亭、船厅等传统建筑小品，形成一个不闭合式单环路体系的自然山水园。水池畔用一座石舫（又称不系舟）突出水面。船厅对岸，利用山势堆一小丘，上建方亭一座，亭基跨于一条小溪的落水坎上，用广州产的山溪腊石堆叠形成瀑布，水从亭底上方奔流而下。亭的东南方向一钓鱼台凸出水面。植物配置以我国园林中传统的花木，如松、梅、竹、芙蓉、丹桂、玉兰、紫藤、槐、柳、迎春、桃、石榴、紫薇、牡丹、丁香、连翘等，辅以亚热带植物。该园代表我国首次参加世界园艺展，即获德意志联邦共和国大金奖和联邦园艺建设中央联合会金质奖等两项金奖。

德国法兰克福的春华园体现的是徽派园林特点，杜伊斯堡郇趣园孔雀蓝色琉璃瓦呈现的是古韵楚风，英国目前还未见中国园林作品，有人说："英国的花园总是一目了然的美，但与住房总是貌合神离，不像苏州园林含蓄、小巧玲珑。它的亭楼阁榭，羞羞答答、半遮半掩地藏在在树丛中、太湖石堆砌的假山间；园艺设计的重点往往不是在花草本身的特质上，而是如何配衬烘托建筑，追求的是园中有屋，屋中有园，人居画中，画中居人的意境。"

网友这番话道出了中国园林远嫁海外的奥秘，布局独具匠心，设色布景精巧而韵味独特，巧妙运用亭台楼榭、树木花卉来造园。像明轩，面积虽然很小，但壶中天地却囊括了苏州园林的精髓——移步换景，厅堂、半堂、曲廊、峰石、水泉等布局精巧，倾倒了包括贝聿铭（设计了苏州博物馆）在内的友人，被誉为中美文化交流史上的一件永恒展品。

言论：园林艺术输出应纳入国家文化战略

中国园林是中国古代人与自然关系、造化智慧的诗画表达方式。园在古人心里，往往是离尘脱世、静心修身的特殊形式，无论是司马光的独乐园、苏舜钦的沧浪亭，还是拙政园的创建者王献臣，他们都是在寻找与尘世喧嚣远，与真心天性近的挂寄物。

中国园林艺术走出去，不管是沿着丝绸之路，还是文化友好年，好东西让世界人民一起分享就是件大好的事情。虽然，走出去的过程中也会碰到一些问题，比如施工方法、植物配置等，中外常常不同道。中国古典园林都按传统方法施工，木头与地面的石槽不用固定，这样抗震效果最好，如日本阪神大地震，很多钢筋混凝土建筑都倒了，这些高耸建筑身边的梅园却完好无损。还有植物配置，中国植物原汁原味最能诗情画意，但因是外来物种，难以让你想栽就栽。

爱尔兰都柏林的爱苏园

尽管如此，我们还是要走出去，走得越远越好，因为这是中国艺术、中国境界，还是当今世界上最牛的大地艺术。走出去，国家当然要出台切实措施加以鼓励，比如国家补贴、文化加分等等，惟其如此，中国园林艺术才能成为靓丽的国家名片。

编者的话：听到"小清新"，你是否感到有些90后，是否感到有点萌？可是我要告诉你，这个称呼在艺术界已经大刺刺流行好些日子了！最近一些年，她又悄悄地登上了城市公共艺术的舞台并大行其道。"小清新"究竟是什么意思，我们的城市公共艺术需要怎样的"小清新"来引领？最近，我们参加《时代建筑》杂志在上海举办的国际建筑师大会，专家学者口里不断出现的"小清新"让我们觉得很"大牌"——

小清新　大艺境
——中国国际建筑师大会引出的城市公共艺术话题

何谓小清新艺术

小清新，直译成英文就是 little，clear，fresh，译法虽有些山寨，但意指却十分明确。首先是，小清新不是萝莉，也不是萌，萝莉隐含着谄媚，萌暗含着无知。论者眼里，小清新的"小"，甚至与生理年龄无关，而是自然天成的纯洁、朴素的一面；其次是清，小清新们不愤怒、不叛逆，和和顺顺地保持着自然天成的自我，典型的森林系；最后是新，清清新新、清清爽爽，审美口味与雨后的森林散发出的味道很相似，小清新们倡导简单生活，只喜欢自然材料的质地。总而言之一句话，小清新们示世人以轻盈、透明、简洁、纯粹；柔软、纤细、温暖、唯美——小清新。

小清新的成长史是这样的。1990 年代初，一本名叫《挪威的森林》的小说，开始在大学文科女生中间悄悄流行，并逐步向整个文青（文学青年）阶层扩散。于是，村上春树、春天物语、海魂衫，小清新们坚定地关注着头顶上的天空湛蓝或者灰暗，怀揣着风吹不动雨打不灭的理想，用纯棉织物和帆布鞋来表达自己的清新特质，纯棉织物暗含的生态主义、帆布鞋暗含着旅行意愿，虽然他们常去的往往是郊区的农庄，但一样很理想的。这种小清新慢慢地从文学、音乐到绘画浸延到各种艺术形式之中，并渐渐成为设计艺术界的浩浩大潮。

艺术，宏大叙事俱往矣？

小清新，在艺术领域中的抢眼表现其实是对宏大叙事手法的逆动。一直以来，我们的城市、生活都被宏大叙事统领着、裹挟着前行，英雄主义、理想主义、浪漫主义的文学、音乐、绘画、电影填满了我们的眼睛、耳朵和脑海。

不仅这些艺术，城市公共艺术同样重口味大行其道，宏大叙事展现出的猛烈、新奇、繁复、躁动的追求就是要打破现实世界的规则秩序。卡普尔、德梅隆、库哈斯到扎哈，他们无一不是彻头彻尾的重口味宏大叙事的主角：伦敦奥运塔，看上去就像"刚刚被核武器攻击后的埃菲尔铁塔"（英国民众如是评价）；鸟巢样的北京奥运主体育场；被戏称为"大裤衩"的 CCTV 办公大楼……

仿佛一场空间的盛宴，感官强烈的形式主义与无所不在的装饰感构成了这些建筑共同的追求，永远是出人意料的表皮，永远是不规则曲面，永远是折线矩形；多彩多姿的表皮之外，还有复杂结构、材料，给人重重的崇敬感、惊叹感乃至重压感：人们在这些被撕裂的城市天际线下，无法说"亲"。

于是，宏大叙事审美疲劳的同时，小清新出现。恬淡、自然、简洁、静谧，追求精神世界的平和安宁的小清新正好匹配了当代城市人现实重压下的"隐逸"和安宁意愿。

艺术就这样臻于诗艺境

质朴的、白色的、透明的、纤细的、小型的，看上去有些空灵有些缥缈的，如清晨森林树梢上流动飘升的薄薄轻雾，这就是小清新的城市公共艺术。

繁忙的、快节奏、压力重重的我们，需要一抬头就看见一尊很亲的雕塑、一件优雅的装置，乃至一栋简洁明快、颜色清凉的楼宇，我们的心情便随之放松，小曲就自然哼唱，或者脱口就是一个快乐的口哨，你说呢？城市公共艺术家们。

所以，在这次国际论坛上，无论是程泰宁院士，还是建筑评论人周榕，诸多业界人士都在呼吁城市公共艺术"小清新"的到来。"小清新的范式，就是精致，理性，现代。""小清新出现的时候，文明的希望出现了。""一个是小型精致，一个是清新，城市公共艺术走向品质。"

城市公共艺术需要小清新。让洁净、合理性、禁欲、简朴、最小限度等关乎城市艺术的清新词汇称为大家"执业"的共识，让造楼伟业、白宫般庄严远去，让江南庭院、白墙黛瓦、青砖漫地重回我们的城市街道里弄、勾画我们城市肌理；让木纹感、森林系回家。用简单的直线、素朴的圆弧、浅浅的绿淡淡的黄吧，这样一片树叶的飘落、一朵小花的盛放、一阵微风的拂过我们就能原原真真地看见，真真切切地听见，城市人忙碌的心灵就能片刻间简单、无尘、润湿。那样，我们就听到城市大艺境的敲门声了。

设计，把过去和未来合而为一

——从城市文化历史看创意之都

最近，在中国当代建筑师论坛上，荷兰MVRDV建筑设计事务所建筑师雅各布（Jacob van Rijs）介绍他们参与天津的一项老街区改造项目："这是一个旧社区更新，我们获得了这个竞标。旧的建筑已完全被拆除，将要实施的建筑密度是过去的三倍。我们如何适应这样的需求，我们想看到这里人们过去的生活方式，但那已随着老建筑的拆除不见了，现在只剩下树和道路。我们的设计要维持一些过去的痕迹，我们就去走访还'健在'的旧社区，把过去和未来结合在一起。我们的方式是用老城的肌理加上庭院的住宅，因为庭院住宅的可居率低，所以我们就建立了更多的塔楼来满足需求。总体而言，我们结合了老城、庭院，又结合新的建筑既能唤起记忆，又可满足更多的人住在里面，这种努力让大家很满意。"

可喜的是，我们的许多城市正在努力找回专属自己的记忆。让百年电厂变身当代艺术馆，让曾经的中国馆变为中华艺术宫，让红红的大吊机就这样高高地守卫在江边；不仅如此，上海的三林苑、苏州的桐芳巷、北京的菊儿胡同、厦门的吕岭花园，都把城市的历史融进了新式的建筑、赋予了新的功能，城市的意象在这里血脉通畅，看着舒服且有故事。

安藤忠雄的设计创作，日本社会的传统、情感、习俗与美学意识娴熟地通过他现代设计语言流畅表达，平整而洁净的混凝土墙面可以用来呈现与日本文化相对应的一种漫散光线，从而唤起人们对自己内心深处的形式记忆，他说："光线的表示形式是随时间变化的，我相信木和混凝土这些形式并非建筑材料的终结，而且还要包括对我们的感官起吸引作用的光与风……细部是认同性最重要的因素；对于我来说，细部这一因素完成了建筑的构图，同时它也是建筑形象的发生器。"由此可见，一名好的建筑师，其杰出之处就是能够通过自己的心灵去感知、发现并实现一种足以唤起城市记忆和文化沉思的作品。

（本文写作参考了《时代建筑》相关内容，特表谢忱！）

城市时间

一座快速成长的都市，虽然原本空白的大片区域被快速转化为城市新区，许多旧城区也在急速的改造中与历史拉开了距离。但不可否认，即使城市中大量的硬山顶房屋被钢筋混凝土的森林替代，城市历史的心跳脉动还是在人们的记忆里留存，就如美国学者刘易斯·芒福德（Lewis Mumford）所说的那样："蜂巢、白蚁穴、蚂蚁窝等也可能规模庞大，而且构造精巧，并且，他们的功能也同人类城市具有极其相似之处，也会存在着劳动分工、等级分化等现象。"

但是，哪怕是一座彻底遭到废弃的城市，或者被灾难吞没的城市，也不可能被简单的遗忘，它依然活在人们的心中，仍然充盈着丰满的生活场景和风采图像，"这种被充盈的状态，使得城市不再回到自然……"（雅克·德里达，西方解构主义的代表人物，法国著名的哲学家）

正因为时间里的城市充满了记忆和复制功能，罗马人在欧洲腹地扩张的时候，在莽荒之地用一系列标准化的构件来组装城市，在一个个标准化的方格网中充填标准化的议院、剧场、神庙、浴室、住区，标准化地将帝国几乎推广到欧洲全境，但许多城市还是在后来逐渐演化为米兰、巴黎、科隆、维也纳、法兰克福……你可以征服，但我有自己的记忆并形成自己的个性，巴黎就是巴黎，不会变成罗马。

城市逻辑

上海，你能数出哪些城市记忆？外滩，太有名了；杨树浦水厂，也很有名。但那些没有什么名气的呢，是否就可以从城市成长的记忆中抹去？答案当然是不能。

还是来看看英国的做法吧。英格兰东北部的纽卡斯尔有一座现代艺术博物馆，它是由面粉厂改建而成的。仅仅为了保留面粉厂的墙体和上面硕大的"波罗的面粉厂"字样，英国人竟花费了 7 500 万英镑，而推倒重建只要花 3 500 万英镑。

城市的成长有着自己的逻辑，不可让城市在变新、变大、变舒适的过程中，也变得更贫乏、更苍白，就像普利兹克奖得主库哈斯所说的"广谱城市"，他认为全球化城市已变得毫无特征性，城市的同质化其实是件可悲的事情。他调侃中国建筑师说，其效率是美国同行的 2 500 倍。

我们的城市成长逻辑应该是从城市到城市，每一个街区、每一栋建筑、每一处环境的设计和规划都应该是遵循城市的个性和品格，应该遵循先美学、后功能的设计逻辑，每一个新的功能都应该是从城市肌体中长出来的才对。正因为如此，创造更好的生活环境和体现美学意图是设计之都的永恒主题。

评论：集体记忆笼罩下的设计建构

应该说，设计之都里的每一项创作，都是潜在地在某种集体记忆笼罩下开展的。关于此，哈布瓦赫（Maurice Halbwachs，法国历史学家）在《论集体记忆》中说得明白："一个社会中有多少个群体和机构，就有多少集体记忆。""集体记忆只有在不断重构中才能保持活力。""集体记忆是在个人构成的聚合体中存续着。"

因此，作为设计之都的城市，回到具体的个人，回归到针对具体的价值、具体的意象和具体的行为，城市才可能血气充盈并充满活力。

编者的话：下星期一（2013.4.22），世界地球日又到了。人类只有一个地球，如何让我们的生活方式更生态、更诗意，如何让我们的地球更美丽？事实是，后工业化时代以来地球公民一直在努力，大家都知道——

地球日不是形式而是新意识

——艺术别给环境减负"拖后腿"

一个流浪汉的传奇摄影故事

先讲一个故事，主人公是一位流浪汉，是一位摄影家，他在捷克一个小镇上流浪并摄影着。如果这些还打动不了你的话，我再说：现在，世界各大博物馆争相举办他的摄影展，他的照片常常雾蒙蒙、恍忽忽，像画作，正让世界各地无数的"粉"们趋之若鹜；更

地球之伞

奇特的是他那架用易拉罐、卷筒纸芯、废弃香烟盒、汽水瓶盖、自己打磨的树脂镜片、绳头线脑橡皮筋等绑制而成的照相机，拍出了一张张充满神秘感并让世界发烧不已的照片。

流浪汉为何要这样去"艺术"？没钱买价格昂贵的相机可能是个理由，但端详着一张张怀旧感极强的照片，我们不禁感叹：用废旧的卷筒纸芯能做镜头筒？缝纫机线轴加皮筋就能做快门？可是，你再看看流浪汉30多年间、一天"咔嚓"完3卷胶片拍出来的女人体，你不得不感叹废弃物碰见了生活中的美，"艺术，一切皆有可能"！

用纸板和胶合板制作机身，再用废弃的线轴连接皮筋和快门，对焦当然就有些恍惚迷茫，因为皮筋松紧不大可控，于是快门也随之忽闪忽闪地忽快忽慢；需要长焦镜头时，流浪汉就把几个镜片或者儿童望远镜放在用胶水粘住的纸管或塑料排水管里，需要黑色颜料就从烟囱里弄一把煤灰，和油一混合涂在半成品的照

片上，这叫"二次创作"。

方兴未艾的"新资源艺术"

不止是流浪汉艺术家，后工业时代的西方各国，利用废弃物再造和升华生活品质者大有人在。大家把这种艺术形式，亲切地称之为"新资源艺术"，国际统称为 Junk-Sculpture。当然也有称"再生艺术、环保艺术、回收艺术"的。

用漂流木、废弃的门和窗户创作出兼具力量和美感的家具，骨感、沧桑，每一个榫卯处都蕴藏着一个悠长的故事，这是荷兰家具设计师（Piet Hein Eek）的作品；而另一位荷兰设计师马腾·巴斯（Marten Baas）则把上了年数的东西用烟熏或焚烧的方式，让其变得更"古董"、更"文物"，一件件桌子凳子腿仿佛还惊魂未定地在颤抖，在哆嗦，样子看起来很酷很酷；巴西设计师坎帕纳（Campana）兄弟用旧木材组合成了椅子，旧轮胎和稻草则制成了碗，而今他们设计的棉绳椅已是美国 MOMA 博物馆的永久藏品；美国的（Johnny Swing）更是用 7000 多块镍片焊接制成了一件件长沙发，25 件放到一起，一组精美的雕塑立刻"吸睛"，国际艺术展上，这些艺术品一说"可售"即刻被一抢而空。

新资源艺术同样成为奢侈品市场的宠儿。一块牛皮下脚料、一块纹路不理想或染色不均的鳄鱼皮、一些碎水晶——在古怪精灵的设计师手下，就变成了顶级品牌家饰"Petit H"。"重生，一个新的循环，始于艺术家对于材料的思考。"设计师们说。不可思议的是，这些诞生于下脚料中的品牌仅有的两次亮相，一上货便被抢购一空。可见，现今些许萧条的光景下，人们对美和创意的追求并未停止，回收材料的艺术再生同样光芒四射；不仅如此，"回收之都"旧金山专为艺术家开设艺术场所，以利他们用回收的垃圾废物进行艺术创作；墨西哥，汽修工人手下，废弃的汽车零部件则成为了一个个栩栩如生的人物和动物形象，原本汽油味浓浓的街道立刻成了艺术长廊。"新资源艺术，人人都可参与，人人都能从中发现艺术的美。"业内专家如是说。

中国，新资源艺术正起步

新资源艺术在中国，涓涓细流源远流长，近十年来蔚然成风，渐成气候，北京、上海、广州等纷纷用旧钢锭、旧机器，乃至易拉罐、塑料瓶把老厂房、把生活装点得艺感十足、灵光闪闪。

目前，国内艺术院校里许多都开设了回收艺术创作课程，北京 798、上海城雕艺术中心等地，新资源艺术作品让人眼前一亮；不仅如此，就连早教机构里，卷筒纸芯做的蝴蝶、啤酒箱子做的艺术凳、蛋糕纸托做的月亮船……孩子们的作品同样精彩纷呈，"减负地球"和"创意品质"，生活从来都不缺创意之美。

正是因为土壤深厚，深圳的"新资源艺术创作大赛"才会一呼百应："不仅为地球减负，还可让地球更美丽。"灵气涌动的参赛作品来自各地艺术团体、企业白领、家庭社区、中小学生，作品创意常常让人大呼"没想到"！骑着毛驴的阿凡提、叼西式烟斗、挂酷酷的耳麦，矛盾吧，诙谐吧，这叫"与时俱进"；还有调皮的小狗、憨笨的大象、绽放的鲜花……都是新资源艺术作品哦！看到大赛一件件精美的作品，老艺术家滕文金感慨地说，当代艺术在某种程度上是浪费资源，新资源艺术是废旧利用，让丢弃的东西再生，成为艺术品，这是本质的区别，"我认为新资源艺术比当代艺术好"。

观点：来一场"新资源艺术运动"

新资源艺术不仅可为地球减负，更可"美丽地球"。无论是在旧瓷器上画蜜蜂、蝴蝶、甲壳虫、鸟儿，还是绘上粉彩的蝴蝶并重新烧制旧旧的蓝白盘子，都说明我们的社会并不一味追求物质，而是追求美和创造力，正如《浮士德》中所说，"成形，变形，永恒的心灵的永恒的创造"。

中国人，不缺的是人文情怀和悲悯济世的担当，我们现在还稀缺的是为美丽地球而行动的意识。新资源艺术运动不应只是个人的，废旧材料重新利用本身就是一个"很大众"的过程，生活艺术化、艺术生活化需要全民参与，艺术家、中小学生、普通市民的参与会让城市公共艺术价值取向倍增光大。

废灯泡＋垃圾桶变装饰灯、牛仔裙变成记事本的封面……民间的奇艺巧思是无穷的。我们呼唤，城市里，新资源艺术不应只是民间的、自发的，不应只是星星点点、灵光乍现的，蕴藏在民间的机智精巧、轻松诙谐和奇思妙境应该通过有组织的才艺比拼不断绽放，这样我们的生活的词典中就没有"废弃"一词，我们的地球就会越来越美丽。

编者按：城市有多少种活法？优雅而艺术的活法呢？你别说问题傻，先细想想，动不动"国际化大都市""汽车城""创意产业城""国际××中心""生态城"……有多少种是切合实际的？且不说这座城市真地活得气韵生动、灵性十足的？要想城市活出精彩、活出品位和诗意的境界，没有钟灵毓秀的艺思是不行的。

城市地标好看好玩的背后

有时候，让它领着一座城在走

罗马斗兽场

说起罗马，大家都知道"条条大路通罗马"，为啥要通罗马？就是因为这里有梦里才有的美妙世界，斗兽场就是这个美妙世界中的重音符。

不需要重新修饰打磨，就让高大且有些笨重的石头这样一直往上垒着，有些破碎，有些伤疤，有些沧桑，但有什么关系呢，他的粗犷正绝妙地诠释了他一千多年前的霸气，一千多年后他还是这样昂着头，威犹存、风凛凛。这不，你听，高高的石墙内，分明传来野牛的咆哮、观众的呐喊，还有想象中那风一样游动的身影，那片红红的方巾就是撩得呐喊迭起的"蝴蝶翅膀"呢。

如今，沐雨千年的斗兽场，呐喊已经远去，但大石门厚厚的墙体、高高的拱券分明在告诉我们每一位在场者：历史并未远去，回声就在每一条石缝里；沧桑的石头镜框中湛蓝的天空，这才是大美；大美原本简单，不用装饰就空灵。

各地的人们络绎不绝地来，其中就有我：来听一千多年前斗兽的沸腾回声。于是，一座斗兽场领着一座城市，让一千多年前的美好活在今人的眼里、心里，很滋润、很亲、很体温。

城市毁了，也不坏历史留有缺陷美

旅者·程曦

工业革命以前，世界建筑流派显而大者，一是希腊、罗马的石质建筑，一是古代中国的木构建筑。但是很奇特，数百年前活在森林里的吴哥却是华丽严谨的石头城。

有人说，吴哥窟是佛教建筑一路东来的产物，其"外婆"在希腊、土耳其。不管怎么说，东来的石头城，少了地中海的粗犷和沧桑，多了细腻和精致，你看石头，那叠放、那刻画，粗细圆扁地丝严缝合的搭配，看了叫我的心里塞满了好奇：怎么会算得如此精确？用什么工具雕刻的？好奇之后就是一阵阵的温暖，没有绝顶巧思，哪来如此艺境！

数百年后，不知什么原因，吴哥王朝的国都衰落了，只剩下生长旺盛的树木成了这里常住的"居民"。于是，游客眼里的宫殿坍塌了，石头苔藓了，斗象台上大象的长鼻子黑白参差，沧桑了。但这又有什么关系？城市没有了，城还在，当年皇城的模样还在，于是我们来了，来看这座历史里的城市。城的模样虽有些"衣冠不整下堂来"，但我们还是被他恢弘的气势和华丽的面容惊呆了：虽然有些"慵懒地躺着"，但吴哥竟如此富丽堂皇！

看眼前的吴哥，我们想知道太多太多……

1933 转身后

市民·老科

我爱在夜幕下霓虹里牵着爱人的手在 1933 老场坊里转，漫无目的，喜欢。你要问为什么？我就是它隔壁弄堂里的阿拉，从小在这里长大，吃着这里出来的牛肉，喝着这里牛骨头熬的汤，从小；今年我已花甲，又开始享受她的曼妙夜晚。你说有感情不？

1933 老场坊

要说 1933，老阿拉们有得说的，有面子得很呢。1933 年，国民政府工部局邀请英国设计师设计了这座东西方风格都很显的宏大建筑。外形上，宰牲场外圆内方的造型暗合了中国人讲究的"风水"，天圆地方保平安嘛；大房子无梁楼盖，外围伞形柱子，里设廊桥、旋梯沟通，还有牛道：这些究竟哪个是东方的，哪个是西方的风格，还是你自己来看吧；还有看不见的，那时候空调还稀罕，房子就砌两层墙壁，中间留空，这样炎炎夏日里牛肉就可存放时间长一点了。你知道吧，当时这样规模和气势的屠宰场，全世界只有三座，"远东大都会"——上海可不是浪得虚名的。

现在,1933转身了,转得潮而酷,成了创意新地标,好吃的、好玩的、好看的,全世界都来了,但我还是喜欢摩挲大屋子外面高高的伞柱,伞上大下小,是倒着放的样子,外观是素面朝天的水泥灰,低调、资深、淡定,"曾经沧海"的淡定;喜欢光影下神秘且千变万化的廊桥,每次看到的光影都不一样,不输刘谦的魔术;还有高墙上的镂空水泥花格窗、屋里面的法国式旋梯,粗糙不平的牛道很"牛性化"的;还有改造时用钢化玻璃做成的空中舞台,面积超过了1 500平方米,走在上面透明通亮,脚下没着没落,我想着自己走在上面的情形腿就软,所以很佩服在上面行动自如的人……

1933活着,把我们的城市活得很故事、很有艺术范儿。

编者的话: 再过几天,"五一"劳动节就到了。劳动节当然是劳动者的节日,环卫工人、农民工,家政服务者、医护人员、教师都是,他们的风采当然要广为传播;那院士们呢,作为国家的精英人才,他们从事的工作千差万别,从工程技术到纯粹的理论研究,从卫星上天到寻找世上最小的粒子,他们的故事如何让更多的人知道,如何更有效地励志年轻人?近日,我们走进了位于杨浦公园的院士风采馆,看见留言簿上写着——

换个形式看科学劳动
——零距离感受"院士风采馆"展示艺术

院士都在干什么

院士,是国家设立的科学技术方面的最高学术称号,一般为终身荣誉。我国的院士通常指中国科学院院士或中国工程院院士。

杨浦公园内的这座院士风采馆,选取的是现在上海或者曾经在上海工作过的院士两百多人,其中有"两弹一星"、人工合成牛胰岛素、"载人航天"工程、青藏铁路、西气东输、三峡工程、造桥的、建筑的、从事纯理论研究的科学家,他们涵载着太多太多的精彩故事等着我们去了解。

院士们从事的工作,有的我们说得上来,比如李国豪院士等为中国人争取大跨度桥梁的设计建设权、吴孟超院士把数不清的肝病患者从死亡线上拉回来，但更多院士的工作我们甚至连说都没听说过，像闻玉梅院士是做医学微生物的，比如这次禽流感，就有她带领的团队忙碌的身影；干福熹是做激光玻璃的，葛均波是做树突状细胞免疫反应和血流动力学的，名字听起来就很新鲜、很拗口；从事相变材料研究的徐耀祖、从事凝聚物质的电子输运和超导电性研究的雷啸霖……他们的工作常常是深奥且带有几分神秘，如何才能让更多的市民知道，知道世上还有这样的一种劳动、这样的一批劳动者？

这是一本翻开的大书

远远望去，院士风采馆就像绿树丛边摊开的一本大书，入口处还专门设置了一架大书橱，有将近 7 米高呢，里面放的都是院士们的专著、手稿或者是他们钻研过的书籍。据说，这是画家陈逸飞临终前的最后一份手稿中的设计意象。

进展馆，往里走，就是幽深、暗黑的路了。本来，"科学之路"上的每一步都是未知的，唯有我们头顶和两侧不断闪现的院士"大头像"告诉我们：勇敢地往前走，一定就会有拨云见日、豁然开朗的时刻。果然，摸索着、倾听着两侧的科学家发出的原声，不一会就来到了"星光灿烂"的"院士苑"。声光电、实物模型，所有能够调动的现代展示手段当然都是要用的；当然还有近年颇为流行的互动模式，往和真人差不多高的玻璃前一站，墙上的屏幕立刻出来一位智者（院士），于是你就可以轻松与之对话了，你想知道任何领域的科学问题，只管提问。

"院士的喜怒哀乐和我们一样"

作为一名参观者，走进这座风采馆，我心里嘀咕的就是："如何介绍这些高深莫测的院士和研究成果？"

让我们感受深刻的首先是多种手段的综合运用。比如，研究植物分子学并提取药物成分的院士业绩文字说不清，那就在一片翠绿的树叶上打上灯光，光下走出一行行童话般的文字，叶子旁边闪出一个个药物成分或者成品的动画模型，甚至连功用、功效都比划得图文并茂，很儿童，难怪这架玻璃柜前围满了少年人，抄抄写写，还不住地小声惊呼；容易介绍的，比如航天，那就凌空一个地球，航天器绕着地球，望着月亮飞，天空里再撒一些眨眼的星星，最能吸引老老少少了；造桥的、修路的、盖房的，就更容易了，声光电一上，立刻身临其境。你若去参观，一定要到上海市全景动态模型前看看，最好停留数分钟，你就知道了上海 30 多年的发展史，没声音，只有灯光和造型，但极直观、极震撼，真正是"建大上海如烹小鲜"。要知道，这"烹小鲜"的每项大工程都洒下了院士们辛勤的汗水哦，谁说他们不是辛勤的劳动者？！

据说，在开馆日里，院士馆里最多的参观者是孩童、少年，到努力学习矜持的高中生；翻开台上的留言薄，他们的"墨宝"也最多："原来院士小时候也哭过。""伟大的母亲，伟大的金钥匙。""科学探索的道路真艰辛，他们真伟大！""院士原来也我们一样啊！也和我家爷爷奶奶一样啊！赞！"谁说这些留言的孩子们将来不出几个院士？！

评论：形式，还是形式!

如何艺术？如何让更多的人走近你、了解你、说你"亲"？形式，还是形式！

院士们从事的工作，可以说，即使我们把院士馆的介绍内容仔仔细细地钻研一遍，也不一定能真正了解他们工作究竟是什么，其领域对于平常人来说毕竟是高深莫测的。但为何有这么多人走进，有这么多学校甚至幼儿园组织前来？

形式是关键，环境是核心。这里的馆内环境把科学的高深和神圣渲染得淋漓尽致，当你走在群星闪烁、光线幽暗的科学小道上时，背景声音是科学家不住地说出的探索感言："人的少年时代就是在筑桥墩，基础不牢、地动山摇。"（李国豪）"为学应须毕生力，攀登贵在少年时。"（苏步青）"国家哪方面需要我，我就力所能及地去干。"（钱伟长）"如果有一天倒在手术台上那就是我最大的幸福。"（吴孟超）……这样的环境里，听到这样的话，定会刻记一生，咀嚼一生的；在这里，当你想了解一位科学家，一揿按钮，微电影就"撒"上台面；抬头张望，天上到地下，到处都是如影随形的科学"卡通"，甚至有点"萌"：在这里，你被浓浓的"科学"包裹着、浸泡着，你就做一块海绵吧。

形式到了位，环境出了彩，场所意蕴当然就有了品和位，院士们的风采当然就容易入眼、入耳、入心，说不定在你我、在年少人的心里"院士"就成了偶像，他的话就成了座右铭，他的成就就成了励志的"航标灯"呢！

位于外滩中山东一路27号的历史保护建筑、建成于1920年的怡和洋行总部，现在的名字叫罗斯福公馆（The House of Roosevelt）。作为上海历史上首栋钢筋混凝土结构的建筑，经过数次改造的罗斯福公馆见证了近一个世纪以来城市建筑的变迁，而今，在美国罗斯福基金会经营管理下，成为外滩建筑群中的时尚商业地标之一。历史保护建筑应以怎样的方式，在不破坏建筑气场的情况下延续建筑的生命力？这个话题值得思考。

再续世纪之梦

——从罗斯福公馆看历史保护建筑利用

前世今生　洋行经历数次改建

自上海开埠以来，外滩就是众人争夺的一块"风水宝地"。在外滩拥有一块土地，不仅是财富的象征，更是名誉的象征。

怡和洋行，昔日远东最大的英资财团，19世纪中叶就在寸金寸土的外滩占据了一席之地。1920年，洋行再次翻造，由马海洋行思九生设计，建成这座高六层、占地面积2100平方米的新古典主义建筑。全幢外墙采用花岗石垒砌，一、二层花岗石粗凿，这是上海早期大楼建筑的流行做法。大门进口处运用石阶，包铜的大门显得牢固，门两侧有一对壁灯。三至五层的中部，贯以四根大理石科林斯圆柱，二楼中央有石雕羊头装饰。六楼檐口较宽，故看上去似五层。之后，这栋建筑不断加建，如今总高九层。罗斯福中国投资公司总裁执行助理蓝智（Stefan Lange）

罗斯福公馆

曾在接受采访时说，这个建筑拥有整个外滩的最佳视野。

为了恢复怡和洋行在 20 世纪 20 年代的繁华风采，新主人在改造时参考了大量旧照片和文字资料，内饰都保持着大楼在怡和洋行使用时期的原样。罗斯福家族不想只让少数人享用这栋一流的建筑，所以不想搞酒店，它的经营空间包括一层户外和室内西式餐厅、二层全上海最大的葡萄酒酒窖；三层则是有私人电梯直达的会员制俱乐部，有各个以罗斯福家族成员命名的房间和会议设施，美国政要和家族成员合影以及大量画作出现在这个楼层的各个空间；六层刚入驻了国际高端婚礼会所拉斐尔；八、九层则为餐厅酒吧。

以旧修旧　移植玻璃创意"复古"

六层拉斐尔设计独特的仪式堂让人眼前一亮，尤其是那 17 扇彩绘玻璃，每一块上面的图案都不一样，就算是左右对称的一组窗也拥有完全不同的图案。这些具有 200 多年历史的彩绘玻璃是几个世纪前西方教堂的原作，因纷乱战事或教堂关闭，流落到民间或被公开拍卖。玻璃上的不少图案与西方历史和文化有着深刻的联结。比如鸽子衔着橄榄枝，比如作为英国国旗长达 800 年的圣乔治红白十字旗；有蔷薇花，也有"全知之眼"。

虽然无法详细了解每一块玻璃的出处，但其中还是隐藏着一些"名门之后"。比如有两扇玻璃的图案上留有工坊名称：F.X. Zettler。在欧洲，彩绘玻璃比哥特建筑的历史还要早 200 至 500 年。其制作中心，最早在意大利各地，而在 19 世纪，慕尼黑一下子冒出 13 家彩绘玻璃工坊，成为彩绘玻璃之都。其中 F.X. Zettler 雇工 250 人，就是其中规模数一数二、作品声名远播的工坊。

为抹去历史沧桑，重现光辉，亚洲数一数二的彩绘玻璃专业技术大师、来自日本的岩崎勇人，以最地道的方法清理了每一块彩绘玻璃，并根据实际安装地点的最佳效果来调换每扇彩绘玻璃的位置和图案，让它重现昔日的光彩。这里的彩绘玻璃之美是由文化和历史涤荡出来的。

为将仪式堂的设计更好地融入上海，适合外滩风格，在走"复古"路线的同时，设计师在殿堂设计中加入了不少现代风格的装饰，这种反差让人乍一看感到有些异样。这种"小异样"却正是设计师的良苦用心，拉斐尔本着三个原则：一是"还原"——还原中世纪欧洲 Chapel（小教堂）的面貌和气韵，包括大量使用大理石，显得光洁、稳重、可靠；二是尊重——尊重并依托建筑物的特色。比如拉斐尔在日本最大的仪式堂采用拱形穹顶，而外滩 27 号是历史保护建筑，所以就依托原来的方形藻井，配以世界顶级的水晶大吊灯；三是聚焦——白色的藻井，白色的墙面，光洁的大理石地面，都是为了衬托华丽、高贵、神圣的彩绘玻璃：光线透过五彩缤纷的彩绘玻璃，流露出一派斑斓迷离的神韵。

老派新潮　碰撞出外滩反差美

如此新意的背后，也受到了一些专家质疑：历史保护建筑如此"革新"，如此被商用合适吗？在历史建筑保护的问题上，没有绝对的对或错，在老建筑改造上的确有过失败的例子，最主要的问题还是可能对原有的气场产生破坏。那些百年建筑之所以珍贵，并非单纯是为了让人能看到建筑的原貌，而更多地是将历史更真实、更客观、更全面地展示出来，加之建筑本身所涵括的特定时期的艺术信息，一旦经过改造很可能就走样了。

然而艺术的保留依靠保持建筑原貌并非唯一的手段，还需要因地制宜。外滩27号不同于外滩其他商业模式，目标是要吸引各个层面的人，包括观光客，所以楼内露台餐厅、顶级酒窖、私人俱乐部等考虑得很是周全，这些业态对于外滩也是很好的补充。观光客进来了，就会在楼梯、走廊、墙角，看到原汁原味的英式建筑艺术，对于游客这就是很好的艺术熏陶、增长见识的事情。

更重要的是，外滩建筑群艺术最根本的特色正是海纳百川、新旧交汇。中山东一路上古典主义风格的大楼相互依偎，却让人只觉华丽旖旎、风情万种；而隔江相望崛起于20世纪90年代的陆家嘴，则是摩天大楼层出不穷，现代感超绝。反差美不正是外滩最吸引人的地方吗？

附：历史建筑应在保护中使用

——对话市城市科学研究会副会长束昱

记者：外滩的老建筑变成了商业地标。很多人觉得在老建筑里搞商业是对遗迹原貌的破坏，而历史保护建筑变换用途在国外也早有先例，作为上海市城市科学研究会副会长，您是怎么看待历史建筑变换用途的事？

束昱：历史建筑保护有个重要的原则，就是在保护中使用，让它为新时代增光添彩。在不改变建筑结构、材料和外观的原真性前提下，用我国古建筑保护的一句行话叫"修旧如旧"。但大家都知道，没人气的房子坏得快，所以很多中式木构建筑修复后常常被用于餐饮、会所、展馆、商铺等用途；在西式石构建筑里，设置餐饮、会所和商铺当然也是没问题的。

再者，商业中的艺术元素与其他艺术形式大不一样。如果把外滩古建筑风貌区比作优雅的轻音乐，那商业艺术就像轻音乐中突然扎进来的"披头士"，这对于本就是万国建筑博览会的外滩来说，我觉得倒也相宜：万国博览式的宽容当然也包括保护模式。

记者：历史保护建筑变换用途，国外的成功案例能介绍一下吗？

束昱：后工业时代，欧美等发达国家普遍加大了老建筑的保护力度。像英国，被列入国家重点保护的古建筑和历史遗迹共约50万处，大到皇宫、古堡、教堂，小到草屋、拱门、电话亭，甚至电线杆等。但这并不表明历史保护建筑便"不食人间烟火"，许多英国人喜欢在古建筑里居住和工作；意大利的威尼斯，米开朗基罗博物馆就是利用一个旧式的庭院群落改造而成的，内部装修十分考究，监控照明更是专业，而建筑主体外观基本没有改造。主馆的外墙面、门窗甚至显得有些残破，但改造者也在建筑的平台上加玻璃廊道供游人休息、喝咖啡。最著名的例子就是卢浮宫了，卢浮宫在从前的几百年里都是王宫，而今游人如织，每年近千万的游客大有挤爆卢浮宫的架势。当然，你若到了法国，到普罗旺斯阿维尼翁城古老的建筑庭院内，坐在露天的餐桌前来顿大餐也不错；到意大利，在锡耶纳城老街上吃顿饭当然也是一件美事，那里可供选择的餐馆一条街都是，家家古色古香。

所以，上海市在"历史保护建筑中引入一定的商业用途"是一件好事，对进一步延续这些老房子的价值也是有意义的。

编者的话：城市越来越光鲜了，园林城、音乐城、艺术城、设计之都，比比皆是，都市正变得越来越宜居、越来越养眼、越来越可爱了。每座城市都是鲜花满地、装置满城，各类大师的精品随处可见，当然好。可是，你没想过城市因此就可能是另一种意义上的"千城一面"了吗？每座城市都有自己的性格特点、都有自己的成长史，就如北京、柏林、开普敦、底特律，他们都有光彩照人的那面，当然也有难以启齿、但又必须记住的——

城市　看那个"疤"

北京、柏林的痛苦记忆

圆明园那著名的坍塌了的石头，全世界都知道的。

圆明园

《圆明园的毁灭》是国家教育部审定的小学语文五年级上册第七单元第21课的课文。你能想象孩子们读到"我国这一园林艺术的瑰宝、建筑艺术的精华，就这样化成了一片灰烬"时的痛苦感受吗？这就是残骸的震撼之力。圆明园号称万园之园，从布局、建筑风格到收藏的国宝级文物，无论是规划的角角落落，还是构筑的一椽一瓦、一木一石，还有园内布局、构筑与环境的呼应，都堪称无与伦比。可是，1860年10月6日的那场浩劫，英法武装暴徒闯进这座园子，能拿走的拿走了；运不走的，砸了。最后，一把火烧了园子，烧了整三天，烟云笼罩了整个北京城。被列强烧了的圆明园，就这样风雨中流泪控诉了100多年，一直到今天仍在控诉。

柏林的柏林墙，高度连5米都不到，但全长160余公里的墙却把城内的居民生生裂为两半，断了来往，柏林墙称为二战后德国分裂和冷战的标志性建筑。1989年11月9日的那个被误解的执行令，导致了存在28年的柏林墙被拆毁，史称"柏林墙的倒塌"。

人们兴奋地拆除心头的藩篱，整个柏林沸腾了，被拆下的柏林墙残片甚至卖到40万美元一块。但随后，柏林人就后悔了，因为当初的毁掉太过彻底，以至于世界各地来柏林的游客几乎找不到它的历史痕迹。为此，德国也意识到了柏林墙实物对纪念的意义，又努力修复多处现存遗迹；甚至，柏林人最近几年还修建了"假古董"式柏林墙，借此铭记那段真实的对抗史。

柏林墙上，最有名的当然要数涂鸦了。西面这边，早就被涂满了；东边作为纯净的大画布一直持续到 1990 年代，随后就是著名的《兄弟之吻》，然后又有"东边画廊"的称呼。而今，当年的创作者阿拉维（Kani Alavi）等人又投入保护"东边画廊"的行动之中。"保护这些艺术作品，我

柏林墙

们就是在保存历史。"他说，柏林墙、兄弟之吻、东部画廊已经成为柏林的艺术旅游名片。

城市里，更多是建设留下的疤

随着城市建设的开展，而今世界各地城市里更多的是各种各样原因留下的疤，烂尾楼、豆腐渣工程，他们的出现是因为政绩心切造成的，还是贪腐造成的？虽然外人看上去云遮雾绕，但其实各有各的来龙去脉，各有各的难以启齿，你懂的。

比如天津滨海 CBD，当年是何等的热血沸腾。2007 年，天津滨海响螺湾 CBD 开始建设。"按照计划，将在海河东岸 8.28 公里的沿线上，伫立起代表天津高端服务业发展的新城市中心，100～300 米高的楼宇群落，将勾勒出一条华丽动感的城市天际线。"这是当年媒体上常用的词句。当年的人们，都在满心期待 3～5 年内，这里将矗立起 3 栋 300 米以上的国际甲级写字楼、近 10 栋 200 米的高端楼宇、4 家五星级及超五星级酒店、数十栋 100 米左右高度的高档住宅及国际一线品牌入驻的高档商业……可是，原计划 2012 年矗立的"天津蜂巢"现在仍没有顾盼蓝天，而天津 CBD 内停工项目现已高达 30%，不可避免地成为"鬼城"。政府一腔热情，响螺湾终于还是"哑"了。

何止是天津！鄂尔多斯、东莞、深圳、绍兴、汝州，还有北京……鬼城、世界第一烂尾楼，不一而足。充满讽刺、调侃味道的城市疮疤，到处都是。

开普敦是这样做的

再来看看开普敦吧。在现代建筑和欧式建筑遍布全城的南非大都会开普敦，市中心的断桥却不合时宜地挺立着，桥面在即将到达最高点时戛然而止，腕粗的钢筋张牙舞爪地伸在外面，大大小小的混凝土块七零八落地挂在钢筋上或横躺在路面上；巨大而强烈的落差刺激着每一位路人的视觉和神经。

原来，这是15年前的豆腐渣工程，因为计算错误加上材料作假，桥快合拢时塌了，造成桥毁人亡的惨祸。灾难发生后，开普敦建设局局长被判入狱三年，设计师受不了良心的谴责选择了跳楼自杀。开普敦政府随后准备清理掉这堆引起全体市民不快且倍感耻辱的建筑垃圾，但狱中的建设局局长闻讯，连夜写信恳求市长留下这座断桥，以警示后人，大多数市民表示反对；准备拆除断桥的头一天晚上，开普敦电台广播了3名身亡的建筑工人家属致全体市民的一封信：断桥是每个市民心头的耻辱，作为死难者家属，我们也不愿意看到它，然后心头一遍遍的痛。但是，流过血的伤口就会留下疤痕，抹不掉的，不承认有疤的城市是虚弱的。

于是，开普敦议会议定：保留断桥，任何人不得拆除。同时，开普敦市还形成了一个规矩：建设局长宣誓就职仪式都选在断桥前。于是市民们电视里看到的就是：身后的残桥，桥前的局长；还有，市长交给局长一个装有断桥混凝土的盒子。

不知道我们的城市有无这个勇气？因为在我们的心里，那座断桥已经变了……

观点：请给城市留个疤

美好的是因为与丑陋相伴才更显其价值、才更让人珍惜。所以，请为城市留个疤。

为城市留个疤，首先是要求我们的城市有自揭家丑、定格家丑的勇气。如果我们连被毁坏的山坡都涂上油漆、画上绵羊，烂尾楼、断梁桥都能找到漂亮的托词，那我们的城市就会留下内伤，就会伤了元气，最终伤害的就是市民的情感、对城市的归属感，留下的就是痛苦的记忆了。

能在巨大的创痛发生后，选择留下创疤，是智者，是勇敢者，就如那位开普敦的建设局长。这样留下的疤就会变成镜子，照出很多很多；变成教科书，教会我们很多很多；就会为我们的生活准备一块上好的"画布"，为城市的品

质留下一片通透湛蓝的天空。

留下之后的"疤"一定要善待。善待之谓，不仅是留下而已，比如圆明园，今天我们看到的就是"遗址公园"，它就是绝好的教材，绝好的养料，各种形式的励志教育、各种创作的"原矿"都可从中挖掘；当然，是"镜子"，至少还要有个"框"。这个框就是城市公共艺术的生长点，小桥流水、荷叶田田、柳丝飘飘当然适合诗意的表达，但面目狰狞、断砼满地，其震撼之力又是何种画笔能比！正因为如此，开普敦的建设局长要求留下这个"疤"，为城市。

留下了疤，就有艺术家们来。他们是来催生创作的灵感，还是直接在"墙"上作画，只要是"种子"就会在城市这块"田"里生根发芽，生出艺术的娃，并成长为城市不可分割的一部分。日子长了，酿久了，你的城市气质就与别的城市不一样。

青浦：城市设计艺术的清新实践

一座城市要想给人留下美好的印象，城市设计的品味当然是一个重要因素，就如上海的外滩。可是，在城镇化大潮汹涌向前的今天，各地造城冲动按捺不住的当下，如何使城市形成自己的特点和个性，则是一个大问题。

美国有座很不起眼的小城，名叫哥伦布市。人口不到 5 万的哥伦布市却有 60 多幢风格不同的建筑，他们中的不少都出自设计大师之手，像贝聿铭、父子沙里宁、文丘里、迈耶，他们都曾接受康明思发动机公司及其老板埃尔文·米勒的邀请为当地提供设计方案。于是，因为米勒、因为大师的手笔，小城的建筑品质及创新因子在全美排名第六。

在上海青浦，当时推动城市设计实践的是一位名叫孙继伟的副区长。在他的邀请之下，包括张永和在内的一批设计精英来到这里，开始了创作实践。青浦城市规划展示馆、青浦税务局、练塘镇行政中心、涵碧湾花园、浦阳阁、朱家角市民中心、夏雨幼儿园、螺旋艺廊……刘家琨、张雷、马清运、大舍，他们的设计表现出的抽象、简洁、欢快轻松，与自然咬合交织，让人流连不已。就说朱家角人文艺术馆吧，设计师祝晓峰运用他一贯的明快路线，以简单的构造和稍做变化的形体表达出对景观、视线和庭院的精确控制。于是，艺术馆延续了江南建筑的白墙灰瓦，建筑的空间逻辑自自然然对接周围的街巷、道路、广场乃至一棵大树、一座艺术馆，勾勒出一幅淡淡的江南水乡画，清新得很。

可是说，当下中国的城市设计实际上是多方角力后的折中结果，政府、开发商、使用者、营造商同台角力，设计师只是其中的一个小角色；又如一位业内的资深人士所言：国际上建筑设计师按工程投资的 10% 收取设计费，他们可是说了算。在中国，设计师是按面积收费，谁容易出精品不言而喻。可是，青浦不一样，清新宜人的设计精品不断涌现，与这位懂行、前瞻且通达的决策者有关，与高水平的设计者有关，通达而不干涉，高水准并全身心投入，艺术品质高超的清构新筑自然就批量涌现了。

来此"试验"的设计师们不约而同地选择了"很江南，小清新"。无论是公共建筑，还是设计小品，在材质、在色彩、在院落、在微微的坡顶、在墙体、在一石一树、在空间、在肌理上，他们声气相通地体味着江南、咀嚼着"江南着"的青浦。最后他们的设计也成了江南的一分子、一音符。

"在这里上班很优雅"

——练塘镇行政中心印象

远远地，就见到粉白的墙、青黛的瓦，木黄的窗，老老的江南那种常见的直棂窗；走近了，长长的木质檐廊支楞着双翅似乎要飞走，我们仿佛到了农家的院落。

围着房子转，粉白的墙上满插着江南常见的走马门，凑近了，原来用的是走马门的意象；院落里，都是农家院落的常见情景，只是细看看就察觉出了现代，墙是雪白的，扶栏、窗户是木头的，矮矮的盘松葱翠地就这样偎依在廊前的石头边。进入内院，一幅清新淡雅的枯山水图：鹅卵石小道、随意散落的石制马槽、填在

练塘镇政府

路上的石磨盘，墙角处还有一个辘轳，仿佛还想"咿呀咿呀"地转动着汲水。

不经意转到了西边，发现了太湖石垒砌的假山，山前长满了各种乔木，间或点缀着藤蔓，山石树木的影印在粉白的墙上，俨然一幅泼墨山水：设计者运用传统的造园手法，写意地将清新的园林用在这里舒活环境，松快江南。

镇政府办公楼的设计者张斌回忆，当时担任青浦副区长的孙继伟邀请了一批新锐建筑师在上海郊区以创造新南水乡为"命题"进行建筑和城市设计实践。这场区政府领导的城市美化实验运动，对建筑师来说无疑是个绝好的发挥机会，行政力量的保驾护航令建筑师们天马行空地肆意发挥自己对建筑的理解与思考。

于是，练塘镇政府被设计成江南民居模样，但方案却受到当地较为强力的反对，张斌认为这是因为乡村社会目前已经趋于瓦解，无论是普通百姓、官员还是新富阶层，他们都没有文化自信，总是希望学城里的样子，从而摆脱"乡下"。

但最后，江南民居模样的办公楼建成了，里里外外、上上下下的练塘人"觉得外表看起来很朴素，但是里面很漂亮"。张斌认为，虽然现在的建筑外形并不是他们所喜欢的，他们觉得这个大的坡顶轮廓线土土的，和乡下的房子差不多，但他们也在慢慢接受它。他还说，基层政府办公，不好选择外形惊悚铺张的建筑，而现在的房子尺寸完整的正面是种符合基层政府形象的朴实选择。"当我站在公路边，隔着粉墙黛瓦的零散村落和大片茭白地里的稀疏树丛看这栋房子的时候，它与我最初的设想是相符的，它坚实、安稳地落在了那片场地上。尽管崭新落成，也不显得特别新。用青砖铺的屋顶已经长出青苔，以后再长点草籽之类的，就会更加与环境相融了。"

"在这里工作很开心、很优雅。"这里的工作人员纷纷告诉我们。

这里流淌着设计的清声雅韵

——朱家角市民中心和它的设计师

是土豆，还是外星人留下的清构飞行器？三角形菱状异构的球体，远远望去犹如清清水边、绿树丛中的一盏宫灯，仿佛从宫中来歇息片刻就要飞走；走近了，阳光把这栋形状奇特的建筑涂抹得褐红深浅，参差不同。原来，这就是朱家角市民中心图书馆，是它领着后面整齐、安静的排屋，当地人把它叫做"文化大桶"。

朱家角市民中心

往里走，一排排半坡屋顶的房子，那就是朱家角行政中心了。阳光下，江南常见的格子窗与映着天光的玻璃同处一面竟然和谐，就如高明的裁缝将不同的布料缝在了一起，做出来的"衣服"严丝合缝、挺括合身、清朗有型。

马达思班的设计师马清运他们，正是从江南水乡中找到了设计的灵感。"结合地处历史文化名镇的新镇区入口主要地段的优势，采用具有江南水乡特色的建筑形式，使它成为一个具有亲和力的政府办公中心。"设计师们这样描述这处建筑的个性：外型上，采用外挂青砖、清水混凝土、花格砖墙等朴素的材料，并以砖模数（模数是选定的标准尺度计量单位）来界定外墙的竖向模数，造成立面上有机的韵律感和空间上的亲和、庄重感；同时，立面上的模数也贯穿延伸至屋面的采光顶，结合花格砖墙（背衬玻璃窗）的运用，带来丰富的室内空间体验。平面紧凑而有序，且利于采光通风，又充分"借景"。"这是既江南又现代的行政中心。"马清运说。

网友们对这里当然"赞"声一片："传统与现代的结合蛮不错！""我很喜欢这样的设计，具有地域特色又结合了现代的手法。""本人感

觉此方案现代与传统结合得很好！手法简明，玻璃的大面积运用，体现着现代轻灵！材质和屋顶又处处阐述这源自传统，蕴含着历史风情！""清水绿荫边，望着'大桶'还有远处的桥，很享受！"

很裁缝、很荷兰（很新锐）、很注重细节的马达思班在青浦有很多清新的实践：朱家角也可以有双城双核、古镇改造项目——尚都里，还有这个朱家角行政中心，有空你也来看看。

说在前面： 近日，上海市绿化市容局宣布，上海将建21座大型郊野公园，总面积达400平方公里，近期开建5座，两年后建成。上海总面积只有6 000余平方公里，如此大手笔的"花园""森林公园"建设是上海市民的福气。

郊野公园与公共环境艺术关系如何？近日来到上海的著名策展人、东京现代美术馆馆长长谷川祐子女士直言"在上海没有发现印象深刻的公共艺术项目"，倒是对上海城市中心的花园感兴趣，那些坐在花园的长椅上的人们与花园的景致融合在一起，这种状态比一般的作品更有意思。可见，公园自身就是公共环境艺术的大秀场。

"公共艺术是花园"

——从长谷川祐子的角度看紫气东来公园

看了有关长谷川祐子的这篇报道，我倒是对这位记者的提问表示异见。其实，在很多城市设计者、艺术工作者的眼里，公共艺术就是令人惬意且留恋不舍的环境营造，而雕塑、装置等等只是其中的元素、符号而已。正如长谷川祐子所说，好的公共艺术交互性强、给人以能量，如位于

公园荷塘

嘉定新城的紫气东来公园。

紫气东来公园就是上海的郊野公园。"一个郁郁葱葱的城市之肺，一个蛙声蝉鸣的世界，一个男女老少徜徉的地方，一个嘉定人欢聚的场所"，这是设计者为紫气东来公园设定的目标。在设计者的眼里，紫气东来作为新城中央的条形中央公园，肩负了现代大型城市公园的多重使命：它是周边居民自然而然的户外活动场所，是公共集会、节日活动的理想场地，是碳中和的主力军，是收集地表径流、控制雨洪的自然手段，是野生动物的天堂。于是，设计者让"林中的舞蹈"成为公园的社区活动区、健身区、政府和科教中心区、交口茶座区和湖区等五个区域设计的共同理念。

徜徉在公园里，我们被大片大片的密林、湿地、草甸、湾湾碧水彻底迷醉，那些都是乡土植被、乡土树木，远远地就见到白白的鹭鸶、麻麻的水鸭，还有数不清的灰青红紫的鸟儿在树林水草间扑棱着、飞翔着、搜啄着；穿插在林间水面的蜿蜒走廊行云流水般，顺着地形高高低低蜿蜒曼舞着，宛如当地画家陆俨少的山水图卷。

行走在公园的动感走廊里，我们不时地被铁锈紫的各种装置吸引，他们都是当地的动植物意象：秋风起，蟹脚痒，轨道 11 号线高高的桥架下面就是螃蟹爬满墙的大型装置，那蟹仿佛在告诉城里的人们"又是一个谷满仓、鱼满仓的丰收年"；对脸的，就是当地

斜屋

随处可见的野菊花装置了，场地中间布置着大大小小的黑白"凳子"，原来，他们都做足了"欢迎"的功课呢。

设计师张斗说，公园里的走廊共有四种类型，除了动感走廊，还有静谧走廊、滨水走廊和林荫走廊，他们都是引导视界、激发能量的"管道"。静谧走廊是欣赏自然景观的廊道，串联公园中部空间并联系公园外的主要景观节点，它以曲线为主，并随地形从一个空间蜿蜒进入另一个空间，铺道用天然石材，简练清晰，"其线性风格受到陆俨少绘画技法的极大启发"；滨水走廊是水边的散步道，设计对现有的运河驳岸和材料进行了调整，布置了湿地和植被覆盖的河岸，水草等

水生植物阶梯式层层递至陆地，两岸布置散步道和栈道，"美景中的主角是人"；林荫走廊则是便民穿越公园的便捷通道，"走在'空气维生素'——负氧离子丰富的林荫道上，吸取的肯定是正能量"。

张斗还介绍，紫气东来还是一个"可持续设计"案例：林中的舞蹈点明了可持续性与公园空间融为一体的宗旨。这个公园与中国传统城市公园有较大的差异，其大尺度的空间特性要求促使简洁性，单个空间的完整性、独立性被焕发出来。公园里的树木全部是长三角地区的乡土品种，"我们舍弃了常见的追求成熟大树进园的做法"，因为那是杀鸡取卵、吃力不讨好的做法；我们在赤橙黄绿青蓝紫的丛丛树阵（装置作品：用原木涂上各种颜色，插在林中的空地上，形成"树林"意象）下采用大量的豆石铺装，以增加透水率和速度。不仅如此，公园设计中，还大量使用了现有材料和构筑物，如将旧工厂改造为嘉定科教中心，保存旧桥为人行天桥及野生动物走廊，甚至打碎天祝路两侧的沥青块用来铺垫林中小路。

如果长谷川祐子看了紫气东来公园，会怎样看上海的公共环境艺术？

相关链接：公园概况

位于嘉定新城的紫气东来公园，总面积 70 公顷。公园分为社区活动区、健身区、政府和科教中心区、交口茶座区和湖区等 5 个区。

建设之初，园区面临的现实是：纵横交错的运河、大面积的农田、天祝路林荫大道及工厂建筑为设计带来巨大潜力；基地中的运河水质差、湿地被破坏、大量基础设施造成公园内部交通不便及视线阻碍等。

针对设定的目标和基地的特点，设计者们定位公园里的五区：社区活动区，主要服务于相邻的住宅开发区，通过多样化的景观和社区活动创造多元空间体验；健身区位于住宅区与商业、公共区之间，为健身和运动场所；政府与科教中心处于整个公园的心脏地带，设计安排了碧水池、多功能草坪和舞动喷泉等景观；交口茶座位于公园的最窄段，它将开发地块与公园联系起来，提供了一个好环境和开敞的大门，公园借此向周边渗透；湖区以艺术与文化为主导，是公园的文化艺术中心。

设计者说，公园设计整体方针是道教文化的"紫气东来"的概念，以之贯穿整个景观轴、生态脊椎，以穿越公园的河道为动脉，借鉴中国古代造园的经验，把自然环境和人文景观的营造巧妙地结合在一起。

公园设计中，张斗等努力将"可持续"贯穿于公园的营造。园内共造林

11 000 余平方米，保留现状树木3 885 棵，连绵的森林既为野生动物提供了栖息地，也吸收和储存了大量的二氧化碳等有害气体；公园中的湿地面积达 44 000 余平方米，足够吸收净化公园内及周边道路的雨水径流。不仅如此，设计者还引导大量栽培当地树木、灌木、水草、花木，尽量利用当

公园里的装置

地废弃工厂中的原材料等因形就势地开展构筑营造。

公园的照明设计在深入研究的基础上，根据安全需要和晚间活动要求，确定照明区域，尽量减少使用上照灯光照明和漫射照明，以避免光污染，提高可见度。

公园里还安排了景观配套建筑等 20 个、雕塑装置作品数十个，分布在东西长 2 600 米、南北宽 350 米的景观轴线上，功能涵盖茶室、餐厅、书店、展厅、工作室、健身会所、凉亭、售卖亭和公厕等，分三期进行规划建设。（摘编自《时代建筑》2012 年第一期）

评论：关键是理念到位

公共环境艺术营造究竟怎样才算到位，这是个问题。

随着城市品质提升的需求日渐迫切，人们对居住环境的要求也越来越高。环境艺术不仅仅是在街头弄几个雕塑、公园门口造一座假山，或者是从废弃工厂的车间搬来旧机器摆在人行道边那样简单，公共环境艺术的核心和本质是人，首要课题是"愉悦人""熏陶人"，愉悦和熏陶当然都需要酿造出"美"的公共环境。

紫气东来公园中的雕塑

1998 年情人节那天，葛姆雷的《北方天使》雕塑在英格兰东北部盖茨黑德市郊一个空旷的山顶上落成。这个高 20 米、翅宽 50 米的酱红色"钢铁天使"成了这个城市的地标，也成了那个时期

英国最大的户外公共艺术品。因为这件作品，最多时，这里一天吸引了9万名参观者。后来，英国又出现了标志性的"安赛乐米塔尔轨道塔"，那是去年伦敦奥运会的标志性公共建筑——名字太拗口，还是叫它"麻花"吧。麻花高114.5米，比自由女神像还高22米。标志是"标志"了，可足够"扎眼"，伦敦奥运会已经过去快一年了，至今我们还没看习惯，每次看到它，立刻联想到正在打瞌睡的厨师捏出的麻花，就是这个样子。

深究起来，这些公共环境艺术作品争议蜂起，多是因为设计者心中"公众""美感尺度"等念头出了偏差。如果心念念想着"传世之作""突破自我"，那设计者初始欲惊世骇俗，最终多半会堕入骇世而雷人。

正如长谷川祐子所说，公共环境艺术的设计理念应从环境与人的相互交流中授人能量、让人愉悦出发；而中国的公共艺术创作，恐怕在吸纳人类智慧的同时，还要从中国传统的山水营造理念中汲取营养，其作品才有可能出彩、传世。

编者的话：今天的大中城市里，高楼蜂起，大有欲与蓝天试比高的冲动和豪情；不但比高，还比庞大，你的跨度100米，我的明天就超过150米，大有跨不惊人誓不休之势，似乎建筑的高度越惊耸、跨度越狂野就越威猛阳刚；还有比怪的，你是鸟巢、我就是巨蛋，你是大裤衩、我就是一条秋裤：可谓是遍地"英雄"唱大风。但是，我们需要这么多的英雄主义建筑吗？

当心建筑成为无人理解的"孤独英雄"

设计就怕宏大过头

建筑消费"大比拼"

1851年，第一届万国博览会在伦敦海德公园开幕，举办展览的馆舍就是英国工业革命成果的水晶宫。这座玻璃宫殿建筑面积约7.4万平方米，宽408英尺（约124.4米），长1851英尺（约564米），共5跨，高3层，房子为铁结构，外墙和屋面均为玻璃。有幸亲临现场的晚清中国人王韬描述其恢弘外貌说："地势高峻，望之巍然若冈阜。广厦崇庋，建于其上，逶迤联翩，雾阁云窗，缥缈天外。

南北各峙一塔，高矗霄汉。北塔凡十四级，高四十丈。砖瓦榱桷，窗牖栏槛，悉玻璃也；目光注视，一片精莹。其中台观亭榭，园囿池沼，花卉草木，鸟兽禽虫，无不毕备。"可见其长、大、高，充满了工业革命给人带来的勇气和魄力，大有天地间舍我其谁的英雄气概。

从那以后，历届世博会（早期叫万国博览会、赛奇会等）都成为英雄主义建筑大显身手的赛场，埃菲尔铁塔、太空针、原子塔、里斯本东方车站，只要你有耐心——数过来，几乎每届世博会都留下了标志性的建筑，他们中的许多带着鲜明的英雄主义色彩。

除了世博建筑，现实中的更多建筑是以比高、比大为能事，哈利法塔、101大楼、吉隆坡双子塔……2012年世界十大高楼排名，中国两岸三地就占了5席。

英雄主义是什么？

英雄主义是一个广泛而普适的概念，在各个领域的色彩是有区别的。建筑界所称的英雄主义是与理性主义、浪漫主义、救世思想，乃至权威、尊严紧密相连的。

文艺复兴运动唤醒了人们心中"人"的意识，更加上工业革命带来的崭新变化，都为建筑设计者提供了广阔的驰骋空间，人们在张扬自我中崇拜自我，开始为世界设计秩序和规则。有论者说，英雄主义在建筑中主要体现在以下三个方面：一是超越物质极限的群体意识，二是走向精神极致的精英思想，三是居高临下的济世情怀。

近百年来世界的建筑设计之路表明：正是设计师们被改造世界面貌的强烈欲望所支配，加上现代技术和材料的神速进步，空间的极限一次次被打破，大跨度、大尺度建筑你追我赶地出现。这种现象与现实的需求和土地的关系其实都不大，深藏在设计师心中的"英雄心态"才是真正的"发动机"。

20世纪30年代以来，巨高建筑、大跨建筑在世界的各个角落迅猛出现，比如奈尔设计的飞机库、沙里宁设计的大拱门，无一例外都是这种心态的外化表现。尤值一提的是，人们不但一次次挑战极限，还想表达对极限的控制能力，类似福特斯设计的巴塞罗那电信塔，力举千钧的形象让经过的人都发出先惊后叹，设计师让纤巧的柱子撑起庞大的空间，原本不可能的事情真真切切地就在眼前；不仅福特斯，还有圣地亚哥·卡特拉瓦拉、尼古拉斯·格雷姆肖也以充满张力和悬殊力量对比的建筑赢得了世界范围的声誉，而沙里宁设计大拱门则演变成了一个传奇故事，世代相传。

这些设计师们秉持的设计理念各不相同，甚至分属于现代主义、后现代主义、先锋派等不同流派，却常常在设计中表现出浓浓的英雄主义情结。

别忘"勒"住"自我"

设计英雄主义者们不少都喜欢把数学和几何规律作为艺术审美的尺度，柯布西耶甚至宣称：现代建筑的重大问题必将在几何学的基础上加以解决。所以，建筑形体的简化、空间和色彩的净化，这些特点鲜明地体现在贝聿铭、安藤忠雄、马里奥·博塔、丹下健三等人的设计中，大师们不懈地追求同一的标准、万能的功用、有序的模式、不变的结构。这种理念甚至渗到规划界，巴西建筑师科斯塔为巴西利亚所作的规划就是一座理性与秩序的纪念碑，该城的平面严格对称，取的是"飞机"意象；规划图中的城市呈几何形体，彰显出雕塑感极强的巨大体量。

英雄主义设计者普遍怀有强烈的济世情怀，他们的心中无不揣着浪漫主义理想，潜意识中颇有杜甫"大庇天下寒士俱欢颜"的心态。但是，当这种英雄主义个人化色彩越来越浓厚，渐渐演变为"个人英雄主义"的情形如何？现实中，我们身边这些"高大广"建筑，体育场那些巨量却又没有任何实际功用的钢材有必要吗？那些每天空耗数百万度电的空间不可以去除吗？我们不禁要问，"银河"真的要弄成如此巨大的"雨花石"模样？歌剧院真的要弄得这么古怪？

英雄主义与个人主义、消费主义的自我张扬也许只隔着一层薄薄的"窗户纸"。所以，当英雄主义过头时，请设计师们别忘了"勒"住"自我"。

言论："英雄主义"消费不起

从现代主义设计风开始劲吹以来，所谓英雄主义建筑已经走过100余年的历史，其功能化追求和理性主义的张扬为世界留下了许多优秀的作品。

随着工业化步伐的加快，城市急速发展，城市住宅的需求迅速膨胀，要求建筑从中世纪的手工业操作尽快转化为工业化操作，加上工业化为建筑准备了大量的新材料、新结构和新设备，注定要促成一场浩浩荡荡的城市建筑革命。简而言之，即多、快、好、省地建设，就是当时建筑设计面临的主要课题。

随之而来的就是20世纪中期开始，现代主义建筑给城市带来的诸多新的问题，张扬"理性"所表现出的排斥传统、民族性、地域性和个性的所谓国际式风格，即建筑外表不要装饰、千篇一律的光、平、简、秃，这种贫瘠而不毛的"素朴"追求，引起了人们越来越大的不满：难道人就非得被包围在这些冷冰冰的、缺乏人情的、理性有余感情不足的巨大"豆腐块"和"人造峡谷"中不可吗？历史、乡土、人情、个性，就真的与时代性不能共存？

更有甚者，有的英雄主义蜕变成了个人主义、解构主义乃至消费主义，一栋栋奇异建筑随之出现，建筑设计艺术在有些人的手里变成了彻头彻尾的游戏，甚至哗众取宠的噱头。

需要指出的是，求异求怪的英雄主义设计消耗了大量的资源。美国不到全球5%的人口，却消耗了全球25%的能源，而其中建筑消耗至少占到1/3。这种环境不友好、不可持续的建筑20世纪90年代以后也到了中国，一直到今天仍方兴未艾，这些建筑大量消耗着能源、产生不尽的视觉污染，是典型的新、奇、特、怪、洋式建筑。更何况，走在这些英雄气概咄咄逼人的建筑下面，原本压力巨大、节奏紧张的我们，感受到的是再次的泰山压顶，我们只能弯腰，丝毫感受不到设计师们一厢情愿的所谓"权威"体验。

我们需要的是中国风，我们要承续的是中华建筑文脉，不需要全盘照搬打着各种旗号的洋主义、欧陆风，因为那些东西其实都是西方各种流行甚至过时手法在中国的杂凑。"Back to the basic"（回归本体），让"清新""合理""理性"的城市建筑回到我们的生活。

编者按：首届国际公共艺术奖项颁发已过去一个多月了，获得奖励的公共艺术项目来自各大洲，项目涉及建筑、环境、装置，甚至过程，可谓是优中选优，百里挑一。更难能可贵的是，这些项目的评选是专业人士的纯艺术行为，没有任何外力的加入。获奖项目的公共艺术价值应该是皇冠上的明珠，代表当今的公共艺术的最高水准了。

但我们还要问，既然六个获奖项目分别来自五大洲，涉及面、专业性又如此之强，这些项目脱颖而出最后获奖揭示出公共艺术怎样的发展趋势？对我国的公共艺术的发展有何借鉴意义？

站在巅峰说"六强"

——首届"国际公共艺术奖"高起点评选的思考

六个项目数过来

由中美两家期刊共同创设的"国际公共艺术奖",首次颁发地选择了中国上海。以"地方重塑"为主题的奖项,选择来自全球各地的141件作品,包括壁画、雕塑、社区改造、空间转换、艺术活动等多种形式。

四川美术学院虎溪校区图书馆

经过来自英国、美国、日本、中国、荷兰、澳大利亚等6名评委的最后定夺,来自委内瑞拉的"提乌纳的堡垒文化公园"、尼日尔的"尼日尔建筑"、美国的"纽约市空中步道公园"、中国的"四川美术学院虎溪校区"、澳大利亚的"21海滩单元"以及荷兰的"厨师、农民、他的妻子和他们的邻居"摘得大奖。

纽约空中步道公园,现在成了休闲、公共艺术展示公园

"尼日尔建筑以具有功能的艺术作品模糊了现实与幻想,唤起18世纪那种完全融入大自然的浪漫和崇高的概念。"这是评委们给瑞士艺术家诺特·维塔尔在尼日尔北部沙漠一处绿洲中所造泥屋群的评价。这处"委托人"一栏中填着"自我委派"的集雕塑、建筑、大地艺术为一体的泥屋群,是维塔尔2000年开始建造的,每幢建筑都被他冠以功能明确且优雅的名字,如"望月之屋""观日落之屋"等;群屋中的一处是儿童学校,可容纳450名儿童上课。

获奖的6个项目,个个都让我们眼前一亮。制造21海滩单元装置的德国艺术家施耐德,在澳大利亚悉尼最著名的旅游景点——邦迪海滩,设置了一个又一个四米见方的网状笼子，让原本休闲的美丽海滩瞬间变成了军事禁区、囚牢禁地，虽然笼子里也有蓝色的气垫、遮阳伞，还有黑色垃圾袋，可一旦游人进入，立刻就有被囚禁的强烈暗示：快乐与不安就这样融合在了一起，自由和被监控、隐私和曝光、内部和外部，就在一瞬间，你都错位了、错觉了。

艺术家联手居民

纽约高线公园是在曼哈顿西区一段废弃的高架铁路上创造出凌驾街道上空的立体公园。公园融合了三个历史时期的特征，成为一条历史与现代共融、建筑与景观交织的空中绿廊。这里是曾经的工业区，原先是一段废弃的高架路，艺术家詹姆斯·科纳、皮埃特·欧尔多夫等在利用和改造铁路结构的基础上，创造出"浮"在街道上空的立体公园。2009 年 6 月空中步道第一部分开放起，就成为城市的主要观光景点之一，步道也成了纽约西区工业化历史的一座纪念碑。需要指出的是，这个项目的资金既不是来自政府，也不是开发商，而是一个以社区为基础的非营利性组织——"空中步道之友"筹募得来。

获得一等奖的提乌纳的堡垒文化公园则至今仍未获得任何资金支持，可是亚历杭德罗等 3 位艺术家依然乐此不疲。公园的基地是一座被废弃的停车场，艺术家们主导着让项目演变成了一场新兴的集体文化运动。附近的居民、更多的年轻人，甚至学生都纷纷加入，回收来的集装箱被组合在了一起，变魔术般"幻化"成功能各异、想长就长的空间。几年来，该项目的占地面积不断扩大，逐渐演变成为一座城市文化公园，办公室、教室、餐饮、绿色和体育区域都有了，各类艺术和科学活动也被不断引入，每天都有超过 500 名儿童和青少年前来参加文化和艺术活动。

过程亦耐人寻味

这次获奖的一个项目名叫"厨师、农民、他的妻子和他们的邻居"。说实话，说它是公共艺术作品，开始时真有些"雾水满头"的意思。项目当然是由一群艺术家主导，基地是鹿特丹西部的一个社区花园和社区厨房，是典型的社区居民参与的项目，评委们说："项目重新定义了绿色农庄的概念。"

这里是欧洲重新发展的最大型居住区之一，但 20 世纪 80 年代这里却一度为无人之地。2004 年，城市把所有权转让给了房屋公司，但该公司在这块敞开的空间上看不到价值，放弃了。2009 年，来自斯洛文尼亚、荷兰的多位艺术家和这里的居民一起，接管了管理工作，他们组成了一个 8 人委员会，负责两个空间，一是开放花园以供生产，二是敞开厨房烹制食物。"吃喝无忧"之后，花园里渐渐有了艺术工作坊，有了经常开展的文化项目，还有一个社区中心，社区居民完整地参与"建立一个场所"的全过程，并享受着社区厨房给街道带来的安全感。"这个项目证明，居民不仅渴望而且可能参与设计他们的城市，他们有能力推进项目的进展，使公共空间成一个充满活力的公共社区。"如今，这种过程已经在良好地"四季轮回"着。

链接：回到现场

2013年4月12—15日，由《公共艺术》（中国）和《公共艺术评论》（美国）两家专业期刊共同创立的"国际公共艺术奖"在上海颁发首次奖项。全球参加竞赛的141件作品分为永久性和暂时性两大类，都是突出"地方塑造"为特点的公共艺术项目，体现出优秀的专业水准、创新的设计理念和高超的建造技巧。

这些作品从不同角度关注和诠释城市生活和地域文化，关注环境空间，关注人文、历史脉络和公众日常生活，体现出公共艺术对于社区再造及重塑市民文化生态的意义。

6名评委都是公共艺术领域资深且活跃的专家，评委会主席英国人路易斯·比格斯是著名策展人，曾经任利物浦双年展总裁。美国的杰克·贝克尔是《公共艺术评论》杂志创办人和主编，长谷川祐子是东京都现代美术馆总策展人，还有中国的《公共艺术》主编汪大伟、荷兰阿姆斯特丹艺术和公共空间基金会主管菲尔雅·厄尔德姆奇、巴西圣保罗大学当代艺术教授卡提亚·坎顿，由他们从全球范围内推荐的15名研究员，提名了141件作品。为期2天的评审中，经过激烈讨论，6名评委制定出入围作品（项目）的必备标准，同时评选出26个最佳案例，其中6个案例入选最后大奖。

据了解，国际公共艺术奖评选活动今后将每两年举办一次，任何国家都可以申请成为主办方。

观点：平等参与

首届国际公共艺术大奖的宗旨叫"地方重塑"，从获奖的6个项目来看，很好地体现了这一主题。一直关注着这一公共艺术事件的我依然觉得本应知晓的一些信息却其音也稀，比如公共艺术需要大家的平等参与。

提乌纳堡垒花园项目自不必言了，艺术家倡导的"微城市主义"等理想，都是在公民全程、全方位参与之下实现的。在这里，棚户区艺术家、舞蹈爱好者、孩子、残疾人，他们在这里学习古典艺术、新兴艺术，一起参与"堡垒"的建设和美化，他们在这里朗诵诗歌、画画涂鸦，形成了30多个活跃分子为核心的团队，有社会学家、艺术家、爱心人士、民间团体，花园里的人气很旺。

平等参与，我们的艺术见解就会在行动中相互砥砺，越磨越亮，我们"地方重塑"就会让历史和自然很好地嵌在艺术项目里，纽约空中步道是，中国的虎溪校区也是。四川美术学院虎溪校区是重庆大学城规划中的一部分，原址是虎溪镇伍家沟村七社，设计者们考察基地后，"不铲一个山头，不填一个池塘"，完整保留了11个山丘，保留了原有的部分农舍、水渠和农田；让新添置的建筑群散落其间，采取"粗材细作"的原则，建筑以丰富的形态、朴实的材质呼应原有的地形地貌。于是，虎溪校区里，农家生活在安静的校园中悉如从前，各种农具散布在池边回廊之中成为一种地方记忆的符号，整个校区成了"村庄里的艺术学府，城市里的世外桃源"。

艺术家、政府官员、公众、民间机构的平等参与是公共艺术的精髓，惟其如此，才有可能摈弃、远离挂羊头卖狗肉式的所谓"文化产业"（实际大都是商业、餐饮业），才能避免"创意产业"口号下公共艺术的娱乐化。

今天是中国文化遗产日。在这个特殊的日子里，我们本该为我国拥有如此丰富的文化遗产而高兴，单是成为第七批全国重点文物保护单位的就达1943处；可是，我们看到各地蜂起的造古城热、看到申遗成功后的世界遗产地随之而来的黑压压游客，由此忧心忡忡……

文化遗产不是旅游遗产

——由文化遗产日想到"最少干预"以维护真实性

文化遗产地"保护"何在？

毫无疑问，中国是文化遗产大国。截至2012年，经联合国教科文组织审核被批准列入《世界遗产名录》的中国的世界遗产在数量上居世界第三位，仅次于意大利和西班牙。至今，我国共确定并公布了119处国家级历史文化名城、157

处省级历史文化名城……

数据很客观，可是，随之而来的常常就是大张旗鼓的旅游开发热，到最后，旅游就只剩下赤裸裸的门票。2013年春夏之交，凤凰古城"捆绑销售"148元门票风潮传染迅速，国内诸多遗产地、国保地纷纷跟进，闹得国人怎一个"烦"字了得。难道申遗只是为了提高"门票"？不仅门票，到了节日，去那些文化遗产地究竟是看人还是看景？不顾景区可容纳人数，不禁游人连自身都落得脚不沾地、悬浮空中，像去年国庆节的故宫，媒体只关注到"人潮汹涌游客数创历史新高"，这背后的安全隐患以及由此可能对文物景区产生的损坏却鲜少被提及。单日超18万，可故宫的最大容量每天6万人，所以管理方才开始启动应急预案。

文化遗产变成了旅游遗产，而本该放在首位的"保护"两字显得多么虚幻！

"修旧如旧"到"拆真造假"

近几年，各地在古城改造这一领域似乎只是要拼个"大手笔"，很多甚至宁可拆了真的造了假的，只为"大气、美观"。

在这种思路之下，好端端的岳阳历史文化街区——楼前街、翰林街、塔前街全都挡不住地产项目隆隆的推土机，晚清风格浓郁的翰林街已经消失，岳阳成了"推倒重来"的典型；聊城则是"拆真造假"的典型。聊城启动古城重建计划，但没有遵照专家规划，而是将大片老街区拆除，同时又大量建起仿古宅院……打着保护的旗号变相破坏遗址的现象绝非偶然。

各地之所以这样对待古建、古街、古城，一个非常简单的原因就是不懂文物真实性原则。比如，有位文物维修专家排除了文物的险情，又做到了修旧如旧，可是，领导没看到"新貌"，觉得没成果，只能按领导要求做"假"。

开发应该远小于保护修复

不同于我国对待文化遗产普遍采取的"保护"与"开发"捆绑的掠夺式、单一化解决模式，国外对遗址的重视更值得学习。

吴哥窟的周萨神庙曾请来世界顶尖的文保专家纷纷前来会诊，仅占地2 500平方米左右，光是中国派出的专家就修了整整7年。

越来越多的人们意识到，文化遗产是国家软实力的重要基础，是推动文化的国际交流、展现国家风采的重要名片。日本、西班牙一些珍贵的考古遗址，一年就开放那么短短几天，每次接纳很少的游客，都得提前预约。想到意大利的比萨斜塔试试"站在塔上丢铁球"，看是否同时落地的话，那可得碰运气了。意大利人花了十几年时间，动用了全世界的顶尖力量，纠正了塔40厘米的倾斜后，就严格控制流量，半小时只能上去 30 个人。

　　为了保护人类文明瑰宝，各个国家的文化遗产门票价格却普遍不高。不摇"门票"这一棵树，发达国家的做法就是加大政府投入、吸引各种民间基金参与文物保护，惟其如此，才能让文化遗产虽沧桑病体却可益寿延年。

言论：善待病体

　　搜遍我国的文化遗产，哪个不是"汗流浃背、气喘吁吁"，甚至是拖着"病体"硬撑？

　　人不可有矜持的身段，但世界文化遗产、国家重点保护文物得有，所以我们在对待古城改造问题时，首先得对这些宝贵遗产本身价值有起码的尊重，绝不能大刀阔斧、跟着感觉走。已经有不少古城古迹经过"高水平"规划改造后，失去了原本好端端的历史文化风貌，变得不古不今。

　　除了该有的尊重，我们还应该在保护和开放之间找到合适的平衡点。文化遗产存在的最重要前提和价值，就是它的真实性。文物是不可再生的，必须是历史的原物。如果只注重申报带来的经济、政绩效应，申报成功可能就意味着灾难的降临。梁思成先生说，维修古建筑是让它祛病延年，带病延年，而不是返老还童。如果我们不遵守"最少干预"以维护文物真实性的原则，结果就会都一样——毁灭。

　　令人欣喜的是，最近敦煌研究院公布了敦煌每日游客承载量。敦煌研究院保护研究所所长苏伯民介绍，研究者长期对莫高窟的外部环境、文物本体、游客流量等三方面进行监测，经过 10 年的专门研究，得出了大量翔实数据，最后慎重确定莫高窟的日接待游客合理数为 3 000 人。数据一出，景区的硬件、软件随后跟上。敦煌莫高窟游客中心年底将启动，届时，所有游客必须

通过网络、电话等形式预约后才能正常参观莫高窟；在参观莫高窟之前必须到游客中心观看数字节目展示，领略莫高窟博大精深的佛教艺术；随后乘坐内部车辆抵达莫高窟，接受分类管理并分组，按既定的路线进洞窟参观；参观结束后，再乘坐内部车辆返回游客中心。敦煌文物研究院院长樊锦诗说，"如果对所有游客都平等开放，只要来就欢迎、款待的话，以后的游客有的看吗？这对后人平等吗？"

我们可否都学学敦煌，不再"杀鸡取卵"，而是把遗产地当成绅士般对待，尊重并保护，这样我们也能从他们身上收获更多。

美国打印出 3D 人类肝细胞的新闻一下子让数字化技术成了热议的话题，在艺术领域，数字化设计也已经成为艺术家作品中的新元素。顺着数字化设计的路径一直往前走，今天的 3D 打印已经能打印出很多东西，说不定再过一些日子，它就打印出一座城市呢。

打印一座城市邀你入住

3D 技术为艺术创造新型生活提供可能

技术改变设计观念

简单地说，数字化本质上就是基于数字媒介的信息处理技术，所以通常数字化技术又称为信息技术。随着数字化技术的迅猛发展，计算机已能帮助设计人员完成大量的计算、分析和比较，甚至选择最优的方案、调整方案。

从前的设计都是要从画工程图开始，所以在学校教学中，学生们的专业课都是从绘图开始的。而现在，只要你简单画个草图，甚至只要你把自己的想法输入计算机，机器立刻就能绘出你想要的方案。现在的设计界，"找形软件"能够为建筑师找到最符合环境、人文及美学原则的方案，无论是单体建筑还是整座城市，如广西钦州的参数化城市规划。

当数字化撞见艺术

虽然普通人对数字化建筑和城市知之甚少，但你所熟知的外滩欧化建筑形态后面都有数学、设计找形的故事。西班牙未完工的圣家族教堂是哥特式建筑风，但它的设计完全没有直线和平面，而是以螺旋、锥形、双曲线、抛物线等各种变化组合成充满韵律、动感的宏大建筑。或许是因为没有计算机做帮手，高迪为它倾心付出40年，最后累死在这座伟大的工程上。

计算机也成为扎哈事务所艺术构思和概念化方案的助推器。"从概念到完工都采用了新的三维计算和交流技术，我们用它在设计过程中回应客户需求、场地限制及探索新可能。""我们的工作一直在三维展开，从概念、草图、建模、发展、设定功能关系、形态直到结构、设备、幕墙系统的整合及最终为工厂设定数字建造的最终方案，我们的设计过程开创了整合化设计的先河。"扎哈事务所设计师大桥渝如是说。

两层楼房正在打印

数字化的最新风头3D打印机打印山的长笛能吹，打印的面包能吃，打印的骨骼能装进人体，但你听说过用3D打印出一座能住人的房子吗？最近，意大利设计师恩里克·迪尼就发明了这台打印房子的3D打印机，打印房子的原料主要是沙子。当打印机开始工作时，它的上千个喷嘴中会同时喷出沙子和一种镁基胶，这种特制的胶水会将沙子粘成像岩石一样的固体，并形成特定的形状，然后只需要按照预先设定的形状一层层喷上这种材料，最终就"打印"出了房子。打印机比常规建筑方法快四倍，而且所使用的原料也只有原来水泥价格的三分之一到二分之一。更重要的是几乎不会产生任何废弃物，且更好地保护了环境。现在，他正与荷兰建筑师简加普·瑞赛纳斯合作，打印一幢二层楼的房子，预计2014年竣工。

观点：宜居进化

数字化设计，包括建筑设计和城市设计，已经颠覆了传统。

今天，我们的土木建筑类学生进入大学后，还在学习绘图和角尺计算，但是，这已经不是当初必须掌握的技能训练了，而是为了找出物体和城市的专业感觉，现在的学生走出校门无一不是在电脑里绘图，输入参数，然后成型，修改自然也是牵一发而动全身，因为方案是个整体，是一个数据进入，整体面貌就会一齐响应、一起进退。

数字化设计让人与自然的和谐成为可能，让诗意的栖居成为可能。工业革命为人类的自我膨胀带来了技术支撑，"九天揽月、五洋捉鳖"可成为现实，人似乎变得无所不能，英雄主义与浪漫主义大行其道。终于，人成了地球的"主宰者"，环境被改造，变得蓝天不再、碧水难觅。日子长了，臭氧层空洞，江河湖海变臭，噪声变得让人难以入睡，空气变得让人生病。此时才惊觉，原来人根本不是地球的主人，只是地球不是被改变，而是在被透支。科技的成长应该促使人与环境友好相处，而不是相互伤害。

于是，数字化技术作为一门系统、整体、可逆、可预知的智能化技术应运而生，它通过强大的计算能力把人、社会、环境综合优化，最后达成人在城市中的诗意宜居，那时，现实版的桃花源真有可能出现在我们的面前。

需要指出的是，数字化建筑和城市设计浪潮来势迅猛，但关于数字化建构、数字化建造、参数化主义、多智能系统，甚至 BIM（又称 BIM 核心建模软件，用于建筑规划、设计、施工、管理等整个生命周期）等等，专家学者们看法不一，争论继续；但是对于普通人来说，这种建立在计算机基础上的技术只要能把我们的城市变得越来越美，环境变得越来越好，它就是值得赞扬的。

别把城市生态艺术想得太难

请先做个自然看护人

城市生态艺术，即如何让我们的城市更自然、更灵动，绝不是一味地高消耗与不可持续。近年来，我国已有百余座大中城市提出"生态城"的目标，可谓是风起云涌，仿佛一次千载难逢的机遇又已来到，已可想象大干快上、从速建设的场面又将出现。

"生态城"由来已久

美国人理查德·瑞杰斯特首倡了生态城的概念，较为系统地阐述了建筑、景观、城市设计与生态之间的关系。到了1987年，俄罗斯生态学家扬尼斯基将"生态城"定义为一种理想城模式——它是一个经济发达、社会繁荣、生态保护三者保持高度和谐，技术与自然达到充分融合，能最大限度地发挥人的创造力，并有利于提高城市文明程度的稳定、协调、有利于持续发展的人工复合系统。20世纪后半叶，"生态城之父"艾洛·帕罗海墨、美籍意大利建筑师保罗·索拉里等设计大师都纷纷投入生态城的营构之中。

生态城究竟应该是怎样的面貌？就像理查德·瑞杰斯特所说，一座理想的生态城就是"一座与自然平衡的城市"。这座城市里没有小汽车，只消耗很少的能源，所有的建筑都徒步可及，有大量土地供动植物栖居，穷人也能住得起，人类的艺术、科技和生态智慧在此表达。

砸钱换不来"低碳"

虽然我国政府是在2010年才提出"低碳生态城"的概念，但中国式"生态城"运动早已风急火旺地烧了20余年了。

打着生态城名目的项目虽然很多，但符合生态标准的城市却寥若晨星。生态城市艺术的核心是"低碳绿色理念"，而这恰恰是各地生态城决策者们的短板，不说别的，就说一样：我们有哪一座不是以汽车为尺度来规划和设计的？在很多乡镇，有汽车、有洋房，那就是小康的标志、现代化的标志，而非生态。

西方兴起的工业革命浪潮，把"人类中心"的思想发挥到了极致，人为自然界立法，人没有办不到的事情，于是一项又一项新技术把人无所不能的气概张扬到了极致，到头来我们的世界已经被我们自己制造的汽车、高楼填塞得越来越拥挤，环境变得越来越糟糕。

我们真是世界的主宰者吗？我们可以这样肆意挥霍才思和激情而不顾环境的情绪吗？海德格尔说："人不是存在者的主宰，人是存在的看护者。"

索拉里的未了心愿

美国一位名叫保罗·索拉里的老人从1970年起，买下凤凰城以北的阿科桑底，开始了40年的实验性生态社区建设，试图把他所建构的"建筑生态学"理论变成现实。

到过阿科桑底的人，对那些"轻触空间"之类的术语都印象深刻。"举目望去，一面浅坡上下，疏疏落落几栋建筑尽收眼底，建筑群的中心，是一大一小两座开敞的半穹形混凝土构筑物，宛如科幻片中史前遗迹的硕大布景。"这是中国一位学者在博客中描述的阿科桑底——一座"建设性的后现代城市"。

阿科桑底

阿科桑底是"后现代的"，因为它是对建立在汽车轮子上、高耗能高污染的现代城市的超越。它是"建设性的"，因为它力图

打通城乡之间、城市与自然之间、城市各个部分之间、城市居民之间的隔膜，追求人与自然、人与人之间的和谐以及城乡并茂、工业农业的共荣。

可是，阿科桑底只完成了计划的3%，而支撑这个建设的主要资金来源之一竟然是出售风铃。今年4月初，94岁的索拉里在阿科桑底安详离世。生前，索拉里曾极力游说中国应走在西方的前头，在快速推进的城镇化浪潮中，至少建成一座后现代生态城。可事实是，纽约、巴黎、伦敦依然是"先进"和"主流"，是我们要追赶的都市图腾。

言论：消灭"怪兽"

我们的城市，无论大小，对于自然而言都是另类的怪兽，它们大量地消耗能源，产出温室气体，与环境严重地撕裂，工业革命的魔手把人类推向了与自然截然对立的悬崖边。

以城市空间和公众生活为背景而展开的城市艺术，纷纷强调艺术对自然、环境和空间的征服，数不清的艺术作品，主题都是肯定人的意志和力量，生态环境的牺牲全都在所不惜。

越来越严重的环境问题、环境灾难，让生态城市渐渐成了越来越多的人们谈论的话题：人应是自然的守护者。城市也是一个生命体，也一样享有生命的尊严，我们要用合适的艺术形式让它焕发魅力。

浙江台州市中心有一座40米高的气象塔建到快20米的时候，因违反城市规划被叫停，山顶就留下半拉子混凝土塔身。塔在市中心，有小山托举，城市中的空间影像很是招惹眼球，如果将它改成一座城市雕塑，肯定不错。于是，台州方面让声绩卓著的艺术单位提交方案，可所有方案都是重建一座近40米的巨型雕塑。结果，原本最大的亮点——半截塔没了。

为何艺术设计者不能领会当地意图？因为他们的心里，城市雕塑、景观艺术是要为城市增添亮点，花费金钱、消耗资源理所当然。我们的所谓艺术和设计出发点，几乎都是要把设计者的想法和意志注入这个城市和居民心里，不管自己的意图是否合适、是否适应当地的情况。

为了城市不另类，为了自然能安生，我们应该学会敬畏和尊重，让放弃、收敛、保护转换成为艺术的自觉；顺其自然、无为而为，就会成为生态艺术的必然选择。

自从4月关于成龙将收藏的徽派古建筑捐赠新加坡的消息传出，各界对此众说纷纭，批评者有之，骂人者有之，唏嘘声更是浪头迭起。成龙一向以爱国形象示人，如今的行为也更让人震惊，受到了更多谴责。作为旁观者和古建筑艺术的爱好者，冷眼观察了两个月，在事件渐渐平息之时，想说说我的看法。

成龙，你的选择没错

古建筑走出国门不代表失去，而是为了保护

一有机会，我就要去徽州大地，沐浴那悠悠的徽韵。然而数十次进村入户，也让我对当地居民的生存状态产生了深深的忧虑。

众所周知，徽派建筑作为中华古民居的流派之一，无不依山就势，傍水开门，座座构思精巧，自然得体；房屋的布局规模常常宏大但结构灵活、变幻无穷；空

间结构上的造型韵律美就在屋脊房檐的流动转换之中，其粉白的马头墙、乌青的小黛瓦在青山绿水之中简直就是一首无言的山水诗，更加上繁复精美的石雕、木雕、砖雕，往往一座徽派民居就是一座富丽堂皇的艺术宫殿，让人痴迷到不能自拔。

外表上，那些古民居的观赏性确实一流，尤其是翠绿的叶衬着金黄的油菜花，加上碧空如洗、水面如镜，青山绿水间的粉墙黛瓦美得确实让人不敢出声说话，挪步欲走又流连。可是，这些村落的居住条件大都令人堪忧，屋里的墙、梁、瓦、柱大多已经朽败不堪。因此，有实力的人家常常拆了危房盖新房，没有实力的，只好东撑西接，看了以后我既心痛又无奈。

早在 1997 年，安徽就颁布了《皖南古民居保护条例》，但这里的古民居依然难以改变被"外迁"的命运。2003 年，皖南休宁县黄村的古民居"荫馀堂"就被拆成 700 块木件、8 500 块砖瓦、500 块石件，装进 40 个货柜，运到了美国波士顿北郊萨兰镇的埃塞克斯博物馆内。妥了之后，博物馆首席执行官唐·蒙罗在给休宁的邀请信中说："我们因荫余堂相识、结缘，期待着在美国讨论此项目带来的其他合作和文化交流事宜，将中美之间的这种富有深意的文化合作继续下去。"文物"外漂"，有钱的问题，但远远不仅仅是钱的问题，就像成龙看到他要捐的房子在国内某个楼盘规划里，成了促销的"药引子"，不被吓走才怪。

最近公布的第七批国家重点文物保护单位名单中也有不少民居、古村落。可是面对这张名单，我也是喜忧参半，散落在民间的大量古建筑正面临破败、颓塌、推倒的命运。最近，我去河南看了一处"隐"在白杨林中村落里的古寺，那砖雕、木雕、大殿的梁架结构，还有太阳下光闪闪的琉璃瓦大殿顶，堪称精美。可是，在院子里转悠，给人的感觉就是"破败""沧桑"。沧桑的还不止这座古寺，山西高平国保单位崇明寺照样破败，管理员说：这里防不了盗，防不了火，其他的就更不用说了，文物破落"不仅仅是钱的问题"。

再精湛的艺术也要经得起生活实际的考验。成龙捐房子一事虽然激起很大的波澜，但却实实在在地让人关注到古老建筑的生存问题来了。成龙说："我不会干违法的事情，更不会干对不起民族的事情。"20 年前他买下的徽派古建筑，买的时候并不贵，都是村民自有住房，而不是受任何一级保护的文物。可是买了之后，这些老房子就开始烧钱了；更重要的是，个人的力量实在拯救不了这些宝贝了。经过多方寻找、努力，最后新加坡一所大学买下其中 4 栋，并为之做了周详且可行的设计，差点让成龙动了将"剩下的 6 栋也捐给他们"的想法。成龙说，这 20 年来，为了从白蚁等口中夺宝，自己至少花了几千万元，成龙说"看一次心揪一次"：个人的力量真有限！

爱护古建，让其留在本土并适得其所当然好，但一时难以做到，让部分民间古物成为中华文明、中华艺术的使者，走出国门，在海外充当宣传员，我认为这不失为中华文化艺术传播的可行方式，就像我们的运动员、教练员走出国门一样。不同文化环境中的人们看了这些民居、器物，产生了浓厚的兴趣，来到了中国，见到更为精湛的文物精品，中华文化的魅力不就传得更广、更迷人了？

链接：徽派建筑美在何处?

徽派建筑是中国古建筑最重要的流派之一，以民居、祠堂和牌坊号称"徽州古建三绝"。作为一个传统建筑流派，徽派建筑融古雅、简洁、富丽为一体，它至今仍保持着独有的艺术风采。

其结构多为多进院落式（小型者多为三合院式），一般坐北朝南，倚山面水。布局以中轴线对称分列，面阔三间，中为厅堂，两侧为室，厅堂前方称"天井"，采光通风，亦有"四水归堂"的吉祥寓意。民居外观整体性和美感很强，高墙封闭，马头翘角者谓之"武"，方正者谓之"文"；墙线错落有致，黑瓦白墙，色彩典雅大方。装饰方面，大都采用砖、木、石雕工艺，如砖雕的门罩，石雕的漏窗，木雕的窗棂、楹柱等，整个建筑精美如诗。

徽派古建筑以砖、木、石为原料，以木构架为主。梁架多用料硕大，且注重装饰。其横梁中部略微拱，故民间俗称为"冬瓜梁"，两端雕出扁圆形（明代）或圆形（清代）花纹，中段常雕有多种图案，通体显得恢宏、华丽、壮美。立柱用料也颇粗大，上部稍细。墙角、天井、栏杆、照壁、漏窗等用青石、红砂石或花岗岩裁割成石条、石板筑就，且往往利用石料本身的自然纹理组合成图纹。建筑广泛采用砖、木、石雕，表现出高超的装饰艺术水平。

评论：一"失"激起千层浪

2013年4月初，成龙在自己的微博上声称，他打算将自己20年前购买的10栋安徽古建筑中的4栋，捐赠给新加坡一所高校。一时间，网络上议论纷纷，甚至他在电影《十二生肖》中说的"没人可以从别人的国家抢走人家的文物，摆在自己国家的博物馆"台词也被拿来调侃。

对于持续的质疑声，成龙在微博中称："请你们放心，成龙不会做犯法的事，更不会做对不起民族的事。"终于，5月初，成龙对老友白岩松讲述了事情的原委：

20年前，他买了10栋徽派古建筑，包括厅堂、戏台、凉亭等，本想找块地把老房子重新建好让爸妈住，不料爸妈在十多年内相继离开，这些建筑构件便一直躺在仓库里成为白蚁的食粮。成龙说，第一栋古建筑买下时是9000元，所有的柱子都损毁，整栋房子只有一根主梁是完好的。这些房子最早都在上海维修，修好了再拆开运到香港存放在仓库。如今，10栋房子落放在香港，还有几栋现在仍在上海维修。10年前，他想把这些老房子捐给香港政府作展示用途，但因为拨地问题一直没有结果。两年前，跟一个新加坡朋友谈起这件事，很快就在新加坡科技设计大学找到了一块地，而且大学的学者们做出了周详的设计。

成龙说，早些年想把这些古建筑捐给国内某些城市，但"往往快要落实的时候才发现，人家是为地产项目来把我勾进去，在这边一个成龙园，旁边就有别墅区"。父母过世后，他最早想让古建筑安放在香港，把古建筑修建恢复后成立一个博物馆，但出于舆论压力的考虑，事情都没成。

成龙捐古建，犹如镜子样的池塘里丢进了一颗石子，激起涟漪层层。成龙把一个普遍存在但乏人关心的大量民间优秀艺术品托到了台面，野蛮拆除、推倒重来、灰飞烟灭都成为大家对待时下古建的口边词汇，正如冯骥才所说：拆掉旧城，灰飞烟灭的不仅是青砖灰瓦、古巷勾栏，更是强行抹掉人类生存的记忆……

成龙说，剩下的老屋都留在国内，目前正在商谈中。

地标、标志物、标志性建筑等词汇，长期以来热度不减，热衷于建造标新立异的标志性建筑的构筑者，大有"筑"不惊人誓不休之势。细细搜索，网友评选出的2012年十大丑陋建筑、雕塑，哪一个不是冲着"标志物"去的？各地的大城市要建标志性建筑，中小城市也要建，甚至村、中学都要建。

别让标志物"创新"成为刻意

雷人作品应该消停

"标志"该由谁定？

网络上，大家讨论有关"城市标志物""标志性建筑"的话题十分有趣。某市曾在网上调查市民心中的当地标志性建筑，结果投票最多的选项却是"无"，所占比例28%。网友的理由是"灵山大佛固然名气不小，体量也大，虽然也是建筑，但不是无锡人全部宗教信仰所在。""太湖广场，占地面积庞大，建造时耗资也不能说小，但作为标志性建筑物实在是怪怪的。""大剧院呢，建筑不够好看，结构不够优美，芬兰人的设计欧美风格浓郁，不能作为吴文化的符号。"

谈到标志性建筑，大家倒是"恋旧"：小时候，票证上的锡山及龙光塔做背景，一看就知道是无锡，锡山和顶上的龙光塔，组成一个景观，很配江南小城的味道。"而今大拆迁、大建设，小城搞成'大都市'，一座立交桥的高度就已超过了锡山的标高，更不用说房子了，大家都能在自家的阳台和窗户里俯瞰锡山龙光塔及惠山这抔小盆景了。"

不说各大中城市了，就连一所中学校庆，也发出"标志性建筑物创意征集通知"，也不知道最后的结果如何，但听了这则消息后总觉得怪怪的。

"主角"非一蹴而就

众所周知，生活中的一座构筑物、一栋建筑物能否成为标志物情形是较为复杂的。一个地方的标志物一定是这座城市里所有构筑物中的主角，是人们关于这座城市或地方记忆的核心符号，可以用最简单的形态和最少的笔画来唤起对于它的记忆。就像埃及金字塔、悉尼歌剧院、巴黎埃菲尔铁塔、比萨斜塔等世界上著名的标志性建筑一样，这种标志物一定是经过漫长的时间淘洗打磨后沉淀下来的，是"家乡"记忆的一部分。

一座城市里大多数建筑只能甘当配角，成为一座城市地标的建筑只能是极少数，那些求高、求奇、求怪的建筑虽撞进人们的视线，但再看看，惊诧之后往往就心生距离甚至厌恶。因为一个场所里的构筑物是有先来后到的，后来者应照顾前面的位置、个性、品质特征，这样大家在一起才能勾画出美妙的天际线，营造出愉悦的场所意蕴。如果，你在外滩建筑群里塞进一顶高高的"瓜皮帽"式建筑，肯定难看，因为他是闯入者，他扰乱了这里的秩序和气氛。

要获殊荣还需等待

标志物成为"标志"，时间的洗磨必不可少。"我就在陈毅像那里等你"，"看见那顶'尖帽子'就到我家了"，显然画中的这些构筑物已经形成人们心中特定的记忆。所以，标志物要成"标志"，至少要做到位置重要且构筑物与其珠联璧合，利益和价值的公共性强，兼具物质、精神、景观等多方面功能，建造方式、造型、体量、材质等能够突出体现当时最高技术和艺术水平，具有良好的观赏性和易识别性等特点。

按照这些标准，称得上标志物的确实不多。不仅中国，境外名头响亮的标志物也不是随处可见的。需要指出的是，埃及的金字塔、印度的泰姬陵、柬埔寨的吴哥窟，都是在漫长的时间洗礼之后成为城市、民族乃至国家的标志，被赋予丰富深厚的精神内涵。人们自发地重视这些建筑，才使它们变成了标志物，所以，别再将一些形式上的刻意创新当做手段，更多为百姓考虑，真正建造出一些被需要的、经得起时间考验的未来标志物吧。

观点：多想想普通人

每个城市和地方都想自己的家乡有个世人皆知的符号。洛阳人都知道城里有座八角楼，是一座四层八角的仿古建筑。老洛阳都清楚，由于当时老城没太多高大建筑，使它很是卓尔不群，很快成了老城的标志建筑。而现在拆了，道路整好，房子更高，但感觉变了。

其实，标志物不需要太大、太高，更不需要出奇立异，如果心里记着为百姓构筑、雕塑，那就成了普通人心中的标志。斯洛伐克首都布拉提斯拉法的阴井盖下的工人、比利时首都布鲁塞尔的撒尿小男孩、哥本哈根海边痴情的美人鱼，都是抓住了普通人的喜怒哀乐，不高大却隽永至今，且还要流芳下去。匈牙利的布达佩斯，在链子桥和玛格丽特桥之间约 200 多米的多瑙河堤岸上，经常有人来此缅怀追思，原来 1944 年，奉行法西斯主义的匈牙利箭十字党在这里制造过大屠杀，匈牙利雕塑家以此为背景制作了 50 双鞋子以纪念死难者。现在，这里已成为布达佩斯一处新的标志性景点，鲜花、蜡烛，甚至在鞋子里放一粒石子，都成为访问者的纪念方式。

我们的国家和时代需要宏大主题的构筑。但是，我们需要更多为普通人"量身定制"的构筑，我们希望有更多的生活场景，就如"撒尿的小男孩"也能够进入艺术家的法眼一样。就像一位业内专家所言："我们老百姓自己的工作、生活的场所，也应该留给我们的后代看的。"

普通人让我们的时代充满了生机和活力，他们的故事应被我们记取。巢林宝和季培林，可能很多上海人都不知道了，他们都是为延安路隧道而牺牲的，已被追认为烈士。我就想：如果在他们殉难的地方，立个塑像和一块碑，把他们的抢险故事镌刻在上面，这既是对普通劳动者最好的纪念，更是对重大工程"艰难困苦，玉汝于成"的最好注释，还是上海精神的好注脚。

新闻缘起： 6 月 22 日，哈尼梯田成为世界文化遗产新成员，为文化景观类遗产。延续千年的大地雕刻，虽然是遗产，梯田依然活着，滋养着这里的人们。这里是摄影者的天堂、哈尼族人生息繁衍的家园。于是，我又想起了时下我国老街老城保护常常采取的方式：居民被置换出去，钢筋水泥"修复"老屋，造出假古董后卖门票，老街就这样变成了"旅游标本"。其实，我们需要的文化遗产是活体啊。

活体，延续千年的大地雕塑

——写在哈尼梯田申遗成功之后

世界文化遗产为何有哈尼

哈尼为何成了世界文化遗产？简单地说，主要是因为历史悠久、气势恢宏的梯田如今还是哈尼人生生不息的家园，数百万亩梯田上高山、下沟沿，逶迤偎依、顺坡就势，不仅是自然的奇观，更是人与自然和谐共处的杰作。

在那里，森林、村庄、梯田和水系构成了完整的生态农业体系，这个体系初创自唐朝，至今已经 1 300 余年。千余年来，哈尼梯田没有水库，森林就是水库，每个哈尼人村庄里的高地都是郁郁葱葱的竹海森林，森林包裹着哈尼族人特有的"蘑菇房"。夯土、砖坯和石块建成的土房，屋顶覆盖的是一张张半撑着的"伞"——那是山上砍来的茅草。圆圆溜溜的蘑菇房一般有三层——最下面一层是牲口圈，中间一层住人，顶层用来储藏粮食。那些重重叠叠数百级、上千级梯田，纹理精致、气象恢弘，仿佛一道道天梯沿着村庄的边沿，顺坡倾泻而下。灌溉用的水是如丝如线的溪水、泉水和雨水，由森林储存着，沟渠和竹管构成的管网让水随人意顺势而下，想到哪里就引向哪里。

哈尼梯田

哈尼梯田承载的文化内涵极为丰富，哈尼族人对自然树木的彻骨崇拜，哈尼人的民居建筑、节日庆典、人生礼仪、服饰、歌舞和文学诗歌无不以梯田为核心，把人认识自然、顺应自然，与自然和谐共融的终极理念演绎得生鲜灵动。在当今浮躁、急功近利的社会里，这种顺应共融的淡定尤为可贵。

更为难得的是，当地政府坚决地表示，保护好活态世遗——哈尼梯田的责任压倒一切。

活体保护就是遗产的生命

哈尼梯田的申遗成功为我们提供了一个极大的启示：那就是历史风貌遗存的保护，不应是"肚肠"掏空后的标本保护，就像时下流行的老街保护方式。

安徽省的孔城老街是一处有着1 800余年历史的古老街道，是连接巢湖与长江的重要水运码头，老街随水而兴。小时候，我常常光脚板行走在老街的青石板上，夏日里石板滚烫滚烫、秋深了石板冰冰凉凉的，40年后的今天想起来，脚心还是"很现场"，心里依旧很温暖。可是，前两年一家房产公司进入，先是把这里的居民全部置换出去，然后开始"修旧如旧"，再后来就招引商铺入驻，封住街门卖票，空寂寂的老街上除了吆喝的商家就是张望的游客。曾经是老街居民的网友吴春富在博客中说："在老街开发的滚滚雷声与街面居民迁移的急雨中，我回到了孔城。老父还是像往常一样，端出老街人物的记事簿。随着父亲翻点，街前街后的方家大娘、费姓兄弟还有姚飞大哥，他们一个个来到了我记忆的门口。"他说，回忆这些是为了"让心在柔软中把一些事、一些人牢牢地记住。因为街已经空了，人气已经没了"。在游客们的眼里，孔城老街"正在修路，翻新老屋，只有商家，没有住户"。孔城老街成了典型的"旅游标本"。成为这类标本的还有三河古镇，还有江南大大小小的古镇老街，他们无不被浓浓的商业气氛所笼罩，生活气息渐渐远去。

岁月的锈色其实非常美丽

自从18世纪以来，尤其是工业革命以来，遗产保护日渐成为全世界的热门话题。温克尔曼、拉斯金、欧仁·维奥莱—勒—杜克、博伊托、李格尔，等等，先贤们为文化遗产的保护和修复竭尽心智，功不可没。古希腊、古罗马废墟所呈现的历史壮阔和沧桑，王宫道院哥特式、巴洛克式的建筑丽影，都因了"岁月的锈色"很生动、很鲜活。

在滋养"哈尼梯田"，沾附在它们身上的魅力是那样的令人痴醉神迷。如今，它们成了世界文化遗产，如何不让蜂拥的游人踩坏了那些窄窄的田埂，如何不让强大的利益风暴席卷"弱小"的"农耕文明"，这是个问题，因为只有岁月的锈色没有褪去，哈尼才是哈尼，古城老街才真有魅力。

不仅游人，对于哈尼梯田来说，还有小龙虾害、外来物种等等，166 平方公里的活态遗产区内，保护与开发成了当地一道"坎"。制定法律保护，请来专家规划，确定遗产地生态旅游的基本原则和策略，计算游客承载量，对百姓"蘑菇屋"进行现代化改造等等。红河州政府坚定地表示，将确保遗产构成元素的完整性和真实性——真能实现，就是哈尼梯田之福。

题内话：要活的！

今日中国的历史建筑、风貌区保护可谓是风急雷响。所以，书写"大同古城复兴记"的耿彦波成了"山西十大文化符号"之翘首，喜焉戚焉？再造的大同首先是假的，还是没有活气的，不可能回到明清，只能为旅游和商业"跪下"。烧钱数百亿再造出（其实叫"穿越"更合适）这样一个"古城"的人成为一个省的"文化符号"，恐怕讽刺的意味更浓，所以有网友说"把钱用在修下水道上多好"。

文化遗产要"活体"保护，尤其是老城老街的"修旧如旧""带病延年"，其核心就是"人居"，是活气。人和居一旦分离，人搬走，居成景，那"活气"也就从老宅里溜走了，更何况造出的是假古董呢。

斯洛伐克的斯皮什城及周边历史建筑（包括莱沃察）1993 年被列入《世界遗产名录》。位于布拉尼斯科山麓的城塞气势雄伟，城内街道房屋依山顺坡，列入保护范围的历史建筑物达 100 多处。现在，这里的城堡、教堂和优秀民居正由专业队伍按古法一一修缮，但是，我们在街上常常看到悠闲的喝咖啡者、逛街者、小贩，从老屋里进进出出的人们——这里生机盎然。

我们的古建筑保护、古村古街改造都应该遵循"活体"原则。哈尼梯田的活气就是那些世代力耕、吃红米饭、住蘑菇房的农人,还有那令人迷醉的梯田。

因为职业缘故,我们造访过徐汇区的武康大楼,乘坐已经80多岁的老电梯,随着它上上下下。奇的是,这架电梯指示楼层的不是电子数字,而是针摆。电梯走一层,针摆走一格,直观、简洁且利落,一点也不误事。禁不住感叹:岁月因为有了锈色而"老灵光额"。

话题缘起: 7月4日,央视揭穿了"胶原蛋白"的黑幕,其广告众多当红明星代言,一瓶成本只有4元、功效和吃肉皮是一样的口服液居然卖到30元。再看到那些靓丽明星举着"胶原蛋白"小瓶子的广告牌,不知该作何感想?

雷人不实广告成不了点缀生活的视觉甜点

城市该请艺术来做"清道夫"

户外广告也是城市环境艺术的一员,但它常常很招摇、很前卫,动不动就很雷人。近年来,户外雷人广告不乏媚俗的、拜金的、恐吓的、诱骗的,无一例外地都是在忽悠百姓,"艺术含量"极低。

急功近利背后是什么

只要走上街头,只要上了高速,你就会被无数的广告牌所"包围"。这些户外广告酷爱请明星代言,谁当红就巨款延请而来,就如最近的"胶原蛋白"广告,拆穿了,那高高路牌上日韩明星的靓丽背后,谁说不是在忽悠百姓呢?被曝光后,这些明星们纷纷出来说"从未代言过任何胶原蛋白品牌",忙着撇清与问题广告的关系,其代言的可信度可见一斑。

著名摄影师托斯卡尼说:"我们活在开放的社会里,伊莎贝拉·罗塞里尼(著名影星)怎么可以作为那么多女孩子的象征?那些女孩子永远也不可能跟她一样漂亮。用超级模特来做广告看来无害,却给人带来厌食倾向和沮丧。这类广告道德与否,我觉得要打问号,我想做的就是要摧毁这种矫揉造作。"所以,托斯卡尼的眼里,作为环境一部分的当代广告给社会造成了许多伤害,尤其是对年轻人。在他的眼里，这种广告是愚弄人的勾当，是教人加速消耗生命而不是创造生命，教人们变得贪婪。

城市环境艺术直指人心

托斯卡尼担任贝纳通创意总监数十年，他把贝纳通从意大利一座小镇上的名不见经传的企业带到世界服装潮流的前沿，让贝纳通成为了时尚的风向标。

贝纳通是卖服装、卖时尚的，但你见过他们在街头巷尾、高速公路上任何一个地方打过成衣或者包包的广告没有？哪怕是绿底白字的品牌标志"Unite Colors of Benetton"也是静静地藏在画面的一角，毫不张扬。

贝纳通孜孜以求的是直指人心。被手铐铐在一起的黑人与白人，死牢里的囚犯，阵亡士兵沾满血迹的迷彩军裤与白色圆领衫，被家人拥抱着的临终的艾滋病患者，满身黑而厚的油污欲飞不能的海鸟……当这些广告作为环境艺术出现在世界各地的街头时，常常引起的就是轩然大波，争论、批评、指责，甚至禁令纷至而来；随后，各大报纸的头条往往就是铺天盖地的报道和议论，有赞成者、同情者、沉默者，也有强烈反对者、批判者，阵营往往是黑白判然。

贝纳通用自己特有的方式注视社会，引导舆论，出挑自己。所以，托斯卡尼说："我们一年的广告支出，'菲亚特汽车'一天就用掉了。"

禁忌的东西不见得不美

用真实的镜头反映种族、疾病和战争场景，因为设计者贝纳通清楚地知道这个世界正在发生什么、纠结什么、痛苦什么。

20世纪90年代初，《生活》周刊上曾刊登一幅新闻照片：主角是一名病入膏肓、正奄奄一息地躺在病床上的爱滋病患者，全家人无助地相拥而泣。不久，贝纳通把它用来作为自己的广告图片，人们看呆了！巨大的广告牌上如此悲催的照片，让人眼不悦、心不爽，抗议声四起，用广告把真实的世界端给人看，在当时太刺激了。可是，柯比的父母却支持广告的刊出，他们觉得这是爱子死后，唤醒世人的最好方式。要知道，那时这种号称"人类瘟疫"的艾滋病被发现还不到十年，无知、不解和歧视是大家的常态。色彩联合国贝纳通用这种方式引领时尚的潮流，因为他们深知：时尚的人，一定是个关注现实、关注人类的人。

贝纳通的广告作为环境艺术，其大量的创意，没借用任何明星代言，而是用真实且略显残酷的镜头彰显自己对世界、对人类的悲悯情怀和救赎意识。当这样不加粉饰、场面震撼的画面出现在高高的广告杆上，作为环境艺术，贝纳通便强势地唤醒人们心底的社会责任潜意识。

评论：求真"相"

环境艺术作品对于城市，就如空气和水，须臾不可或缺。美国《环境设计丛书》的出版者理查德·多伯指出：环境设计是比建筑范围更大、比规划的意义更综合、比工程技术更敏感的艺术，是一种实用艺术。

由园林、建筑、招牌广告、雕塑等要素组成的城市环境艺术，要求我们设计出的作品，都能让人愉悦。可是仅仅如此就够了吗？

长发的白种女人、黑发的黄种男人、短发的黑种男人……两人高的纸板墙被摆放在展馆入口的玄关处，上面密密麻麻布满 500 个年轻人的面庞，这是托斯卡尼亲自拍的。站在高高的人脸墙下，我们搜索着一张张肤色各异、表情千姿百态的世界各地的年轻人，他们青春的脸告诉我：我们都是"人类族"。这就是贝纳通，超越种族肤色，倡导人类大同。

当然，你我需要自律，就如《排版错误》，它是贝纳通获得 2008 年纽约广告界全场大奖的作品，该作品通过语言符号的杂乱拼贴，把酒后人们云飘雾绕、头重脚轻的驾车感觉展现成"第一现场"。正如托斯卡尼所说："我的工作是传播。我一直相信，看一些能刺激人思考的东西也挺好的。我想呈现四周围一些真实、大家都有份的事物。"正因为如此，强烈的人文关怀意识和行动让贝纳通品牌"无心"插柳柳成荫。

再来看现实中我们的户外广告：高高的广告牌上，大写着"一个叫做爱的香巢"，"爱"字被一颗心包裹着，那是卖房子的广告；还有"你可以不买房，除非你摆平丈母娘""买房送车送女友""买房送墓地，一生置业一步到位""买房子送战斗机"，真的送一架二战时的战斗机哦。不知大家看了作何感想，我只感到了"恶俗"。

但愿做一个环境艺术设计的智者，像贝纳通那样。

如今，"新型城镇化"已是当之无愧的中国热词之一，它应该是人的城镇化，是环境友好、品质优良的城镇化；但是，提醒"城镇化要防止'底特律化'""城镇化不是房地产化"的声音同样不绝于耳。2009年的统计数字就已显示，中国已有118座资源枯竭型城市。我们想说的是，破败颓废的城市里的艺术命运又如何？

城镇化要防止"底特律化"

颓废中，艺术即将萌生

盛时底特律，曾引领潮流

自2013年3月底底特律宣布破产并被接管以来，它的收缩颓废之势已是"病来如山倒"，虽然当年它是汽车工业的代名词，虽然福特、通用、克莱斯勒汽车总部都设在这里。

让人瞠目结舌的发展速度当然也带来了城市建设和各种文化艺术事业的繁荣。1900年到1930年期间，底特律建起了几十座奢华的高层建筑，单一幢百货商店就足足占了一个街区，还有通用汽车总部、比尔岛、底特律美术馆、底特律科学中心、底特律历史博物馆、福特威恩军事博物馆等等，底特律甚至被称为"美国的巴黎"。

那时，城市广场上，公共艺术也在塑造着、宣示着底特律的城市精神。菲利普·艾·阿特城市广场上有一尊名叫"底特律精神"的雕塑就创作于城市的鼎盛时期——1955年。雕塑家马歇尔·费兰用青铜和大理石创作了这尊左手高举塑有放射线的镀金铜球，右手托着一个铜质镀金的家庭情景组合雕刻，雕塑的铭文写道："人类精神就是通过家庭来体现的崇高人类关系。"类似的雕塑在阿特广场还能找到很多，像豪瑞茨·伊·道基与儿子的纪念喷泉、塔门、开拓者等，可以说作品的时代感、先锋意识极强，那时的底特律魅力四射。

难偿巨额债，变卖博物馆

可是，20世纪60年代以来，底特律不可遏制地走向衰败颓废。当年最繁华的伍德沃德大道早已今非昔比，鼎盛时期建造的一批哥特式、洛可可式、巴洛克式和都铎式建筑，曾令大街独领风骚。然而现在这条街却满目苍凉，大街及周围

6 个街区现已成为全世界废墟探险者眼中最具诱惑力的废都。

底特律的巨额债务难以偿还，所以最近又传出要变卖博物馆来还债。美国《底特律自由新闻报》报道，底特律市政府正在审查底特律艺术学院的艺术藏品能否作为城市财产的一部分——或者说，底特律政府能否变卖掉博物馆的藏品来偿还高达 150 亿美元的债务。据一项估测，博物馆中 38 件最重要藏品的价值约为 25 亿美元。当底特律沦为全美最悲惨城市后，艺术又成为陪葬者。于是，美国大都会博物馆首席执行官托马斯·坎伯尔表示："此策略违背民心，艺术是属于公众的"。

底特律破败之后，引来了许多"颓废游者"。游客们眼里，"克莱斯勒那家工厂被栅栏围起来，就像一座孤岛，周边的居民区也是空空如也。一家世界级企业的周边社区如此凋敝，如果不是亲眼所见，简直难以置信"。

颓废的城市，艺术来振兴

颓废的城市里，艺术并未沉沦。守卫者大楼、弗希尔大楼、凯迪拉克大楼、全美第一家福克斯电影院；还有圆形塔式建筑群——73 层的文艺复兴大厦、47 层的通用汽车公司大楼等一系列建筑；以及世界上最长的吊桥；仅各种教堂就达 1 000 多处，素称教堂城。骆驼虽已羸弱，但风骨还在。

于是，繁华褪去的时候，一批又一批艺术工作者来了。来到底特律的"废墟"实践者卡米洛·维尔加详细地记录着废墟，肆意地想象着从前的辉煌："没有什么地方能像底特律市中心这样打动我。在这里，有史以来第一次，无数原本计划屹立数百年的摩天大楼成为遗弃物；一群半废弃的结构体，就像垂直的无人地带一样，在空旷的场地上默默地叹息。"还有一位叫约翰奈斯，他来到了底特律市中心，开始改造一个废弃的社区。他带领着当地的青少年一起画图设计，开垦土地，种庄稼、花卉与蔬菜，创作雕塑、装置，把这块城中之地变成了一个美丽的艺术农园。

颓废的城市里，艺术真可显身手，无论中外。截至 2009 年，中国就有资源枯竭型城市 118 座。以玉门为例，这是新中国第一口油井的诞生地，这里为中国石油"脱贫"作出了巨大贡献，多好的艺术和文化资源！资源已经枯竭，文化艺术就该登场，但至今未见有计划的、系统而具战略眼光的谋划与开发。

观点：艺术可做很多

无论是美国的底特律、中国的玉门，还是已经成功转型的毕尔巴鄂，在资源枯竭、单一产业带不动城市前进之后，艺术就该出手了。

工业化以来，一座城市的颓废，大多是因为产业的没落。产业没落之后，附着在其上面的城市精神也就常常因为皮之不存而致毛无附着处，所以"底特律精神"的雕塑如今看上去令人伤感，甚至有些滑稽和令人难堪。正因为如此，来此一游的人们审颓废、审丑、审陋，就获得了姹紫嫣红、霓虹闪烁的城市环境下无法获得的触动和认知：美好来之不易，应该倍加珍惜。

更可说者，颓废的城市生机渐衰，艺术工作者上场，那些陋得典型、颓废得震撼的空间和造型，正可加以定格和凸显，作为幸福世界的"镜子"，照照镜子，正正衣冠，也挺好。

再者就如毕尔巴鄂，请来艺术家主刀重振乾坤。他们请来了英国建筑师诺曼·福斯特设计市内 29 个地铁站，地铁入口被设计成钢拱嵌玻璃的蚕蛹模样，仿佛刚从地下破土拱出，正欲羽化而去，就这样翘首在闹市的街边：此意象征是这座城市涅槃重生的最好隐喻。请来美国建筑师弗兰克·欧文·盖瑞设计建造毕尔巴鄂古根海姆美术馆，毕尔巴鄂就从海港、铁矿到美术馆城，成功在艺术的天空里化蛹为蝶，展翅翔翔了。于是，世界又有一个新名词——毕尔巴鄂效应，以艺术的名义。

附："汽车之城"摆脱大部分债务

底特律宣布退出破产

本报（《新民晚报》）特稿（2014 年 12 月 11 日）　美国昔日"汽车之城"底特律 10 日宣布将结束破产保护，摆脱美国历史上最大的市政破产案。

底特律已获联邦法官批准，可削减 70 亿美元债务。计划条款包括削减 4.5%的养老金、使警察和消防队员生活成本的增加受限等。

根据重建计划，底特律将在未来 10 年投资超过 15 亿美元用于改善公共服务设施。其中包括恢复警察、消防和卫生等市政服务部门的正常运营，恢复这座城市 8.8 万盏路灯的照明，此前该市 40% 路灯不亮。其他联邦资金将用于移除这座城市随处可见的破败建筑物。

去年 7 月，美国底特律市向联邦法院申请破产保护，成为历史上最大的申请破产保护的城市。当时底特律的债务已高达 180 亿美元。底特律破产结束意味着底特律将摆脱大部分债务。底特律紧急状态管理人凯文·奥尔几乎已经与所有的债权人达成交易。

底特律紧急状态管理人凯文·奥尔 10 日在新闻发布会上说："现在底特律已经到了退出破产的时候。"凯文·奥尔称，破产重组过程已使底特律采取重要措施迈向经济复苏，未来底特律将发展壮大。

密歇根州州长里克·施奈德 10 日说，"破产将于今天结束，凯文·奥尔的工作将在今天结束，底特律的财务紧急状态也将在今天结束。底特律将是一个比 18 个月宣布破产前更好的地方。"

作为美国大城市之一，底特律曾是美国制造业的象征和骄傲。但由于人口的急剧下降和汽车工业的衰退，破产前，昔日辉煌的"汽车之城"，已经成为暴力犯罪频发、失业率高企，以及深陷财务危机的美国"最悲惨的城市"。

目前，底特律的人口仅为二十世纪六十年代其鼎盛时期的四成左右。底特律大都市地区的就业率比 2000 年下降超过 20%。

新闻背景： 近有报道称苏州新区的"秋裤楼"销售状况并不好，一条裤腿仅卖出去一个零头，不知其中是否有秋裤实在不好看的缘故。联想到近年来连续在各大中城市出现的大裤衩（央视新台）、大肠楼（兴创大厦）、靴子楼（尚嘉中心）……虽然大家的叫法有些调侃的意思，但这些楼不养眼也是事实。构筑、雕塑、绘画等等都有特性和规律，违背了就难看，不如看看遵循了黄金分割比例的经典建筑有多美。

今天，黄金分割律还是有必要的

何为黄金分割比例

埃及的金字塔、印度的泰姬陵，众多的哥特式、巴洛克式建筑为何如陈年老酒般历久弥新？因为他们那黄金分割比例最让人舒服惬意。

黄金分割又称黄金律，是指事物各部分间一定的数学比例关系，即将整体一分为二，较大部分与较小部分之比等于整体与较大部分之比，其比值为 1：0.618 或 1.618：1，即长段为全段的 0.618。0.618 被公认为最具有审美意义的比例数字，最能引起人的美感，故称为黄金分割。

埃及金字塔远在黄金律发现之前就已建成，历经四千多年的风风雨雨和人为破坏，虽已残损不堪，但远观依然雄伟、庄严、优雅，蓝天黄沙之间，那座座散发出迷人魅力的锥体，总是让我们流连再三不忍离去。为何它如此耐看？15世纪末期，路卡·巴乔里（Luca Pacioli）

橘红的颜色、优美的分割线，黄金的分割，让这处小建筑十分养眼

发现：金字塔屹立数千年而不倒、风采迷人的秘密与其高度和基座的长度比关系密切，这个比例是 5 : 8，与 0.618 极其接近。

有趣的是，0.618 这个数字在自然界和人们生活中到处可见：有些植物的茎秆上，两张相邻叶柄的夹角是 137° 30′，恰好是圆的黄金分割比。研究发现，这种角度对植物通风和采光效果最佳。动物和昆虫也是这样，犬、马、狮、虎、蝴蝶等看上去形体都很优美，这是因为它们的比例大体上接近黄金分割。人们的肚脐是人体总长的黄金分割点，人的膝盖是肚脐到脚跟的黄金分割点，所以符合这个规律的人我们常常称之为好身材；另外，人的正常体温是 37℃ 左右，感到很舒服的外界温度是 23℃，23 与 37 的比接近 0.618；组成人体最多的物质是水，它占成年人体重的 60%～70%，其比值与黄金分割率十分相似；生命中的 DNA，它的每个双螺旋结构都是由长 34 埃与宽 21 埃之比组成，其比率为 0.619 047 6。

"无意识"产生愉悦

不仅如此，数学家们发现，如果将实验点取在区间的 0.618 处，那么实验的次数将大大减少，他们称之为 0.618 法。艺术奇才达·芬奇把 0.618 称为黄金数，他就是用此法来画蒙娜丽莎的。

黄金分割在建筑中的应用有着悠久的传统，帕特农神庙、故宫、巴黎圣母院、埃菲尔铁塔，全都运用这一规律，法国巴黎圣母院的正面高度和宽度的比例是 8 : 5，它的每一扇窗户长宽比例也是如此；故宫大殿的长宽之比为 9 : 5，既象征九五之尊，又暗合黄金律。

心理学家对这一奇特现象做了长期的研究。19 世纪末，德国的心理学家古斯塔夫·费希纳（Gustav Fechner）通过实验测量各种矩形人造物，发现大部分人更喜爱长宽比例接近黄金分割律的矩形。为何？生理研究表明，人的双眼视域是两个不同心的圆所围成的总区域，如若以一眼正视时的中心作为一分割点去分割整个双眼视域的长，得出的正是黄金分割的比例——0.618。所以，这个视域正是视觉感觉舒适的区域，这也可能正是黄金分割律美感的生理缘由。再往深里探索，就得找瑞士心理学家荣格（Carl G. Jung）所说的"集体无意识"了：因为黄金分割律可能暗合人类的一种先天视觉识别能力的长期积淀。即，在漫长的进化过程中，人把大自然各种各样动物和植物的形式和式样的"黄金律"代代积淀并遗传，形成了我们在看到符合这一规律的事物时，就"无意识"地产生视觉愉悦。

美则美矣切忌过度

正因为如此，工业革命以来，人类在城市建设上自觉遵循"黄金分割律"，在文明史上留下了不少美得惊人的历史建筑。

埃菲尔铁塔的观赏品相极好：它比例匀称、曲线优美，被法国人亲切地称为"钢铁维纳斯""云中牧羊女"。它的养眼的奥秘还得归功于暗藏其中的黄金分割律。东方明珠电视塔看起来舒服，也是同样的道理，在高度比5∶8的地方选择球体的位置，所以每当你眺望时，塔看上去很优雅。广州塔，大家昵称为"小蛮腰"的钢构高塔，其腰身扭到塔上下段5∶8处时最细，且上部平台略略上翘，于是暗合了身材曼妙的美少女模样，青春飞扬。走遍外滩就不难发现，凡是看起来很舒服的建筑，都能按照这个比例去琢磨，保证它的美都合这个理。大师的作品，那就更不用多说了，密斯·凡·德罗（Ludwig Mies van der Rohe）的布吕勒住宅，柯布西耶（Le Corbusier）的朗香别墅、朗香教堂等，数不胜数。

数千年传下来的黄金律，肯定是我们都要恪守的，虽然实际运用中可能千变万化，但必须符合大家的审美习惯和定势。否则，就滑向了十大丑陋建筑、雕塑之类的行列。

黄金律可谓是妙不可言的比率，与我们的生活联系极为广泛。古希腊的断臂维纳斯、雅典娜女神和"海姑娘"阿曼达，她们的体型美妙绝伦，就是因为其结构符合黄金律；建筑造型也一样，在高塔的黄金分割点设楼阁或观光平台，让高楼在黄金分割处出现腰线或装饰物，塔和楼立刻就在雄伟的同时雅致起来。

但，像很多有价值的定律一样，黄金律也不可硬套、滥用。像成功人生的黄金律、人际关系黄金律、改变命运的黄金律、股票投资的黄金律，等等，可以说大多是不靠谱的。众所周知，要让一生有意义、有价值，关键是要目标远大、脚踏实地；处理人际关系关键是要己所不欲勿施于人，以恕己之心恕人，等等。

好东西也有边界，不可过度。曾经黄金律是绘画、建筑、科学等许多领域最具影响力的准则，然而见得多了，也会令人生乏，产生审美疲劳。毕竟，黄金律不是"万能"的。

知识卡片：黄金分割律怎么来

人们普遍认同人类运用黄金律开展建造自埃及金字塔开始，但发现黄金分割律是从古希腊的哲人开始的。

虽然也有论者说，黄金律的发现者可能不是毕达哥拉斯，但毕氏"觉得打铁声音好听"却是被公认的黄金律研究之滥觞。说，公元前 6 世纪，古希腊数学家、哲学家毕达哥拉斯一次经过一家铁匠铺，打铁传出的悦耳声音拽住了他的脚步，为什么这么好听？进了铺子，端详现场，他发现铁砧和铁锤的大小比例近乎于 1∶0.618。回家后，他接着让学生分割木棒，把木棒分为两部分，使其中一部分与全长之比等于另一部分与这部分之比，近似值为 0.618。这样看起来，两段的比例十分美丽柔和，于是有了"黄金分割"。

黄金律体现着人类所能感觉到的蕴藏在这个世界之后的神奇结构、深奥理性和灿烂之美，在建筑、美学、艺术、军事、音乐，甚至在股票等投机领域都可以找到应用的实例。另外，黄金律同样暗合了中国传统中的"月满则亏，水盈则溢"的思想。

话题缘起： 2013 年毕业季就业大戏至今尚未落幕，网上找学兄、学姐询问设计院、创意工作室"累不累"。"只要有钱赚，肯定是很忙的，经常要加班加点的。""创意工作室，给的待遇和国外差不多，不过你就基本 365 天工作了。""我不在工地，就在去工地的路上。""33% 加班 10～15 小时，33% 加班 15～20 小时。""那就来一场头脑风暴吧。"这是笔者在一家著名的城市设计机构的访谈记录，这家设计机构晚 12 点时，超过 1/3 的窗口灯是亮的，他们都在赶工——

城市设计请为"艺术"等一等

设计需要热情，可是设计师们都在赶工，停不下的脚步，改不完的方案，加不完的班

近日，网上传深圳一名 20 多岁的年轻设计师，因为压力过大而选择了结束生命。报道说："他几乎天天加班，常通宵工作，事发前夜，女友陪他加班至晚上 10 点，回家后男子继续加班至凌晨，上午接着上班。"

"加班，赶工出图，地主收租催得紧啊。""大设计院每年都有猝死的，建筑师也要珍爱自己的生命。""连续工作 2 个月为了'投标'，困了累了喝红牛，呵呵！""我已被压力压得麻木了。曾连续加班两个月，每天工作到深夜一两点。"这是业内一家网站综合调查设计师们生存状态时的得到的回答，这家网站感慨："外表风光，内心彷徨。身体越来越差，对设计的热情越来越少，行业的竞争越来越激烈，压力越来越难以承受，所以自杀、过劳死的悲剧在设计行业一再发生！"

我们赶、抢出来的城市作品又是怎样的一种面貌呢？还是随大流。2004—2006 年，建筑创作追求"新奇特"，CCTV 大厦、重庆大剧院、广州电视塔等，奇特的外貌往往引来大家的戏谑，"大裤衩、坦克、小蛮腰"等等。于是，中国设计师往往就是随波逐流地先找一个奇特的造型，然后再去考虑其他；2006 年以后，和谐社会、科学发展观的提出，建筑形体开始讲究完整简约、大方实用，构造材料的细节就成为焦点，这又成为左右设计艺术的新的方向。

潮来浪去的大背景下，弱势的设计者们往往有意无意地开始抄袭，合肥的"鸟巢"——合肥美术馆、山西临汾的"天安门"、貌似白宫的南京市雨花区委区政府办公大楼都是；还有酷似钱币标志符号的沈阳金厦广场、如酒瓶的酒厂大楼，等等，年年评选的十大丑陋建筑、雕塑，雷人抄袭之作层出不穷：他们都背离了艺术活的基本规律——慢工细活出精品。

英国"泥瓦匠"的幸福生活

正因为如此，所以美国同行感慨，中国一名设计师一年要干他们五年干的活；在前不久的当代设计高端论坛上，业内资深专家亦称"中国设计师与国外同行最大的不同有两点：一是中国设计师按面积收费，国外按工程造价的百分比收费；中国设计师要听长官的，而国外设计方案建筑师说了算"。

郑州会展宾馆项目为什么是嵩岳寺塔的意象？就是因为设计创作之前，两位副省长明确提出，河南古塔众多，要在郑州郑东新区建设一座独一无二的 300 米高的"塔"式建筑；而天津演艺中心项目，业主给出的要求更奇特：希望是个白色的建筑，晶莹剔透、白里透红。于是设计师"选择竖向白色铝板百叶来迎合白色，百叶之间的玻璃来营造通透，而剧场的室内装饰墙面以中国红为主基调来打造白里透红"。喜焉悲焉？！其实，设计师们其实心里都很清楚，城市设计作品乃是百年大计，必须尊重设计艺术创作的规律，是不能将就的。

走在伦敦的大街上，走几米就有一栋年纪过百的"老宅"，隔三差五就冒出一座五百岁的"古董"，它们一律地容光焕发，俨然阅尽时光仍优雅的绅士。为何能这样？因为英国人在城市设计和建筑方面的重口味：一是人才要求高，二是工期长。

在英国大学里，工程类专业是出了名的又贵又苦的专业。那些在图书馆里没日没夜，写写画画的，几乎全是学工程的。建筑公司招人时，对应聘者的学历和成绩有着很高的要求，还需要教授出具推荐信。好的建筑公司只要成绩前30%的学生，并且得有拿得出手的设计作业或相关实习经历。

但一旦被公司录取，好日子就开始了，就说建筑工吧，他们就有权利喝下午茶。建筑工每周的标准工作时间是37个小时，每天不足8小时，且周六、日停工。"于是，我们经常看到家附近的建筑工脱下工作服，提着工具包去附近的必胜客吃午餐、喝下午茶的。"这位英籍华人写道：家门口有一个多层停车场，仅仅是翻修，就已耗费了一年多时间了；工程项目部会事先定好使用某种符合要求的建筑材料，结果厂家无法按时到货，而其他厂家无法提供同等优质的材料，只有一个办法：等，无限期地等。

我们为何不能等

慢的不止英国，还有印度，虽然他们也忧心忡忡"中国速度"，"印度人的生活真是慢到了让人恨不得要猛抽一鞭子的地步"，这种慢让上海旅印的中国人"既心生感动，又心驰神往"，因为他发现不紧不慢的印度人"仍然喜欢阅读哲学、文学和灵修之书，且常常作为朋友互赠的礼物"；"仍然愿意把时间浪费到辩论这件美好而无用的事上"，他把这称之为"中国人已经少做的风雅之事"。

读哲学书、辩论，无一例外都是保持对世界的敏锐、生活的热情和诗意的精神，而这确实是国人越来越稀缺的精神、艺术"养料"了。自从1981年底深圳蛇口工业区竖起一块"时间就是金钱，效率就是生命"的标语牌以来，对时间和效率的苛求，就渗透入中国经济社会的每一个细胞之中，GDP综合症、政绩综合症、工程综合症，都是希求"毕其功于一役"的反映，于是急功近利、浮躁冒进中各种怪胎层出不穷："长沙计划建设世界第一高楼，高度838米，大楼计划7个月建成"，你敢去住吗？鄂尔多斯康巴什新区几年内就变得高楼林立，但又是走了大半天也见不到一个人，于是有"鬼城"之名——罗马不是一天建成的。"时间就是金钱，效率就是生命"亦可休矣。

城市的建成规律是为人、服务人而适度成长的，城市设计更需要设计师满怀激情激起创作灵感。台湾东海大学有一座名叫路思义的教堂，小教堂可供四五百人做礼拜。教堂由四片薄壳双曲面混凝土墙构成，外表贴黄色棱形面砖，站在教堂前，建筑物上扬的曲线宛如一双祷告的手；教堂内无梁、无柱，四面曲墙顶上的天窗、前后通透的玻璃窗，给人宁静而神秘的感觉。这栋教堂是贝聿铭、陈其宽设计的，1954年开始酝酿，1963年底方才落成。现在，这座小教堂已经成为经典。

那是2007年的事了，西班牙设计展在北京举行，展会选择了百年来诞生在西班牙的300件椅子、灯具和招贴画（各100件）。参展的椅子简直就是一个个精灵：椅子或简朴、或华丽、或卡通，或渗透建筑、雕塑意象，有的很传奇很萌，它们无一例外地在满足功能的基础上让人愉悦。展览上的灯有的像贵妇的礼帽，有的躲在玻璃箱里，有的像刚出锅的蛋卷喇叭，有的像游上墙的蝌蚪，有的就如实验室里正在进行的试验，有的柔软得想上前去捏一捏：灯一色地亮；西班牙的拼贴更是让人眼花缭乱了！这都是激情四溢、观感惊艳的精品，西班牙设计师的艺术激情和创作成绩为现代主义、理性主义、功能主义、后现代主义、新地方主义、极简主义等艺术思潮都作出了巨大的贡献，至今谁也不会否认西班牙的设计强国地位——因为设计师为艺术而活。

题内话：设计，请咬定"艺术"

设计艺术界，设计师们的低工资、高强度、多加班的特性一直被外界诟病；为了赶工期的设计，没有艺术灵感的设计，老板（含业主、领导）的意志左右着的设计同样饱受诟病。一切都因为，设计师没有自主权。于是，中国设计师就很容易改变立场，一个方案，开发商让他怎么改他就怎么改，只要这单生意不跑掉；国外名号响亮的设计师则不，他们坚持自己的立场，哪怕是丢了生意，结果是他们数十年来为中国留下一个个精品，因而也名气更大，要价更高，生意更兴隆。

中国设计师，请为"艺术"工作。

还是回到西班牙的椅子、灯具和招贴展览，这三样毫不起眼的东西，居然让世界为之贴上"西班牙"标签，因为西班牙的艺术家们对椅子，孜孜追求它的"结构与舒适"，灯则不断"进步与魔幻"，而招贴则把"视觉的交流"作为第一要务，西班牙的艺术家们100年来咬定青山不放松，所以在全球成为翘首也就毫不奇怪了。

又想起了王澍，他用陈砖旧瓦盖房子，大半辈子了数得出来的作品也就那么几件，可是人家就得了很多人梦寐以求的世界建筑诺贝尔奖——普利兹克奖，同样是因为他为艺术理想而工作：咬定青山，青山才能持之以恒地滋养你，不是吗？

梓园新艺曲

——建成环境艺术报道、评论集

下 册

程国政 著

同济大学 出版社
TONGJI UNIVERSITY PRESS

图书在版编目（CIP）数据

梓园新艺曲：建成环境艺术报道、评论集：全 2 册 /
程国政著 .—上海：同济大学出版社，2017.5
ISBN 978-7-5608-7040-3

Ⅰ. ①梓… Ⅱ. ①程… Ⅲ. ①建筑设计—环境设计—
中国—文集 Ⅳ. ① TU-856

中国版本图书馆 CIP 数据核字 (2017) 第 103952 号

梓园新艺曲（下册）
——建成环境艺术报道、评论集

程国政 著

责任编辑 卢元姗
责任校对 徐春莲
封面设计 唐思雯

出版发行 同济大学出版社 www.tongjipress.com.cn
　　　　（地址：上海四平路 1239 号 邮编：200092 电话：021－65985622）
经　　销 全国各地新华书店
印　　刷 江苏凤凰数码印务有限公司
开　　本 787mm×1092mm 1/16
印　　张 60.75
字　　数 1 215 000
版　　次 2018 年 1 月第 1 版　2018 年 1 月第 1 次印刷
书　　号 ISBN 978-7-5608-7040-3
定　　价 180.00 元（上、下册）

目 录

新闻背景：7 月底，一则长沙"世界第一高楼停工"的新闻也许未引起普通民众的注意，但在圈内引起的反响却很大：这敲响了城市艺术沦为金钱、权力的"图腾"的警钟。可是，大家普遍没有意识到的是，这些作品又是西洋建筑师在中国收获的一座"金矿"。

改革开放 30 多年来，自贝聿铭设计香山饭店开始，港台、日本、美国、欧洲，国际一流的、二三流，甚至不入流的设计师纷纷淘金中国，先是北上广，后来二三线城市，甚至他们自己都坦言："金融危机时，若不是中国这个大市场，我们的饭碗真不知道在哪里？"而我们的城市设计者，则始终没有摆脱有话语但无权，始终陷于别人引领并制定游戏规则，我们在低端跟班，甚至恶性竞争的尴尬局面。我们不禁要问——

洋建筑师给我们带来了什么

世界最高楼停建引发的鲜有之提问

7 月 24 日，长沙"世界最高楼"、838 米的"天空城市"因为未批先建被叫停，此时距开工仅仅 4 天。随之言者蜂起。"50 亿建起的顶多就是一个空壳"，"可建度、安全性能、能源环保、消防等都需要进行科学论证的"，"十个月建成？不会吧"，"对高楼的狂热其实就是对金钱、权力崇拜的外在反映"，等等；我注意到，没有一人谈及这栋的设计师阿德里安·史密斯就是世界第一高楼——迪拜塔设计者，他在中国的代表作有上海金茂大厦、南京紫峰大厦、北京凯晨广场等多个项目。

为何又是外国设计师？北京长城饭店、建国饭店、上海商城、浦东国际机场、上海大戏院、金茂大厦、环球金融中心、广东新体育馆、深圳会展中心、广州歌剧院、国家体育场——鸟巢、国家大戏院——鸟蛋，乃至苏州之门——秋裤、正在建设的上海中心，回顾一下 30 多年来我们的一线城市，大凡被当作"标志性建筑"的设计，几乎清一色的外国人领衔、中国人只能为其"落地"而挣点"菜钱"；我们再来看看，这些得了"便宜"的设计师们如何说的：2004 年普里兹克建筑奖获得者扎哈·哈迪德说，中国是"一张可供创新的神奇空白画布"；美国 SOM 的建筑师安东尼·费尔德曼更加直截了当，在中国"你可以看到别的国家脑筋清楚的人不可能会盖的东西"。

不可否认，外国设计师给我们带来了新的理念、新的技术、新的材料和施工方法，他们的到来使我们与世界的距离瞬间消失。贝聿铭中西合璧的香山饭店设计已经广为人知了，可是，贝聿铭在这座饭店营建中的艺术追求却不一定知者多矣，像一定要用北京城墙上的那种灰色的旧瓦片来装饰窗户，花园小径上一定要铺彩色石子。当京郊的一位老艺人烧出这种有釉彩的深灰瓦片，贝聿铭高声连说："好好！"彩色石子则是不远数千里从越南谋得。既然是园林匠意，偌大的香山饭店还堆苏州的假山，就有些不搭调了。怎么办？一次巴黎飞往北京的航班上，他读到"云南石林那如剑一般的石灰岩柱，给人一种森然端严、神秘脱俗的感觉"。"与香山饭店的灰瓦非常匹配，就是它了！"激动万分的贝聿铭大喊："我就需要云南的石柱来装饰香山饭店的花园。"然后，他就不辞劳苦来到云南的石林外围仔细选择岩石，并用彩笔标明选好的石块。然后，历经千辛万苦将它们运到香山，放到了花园里。

后来，外国建筑师很会揣摩决策者的心思

类似贝聿铭这样大师级的设计师，确乎可称为中国城市设计者的精神导师。还有，金茂大厦虽已建成十数年，每当夕阳西下，站在外滩静静地看着沐浴晚霞、金闪闪的宝塔，我的心中填满了欢喜。其主要设计者SOM的阿德兰·史密斯（Adrian Smith）谈到金茂的设计构思说："我在研究中国建筑风格的时候，注意到了造型美观的中国塔。高层建筑源于塔，塔从印度传到中国后，融入了中国文化和艺术之后，其形式、功能都比印度塔更美、更丰富。我试着按比例设计新塔。金茂大厦不宜简单地被划为现代派或后现代派，它吸收了中国建筑风格的文脉。"于是，中国塔神韵十足的金茂大厦受到了贝聿铭的厚赞："中国古代没有高层建筑，所以今天要用钢筋水泥加玻璃体现中国传统建筑文化的内涵几乎是不可能的，但金茂做到了。"最近，高楼设计之王SOM又在郑州取嵩岳寺塔意象设计了高280米的会展宾馆。

可是，我们在热忱欢迎国际设计大师的同时，也进来了更多的二流三流甚至不入流的设计师，这些人在自己的国家可能正处于等米下锅的状态，但因为是黄头发蓝眼睛高鼻梁，到了中国就成了代表一流和国际水平的"设计艺术家"。这些设计师水平可能不高，但投投业主所好的能力却很高，你要圆的就给圆的，你要方的就方的，你要"欧陆风"，那就大块的石头加科林斯柱式，他们知道决策者们对形式的偏好高于一切，他们自觉地去迎合。

问题是，这些外国设计师不熟悉中国文化，也无意去深入研究中国文化，于是他们设计的作品往往就是不速之客，粗暴地闯入我们的视线。比如，在一个建筑密集的老城区，突然冒出"一滴水""水晶灯"样的客运中心是否合适？在庄严的人民大会堂西侧出现一个很萌、"很无形"的大戏院，是否合适？鸟巢是否符合节能、节约的原则？业内一位资深专家说，2002年落成的上海外滩中心是波特曼事务所的作品，这座建筑的顶部应用了上海80年代末以来流行的非建筑语言，使它看上去就像是赌场。

平心而论，库哈斯的央视大楼真的是我们所需要的吗？耗资巨大、挑战重力，在北京这样一个多地震的地方，严重威胁人们的心理堤防。荷兰德尔夫特理工大学教授亚历山大·楚尼斯指出："近年来在国际设计领域广为流传的两种倾向，即崇尚杂乱无章的非形式主义和推崇权力至上的形式主义。"所有这些倾向都可以在今天的中国找到市场，中国已经成为世界建筑师的试验场。

为何恰恰是我们

中国建筑师命运多舛，20世纪30年代终于争得了中国建筑话语权，那时许多留洋归来的年轻人成为中国城市设计的中坚力量。但是，现代建筑的勃兴成熟地是工业革命后的西方世界，是他们引领者当代城市设计的潮流和方向。所以，新中国成立以来，除了以北京"十大建筑"烙上鲜明的苏式中国印外，改革开放以来中国的建筑、城市设计很快又成为外国建筑师、设计师的"试验场"和钱袋子，劫难后的中国建筑师又要与外国同行争夺话语权并长期处于下风。这使我又想起了李国豪，当年他也是在处于下风时从外国人手里夺回了南浦大桥的设计权，建筑设计界为何没有"李国豪"？

20世纪60年代，随着经济的勃兴，日本建筑也出现了一个蓬勃发展的时期，外国设计师纷纷涌入，但是那次浪潮也洗礼并培育了一代日本本土建筑师，他们努力寻求日本文化在现代建筑中的表现，将民族性与时代性结合在一起。经过几十年的努力，如今的日本建筑师已经在国际建筑界占有重要地位，自1987年丹下健三获得普利兹克奖以来，现已有6位日本建筑师5次获得此项世界建筑界的"诺贝尔奖"。

眼下的中国设计师群体，既无领袖，也鲜有坚持者如王澍，有的只是膜拜和顺从，当然也就只能跟在别人后边把其天马行空，甚至匪夷所思的设计"落地"，然后说我们创造了"奇迹""世界唯一"（如鸟巢的钢结构、大裤衩的异形结构联结）式的自我安慰自我疗伤也就必然了；我们的出资人眼里，"外国的都是高水平的"往往成为其先行的理念，其实遑论那些二三流者，即使外国顶级建筑师也不是万能的，像习惯按平方米考虑设计问题的，我们却要求其按平方公里考虑问题行吗？擅长考虑建筑单体的设计师，我们却聘请他们做大范围的城市规划肯定弄砸。

还有，城市设计不能像物理实验那样试错，可是扎哈·哈迪德却毫不隐讳地说，西方设计师的新理念作品在中国有可能进行试验，在其他地方是没有可能的。正因为如此，弗兰克·盖瑞在设计西班牙毕尔巴鄂古根海姆博物馆前，做过无数次的模型实验；巴黎蓬皮杜中心的模型试验试图让建筑外墙随意收放，结果显示技术指标不经济不合理而作罢。得益于认真严肃的模型试验，西班牙建筑师莫奈欧在大西洋畔的圣塞巴斯蒂安海边设计的库尔萨尔文化中心，就像是从沙滩上生长出来的，到了晚上亮黄亮黄的仿佛琼楼龙宫；挪威奥斯陆歌剧院，远看仿佛是白雪皑皑的山脉，白色大理石屋顶坡面，夏天成了日光浴场，大人们在晒，孩子们就在坡面上打滚、爬行，更加上北欧简约风格的酒廊：亲民、给居民带来快乐的建筑，能不是好设计吗？

可是，在中国，这样瞻前顾后、亲民近民的建筑真不多，他们大多高高在上、高大威猛，人走其下特别卑微而渺小，遑论其他。

题内话：灵魂跟上

洋建筑师在中国，肯定是个大问题。这个问题至少涉及让他们独领风骚是否合适，中国设计师长期充当城市高端设计市场的"答应"（清代的妃嫔有皇贵妃、贵妃、妃、嫔、贵人、常在、答应等品级，答应地位最低）的状况如何改变，决策者如何做到华山论剑之后再发"英雄帖"，而不是事未做，就"要美国（欧洲）的方案"，百姓如何学会欣赏城市艺术，外国设计师如何融入当地文化？这一切都需要我们的灵魂跟上。

文化没有也不可能国际化。正因为任何一个民族的文化都是当地特有的，所有进入者都必须尊重、理解、融入并活化，那种"空投"进入，转悠几天，商谈一番，随后回去洋洋洒洒一大叠的设计图纸，最后大多只能一条路：你的方案是一个"粗暴地闯入者"，你作品的魂没有附上当地的"体"，灵魂没跟上。

出资人不可见到洋人就烧香膜拜，延为上宾。随着国家开放程度越来越深，金发碧眼的进入者们也就鱼龙混杂起来，你必须擦亮眼睛、灵魂跟上，最好的办法就是找伯乐，让他们去考量洋人方案的"魂"是否附了我们的"体"；当然，决策者还要做的是切不可把设计物当成金钱、权力的"图腾"。

中国设计师，要向马岩松学习。吃透了西洋设计套路的马，乘着经济危机，花低廉的价格找了一批"洋打工"，如美国设计师丹尼尔·吉伦者，如今他们正在重庆、哈尔滨、北京等地忙碌着；他的50个同事，一半都是外国人，分别来自荷兰、德国、比利时、西班牙、哥伦比亚、日本等国。我们的设计师灵魂要跟上，设计技术和艺术并不神秘，入了殿堂，境界的造化在人，你说呢。

中国老百姓当然是当地文化的最忠实的守候者和体现者，固然我们可以说百姓也应该提高艺术欣赏的品位，灵魂也要跟上时代的步伐；可是，怎么没有人调侃天安门、人民大会堂、金茂大厦，为何广州塔被当地百姓昵称为"小蛮腰"（白居易有"樱桃樊素口，杨柳小蛮腰"，赞其家姬），我看还是因为"大裤衩""秋裤""孔方兄"粗暴地挑战了百姓的审美底线，你说呢。英国建筑师大卫·奇珀菲尔德说："一名具有创造性的建筑师就是能够通过建成的作品建议、促进并激励更好的世界观。"灵魂跟上，才能出高尚而美的设计作品。

新闻背景：最近，笔者联系台北故宫博物院"多宝格"礼品店，试图买几卷"朕知道了"胶带，却被告知：现在没货，不过可以预定，但到货要一个月以后了。店员还告诉我，以典藏文物为创意来源的商品，在台北故宫的礼品商店里有2 400多种，像"翠玉白菜""冰山一脚袜"都很好卖；又想起正在如火如荼建设中的上海迪士尼乐园，想问，我们的——

创意产业，何时有"链"

"朕知道了"胶带销售为何火爆

"真是卖疯了！"现在你要订"朕知道了"胶带，就只能到九十月才能拿到货了，每卷货真价实的台北故宫版可是要60元左右哦；到台湾旅游，使用过这种胶带的年轻人纷纷竖起大拇指，"酷！""很好玩。""好可爱。"

"朕知道了"如何变身胶带？说来话长，早在2005年，台北故宫策划了"知道了：朱批奏折展"，当时的导览手册封面即印有康熙皇帝满汉文朱批真迹"知道了"。随后,台北故宫研发出"朕知道了"后续产品,从文化出发,以创意为谋,目标是产品链,可谓是路径严谨、厚积薄发。可是,当时开发出的便签纸、书签、挂历、折扇等等销路均不甚理想。直到今年,将其与胶带结合起来,大火。

为何胶带能大火?我看至少有以下数条:首先,胶带用于封口,封者,闭也,即所封之物不可随意察看了,所以"朕知道了"(反向而用之):诙谐而幽默。那本皇上就不看了吧!再者,康熙乃中华一代天骄,历史上的英主之一,他办公爱在奏折尾朱批"朕知道了",我(平凡如你我者)附他的骥尾——多少沾光;还有,以黄、红、白且一色有"朕知道了"之霸气十足的胶带来封箱子袋子之口,相较同处行李传送带上那些芸芸素颜胶带所粘的箱子,那叫一个酷毙了!因此,北京故宫博物院今年也向全社会征集创意设计,当然好,但我估计效果不会太好,因为大多数参赛者只能"向壁虚构",而不能像台北那样文化底蕴厚实、创意路径清晰、自自然然地一路走来。

然而,我们近日却看到了熟悉且令人尴尬的一幕:媒体报道,在大陆淘宝网,山寨版"朕知道了"不但引发淘友的抢购热潮,还引发了山寨热潮,各种版本的卖萌胶带应运而生。这些山寨版胶带包括有"朕就是这样汉子""贱人就是矫情""臣妾做不到""本宫乏了"等甄嬛体胶带纸,也有"海贼王我当定了""元芳你怎么看""你若安好便是晴天"等网络热词胶带纸。晕!

创意产业其实是穷人的行业

"创意产业其实是穷人的行业。"这是英国人说的,作为创意产业的先行之国,英国人首先体味出这个行业不需要太多资金,不需要多大地方,甚至只要一台电脑、一张桌子、一张凳子,必不可少的则是一个活跃的大脑和满腔的激情。于是,在其结构转型期,大张旗鼓地鼓励创意产业的发展。

布莱尔时期,大量工业旧城里,如伦敦、曼彻斯特等城市的更新升级中,源于个人创造力、技能与才华的活动,通过知识产权的生成和取用,发挥越来越大的创造财富与就业成效。布莱尔领导的创意产业特别工作组指导着全英国广告、建筑、艺术品与古董、手工艺、设计、时装设计、电影与录像、音乐、表演艺术、出版、软件与计算机服务、电视与广播的升级版转换。正是在这一背景之下,J.K. 罗琳坐火车穿越英格兰冒出了"小魔法师"的点子,一路写下来,如今,《哈利·波特》系列小说已经风靡全球,哈利·波特电影、游戏、玩具、服装等各种相关产业获利上百亿美元,这位昔日的普通教师当然也成了坐拥 10 亿美元的巨富。

工业化旧城的更新和重构当然也是从艺术开始的。这是因为,业已基本瘫痪和废弃的工业园区，使用成本低廉、自由，管理方式宽松，引得流浪艺术家、草根艺人、非主流先锋派、个体自由职业者纷纷进入，这些民间的、自然的、个体的草根们，在脏乱的工业废墟里追求个性、标新立异，追逐艺术的真谛。渐渐地，"山啊还是那座山"，废墟里多样性的艺术，创造性、观赏性强的作品慢慢化出，艺术的小资模式和自主美学方式，让生机在老城里重现，如曼彻斯特、利物浦。可是，随着艺术带来的影响力渐渐形成，慢慢放大，政府来了，整治环境，疏通道路，完善政策，理性地安排调整"废墟"里的一切，于是，成本上去了，管理严密了，权力与资本成功抢走了艺术的"话筒"，商业置换了艺术，艺术转换成了贴金的符号和标签。紧接着，消费精英化、商业高端化、居住酒店化成为这里的典型形态，如纽约的曼哈顿下城海边，北京的"798艺术区"等，原本顺理顺情的"草根"创意链条被芟除扭曲，"奢侈城市主义"又回来了。

创意产业链，我们都要学会等待

一个不可不说的事实是，无论你走到哪座城市，这样政府主导型的创意产业园恐怕每座像样点的城市里都有。固然，这彰显出地方政府城市转型升级的决心和魄力，但我们要问的是：设"园"之前，创意产业的内涵弄清没有，创意人才有着落没有，创意到产业的链条有对接之策没有？如果没有因应之策，此园最后很可能就会变成餐饮、小卖部一座园，这样的园何其多也！有的园，干脆成了"山寨"世界创意的园。

创意设计至少要深谙两样东西：一是文化传统，二是世态人心。有了深厚的文化传统，你的设计就会成为大文化中的一棵健康的"树"，人家认识起来就会说"哦，像在哪见过，有意思"；懂人心，并点化诱发，就有了"朕知道了"的热销。所以，创意是一件慢工细活，是"孵"灵气的活，我们的决策者们要学会等待，学会顺势而为，不一定都要弄个园子等高人，因为创意高人往往不需要园子。

迪士尼就不说了，一只米老鼠迷倒几代人，它的乐园到哪里就把摇钱树栽到那里，这是地球人都知道的事，人家的创意产业链已经精熟了。还是说一个巧克力与名画家的故事吧。

你知道蒙克的画作今天的市场行情吗？去年，他的一幅《呐喊》拍出1.2亿美元，这个价格会让很多富豪囊中羞涩的。可是我要说，蒙克的画作在一家企业的食堂里就有12幅，你还能澹定地在这样的食堂吃饭吗？这家食堂就在挪威奥斯陆的弗雷阿（Freia）巧克力工厂里，去挪威旅游您一定要去一回。

蒙克的画怎么到了巧克力工厂食堂？原来，20世纪20年代初，弗雷阿巧克力工厂的老板赫斯特为了庆祝自己工厂25周年，打算请儿时的玩伴、当时已经60岁的蒙克画一些画来装饰自家工厂的食堂，约定庆典前交付12张。哪知道，表现主义大师蒙克的画作却让进食堂用餐的工人们大为不满：房子连门和烟囱都没有，人脸也不对，"模模糊糊、古里古怪"，原来工人们还是习惯于眼鼻齐全、叶绿花红的自然派，他们纷纷要求画家修改，否则拿走。无奈之下，蒙克勉强同意了，但很快借故冲进老板的办公室，扔下"你自己来收拾这个烂摊子吧"，拂袖而去，于是今天我们看到的画作上，屋子还是没有门，屋顶还是没有烟囱。

员工食堂里有12幅蒙克的画，今天成了挪威文化部的"国家文化名片"向全球推介；画被印在巧克力的包装上；还有，当年老板买画花了8万克朗（相当于当年一个工人60年的年薪：昂贵），而今这些画价值几何？！百年酿出的"酒"，产业链条当然成了"金不换"了。

题内话：善行者后行

文化创意产业，因为国家大力倡导，因为都要打造"升级版"城市，所以热衷，所以急吼吼，都可以理解，毕竟为官一任总想造福一方嘛。

可是，此产业亦非此前大投资即可换来大GDP的行当，此产业是脑力、智力产业，甚至可称是穷人产业、草根产业，感觉没上来，激情没有了，就凭你急破脑袋也是没用的。创意产业，是一个要决策者潜下去发现、蹲下去号脉（有无这些人、在哪里、如何整合等等），放下身段和草根们摸爬滚打对脾气，然后因势利导，顺势而为，方可大有作为的产业。因此，在这一产业领域，我要说：善行者后行。就像一休说的"不着急，慢慢来"。

慢慢来，就像静静地等待、欣赏老母鸡孵小鸡那样，孵出了小鸡，才有可能让无数梦想的翅膀落到现实的枝条上，才有可能在日后产生"蝴蝶效应"。

要产生蝴蝶效应，当然首先要找到创意的"母鸡"，可是仅仅这样行吗？台北故宫"朕知道了"胶带热销之后，有网友建议其将"贱人就是矫情""跪安吧"也用于创意，但台北故宫表示不会这样做："所有文创商品应该跟典藏文物有关，我们不会为了赚钱而随波逐流。"台北故宫说，推动文化创意产业，其实是教育功能的延伸，"游客欣赏台北故宫，感动之余买回文化商品，给人生留下纪念；无形中，中华文化就会渗透到全球"。台北故宫把握着正确的方向，他们读透了个中奥秘："蛋"在宫里，得好好孵。因此，要做善行之后行者，关键还是要真把文化、人心读透，你说呢？

新闻背景： 最近，一份城市异化排行旁悄然走红，它的来龙去脉且不去评说。单就其中一些评价用词就足以振聋发聩了：深圳——最山寨的城市，苏州——最不该做大的城市，厦门——最毁小清新的城市，鄂尔多斯、玉门、曹妃甸、大同"荣登"魔幻城市排行榜。这些称呼，与市民们、游客们的议论留言可谓有异曲同工之妙，都不约而同地指向了——

城市艺术别忽略"肩膀以下"

何谓肩膀以下的城市艺术？

肩膀以下的城市艺术是一个形象的比喻，这些年我们看惯了高楼，直看到仰头眦目掉帽子。可是，我们平视时、俯视时，城市的街上，我们看到的街道、橱窗、灯箱、店面门脸、路灯、广场、花园，还有墙体、廊柱，甚至脚下的窨井盖、驶过的出租车，是否养眼，能否让你我莞尔一笑？

肩膀以下的城市艺术，在我们的眼里就是城市的细节。这些年，城市建设飞速发展，高楼大厦争着抢着堵住我们的视线，但平视而望，肩膀以下的风景却很难尽如人意。正如一位网友所说的，身心疲惫地走在街头，突然看见"一堵老墙、几级青石台阶、拐角处调皮地翘起的屋檐，那青石散射着日光，都是经年累月行人将它磨光的；留下这样的城市记忆，真好！"可是，

行为艺术者站在楚米尔边上

平心而论，我们的城市，原本有这些细节的地方，给毁了；新建的，处理得不如人意。

窨井盖上的楚米尔

相较我国城市肩膀以下的环境艺术，国外这方面的工作颇值借鉴。到斯洛伐克布拉迪斯拉法，街头情趣十足的"偷听的拿破仑"、街角"偷拍的狗崽"，都会让坐在凳子上的情侣、喝咖啡的游人瞅见时会心一笑；但给我印象最深的还是

也许是世界上最矮的雕像——趴在窨井盖上的管道工楚米尔。他就这样趴在街道的地井口，下巴垫在双手上，大眼炯炯望着远处，笑眯眯地，笑容里带着些许狡黠。该国文化官员解释说："污水管道中工作环境很恶劣，又见到阳光和人间世，自然很欣喜。"可不就是！绝对草根、老实巴交，甚至常常受人欺负，要不然他的帽顶、大鼻子怎么会亮黄锃亮？可是，我要告诉你，这正是他窥视"裙底风光"的最佳角度，你还会觉得他的笑憨厚吗？这正是斯洛伐克人的幽默创意。

这样的创意在日本则成了城市环境的艺术必修课了。在日本，1780个自治市（镇）里，90%以上采用个性化的井盖，市花市树当然是常用的图案，特有的动物、鸟儿、名胜、历史故事也是必备的题材，比如赏樱是大阪的盛事，窨井盖上描绘的就是樱花怒放的盛况；窨井盖的设计更是五花八门，但形状与功能紧密联系，煤气、供水、排污等等，一看形状就区分得一清二楚；窨井盖还可以指路，且生动活泼地指呢。小小井盖有大乾坤，为超过6000种不同的井盖建立几家井盖博物馆，当然也就情在理中了。

细节点染，热心人其实很多

令人欣喜的是，在我们的城市里，许多年轻人正在为缺失的城市细节"描红"。树洞画女孩的个人行为如今已成为石家庄城市环境艺术营造的集体行为。"石家庄艺术氛围不浓。平时见到的涂鸦也不多，猛地一看，就觉得新奇。""为城市装点了一道充满创意的风景线。"怪不得正溜着的小狗看到洞里的猫，就抻（chēn，拉）着绳子不肯走；还有杭州、贵阳，大学生们纷纷走出校门，用色彩、用艺术装点城市。

厦门的出租车也变得五颜六色了，橙黄、蓝色、绿色、玫瑰红、紫色，表示分属五家企业；车顶清一色地乳白。橙黄车体前车门两侧的图案是白鹭，蓝色的是海豚，绿色的是凤凰木，玫瑰红的是三角梅，紫色的是钢琴，全是厦门的标志物。可是现在，由于游人太多，厦门的清新淡雅有加速消解的势头，如鼓浪屿。

总体而言，肩膀以下的城市品质难以尽如人意，网友们对此多有微词，甚至言辞激烈情在理中，因为这些细节是大家每天都要面对，甚至形影不离的。比如，回家路上的路灯，那个豁口的窨井盖，那一块原本好看但已摇摇欲坠的灯箱，那幅大热天还穿着裘皮的国际女郎……怎么办？所以，武汉市在"汉网"上发起"城市建设的细节问题"，邀请市民"拍砖"，发献计献策的"英雄帖"：是个好兆头，正所谓"城市是我家，大家都帮忙"。

题内话："粗糙"不起

小细节，大问题，所以武汉市在当今最大的平台——网络上把城市细节问题交给了全体市民，"你对城市建设的细节满意吗？有哪些处理得体的地方，哪些有待改进之处？导致细节粗糙的根子在哪里？追求细节'完美'，如何着手？"上至市长，下到平凡如你我者，都在里面发表意见、献计献策，让这个空间气氛热烈、正能量充盈，正应了"人民城市人民建"的那句话。

居民是城市的主人，自家门前的雕塑不好看，附近的商家的门脸太张扬，当然都要监督；好看的，也去广而告之，独乐乐不如众乐乐，就是这个道理。不仅如此，还要充当"护美使者"，美常驻，人才精神呢。

城市的领导，当然要眼界开阔，从善如流，作决策时、作指导时，切不可先入为主，所谓"请师（设计）师为主"，人（市民）有微词必有难为之处，比如你（领导）决定在大桥旁为一栋高楼穿上 LED 衣，通宵霓虹闪烁，你说桥下小区的居民如何入睡？

设计师，当然是"门枢"，上面是领导，下面是市民。要上下满意，当然要读文化读传统，要读风土人情，要读技术的"背阴"面，这样得来的作品，放置于"肩膀"以下，大家就可能都满意了。

网言网语：

［外行牛］到处是雕塑，又不好，看得心里烦透了！学校里动不动摆着"一本翻开的书"，开发区里不是"托球""丝带"，就是"浪花""飞天"，这哪是雕塑，分明是菜鸟的"菜雕"（做城雕，挣点酒菜钱）。

［五色石的家］英国著名建筑师和城市规划家 F·吉伯德说："我们说城市应该是美的，这不仅仅意味着应该有一些美好的公园、高级的公共建筑，而是说城市的整个环境乃至最琐碎的细部都应该是美的。"但我们的城市细节正在被一种简练的国际风格取代，低头看：公交车站没有雨棚，街道门牌五花八门，桥梁掉肉露骨；40 多度的高温下，头顶那么多明晃晃的玻璃悬着：看着烦心，想着闹心，有时还抽抽地惊心。

［David 的玩伴］北京的城市建设一塌糊涂，"大屯子"除了"大"之外，没细节，没品位，除了张牙舞爪的房子，一点特点都没有。

［很想小清新］深圳为何最山寨？锦绣中华、世界之窗，足不出深圳，你就可以欣赏寰宇之内的著名景点，当然"最山寨"了。不过想想也情有可原，那时

我们出门难，所以就被精明的深圳人"山寨"了；现在世界各地都是中国人，当然就说深圳"最山寨"了。

苏州为何最不该做大？粉墙黛瓦、小桥流水，人家尽枕河，水巷小桥多加上吴侬软语，最适合人居住了，当然不该做大；不过我还是赞苏州人把新城和老城分开，老城为人而居，新城为车设计。呵呵！

鄂尔多斯、玉门、（回到明朝）大同，说叫"最魔幻"，呵呵！客官有所不知，就是"鬼城"呢！

［风光无限好？］城市异化榜？我想说，不想整天大汗淋漓地行走在高楼的森林里，稍不留神还被空调的主机"喷射"了；上班紧张，走在街上，我想放松我想微笑，可是街道的环境让我笑不起来！

继"八项规定"之后，党中央日前又出重拳，五年内停建所有楼堂馆所。官衙修得高大威猛、富丽堂皇是近数十年来我国各地争相奔趋的大事，有些不顾当地实际，甚者掏空当地财政。于是，各地政府建筑几乎全都高台阶、大屋檐、中轴对称，或八字开门，前面是大广场，既铺张，又没有艺术感。既高高在上，又缺少亲民的艺术创意，这样的楼堂馆所怎能让人亲近？

百姓不需要"高富帅"

楼堂馆所不妨借艺术设计的力量做些改变

● 有些决策者将怪里怪气的衙门建筑弄得富丽堂皇便以为美，但是大家看着都有同一个感觉：没有一点自己的特色，真的太不艺术了。

1亿元巨资打造"三湘第一区政府"一口气吞掉衡阳市松木乡朝阳村400多亩基本农田；陕西蒲城县法院大楼竟达8800平方米。这样的办公楼太多了，数不过来。它们一律高屋大宇，其形态或中轴对称或略作扇形（风水上叫纳气接财），大门高耸着或面南或朝东，台阶层层往上托起高高在上的门，加上张臂搂抱状的车道划出悠长且圆润的弧线直抵大门，以便于长官下车抬脚就入楼。楼前常见的就是宽阔的大广场，广场通往大楼或"金水"上搭桥或轴线上凿池，池内喷泉管涌。

建筑细节更让人不忍直视，中规中矩的正气建筑却被配上一些仿罗马式的圆形石柱，有些甚至还会添些与政府毫无联系的莫名雕塑，实在不伦不类。这种明显"崇洋"的画蛇添足，越发显出决策者完全没有艺术感，没有一点自己的东西，完全是将国外的"好东西"东拼一些，西凑一些，充其量也就是组装重拼罢了。

● **放眼看看历史，看看世界，修建官衙如此大张旗鼓的实在少。如果少些心思在建造豪华建筑上，是不是就能更花心思在民生百事上？**

其实，古代中国，尤其是明清以来官员们通常是不修官衙的，所谓"官不修衙，客不修店"。为何？首先是地方官忌讳奢侈之名。修衙门，就是慷公家之慨为自己营造安乐窝，说不定被乡贤豪户告发了，或者被御史参了，祸就闯大了。要知道，明太祖朱元璋立法，官员贪污银子60两以上者，立杀并剥皮实草，悬于闹市示众。再者，那时的地方财政根本就没有修衙这笔开支，要修就得自己掏腰包。官不修衙的传统延续到民国，四川军阀刘文辉曾下令：如果县政府比学校修得好，县长枪毙。

不仅中国古代，今天世界上除了我们就没有第二个国家大肆修衙了。即便是在头号富国的美国，要找到像样的州县政府建筑，很难。阿灵顿县是美国袖珍但富得流油的县，县政府居然只是在综合商务楼里面租了几套办公室的。和我们发展水平差不多的印度，政府办公一样简陋，国防部的办公室竟然连空调都很少见，再热，将军们也只能光着膀子靠咿咿呀呀的电扇降温。他们为何不修衙？和美国一样，百姓没点头，就没钱修。

● **建立官衙应该是服务百姓的，如果用艺术的力量，让楼堂馆所变得更环保、更低调、更亲民、更有设计感，做到看着舒服才是关键。这样一来，百姓自然会拍手叫好。**

在我国，高楼大宇、齐整靓丽的地方政府，大多是被当作当地标志性建筑来建设的，决策者用的都是最好的设计规划、最好的施工、最好的材料。可是，这些楼堂馆所为什么还是让人指指点点？因为衙门留给我们的印象实在不美好。

这就是不少官衙建筑的典型模式。高高耸立的主楼豪气冲天，大门距离办公楼如此遥远，这满满的"高高在上"的感觉让百姓看了也不敢随意走进来。所谓"无事不登三宝殿"，但是楼堂馆所弄出这样的气场真的合适吗？本是为了服务百姓而建设的官衙，变得如此"高大威猛"有必要吗？不妨来上海青浦区练塘镇镇政府大楼和朱家角镇市民中心走走，看看这里的"小清新"建筑是如何亲民的。

在百姓眼里，衙门既深不可测又高不可攀，那就敬而远之吧。反观青浦区镇政府大楼，看着就像座江南水乡的农家小院，既不高大，也不大气，却时尚古朴兼备，既符合青浦有古镇的特点，充满地方特色，又在艺术化的同时也省下了不必要的场地使用和建筑成本。

反观各地高大威猛的楼堂馆所的样子，相似的建筑模式很难让人印象深刻，既然如此，为何不试着借艺术的力量做些改变？百姓需要的不是"高富帅"，相信一座更环保、更低调的楼堂馆所才是大家想看到的。

评论：别抗拒民"艺"

修衙不可太过。而我们今天很多地方最气派的建筑就是"衙门"了。可是气派的下场，就是将老百姓隔得越来越远。百姓想看创意，这民意却被忽视了。

高台阶、大门楼、阔广场，中轴对称，无非都是要在心理上引起"威严""森严""尊荣"等优越、尊贵和威严感，无非都是要通过建筑的气派让"草民"望而却步，我们不少决策者在决定建筑风格的时候，已经逐渐背离了以百姓为中心的原则，怎样装饰才能让政府比别家更气派、更撑面子，让官员呆得更舒服，反倒成了中心思想了。

有时候，在设计建筑时还请来了风水大师，比如不久前引起争议的王林。"衙门"前狮子成群、玄关处奇石成林，甚至"宝座"后面放一块靠山石，就可保一辈子不倒云云。不说这些装神弄鬼是真是假，单看请风水师的目的就明显不是为民服务的。

又想起了练塘镇、朱家角镇政府，白墙黛瓦、木板做栅，平地盖房无门槛，院落里面能见牲槽和磨盘，百姓来办事，就如走进了自家的院子，当然没有隔阂；不隔，民心就顺，乡风就和！建筑自然就美了。

美观、时尚、具有艺术设计感绝对不是靠砸钱就能换来的，艺术家的一点巧思就能让官衙建筑改头换面，但是最最关键的，还是决策者首先要有改变的意识，不然艺术家想来帮忙也会被"拒之门外"。

青浦区练塘镇镇政府大楼，它就是放大版的江南农家院落

新闻背景： G20 首脑峰会 9 月 5 日就要在圣彼得堡召开了，届时，国家主席习近平也将与会；现在，圣彼得堡的气氛就日渐浓了。作为一名访问学者，行走在蓝天下的"露天建筑博物馆"圣彼得堡的街头，那些老老的建筑麻麻的石头墙、那些把建筑当成雕塑的老老街道上，让我感受到的是这座城市鲜明的贵气和一贯的淡定——

在圣彼得堡感受老城魅力

G20 峰会在古迹里召开

2013 年 G20 峰会 9 月 5 日将在圣彼得堡郊外的康斯坦丁宫举行。康斯坦丁宫是一座建于 1720—1750 年间的宫殿，它就是圣彼得堡这座露天博物馆中的一处古建筑。这座修复后的宫殿呈淡咖啡色，巴洛克风格，宫殿矗立在一个小山丘之上，北面俯瞰芬兰湾，宫殿周围是广阔的草地、池塘和新种植的大片椴树，吊桥、喷泉点缀其间；宫殿里的中央大理石厅有蓝色的墙壁和黄色的大理石柱，G20 首脑峰会开的时候您注意看。它修复后第一次使用是接待参加圣彼得堡建城 300 周年的外国首脑，这次又会有 20 多位国家元首等在此聚会。

圣彼得堡，遍地是古建筑，彼得保罗要塞、夏宫、斯莫尔尼宫、冬宫、喀山大教堂、圣伊萨克大教堂，等等，这座城市里有 1 000 多个保存完好的名胜古迹，包括 548 座宫殿、庭院和大型建筑物，32 座纪念碑，137 座艺术园林，此外还有大量的桥梁、塑像等。太多了！他们都是人类文化艺术的精品。

我还要跟你说，圣彼得堡还是世界上第一座先有规划，后有城市建设的大城市。彼得大帝在帝国的出海口这里兴建一座城市，名字就叫圣彼得堡。为了建设这座城市，他带领一支 200 多人的队伍出游法国、荷兰等强国，虚心学习别人的长处，邀请勒布隆、拉斯特雷利、卡梅龙、连波郎等法国、荷兰、英国著名建筑师参与规划建设，要知道这些人就是凡尔赛宫等著名宫殿、建筑的设计者。1717年，当勒布隆将设计图纸和标准建筑物的平面图送呈彼得审批，沙皇彼得批示说：住宅的窗户应开小些，"因为我那里的气候不同于法国"。

于是，今天我们走在著名的涅瓦大街上，发现街道上，一色的巴洛克式精美建筑，可是与其他城市显著不同的是：两栋房屋之间基本没有间距，即使偶尔有，也只能容一人勉强通过；房屋的窗户都很窄小，但大都修长。问为何？当地人说，没间距，这是考虑到城市防御，入侵者无法穿廊绕壁；窗户小，这是因为圣彼得堡冬天太冷且风大：原来是这样！这些密密麻麻、细细排列、装饰精美的窗户，因为彼得的用心体贴，看上去格外舒服。

圣彼得堡在俄罗斯人心里很重

一座城市就是一座建筑艺术博物馆，这在世界上没有几处；关键是，俄罗斯人对它的重视程度超乎想象。众所周知，第二次世界大战，俄罗斯受到的创伤极其惨烈，德国法西斯将这座城市包围了900天并扔了十四万八千多颗炸弹。可是战争硝烟还未散去，修复专家就进了冬宫、夏宫，圣彼得堡的大街小巷，开始了建筑、文物的修复工作，从屋脊梁的吊装，到塑像的修补、壁画的修复，大量当时现场的照片让我们身临其境地感受到俄罗斯人对待历史建筑的态度。

正因为如此，1990年，联合国教科文组织将这座城市列入世界文化遗产名录。如今，圣彼得堡虽然历经各种磨难，但走在已经300岁的涅瓦大街上，看着每栋楼的小小的门、细细的窗和窗上弯弯的"眉毛"，它们都很旧，但一砖一缝、一片片石头都经得起细细琢磨，都透出雍容的贵气和优雅的韵味；不仅每栋建筑上几乎都有精美的雕塑，涅瓦河上的桥梁栏杆柱式、雕塑也几乎没有重样的。圣彼得堡文化官员波尔琴科告诉我："如对二战时期被炸毁的建筑物，战后都按原样恢复；有些建筑物年代久远安全隐患大，也是拆除后按原样重建。"他说，在老城里，居民虽然很多都是房屋的主人，但哪怕是改动一扇窗、一扇门，都要想文管部门申请，否则就是违法，要吃官司的。因此，老城没有大型购物商场，老城居民即使漂泊几十年，回到老家，老城的街巷还是几十年前的老样子。

近年来，圣彼得堡运用新技术进一步完善保护历史文化遗产法令，比如所有在老城区的现代化项目都要经过3D模型的检验。2005年，圣彼得堡迎来建城300周年，该城颁布了《圣彼得堡遗产保护战略》，确立了"以发展为目标的保护、以保护为前提的发展"，即"保护与发展并重"的指导思想，进一步明确了保护灿烂的建筑艺术的坚定意志。

对待历史，上至总统下到年轻人，都很虔诚

应该说，圣彼得堡作为世界露天的建筑艺术博物馆，其建筑艺术保护的经验值得我们认真总结。

众所周知，圣彼得堡古建筑群是学习西方的结果，彼得大帝非常崇尚巴洛克式建筑的构图严谨、空间规模大、外观色彩明丽，追求建筑的庞大厚重与富丽堂

皇。一路下来，圣彼得堡的建筑经历了巴洛克风格到古典主义，再到折中主义和现代派建筑艺术风格的变化。于是，我们看到圣彼得堡老城，连成一体的巴洛克风格建筑，曲线飞扬扭转，并大量使用华丽、贵重的建筑材料，让眼前的风景呈现出雍容华贵、富丽堂皇、振振欲飞之势，因为巴洛克手法爱用繁复的装饰来增加建筑的动感，将建筑与雕塑、绘画融为一体。巴洛克式代表性建筑有梅恩什科夫宫、冬宫、斯莫尔尼宫、斯特拉加诺夫宫等。19世纪初的圣彼得堡，进入繁荣期的古典主义以严谨的对称、笔直的线条、整齐划一的圆柱创造了许多建筑精品，如喀山大教堂、冬宫广场等。

但让人尤为佩服的是，这些风格迥异的城市建筑作品至今全部保存完好，共生于城，共同组成完整的城市发展史、建筑艺术史，相比我国城市建设的动辄大拆大建，我打心眼里佩服俄罗斯人的做法。我到斯莫尔尼宫参观时，正碰上建筑有个立面在整修，高高的幕布图案与宫殿外观一模一样，不注意根本看不出来在施工。

还是说说这次 G20 首脑峰会开会宫殿的修复吧。普京亲口介绍了这座破烂不堪宫殿的修复经过，他说，那一天是话剧《战争与和平》上演的第一天，我和妻子在剧院里等布莱尔首相。突然，一个年轻人找到了我，开始谈起康斯坦丁宫的问题。他开始拿出一些文件，历史文献，破败宫殿的照片，努力说服我不能让这处有名的历史遗迹完全毁了，应该修复等等。"因为国家没钱，再说即使有我也很难向公众说明为何要把钱花在这上。"普京说，直到圣彼得堡建市300周年和欧盟峰会在即时，我才想修复康斯坦丁堡不就可以举行重要的国际论坛吗？所以，我们开始向大型私营公司请求赞助，他们最终出了 99.9% 的钱，也就是说总资金两亿九千多万美元是由私营公司出的。我们只拨了大约500万至1000万卢布，主要是用于监督工程质量和进度。"顺便给大家说一下，当初说服我的那个年轻人，我后来再也没有遇到过，也没有他的地址。如果他看到我说的这些话的话，希望他能与我的秘书联系，我觉得我们之间还有许多话要说。"普京对年轻人要说什么？是感谢他的国家意识，还是它的历史责任感，还是……现在，这座宫殿又要向全世界展示它的魅力了。

题内话：我们要向圣彼得堡学习什么

"露天建筑艺术博物馆"圣彼得堡是彼得大帝学习西方发达国家经验的最直接成果。可以说，这是一座完全按规划建设的城市，是一座在300多年前就已进入现代化的城市，是俄罗斯由弱国向大国崛起的标志。

所以在这座城市里，经常看到彼得大帝的雕像：有的骑在马上，昂首北方，威武英俊；有的坐在椅子上，注视着东方，头小身子大（身子大那是为了彰显俄罗斯疆域的广大）。

这座城市的魅力实在是我笨拙的笔无法展现的，如白夜的圣彼得堡，城市睡了，草木却还醒着。白夜里，这里的天空特别湛蓝，特别深远，与涅瓦河的水面相映，桥（他们大都建城之初就在那里）已吊起，船缓缓通过，晚霞始终挂在天边，水波光粼粼，"蓝宝石"样的天与"水晶石"的水，有时因了晚霞变幻为粉宝石、红宝石、玫瑰宝石，一层层，一抹抹，层层叠叠、轻轻推搡着、簇拥着、摇荡着，看得我的心都醉了：圣彼得堡的魅力无法言表。

保护圣彼得堡建筑艺术，他们最值得我们学习的还是战略上的高瞻远瞩和操作上的巨细无遗以及文物修复仰仗专业队伍的做法。

《圣彼得堡文化遗产保护战略》首先确立了该城的文化遗产保护方面的优先权、标准与活动方向，从思想上和法制程序方面规定了城市历史景观的保护与改善。宏观上，《战略》全面涵盖并保护了规模宏大的历史中心区和颈环般的城郊格局。他们认为，城市形象不仅有建筑艺术杰作组成，而且还有完整的城市空间环境，因此历史地区保存的完整性和真实性尤为重要，是他们让城市的结构、景观构成、城市风格成为"这一个"，保存好了这些，文化遗产的原真性、多样性就得到了很好的确认。

再者，老城保护必须有专业队伍做保证。圣彼得堡一如既往地依托文化遗产保护与修复的专业教学机构——列宁格勒—彼得堡的修复学院。该学院成立于第二次世界大战结束，专家们将长期研究的方法和技术对受损的建筑、绘画、雕塑等开展了卓有成效的修复建设活动，

同时还有对古迹等一系列的文化遗产及其档案资料进行详尽的研究，并总结出许多重建手段和科学的修复方法。

细节必须一丝不苟。内行都知道，古建筑修缮或重建，细节就是生命，如果远看是座宫，近看是个"棚"，那就彻底失败了。圣彼得堡人把法规的内容甚至细化到"建筑立面"，因为他们知道，这座城市的建筑立面是建筑形式、装饰艺术与工艺的百科全书。《战略》中明确了城市中建筑的装饰类别、建筑的色彩、建筑的材质，以及建筑的风格等一系列城市外观要素；同时指出该修复活动目的、具有科学依据的方法等内容。如规定：建筑立面每2—3年清洗一次和规定洗涤物的种类，定期检查建筑的各个部位，以延长建筑的使用期限。所以，这座城市街面、建筑耐看。

历史文化遗产的保护，还涉及到现代生活方式如汽车、大气、水文等等，这些影响因子都被细心的俄罗斯人周详地想到了，虽然还是缺钱，但缺钱却有类似普京这样"化缘"之人，可见古建筑保护艺术活需要高瞻远瞩、细致入微，可不能脑子一热就大刀阔斧、大干快上。

新闻背景：山寨风在我们的周围越刮越大，从手机、服装、电脑、汽车、电影、流行音乐到城市设计，甚至山寨版的明星这些年也鱼贯而出。有人说山寨是草根挑战权威的表现，有人说山寨阻碍了创意的成长，有人说这是典型的"劣币驱逐良币"。我们要说的是——

山寨风，爱你恨你都不易

其实，人类的历史就被山寨的影子紧紧跟随

说起天安门、白宫、鸟巢、水立方、埃菲尔铁塔，你已经不一定要去北京、巴黎和华盛顿去了，去了华西村、杭州等地就有可能一网打尽都看遍了，当然那都是山寨的。我们的城市，建筑设计者一见到有知名度、有性格的作品就想抄来，还说"这样大家足不出国门就可以看到埃菲尔铁塔了"。杭州一座小镇上的埃菲尔铁塔已经矗立6年之久，它骄傲地站在模拟的战神广场之上，背后就是广袤的

农田。

不仅建筑，山寨已经蔓延到生活的每一个角落、每一条缝隙，时新的手机款式一上市（或刚发布），山寨机便铺天盖地来袭；一曲新歌还未发行，大街小巷就都充斥着那曲子的旋律；美国总统就职仪式上，奥巴马的夫人一袭白色长裙刚一亮相，可称惊艳。如果你心仪，下订单后的第三天就能收到一模一样的山寨货，抄袭者称"这是草根对上流社会的挑战""这是发展中国家经济发展的必由之路"云云；但是，山寨版的科比、山寨明星也是吗？

还是说说城市山寨吧。苏州的伦敦塔桥、郑州的朗香教堂（已拆除），惠州甚至搬来奥地利哈尔施塔特小镇，并名之曰"奥地利小镇"。由于小镇是世界文化遗产，所以人家的议员要抗议，问题是小镇的镇长来了之后却说"吃惊、骄傲、没问题"。看来，山寨了，就山寨了，真是个问题！

不仅中国，我们闭上眼睛想想，印度有个宝莱坞；《还珠格格》热播，越南也弄了个越版的"还珠"；《风月俏佳人》《国王与我》等等全部被山寨了；城市建筑，一样，韩国也有欧洲小镇，印度、孟加拉也有"欧美地标建筑"，仿罗马、仿希腊建筑风格，一直以来都是全球范围内争相趋之的。

山寨建筑太多，城市就山寨了，今天我们的城市千城一面，与山寨有没有关系

山寨，想说爱你不容易，想说恨你也不容易。因为，对于大多数国人来说，这真是个令人纠结的问题，如果平板电脑的质量和苹果的差不多，价格却是它的一半，如果你说"不想买"，那你一定会心虚脸红，要不然那些山寨的皮包、手表、服装就不会有那样广阔的市场了。

但是，城市建筑设计的山寨版可就没有那么草根了，因为造房子是大事，它得要决策者（甲方）出钱、设计者出方案，敲定之后找来施工方，经年累月方能最后完工。所以，建筑设计的山寨化，让埃菲尔铁塔下走的都是黑眼睛、黑头发、黄皮肤的农人，多少有些怪怪的，全国各地出现十多处"白宫"甚至让城市山寨得都有些走火入魔了。城市设计中，人们为何如此热衷山寨？

美好的东西总能拨动人们心底那根柔软的弦。比如，埃菲尔铁塔，它那划向天空的优美曲线，那正处在黄金分割点上的观光平台，它那钢筋铁骨的躯干和优雅身姿的浑然一体，虽然建造之初它也引得非议声一片，但岁月长河的淘洗之后，它如今已被全世界的人们所接受；可是，我们把它弄到一处商业开发的小区里，再弄上一个貌似巴黎的街道，猛一看"到了巴黎"？看多了，哦！骗人的。于是，你的心对眼睛说"假的就是假的"。

其实，设计者大多还是知道底线的，那就是不可山寨；山寨的始作俑者，往往是手握重金却没有底线（或者无知）的甲方。"白宫顺眼，就照这个样子设计。""伦敦桥不错，来一座。"殊不知，任何一座标志物，其标志性的形成都有深厚且独特的历史、环境因素，其场所精神和气韵是无法复制、移植的，所以，世界各地都有凯旋门，但最知名的还是巴黎的那座。

山寨建筑太多，城市就山寨了，今天我们的城市千城一面，与山寨有没有关系？我不敢说，但谁又敢说没关系呢！山寨设计，最不尊重最受伤的人就是市民，他们总是在要被圈定的环境里生活的，你说他每天弯腰在田里，屁股撅起就朝着埃菲尔铁塔；起身抬头望，还是埃菲尔铁塔，可是听的却是钱塘江的潮水浅吟低唱，感觉总是怪怪的。

山寨，根本原因还是创意力缺乏，所以我们呼吁设立"首席创意官"

就设计而言，山寨的根本原因还是因为创意力缺乏。苹果公司的产品今天已经风靡全球，但在二十世纪八九十年代却长期处于挣扎求生的状态，乔布斯回到了公司重新领导创意设计，他设立的首席官员中就有首席创意官，然后他就把创意从"点子"时代带向产业时代，并让制造业从制造型转变成为创意服务型并大获成功。消费者也从他们的转变中认识到：创意设计不是一种奢侈品，而是一种生活必需品。

正是因为如此，扎哈·哈迪德用白条玻璃、弧形结构设计出soho银峰，是山寨，不是，她已经在消化吸收并升华之后开展了成功的创作，而抄她创意的则是重庆的那座，虽然重庆说"创意灵感来自黄河的鹅卵石"。

类似的"山寨"还有哥本哈根大学宿舍楼，设计师伦高（Lundgaard Tranberg）的设计灵感就来自于福建的土楼。大家都知道，传统的大学宿舍大都房间小，既湿又冷，没有阳台，没有公共空间，但这座不是，外表圆圆的"土楼"共7层360个房间，大扇的落地窗保证了充足的光线，窗户和阳台凸凹不一，起伏有致，很时尚；楼宇的五个出入口将这个圆形"碉堡"分成五段，各自独立又互相连通，"土楼"围合的广场极有利于大家休闲、阅读、交流。楼建成后，没有谁说这楼是"抄中国的"，因为设计者已成功地将创意升华并诗意化了，他说，要通过环形设计表达"平等与共融"。

日本更是"再造"中国文化精品的大户。《西游记》《封神演义》《成吉思汗》都有网游作品，光是"三国"，就出品了《三国志战记》《三国志曹操传》《三国志孔明传》《真三国无双》，他们的经验值得我们好好借鉴。

题内话：兼听是王道

不山寨，关键还是要有边走边唱、边走边看的悠闲之心。如果我们的甲方、设计者、乙方，都在赶路，都在被订单催着前行，那肯定没有了或万里无云、或细雨霏霏的下午看看天、发发呆的心情了，这样出来的"作业"想不山寨都难。

不山寨，就要允许外行的市民参与设计的评判。力学的、材料的、功能性的门道，可能大家都说不出一二，但一件东西好不好看、好不好用，从服装、电器，到声音、外观，大多数人还是能够说出一二的。

虽然，山寨是一个大家都想口诛笔伐、群起而攻之的现象，但真的遇上了还是要心动的。要而言之，原创的作品也应放下些身段，别那样高高在上，那我们又何必去山寨？让市民参与评判，大家也会在实践中自我教育；更何况，高手在民间呢。

渐渐地，当优雅和淡定成为生活的常态，我们的心灵真的就富有了，也就不会人人急着去赶路，也就无需再山寨。当淡定成为国民的标志色时，创意就会围绕在我们身边，我们就会淡定地不会去"哈×"。

连线伦敦： 今天，第十一届伦敦设计节开幕，仪式上的白发老者就是设计节主席（设计节的创办人）、伦敦艺术大学校长约翰·索雷尔爵士，他刚刚从上海"世界城市的设计创意战略"论坛回到伦敦。作为世界上影响最大的综合性创意设计盛会，伦敦设计节——

被现实"逼"出来的"创意伦敦"已经成为当今潮流引领者

创意设计源自打破常规

创意在英国，其实也是逼出来的

金秋时节，到伦敦去看设计节，当然是个不错的选择，这时的伦敦整座城都沉浸在创意的海洋里，但 30 年前的英国可不是这样。

20 世纪 80 年代以来，随着新兴经济体的迅速崛起，产业转移潮流汹涌，传统的工业化国家面临着发展方向再定位的严峻形势。20 世纪 90 年代，英国经济长期处于停滞状态，政府和国民都急于找到新的出路。在这种形势下，以经济学家霍金斯（John Howkins）为首的英国学者率先提出了"创意经济"概念，并将其特征概括为：以知识创新为源泉，以服务业为载体，以创造经济价值为目标。

1997 年 7 月，英国政府成立文化媒体体育部，布莱尔亲自担任"创意产业特别工作组"主席，并于 1998 年、2001 年分别提出《创意产业图录报告》（*Creative Industries Mapping Documents*）。《报告》将创意产业定义为"源于个体创意、技巧及才干，通过知识产权的生成与利用，而有潜力创造财富和就业机会的产业"，范围涵盖广告、建筑、艺术及古董市场、工艺、设计、流行设计与时尚、电影与录像带、休闲软件游戏、音乐、表演艺术、出版、软件与计算机服务业、电视与广播等 13 个行业。这时的布莱尔想着的是如何改变"夕阳帝国"裹足不前的尴尬局面，所以，业内专家评价："在英国，'创意'也是被现实逼出来的。"

伦敦设计节正是在这一大背景下产生的，2003 年至今已经举办了十届，吸引了世界各地越来越多的人们参会，分享设计经验、推动设计发展当然是设计节的重要主题；创意产业论坛现在更是成为世界范围内的著名论坛了，循环设计、零碳艺术等等，伦敦设计节上吹出的新风往往迅速成为创意及品质生活的潮流。

设计节上的斑斓创意，很有品位，也很草根

灯是很普通的家具吧，伦敦设计节上的创意灯具简直令人大呼"不看不知道，世界真奇妙"：暖暖的黄，黄得让人的幸福指数迅速蹿红，那是灯罩；牛奶的白，白得让你我忍不住想拿起书就着它读，那是漫射的灯光。还有呢，灯泡本来都在灯罩里，可设计节上的这盏灯灯泡却"流"到桌面上，犹如水银泻地。

还有凳子，各种想得到想不到的都有。博物馆应该是什么样子，端肃是少不了的，但当它成了设计节的展馆后，日本设计师冲佐藤便在展厅里、楼梯上、走道里设计出由打满孔洞的金属薄板制成的椅子，表面喷涂白色油漆，椅子简单的造型与博物馆室内的富丽堂皇形成强烈对比，我们的视觉习惯瞬间被改变。两把椅子腿缠腿亲热地"腻"在一起，情侣坐在上面什么感觉，肯定一级棒！参观了设计节的网友说："比如这款 Plooop 椅子风格简练优美，椅背层层弯曲的造型尤其抓人眼球，让人非常喜欢。""这个板凳可不简单！为了最大限度的节省空间，它可以轻而易举的拆卸和折叠成平板，并且为了响应国际上低碳环保的号召，它放弃了华丽的装饰材料，而是采用彩色的橡皮筋缠在一起，方便、实用又漂亮。"甚至，设计者还在特拉法加广场大派送椅子，简洁、结实、环保且美观的那种，你要是星期天去说不定也能被幸运地派送一把的。

很草根、很地气的设计创意，吸引了全世界的高手们纷纷前来，来赴这场遍布伦敦大街小巷的盛会，正如设计节主席索雷尔所说："10 年间，设计节已经已经散播到世界 100 多个城市，我把它称之为'创意时代已经到来。'"

"创意已经成为英国的国家形象"

"创意已经成为英国的国家形象和身份认同符号。"在上海举办的世界城市的设计创意战略论坛上，约翰·索雷尔（John Sorrell）自豪地说，去年，我们庆祝了设计节 10 周年，设计创意已经覆盖日常用品、游戏产品、数码产品、音乐、服装等等，比如可以带回家的椅子、真人大小的象棋（广场作棋盘，气势恢宏）、椅子拱门，名叫"影子的赞歌"的新意充盈又唯美的新能源节能灯；甚至圣保罗大教堂前也有了由郁金香木制成的 20 座彼此咬合的"无尽楼梯"，游客们好奇地围着它转圈时，就会被邀请爬上这座大楼梯，并在这个绝佳的观景点领略泰晤士河、千禧桥和泰特现代美术馆的风光。"无论从构成、构造还是尺度上，它都会在三维空间内让人们觉得这是一座没有尽头的楼梯。"设计师亚历克斯·黎开（Alex de Rijke）说："这种艾舍尔风格的视觉游戏和穿行于木材间的流通感充满了乐趣，它与大教堂严肃的石质环境形成了鲜明的对比。"

索雷尔介绍，设计节已经成为世界各地人们纷纷前往聚会的节日，中国北京去年也组成了庞大的团队参展。"现在，250万创意人士在英国工作，设计创意已经深深浸透了政府、民间组织、教育等领域，创意让伦敦走在世界的前列。"索雷尔说，为了更好地鼓励年轻人投入创意设计，他和夫人成立了一个专门的基金会，"我们认为每一个小孩子都有创意、有想象，我们认为这种创意是人权"。他说，一万三千年前的洞穴岩洞里，画了100头"马祖大象"，岩画蔓延了5公里，布满了岩壁、岩顶。在那个没有照明的时代，那些大象是怎么画上去的？肯定是小孩子登高或者坐（站）在成人的肩上，挥洒创造力。"我们就是要让我们的孩子们也站在我们的肩上，激情四溢地创意未来。"

"索雷尔和他创立的伦敦设计节引领世界设计创意的方向。"世界城市的设计创意战略论坛组织者、大都市文化观测研究中心主任黄昌勇评价说。

题内话：首相意识

伦敦设计节为何大热？全世界为何争而仿效？设计节的真经是什么？

伦敦设计节期间，整座伦敦城都成了设计创意的秀场。数百场活动、数百万人，创意作品从室内蔓延到室外，从地面伸展到空中，从岸上漫溢至水上，数不清的人们在这里展示才艺，数不清的游客目睹想都想不到的奇妙作品，包括音乐、电影、电视、游戏、广告，场景设计等等；更多的当然是各国设计师生活意味极浓的草根化作品，马修·希尔顿（Matthew Hilton）沙发及唐娜·威尔逊（Donna Wilson）的坐垫，都柏林设计公司的柳编篮，当然还有多米尼克·威尔科克斯（Dominic Wilcox）设计的GPS鞋。鞋里可载入地图信息，行走时，你走在正确的方向上，左脚鞋的LED灯亮起；快到地方时，右脚鞋的LED变绿。这一功能如何掌

控？碰一下脚跟就可以了，帅吧，到家啦！因此你肯定也很高兴鞋子名叫"家最美"（No Place Like Home）。

创立者索雷尔眼里，设计创意不拜金，创新回归到本位。在伦敦设计节上，我们看到的诸多作品，都充满浓浓的生活情趣，这些创意或者让我们会心一笑，或者沉思良久后幡然醒悟，它们都幽默且智慧满满。如今，创意在英国已经成为人人都可参与并展示才华的工作，而 2011—2015 年创意计划显示，"进行制度改革，让更多人参与到创意产业中来"。计划特别倡导大家沉下心读书思考，因为英国人认为任何创新都源于思考，创新依赖于深厚的传承积累。

别想结果，只享受创意、创新的过程，是英国创意产业活力常驻的秘诀。索雷尔爵士对我说，英国的很多创意人士都很重视享受创意过程带来的快乐和美好体验，而不太在意创意带来的经济利益。比如网络游戏，很多原创于英国，却在其他国家收获了果实；组装家具，创意是英国的，但收获喜悦的也是他国；英国电视施行"制播分离体制"，规定电视节目至少 25% 是独立制片人制作，这样一来，唯有更创意的节目才能在电视台争得一席之地，竞争刺激佳作涌现。英国的创意果实，中国就收获了《中国达人秀》《非诚勿扰》等，足见其在全球范围内的影响力。

现在进行时： 2013 年伊斯坦布尔双年展正在如火如荼进行中，正如参加由静安区、上海戏剧学院举办的"世界城市设计创意战略论坛"的丹妮兹·欧沃尔（Deniz Ozgul Ova，伊斯坦布尔双年展主席）女士解释双年展举办因由时所说："衣食住行样样离不开设计，设计是我们生命的一部分。"她说，伊斯坦布尔双年展是一个涵盖广泛、创意频出的设计艺术盛会。徜徉在主会场——加拉太希腊小学（Galata Greek Primary School）的楼上楼下，我们发现——

土耳其正向民间要艺术智慧

设计创意，土耳其也曾走过弯路

和大多数发展中国家一样，土耳其的设计创意也走过不少的弯路。众所周知，土耳其是一个传统的农业国家，这个地跨欧亚的国家工业化的步伐还未走得齐整利索，又被来势更加迅猛的后工业化浪潮挟裹着前行。用欧沃尔的话来描述就是"土耳其政府实行保护主义，土耳其的公司看到世界上好的作品，国内又需要，就抄袭、翻造，这些公司受到政府很好的保护；另一类是购买许可，这辆酷似拉达（车边站着一名俏丽的女郎）的车引入后1966年开始在土耳其制造，现在还在销售"。欧沃尔强调，这种国内保护主义对设计行业的影响是很大的。

20世纪80年代以来，设计创意在世界上大行其道。土耳其决心赶上这波世界潮，热血而心急的政府重金引来世界著名的创意大腕，为土耳其的设计之路把关、指点，甚至挥刀上阵设计产品。可是，最后的成果往往是叫好不叫座，土耳其国民不买账，说"看不懂""太贵了""不合我们的习俗"等等；"日本的设计经验值得学习"欧沃尔认为，北欧人认为设计是生活的组成部分，美国人把它当作赚钱的工具，日本人则认为设计是民族生存的手段。

日本一方面以模数化、小型化、标准化、多功能化批量生产出大量价格低廉的国际主义风格产品，风靡世界；另一方面，大力鼓励本土设计创意人士研磨民族习俗、生活中简朴、简约、安静的传统，设计出这个民族特有的物品。比如他们把套在木桶外面的箍夸张加大，让它既是功能构件又是装饰构件，称之为"装饰性的使用结构部件"；再者，设计界都和企业紧紧联手，从创意设计到加工制造零距离。这些都让日本的衣食住行创意设计既严肃又怪诞，既简朴，也繁复；既有楚楚动人抽象一面，又有鲜明的现实主义精神，作品中常常浸润着静、虚、空灵的奇特意蕴。

到民间，那里是创意设计的宝藏

于是，作为双年展的主席，在伊斯坦布尔文化艺术基金会工作的欧沃尔和她的同事们把眼阳光投到民间。

大家都知道，今日土耳其就是古代的奥斯曼帝国，帝国创造的灿烂文明让地球人津津乐道。体现在工艺品上，像传统玻璃制品，说不定你家就有一件土耳其的郁金香花瓶、玫瑰露瓶、糖罐呢，还有充满奥斯曼风情的瓷器品，纯手工地毯到奢华的金银器那就不用说了，古老的皮鞋制作工艺、木质雕刻，无一不呈现出土耳其悠久魅力。

就说土耳其纯手工地毯吧，编织地毯的毛线是手工搓出来的，染料是野生植物榨得的汁液，那些颜色鲜艳、构图精致巧妙的地毯，在土耳其的博物馆里都是常见的，它们有的已有六七百年的历史呢，今天看上去依然光鲜照人；海泡石是土耳其埃斯基谢希尔市（Eskisehir）特有的矿石，世界仅有，仅产于埃市周围地下 100 米处，石头呈白色或浅黄色，包块状，表面有白色条纹。由于其色泽光白、质地轻软且有一定硬度，自古以来土耳其的能工巧匠多以海泡石为原料，精雕细琢成国际象棋、人物雕像和烟斗等工艺品。海泡石做成的烟斗，抗火烧，且对烟草有天然过滤作用；并随着天长日久，物件会渐变为黄褐色，收藏价值可高了。

还有黄铜器皿，猫儿眼，木制的乐器、容器、家具等等，很多很多。"令人高兴的是，在土耳其这样的民间艺人还很多，他们一代代传承着各种工艺。"欧沃尔很自豪地介绍，"土耳其设计想跟别人不同，很可能就要依赖于这些传统的生产方法，我们要做的就是要发现、发掘并光大这些世代传承的创意设计。"

加拉太希腊小学（Galata Greek Primary School）的设计盛宴

欧沃尔的信念是，设计是与每个人日常生活息息相关的，而不是生活中的奢侈品。所以，今年他们将加拉太希腊小学变成了收纳世界设计精英的大课堂，这个课堂里装满了政府官员、行业组织、创意者、教育，他们一起烹制"创意设计"这道大餐，大脑是政府，欧沃尔说："土耳其发展局、专利局是创意设计国家战略的全力推动者；行业组织就是创意的经络和血脉，创意设计者是活力的基本单元——细胞，而教育则是创意设计可持续的源源动力。"

传统的土耳其地毯，其设计方法最大特点就是"双结法"，其中的"土耳其结"在一厘米见方的毯面上就织出 16~30 个对称的线结。看着艺人们一丝一线地穿梭编织，我们的眼都看直了；再看看织好的地毯，那样的大气绚丽，真不可思议！还有更不可思议的，真丝编织的土耳其地毯，图案当然以花草为主，海洋国家的人们大多明丽爽朗嘛，土耳其国花郁金香也是永恒的主题，这种真丝地毯采用的是"森纳"结扣法，编织艺人告诉我们，这种方法能更好地表现花、枝等纹样的基本造型。真丝地毯的一丝一线极其纤细，但森纳法织出的花草造型却热烈而夸张，加上变化多端的几何纹理，整张地毯看上去色调高雅，贵气十足。你想知道具体织法？去土耳其吧。

还有一种普遍流行于土耳其加齐安泰普、卡赫拉曼马腊斯、迪亚尔巴克尔和穆拉等城市里的铜器制作行业，人们仍然用传统方式制作各种铜器。土耳其红铜器皿的盛名可不是胡收浪得的，就说他们的红铜镀金制作法吧：将黄金熔化之后涂在红铜器皿表面，使金液渗入铜器细孔，你想得到吧？这样制成的器皿呈现出精致的温暖色调；当然还有"土耳其红"颜料，听说过吗？没有的话就到这所小学去开眼界吧。

作为双年展的主要场地，这栋改造后的小学校内展品涵盖了城市、建筑、工业、平面、时尚以及新媒体等多项设计领域，吸引了世界上数十个国家和地区的设计师前来献艺。但更让我们流连忘返的是设计师、教师、行业组织的人们围在大方桌前，讨论创意方案，制作创意作品，面对满桌五颜六色的物件沉思，他们或者全神贯注地观看，或者正往白纸上填黄色薄片（作品似乎是树叶，中间空出一个白白的长方形）。欧沃尔告诉我们，许多民间的智慧都是在这里被升华、精致、定型而后成为土耳其的国家符号的。

欧沃尔说，作为艺术基金会的成员，自己的使命就是"发现并由艺术角度进入设计和创意，同时整合四种力量，让伊斯坦布尔成为真正横跨欧亚的创意之都"。

题内话：创意，请到民间去！

创意，请到民间接地气去！

这是伊斯坦布尔双年展告诉我们的。走过弯路之后，土耳其人明白了，要让世界记住你，而你又没有伦敦那样的先发优势，怎么办？向民间要智慧。奥斯曼帝国当年地跨欧亚非，创造了辉煌的文明，虽然，帝国今已烟消云散，但当年的文明却隐伏并扎根在民间；更加可喜的是，民间艺人在土耳其还很多。

可是，我们的国情就不容乐观了。改革开放30年，随着市场经济大潮一浪高过一浪，许多原本藏于民间的工艺和绝活因为找不到传人而失落，而湮没了。但和土耳其一样的是，我们的创意设计起步也晚；晚了，想有后发优势，当然就要寻找"中国声音"。

何谓中国声音？中国民间积淀了代代相传数百年、数千年的工艺作品，数量可谓是汗牛充栋、难以尽数；中国民间隐藏着更加丰富的奇思妙智，他们大都装在今已耄耋的老者心里，再不抢救就完了。因此我们要大声疾呼，赶快去民间，去闻"泥土"的气息；

土耳其棉花堡温泉酒店

赶紧发掘，赶紧像土耳其那样"四位一体"有组织、有计划地发掘、整理、升华民间艺思吧。尽快尽快，要不再过几十年，就什么也没有了。

话题缘起：近日，日本东京成为 2020 年奥运会举办城市。办奥运，场馆当然是最重要的基础设施，我们应该为 15 天的赛期安排怎样的场馆？伦敦奥运"临时"大旗下的循环设计不失为有益且成功的案例；不仅奥运，循环设计现在已经成为衣食住行各领域的艺术创意活。本来就是，很大众、很平民才是设计艺术的本质特性——

"循环"以艺术姿态卷土重来

伦敦奥运会的循环设计

刚刚过去的伦敦奥运会堪称循环设计的典范。有点类似中国鸟巢的"伦敦碗"和"鸟巢"最大的不同是，这个能容纳 8 万观众的主场馆，其 5 万座位都是临时的。也就是说，在赛后，伦敦碗就变身成了容纳 2.5 万人的小型体育场，其他 5 万座位都被别处买走了再用。虽然是临时的，但场馆下沉式碗形设计，让观众能够更近距离地观看运动员的动作；伦敦碗除了独特优美的造型外，馆内墙壁上，奥运历史上伟大运动员的照片组成了琳琅满目、激动人心的奥运长河，怀旧与古典美成为这座老牌奥运城市里最吸引人的元素。

不仅主场馆，伦敦的许多比赛场馆都是循环设计的艺术作品。自行车馆的双曲线屋顶充分利用了人体工程学原理，让场馆室内自然光线很充足，白天基本无需灯光照明；建筑外壁穿孔覆层让室内自然通风，外墙原理颇似中国的百叶窗原理，过滤阳光留住风。篮球馆是伦敦奥运会场馆中长得最"漂亮"的一个：长方形的身材、白色外观、凹凸不同的柔软立面，乍一看，跟北京奥运"水立方"颇为神似。但篮球馆也是临时建筑，赛会期间承担了篮球、手球、残疾人轮椅篮球和轮椅橄榄球四项赛事，12 小时就可变换用途。"临时场馆看起来有贵气，就要艺术上场。"奥运会筹建局理查德·杰克逊（Richard Jackson）介绍，篮球馆内的大部分赛事都在夜间举行，因此灯光系统就成为整个设计方案重中之重。设计师构思了一个"盒中之盒"，用两层特殊塑料薄膜作"衣裳"，灯都安身在两层薄膜间，于是每到夜晚，朦胧、魔幻的灯光效果让场内场外齐惊艳：某支队伍处于领先状态，馆内的灯光就成了它的"粉丝"，灯光颜色和领先球队颜色一样；灯光就是"变色龙"，谁领先，颜色就跟谁走。不仅如此，场馆外墙颜色也随灯光摇曳变幻；如果你事先知道谁在比赛，看外墙就知道比分，都写着呢：篮球馆衣服的"薄雾般"视觉效果和"泡泡状"外观获得了全世界的赞誉。

比赛还未开始，下家已经找好

尤值一提的是，奥运会还未开幕，伦敦就为赛后场馆的拆除找好了下家。查德·杰克逊介绍，这些买家包括英国各地市政部门、高校和一些准备举办其他国际项目的单位，像奥运村里的 17 000 多个床垫，99% 都循环到了学生宿舍、租赁公司等地方；当然还包括巴西的里约热内卢，"说不定你就能在 2016 年的奥运会场馆中遇上伦敦的材料，像篮球馆的 1 000 吨钢材构件就到巴西去了"。因此，精彩的伦敦奥运会可称作是人类历史上从炫耀走向高效、从铺张走向实用、从张扬技术走向人性奥运会的一座里程碑，其间艺术的奇妙作用大可咀嚼。

人类发展史其实就是一部循环设计的艺术史。但工业革命以来，由于获取手段的飞速进步，获取大为方便，于是人类渐渐不愿费时费力在旧基础上"化"出新作品，因此最近一百多年来，人类制造的资源浪费比以往耗费的总和还要多，衣食住行，样样都是。好在 20 世纪 80 年代以来，随着人类环境意识的觉醒，循环设计又渐成"大道"，从房屋到日常用品，艺术就成为"点化"它们的神器。

以艺术的名义，原本废弃的钢铁、塑料、玻璃、纸张，甚至电子废弃物，都成为了美化人们生活的艺术品，毕加索用旧的自行车座和车把手创作的著名"公牛头"，美国垃圾艺术家李奥·塞维尔（Leo Sewell）从自家附近垃圾场里挑选再创了一件又一件精美的艺术品；德国园林设计师拉兹设计杜伊斯堡北部风景园，大量利用了原场地上大量废弃的材料，铸件车间里废弃的 49 块大铁砖，每块 2.5 米见方，重约 7 吨，都被他用来铺了"金属广场"，你到风景园参观，一定要在"金属广场"驻足，它就是一件极简主义的艺术作品呢！荷兰设计师特伊欧瑞米（Tejo Remy）的牛奶瓶吊灯，12 只回收的标准牛奶瓶经磨砂处理后做成，标准塑料外皮弹性电线，特制不锈钢瓶盖，可上下调节的悬吊高度——人性化；整齐的三排，每排四个——军容美；灯光朦胧地透出来，坐在这样的桌子上用餐——很古典、很浪漫。

循环设计的环境当然很友好

因为工作的原因，这些年笔者穿梭在老房子、旧工厂中，看着它们变身为创意工场、时装秀场、论坛举办地，硬山顶、半坡顶、平屋顶的房子，一个个都被收拾得体体面面，只是与往日大不同的是，顶上的桁梁和室内的墙壁或被刷上浅浅的乳白、淡淡的米黄，或是塑个调皮的卡通，空间立刻干净、诗意起来。

循环设计，也称绿色设计、可持续设计、未来设计，它们的共同点都是为"人"的设计。为人的设计当然要为你我他更好、更便利地生活，当然要为我们的山青翠水清澈，当然要为我们的生活更有诗意；而且，更诗意并不是繁花如锦，而是合适。何为合适？比如说，在杯子手握的部位加上防滑面，在浴缸的底部依照人体的形状拿捏成流线型，在椅子中间为臀部留出恰恰好的凹凸，机械的器物就人性了起来。

人本身就是大自然的一部分，天花板设计成便于阳光造访的形状，地下空间留个"道"让植物沐浴雨露，让屋顶流线起伏就可以很好地应对雨雪，人看着房子也就有了轻盈飘逸之感；而且，每个人的历史都值得纪念，无论贫富贵贱，都有属于自己的独一无二的成长印迹，为我们在家中留扇照片墙，说不定照片里的那些物件都是爷爷的爷爷留下来的呢，设计创意一点化，空间立刻就生动起来。

题内话："捡垃圾"才好

伦敦奥运会、再生资源艺术都再告诉我们：循环设计，关键看艺术。

循环设计，它的核心是人。时代在发展，物质水平在提高，人的生活品质当然也要跟着水涨船高；可是人是自然的一部分，开着豪车吸着废气、喝着脏水当然不行，正所谓金山银山、绿水青山一个也不能有缺。

因为如此，伦敦大学学院的环境设计专家奥利弗（Oliver）认为，"循环设计不但要求材料环保，建成后的使用也要保证环境可持续发展"。所以，英国皇家建筑师学会本世纪初就将循环建筑纳入评奖的视野，钢筋、水泥、泥土，当然都要循环，就连秸秆、糠麸也被加入设计，变为墙板。这样，"循环设计"的作品就绽放出独特的自然美，就如威尔士新议会大厦，当地的灰色石板从室外延伸到室内，与周围环境浑然一体；大量拼接

的木条从倒漏斗体风井延伸至"漂浮"屋顶的底面，曲线柔和自然，人置身其中仿佛置身林间树下，温暖而亲切：其循环设计方法可谓鱼和熊掌都得到了。

设计创意，用艺术吹响循环利用的集结号。大家都知道，高品质的生活带来的高损耗，必然会给环境造成越来越大的压力。老房子永续利用，要艺术来设计；老物件要再生，要创意来点化。唯有如此，废弃材料才可循环往复，境界常能出新，你我的诗意生活才能达成。

话题缘起：明天（10 月 6 日），2013 年世界建筑节就在纽约开幕了，本届建筑节的主题是"世界人口即将 80 亿，为了下一代的居住"。正如英国建筑与建成环境设计委员会主席，世界建筑节负责人保罗·芬奇（Paul Finch）所说："世界建筑节是真正的全球盛会。"2013 年 10 月初的纽约，在这个云集全世界最优秀设计师的盛会上，大家都奉献了哪些精美绝伦的设计作品，讨论哪些关乎人类未来的问题？

以艺术与科技为后代构造居住蓝图

——2013 年世界建筑节将展现设计可持续趋势

纽约，世界建筑人的欢乐海洋

10 月 6—8 日，世界各地的设计人将聚会于纽约，在 3 天的时间内，他们将在曼哈顿的建筑中心等地点参与一系列活动，围绕"地球人口即将 80 亿，为了下一代的居住"的大会主题，将开展会议、演讲、推介展示及辩论会等活动，研讨未来科技的种种可能性，主办者说："科技所涉及到的伦理、道德、审美等都将被探讨并重新审视。"

世界建筑节，最大的亮点当然是各种参赛作品了。作为世界上规模最大的盛会，2013 年的建筑节仅奖项就设立了公民和社区类，文化类，陈列类，健康类，高等教育、科研类，酒店、休闲类，别墅类，住房类，新老建筑，办公室，生产、能源、回收类，宗教类，学校类，购物类，运动类，运输类，景观项目，未来的项目等 19 个类别，全世界共有 286 件的建筑设计作品参加角逐。其中，中国的乌镇大剧院、黄山休宁双龙小学、哈尔滨群力国家城市湿地公园、安阳甲骨文博物馆、香港中文大学深圳校区整体规划等都在其中。

不仅如此，作为建筑节的姐妹活动，今年的世界室内设计节 10 月 2—4 日在新加坡滨海湾金沙大酒店举行，大会主题定为"Value and Values（价值观与价格观）"。保罗介绍，作为一项对全世界建筑师开放的年度活动，任何人都可自由提交作品参加评选，无需经过任何人指定或筛选；所有参赛作品都在建筑节上得到展示，入围作品的建筑师当场演示他们的设计，接受"超级三人组"评委点评。因此可以说，世界建筑节作为未来建筑设计艺术的风向标，丰富而充实的活动内容会极大地"诱发业内人士的创作灵感，给市民带来一场视觉盛宴，带来极高的艺术享受"。

作品，绝美创意看过来

这是设计的饕餮盛宴！这里集中了全世界优秀设计师的作品。

是风吹过了沙丘，溅起了层层涟漪，还是蓝天里的哪一朵云在这里歇了脚？这就是阿塞拜疆巴库的盖达尔·阿利耶夫（Heydar Aliyev）文化中心，著名的"女魔头"扎哈·哈迪德设计的。蜿蜒曲折的屋顶下方是一个 4 万平方米的使用空间，包括一个洞穴式的报告厅和五层的自然光展厅，两个装饰性水池和一座人工湖。建筑仿佛从大地脱壳而出，流畅的曲线在地面上展开，振翅滑翔着直指云霄，仿佛歇歇脚后又欲乘风归去。

丹麦蓝色星球水族馆，入口处金属感极强的通道弯曲着向内向内，如同一道卷曲的浪花，欲把人们包纳进去，他是在欢迎你呢！进入水族馆，主厅的玻璃屋顶宛如大海的表面，波光粼粼；灯光透过玻璃洒到你的身上，如同大海反射的日光，一晃忽你真地潜游在浪花之中了；这里的房屋似乎都在流动，被周围的漩涡卷裹着不断向前向前，你就像鱼儿一样随着无处不在的"水流"往前流动。瑞典马尔默的恩波利亚大楼集办公、商住和购物于一体，尤其帅的是房子的造型和贵气十足的表皮：原本平淡的矩形，中间疑似"风"吹出的峡谷———一个呈不规则圆形的"风道"，房子立刻新颖而别致起来；加上金属感极强的金黄表皮，天上琼楼玉宇何时飘落人间？还有，伦敦的 Citizen M 酒店，去看看吧，酒店内饰设计从样式，到色彩，到布置，艺术氛围太浓了，每个细节都游动着优雅。印度班加罗尔 Vivanta 酒店那仿佛没有尽头的"长廊"，让绿色从地面一直流动到建筑物的屋顶，哪里是地平面哪里是建筑，真的分不清了……这样的设计在今年的参赛作品中数不胜数。

可持续已经成了参赛作品的共同选择

参加此次世界建筑节的作品，体现出的可持续性、环境友好、绿色设计特点前所未有。韩国 ecorium 国家生态研究所的设计，5 个不同气候带的大棚共同构成了建筑全貌，雨林、瀑布、微型山、沙漠应有尽有，模拟温室、模拟空气流动的设计，让这里的风、阳光和雨水都为我所用。你看那些屋顶，一色的倾斜幕墙，雨顺着幕墙流到槽里，水就可用来制冷、浇灌植物了；美国巴尔的摩大学约翰·弗朗西丝法律中心获得了美国绿色建筑委员会的 LEED 白金认证，该建筑成为高校可持续性设计的一个典范。

再看，日本筑波宇宙中心综合开发推进楼外形平淡无奇，它却是充分利用太阳光的范例。仔细看，它的窗户上方那排横向玻璃板，就是光通道——主反射镜，光被反射到光通道（在这里，光可以随人意拐弯的）内，引入办公室里。不仅如此，这栋建筑有两个核心筒，东侧的楼梯间叫做生态核心筒，既可用作交流空间，其烟囱效果又被巧妙地用作自然换气通道；12 根横向光通道均匀排列在标准层办公空间内，自然光听话地就到了办公室深处；光通道还兼有雨篷效果，南面外墙上的光通道采光部分，还装了太阳能电池板。

在南极建房子应该怎么造？英国的哈雷Ⅵ建的就是"站立的房子"。每栋房子四只脚、纵向四扇窗，由七栋蓝色房子和一栋红色房子一字排开，编成长蛇阵，脚可以升降，茫茫的冰原上，不管雪多深、地不平，它都能平稳淡定地站立着。房子分为蓝、红二色，蓝色是实验室、办公室及卧室等，红色则是公共空间。关键是"腿"，液压伸缩腿既远离了寒冷和风雪堆积；一旦所在地南极地形发生改变，它就可轻松移走。"这样，就可避免损伤南极环境了。"美国建筑师协会新任主席吉尔·勒纳（Jill N. Lerner）评价说。

过去我们无法改变，但过去的遗存到了现在，我们便责无旁贷地要善待，因此新老建筑、回收类建筑都进入到奖项之中。"为了下一代更好地居住，国际建筑的过去，现在和未来都必须进入视野并加以认真探讨、小心打理。"保罗说。

题内话：为了下一代，艺术不可缺席

为了下一代的居住，我们必须从现在开始努力。

首先，因为我们无权预支儿孙的幸福。蓝天碧水、青山绿水和洁净的空气、良好的生活都是下一代应该享受的权利，"拉着你的手却看不清你的脸"的空气肯定是儿孙们不想要的。他们不想要，我们就无权去制造，我们能做的就是让衣食住行更人性、更绿色并可持续，这种努力的过程中，艺术不可缺席。

不管是历史的遗存再生，还是新添的作品，艺术都是点化它们的主力队员。科学技术离开了艺术就会少了灵性、少了激情，更少了境界，科学与艺术就如大鹏的两只翅膀，并驾齐驱才能一跃冲天，出神入化。你说不是？那就去检索一下人类历史，哪一件艺术精品的产生不是如此。

然而，现实中，科学技术与艺术追求往往不能为伴，因为某些人的长官意志或者决策者的见识所限，落单的科学或者艺术只落得"肌肉男"抑或"花瓶"的结局。仿生学的原理告诉我们，大凡力学结构极

佳的生物结构，总是极养眼的，因为人就是生物的一种。所以从现在开始，大家的意识里都填满"科学与艺术"的养料，并躬行之。

2013年，上海地铁发展已经走过20年的历程。上海地铁起步不算早，但短短的20年里，建设速度却是世界第一。现在它除了每天承担着整个城市近半的客流运载量，还有逐渐成为上海地下美术地图的一大亮点。

大流动"细胞"艺术宫
——记上海地铁互动艺术化进程

从"细胞"开始生长　地铁艺术走向互动

将来，上海地铁站会是什么模样？业内人士介绍，将变身大型的地铁公共艺

术馆，艺术馆将由小站点的艺术"细胞"、中型站点的艺术长廊、大型站点的艺术馆共同编成，比如徐家汇站、人民广场站、浦东国际机场站、迪士尼站、虹桥火车站、中华艺术宫站等都适合建设中等艺术馆；而"细胞"型艺术馆的规模在五米到十二米，并且争取公共艺术的覆盖率达到100%。与此同时，艺术种类也将大幅增加，还将与上海双年展、上海国际设计展、上海国际电影节及艺术家们联动。

传统的地铁艺术包括雕塑、壁画、小品、装置等，但近年来它们渐渐互动起来，就连壁画海报也有互动。后滩站的"炫彩新潮"是一套玻璃媒体互动装置，以通透的玻璃圆管矩阵与漂浮的彩球为基本组合。客人经过时，管内小球就会呈现出波浪状的优美律动，晶莹的玻璃里就开始潮水起伏，看着心里很舒服。

让艺术互动起来的驱动力当然是政府。今年元月，首届上海地铁公共文化周让人印象深刻。启动文化周的一个标志性事件就是人民广场车站大厅的音乐角，上海交响乐团的音乐家与音乐学校学员甚至盲童同台演出。在1号线徐家汇站台上的发泄柱也很有意思，任你打任你踹，广告词说得还美："每年有1 824分钟你在站台上等待，别浪费来打几拳。"

天赐良机流动升级　设计跟上建设步伐

众所周知，地铁里空间狭小，客流众多，如何让熙来攘往的乘客待着舒服、看着养眼？当然需要艺术跟上。随着地铁建设，地下空间的环境艺术受到决策者、设计者的重视程度越来越高，艺术化的环境营造在地铁线路上逐步经历了"点—线—网"的演变发展过程，而现在更是形成了政府主导、专家唱主角、全民积极参与的良好氛围。

这一时期，市委市政府响亮地提出了"让地铁车站成为城市风景点"的口号，随之而来的就是地铁车站全面铺开"公共艺术新改建系列工程"，上海地铁新老线路等8条、51座车站全都被纳入。随后不久，大家就能在7号线龙阳路站看到"花间飞舞"田园风光铜板壁画，9号线徐家汇站看到"海上印象"大型丝网印刷壁画，还有10号线上海图书馆站看到"知识之梯"大型浮雕，看到高校的"LOGO"站名，整条10号线一站一花卉的营造国际上也不多见；而8号线更是出现了清水混凝土这样"天然去雕饰"的时尚车站。

10号线"颠覆了我对地铁的印象，不再使用单调的颜色标识，用缤纷的色彩在乘坐途中带来不同心情，且柱体上的四季花卉栩栩如生，简直将地铁变成了一座地下艺术长廊"。天天乘坐这条线路的同济大学郝老师描述着他看到的地铁艺术变化，感慨万千。

在上海，有哪一种地下空间超过地铁？虽然地铁建设的初衷是缓解城市交通压力，但在经历了二十年的发展后，如何将这个"大舞台"琢磨得诗情画意就成为更迫切的需要了。所以，地铁车站空间环境的艺术化是本世纪初以来，尤其是上海获得世博会举办权后大张旗鼓开展的工作，可以说，世博会为地铁环境的艺术化升级提供了天赐良机。

题内话：地下"文化大院"

上海城市科学研究会副会长　束昱

上海地铁二十年的飞速进步让人梦想成真，上海地铁的艺术化环境营造成绩同样让人欣喜不已。

上海地铁环境艺术化进程中，政府功不可没，处处强调亲民。今年元旦启动的"地铁文化周"项目，规模大，参与人数多，标志着沪上公共文化新一轮设施建设的全面启动。而《上海地铁公共文化建设（2013—2015）三年行动计划》更是雄心勃勃，它是4个方面的立体布局：新建的18个车站，装饰各类大型浮雕壁画，布置70座车站近100幅大型浮雕油画；标志性枢纽型车站，"上海好儿女"形象和事迹上"广告黄金地段"灯箱，新建地铁车站预留30米长的公益宣传长廊；开设"上海地铁音乐角"，布置文化展示长廊；车厢内的展板拉手，布置中外诗歌、城市新老八景、名家名画名言等等，打造"上海地铁文化列车"。这些具体切实的文化艺术建设措施，不仅让上海地铁在理念、科技手段上，地铁与周边开发的结合上，水平在国内领先，艺术环境的营造水平使上海地铁在国内的领导地位更为巩固。

应该说，上海地铁艺术是在分享了国际地铁文化的基础上向前进步的，由于加入了上海海派文化的地域特征，相信未来也成为国际潮流中的一个重要艺术流派。

将地铁加入地下艺术空间的"大家族"在上海刚刚起步，因此不得不关注的重点是，上海地铁百尺竿头可否再进一步？随着地铁空间的越来越大，地铁站越来越宽敞，我们当然可以为市民创造更多的艺术和休闲空间，地铁站更可以建设成为附近居民的"文化艺术活动站"，使之成为市民休闲娱乐的好去处。在这里，大家可以谈天，听书，演节目，琴棋书画，样样都可闪亮登场，那时，地铁站就成了大家的"文化大院"了，引领世界地铁文化艺术潮流当然也就水到渠成、顺理成章了。

这也需要我们的政府有组织地规划、引导和扶持，还要找好领头羊。

话题缘起：黄金周成了众多游客心里名副其实的"黄金粥"，故宫、黄山、九寨沟、张家界，哪里都是"只见人头不见景"。为何大家都在添堵，明知道景区爆棚还要去？根本原因还是游客输出地——城市中无甚可看。可就是这个"十一"，上海博物馆的克拉克画展却吸引了四面八方的游客大排长龙，这是因为名画家，更因为博物馆的创意。

在博物馆孵化"创意阶级"

● **我们的城市，除了饭店、逛街，还有什么能在节日里留住市民？关键还是在于城市文化品牌的打造，试想一个城市的博物馆如果在假日里门可罗雀，那么这个城市的文化艺术构建肯定是远远不够的。**

黄山陡峭的山路上被蜂拥而来的人们塞满了，一眼望不到头，真可谓是山高人为峰；张家界、九寨沟、故宫、长城、峨眉山，说"下饺子"都不足以形容其爆棚的场面。原本利用长假出游是想看美景，冲着心情愉悦和身心放松而去，但

上海动漫博物馆的卡通人物

当全国人民都这么想时，这些原本的美景、稀罕地，便只留下了一个感觉——堵。

扎堆旅游早就不是偶然，那为何大家还是偏向"虎山"行呢？为何不选择留在城市中，来点精神食粮呢？归到根儿上，还是我们的城市缺少了文化吸引力。除了逛街、聚餐这些摆在什么时候都能做的事，能够满足市民的精神需求的活动越来越成为了重头戏，但显然这些还没有真正引起城市管理者、经营者的足够重视。所以，当"黄金粥"渐渐凉去后，人们却没从长假中收获多少。

百姓需要的不仅是重视，而是品牌，响当当的文化品牌才能吸引他们日益增长的需求，这些并非立竿见影的工程，而是需要长期的铺设而成。博物馆，作为城市文化的重要载体，也是文化创意品牌的驱动器。伦敦和巴黎两个城市间长期争夺着"欧洲文化首府"称号，其中很大程度上是大英博物馆与卢浮宫之间的比

拼。如果我们城市里的各类博物馆就连节假日都门可罗雀，那么这座城市能带给人的文化享受显然是不足的。

● **大英博物馆巧妙地解决了政府的财政支持不多的问题，他们将《向日葵》等镇馆之宝变成了创意设计的宠儿，其衍生品可谓是无所不包；小众博物馆则靠着另辟蹊径的创意也成为了有趣的创意符号，被设计成了美妙的艺术品。**

国际博物馆协会主席汉斯·马丁·辛次（Hans-Martin Hinz）说："一个城市如果没有博物馆，它将会是一个贫穷的城市。"世界上，没有一座城市不重视博物馆建设的。

和所有的博物馆一样，英国政府给博物馆的财政支持也不多，更加上博物馆门票价格低廉，该怎么样吸引观众前来？以创意为核心的博物馆营销就这样被逼了出来。原本供小众欣赏的收藏品走出"深闺"，大英博物馆把收藏的意大利人菲尼格拉的雕刻凹版作品公鸡做成了抱枕，上头还印着：1460年。原来，菲尼格拉在佛罗兰亭秉烛加班夜刻，蜡烛油误滴到金属版上，次晨他便见版上结蜡膜，揭起后凹纹处所涂色料竟移附膜上，呈突起状花纹，鲜艳异常。菲尼遂改涂颜色油墨于雕刻版上，擦去平面上的油墨，以纸覆版面重压之，竟得精美印刷品，于是发明了雕刻凹版印刷。讲述着菲尼故事的公鸡抱枕，很受观众欢迎。

和所有的知名博物馆一样，大英博物馆的创意也围绕着馆内最知名的几个藏品来展开，像罗赛塔石碑、刘易斯岛的象棋、葛氏北斋的浮世绘、埃及的河马雕塑等，创意设计衍生品包括U盘、钥匙链、钱包、雨伞、衬衫、杯子等；需要指出的是，创意作品往往和馆内正在进行的展览同步，如英国马特展，你就会在馆内的商店里看到马的书籍和手工艺品。梵高的《向日葵》、莫奈的《睡莲》、卢梭的《惊喜》等都是大英博物馆的宝贝，它们的衍生品也最多：从作者的玩偶，到向日葵、睡莲的摆件、冰箱贴、手机外壳、丝巾、餐盘、别针、项链、文具等等。

伦敦艺术博物馆

小馆没有大英博物馆的优势，如何创意，甚至辟出蹊径来？在日本横滨有一座面条博物馆，那里不仅有新颖的建筑，还有动手做面条的互动体验区，一万多平方米的博物馆里，各种各样的面条、汤料和碗，昔日的电视拉面广告，一一展示出来；更兼那条 1958 风情街，吊足了人们的怀旧风。

头发也有博物馆？当然，退休理发师莱拉就在美国创立了一家"莱拉头发博物馆"，华盛顿、林肯、肯尼迪和里根当然都是这里的藏品，但让更多的人欣赏发艺之美才是她的真正目的。莱拉把精心设计、精心编织的头发镶在框子里，用来装点家居；用头发创作出各种各样精美的花环、装饰品和首饰，普普通通的头发在这里变身为美妙的艺术品。

● 如今，博物馆已不再是单纯肩负储藏和展示功能的场所了，要想成为响当当的文化品牌，还可以孵化出"创意阶级"来更新，让博物馆成为老百姓的安乐窝、发呆地和精神家园，才是城市文化打造未来的重点。

博物馆有无吸引力，从国外博物馆的情况来看，好看、好玩、好带是其制胜法宝。当然，像大英博物馆、卢浮宫、美国大都会、圣彼得堡的冬宫等等，那种俯临天下的优势是一般博物馆所没有的。但是，头发博物馆都能吸引众多参观者慕名而来，足以证明"霸气不够，创意制胜"的模式也同样行得通；游客来了，看了稀奇，参与互动，最后再带上一件特色十足的纪念品，当然心满意足而去。

正因为创意先行，美国大都会、史密森尼博物馆的文化创意产品年均销售过亿元，而我国，2/3 的博物馆面临生存困难。我们可否把博物馆做成培养"创意阶级"的孵化器？

何谓创意阶级？美国人理查德·佛罗里达（Richard Florida）在《创意阶级的兴起》试着对其定义。大意是指那些工作方式更加自主灵活，工作中充分发挥个人的创造性，进行各种新尝试的人。现在通常理解为：创意阶级（港台多译为"创意新贵"）是以创造性劳动作为自身谋生来源的一类人。

对于创意阶级而言，最爱去的地方往往不是创意园区、学校和书店，而是图书馆、博物馆。加利福尼亚大学伯克莱分校的艺术博物馆，就是创意阶级梦寐以求的乐土。首先，这座扇形建筑物自身就是一件绝妙无比的艺术作品，让到此的创意者着迷；再者，这里有 11 座展览大厅、一个雕塑园、一家书店和一座太平洋电影档案馆等等，这里有西班牙画家琼·米罗、法国画家弗尔南·莱热和雕塑家阿里斯莱德·梅洛尔的传世之作，鲁本斯、塞尚、雷诺阿的作品也是这里的常客；这里还有亚洲的挂轴、屏风、扇子、绘画等艺术收藏，电影馆里还有 6 000 多部电影，每年吸引大约 25 万人，他们中许许多多是创意者，这里是创意阶级的安乐窝、发呆地和精神家园，很温馨。

评论：要主动"活"起来

我们的城市里，博物馆大多都是被动等待的状态，何时能做到游客们过足眼瘾的同时，还能玩过瘾了选件纪念品带回去？

"火辣辣的太阳一晒，刹那间让我想起，孩子的暑假来了。多么令人羡慕的暑假啊，可孩子们的小脸全都笑不起来，因为无处可去。"一位家长在博客中无奈地感叹，他痛感创意的缺失正是时下城市博物馆、少年宫的短腿所在，他说："其实博物馆旧一点也没关系，关键是要有创意。"

博物馆，不能仅靠拨款过日子了，要从意识上动起来。这样，我们的博物馆就会吸引创意阶级。那些整天发呆的人，只管在这里发呆；那些喜欢阅读的人，随便阅读，说不定他们哪天就想出了"按钮博物馆"的主意。被称作"按钮博物馆"的德意志科学技术博物馆创建于1903年，其特点是观众直接按钮操作，观赏、琢磨展品，理解科学技术发展的全过程，因为其亲民的参观方式每年吸引了150万观众，其中一半是学生，约有9000个班级学生在老师带领下，前来集体参观和上课；外地居民往往举家来慕尼黑住下，一连参观数天，博物馆成了名副其实的"人类终生学习的无声课堂"。

反观我们的多数博物馆，即便是假日也冷冷清清，难道真是无内容可看？非也，这次上海博物馆的克拉克画展足以说明只要有好内容，观众自然哪怕知道人多也会扎堆地来。关键还是要特别，要新颖。再说上海的玻璃博物馆，作为一家民营博物馆，多少是有些"先天不足"的，可是它开馆以来却一日日兴旺起来，就是因为这里不但可看，还可做，只要愿意躬身动手，就能做个杯子、盏子带回家。最近，他们又在谋划"水晶教堂"中办个性婚礼，在玻璃水族馆中看海洋生物。还有虹口区的灯光秀，在1933里弄的，好多市民乘一个多小时的车来看，就8分钟，

结束了，心满意足、意犹未尽，它们"靓"的原因，都是创意取胜。

无论是否有资金支持或是雄厚馆藏，关键还是要靠创意的策划，才能让这些好东西发光发亮。

到伦敦艺术博物馆参观是在一个阳光灿烂的日子里，多雾、多阴天的伦敦6月里阳光明媚，云彩也很漂亮。更让我惊奇的是馆内极为丰富的藏品，他们是数不胜数的美术作品和工艺品——

伦敦艺术博物馆印象

博物馆缘起第一届世博会

以维多利亚女王和她丈夫阿尔伯特名字命名的维多利亚阿尔伯特博物馆（世界各地的人们更愿意称其为"伦敦艺术博物馆"）的兴建竟然是缘起于第一届世界万国博览会。1851年，伦敦成功举办了万国博览会后，收入颇有盈余，钱怎么用？

颇受博览会启发的伦敦人决定拿它来建一座面向现实生活的博物馆，以此来收纳世界装饰艺术、美术作品。渐渐地，日深月久，专门收藏美术品和工艺品，包括珠宝、家具等的伦敦艺术博物馆成为伦敦三大博物馆（另两个是大英博物馆和伦敦历史博物馆）之一，美轮美奂的藏品每年吸引了世界各地无数的人们前来瞻礼。

博物馆大门

发现需要超群的艺术嗅觉

伦敦艺术博物馆之所以发展成为世界著名博物馆之一，固然与其悠久的历史有关。但我觉得该馆历代管理者的超群嗅觉同样让人敬佩不已。

贝克汉姆穿裙子了！当年，这可是爆炸性的新闻，维多利亚和阿尔伯特博物馆获悉这一消息，不久就将其变成了"男人与裙摆"艺术特展，大获成功。动物与建筑之间有什么关系？原来，近年来仿生建筑大行其道，模仿动植物或者某一物品形态的建筑作品不断出现，伦敦艺术博物馆就在 2003 年底推出"动物与建筑"特展，表达并预告这一从大自然汲取设计灵感的建筑设计世界性趋势。

第 63 届戛纳电影节上，范冰冰一袭明黄色龙袍，礼服上绣两条凌云腾飞的金龙，曳地水脚上绣出层层叠叠翻滚的波浪，华美的东方神韵当时就震撼了世界。阿尔伯特博物馆对她这身"戛纳战袍"垂爱有加，但无奈龙袍已被它馆收藏。追寻至"东方祥云"龙袍设计者许建树工作室，说还有一件升级版龙袍。该馆立刻强烈要求收藏这件作品。这件作品已于今年初春时节完成了交接手续，纳入馆中。

馆内有座中国艺术博物馆

参观发现，伦敦艺术博物馆定位与其他博物馆迥异，藏品强调社会、生活和装饰意义，而不是以"古老"或"珍稀"等作为收藏的标准。馆内 4 层的展示空间里共有近 150 个展室，分别展示绘画、雕塑、摄影、家具、时装、珠宝、陶瓷、玻璃、制品、银器及建筑等。

伦敦艺术博物馆不但大量收藏欧洲的艺术作品，其数百万展品中，更有来自东方的国度，中国、日本、印度和伊斯兰艺术都有展示。

中国艺术馆位于维多利亚和艾伯特博物馆一楼，1988 年由香港富商徐展堂捐助，所以命名为"徐展堂中国艺术馆"，展厅中陈列有中国的家具、书画、笔墨纸砚等。让人温暖的是，绘画、雕刻中的人物衣着，往往旁边就能看到配套的服饰实物及纺织品的文物，甚至相关的装饰物、珠宝首饰。据说，当年中国馆开馆时，查尔斯王子亲自主持开幕仪式，徐展堂以中文致辞，在场的许多老华侨都热泪满面。

馆内雕像

言论：需要发现的眼睛

已经整整 160 岁的伦敦艺术博物馆在漫长的岁月里积累了海量的各类艺术作品。我们的参观虽然走马观花，但也眼花缭乱，惊奇于它是名副其实的艺术的海洋，更惊奇于它许多作品的收集纯赖犀利和敏锐的发现眼光，这眼光穿越160年间的烟云风雨，始终如一。

一件乍一看并不起眼的挂毯，应该是那时生活中很容易看到的，收了；一双十七世纪的木制高跟鞋，有人穿过并想捐赠，收进来；还有新奇的儿童玩具和用品，收……博物馆看中的是他们洗磨岁月后的艺术潜质。于是，艺术博物馆的人们把曾经的生活品味和美的追求挽住了，成为了今天的我们看到的凝固和永恒；这些原本普普通通的生活状态升华了，升华成了艺术审美的对象、变成了我们眼前活泼生鲜的艺术典藏。

伦敦艺术博物馆的"收购"生涯告诉我们：艺术需要发现的眼睛。

话题缘起： 10月中旬，史密森尼频道系列纪录片播出《不可思议的仿生人》，呈现一款由瑞士苏黎世大学36岁社会心理学家贝托尔特·迈耶最新设计的"克隆机器人"，这款使用人造器官制造人造肾脏和循环系统，以及耳蜗和视网膜植入器，打造出一个人造身体结构的机器人引起了世界对仿生设计新高度的探讨。看到这新闻，我们不禁想到了艺术界中那些同样绝妙的仿生设计。

"天人合一" 冲击仿生旧意识

● 生活中，仿生设计无处不在；历史长河里，更是不胜枚举。人类的祖先就是从模仿鸟类开始造房，模仿鱼类设计船和桨，人类科技文明的进化史很大一部分正是仿生设计不断增加的功劳。

仿生设计，说起来很学术很专家，其实一点也不神秘。千家万户，谁能说自己家里没有几件仿生的物件？不说有把明清的仿生壶，起码你家的床单、抱枕、台灯……总有一件很象形，比如心形、动物样子的，肯定有。

其实仿生设计自古有之，历史绵长。我们的先民有巢氏，在三千多年前就模仿鸟儿在树上筑

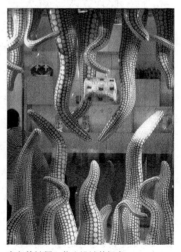

章鱼的触须？仿生设计的橱窗

巢（房子），以防御猛兽的伤害；汉唐宋元江河中游曳的画舫，明代郑和下西洋的巨舰，像鱼像龙又像兽；1800年，英国人凯利模仿鳟鱼的纺锤形状设计飞机，直到人类最终制造出飞机，仿生设计作用大矣。

防毒面具为什么是猪拱嘴的样子？原来，一战期间，德军在阵地前释放了毒气，大批联军被毒死，但猪却生存了下来。研究发现，当毒气袭来时，猪受到毒气刺激，非常难受，于是拼命地用嘴巴拱土，把土拱起后将长嘴巴埋进松软的泥土里。有毒的空气在通过土壤颗粒时，被吸附，猪吸到的空气就已基本无害了：松软的泥土过滤了毒气，使猪幸免于难。于是，英法联军据此制成了世界上第一批防毒面具，外形就是猪拱嘴，头罩里装有过滤材料和吸着剂。后来，又研制出更高级的鼻罩及各种防护器材，但酷似猪嘴的样式一直未变。

现在，设计师又根据鹤的体态设计出了掘土机的悬臂；根据青蛙眼睛的特殊构造研制了电子蛙眼，用于监视飞机、跟踪卫星；仿照鸭子头形状设计出高速列车；飞机的机身和机翼当然更像海贝、鱼及浪刷石头后留下的线条了：仿生设计大行其道。1960年秋，在美国俄亥俄州召开了第一次仿生学讨论会，成为仿生学的正式诞生之日。此后，仿生技术与仿生设计突飞猛进，智能机器人、雷达、声纳、人工脏器、自动控制器、自动导航器等等仿生设计作品爆炸式问世。

● **仿生设计是天人合一的设计，"我所做的无非是模仿自然界向我们揭示的种种真实"。克拉尼如是说。克拉尼毕生追求的就是"设计必须遵循自然规律"原则，来自大自然的灵感其实无处不在。**

仿生设计今天已渗入生活的方方面面，正如被誉为"本世纪达·芬奇"的路易吉·克拉尼（Luigi Colani）所说的那样："我所做的无非是模仿自然界向我们揭示的种种真实。"克拉尼的仿生设计横跨汽车、相机、机器人等领域，他的设计坚信自然界法则，利用曲线发明独特的生态形状，并将它们广泛地应用于圆珠笔、时装、汽车、建筑和工艺品设计当中。这样的一位设计怪杰，对中国天人合一的生态和谐极为痴迷，毕生追求"设计必须遵循自然规律"的原则。他说，发现生活中的不完美，然后设法用艺术的方式使其完美。"我曾用过一个咖啡壶，觉得把柄太小，用起来不方便，便设计出一套把柄较大的流线型咖啡壶。"

简单地说，仿生设计就是模仿自然界万事万物的形、色、音、功能、结构等，设计出新的器物。这样设计出的作品，往往因为外形超萌超酷，大出常人所料，备受欢迎。人类制造的器物，大到摩天大楼，小到针头线脑，形状颜色、气味等等再丰富，也比不上大自然，自然才是最伟大的造型师。比如，产品的包装容器都是横平竖直的周正盒子，给人的感觉肯定冷冰冰的；但把它弄成花朵的形状，让生命形态的含苞待放、柔和圆润成为其外形线条，给人的感觉即刻就厚重起来，饱满起来，"飞动"起来，魅力也就盈盈泱泱起来。

即使一颗小小的尼龙搭扣，也是如此。瑞士人乔治喜欢带着他的狗去树林里散步，一次，他散步回来，发现狗身上和他的裤子上都粘满了苍耳，清除这些苍耳很费了一番功夫，他用放大镜一看，才发现苍耳身上带着密密的小刺，这些小刺粘毛裤上，就会牢牢地粘住，任你怎么甩都甩不掉，除非用手拔掉。乔治利用苍耳原理，发明了尼龙搭扣：扣子两边都是尼龙做的，一边是一排排的小钩，另一边是密密麻麻的小线圈，两边贴在一起的时候，小钩就勾住小线圈，贴得可紧。

● **超现实主义艺术大师萨尔瓦多·达利的所有设计中，最有名的是香水设计，而其中最有名的是仿生设计。他让我们看到，仿生技术的运用不仅带给我们技术的进步，更可以带来艺术的享受。**

西班牙超现实主义艺术大师萨尔瓦多·达利（Salvador Dali）尽人皆知，他的《软钟》《战争预感》《胜利之象》等都是尽人皆知的名画了，他是本世纪和毕加索、马蒂斯齐名的伟大画家。当然，他还是一位设计者，他最有名的设计是香水设计，其中最有名的正是仿生包装设计。

达利设计的香水包装，每一件都是艺术品，每一件都是独一无二的生命，会呼吸，有温度。达利的香水设计缘始于 1981 年与法国一家香水公司的合作，于是，我们见到了这款"达利之花（Dali flor）"香水，其外形活脱脱一位青春靓丽的妙龄女郎，块状轮廓利落分明、姿态婀娜，如雕塑；而这款设计意象的源头就是 1935 年他的画作《头戴玫瑰的女人》（*Women with a head of rose*），香水大师的艺术和艺术大师的香水，在香水瓶中一同绽放。还有"达利之水"（Eau De Dali）香水，瓶身便是达利绘画中维纳斯的鼻子和嘴的结合体，香水装在透明光滑的粉红色唇型玻璃瓶中，加上鼻子形状的瓶盖，华美而浪漫。还有一款名为"达利什锦香"（Dali mix）香水，立体的嘴唇成了瓶盖，瓶身则化作了圆圆的苹果、鸭鸭的梨；别以不同的颜色，产品就适用不同的对象了：淡黄盒子里的香水是给性感女士的，粉红的是给年轻、快乐的女孩子的。而现在，商店橱窗里的香水瓶，戴帽子的女士粉红的苹果调皮的娃，仿生设计已经大行其道了。

达利说："自然形态所以给人美感，是因为其旺盛的生命力。"因此，超现实的达利在香水瓶设计中回归了清新、淳朴和纯真：那朦胧而剔透的鼻子，那风情万种的嘴唇、玲珑婀娜的躯体，达利的设计充满了生命的张力、青春的活力。

又想起了黄永玉设计的那款经典的酒瓶，朴拙的外表里是一颗"我像万物"的心，一缕来自原野的草香；还有甲壳虫轿车、莲花碗、以色列设计师的虫虫灯；清代陈明远的瓜壶，远远看去就如放在桌上的一只瓜，忍不住要吃上……一杯茶还是一只瓜？

评论：办个仿生艺术节

仿生设计，永远是个不过时的话题。如果说，各种横平竖直的设计是普通青年的话，仿生设计则更像文艺青年了。试想，每一盏台灯都被做成了蜘蛛、蚂蚁、螳螂的样子，小虫们的脚变成了台灯的支架，而灯泡变成了小虫们漂亮的身体，就连包装它们的纸盒上还体贴地开着好多小孔——呼吸孔，为的是方便里面的小虫们呼吸，于是，原本平淡的生活顿时就被虫形灯点亮了，你不想买？

仿生设计的魅力在于借助艺术想象，对生活原型进行取舍、提炼，打开想象的大门进行创造性的摹拟，这样的设计抛弃陈规戒律，打破司空见惯，捧出出奇不意、惊世骇俗。面对这些不受羁绊、个性飞扬的美，谁能抵挡这样的魅力？

更重要的是，生物机体的形态结构是千百年来为了维护自身、抵抗变异进化渐渐形成的，它的形态肌理的扩张感，使人们都感受到生命的活力和崇高，唤起我们珍爱生活的潜意识；观其形，察其色，美好愉悦的感觉里，人与自然融合了，亲近了；仿佛在镜子里看见了自己，对立没有了，不安没有了，幸福感自然就来了。

因此，我以为，不仅要让大家欣赏仿生设计的无穷魅力，还可以创造条件让大家更多地参与进来。比如设立一个仿生设计节，征集市民各种各样的仿生设计作品，择其优者办展览，择其优者产品化，既给仿生更大的舞台，又同时收获不也挺好？上海每年都有设计周，把这项活动就放在其中，作为一项内容，一项全民参与的活动；做大了，成熟了，还可向全国、全世界推而广之：海纳百川的上海若能引领起这股"文艺范"仿生潮流，一切皆有可能。

新闻背景： 10 月 20 日在北京 798 艺术空间站落下帷幕的 Open 国际行为艺术节，今年已举办到第十四届了，然而在国际上颇具影响力的行为艺术在国内却并不吃香。加上近年来一些风靡一时的街头行为艺术中国版本的"标新立异"，很难让国人打心眼里重视它。行为艺术究竟是为市民带来惊喜，还是在不断地挑战着道德的底线和法律的神经？

如何提纯行为"艺术"

请先认准公共环境

艺术行为还是行为艺术

何谓行为艺术？行为艺术是指在特定时间和地点，由个人或群体的行为构成的一门艺术。其内涵必须具备以下 4 项元素：时间、地点、行为艺术者的身体及与观众的交流，除此之外不受其他任何限制。

行为艺术是 20 世纪五六十年代兴起于欧洲的现代艺术形态之一。因为行为艺术常常采取夸张的表现手法来表达对世界的看法。这些行为有的看上去很美，但有的则叫人不适，甚至不寒而栗，因为那些行为是不正常、不艺术的。

公认的行为艺术最早推动者是法国人克莱因。1958 年，伊夫·克莱因在裸体女人身上涂满颜料，然后让其在画布上滚动着作画；随后，他又在 1961 年的实验艺术节上创作《坠入虚空》，作品是自己纵身从二楼跳下。从那以后，行为艺术家大都以自己特有的艺术创造行为过程展示，把绘画、雕塑等传统艺术从神圣的殿堂中揪出，拉到普通人眼前，平淡替换了蒙在艺术头上高贵神秘的面纱。

需要指出的是，行为艺术不同

有点深奥的行为表演（艺术）

于以往任何形式的艺术，它既不是政治事件、商业演出、绘画雕塑等艺术行为，也不是文身等亚文化行为，更不是绯闻或恶搞。正因如此，20 世纪 70 年代的行为艺术家约瑟夫·博伊斯说："不以艺术为目的的人类行为决不能被称为行为艺术，以艺术为目的的人类行为也有可能仅是艺术行为。"

城市里遭逢边缘化境遇

不容置疑的是，行为艺术者用身体展现思想的过程中，往往触及人们审美的底线，甚至触及道德的底线，挑战法律的容忍力，所以在城市里，他们的边缘化处境很是鲜明。

如果你在街上看见了那些真人身上涂得五颜六色，摆出各种 pose 的，那是行为艺术中的活雕塑艺术。这些人在人流滚滚的地方拄着文明棍、绅士帽，从头到脚涂满土黄、银灰、古铜的颜色，纹丝不动，或者出其不意吐一下舌头，吓你一跳。最近，西方各国的"僵尸漫步"则是极度夸张化了的行为艺术：成百"僵尸"走上街头，他们个个面目狰狞，有的血肉模糊，甚至肠子在长长的血口中清晰可见。猛一看见，路人十有八九魂飞魄散，连"僵尸们"自己也觉得"好在这种放松方式一年只有一次"；西班牙街头最近流行的"纸刀杀人"同样夸张而恐怖，这是由西班牙艺术家玛利亚·卢汉和沃尔夫冈·克鲁格共同创造的。

在我们的城市里，说不定你哪天也会撞见了行为艺术：南京路上的"秀色可餐"，一名青春靓丽的外国女孩紫色抹胸短裙，躺（侧卧）在两米直径的盘子里，供人观看拍照。"清晨抬头一看，一个赤身男子手扒着楼顶吊着，真是吓死人了！"这是被"受伤天使"吓着的居民说的话，可是这样的天使同期还在闹市的多处出现；"超人""熊人""木乃伊""粉红男郎""公鸡兄弟"，甚至 30 多吨苹果摆在广场上，再让一台压路机上去碾轧，无不让普普通通的我们连呼"毁三观"，不少人说："可惜了，要是发给我们吃多好。"

借鉴大师"行"中国特色

可是，城市里，行为艺术的边界在哪里？我们的城市能否接受行为艺术？比如纽约"户外女生半裸通俗小说鉴赏协会"每年 5 月份都在阳光灿烂的日子里，在纽约许多公园、广场等地"裸胸"享受日光浴并"性感阅读"：欧美的性观念和行为习惯及这样的行为艺术在我们这里往往就遭人群起而谴责了。

由此可见，公共场合实施的行为艺术，往往与我们司空见惯的现实大相径庭；而优秀的行为艺术总是以正常行为的陌生化和反常行为的意图化表达诉求，观众没被吓着而是欣赏了，才会触动反思生活的神经。

纯的行为艺术又如何？我们还是来看大师们怎么做。克莱因把一幅刚画完但未干透的画罩在车顶上，以一百公里的时速沿着高速公路狂奔，寻找"速度所产生的风、雨和太阳在表面留下它们的痕迹"，折腾后的画被他命名为"宇宙的产生"；玛丽娜－阿布拉莫维奇被称为当代行为艺术之母，她的眼里"艺术必须是美丽的，艺术家必须是美丽的"，她的行为艺术近乎癫狂。就说她最近在纽约现代艺术博物馆《艺术家在场》中的表现吧，她每周6天、每天7小时，一动不动地坐着，游客可随意坐在她对面的椅子上，跟她对望。于是，有的游客在她对面坚持不了几十秒，更多的坐了几分钟便无趣地离开了，也有的游客跟她对望一整天；有人做鬼脸，有人故意挑衅，甚至有一名男子把假枪搁在她的脖子下。据统计，共有1400名游客尝试"干扰"她，无功离去。直到586个小时，分别22年的男友乌雷与她对坐，雕塑般的她开始浑身颤抖着泪流满面。他们伸出双手，十指相扣，在分手22年后，终于达成和解。第一个与她对坐的助手阿妮娅·利夫廷说："我爱这次深奥的艺术颠覆。"

观点：给行为艺术一块秀场，如何？

行为艺术作为一种城市文化生态，有其独特的生存价值和空间。尽管有人喜欢、有人讨厌，但总体而言，近年来行为艺术发生的种种让人碍难首肯。

固然，行为艺术打破了"艺术与非艺术""艺术与生活"的界限，行为艺术家走上街头、走进地铁，观众往往还成了其作品的群众演员，共同去完成艺术作品。但所谓的行为艺术挑战道德甚至法律底线者常有发生。澳大利亚行为艺术者将在新天地构玻璃屋表演"全透明"生活的消息引发众人关注，然而后来不了了之，原因为何？还是政府不认可，老百姓不习惯所致。

行为艺术家谢德庆在1980年至1981年间，每小时都用普通打卡机自我打卡一次。这一年，这位艺术家变成了这个世界上最忙的人，无论吃饭、睡觉、工作，只要闹铃一响（一小时一次），他就立刻打卡。这件名叫《打卡》的行为艺术作品背后的艺术灵魂是什么？恐怕答案很难一致，但它受到好评却值得研究。它将观众拉到了熟悉的环境氛围中，才让观众感到惊喜，而非惊吓。

无论社会怎么开放怎么自由，当代艺术的核心字眼还是"艺术"。行为艺术同样不能违背社会公理，不能污染公众视觉！艺术表现的目的、欣赏者的印象都应该是美好的，行为艺术就是艺术本身，而不是为达某些目的使用的手段；行为艺术应该趋向人文主义的真善美，趋向人性的健康和阳光。

　　以上海为例，由于城市本身的环境氛围和人员构成等都很复杂，城市文化作为凝聚城市力量的纽带就显得格外重要。良好的、积极的、充满正能量的行为艺术其实非常适合这座多元化的活力都市，行为艺术作为一种表现形式，它更能反映出城市当下的文化想象力，请不要将它们一竿子打死，用心选出那些适合的、生活的、让人习惯的，不是更有价值吗？

　　要想在街头看到更多好的行为艺术，还需政府更多的助推，以及表演者自身对城市环境更积极的保护。

　　正在徐汇滨江举办的西岸2013建筑与艺术展近日成了市民热议的话题：房子还可以这样造？一边是黄黄的木头墙，一边是透透的玻璃壁，这样的三层楼怎么住？水泥厂的大圆仓里还能这样精彩！想勿到，想勿到！大家议论的其实都是当今建筑艺术的崭新话题：城市的衰退与再生。带着这些惊叹与感慨，我们到万里之外的爱尔兰，去看看与西岸热议话题相关的当地建筑师的创作——

"斑驳的美感"这样激活

"翡翠岛"上也曾遍布烂尾工程

　　爱尔兰，素有"翡翠岛"之称，岛上遍布古堡、古塔、古城墙，作为爱尔兰最大的城市，爱尔兰首都都柏林是一个古色古香、充满诗情画意的田园式都市。横跨丽菲河（Liffey River）的10座桥梁把南北两岸连成一体。城市里没有什么高层建筑，满目皆是乔治王时代的老房子，帕拉迪奥风格楼房、哥特式建筑，欧洲常见的那种；老城区街道上的青色条石磨得发亮，随便一栋屋子都有上百年历史。沿着蜿蜒的小道，到处是几百年的苍虬大树。走在这个传说中有48种绿色的翡翠岛首都老街上，时光一下子慢了下来。

　　爱尔兰也曾经历大拆大建的伤痛。乔治王时代的都柏林曾一度是大英帝国仅次于伦敦的第二大城市。很多都柏林的优秀建筑都是在这一时期建立的。然而，1916年的复活节起义以后，英爱战争和爱尔兰内战摧毁了很多精美的建筑。此外，就像很多拥有无数建筑瑰宝却被忽视和遗忘的其他城市一样，爱尔兰也曾在大拆大建的年代里损毁了很多精美的老建筑，饱受世人诟病。

1958 年，爱尔兰乔治王建筑协会（Irish Georgian Society）的成立让各地的老建筑得以被系统重视和保存。该组织被誉为"保护爱尔兰遗留的乔治亚风格建筑"的斗士，在他们的努力下，都柏林的蒙乔伊广场（Mountjoy Square，乔伊斯、叶芝等文化名流均曾在其附近居住），包括中世纪意大利著名建筑家帕拉迪奥的卡斯尔敦楼（Castletown House）在内的著名建筑都得以重焕光彩。

然而，20 世纪 90 年代以来，爱尔兰人口迅速向都柏林涌来，这一地区集中了全国大约 1/4 的人口，其中 50% 以上都是 25 岁以下的年轻人，当然充满活力。于是， 城市扩张速度惊人，到处都是脚手架、围栏，机器的轰鸣声震耳欲聋，"非理性繁荣"自 2008 年金融危机爆发后，爱尔兰这头"凯尔特虎"被迅速击倒：建筑业处于停顿状态， "市郊和乡村到处是刚完成一半的建筑物，自然界开始报复"。

年轻人是这个城市更新的主角

在那场危机中，都柏林中心城区的大部分旧建筑的现状非常糟糕，无论其外观还是内部条件都已严重不符合现代使用要求；老码头已经早已不承担航运功能，停下来的码头很快也成了苍苍老者，废弃的仓库和破败的场地可谓满目疮痍。

是拆还是更新？代表着市民意志的都柏林议会最先发起了 28 英亩的圣殿酒吧区改造计划竞赛，时间是 1991 年。按照原先的计划，这里是要和老城中的许多街巷一样，推倒重来并新建成为公共汽车终点站；现在，不拆了。

赢得竞赛的是年轻人，8 个小型建筑是事务所联合体"Group91"赢得更新改造的优先权。如今，圣殿酒吧区已经成为了都柏林的一个著名的景点，就像上海的外滩、新天地，这个占地 28 英亩的狭长地带，紧邻丽菲河南岸，位于著名的三一学院（Trinity College）和都柏林城堡（Dublin Castle）之间。街上林立着大小、门类不一的各种艺术地点，爱尔兰风情洋溢在老街的每一个角落、每一个花窗里。这里有一周七天免费演奏的爱尔兰音乐，随处可见的画廊、剧院，设计师们使用各种现代主义的介入手法创造了各种充满活力的新空间：爱尔兰国家图像研究所、电影研究所等等。"这里的艺术氛围太浓了，来这里等于上了一堂免费的艺术课程。"游客们纷纷竖起大拇指，而街上游人如织。

圣殿酒吧区成功了，爱尔兰人更为大胆地向全世界招标，开始了雄心勃勃的旧码头改造计划。其中就有卡拉特拉瓦（Santiago Calatrava Valls）设计的塞缪尔·贝克特桥，还有凯文·林奇（Kevin Lynch）设计的都柏林会议中心、丹尼尔·里博斯金（Daniel Libeskind）设计的大运河广场剧院。就说塞缪尔·贝克特桥吧，该桥为钢箱梁结构的斜拉桥，跨径 123 米，横跨丽菲河。奇特的是，这座桥梁可作 90° 旋转，其形状是非对称的：侧面像一把"竖琴"，斜拉桥钢塔的基础在主航道之外，距离河南岸 28 米处；钢塔弯向正北方，高出水面 46 米；25 根前索锚固在"竖琴"结构上：桥的样子极为先锋，先锋到超出想象；夜幕下站在桥边，看着灯光中的"竖琴"，人都要醉了。"卡拉特拉瓦将艺术化的结构作为主体的情感表达方式，着重发掘趋向雕塑性的结构艺术，从材料天然性质之中获取灵感，使之与新的美学意象相结合，并在实践中创造出与众不同的形象——充满结构理性激发出的灵感。"业内专家如是评价卡拉特拉瓦的作品。

由 Henning Larsen 建筑哥本哈根工作室设计的"Siansa 国家会议中心"是申报爱尔兰都柏林文化设施设计比赛的项目，设计结合了环境和历史的考察，目的不仅是建造一个拥有特殊音响设备的会议中心，更是为公民提供交流场所。自学成才的爱尔兰设计师乔瑟夫·瓦尔斯（Joseph Walsh）获得制作室内家具的机会，他将原木切成片，再用模具形成特定的形状，突破了传统木作方法，设计出了各种令人赞叹的曲线家具，用那句广告词"丝般柔滑"来形容，恰恰好，这些家具很唯美。

年轻人为何能够站到舞台中央？

爱尔兰年轻设计师的名字越来越响亮，冯娜·法雷莉（Yvonne Farrell）、谢丽·麦克拉马拉（Selley Mcnamara）、赫尼根·彭（Heneghen Peng）、博益德·科迪（Boyd Cody）、格拉夫顿、奥唐奈等等，他们纷纷走向世界建筑节、走向世界，斩金夺银也渐成家常便饭。

爱尔兰的改造更新中，以本土设计师为主的年轻人所起的作用尤为亮眼。为何？爱尔兰皇家建筑师协会的核心作用不可低估。这家协会成立得早，1839年，自负盈亏，政府没有一分钱的拨款；高度自觉，经常组织"建筑—道德实践"之类的讨论，讨论经济衰退中的建筑师应该从建筑原初处理解建筑，剥去表象，思考半拉子工程中的"爱尔兰性"。不仅如此，该协会还为建筑师提供职业培训和继续教育，为客户项目寻找合适的建筑师；评选杰出的建筑师和作品，发起建筑竞赛，举办巡回展览，邀请建筑师为公众提供"建筑游览"的讲解。

正是由于长期坚持不懈的努力，协会成了政府、行业、产业及公众之间的桥梁、纽带和家。以音乐、文学，孕育了爱尔兰文化的底色，注重文脉、尊重历史、铭记环境责任，加上叶芝、萧伯纳、王尔德、乔伊斯；有了建筑协会的纽带，建筑的"爱尔兰性"更多了艺术的灵气和温润，就如同爱尔兰温和的气候、大片的森林、如镜的湖波。

希拉·奥唐奈（Sheila O'Donnell），爱尔兰著名建筑师，她的作品将水彩画肌理与建筑形式相结合，成绩斐然，现在她是美国建筑师学会的名誉院士、2013年中国国际建筑艺术双年展的评委；正在建设的大埃及博物馆设计师是爱尔兰赫尼根·彭建筑设计公司，新博物馆的房顶上有多个锐角突起，和金字塔的塔尖遥相呼应。屋顶一侧的延长线正对着三大金字塔之一的胡夫金字塔的塔尖，而另一侧延长线则指向较小一点的卡菲金字塔；博物馆的正面采用半透明的建筑材料来装饰。"夜晚，开灯后它将熠熠发光"，该方案被称为"与金字塔遥相呼应，是金字塔的绝配"。正所谓，年轻设计师不仅在爱尔兰激活了"斑驳的美感"，还让世界露出笑颜。

话题缘起： 再过几天，首个"世界厕所日"（11月19日）就到来了。世界厕所日，将难登大雅之堂的城市厕所问题再次推到了你我等世人面前。

厕所也能艺术范吗

厕所成为生活品质的晴雨表

说起来你也许不信，文艺复兴虽然解放了人，但人并没有被如厕解放。那时候，

"能忍"被看作是绅士的风度之一，而"憋尿"甚至是 19 世纪的欧洲寄宿学校中女性"良好教育"的一部分，这种教育说"一个举止得体的妇女应该知道克制自己"。

美国华盛顿特区约翰内斯堡山上的厕所，有点酷

那时，由于如厕问题得不到正人君子们的重视，以至于泰晤士河成了"粪河"，巴黎新剧院虽富丽堂皇但无处如厕。那时，泰晤士河既是粪河又是饮水河，终于，1831 年爆发的第一场瘟疫夺去了 6 536 人的生命；1848 年开始的大瘟疫，英国死亡 50 000 人，伦敦一地就死了 14 000 人。此时的巴黎，夏尔·加尼尔设计的歌剧院里同样没有卫生设施，他甚至说："盥洗盆和水桶虽然是建筑的一个部分，但它们不能成为对这门艺术进行革命性改造的对象。"因此，人们在这座新剧院享受高雅艺术时，不得不憋几个小时或自备尿壶。

这种状况在 1851 年的万国工业博览会上得到了改变。乔治·詹宁斯为水晶宫修建了公共厕所，共有 827 280 名游客付费使用了该公厕。乔治·詹宁斯呼吁应在人流量巨大的大城里修建厕所："一个民族的文明可以从其室内和卫生用具来衡量。想象一下：每次用完坐便器后，一名可敬的服务员认真地用潮湿的皮革制品擦洗每一个坐便器，还会给那些顾客递上干净拭巾、梳子和牙刷；鞋匠还可以在里面做擦鞋生意，因为人们都愿意别人欣赏他们洁净的鞋子。"厕所，成为生活品质和品位的晴雨表。

厕所里面当然可以玩玩艺术

厕所艺术，或者厕所文化引领世界潮流的，还得向着亚洲看，看日本，看韩国。世界卫生组织 2011 年统计显示，日本 2009 年人均寿命 83 岁，位居世界首位。其中，厕所功不可没，20 世纪 70 年代富裕起来的日本社会对危险、肮脏、黑暗、臭气熏天的茅厕再也不满意了。洁具公司看准了市场需求，

奥地利一家厕所内部

推出了有洗浴功能的坐便器。

不仅如此，把厕所内外环境弄得清新可人也是设计艺术工作者孜孜以求的目标。你到日本公共厕所如厕，说不定就会不期而遇漫画墙，各种漫画形象栩栩如生，充满动感；如果赶上樱花盛开的季节，你恰好又到了千叶县市原市饭给的小凑铁道饭给车站，观赏樱花与油菜花比着赛竞相怒放的美景，恰巧你是女性，你如厕，这里就有一座专供女性使用的世界最大的文艺范儿厕所：樱花古木和杉树圆木从花田里圈出厕所，两米高的杉树圆木围起了一片周长 50 米的椭圆形场地，8 毫米的透明强化玻璃成为了厕所的墙，里面挂着帘子，你会踩着枕木到厕所，那可是在广阔的花田中央啊！

今年小豆岛濑户内国际艺术节上，还出现了一个文艺范儿更浓的厕所。这个基地原本是生产酱油的地方，名闻遐迩的手工原汁原味酱油。现在，建筑师用设计发掘出这一地块的历史意蕴：木制结构的屋顶下方是一个精细的曲线形墙面，暗合原先酱油仓库中的圆形木桶；屋顶用烟色玻璃和玻璃砖，与当地乡村环境和谐契合；日本人喜欢的白色墙面，蜿蜒曲折着，优雅地划出、区分出男女洗手间。入夜，光线从屋顶玻璃中透出来，颇有琼楼玉宇、空灵剔透的意境。

韩国，洗手间文化已经成了水原市文化财产的一部分。这源于该市市长泌才杜发起的"最好的公厕"运动。1996 年，已经 81 岁的泌才杜立志让公厕成为该市的公众文化财产。他生在祖父母家的厕所里，对厕所一直有一种亲切感，被韩国人亲切地称为 Mr. Toilet。他在公厕设计上独具

小豆岛濑户内文艺范儿更浓的厕所

匠心，公厕外观一律是韩国传统的倾斜屋顶，内部的设施非常先进。不仅如此，厕所墙壁上绘有风景画，读书台上放着报纸和杂志，灯光柔和、音乐悦耳，室内飘着温馨的花香。如今，在水原这个古老的要塞城市里，旅游景点路线上，就有长安公园洗手间、练武亭洗手间与萤火虫洗手间。在水原，世界各地的游客们印象深刻的景点，每次都有公厕的名字。而这位厕所先生在 2007 年，为自己建造了一座巨大的马桶型的房子，房子所在地变成厕所主题公园。这座房子如今成为世界公共厕所组织的办公地。正所谓，当厕所成为文艺范儿很足的地方，这个国家还有什么地方不美丽呢？

厕所改造成一家艺术博物馆

"厕所当然是艺术表达的绝佳场所",这是德国慕尼黑市旅游局发言人的话,慕尼黑当局将市内一家公厕改造成了艺术博物馆,首展作品大部分是一些政治主题的"涂鸦"作品,比如美国总统奥巴马和德国总理默克尔的画像就出现在屋内角落处的一个便池旁。为此次展览,德国四位艺术家贡献了作品。而改造工程发起人玛西亚斯·科赫勒表示,开放当晚就有 800 人前来参观,"艺术和上厕所一样,都是一种放松形式"。

在纽约不少的观光景点,不但能领略到迷人的风景,还能领略到厕所的魅力。比如 SoHo 的 Bar89,你去如厕,肯定吓一跳:独立的小间,男女不分,玻璃透明,里面的抽水马桶和洗手台一览无余,怎么办?别退,进去,上锁,玻璃立刻变成毛玻璃,玻璃上还隐约浮现"有人"字样;而名叫 FUN 的俱乐部里厕所典型的"情侣式"。房间倒是男女分明,可不锈钢制成的未来派的洗手台上,竟安装有监视器,妆镜一侧还有摄像机!男厕所放映女厕所的影像,女厕所则放映男厕所的影像,同步播放!惊!就只见,对对情侣分别走进男女厕所,朝着摄像机相互挥挥手。有趣的是,摄像机对女性只拍摄洗手台附近,可对男性就不那么客气了,连他们转过身方便时的侧影都照进去了。

在伦敦市中心,每到夜晚,你如果站在闹市的街头,都能见到,有种物体从街面地下冒出来,那是一种新型的夜间厕所,专供内急而随处小便的男士使用。奇的是,第二天天亮后,它们又将会被遥控收回地下。有人甚至说,英国文化是以厕所为基础发展起来的呢。

可喜的是,厕所艺术从外形,到便池,到净后设施,在我国也越来越受到重视。嘉定新城的一个个厕所,简直就是一件件艺术品;顺德甚至举办"中国首届旅游厕所文化节",展示内容有厕所历史、文化,唐诗宋词元曲手纸,厕所设计、涂鸦,"邀请行为艺术家,放飞想象,在厕所里涂出得意之作",举办方称。

读后感: 人情点 艺术点

小厕所不仅是大问题,还是艺术的广阔原野。坐便就像坐上了沙发,你上过没?厕所的卷纸是双层的,反面是一段段笑话,看着笑话上厕所感觉如何?笑一笑,排得快呢。完成任务后,把手纸两面分开,一面是手纸,另一面看过的笑话就可以丢进纸篓里。还有,当你如厕完毕时,一个很好听的女性语音提示:请您抬高臀部。而后会有一个智能化的喷头探出来,替你完成冲洗、消毒和烘干,最后一道工序就是喷出淡淡的花蕊汁。等你走出，厕所的工作人员发给你一块精美的巧克力和一枚上过这种智能化厕所的纪念牌。你什么感觉？

厕所艺术需要大家一起努力。日本就有一个民间团体美化协会，各地都有分会的，协会的会员不定期地到学校、企业开展清扫厕所活动，号召人们维护厕所卫生，塑造干净优雅的厕所文化。这个协会提出了人们亲自打扫公共厕所的五大好处：能磨练人的心灵，能让人变得谦虚，能让人更加细心务实，能让人学会感动，能让人知道感激。所以，我们各地在大兴星级（外观似别墅、豪华酒吧的，里面放红木椅、鲜花的，名为"舒园"的）厕所的同时，可否也学学人家，软件升级了，小厕所真就有了文艺范儿了。

链接：世界厕所日

2013 年 7 月 24 日，第 67 届联合国大会通过决议，将每年的 11 月 19 日设立为"世界厕所日"。2001 年，30 多个国家和地区的 500 多名代表在新加坡举行了第一届厕所峰会，一直难登大雅之堂的厕所问题受到全世界的关注。来自芬兰、英国、美国、中国、印度、日本、韩国、澳大利亚和马来西亚等国的代表参加了第一届厕所峰会。会议决定，每年的 11 月 19 日为世界厕所日。于是，大家在联合国推动了此项决议的通过。

话题缘起：老城区、老厂区的改造如今已成了世界性的话题，无论是老牌工业化国家还是发展中国家，其现代化问题都是非常现实的话题。近日，上海戏剧学院副院长、文化产业专家在考察位于上海心脏地位的颛桥镇时说，这种古民居、老厂房、大粮库混合的老街区更新，要让"历史记忆与艺术作派对"。

混合式老城如何激活历史记忆

● **老城区更新一度成为世界性难题，无论是英国伦敦、法国、德国，还是美国，但它们最终都成功走出各自的特色之路**

后工业时代，早先的工业化国家都面临产业结构升级带来的转型之痛。现代英国的城市更新，一般认为起始于 1968 年。黄昌勇说，当时的工党政府提出了"城市计划"来应对面临的社会矛盾和动荡，城市社会功能的改善成为政府的当务之急；接着，又在 20 世纪 70 年代中期的《英国大都市计划》里提出了"城市复兴"的概念。后来的布莱尔政府更是明确提出"创意产业"这个概念，大力鼓励和推动民间的创造热情。现在，以伦敦南岸为代表的文化艺术集聚区已经成为欧洲最大的综合艺术中心，以前这里是英国著名的工业区。现在，包括海沃德美术馆、伊丽莎白女王大厅及英国伦敦皇家音乐厅在内的南岸各大艺术馆又在酝酿大变化，南岸中心的董事长艾伦称："我们 2014 年将在伦敦南岸中心中央大厅顶上动工修建一座'浮动'在空中的玻璃馆，为管弦乐团与合唱队提供新的透明的空间，建成后的音乐大厅能容纳 150 人的管弦乐队及观众。"这项计划还包括在滑铁卢大桥旁建造一个教育空间和新的国家文学中心诗歌图书馆，以及包括滑板、越野自行车和涂鸦艺术的城市综合艺术区。

德国鲁尔地区，是欧洲工业化程度最高的地区之一，而今已经华丽转身成了"文化艺术休闲之城"，而鲁尔的艺术化改造，"鲁尔艺术节"不能缺席。这个初创于 2002 年的艺术节得到当地政府的大力支持，当地民众参与踊跃，内容一年比一年精彩。旺旺的人气，吸引了世界各地的艺术家们纷纷来此施展才华。煤气罐博物馆就是当年的一座天然气供应装置，现在被包裹艺术家克里斯托（Chrisito）包裹成了一件艺术品；而舞蹈编导威廉·佛西社（William Forsythe）这次在鲁尔的富克旺根博物馆里"编导"陀螺了：馆里高高的空中垂下一根根细线，坠着陀螺，满屋子都是，"当观众穿梭其间时，人在动，线在飘，陀螺优雅而自在地来回晃；人过处，晃动的矩阵划出若隐若现的波浪，简直就是无声的交响、飘逸的舞蹈"。

● **鲁尔旧厂区锈迹斑斑，但钢铁的锈色、砖墙的斑驳恰恰凝固了历史、激活了记忆。关键是，这历史和记忆与艺术派对，鲁尔魅力无限**

鲁尔地区鼎盛时期人口达到 570 万人，既是工业区，也是消费大区，百余年的工业化成果既是丰厚的历史遗产，也是再发展的沉重负担。怎么办？肯定是要激活这些斑驳的锈色的，但如何激活却是个大问题。

毫无疑问，鲁尔的一切首先是要为鲁尔人服务。以文化艺术为主导的改造，当然先要摸清当地人的脾性。鲁尔地区居民大部分都是当年产业工人的后裔，他们长期生活在巨粗、朴拙而绵长的铁锈色管道"网"中，在形状千奇百怪、体量巨大、颜色棕红铁灰的老旧厂房构成的环境中，大家感受到的常常是苍凉、雄浑、斑驳，还有迷宫般的奇异神秘诡异。这样的生活环境，让这一地区的居民既不同于柏林、慕尼黑人那样衣冠楚楚地进入歌剧院，也不会像萨尔茨堡音乐节那样优雅富丽、贵气十足，这里的绝大部分居民不会经常观赏高雅经典艺术，他们喜欢穿牛仔叼烟斗嘻哈地猎奇、搞乐，"参与其中"是他们最大的爱好。"有了坚实的文化心理调查基础，再用艺术调动、激活记忆和历史，再去筛选各种艺术手段，就变得容易了。"

"鲁尔艺术节无疑是激活这一地区最成功的艺术手段"，但该艺术节创办10年来，始终坚持"不选最好的，只选最合适的"这一原则，这就要求进入这一场地的所有艺术家为这里"定制"作品。克里斯托的"大煤气罐"装置作品，就是用白色的布条从内部将整个煤气罐包裹起来，让罐体在浩瀚的纯白中格外圣洁、淡定、沉着。当你乘电梯登上这座庞然大物后，整个鲁尔地区一览无余，你就会有葱葱绿色中有这片斑驳"真好"的奇遇感。

在鲁尔，各种艺术样式层出不穷。道格拉斯情境体验公园（Douglas Gordon：Silence，Exile，Deceit）利用的是整座废弃的厂房，空旷到连片的巨大厂房里空洞、暗寂，神秘的厂房里，灯光、屏幕影像和时不时响起的音乐是这里的主角。人进来了，或一袭红衣，影子长长地拖在你的前面，天桥踏板血红，白雾从某个角落升起，很快弥漫了你的去路；突然，屏幕上闪现了口罩女，金色头发齐刷刷立起，美丽的大眼圆睁着，瞪着前方，幽暗厂房里的空气顿时凝固了；这时，一群人走进来，窗格的影子投到对面深深浅浅斑驳的墙上，影子下方大屏幕里，一只被拴住腿的鹦哥，侧着头回望着：哦，原来进入这里的游人都是主角，你惊悚、好奇、尖叫、议论，你的一举一动都是故事情节。原来，鲁尔的文化创意已经远远超出了传统的演出、展览和填鸭观众的被动式接受了。

● 颛桥这种复合式街区改造，可采取历史切片、符号介入、情境体验等多种形式，最重要的是要活化历史，让历史与艺术派对，让派对激活记忆，点化升华场所意蕴

"鲁尔地区的情景再现围绕着'体验'，不时有精彩内容上演"，里米尼（Rimini Protokoll）的作品"状况屋"就是这样一个"艺术活"。游客进门前，会拿到一部iPad，戴上耳麦，按照自己抽到的号码站到对应的门前，iPad会指挥你推开门进去，然后你参与活动：天！每一位参与者都不知道自己下一秒该干什么，也不会知道下一秒会发生什么，甚至谁会遇到谁，一概不知。就这样，没有脚本、没有排练，"纯天然"出演各种角色。演出结束，你会发现，自己已经扮演了十来个角色，体验了叙利亚、索马里、刚果金、伊拉克等等地区的人们战火纷飞下的生活。

我们还欣赏了：入夜，四只巨大的白灯照耀下，一位老者，也许是该地区的失业者，坐在破烂的货品箱上，正在钓鱼。这就是这幅情景装置的全部，哦，对了，老者右后方是同样破烂的栖居棚子，"这幅装置里，人是主角，灯光艺术烘托老者的孤独与凄凉，表现手法充满了反讽和隐喻"。

"伦敦南岸、鲁尔、纽约曼哈顿等旧城、旧厂房改造的很多手法，在颛桥这种复合型的街区中都大有用武之地。"黄昌勇介绍，颛桥那些破坏严重的明清房子，可以采取符号式保护，留下一堵墙、一段踏石、一扇门，或者让它们像鲁尔一间报告厅的一面斑驳崎岖的原真墙一样，或者采用现代技术手段比如玻璃将其隔起来。

而颛桥保存良好的地方像国家粮仓，我们应该复原一些历史记忆，比如像鲁尔的情境体验，可以采用艺术的手段再现当年运河兴盛时期的忙碌景象，可以在回顾中反思；当然，还可以情境体验的方式让时光倒流，在倒流的时光中，年轻人、年老者，都

老建筑更新，留一段老墙也是范儿

可回到唐宋、重温民国，体验明心寺的信众攒动、香火缭绕；见到民国上海县政府，感受颛桥的文化遗产新苗——伞灯舞，历史的情味不就安静地回到了你我中间了？

读懂民意

上海戏剧学院副院长、教授　黄昌勇

　　不管是英国泰晤士河南岸，还是德国鲁尔地区转型升级，他们最后取得成功的秘密，我看都是因为读懂了场所的意蕴、读懂了居民的生活态度和习惯。

　　特别是鲁尔地区，改造之前的大规模调查，为文化创意设计奠定了基调，明确了努力的方向。面对宏大的斑驳，鲁尔并未大干快上，而是慢慢来，是打算用几代人的努力慢慢酿造，想好了，找对了，和当地的气质匹配了，于是当地居民就可以在涂鸦墙上"艺术"，就可以到"塔"（鲁尔艺术节上的一个装置，层次丰富的水从10米左右的空中矩形框如帘如注而下）下嬉水，戏水可是夏日里孩子们的最爱哦。

　　读懂人心，要用心贴心。台湾高雄的拥恒文创园是一座山，在这座占地53公顷的文化园区中，有五星级酒店、观赏性很强的礼兵换岗仪式；最奇妙的是，半山腰上的10万个小风车插成巨大的"黄鸭"，黄身黑眼，阳光下风车呼呼，大黄鸭转成一片金黄闪烁的海洋。如果我告诉你，这是一片墓园呢。园区经营者把生意做成了艺术，就是因为他读懂了大家的心：他仅拿出20%的面积用于墓葬，征得过百的画家作品用景泰蓝工艺制成墓穴盖板。远远望去，一排排整齐排列犹如绚烂的花园，经营者深知：把生意做成文化，告慰逝者更是礼敬祭者，让生者面子挺括。读懂了众人之心，"穿越时空""调味古今"都只是创意的手

段了。

这种生活化了的创意在台湾街头经常冷不丁就让你惊艳一回。在台湾，你不要抱怨房子"怎么旧旧的"，这正是它的魅力所在，旧旧的外表里面填满了创意，比如台北松江路的叙事馆餐厅，你就可以边吃饭边亲自体验木偶戏文化，如果兴起完全可以自己来上一出"木偶历险记"。难怪连台湾人自己都说时不时就会被街边新开的小店"惊艳到"呢。

2013年11月9日，是柏林墙推倒24周年的日子。柏林墙的倒塌让欧洲社会主义阵营开始全面瓦解，但是，艺术并未随之远去而有丝毫褪色，相反，此前此后和红色符号有关的，在今天看来更有价值。

艺术依然在天空中放彩

——柏林墙倒了，世界涂鸦最高水平还在

1989年11月9日，作为东西方冷战的产物，存在了28年零3个月的柏林墙被推倒，东西德随后统一。

柏林墙是民主德国（东德）围绕西柏林建造的界墙，1961年8月动工，1964年建成，总长169.5公里。1989年的那天晚上，绝大部分墙体被推倒，只剩下"东区画廊（后来叫的名字）"。

来到这里就会发现，"东区画廊"的命名是因为这里很快成为世界涂鸦艺术家趋之若鹜的地方：五角星转换成了大红色；那里是哨卡，士兵们正在检查入境的轿车；东德产的"特拉班特"牌轿车已经冲破墙体，呼啸着向曾经的西柏林而去；最著名的当然是莫斯科艺术家迪米特里·弗鲁贝尔创作的涂鸦——《兄弟之吻》了，画的是苏联领导人勃列日涅夫亲吻民主德国战友埃里希·昂纳克的情景。这幅画后来被人擦除了。不仅弗鲁贝尔，还有117名来自21个国家的艺术家在1316米长的墙面上留下了涂鸦。而今，随着画廊的翻修，这些画家又按照露天防雨的要求重新绘出当年的旧作，这些涂鸦成了"东区画廊"的无价之宝。

柏林墙成了"相逢一笑泯恩仇"的兄弟最珍爱的地方。2013年夏天，六月

里一个阳光明媚的日子里，柏林人聚集在墙上的两个约六米宽的大洞前抗议。这个洞是为了墙后的工地而打开的，因为在柏林墙和施普雷河之间要修建一所公寓大楼和一个宾馆；另外，还要修建一条通往对面克罗伊茨贝格区（Kreuzberg）河岸的大桥。上千人来到现场示威抗议拆掉柏林墙；约9万人则在网上联名要求既"不可为了私人豪华建筑拆掉文物保护建筑东区画廊的一砖一瓦"，也要中止在当年死亡地带上的所有建筑工程，甚至连美国歌手大卫·哈塞尔霍夫（David Hasselhoff）也来了。

东区画廊艺术家联合会负责人卡尼·阿拉维说："柏林墙倒塌后，东区画廊现在代表民意，而且每名艺术家对此都有自己的独特看法。我想，这种国际性和多样性正是这个露天画廊成功的原因。"

再看昔日无奈分离 成就今日冷战文化

柏林墙被推倒了，但红色艺术却因为两大阵营对抗的烟消云散如今倍受追捧。柏林墙推倒后不久，洛杉矶国立艺术博物馆举办了名为"两个德国的艺术——冷战文化"的展览，展出了1945年至1989年间120个东德和西德艺术家创作的超过300件雕塑、绘画、摄影、影像作品。高克乐（Hermann Glckner）、玻索德（Metselaar-Berthold）都是不可多得的东德艺术大家。

直至97岁仙逝，高克乐一辈子都生活在德国东部地区——从希特勒的统治时期到社会主义时期从未离开。他为自己制作了一批精致的小雕塑：精美的构成主义即席创作，遭禁止的现代派护身符，由折叠、扭曲、捆在一起的废弃火柴盒、切碎的肥皂盒、易拉罐、木块和报纸制成。高克乐的雕塑混合了乌托邦的理想主义和深湛的谦卑，他将东德常见的零零碎碎充满爱意地融合在一起，在家常用品和纯粹的抽象艺术品之间保持了微妙的平衡。

玻索德则记录了杂乱的波希米亚（波希米亚在捷克境内，布拉格曾是波希米亚最大的城市。二战后，这里是东西欧两大阵营的交冲之处）生活。还有乌苏拉·阿诺德（Ursula Arnold）、阿诺·菲舍尔（Arno Fischer）、玛利亚·斯威兹（Maria Sewcz）、贡杜拉·舒尔茨·艾尔多维（Gundula Schulze Eldowy）、芭芭拉·麦色拉尔·贝特霍尔德（Barbara Metselaar-Berthold）、西比勒·格曼（Sibylle Bergemann）等等，他们通过各种艺术形式展现了东德的社会面貌。东西德国统一后，东德艺术戛然而止，随后就有艺术评论家直言德国各大艺术馆收藏东德艺术的偷工减料为"社会性短视"，对洛杉矶国立艺术博物馆的有关收藏艳羡不已。

言论："固化"与"常青"

也许是政治感受的缘故，不仅德国，东欧很多国家对待红色艺术都采取了"收缩"与"冷藏"的方式，但是空气虽冷，艺术依然火红。

东欧原很多国家将红色印记从原本的显要悄悄挪至隐秘之地冷藏起来，匈牙利就有一个共产主义雕塑公园。公园在布达佩斯出城的7号公路西侧，看到一面红色砖墙便是公园的大门了。

西方也曾热炒苏联"当代艺术"。同样，苏联当代艺术也是在美苏"文化冷战"的背景下产生的。相当长的一段时间，在莫斯科郊区的里亚诺佐沃火车站周边，出现了一个"里亚诺佐沃群体"的非官方艺术家聚居区。艺术家们从事抽象形式主义实验，另一部分则受美国波普艺术影响，装置一些日常物品。比如罗金斯基，用收集来的日常生活的杂物，做成艺术品，试图营造压抑的氛围，表达生活的无聊、不自由。比如，他的"红门"就是一扇真实尺寸的木门，漆成极其夺目的鲜红色，而门的把手却是被时光磨蚀了的黯淡斑驳——一如所有苏联平常百姓的公寓房的门把手。

而此时，美国等西方国家的有些人，以外交官等名义，偷偷拜访这些地下艺术家的画室，购买、鼓励他们的作品。经济史家诺顿·道奇（Norton T. Dodge）早在1955年就来到苏联，收藏12000多件时间跨度从20世纪50年代到80年代的苏联"当代艺术"品。经他之手，罗金斯基一批作品在1965年得以在美国新泽西州的一个美术馆展出。

1988年，趁着苏联动荡之机，苏富比拍卖行干脆到莫斯科，举办了一场"俄国前卫与苏联当代艺术"拍卖会，直接给予苏联"当代艺术"资本和市场的支持，那次拍卖总额达两百多万英镑，在当时的苏联是一个巨额数字。有评论说，苏联"政治波普"在纽约火红的年代，几乎

每家纽约画廊都在展卖几位苏联"当代艺术家"。而业内的评论家的说法更直接：无论出于什么目的，艺术记录的时代被固化了，艺术之树的叶子总是常青的。

话题缘起：历时半年的威尼斯双年展刚刚落下帷幕，上周深圳又有两场"艺术"名义的双年展、创意节闪亮登场，分别是深港双年展和OCT-LOFT创意节。盘点下来，从夏到深秋的季节里，各种名目的创意周、设计节、双年展、海报展、纤维艺术节可谓是遍地开花，满世界都是泼喇喇的艺术花儿，因为他们无不以"艺术"的名义走进人们眼帘的。但轰轰烈烈的欢呼声里，我们倒要说——

以"艺术"的名义，但艺术已经远去
——遍地开花的双（三）年展、创意展、设计节观察

"去顶级双年展看看热闹"

"去顶级双年展看看热闹"，这是这个夏秋最时髦的一件事了。威尼斯双年展向有未来艺术风向标的美誉，要不首次参加威尼斯双年展的安哥拉国家馆获得了最佳国家馆金狮奖，原本冷清的展馆立刻人满为患；而最佳主题展艺术家金狮奖被号称"不能以任何形式记录下来"的场景、情景艺术家提诺·赛格尔斩获，此种艺术时鲜得稍纵即逝，无法定格。

安哥拉馆不在国家馆集中的绿园城堡，也不在今年国家馆林立的军械库，而是在远离主场馆的运河边上一个小小的私人博物馆里。这里，除了供博物馆观众参观的空间之外，没有可以陈列作品的空间，而安哥拉馆摄影艺术家埃德森·恰加斯（Edson Chagas）的作品《罗安达：百科全书式的城市》，就分散在5个面积不大的公共空间中。在这个非常有限的空间中，艺术家只安放了24个纸墩，每个墩子都是由一张印刷的照片构成，24张印刷照片构成了一个国家馆的艺术规模。这些照片是以安哥拉首都罗安达为对象，一只空瓶子、没有靠背的椅子、一只鞋，它们在罗安达随处可见的斑驳的墙、老老的门和窗的衬托下，意味着什么？那就是在人和建筑之间，生活和城市之间一种非物质的东西——记忆。但是，安哥拉获奖还是让人百思不得其解，尤其是对涌去的好几百名中国艺术家和江湖

画家们来说，更是不可思议，把照片简单剪裁后堆在那里，让观者随意带走，也算是艺术？

提诺·赛格尔的艺术表达更新锐。黑板上画着数学的、物理的，还是化学、机械的图示（例），几个人躺在地上唱着 B-Box（嘻哈乐中的一种口技），扭转着，然后就获了奖，评委们还说"他那优秀且富有创新性的艺术实践拓宽了艺术的疆界"，而我们则要问：这和弄堂里阿娘阿大们聊天、和路上骑单车的年轻人吹口哨的区别在哪？

新锐、超前，还是故弄悬殊？不管怎样，作为站在艺术潮流前沿的威尼斯双年展，它是圈内人公认的推出了包括贾科莫·格罗索、劳生伯格等众多艺术家在内的"世界艺术之母"，但它也从未像今天这样混乱、无厘头和商业化。

分享？空想，抑或臆想

安哥拉馆获奖的消息立刻让这个小小而隐蔽的私人博物馆大火，接着就是排队，你可以排在看不到尽头的队伍尾巴上，但我不确定你何时能入馆看那 24 张照片。可以带走的照片早已被拿光，绕着那些粘着照片的凳子，你只能遐想着艺术家的理念了。这不，大照片上空空如也，只有一只旧旧的运动鞋，联想"安哥拉"，战乱、贫穷，还是神秘和遥远？有论者说，"带走的印刷的照片，让更多的人分享了安哥拉当代艺术的理念"，还是不明白，这个理念是何含义。

1895 年的威尼斯首届双年展是以庆祝意大利国王和王后银婚大典的名义开的，那时这个节就被赋予了"艺术""世界"和"开放"等特征，渐渐就有了"艺术之母"的称谓，因为现实主义与抽象、前卫艺术与学院、未来主义、达达主义、波普主义等等都能在这里找到舞台并走向世界。于是，艺术威尼斯 1930 年又有了"国际音乐节"，1932 年创立了"电影节""诗歌会"，1943 年又设了"戏剧节"，这样一来，世界各地的艺术工作者都可以不同得形式参与其中了，不断累积的名声使威尼斯成为艺术界最核心的焦点事件，无人能及。

可是，近年的威尼斯双年展，艺术的原旨渐渐淡去，矛盾的、金钱的味道渐渐浓厚。就说今年吧，"西班牙国家馆呈现出的是一派荒凉的景象，500 立方米的展览空间内满是建筑废墟砖块、水泥和玻璃，灰的、橙的和粼粼反光的堆垛，大大小小的，仿佛是到了震后的现场而非一个艺术品展览馆。不远处以色列艺术家吉拉德·瑞特曼（Gilad Ratman）的装置作品（该装置作品完全由音频和视频片段组成）中发出的刺耳尖叫声划破了黑暗，那声音非常像小区里深夜受惊吓的电瓶车发出的声音，'哦嘞哦嘞啾啾啾啾——'，无助而凄惨"。参观者说，"实在体会不了其中的艺术'份'"，难道只剩下（要求）我们去"臆想"？

中国节展，以艺术的名义？

近年来，中国以"艺术"的名义勃兴的"节"可谓是雨后春笋，遍地开花。

"西岸双年展分为室内主题展与室外建造展两部分。室内展选址原上海水泥厂预均化库，并将把其打造成为一座壮观的圆形穹顶剧场，分为实验建筑、实验影像、声音艺术和实验戏剧四部分。"策展人如是说。在一个晴朗的下午，我们第二次来到西岸，因为第一次的印象可用"荒凉"来形容，我们有些不甘心，特意又选择了周六的下午，看看是否真如策展者所言这里是"市民的节日"。

还是荒凉！看得我心里拔凉拔凉：领票处两名工作人员伏头打盹，圆圆的巨大预制库门口空无一人，走进去，地上的影像带拖着长长的"斑斓"伸向远处，大大小小的屏幕上自顾自闪着图像，整个大厅里只有 5 个人（算进笔者）。再到声音大展的油罐里，或者乌漆、或者地光忽闪忽闪的罐里，闪动着倏忽的声音、不速的光。走到一家声音装置前，拿起一把小吉他，碰一下，盒子里响起吉他声；捡起一只钥匙碰一下小盒子，响起钥匙声：幼儿训练工具，还是马戏？至于艺术的"份儿"，那就得靠参观者自己的天份去想了。倒是策展人之一高士明的一句话颇耐人寻味："有人找我们做双年展，我们很发愁，因为全世界双年展疲惫，我们为什么还要发起西岸双年展？"

眼看着，深圳的两个大展上演了，无一例外地都以"艺术"的名义，心中隐忧：这里有多少艺术的活？虽然策展者换了"马甲"，变成了洋人。

题内话：艺术展，还是追求文化 GDP

随着文化创意产业的大力提倡，随着环境问题的越来越严峻，各地以"艺术"的名义举办的双年展、艺术节、纤维艺术展、海报展、设计展、数字艺术展，烧热了上海、北京、深圳、广州、成都、杭州、武汉、长沙、乌鲁木齐，一个个你方唱罢我登场，热闹非凡。

但是，细心检查，你就会发现，他们都有共同的特征：国际化、艺术性、开放性（免费）、亲民，其实还有一个深层的共同特征：政府主导，专家主演，而"艺术（文化）GDP"的追求则"不足与外人道也"。如果你还有心，你还可以发现：这些各种名义下的展、节、周，参展的还是那些人，还是那些作品，只是名头变了、地点变了，正所谓"你要的是 GDP，我想的是名头，各取所需"。

首届杭州纤维艺术三年展刚刚落幕，举办者说，"展览从中国传统的语言文化中抽丝剥茧"，其意图不可谓不深，可是，来自16个国家的45位艺术家的186件作品，在媒体中只剩下清一色的外国人名。表达的是"中国传统的语言文化"，唱主角的却是洋人，是媚外、票房，还是满足领导的心思？不清楚。再看这个节的一个重头戏——在地创作，还是法国艺术家弗朗索瓦·戴罗（Francois Daireaux）、韩国金顺任（Kim Soonim）、印度拉齐·佩斯瓦尼（RakhiPeswani）、加拿大菲利普·比斯利（Philip Beesley）及保加利亚艺术家维吉尼亚·马克洛夫（VerjiniaMarkarova），还是没有一个中国人名（实际有没有？），而我则相信能将蚕丝纤维艺术发挥到极致的肯定是中国艺术家，因为地球人都知道把丝绸的境界玩儿到极致的是中国人；更何况"高手在民间"，为何不说？

《现代汉语词典》中"艺术"的解释：用形象来反映现实但比现实有典型性的社会意识形态，包括文学、绘画、雕塑、建筑、音乐、舞蹈、戏剧、电影、曲艺等；形状独特而美观的。可见，让人愉悦是其基本特征之一。而现在，以艺术名义的各种节展创意，大多只让人"吐槽"。

艺术远去，节展的心就被抽空了，附着在其身上的各种愿景都成了臆想。

知识卡片：双年展

双年（biennial）展，每两年举办一届，是许多国家采用的一种制度化的艺术展览形式。多数是跨国界的国际性展事，旨在反映当代世界艺术的前沿探索与当前面貌，成为全球文化互鉴融合的一大平台。这种定期举办的艺术展还有三年展等形式。

1893年4月19日，威尼斯市议会通过一项决议，决定策划一个意大利的艺术双年展，发起人正是当时的市长里卡多·塞瓦提可。1895年4月30日，首届威尼斯双年展开幕，吸引了20多万名参观者，反响十分强烈。

当今世界著名的三大艺术展分别是威尼斯双年展、圣保罗双年展和卡塞尔文献展。除此之外，还有伊斯坦布尔双年展、哈瓦那双年展等，也因其各具特色受到世人瞩目。

新闻背景： 寒意颇浓的冬夜，从南京路一拐出来，就有曼妙的歌声飘进耳朵，一看是沐恩堂墙根下妙龄女子的歌声；再走几步，旋律悠扬且有些小清新的小号声不由分说闯进我的耳蜗：他们都是繁华都市中的艺术精灵——流浪艺术家。

城市，应有流浪艺术家的一片天空

他们在这里"卖艺"

不管是在北京、上海、广州，还是深圳、成都、西安、武汉，也不管是在过街地道、地铁出口，还是在公园一角，甚至南京路的拐角处，不期而遇的美妙音乐都会牵住你我的脚步，往往让精神疲惫的我们顿时一震：哦！生活原来还可以这样空灵且充满诗意的。

他们就是街头艺术家，或者叫做流浪艺术家，和传统的艺人绝不相同。他们要么是毫无救药的"文艺青年"，要么出身名校，像西安美院、北京音乐学院、武汉音乐学院、中国美院，等等，不一而足，他们在流浪，他们的流浪当然是身体的漂泊，但更多的却是心灵的流浪，为何？你看，那他们大多是年轻人，他们常常有着一头飘逸并不时挥洒的长发，有的还戴着很时尚的眼镜儿；你再定睛看，他们眉宇间不由分说散发出孤傲、洒脱的诗人气质，他们的目光里根本找不到任何乞求的踪影。你再看看，一个个如过江之鲫匆匆从他们面前"飘过"的白骨精、垂髫长者，再比比发出琴声和歌声的流浪艺术家们那淡定从容的样子，他们神情专注、旁若无人地演奏或演唱着；画架前，他们还是那么专注的涂抹着、三庭五眼地比划着，让我不由想起王维的诗"明月松间照，清泉石上流"，人海里竟还有"空灵"，精神的！

你见过粉笔作笔、街道作布画的蒙娜丽莎不？前些时，在温州的街头就有。画家叫从兰桂，失去了左腿。从兰桂每天的流浪生活很简单：早上九点出门，找个地方坐下，开始画画，一直画到下午四五点。因为上厕所比较麻烦，他画画时不怎么喝水。画画时，他用双手和右腿支撑着身体一点点地往后挪，十多年画下来，手关节起了厚厚的老茧，背也微微有点驼。从兰桂画画主要是用粉笔和木炭，画布就是马路。他画遍了中国的大半城市，画过《开国大典》、画过武松打虎，中今中外的题材无不入画，他的画被人拍了上了网，录像里别人给钱时说"是因为尊敬"。从兰桂说"我喜欢流浪",他说粉笔画"用的材料太简单了,对蒙娜丽莎的神态以及色彩的把握还有待提高"。

他们是城市的艺术精灵

流浪艺术家是城市的艺术精灵,他们让原本忙碌而行色匆匆的城市有了别样的味道和境界,有了快乐的音符。可是这些城市的艺术精灵却常常被当作管理的对象,甚至当作幽灵在驱赶。

威海路696号,你知道吧?就是一处流浪艺术家的聚落,可如今已经败给了管理者。和许多城中老厂的命运一样,威海路696号早先也是废弃,没想好买家、没想好如何改造,于是画家李云飞、马良来了,李云飞还说服了好几个艺术家也来到这里,粗糙、原色和租金低廉是他们来到的原因,其中的关键是租金低廉,所以这处艺术家群落的居住环境是地上有荒草,墙上有涂鸦,流浪猫、流浪狗悠闲地踱步、倏忽间上了墙和房顶;顶棚上破了好多大大小小的洞,锈迹斑斑的铁门和栅栏都上了锁。李云飞的眼里:这里陆续来了很多艺术家,隔壁是一个中国版画家,楼下是日本的艺术策展人鸟本。李云飞还介绍了德国朋友苏赞娥(Suzanne)过来,她在马良的隔壁开了一个名叫"后台"的艺术空间。几个法国人在园区最里面合租了一个空间,每个人各占一个角落,他们都在自己的小天地里各管各地闷头画画,场面看起来就好像一个行为艺术。696的艺术家们隔年就会搞一次艺术聚会,属于"创意居民"自己的艺术节。可是,这样的一块自发原始的艺术家园今天已经不复存在了。我知道,法国巴黎也一样,昂贵的房租也把大批年轻艺术家驱至布拉格、布达佩斯,甚至柏林了。

到深圳,我很喜欢去中心书城广场逛,原因不是因为那里有亚洲单层面积最大的书城、图书馆、音乐厅,而是中心广场那些流浪艺人摆的艺术小摊,画画的,你花20元就能拿一幅自己的素描带回去;你也可以不花钱,站在吹小号的、自顾自唱歌的艺人面前听他们陶醉其中,不一会你也就被陶醉进去了;当然还有糖人、剪纸、编织的,你就不停地想:"真是一双巧手啊!"然后再看看不远处的音乐厅、展览馆,那里的艺术氛围确实很浓的,但为何去者寥寥?不亲民。

流浪艺术家,世界的音符

游走在世界各地的街头,发现流浪艺术家是世界艺术天空中的共同色。他们在西班牙马德里,就"占领"了烟草厂的空厂房,很大的一大片。在这里,艺术家画画、做音乐、行为艺术、装置、场景艺术,五花八门;不仅如此,他们还自发成立了管理机构,集资建了多媒体室、音乐厅,轮流当值打扫卫生、处理公共事务之类的。业主一直视而不见，每年警察来时都要说"赶紧搬走"，艺术家说"是是"，就这样过了很多年。

在英国，一位喜欢被称作"基博斯博士"的流浪艺术家喜好石头装置艺术，他在两年半时间里，在英国从南到北的 44 处海滩上用了 1 000 吨石头建起了一处处美丽的图画，这些装置图案包括阴阳图案、海豚、龙、船、赛车、苏格兰旗等等，一色的鹅卵石。"基博斯博士"说，他想通过自己的行动改变人们对无家可归者的看法，将来也会让无家可归者加入自己的创作，了解艺术。

在台湾，流浪画家王昆祈在家乡安定遭遇地震后，立刻从流浪艺术家变身为驻村艺术家，发挥彩绘专长，将老家布置得五彩缤纷。他说："我是流浪艺术家，家乡有需要就会回来。"王昆祈大学就读台湾海洋大学航管系，毕业后才发现真正兴趣是美术，于是游走世界各地从事绘画和雕刻。现在，安定里弄乡村的墙壁上，五彩缤纷的图案已成为观光的好去处了。

瑞士日内瓦从 6 年前就给"流浪音乐家"考级了，起因是近年来，越来越多的外国"流浪音乐家"在日内瓦的公交车上卖艺，但其中不少人滥竽充数，他们发出的噪音严重地干扰了乘客的出行，许多乘客给公交部门投诉。鉴于此，日内瓦公交部门日前决定，效仿欧洲其他国家，组织一个由专业音乐家组成的评审委员会，为"流浪音乐家"考级，合格者才能在公交车上"卖艺"。目前，"流浪音乐家"考级在瑞士许多城市铺开。而墨西哥，流浪音乐家登上了大雅之堂，他们今夏集结数百人演奏音乐向玫瑰碗体育场的改造成功致敬。

令人欣喜的是，中国昆明也给翠湖边的"马路画家"颁证了，考题就是：抽出画家们的已有作品，现场临摹一幅，评审通过就颁证。你到了昆明，一定要去翠湖看看这道独特的风景哦！

微言论：他们的身体在漂泊　请给他们一片天空

当艺术遇上房租，不用问，败下阵来的肯定是艺术家，因为他们付不起高昂的租金。正如艺术需要一些狂野、需要一些激情、需要一些不问规则，但是一旦艺术被上"管理的台阶"，商业必然挤兑出清了艺术。

艺术的特性决定了，做艺术的人中能够功成名就极不易，流芳百世的更是凤毛麟角。于是，他们中的大多数人没有霓虹的舞台、奢华的演出服，没有衣冠楚楚的观众，没有多少收入，有时连"活"都是个问题；当然，最糟糕的还是一身的艺份无人喝彩，于是他们走向了街头。

所以，给他们一片自由的天空吧，不需要多大的地方，只要平等和尊重。然后行色匆匆的人们就能听到萨克斯流出的《此情可待》，就能看到街头的《毛主席去安源》；如果有兴趣，你当然可以停下来，进入流浪艺术家的曼妙世界里，陶醉一番。

我们的城市需要双年展、艺术节、设计节，也需要街头的流浪艺术家，因为冷不丁飘出的音乐、撞入眼帘的蒙娜丽莎很养眼很养心；可是，这种草根艺术很脆弱、很胆小、很弱势，风吹草动，立刻就踪影全无，所以尤要细心呵护。

流浪艺术家都有梦想的。热爱唱歌的安徽青年阿光流浪在城市，但他从未泯灭"创建自己的乐队"的梦想；来自挪威的阿勒（Arne Winness）一眼就认出从兰桂画的毛泽东，还知道从画毛泽东像是因为国庆，他赞叹："画得好，这位艺术家很棒！"从兰桂也说，艺术水准"达到一定高度以后，开一个画廊"。

网言网语：

[风中的风笛] 去欧洲的城市，常看见流浪艺人或在街头，或在广场边画画、演奏、表演行为艺术，他们的周围，是悠然驻足的市民，安静地观看，时而掌声。阳光透过城市的楼群洒在流浪艺人的周围，那份温暖和惬意让人感动，那是城市里最温暖最和谐的一道风景，我甚至想，如果某一天我也能背起画夹或者吉他，成为他们中的一员该有多好。

[Andy 的土豪] 喜欢在地铁站或地下通道停下匆匆的脚步，看他们表演，琴声特别好听，空谷回响（可能因为地铁和通道回音条件较好），不管是激越还是柔和的音乐，不管是高亢还是忧伤，旋律都让人着迷，有时听着听着不知不觉就热泪盈眶：有他们，我知道城市还有彻头彻尾的灵气、通身散发的活力，而不只有沉闷的"赶路""赶车"。

[冈底斯的浪子] 每次从斯德哥尔摩粗犷而又精致的地铁出来，都能看到流浪艺术家极富灵性的吹奏，这音乐弥漫在长长的台阶上，牵扯着急促或从容的脚步。我在音乐声中慢慢走远、融入茫茫的人流，不知不觉间就会产生一种特别的感觉，仿佛自己也已融入了这场开放式的艺术表演。看着那些艺人专注陶醉的神情，我的心里充满了敬意和羡慕，他们真有才，奉献给世人如此美妙的音乐。怪不得，欧洲各国无一例外地都把他们当成艺术家！

[平地一声吼] 看见城管驱赶那些画家、音乐家，我的心里真难受！铜色的竹笛、泛着金属光泽的萨克斯、斑驳的吉他，多么迷人啊！多么悠扬的萨克斯啊，

以后听不到了；多好的画呀，仿佛一眨眼就画好了，画谁像谁，画什么像什么，他们仿佛就是整个世界，整个世界里仿佛就剩下他们和他们的艺术。可是，现在都没了，只剩下踩烂的画框和凌乱的乐谱、画笔、纸张，随风无力地飘荡……

新闻背景： 这是天津滨海的国家海洋博物馆，外形像什么？跃出水面的鱼群？停泊岸边的船坞？张开的手掌？海里成群结对游来的鲸鱼？模样大不同于我们心中的建筑样子。但就是它，在刚落幕的世界建筑节上，获得了未来项目建筑奖（总年度大奖）、未来项目文化建筑奖和最佳竞赛设计奖三项大奖，也是中国的建筑项目在本届建筑节上唯一获得奖项的作品。设计师说"设计采用了隐喻手法"。

为建筑瘦身将成为必然

● 中国海洋博物馆获奖是个隐喻，建筑已不是我们心中既有的样子了

中国海洋博物馆获奖是个隐喻，建筑已不是我们心中既有的样子了——灰砖水泥方方正正的屋。如今，城市建筑争着比高、比大、比新奇，各种形态奇异、材料奇特、设计创新的建筑大量出现，北京、上海、广州、成都、天津，无论是大中小城市，饱含时代特点的建筑都是市民们津津乐道的茶余饭后。比如，"最近网友搞了好多'秋裤'的绘本，可有创意了"，我们就知道，哦，那是苏州之门了；"走在上海东南西北中，哪里都能看到上海中心"之类。

建筑欣赏的门道花样可多了。看见目前世界排名还处前十的金茂大厦，你可能会说，像一座宝塔的样子，对，它的外形是宝塔意象。可是，除了外形以外，它的空间如何组织，墙体、地面、窗有何门道，它的设计、比例、尺度有何秘密？为何这栋楼耐看，其中大有奥妙。

"建筑不是冷冰冰的钢筋混凝土，它是有生命的，需要被欣赏、被理解、被感受、被

天津国家海洋博物馆

体验……建筑需要设计的不单是它的形态空间，更重要的是人与它的互动关系。"业内专家如是说；我要说："你想知道历史上伟大的建筑或独特的建筑，你想知道著名建筑师的哲学思想，我可能说不透彻……如果你想获得建筑体验和知识，那我告诉你。"

● 为什么有的建筑看上去很舒服，有的则给人强烈的压迫感、疏离感

大家都有直观感受，随着经济社会的迅猛发展，城市规模也呈爆炸式发展。据不完全统计，仅1985年至2001年间，上海就建造了4.68亿平方米的各类建筑，用钢筋混凝土的森林和峡谷来形容我们的城市一点也不夸张。生活在城市里的人们，每天要面对大量的各式建筑，它是我们回避不了的现实环境，人们看到眼前的各种高楼大厦，会产生喜欢、厌恶等等情绪体验。为什么有的建筑看上去很舒服，有的则给人强烈的压迫感、疏离感？

建筑欣赏，首先要学习建筑设计的基本原则、建筑的外壳、风格、物理环境、心理环境、经济原则、时间品质等知识，但是一般人哪里去找？美国业界也认为，面对眼前的建筑，享受它是需要训练的，就如两个男人去听音乐会，一个经过训练的人"开发出了对音乐高度鉴赏力的听觉，这次音乐会对于他来说是一种享受；而另一个只好艰难地等待着，直到音乐会结束"。但是，休息时间里，两人漫步在音乐厅的室内外，"音乐爱好者感到厌烦了；另一个则花了好几年的时间培养对建筑的欣赏能力，他从大厅的空间上、形态上、质量上得到了乐趣，对他来说建筑就是视觉的音乐"。

欣赏大有门道，建筑的空间、形状等，要用你的眼睛看，用你的心智去解读、感受。"你看到一块砖，就知道它是固体的；看到一栋房子，就知道它的内部是空的"，继而，看见一个盒子状的立方体，这是你就会将其理解为"哦，一个墩子"，"一块裁得方方正正的石头"；如果这个墩子大得像一幢房子，你就会问："这里面有什么？"于是你就会去探寻，去发问，去欣赏了。"你在里面，你和空间都被容纳在内。空间由形态决定，而你被形态制约。"因此，我们欣赏建筑之美，常常也是从好奇、从问题开始的。

巴塞罗那世博会德国馆

建筑为何美？1929年西班牙巴

塞罗那世界博览会上，由密斯·凡·德·罗设计的德国馆是一个典型的线形墙组合，经常被称作"平面的建筑"。遗憾的是这座曾鼓舞全世界建筑师的建筑已被拆除……这栋建筑里，屋顶就像一张薄薄的纸片盖在墙上，墙与屋顶不像我们通常看到的那样转成 90° 角，它们各自是独立的，设计师创造了一个清晰、垂直的片形建筑，展现出优雅、简洁的外观形式，建筑成为极简主义美学的里程碑式作品，给我们的感官享受极佳，且其造成的环境负担被减到最少。

● **欣赏建筑其实就是你与建筑之间的化学反应，它的美还体现在时间里**

欣赏建筑其实就是你与建筑之间的化学反应，比如"红墙看起来向前推进，蓝墙则后退"。不仅如此，"当业主从小的色彩样本上选择颜色并大面积用到墙面上的时候，他们通常会感到受了欺骗。一名妇女为她的起居室挑选颜色，但当她把台灯罩上的红线团拉开来看的时候，她感到非常惊讶，色彩完全变了"。为何？因为同一种色彩的彩度和亮度在室内与室外会截然不同，蜷缩着和伸直了也不相同；同一种色彩在直射光和斜线光下颜色不同，清晨与正午也是不同的；而面积大小不同看上去颜色也会不同。

不仅如此，每栋建筑都有时间品质，建筑的美还体现在时间里。朗香教堂就是极好的例子，由柯布西耶设计的朗香教堂，当它第一次出现在人们的视野中时，大家都被它惊呆和弄糊涂了。"这是教堂吗？""为什么它抛弃了逻辑呢？"一位建筑师甚至说："它留给我的是冷酷。"但 5 年后，人们逐渐接受了它的形态和空间，小教堂的曲线塑形，具有精巧的平面效果。由于分离开的屋顶和墙体，建筑集中体现了昼光的魅力；建筑的形态像张开的耳朵，聆听来自天国的声音：这栋建筑有了以前从未感受到的精神气息。

但有些建筑随着时间的推移，变得不美了。如 20 世纪 60 年代建成的高层玻璃建筑，在今天看上去就不那么漂亮，因为它们过度消耗了能源，今天的人们都有了节约资源、保护环境的意识，这种意识是会影响审美活动的。在建筑设计的英雄主义盛行年代，高大、雄伟、势不可当成为人们崇拜的对象，全玻璃窗建筑到处可见，它忽略了日照与通风，不考虑朝向，无视隔热保温，违反了建筑物夏天避暑、冬天温暖的开闭窗原则，这一时期建成的建筑格外耗能。以美国为例，建筑大约消耗能源总量的 1/3，如果设计得当大约一半能耗可以节省。认识到这样一些理性的知识，我们自然对玻璃幕墙产生"审美疏离感"。

所以，设计为建筑瘦身成为一种必然。

观点：做一个明明白白的欣赏者

欣赏是一门学问，风起云涌，当风高歌，那是在黄山顶上被美景陶醉后自然的举动。但在高楼的峡谷中行走呢？你觉得这栋建筑的形态养眼，你喜欢隔江静静地看着浦东的东方明珠，看着心里就舒服。想过为什么舒服吗？

让你舒服的建筑肯定有独特的美，你明白了它的门道就会莞尔一笑。比如斯德哥尔摩的地下铁，走进去你就来到了远古，它那喷绘的图案会让你欣赏的眼睛不够用。这里的美一样有门道：原来，这里的地下隧道全是岩石，开凿后就变得凹凸不平了，于是就用钢筋打入岩层，喷水泥让其固定，这样就安全了。但，仅有安全还不够，太难看，会让脚步匆匆的人们不悦。于是，环境艺术工作者因形就势喷上各色颜料，绘出各种图案，这里的地下世界就变成我们看到的这样超级炫了！

再说说这次世界建筑节的获奖作品吧。获得办公建筑大奖的挪威国家石油公司总部办公楼远远看去就像裁割好的木头，四根，叠为三层，外表雪白是因为挪威冬天漫长且多雪。进去了，乾坤巨大，走道、房间等都用黄黄暖暖的木头设计者说："无论在建筑定位与取向方面都最大程度上与其环境相互调和；建筑内部，温暖的橡木内装与冷色系的铝饰面以不同方式反映了北方的温和日光。"我们特别喜欢日暮时分，站在皑皑的雪原上，看着大积木窗户里透出的橘黄橘黄的光，美极了！还要跟你说，走在伸出来的长长屋檐下，一定要抬头看，你的头顶上就是一块巨大的动态画板呢，整个天花板都是。

建筑的美都有门道，做个明白的欣赏者当然要去琢磨其中的门道。

新闻背景：明天就是冬至了，在我国古代，"冬至大如年"。人们认为冬至是阴阳二气的自然转化，是上天赐予的福气，所以汉朝以之为"冬节"，官府要举行祝贺仪式称"贺冬"。唐、宋时期，冬至是祭天祭祀祖的日子，皇帝在这天要到郊外举行祭天大典，百姓在这一天要祭拜先祖尊长。

"跟儿子去成都的杜甫草堂，儿子游完后慨叹道，杜甫家里真有钱啊，这么大的院子，想住哪就住哪，咋还说'吾庐独破受冻死亦足'？儿子边看边摇头。"这是一位网友的博客文字，在"天时人事日相催，冬至阳生春又来"的冬至日，我们想起——

我们应该怎样对待先贤

为先贤修建纪念性建筑是世界通行的做法

中国是一个祖宗崇拜的国度，礼敬祖先向来是民族繁衍、国家强盛的强大内生动力。祖先故去，为其修建汤王庙、禹王庙、三贤庙是为了激励后人见贤思齐，造福苍生。就拿我国现存最大的、国庙、家庙、学庙三合为一的孔庙来说，孔子公元前479年去世后，次年他的弟子将其居住的3间小屋改造成庙堂，由孔氏族人供奉之，其间经历了283年的家庙历史。公元前195年汉高祖亲临曲阜孔庙祭孔后，家庙开始向国庙过渡。渐渐地，孔庙成为国家的精神象征，成为古代儒学教育的殿堂。历朝历代，备受尊崇，数千年间，无论如何天下太平还是兵荒马乱，从未受到大的破坏。

不仅中国，世界各国，尤其是西方发达国家，对名人故居的保护格外重视，从立法、到制度保护，直至维护修缮都有严格详尽的规矩。法国拥有的名人故居超过900个，政府很早就意识到保护名人故居的重要性，早在1887年就颁布法律，保护具有历史价值的纪念性建筑，后又出台多部补充法规。

仅有立法还不够，在国外，一般都设有专门机构来管理名人故居在内的纪念性建筑。法国早在1913年就设立专门机构，对纪念性建筑进行分类管理，登记造册。美国从1966年开始也对名人故居进行登记，设立专职机构统一管理。在美国一旦有拆除事件发生，会遭到非政府组织和民众的强烈反对。

因为年久失修，名人故居一般都采取"修旧如旧"的原则进行修缮，比如佛罗伦萨的但丁故居，墙上见不到任何标志，只在隔壁楼房上悬挂诗人头像，其下搁置一尊半身青铜雕像。"房子上任何地方镶嵌标志，都是对但丁的不尊重，都是对故居原貌的破坏。"管理员皮萨诺告诉我们。日本也一样，教育家福泽谕吉的头像如今印在万元日币上，他的在谕吉到长崎游学之前，他幼年时期的居住地就坐落在留守居町中。旧居由谕吉亲自改造，而他埋头苦学的那间土墙房（日本的传统建筑式样之一，外墙由泥灰涂抹而成）至今仍保留着当时模样。其实事情也很曲折，谕吉去世后，其故居也发生大变化，政府修复时用了三年的时间将建筑物解体，把他去世后增建的厨房拆除，以恢复他生前居住的原貌。在法国，为确保古建筑修缮"修旧如旧"，名人故居的看护和维修都由专业建筑师承担，甚至建筑四周 500 米范围内都不得乱拆乱建。不仅如此，在名人故居保护的经费方面，西方国家政府部门都有专门拨款。法国每年为保护历史文化遗产都有上亿欧元预算，政府还利用税收杠杆，为出资保护纪念性建筑物的基金会、企业和个人，进行税收减免或简化手续等优惠措施。

大拆大建同时并行，奇怪但逻辑相通

我国这些年对待先贤曾经的住所总体上还是较为冷静和理性，但"拆"声不时响起也是客观事实，比如北京。虽然，早在 2005 年，北京市政协就曾调研 4 个旧城区的 308 处名人故居，并通过了《北京名人故居保护与利用工作的建议案》。建议案显示，由于腾退搬迁、整修建筑等成本很高，维护资金缺乏，有 189 户暂未列入文物保护项目。像恭王府、梅兰芳故居、宋庆龄故居这样得到很好维护的名人故居属于凤毛麟角，而沦落成大杂院是多数名人故居普遍的命运。梁思成林徽因故居、鲁迅故居、沈从文故居，一个个硕大的"拆"字都曾让人触目惊心。

靠东边的一间已经见了天日：木制的门窗已不见踪影，土堆里杂陈着砖头瓦片，一段已露出苇箔墙皮的颓垣断壁上空落落地架着木梁。据住在这里的一位老者讲，这座院子现在已经拆了一多半儿了，还有几户没搬，开发商正在一家一家地轰，听说这里以后要建商业大厦。在后院住了四十多年的方大娘指着沈家那间已被拆掉的房子的废墟说："'文化大革命'时，沈先生就住在这里，那时整天见他在屋里写呀画呀的，看他做起事情来，真是连他自己都忘了，有时候吃饭就随便扒拉几口，我看他忙，还帮他热过饭呢。"这是沈从文故居被拆时的情景。

"我家院子里有两棵树，一棵是枣树，另一棵也是枣树。院子里有两棵树"，这是 1924 年鲁迅《秋夜》中的句子，写这篇文字的四合院——八道湾胡同 11 号也要被拆掉了。

大拆的同时，大建。屈原博物馆，总用地面积 22 700 平方米，总建筑面积 4 700 平方米，其中主馆 4 400 平方米；函谷关是老子写《道德经》的地方，但在函谷关古文化旅游区中，百万平方米的太极圣湖工程、天下第一书的"道德天书"工程、以老子圣像为主题的老子广场工程和核心景区景观提升工程等，总占地在 1 545 亩以上，尤其是广场上的老子塑像，披肩长发，高度超过 28 米，重 60 吨，为紫铜锻造，贴金 33 公斤，"否则不会全身金光闪闪"，园区工作人员如是说。但是，一些游客对此纷纷质疑，老子穿黄金衣服如此奢华，有悖于老子思想。

方式合适，先贤才会心仪而神怡

众所周知，老子向以"无为""抱朴"为守"道"，因为他知道"天下皆知美之为美，斯恶已"。函谷关所在地灵宝虽然盛产黄金紫铜，但铸造如此之高的老子像，恐怕老子知道了，也要爬起来和我们理论的，为何？

设计创作纪念先贤的建筑，首先要读懂他们的留下的精神遗产，也就是他们的著作。老子是崇尚自然、无为的，他说，"金玉满堂，莫之能守"，"五色令人目盲"，"难得之货，令人行妨"，所以他要见素抱朴，抱朴而守真，用 33 公斤黄金贴金身是他断断不会同意做的。

还有杜甫草堂，杜甫流寓成都时的居所。公元前 759 年冬天，杜甫为避"安史之乱"，携家带口由陇右（今甘肃省南部）入蜀辗转来到成都。次年春，在友人的帮助下，在成都西郊风景如画的浣花溪畔修建茅屋居住。第二年春天，茅屋落成，称"成都草堂"。"现存的草堂完整保留着清代嘉庆重建时的格局，总面积近 300 亩。其中大廨、诗史堂、工部祠 3 座主要纪念性建筑物，坐落在中轴线上，幽深宁静。廨堂之间，回廊环绕，别有情趣。祠前东穿花径，西凭水槛，祠后点缀亭、台、池、榭，又是一番风光。园内有蔽日遮天的香楠林、傲霜迎春的梅苑、清香四溢的兰园、茂密如云的翠竹苍松。整座祠宇即有诗情，又富画意，是人文景观和自然景观相结合的著名园林。"这是杜甫草堂介绍中的文字，作为国家一级博物馆，杜甫草堂已经从"安得广厦千万间"的秋风茅屋变成了这么大的院子，想住哪就住哪，还想着苍生？！做作吧。

好端端的一个纪念建筑，却成了给先贤脸上抹黑、心里添堵的物件，你说这事做的！

言论：不惊扰　不夸张　不奢侈

为先贤而立的纪念性建筑，大多是为纪念其功绩或思想而设者。这类建筑首先要做的就是读懂被纪念者的思想和理想，并在此基础上以艺术的方式留住其精神。

平心而论，我们现在的哪座纪念性构筑首先想到的是这一点？湖南省发改委给岳阳汨罗屈原博物馆建设项目的批复中第一句话就说："为加速县域经济的发展，丰富我省旅游资源，同意建设汨罗市博物馆暨屈原博物馆项目。"杜甫草堂呢，也为了旅游啊！正因为如此，我们的地方政府才会如此冲动，才会以三年为期，大干快上，而不会去体会杜甫的"八月秋高风怒号，卷我屋上三重茅"，"床头屋漏无干处，雨脚如麻未断绝"，堂和馆才会奢侈、夸张和惊扰，惊扰先贤的思想、惊扰他们的苍生之念。

德国海德堡老城是二战中唯一没被盟军轰炸过的城市，可是，你来到这座老城就会发现：海德堡大学的食堂就在城堡里，但堡垒的外墙已是斑驳而沧桑的样子，虽然里边很现代、很潮；王座山上的城堡也很老，它先是花了400年才建好，到现在已经又被风雨岁月洗礼了600年，现在它大半已经坍塌，"但其恢宏的规模，完美的结构，似乎由于其破败而更具魅力"。留学生们告诉我们，看着墙壁与屋顶上的杂草、小树，看着夕阳穿过破窗照在残缺的墙头，像镀了一层亮闪闪的金，墙边的绿树悠然自得地陪着摇曳。

留学生们说，在这里我们学会了像黑格尔那样沉思，学会了从残破中体会古堡昔日的辉煌，明白了：对于古迹，任其破残不加修复，就是一种深深的理解与尊重。海德堡是什么，是内卡河古桥上遥望青砖红瓦和高高凸起的教堂尖顶，是凝望海德堡大学哲学系门前的黑格尔雕像，是欣赏古桥上卖艺者的悠扬琴声，是站在河堤梧桐树下遥望青山、古堡和山脚下错落有致的民房：理解，才不会惊扰海德堡的沧桑、宁静；不惊扰，就是尊重海德堡的历史和性格；尊重，就不会失去海

德堡的极致的美，于是，"我们把心都遗忘在这里了"。

细想想，我们还有海德堡这样的地方吗？如果有，该怎么办，你知道的。

话题缘起： 上海中心的封顶抛给我们一个有趣的话题，你说建筑的外观（建筑形态）和它骨架（结构形态）是一回事吗？你可能觉得这个题目有些拗口，那我再以上海中心打比方吧，我们看到的上海中心建筑形态是一个有豁口凹槽的圆角三角形，它扭转着上了 623 米，这是它的外观；但它里面的骨架也是这样扭转着盘旋而上吗？不是，它的结构形态是直的、圆的，像一根站立的巨长筷子直插云霄。由此可见——

建筑的"模"和"样"大有可观

建筑形态与结构形态，一样吗

建筑形态和结构形态从未像今天这样令人费解和难以捉摸。明明我看见的是一栋外形好看的建筑，比如鸟巢、水立方、国家大戏院，可是它的结构形态却不是这样的，比如鸟巢，它外面的曲里拐弯的"钢树枝"不是受力的，而是"表皮""外套"；里面的体育场还是传统的样式。

所谓建筑形态，是指可以看得见的空间形状，包括内部和外部感知到的建筑样子；结构形态是指可以使空间成立的骨架结构，包括看得到的骨架如立柱，看不见的如隐藏的横梁、掺在墙里的受力框架等，它们的形态和强度直接决定结构体的筋骨是否强健。

工业革命以前，由于建筑的材料基本都是石头、砖、木头等材料，所以我们看到的建筑形态常常与结构形态合拍，比如故宫，高台上用粗长大木支撑起壮壮的大良和长椽短架，盖起大屋顶的太和殿；巴黎圣母院，大石头一块块垒起来，就成了虽然重如大象，视觉却轻如飞蛾，高端大气上档次的哥特式建筑代表作。

可是，后来，随着钢铁、水泥、玻璃等等材料的出现，加上电脑技术的飞速进步，原本天经地义的建筑外形与结构形态二而一、一而二混同如一，渐渐变得金蝉脱壳，变得"陈仓暗度"，甚至"云想衣裳花想容"了，因为传统的受力平衡、力的传递已经被新的手段极大地拓宽了"六至"。

技术的背后是思想的轮子

建筑和结构的分离情形进入我们的视野，与结构表现主义紧密相关。20世纪60年代，结构表现主义将结构的前沿性、合理性和可能性当作结构设计的主旨。这种思潮是对现代主义合理性、普遍性和国际性的反动，这种后现代主义色彩浓郁的思潮追求主观的人性与地域性，追求人情味，追求感性色彩鲜明的空间。

这种后现代背景下，原本均质且无机的现代主义建筑已经落伍，空间结构不断推陈出新，钢筋混凝土不再是建筑形态的唯一表现形式，房子还可以像千帆竞发，可以像半只大鸡蛋，还可以像人世间各种千奇百怪的动植物，像山像云像流水，建筑不再是冷冰冰的方盒子、高高在上的大堡垒，它还可以柔情万种、飘飘欲飞，还可以与大海喁喁私语，如悉尼歌剧院。

再后来，结构表现主义开始消褪了，建筑又开始"有机"起来。所谓有机，是指以自然（环境人性）为中心的建筑，正如后现代主义先驱文丘里所言："少即是生（Less is bore）。"像劳埃德·莱特的流水别墅、汉斯·沙龙的柏林爱乐音乐厅及芬兰的阿尔瓦·阿尔托的作品，都是有机建筑的代表作。这些有机建筑实践者的共同特点都是，他们的作品都在努力使建筑向自然中对应的事物靠近。"近年来，面对'柔软'的时代状况，像自然那样柔和的设计正逐渐出现，而计算机技术极大地推进了这种设计的'落地'。"业内人士如是说。

现在，计算机技术可谓是神通广大，这种背景下的建筑和结构之间的关系更加地考验我们的想象力了。横滨港大栈桥国际客运站被称为"流体的建筑"，蜿蜒曲折的地形和翻转的空间在此前是不可想象的；以弗兰克·盖里为代表的曲面建筑（代表作古根海姆博物馆、诺顿住宅等）则主要是为了外观效果而进行表层设计，它被大家戏称为"纸糊的建筑"。"该建筑虽然也有追求柔美、和谐的自然物的倾向，但其自由的形态与有机的建筑之间的距离多远，结构形态与建筑形态融合得如何？"业内人士坦言，这有待后人继续探讨。

计算技术让人的想象力插上了翅膀，但带来了：自然界中可以看到的有机体，或者说安东尼奥·高迪、奥托、海因茨·伊斯勒设计的自然曲面结构，这样的结构形态带来的感动，与计算机创造出的结构形态的美感，真不相同！前者是有体温的、可亲近的；后者则相反。所以高迪说："少即是多（Less is more）。"

再者，在近年来建筑设计追求的各中非向心的、有机的、自然的、意象先行的过程中，出现了很多的困难和更大的能源消耗，而他们"正是在建筑的文化性和精神性的名义下，这样的消耗才能被允许"。于是，在计算机技术飞速发展、包括 BOM 模型在内的各种手段爆发式出现的情形下，意象常常先行，然后借助计算机技术便可轻松地天马行空，于是库哈斯、哈迪德们盛行。

代代木国立综合体育馆

节点上的代表性建筑解读

在各种设计思潮的推动下，空间结构推陈出新。丹下健三设计的代代木体育馆就是结构表现主义的代表作品，虽然还是传统的大屋顶，但实质已经全然变换。

1964 年东京奥运会主会场——代代木国立综合体育馆，达到了材料、功能、结构、比例，乃至历史观的高度统一，被称为 20 世纪世界最美的建筑之一。日本现代建筑甚至以此作品为界，分为前后两个时期。体育馆分为两部分，第一部分为两个相对错位的新月形；第二部分为螺旋形，像个大蜗牛，两馆均采用悬索结构，中间的空地形成中心广场，人流和车流被巧妙地分开了。新颖的外部形态、奇妙的内部空间手法和功能、科学合理的结构，让这幢建筑带领着日本现代建筑走进国际一流方阵。

而有机建筑的代表作是流水别墅，赖特在瀑布之上，实现了"方山之宅"（house on the mesa）的梦想，悬空的楼板锚固在后面的山石中。三层的流水别墅面积约 380 平方米，以二层（主入口层）的起居室为中心，其余房间向左右铺展开来，别墅块体组合，两层巨大的平台高低错落，一层平台向左右延伸，二层平台向前方挑出，几片高耸的片石墙交错着插在平台之间，外形雕塑感巨强烈；平台下，溪水潺潺，建筑与溪水、山石、树木自然地结合在一起，像是由地下生长出来似的：流水别墅为有机建筑理论作了确切的注释。1963 年，流水别墅主人埃德加·考夫曼决定将房子献给当地政府，仪式上，他说："流水别墅的美就像它所配合的自然那样新鲜，它是一件艺术品，住宅和基地一起构成一个人类所希望的与自然结合、对等和融合的形象，这是一件人类为自身所作的作品，不应该再归私人所有。"

有机功能主义中，想象力在设计中自由飞翔，这种浪漫主义设计手法也被称为新艺术派，其代表作品就是柏林爱乐音乐厅。这家音乐厅，大表演台被安排在观众厅的正下方，如锅底；2 440 个座位，听众席化整为零，分为一小块一小块的"洼田"似的观众区，用矮墙分开，高低错落，犄角不整，但都朝着大厅中间的演奏区；大厅的平、剖面形状及座席的设置都呈不规则的形状，所有的天花板均为凸弧形；音乐厅外形乍看犹如檐壁陡峭的皇冠，棱角高张而曲折，形体金黄而温暖，暖暖地蹲在灰白的墙体之上。在这样随和、轻松、细巧而潇洒的空间里表演，满目尽是暖暖的木头黄，当然引得卡拉扬每次都盛赞不已。于是，上海东方艺术中心音乐厅也仿此设计。

计算机时代，建筑开始肆意生长，可谓千奇百怪。横滨的大栈桥国际客运中心码头便是计算机时代有机功能主义的代表作了，"它的魅力和大自然的美丽是迥然不同的，只有现代的艺术和科技下才能成就那么张扬的线条"。这座"流体建筑"成了游客放松身心的首选。躺在翠绿的草皮上晒太阳、赏海景，躺着的地方就是客运码头的屋顶；网友们的风采：悠扬的码头、恬适的公园、优雅的餐厅、木作的游览道、娱乐的各种小商铺、无敌的海景，都能在这座桥上找到最适合的位置，一座桥能把商业化做得如此艺术。它的美用一眼是看不全的，对它的爱不言而喻……夕阳西下，栈桥之上，倚靠桅杆，望着湛蓝连天的大海，手中捧着温热的拿铁；一群海鸟飞入眼帘，天空中映着缕缕紫色，片片彩云红似火烧。美极了！

题内话：欣赏，要琢磨门道

现在的建筑，尤其是一线城市中的建筑可谓是眼花缭乱、千奇万状，像花儿、像蘑菇、像开瓶启子、像细腰；像流水祥云过，涟漪叠叠起；有的直接像酒瓶、元宝、合十之掌，孔方老兄，好看难看，乱花渐欲迷人眼。但，为何如此？我们就要懂得一点建筑设计思潮的来路了。

建筑先把人和动物分开，于是穴居、树居，到后来在地上挖个坑，上面支木架，或用石头垒砌成墙，遮风挡雨渐渐地，宫殿屋宇就有了各种样式等级，就有了花儿朵儿样的形状；工业革命让建筑设计艺术插上了翅膀，粗野主义、典雅主义、新浪漫主义、国际式，等等，仅大类上就有重理派和偏情派。

印度昌迪加尔议会大厦

做了些功课，走在异国的街头，

迎面看见"未完工"的建筑，哦，那是印度昌迪加尔议会大厦，勒·柯布西埃运用格栅遮阳的经典杰作；加工厂一样的钢构建筑，那是史密森夫妇设计的亨斯特顿学校了；还有耶鲁大学建筑与艺术系大楼，灯芯绒式混凝土表面粗而不野；孟加拉国议会大厦，倾注了路易斯·康生命中最后12年的全部心血。大厦外观由大理石线条和混凝土构成，相邻的建筑是清水砖混结构，部分为红砖墙，墙体上开着方形、圆形或三角形的大孔洞，其形象厚实、粗粝，原始而神秘，符合孟加拉的人文地理特点：真真是粗野而温暖！

我们的街头呢，也一样，建筑欣赏的门道也多着呢。

新闻背景：刚进入12月中旬，沪上各大商家如同往年那样，早早地开始了"圣诞季"的布置，而今年很多商家不约而同地请艺术品入驻商场，为其"揽客"。这不禁要让人思考，艺术到了商场里会不会"水土不服"？商业与艺术能否"和睦共处"？

商业环境如何用艺术揽客

各出奇招　吸引眼球是关键

来到静安嘉里中心商厦顶层，挑高的透明玻璃顶下成片的大红色金属装置就悬浮在头顶上，这些形状、大小各异的红色物块让人说不出个所以然，抽象感十足，你想怎么看就怎么看。一个妈妈带着孩子经过这里，才4岁左右的孩子兴奋地看得目不转睛，指着一处说是海里的鱼，指着另一处说是红帽子。这样一件占地面积大、体积也大的悬空装置让人远远看到就忍不住想走近瞧瞧，很有看头。

而在淮海路上的环贸iapm商场里，几台看似楼层导航的电子屏幕也是新型的艺术互动装置。利用现在年轻人爱自拍的特点，商场特

商场里的灯光创意

别打造了互动艺术相机装置，顾客可以选择喜爱的世界名画，以自己的方式与其完美结合：你可以重新演绎蒙娜丽莎的微笑、或者扮一回戴珍珠的少女、来一张自己的梵高自画像。拍完后还可以当场分享，受到很多年轻人的喜爱。

商业艺术如何让人肯花钱

作为商场，无论以哪种形式为自己添加艺术元素，其最终目的还是为了吸引消费，因此如何借助艺术而不被其喧宾夺主也是必须事前考虑的问题。一些商场会举办小型的艺术展出，有主题展也有个人展；更常见的做法是在商场的各个角落安放一些艺术作品。不说内容至少在商场内能免费欣赏艺术还是能让顾客感到满意的，环贸 iapm 商场入口附近的"仙人掌"雕塑总能引得顾客纷纷举起手机、相机左拍右拍。

有时候，聪明的商家还会用艺术作品打广告，某奢侈品牌甚至在商场内外都设置了圣诞限定的各种装置，如果不是看到品牌 logo，其精美的造型怎么看像是一场艺术作品展；还有商家则把脑筋动到了橱窗上，有创意的摆设布置前卫当代，很有意思。这些潜移默化的艺术植入吸引了观众的眼球，自然也叫人花钱花得舒服。

商业环境是否适合艺术

说到这里问题来了，尽管商业艺术的形式能起到推动消费的作用，但商业环境是否真的适合艺术生存？

有专家指出，艺术作品的理解需要结合其所处的语言环境而定，那么商业环境又该如何参与艺术理解呢？或许近些年流行的艺术型商场的出现能带来一些启示。将艺术品以何种形式展示、如何决定放置地点都决定了展示效果的好坏，比如当一件利用回收来的废旧玩具循环再造而成的"重生的犀牛"出现在时尚新品辈出的女装层出现，让人在观赏的同时产生了鲜明的对比；虽然有关环保的话题本该有些沉重，但构成犀牛的元件都是色彩鲜艳的可爱玩具，因此在时尚光鲜的橱窗面前它也丝毫不显寒碜，反而夺人眼球。

要区分的是，仅仅给人视觉上的欣赏充其量也只能被称为艺术装饰，如果是艺术作品最好对其作者、主题等加以说明，毕竟一般顾客与前去美术馆参观的观众群体有所不同，感兴趣程度和专业水平有所差距，因此更需要辅助信息来帮助理解。商家利用艺术来招揽客人，无疑是新购物模式的一种体现，随着消费人群精神文化水平的提高，可以预见在将来我们能更频繁地在商场邂逅艺术。

题外话：商业环境设计，如何艺术

看着北京的王府井、西单、前门，上海的南京路、淮海路，南京的新街口，商业环境的艺术设计水准不算低，但是像这样把商业环境当成艺术品进行设计的毕竟在我国不算多，我们跟发达国家的水平差距还是很大。差距大，我看主要是理念及将之融入设计的能力差距大。

欣闻环境艺术设计专业在高校普遍开设，商业环境设计作为其重要的培养方向尤为重头，甚至还有高校设了专门的商业环境艺术设计专业。其培养目标称："培养具有现代商业思想和理念，具备较高艺术审美力，掌握现代商业环境设计的专业理论和专业知识，能从事商业环境设计与装饰工程设计、室内装饰施工、组织与管理、工程概预算等多种工作岗位，具有应用与开发能力，具有一定创新能力与良好的职业道德，德、智、体、美全面发展的高素质设计人才。"四年时间，实现如此雄心勃勃的目标可能吗？所以，有网友吐槽"本人已经读了一年，只学了手绘和CAD。还有两年，不会到头来是'什么都会，但什么都只会一点'吧……"有人赶紧说，"真正的东西不是在学校学到的"。

不过，我觉得这位说得挺好，"真正的东西确实不是在学校学到的"，商业环境艺术化，好的画布，好的画笔，关键还需高水平的画手"掌案"。做好画手好掌案，就要向传统学习、向自然学习，就要把商业当艺术来拿捏；然后，耐心等着火候就好。

附：《新民晚报·国家艺术杂志》2013年年终专稿相关内容

编者按：无论是现代都市里硕果仅存的"伤痕"，还是历史留下的文化遗产，它们都是城市、民族文化中不可或缺的一段历史见证，如何保护、如何欣赏、如何让这些遗留成为人们精神文化的一部分，都值得我们不断思考。本周依旧的年终专稿，请跟我们一起再次聚焦历史记忆该如何被保护。

"世纪遗痕"还剩多少

回顾焦点 城市从"伤疤"中获得重生

放眼世界，凡是让人称道的城市无一不是个性十足的，而我们的城市虽然也越来越现代化、越来越宜居，却也有千城一面的趋势，尽管城市越来越光鲜，但历史留给我们的痕迹却越来越少。历史不是故事，无需润色美化，只要真实即是最美。

要知道，城市的历史每时每刻都在创造着，然而已过去的年代给后人留下的物质文化是不可再生的，毁了就再也没有了。圆明园就是最好的例子，1860年10月6日，当时的英法联军疯狂地冲进圆明园，抢的抢，烧的烧，将这座艺术价值颇高的人类文明瑰宝付之一炬。这在当时的国际上就已经引起了多方专家强烈的指责，因为即便在战争中这样的恶意破坏都是违背了文化保护原则的可怕行为。百年后的今天，圆明园还是以被毁坏的模样供人参观，既是对当年那些疯狂的匪军的无声控诉，更是以这伤痕累累的模样给人们一种警示，这"伤疤"丑陋而真实，却是北京不可或缺的元素，因为这里继承了北京的荣与衰，文化不能在这里断层。

本刊在2013年5月4日B1版中登出了《要为城市留个"疤"》一文，得到了不少观众的反馈，他们有些针对身边城市"伤疤"的消失表示了担忧。来自上海师范大学都市文化研究专业的大二研究生钱弘非常关注城市话题，她特意通过邮件与我们探讨了这一话题："对于上海而言，有时候审丑比审美更有必要。上海是一座历史底蕴非常丰富的城市，经历过无数动荡与辉煌，这些都被无声地记载在城市的每一处角落，一旦毁了就再无挽回的可能，因此要毁要拆都必须谨慎再谨慎。"这番话也给了我们很大感触，城市风貌的保护是全社会的责任，而城市曾经的伤痛不该简单地被消灭，适当留一些，反倒可以成为城市文化的见证。

要学会审丑，需要政府和老百姓有更多勇气，因为这些"伤疤"都是城市曾经的失败或遭受过的屈辱的象征；而城市要不断进步，就更需要从过去的伤痛中学会成长，留住"伤疤"也就是留下了一面明镜、一本教科书，它们将成为我们城市不断进步的推动力。如今，那些遗留超过一个世纪的城市"伤痕"已然不多，希望它们不会消失。

活体保护比修旧更迫切

回顾焦点：文化遗产不等于旅游遗产

6月8日是世界文化遗产日，本刊也在这一天的B1版用《文化遗产不是旅游遗产》呼吁我国的文化遗产保护不该被旅游破坏。当时，远在欧洲的意大利米兰时尚设计艺术学院讲师平一亮特意在邮件中热烈地响应了这个话题。身在文化遗产丰富的意大利，他对文物保护和旅游之间的关系深有体会："意大利人乃至欧洲人尽管也会对一些文化遗产开放旅游，但其根本原则还是以保护为先。就说意大利最著名的庞贝古迹，专家花了超过百年的时间进行发掘，并且只开放一部分让公众参观，最大程度地保持了原样。无论是古迹遗留还是城市建筑体，保持它应有的样子是关键。"

反观国内的文化遗产，大多都"疲惫"得很，尤其是那些作为知名景点的世界遗产、国家重点保护单位更是在节假日不断遭受人满为患的超负荷，想到这两年一到长假故宫游客多到人贴人就觉得可怕。作为已被申报成功的世界文化遗产，该有的骨气和"矜持"不可少，如果为了开放旅游而被过度开发改造，那么必定将失去其真正的价值和保护的意义。

就说最常见的修复方式——修旧如旧，乍一看似乎既能美化城市又能保持文化景区的原貌，但真正实施起来大多数都是拆了真的补上假的，细节处更是不能细究。对于参观者来说无疑也是一种不负责，冲着真实的历史原物而来，看到的却是假的，多没意思！其实，文化遗产的保护本身并不难做，鉴于历史的不可逆性，文化遗产也应当随着岁月变迁顺其自然地发展，尤其是处于城市中的那些仍然与人类生活息息相关的建筑物，并不适合"保护"与"开放"捆绑的单一化解决方法，国外对遗址更多采用了活体保护的方式，并且在参观人数上进行了严格的控制，这些措施的实施效果远远高于收取高额门票和各种大大小小的修复工作。无论是政府的作为，还是参观者自身的参观素质都对文物保护有着至关重要的影响，如果我们对待文化遗产也能效仿国外的绅士方式，那么国内众多的文化遗产也将"活"得更好。

一念保护　一念失去

回顾焦点：成龙将徽派古建筑捐赠新加坡

2013 年 4 月巨星成龙在微博上声称将其 20 年前收藏的十栋徽派古建筑中的四栋捐赠给新加坡的一所高校，消息一出震惊了娱乐界和艺术界，不少人质疑成龙这一行为让本土文物丧失。本刊也在 6 月 29 日 B2 版对这一事件进行了评论，在《成龙，你的选择没错》一文中分析了徽派建筑的生存问题，从而引发了市民网友们的议论。

微博网友雏诺 chunuo 说道："那些叫嚣本国文物被外流的人最好先想想办法在国内如何保存它们，再去指责别人。不想我们的下一代看到的都是混凝土的高楼大厦……"同济大学教授、古建筑保护专家阮仪三也曾提道："古建筑与一般的古玩文物是有明显区别的，它不是简单的器物，不能被束之高阁地收藏。现在有些人购买了老房子后，拆散开来堆放在仓库里，那是要霉烂腐朽的！所以，收藏古建筑的概念不能混淆了，一定要搞清楚的是，古建筑在使用过程中，与人发生关系，与所在的地域文化发生关系，见证历史，见证传承，才能体现它的价值。"诚然，成龙早些年曾考虑过把这些古建筑捐给国内一些城市，但他发现很多人都是冲着地产项目而来，想利用成龙的名气开发别墅区；他甚至也考虑过将古建筑安放在香港，并成立一个博物馆，但舆论压力过大也作罢了。归根到底，在这20年间，他没办法在国内为这些徽派建筑找到一个适合它们生存、体现它们价值的"家"。

尽管成龙的捐赠是个特例，但事件背后所透露出的古建筑生存难问题却普遍存在，如今中国很多地方还留存着类似的古建筑，不是景点也没有名气，因此也得不到政府的重视，一个不小心就在开发中"丧命"，是留是拆都在领导一念之间，殊不知也许一个轻率的决定就让一些珍贵的古建筑一夕毁灭。也许成龙的捐赠让人看到的是国内"失去"了珍贵的古建筑，但回头想想，这究竟是不是真正的"失"呢？给古建筑换了生存环境或许并不是最佳方案，但是至少它们还是被这种形式给保护、利用了起来。在质疑之前请先思考，如何能让古建筑在本土更好地生存下来吧。

话题缘起： 最近一些年，各种类型的博物馆建设风起云涌、方兴未艾。刚刚消息说，西安碑林博物馆建成我国首座石质文物陈列库房，项目共建成 8 个库房，其中地上 3 个，为孔庙文物库、版本书画库、拓片资料库；地下 5 个，为半开放精品墓志库、石刻造像库、画像石库、密集式墓志文物库、砖墓志库，共展出 858 件精品墓志。

稀奇的文物用博物馆藏起来当然好，但殊不知博物馆也分得很细，艺术的、历史的、科学的，等等；还有典藏、陈列、研究等等功能，所以博物馆被定义为"典藏人文自然遗产等的文化教育机构"。最近，我去参观了绍兴博物馆，想起了法国阿莱西亚博物馆——

穿越：历史在这里回声

——法国阿莱西亚博物馆、中国绍兴博物馆的设计、展示印象

阿莱西亚，不去惊扰历史

历史博物馆改如何建设？阿莱西亚博物馆和府山下的绍兴博物馆都采取了不去惊扰历史的做法。

阿莱西亚处于法国中部古战场遗址平原上，博物馆分为两部分，博物馆和演绎中心。演绎中心的设计尊重考古学家们"谨慎克制"的要求，设计最大限度地用各种措施和方法减少工程对历史现场及自然环境的破坏和冲突，圆形建筑的"衣服"采用木条交错包裹，中心形状远观犹如农家常见的巨大敞口簸箩。青草如毡的山坡上，为何要弄一个这样的东西？原来，公元前 52 年，高卢人与罗马军团在这里进行了一场命运决战，当年的罗马军团的大营就是用木头扎成的。而在约 1 公里的对面，设计师则用粗石以现代表皮的手法重构而成现代城堡——圆形博物馆。于是，游客就能看到形态类似的圆，却是温暖的木头对阵灰冷粗粝的石头，仿佛又回到了两千多年前，感受气质迥然不同的双方统帅表面淡定但深水激流的对峙。

设计者让建筑悄悄融进环境、历史，还表现在中心屋顶平台上，各种灌木和矮树，从对面山顶看过来，屋顶的绿化融入了原野的莽莽绿色之中。而山头上的博物馆，利用地势的自然高差，把部分功能埋入山石之中，采用半覆土设计，

加上里面的石材应用，减少了建筑本身的突兀感。全部建筑面积达到8 000平方米的博物馆低调而安静地躺在7 000公顷的古战场遗址（2016年将开始考古发掘）上，"既有独特的可识别性，又不突兀引人注目"的设计目标我认为很好地实现了。

法国阿莱西亚博物馆就坐落在两期那多年前的战场上

绍兴博物馆，依山饮水

中国国庆日期间，去了古越国——绍兴，绍兴博物馆的设计和外形让我很是惊奇。绍兴的府山，因为形似卧龙，古城卧龙山、种山（因越国宰相文种葬于此山）。现在要建博物馆，如何建？设计师首先想到的就是向历史、环境要智慧。"心怀尊重与敬畏之心，才会努力去依山引水，才能把独特的乡土符号现代为设计语言"，这是设计师的话。

于是，绍兴博物馆的创作意象，就取材绍兴坡塘出土的"伎乐铜房"。伎乐铜房是目前为止唯一一件先秦时期的青铜建筑模型，模型高度提炼生活现实，造型极为简约，铸造十分精致。四坡攒尖中央升起八边形棱柱，坡顶与柱面的青铜纹饰古朴典雅。这个意象成为了博物馆主厅的形式：四方形四坡顶中央略略升起四坡攒升，中间形成正四边形天窗，"铜房"形象酷似铜房。

不仅如此，博物馆还在府山前谦逊地退到山脚下，依山面水，在匆匆绿色中半掩半现，"设计尊重府山东南麓原有的越王台主轴线，高度控制在24米以下，随地形起坡而升高展厅等建筑，以'半掩半显'的姿态渐渐延伸向西、北面山体，并在屋顶铺满绿化"。设计方案说，水是绍兴的公共环境因素，设计者在博物馆主入口东、西侧设置了大片水池，山形与筑影共摇曳，四季清风池里有荷。我注意到，主厅往北升高的展厅等三建筑的南墙，有三面宽厚高大的毛石墙，正呼应了古越国"大成、小城"的历史，那时毛石筑就的小城就在府山一带。

展示演绎，是穿越还是景仰？

阿莱西亚博物馆的设计者将围攻者和被困者用形态类似、气质迥然不同的圆形双胞胎建筑加以体现，木头的温暖与石头的冰冷尖利形成强烈的反差，正应了"柔能克刚"的那句老话。

博物馆，当然离不开展示。两千多年前的那场对峙，高卢悲剧英雄维钦托利的故事在这里变身成了身穿盔甲的"战士"挥刀舞剑、盾牌抵挡的战斗。脱下重重的铠甲，其中不少"战士"都是游客。打仗累了，粗造的谷粒、老老的石磨就上场了，大家就可以体验阿莱西亚战役年代面粉是如何磨出来的了，"战场"立刻演变为充满生机的生活场所。这样的场所在二楼更多，你可以学着用两千多年前的方式方法手工制作战士们穿和用的皮革钱袋、鞋子、编织衣物等等。

设计者在展览空间的营造上，花了不少心思。一楼热闹的情景再现，二楼展室的静谧，设计者对叙事节奏的把握可谓是匠心独运；穿行在环形旋廊上，透过玻璃、木栅、毛石，阿莱西亚的山，曾经激烈战斗的山；一面是厚实的清水混凝土墙面，一面是通透的玻璃，你可一面看着内容丰富的图画、雕塑、文字中的历史，一面透过木栅欣赏风吹草低、鸟飞云卷的原野风光；强烈的历史带入感，让人不由产生"兹时是何年"的感慨。

而绍兴博物馆的展示手段则相对单调。虽然也有各种手段的应用，但和理念先进的西方博物馆相比，差距不小。建筑面积9 533平方米的绍兴博物馆，展厅面积3 720平方米，采用绍兴传统建筑中的院落式布局。在里面，当然可以看到绍兴从远古到近代的各种图片、实物以及仿制的器物，但基本都是静态的。网友说："博物馆没有一个全面、系统、客观反映绍兴历史文化的基本陈列。慕名前来的中外观众，兴冲冲地跑进绍兴博物馆，看不见吴越争霸的战火硝烟，找不出会稽、山阴的历史变迁，寻不到'鉴湖三杰'的身影，该是一件多么扫兴的事儿啊！"

这位网友说："绍兴，博物馆基本陈列千呼万唤，不闻其名，不见其影。我每每想起犹如骨鲠在喉。行笔至此，窗外忽然飘来张学友略带伤感的歌声，很能表述我此刻的心境：'每个人都在问我到底还在等什么，等到春夏秋冬都过了难道还不够？其实是因为我的心有一个缺口，等待拿走的人把它还给我。你知不知道你知不知道，我等到花儿也谢了。'"

题内话：演绎留痕的"句点"

虽然博物馆的建设勃兴，但我们在热情高涨的同时还要冷静剖析博物馆的特性。艺术的、历史的、特种的博物馆设计、建设起来都不一样的。我们如何让清晰的理念外化为强烈的美学感染力，如何让建筑的形态、表皮和色彩震撼观瞻的人们？

设计阿莱西亚博物馆的伯纳德·屈米（Bernard Tschumi）是世界著名建筑评论家、设计师。他一直坚持"没有事件发生就没有建筑的存在"，他的设计永远是提供了充满生命力的场所而不是重复已有的美学形式。这样，建筑就成了一个"受设计"的概念，成了"情景构造物"。他设计的阿莱西亚博物馆力求让大家在这里听到历史的回声，让这里成为了演绎留痕的"句点"。他的作品里，层次模糊、过度不明确的空间经常出现，比如阿莱西亚博物馆从形体到表皮，从材料到空间，建筑师用各种方法唤起观者对2000多年前法国历史篇章中重要一幕的认识和回想，在这里，建筑不仅是功能的容器，空间的包裹、形体的展现，更是演绎事件的场景、营造氛围的道具，建筑成为浓缩的时间片段和载体。

绍兴博物馆也有这样的效果，其外形、材料、颜色同样试图融入环境，放大历史的回声，但是其展示的手段运用则和阿莱西亚不在一个层次之上。因此可以说，建筑不仅仅是物质化的形式，更是概念、理念构思的有形化。中国安阳文字博物馆也是，饕餮纹、蟠螭纹图案浮雕金顶那是安阳一带出土的青铜器上常有的；"四阿重屋"和博物馆造型的"墉"字则是殷商时期宫殿及文字的经典形象，红黑两色也是那时的时代色，设计者笔下殷商价值观被"后现代"式有形重现了。

更让人高兴的是，阿莱西亚和绍兴两家博物馆设计都采取了"谦逊有度"的态度，谦逊地融入环境，静悄悄不喧哗，谦逊地唤回历史而不惊扰时空，成为一个静而无痕的"句点"。正因为如此，历史便在这里空谷而发幽兰之香，轻轻地但清晰地感动着每一位到访者。

新闻背景：去年底（2013.11），韩国头号国宝——崇礼门的复建被称"豆腐渣"，梁木裂缝。何至如此？崇礼门复原工程首席木匠新应洙（音译）解释，梁木出现裂缝，是因为木材的干燥期通常是7到10年，而崇礼门的工期不允许这样慢条斯理。在我国，古建修缮的软肋也比比皆是。同济、东南等大学虽设有古建保护相关课程，但仅仅是建筑专业中的一朵小小浪花。国家迫切需要相关专业人士，建议高校应从国家层面的培养战略上予以考虑。

古建修缮莫成"豆腐渣"

引发对高校加强建筑修复技艺课程的思考

古建修缮有软肋

韩国这位首席木匠的话道出了传统建筑的奥秘。一根木头，如果要用在古建筑的上面，它的干燥时间就需要 7—10 年，否则一旦上了古建筑就必然开裂。

现在，古建修缮行业绝大多数都采取了招标方式，但平心而论这一模式并不符合古建筑修缮的实际，这个行业流行的"修缮修缮，拆开再看"根本不可能做到。在修缮前的现场勘察中，设计单位只能依据表面看到的损坏情况来确定修缮方案，有的连表面损坏情况也看不全。而招投标基本只看报价，择低进入，那些报价最低的很可能就是技术力量最差的或是外行队伍。与此相对应，古建筑往往是拆开之后才发现问题简直多如牛毛，

2008 年 2 月 10 日夜，韩国国宝崇礼门被人为纵火烧毁

再加上工期的约定，要赚钱的工程队从材料到队伍当然都是从简择陋而行了。

再说人员，古建筑（文物）维修工地上的工人往往都是"昨天还在地里刨白薯呢，今天就来修古建了"（古建专家傅连兴语），而培养一名合格的古建修缮工至少需要 10 年时间，前提是他的悟性足够好。

所以，现在的古建修缮圈内流行一句话："古建筑不修能挺上十年二十年；修完了可能七年，甚至五年就坏了。"为何？

古建修缮每一道工序都有其严格时间要求，比如地仗（按明、清建筑传统的工程做法，油饰彩绘前要在木构造表面分层刮涂用血料、桐油或光油调制的砖灰作为底层，称作地仗），要求 100 天就是 100 天，少一天就会出问题；还有油饰，入伏之后不能再刷，否则就不干。可是现在，为了省时间，用快干漆替代传统方法，结果只能是越修越坏，恶性循环。

再比如油彩、彩画，像沈阳故宫里的柱子都挺光鲜，但房檐、屋顶的彩画，乌突突地看不清楚。是因为彩画的修缮标准决策层还在争议中，是金碧辉煌还是修旧如旧？所以报告上去，地仗修缮很快批准，彩画被搁置。

重建的崇礼门

再说彩画修缮的原料,现在基本都是化工颜料,像俄罗斯的夏宫就是。中国古建界,天大青换成洋青、大绿换成洋绿、中国铅粉换成洋铅粉换成白色乳胶漆、天然广红土换成了氧化铁红,彩画中用了千百年的动物质胶改成了现代化学胶。这样,做出来的彩画虽火爆,但10年就完了;而古代都是天然无机颜料,石磨磨出来,颜料色彩很柔和,色彩之间很协调、很体贴,百年以上常常都鲜艳如初。

木匠的拿捏之道

一件古建拿捏到恰恰好的"寸口",修到有艺术范儿,到底有多长的路?我们来看看从业35年的古建筑彩画专家李玉鹏如何说。

1978年,有技艺传承的李玉鹏(其父李荣福是沈阳故宫七师傅之一)子承父业进入故宫彩画组,用他的话说古建修缮技艺"专业性极强、枯燥、累心累力,需要有学习能力。地仗修缮的'砍净挠白',彩画的笔中乾坤,每一环都需要很深的手上功夫,细微差池都会影响古建的原汁原味"。

13道工序,100天少一天不行,多一天也不行。李玉鹏介绍自己上衍庆宫时的情形,"砍净挠白"是地仗修缮的第一道工序,"寸口"全凭手上感觉,玄机藏在经验里,"时间久远,原有的那层衣服出现空鼓或与柱体脱离,需要用斧子把它砍破,但不能伤到木柱。斧子得是钝的才行,非常强调手法"。李玉鹏说,虽然自己对掌握的技艺很有把握,但第一斧头砍在哪?很费周章,拿着斧子围着柱子转了好几圈,"边嘀咕'砍哪呢',边拿着斧子比划。正犹豫间,老师傅说了一句,'灰和木鼓连着的地方不要砍'。随后,我下了第一斧"。

砍净之后是挠白,古建修缮工具很多都是自制的,比如挠子,分大中小号,最小的10厘米,可藏在袖口里。挠子小边是钩子,大边扁平开刃。"有卖的,但买现成的不如自制的好使。"李玉鹏在砍净的柱子上挠了两天,"把木头挠得像用砂纸打过的一样落出白茬"。

砍净挠白之后,就是第二道工序"撕缝下竹钉",但13道工序中最耗时的是"一麻五灰"。一麻就是披麻,具体"首先把线麻捆成捆后,用锤子砸软砸透,用自制的麻梳子把麻梳透,剪成20厘米左右,再用竹棍弹;弹过的麻铺在对开的纸上,不能透亮,又得均匀,放在一边备用,这叫麻铺子",李玉鹏说,披麻需要油缰,它是用猪血、面粉和熟桐油混合而成的,桐油需要自己熬;熬油的时间、火候、温度要求苛刻,现在沈阳会熬的人极少。他说,我们三个人,一个看火,一个试油,一个扬烟。开始用猛火,烧到一定程度改为中火、微火。

手里拿着铁板、竹棍，地上放好凉水。用竹棍沾上桐油，在铁板上不断试油，油丝拉得越细越长，桐油越好。我是掌火候的，一说好了，搭档马上撤火。"掌握好火候难度大，没看住撤晚了，油就焦了不能用，火候不到油就永远不干。"李玉鹏说，8—10小时是熬桐油所需的时间，"这个时间里必须寸步不离，熬完后吃不下饭，恶心"。

站在衍庆宫的门前，李玉鹏说，砍净挠白、撕缝下竹钉、汁浆、拖底灰、披麻、凉麻、磨麻、挠毛、压麻灰、中灰、细灰、钻生，古建修缮的13道工序全按古法走的，历时100天，"衍庆宫的修缮经得起时间的考验"。

各种寸口看过来

油饰彩画，我们看到各种古建筑上的油饰彩画常常纹绣饰锦、鲜艳夺目，可是内行知道，这些油是什么油，画用的什么颜料，纹路样式外不外行，甚至是什么季节画的，一眼间好坏高下立判。

内行人都知道，入伏后就不能上油饰、画彩画了。"老祖宗积累经验，别着来，就会给你上眼罩。"李玉鹏说，油饰考验的也是手上功夫，"衍庆宫地仗做完后，按程序可以做油饰。油饰是用银珠红加光油一起浸泡，硬把银珠红浸泡成油漆。刷三遍银珠红，最后上一遍光油"，李玉鹏说，开始时上去就刷，还对同伴说"看我刷得多快"。一名老工人看了一眼说"不行"。结果应了他的话，厚薄不均，厚的起了麻皱，薄的没刷上，只好铲掉重来。

彩画也一样，沈阳故宫大政殿，地仗、彩画展现着300年前的面貌。突然有一天，大政殿屋顶脱落了3块梵文天花彩画。接到复制任务后，查文献，做案头准备，每一笔都必须严格按原貌复原。李说："脱落的天花支离破碎，仅残留了半块。我们用尺去量，估算整个尺寸。彩画严格的对称性，让我们可以通过残片恢复全貌。"彩画虽只补三块，李玉鹏等四人用了三个月才复制完成。

"培养一个古建筑技术工人至少需要10年，如果要做到对古建筑的了解深入腠理，20年也不多"，业内专家如是说，这是由古建筑特点决定的，建时用的什么工艺，修缮时必须按当时的工艺来修。古建筑保护和修缮是一项文化保护事业，完全不同于现在盖房子、建高楼。正是因为如此，2012年两会期间，全国政协委员孙忠焕提交了"关于加强古建筑修缮技艺传承的提案"，现在故宫博物院也在进一步加大古建技术工人的培训力度，"高校在这方面也应该加大人才培养的力度"。

古建技术型专家马炳坚高中毕业后进入古建维修队当学徒，推刨子、拉锯子、斩斧子、凿榫眼，到扎小样、当掌案，参与天安门城楼的维修，"特别是天安门最末端的一间，几乎集中了天安门城楼的全部核心技术"，他在老师傅的带领下，参与木构制作，"初步了解了古建筑木构制作技术，亲身参加了斗拱和内檐装修的制作，这种经历让我更加热爱古建筑了"。最终，他成为实际经验丰富的古建专家。

香山派传人顾建明同样从推刨子、拉锯子、斩斧子、凿榫眼开始。"这几样手艺要做到得心应手，才能开始学习划线、打样、接榫等更高级的技术。"他说："光这几门基本手艺，一学就是整整三年。"

可是，这样的学徒在人心浮躁的现在还能找到几人？！于是，古建修缮修成"豆腐渣"成了必然，焉能有熠熠生辉的艺术范！

评论：建筑版"太极艺术"

别看我们周围的古建筑常常都是白墙黛瓦、素净素朴地在那儿，很谦和的样子，但其中蕴含的"天人合一"的宇宙观、"致中和"的世界观为核心的和谐文化，在其滋养下发育成长的建筑文化，其中大量的技巧和经验，都是值得我们继承和发扬的宝贵财富。

就说"文革"时期拆北京东直门门楼时，参与其中的马炳坚他们"开始用的是钢丝绳，没能将其拉倒。但是，正当人们放松钢丝绳，另觅措施之时，门楼居然神奇地恢复原状了"。还有建于1056年、历地震无数至今屹立不倒的山西应县木塔，可谓是建筑版的"太极艺术"。它们全赖木构的柔性，以柔克刚，卸除震能。

古建筑抗震的另一个秘诀在于，其柱根与建筑地基并不是死死相连，而是以柱顶石为中介的。柱顶石（柱础）是一种石制构件，安装在台明上柱子的位置，一部分埋于台基之中，一部分露出台明。有的柱顶石顶端有"海眼"，与木柱下端的榫眼配合，使柱子稳固；有的柱顶石顶端有落窝，柱子安在石窝内。这种巧妙的设计使基座与建筑既相互依存，又相对独立。这就好比桌子，当你推动它时，它会发生整体位移。但如果把桌子腿与地面固定住，那么外力推动损坏的就是桌子了。现代建筑的隔震技术，受的就是这种启发，加了抗震垫可卸除震能的85%以上。

正是因为古建中充满了祖先的智慧，所以在不改变古建筑原形制、原材料、原工艺、原结构的基础上修缮，就常常让人犯难了。"往往是拆下来，就复不了原，所以应县木塔虽已倾斜，是落架大修，还是三层以上抬升？至今仍没有大家普遍认可的方案。"这位业内专家称，老祖宗的智慧、所达到的艺术境界，要读懂且不易，何况再现？

新闻背景： 2013年"光棍节"，某一家电商的交易额就高达270亿元，如今的电商对实体店的冲击真可谓是真真切切大兵压境；眼瞅着春节又要到了，城市实体商业如何做？衣食赏玩之类的商业如何才能活出属于自己的精彩？商业街吸引顾客的招数在霓虹闪烁之外还能做些什么？

不妨把商业当艺术来做

祖宗留下的艺术遗产不能丢

元旦过了是春节，随便到哪条街上去走走，马的形象肯定是繁"花"渐欲迷人眼。马年快到了，马上封侯、马到成功、金马玉堂、牛高马大，种种吉祥的"马"词不绝于耳，讨的就是好口彩；那些马，自然是风车云马、高头大马、跃马扬鞭、万马奔腾了，借马扮靓街头巷尾，你去看看，生活好了马也胖了，那景象就两个字：喜庆！

莫斯科古姆商城橱窗

不光中国，世界都是。试想，刚刚过去的圣诞节、新年，欧美的哪个国家的街头少了圣诞老人，少了送礼品的马车？就连我们也将其作为促销的好由头，"马"上就买呢。

还是来说说奥地利的萨尔斯堡吧，恐怕知道的人就不多了；可是我说莫扎特呢，有几人不知？4岁弹钢琴，5岁开始作曲，6岁开始演出，8岁创作出一批奏鸣曲和协奏曲，11岁写出一部歌剧，可是当25岁的莫扎特向萨尔斯堡大主教提出辞职时，主教的侍从踢了他一脚，一脚把他踢到了维也纳。对莫扎特冷漠的萨尔斯堡，却在今天借助莫扎特的名声、乐曲及凄苦的生平名利双收，旧城中的市政厅广场竖起了莫扎特青铜雕像（他去世50年后剪的彩），橱窗里摆满了印有他少年大头像的巧克力球；糖果、糕点、玩偶、桥梁、咖啡厅，甚至钞票纷纷都以莫扎特命名；音乐节，每年一月的莫扎特周，每年夏季的音乐节，无一不用莫扎特的名声。

但是，游人的眼里，"萨尔斯堡仿佛是一个沉睡着的风景如画的'村庄'，到处散发着和谐、自然而恬静的美"。走在木栏杆、木板面的小桥上，青黛的群山在远处若隐若现，起伏陂陀的土地葱的是苗彩的是花一不小心就到了人家的田边地头，鼻子里就被清新的空气、芬芳的泥土气息塞满了；翠绿的、墨绿的、浅黄的、棕色的，画毯满铺的田垄、浓荫匝地的民居比比皆是。就是这样的一个地方，每到休息日，这里的商店和娱乐场所全部关闭；一到莫扎特音乐节，市民就会办一个"反音乐节庆季"，办出没有商业气息的音乐节。而这恰恰是对莫扎特艺术境界最高的礼敬和最纯正的继承，因为"莫扎特的伟大，在于他对人的理解。他理解所有的人的辛酸，对人的心灵体贴入微，他从不谴责，他歌剧中最平凡、最愚蠢的人的音乐都美得不得了，他的音乐是'无艺术的艺术'"（傅聪语）。于是，有人每年要和莫扎特铜像合影数百万次。

"人"被大写　自然也在大写中

我们的时代既不是教会当家的年代，也不是机器吃人的时代，今天，"人"被大写，自然也正在"大写"中，所以，向自然要智慧，艺术的、商业的智慧生长正当其时。

拉·德方斯被称为"法国的曼哈顿"，但这里何尝不是田园？"远远地就能听到时高时低，潺潺滑溜的交响曲，迫不及待地走近观赏，法国凡尔赛宫式的水池上面跳跃着奏出欢快的乐曲，仿佛四肢翩翩起舞的小天鹅；两侧高耸的塔楼同样透露出浪漫的情调，高贵典雅的欧式拱券门诉说着它的不凡身份；走过林荫道，银铃般的笑声传来；穿过拱券门，喷泉广场上孩子们在玩耍嬉闹；走出嬉闹，开阔的草坪树木郁郁葱葱，人们躺在草坪上，聊天、看书、静静地晒太阳，孩子在他们中间穿来跑去；临水栈道的长椅上，一对对情侣静静欣赏远处的晚霞。"这是国人的拉·德方斯旅游博客，生态且美着。

"生态美"是指由于环境内部生态结构健全、生态系统平衡而表现于外部，被人感知的美感。美国女生物学家雷希尔·卡逊在《寂静的春天》将其描述为：

"百鸟歌唱、春光明媚的春天，清澈的河水、小溪，看鱼虾贝类游洄滑动，绿荫碧波的池塘里栖息着各色生物，引人入胜的林阴道路、怡神悦目的百草鲜花……"这些能在城市商业环境中重现、复制吗？

维纳斯城堡是一个以意大利威尼斯风情为主题的日本大型购物中心，商场里，欧风街道、天空的颜色随着时间变化演绎着"蓝天—黄昏—夜晚"的景色，顾客身处其中如同行走在室外，却免了日晒雨淋之苦；另一处，东京中城的遮光百叶窗、地下引入自然光，有效利用深夜电力，窗边照明自动调光，大面积的绿地和公园，更加上20件公共艺术作品；还有，台场的商业与自然环境共融，都是商业、艺术和自然和谐共生的好案例。

大阪难波公园你逛过没？那里提供了各种各样的专卖店，但这里最大的魅力是全新的空间创造和充盈着的自然气息。在这里你不用担心被引入封闭的购物区，不像我们的超市，只要你进去，不管买不买东西，你一定会被迫走完全程，让人心生厌恶；这里无论哪一层，你不想逛了，走完"8"字形通道，就来到了户外花园，它将"购物"和"休闲"巧妙地对接，集聚了大量人气。难波公园的自然是费了一番心思的：公园是一条人造峡谷，业主本来是要造一个简单的混凝土通道连接南北地块，但设计师提出人造峡谷概念。峡谷当然是石头的，设计师最初准备用各种暖色调的石材，以多样化的手法展现出自然味儿十足的峡谷。实施中，单一材料的虚假感又让他采用花岗岩、砂岩和石灰岩等多种颜色、质感不一样的材料，并模拟自然的淳朴粗犷、天然裂缝，让天然石材的魅力展现得淋漓尽致。尤值一提的是，峡谷色彩从暖黄到橘红的过渡与大阪市灰色混凝土和冰冷的瓷砖建筑形成鲜明对比，也与公园满目葱翠的植被交相辉映。顾客穿行在峡谷中，一会儿钻岩洞，一会儿走河谷，一会儿看到湾湾一碧，时不时遇上瀑布流水潺潺下，新奇不断喜悦不断。

可喜的是，上海、北京、广州等大城市商业也开始向自然看齐，向自然要智慧了，绿色上了墙，灯光随天光明暗，宏大的电子墙上白云飘飘，都是心向自然的设计努力。

处处以艺术的愉悦"打底"

毫无疑问，商业是"历史的画卷""社会的镜子""城市的缩影"，一条商业街的样子往往就能判断出它是哪个国家的，甚至哪座城市，这是因为文字、色彩、图画、形象、手法等展示手法反映了属于这个国家或城市的特有气息、文化和审美特质。《析津志》记载元大都的幌子："剃头者，以彩色画牙齿为记。""蒸造者，以长杆用木杈撑住，于当街悬挂，画馒头为记。"绘于元代的《运筏图》，其画面展示了大都附近的一个小镇，镇上酒家高挑酒帘，有的还挂一只酒坛或酒篓，这是古代的气氛营造。

奥地利圣·普尔顿的 Dayton's 百货商店里，售鞋部大型橱窗的家庭式生活气氛浓郁：中心圆桌上置一盆繁花，与大幅华美的壁毯相呼应，构成控制性视觉效果；两把路易十六式椅子，与壁挂、插花一致，形成素雅高贵的基调。"宛如中产人家的起居室一角，生活气息浓郁，商业气味淡化，商品却仍鲜明醒目。"业内人士如是说。迈阿密的 Lord & Taylor 时装店的橱窗由玻璃、镜面、大理石构成华贵空间，一群身着各式白色连衣裙的少年，聚散有致、动态万千，宛如一群高雅的女孩在某处聚会，都市气息浓极了。

何谓商业艺术？有论者说，"用最短的时间传递最大的信息量"；也有论者说，实体商业"满足的是衣食的基本需求，但处处都以感官的愉悦打底"，其论甚是。因为心理学早已得出结论，人类对环境作出表层、直接的第一反应是情感上的，不是认知层面的。人类是在情感反应的基础上产生思维与记忆、意识与行为的。走在萨尔斯堡的街头，"到处可见唱歌的，弹琴的，连皇家音乐广场草坪的图案都是音符"，你当然会心愉悦步如燕！正是因为这份独特的艺术遗产，萨尔斯堡的房屋似乎都随着音乐而舞蹈得五颜六色，"城区里多的是别墅式的小楼，形状结构别样出，浓妆淡抹总相宜，非常悦人眼球。当地人说，萨尔斯堡的房子没有一栋是一模一样的，个性风格明亮而独特；萨尔斯堡当局规定，如果翻新建筑，必须遵照传统风格而不是随意改建。因而，年复一年斯尔斯堡总是鲜明透亮、秀色可餐"。旅人说，在这样的房子里购物，那就是彻彻底底的身心放松和享受。

新闻缘起：又到一年"盘账"时，建筑也不例外，风风火火、方兴未艾的2013建筑市场上，各种新锐的、最美的、丑陋的建筑作品纷纷闪亮登场。没有最雷，只有更雷，比如，包括合肥万达文化旅游展示中心在内的十大丑陋建筑就很是雷人。其实，建筑是有思想的，建筑应该与环境声气相通，建筑当然应该是好看的，就像位于加拿大密西加沙市（Mississauga）的梦露大厦，就让我这个长期生活在北京的外国人深感——

让建筑与自然"渔歌互答"

——看梦露大厦想起北京银河 SOHO

看着梦露大厦就想起了北京银河 SOHO

我们都知道，现在的大城市由于土地紧张及追求第一的愿望，楼越建越高，速度越来越快，今天再也不可能出现美国帝国大厦那样能把"世界第一"的高度保持 40 年的大楼了。所以，中国设计师马岩松团队的梦露大厦巧妙之处在于它取消了传统高层建筑的直线条。摩天楼的内部当然还是钢筋混凝土结构的核心筒，但每层楼的外部都是形状错落的椭圆形了；每个层面旋转的起点不一样，角度自然也就波浪起伏，哆来咪法大珠小珠落玉盘了；层与层之间，全一色蓝色玻璃，阳光下碎银般的浪花随着你的角度接力"溅"起，楼就这样旋转着、起伏着一直到了 50 层，成了 4 万平方米凹凸有致的婀娜"梦露"。特别值得一提的是，梦露大厦不仅避免了卡拉特拉瓦（Santiago Calatrava）在瑞典设计的HSB 大楼机械的雕塑形态（虽然它将一个个立方体扭曲堆砌起来，展现了人体扭转形态的力与美），但直线的外形给人不免是单调和呆板；中国人马岩松设计的梦露大厦就不一样了，它的扭转十分柔美灵动，这种柔美来自东方式的含蓄，更加上层层环绕的连续开敞的玻璃阳台，建筑的轻盈飘逸更加淋漓，仿佛只要一阵风来，我就驾云而去。

梦露大厦，马岩松是第一个从 17 个国家 6 000 名设计师中脱颖而出的中国赢家，据我所知也是第一个赢得海外大型项目的中国建筑师。项目开建不久，当地百姓就因喜爱而把大楼改成了"梦露大厦"，叫开了，叫得全世界都把它叫"梦露大厦"；开发商于是乘兴又追加了一栋，模样继续，轻盈继续，婀娜多姿当然要继续，不同的是第二栋变"阴柔"为"阳刚"，马岩松们调整了楼层旋转角度的变化规则，让楼层在旋转中积累起形体的张力，颇有一"柱"擎天我自雄的气象。"环绕建筑的弧形阳台与大面积落地窗，增强了高层建筑的开放性，使人更直接地感受阳光、雨露和风，由此产生亲近自然体验，很好地唤起了人对自然的憧憬。"业内资深设计师珀耶（Poye，西班牙人）评价说。

看着梦露大厦就让人想起设计北京银河 SOHO 的扎哈。

随流而动的银河 SOHO

是海上浮动的冰山，还是莽莽雪原上皑皑的山坡？朝阳门地铁站西南角的银河 SOHO 让我们看到了方形以外的建筑也能这样好看。

五座银峰，优美的弧线一路流畅地滑过去，楼群是动态和优雅的奏鸣，柔软、滑溜，楼板的飘逸是其主旋律；每一栋楼都有中庭、核心筒，自然采光、自然通风一样都不少，楼板的漂移和多层次的水平飘带"叠"成了建筑形态——雪后天晴的雪山，它们深度围合在道路和绿树中，交叠创造了一个诗情画意的曼妙空间。

这里的空间最让人着迷的是"流动"。从东北部的下沉广场开始，瀑布沿着斜面轻轻泻下，群峰"峡谷"因瀑布而灵动，而弹跳着诗情画意；在这里，峡谷由流动的线条和运动的曲面活力绽放。

这是扎哈在中国的第二件作品，她让流动的水平的白色铝带和玻璃如同连续的宽宽白线层层叠加构成座座白色山峰，33 万平方米建面的银河最终成为了东二环边一道"人化的自然"。

扎哈的建筑提醒人注意原野如何越过山丘，洞穴如何舒展，河流如何蜿蜒，山峰如何指引方向。她的作品常用盘旋的手法，如卡迪夫湾歌剧院、博物馆的增建，建筑蜿蜒至基地景观里，画廊延展到屋顶上，这种盘旋的语汇还界定了大厅空间。扎哈说："我自己也不晓得下一个建筑物将会是什么样子，我不断尝试各种媒体的变数，在每一次的设计里，重新发明每一件事物。建筑设计如同艺术创作，你不知道什么是可能，直到你着手进行。当你调动一组几何图形时，你便可以感受到一个建筑物已开始移动了。"这种蜿蜒在北京银河继续着。

马岩松原来是扎哈事务所的实习生

不管马岩松如何解释，加拿大的梦露大厦与扎哈的作品总有千丝万缕的联系：多用曲线，形态都不是规整的方形，都想用作品来思考。

被誉为经营空间高手的扎哈试图改变我们脑海里既有空间印象，流动感是她给人的最深印象，她的空间是塑造自然环境过程中产生的，在这样的空间里，虚与实、轻与重、固定与流动、开放与封闭、暗霭与透明处处充盈。

而马岩松正是扎哈的弟子，并且在她的事务所干了一段时间。2003 年，耶鲁学生马岩松的毕业设计名字叫"浮游之岛"，扎哈是他的指导老师，很喜欢这个设计的扎哈就问马要不要去她那工作。马岩松说："自己和扎哈有很多相同之处，其中重要的一点就是'不重复自己'。"马岩松说，她特别善于用建筑去契合具体的环境，环境不一样建筑就不一样。所以，她没有一定的模式。还有，扎哈认为方块是千万种形式中的一种，而我们的每件作品都是在试图讨论现实问题。比如我们的广州双塔方案，便试图思考并讽刺城市建设一味追求高度。在这个层面上，"曲线"等手法就只是一种方式，用它来思考、来隐喻的东西才是建筑的思想所在。

再者，像北部湾一号，建筑整体形态上"桂林山水"的隐喻，就试图将自然中的山水意境引入城市，在城市中造就秀甲钢筋森林的山水意境，所以在这里你就能看到"绵延山形"楼群，看到"独秀峰"；其实，我们也在这里看到了"太湖石"，当然也看到了清晰的"扎哈弟子"。

题内话：思想缺席，难逃丑陋命运

为建筑注入思想，这是时代的要求。进入新的一年，这种呼声更为迫切。

马岩松，作为中国较早加入世界建筑设计竞技场的人，他在加拿大第七大城市——密西沙加市那场声势浩大的建筑设计方案确定的宣布仪式上，成为笑到最后的建筑设计师，他的作品赢得当地青睐的原因就是：建筑带给人无限遐思。

马岩松说："'玛丽莲·梦露大厦'不是我们定的名字，而是当地一家著名媒体上的评论家这么叫起来的。他们认为，这大厦看起来可以和玛丽莲·梦露婀娜的姿态媲美。而建筑作为一种大众艺术品，不是要刻意

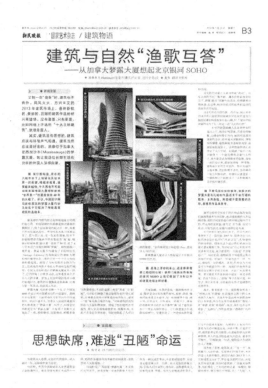

造型，而是真实地反映人性、自然，给人无限的想象空间，引发人们丰富的心理活动。这栋建筑有人说像玛丽莲·梦露，也有人说像流动的音乐，但都给人美的感受。""我们所有的作品，都反对机器带给人的压迫感，也反对'技术第一'口号下的低成本复制，人需要从工业时代的紧张与压迫中解放出来，寻找平等、开放的空间，建筑要满足的功能性，应该延伸到人的精神世界，给人的生活创造更大的自由、更多的可能性。"归根到底一句话，他的设计为建筑注入了思想。

因为有了思想，建筑就成了"这一个"，独具魅力，无法抄袭。反观我们的城市中，太多的设计太多的模仿，太多的丑陋建筑了。2013年十大丑陋建筑又新鲜出炉了，不论是合肥的万达，还是北京兴创大厦、华西村建筑群、广西美术馆等等,他们都有一个共同的特点是一味模仿、僵硬地模仿,要么模仿中国鼓(结)、"大肠"、大雁塔、蜡笔画卷、高高的瓜皮帽等等，太具象的模仿，思想便缺席，便难逃"丑陋"的命运。

新闻背景： 去年底，中国设计红星奖颁奖典礼在京举行，包括唐山产城际动车组在内的一大批产品分获各项奖励。如今，中国设计红星奖已经走过8年的历程，8年来，红星奖一路走得可好？

创意以"貌"取人？

——中国设计"红星奖"走过8年析

红星奖设计 ABC

先说红星奖的身世来历。2006年，中国设计红星奖在北京诞生，发起方是北京市科委、中国工业设计协会、北京工业设计促进中心等单位。这个奖项是在创新型国家战略导向之下，探寻科技、文化的融合与创新，探寻设计与产业、民生与城市之间的依存关系，探寻企业与设计师心灵沟通的桥梁，探寻中国设计从边缘、弱小走向辉煌之路。

在此方针指导之下，首届中国设计红星奖选择了联想、海尔等国内知名企业，获奖作品包括了联想的家庭数字娱乐中心、青岛海尔的成套家电等，产品面向工业设计领域，面向百姓生活是其最大的特点。

红星奖官网上说，参评标准、程序公开，评委组成来自世界各地，不收报名费，不收评审费，以确保"公平、公正、公益、高水平、国际化"宗旨的纯洁。

这是大学毕业生设计的随身拎包，它的特点是外形时尚、颜色单一却很有质感

获奖作品看过来

首届获得至尊奖的作品就有联想"家庭数字娱乐中心"，不知如今它的销量究竟如何，只是我们没有听说有哪位朋友用这套系统在家里飙歌娱乐；还有康佳手机，连续两次获得红星奖，尤其是 2011 年的"竹"概念手机，可谓是高端大气上档次，可惜这款成本低又满足差异化需求的产品不卖给国人。

再看 2013 年的获奖情况，既有高速动车，也有我们生活中常见的机顶盒、照明灯、手机、安全锤、壁炉等等。多国评委认为，这些获奖作品大多展现出强烈的个人设计风格，优雅简洁的路线很是清晰，比如获奖的安全锤，就集破窗逃生、应急照明、安全带割断、红灯警示、手摇发电、USB 接口多项功能，还可为苹果、三星等品牌手机充电。

社会知晓度寥寥

仔细搜寻比对 8 年来的红星奖获奖名单，虽然我知道红星奖的初衷可谓用心良苦，操作可谓是晶莹透明，但当年获奖的作品如今还在市场上销售，抑或其升级版还占有一定的市场份额有几何？我没有统计数字，但心中不免嘀咕：红星奖的风向标作用发挥得究竟如何？

2010 年的红星奖，官方提供的信息说，注重节能减排、低碳环保、促进科技成果产业化、关注民生、融合传统文化等特点的创新设计，产品涵盖了电子、汽车、医疗、重大装备等八大重点领域。像节能太阳能照明灯、超轻新材料登山包、可爱贴心的郁金香胎心仪都是其中的佼佼者；尤为可喜的是，2010 年红星奖首次面向外企开放征集，西门子、LG 电子、索尼爱立信等 29 家跨国公司的设计产品参加评选，实现了一次中国设计标准的国际化的跨越。

但现实是，红星奖的社会知晓度还是寥寥，很多百姓依然不知其为何物；业内人士同样鲜有讨论者,红星奖肯定还是缺了些什么,红星奖缺的就是"亲民性",还有呢?

言论:离"设计奥斯卡"还有多远

在我看来,红星奖缺的首先是百姓的参与。奥斯卡参评影片全部是上一年院线中接受观众检阅的影片,票房当然是取舍的一个重要因素。红星奖的《章程》也规定"参评产品应在过去两年和未来一年中上市销售的产品",但我不知道这些产品的业绩,如果曲高和寡呢,是否专家叫好市场不叫座。

百姓参与,不是指百姓参与投票,因为评委们大都是这一领域的专家,自然具有大把的发言权;百姓的参与大多是用"脚"投票,产品是否高大全、价格是否白富美都成为他们取舍的因素。再好的产品,价格不合适,百姓同样会弃之而去。

还有呢,我们在网上随机找了一款红星奖获奖作品——盲文点读机。这款产品的发音器仅有卡片大小,机身与按键分别使用橡胶与塑料,可以清楚分辨按键的位置。还有背面扎凸点、正面摸读盲文的设计,还有按键周边倒角斜面设计,亮丽的颜色与黑色相结合,弱视儿童也可轻松找准。专家说,这是一款很懂盲童的产品,原来设计师们设计前参加了"黑暗中的对话"体验活动,感同身受后方有此人性化设计。此款产品获奖时还未上市,去年首批产品被送到一所盲童学校。写此文时,笔者搜遍网络,没有发现产品走向市场的任何迹象,什么原因?红星奖的意义呢?

再者,红星奖的宗旨、评奖程序,几乎当今国际上所有的概念它都有了,国家战略也有了,我们仔细揣磨获奖作品,发现国际范儿很足,这显然与国际设计领域的大牌评委喜好有关;民族性不够,可能还与我们当下的设计教育过度国际化有关。总体而言,红星奖的理念有了,

实际操作中就矮了，自觉不自觉地模仿抄袭就自然而然了，于是中国传统中的设计养分被挤出，清新喜感的中国风就被关了在了获奖的门外。

业内专家说，"设计就是以貌取人"，是以创新之"貌"征服市场，赢得消费者的青睐；智者说，"貌"由心生，这"心"就是民族性、亲民性和清新中国风。

话题缘起：索契冬奥会鏖战正酣，在观看精彩纷呈的比赛、欣赏奇异建筑的同时，不知大家是否参观了橘树博物馆，索罗斯人为中国这棵 80 岁的江南丹橘专门建了一座博物馆，这棵传奇的橘树已经成为几代索契人记忆中的"乡愁"符号。

我们每个人都有自己的乡愁标志物，可是在城镇化浪潮扫荡之下，那山坳里飘出的袅袅炊烟、那村头的老槐树、那雕梁画栋的百年老宅，一个个都从现实中无奈地消失了——

别让乡愁从现实中消失

乡愁是由细节构成的

虽然在这座城市生活了数十年，但我记忆中的家乡还是清晨，背着书包，看着田间林梢处处飘着挂着袅袅的雾，翻过一道又一道山岗，走过一坎又一坎的田埂，来到学校，那路有时特别长有时又很短；记忆中还有傍晚，妈妈那悠长而又清亮的"家来吃饭了——"。

很多人都有属于自己的乡愁符号，有的是碰上"鸟语"的人就想起了岭南，"阿拉屋里厢"就回到了石库门老弄堂，有的人枯窗孤灯之下就容易想起妈妈做的红蹄髈眼里就噙满泪花，有的人想起满脸沧桑的爸爸说"不好好读书将来就和我一样种田"就想起了家。但更多人心里的乡愁还是这样的细节：弯弯的小桥边枕河听橹声，一弯碧池边那高低错落的马头墙，还有水绕村、屋靠山，石板坡上老木墙，吊脚楼中烤火塘，无论是粉墙黛瓦还是四合人家，乡愁常常就是那过年的鞭炮、大红的灯笼和村头巷尾到处乱窜的娃。

当然，儿时玩耍的外白渡桥，色彩鲜艳的西开天主堂、法国桥（天津），妙高台、金陵台（广州）。"可惜了妙高台、金陵台，旧是旧了些，但建筑样子挺好看，可它的样子一点也不差，我就在那里生、就在那天井里走廊上玩耍的。乡愁的根被拔了！"听说房子被拆，这位广州网友痛苦不已。

正因为如此，有人编出全球美丽城市的 20 项要素，即细节，其中包括遮天蔽日的大树、各种标志物等等。比如古老的钟楼古塔、蜿蜒穿越市中心的河流、浓荫密布的街道、寺院、桥梁、防波堤……它们承载着这个城市的故事，守护着这座城市的秘密；人所共知的聚集地点，像火车站钟楼、市中心主干道的十字路口、老牌百货公司的正门、公园里的烧烤点、一个酒吧、一家咖啡馆……它们都是乡愁的标志物。

记忆是随时代一起成长的

可是，这些老老的东西正随着情绪高涨的造城运动而加速消失，前清的破房子那是要拆的，建国初期的苏式建筑，拆；"文革"的工字楼，拆；甚至刚建好没几年的商场、住宅，拆。于是，30 年代的人、40 年代的人，甚至 80 年代的人脑海中的乡愁符号都被拆除干净，玩过滚圈的弄堂去哪儿了，树根上睡过觉的大洋槐去哪儿了，捡过白果的参天银杏去哪儿了，买过新衣服的大商场去哪儿了，那是我娘带着我坐了一上午的汽车来买过年新衣服的商场呢，那是我结束穿姐姐剩下的旧衣服过年的地方呢。

每个人的童年记忆都不同，每个年代的记忆符号也不相同。同是 30 年代生人，有的可能常在外白渡桥上玩耍，因为他的家就在乍浦路；他也可能对和平饭店的电梯印象深刻，因为他家人常带他去；他还可能对书店感情很深，因为那个下雨的下午，他一直在那里读书；他也可能对东方明珠印象很好，因为他曾在那张大鼓里约过女朋友。

正因为如此，当外白渡桥百岁时，很多上海人都用自己的方式凝固这份记忆。返城知青肖可雪就用摄影、装置、架上绘画、诗歌朗诵、DV 影像、行为互动等诸多艺术形式，用苏州河的泥、水、外白渡桥卸下的铆钉作为创作的原料，烹了一桌"乡愁"艺术大餐，展

乡愁符号

示地点就是桥边高高的上海大厦。

索契告诉我们的……

去年，中央城镇化工作会议公报发布中，罕见地用了文艺范儿十足的话："让城市融入大自然，让居民望得见山、看得见水、记得住乡愁。"中央文件要求我们各级政府留住那山、那水、那结成"乡愁"的"媒子""符号"，可是我们的官员们却忍不住地毁。

还是说说索契这棵神奇的橘子树吧。索契的黑海之滨，冬日暖阳下中国橘树枝桠密织、绿叶舒展，果实沉甸，树冠盛大而华美；最神奇的是满树挂的果，从浅黄、灿金到亮红，那是中国柑橘、意大利柠檬、西班牙橙子、北美洲蜜柚……一样的枝叶交缠，不一样的彩果缤纷，亲亲密密地腻在了一起，俨如同根而生。讲解员柳波芙说，黑海气候不适宜橘树生长，但80年前，俄罗斯育种学家——费奥多尔·佐林细心种下一棵细小的中国柑橘树苗，梦想通过嫁接实验，培育出能在索契存活的柑橘树种。天随人愿，树活了，佐林喜爱在这棵树上嫁接各种异果，大家探访时常常也动手嫁接，还不约而同地带来本国的树种和泥土，托尔斯泰、歌德、安徒生故乡的泥土都来了。到1957年，这棵树正式有了"友谊树"之名。"友谊树"旁，我们看到一块高大的银色金属牌，用英俄两种文字刻满国家和地区的名字，最上面的文字说明写道："来自167个国家和地区的人们，在这棵友谊树上进行过纪念性的嫁接。"因为送给它的各国礼物太多，索契人又专门为它建造了一座博物馆——友谊树花园博物馆。

一棵原本并不稀奇的橘子树，最后变成了世界友谊与和平的吉（橘）利之树，自然也成了许多索契人的"乡愁"符号。我们能否也不着急，也用80年的时间育出这样的一棵树？

题内话：讲中国式的故事

乡愁，《现代汉语词典》中的解释是"怀念家乡的忧伤心情"。乡愁是什么？是孩童时牵牛吃草的一脉青山，是夏日中供我们嬉闹的一方绿水，是夕阳里炊烟袅袅的那片瓦屋顶，是世代传承的共同记忆。所以，杜甫说"幸不折来伤岁暮，若为看去乱乡愁"，明人常伦有"高高见西山，乡愁冀倾写"。可是，今天我们的乡愁系挂何处真是个问题，老家的青山在减少，绿水在变浑，到处是大同小异的楼，让人不小心就迷失了家的方向。

乡愁是人的乡愁。话有点拗口，打个比方吧，上海人在复兴西路上散步很惬意，但有谁说"走，到浦东大道上去散步"，为何？浦东大道是为车设计的，那里就没有乡愁；所以为"人"的城市就会细心地把购物街设计成500米左右，因为大家逛街的理想步行距离是一公里，走走看看聊聊逛完正好很轻松也不累，不累以后就还会来；久了，购物街就成了乡愁的挂系物，走遍天涯海角忘不了那里的边边角角，忘不了那里用吸管喝汤

乡愁刻在小巷中的石头缝里

的包子。如果谁把购物街变成两公里、三公里，你看谁能脑子清醒地把它逛完？

正因为如此，理想的城市应该更少玻璃幕墙，因为千篇一律的高楼和玻璃幕墙会让人感到沮丧；有好的夜间照明，街道、公园、水岸、绿地等户外公共场所，有更多的休闲长椅，有恰当的雕塑、装置和其他公共艺术品。

往大里说，让大家"记得住乡愁"，就是对"中国记忆"的保护和传承。还记得莫言在领取诺贝尔文学奖时的"讲故事"吗？其过世的母亲、几十年前的高密东北乡，有半个字是关于济南、北京的吗？都是儿时的记忆，他讲的是乡愁。这乡愁是对过往岁月的缅怀，无论苦甜，都是。

近日，又闻河南新郑市龙王乡庙后安村的安氏大院，因"合村并城"被当地政府限期拆除。这个有着百年历史的民间宅院，曾让南水北调中线工程干渠为其让路，却挡不住地方政府要求整齐划一"城镇化"的决心。大院的老住户潸然泪下，哭诉称自己："十几代人在此居住，我有责任给后人留下一个标志物，也想尽到自己的责任，但我有责任没权利。"我们要对冲动的"老爷"们说："别拆了，留下吧，别让后代说'乡愁去哪儿了'，祖先也会感谢你。"

话题缘起： 春节刚过，快节奏的上班生活还适应吧，您还难舍那一家人围坐火炉嗑瓜子、吃零食、侃大山的"没时间"概念的日子吧！舍了吧！

在效率就是生命的今天，你知道"慢城"是什么含义吗？知道慢城是怎么来的，中国目前有几座慢城吗？"快"字当头的中国当下，我们需要停下脚步看看身边的风景，我们需要有座慢城慢慢听戏品茶品美食，因为——

慢城，空气里弥漫的是品味

高淳成为中国首座慢城

重回快节奏的日子，挤地铁公交，吃快餐速食已成为大家不约而同的选择，原本再正常不过的睡觉睡到自然醒成为大多数人大部分时间里奢侈的梦想。可是，中国就有这样的一个地方——江苏高淳桠溪古镇成为了世界慢城联盟认定的"慢城"，并在 2013 年成为该联盟的中国总部。以后，凡是希望加入国际慢城组织的中国市镇乡村都需要向高淳慢城提交申请报告，经其推荐后，再统一向国际慢城联盟申请批准命名。

最近数年以来，提出建设国际慢城的中国城市不少，大到成都、昆明、温州，小到古村古镇，身影遍布神州大地，高淳桠溪为何能拔得头筹？

桠溪镇是两省四县（苏皖两省及溧阳市、高淳县、溧水县、郎溪县）交界处的一座古镇，一个面积约 49 平方公里的地区，人口约 2 万人。这座江南慢城由 6 个自然村组成，在绵延 50 公里的生态路上，杏花林、竹海、茶园、丘陵、河溪、葡萄园和珍珠般的湖泊不停变换着你的"镜头"。因以农业为主，这里的山水长期以来仿佛造物主的遗珍仿佛时空穿越般的静谧。桠溪镇没有公共交通工具，骑车是 50 公里生态路最佳的选择，在村舍之间游花田、喝鱼汤；穿行老街看传承 50 年的手工布鞋技艺，听"一双鞋要做三天"的话，看年过八旬的梅位炳老人淡定的表情，你就知道"世界上除了钱还有很多美好的东西值得坚守，值得着迷"。

当然，桠溪还有省非物质文化遗产"卞和望玉"的望玉山、省文保单位牛皋抗金的南城遗址，还有市文保单位永庆寺、刘伯温开挖的大官塘、岳家军的操兵场遮军山等等，因为这里曾经也是兴旺的商业码头，这里也曾风云激荡。但这些都是过去的故事，如今它已成桠溪的底色，浸润在这里的花田里、茶园里、果架下，等你来，静下忙碌的心，慢慢散步、慢慢吃饭，懒懒地默默地看夕阳悠悠落下，你的耳朵里就传来悠扬的笛声，那是桠溪老街上一家店铺里传出来的，一直听到你醉进温柔乡中。

慢城，其实是心灵的呼唤

工业革命把人不断异化，甚至异化到成为工具和生产链条上的某个环节，于是，原本秀色可餐的美食也让位给了麦当劳、肯德基，让其大行其道。终于，意大利人卡罗·佩曲尼（Carlo Petrini）坐不住了，1986年，当罗马西班牙广场（Piazzadi Spagna）边麦当劳店里的炸鸡、薯条味飘进他的鼻子里，卡罗决定发起一个名叫慢餐的运动，决意享受健康、营养的本土种植、本地烹调的食物，倡导人们放慢节奏、享受美食，享受艺术化的生活，不要快节奏。

1999年10月，在意大利奥尔维耶托市的一次慢餐活动上，基亚文纳、布拉、波西塔诺、格雷韦因基安蒂等四个小城的市长第一次给"慢城"定义，慢城运动从此诞生。目前，全球已经有20个国家的130多个城市获得"慢城"称号，虽然亚洲也有，但慢城大部分集中在欧洲，意大利就有42个。欧洲的慢城多半是中古世纪的小城，没有连锁店，没有快餐店，没有霓虹灯，只能步行，周四和周日店面都不营业。在这里，欧洲中古世纪的生活节奏与现代文明并行不悖。

慢城标准是？人口5万以下的城镇、村庄或社区，反污染、反噪音，支持都市绿化，支持绿色能源，支持传统手工方法作业，没有快餐区和大型超市，倡导可持续发展、更有效率地工作、更诗意地生活。"保持家园的根，其中包括地方特色和城市肌理、本土手工业、本地文化传统，歌颂生命的自由欢乐"，世界慢城联盟主席皮尔·吉尔吉奥·奥利维蒂（Pierre Gill Gio Olivetti）介绍，所以慢城必须限制人口，必须张贴"蜗牛"标识，必须限制汽车的使用，速度不得超过20公里，必须有一个噪声管理系统，广告牌和霓虹灯要尽可能得少，必须有一套环保的污水生态处理系统，"定期接受'慢城市国际协会'的检查，以保证相应指标的严格执行"。

奥维托，慢城运动从这里燎原

是巧合？意大利语中，"慢"字意义与"甜蜜生活"（ladolcevita）的境界十分接近。在欧洲，慢城多半是中古世纪的小城，意大利的奥维托（Orvieto）就是。奥维托是慢城运动的发起城市，在这里，蓝天、绿树自不待言，山岗上不知是哪个年代留下的古堡、教堂不期就来；红砖墙石板路上，圆筒样的大妈正在悠闲地遛狗；斑驳的墙窗也不粉刷，挂几盆绿就别样的漂亮；院子里，黑黑帅帅很潮的椅子上散座着各色男女，一律"遗弃"时间投入地聊；那拱券着的走廊、琉璃镶嵌的墙面、悬崖上不知屹立多少年的城墙，护佑着奥维托的百姓漫长的午睡、没有汽车的石头街。

意大利小镇奥维托

老街上，一抬头，我们就看见金发披散着、碧眼隆鼻时隐时现的美女，她坐在阳台上的圆桌前，金色的光映着粉红欲透的脸，她着睡袍，搅咖啡，看报纸，慢条斯理仿佛世界已经静止；太阳悄悄爬上屋檐，她才哼着歌，走进房，看来是要梳头描眉抹唇试装穿鞋，出门上班：这番"早课"，两三个小时早已过去，这在摁指纹打卡的中国，这个班恐怕是"over"了。还有奇特的，走在老街上，我们的脚步快了，冷不丁就感觉旁边多了个年轻人，手里拿着秒表，叽里呱啦地连说带比划，导游说，"他问我们为何这么匆忙地走路"。原来，他是"放慢时间协会"的会员，他们的工作就是手拿秒表观察路人，如果发现有人不到半分钟就走了50多米，就会上前劝导。导游还说，这里，大家不会为下雨回不了家而头痛，买好面包后跟老板聊上一个小时都很正常。

而今，像奥维托这样空气中弥漫着浓浓文化艺术范儿的慢城已在世界各个角落开花结果了。

题内话：慢城品味，艺术不能缺席

"粉墙黛瓦下长长窄窄的巷子里，阳光仿佛空投进来一样，瞬间就把高高深深的巷子变得明明儿鲜鲜亮亮的，石板路应声油油地泛着珍珠般奇异的亮光。"

一位驴友这样描述记忆中的高淳桠溪古镇。成为慢城中国总部后，慢山、慢水、慢生活的绿洲——桠溪开始了新的规划。当地一家媒体报道说："今年年初，省政府批复高淳国际慢城为省级旅游度假区。今年恰逢'慢城项目建设年'，高

高淳桠溪古镇

淳将加快建成'美丽慢城'（'快''慢'并行，不知当地如何拿捏分寸），建设 10 万平方米慢城小镇。包括新建 14 公里慢行道、246 省道、红旗路两个换乘中心、完成慢城小镇驿站和 5 个服务点建设、启动大官塘服务点等二期配套设施建设，开工建设慢城度假村和 3~5 个特色旅游乡村，通过完善配套功能设施，给游客带来全新感受，争创国家 4A 级旅游景区。"分明一副大干快上的劲头，毫无慢劲儿，读来让人忧心忡忡！

殊不知，慢城的精髓是"慢"，"慢"的实质是艺术而品味地生活，所以慢城建设，艺术不能缺席。英国第一座慢城勒德罗（Ludlow）小到何种地步？站在高处俯瞰，小镇仿佛盈盈一握，但锯齿女墙、窄窄小窗却清晰地告诉我们这里曾经的战略和贸易地位。而今，小镇恬静得如入睡的婴儿，镇上没有一辆车，没有任何喧嚣的声音，走在街上你每转个弯就能找到工匠们的店，他们个个手艺不凡。这些让慢城组织官员评价：勒德罗几百年来就已经是一座慢城。

意大利慢城布拉诺（Burano）则是世界上色彩最鲜亮的地方，它远看是幅水彩画，走近了就是热烈的油画，游人说，"布拉诺全岛就如同打翻调色盘一般，每栋房子的外墙都都被缀上了如此鲜艳的颜色！红的、橙的、黄的、绿的、紫的，灿烂阳光的照耀下，叫人欣喜抓狂"，它是全体居民共同的成果。原来，渔人妻子们趁着丈夫们出海时，合作将房子漆成不同颜色，让爱人归航时，远远在船上就可以望见自己的家。也许受此启发，不知道从什么时候起，小岛的地方政府规定当地居民每年要刷一次房子的外墙，且相邻的房子颜色不许相同，于是今天我们在小街上随便一拍就是一张明信片，看到映在水里的也是明亮的《向日葵》。

今天的高淳，依然留不住年轻人。固然，没有霓虹与夜生活是原因之一，但更主要的还是艺术的氛围和享受艺术的过程缺乏，不为年

轻人所钟爱。正如皮尔所言，慢城主义其实是一种品位主义，而品位须发掘并光大艺术遗产的闪光点，包括有形和无形的，唯有如此，生活才有品味，才有质感；然后才心安理得地慢慢生活，优哉悠哉地品味生活艺术，咀出生活品味。

　　新闻背景：我们的泰山站在南极腹地伊丽莎白公主地海拔 2 600 余米的地方开站，大红的灯笼皑皑冰原上映着纯净湛蓝的天空，美极了！中国极了！一时间，关于这座考察站的种种好奇之问纷至沓来："那里终年积雪，房子怎么建？""为什么房子下面有那么多的脚？""这个灯笼如何用法？"其实——

在南极建房子，像在太空搭积木

上下红、中间白、圆形、酷似中国灯笼的泰山站，被网友们亲切地称作是"降落在冰雪世界的'UFO'"

　　泰山站是我国在南极建的第四座科学考察站，它的位置处于中山站和昆仑站之间，科考意义上，这一位置的陨石特别多，这些陨石，来自太阳系中的其他星球。它们携带着其他星球的"基因"，且长期在南极冷冻和无菌条件下保存，是地球人了解有关太阳系早期信息、演变奥秘的钥匙，甚至还可以据此知道其他星球上有无生命的存在。

　　更多读者还是对这盏中国灯笼的长相充满好奇。网友们把"圆形 + 叠形"结构和高架设计的"灯笼"称为降落在冰雪世界的"UFO"，但在海拔 2 000 多米的南极内陆高原上，面积一千平方米的大房子如何建？大家都知道，圆形建筑视野最为开阔，再者圆形有利于减小风速，还有就是圆形建筑保温性能最好，对于中国人红红的灯笼很喜庆；至于"灯笼"下面 8 根粗大的钢柱是如何搭建的，国家海洋局极地考察办公室主任曲探宙介绍："泰山站建在冰盖上，首先要考虑迎风面不会积雪，设计上柱子底下先铺钢板，然后再立 8 根柱子；在柱子上，再拼装墙壁，建成'灯笼'"，他说，去年 12 月 18 日建设队伍从中山站启程到达泰山站开展建站工作。28 名建站勇士经受了零下 40 度低温，狂风暴雪、极端干燥、紫外线伤害、高原缺氧等诸多挑战，挖掘冰雪地基、钢结构吊装、建筑主体安装、内部装修装饰，整个施工过程仅仅用了 45 天的时间。

英国哈雷 VI，就如其设计师布劳顿所说"南极的装置设计就如设计太空装置一样，充满挑战"，这个未来派风格浓郁的"千足虫"得了 2013 世界建筑节科研类建筑奖第一名

哈雷 VI

随着人类探索南极的规模越来越大，每年夏天的南极都成为了各国展示科考建筑的大好时机，这里就有获得 2013 年世界建筑节科研类建筑奖第一名的英国哈雷 VI 科考站。

比海水还蓝，映着皑皑的白雪，绰号"千足虫"的哈雷 VI 中间还有只红色的"甲壳虫"，整个考察站看上去就像洁白的冰原上的一条巨型毛毛虫，毛毛虫的每节腹部略呈梯形拱出的蓝色舱体架设在 4 根高达 4 米的立柱上，每根立柱底端都用雪橇粘连。设计者休·布劳顿（Hugh Broughton）解释说，略呈流线型、梯状拱出的跳空腹部可使舱体下方风速加大，将积雪吹走；哈雷 VI 位于布伦特冰架上，该冰架每年以 400 米的速度向海洋漂移，雪橇设计可使考察站方便地遇险便走；另外，如积雪上升，可伸缩的立柱还可相应抬高，使舱体免于大雪埋没。

布劳顿还说，我们采用了未来派的设计——建在机械支架和巨大雪橇上的 12 个舱采用绝缘连接。舱的单体重量在 65～130 吨之间，12 个连在一起为 52 位科考人员提供住处和工作空间。要知道，南极气候恶劣，冬天零下 58℃很普遍，风速每小时 160 公里连吹两个星期也很正常，雪在这里那就是世界。所以，支架设计是哈雷的关键，它要做到刚下的雪就被踏在下面，于是雪橇上的柱子就总能站到雪面上了，就好比你穿着靴子雪中走路，一抬脚雪就掉了。哈雷系列考察站功绩显赫，臭氧层空洞就是它发现的。

远远看上去，哈雷就如布劳顿所说，"南极的装置设计就如设计太空装置一样，充满挑战"，但哈雷里有地球的引力，所以健身房、桑拿、体育馆、音乐房、水池在内的休闲娱乐区一应俱全，居然还有一个高高的攀援墙。中间舱（红舱）里还有一个水栽培的花房，可以用营养液种蔬菜水果。上层甲板有一个大的气泡式屋顶，夏天你能看到雪景环绕在你的周围，冬天你又能欣赏到极地变幻莫测、魅力无穷的极光。

德国的、法国意大利联合设计的、美国的、比利时的考察站，这里是万国建筑新锐博览会

说南极是万国建筑博览园一点也不夸张，目前已有 54 座考察站了，它们都是各国设计师们各显神通的结果，千奇百怪，像花儿一样绽放。

德国诺伊迈尔Ⅲ南极考察站的最出彩之处就是总重 2 500 吨的大家伙全由底部的 16 个电脑控制的液压千斤顶基座支架扛着。这种设计可以根据冰层的变动自行调节，很好地防止结构变形，并在积雪过厚时将站体从雪中拔出抬高。令人称奇的是，整个自动抬高过程并不影响考察站内的正常运作，所以内人士说，"诺伊迈尔Ⅲ南极考察站把支架设计建设体现得完美无缺"。

远远看上去，就如两个巨型大油罐，这就是法国和意大利合建的康科迪亚考察站了，它是提供"人员在极端艰苦的条件下长期居住"的，所以考察站的外形被设计为鼓状，以最大化利用热能资源。康科迪亚使用的废水处理系统借鉴了欧洲航天局的宇航水利用设计，科考人员可以重复利用处理过的淋浴及散热用水。

长 124 米、宽 45 米、高 12 米的美国阿蒙森—斯科特南极点考察站，是目前南极大陆上最大的考察站，可容纳 150 名科考及后勤工作人员。考察站外形像一对机翼，底座同样采用支架设计，由 36 个液压千斤顶基座提供支撑，主体建筑距雪地表面 3 米左右。这种设计可以加速吹过底座的南极风，有效防止考察站周围积雪的堆积。需要时，考察站也可抬升 3 米左右。

小巧、轻盈、飘逸的比利时伊丽莎白公主号南极考察站在一座海拔 3 200 米冰穹的顶上，数不清的钢架插进岩石，站体就如同科幻片中外星人的飞船，长 22 米、宽 22 米、高 8.5 米，振振欲飞的样子，帅得很。2009 年建成的这座考察站是全球首座温室气体零排放极地考察站，考察站中的电力资源依靠 52 千瓦太阳能电池板及 54 千瓦的风力发电组提供。

不仅如此，南极各种考察仪器同样酷毙了，蝙蝠一样的射电望远镜、厂房一样的仪器、天线矩阵，绚烂极光背景下的房子，散发雾气的海面上漂浮着的中国红的考察船，都是炫极了的美景，怪不得这些年世界各地的游客纷纷前往观光猎奇，以至于不是旅游目的地的南极也发生了"雪龙号救遇险游客"的事件。

题内话：为了美，请保护好这片净土

冰天雪地的南极已成为科考热土的同时，近年探奇的游客也随着各种运输工具踏上这片洁净的土地,于是,除了南极臭氧层不断长大之外,南极科考、游客留下的痕迹现已日益成为无瑕南极的不速之痛。

1989年,《纽约时报》记者伊万斯撰文批评旅游导致的南极"惨象",题目是"烟蒂与行李包:令人震惊的旅游潮狂袭南极"。文中报道了游客在南极点滑雪、随意将行李袋抛弃在雪地里的情况,"就像在崭新的汽车上发现一道划痕一样,我感到震惊和愤怒"。

虽然,《南极条约》《南极环境保护议定书》《国际南极旅游业协会条例》等法律文件为今天的南极穿上了层层保护的铠甲,如游客既不能在南极岸上过夜,也从不能在南极大陆上进食,更不能携带任何食品上岸,甚至游客不能在岸上抽烟或使用厕所(当然也无厕所可用)。许多旅游公司提醒游客:"勿留下任何东西,除了记忆和照片,也别带走什么!""勿随意行走,勿踏坏脆弱的苔藓、地衣!"一言以蔽之,今天的游客已大不同于1989年,他们在南极制造的垃圾几乎为零。

而以科考为目的的污染就时有发生了,像泄油污染、工作生活垃圾。虽说各国考察站都建立了垃圾处理设施,但处理垃圾产生的二次污染是无法避免的。除了这类污染外,南极科考站的燃油消耗量、大型机械(飞机、雪地重型运输机械)的使用所产生的噪声和视觉上的污染、油污等都是南极环境的痛;还有废弃的科考站带来的污染。

南极的建筑可以很萌、很酷、很未来,但前提是别惊扰这片最后的净土;南极之梦很洁白很湛蓝很纯粹,无论是建筑还是旅游,别让这片圣洁的美丽再像其他地方一样被"人"击碎。

创客，很多市民可能都还很陌生，可是，这却是近年在城市中大热的词语和话题。在这个物质条件大为丰富的时代，如何变出新的花样活出别样的风采来？私人化、定制化、唯一性并快速送达已经成为不少都市人活出自我、秀出范儿的新追求，于是一群又一群拒绝平凡、敢于追寻疯狂想法并试验到底的人，他们活跃在我们城市的旧厂房里、创意园里，甚至是一个又一个房破旧但心炽热的工坊里——

创客，"激情 + 艺术 + 技术"秀出范儿

去年年底，上海当代艺术博物馆举办了创客高峰论坛，创客概念如何理解、国内环境以及创客群体的生存现状、创客作品商业化前景等等都成为论坛的热门话题，而 5 万名创客提供的参赛作品更是让大赛评委及参与者们忙得不亦乐乎，千挑万选遴选出的 9 件作品还将获准参加今年的米兰设计周；今年元月，一场高校学子们主导的创客艺术盛宴在沪上举行，一块液晶样的电视墙，用灯光彰显屏幕上潇洒飘逸的长发，那发在黑底的屏幕上丝丝缕缕泼着金黄，学子们利用发丝柔美的特点结合弹力布的物理变化带给观者一场视觉盛宴，每一位触碰者都兴奋地大叫、大笑或者投入地探寻，因为那音乐流淌般的美带来的体验很奇妙。不仅是这篇《爱的碰触》，还有 3D 打印的犀牛和莲花，禅意十足的茶禅装置等等，创客的作品赚足了眼球。

北京、西安等大城市，到处都有创客们的身影，他们着眼于日常生活里的智能电子产品、智慧家居用品、数码视觉设计、创新服饰设计等领域驰骋自己挥洒不尽的创意才华，从不走寻常路的创造性思维和灵感出发，运用数字技术、快速成型技术，实现定制、个性化和小批量生产。也许正是因为这种模式需要灵感和艺术充当开路先锋，所以资深创客们非常热衷于走进高校，走进那些条条框框尚未"绑"住的年轻学子，为他们讲解"创"的魅力，讲解"创"的玄机并大获点赞。

机灵智慧并不追求规模化

他们天生在网络上分享 DIY

何谓创客？"创客"源自英文单词 Maker。一般是指不以赢利为目标，努力把各种创意转变为现实的人。具体而言，"创"是通过行动和实践去发现问题和需求，并努力找到解决方案，"客"则体现了人与人之间的一种良性互动关系，开放包容的态度，并在行动上乐于分享。

长尾理论创始人克里斯·安德森（Chris Anderson）在《创客》中解释：创客们使用数字工具，在屏幕上设计，并输出到桌面制造机器上；他们是网络一代，天生就习惯在网络上分享其创造；他们将 DIY（Do It Yourself 的缩写，译为自己动手做）文化与网络合作开放的文化糅合到了一起。据此，安德森把"创客运动"的变革性特征归纳为三点：第一，人们使用数字桌面工具设计新产品并制作出模型样品（数字化的 DIY）；第二，在网络社区中与他人分享设计成果并合作已经成为一种文化规范；第三，如果愿意，任何人都可以通过通用设计文件标准将设计传给商业制造服务商，以任何数量规模制造所设计的产品，也可以使用桌面工具自行制造。

由此可见，创客生存的空间是网络，依赖的是各种现代技术成果，玩儿的是机灵智慧并不追求规模化。这个"潮"涨到中国后，"创客"也迅速成为大都市中的一种集"激情＋技术＋艺术"为一身的时尚。

你家的浇花壶什么样子？在这里，装 4 升水的浇花壶能折叠，折叠后就如同一张小小的烙饼；木头也能做成戒指？英国克莱夫·罗迪（Clive Roddy）设计并制作了一系列迷你景色戒指，包括微缩的树林、房屋和群山。用桦木板、镭射切割加上随意组合，房子当然是红红的屋顶，森林那肯定是浓浓的绿，山上还覆盖着皑皑的雪呢，三枚合成一组一个木制的戒指就好了；当然你想四五枚构成一组也行，指尖的风景就这样随心搭配然后就五彩斑斓了。喝水不是小事，如果你拥有一只外表银灰、闪着翠绿水银柱的水杯（Cuptime），大事就变得诗意起来，这杯子不但精确记录你的每一次饮水及饮水量，配合先进的水平衡算法，Cuptime 总是能够在最适合的时间提醒你该喝水了。是的，在最适合的时间，而不是等渴了的时候。你的生活品质一下子就高端大气上了档次，不是吗？Vigo 是一款可穿戴的瞌睡追踪器，它通过监控不同的眨眼参数以侦测出你当下的状态，你昏昏欲睡时它就闪闪发光，并在你耳边震动或者自动播放音乐，让你重新回到清醒状态。有了它，你开车时就安全多了。

中国的创客们瞄准的也是这些生活中司空见惯的东西，奇思妙想并古怪精灵地表现出来，并在网上募够消费者，然后小批量生产，就如竹篮台灯，灯在竹篓里，安在黄黄的木桩上面，不开时米黄的新篾罩子与农家的新篓子没有两样；一开灯，顿时就有了暖暖的黄、花花的彩，屋里的各个角落它就是当然的主角。还有中外合作的轮椅产品，设计出模块化的轮子组件，运送到非洲等贫困地区，随便在当地找一张椅子一组装就成轮椅了，便宜、结实、运输方便，这项创客成果还获得了德国的红点奖呢。

点评：创客为何能大行其道

创客于生活，可谓是对既有现实的颠覆，所以权威媒体列出其出现到流行带来了劳动力比重持续萎缩、扁平化是工业制造的未来、能源互联网带来变革、经济模式将从依赖能源到依赖知识等显著的变化。由于材料来源的方便、包括3D打印在内的成型技术普及，脑中灵光乍现，然后创客们就可自己动手设计生产一件自用的立体化文字框、创可贴打印机、埃菲尔铁塔台灯，当然也可把它当成礼物送给好友。

创客运动本世纪兴起，从 2007 年德国柏林创客大会到 2011 年纽约创客博览会，现在已经蔓延到世界各个角落包括非洲、北欧等国家，肯尼亚、北欧等国政府纷纷给予创客们大力的支持。

创客的精髓是创新，创客富集地就是创意艺术富集地，在这里不管你是硬件高手、电子艺术家、雕塑家、设计师、DIY 爱好者，你都是激情与灵感饱满的人。所以，安德森将创客称其为长尾理论必然的产物。

何谓长尾理论？长尾理论是指，当商品储存流通展示的场地和渠道足够宽广，商品生产成本急剧下降

以至于个人都可以进行生产，并且商品的销售成本急剧降低时，几乎任何以前看似需求极低的产品，只要有卖，都会有人买。这些需求和销量不高的产品所共同占据的市场份额，可以和主流产品的份额比肩，甚至更大。所以，商业和文化的未来不在于传统需求曲线上那个代表"畅销商品"的头部；而是那条代表"冷门商品"经常为人遗忘的长尾（冷门商品的和）。比如，Google 就是一个最典型的"长尾"公司，其成长历程就是把广告商和出版商的"长尾"商业化的过程。

于是，个性化、定制和"秀出我自己"的唯一性就成为创客的精神高地，而这恰恰迎合了当代人追求自我的趣味。于是，创客在大都市中用激情和灵感混搭技术和艺术，创意便浪潮汹涌并在城市里蔓延开来。

话题缘起：春节刚过，"设计""创意""艺术"及"产业"又成为城市里炙热烫手的词汇，这些无烟、环保主要以灵感和头脑风暴为"驱动力"的各种活动，各大中城市可谓是你方唱罢我登场，唯恐落在人后。但我们在走过了眼花缭乱的设计周、访问了各种双年展，走进了各个宏敞的"设计××"，目睹实则似曾相识的展和节，我们要思考——

城市，需要怎样的创新设计

思考问题 1　真的是"西方遇见东方"

"文化创意"产业当然是近年来国人极力追捧的词语，可是和有着悠久创意传统的西方创意强国相比，我们尚处于起步追赶的阶段。

所以，无论是什么名义的涉艺术涉创意涉设计产业，找西方就成为坚定的思维定势，就像这次名头响亮的"设计上海"，巨大的帽子下，同样"逾 150 个世界知名艺术设计品牌齐聚上海，其中 90% 的品牌为首次登陆中国"，所以举办方称"是中国迄今为止规模最大的国际原创设计博览会"，是"东方遇见了西方"。其实，说东方邀请了西方，英国公司允而操刀似乎更为合适；再者，巨大的设计帽子下面，其实是家具展，于是走出展馆，不免心生被忽悠的感觉。设计视野里，家具毕竟只是极小的一块呢。

我们邀请人家并能邀请到，当然是中国作为新兴经济体越来越受到世界重视的必然结果，可是当我们徜徉在气势颇为宏大的"竹林深处"，看到被裁剪的粗粗竹竿，零碎飘荡着的印花布，听着各种林间声音的"营造"：这位爱尔兰艺术家分明是试图用中国的元素迎合中国的观者，就好比西医遇见了中医，我们的感觉就是西方艺术家碰上中国观众时表现出的生硬且无厘头，倒不如清晨走进乡间的竹林更来得的真实而新鲜水灵。

还有英国老牌制造商葛福瑞（Geoffrey Parker Games）设计的中国"国粹"——麻将桌，麻将盒旁站满了参观者。盒子分为4层，第一层装雪茄，第二、三层放置麻将牌，最后一层空间最大，用于摆放茶杯。一位老者观看后感叹"真是中西合璧"，我们看了心里味道怪怪的。

西方来到了东方之后，西方艺术家们有先行者、有疑虑者（一楼设立的知识产权室印证了的），也有迎合者，所以即使东方真的遇见了西方，我们"打铁还需自身硬"，你说呢？

思考问题2 设计高手一定在民间

不仅是设计上海，国内各种展、节、周，都时兴找来非黑眼睛黑头发设计师，且越多越荣，蔚成时尚。

比如建筑，扎哈、诺曼·福克斯、格伦·马库特等等，请他们设计鸟巢、大裤衩、秋裤、巨蛋，凡此种种大家都已耳熟能详。但，作为艺术与生活之桥的设计，是否一定要请大师？我想起了一句"高手在民间"的话，尤其是在经济文化高度发达的大中城市，"设计智库"里应有民间的份额。

我们的民族向来智慧幽默，且不说那些卷筒做成墙花，衣服破了一个洞便绣只蝴蝶，树墩子变成凤凰椅子的，这些奇思妙想的呈现者们都是你我身边的普通人；还有，也许你听过橘子的广告——"甜过初恋"，网吧的"网速实在太快，请系好安全带"，还有彩票广告："我给大家讲个故事：从前有一位屌丝，进来买张刮刮乐，出去就变高富帅。至于你信不信，反正我信了。"你说哪一个不是"宣传自己像神"一样的高手？

说说西班牙的萨拉曼卡（Salamanca）的贝壳之家（Casa de las Conchas），这是一座建于15世纪的非典型哥特式建筑，在建筑的外立面上，密密麻麻地攀附着贝壳状的外凸石刻，煞是惹眼；往里走，房子的大门、阳台、扶手、灯具，极精致的花纹格局，加上镶贴着扇贝样的贝壳，连扶手望柱上的狮子手捧的盾牌也像扇贝，以至于参观者感叹："屋檐华丽也算了，连个水漏也是个艺术雕刻。""想必高迪也来观摩过。"这栋用贝壳设计装饰的宫殿今已声名远播，可是作者却是无名氏。

思考问题3　名头响亮接地气有多少

当邀请非中文名字的设计师为创意、设计、艺术站台、走场、顶腰成为我们谋划创意产业的习惯时，我们可曾想到过"票房"，可曾想到这些大师们的创意是否符合中国国情，是否接了百姓的地气？

年前沪上的一场"西岸"双年展那惨淡的参观场景让我们至今仍觉得：即使是政府行为，也不该这样近乎傻地烧钱，那都是纳税人的钱哪！我们从进去参观到离开，一个多小时里场内所有的人（包括工作人员）不超过30人。这样的艺术、这样的设计，无论专家们如何自我陶醉自我赞许，也是失败的，因为它不接地气。所以，联合国教科文组织"创意城市（上海）"一位负责人所说，上海正在致力于"搭建一个亲民互动的平台，把设计的种子播撒到千家万户和每个人的心中，让生活在这个城市的人们关注设计、参与设计、享受设计。让繁复的设计'平民化'，易懂；让简单的设计'专业化'，好用"。

令人欣喜的是，行业、企业率先行动起来，海峡两岸运动鞋创意大赛已经办了数届；中国元素创意大赛、各地官方的设计大赛近年来也纷纷登场，最近台州的创意设计大赛内容就涉及视觉传达设计、生活饰品、卫浴洁具等。说近的，在"设计上海"博览现场，

水之创意

倒是对一家名叫"如恩制作"的作品给我们的印象颇深，那是一张由木材与玻璃钢制成的黑色座椅，已被大英博物馆采用；还有瓷木结合的明式家具，木质座椅配上陶瓷靠背，正如设计师所说："家具不应仅仅是工具，更应是艺术品。改良古典家具，我们要向世界推广中国文化。"

评论：展览进了锅里都是肉？

应该说，"设计上海"家具博览会有两点是新亮点：一是参观人数爆棚，二是中外参展的设计艺术家比例2：8。当然是好事，可是网上预约的瘫痪，受场地的限制入场前的必须排队登记（后来变成卖票），让这种小容量的爆棚多少有些"心虚"；再者，想逃走的蜈蚣凳、绕灯游的鱼儿，都是限量版的"私人定制"，一把凳子18万元，你买吗？

窃以为，设计虽然是跨界（生活的艺术、艺术地生活）的，但跨界并不是没有创意和艺术水准的遁词。设计的精髓是要通过艺术创作把文化和生活、精神世界和物质世界连到一起，因此设计的起点是悟透文化、接上地气。

设计展不是东西方设计作品的杂烩展。细检我们近几年来参观的各种展览，脑海里可谓是纷纷扰扰，光怪陆离，虽然各种展览的名头都很大，大有互不相让的意思，但熟悉的面孔、作品的"转场"，前卫却不接中国地气的洋设计、拉到大腕就是胜利的拼盘式展览，让我们脑子里乱哄哄、玩噱头的印象相当"爆棚"。

大家都知道，展览大都是有一个主题的，比如伦敦设计周的"地标计划"，它每年的地标作品都让人印象深刻并津津乐道。可是，我们有几位展览人是忠诚于展览主题并严格筛选参展作品的，倒是"进了锅里都是肉"的展览常见。几年来，看着这些展览，脑海里不时闪现上海世博会鲜明的主题和较为统一的展览内容，看着现实想着当年，还是念旧。

刚刚过去的"2月28日第十一个世界居住条件调查日"。衣食住行，安居乐业，居住当然是民生大事，人均住房面积自然是衡量居住条件好坏的重要指标，但住房是否越大越好，房子是否越新越好，美的生活与房子的艺术指数有无关联？

住房艺术指数去哪儿了
——第11个"世界居住条件调查日"后思考

● 谈到居住条件，大家很容易就与居住面积联系起来，房子当然是越大越好，大了宽敞了就好筹划安排了。日本户均92平方米马马虎虎，英国98平方米还行，

美国户均 177 平方米才叫幸福和小康，我们国家现在户均 65 平方米，幸福刚刚才起步。

香港一位名叫张智强的建筑设计师，用他居住了 40 年、才 32 平方米的家打破了这种错误观念。这样的蜗居经过他的妙手设计，竟得了 1999 年亚太地区室内设计个人住宅类冠军，

香港设计师在自己 30 多平方米的蜗居中变出 24 个功能区

现在几乎成了小户型变出大空间的典范。

这套小房子是张智强小时候与父母及 3 个姐妹共同居住的地方。随着姐妹们相继出嫁，张智强从 1988 年开始对房子进行了 3 次改造，装进了所有他想要的内容。首先，他打破了所有区隔，把生活、工作、娱乐不同的功能进行重叠和隐身，例如床和沙发重叠，窗帘与投影屏幕重叠，卧室、客厅、放映间、小走廊全都变魔术般眨眼就来、挥之即去，他甚至还给自己弄出一个私家影院。"诀窍就在于巧用窗帘、壁橱和遍布家具底部的活动滑轮"，意大利著名设计师洛朗·居蒂耶雷指出："这使原本狭小的房子成为变化多端、充满活力的空间形式，原本冲突的梦想和现实，经过妙手设计合而为一。"

走进张智强的蜗居，随着白色、米黄，还有幽蓝灯光的不断变幻，32 平方米空间活脱脱成了一个百变精灵。家里的墙壁、布和家具基本是白色，靠不同颜色的灯光营造不同的氛围。张智强告诉我们，在这里，灯光是空间里舞动的灵魂，紫色、水蓝色的光辉里，帘随风飘动，光与影在 32 平方米的空间里就暧昧起来。

● 旧的房子不等于简陋。古徽州的西递、宏村自不必说，也不说构筑精致、天井重重、黑白灰错杂的苏州民居了，就说说江南常见的天井吧。

江南民居常常临水依山，中轴对称，围合密闭，四面房屋相互联属，屋面搭接，中间的小院落因檐连廊接，形似井口，故又称之为天井。开敞的

江南古民居内景

天井既供四面房屋采光通风，也是一家人活动的核心；还因四面房顶上的雨水都流入天井，"四水归堂"，带财（水），所以苏浙、两湖、闽粤民居普遍采用。

在春雨绵绵的时节，到苏浙百姓家，哪家不是一边剥毛豆、纳鞋底，一边唠家常，我们中的许多人都被这样的环境熏陶着长大呢！天井建筑设计的艺术传统，在江南流淌了千百年，滋养了一个民族，我们的性格、品位和修养都被四水归堂的氛围深深滋养着，那就是家。

● **老房子适应新时代当然是应该的，但是否一定要大拆大建？加拿大蒙特利尔人的回答是：因地制宜。**

像很多老城一样，蒙特利尔的法式古城一样得"修旧如旧"。当地政府要求居民，住宅装修必须遵守一条准则，那就是保持该建筑原有风貌不变。走在老街上，黑黑的楼梯旋转着像音符一样转着上了楼；红红的扶手黄黄的台阶，仔细看二楼的梯内还怀揣着一楼的梯；大约是一楼做了店面，这家的楼梯从二楼开始，通向了三、四楼，黑黑的楼梯挽着红、紫的绸带，空间立刻亮闪着活跃起来；阳光下，家家楼梯或金碧辉煌、或黝黑锃亮，梯上花卉、鸟类、宠物、山水图像，把房主的爱好与性情一览无余。所以，到蒙特利尔，一定要看老城的楼梯艺术，这道文化风景线养眼。

顺着楼梯再看蒙特利尔的房屋，不少是木头造的，这些都是老城最珍贵的建筑遗产了。在老城，木屋内核不能变，但木屋的外壳随你挑选五花八门的复合材料，随心所欲地按你的喜好搭建。于是，我们就看见一栋栋换了"马甲"的老屋都很"童颜"，老街简直就是五彩缤纷的花园。更有趣的是，有些设计者为突出房屋"内核"用料的珍贵，还把木料的年轮纹理描画在"马甲"上，显摆！但，整幢建筑就有了生命，在我们面前神采奕奕、青春可人起来。

题内话：不屑"高大上"

居住条件与艺术、与应用有关，与大小、房龄无关。

随着住房条件的逐步改善，我们不得不承认的现象：许多人占有更大房子的愿望与日俱增。由此空置房、占置房等等时见报端，房妹、房叔、房婶更是跳三舞二地频频登场，人们物质化的神经被越绷越紧。果真需要吗？

最近微博上流行用"高大上"来形容所谓高端、大气、上档次的事物，如今很多人对住房的观念也是如此，似乎住房面积越大、空间占有越多，就越显得生活水平"高大上"，既显身价又有艺术品位。这种"以大为美"又被广而扩之，延伸到办公室越大越显身份，用车也越大型越有面子。而事实上呢？对比之下，香港设计师张智强的30平方米蜗居正是最有力的反驳；微博上被疯狂转发的"蜗居改造""宿舍大变样"，也充分说明了越来越多的人意识到小空间一样可以住得很艺术、很娱乐。

居住需要满足人的很多需求：最基本的生活需要、最实际的使用需要、令人舒心的视觉需要，以及更深层次的精神需要和艺术需要等等，要满足这些需要中，"高大上"绝对不是必要条件，有时甚至恰恰相反，小空间往往更能激发设计，更能展现艺术的智慧和张力。

在空间使用这一点上，世界上很多国家都做得很好，而中国城市人口密度大，一旦在居住空间上追求面积大，势必会对本来就紧缺的自然资源造成更大的压力。想想北京、上海等一线城市的建筑密集程度，再联系到居高不下的房价以及日益严重的雾霾，再不赶快纠正这种崇尚"高大上"的风气，我们的整个城市都会变得不宜居，那时候，个人的住宅再大再豪华，事实上的美又会在何处？

借着今年刚刚过去的"世界居住条件调查日"，但愿大家更正一下住房、占房观念吧！

编者按：本月初，英国、美国媒体报道，总部设在美国得州奥斯汀的全球语言观察机构（GLM）公布的最新调查结果称，纽约成为新的全球时尚之都，而上海排名从2012年的第22位跃升至第10位，超过东京成为亚洲最时尚的城市。如此排名，西方媒体在争论"时尚与艺术谁引领、谁垫底"之声是以何为标准？"时尚"的内涵是精致？是艺术？还是炒作？我们应该怎样看待？在荣获亚洲首位的同时，喜悦之际还应该想想：我们底气够足吗？

扇动翅膀是艺术这个精灵

——上海成为"亚洲时尚之都"艺事缘起

引领潮流，还需艺术打底

时尚的内核是引领潮流的精气神，而艺术则决定了它的"格"。所以艺术家说，时尚是永远不会过时而又充满活力的艺术，是可望而不可及的灵感，它能令人充满激情、充满幻想；有人说，时尚与快乐是一对恋人，他的快乐来自时尚，而时尚又注定了他的快乐。

在我们看来，时尚以艺术打底，追求时尚也是一门"艺术"。模仿、从众只是"初级阶段"，而它的高级境界则是从一拨一拨的时尚潮流中抽丝剥茧，萃取它的本质和真义，不会去追赶物质或名誉，而是自在地驾驭思想去品味意蕴丰富的文化内涵。

马年前夕，上海举办了"喜欢上海的理由——寻踪上海99个经典符号"活动，百万余名市民网友参与选出的99个经典符号，涉及到人物、建筑、马路、文化、美食、老字号等六个大类，欧陆风情的外滩、子弹速度的磁悬浮、耸入云天的大厦、法式糕点、爵士乐、迷人的19世纪里弄、外滩的鸡尾酒，还有金茂大厦、浦东机场，很奇妙地混合在一起，很巧妙地淡定，很奇妙地让人自在安宁，让人明白了潮流不能没有艺术文化打底。

莫奈证明：经典亦是流行

时尚之都艺事多，最近最火的莫过于"莫奈展"了。在淮海路K11地下亮相的《睡莲》《紫藤花》《萱草》等55件作品，火爆到100元一张的门票很快就卖光了10万张；现场观众把商场地下一层、二层全部填满，从购票到入场大约需要 150 分钟。

为何莫奈如此受欢迎？当商业与艺术、时尚联姻，迸发出的能量足以让"睡莲"笑靥绽开，款款盈盈。年轻人对经典艺术热情高涨，甚至远远超过了其他当代艺术展，"莫奈展"绝不是一次特例，去年在中华艺术宫举办的"米勒、库尔贝和法国自然主义：巴黎奥赛博物馆珍藏"同样大受欢迎。越来越多人已经意识到，没有对经典艺术的了解和认知，对时尚的理解也无法全面和深刻，更别提走在潮流尖端了。有了"莫奈展"这样送到家门口的艺术饕餮，让人们争相品尝也是必然。

当我们成为"时尚之都"时，当政府、时尚艺术人士一起努力并端出丰盛大餐时，我们应该学习更多。

一不小心，我们"时尚"了

作为独立并且独特的观察机构，随着 GLM 最新调查结果的公布，上海成为了亚洲时尚先锋，把原来的带头大哥东京挤到了第 11 位，新加坡和香港则被远远甩在后面（新加坡名列第 19 位、香港第 20 位）。过去 3 年，GLM 追踪 25 万个博客、平面媒体与社交平台，寻找和时尚相关的热门字，比如"时尚""流行""最佳设计师""街头风格"等，接着观察这些词的出现频率和前后文，建立相关档案，最终列出全球时尚城市排行榜。

上海成了时尚之都，阿拉当然高兴，可是，根据网络搜索统计的结果更多基于语言数据信息，多少有些片面，我们可不能"恃宠而骄"。GLM 的调查无疑证明了上海这几年的确在"时尚"上快速提升着，所以才会在各大媒体和网络平台上频频出现与此相关的信息，然而这却并不能完全证明上海已经在质量上超越了曾经稳居前列的那些亚洲时尚都市。时尚不等于流行，时尚更需要长时间的文化铺垫，作为土生土长的上海人，我们应当清楚身边的时尚才刚刚起步，GLM 榜单的出炉不该让我们自满，而该激励我们更好地打造上海特色的时尚文化。

题内话：不做"土豪"

打开网络搜索引擎，输入：时尚，你会发现几乎每一个领域都有这两个字的存在。那么，时尚究竟是什么？

在我看来，时尚首先是一种理念，它并不完全依靠外在的物质来判断。不说一座城市有多少著名的建筑，不说它有多少让人如数家珍的博物馆、艺术馆，不说它有多么丰富的表演艺术、街头艺术，先看看这座城市的人是否懂得艺术。追求时尚不是为了攀比谁的奢侈品更多，不是比较谁更会打扮自己，也不是为了向朋友炫耀看了什么大师级的走秀，而是应该拷问自己从时尚中收获了多少美的享受。

从而进一步说，时尚是一种精神。设计师、建筑师在设计商品和建筑的时候不随波逐流，按照自己的想法，按照城市的节奏，设计出与众不同却又能让大众看了感觉舒服的作品，让人能够从中享受到积极、正面的能量，这才是时尚的体现。

纽约历来被称为世界时尚之都，因为去过的人都能感受到这座城市

有着一颗快乐与敏锐的心，这颗心热情洋溢，对世界充满好奇，并把这份好奇探索的快乐传达给所有人，无论是当地居民还是驴友。虽然这座城市的环境有其复杂灰暗的一面，却丝毫不妨碍艺术的茁壮蓬勃，因为它的心是童真的、美好的、享受的。

而上海虽然是中国城市中的时尚之都，但我们的时尚却还更多停留在表面上，尽管我们引进的时尚品牌丝毫不少于东京、香港、首尔等城市，但显然大部分人并不注重艺术在时尚中的分量。之所以流行"土豪"这个词，不也正是我们对愿意花大把钱买时尚品、艺术品收藏，却不懂得享受其中真正的艺术理念的人的一种讽刺吗？

作为时尚之都，我们才刚起步，不为此沾沾自喜，多看到我们与真正发达的时尚都市之间的差距，补给我们缺少的艺术理念和精神，才能让这个称号更加名副其实。

话题缘起：3月13日，来自上海、南京、杭州，甚至武汉的大学生把同济建筑设计研究院的礼堂挤得水泄不通，凳子上、过道上、走廊上，一切能站、能坐的地方全部塞满了人，他们想聆听建筑设计大师安藤忠雄的讲演；门外还有数不清的手持站票却进不来的年轻人，他们在大声理论，他们的声音穿过门扉。我的身边一位学规划的大学生，翻阅着刚买的安藤忠雄签名的作品集，清秀青春的脸上流淌着心满意足的表情，他承认自己是大师的铁杆粉丝。面对此情此景，我在想，我们的这些年轻人能否像安藤忠雄那样——

用建筑艺术去思考?

学过木匠，当过拳击手，没上过大学的人与建筑界的奥斯卡普利兹克奖的距离有多远?

安藤忠雄为梦想而奔跑

礼堂里坐满了年轻人，他们很自觉地一层层、一圈圈地很快就把各种能站能坐的地方填满了，唯独空下中间的座位，后来主办方一声"大家可以坐中间的空位子"，于是，空位也被迅速填满。这时的同学们个个脸上写满了期待和浓浓的满足之情，他们比还在外面哀求、争执着想进来的同学们不知要幸福多少倍，你看，他们的偶像安藤忠雄走上讲台了。

虽然 N 次讲过，后来有人吐槽：2008 年那次来同济，讲的也是这个题目，但不管怎样安藤忠雄还是要"为梦想奔跑"。这位 1941 年生人，没有上过正规的大学，15 岁前学过木匠，16 岁开始学拳击，几年后他拿着比赛挣得的钱周游列国，然后为梦想开始了"造屋"。再后来就因为造屋的成绩得了素有建筑界奥斯卡的普利兹克奖，安藤忠雄把 10 万元奖金捐给了神户地震的孤儿。

安藤忠雄造房子从蜗居开始。1973 年到 1983 年的十年间，正是日本经济高速增长的时期，这十年他的作品几乎全部都是大大小小的住宅，富岛邸、平冈邸、宇野邸、山口邸、住吉的长屋等等。1986 年以后他的设计才慢慢进入公共建筑领域，其中包括教堂、艺术馆、美术馆、商场等。安藤忠雄所设计的建筑，小的才数十平方米，他的创业时期，首先考虑的是谋生，比如住吉的长屋。可以说，假若没有了坚持，没有了为梦想而奔跑、而酿造，就不会有今天的安藤忠雄。

虽然日后设计的作品大多集中在公共领域，美术馆、博物馆、商场，但安藤忠雄说"种子都在这70平方米的旧屋改造中种下"。

住吉的长屋，用建筑艺术思考

和我们的老城区改造一样，只不过日本的土地很多都是私有的，于是老屋的翻新就更加的千奇百怪，更加考验设计师的智慧，大阪"住吉的长屋"就是。

添丁了，而且接二连三，先一个后两个，两年多里一口气添仨，30多平方米的老房子不够住了，房子肯定得增加面积。但如何增加？那么窄的基地，只有向空中发展，可是生活质量能随着提升吗？真是个令人纠结的问题。

那时还很年轻的安藤忠雄来了，围着老房子反复地转，望着逼仄的天空反复地想，最后想出了用清水混凝土、以几何形状简洁地构成住吉的家，用我们的老话说，就是螺蛳壳里做道场。

于是，安藤忠雄用清水混凝土墙砌成的两层楼代替了那座老屋，长屋从低矮的瓦屋中跳出，仿佛鲤鱼跳出水面，房子分为三个部分，两头是房间，中间竟然安置了一个室外庭院。你知道这是怎么安排的吗？纵向三间屋，大门开在中间，中间就是一个阳光庭院，顺着楼梯上到二楼，然后走天桥就可在各个房间自由穿行了。清水混凝土的墙，一个一个圆圆的"眼"都还在，再就是很现代的玻璃门窗，房屋的生机和诗意全撒在中间的庭院，让一家人关起门来仍和大自然零距离，阳光雨露、风雨雷电一年四季轮番上演，主人和万物一起呼吸。想一想吧，星期天的早晨，一杯茶、一张报，坐在院子里，看阳光在素面朝天的光洁混凝土墙壁上滑动，你就瞬间明白了什么叫返璞归真，什么叫天人合一。

安藤忠雄在给学生上课的时候说："我切掉部分长屋，插入表现抽象艺术的混凝土盒子，将关西人常年居住的长屋要素置换成现代建筑。"要知道安藤也是在这样的长屋中长大。虽然他日后设计了大量公共作品，大小才70平方米的住吉的长屋却是他用建筑艺术进行思考的"井冈山"。他曾坦言，日后建筑作品的理念，几乎都已经在住吉的长屋中进行过思考。

素有清水混凝土诗人的安藤忠雄用他惯常的设计手法去思考、去彰显，在他眼里——

"建筑是一种媒介"

1980年代以后，安藤忠雄的舞台越来越大，设计了大量的公共建筑，其中包括六甲山教堂、水的教堂、光的教堂、姬路儿童博物馆、当代艺术博物馆、芝加哥艺术学院、六甲集合住宅系列、沃思堡现代美术馆、水的剧场、Akka画廊等等，清水混凝土，几何构图，充分利用光、水、地形等元素成为安藤忠雄式的建筑设计艺术语言。

比如他的小邸及扩建就是"场地意匠"的一个极好案例：还是清水混凝土，还是矩状体块，只是基地上原就有树木，于是建筑一半掩埋在一片绿色的草坡之中，两个体块大小和形状略有不同的构筑通过地下通道联系起来，中间围合成一个顺地势跌落的庭院。

光之教堂最精彩的当然就是光从圣坛后面混凝土墙切出的"十"字缝中泻入座椅之中；水之教堂中所有的座椅都面水而坐（前有移动玻璃墙），水中间是一个肃穆的十字架，十字架的背景是青山树木：在安藤忠雄这里，建筑艺术语言已经是他用来思考人与自然、人与神灵的手段和长梯了。设想一下：灰暗的教堂里祈祷的教徒们看见这个光书写的十字架，那种通明透亮谁说不是看到了天堂的光辉；看见青山绿水中的十字架，就知道离上帝近了。

而他设计的佛教本福寺水御堂，你要到水御堂，必须先经过旧庙，沿满眼苍翠的路往上走，便到达一片铺满白色碎石的开阔地带，穿过、绕过两堵一直一弯的混凝土墙之后，你就就会见到一个椭圆形的莲花池。水御堂其实是藏在莲花池之下，要进入建筑物，需要在莲花池中央的楼梯拾级而下，犹如进入水中。常见的宗教建筑大多是向上走，以表达宗教修养的提升和对上天的接近，而水御堂的设计却要让人往下走？原来，安藤忠雄是要香客们在莲花池的包围中洗涤心灵，慢慢进入庙宇。更有趣的是，他设计的这座庙宇还运用了象征性的几何形状：卵形池塘象征着诞生和再生，而圆形大殿则象征生生世世、循环不息的轮回；而大殿的方框屏风，排成方阵的柱子，承继了日本传统建筑，隐隐地透出禅意。

题内话　灵魂抄不了

学安藤，学什么？这真是个问题。

讲演现场，价格 400 多元的安藤忠雄作品集很好卖，现场至少四分之一的人手中都宝贝着这本书；看来，安藤设计的每一个案例都会入其眼入其心了。

视野开阔些再阔些，放眼全球已成为国人习惯。现在的中国房地产市场，楼名那是"洋马甲"满天飞，设计师凡是洋名那大都敬为上宾，正如中国工程院院士程泰宁所说，有的重点工程的建筑招投标项目要求国内建筑师不能独立参加，必须在指定或绑定一名国外建筑师参与的情况下才有参与资格。此风之下，抄袭甚至全盘照搬安藤忠雄、扎哈等外国建筑师的设计当然屡见不鲜，反正你决策者也不知道理查德·迈耶、弗兰克·盖里、诺曼·福斯特、雅克·赫尔佐格。

其实，任何成功的设计，其艺术表象背后都有深刻的人文思想蕴含其中，安藤忠雄被誉为清水混凝土的诗人，但他说："当建筑以其简洁的几何排列，被从穹顶中央一个直径为9米的洞孔所射进的光线照亮时，这个建筑的空间才真正地存在。""光赋予美以戏剧性，风和雨通过他们对人体发生作用，从而给生活增添色彩。建筑是一种媒介，使人们去感受自然的存在。""在一个场地中，建筑试图去控制空无，而空无同时也在控制着建筑。""日本是从人工环境和大自然的融合中发展出来的，它产生于对地形的识读和对自然的意识。"这些思想都是安藤忠雄从自己漫长的设计实践中体会总结出来的，它们才是安藤所有建筑设计经验的"压舱石"。

所以，我们要说，经验是不可复制的。大师的作品再精彩，你直接抄过来，那也是人家的，因为你抄的是皮毛，抄不走的是人家的思想和理念。只有你和安藤一样用建筑艺术去思考，才有可能出现大师，如王澍——那位用中国范儿的建筑语言去思考，并且对他人的"指点""虚心接受，坚决不改"的普利兹克奖得主。

按：刊登安藤忠雄的这期为通版

近日，住建部、国家文物局联合下发通知，公布了第六批中国历史文化名镇（村）名单，全国共有71个镇、107个村入选。这些村镇为何能入选？比如上海的川沙、金泽古镇，古镇面貌与功能更新，设计应该如何作为？

激活老城记忆，设计应这样拿捏

成为历史文化名镇

川沙古镇入选第六批名镇，并非偶然，除了思路清晰、规划先行之外，还有更重要的一点，那就是留住"浦东文化之根"——内史第。并以"内史第"为中心，当地打造了一个面积约20公顷的历史文化风貌保护区。其中，全长约130米、宽约4米的南市街，恢复的是

川沙内史第

明清老街的风貌，用特色书画、礼品、古玩填充老街；中市街、北市街口修建"父子进士坊"牌楼，在中市街、东城壕路口筹建"钦奖武功坊"牌楼。纵观川沙古镇的做法，和以前最大的不同就是：摒弃大拆大建，坚决有机更新。

有机更新，实际就是最大限度地保留住古建筑的历史信息和文脉，该落架的落架整修，该编号的就编号拆下来，修好了再按原来的顺序还原；粘合剂也不用水泥，而是石灰加配料，糯米用不用虽难说，但古法那是要尽量遵守的。如此整修完毕的古建筑，设计的作用就是查漏补缺，不越位不抢位。于是，这样梳妆打扮好的老城历史文脉和城市肌理都保存下来了，诗意且画意地栖居就有了可能性。

据了解，现在的川沙古城已经完成了南市街、中市街原本集聚居民住宅、食品商店、维修铺等，450年的筑城史厚重且直达感官；今年，镇上又启动了北市街和西市街的修缮。市民可以欣赏到松木梁柱、木质阳台、欧式山花、水沙石墙面等清代、民国和五六十年代不同建筑元素齐聚的川沙老城厢。

更新成为通行做法

其实，有机更新让老城重焕青春的设计手法，在世界早已司空见惯。你走在

美国小镇，都能发现长长高高大大的旧谷仓，红白搭配或者白褐相间，有的干脆黛色的瓦木头的墙，一派自然本色，但都完好如初，光鲜亮闪，原来他们都用独特的设计修缮手法让历史活着，"活"在了现代都市风景里。房墙屋顶以补缺修漏、粉刷维新为主旋律，"V"字状四边形旧观外貌那是要保存的；内部空间当然要按照"都市生活的一部分"为宗旨，增添必要的现代设施，比如灯光舞台，比如洗涮盥漱。

一座旧谷仓要成为演出娱乐场所，相应的舞台和座椅是必须的；改造成为美术工作室和画廊，咖啡间、展架和小型会议空间则是必须的，"这样改造过后，附近的居民、喜欢郊野的艺术家就很快来了，在旧谷仓里搞个展，弄个音乐会，来个画廊，有意思"！当地一位圈内人士告诉我们。在美国，类似旧谷仓的构筑物很多，像水塔、码头、冶炼炉、烟囱、铁轨等，最近获得世人盛赞的纽约空中步道就是个典型的设计制胜之作，工农业时代的遗存变身艺术，看来是趋势。

设计是文脉一部分

设计是文脉的延续，设计本身也是文脉的一部分，哪怕是恶作剧式的"设计"，只要"有意思"，当然也要尊重。你到剑桥大学的三一学院，迎面就能看见大楼大门上方的圆形洞窟里，三一学院的创始人、威严的国王亨利八世的塑像，他左手托着象征王位的金色十字架圆球，但右手举着的却是一根椅子腿，就这样一举举了500年，这里面有故事。原来，为了记住这位创办人，院方决定为他塑座像，但学生却看不惯国王一副盛气凌人的模样，还骑到大学的头上（每天都要从他的脚下门洞里过），于是，上去把权杖摘了下来，院方只好再做一个新权杖放回国王手里，不久又被学生取下。如此三个来回，学校终于放弃；学生也没罢休，而是乘着夜色给国王手里"递"上只椅子腿。校方只好默认，直到今天。现在，举着椅子腿的国王已是学院最骄傲的一景了。于是，这所学院走出了32位诺贝尔奖得主、6个英国首相，其中包括牛顿、达尔文、培根、弥尔顿……是设计？要是也是灰色的，但气氛的自由和思想的自由，是这只500岁椅子腿的本义。

达沃斯人呢，他们把自己的历史画在墙上。达沃斯的驰名不是因为世界经济论坛而是更早的"肺病疗养地"，因为这里海拔高、不折腾，仅有的两条小路还是单行道（原就没打算走汽车）。达沃斯小镇的居民改变生活状态的设计就是在墙上画画，灰白的墙面就是作画的画布了，在自家的窗户四周画上花卉，把飞禽走兽画在屋角飞檐或大门把手边上，那都是他们喜欢的；如果你懂得当地的文化和风俗，你还会发现，这里的人家墙上的花卉植物、小动物，它们的读音往往还是主人的姓氏或意思相近的发音：设计的另一种模式，全民参与，各显神通。

评论：别蛮干　善因势　善利导

老城必须更新，是我们的国情。因为，千百年遗存下来的古城古镇古村落，都已经不适应现代生活的人性化便利化和诗化的要求了，但现在各地普遍采取的是政府拍脑袋决策，专家学者出方案，然后就是推土机、大吊车一起上，颠覆式推掉破旧但历史信息丰富的真古董，快速建起一座铜臭气息浓重的假古董，像山西大同，于是人气没了，游客来了：只有商业，没有其他，因为文脉被斩断了。

可行的做法是善因势，善利导。涂鸦，很多人的爱好，立陶宛的大城市考纳斯就是，于是政府鼓励大家创作，结果涂鸦艺术成了这座城市的特色景观。夸张而惊悚的老者，手捧巨大的烟斗（过房顶），头脚灰白，身上仿佛是红色的网格状紧身衣，是男是女？常常看见，在这栋四层的大楼楼前停车的人走出车门，打量半天，笑一笑，再看看，然后摇摇头或者点点头走了：谁说这样的做法不是更新城市？

任何一座城市，都有老建筑，它们大部分尚未被确定为文物或历史建筑，但它们具有历史学、社会学、建筑学和科技、审美价值。留住它们，就可以保留城市记忆，就可以留住城市的温度，就可以让它们见证城市的发展。要知道，这些建筑是不可再生、不可复制的城市历史、文化记忆，丢了就再也找不回来了，正如我们再聪明也生产不出秦时的砖汉时的瓦一样。

而我们因老城文脉之势，因文化基因而导，用设计将历史的信息有机更新为新的城市元素、文化符号，老城就会焕发出勃勃生机，才不会发生梁思成、林徽因故居"维修性拆除"事件（冯骥才说："这个词拿到联合国教科文组织去，会叫人笑掉大牙的。"）。

话题缘起: 近日,我们来到宝山一家用集装箱搭建的创意园区,外面看一只只长长方方的箱子就这样码在那里,像一座座山、一座座等待运输的箱子山。当我们走进箱子时,却发现里面确确实实是集创意、展览和展卖为一体的创意园。你被创意撞了腰没有,我反正被撞着了,反复想着的就是"没有废弃物,只有没被创意照到的角落"——

废弃物或艺术品?就在创意一念间

这里曾经是淞沪铁路的仓储地,这里经历了数不尽的辉煌,但现在这里沉寂了,岁月的风吹雨打,这里一天天破旧下去;但破旧的集装箱却让一群人灵感勃发,仿佛一夜之间,它变身成了环境友好的设计艺术创意园

当年淞沪铁路沿线有太多的工厂仓库了,而今他们大都废弃。废弃物中,集装箱肯定算是大个头了。集装箱有大有小,但小的体积也在 28 立方米以上,大的可达 86 立方米,其长度则从近 6 米到近 13 米不等。看着眼前这些五颜六色的集装箱,想到它们曾经足遍五湖四海,货达海角天涯,心中油然生出敬意。

外高桥、吴淞铁路边的仓库,当繁忙渐渐沉寂,热闹复归清冷,集装箱们就成了各大仓场中最扎眼的累赘,扔了处理了那可得拿出一笔不菲的处理费用;用吧,怎么用呢?

偏偏有家公司看中了它,在仓场的水泥地上,电焊、刷油漆、铺装钢构,然后堆箱子,一层层,一只只,三五天一堆集装箱就码上去了,建造就进入了室内装修阶段;一样的粉刷油漆,一样的门窗地板,不几天,别有洞天的创意屋就成了,三层两千多个平方米的面积,功能当然是现代的,工作在集装箱里边与常见的写字楼并无二致;室内环境,枯山水味儿颇浓,还是写意的,三两笔点到即止,花花的石头绿绿的树儿景色还挺好看。

废弃物利用其实应该叫再生资源艺术,因为万物从未消失,一切皆可再生。于是,西班牙人用旧钢管做出喷水的帆船,纽约人用废弃的纽扣、夹子做成了金门大桥

新世纪以来,人们的环境意识逐渐增强,废弃物的再利用已经成为很多市民的自觉行动,像卷筒纸芯变出人间百态的创意画面,矿泉水瓶子变身花篮之类已经在大城小镇常见，但是，面对长长的钢管、笨笨的机床之类，怎么办？

在西班牙，长长的钢管被扎成了帆船模样，一根钢管从船尾高高扬起头，奥妙就在于，当银色的水珠从钢管凿出的一排排整齐眼中喷涌而出时，水珠就吸附了环境中的串串银亮装饰湛蓝的海；夕阳里，水珠镀上了晶莹的鹅黄，夜色初上，暖暖的灯光从水珠中熠熠泛出，水帘软软地撒金泼银。

在纽约，用什么样的方式庆祝金门公园的140岁生日？美国艺术家用废品做出"最袖珍城市地标"，他们用收集到的废旧物品，其中包括纽扣、项链、衣服夹子等制成的金门大桥，食品包装盒、塑料盒等搭建的旧金山艺术宫和维多利亚式住房，而最具东方魅力的当属用旧电路板和麻将牌搭建的"中国城牌坊"。因为艺术家们意识到了：我们有能力毫无节制的消费，但我们有权利吗？我们可否用艺术创意来消化升华这些可再生的资源？纽约艺术家们做到了。

卫生纸筒当然也可表现宏大的场面。非洲大草原上的大象和长颈鹿、还有高高的猴面包树、紧张对垒的拳击台、生意不错的小卖部、巷子里杂耍游戏的孩童……法国艺术家安纳斯塔莎（Anastassia）有一天准备把卫生纸芯丢弃前突然想到，与其浪费，不如用来看看能做点什么？最终她决定剪一些造型再放进纸芯中，制作了很多不同场景的艺术品。透过光影，每一个纸芯都仿佛在讲述一个故事，诉说一种心情：真所谓"不怕做不到，就怕想不到"。

城市无权大量消耗资源，城市更有条件让资源再生，艺术创意在其中有着更广阔的空间，人们开始了再生艺术设计的马拉松

在行动的不仅是纽约，早在1996年，当时创立刚一年的艺术节在巴塞罗那举办过一个场面奇特的艺术活动，名为"创意·再生艺术马拉松"。艺术家格拉斯请人将巨量的废弃物拉到活动现场，交给100位艺术家用于24小时的连续创作，艺术家们最终将一地垃圾变成了一件件艺术品。现在，格拉斯毫不怀疑可再生艺术已发展成全球性的艺术现象："只要有废弃物的地方，就有再生艺术的用武之地。"

书除了看，还能做什么？37岁的德国艺术家亚历山大·科泽尔·罗宾逊（Keizer Alexander Robinson）将书变成了一个个拥有固定主题的立体书雕，被媒体称为是将废物利用到了极致。罗宾逊说："我用小刀将各个图案小心地切割出来，用插画来制作一个故事场景，切去其余的部分，让书变成一个有主题的立体书雕。雕好后，将整本书封起来，这样这些书立刻变成了雕塑装置，以艺术品的方式闪亮登场。"罗宾逊的3D书雕在英国和美国展出，反响强烈。

废弃物还能玩出艺术流派，并且代代相传。当波普艺术的鼻祖安迪·沃霍尔（Andy Warhol）创作他的《二百个坎贝尔浓汤罐头》和《玛丽莲·梦露》时，他可能想不到，多年后他本人也被"波普"了一把。最近，一幅以"坎贝尔浓汤罐头"为背景，用废弃的电池、手表、胶卷等制成的安迪·沃霍尔肖像是美国艺术家詹森·迈尔西埃的杰作，这些原材料都是沃霍尔本人丢弃的垃圾。詹森来自美国旧金山，这位充满幽默细胞、极富想象力的前卫艺术家起先用豆子、面条制作镶嵌画，后来选用口香糖、巧克力豆之类的零食，现在，明星们大量产出的垃圾激发了詹森的创作灵感，这些垃圾在他非凡的创意中个个成了艺术品，谁能说40岁的詹森·迈尔西埃不是个天才？詹森当然不必刻意去翻腾明星家的垃圾箱，明星们很乐意将这些废弃物便宜卖给他——毕竟，并非人人有机会看到这样一幅描绘自己的别出心裁的肖像艺术品。

题内话：为何做　怎么做　做什么

城市废弃物由创意而再生，这个话题每个走过或正在走工业化道路的城市都挥不去、绕不开、丢不下，当垃圾围城时，当环境恶化时，我们可否想到资源的再生利用？用废弃物经创意设计和艺术化来美化城市？唯有如此，城市才不会囚住我们，才能让生活更美好。

怎么做？艺术家当然是先锋队、主力军。我们的城市需要集结这些艺术家，定期或者定点开展再生资源的艺术创意活动，或者举办竞赛、征集活动，这样就可以加快好设计、好创意的诞生。

怎么做？当然离不开政府的倡议引导和组织。无论是我们身边的垃圾，还是废弃工厂、社区的再生创意，都离不开政府的决策指导；政府吹响集结号，插上红旗，专门人才、市民百姓自然集合，他们的能量会被极大地调动起来，因为人

阳光下，色彩鲜艳的集装箱很耀眼

集装箱围起来的庭院很有文艺范儿

人都有向善乐美之心，高手往往就在民间。

做什么？当然是化腐朽为美好，变垃圾为艺术品。我们很高兴地看到，去年秋天上海举办的首届市民创意大赛，椰子壳变成了面具，茶叶罐变成了筷子筒，牛奶盒变成了小小的收纳盒，虽然仍是"入门"级，但谁能说能将半只椰子壳变成脸谱的人将来不是艺术家？！所以要鼓励，鼓励大家争当"一表"人才。

编者按： 清明时节雨纷纷，路上行人欲断魂。每当到了追思祖先、缅怀先贤的清明节，就会想起这两句诗。天色阴沉、小雨霏霏、气氛肃穆常常是这个时节的主基调。其实，缅怀先贤还可以有另外一种方式。

新圣女公墓，雕塑艺术公园？

■ **7.5 公顷的面积，26 000 多座不同的石碑就是 26 000 多尊雕塑，它让生命穿越时空，在每一位参观者眼前熠熠闪光。**

7.5 公顷的面积，26 000 多座石碑，或雕人物、或标职业、或讲故事、或凝练一生的闪光点，雕塑艺术家们用细节去彰显逝者生前最让世界自豪的那一点，于是，初来乍到、不明就里的人肯定误以为闯入了露天雕塑博物馆。

最近数年，到过俄罗斯的国人无不为这里精湛而百花齐放的雕塑艺术品震撼："途经莫斯科时，朋友建议我一定去看看新圣女公墓。走进公墓，果然感到震撼！这里没有阴森恐怖，也不仅仅是肃穆和宁静，绿树掩映中，到处是一尊尊极富创意的雕塑，雕塑前新鲜程度不同的鲜花表明不断有人敬献，整个公墓像公园，更像展示俄罗斯雕塑家艺术才华的殿堂。能够把公墓文化做到如此极致，大概要数新圣女公墓了。"

"寒风中的墓碑没有颤抖，是我在颤抖。那一个个不同的墓碑，是精湛的雕塑。一块石头，一个头像，几个几何图形，一本展开的书，一架冲向云霄的战斗机，甚至几个跳动的音符，一张有弹孔的金属片……据说有 26 000 座。一个从中国小县城出来的作家，哪里见得到这样的阵势？我为艺术而颤抖。" "26 000 座不同的石碑，它们是生命的音乐，是生命的舞蹈，它们让灵魂诗意地飞行，让灵魂不累，让后人不累，让世界上的人，都不累。"

"这里不是阴森的墓地，而是一座露天的雕塑艺术馆，也是一座启迪人们心灵的圣园，新圣女公墓不是告别生命的地方，而是重新解读生命、净化灵魂的教堂。"

一个又一个参观者被深深震撼了，情不自禁地向这些精湛的艺术品敬礼。

■ 这里有赫鲁晓夫、叶利钦，但更多的是艺术家、文学家、战士，其中就有我们熟知的法捷耶夫、果戈理、契诃夫、托尔斯泰、卓娅……

黑白两色、颇像汉字"上""下"颠倒拗住的样子，那就是赫鲁晓夫的墓了，赫鲁晓夫生前恶骂的雕塑家为他雕了一座黑白分明、功过对半的墓碑；而叶利钦这方俄罗斯国旗状的墓碑，据说是普京亲自批准的（因为墓地紧张），就在一个路口，俄罗斯民众说他是国家前进的绊脚石，也有人说它是国家前进的指路灯。

政治人物不多说了，还是说说艺术家吧。脚尖踮起、裙盖上翘，双手上举活脱脱一只起舞的白天鹅——白色大理石上雕的就是国人熟知的俄罗斯著名芭蕾舞演员加琳娜·谢尔盖耶夫娜·乌兰诺娃，艺术家用舞姿凝固了乌兰诺娃展现给世界的最曼妙、最动人的一刻；坐在条石上把烟张望的就是俄罗斯家喻户晓的莫斯科大马戏始创人尤里·弗拉基米洛维奇·尼库林了，面前趴着的就是它的爱狗。原来，尼库林去世后不久，爱犬也死了！

这里还沉睡着普希金、果戈理、契诃夫、马雅可夫斯基、法捷耶夫、肖斯塔科维奇。你看法捷耶夫，军帽和马刀还放在案前；男高音歌唱家索比诺夫去世后，女雕刻家薇拉·伊格娜吉耶芙娜·穆希娜雕塑了一只垂死的白天鹅，它卧在一座高起的石台上，长长的脖子无力地耷拉在张开的翅膀上，一幅凄美的画面；这尊雕塑震撼了所有看到它的人，这只美丽的天鹅，成为了索比诺夫灵魂的化身。

最有看头的则是俄罗斯的军人和民族英雄，雕塑中浸满了俄罗斯人的英雄情结，它们或大义凛然，或坚毅不屈。《卓娅和舒拉的故事》感动、影响了中国整整一代人。墓园里卓娅的雕塑，表情姿态是她受绞刑时的真实情形：仰着头，身体略略前倾，双膝微屈……因为17岁的她备受凌辱并惨烈牺牲，消息传到朱可夫这里，元帅下令将杀死卓娅的德军步兵团的番号立即通报给所有的红军部队，命令说，俘虏该团官兵，一律格杀勿论，不许接受其投降。还有一飞冲天的米格飞机，左边就是欣赏它英姿的飞机设计师米高扬；厚厚的钢板、三个粗大的弹孔，上面是戴着眼镜的炮兵工程师拉夫里洛维奇，他设计制造的穿甲弹能穿透10厘米的钢板，让德军坦克吃尽苦头。

■ 新圣女公墓成了莫斯科市民放松心灵的去处，他们在这里解读生命、净化灵魂，感受生的艺术。

这些年，俄罗斯面临国际、国内的重重压力，不屑于学英语的俄罗斯人更是饱尝了从超级大国沦为二流国家的失落之苦，这也许是我们感到许多俄罗斯人来这里的原因之一。在这里面对数万俄罗斯的精英，重温那些逝去的时光，感受波澜壮阔、惊心动魄、可歌可泣的俄罗斯近现代史，感受那金戈铁马的光荣岁月，悲欢离合、辉煌失意、痛苦纠结和高歌猛进交错重叠：俄罗斯人的心里，公墓不是告别生命的地方，而是解读生命、净化灵魂的殿堂。

一尊尊雕塑都是艺术家的精彩句点。赫鲁晓夫不愿和斯大林葬在一起，于是来到这里；赫鲁晓夫和现代派雕塑家涅伊兹维斯内一生死磕，批评他的作品即使"一头毛驴用尾巴甩，也能比这画得好"。可是，雕塑家还是答应了赫鲁晓夫的遗愿设计出这座黑白雕塑墓碑：人生在世，除了黑和白，谁说别的颜色不都是后天涂抹上去的？

薇拉·伊格娜吉耶芙娜·穆希娜是苏联革命年代又一位优秀的纪念碑雕塑家，她雕塑的《粮食》《革命火炬纪念碑》很多老一辈人都耳熟能详。她设计歌唱家索比诺夫墓碑——天鹅之死，酝酿了很长时间，耗费了大量心血，也许雕塑家想用一只死去的天鹅来隐喻这位男高音的人生吧，这尊雕塑被公认为公墓内最有艺术气质的墓碑。

言论：情感缅怀与精神同在，如何实现？

雕塑家薇拉·伊格娜吉耶芙娜·穆希娜说，她的雕塑力图"达到唤醒你追求至真、至善、至美的意境和深邃的内涵"，而此正是我们在这座艺术公墓参观时的深切体会。

生老病死，人生就是如此；缅怀先祖，人生的常规功课。但站在先贤墓前追往思来，我们的人生就会更精彩、步子就更坚定。所以，清明时节我们就去墓园，去那里献花、祭扫，垂首落泪，气氛清寂而肃穆。

但在新圣女公墓，一切都不一样了。这里没有无尽的眼泪，更多的是崇敬和自豪，看到穿甲弹孔就能想象法西斯那惊惧错愕的濒死表情，看到空中元帅波克雷什金头顶那划破长空的彩虹，就看到他驾机上天，然后德国飞行员就通过无线电互相大声提醒："小心，波克雷什金在空中！"几年里他一人打下了59架德军飞机；俄罗斯人的英雄心态通过一位位民族英雄表露无遗。他们从来都把这里当成他们精神的家园，艺术的殿堂，纯洁、崇高而神圣，所以现在许多富有的俄罗斯新贵，想通过捐助巨款，使自己也能埋在新圣女公墓。这种想法遭到了几乎全体国民的反对，俄罗斯人不允许金钱玷污这块圣地。

我们呢，可否也这样？让艺术家像在新圣女公墓那样创作，用雕塑告诉参观者那些长眠之人的生命故事，凸显他或她生命中最精彩的瞬间；让先贤们的粉丝也乐意经常前来献花以表达敬意和对艺术的痴迷？我看可以做到的。

让缅怀与精神同在的方式就是艺术，就像新圣女公墓那样。

不负春光，当然要到处走走看看。但看了这处用废旧集装箱搭建起来的"叠·UP"创意园照片，我的第一反应就是"没戏"；可是当我们被叠美文化传播公司的王巍带进集装箱内部，想法全都变了——

集装箱创意屋：看上去挺美

庭院空间　丹麦家具展刚在此落幕

这是一处集装箱屋，但徜徉在屋子里，我却丝毫感觉不到它是集装箱，惬意舒适与江南人家的庭院无异。屋子里到处是创意作品，到处是椅子灯具日常生活用品，从一楼转到二楼，到处都是。

大师的作品随处可见。这些都是芬·尤（Finn Juhl）的椅子，"最著名的酋长椅，你看，这靠背就像是盾牌，两根支柱像弓箭，扶手就像马鞍吧"，王巍介绍，以芬为代表的丹麦人做家具必须用树龄 250 年以上的木头，伐下来先晾晒 8 年；一张椅子（有时是一组家具）所有的部件都是一棵树上的，"设计师认为家具是有生命的，放在一起他们就能相依相伴、同呼吸共命运，纹理图案色彩就一致舒服"。

但更吸引我们的是集装箱的室内环境营造。面对集装箱，我们穿过玻璃门，室内到处是舒适的沙发；一转角，就看见三角形的庭院做的创意是枯山水图：树和影子。一棵亭亭的树种在西头，往东，一簇簇摇摇的狗尾巴草那就是树洒下的浓而密的树叶了；地面上，褐黄的石头铺满了庭院，细细长长歪歪地一直向前的黑黑石头就是树影了。

顺着内廊往里走，很隐秘的所在就是当年中外运的仓库。王巍说，你们刚才进来走过的铁路就是淞沪铁路了，它的前身是中国最早的铁路——吴淞铁路，1876年通车时两旁观众"立如堵墙"，那时顺着铁路建起了无数的厂房和库房，中外运仓库就是其中之一。听着走着，到了仓库里，当年的偌大仓库，总面积总得在一千平方米以上吧，如今部分变成了影棚，大伞灯雪花花地亮，"很多婚纱摄影、外景摄影纷纷到这里，他们认为这里外面很骨感，里面很鲜美"。

从一楼转到二楼，再到三楼，王巍介绍着，说这里是展示展览中心也可以，是朋友聚会的沙龙也可以，约些业内的人搞个头脑风暴这里最能开阔视野、撞出灵感了，"因为这里的状态让无数不可能'叠'而成为可能"。一路上，不断撞上芬·尤、汉斯·瓦格纳（Hans J. Wegner）、安藤忠雄，他们的作品散布在走廊里、厅堂里、角落里，精细、精致，精致到了极致以至于所有的形容词都黯然失色，最好是您亲自来往这些作品上坐一坐、摸一摸，"这些椅子真舒服！"肯定是你的感叹。

利用废旧集装箱做创意园，日本有，深圳大学城也有，但是用集装箱做数千平方米的创意园，则是"叠"最大，它的自我介绍说："叠·UP位于上海宝山区逸仙路，89个集装箱叠加堆砌的循环性建筑群体，探索艺术表现形式的包容性，以独特的视角呈现现代设计之魅力，将设计理念融入上海时尚大潮。"

集装箱因何而不同？

—— "叠·UP"观察

集装箱、创意园它们之间有联系没有？看完上面的描述相信你已有定论。这样的创意园与我们常见的政府工程创意园有何不同？

宝山这里的现实是：随着老铁路的停运，许多企业陆续迁走，大量的废旧集装箱也就成了环境的负担，并且随着土地成本的日益增高，这种负担越来越重，怎么办？"叠"迷们想到了把废旧的箱子叠到一起，把文化和产业叠到一起，把灵感和产品叠到一起，把社交和产品发布叠到一起，把各种元素叠到一起，于是，集装箱有了各种可能，这里成了"叠"总部。不需要打地基，不需要水泥搅拌车，更不需要绑扎钢筋，吊车把集装箱按照设计摆在一起，裁剪钻孔刷油漆，再添上必要的材料，于是容纳创意的房子就建好了，无论是材料还是建造过程绝对的环保。

与很多政府主导的创意园区不一样的是，这里唱主角的是创意企业。企业按照自己的思路设计建造房子，划定各种用途的空间，然后自己联系各种创意企业、设计师、产品入驻，展开创意的画卷。你可能想不到，但丹麦人芬·尤却是中国明式家具的现代继承人，他把明式家具的现代境界发挥到极致，纯天然的材质、精湛的工艺、舒适功能全面，加上设计工艺语言的传承，让"中国椅""肯尼迪椅""日本沙发"获得了世界性的赞誉，联合国总部会议中心、美国总统会见国宾用的都是他的作品，去年底，芬·尤等一大批丹麦设计家来到这里，汇成丹麦设计展，大获成功。

大家都知道，现在的创意园区多如牛毛，但成功者有几个？大多数都沦为了餐饮一条街、小卖整座园，这里也这样吗，答案是"不"。以创意公司为主导的运作模式决定了这个园区从建设到运作全部是有灵魂、有头脑、有内容的行为，他们的做法是：围绕长远的理念，从世界范围内精挑细选设计创意（包括作品），然后在这里展示展卖，以展会友，以展促销。

"上星期五，一位美国回来的朋友过来，他是大提琴演奏家"，王巍介绍，到这里，我们说搞个音乐会？他说可以。这座仓库既没有灯光也没有伴奏，也没有舞台和观众席，音响更是没有了。那天晚上，演奏者站着，观众站着，灯光只有这盏顶灯，但是演奏家拉得投入，口耳相传前来的人（本来只叫了50人，结果来了200多人）乌压压的一大片，大家听得入迷，巴掌拍得"叭叭"的，"原生态""裸听裸看考功力""聚人气"是这种小众化沙龙的最大特点。"大家临走时还说，何时再办这类活动一定告诉我。"王巍说，"来一次以后就总会来，时间长了这里就有了家庭气氛。所以我们的二期，就要安排一些咖啡简餐的空间，以便于大家更好地感受这里独特的气氛。"

末了，王巍说："这个星期五，我们办灯具发布会，欢迎你们来感受一下。"

集装箱建成的房子里正举办丹麦家具展

新闻背景： 昨天，国际古迹遗址日，今年的活动主题是"纪念性遗产"。何谓纪念性遗产？人类生产生活留下的遗址，当然也包括战争留下的遗址，比如为南京大屠杀而建的纪念馆、奥斯维辛集中营、广岛长崎原子弹纪念建筑；还有731部队遗址的申遗，但是议题一出反对声浪如潮，为何？如果艺术参与这些纪念性遗产的设计，又会怎样？

纪念性遗产，艺术可以做什么

因为历史不容忘却，所以我们要用艺术固化"真"

国际古迹遗址理事会将今年的古迹遗址日纪念主题定为"纪念性遗产"，原因就是因为今年是第一次世界大战爆发100周年，所谓"前事不忘，后事之师"。历次战争，尤其是工业革命后的现代战争给人类造成的创伤尤为巨大，比如日本军国主义的侵华战争，造成了中国军民数千万的伤亡，大好河山惨遭蹂躏劫掠。

因此，我们建起南京大屠杀纪念馆、731部队遗址纪念馆，作为警示性文化遗产记录历史、凝固过去、警示未来，都是十分必要的。不久前发现的731部队细菌战遗址中，其动力班锅炉房那宛如澳门大桑巴样的墙青天白日之下就这样冰冷严酷地立着，两只粗大的烟囱就这样黑洞洞地朝天张着大江口，仿佛还在炫耀着其罪恶的余威。"这些残垣断壁、旧房子都照原样保留，因为真实是最能震撼人心的艺术形式。"业内专家如是说，虽然我们今年启动了新馆建设，但这些保存了历史信息的旧馆，我们将以文物的形式保留。记住历史，首先要留

纪念性遗产，艺术可以做什么？

住历史符号，因为历史的真实性是不可再生的，更不容玷污和易容。

用艺术凝固耻辱，消除无知

和731部队遗址相似的还有奥斯维辛集中营。1979年，联合国教科文组织将奥斯维辛集中营列入世界文化遗产名录，以警示世界"要和平不要战争"；广岛原子弹爆炸地——广岛和平公园也在1996年被列入世界文化遗产名录，可是当南京大屠杀纪念馆也积极酝酿扩大馆舍面积以适应联合国教科文组织的申遗要求时，当731部队遗址试图申遗时，却传来了不同的声音：

是"文化"还是"罪行"，是"遗产"还是"遗难"，如果分不清楚，和恬不知耻何异？！法西斯罪证当"世界文化遗产"申请，本身就侮辱了"文化遗产"的名称。脑残！

罪证，算什么"遗产"？既不是"历史遗产"，也不是"文化遗产"。

不是文化遗产，是历史罪证！应该区别清楚。

应该是爱国主义教育基地吧，不是文化遗产，这也太搞了。

部分人穷啊？去刨'祖坟'吧，拿耻辱当文化，天杀的。

拿民族"伤疤"去申遗，是无聊学者的欺世之举。

甚至还有人矮化、丑化此类遗产申遗，称："到底是为保护文化遗产申遗？还是为了利益申遗？难道为了利益，连礼义廉耻都不要了？""日本不进攻中国，现在的当地政府，到哪里去申报呢？这不是变着法的说日本鬼子为当地创造价值吗？"

这些过激的言论中，除了读出大家对申遗的无知、对历史的无知外，我们还能读出什么？南京大屠杀与波兰奥斯维辛集中营、日本广岛原子弹爆炸并称为二战史上的"三大惨案"。现在，只有南京大屠杀遇难同胞纪念馆不是世界文化遗产了。始建于二十世纪八十年代初的南京大屠杀纪念馆选址城西江东门茶亭东街原日军大屠杀遗址之一的万人坑，纪念馆呈大型陵墓状，粗粝的建筑墙壁四周逃难的人们、濒死之人痛苦的面容、抱着死难孩子的母亲、苍老的父亲替死难的孩子合上眼睛……这些雕塑都在强烈地冲击着我们的心灵，它们理应让全世界渴望和平的人们铭记：文化遗产既要记住真善美，更要铭记假恶丑。

记住真善美、铭记假恶丑，艺术手段不可或缺。所以，731部队遗址呼唤我们的艺术工作者用各种各样的艺术形式去"转译"再造当年的场景、形象和故事，雕塑、绘画、电子手段一样都不能少，唯有如此方能出挑并放大当年的情景以振聋发聩，让不曾历事的我们鲜活地记住历史，铭刻细节。

艺术在纪念性遗产中可以这样做

前段时间，日本欲以神风敢死队书信遗物申遗，遭到全世界爱好和平的人们一致谴责；南京大屠杀和 731 部队遗址申遗，则受到世界正义人士的一致支持，国际古迹遗址理事会会长考尔先生在参观完侵华日军南京大屠杀遇难同胞纪念馆之后感叹："这里理应成为世界文化遗产。"为何？日本军国主义是加害国，受害国有责任铭记历史，凝固耻辱，警示未来；更加上，这里不仅有大量的史料，更有那些艰难的步伐、褴褛的衣衫、绝望的面容……大量的艺术作品凝固并放大当年的悲惨日子、苦难的人们，每一位参观者都被深深震撼了。业内资深人士说，艺术作品的感染力、震撼力和铭刻力都是史料和文物难以替代、难以做到的；徜徉在大屠杀新馆周围，我们被这里的艺术气场深深"缠绕"住。

不仅是雕塑、装置，南京大屠杀纪念馆新馆设计者何镜堂说得好："这是个悲怆性的建筑，前半段的设计色调都是沉闷的灰色、黑色，没有一棵树，没有任何生命的象征，让人沉浸其中，心生悲怆，肃然起敬；后半段'和平公园'里有树木，有绿化，有一汪水，有母亲抱着小孩的雕塑，着重凸显出对未来的希望。"所以他将新馆命名为"和平之舟"。柏林犹太人博物馆、世界建筑大师丹尼尔·里伯斯金（Daniel Libeskind）也表示，这里陈设布置到位，环境艺术很精湛，形成的气场很强大、凝重。

观察发现，新馆整体形状犹如一艘巨大的"和平之舟"，东部拔地而起的高大船头是陈列丰富的展厅，周边庄严肃穆的广场可容纳万人集会；中部是遗址悼念区，西部大片开阔区域是树木葱茏的和平公园。沉着的悲怆，无言的肃穆，还有以艺术的形式表现的"要记住历史，不要记住仇恨"各种艺术作品弥漫在纪念馆里。"有这些，未来和平会走得稳当些。"拉贝的孙子托马斯·拉贝参观后如是说。

题内话：艺术是大管家

按照联合国教科文组织的解释，纪念性遗产主要涉及不同地理文化背景下的纪念性建筑、古迹和场所等。其中，战争受害国的纪念性建筑当然也在其中。

比如，日本广岛和长崎，原子弹的受害者多为普通百姓，所以日本早早地就开始筹建和平公园。广岛原子弹爆炸时，捷克设计师设计、1915 年建成的广岛县产业促进馆正当其下，这座新巴洛克式椭圆形屋顶、异国情调浓郁的建筑在头顶上发生的大爆炸中奇迹般地存下来，虽然屋顶上被烧弯了的钢筋裸露在外，外墙已塌落，但精明的日本人让它成了公园里的主角。

公园里更令人惆怅的是千羽鹤纪念碑。原来，当地有个12岁的小女孩，因原子辐射，10年后病情发作。卧床期间，她信了大人的话，折好一千只纸鹤，便能恢复健康。于是，小女孩开始在床上一只一只地折着纸鹤。然而，在折完一千只纸鹤前，她去世了。后来，这个催泪的故事就变身成了公园里千纸鹤少女雕像。我们呢，731部队当年的罪恶中有无这样的故事、场景，发掘出来，雕塑出来、绘画出来、电影出来，也让后人睹物思之，了解、震撼并垂下了头，挪不开步。

长崎呢，也一样，除了中国赠送的和平女神，就是手指天空的那尊男和平神像了，当年的原子弹就在他的头顶500米处爆炸，7000人瞬间殒命，死伤超过15万人。现在，到访者都久久在他面前伫立、仰望。

话题缘起：爱鸟月，大家把目光都聚焦在鸟类保护上。被誉为"黑天鹅城"的澳大利亚珀斯也映入大家眼帘。它是黑天鹅聚集的地方，西澳旅游局的标志上就有黑天鹅。关键是，这座城市同样具有悠久的历史，绚烂的建筑，所以它有两个让世人艳羡的头衔：世界最友善城市、世界最适于居住城市。

走进西澳"黑天鹅城"

艺术化再生，复古与现代交织

因为黑天鹅，这里有了一条"天鹅河"

黑天鹅当然是澳大利亚的特产了，它实在是太漂亮了，红红的嘴巴，黑黑的羽毛，体型硕大的一群群在海岸滩头、河口苇荡里自由自在地游来游去，觅食嬉戏，你看见肯定要惊呼并劲儿地"咔咔"拍照的——这里就是天鹅河入印度洋的河口，这里是离珀斯不到20公里的费里曼图市，是珀斯的卫星城。

和大多数殖民城市一样，费里曼图就是一个英国军官的名字。其实，早在欧洲移民到来之前，土著居民已在河两岸定居很久了。1697年荷兰探险家威廉·乌拉敏到印度洋东岸时，发现了一个河口，他沿河而上，看见河面上有许多别的地方所没有的黑天鹅，于是就把这条河定名为天鹅河（Swan River）。但是荷兰人对在这里定居不感兴趣，英国海军军官查尔斯·费里曼图（Charles Fremantle）率领的船只在这里登陆，之后城市就被命名为费里曼图。

于是，英国人接踵而来，在这里屯垦、找黄金，开采铁、镍、铝矿，还在这里放逐海外囚犯，日子久了，这里渐渐就有了圆屋、海事博物馆、圣母大学，当然还有咖啡飘香的街道，这里到处是100多年前遗留下来的英式建筑，总数超过150栋，悉数被政府列为保护文物。

建筑，维多利亚时代的英式风格

那时的建筑，最出名的当然数圆屋了，国人知道的也多（这些年国人走出国门稀松平常，不是有话说嘛"有人的地方就有中国人"）。圆屋是西澳最早的公共建筑之一，外型有12个矩形的面，远观如圆型，是当时这里的第一座监房。圆屋是用当地凿出的石灰岩块建造，所以偌大的建筑呈现灰白色肃穆的感觉，高耸的白色围墙和岗哨，可以想见当年这里的戒备森严。因为监管密不透风，当年的囚犯只好在监房里画画来打发光阴，画面或是春意盎然、碧波荡漾的河边，或是波峰浪谷间吱吱欲裂的海船，或者是方丈囚室中的囚犯，让人喜忧就在一念间，这都是当年真实状况的艺术再现。

走在珀斯桥头堡——费里曼图的街头，瓦蓝瓦蓝的天空下，维多利亚时代英式建筑风格呈现出浓浓的复古与现代交织的特点，设计者运用新材料、加入现代元素对文艺复兴式、罗曼式、都铎式、伊丽莎白式甚至意大利式建筑风格进行融合升华，于是在街头我们就见到圆圆的穹顶、红红的墙上系了白色的腰带，一二三四五，两层的房子系了五条；再转过来，同幢房屋的这面墙却是鲜丽耀眼的芒果黄。在这里，你看见粗大的烟囱、抢眼的线脚、尖尖的屋顶宽大长长的走廊、屋顶上自豪张扬的窗、门楣上精美浪漫的雕饰，你都不要奇怪，工业革命时期的英国就是这样自信而奔放。

当代，设计师想让你错觉一下

有着160余万人口的珀斯，自20世纪90年代后重又开始青春飞扬。碧蓝的天和湛蓝的水之间就是一栋栋现代的建筑了，和上海别无二致。

看，这栋大约是电视塔了，像一根倒放着的吸水针，下面的"葫芦"大大的，渐渐往上收分，"针"分为三节，越上越尖，玻璃分不清是蓝还是青，与天光混成一体，泛着盈盈的毫光。这里还有一条唐人街，你看见"六合同春"的中式牌坊就是了，最近他们正在酝酿改造，澳大利亚中央科技学院室内设计专业的学生公布了他们的唐人街外观的设想，方案挺有型的。

最让我们高兴的还是珀斯竞技场。大块的蓝、数不清的棱形白方块，两堵不规则的墙上仿佛写着"X""Y"，那是属于人类的染色体代码呢；你做梦时，梦中会出现各种各样奇形怪状的方块吧？多变的、扭曲的、带棱角的、纵横交叉的，一色的斑斓鲜艳，墙上的灯光接了"地镜"，就把坐在椅子上的你"谎"得如同触了电，只是你依旧神情自若：哦，原来设计师是想让你错觉一下。

设计师伊夫·克莱因（Yves Klein）说，珀斯竞技场的灵感来自一个"谜"，这个谜从珀斯最古老的圆楼出发，一路走来。谜，当然不会循规蹈矩，当然不会规规矩矩，当然要率性而为，腿脚想伸到哪就伸哪，光光的骨架就是不披"衣衫"。"竞技场功能的多样性要求场馆架构、墙面色彩明丽奔放，彰显的正是运动的活力。"业内人士毫不掩饰对这栋建筑的欣赏之情。需要强调的是，最先进的显示技术、环保技术和太阳能光电技术让这栋原本默默于"海角"的建筑地球人都知道了。

评论：关键是态度

跟你说，1960 年以前，珀斯最高的楼房不过三层，现在已经有几十层的商用建筑，珀斯已成为一座现代化的大都市；还要跟你说，1961 年，为了给美国宇航员导航，珀斯人还真的全城彻夜亮灯，为空中的宇宙飞船作航标，故珀斯曾有"灯光城"之称。

最想跟你说的是，无论珀斯怎样快速发展，他们对历史文脉的态度都始终如一，那就是：原样保护、"妆容"示人。所以，在珀斯旧城，你要修缮房屋，请示；你要挪一下门向，不得到同意不行。所以，珀斯老城让人"沐浴在印度洋东岸午后的阳光里，品味着卡布奇诺，静静地欣赏街道两旁古旧建筑的隽永美丽，体会当地人的那份悠然闲适，确是一种难得的享受"！

不仅如此，珀斯人对待历史的第二种态度是，孜孜以求搜集各种历史信息，填入西澳海事博物馆：离水上岸，光大示人。这里最出名的 17、18 世纪初荷兰东印度公司 4 艘船——Bataiva、Vergulade Draeck、Zuytdorp 和 Zeewijk 的残骸和资料。这些船都是在前往东印度途中，分别在西澳的海岸触礁搁浅的。数百年来，这 4 艘船的残骸原本搁置在西澳沿岸的海底，直到 1960 年代，才慢慢被海洋考古学家发掘出来，银币、加农炮、香料、布料、瓷器、丝绸、建材和航海用具，荷兰人航海情景重现在世人面前。博物馆里展示的是重新处理的 Bataiva 残骸，船身原貌重现，巨大的船身和精密的技术，摄人心魄，每位参观者走过时都屏气凝神：这里的世界曾经这般辉煌。

珀斯人对待废弃物的态度：艺术化再生。万物金黄的秋天（澳洲与中国季节相反），比利时艺术家安妮特·萨斯（Annette Thas）在西澳大利亚洲科特斯洛海滩设计并制作了一个由上千个芭比娃娃组装而成的海滨雕塑——"海浪1号"。其高耸出地面9英尺（约2.7米），宽12英尺（约3.6米），由3000多个二手商店收购而来的芭比娃娃组装而成，状似一片巨大的海浪。作者说，她试图以这件作品缅怀那段珍贵无比却又短暂的易逝的童年记忆，她尝试用这种方法缅怀那段珍贵无比又短暂易逝的岁月。

新闻背景： 刚刚过去的世界地球日，主题是："绿色消费，你行动了吗？"我们的城镇化，我们的新城建设是绿色的吗？新世纪以来，嘉定新城以一批新锐建筑师为主力展开了国际范儿十足的设计实践，这些建筑师为世人呈现了一大批优秀的办公、公共建筑及小品。可是，两年后我们来到嘉定远香湖，发现荒凉破败都不足以形容这些2011年后方才陆续竣工的建筑，我们陷入了深深的纠结和痛心的漩涡之中。

除了设计艺术，还需要什么

● 他们是一批有思想、有创意、有激情、想干一番成就的年轻人，远香湖，聚合的设计师可以说代表着中国设计的未来

远香湖公园里，无论是憩荫轩、探香阁，还是大顺屋、荷合院、带带屋、沉香园与桂香小筑，在我们眼里都是草莽丛生、破败不堪的样子，看着叫人心里揪得慌。

"憩荫轩坐落于远香湖主湖区南侧最大岛屿东南角一处人工小树林中……为了让使用者有居于树下的感觉，我们的基本策略就是最大限度地消解空间与环境的界限，让树林在建筑中得到延续，让树木与建筑缠绕在一起。"

屋檐和它的影子，像直升机的螺旋桨

设计者张斌这样描述"玻璃屋"，为了让建筑"消失"，我们在坡地上一米高的位置架起一块边界参差的多孔混凝土平台，以实现最小程度的环境扰动；平台上的 6 个孔形成 6 个内院，种 6 棵大乔木，"若干年后建筑就隐居到树荫下了"。

还有探香阁，也就是附近居民所称的"斜屋"。"我们在场地上错落搁置了 5 个方形截面式筒体，它们呈不同程度倾斜……中间的 4 个筒体朝向东边的水面，两个向下斜探向水面，两个向上斜探向空中，4 个筒体围合出一个朝水面开口的下沉式庭院……可作餐厅，也可作为展示空间。"

还有贝壳模样的沉香园、长方形单坡顶的带带屋，都倾注了建筑师身处当下钢筋混凝土森林——城市中，设计中展现出的回归自然的思考。所以徜徉在远香湖公园里，我们依稀能体味到元人山水那种"吴兴清远"式的清水苇岸、疏离有致、淡而不散。

这些作品的主人是张斌、王方戟、伍敬、童明、白德龙……一群有思想并让作品开始思想的设计师。

● 这哪里是世界首座"斜屋"？朝水面的庭院矢溺遍地，竟无下脚处；叫不上名字的新筑院落大门紧锁，一棵搬来的大树是这里唯一的主人……

除了公园的环境让人颇觉得当初的决策者和设计者很有些诗情画意小清新，很想与紧张催命的城市快节奏决裂外，园内的构筑只有林中屋里刺耳电锯声表示那里还有活气，其他构筑里全部荒寂一片，了无生气。

看到树林背后的这栋探香阁，"斜屋！"我们情不自禁就喊出了声，兴奋地奔了过去。灰色的墙、透明的玻璃，全都不按脑子中常识的墙、窗那样工整地建，而是前倾后仰、探头伸舌地或斜向路边、或探向水面，莫非"真香是水"，所以阁要斜身去探？占地 2 000 余平方米，建筑 500 多平方米，采用清水混凝土、平板玻璃构筑的餐厅，在这里吃饭肯定是惬意极了，尤其是邻水这一面，喝点小酒一会儿就水乎哉屋乎哉地不知谁高谁低了?

走近了,感觉不对了,转过去,恶心了,垃圾遍地,矢溺遍地,楼梯断了头;房里面,豁口龇牙,建筑垃圾遍地乱扔,野猫硕鼠见人立刻乱窜。这就是代表当代世界设计潮流的建筑小品的结局?

不甘心,再转,公园内的各种小屋,清新的、淡雅的、异形的,它们大都是有思想的,除了一处租给公司办公外,其余都是锁当门、板封窗,圆圈里麻麻的石头中坚强站着的树就是屋的"主人"了;也有装置小品,木头球、竹编球、瓷片贴的球,还有黏土筑的球,个个破败:半圆的球上贴的瓷画都是孩子们绘制并烧制贴上去的,但已经斑驳残缺,一下让人想到今天千疮百孔的地球。

● **在凄清的远香湖里转,我们的心渐渐灰冷下来;转的时间长了,惋惜,城市品质的提升,除了设计艺术,我们要做的还有很多很多……**

当初,青浦、嘉定是"上海参观当代建筑最值得前往"的地方,可是现在竟是这副模样,责任在谁?高大上的作品当然需要设计师付出艰辛的努力,但既成之后我们的政府、民众还能、还须做什么?

给大家讲一个故事吧。在美国波士顿,有座世界唯一的糟糕艺术博物馆,这里挂满了最差劲的艺术品,馆长司各特·威尔森(Scott Wilson)说:"我们的目的就是让那些永远没有机会出现在其他博物馆的作品,在我们这里得到歌颂。"博物馆是这样成立的,20世纪90年代初,司各特从波士顿街头两个并排而立的垃圾桶之间捡到一幅油画《花园里的露西》,谁知立刻有人要买,司各特·威尔森大受启发,成立博物馆,致力于收藏"太难看以至于不能不看的艺术品"。当然,《花园里的露西》就成了第一件镇馆之宝。

《花园里的露西》透着一股诡异之气:一阵大风从画面左侧吹进来,使浓浓淡淡的绿色云团在明黄色的天空上时卷时散;大地上,浓绿、橙黄及墨绿的草地如波浪般翻滚着,白色和鲜红色的花朵也跟着一片凌乱。画面正中央,一个白发飞舞、满脸横肉、双眉紧蹙的老太太身穿一件明艳夺目、裙裾飞扬的水蓝色连衣裙,跷着二郎腿坐在一张鲜红色的靠背椅上。老太太漆黑的眼珠中射出不容置疑的严厉,简直让人无法直视。但评论家们却对这幅画"赞不绝口":"这动感,这椅子,这颜色微妙的天空,这深刻有力的面部……所有细节都在呼唤一个名字:传世之作!"

另一张镇馆之宝是《穿夏威夷草裙的杂耍狗》,糟糕艺术博物馆将之定位为"好像花了很多力气画出来但又完全不知道为什么要画出来"的类型代表。画中小狗的身材比例完全失调，过长的腰部曲线看上去很像今天被严重 PS 以致畸形的女性长腿。

该馆的收藏品，艺术评论家塞克说："糟糕艺术博物馆让人大笑、让人深思，让人更勇于说出自己的想法……"不仅如此，糟糕艺术博物馆也并不是想进就进的，这里的艺术品遴选标准一点也不比其他博物馆低：首先是成熟高超的绘画技巧，涂鸦或真的不会画画而产生的作品是不合格的；另外，画作必须真诚、有内涵，而且绝对不能无聊。

面对糟糕艺术，尚且如此用心，如此尽心，对待那些艺术精品还用说吗？

评论：比艺术更重要的

说到提高城市品位和艺术气韵，我们自然就想到请世界顶尖艺术家、设计家来，立刻想着去全球招标，选"最好的"，但你可曾想过？你把金茂大厦放到华西村，好看吗？肯定不好看，因为它的周边是农田；但我还要说设计者捧出了一盘清新淡雅的"远香湖"，你好好地待她了吗？

我们可以找千万个理由，比如当初的决策者走了，这里还没人气，资金跟不上。但扪心自问，我们心里真正缺失的是什么？是意识，是悉心护花的意识。因为缺失此类意识，所以家有宝贝却视若敝帚。

艺术作品好比一朵花，设计只是一颗种子，花儿要长得壮实、开得鲜艳，就需要我们精心呵护、精心打理；否则，一阵雨打风吹去，再好的艺术品也只会像远香湖中的房子一样矢溺遍地猫鼠乱窜。

不能再荒了，行动起来吧，这些艺术品都很金贵呢！

编者按：最近，"谷歌眼镜"让人戴上眼镜，就能声控拍照、视频通话，还可以上网冲浪、处理文字信息和电子邮件等，功能先进又艺术感十足，引起了一股热潮。将科技与艺术同时融入到日常穿戴中，是个新鲜话题，生活的便利与时尚成为了新新人类的新追求。

穿戴世界，还请艺术来涉足

穿戴当然是门艺术

穿得暖吃得香向来是国人幸福指数的风向标，所以自古以来"暖和"就是穿戴的不二法则，但即便是古人，也会追求时尚和艺术的穿戴。云锦、丝绸，还有与它们相关的皇家穿戴，那就不是仅仅为暖和，而是艺术，是国艺。这些历史长河上远远领先他国的服饰设计，让中国赢得了"衣冠王国"的美誉。

到了现代，有了时装秀，伦敦、巴黎、纽约、上海，靓丽的模特儿扎了堆儿走猫步，"潮"得令人惊叹的款式；米兰一家高级定制时装甚至打出"歌颂女性气质和艺术世界中花之形象"的招牌，其服装被人评论为"要么成为艺术品，要么穿戴艺术品"。今年初，其多件作品取得艺术博物馆的收藏许可，原因是这些时装通过颜料彩绘、手工蕾丝、珠宝刺绣等繁复技法，将马奈、奥迪龙·雷东、居斯塔夫·库尔贝等画家作品中的花卉形象转译到了霓裳之上，成为了艺术享受。

时尚单品智能打造

随着工业革命的兴起，一百多年来，人的社会性越来越强，越来越忙碌。于是，发明尽可能强大的设备就成为世界各巨头全力以赴的奋斗目标，用各种新奇功能加上美观时尚的造型来"绑定"消费者。

能不能让这些功能尽可能地方便，尽可能地"勿忘我"。比如，女生出门前梳妆打扮的物件，就被这些智能的产品代替：现在，就有一款名叫"Smart Hair Clip"的智能发卡，它很酷炫的部分恰恰就是蓝牙收发器，外观钻石的样子蓝蓝的还闪着晶莹的光，它自动定位、自动报警、自动录音，功能一应俱全，外观晶莹忽闪，怎不叫人喜爱。

Memi 手环，彻底的银灰，闪着点点的明灭忽闪的金光，极细腻而玲珑。当你不方便看手机却又想知道信息来了没有时，你可以直接在手环上看到或听到信息；它还可以震动以提醒你看手机。女士的手环款式更娇小，卡扣处还有嵌入式的指示灯，当它在衣袖里一闪一闪时，女士们就知道消息来了。

科技也走"文艺"范

穿戴艺术作为"新生代"，它们都试图解决安全、联络或者娱乐需要的合并。

设备既然能穿戴，艺术性和美感当然就是不可或缺。在芯片、显示屏、电池的小型化、耐久化前提之下，这些设备还要"看上去很美"才行。谷歌最近发布的一双"提醒运动"的鞋，看上去就像块膏药贴在鞋面上，虽然它会提醒我运动，可以与计算机、手机连线，甚至它还会说"我喜欢风吹在鞋带上的感觉"这样"文艺"范儿十足的话，但我还是不会选择它，因为它贵，还长得不好看。不过，业内人士说，这鞋子非常适合专业运动员，穿上它，那他的"微粉"就可如临现场感受偶像范儿了。

应该说，穿戴设备市场今年很是给力，运动手环、智能手表（发卡）、谷歌眼镜——绽红放绿地喧闹着这个春天。专家说这些先行者预示着，该领域市场潜力巨大，穿戴着世界去远行、我型我酷我有范儿的时代很快就会到来。

言论：一"穿"多得？

人类其实很有意思，对待穿戴总是很矛盾：既要穿得有"温度"，又想穿得有"风度"；既要有很多功能，又要轻便迷人。这些个要求在我们以往的观念里，往往认为它是鱼和熊掌不能兼得的，如今，穿戴艺术的革新则有可能让它们同时实现。不光是保暖，还有各种智能化的功能也能一同实现，这简直就像是"多啦A梦"百宝箱里拿出的先进发明一般，让我们的生活大变样。

理想虽然美好，但穿戴艺术毕竟还是一个新话题，撇开科技的革新能不能跟上，要做到艺术的设计也绝非一桩简单的事情。曾经一度，在科技

穿戴世界，还请艺术来涉足

还未发达的时候，古代贵族皇室就致力于对穿戴的艺术讲究，我们能看到出土的贵族服饰都精美绝伦、技艺繁复，丝绸、云锦的很多工艺至今都是艺术的集大成者。然而，美丽背后的代价是无数精细的人力劳动，有的工匠究其一生专攻一门手艺，这是现在的人无法做到的。

这也说明了为何今天织染绣技术科技化了，但艺术水平却远不及古人。现存技艺也多为装饰、欣赏、收藏而作，缺失了与生活的关联度，即使是少数民族服饰，也在渐渐退出人们的视野。要想真正实现穿戴艺术，还是离不开对艺术的执着，毕竟艺术绝不仅是一种装饰，更是不可或缺的一项功能。

当下的科技行业中，可穿戴设备的审美价值其实还是被视为次要的，有的时候甚至是有争议的。不过，当人们穿上某种设备的时候，美学和时尚就变得十分重要——它成为我们身份的象征、展现自我的一种方式；它们会引发旁人的议论，并据此定义我们，穿戴艺术的重要性不言而喻。

话题缘起： 明天是全国助残日，助残日里我们的志愿者都会去帮助残障人士，社会氛围也是一派关怀和温暖，但是，这一天过了呢？我们的硬件环境是否无障碍？我们的认识是否充满人文情怀？我们的周围是否充满艺术的灵动？有识之士说"社会环境有障碍是因为我们的心态有障碍了"，所以，健全认识和心态很必要。

18 日助残日，艺术的另一个主战场

近年来我国残障设施有进步，但是……

应该说，最近一些年我国的残障设施有了很大的进步，稍宽一点的街上普遍都有了盲道，公共卫生间里也时常可见残障人士的小便池；老龄化的设施在邮局、商店也常常见到，比如老花镜、急救品等等。

但是，河北"爱心互动"残健互助协会负责人宋玉红还是对石家庄的无障碍设施不太满意：我们根本没有办法乘坐公交车，因为可供残疾人士乘坐的公交车不能有台阶，底盘得很低，而且在车门下面有可伸缩的板可以搭在站台上，方便将轮椅推上车，一般的城市公交没有这样的公交车；偶尔有，也常常因为长期不使用，车门下面的伸缩板很多都坏了，无法伸出来。那就坐出租吧，可拒载严重，最后只能打 110 请警察帮我拦出租车。

再说地铁吧，北京无论是新地铁还是老地铁，哪怕是刚刚造好的机场线都还没有供我们乘坐的"升降梯（垂直上下电梯）"。只好用爬楼车，爬楼车一次只能运一把轮椅，而且还得排队一个一个等候，等一次就要半个多小时。助残扶障的基本功能尚且不具备，更何况人性人文且艺术？所以，宋玉红呼吁"应该让残疾人参与无障碍设施的设计"。

美国，全方位设计早已浸入城市细节

美国是世界上最早开展无障碍设施设计与建造并且一直保持领先地位的国家。虽然美国的残疾人总数大大低于中国，但这里的任何一家杂货店，货架高度必须使坐在轮椅上的顾客可自由拿取货物，否则就要调低高度或由商店雇员提供协助服务；大型公共服务机构门口有台阶的地方必须有轮椅通道，如果门不是自动感应式或有专人开门，就必须安装残疾人专用开门器，让坐在轮椅上的人一按钮，门就自动打开；任何经营场所，无论车位多少，在最方便的地方必须安排残疾人专用停车位等；建筑电梯必须有盲文按键。如果公共设施违反《残疾人法案》中这些规定遭到投诉，商家就要赔上一大笔钱。

一个著名的例子，斯坦福大学就曾为一名高位截瘫的大学新生大兴土木，改建教学楼和校园中的其他设施，这其中既包含着校方的一片爱心，也是法律规定使然；如果你在美国开车，停车时一定要避开蓝线和红线的地方，红线禁停，蓝线是专为残疾人划定的停车区。

不仅是建筑，即使空间狭小的汽车，尽管残障设施很难用上一回，但校车的后门打开，驾驶员就移出门边的升降车，车体一色的黑，黄色的边框，醒目，轮椅上了托盘，无声地就随着马达开进汽车里，转向，然后就舒服地靠在车厢边；车上，最方便的空间是留给轮椅的；大教室里，你会发现宽而平缓的走道，那是专为轮椅学生准备的，甚至加油站里，也有蓝色的按钮，专为残障人士加油用的……这些设施从材质、造型、色彩到安放位置，全都从 Universal Design（全方位设计）出发，全方位考虑使用功能、艺术美感和心理平等因素。

波尔多住宅，因为"障碍"而成经典

"无障碍"是什么？不仅是盲道、坡道，也不仅仅是手语、字幕，更重要的是平等参与社会的机会。但仅有无障碍就够了吗？

俗话鼓励残障人士说，"当门被关上后上帝又会为你开一扇窗"，所以在国

外，无论一个人是否肢体健全，是否耳聪目明，在人格上都应是平等的，在参与社会生活的权利上都是平等的，于是瑞典的轮椅都没有把手（尊严问题）；在国外，残疾人一定会被邀请参与无障碍设施的设计。

波尔多住宅，很多人都知道的，因为它已是业界的经典、设计师的圣殿。这是库哈斯为一位名叫巴尔蒙的人设计的，此人劫后余生、相伴轮椅，他要求新居起居要方便，能俯瞰全城，并且"房子最好能浮起来"。按照这些要求，库哈斯将房子安放在一座平缓的山坡上，采用了水平的线条，房子共上下三层：第一层包括电视机、厨房、电梯间、酒窖；第二层包括夏季餐厅冬季餐厅、起居室、电梯间、书房、天井伸缩性储藏室；第三层包括儿童房、主卧室、电梯间、平台。雷姆·库哈斯在一、二层大量运用玻璃幕墙，用朗香教堂式的开窗达到范思沃斯式住宅的采光及视野，波尔多市美景可尽收眼底；第三层的"混凝土盒子"是大人小孩的卧室、起居的地方，考虑到私密性，不开窗，只开圆洞；圆洞的高度、位置各不相同，那是因为床、凳子、浴缸的位置不同，库哈斯让主人们躺、坐、卧，一抬头便可洞中望见波尔多迤逦风景。

房子里的核心当然是升降自如、直达三层的电梯，男主人起居、生活、工作娱乐方便随心。但是，主人要求的"浮起来"如何满足？库哈斯将支撑房子的两根"匚"形柱子平行错位，这样房屋的重心仍在中心，但房子却因"拉杆效应"而漂浮，正如有人说的，"既然你的双腿已经离开了大地，我要你的栖居地，也离开大地，让房子成为你的伴侣；但我给予你，那个你眷恋的风景"。这个风景就是大人、孩子、轮椅上的人都能抬头就看见波尔多山下的美景，关键是库哈斯巧妙地让洞避开了长长地伸出来的支撑力柱，消隐了房屋结构，主人的视线里只有美景；加上，一、二层大面积的玻璃墙（轻）、三层厚重的水泥墙（重），库哈斯巧妙地让"box（箱子）"漂浮了起来，身处屋中的主人在人间便已仙。

言论：关键是设身处地

残障设施的设计，功能的方便、人文的关怀、艺术的愉悦，一个都不能少，但更为关键的是我们是否设身处地？

美国人 Ron Mace（罗恩·梅斯）是位建筑师、工业设计师，他还是一位小儿麻痹症的患者。生活带来的种种不便促使他在 1974 年提出了"Universal Design（全方位设计）"的概念，即无障碍设计、福祉设计、全人关怀，这是一种以人本精神为基础的全方位设计，是"在最大限度的可能范围内，不分性别、年龄与能力，适合所有人使用方便的环境或产品之设计"。现在，沿着这一精神路线，全方位设计已经成为世界潮流。

除了残障人士，还有老龄化的现实，都需要我们设身处地地满足行动不便人士功能、被尊重和审美的需要，所以我们对国家大剧院邀请桑兰体验无障碍设施"赞一个"，对广州地铁邀请残障人士参与优化设计"赞一个"。

还是来说库哈斯，库哈斯在波尔多住宅里没有选择坡道，而是用平台式电梯，为何？除了方便，更重要的是巧妙地用设施避免了"残障人士"这个敏感的词汇，电梯成了男主人的流动工作间。经由它，不动声色之间，男主人所需的一切书籍、工具和艺术品，我的天地我自由；想喝酒了，下到一层是厨房，走过厨房是酒窖，边品酒边欣赏家藏珍宝；想看风景了，上二层，餐厅和花园连在一起，抬起头，波尔多就是大花园呢。

库哈斯用他的设身处地、感同身受设计了一套设施功能齐备、人文情怀浓郁、艺术美感强烈的住宅，房刚建成便成经典。

话题缘起：近日，沪上枫泾镇添了一处颠倒屋，开门迎客。媒体纷纷用"体验反世界""置身其中如时空倒错""难站稳"等词汇来描述奇特的感受。其实，枫泾这处颠倒屋只是世界颠倒屋大家庭中的小弟弟，无论规模和建造时间都是世界颠倒屋的"末座"；需要指出的是，作为违背常识的颠倒屋还有个大家庭——异形建筑，颠倒屋只是这个大家庭中的普通一员。

异形建筑，建筑世界里的"淘气包"

枫泾颠倒屋如何颠倒？

不久前开放的颠倒屋在上海枫泾，如今这里已成为热门景点。屋顶怎么躺在地上，马桶跑到头顶上，走在屋里脚下不稳，很快就头晕目眩：这就是观者的普遍感受。

迎着初升的阳光，我们来到枫泾农民画村，远远地就看见欧式风格明显的一栋体量不大的黑顶的房子，借着光线的"雕刻"凹凸分明，明暗迷人，阳台高高在上，屋顶谦卑在下，整栋房子像是跟谁生气似的，一头"撞"进土里，埋住半个脑袋；那窗户，半圆的拱券也冲下，就是，房顶都冲下了，窗们还有啥好说的，关键是，窗边的那盆观赏树头也冲下，不晕吗？还会长吗？长高是要往上的呀！还有脚踩的阶沿在最上面，盆栽就在它下面，你晕了没有？我自己把自己都说晕了。

进到房里，更晕了。马桶在头顶，餐桌在头顶，头顶的餐桌上居然还有盘子、筷子、碗；床也在头顶上，被子、枕头竟安然不坠；大概因为屋是斜躺在地上的缘故，屋里的地板也是斜的，于是每一位走进来的人，走几步就不稳当了；不一会儿，就如喝醉了酒一般，出来都有点想呕。业内人士说，波兰人设计的这栋颠倒屋意在挑战我们已经定型的大脑平衡系统和视觉习惯，在屋内最好别超过20分钟，有心脑血管疾病的人最好别入屋内。

世界颠倒屋数过来

颠倒屋在世界早已盛行半个多世纪了，世界上建有颠倒屋的国家有美国、日本、德国、俄罗斯、波兰、土耳其、奥地利、西班牙等，不仅有一般的颠倒屋，还有颠倒宫殿、颠倒餐厅，甚至颠倒教堂，真可谓无奇不有。

世界上最早的颠倒屋是美国的诺曼·约翰逊颠倒屋，建于1961年。这栋位于佛罗里达奥兰多的房子是倒的，屋里的家具是倒的；最神奇的是颠倒屋的车库里还真真切切地放着一辆车顶冲下的汽车。唯独屋前面的那棵树没有颠倒，但这反而更加错置时空了：当犯了晕的你走出颠倒屋，突然看见这棵树，是正还是倒？真"癫"了；美国鸽子谷还有一处颠倒屋，外面看像白宫，里面配有100个的互动式展品，12个配备运动座椅的电影院，以及一条36英尺高的室内绳索。没去过，不知道椅子和绳索是干什么用的。

最大的颠倒屋是西班牙马洛卡岛上的加德满都之屋（House of Katmandu）。这是一个带有尼泊尔藏族风情的组合主题公园，主体是一座博物馆，2007年开业，可供探险、休闲、娱乐，你付钱然后进入迷宫般的房间体验《星球大战》和《夺宝奇兵》，据说那是奇幻般的探险经历。日本长野县松本市有一家颠倒屋餐厅，里面的摆设，如广告牌、紧急出口

波兰颠倒屋

标识牌、菜单，全都是倒的；还有倒置的水桶做成的灯，只可惜大家无法进去并倒过来吃饭，否则这里肯定人气爆棚。

奥地利维也纳的倒置屋就像是天上掉下了一栋小房子，砸中了一座大建筑，红顶白墙底朝天的小房子就这样屋顶斜拖着硬生生埋（"插"）在大屋的屋顶与墙垣结合处，小屋整个屋顶几乎都卡进去了；要知道，大屋的体量比它大出数十倍，被这样不请自来地一插，感觉能好？所以脸色铁青。正常的大房子是奥地利现代艺术（Moderner Kunst【MuMoK】）博物馆，但视野里，小屋成了主角，大的反而陪衬，看来高超的设计真可以颠倒乾坤；奥地利蒂罗尔州小镇特尔芬斯出现一座颠倒小屋，外部看，整栋小屋似被龙卷风掀倒，房顶和烟囱"栽"到地面，房屋底部朝天，地基和地下室残缺不全；屋里面所有的东西都是倒的，最神奇的就数那款倒置在车库里的灰蓝色老款大众"甲壳虫"小轿车了，底朝天安然无恙地挂在天花板上，一个小女孩站在车下方，伸出双手，刚及车顶，观者立刻就产生"举起轿车"的感觉。

异形建筑面面观

颠倒屋只是世界各地方兴未艾的异形建筑浪潮中的一朵小小的浪花，异形建筑在世界各地纷纷亮相。

传统的观念中，人类居住的房屋当然应该是方正圆润，规规矩矩，有模有样，在石头、木料、砖瓦当家的年代这种模样是人们习以为常的；而现在，钢筋、水泥、玻璃，还有数不清的各种新材料，让设计的意念可以任意驰骋，让想象的翅膀可以肆意高飞，正所谓"只有想不到，没有做不到"。

于是，北海道就躺着一张仰天微笑的"脸"——科学馆。建筑师茂刚毅旷设计的这栋建筑分为两部分，一部分犹如切开的半只西瓜，斜放在地上；另一部分细细长长宛如初生的月亮，优雅地弯弯细细地立在那里。西瓜的切开面，两只圆圆的是眼睛，一根耸出、上细下粗的那就是鼻梁了；整个圆面，远远看去活脱脱一张稚气未脱、圆嘟嘟的娃娃脸，茂刚说"外星人看我们，就能看到这张热情的笑脸，就回来的"。

还有，美国设计师史蒂文·霍尔（Steven Holl）在一栋集合住宅中安放了"水映之屋"和"忧郁阴影之屋"：一栋腾空"挑"在水面上，有阳光的日子里，光影就从水池中摇摇地透过小屋玻璃地板透进屋里，想想这种奇异的感觉人生哪得几回遇？而那栋忧郁屋就这样插在屋顶上，歪歪斜斜地，跳还是不跳？于是犹豫了，忧郁了。

这样的建筑数不胜数，卵形建筑、卡拉飞机、玻璃子宫、液态建筑、面孔建筑、UFO迫降山丘、新高迪主义等，太多了；你想知道天使的姿态吗？那就去东京看丹下健三的玛利亚大教堂吧，那栋神似扬起衣袖的天使建筑，单纯的白更凸显了天使的无瑕美感，更能表达出教堂的圣洁与光明。

不是缀语：追新求异要有度

前面说过，随着新材料、新技术的不断涌现，建筑设计的新奇可以说无限量。

所以，后现代主义多元文化兴起之后，那些蛰伏在建筑设计者心中蠢蠢欲动的创意开始如洪水般爆发，这种创意或多或少都"装"了夸张显摆想拉风的潜意识。于是，各种奇形怪状的建筑开始在世界各地出现，洪水终结者屋、机械屋、冰雪中的巨蛋，西班牙人高迪更是异形建筑的鼻祖和大师，他的一生设计建造了包括巴洛特之家、米拉大楼、古埃尔公园、圣家族教堂在内的大量异形建筑。所以，业内专家有言，世界如此丰富多彩，建筑为何独守方和正？

当初，诺曼·约翰逊的颠倒屋建造只是为了卖房子，但现在的颠倒屋设计者们大都将思想注入作品之中。波兰设计师丹尼尔·恰佩夫斯基就认为："人类的某些行为破坏了这个世界，所以只有人类可以把它修复。"于是，他在颠倒屋中展出了许多波兰画家的作品，主题涵盖恐怖主义、日本广岛原子弹爆炸、海啸、

巴塞罗那高迪的米拉之家，楼顶像个儿童乐园

饥荒、贫穷等，描绘了世界的不平衡、癫狂状态，提醒人们必须停止那些"与人道主义相违背的行为"。

我以为，无论世界如何丰富多彩，人的张力有多么巨大，追新求异仍必须有度。这个度应该拴在思想这根"缰绳"上，就像波兰的艺术家丹尼尔·恰佩夫斯基那样，否则无限量的设计冲动就可能酿成"艺祸"。

话题缘起：我们的城市能否成为自然环境的朋友，而不是无休止消耗自然的怪兽？低碳、节能、便利、舒适、江南园林的精致与淡雅能否在建筑中融为一体？上海世博会曾经做了有益的探索，阳光谷将阳光引入地下并试图将园林景观引进建筑体内，但这只是兼具交通组织功能的公共建筑特性，而不是我们日常的办公或者居家建筑形式。

其实，将可持续理念运用到永久性办公建筑中早就有成功的案例了。

更重要的是发现和重塑

好东西躲在"深闺"中

这处构筑早在 2006 年就建成了，建筑所用的材料就三样：钢、玻璃、清水混凝土，间有装饰性的木头。

进来，这处名叫罗森堡的创意园原来是座花园，满眼缤纷苍翠的枫树、樟树、海棠、芭蕉……高高矮矮地把院子张罗得姹紫嫣红，看得人心儿想飞。映山红刚刚开过，花蒂儿还"赖"在树枝头不走；谢了的樟树叶落下，橙黄地残存在矮矮的树冠上、亮绿的草丛里，早晨的阳光下润润的带着湿气，很生机很耍酷；稍远处，绿得晶莹的树冠上"浮"着一层亮亮的橙红，那是新叶，像雾像云又像袅袅云烟。

既然靠近宝钢，钢做的齿轮、废弃的钢板钢管碎钢片就变成了院门迎头墙上的钢画，端详了半日，是繁忙的车间，还是寓意你中有我我中有你？往里走，远远地就看见路的拐角处，一只硕大的抓斗为主角的装置"一夫当关"，院子的主人季宝红说："这只抓斗原是上钢三厂的，机缘巧合到了这里。现在，它既是雕塑，也是指路牌，还是挡风辟邪之石。"

草地上，一块块垫脚方砖把我们引到了停车库，再到现代艺术馆，一圈下来，原来上海市城市科学研究会副理事长束昱教授"这里大有看头"所言不虚！

身心放松合二为一

急急走进地下室，不深，当然是使用方便的车库。但在我们眼里，这处车库的长相与传统的地下室车库区别极大：没了终日不歇的灯光，没有了霉潮味混合着汽油的气味，有的是透进来的朗朗阳光，满目葱翠的树木；居然，还有一座小庭院，大约两三百平方米吧，一棵颀长硕大的樟树周围，散布着各种各样的树木、花草、竹子，阳光下，金灿灿明晃晃心中欢喜得燕儿飞蝶儿舞。

走进艺术中心，满目的清水混凝土墙，圆圆的钉眼那是浇筑时用于固定沟槽的，拆去后就这样一排排整整齐齐看着每个进入者；楼梯是清一色的钢构，轻、牢、施工速度快，还有工业化的优点——干净简洁；灰青的墙上挂着现代感强烈的抽象画，倒也相得益彰，品格自然高大上。

昔日的抓斗，今天成为园区的装置

地下空间透出花园般的感觉

进入地下一层，这里哪是地下，分明是江南人家常有的庭院光景：一棵高高大大的银杏树是院子里的"男一号"，它的影子拖到坡上去了；周围的绿蔓藤萝、翠竹红花，或偎在墙角，或贴着玻璃墙，摇曳着、摩挲着，是地下？就是，你看那边就是车库，可以存放几百辆车呢；是花园？肯定了。这么美的庭院，屋在景中，景在屋中。在地下会议室开会灯是肯定不用开了，累了还可以眺望稍远处的小小山峦，那都是挖车库时铲出的泥土，现在变成了山，成了红花绿树罗而列之、森然立之的"堡"了。

功能、使用、心理和环境如此协调、如此惬意的构筑，其中奥妙在何处？束昱介绍，在上海，这种半地下车库比较常见，但罗森堡把车库放在院子的中央，开挖后回填土就堆成了中央绿地，并形成小山丘；将车库与艺术馆、园林艺术融在一起，规划中融进江南园林匠意，做成了中央花园，整体创意相当独特且酿就出人意料的诗意。地下车库专利发明人季宝红说，车库四周设置四道通风带；顶上安排拔风口，加点简单的亭子，放张桌子、几张凳子，亭子里喝咖啡品香茗就颇有"把酒临风"的意境。

"绕半地下车库一周，都有通风天窗，阳光下来了，风也下来了，采光、通风都解决了，世界上没有比自然通风更好的了。"束昱介绍，这是一处典型的绿色低碳地下建筑，在做车库时往下少挖一点，顶上再堆一点，既可减少环境土扰动，又可把地下水脉连起来；建筑采用清水混凝土省工、省时、省材，降成本；在绿化率超过 50% 的园区环境里，建筑的素净与清爽很好地烘托了花园的环境品质，尤其是金秋时节，黑白分明的房子作为黄澄澄的稻田背景，酷毙了。

回到 2010 年阳光谷

节能减排、绿色低碳、环境友好、中国经济发展的 2.0 版，凡此种种，都是在告诫我们，环境已不容再破坏了。人的智慧能够破解发展与环境保护这道题，关键看我们的发现能力。

清水混凝土又称装饰混凝土，因其极具装饰效果而得名。它属于一次浇注成型，不作任何外装饰，直接采用现浇混凝土的自然表面效果作为饰面，表面平整光滑、色泽均匀、棱角分明、无碰损和污染，只需在表面涂上透明的保护剂。所以，业内专家纷纷表达对它的青睐，"是混凝土材料中最高级的表达形式，它显示的是一种本质的美感，体现的是'素面朝天'的品位"；"它所拥有的柔软感、刚硬感、温暖感、冷漠感不但影响人，而且让建筑也有了情感"；"它是一种高贵的朴素，看似简单，其实比金碧辉煌更具艺术魅力。"所以贝聿铭、安藤忠雄等纷纷采用，华盛顿国家艺廊、中国驻美大使馆、伊斯兰艺术博物馆，贝聿铭喜欢让光线在他的作品里做设计，素净朴素的"纸面"最适合色彩跳舞了；住吉的长屋、光之教堂、水之教堂、兵库县立博物馆、冈山直岛美术馆，甚至国际儿童图书馆也是清水混凝土墙、几何风格，安藤忠雄眼里它们也都是光的舞台，都有梦的翅膀，不定哪天就飞了。

2010年的上海世博阳光谷至今在我的记忆里光彩四射。极具视觉冲击力的钢结构，就像一把倒着放的喇叭。因为这个喇叭，加上开敞的空间结构，自然光、雨水和风都到了"谷底"，进入地下空间；因为空气流动，即使身处地下二层，同样神清气爽；而那些顺着喇叭口进入地下的水，处理后都被用来浇花洒道了。

问题是，贝聿铭、安藤忠雄是清水混凝土大师，但想到将材料、环境、节能和舒适综合考虑并整合利用没？阳光谷，作为展会型运用，离我们的生活有多远？反正至今还没看到世博后的城市运用案例。但，罗森堡早在2006年就结出硕果了。

评论：忽然想起都江堰

罗森堡创意园的环境营造、建筑构筑亮点当然有钢、清水混凝土和玻璃的高水平运用，但这里最值得称道的还是环境与建筑、构造与节能、功能与舒适度惬意度的巧妙融合。是什么让这里的地下与地上、室内与室外、建筑与环境近乎完美地融合在一起？我看关键是理念。

曾任宝山区规划局局长的张明是先生感受此园已有8年，他说：繁华绿树中，房子需要低调，于是用了简洁的钢和玻璃，素面的混凝土；"仿自然地形地貌"的理念让挖出的土有了逶迤起伏，交错种植季节性植被让四季常鲜；房顶上的大露台，天晴时远远可见吴淞口，"理念到了位，挑战就成了转机，风景自在其中"。

忽然想起都江堰，说它是世界文化遗产，是至今仍在使用的水利枢纽，是功能与环境完美结合的工程，是航运、灌溉、防洪为一体的伟大工程，是人与自然和谐共处的典范，都行。无论是宝瓶口、分水鱼嘴、飞沙堰的修筑，还是"深淘滩，低作堰"的理念，在那个连炸药都没有的年代，李冰父子天人合一、物我一体的工程理念让两千多年后的我们常常充满景仰，而又心生愧意，我们做到了吗？虽然今天的科技发展似乎让人无所不能，我们的理念到了李冰父子"把满足功能性需求的工程做成风景和遗产"的水平了吗？

新闻背景： 5月中旬刚刚结束的第43届广告大会，让艺术界和广告界人士至今仍沉浸在热烈的探讨之中，大家对中国广告业的飞速增长给予极大关注的同时，更是忧心忡忡。的确，晚上回家看电视，雷人的广告词和画面，让人感叹现实的"残酷"。广告的艺术性何在？未来何去何从？这些不"拎拎清"，广告的发展将前途未卜。

要做有品味有面子的媒介

大会感受　反省应先于展望
● **这次广告大会明显让人感到反思先于展望的趋势，毕竟铺天盖地的雷人广告让人很难感受到广告的艺术性。**

这次广告大会上，世界广告大擘们纷纷前来捧场，大家围绕"创意点亮世界"的大会主题，谈创新，谈演变，把脉行业发展，汇聚全球广告人的智慧，也为全球广告人带来全新的思考和启迪。但会上最吸引眼球的还是公益广告的展播，像什么都忘记了的老人却不停地往口袋里装饺子，说"带回去给我儿子，他最爱吃这个"的《关爱失智老人——打包篇》，平实的手法、平实的细节，细腻的脸部表情，看了，不言，世界却已然被震撼。

但是，直到现在，关于这次广告大会对"广告"自身的探讨报道，却只字未见，是因为这些问题都已世人皆知，还是太高端以致不足与外人道也？但一个不容忽视的现实是：无论是平面的、声像的，还是新媒体的，各种稀奇古怪的类型，乃至无节操、无底线的重口味广告充斥着各种媒介，骚扰者我们的各种感官，反倒让它们成了生活里的梦魇。

现实光景　滥竽充数不稀奇
● **正因为广告艺术是一门极"挑拣"人的智慧活，自然滥竽充数也多；也正因为广告艺术难以驾驭，才流行"三流导演拍电视，二流导演拍电影，一流导演拍广告"的调侃。**

"为了你的健康，请别把头皮当地板擦"（香波广告）；"输入千言万语，奏出一片深情"（文字处理机）；"任劳任怨，只要还有一口气"（轮胎）；"我们的新产品极易吸引异性，因此随瓶奉送自卫教材一份"（香水广告）；再看看如今充斥于各种媒介的汽车广告，惊悚的、卖萌的、耍酷的、显摆的、不知所云的，我们的每一个白天黑夜都被它塞得毫无缝隙。

据报道，中国已成世界第二大广告市场，2013年，我国广告经营额达到5 019.75亿元，比2012年增长6.84%，广告经营单位44.5万户，从业人员262万人。而这些雷人的广告都是这些经营单位炮制出来的。所以，会上大家对这些问题也有论及，如与发达国家相比，中国广告业存在专业化和组织化程度不高、创新能力不强、高端专业技术人才匮乏、综合竞争力较弱等。

回归根本　广告究竟是什么

● 可以说，广告已与我们的日常生活形影不离了，但广告艺术与这些纯艺术方式不同，它属于实用艺术类，不是一种"纯"艺术。

因为广告的目的、手段、服务与作用对象很特殊，它是为了推动商品销售，最终获得利润。广告追逐利益的特性，使其与纯以艺术家个人心理感受为出发点的艺术（现在这样的艺术家们还有多少？）有着天壤之别，广告作品是以广告目标对象的心理特征、感受为起点的。但是，广告作为一个必须用艺术方式去"告知"的传播方式，在这个大家经常被莫名忽悠的时代里，能赢得多少消费者的青睐，就很难说了，比如"寿星喝了矿泉水，扔了拐杖比健美"，你信吗？

可是，广告业又有一条"军规"："如果你不能把你自己变成你的顾客，你就不应该干广告这一行。"因此，引导消费需求，做那只预告春江水暖的"鸭子"就很重要。然后，用精美绝伦的画面，让声音与画面无缝对接，先把消费者拉进来享受你的"画面"、享受你勾画的意境，然后不知不觉地消费，有品位、有面子地消费。

言论：先"扫雷"

虽然北京的广告大会并未让我们看到纯粹的艺术探讨，但混乱而又不太艺术的广告市场现实却让我们无法停止思考，是什么让如今的广告业如此脱缰、如此放荡地颠覆一切，包括祖国的文字、传统的艺术手段，甚至我们的感官？

我们在呼吁政府加大广告市场规范力度的同时，也要思考艺术究竟可以在广告中做些什么。

广告，首要是推销产品，可是我们的从业人员也许忘了：让消费者感觉美妙、身心愉悦并勾起美好的记忆和向往，这样的广告推销产品才不会令人生厌。所以优秀的广告艺术一定是实用与审美的统一体，无论是商业广告、公益广告、政治广告、文体广告、旅游广告等，都是这样。

20世纪初的广告界红人李奥·贝纳（Leo Burnett）在1935年创立了李奥贝纳广告公司，如今的年营业额在20亿美元上下，已是全球数一数二的广告巨头了。李奥·贝纳说过："我在密西根镇长大，在炎夏的夜晚，你可以听到玉米生长的声音。""如果你只为了标新立异而标新立异，早上醒来嘴里含着袜子就可以了。"他喜欢很土的方言，他用一个资料夹管理这些灵光闪烁的只言片语，并在上面标"玉米语言"。就是这种"玉米语言"和画面，让万宝路由问世之初的奄奄一息，

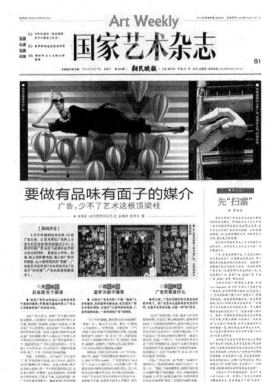

到后来成为世界龙头老大，可以说是李奥贝纳让这个品牌实现了如今300亿美元的价值。

这种基于自身文化背景以及人生经验的广告之所以成功，无外乎是引起了观众的共鸣，而共鸣点恰恰就是恰如其分的艺术在里头牵线搭桥，让观众从广告创意中读到他们想要的。不管是会心一笑，还是深受感动，抑或是明星效应，如果只是哗众取宠，那么在观众一阵"吐槽"过后，自然留不下一点好印象，这样的效果又如何使商品受欢迎？

可惜这个并不难懂的道理，很多广告人并不放在心里，在雷人广告天天污染观众眼球的今天，艺术这缺不了的"清道夫"还需经常出来"扫扫雷"。

编者按：又到一年毕业季，百万大学生又开始辛勤找工作了。找一份理想而又薪水优厚的工作，当然是所有毕业生及其父母亲的共同愿望。可是当理想照进现实，大家都明白"现实有时很骨感且无奈"。此时，想起了城市里越来越多的"艺漂"，他们漂在北上广，漂在个性小镇、千年瓷都，他们有大学毕业生、事业有成者，甚至海外人士，毅然追着梦。

艺漂，漂在有"艺"之城

艺漂一族，背后辛酸难言述

● 所谓艺漂是指那些离开自己的户口所在地，漂泊到另一个地方去学艺或者以艺谋生。城市、乡镇，有绝活、有文艺之事的地方就有可能招来好艺之人。

改革开放以来就有"北漂"和"横漂"现象存在，其中较为著名的就有演员王宝强。那位农村出来，先到少林寺，后在北京电影制片厂门口蹲了几年活儿的王宝强就是一名典型的艺漂，有武功想演电影，加上一根筋蹲到底的劲儿，王宝强终于等来了他事业的春天，于是这位河北农村娃今日已成演艺明星。

幸运如王宝强者毕竟是少数，绝大多数为艺术、为生计而艺漂者都没那么幸运。有一类"艺漂"——美术学院里的人体模特，他们或者是城里的拾荒者，或者是进城务工者，因为机缘巧合，长相"典型"的他们进入了画室，成为描摹的对象；还有一类大家更为熟知的艺漂，就是那些做着艺术梦的音乐、绘画、表演类艺术生了，你到北京、上海、广州、杭州、西安这些著名的艺术类院校周边去看看，哪里不是汪洋一片地"漂"着这些年轻稚嫩、做着"艺梦"的人？

始于何方，有几人笑到最后

● "艺漂"何时开始？许是改革开放以后的事情，那些想更近听闻艺术真谛、天籁之音的文艺青年们就来到了心向往之的艺术城堡附近，安营扎寨，大有不到罗马不罢休的英雄气概。

于是，中国美院象山校区所在的转塘镇如今每年云集 10 万艺漂——艺术类考生，为他们服务竟成万人小镇的宏大产业。培训的画室、半年的食宿，走在象山校区周边的街区村落，走进任意一户农家，几乎找不到一户与艺考无关者。艺考教学点、住宿餐饮、教具供应、艺考接送、医疗健身……凡是与艺考培训相关的，一应俱全。"十万人的艺考培训，三四十亿元的产值，需要两三万人为这批学子服务，而且还在逐年扩张，这可是一个新兴产业。"业内人士放言，谁能说他们中间将来不出黄宾虹、吴大羽、颜文樑、李苦禅、李可染、常书鸿、王朝闻、吴冠中这样的艺术大家？

不仅艺术类院校，横店、东莞下坝、景德镇等有艺术、有高人的地方就吸引了不问出身的"艺漂"们。下坝素有"东莞的鼓浪屿""东莞的798"之称，在林立着各种咖啡馆、休闲吧、静吧、清吧、藏吧的背面，白天这个古村落的廉价出租屋里就是青年艺术家张帅和罗文的创作时间，二人共用的一个工作室，蜷缩在一家休闲吧之后。30平方米许的工作室一边放着张帅的各钟铜制品和长短不一的各种榔头，让人怀疑到了铁匠铺；另一侧是罗文的画架，架上一块画布上已经勾勒出一个女性的背影。

"挺苦的，说是去酒吧唱歌，其实就是卖唱，赚点生活费。"张帅从小痴迷于大人们玩的"翻砂"，东流西浪落草到了这里，玩起了铜艺。罗文的经济状况要比张帅好很多，卖画并教人画画，衣食无忧。他说："去年我去写生，碰到张帅正在叮叮当当地打制铜壶，聊着聊着，感觉他是踏实搞创作的人，投缘，就到一起来了。"罗文说："潜心创作的艺术家都不会搞销售，经济状况也大多窘迫。加上租金不断上涨，不少青年艺术家都走了。"

景德镇，众"景漂"汇成海

● **近年来，有个词在艺术圈内很热，这个词叫"景漂"。今天，瓷都景德镇的"艺漂"已数以万计，那些怀揣陶艺梦的，他们自发地、大量地，也有像候鸟般地来闯。**

安徽书法家胡松建本已小有名气，但想把画、书、瓷融为一体，于是来到景德镇，开始了陶瓷书法创作，他坦言，"刚到景德镇时，对釉料及陶瓷工艺掌握不够，创作有些吃力，于是遍访老艺人、观摩瓷作坊，才有今天的乐耕陶瓷艺术交流中心"。70后唐勇在景德镇陶瓷学院一呆就是7年，先后上北京、到南京，5年后又回到景德镇。"这些年，北也漂过，南也漂过，但还是把人生'锚'在这儿。"唐勇说，这里有磁场，看拉坯，看复原古瓷，心里天明水清的，今后艺术之路也清晰了：建一个陶瓷修复诊所。还有广西人黎波，80末的年轻人从四川漂到北京，最后选择景德镇停下了脚步。"与北京艺术圈的浮躁不同，这里安宁淡定，能让我静下心来思考、沉淀。"

还有很多外国人，澳大利亚50后罗本·贝斯特，年轻时赴德学习陶瓷，她没想到的是这家享有盛誉的陶瓷公司，"师傅"也是景德镇的。"那时我就想到中国看看，看看生产'美得让人不敢呼吸'的瓷器是个什么样的地方？"一到，就被"腻"住了："对艺术家而言，它就是全人类的陶瓷圣城！"于是，她成了景德镇陶瓷学院的一名外教；于是，景德镇的街头巷尾经常出现她的身影，要么就窝在屋里埋头创作，工作

澳大利亚"景漂"

台就在床边，架子上、地上，鼻烟壶、圆盘、瓷板坯摆放得井井有条，她说："每当青花釉料在坯胎上蜿蜒流转时，心里就特别快乐。"

海外"景漂"中，还有来自韩国、日本、西班牙、法国、澳大利亚等地的陶瓷迷，他们有的小住一月，有的买房常住，景德镇的三宝村成了他们聚会的"罗马"。陶瓷学院的韩籍教师李伶美在三宝村还拥有自己的工作室，"在景德镇，陶瓷永远看不完，艺术门类很多，进去容易出来难。呆得时间越长，越觉得不认识的东西多"。于是，在北京住了8年、景德镇住了7年的她因为景德镇朋友多、技法多、工艺全、材料全，什么想法都容易实现，泊在这里不舍得离开。

言论：请让"藤蔓"自由生长

景德镇官方统计资料显示，目前"景漂"一族已达每年两万人次的规模，其中外籍人士1 200人左右。大量的"艺漂"让千年瓷都（景德镇名字得自北宋真宗景德年间）"创意八方来，器成天下走"。而今，澳大利亚人戴安娜走在景德镇的街上，不时有陶艺家、陶艺工匠拉着她闲谈、邀请她去看新瓷器，而不是当初的眼神如同观星外来客了。"这里有太多的艺术大师，有梦幻般陶艺精熟、创意如花的能工巧匠；还有，无论你提什么要求，一个电话想要的瓷坯就送上门，能让我更容易实现自己的创作灵感。"她说。

艺术家的融入，也为景德镇的陶瓷艺术注入了新的活力，艺术创作带来新的理念。以至于有人说"在景德镇，新的陶瓷语言已经诞生"。更有一些洋"景漂"把一些表现粗糙、残缺、破碎的表象带到陶艺中，把非烧制的其他材料如金属、玉器融合进陶艺，把各种切、划痕、刻刮等不和谐的肌理线条表现引入陶艺，形成一种古朴粗犷、抽象的、空灵的美，很好地拓宽了艺术的视野。

由此想到，有些地方总是一厢情愿地"打造创意园区"，总喜欢把已经生根

的艺术家"拔"离原土，集到园区，然后不了了之。

引导文艺，引导文化创意，可否注意为艺漂者留下一片天、一块地？艺术有其内在规律，顺势而利导之，宽容些、大度些。像景德镇这样艺术旺长的地儿，政府不作为就是最大的作为，顺势而利导，大功"可成"；当然，学艺之人也要摒弃功利，到有艺之地，定下心来，调整呼吸，入其奥，观其傲，方能大音希声，大象无形。

6月13日，日本建筑师坂茂斩获本年度普利兹克奖，成为第七位斩获此奖项的日本建筑师；截至今年，普利兹克奖已连续三年把奖项颁给亚洲设计师。近年来——

"普利兹克"缘何青睐亚洲

坂茂的建筑实践，"硬纸管"是个关键词

要想从强手如云的设计师中脱颖而出，没有独门秘器是绝对不行的，坂茂的独门秘器就是硬纸管。

用纸管"种"出一棵棵粗大的立柱"树"，树顶搭的还是纸做的屋顶，这样克罗地亚萨格勒布机场新航站楼就好了；先是获准在蓬皮杜艺术中心顶层搭建工作室，不但免费解决了50名雇员的办公场所问题，还因为此屋卖门票为中心增加了收入。更奇特的是，因为这间工作室，坂茂还获得了蓬皮杜艺术中心新馆的设计权，有评论称新馆"大楼像一顶巨大的草帽"，"大楼可能会使其展示的毕加索、达利和沃霍尔的展览都黯然失色"；坂茂还用纸管在法

坂茂设计的新西兰的纸教堂

王澍获普利兹克奖的作品宁波博物馆，图为博物馆的入口

国南部加尔河上的嘉德水道桥（Pont du Gard）边建了一座纸桥，整个身躯重 7.5 吨，由 281 根直径 11.5 厘米、厚 11.9 毫米的硬纸管砌成；地板由再造纸及塑胶造成；桥桩则是盛载泥沙的纸皮箱。坂茂说，这一纸筒结构桥梁十分坚固，可以允许 20 个人同时在桥上走动。

从 1985 年左右开始，坂茂开发了纸管结构，并将其付诸实施，他设计了"PC 桩宅""双顶宅""家具宅""幕墙宅""2/5 宅""无壁宅"和"裸宅"，这些标新立异但又环境友好的建筑为他赢得了广泛的赞誉。坂茂说："大约 30 年前，我开始采用这种设计风格时，还没有人谈论环境，而我则把它视为理所当然。我始终对低成本、本地出产和可重复使用的材料怀有兴趣。"他甚至宣称，大家都在说可持续性，但用了很昂贵的材料，比如，用一些非常贵的玻璃，为了达到所谓的可持续性，这实际上是浪费了绿色的材料。所以他一直坚守"不浪费"的原则。

如果因此说坂茂的作品不艺术，那就大错特错了

需要说明的是，坂茂之所以获奖，就是因为它用价格低廉的纸管、竹等材料，为弱势群体、灾民搭建房屋并让这些房子看起来很漂亮。

坂茂用建筑参与救灾始于卢旺达内战，1999 年他在卢旺达比温巴难民营建起纸质避难所。随后一发不可收，神户地震、印度地震、汶川地震、海地地震、日本本州大地震、新西兰坎特伯雷地震……有灾难的地方就有坂茂的身影。在普利兹克奖评委们看来，坂茂是模范建筑师，这缘于他强烈的社会责任感和用高质

量设计满足社会需求的积极行动，以及他应对人道主义挑战的独有方式。

坂茂的房子总是苦难中的"诺亚方舟"和标志性建筑。他的作品"创造了一个半透明近乎魔幻的氛围"，"其作品的优雅简约及轻松自如，每一个作品都具有一个新鲜的灵感"，"他的作品散发着乐观的精神"，这些都是普利兹克奖评委们的看法。

2011年的新西兰大地震彻底摧毁了基督城标志性建筑——大教堂，坂茂受命建一座新的临时教堂。纸管教堂就在拉提莫广场原大教堂旁边，坂茂设计了一种采用600毫米直径的硬纸卷搭成"A"形结构，外面涂上防水聚氨酯涂料和阻燃剂，教堂内部可以容纳700人。"A"字形长纸管嵌入混凝土基座，教堂"A字"两端高高的"山墙"上镶彩色玻璃。那是一座漂亮得让人尖叫的教堂：夜幕降临时暖暖黄黄的灯光透过彩色玻璃，湛蓝的天空、浅蓝的屋顶隐隐透出浅黄，三角形玻璃拼装起橙黄红紫绿蓝的色块组成观感软软的幕墙，能容纳700人的教堂里面，粉黄的灯光沿着"A"字边缘一溜排过去，齐刷刷仿佛灯光汇演中训练有素的舞者，光影从屋顶、窗户钻进来跳跃在墙面上、椅子上，不由分说地渲染出空间的明暗斑斓，透出无限的生机。坂茂说："人们不是被地震杀死的，而是被倒塌的建筑杀死的。"他还说，聚碳酸酯屋顶有助于保护教堂，纸教堂的预期寿命至少50年，"何况新西兰民众很喜欢这座教堂"。

日本建筑师在思考最原始的主题——建筑为什么而建、为谁而建

不知大家读到"被倒塌的建筑杀死的"时，心中是否一激灵，反正我就好像被人抽了一鞭子。但仔细想想确实如此，于是建筑为什么而建，为谁而建就成为问题。恐怕每一个建筑师都不会为杀人而建筑，但是……

如今，纸板教堂已经成为新西兰坎特伯雷地震后基督城重建的象征，坂茂用创造性和高品质设计来应对破坏性自然灾害所造成的极端状况。2011年日本大地震后，坂茂在50多个避难所内建立了1 800个纸质隔间，使居住其中的家庭有了更多的隐私。"通过杰出设计，来应对高难度的挑战，坂茂扩展了建筑师这一职业；他使建筑师能够参与政府、公共机构、慈善家及受灾群体之间的对话。"这是普利兹克建筑奖评委会对坂茂的一致赞誉。而我要说，坂茂让建筑回了家，为什么及为谁而建都有清晰的答案：建筑应该关怀人。

关怀人的还有伊东丰雄。在四十年漫长的设计生涯里，伊东丰雄创作了一系列将概念创新与建造精美相结合的建筑，作品涵盖图书馆、住宅、公园、剧院、商场、写字楼及展览馆等诸多类型，普利兹克奖的评委们说他是一名"永恒建筑的缔造者"，称赞他"将精神内涵融入设计，其作品中散发出诗意之美"。

伊东丰雄的建筑同样从遗憾出发，设计出更舒适的空间。他说："当一栋建筑完成后，我会痛苦地意识到自己的不足，于是它转化成我挑战下一个项目的动力。"因此，没有两幢伊东丰雄建筑看起来是完全一样的。没有相同的美学风格；没有预设主题的宣言。你甚至永远也不能确定伊东丰雄下一步将做什么，因为他总是想用极简主义手法消除"常规理解"，创造出可以与空气和风相媲美的轻盈建筑。

在伊东丰雄的眼里，"自然界极其复杂而多变，其系统是流动的，但建筑则一直在试图建立更为稳定的网格系统。网格系统风行世界各地，因它能在极短的时间内成就海量的建筑。于是，我们的城市越来越同质化"。伊东丰雄试图通过对网格的微调，寻求一种方法，拉近建筑与其所处的自然环境间的关系，让人更好用，就像开放并自由组合的仙台媒体中心内部空间那样。

伊东丰雄同样关注人、关怀人。他与其他日本建筑师一起投身地震海啸救灾，一起提出为幸存者设计"共有家园"社区。他说："救援中心内没有隐私，也几乎没有足够的伸展和睡眠空间，而仓促搭建的临时住房仅仅是一排排的空壳：无论从哪个角度上看，这些都是艰难的生活条件。然而，即使在这种情况下，人们尽量微笑，并且因地制宜……在极端情况下，人们聚在一起分享和交流——这是最基本的社区的动人情景。同样，我们在这里看到的是建筑的原初，以及对社区空间的最低限度的塑造。一名好的建筑师能够让这样粗茶淡饭的空间变得更有人情味，让它们多了几分美丽，更舒适一点。"

在伊东丰雄眼里，"共有家园"概念向现代建筑的基本原则提出了质疑。他说："在现代时期，人们最重视建筑设计的原创性（一己的、设计师个人的）。因此，最原始的主题——建筑为什么而建以及为谁而建——已经被抛在脑后。当人们失去了一切，建筑设计到底应该做什么？'共有家园'可能只是一些纸管的桁架和一些软隔断的布帘，但它会引导人们去思考：建筑为谁而设计。"这与坂茂"更应该为经历自然灾害后失去住所的人们设计一些更好的东西"的观点高度一致。

观点：亚洲雄风来得更猛烈些

不像足球,2014世界杯就是深深创痛的"亚洲悲"；建筑界的坂茂、伊东丰雄、王澍，从2012年到2014年，素有世界建筑界的诺贝尔奖——普利兹克奖得主都是黄皮肤、黑头发的东亚人，我们应当高兴。

高兴之余，我们在思考，三位获奖者无疑都是思想充盈并让建筑充满灵性和美感的人。但是，两位日本设计师让我想到的是：他们是用各自的设计语言表达人类未来趋势的设计先锋。无论坂茂的纸管材料，还是伊东丰雄的极简主义和微调网格，都是从"人"出发，从人与自然环境的关系出发，而努力设计好的作品。

中国王澍的作品同样愉悦身心。"中国的山与建筑的关系，从来不是景观关系，而是某种共存关

系。"王澍用旧砖旧瓦杂陈着围合出象山校区，用极先锋的创作手法叙述着悠久的中国式建造传统，他用中国建筑语言让传统在当代再生，从而赢得世界的点赞。

因为普利兹克奖无规律可循，因此三人的成功之道也只能称为"各自成蹊"。但坂茂面对"您受到东方传统建筑、日本传统建筑风格的影响吗？"的提问时，说"在审美意识上有潜移默化的影响"，"不过我没有刻意要建造日本式的东西或者模仿日本的样式"，他想做的是"为经历自然灾害后失去住所的人们设计一些更好的东西"，正如佛家人说的"悲悯情怀"；而王澍，要见的是那山那水那人的天人合一。

这情怀，正是人类相搀相扶努力前行的动力，我们希望在世界的舞台上更多地看到这样的建筑作品，更猛烈的亚洲风刮起。

新闻背景： 6 月 22 日，多哈举行的第 38 届世界遗产大会批准大运河列入世界遗产名录，于是人们欢呼中国成为仅次于意大利的第二大世界遗产国。但有识之士也在呼吁，虽然历时 8 年、27 城市齐努力，才让总长 1 011 公里的大运河申遗成功，可要让"运河再活两千年"我们如何保护，任重道远。

要让"运河再活两千年"

申遗成功后，当如何保护

● **运河已活了 2 000 年，运河第一锹土是在扬州挖的，但不是隋炀帝而是吴王夫差。**

中国是世界上开凿运河时间最早的国家，公元前 486 年，中国春秋时期的吴王夫差在扬州开邗沟，筑邗城，兴建世界第一条运河，后经历代修建，终成中国古代交通东西、南北的水上大通道。需要指出的是，最早的大运河是为了方便隋炀帝从长安下扬州而修建贯通，所以历史上大运河到了汴州（开封）就折西而去了；宋元以后，运河才渐渐成为我们今天见到的这副模样，从南到北全长 1 794 公里的大运河，穿越北京、天津、河北、山东、江苏、浙江、安徽等省市，成为了世界上最长的人工河道。

大运河因了皇帝、皇城的需要才发展兴盛起来的，尤其是康熙、乾隆下江南，一路上迎圣接驾就成为压倒一切的大事，所以才有泗上的行宫、聊城的光岳楼、扬州的天宁寺行宫、微山湖上的南阳岛行宫，一个赛一个地漂亮光鲜；还有常州、无锡、苏州、杭州……不是天堂但锦绣过于天堂；要知道那时没有上海，只有松江府哦。

● **1 000 多公里的大运河艺韵太多，钟鼓楼、德胜门箭楼、汇通祠、会贤堂，哪一个都是画里的景**

什刹海，知道不？大运河的漕运终点，乾隆六下江南的

起点。杨柳依依的春天里，乾隆皇帝和他母亲就从这里走上画船，一路迤逦往南数月，然后在龙井新茶上市的日子里，来到杭州。当然，他的下江南也有一个好听的名头，叫"督修海塘"。这次申遗，北京有两处河道和两处遗产点入选申报名单。河道分别为通惠河北京旧城段—西城区什刹海（包括前海、后海、西海）和东城区玉河故道，通惠河通州段；遗产点分别为西城区澄清上闸（万宁桥）和东城区澄清中闸（东不压桥）。

到了济宁，暂歇在占地 150 亩的六进大宅院，院子就在泉眼如网眼汩汩往外冒的地方，这是泗上行宫，虽然如今宫殿已踪迹全无，但文字里的流光溢彩就已让人神往不能自已了。

穿过聊城，缓缓地船过了微山湖，慢慢地到了江南，石板老街、油纸伞、乌篷船，到处是小桥流水、垂柳人家尽枕河、淡淡烟雨的江南，瞧：那是秦淮河、乌衣巷、白鹭洲、金山寺、红桥，光听名字就让人神往不已了；六次下江南，乾隆四次住在海宁陈氏私家园林——隅园中，并将其名字改成了"安澜园"，以期大海从此安澜，天下黎民从此宴清。

● **"打造世界级黄金旅游线"，难道申遗成功所耗花费要从旅游中找回来**

申遗成功仅仅两天后，京杭大运河沿线的 18 个城市代表就聚首杭州，共组"京杭大运河城市旅游推广联盟"，表示要整合沿线城市旅游资源优势，将大运河打造成为世界级旅游黄金线。杭州市旅游委员会主任李虹说，运河申遗成功，对打造杭州这座城市的国际品牌，意义重大。他说，为了更大程度地打开杭州的远程国际旅游市场，可能投入的力度会比西湖更大。

要塑运河的国际范儿，吸引国际（主要是欧美）游客，要让他们"带着一本类似唐僧拿过的那种通关文牒，学古代隋炀帝走水路贯穿中国南北，当然您乘坐的将是新式运河邮轮"，新闻如是说；扬州表示，"目前扬州规划的七大旅游渡假区中六个都围绕运河而生"，像邵伯铁牛、孟城驿等，扬州有大运河 6 段河道、10 个遗产点。这次会议上，18 城决心联手推广"十个一"工程。

虽然 18 城的旅游决策人都喊着"保护、合理利用开发这条运河"，我们还是深深地担忧：筹备了几十年、申遗 8 年，一朝成功——羊肥了；还有：客来了，焉有面对肥羊心不动的理？！

题内话：艺术呼吸 活体保护

大运河和哈尼梯田一样，是中国至今还在使用的活体文化遗产。运河一千多公里的河段如今还在发挥巨大的通航作用，两岸沿途美景美物可谓美不胜收，走一趟那就是体味人间天堂的艺术饕餮之旅。于是如何在使用的同时让运河再活两千年，我们的有关部门一定要抑制大开发的冲动，让沿河百姓全体动员参与保护呼吸已有些不匀的老运河。

古城卫士阮仪三教授说，把"世界文化遗产"和风景名胜挂起钩来，"这是最大的错误"。"保护运河沿岸的艺术古居、民风习俗，比保护一幢建筑、一件文物更有价值。"于是，他在台儿庄听说当地有个纤夫村，激动不已，他的弟子在天津发现运河边的人保留了朝拜娘娘庙

的习俗，称自己是"运河人"，感慨不已。百姓生于斯，活于斯，所有的记忆、文化、习俗都依赖于斯，所有的艺术精灵都附着于斯，于是大运河就有了灵魂，运河就是养了一方人的那方水土。

正因为此，扬州让老城的十几万居民分流，留下的 6 万居民在老城里过上现代生活，对古城"护其貌、美其颜、扬其韵、铸其魂"。如今，老城里的"民居客栈"成了这座城市发给世界的名片，四海宾朋到客栈里欣赏"园林就是宅"，在小巷里看蓝花布，买虎头鞋，坐老茶馆听一段扬州弹词，感受开了"双眼皮"的扬州老城区的种种典雅、方便与地道醇厚的民间艺术精灵。于是，千年扬州唤发青春。

活着的大运河，她的延年益寿需要我们的聪明和智慧用好加减法，需要沿河百姓的全面参与，参与谋划、扮演角色、严执法规、行使监督。唯有如此，申遗成功才不会成为破坏运河的新起点。

新闻背景： 世界杯就要降下大幕了，西班牙、英国这些足球强人们回家的背影有些落寞，有些悲壮，但他们都是汉子。可惜咱们中国娃儿去不成世界杯踢球，咱就在家里自己玩；世界杯少了中国队，不会少了咱中国人的，不信？你去瞅瞅，绚丽斑斓、五彩缤纷、流光溢彩、嘻哈搞怪的巴西球场内外，哪样东西没咱中国人的智慧，哪个角落里中国的艺思不在汩汩地冒泡？

桑巴国度里的中国艺思

第一回：足球是咱造的，吆喝的国旗是咱生产的，五颜六色的假发那也是义乌的：哥踢的不是足球，是"科技"

有人说，中国足球队若是进了世界杯，中国人反而手足无措了，原本单纯的快乐就变得牵肠挂肚和恨铁不成钢，就开始琢磨是被人家灌进 8 个还是 9 个？而不像现在这样喝着啤酒啃着猪蹄俺就在城头笑看风云变幻狼烟起。

巴西国家体育场巨柱

哥踢的不是足球，是"科技"，咱除了足球不行，其他一色地都在"雄起"，不信？史上最圆的足球"桑巴荣耀"想必大家都已喜欢上了它的靓影了，空中它会飘忽摇摆，且划着不可思议的曲线，长了眼似的钻过铜墙铁壁的人墙，就这样顺着门柱拐进了球门，怪不得它被称为"守门员的噩梦"。这球，就是咱中国人造的，虽然一只加工费不超过两美元，但总比啥都没有在人家的"锅"边干瞅着强了去了，不是嘛！

南非世界杯里的呜呜祖拉还记得不？激动时，它的声音令整个场子抖得抽得要散架……是蜜蜂嗡嗡的叫声，还像是绿头苍蝇的叫声，反正很多人听到它亡命地叫唤都想疯掉；巴西改了，改成了"卡塞罗拉"，绿的或者黄的，像只小葫芦，还有软绳做的指扣，拿在手里像拨浪鼓一样使劲摇晃，于是体育场就成了"葫芦娃们"欢乐的海洋：它们都是中国产的。国旗当然都透出庄严的美，这次巴西国旗的海洋，娘家也在义乌。

和足球的代加工不同（那是人家觉得老牌体育公司靠谱，把设计权交给他们），这回巴西世界杯中"中国授权"成为关键词，吉祥物福来哥，球迷版大力神杯，还有世界杯金属、陶瓷、塑胶等五大类产品的设计销售权都被我们拿到，说明啥？不但造得好、设计也好，看着心里就舒服，创意水平高了呗。

第二回：发电的、安检的、显示屏，还有标准离奇高的城铁，咱中国也开始在世界的舞台上玩儿"高大上"了

说起来，足球虽是第一主角，但那毕竟是代加工，赚的是点辛苦钱，一只足球 150 美元，咱充其量能得到 2 美元，说起来多少有些心酸。

但亲临现场的爷们对硕大的全彩户外 LED 显示屏肯定印象深刻，每当球迷们开始欢呼，那人浪海啸般不知从哪个角落"煽动了翅膀"，然后就势不可挡地起伏、绵延，镜头里还伴随着专属美女们的特写，让人感慨这里盛宴无限，俺们活着真好！每当球员们传出一脚精妙的球，这球长了眼似的轻轻落在冲到禁区前沿的前锋脚下，屏幕上的那个特写，生猛鲜活得一塌糊涂。这些中国制造拿的当然也就是"高大上"的报酬了。当然还有，巴西世界杯的八大官方赞助商中就有咱的中国企业，名字应该说的，叫"中国英利"，英利为全部比赛城市的照明信息塔提供 27 套光伏系统、8 至 15 个太阳能充电站。最感谢充电站的就是那些脚步匆匆的记者了：充电好使，比请吃饭都强，因为不耽误事，提供的还是绿色能源呢！中国企业同方威视，为赛事提供了近 600 台先进安检设备，12 个赛事场馆中，9 个球场的安检设备是他们的产品。

高大上的还有中国地铁。巴西人要求的车体纵向载荷 363 吨、能在 56 摄氏度高温下运行的苛刻成啥样都不说了，因为我们的车让刁刁的巴西人吆喝着要"为中国新车打满分"；现在的里约人别的车来了都不坐，专等中国列车，那肯定是有原因的。你见过地铁车头长得像足球的吗？这回咱是给巴西世界杯设计城际列车，靠海的里约高温潮湿，所以得设计防锈的车辆，加装"超强悍"空调；足球王国乘客生性奔放，特别是看完球赛的球迷，因此列车车窗、车门等等不能用玻璃，只能用防炸、防爆的聚酯……都不说了，列车的艺术元素如何表达？设计师将足球元素融进车头的设计中，远看，足球形车头中还有一个大大的笑脸造型，以微笑迎接世界各地的球迷。这个设计方案一现身，巴西人开始欢呼。

第三回：巴西国家体育场、潘塔纳尔体育场、伯南布哥竞技场，个个精彩，它们闪亮的星光中咱们的戏份也很重的

咱国力强了，世界上中国人身影多起来那是必须的。这不，巴西好几座体育场、国家体育场、潘塔纳尔体育场、伯南布哥竞技场，"中国智造"在这些体育场的建设中名声鹊起。

巴西利亚本是一座建于二十世纪的年轻城市，却被联合国教科文组织列入世界文化遗产，魅力自不待言。为何？因为巴西人在 1956 年至 1960 年间以理想城市模型为蓝本建造了这座城市，其中众多公共建筑均成为了现代主义的坐标和象征。可见，巴西人艺术品味不低。

因此，要想拿到体育场的设计合约，没有些新奇的创意那肯定是不行的。于是，碗状看台、柱林，还有悬挂式屋面就成了中标者的独门秘器：巴西国家体育场作为巴西利亚城市轴线上最大体量的建筑，外形是以纪念碑式的庄严姿态进入城市的整体形象之中。那柱林，每根直径 1.2 米，高度最高 59 米，清水混凝土那当然是国际范儿，安藤忠雄、贝聿铭都是玩这个的高手。柱子总共 288 根，抬起云一样的双层屋面，像云像雾就是不像风：于是，球迷们在场内可以尽情地欢呼"哦啦哦啦"风可以吹着雨不会打着。

潘塔纳尔体育场（Arena Pantanal）位于库亚巴市潘塔纳尔湿地北部，因此，潘塔纳尔体育场的设计贯穿的是生态环保理念，包括回收利用施工所产生的瓦砾，使用可持续来源的建筑木材等，使用可持续工艺生产的黄色颜料，铺装了带温馨友好黄色调的混凝土板，体育场成为城市里一道亮丽的风景线。你看见那些土黄色竹帘一样的外衣没？那是挡阳光、降气温的。

全新的伯南布哥竞技场世界杯还没结束就被一家当地俱乐部买下了，她的样子就像炎热世界里的一块裙摆粉青腰身淡蓝头顶纯白的雪糕，哗哗地往地面流淌着清凉；屋顶边沿，巨大的钢柱拽着软软的蓬，不知道球场里面装着多少快乐和悲伤？！

还没进去过这些体育场？明天凌晨 4 时（巴西时间 12 日 17 时）三四名决赛就在巴西国家体育场，精彩可不要错过哦！

大家都知道，现代体育场建设大吊车是必备的利器，这三座体育场的起重机都是咱中国造。虽然，巴西人不像咱无私，建筑项目人家一般都要保护本国设计者；但我们的设计师们还是要去，不去争，哪有机会？！

评论：呼唤中国原创

中国设计，不仅是五彩缤纷的假发、呜呜啦啦的加油器、斑斓鲜艳的国旗，还有照明设备、安检设备、清洁电源等高端制造，当然还有建筑的设计创意。

都知道，人家巴西不像咱这样"凡大楼必请洋人"设计，神州大地上摩天的、标志性的楼就没几座姓"中"，人家有料还是让自己的娃儿先吃的。所以，我们想进去比较难，可是人家德国的、英国的公司不是都摘了"桃子"了吗？

王澍的旧砖破瓦一样能造出很先锋很时尚的房子，马岩松的城市山水也叫人啧啧称奇，吴晨的中国尊更是让人闻到了东方文化复兴、中国梦成真的气息：高端大气上档次那是肯定的，普大喜奔也是正常的。

人家能到咱家里来"抢"食儿，咱为啥不到人家家里也去"抢"点儿？找不出不去的理由，因为咱们的设计师也很优秀哩，所以要去"抢"。

新闻背景：由文化部中国建筑文化研究会等单位主导的"中国当代十大建筑"名单刚刚出炉。我们不说是哪些建筑，你肯定也能猜出一二，金茂大厦、上海中心、小蛮腰广州电视塔、鸟巢，对了！央视大楼，NO，太难看、太挑战视觉底线、还有些恶搞的意味，没入选。

当代建筑十大，透露出什么信息

评选很有"第三方"色彩

评选当代十大建筑的背景当然是新型城镇化，"城市建设要体现尊重自然、顺应自然、天人合一的理念，依托现有山水脉络等独特风光，让城市融入大自然，让居民望得见山、看得见水、记得住乡愁"。

可现实是，建国后，学习苏联老大哥成了严峻国际形势下中国必然的选择，于是中国城市大量复制苏式建筑，这便是主导中国城市面貌40年之久的"革命建筑"年代。

进入20世纪90年代，中国城市建筑开始呈现多元化发展态势。至2008年奥运会前，影响中国城市的主流建筑形态，一类是"乌纱帽"，此类建筑沿长安街走过去满眼都是：中式大屋顶加包豪斯式主体结构，那就是一栋栋国家机关大楼了；另一类则为"实验场"——以"鸟巢""大裤衩"等国际建筑大师作品为代表的大型公共地标性建筑。此外还有边缘艺术、国际风格、先锋派都在中国这块大工地上挥洒着千奇百怪的设计智慧。

针对这些实际，举办方不找政府、不找开发商，找的是建筑、文化、专业媒体、房地产和社交网络领域的权威学者和意见领袖，从评委组成和评选的最后结果看，"十大"具有相当的典型性和普适性，当然艺术审美的考量同样很是慎重。

十大建筑的浑然天成

今年 6 月新鲜出炉的十大建筑分别是：中国尊、鸟巢（国家体育场）、中央公园广场、中国美院象山校区、上海金茂大厦、台北 101 大厦、小蛮腰（广州电视塔）、国贸三期、上海证大喜马拉雅中心、上海中心大厦。

西洋建筑师操刀的建筑独占鳌头，那是肯定的，像金茂、鸟巢、广州电视塔、证大喜马拉雅、上海中心、国贸三期，请的都是国际上的设计大腕儿。塔在中国人的心中位置特殊，所以虽然 SOM 是美国人的公司，还是以塔为意象设计了金茂大厦；雅克·赫尔佐格设计的鸟巢，虽然不是一座节能建筑，更不是一座节材建筑，但因为粗大的钢筋样"巢"暗合了普通民众"家"的意念，于是被普遍接受；马克·海默尔夫妇设计的广州电视塔，亲切地被广州市民称为"小蛮腰"，犹如白居易所吟"樱桃樊素口，杨柳小蛮腰"，一摇一扭地摇曳在珠江边，不知道海默尔他们研究过白居易这首诗没有？

证大喜马拉雅的设计师矶崎新则将"艺术气质"进行到底，远远看去是方正的构筑体，走近正面那是"异形林"，在矶崎新的眼里，喜玛拉雅中心不是一栋单纯的建筑，而是一座雕塑、更是一件艺术品。尤其是"异型林"，从外形和内涵上将艺术的渲染力源源不断地扩散弥漫到整个建筑，使整座建筑的魅力随异形体不断生长。矶崎新的设计理念里，"异型林"犹如从地下自然生长出的"林"，异形体部分应富有质感，浑然天成，而不是刻意修饰的。

台北 101 是国人李祖原设计的，印象中，他是中国大地上 500 米以上已建成的高楼森林里唯一的华人设计师。李祖原用才高八斗的意象设计了这栋中国气派的摩天大楼，稳重大气并有芝麻开花节节高之意，人们看了满心欢喜。

"中国味道"的共存关系

虽然 SOM 很厉害，十大建筑中就有三座（金茂大厦、上海中心、国贸三期）是他们做的，但许多人还是喜欢中国人自己设计的东西，像李祖原。虽然李祖原后来设计的法门寺合十舍利塔争议颇大，但"才高八斗"的101我们喜欢。王澍的象山校区那也是大名鼎鼎了："山决定了那座房子的尺度，那座房子就像一棵树种在山边。""民居是最通俗的建筑形式，但同时它也承载了一个国家或民族建筑的灵魂。可以说，中国当代能像王澍这样如此深刻又紧密地将先锋的创作方式与古老的民间传统联系在一起的设计师并不多。"论者说。

"中国的山与建筑的关系，从来都不是景观关系，而是某种共存关系。从外看塔，密檐瓦压暗塔色，檐口很薄，材料与山体呼吸，塔如吸在半山，在如象山般多雾的气场中，塔甚至完全隐匿，变得很轻。那一刻，我明白了庞大坡顶建筑可能的立面做法，一种内外渗透性的立面，而那塔的轻和隐匿让我看见了象山校园的返乡之路。"王澍说。

可是王澍并非"单纯而传统"，他是在用自己的方式诠释中华建筑传统，像象山校区。"他所表现的并非一个建筑，而是一种印象。梦境是第二种生活，好像半睁着眼在观看什么似的。有时候，在半梦半醒之际，我们看见它们，想要抓住它们，定义它们，然后我们醒来，它们逃之夭夭……就像江南早春的晨雾，我们张着半开半闭的眼睛'摇视'风景，无法界定清楚任何物体的形状。"

题内话：又想起了"虚心接受，坚决不改"

当代十大建筑评选值得思考的很多：中国这片大工地建设正酣，中国尊、中央公园广场、上海中心这些庞大的建筑（群）还正在热火朝天地建设之中，这常被人们称为"竖着的城市"，却少见中国风。

中国许多地方目前还是外国建筑设计公司的逐鹿场，而中国设计师当配角的还很普遍，问题出在哪？是自信心不足导致政府、开发商崇洋媚外；其实，外国人除了要价高以外，他们一定会做得比中国设计师更好？我看不见得。

这让我想起了三年前中国设计师王澍因"中国美院象山校区"而首获世界普列兹克奖。他的作品首先说了"中国话"，

其次在环保、节能上占了先锋，让所有爱挑刺的国际级大师评委闭了嘴。而王澍走出这一步，却是在于得到了妻子"虚心接受，坚决不改"的应对攻略，他顶住了来自上上下下的压力，走了自己的路，他的坚持、他的不改、他的傲骨，最终得到了世界建筑界的认可。

经常与业内朋友聊起，如今的建筑界，浓浓的商业味重重地麻痹了建筑审美的追求和趣味。所谓建筑设计方案评审现象，最初，专家们尚能有一说一，各抒己见，至少都是行话；可往往领导一来，出现的局面就是长官一锤定了音，虽然领导中也有行家，但毕竟凤毛麟角；现实中"进了瓷器店的大象"之类的领导更多，他们往往用长官意志踩碎了设计规律，这当然应该受到批判；但现场专家面对行政威势的哑然，甚至集体无语，就对了吗？！

所以，要建筑界点燃中国的传承艺术，让"中国风"傲树国际建筑界，一个设计人的骨头"轻与重""软与硬"也会决定世界对你的尊重和微笑。

历史保护建筑整体移动，已经不是什么难事了，比如上海最近就把正广和大楼平移了38米。但如果这是一栋艺术范儿十足的宝贝疙瘩呢？古建筑移动仍是件技术含量很高的活，如何让动辄百岁数百岁的老屋子不伤筋不动骨地"走动"，甚至在滑移的过程中还能顺便"强筋健骨"？

百岁老屋不伤筋不动骨地"走动"

如何看待古建移动，艺术何以不掉色

建国以来，老建筑常常被挪地方

因为各种各样的原因，古建筑的移动经常发生，去年底建筑面积7 000余平方米的78岁正广和大楼平移了38米，被称为"上海史上最大的平移工程"。如今，这栋红底白格的六层大楼——上海市优秀历史保护建筑又在通北路济宁路路口临街翼翼临风、光彩采照人了。

不仅上海，就连僻在云南剥隘的粤东会馆、粤西会馆、江西会馆等6栋保护文物建筑也因为白色水利枢纽的兴建而迁移到了新地方——10公里外的甲村。

你可曾知道，新中国最早搬家的古建筑是中南海里的清音阁、云绘楼。1953年，北京市建设局打报告说："云绘楼及清音阁原地基，政府需用甚急。"建筑学家梁思成认为这组建筑结构和风格独具特色，建议保留，获周恩来总理首肯。周总理还亲自与梁思成一起到陶然亭选址。次年，作为新中国第一例被完整搬迁的古建筑，云绘楼和清音阁便被迁出了中南海，落户陶然亭。

世界上的著名古建命运也差不多

不仅中国，世界上古建易址也时有发生。1959年，埃及准备修建阿斯旺大坝，尼罗河谷里的阿布辛贝神殿等古建筑有可能被淹。于是，联合国教科文组织发起了"努比亚行动计划"，阿布辛贝神殿和菲莱神殿等古迹被仔细地分解，然后运到高地，再一块块地重新组装起来。这次行动共耗资八千万美元，其中有四千万美元是由50多个国家集资的。因为这次行动非常成功，经验被进一步放大，挽救意大利水城威尼斯、巴基斯坦的摩亨佐—达罗遗址、印度尼西亚的婆罗浮屠等都用上了；并且联合国教科文组织会同国际古迹遗址理事会还以此经验为依据起草了保护人类文化遗产的协定。于是，我们今天依然能看到拉美西斯二世神殿。

原来，拉美西斯二世神庙圣坛上供神是在一个幽深的岩洞里，三千多年前的神庙设计者精确地运用天文、星象、地理学、数学、物理学相关的知识，按照拉美西斯二世的要求，把神庙设计成为只有拉美西斯二世的生日2月22日和神庙奠基日10月22日，旭日的金光才能从神庙大门射入，两次穿过深60米的庙廊，依次披撒在神庙尽头右边三座雕像的全身上下，照射时间长达20分钟之久，神殿此刻忽然灵动、熠熠生辉，而最左边的冥界之神却永远躲在黑暗里。然而神殿迁移后，虽然当代已拥有精密的天文仪器，却使阳光进入的时间延后了一日，而且照射神像的时间也不同，还将光明撒到沉睡千年的黑暗之神身上了：我晕！

评论：地已易，艺焉附，气韵在否

文物搬家，场场地已经变化，艺术还能如故，气韵尚能如初生动否？确实是个问题。所以，业内有专家坚决反对文物型建筑异地保存。

英国电影《鬼魂西行》讲的是一位美国阔佬在欧洲突发思古幽情，竟买了一座古堡，海运西行到了美国，重建起来，不但原部件一一落位，分毫不差，竟连古堡中的"鬼魂"也一道带回来了！这只是个电影，但表达的思想在现实中却是我们不断要努力的目标。

到过埃及拉美西斯二世神殿的人可能已经发现，拉美西斯二世神像的第二尊没有头部和上身。往下看，他的脚边的地上放着其头部和肩膀，严格按照原样摆放着。

可是，如果你到陶然亭，也许受当初清音阁、云绘楼"定居"的启发，公园里后来居然建了"园中之园"——华夏名亭园，星罗棋布地"密植"了许多"华夏名亭"，从这个亭三步两步就到了那个亭，左一转右一转又到了什么亭，原本散布在祖国各地人文艺术气息活灵活现的"亭"们局促而尴尬地挤到了一起，情趣顿失，观亭的我们既无法体会"曲水流觞"之雅趣，更难咀嚼文忠公的"太守之乐"。

中国古代营建，无论皇家宫阙、宗教寺观、贵族华堂，还是平民的瓦屋草舍，在选地、设计时，除了工艺乃至社会学上的标准、规格、法式外，都还要察堪舆，看风水，因地制宜的，极少孤立地专一考虑房屋的式样或技术要求。

因此，不要轻易异地移动古建筑；必须异地保存，不敢掺杂其他目的，否则艺术、韵味即刻"灵魂出窍"。

附：建筑创意源于生活环境和自然人文

澳大利亚，这个全国人口 2 400 万、相当于上海市常住人口数量的国家，2013 年的人均 GDP 达到了世界第六位。大家可能熟知的是它的农业和教育业，却不知道它也是世界最主要的创意产业输出国之一。本文就一系列澳大利亚建筑设计的介绍，展示澳大利亚的建筑规划设计：以人为本，和自然环境完美融合，最大程度保护自然和历史人文，以及对于建筑的新能源新材料的运用。

澳大利亚的悉尼，是一个有着海洋文化的城市。在库克船长发现并登陆大洋洲的时候，就注定了这个城市文化和航海有着不解的渊源。大量的占据着城市最优秀海岸和风景的船坞也就成了这个国家文化重要的一个部分。

和悉尼歌剧院相对的悉尼国际邮轮码头，利用新型建筑材料——钢材和玻璃将传统的老码头的功能重新开发。对于滨水区的改造，将商业零售、餐厅酒吧等功能和滨水步行系统完整结合在一起，最大化了建筑本身的亲水性。和邮轮连接的摆渡桥原来是个丑陋笨重的东西。设计师给了它灵魂，将交通流线和功能布局上完全冲突格格不入的东西糅合在一起。

贴着情人港的国王街码头则是滨水商业设计的世界级代表作。改造过的悉尼港口区中的国王街码头是一个集居住、购物、旅游、交通枢纽为一体的市中心开发区。合理的建筑和岸线的控制距离，使建筑亲水性最大化的同时，有效地对情人港人流进行了一个导向性梳理。对外敞开的外阳台和一层对外延伸出的大雨棚，将人与自然环境之间的交流不断扩大，室内外的概念完全被模糊掉了。这也就是为什么这个区域成为悉尼最火的滨水区域之一的原因。

哪怕离开了喧闹的都市悉尼，来到了沙漠中的七大地球自然奇迹之一的艾尔斯岩，这份对于生活环境和自然人文的热爱丝毫没有减退。大洋洲四分之三都是沙漠，而艾尔斯岩正位于沙漠区域的中心区域，奇迹是这里建成了经度131°帐篷酒店。

经度131°（Longitude 131°）是一座豪华的设备齐全的酒店，位于艾尔斯岩石度假村的西南部。15间客房和酒店中央设施坐落在偏僻的新月形的沙丘上，可以欣赏到一望无际的Uluru景观。

在酒店建造时有不可想象的困难。为了在施工和居住期间保护沙丘上的动植物，设计师动了很多脑筋。例如，用钢桩把客房抬升起来，能够挪动或重新定位。此外，利用沙丘低矮的两侧上的路径能步行至客房，避免了对沙丘顶部的破坏。而从建筑节能和技术的角度，这些帐篷式样的客房用三层纤维制作了屋顶。外层是传统的飞扬的形式，提供了遮挡；下面是两层密封的空穴结构，保证了隔热和隔音。客房是简单的盒子结构，朝南的墙全部用玻璃，景观达到最大化。正立面一半可用滑动玻璃窗打开，与外部环境接触。外墙略为分叉，使得景深更多。设施位于屋子的后部，那里的窗户能够看到沙丘的一角。中央设施分成两部分，一个是休息室，一个是就餐区，位于一座巨大的带桅杆的帐篷下，开口处能放下来，遮挡风沙或昆虫。房后的设施放在石砌的结构下，并设计了高度绝缘的金属板屋顶。

设计师大胆的想象与自我挑战，给这片沙漠区域带来了新的风景线，建筑的构造、布局，如此完美地和环境结合在了一起。

新闻背景：随着丝绸之路的申遗成功，从我国出发到西亚、北非，一直到欧洲的古代丝绸之路又开始被赋予各种想象力，重振丝绸之路又成为沿路人民的一个梦。土耳其深山里的番红花小城就是古代丝路上的一座魅力城市，徜徉在番红花古老的街道上，我们脑海里反复思考着一个问题：300多年前的老房子为何能集体活到今天，并且还神采奕奕？

活体保护方能魅力焕发

● 有人说这是奥斯曼建筑的活化石，有人说时光在这里倒流了，还有人感慨木头土砖石头做的房子保存300多年真是个奇迹！你可知道番红花在1994年就成为了世界文化遗产

番红花的石头街，还不是中国江南地区那种长长的青石条板砌成的，而是一块块大小不一、形状各异灰白的麻石砌成的，就这样你踩着它一步一紧地歪扭走着，步履蹒跚的你可能会盼着早点走到旅馆歇下，可就是不知道头顶上那老老的窗哪一扇今晚属于你。你还是回头一看吧，那粉墙、那红瓦，山坳里一栋挨一栋，高高低低、密密麻麻都是三百年前的房子，活着！悠然就见那葱翠的"南山"，呼应着这密密麻麻白墙红瓦间的婆娑绿树：时光真的恍惚到了十八世纪的奥斯曼帝国。

小镇上，那灰灰圆圆顶的就是清真寺了，我们常见的那种清雅淡泊的西亚风格；大大小小红色瓜皮帽样的瓦屋顶，那就是土耳其人的最爱——大屋顶浴室了，这里面男男女女赤身相见同池共浴；当然，街上见得最多的还是木头的门、木头的窗，木头的框架白色的墙，奥斯曼人就这样在木头框架里填充泥土做成然后风干的土砖，房子就这样在安纳托利高原上沐浴

番红花小镇

风雨 300 多年：番红花真的被时光遗忘。

正因为被时光遗忘，才被联合国教科文组织想起：约 2 000 栋奥斯曼风格的土木小楼，依山而建，错落有致，古雅精巧；还有窗棂上攀着岁月向上生长的藤蔓、被风吹过嘎吱作响的木门。番红花在 1994 年成为世界文化遗产。

● **番红花的前世今生：靠番红花兴盛，然后建起一栋栋豪宅；当现代交通发达之后，山中的老城就这样被落在时光的背影里**

奥斯曼帝国，很多人都知道，大约与中国的明清同步而稍晚，从十五世纪中叶到 20 世纪的 1922 年，它都是世界上不可小觑的国家。据说，哥伦布发现新大陆就是被他们逼出来的，为何？东西贸易通道被奥斯曼人捏在手里之后，想从中国获得瓷器和茶叶，路走起来就不方便了，于是听说地球是圆的那位奇人——哥伦布就试着从海上走，其实他们当时若问问中国的郑和就不用这般周折了。

丝绸之路，是世界上名字最美的一条路，它犹如一条彩带，将古代亚洲、欧洲和非洲的古文明连接在了一起。沿着这条古道，中国的造纸、印刷、火药、指南针等四大发明，养蚕丝织技术以及绚丽多彩的丝绸产品、茶叶、瓷器等被传送到了世界各地。同时，中亚的汗血宝马、葡萄，印度的佛教、音乐，西亚的乐器、天文学等输入中国，东、西方文明在交流融合中不断更新、发展。

奥斯曼掌控的这段是丝绸之路上十分重要的一段。当年中国的驼队走过安卡拉，往前再走 200 多公里就来到了番红花，其实番红花还有一个很奥斯曼的名字——萨夫兰博卢（Safranbolu）。但因为这里盛产中国人很钟爱的香料——番红花，它原来的名字倒慢慢被人遗忘并鲜有提起了。

作为奥斯曼帝国贸易路线上的一站，番红花渐渐有了名气，渐渐繁荣起来，赚了钱的人们开始用石头、木头和土砖修街道、盖豪宅。经过 14 到 17 世纪左右丝绸之路的繁荣，番红花人渐渐用晒干的泥砖、木材和灰泥修建了一栋栋豪宅。于是，今天我们看到 2 000 多座奥斯曼土木小楼，栋栋依山而建，错落有致，古雅精巧，世人称其为"最奥斯曼"的地方。

因为地域广阔，奥斯曼式方形建筑上的圆形穹顶，那是受到波斯、拜占庭及伊斯兰阿拉伯式建筑的影响；因为丝路通达，后来巴洛克、洛可可风格又传进来了，于是你又能在窄窄的街上看见那些装潢华丽的房子，尤其是施粥场、神学院、医院、土耳其浴场等公共建筑上的雕花绣朵。

1922 年以来，随着现代社会的到来，地处深山幽谷中的番红花渐渐被人遗忘，甚至就连两次世界大战的炮火也没惊醒它的中世纪梦，它就这样遗世隐逸了将近一个世纪，直到大量的中国游客的到来。

● 上网，输入"土耳其番红花"，"度娘"立刻就会捧出成千上万个词条："入住世界遗产'番红花城大宅院'""时尚的沧海桑田都与它无关""走在四百年的石板路上""最后一个奥斯曼小镇——宿民居豪宅"……有人气，建筑就健康

是我忘记了时光，还是时光不认识我？岁月竟然让最后一个奥斯曼小镇青春常驻。其实，奥秘也很简单，对古建筑就是要：修旧如旧，活体保护。于是，番红花风采迥异于当代世界的面貌。

"番红花"已经是中国游客文字照片的常客了，上网，输入"土耳其番红花"，立刻就会跳出成千上万条"度娘"为您捧上来的词条："入住世界遗产'番红花城大宅院'""时尚的沧海桑田都与它无关""走在四百年的石板路上""最后一个奥斯曼小镇——宿民居豪宅"。"尽管只在番红花城小住一个晚上，但它因与世隔绝而表现出的独特气质，却令我深深沉醉"：小镇的豪宅民居中天天住着世界各地的游客，于是老老的建筑便人气充盈，这在遗产保护上就叫"活体保护"。

土耳其虽属发展中国家，但在这个国家，一旦某件东西被确定为国家遗产，哪怕是想把歪了的窗户扶正、剥落的墙皮黏上这类芝麻小事，都得向文物管理部门申报核准，这叫"修旧如旧"。

不像有些国家有些地方，动辄拆掉数百年的街道，哪怕这街道数百米近千米，拆！大刀阔斧地盖起白墙黛瓦的假古董；或者，赶走老街上的居民，然后围墙封街卖门票，活气被抽空，街道被掏空，只剩下一副骨架子在那里掏游客兜里的钱。

我们还是来温习一下游客眼里的番红花吧："沿着蜿蜒的石砌小路走进古色古香的小镇，会发现保存完好的不仅是一栋栋古老的建筑，而是一座完整的奥斯曼城镇。石路两边一栋栋奥斯曼式样的老屋，房顶覆盖着整齐的筒形朱瓦，在阳光下熠熠发光。小商贩们沿街叫卖，不遗余力兜售着富有当地特色的木制手工艺品。偶尔飘来一阵诱人的香味，那是远近闻名的土耳其烤肉串和自制酥皮甜点的香气。"居民满满、人气盈盈的小镇，才会魅力闪烁，才会一波接一波地勾着游人去呢！

修缮一新的白墙红屋顶建筑，蓝天展示新的风采

短评：住一晚世遗民宅的觉悟

漫长的丝绸之路上，像番红花这样的奥斯曼小镇也很稀奇了！

这里到处是人类艺术情思的"晶花"，就如镇上最大的木楼庄园——现在的番红花城市博物馆。傍晚时分，灯光把饰着凸而细长白格子的橘黄小楼变得温暖金黄，屋顶女墙、墙上花窗呈现的是明显的巴洛克式装饰风格；走进展馆，各种精致的木工雕刻遍布壁龛、橱柜、壁炉，又挟带有鲜明的奥斯曼风格；楼后面不起眼的钟楼里看到的，仿佛又让我们发现了明式家具的简约与典雅。从这栋两层小楼门里望出去，夕阳在迤逦而光滑的石板街上"溜光"，光闪闪地晃得人眼睛睁不开：究竟是夕阳西下的 2014 初夏，还是滑进了奥斯曼的广阔城邦？

晚上，我们就住在遗产里——东三西五地散落在一栋栋民居中，那民居都是艺术品了，那夜"谷中暗水响泷泷，岭上疏星明煜煜"的氛围，远远近近的红瓦郁郁参差，让我越看越觉得番红花很像"香山帮（就是那帮造皇宫的苏州工匠）"的遗作；而屋内的设施寝具都是现代的，还挂着蚊帐：在这里歇一晚，我们就穿越了人类艺术三百年！

面对番红花，谁说艺术遗产不青春？一座番红花，留住了奥斯曼，谁说艺术不聪颖？！

新闻背景：昨天是日本无条件投降日，惨烈的二战给百姓造成了深重的灾难，给人类文化遗产造成了难以挽回的浩劫。所以，联合国教科文组织支持对那些遭到战争毁坏的古建筑、古遗址乃至优秀的器物、纸上艺术品展开复建、缮修的行为。正是在这一大背景下，战后德国持之以恒地修复了大量的被毁文物。参观这个国家各地修葺如旧的古建艺术品，心中不断地在想——

修旧如旧，底气何来

● 眼中所见，老城里到处是哥特式、巴洛克式老建筑，黑灰和麻白相间的墙，繁富的雕镂镌刻那是必须的。因为不懈的努力，曾经遭受重创的城现在绽放的却是震撼的美喜欢徜徉在德国的大城小镇，这里的一切是那样的中世纪，老建筑或者属于神圣罗马帝国时期、或者属于崛起的普鲁士，也有可能是魏玛时期的物件，但一色的黑灰静穆、淡定古雅。

虽然，科隆大教堂因为德国天主教通过罗马教廷提出要求，才在二战中免遭轰炸，但也中了盟军十多枚炸弹，可是今天我们已经丝毫看不出曾经的创伤了，看到的只有气势恢宏、轻盈雅致，还有繁富雕镂，印象最深的当然是它外观的"烟熏火燎"，那也许就是战争留下的印痕吧。

因为法西斯的残忍无道，二战后期盟军对德国境内的大城小镇展开过地毯式轰炸，很多城市都被夷为了平地，德累斯顿就是这样一座城市。但我们徜徉在茨温格尔宫、塞帕歌剧院、萨克森皇家教堂，已经看不出战争的痕迹；登上布吕雪平台，对面的古董建筑一样的安静、雅致而绅士：一根根高高的科林斯柱已经烟黑，建筑上的石头、雕镂一样的黑灰相间，只有蓝色的屋顶和顶上的金色柱子你能看得出其实这些老建筑都是最近重修的。

走进茨温格尔宫内广场，就只见左手边的一栋房子绑着脚手架，看来又要修补了；右手边，两翼款款合围抱着中间稍高的圆台，那一定是皇室观礼的台子了，当年那位潇洒的菲特烈王子和他的漂亮新娘衣裙飘飘地站在这个台子上，一定是感觉好极了吧。而今，它们一色的烟熏火燎过，带着二战的硝烟就这样沧桑着让后人铭记战争的黑恶面目。重修的这座巴洛克式宫殿，重曲线、重装饰，华丽炫目；还有被宫殿围合起来的 1 万平方米大方场、大喷水周围的出浴仙女塑像、顶似王冠的王冠门：我们流连不愿离开。

还有精彩的，当然就是皇宫外面的这幅《王侯队列图》的壁画了。它总长 101 米、高约 10 米，上面镶有 2 万多片瓷砖，至今仍为世界上最长的瓷砖壁画，数不清的游人在它面前穿梭络绎而不绝。知情人说，这幅画创作于 19 世纪末，完成于 20 世纪初，最初是用颜料绘在墙上的，但禁不住雨水的冲刷，于是德累斯顿国王找来意大利工匠，将壁画按照原来的模样烧成了一块块小瓷砖，拼贴到墙面上。画面展现的是 1123 年至 1904 年间，萨克森的所有君王与他们的侍从的写实画像，神态逼真，栩栩如生。这幅画幸免于战火，至今已有百年的历史了。

一路走走着看着，一路就听见人说："保存得真好！""人家爱惜东西。""这些建筑怎么逃过轰炸的？""哪里呀，是战后重修的。""重修的怎么看起来像有几百年的样子？"

● **最常见到的德国老城常常都是黑黢黢（qū）的外墙，其实那是德国人修**

复古建筑使用的一种特殊的建筑材料，能快速氧化并成为"历史"，细心的德国人就是这样呵护他们民族的优秀传统艺术

到处是黑黢黢，石头塑像是，基座是，就连萨克森皇家教堂的望楼也是，为什么？真的是它们长久地在战争的滚滚硝烟中熏炙落下的黑灰吗？其实不是，他们都是 20 世纪 90 年代以后才被复建的古迹新品。

德累斯顿素有"易北河上的佛罗伦萨"之称呼，但在二战后期惨绝人寰的大轰炸中，市区被夷为平地，大火连续烧了几昼夜，130 万居民被炸死 13.5 万人，35 000 多座建筑物遭到破坏，茨温格尔宫（Zwinger）、圣母教堂（Frauenkirche）、塞姆佩尔美术馆（Semperoper）、日本宫（Japanisches Palais）、歌剧院等古代建筑连同这座名城一起被毁灭了。两德统一后，德国人开始有计划地修复这些给他们带来无数荣耀的古老建筑。

我们来看德累斯顿人的骄傲——圣母大教堂是怎样修复的吧。"人们从废墟中共挖出 8 390 块立面、围墙和天顶的石砖（占总面积的 1/4），但其中只有 10% 完好无损，修复过程中一共参考了 1 万张原始设计图的旧图片，对石料进行重新定位、测量和拍照，然后将它们安放到合适的位置。这些石料的资料后来都被存放在一个总计超过 9 万张数码照片的数据库中"，可见德国人做事的认真和细致。这样一来，2005 年重建完工的圣母大教堂，建筑材料 43% 是从原教堂废墟中挑拣出来的；这些材料经过建筑师运用三维电脑技术对照旧照片，其中三分之一墙的材料被用到复建工程中，它们现在都还在先前的位置上。

这样一来，工程进度当然缓慢，慢就慢，怕啥？7 年后，圣母大教堂修复成功，德国人成功涅槃出废墟的美：重建后的大教堂，新旧两种石料混合在了一起，你中有我我中有你，黑白掺杂斑驳陆离，夕阳下远远望去就如同一张巨大的国际象棋棋盘。于是，圣母大教堂载满了历史的沧桑，就这样绽放苍凉的美冲击着每一位访客。德国人还在教堂外刻意放置了一段废墟墙面，乌黑且百孔千疮的断墙无声地诉说着战争的罪恶。

● **修复古建，仅有细心和认真是不够的，专业了才能善待古建古物，才不至于"建设性破坏"，才能让尘垢褪出祖宗传下来的锦绣华章**

有人说，修复圣母大教堂体现的是人类宽恕与和平的境界，但我更多读出来的是德国人修复古建筑的专业和艺术灵气。巴洛克风格鲜明的圣母大教堂恢弘穹顶下十分明亮，到处是柔和的黄色、粉色和蓝色，墙棱边缘一律镶着金边。穹顶下，从圣坛处开始呈放射状展开的靠背长凳，因了穹顶倾泻下来的光线，活脱脱如石落水中荡漾开来的层层涟漪。美极了！

为何德国古建筑的修缮复建成绩让世界啧啧称奇？那是因为德国的教育。二战以后，德国的文物保护与修复走出了师傅带徒弟的模式，进入国民教育体系，逐渐形成了中等职业培训学校和高等院校培养修复人才的两种途径。

德国中等职业培训学校遵循传统的培训模式，即学校教育与学徒训练相结合。入校先看高中毕业证书，那是必须的；但仅此还不够，还得现场动手看能力。记好了，你在进入正式的修复培训教育前必须完成 2~3 年的手艺技能培训，这些技能包括如陶艺、牙技师、锻工、象牙雕刻、钟表制造、设备安装、建筑绘图、木匠等等。进校后，虽然理论学习也是必需的，但动手操作要占教学内容的四分之三，这样锤炼 3 年，通过考试后你就可以拿到毕业证书啦。美丽的圣母大教堂、茨温格尔皇宫的复建都有这些毕业生的身影。

不仅职业学校，20 世纪 80 年代末起，德国的柏林、德雷斯顿、慕尼黑、科隆、斯图加特等城市的高校也纷纷设置文物保护和修复专业，因为社会需求量大且标准高，高校当然应时而动。高校的学制要长些，教学安排包括基础课程、专业课程、实习及做硕士或博士论文。

这些进入文保领域的学生，专业侧重点虽各有不同，但考古出土文物的修复（金属器、玻璃器、陶器及其他出土文物）；模板油画和木雕；壁画和石刻；古建筑和木雕上的彩画、彩饰；纸张（手书的文字、版画等）；摄影技术，现代化信息存储技术；现代材料和介质；文化技术史上的遗物；民俗学物品；艺术品和工艺美术品；玻璃绘画与玻璃窗；建筑与城市建筑及修复等等，那都是要学的。

这样培养出来的从业人员必然对祖先流传下来的艺术精品充满敬畏、充满兴趣，自然就会钻研它，于是让废墟重新绽放荣光，让华章再现锦绣也就水到渠成了。

不算缀语：敬畏它　悟透它　修复它

欧洲文物保护成果今年 11 月又要在德国莱比锡办了，名字就叫"国际文物保护、修复和改造博览会"，展示的是他们保护、修复、改造文物的传统手工技艺和修复技术，有兴趣的赶紧去，德国和欧洲成熟的经验、先进的设备、被修复的成品（包括器物和建筑），肯定养眼。

但我更想说的是，这些都不是最重要的，对待祖先传下来的艺术结晶，最重要的是：敬畏它，悟透它，然后才是修复它。敬畏，你就不会乱动，不敢长官意志，不愿随便乱来；悟透它，你就要去琢磨这块石头这根梁原来在什么位置，弄

这就是那著名的瓷砖笔画局部

明白了当然需要时间。需要时间怕什么？这些好东西都传了成百上千年了，还在乎多那么几年！慢慢琢磨你就得了正果。有了这些，如果你还受过专业训练，修复它就是必然的结果。你说呢？

最可怕的人是没有敬畏之心的人，没了它就什么都敢干，就像那只进了瓷器店的大象，结局必然是毁灭性的"建设性破坏"，所以有业内人士说，对老祖宗的东西毁得最多的是最近三十年。呜呼哀哉，痛！

话题缘起：说到"占道"，一年一度的爱丁堡边缘艺术节无疑将其发挥到了极致，今年八月，爱丁堡又成为了戏剧和街头艺术的狂欢场，而今年中国的街头艺术新面孔出现了不少。"占道"在中国，往往会让人联想到流动摊贩等不美好的事情和矛盾，殊不知"占道"更加有门道、有观念、有思想，更要讲艺术。

"占道"艺术该学一学

● 德国，到处是占道经营，可谓是泱泱大观，却不见遍地狼藉、满眼污秽，更不见城管的影子，有的只是大好的阳光和令人艳羡的闲情逸致。

境外有无城管？很多国家都没有，像法国、美国都没有，即使有也像一位旅德华人笔下的那样：林兹是莱茵地区保存最完好的中世纪古镇——这个镇是本地区惟一在二战中免遭轰炸的小镇。林兹的镇政府广场是城镇的心脏，中世纪以来，西方城镇的政府广场往往兼有市场的功能，也便于城市官员管理和收税。我到达的时候，市政广场已经让小商贩占领得水泄不通，甚至连镇政府大门口也不例外。有位摊主胆真大——镇政府大门让他堵了一半。在这里，我见识了德国城管的"软弱"。一个城管手中拿了一把尺子和一个账本，挨个儿向摊主们说明为什么要交那么多的市场税。德国摆摊讲规矩，以尺子量出摊位大小，再课税。这个城管常常遇到不服管的摊主，他只能耐心地解释。接下来的一幕我惊奇：一位着红袍的中年妇女，她一人单挑三名年轻城管，一副"一夫当关，万夫莫开"的架式——她的摊位不该交那么多税。那三个壮小伙子好像没招儿，在一边小声嘀咕到底让她出多少钱。

为何会这样？作者给出了答案：原来，政府广场上的一个铜质喷泉雕塑是该镇的标志物：上面一层站着的人代表全体镇民，下层坐着的五个人分别代表镇上的税收官、法官、市场管理官、镇长、警察局长，他们在全体镇民的监督下工作。有趣的是，"镇政府官员"的胳膊、腿都是活动的，想让其向哪就向哪，卸下来也是可以的（如果他不听话的话）：真"公仆"！拿着纳税人的钱，就得为市民服务。

我转遍德国十几个大城小镇，看到的也是：道路旁、广场上，到处是潇潇洒洒、腿脚舒展摆放的桌子、凳子、阳伞；风景好的河边、山脚更是路边摊的海洋。海洋里，各种小贩、各种艺术表演者把空间充填得生机勃勃、艺术感十足，各种声音把日子渲染得红红火火，于是，我们也常常和当地人一样要一杯啤酒、或者冰淇淋、或者卡布奇诺，在路边摊坐下来，看着或行或坐、或经营或享受的人们，连光阴仿佛也有了艺思和灵气，时光也在这片天空下歇了脚，不走了。

● 德国的街头占道者把空间收拾得灵光水滑，更有那些卖艺者、行为艺术者，还有自顾自拉着小提琴、弹着吉他、吹着小号的音乐人，城市仿佛也被这些艺人"顶"得汩汩冒着灵气：谁又忍心赶走这些城市的艺术精灵

海德堡，大家都知道卡尔特奥多老桥，短短的几十米桥上密布着三名卖艺者，把一侧的人行道几乎阻断，也不见有人来劝阻。其中一人悠闲地拉着手风琴，同样悠闲的小狗就趴在他腿前的小白盒子边，那是用来收纳路人给的钱的；还一人穿着"foul"字样的绿色蝙蝠衫，被两人扯着，就站在科隆大教堂下边的大广场上，

围观者众多，而他的身后是一片伸到广场上的桌椅群，还有攒动的人群。

这就是法兰克福著名的罗马广场，虽然人们熙熙攘攘，但在我的眼里，这些占道者更加可爱：这是两个穿着小丑服装的年轻人，衣服一色地鲜艳，一个爆炸头，一位头上长了 N 个角，就这样有预谋地站在广场的必经之路上，冲着每一个经过的人微笑、做鬼脸，有时还拉一下小孩的头发、衣领，吓人一跳。见我"咔嚓"："鬼脸"长长地伸出舌头，然后手朝脚下一指，我赶紧放进欧元。他们一见，朝我满意地笑：那是两欧呢，不笑才怪！等我转回来，两个行为艺术的年轻人蹲在地上和一个胖女士说话了。

科隆市政厅广场，一样：古铜黄的男子站在古铜黄的方柜子上，柜子很有明式家具风格，他一动不动，经过者都得绕着他。他手里夹着一本大书，摆出一副很有学问的样子。看的人多！就只见一个戴着眼镜的小男孩走近他，拍照，纹丝不动的"雕塑"突然摸了一下小男孩的鼻子，所有的人都一惊，然后哈哈大笑。"雕塑"指指脚下的小方盒（和别处见到的一样，像是统一规格，该不是统一配发的吧？），男孩乖乖地从口袋里摸出钱来，悦耳的声音响起，"雕塑"满意地笑。不仅如此，占道的棚子还被装点得姹紫嫣红、藤蔓绕梁，煞是叫人喜爱，连我这个游人都想坐下来，打量打量周围可爱的一切。

在魏玛，在吕贝克，在德累斯顿，在福森，在班贝格，不光是路常常被占，广场被占，就连古城堡里的小广场也被桌椅阳伞填满。

● "占道"当然是会"传染"的。路边只要有一个人在那里占道摆摊卖菜，要不了几天，两个、三个就都来了；如果换成街头艺术呢？同样也会传染，而且不仅在一个街头，整座城市甚至其他国家也会纷纷效仿

不但人占道，在波罗的海边的什未林，那里有"北方新天鹅堡"，但那里给我印象最深的是"占道"的雕塑。雕塑是一名清洁工，捡起一枚硬币，对着光线端详着；老人的脚在下台阶，手撑着的扫把挡着人行通道，样子煞是认真可爱。围着他，我转着圈儿看；再回头，有人和他撞了个满怀！

无独有偶，斯洛伐克斯皮什新村市的街头，甚至还将功能性一并融入到了"占道"艺术中去。最常见的自行车停放架被制成了和路边长椅统一的风格，黑色金属边架加上棕色木板，连成一排好像一片片帆船安静停泊在岸边。每当没有自行车停放的时候，这个自行车架自然成为了一件雕塑作品，既融合了环境，又为街头增添了一份艺术气息。

其实，国内也不是没有类似这样的"占道"艺术存在，只是才刚刚起步，未成气候。比如，在虹口区川公路上，如果你经过就会发现，路边用英文字母拼成的"HONGKOU（虹口）"格外引人注目，红、蓝、黄为基调的巨大字母究竟是什么？走近一看才发现，原来这是整治路边居民在街边晾晒衣物的新方法，不进行强行阻止，而是将原本的晾衣架变成了一件装置作品。即便有居民将衣物晒在上面，从外面也看不真切，真是一举两得的好办法。其实，只要肯多花心思去想、去做，让艺术"占道"来"整治"脏乱差也未尝不可，不是吗？

言论：不妨学着文艺些

不论我们的城管用怎样的手段去感化占道者，目的只有一个：你走吧，别把城市弄脏，别把市民弄烦。于是，时间一长，我们的城市就有了整齐划一，就有了空空荡荡，城是好看了，可活分不见了，更不说灵气了。

任何一座城市，都有它特有的精气神，而精气神是由一个个小至"占道者"这样的微细胞组成：他们是小摊贩、小吃摊、卖艺者，当然还包括行为艺术者。有他们，德国的大城小镇生机盎然。

作为城市管理者，有很多值得深思，套用一句颇时髦的话，就是从"顶层设计"开始，让活儿分留在大大小小的街道空间、让灵气留在城市里，生活的细节里需要艺术气息。比如，划出摆摊设点的路段、划定可以设摊的"门槛"，让拼音"HONGKOU"成为晾衣架，让那些赤贫者摆摊不交税，让那些一心向艺的人们吹拉弹唱、琴棋书画、唱念做打。

因此，城管不能只满足于"管"，应从规划与设计开始。超出职权范围了，相关部门联合起来，从激发城市空间的艺术氛围着手，道的占和不占，就不是问题了。

最近看到报道，安徽滁州为"薄荷糖爷爷"塑了像，从塑像位置看，正在一个街区的入口处——占道。可是每一位滁州人见到了都说"我们都认识他"，30岁以上的人则说"我们是吃他的'香蕉糖''薄荷糖'长大的"，薄荷糖爷爷甚至成了滁州游子们"乡愁的一部分"。爷爷生前也曾占过道吧？但管理者让他永远占住街区入口，于是城市就有了温馨的记忆。以上思考可能不"专业"，但建议和出发点是善良的。

新闻背景： 前不久，总部位于法国巴黎的联合国教科文组织宣布，今年共有29项遗产申请列入世界遗产名录，这让我想起2014年被联合国列入非物质文化遗产名录的湿拓画，最近在网络上大火。原因是一位年轻画家使用这一曾濒临失传的技艺创作了一幅梵高自画像，视频在脸书上爆红……

心中有爱，传承就不是梦

他复活了600多年的技艺

水中作画是一门600年前就出现了的艺术。水中被画师洒、注、泼、点上各种颜料，轻轻地拉，慢慢地引，然后轻轻地、轻轻地放上一张大小合适的纸，再轻轻地按一按、挤一挤，让纸完全贴住水上的颜料，别动，让它息一会儿，再轻轻地、轻轻地往自己怀里拉：哗！一张活灵活现的画就成了。这可是世界上独一无二的水中画！

展现神奇的是一个刚过而立的土耳其小伙儿，叫加利普·艾（Garip Ay）。他16岁那年，跟随父亲看到一个老师傅的水中作画表演，就对湿拓（Ebru）产生浓厚的兴趣，他决定跟着师傅。师傅对他说："你的眼神告诉我你热爱，我要告诉你当你坐在Ebru画盆前，你必须对这份艺术倾注你的全部，你的专注和耐心。只有你心如止水、万念俱寂，你的心境平和了，画盆里才会诞生美的作品。"

小伙子练到30岁，他与画盆演绎了一场艺术马拉松，练了十几年，颜料从什么角度滴入水、滴多少、滴多大面积，先滴哪再滴哪，哪些颜料会相互抬哪些会相互踩……艺苗孕育寸心知。而立那年，水中画作一问世，立刻惊艳世界。

今年，他创作梵高自画像的视频一经发到脸书上，从6月11日开始的短短几天内，疯狂收获2 600万点击。

古老技艺担负的是国家使命

水中作画笔者也有幸看到。那天恰好赶上教育部的一个活动，恰巧见到了Ebru的现场演示。原来，为了抢救濒危的艺术品种，学校开设了湿拓画（Ebru）课程。"Ebru"被阐释为"上面有各种设计图案的水纸"，也被称为"浮水染色技法"。

安卡拉的奥古斯都神庙附近，画师面前的桌子上放着一个盛满水的铁盒。其实，盆里不是普通的水，而是一种混合了黏稠剂的液体，它的作用是把水和油质颜料分层，让它们无法相融，湿拓画便可尽吸颜料而成画了。绘画工具是啥？笔？错！马鬃和玫瑰花枝，奇葩抑或风雅，反正不走寻常路。画师注

湿拓画

入一种、数种颜料，你马上就被神奇牵住了眼睛：漂亮的大理石花纹、月光下的海滨小屋，浪漫就这样不由分说地来了。也许因我的面孔不同于其他观者，画师看了我一眼：颜料浮在液体表面，慢慢扩散成线形。接着，另一种工具——金属针笔上场：绿色颜料往水中轻轻一点，马上出现一个漫散出去的圆，瞬间 3 个，圆被扯向不同的方向，笔麻利地来回划了几下，水波立刻成了一朵朵美丽的花，正惊奇间，一幅婀娜的《花儿朵朵图》就成了。接着，覆纸、轻点、缓拉、提起，水中的画就成了纸上的画，盆中液体竟无半点痕迹！

奥斯曼帝国时期，湿拓画常被作为专门的政府函件或外交文件用纸，为何？因为帝国太大，多大，横跨亚欧非三大洲，从 15 世纪中叶到 17 世纪是其鼎盛时期，地域广大，政令如何保证不走样？于是采用湿拓文书，以示其唯一性和不可更改性。随着一战后奥斯曼帝国的消亡，这种古老的技艺渐渐失传。

好在有人意识到了这一点，在学校开设此类课程，给予带徒弟的画师以补贴，渐渐地，这门技艺新世纪以来又有了起色。现在，这门艺术搭上了"互联网 +"，火得更厉害了。

"互联网 +"下的湿拓艺术

注颜料，牵动颜料滑动，滑出银河星系一样的旋臂和涡云，点上橙黄、鲜红，划出悠悠的无料地带；棕黄、浅黄、黑须、点睛……前面说过加利普的那幅《星空下的梵高》最近在网上火得一塌糊涂，俄罗斯、美国、法国、意大利等国，纷纷邀请他到最知名的艺术空间表演水中画作；各种电影、纪录片邀他前去担纲演出。

加利普·艾最喜欢的还是给孩子们作画，只要他发现观众中有孩子他一定要请其站在最前排，他说"传承最重要"，所以他为了让孩子过把瘾，他愿意毁掉自己的画作。在土耳其，热爱湿拓画传承的还有松居尔·索麦慈（Ark Ci Gül Suomai），她的工作室在安卡拉阿尔滕达奥斯曼风情休闲艺术区，这里也被土耳

其华人称为"南锣鼓巷"。

晚上6点，索麦慈来到工作室，授徒卖画。用来作画的水看上去有些浑浊，其实是水和一种土耳其海藻的混合物，触感颇有黏性，这就是湿拓艺术的载体；所用材料也多是纯天然的，褐色来自大

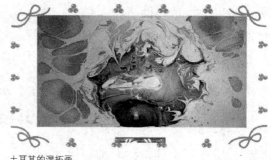

土耳其的湿拓画

地，红色来自花朵，绿色来自树木……"湿拓，就是用大自然的力量、展示大自然的美，而艺术家作画时，必须保持内心平静，"索麦慈说。

色彩在水中扩散程度不一造就了不同的形状，其中的奥秘是加在颜料中的牛胆汁提取物。"这样颜色在水中的扩散会快一些，颜料扩散程度不一，是成就湿拓艺术的基础之一。"索麦慈边教边说。

她说，湿拓画的关键是溶剂和比例。浓度高了，液体就过于黏稠，使颜料失去良好的流动性；相反，如果水加多了，液体就太稀，无法得到理想的分层效果。而颜料有两种，一种是用笔刷蘸了在水中甩撒背景图案的，另一种是在背景上作画的。两种颜料都必须与一定比例的水和牛胆汁调和、酝酿方可使用。这个比例的掌握完全靠经验。此外，环境是否适合也至关重要，比如作画时的温度、湿度、清洁度、安静度等。"难就难在经验，画师的价值就在这里。"她说，2014年，湿拓画被联合国列入非物质文化遗产名录，"'互联网+'让这门古老的艺术广为人知，国际社会重新认可这种古老的艺术，我也将继续努力探索和教授湿拓画艺术，让人类和大自然共同创造的这一水中奇幻之美传承下去"。

短评：仅有热爱还不够

湿拓画的复活告诉我们，热爱是这门古老的艺术重新焕发生机的前提。如果不是热爱，索麦慈、加利普都不可能花费十几年的时间与面前的那盆水"恋爱"，多么枯燥的一件事啊！

可是，作为一门古老的艺术，仅靠个体的热爱，消亡的几率极大，所以教育部门将其列入学校课程，于是索麦慈、加利普们就能有一个体面的教师岗位，还能开自己的工作室，借助"互联网+"推广这门古老的艺术。

当然，对于个体来说，仅有热爱也是不够的，湿拓画还要平和的心境，你不

平心静气地坐在盆前演绎一场"画盆与艺术家间纯净的爱",手随心动、心随手舞,纯净到只剩下湛蓝的天和丝丝的白云,是不会有佳作出现的。而这种心境、境界的到来,须在"板凳坐得十年冷"之后:耐心值千金。正所谓:心如止水后,功到自然成。

新闻背景: 全媒体时代,我们的城市需要什么?数字化艺术。近日,不断传来传统艺术瑰宝被数字化展现出来的消息,"全球首个虚拟圆明园网站"也已上线,2014年10月1日您就可以上网"尝鲜"了。敦煌数字展示中心运行一个多月,效果超乎想象,看完《千年敦煌》《梦幻敦煌》的游客惊呼:太震撼了!

数字艺术胜过身临其境

数字艺术都展现了啥?

敦煌、圆明园,那还用说,肯定是人类艺术的瑰宝了。

但是,敦煌一天才能接待3 000参观者,圆明园早就被侵略者一把火烧了,真个是:一个是越来越脆弱娇气,一个早就是断垣残壁,想看看不成了。

似乎不约而同,两家国保单位都在十几年前开展遗产数字化的研究,比如机身像21英寸电视机的十亿级像素数字相机系统就是专门为敦煌莫高窟量身定制的。刚入洞里,瞬间盲障表明这里的洞窟很阴暗,紧接着一股潮气扑面而来,艳阳就被抛在身后。入洞拍摄的相机很厉害,调整好拍摄的灯光,设定好相应的程序,它就可以自动对着上下左右缓缓地旋转拍摄了,"它最大的优势是自动拼接功能和焦点合成技术,一幅照片就能拍摄一个完整的中型佛龛",工作人员告诉我们,这种相机使用之前,每人每天只能拍摄15张照片,使用"飞天号"只需几个小时就可以完成一个中型佛龛的采集工作,而完成一张9平方米壁画的采集工作仅需十几分钟。拍摄的素材都不少都进入《千年敦煌》和球幕电影《梦幻佛宫》中了。

专家则说,十亿像素可以让我们的保护也上一个大台阶。"十亿像素已经超过人眼的分辨水平。有了它拍的影像,你想放放多大都行,敦煌壁画的褪色、斑驳,甚至小虫子跑进去,都能分毫毕现,立刻侦知,它的照片颗粒太细了!"这位专家说，相机还可以拍摄立体图像，从各个匪夷所思的角度观看，"一千多年了，那些壁画还是如此鲜艳，我们的祖先真了不起"！这位专家还说，但一百年前看的壁画颜色就比今天的更鲜艳，"我们今天把它录下来，敦煌就成了网上艺术宝库了，子孙后代就能看到今天的颜色了"。

万园之园网上"建造"

圆明园（含圆明园、长春园、绮春园）号称"万园之园"，康熙、雍正、乾隆等皇帝把中国明清园林的精华，传教士口中的西洋园林艺术熔于一炉，在京城西郊构筑了这座占地 5 000 多亩的恢弘园林。还记得 2009 年兔首、鼠首在巴黎的戏剧性拍卖和回归的故事吧，它们都是圆明园中大水法前面的生肖雕塑。都知道圆明园中有哪些著名的景点吧？不雕不绘的"正大光明"，那是皇帝入园后朝会的地方；三层的石头房子"谐奇趣"，楼南那是海堂式喷水池，铜鹅、铜羊和西洋翻尾石鱼共同组成的喷泉，楼两侧的曲廊伸出八角楼厅，那就是中西音乐演奏的地方了；还有模仿西方迷宫而建的"万花阵"、饲养藩属贡进珍禽的"养雀笼"、中西风格结合的"蓄水楼""九州清晏""别有洞天""坦坦荡荡""西峰秀色""鱼跃鸢飞"……四十景在科研人员这里都被网上"建造"着。

"历经 15 年的钻研，数字化圆明园目前已经完成 90%"，负责此项目的郭黛姮介绍，再现圆明园当年盛景已经不再是一个梦。众所周知，圆明园，几经劫难后，如今只留下些许断壁残垣，"不知道看什么，想象不出当年模样"是很多参观者的困惑。不说别的，就那大水法，虽已残破不堪，但因恢弘气势还在，便游人如织，拍照不已，可这里仅占圆明园面积的 2%。

今天，网上建造团队用强大的数字技术，建造完成了圆明园的 41 个景区、128 个时空单元。"几度有人提出重建圆明园，每次都引发广泛争议；网上'建造'大家都拥护。"业内人士如是说，"走在遗址里，手机扫一扫二维码，身边立刻就多了一位学富五车的'导游'；在家里，下载一下导览系统，你就可以被康乾盛世的景象惊到呆。"

果然，我刚进去，不一会儿就被园内的景致惊得不能言语了：芬檫纷接，鳞瓦参差；千林巨湖，亭泓演漾，周围交叉纵横，旁达诸胜，那就是九州清晏了；院墙东出水关曰秀清村，长薄疏林映带庄墅，自有尘外致，那就是别有洞天了……蓝天、碧水、绿树、彩瓦，那当然是必备的。繁花摇曳、河柳摆风，乃至上下左右随便看，数字艺术让园中这些奇幻美景都实现了。

数字如何迈向艺术

大家都知道，数字技术的发展经历了至少三个发展阶段，20 世纪 80 年代的数字化展示设计的工业化、专业化、社会化，到 90 年代的多元化、多种形式并存阶段——即图像、文字、三维环境，那时三维立体的制作手段，制作出一个个更加现实的实体已经不是难事，于是，1997 年 10 月就发生了参观者不到现场，展场里也看不到工作人员，一切都在虚拟环境里欣赏美景妙物的事情（巴黎世界第二次数字现实技术博览会）。到了本世纪初，网络化、集成化，智能、数字化技术，更是将艺术的魅力发挥到了一个全新的境界。

圆明园、敦煌就是在这样的背景下呈现虚拟艺术的。数字圆明园，在梁思成先生弟子郭黛姮的带领下，先清理一万多件的圆明园档案，再完成 4 000 幅复原设计图纸、2 000 座数字建筑模型，然后开始网上建造 41 个圆明园景区、128 个时空单元。"造得逼真和美，首先要熟稔文献，像遗址发掘信息、当年的图纸、存在故宫的烫样，都要烂熟于心，大家甚至还到欧洲去寻找资料。"郭黛姮介绍，再通过数字化技术，结合无人机高精度航拍和三维激光扫描仪等手段，"我们不是木工，不是泥瓦匠，但我们却在电脑里一丝不苟地'施工'，细心地描绘建筑模型的线条图，拼接遗址现场发现的残损石构件，复原古代彩画……"于是，2014 年 10 月 1 日，你走进圆明园，打开"再现圆明园"，就可欣赏到包括长春园的含经堂和圆明园的勤政亲贤、正大光明、方外观等 40 个景区；或站在圆明园遗址前，手持一部安装了导览软件的平板电脑，轻点图标，旋转角度，100 多年前曾经矗立的琼楼玉宇、亭台楼阁便出现在屏幕上。镜头拍摄的是废墟实景，画面出现的是历史上的盛景，包括 360 度的三维景观，无论高空俯瞰，还是细部刻画，"恢弘壮阔、精彩绝伦、太美了"都是你常常想到的词语。

敦煌也一样，十亿级的摄像机逐一扫洞后，敦煌辉煌的艺术数字化就有了坚实的基础。大家都知道，敦煌石窟是丝绸之路上的重镇，世界公认的文化艺术宝库，仅莫高窟就有 735 个石窟、45 000 平方米壁画和 2 000 多身彩塑。敦煌研究院院长樊锦诗称，数字拍摄只是敦煌石窟艺术数字化保护的一部分，更加庞大的"数字敦煌"计划还在后面。她说，20 平方米的洞窟，又窄又暗，即使进去看，也不一定能看得清楚。樊锦诗说，在不久的将来，游客真实体验几个洞窟后，就可以身临其境地沉浸在 3D 虚拟环境中观赏敦煌壁画和彩塑，感受到洞窟中无法观看的细节，要看多久就看多久，想看多细就看多细。

据了解，原来游客到敦煌只能看到 7 个洞窟，现在 15 个，"数字展示中心展示的 285 窟、220 窟、45 窟等特级洞窟以前从来不开放，现在通过数字化形式展现出来，其色彩更清晰，视角更全面，比身临其境的感受还要好"，莫高窟数字展示中心主任告诉我们，那是国宝中的"国宝"哦。

不是缀语：让数字艺术互动起来

用数字艺术展示古老艺术瑰宝，尤其是已经成了废墟的、或者进入暮年的国宝，当然是件可喜可贺的事情。否则，我们只能凭想象乱猜那时景象，繁华究竟如何花团锦簇并无感性经验，毕竟阅尽繁华之人太少；更别说那些从不开放的特级洞窟了。

数字技术当然神奇。比如，当你走进数字化"创意设计馆"中，来到"京剧'变脸'"装置中心，当你在其感应区走动时，所有的脸谱会朝你"看"；如果你愿意，还可以在屏幕上"画脸谱"，寥寥数笔，屏幕就猜出你心中的脸谱样子，于是屏幕上立刻就幻化为真人秀，并唱上一段京剧：我的个神啊！在这里，你还可以听到大自然放歌：脚踩土地的声音、雪地行走的声音、小草折断的声音，肯定能让你回到纯真：艺术得一塌糊涂。

可是，数字敦煌、再现圆明园中还看不到。我们知道，数字化展示技术表现为三个"I"：Immersion（身临其境）、Interaction（交互作用）、Imagination（想象天地）。应该说，专家的努力，让我们人未到场却胜过到场，让大家想象的翅膀都使劲儿飞呀飞了，就是互动性还不够：继续努力！

要知道，交互游戏是数字技术的强项，更是人类元初的本能呢！互动起来，数字艺术会更美！

数字展现的敦煌莫高窟

话题缘起：一个展览和一座城市是什么样的关系，一个展览如何改变一座城市的性格？也许德国小城卡塞尔能为我们提供有益的启迪。卡塞尔也是二战中千千万万遭受深重灾难的城市之一，二战结束后，原本艺术气息颇为浓厚的卡塞尔几近艺术沙漠。直到 1955 年，有位大学教授办了园艺展的一个边缘活动——"1945 年后的艺术"——

它让我想起"花儿也会燎原"

——卡塞尔文献展后的思考

卡塞尔文献展（早先叫."1945 年后的艺术"）与希特勒有关。早年，希特勒不顾父亲的反对，立志成为一名画家。可是两次参加维也纳艺术学院考试都名落孙山，让希特勒感觉到这（自己的落选）"对世界是个重大损失，或许命运要我去干别的"？于是，早年立志却始终成不了画家的希特勒对犹太人控制的现代派艺术界恨之入骨，所以法西斯所到之处大肆毁灭立体派、未来派、达达艺术，连塞尚、高更、凡高、马蒂斯、毕加索等艺术家的绘画作品都遭到了清剿，画家阿诺德·博德（Arnold Bode）的作品当然也在其中。

直到 1955 年，已经是大学教授的阿诺德·博德受邀为德国联邦园艺展办一个周边活动，结果他和友人冒出了"洗脱纳粹时期笼罩在艺术天空的乌云"的念头，决定高扬现代艺术的旗帜，把展览办成"艺术朝圣者的麦加"。于是，第一届卡塞尔文献展的主题就确定为"1945 年后的艺术"（Art After 1945），大力回顾包括野兽派、未来主义等大师作品。展览吸引了 150 名艺术家的 670 件作品前来参展，其中包括克莱、康定斯基、毕加索、夏卡尔和贝克曼。参观展览的观众来自世界各地，人数超过 13 万。接下来的两届当然都还是博德操刀，都还是以展示 20 世纪欧美的前卫艺术发展面貌为主。

何谓"文献展"？字面意义当然是涉及文献资料的汇编，拉丁文里还有"教导"以及"精神"的意思，可见文献展的要求很高。五年一次的卡塞尔文献展至今已经举办了 13 届，现在已成为世界三大展之一（威尼斯双年展、巴西圣保罗双年展）。世界上越来越多的艺术作品被送到这里，参展作品也从这里走向了世界。2007 年，卡塞尔文献展观众达到 400 万人，大家在这里欢度艺术的节日，徜徉在街头巷尾，观赏抽象的表现主义和色彩明快的波普艺术争奇斗艳，欣赏极简主义的简洁和隽永，当然还有画风强烈、色彩鲜艳的野兽派画作。公众既能看到真实主义画作的客观忠实、灵活生动，也能在一望无际的装置艺术、摄影和录像艺术的海洋里大开眼界：卡塞尔文献展成为名副其实的当前艺术风格库和未来趋势的风向标。城市也变得艺术范儿越来越浓了。

文献展是卡塞尔的生活方式

卡塞尔文献展，现在的展览内容已经包括雕塑、表演、装置、研究、档案资料与策展项目、绘画、摄影、影片与视频、文本与音频作品，以及艺术、政治、文学、哲学和科学领域的其他研究对象和实验等等，可谓令人眼花缭乱。

每隔五年，一到 6 月，人口才 20 多万的卡塞尔小城就成了节日的海洋，世界各地的人们在这里寻找他们各自的艺术梦，弗里德利希阿鲁门博物馆（Museum Fridericianum）、文化火车站（Kulturbahnhof）、文献展厅（Documenta-Halle）、橘园宫（Orangerie）、宾丁啤酒厂（Binding-Brauerei）、威廉斯霍尔宫（Schloss Wilhelmshoehe）到处都是攒动的人群。

文献展今天已经演变成了海纳百川的学科展了。2012 年的第 13 届展览，在为期 100 天的时间内，主办方邀请了来自 55 个国家的 150 多位艺术家及各科学者，呈现包括雕塑、表演、装置、研究、档案资料与策展项目、绘画、摄影、影片与视频、文本与音频作品，以及艺术、政治、文学、哲学和科学领域的其他研究对象和实验等等。与此相应，文献展也从当初的艺术扩展至诸多领域，甚至"所有有生命与无生命的缔造者的样子和实践"。正如策展人所说："第 13 届卡塞尔文献展——旨在探索究竟有多少不同的知识形式存在于重新构想世界的积极实践之中。""展品可能是艺术或不艺术，但其行为、姿态、想法和知识产生并被艺术可读的环境造就，表明了艺术能够海纳百川。"这话有点儿绕。

如此庞大的展览，经费何来？联邦政府、地方政府、企业赞助，参展者自费前来，多种途径并举以促成展览的顺利进行。比如，中国参展人艾未未的 1 001 人到卡塞尔睡通铺，作品名字挺好叫"童话"，其千人所需费用数百万欧元就是找企业家赞助的（来回机票很贵）。

德国政府在展览结束后，会买下一些优秀的作品永久留在卡塞尔。像《7 000 棵橡树》、富尔达（Fulda）河畔的巨大十字镐、文化车站前广场上"走向天空的人"等等。展览上，它们引起轰动；展览后，自然就留在小城的各个角落成为了独特风景。于是，卡塞尔的艺术积淀越来越厚，城市的品味越来越"深一度"。

卡塞尔的城市空间里，到处都是展览场地，到处都是观展的人们，文献展已经成为当地居民的生活方式

卡塞尔文献展真正树立了"人"这个中心，它轻松突破了传统的美术馆模式，在整个城市空间里搭建艺术展示的平台：公园、火车站、旧厂房，甚至街区等都成了文献展的展场。你看，风光秀丽的卡绍尔（Karlsaue）公园中林荫大道与湖泊之间，就是第13届展览中一件"残酷"的装置作品——《绞刑架》了。巨大的绞架由浅色木头制成，一个梯子可供人上去仔细看，还有一个高台可以坐，在上面你或看风景或喁喁私语，很快就忘了这是绞架、是艺术，装置就这么诡异。这不，一个冰激凌小贩已经在绞架前摆起了摊。

最后一个展场是威廉斯霍尔宫（Schloss Wilhelmshoehe），就是电影《茜茜公主》的外景拍摄地，这里绿树成荫，风景优美得一塌糊涂。平时这里是一个涉"古"的陈列馆，伦勃朗、鲁本斯等大师的许多代表作就长年累月地陈列其间；还有数不清的各种古迹模型，那也是文献，拍得过瘾。展览期间，策展人把参展作品就直接悬挂在这些大师的作品之间，于是对比强烈，感觉奇特。

到今天，卡塞尔文献展按照德国《艺术》（Art）的划分，内容包括日常民族志（摄影、装置和其他手段来表现的内容）、艺术的田野调查（揭示的是社会集团是怎样通过政治、经济、文化和艺术来影响公众视野）、政治身体（用影象、装置和行为来表明身体的政治态度）、形与方程式（呈现形态的艺术）、材料与线等。艾未未的《童话》是哪种方式？属于"政治身体"部分。业内人士说，这件作品的意义在于这1001个中国人身体向德国移动时，测量出了中国和发达国家之间在政治、经济和文化上的差异；同时也使西方人知道了中国并非只是一个"体力大国"，其精神能量释放出来同样能震撼世界，西方媒体说，北京艺术家已经颠覆了整个艺术价值系统，与文化巫师波伊斯齐等。

展览上，同样也有创意出发点很好，结果却很糟的作品。艾未未的装置作品"模板"就是，好不容易从中国民间收购、运来参展的明清老窗户，搭建成了"模板"，但开展几天后就被一场风雨吹打得稀里哗啦、一塌糊涂了，可这件"豆腐渣"展品反而让大家津津乐道，也成为了第13届文献展四件败笔之一。败笔还有，泰国艺术家萨卡林（Sakarin Krue-on）要在紧挨威廉斯霍尔宫的坡地上用"纯粹的人力"开荒种田来嘲笑现代主义在欧洲取得的沾沾自喜的成就。可到实地一看，德国人没为拓荒者们预留出丁点儿荒地。于是，宫前7000平方米毛绒绒的芳草地，就被推土机弄成了梯田造型。地是种上了，可坡地不蓄水，始终不见金黄的水稻摇曳点头的丰收景象，德国专家宣称再这样胡闹（每天灌进大量的水）下去，体量巨大的威廉斯霍尔宫就可能坍塌。终于，又气又怕的泰国人不得不放弃了"稻田计划"。

充满喜感的败笔还有克罗地亚艺术家伊菲柯维奇（Ivekovic）的作品"罂粟地"，把虞美人和罂粟花种在一起，好不容易开出一朵"有文化抗争意义"的罂粟花，于是大家一块儿欢天喜地。智利艺术家罗提·诺森菲尔德（Lotty Rosenfild）更逗，她为了纪念死在智利独裁统治下的冤魂，以塑料薄膜为材料在卡塞尔的马路上到处粘贴白色十字架。结果，不知情却又尽职尽责的德国清洁工在开幕的前一天夜里把"作品"铲得干干净净：探索艺术的未来，当然允许失败，你说呢？况且，喜感本就是艺术的一部分。

不算缀语：一个展与一座城

卡塞尔有很多，格林童话诞生地、磁悬浮，当然还有卡塞尔文献展。

"五年一届，为期100天，文献展吸引着来自世界各地的人们，把卡塞尔从宁静带入喧闹，文献展也因此成了整个城市的节日。""当地的老太太钻进展馆，往往一呆就是一天……"7大展区，每天的影片放映、表演、演讲、座谈会、研讨会、工作坊，数不胜数，有人说连创办者自己都没想到卡塞尔文献展如今这么火。

我们来看一位中国游客眼中的文献展期间的卡塞尔吧：下午6点钟，来到弗里德里希阿鲁门博物馆门前的广场上，虽然已经闭馆，但热闹依旧。临时搭建的鳞次栉比的咖啡馆里人头攒动，艺术游客们的临时帐篷花儿朵朵如同蘑菇般粘在草地上，也成了艺术品。两位锡纸包裹的少女为一项艺术项目征求游客的签名，她们笑靥迷人，成为人们无法忽视的风景。

为何卡塞尔小城能令世界痴迷？如果我们用60年的时间做一件事，我们的城市肯定也能和卡塞尔一样！如果我们也择优留下世界艺术精品，也就能和卡塞尔一样成为世界艺术迷的朝圣之地，旅游者走近艺术的惬意海洋；也能像卡塞尔一样，让公园里那棵光秃秃的大树上的石头开始思想（文献展上艺术家吉塞普·佩诺内（Giuseppe Penone）青铜树雕塑——《石头的思想》）。

现在就开始吧。

话题缘起： 岁末年初，各种榜单都出来了，其中就包括"城市艺术影响力"。美国财经网站Quartz公布的这份全球城市艺术影响力榜单，根据一座城市的博物馆、画廊、艺术展会的数量，依次排列出包括纽约在内的15座"全球最具艺术影响力"城市。

全球艺术城市翘楚，为何是纽约

名单透露出啥秘密

一座城市的艺术影响力在传播手段越来越丰富的今天，构成要素当然是越来越复杂，但有几样东西是必备大杀器：博物馆、画廊、艺术展会。有了这些，才会接续得上城市的历史声望、流行程度、市场化程度等等。

按此标准，纽约以超过1 000家画廊、75家艺术博物馆与学院，还有每年超过30场的展览会，高居世界艺术城市榜首；位居第二的伦敦只有500家画廊、60家艺术博物馆与学院、10场艺术展览会，其他城市就更不用说了。中国也有两家上榜，香港，居第九，北京第十三位。

且不论这张榜单是否服众，但纽约这几项生猛的艺术数字就够摄人心魄了。你可以沿着淮海路一家家店铺数过去，数上一千家，要知道在纽约那都是画廊哦，恐怕你得数上好长好长时间才能数到这个数。

为什么是纽约？环境被艺术泡出"纽约范儿"

漫步在纽约曼哈顿岛上，除了那些著名地标性建筑，大街上的你说不定一低头就在现代艺术博物馆的边上看到了那尊黑乎乎、大肚子，样子相当不好看的"母山羊",一说它的身世你会吓一跳,这尊雕塑的作者是毕加索,就这样"丢"在大楼的草坪前,每天看着人来人往,只是它的鼻子已经被摸得有些亮闪闪的了。

繁华的顶级商务区都被艺术的汁液浸泡着,其它环境就更不用说了。在纽约,你漫步在街头,不经意间,一阵美妙的音乐就传进了耳朵,漫长夏日里就更不用说了,雕塑花园每个周四傍晚都要举办现代音乐会,不用花钱你只需买一罐啤酒,坐在花园里的镂空长椅上,打着节拍、点着脚尖,你的身体就随着节拍一起摇曳了。

纽约四大艺术区,博物馆大道—上东区的时空隧道、曼哈顿中城—摩天大楼间的艺术景观、切尔西—后工业时代的当代艺术区、布鲁克林 DUMBO—桥下艺术新区,无论走到哪里你都会被艺术、艺术夹杂着商业的氛围紧紧包裹着,你一会儿闪进了幽深的画廊,一会儿在博物馆里东张西望,一会儿又走过了正在低声耳语的咖啡客,他们说不定在讨论明天画展的事。有人说,爱他就送他到纽约,恨他就送他到纽约,可能正因为纽约是艺术的王者范儿。

走在切尔西区的 18 街与 28 街之间,这里拥有纽约 1/5 以上的画廊,数量超过 200 家,这是因为 20 世纪 90 年代末,纽约 SoHo 画廊区的租金日渐高涨,许多画廊和艺术家转移到租金较低的切尔西区。随意瞥过去,位于一层的画廊大都拥有巨大的落地玻璃窗,走在街上就可以看见色彩各异、形式丰富的艺术作品,它们都被放置在空旷的白色空间中,你知道这是为什么吗?人家秉持的是"少即是多"的信念,白盒子一般的画廊里,艺术品就纷纷"跳"入你我这样的过客眼里了,说不定这件艺术品今天在纽约,明天就在上海市民的客厅里了:艺术,环境不抢戏。为的就是欣赏并卖给你。

纽约,艺术的呈现方式高人一筹

你印象中艺术作品的呈现形式有几种?办个展览、围个圈栏、挂在墙上……在纽约,艺术品的呈现形式千奇百怪、花样繁多,经常让你大呼过瘾。如果说,你在它的地铁车厢里看见几个黑人小孩即兴 Hip Hop,你很兴奋的话,那只能算是热身;走到第五大道 82 街和 105 街之间的"博物馆大道",你会兴奋得尖叫起来的,这里云集了十余个重量级美术馆,从最南端的大都会美术馆,到最北的非洲艺术博物馆,博物馆大道像一条时间之河,犹太美术馆、库珀·休伊特国家设计博物馆、波多黎各美术馆、古根海姆美术馆、新艺廊、纽约市立博物馆、歌德学院在河流两岸,俯拾皆是声名显赫的艺术"大牌";不着急,还有大都会美术馆,还有弗里克收藏。

弗里克收藏的藏品摆放形式还是主人生前的老样子,没动:天窗的自然光线

柔和地洒在古典油画的细腻肌理
上，访客的脚步声都被绿色丝绒
地毯吸走，弗里克收藏的艺术品
和古董家具、中国瓷器并置一堂，
主客厅里提香的《戴红帽的男人
肖像》、西厢美术馆里伦勃朗自
画像《一名年轻画家的肖像》，
还有主人喜欢的画家委罗内塞、

纽约高架公园

透纳，你顺着当年主人的喜好，在知道些艺术史，你仿佛就能看见当年的弗里克
与卡内基斗富的样子，就可以穿越到 20 世纪初纽约的繁华旧梦中。

　　大都会，世界四大综合艺术博物馆之一。它背靠中央公园，主建筑面积约有
8 公顷，馆藏超过两百万件艺术品。它的展品呈现形式可谓是丰富多彩，中国园
林大师陈从周的明轩就不说了，它在博物馆里就是一座庭院；还有丹铎神庙，也
是原作搬迁，整体呈现。

　　丹铎神庙这样得来。1965 年埃及修建阿斯旺大坝，美国帮助埃及迁建了许
多文物古迹。对这座 2 000 多年历史的小神庙，埃及实在是无力顾及了，埃及人
对美国说：你们要有能力拆走，就送给你们了。美国人立刻将这座全石头打造的
神庙编号、拆卸、打包，整体搬迁至大都会博物馆。如今，丹铎神庙成为馆内最
具怀古情愫的室内景，当然也是一件精美的艺术品：石头的柱子、台子，门，柱
头上的石花漂亮极了。凑近看，石头上的浅浮雕场景有耕作、生活、集会等等。
神庙四周水道环绕，庙的土黄隔窗呼应中央公园的葱葱翠绿、缤纷繁花。更有意
思的是，这个事件促成了世界遗产组织的成立。

　　纽约的艺术份儿，真是千万个人就有千万个样子。

题内话：向纽约学什么

　　高架公园、第 90 个历史保护街区、发电站艺术书店、佩斯画廊、先锋剧场、
国际摄影节、凝视的球、LOVE 雕塑……到了纽约，你就会被它毫不客气地抓住，
徜徉并参与到宏大的艺术派对之中，总叫唤"时间不够"。

　　纽约，对于我们，最为神奇的还是市场这只手。单说高架公园，原本是切尔
西区一个工业区里的高架铁路运输线，随着工业的衰落，1980 年以来，铁轨锈
迹斑驳连绵数里，长满杂草，政府想拆，民间组织和当地社区不干，大家终于让

纽约市政府在 2004 年下决心投资 5 000 万美元，将其改造成一个休闲、绿化、艺术展示为一体的公园。设计者提出"田野建筑"的概念，社区和社会一致认可，于是原有的铁轨间，杂草野花依旧自由生长；铁轨的一些段落还被嵌上带轮子的木头躺椅，居民游客尽可躺下来，对准太阳的方向，晒；公共艺术项目不可或缺，多方组成的委员会又委托瑞士籍艺术家卡罗尔·博夫（Carol Bove）设计了七件大型的雕塑，安放到铁路沿线，"像是一些横空出世的地下管道，属于某个失落文明的废墟"，圈内人士评价。

我还要说，十年了，高架公园还在慢慢建，已经建好的公园已经慢慢地串起各个街区的艺术空间，你想去豪舍·沃斯画廊（Hauser&Wirth Gallery）？从公园的 18 街出口下去就好。政府出钱还不装内行，好！

新加坡消息：中国 2014 年国庆节，在新加坡举行的世界建筑节又决出各类奖项，300 多入围作品中脱颖而出 27 项大奖。令人欣喜的是，今年来自中国的作品在去年的基础上跃增近九成，表明中国内地及港台地区的活跃与精彩，表明中国建筑正逐渐走向世界舞台的中心。

会上，还有一个重要现象颇受关注，那就是会议的议题：比如我们的建筑师应该如何装扮城市？是把城市弄成钢筋混凝土的森林，还是让城市更接近自然；是设计一个又一个地标，还是寻找"人的尺度"；还有——

如何丈量建筑与艺术品的距离

世界建筑节如何呼应城市的环境友好

大家都知道，城市化浪潮已经席卷了全球经济活跃地区的大多数城市，高楼林立、汽车拥挤、人流如潮已经成为欧洲、北美、亚洲众多大城市共同的问题。尤其是中国，近年来，摩天大楼一栋栋你追我赶地使劲儿长高，使劲长高的城市环境能友好吗？有建筑师说，从容积率的角度说，高楼与多层房屋总体上相差无几，但高楼给人心理上造成的压迫感远远超过层高六七层的房屋。所以，居住在高楼林立城中的人们淡定者寡，匆匆者多。

于是，本届建筑节把目光牢牢锁定在环境友好型的建筑上。莎士比亚哈姆雷特故事发生的地方——卡隆城堡，它是世界文化遗产呢。紧挨着它要建一座近6 000平方米的国家海事博物馆。如何不抢城堡的戏，如何不妨害已有的环境？设计师通过包装旧码头，让废弃的船坞水槽转换成为了展览馆的庭院，让码头上的旧建筑变身成了展厅，丹麦这座国家海事博物馆就这样"埋伏"在海平面以下。人们通过船坞里的玻璃走廊穿行在下沉8米（海平面以下）的博物馆内，通过斜坡走上位于地面的礼堂、教室、办公室、咖啡馆。"既现代，又接续了历史文脉，还点化了环境，这样的作品获奖情理中。"业内专家如是说。

韩国的北区首尔艺术博物馆则是一个常规的环境友好项目了，不说它的功能，它近两万平方米的屋顶卜穿戴了红的花、绿的草，还有许多的翠竹绿树，远远望去，房子俨然是从土地里长出来的。原来，这里原本是一片芦苇湿地，附近的居民缺少文化设施，于是设计团队运用多样化的循环模式创建了这处人、自然与艺术间的"连接"——艺术博物馆。这样的作品，在今年的世界建筑节上比比皆是，像越南的芽庄仿佛又让你回到了史前时代：茅草顶、竹木墙，无门扇的大门，粗粗的圆石矮矮地一拦就成了院墙。要不是门前走过一名骑单车的农妇，我定是回到了羲皇尧舜的时代。

令人欣喜的是：本届建筑节编织屋宇的手段、方法也开始生态着，而不仅是当代手段的老三样：钢筋、混凝土和玻璃

房子如何建？在今天还真是个问题。你到街上看看，哪个工地离得开钢筋、混凝土和玻璃；再问：非得用可否少点，再少点？不能少，能否让建筑与环境近点，再近点？

位于香港的英皇佐治五世学校重建及扩建项目是一个建筑面积近8 000平方米的建筑群，但我们进入学校最先看到的却是那棵硕大无比的大榕树，校工说，树冠的高度超过18米，设计师巧妙地把它当作"定海神针"，让演艺大楼和科学大楼向着它、"抱"着它，这样一来原本生长于旧饭堂后园中的这棵大榕树成了环境设计的中心和明星。设计师让位于演艺大楼最底两层的新饭堂绕树而建，硕大的树冠就这样舒舒展展地延伸到饭堂平台，勾连住室内与室外的空间，同学们每天吃着饭就可以看着树枝摇曳、看着大树叶子从翠绿到深绿再悄悄地掉落；再高点，在二楼到五楼的音乐及戏剧工作空间外，你到露台上，俯视大榕树及树冠：学习、生活恍如置身"树屋"中。

色彩明亮的大楼外墙表明这里是孩子们成长的空间。红、黄、蓝三原色，参照抽象表现主义的构图技巧。南面的立面涂上不同的色块，配合置于前方的遮阳板，大楼顿时青春勃发，仿佛变成了一块涂满明快色调的大画布，雕塑出属于"花朵"们生长环境的明丽。

海滨贝克避难所

德国慕尼黑伦巴赫（lenbachhaus）博物馆也是座历史建筑，要做的是整修加新建，整修后要新建入口空间，并穿越一座新的景观广场；新建的有餐馆、露台、教育空间以及一座设有售票厅和咨询处的中庭。设计师们不但完成了任务，还把博物馆建成了"城市屋"（urban room），市民们在这里休个闲、会个友，博物馆自然而然成了城市的"客厅"。更值得称道的是，博物馆建造了以水为介质的采暖和冷却系统和一套雨水收集系统，老建筑的环保性能大幅提高。

一个圆环被四只同样大小的圆环相切成"孔方兄"的样子，你见过，但用他们一个个串起来、拼起来做新建的伯明翰图书馆的"外套"，你见过吗？两层楼一组，方方正正垒上去，顶上是明黄的圆顶，光线就从那里洒向馆内各个角落，大块的玻璃、蓝黄画布样的外观，但馆里满墙壁的黑色藏书架让人一下子回到了十七八世纪的欧洲宫廷。最靓丽的还是图书馆顶层的玫瑰色（外面金黄）圆形大厅，高 8.5 米，宽 17 米（直径），这里的陈设属于约翰·亨利·张伯伦（John Henry Chamberlain）。他设计的木板房初建于 1882 年，叫伯明翰莎士比亚图书馆。现在，被拆卸并重新安置这座圆形大厅——莎士比亚纪念馆。于是，在这里就有了一个欣赏伯明翰城市全景的室内露台：一个向前人致敬，向另一时代呈送诠释的场所。

中国，成为获奖作品中的"重音符"

本届建筑节上，创意新颖、境界独特的艺术作品目不暇接。海滨贝壳避难所巧妙地利用了声学反射镜原理，采用弧形反射声学设计，让汉普顿的城市和海滩之间满眼翠绿的草坪上多了一对雪白的耳朵，耳朵朝向英吉利海峡，耳朵里居然有乐队（看上去像是家庭乐队）身穿黑色的制服在那里演奏。设计者说，结构婀娜的完美曲线造型通过直接喷涂到混凝土钢筋网框架上制作出来，双面弯曲的"耳朵"仿佛从地里长出来，招着海风，设计者说："项目是想重振 20 世纪初汉普顿海滨的文雅之风。"奇妙的是，贝壳屋开放的一面恰好面对着下沉式花园，这赋予它一个奇妙的功能：就是音乐家在里面演奏，声音将被放大，犹如一个天然音箱。更奇妙的是，这对耳朵长出来后，汉普顿这座海滨城市再次成为度假胜地。

芝加哥克拉克公园里的船屋也很酷，船屋毗邻芝加哥河北支，属于政府制定的振兴河滨计划的一部分。这座船屋屋顶起伏的桁架结构是倒"V"和"M"形交替，有诗一般的韵律；而且，建筑屋顶南设天窗，带来阳光的同时还通风，建筑的能源耗费自然少了。

但本届象形建筑最靓丽的还是中国作品。位于太湖湖畔的西交利物浦大学行政信息大楼的创意就源于"太湖石"。设计者在太湖石"瘦、皱、漏、透"的空间趣味里揉进苏州园林的古风雅韵，演绎出层次丰富、充满现代感的建筑空间。有趣的是，楼里的空间也如太湖石般具备切片感、洞穴感，起承转合间，采光、通风、交通问题一个个迎刃而解。

香港红磡火车站旁香港理工大学校园的棕红色楼群已经挺立40余年之久。今年初，这里突然间冒出一座色彩和形式迥异于前的后现代建筑，带着"扎哈风"的线条"横看成岭侧成峰"，恣肆舞动在阳光中，这种感觉就如同古老的卢浮宫院子里冒出了贝聿铭的玻璃金字塔。但只要你进入大楼，倾泻的阳光、巨大的中庭，你仿佛就进了购物中心，透明玻璃隔开的展览廊，多用途课室、演讲厅、设计工作室等都是你选购知识的殿堂。用扎哈自己的话来说，就是："无缝流线的设计营造了创意和跨领域的环境。"有趣的是，香港是扎哈梦起航的地方，当年香港向全球招标"香港之峰俱乐部"设计方案，她的设计从初审淘汰的名单中被矶崎新拣了回来，得了头奖，从此她蜚声世界的脚步就势不可挡了。

感言：热衷地标建筑，要不得！

也许是意识到地标建筑在世界各地的被热捧，今年的世界建筑节专设一个话题：地标建筑是否失控？我们为这个议题叫好！

把房子建成地标，当然是个很好

的初衷，可是动辄"地标"，走上三五百步就碰见一座地标式建筑，这座城市肯定是出了问题。

一般情况下，设计师心里想着的就是尽最大的努力，将作品设计到完美，从功能到外观都好。可是，长官不这样想，为官一任造福一方往往心底里就成了"拉风一方"，地标式建筑当然就是必然的选择。于是，雷人的地标在我国层出不穷，三观尽毁的设计作品让很多地方成了"雷场"。

安徽最近出台了一个规定，领导干部因个人喜好干预建筑设计将被追责，叫好！贪大求洋、盲目模仿、"山寨"频出都是我们的城市中经常出现的问题，此规定要求各级领导干部尊重建筑设计规律，尊重专家意见，尊重设计者的元初创意。

点赞叫好，是因为此规定如得到认真执行，那种市长"心潮起伏"，城市"风起云涌"；市长"新意迭出"，建筑"换装频频"的局面就会改变，城市也就不会胡乱变脸，人心也就安稳妥帖了，不会有"身在家乡如异客"之感了。

话题缘起： 当地时间 2014 年 10 月 20 日，保加利亚瓦尔纳黑海镇一条长达 2 公里的涂鸦墙原本是一堵防浪堤，如今却是艺术家们为涂鸦比赛花费三个月完成的作品。据悉，今年的涂鸦比赛旨在支持黑海的水下生态。长期以来，涂鸦在中国总是负面印象大，但老外们却用接受其中艺术部分的开放心态，好多国家索性顺势而为，留下美的涂鸦，并想方设法引导人们正确"留言"。

给文艺青年当"画布"

——无法制止"涂鸦"就索性用自由改善

你听说过口香糖墙么？西雅图真的就有这样一处口香糖墙，尽管听上去有些恶心，可是它还是昂然成为世界性景点，虽然它在五大细菌景点中赫然列第二位。旅行者们在西雅图市场剧院排队等候时把他们嚼过的口香糖粘在墙上，成千上万粒残渣就形成了这面五彩缤纷、让人反胃的风景点。清洁工们最初也试图刮掉，但最终以失败告终，于是当地官员索性宣布这面墙为正式的"旅游景点"。

如今，墙已经长到 15 米长了，还在继续"生长"……墙已经成为远近闻

名的观光地，受到了热爱艺术的小青年们的热烈追捧，吸引很多游客前来拍照留念。人们还不断把硬币粘到墙上，还有人用口香糖做工艺品出售。结婚的人们也爱到这里，留下他们的口香糖，甚至用口香糖做成小小的艺术作品；在影星珍妮佛·安妮丝顿与亚伦·艾克哈特主演的好莱坞电影《爱上你爱上我》中，这面墙甚至是场景之一。粘贴口香糖这个不文明现象反倒成了一种集众人之力的"创作"，尽管多少有些讽刺，但却恰恰是老美不拘小节的事例。

铁血宰相俾斯麦在德国人心中有着崇高的地位，因此在他统一德国后不久，汉堡人就在老易北河口修建他的雕像。如今，这座矗立了 100 多年的雕像又在计划修缮事宜，可是这项耗资 650 万欧元的庞大修缮计划并未涉及高大底座上的那些涂鸦。于是，我们在科隆市政厅广场、法兰克福的罗马广场，甚至是古堡中的小广场上看到行为艺术者、看到各种涂鸦，也就处之泰然了，仿佛已然阅尽沧海。

科隆莱茵河上的霍亨索伦桥上是以科隆大教堂为背景的极佳留影处，可是这座已有百余年历史的老桥如今桥上多了一堵"锁墙"。墙就在与铁路桥并行的行人桥之间的铁丝网上，锁五颜六色，其中锁定榜首的始终是爱情锁。有意思的是，自从有了"锁墙"，游客去其他景点"留言"的大大减少。这一歪打正着的行为引得其他城市纷纷仿效，柏林温登大坝桥、不来梅特尔霍福桥、德累斯顿罗西舒维策尔桥、慕尼黑塔尔克西纳尔桥以及法兰克福铁桥等桥上都相继出现了"锁墙"。德国《时代周报》评论说，"锁代替了景点乱涂乱画"。

在德国，更多的景区在引导游客"正确留言"。博物馆、古堡宫殿、教堂等景点几乎都设有"留言本"；柏林墙遗址附近还开辟一些废旧建筑物的外墙，让游客们自由涂鸦，类似的还有鲁尔区工业遗址公园、汉堡港等；指定某棵树为许愿树，游客可以写上自己的心愿，放进挂在树上的信箱里；更绝的是，很多景点的外墙涂上防涂鸦涂料，这样无论如何你也难在墙面上留下"墨宝"了。

涂鸦艺术如今已经遍及欧美各国，但在中国却是"陋俗""不文明行为"，披着涂鸦外衣招摇撞骗。其实街头艺术良莠不齐，虽然被列为一个艺术门类，甚至已经成为纽约、洛杉矶和柏林艺术画廊的一大特色，但文明行为的约束还是必不可少。

观点：一网打尽不如给予关注

街头艺术涉及美术、音乐、运动、时尚等领域：像涂鸦、肖像、漫画、速写、油画等等美术创作，还有摄影及行为艺术创作等等；街舞、乐器弹奏、即兴音乐及原创音乐；杂技、滑板、花样单车、街头篮球；摆卖自己创作的文化衫、服饰、泥塑公仔、收藏工艺品等等。这些行为艺术者往往不需要太大的地方，但街头有了他们立刻生机盎然起来。走着走着，你突然发现前面有位中世纪的绅士，站在与身体一色的油桶上，"雕像！"它们就这样一动不动，你多看一会儿，他就会用手指着身前的钱罐，要钱大约也是行为艺术的一部分吧。有的会在地面上创作，而他们所需的只是一盒粉笔和每个人的目光，那些地上的画作充满了立体感，给人们一种视觉上的震撼。街头艺术家们通过各种方式向人们传递着自己的幽默、自己的思考，很多创意需要观众的互动和参与，可以说是最亲民的艺术形式之一。

如今，有越来越多的美术馆和艺术机构专注到了涂鸦艺术中的生命力，涂鸦也大有被"扶正"的趋势。伦敦的塔特现代艺术馆在外墙上展示了由全球街头艺术家阵容打造的6幅屹立着的壁画，其中就有法瑞和法勒（Faile）——一对来自纽约、用泥浆构造图画形象的艺术家；布路（Blu）——一位长期在废弃大楼上创作黑白色涂鸦的意大利艺术家；还有来自巴西的奥斯·葛妙斯（Os Gemeos）兄弟团。给予涂鸦艺术极大关注的还有匹兹堡的卡耐基艺术馆，它收录了涂鸦艺术家巴利·麦可吉（Barry McGee）天马行空、绚丽夺目的走廊装置艺术作品；布鲁克林博物馆的现代艺术展厅内收藏了斯屋恩（Swoon）的手稿。街头涂鸦尽管也有的是小青年发泄情绪所为，但其中不乏拥有原始而饱满想象力的艺术创作，作为美术机构应该给予更多包容，负起责任来筛选出那些值得推广的作品，艺术家受到重视了，那么不甘示弱的年轻人竞相效仿着、攀比技艺，反而能促进街头涂鸦水平，这岂不是比一味反对更好？

谁能说，今天的街头涂鸦者明天不进入著名艺术馆？

评论：关键是"拿捏"

街头随处乱涂乱画，当然要管！比如那些不分场合、不讲文明的涂鸦当然要责罚。即便是艺术氛围开放的西方也是如此。德国柏林景点法律顾问曾经介绍说，如果有人在德国景点写"到此一游"，少则会罚数百欧元的清洗费，最高可以罚款 20 万欧元，还要被罚做社区服务。造成严重损失的，还可能受到刑事指控，判两年监禁。这样的惩罚力度反倒是我们所不及的。但有意思的是，德国人却能容忍在他们最尊崇的俾斯麦雕像上涂鸦的行为。

当然，他们的涂鸦全部集中在俾斯麦雕像的底座上，很有秩序。也许是意识到文艺青年们爱涂爱表演，这本就是人类天性的表现，表明这个民族还有旺盛的精力和创造的冲动，让他们能在如此"重地"展现自己，也是展现德国年轻活力的一面。其实，无论在哪个国家，对待涂鸦都应该这样，管理者发现哪里有"艺术风"，最好的办法是：既堵又疏。不容许的地方，哪怕设一块指示牌——"涂鸦往前"；在既可挥洒又不碍观瞻的地方让这些文艺青年尽情表达去，说不定哪天"涂鸦处"又成了一处景点：要是这里出了一个"梵高"呢！

新闻背景：抬头望去，远远的半空中上海中心已经拆掉了大吊车，只留一根"小辫子"了，这栋充满英雄主义的作品将改变全球高耸建筑的格局，就像中央电视台的英雄气概一飞冲天一样。但是，你因此说库哈斯们只做前卫和豪气万丈的设计，那就错了，这位超现实色彩浓厚的大师对待历史建筑的态度同样令人津津乐道。

看先锋建筑师打扮历史

这是一个一波三折的"艺术方院"

康奈尔大学，大名鼎鼎，是一座历史悠久的常春藤联盟学校，位于纽约州伊萨卡城东的东山（East Hill）上。它的校园建筑大部分都是上了年纪的古董，进入新世纪以来该校的建筑艺术与规划学院感到使用空间越来越紧张，想拓展一下。可是，这所学院左是朗德馆（Rand Hall），右是斯伯利馆（Sibley Hall），后面是机械馆，都是古董建筑，它们围绕圈定的地方名字还很响亮，叫"艺术方院"，教学楼多为古典风格，中轴对称，那种常见的石头基脚砖墙面，开很小的窗，室内是中间走廊配小房间，典型的筒子楼。要对它们改造，基本没招。

这种房屋结构制约了新型设备的更新，以至于美国国家建筑专业学位认证协会对其教学硬件设施不足提出了警告：如不改变现状，就撤销认证。正在学院下决心之际，地产商米尔斯坦因及时捐赠了1 000万美元，于是院方开始举办新馆方案设计竞赛，拆掉朗德馆再建新馆。设计师们都很踊跃，世界各国的设计师斯蒂文·霍尔（Steve Holl）、彼得·卒姆拓（Peter Zumthor）、汤姆·梅恩（Thom Mayne）等纷纷提交方案，霍尔的拆旧房建新楼方案笑到了最后。百岁的房子就这么拆了？幸亏霍尔的方案造价太高，救了朗德馆一命。

库哈斯出现了，就是那位设计中央电视台的先锋设计师，早年在康奈尔大学学习过。他到母校来演讲，谈起扩建之事，没想到这位英雄主义大师对历史建筑脱帽致敬，"非常感兴趣"（库哈斯语）。又没想到，金融危机来了，库哈斯的方案搁了浅，但百般周折后，项目还是以库哈斯的方式诠释"艺术方院"，用"朗德馆不拆"的方案。

让英雄主义与老建筑在对比中升华环境

库哈斯的方案是，三栋老建筑都不拆，以它们圈定的区域设计一座面积4 370平方米的米尔斯坦因（那位捐款人的名字）馆。

如果你来到艺术方院，自南向北走去，你就会发现：一个简洁、低调的玻璃盒子飘在空中，说"空中"还有些不切实际，应该说悬停在离地面4米左右的位置。盒子轻轻地依偎在斯伯利馆的山墙上；继续往东北走，站在朗德馆的南侧，看米尔斯坦因馆的东立面：位于二楼的玻璃盒子"悬靠"在斯伯利馆的东墙上，

北端则消失在朗德馆的西侧；还有更奇的，你绕过朗德馆来到北侧，建筑物二层的玻璃盒子不可思议地"飘"出15米，俨然一只飘逸的飞机翅膀。

外表简单的米尔斯坦因大厅里大有乾坤。展廊、评图大厅、学生工作室、休息区、报告厅、会议室、走廊……一个

新房子（中间）向老屋致敬

也不少；功能性的需求必须满足之外，可否平地再起些波澜？库哈斯的做法是：用钢和玻璃构成建筑盒子的巨大体量，用"T"形顶出最大化的二层，同时让一层挑空，于是四面放眼一望就是光鲜的校园风景。走在一层厅内的路人，在较暗的环境里，视觉焦点自然而然就被室内楔形报告厅的灯光吸引过去，被带穹顶的评图大厅吸引过去。

库哈斯不满足于此，他还在一楼造了一座小山，就在评图大厅一侧。那白色半球其实是灯罩，总共20个顺着坡排成了三排，电一通便成了粉红、蓝紫、鹅黄、粉白，五颜六色变幻不已；上面还可以坐人，背着书包的男男女女三三两两就坐在上面神侃呢。就着坡，库哈斯还安排了报告厅，座椅自然就坡排列，灯光扮出的棕色把学术的气氛渲染得浓浓酽酽。当然，还有坚硬楼梯下的休息岛，白色环境里摆着黑色方墩；站在二楼的天桥上，一伸手就能摸到穹顶的灯，看似灰白的简单空间充满着许多神奇的变数。

最奇妙的还是夜幕降临时：蓝色的苍穹下，朗德馆的"瓜皮帽"顶着厚厚的云层，米尔斯坦因大厅天窗透出的白色灯光从中心到边沿乳白、浅蓝到湛蓝，呼应幽蓝的苍穹，见了心情便和它一起舞蹈；长檐出挑的二楼已经亮起了温暖的灯，钢立柱仿佛一个个倒立的"V"，顺着那光，你就能看见一层色彩变幻的"棉花糖球"灯，那是靓丽的地景艺术。

先锋建筑师的历史观

艺术方院的历史保护与加建项目，库哈斯在用自己的方式思考历史、对待历史、致敬历史。

毫无疑问，米尔斯坦因馆是通过新建筑将多个孤立的旧建筑连在一起的案例，而这个案例发生在康奈尔大学的建筑艺术与规划学院，别具标本意义。这里曾诞生后现代城市文脉主义的巨著《拼贴城市》，它的作者柯林·罗（Colin Rowe）曾在这所学院教了40年书；到了库哈斯，文脉的续写方式又在发生意味深长的变化，库哈斯说："历史建筑并不等同于古典或者登记注册的建筑，每个时代的建筑对所处环境、功能需求和当代建造技术做出积极的反映，即尊重正在发生的历史。"

米尔斯坦因馆

于是，在历史建筑旁，库哈斯设计的米尔斯坦因馆在空间形态上开放、流动，与老建筑的封闭、静止形成对比；结构形式上采用巨大的悬挑结构，与老建筑垂直传力的结构形式形成反差；材质上采用轻盈的钢、玻璃，和老建筑沉稳的砖石产生对比。

馆内一楼挑空

更令人称奇的是，无论你从哪个方向进入这栋4 000多平方米、当代性极强的房子，你都无法对它的外形一览而尽，库哈斯巧妙地利用了三栋老建筑，让你在一个地方只能看到一个片段，让你在不断的活动中叠加这些片段才能最后形成一个完整的"馆"：后来者不能喧宾夺主，后来者应该谦逊低调。这也许就是库哈斯的历史态度。

有趣的是，米尔斯坦因馆设计建造的过程也成了学生们的教材。大卫·马（David Mah）在他的课堂上就不断邀请设计、施工、材料方、监理和审批人员到现场、到课堂，讲解、感受混凝穹顶、大跨度的钢结构悬挑、异型玻璃边框的反常规建造和反自然的色彩，看着设计和建造真真切切发生在身边，看着一段时间下来熟悉的空地慢慢变了样，建造带来的陌生感和空间尺度的异样，都给了大家很神奇的感受；英雄主义常用的反常规和裸露：方正粗大的桁架，平行的、人字的或者八字的，还有混杂各种形式的，反正就爱"随意"立着；地面和半地下结构使用素混凝土，钢梁楼板在楼梯切口处用了玻璃面板，设备间的门用了潜艇式圆形窗，甚至焊点、铆接点都历历可见，全玻璃围合的电梯井活像一个机械系统展示台……库哈斯是在拷贝工业建筑时代？

评论：为新旧并置的设计叫好

库哈斯用我行我素的方式完成了康奈尔大学这处"螺蛳壳"里的道场，我行我素地用了钢、玻璃、水泥这些流行的材料，配伍砖、石、瓦，让新旧并置且不显突兀，全赖巧妙的设计，米尔斯坦因馆的功能流线与斯伯利馆、朗德馆顺畅对接并转换。

正因为这一大胆的设计赢得了世界各地的人们纷纷点赞，所以它的建造过程被学院如实记录下来，全套施工图纸被放在图书馆的大厅里供同学们自由浏览。

历史保护与功能优化看似一对矛盾，像库哈斯这样处理得好就成了艺术风景。

这让我想起了他的波尔多住宅：那是一座为轮椅人士设计的房子，房子位于波尔多市郊一处能俯瞰全市的小山坡上；房子底层有两个入口，一个入口可通过一条洞穴般的通道直上屋顶平台，这条通道使用混凝土模具浇筑；房子里的物理主角是升降机，顶端的方形平台上安装了主人的书桌，按钮轻轻一按，一楼到三楼升降随心而为；三层的房子采用水平线条层层叠加，第三层混凝土体向外悬挑，整栋建筑顿时有了欲飞的姿态，悬浮的感觉，亲和山体的态度；地面用不太光滑的铝板覆盖，使得三面玻璃墙射进来的光线更加明亮；巨大的圆柱体是旋转楼梯，同时承担了结构支撑作用；在这里，墙上的窗变成了一个个圆圆的洞，仿佛鱼吐出的串串气泡；在这里，墙变身成了一览无余的玻璃，让对面的绿树看过来。

因为把轮椅人士从老房子的生活不便中解放出来，重新定义了艺术气息浓厚的品质生活，因此，1998 年建成的波尔多住宅三年后就被法国政府列为"法国国家建筑遗产"，谁说建筑不是正在发生的历史呢。

编者按：10 月 20 日举办的 2014 世界城市（上海）文化论坛在源创创意园隆重举行，论坛以"引领潮流：世界城市的时尚未来"为主题，正适合放在"时尚之都"的地位正日趋提高的上海来谈。时尚现在越来越多的成为世界城市的名片，同时，时尚如何贡献于世界城市也成为了此次论坛上讨论的重点。

年轻新生代力量需要更多贵人鼎力相助

艺术、设计、时尚其实是个"生物圈"

"艺术无处不在，但需要培育；艺术打底的时尚当然是有韵味的。"来自纽约的时尚大咖谢莉·福克斯（Shelley Fox）以自己的经历为例，解读艺术、时尚的"生物圈"。刚开始时进行项目很难，有一次得益于一家公司的慷慨赞助的 65 000 米的布料，让她诚惶诚恐，"在发布会开始前两天，我把自己关在办公室里面，如果没有成功就对不起这么多捐赠的人"。后来她成功了，她也开始帮助那些年轻人，其中包括新兴艺术家、刚从学校毕业的学生，为他们脑子里的艺术种子培上最初的土和水。现在，18 个学生大都取得了很好的成绩，其中的一个现在就在上海工作。"不仅我写作、设计、博物馆等等创意表明我在跨界；我的学生也在跨界，一位本来想做建筑师的，跟我做了时尚设计，现在纽约建了一个设计公司。"艺术是时尚的里，时尚是艺术的面，要成为时尚之城，一定要有独立观点的杂志，让它们成为新设计、新人的助推器。

伦敦南岸艺术中心

当然还要有英国的皇家艺术协会这样的机构，他们也是新锐艺术家的"伯乐"。英国的安德鲁·塔克（Andrew Tucker）说，在他们的推动之下，伦敦的艺术气息越来越浓，包括毕业生时装周、设计周、文化周在内的各种艺术活动你方唱罢我登场，作为顾问我也亲自策展了很多文化、设计周。2014 年有 81 场活动，规模超过了米兰和纽约时尚周。在时尚周上崭露头角的年轻设计师，立刻就有相应的基金跟进资助，还有一个专门的名字：新一代（NEWGEN）。近日，又传来伦敦巧克力周，设计师用了 60 公斤巧克力打造出巧克力礼服裙，很漂亮哦！想看？找"度娘"去吧。

"伦敦作为国际艺术时尚中心之一，其成功有五块基石：业务、教育、数字（线上商业）、投资和声誉，而这都是通过时尚委员会来推动的。"塔克如此评价时尚委员会成功的关键因素，其中无论哪一个对于时尚"生物圈"中的新生代都起着决定性的作用，有越多人发现他们，并给予他们机遇显得尤为重要。

附：益民，体现时尚未来性
——从 2014 世界城市（上海）文化论坛中捕捉关键词
梁依云

关键词一：跨界
学会跨界合作不加约束做时尚以外的尝试

在今年的世界城市文化论坛上，每一位演讲嘉宾都突出了主题中的"未来"上，他们分别从历史发展、现状分析和未来展望等不同角度，探讨了时尚城市在未来的可能性。作为第一位演讲嘉宾，纽约帕森斯设计学院教授、时尚设计与社会 MFA 主任谢莉·福克斯（Shelley Fox）教授以一名教育者以及设计师的角度，从她自身的经历出发谈论了时尚与跨界合作之间的关系。她说道："过去我是一个设计师，但是我觉得像时尚的设计，现在已经不是一个完全传统的方式，可以有新的方式，需要更多的与时尚界以外的人士进行合作。"在她看来，90 年代中期的伦敦正是以无组织、无规律的时尚风格吸引了无数设计师，当时的伦敦设计师非常积极地定义伦敦创意，当时是没有东西可以阻止他们创新、去向前走。设计师们只是单纯地想开始很多新的东西，完全凭着感觉走，并不是非常的理解，我们当时在做什么。正是在这样没有定式思维的自由中，伦敦逐步发展成为一个全球性的时尚城市。

时尚设计离不开商业元素，而对于消费者来说，在一个设计中能得到更多不同领域的收获，无疑能够满足人的"赠品"心理，跨界合作对于时尚设计而言正是满足消费者多元化需求的一个重要方式。比如，一场时装秀，他可以和舞台表演相结合，也可以与博物馆展出相结合，只要你想得到，就能做得到。谢莉·福克斯曾经与英国伦敦博物馆合作展出"大时代"，涉及到以城市为主题的在英国、东京和纽约进行了展出，这就是时尚和艺术的完美结合，一方面进行展出，一方面也进行了销售。

关键词二：教育
重视时尚养成创造更多机遇培育精英萌芽

如今，时尚在全球范围内得到了越来越多的研究，不仅在于时尚的内涵，时尚产生的基础也正得到越来越多的关注，比如时尚教育的概念。既然说时尚基于市场机制，那么从事时尚工作的人员就需要得到更多机会来熟悉这个机制，才能给出更多发展的可能性。伦敦艺术大学时尚学院新闻 MA 主任安德鲁·塔克（Andrew Tucker）在对比伦敦和上海的时尚发展后，提到了时尚教育："如果想成为时尚之都，教育不可或缺，给大家营造很好的土壤。"他提到，英国的时尚教育主要是在伦敦，并且英国还有一个属于毕业生的时装周，主要是涉及学生的作品，而且当中不仅是伦敦本地的学生，而是全英国的学生，通过这个比赛，学生可以更好地了解一下时尚之都伦敦的走向。他选取了过去十年间英国时尚委员的五个成功基石，并将时尚教育排序在第二位，仅次于业务，也就是商业之后。

作为原本就拥有良好的教育基础的伦敦，能够抓住这个优势来培养时尚精英，更显得天独厚，而相比之下，上海虽然在业务方面很有优势，但却鲜少有人重视到时尚教育的问题上。时尚最需要的就是创新力，而年轻人往往具有更多充满想象力的创意，为年轻人提供更多机会接触时尚、认识时尚，才能让他们有的放矢，少走很多弯路。尤其对于一些没有机会崭露头角的新人设计师而言，或许他们有破天荒的爆发力，却得不到机会展示，他们需要更多"伯乐"来帮助，没有一个便利而宽松的环境来接纳这些新生力量，时尚的生命力也只能是有限的。

关键词三：转变

科技网络支持创意产业入可持续发展领域

时尚正在迈进可持续发展行业的领域，这其中当然离不开科技和网络的支持。"讲到合作，我曾经问过一些讲中文的朋友，我让他们说最有潜力的年轻设计师来自于哪里？他们说来自淘宝。"安德鲁·塔克也知道中国的淘宝，并且将淘宝的网络销售力量与时尚创意发展之间的联系点了出来。作为一个最便民的网络交易平台，类似淘宝这样的网络销售恰好适合中国市场的时尚产业进行推广，因为好的零售市场有利于时尚的自由蓬勃发展，而淘宝这类形式正是目前最为自由开放的市场模式，时尚又为何不能借助这样的便利呢？"作为西方的消费者我们不认识淘宝，如果可以和淘宝这样的单位进行合作是非常好的机会，因为他们既有在线的测试，又是多角度的平台。"安德鲁·塔克敏锐地指出网络交易平台在未来可能引起时尚发展的新角度，这也可以为国内时尚圈提个醒，我们不仅需要有高于大众审美品位的潮流先锋，也应该更好地利用科技的便利，让时尚也出现一个如同网上购物一样亲民的分支。

时尚是个商业，并不是一个慈善业务，所以也不能一味时尚到底，有的时候我们看到一些时尚走得过远了，只顾着创新，那么就失去了商业化的能力。有很多北京的年轻设计师、上海的年轻设计师，他们非常聪明地决定说有一类衣服是专门用来创新，另一类衣服是商业化。在科技和网络的帮助下，这样的"两极分化"必然会成为可持续发展时尚的潮流。

新闻背景： 数字化建造的上海中心即将在年底竣工，这则消息引发了人们对最近红火的数字化建造、数字化设计的极大关注，各种媒体连篇累牍报道各种新奇的数字化建造作品，比如你输入心仪的衣服样式，打印机就用废旧塑料瓶分解、纺纱、编制、裁剪，不一会儿，一件时尚的连衣裙就穿上了你的身。何谓数字化建造、打印？本期我们一同来了解一下。

科幻不是幻想，而是科学？

数字化建造和打印让更多设计创意成真

数字化打印或者数字化建造，准确地说叫"数字化立体印刷"，即将设计创意、材料准备和打印成型整合成一个完整的系统，使数字化的图文信息完整、准确地传递，并最终加工制作成品（科学意义上的定义远比此说复杂）。

脑健康中心，墙皮都是这样耷拉着

20世纪末以来，随着图文信息流的数字化步伐不断加快，数字化建造也在飞速发展，BIM（建筑信息模型）就是这种技术的必然产物，通过它而正在建造的上海中心就是一个著名的案例。盖里、扎哈等大师的作品中，数字化也是不可或缺的工具和拐杖。"关键是，下一步将发生什么，计算机运算系统能够精确而迅速的将人脑难以理清的东西表现出来。"盖里说。得益于数字化计算，迪士尼音乐大厅在注满了弗兰克·盖里16年的心血与汗水之后，终于开业。音乐厅坐落于洛杉矶市中心，在一色的横平竖直的高楼大厦丛林之中，它仿佛疾风过境，大有风过而草偃的景象；其全金属的外观极为独特，阳光下更是光点四射绚丽夺目。可是，弗兰克创意的脑海里它只是"一张揉皱了的纸"，现实中如何建造就成了大问题。好在数字化技术帮了他大忙，也给他招来无休止的争论，以至于争论持续了16年。期间，他设计的另一栋建筑古根海姆博物馆甚至成了一个时代的标志。

上海中心的建造，如果没有数字化技术，那肯定是无法施工的。不说别的，就说极硬的核心筒与极柔的幕墙，由于幕墙玻璃每一块的形状和走向都不一样，要想连到一起，并承受最大近1米的摆幅，数字化建造让它真正做到了牵一发而全身随着步调一致地动，真可谓不怕做不到，就怕想不到。

数字化打印的传奇就更多了：打印心脏、血管，为肢体残缺的人打印一条胳膊、腿，都有人在实践，全球范围的学生3D打印竞赛也在火热招募中；3D甚至还可以让宇航员带入太空，想要啥就打印一个。相信曾经科幻大片里出现过的智能创造，也将成为可能，成为真实的科学。

为设计添双翅膀让生活快乐自在

数字化浪潮毫不客气地闯入世界的各个角落，他们让各种形式的设计创意更加的色彩斑斓、充满诗意。

盖里，一位喜欢房子的样子"像是被锋利的刀削掉一块"的设计师，他的海洋大道项目就是这样的：塔楼高74米的白色酒店，一面被刀削去3块皮，另一面大大小小凹下去的多达10来块，窗户也跟着曲里拐弯，没有一扇是规规矩矩、平平整整的。盖里在鲁沃脑健康中心的设计上，更是把房子弄得像一个正在瞌睡的土豆：所有的屋都朝着后面的"画窗"墙耷拉过去，高高低低柔软可握，最特别的就是其中的一个大厅，里面199个窗子没有一扇是同一个造型。建筑钢架都是一根根在海外做好再运来美国，设计太复杂，在"粘合"每根钢架时都需要动用GPS来定位，盖里说，如此设计并非要与人竞争，或哗众取宠，只是喜欢在尘嚣中创造宁静的感觉。

毋庸置疑，数字化的快速发展为创意插上了飞翔的翅膀。最近一项很火的全球创意设计大赛，其背景就是数字化及虚拟技术：像城市净化器，它的皮如同黑白两色的一朵"银耳"，层层叠叠粘合到一起，然后如水母一般悬浮移动，它漂浮在城市的天空里，我们就可以呼吸到新鲜的空气了，而不是现在霾锁的日子里眼巴巴地盼着风早点来了；情景式购物系统则通过全息投影让你置身于虚拟大自然中，自己拿着网兜甩向空中，半空中"游动"的鱼、走动的动物、绿油油的青菜黄澄澄的橘子就随你挑了。然后你"采集"到的食材信息会进入人家设计好的系统传到超市，接下来真实的食材就送到你家里了。赶快购买一台吧，你家的生活顿时会诗意满满，孩子的成长定会填满快乐和无尽的探索魅力。

说数字化颠覆了传统的设计创意，所有的设计师都会会心一笑点头赞许的。静力学图解时代和力学建构时代的那些大师们支撑了工业时代的灿烂文明，到了数字化时代，建筑结构的性能算法和性能结构都在发生颠覆性的变化，伦敦奥运会游泳馆、阿塞拜疆巴库文化中心，设计师们再也不用像高迪那样用手工、物理方法去找圣家族教堂穹顶那曼妙但极为复杂的形了，你只要在计算机里设定一些目标值，它自然就给你一个全新的外形和结构，于是，创意世界里人和自然就更加趋近了。

评论：还是要设定边界

数字化创意设计从目前的情况来看，正处在蓬勃发展、势头迅猛的阶段，世界各地的人们热情高涨、兴趣正浓。但是，冷眼旁观已数年的我们还是想说一句：还是要为数字化创意设定边界。

固然，上海中心这样的超大工程，数字化当然是必须要的，否则，美国人的创意设计再美妙也无法变成现实，就拿中心上这个绵延数百米、扭转120度的深槽来说，要是在传统设计环境下就可以愁煞人，更何况其他？！可是万一哪天，数字化打印出一个达·芬奇、爱因斯坦，他们还谈兴正浓地要和你讨论艺术、谈论科学，怎么办？但愿这话没吓着你。

数字化创意的边界在哪里？应该划在符合历史必然、符合人伦道德、符合审美习惯的尺寸上。比如，如果3D真的为你打印一栋房子，你不敢住，那是因为你心里嘀咕："靠谱否，结实否？"但是，万一哪一天打印出一个一模一样的"你"来，一大早你开门，站在门外的"你"跟你打招呼，你究竟该怎么面对？尽管这只是设想，但在目前看来并非完全不会成真。

需要指出的是，建立在数字化创意基础上的作品，越来越多，越来越往世界的中心舞台去。同样的现实是，数字化创意的作品，遭到非议的也很多，像合肥版鸟巢、央视大楼（大裤衩）、马桶盖、秋裤……它们都有数字化的痕迹，它们远看近看都让人觉得奇奇怪怪的，心里不舒服，更谈不上美了。

不能因为数字化的无所不能，我就一定要探到它的极限能力之底，这种创意上的求奇求怪，歇了也罢。

新闻背景：APEC 会议刚刚落下帷幕，会议所在地雁栖湖的这组建筑给每一位与会者留下了深刻的印象。无论是那个大圆盘，还是碧水湖畔、绿荫丛中的栋栋中式建筑，它们或恢弘大气，或低调谦逊，但无一例外都让人看得神清气爽。近观 APEC 会议所在地建筑——

"日出东方" 展现中国气派

APEC 会议是亚太地区级别最高、影响最大、机制最完善的经济合作组织，咱们中国上一次承办 APEC 还是 2001 年的上海会议。如今，时隔 13 年我们再次当了东道主，这回是北京承办。

与会的都是各国高官甚至首脑，一系列问题就随之而来，其中就包括选择什么样的地方开会。咱们选择的是北京近郊燕山脚下的雁栖湖，为各国嘉宾提供全新的会议设施（当然也包括记者们）。

湖畔的那栋圆圆高高的建筑叫日出东方酒店，如果遇上好天气的傍晚，又遇农历中下旬，明月初升、"日"月同辉的磅薄让人顿生大美不言的感慨；也许正因为想这样契合天人目睹大美，这次的首脑会就安排在农历十七八开。建筑的设计者是来自上海的张海翔，他率领一支由英国、意大利、西班牙、美国、荷兰等国设计师组成的国际联队花了 60 天的时间就完成了这件作品。

其实，酒店是件复合体建筑，下面的裙楼被称之为祥云，上面的被称之为旭日。综合体高 97 米，一共有 21 层，祥云托日（追日、绕日）在东方。业内专家介绍，特殊的形体设计，使得建筑顶部能反射天空的颜色，中部可以镜见燕山山形脉谷，建筑体底部则涵泳一湖碧水、摇曳涟漪如皱：因为酒店玻璃外墙使用了 10 000 多块玻璃，面积达 18 075 平方米。到了夜晚，整座酒店被无数的 LED 节能灯照亮，同样美得令人心醉。侧面看，酒店建筑宛如一只巨大的扇贝，扇贝在中国历史上曾被当作货币使用，因此在中国文化里常常被用来代表财富；酒店的主入口呈鱼嘴形状，中国传统文化中鱼嘴同样寓意财富。

需要特别指出的是，酒店所使用的建材——玻璃不是现在市面上被人诟病的光污染、贼耗能的那种，外墙所使用的 1 万多块玻璃全部是环保节能的 LOW-E（低辐射）玻璃，一块玻璃分五层，不仅保温节能效果好，还能满足建筑轻盈通透的外形要求；且由于玻璃上都经过特殊的膜处理，完全杜绝了光的污染。"水天山色——流淌在建筑的玻璃'画布'之上，想想都很美。"设计师们说。

不仅如此，湖中岛上12栋精品别墅，外表全是大清皇家园林、明清四合院的中国传统风，而内部功能当然是新锐的时代风。它们的外形，有的俯瞰如"京"字、"囍"字，有的振振如同大雁展翅、汉唐风来。14平方公里的葱翠环境中，玻璃灯笼、花窗、坡屋顶等中国传统设计元素随处可见，秋山秋水秋醉人。

真是个开会的好地方！

东方神韵大美不言

如何为与会嘉宾提供一个既能感受中国气派，又能惬意自在展开多边外交的场所？当然是主创设计师们努力的目标所在。

燕栖湖畔山水交融，北望长城蜿蜒隐现于山梁谷底，南眺绿野如毯似被一马平川，每年春秋两季成群的大雁就会来湖中栖息。在这样一处历史人文、自然环境个性鲜明的地方如果简单设计一座高耸挺拔的现代建筑，必然会破坏景致的完美；而粉墙黛瓦、小桥流水的中式院落却又让人感觉缺乏时代的精彩。

最终，团队选定"日出东方"作为创作意象，寓意中国之道"其道大光"，"用这样一个诗意画面来诠释建筑与环境的融合，寓意这次会议的主旨和内涵再合适不过了"，评审专家如是说。亚太地区国家共同发展是与会嘉宾美好的愿望，所以无论是扇贝，还是祥云，都是吉祥如意、共同繁荣的良好祝愿；再加上，酒店裙楼"祥云"在中国文化中还有"彩云追日"的浪漫寓意；酒店进出口的位置被设计成了巨大的鱼嘴形状，这是因为酒店所在的怀柔雁栖湖最有名的就是虹鳟鱼，团队是想用设计来致敬本土意蕴和文化。

岛上的21栋精品酒店则按照"鸿雁展翅、汉唐飞扬"的理念来设计。皇家园林、四合院、江南传统民居等等中国元素都在其中找到生动气韵：那栋"京"字建筑，你就能在其中找到玻璃灯笼、花窗、坡屋顶等中国元素；有些别墅的设计灵感来自竹、水等中国文化元素。其中一座名为"红双喜"的别墅尤为引人注目，空中俯视，别墅外观呈现"囍"字形状，故名曰"红双喜"。别墅屋顶以灰色为底，并以红色绘染汉唐特色的图案，建筑主体则掩映在红肥绿瘦的树丛中。眺望开去，汉风劲吹、唐韵悠扬的各色别墅亦在树丛中或隐或显、或明或暗，来此下榻的国家元首们感受的是燕山月明如银盆、一折青山一折屏的清逸之境，又可于筑意中感受浓浓的中国神韵。

不仅别墅酒店，会议岛上处处都是中国风：汉阙、现代感极强的宫门、红漆圆柱、飞檐琉璃，还有中式园林……谁说传统不现代，谁说中国不气派？！

APEC 会议举办地

新闻背景：又到年终岁末，盘点一年收获话增长又成为了大家津津乐道的话题。近日有报道，上海年内又将新增楼宇面积数百万平方米，仅陆家嘴地区就贡献近百万平方米。高速发展的上海也是个工业遗产数量众多的城市，如何对待散落在城市街道各个角落的历史遗存？今年的远东建筑奖获奖作品也许能带给我们一些有益的启示。

艺术呼唤责任感 "回家"

何谓远东建筑奖

远东建筑奖原本是台湾地区的一个旨在鼓励优秀建筑人才的奖项，但办了五届之后就与大陆地区的上海联手，以更好地鼓励两岸建筑师。倡导并引导整体环境的再造也是该奖项的重要使命，今年的奖项已经出炉，杰出建筑奖分别花落台湾地区的"罗东文化工场"和大陆地区的"南外滩水舍"，佳作奖则由"法鼓山农禅寺（台湾）"和"华鑫中心（上海）"获得。

用业内资深专家的话来说，远东建筑奖强调建造的品质和在此基础上关注其创新性，强调在低造价前提下的创造性和建筑在城市环境中的作用，重视建筑对所处环境的态度，"对探讨两岸

南外滩水舍酒店，新与旧、时尚与时光就这样"对眼"

建筑师如何处理全球化与本土建筑的关系起到了先行者的作用"。

显然，我们的建筑创意需要创新，但造价是否低廉，环境是否友好，全球化浪潮中是否留住了根，都越来越成为大家关注的焦点。

轻介入引发戏剧化共生

罗东文化工场就不用说了，它彻底颠覆了建筑物甚至房子的概念，它只提供了一个公共空间的框架，放眼望去清清的池塘里红嘴的鸭子在嬉水，远处的蓝天"钻进"了屋檐，青青黄黄的树、谦逊饱满的稻子在摇曳。在十年多的时间里，理论、争论、坚持，黄声远的罗东文化工场以超大超高的棚架设计、罕见的吊起式的美术馆设计，为公共空间的使用提供了无限可能性。评委们众口一词：这是向环境礼敬的好作品；这个作品历经十几年，它是一个不断生长的作品；这个项目具有的无限可能性，很好地体现了建筑的平等性、公民性。

如果说罗东文化工场是一座向环境、公民致敬的作品，上海的南外滩水舍就是一座向历史致敬的作品了。外墙，老样子；门牌，用不知哪个年代的锈铁铸成文字和方块儿粘在墙上，当然有外文的；进了大堂，墙皮斑驳，红砖裸露，灰砖铺地，若不是回头看进门区的灯光和簇新的悬挑，我们还以为进了一家清末民初废弃到如今的仓库，它就是营业中的精品酒店了：里面当然舒适。若能偷得半日闲，坐在楼顶的露天咖吧，吹着江风眺望陆家嘴，美！评委们说：建筑师巧妙地将个人及市民的生活体验转化为设计灵感，巧妙地处理了新与旧、开放与私密、历史与现实的关系，引导人穿越城市的成长史，触摸到城市的灵魂。评委说，新的与旧的、动过的与没动过的、纯净的与粗犷的，因为轻介入的改造策略和微妙的细节控制，产生了一种平和又充满戏剧性的共生状态。

这两个设计，运用了电影、文学、文本的设计方法，铺设了一个充满各种可能性的叙事性路径，引导进入者自在、自行漫游，它们在无限开放或极大限制中都获得了最大的自由，作品已然成为点燃人们视觉与想象力的"触媒"。它们不仅是建筑作品，更是一件艺术作品。

乡土与国际的艺术化回声

何谓乡土，何谓国际？当然是个问题。假如上海全部成为陆家嘴的模样，那就不是上海了，它还应该有石库门、高桥老街、浦江老码头；台湾呢，也一样，全球化视野下的乡土如何保护利用，中华文化传统如何传承光大，拿捏好了建筑与传统、与环境，让功能、技术与艺术完美结合在一起，设计师就尽到了社会和历史的责任：这是老一代专家的殷殷期望。

问题是历史也必须活在当下，但人已经回不到宋唐。于是，台湾设计师姚仁喜让法鼓山农禅寺成为了"心灵环保的家园"（驴友语），大片的水，清水混凝土的现代建筑，你心中寺庙的印象在这里全成为了"无"：设计师让"空花水月"的禅境成为了现实中的水月道场，游人们首先看到的就是"空中花，水中月"的道场。没有烧香的地方，站在波光粼粼的水池边，眺望远处的大屯山，你就洗尘脱俗、物我两忘了。评委说，农禅寺依山而建，山景自然入镜，坐于水月池前，即能安顿身心，这是建筑与心灵的深度对话；大殿高挑明亮，光线自然透入，墙面上的心经可随光线自然映入眼帘，天人自然合一：乡土的国际化表达可谓炉火纯青。

山水秀的作品华鑫中心体现的更是一种国际化理念：尊重环境，尽可能少地扰动环境。一家售楼中心、一座临时建筑，何必大费周章？但华鑫却这样做了：没将基地原有的6棵大树砍掉，而是采取让建筑与树共融共处的设计。一层，采用镜面"玻璃"来消隐建筑，建筑就融入地景之中；二层采取树屋的设计，让四座独立的屋在树林中悬停。设计师说得更为详实：底层的10片混凝土墙支撑着上部结构，其表面包敷的镜面不锈钢映射着外部的绿树，在消解自身的同时凸显地面层的开放和上部的悬浮感。四个单体围合成通高的室内中庭，透过四周悬挂的全透明玻璃以及顶部的天窗，引入外部的风景和自然光，使空间内外交融。"华鑫中心既是美妙的建筑，更是绝妙的景观，它也让创新变得如此艺术美妙。"业内专家说。

短评：请注入"孝心"

最近，习近平总书记提出"不要搞奇奇怪怪的建筑"，百姓点赞如潮。毫无疑问，建筑成为中国经济中"戏份"十足的角儿，于是生猛的大裤衩、粗野的合肥鸟巢、恶搞的秋裤，成了各种野心勃勃的设计师们"撒野"的逐鹿场。这些建筑，不尊重环境、场所的特性和历史传承，粗暴而又无厘头地"扎"进来，闹腾一把人就走了，留下了原居民们得日日见、天天闹心的设计"排泄物"——建筑。

建筑当然是艺术，可是艺术也有美丑善恶。恶的、丑的，肯定不是好的，只是顶着艺术的旗号而已，因为它至少不是善的。

这次远东建筑奖的入选作品，无论得奖的还是没得奖的，都有一个共同的特点：让建筑在人、自然、社会和历史之间建立平衡而又充满生机的共生共荣关联。我以为，在技术手段几乎无所不能的今天，建筑的善、建筑的美，首要体现在让设计艺术充满对环境的敬畏，对历史的"孝心"上。设计者们是否真地了解你将要改变的基地环境，你做过深入的调研、预判吗？你是否真的了解这栋建筑、这片街区的成长史和气场、气质，你走访过这里的居民、查过相关的档案吗？

如果没有，且慢动手！因为，敬畏与孝心，仅有态度是不够的，还得真调研、真阅读，将心比心，因为每栋建筑、每块场地都是有生命的、都是有故事的，妄动不得。

新闻话题：又到了候鸟迁徙的季节，斑头雁、棕头鸥、鸬鹚、鱼鸥……数不清的鸟儿天空中划着优美的弧线，排着"人"字、"一"字阵型，向南飞去……随着观鸟，体会人迹罕至的纯自然就成为世界上越来越热的事情，各地观鸟站点的游客中心越来越受关注，这些散落在中国黄河口、葡萄牙、西班牙、英国等地的游客中心也被设计得格外贴近自然，如同"隐身"了一样。

建筑"隐身""卧底"自然
——游客中心借设计和谐"扎根"原生态环境

夯土建筑延续先民的智慧

黄河口生态旅游区的游客中心是什么模样？因为那里芦苇一望无际，候鸟你方落下我腾空，那里最常见的就是或黄澄澄、或清凌凌的水，还有青黄青黄的草、橙黄间或黑黑的泥土。在这里就地取材，用黄泥造屋，就像中国的先民那样，"筑之登登，削屡冯冯；百堵皆兴，鼛鼓弗胜"。用黄土填版，夯杵起落，削去溢凸之土，百堵墙都好了，于是大鼓震撼上场，造出的建筑也有着与黄河一脉相承的大气磅礴！

这家游客中心用夯土建造，不过两层的楼房、客流量又大，沿用夯筑方法也需要用新技术来辅助：选用离河口稍远、杂质较

黄河口游客中心，墙是夯土墙

少、强度较高的水洗黄沙,并加以
改进;并在夯土墙中暗植混凝土柱
体和大型混凝土过梁,不负担承重
任务的黄土就变成了挡风保暖并让
房子"从土里长出来"的单纯使命了。

远远望去,中心细细密密的小
孔从下往上渐上渐稀;幽蓝的玻璃
嵌在墙上,仿佛粼粼水光般空灵;
前面的芦苇是房子的裙角,傍晚的
苍穹黛幕下黄黄的灯光仿佛呼儿回
家的"喊声";设计师说,为了强
化夯土墙在湿地景观中平缓而水平
延伸的效果,土中还加入了铁黄、
咖啡、铁红等不同颜料,并分层夯实;
墙体上不规则分布的小窗户与夯土

黄河口湿地中心

自身肌理叠合在一起,形成丰富的立面光影效果,建筑仿佛有了生命,成为了"自
然的容器"。不仅如此,屋顶还用湿地中的草覆盖绿化,怪不得远远地我们就看
见屋顶上像有东西在摇曳,"暖黄的建筑与枯黄的大地融成了一体,诗意属于大
地",设计师说。

"长"出来的建筑遍布世界

不仅黄河口,类似这样长出来的建筑还有很多,瑞典的托肯胡游客中心、西
班牙的萨巴耶斯(Sabayes)游客中心、英国的布洛克厚(Brockhole)湿地中心,
无不敬畏并艺术地小心呵护环境。

同样是原生态的建筑,却因地
制宜呈现出截然不同的风貌。文戈
德用托肯湖中的芦苇杆铺成了大角
度斜屋顶、低矮墙体的游客中心。
"这种形态非常适合寒冷且多雨雪
的国家,外墙必须厚实并尽量少开
窗,于是芦苇外墙的厚度接近30
厘米;屋顶必须陡,几乎成了建筑

伦敦湿地中心

的主体，这样利于雪滑下来。"业内人士说，礼敬环境并呼应当地造屋传统。于是，林地中的三栋建筑给我们时光倒流的感觉，仿佛回到了远古时代。但是我们知道，古朴的外表下，包裹的是一个彻底的 21 世纪建筑，包括各种降低能耗和资源再利用的设计，以及对空间造型的大胆运用；还有，地热井的深度就达 160 米深。

西班牙萨巴耶斯游客中心位于维斯卡雷诺的山里，这里山峦起伏，风景优美，拥有众多古迹，建一座什么风格的游客中心颇费思量。最终，设计师用彩色喷浆混凝土、锈蚀钢板解决了"闯入"的中心与当地环境的协调问题：土黄的混凝土一层层"撒"在墙上，硬山顶与山形相得益彰，钢板橘黄犹如大衣腰间稍显夸张的口袋。设计师说，最终完成的设计是一个简洁抽象的盒子，以一种谦逊的隐藏态度与周围对话。彩色混凝土和锈蚀钢板会随着环境而发生变化，实现材料与自然的对话；墙上开的四个门窗，用耐候钢围边，"房子仿佛是从岩石中开凿而出，从地里长出来"。

英国的布洛克厚当然也是向环境"臣服"的作品。远远地你看不出，但近了就会发现挑空的柱子挺密，它们撑起了"空中楼阁"，仿佛中国人文始祖羲皇议事的广厦；房子就着湖中的芦苇杆，做就了陡坡屋顶。走进去，接待游客的各种功能一应俱全。

诗意建筑与环境合为一体

建筑的诗意当然是在满足现代需求的前提下与环境和谐一体，葡萄牙的托雷斯（Gruta das Torres）游客中心就在一个火山洞穴里，通风排气的就靠着洞穴入口上的天窗。聪明的设计师将托雷斯游客中心打造了一面由起伏的石头组成的墙壁，它形成精致的网格布局，在建筑入口处形成独特的标志。洞穴入口提供阳光，并顺着道走进去，室内也有了不错且天光照明。尽管山还是那座山，但景已经是游客心中的"景"了。

还有英国的"巨人之路"，现在已是世界文化遗产了，其游客中心澎湃的竖向条形窗正是汲取了六千万年前火山爆发形成的四万个玄武岩石柱的灵感，采用当地的玄武岩建构而成，窗也成为了大地景观的一部分：当夜晚的灯光从岩柱间"溜"出来时，站在青青草坡上的你能读到不尽的诗意。

比较而言，我更喜欢福戈岛自然公园接待中心，羊可以放到屋顶上，小朋友们也可以在屋顶上嬉戏玩耍，只有当你发现屋顶的太阳能板才恍然大悟，这是游客中心了。福戈岛在遥远的西非海洋中，火山最近一次爆发在 1680 年，持续数月；现在安静了，但谁知道哪一天它又不乖了呢？黑褐色的山峦、湛蓝的海水湛蓝的天、不大长草的荒原也成了旅游景点，于是接待中心就不可少：用大地同色——黑褐色本土材料构筑螺旋如巢穴的房屋。想一想，站在这样的"巢"上迎接初升的旭日，是种什么样的感觉？

评论：别说自然不说话

别说自然不说话，桃李不言犹能下自成蹊，何况造化！

寒冷且多雨雪，建筑的外墙必须厚实且尽量少开窗；墙缩到几乎被忽略的短，这是向自然礼敬，这是向传统学习。

何谓建筑语言？建筑的外形设计、空间组织、材料运用等当然都是建筑语言驰骋的疆场，但更重要的是用设计手法表达建筑师的个人意识。因此有人说，建筑语言和文学语言、绘画语言一样，也能给人超越理性的艺术美感和超验愉悦。

正因为如此，建筑语言的运用也要遵循天人合一、相得益彰的法则，礼敬自然、顺应自然然后方能和合如一。自然的语言早已融入到人类生活的每个部分，天地不言有大美，正是如此。

编者按： 人气火爆的首届上海国际科普产品博览会已经谢幕，老百姓又受到一次科学喜雨的洗礼。比较今年德国的红点奖、美国的 IDEA 奖产品，我们不难感受到中国科普产品、设计产品正在冉冉升起，但未来的路还很长，除了生活化、亲民化，设计的艺术化还有待进步。

科普变得亲民，最好还能带点艺术

从生活出发　用科技便民

首届上海国际科普产品展，一圈逛下来，双腿发麻还是停不下来，因为新鲜而生猛的发明太多了，达·芬奇手术机器人、3D 打印机、7D 电视，智能睡衣能够讲故事哄孩子睡觉，神奇的导电墨水可以画出你想得出来的任何古怪精灵、美丽绚烂的图案……这届科博会的展品数量丰富，来源较广，涉及的领域更是五花八门。大家都有商店里试衣服的遭遇，有时会满头大汗的，这不，展会上的虚拟穿衣镜就可以免除你的种种尴尬和不适了：到商店，相中了衣服，往镜子前一站，手指往镜子一点，衣服就"穿"上了。

科技，谁知道下一秒发生什么

有了智能技术，手表就不只是计时了，测血压、量心率、计算卡路里消耗等等；4K 技术看画面更是清晰！如果你觉得画里的蝴蝶挺好玩，你就站到指定区域，对着它招一招，它就飞到你的面前来了！还有数不清的互动节目，这些产品比起以往，似乎显得更为亲民。

产品不便宜　艺术跑龙套

定神想一想：这次展会还是少了些什么，技术"戏份"够足，艺术"戏份"则只能算是"跑龙套"；另外，价格动辄五位数，有心想买也未必能承受。

裸眼 3D 的《群仙祝寿图》，吸引了不少老老少少，很是拽人眼球，因为艺术在其中很突出。它用现代科技向传统绘画艺术致敬，让传统艺术穿越成为眼前动感十足的生活场景。画作中的"人物和精致动态十足、栩栩如生"；凑近前一看，就好比看惯了大片的人猛然看到卓别林演的《镀金时代》一样，图景还是很卡通，很"碎片化"的。

展览的目的很清楚，举办方把科普产品博览会当作城市品质、品位提升的"发动机"。从效果看，这个作用应该是明显的，看展的市民真不少。引用报道里说的，在博览会上，"我们就能听到、看到、呼吸到、触摸到真真切切的智慧生活"。可是，够真切了，却少了些设计感，艺术化不足还是让人有些遗憾。

创智有智慧　美学不能少

对比老牌工业设计大奖——德国红点奖，在生活化、亲民化的同时，得奖作品大多很好地结合了艺术设计在内，及使用又令人赏心悦目。得奖的高仪水龙头设计，简洁的外形、映人的光泽、温柔如雾的水柱，关键是这款水龙头还设身处地加入了触碰式开关，万一手脏兮兮但得开水龙头的时候就方便多了。还有罗奇堡（Roche Bobois）公司设计的极具陀螺般旋转感的桌子，被公认为今年红点奖获奖作品中一款将美学理念与产品设计完美融合的产品，价格也相当亲民。红点奖把科学技术与美学设计完美地结合在了一起，这也是我们将来应该努力的目标。

创智品质、文化品质、智慧城市……其实上海一直在努力，这些创智成果近几年来还是有目共睹的。第一次办科普产品展会，就有这样的效应很好，但热过之后，我们认为要填的颜色还很多，要走的路还很长，一句话：仅有手段和技术是不够的，设计和艺术营养还是需要大大增强的。

观点：给艺术"加戏"

这次科普博览会让观者被科技的强大热浪狠狠"撞"了一把。以往形象神秘的科学技术走出"深宫"出巡，走到了市民中间了。

这是件很好的事情，因为科技不都是为了让人们生活更加便利、更加美好而不断进步的吗？走到市民中的智能产品，我们当然欢迎。产品再有创意，百姓不会用、用不起，那么再高级的科技也终究留有遗憾。我们要打造的智慧城市肯定是首先就是需要市民能够参与进来。而这次展览上的科普产品，亲民的价格真不多见，尽管展会上人头攒动，甚至为了参观某些设计而大排长龙，但大部分人还是看看稀奇就走人了。

要让老百姓不是图个新鲜就走，值不值得多看看就是艺术的"戏份"了。回想一下，哪些是您不忍离去的美感区域？遗憾地说，展出中充满美感的精彩设计真不多。尽管功能很重要，但要称得上智慧产品的最大特点是设计艺术挥洒得恰恰好，叫你欲去而不离。

美国著名的的 IDEA 奖一样囊括了工业界的所有领域。每年的作品不仅包括工业产品，还包括包装、软件、展示设计、概念设计等等，该奖项直接将设计产品的创新性、环保、用户价值、生态学原理、美观及视觉上的吸引作为评判的标准。

今年获得金奖的 27 个项目可谓是个个叫人爱不释手。而我们对科普产品设计却还不够重视。

听说清华大学美术学院开始招收科普产品设计方向的硕士，说明科技的艺术设计也开始得到关注了。但愿他们快一点在科普产品中注入设计艺术的"戏份"，让我们从"科技便利生活"走向真正的"智慧改变生活"。

话题缘起：先不说老早印象中的"盖头"，大多是石库门的那种坡屋顶、盖红瓦；外滩则遍吹西洋风，新古典主义、巴洛克式、地中海式百花齐放，那些厚重的墙、粗壮的柱、窄长的窗、尖而严格对称的顶，风格显著：踏上欧陆到处是"外滩"，而外滩早就刮过"世界风"。

而最近二十来年，上海的屋顶情况大不同了。

上海"盖头"花样多　新潮"范儿"别过头

国际范儿越来越足

国际范儿并不是跟着西洋后面抄袭，而是设计中严格贯彻大家普遍认同的各种理念，诸如环保、节能、可持续、人性化等等，让这些理念体现在建筑的各个细节和角落里。

国际范儿的"盖头"要大气并出新。像丽笙酒店的"盖头"，扁扁的椭圆形，配上有些绿的装饰玻璃，如同"飞碟"刚刚归来的模样，很出挑；更加上，扁圆的飞碟"檐"下还有科幻电影里常有的"气眼"，神秘色彩愈发浓重——特别的模样，哪个国家的旅者见了都亲切，在"盖头"里的旋转餐厅吃饭当然值得一去。

还有金茂，那桅杆高擎又颇有魔法师法杖之神韵的顶，脱胎于中国塔的"塔刹"意象，又加入了现代元素，大气帅气且豪气十足；还有明天广场的"盖头"如同直上苍穹的宝剑，虽有些冷酷并催人紧张，但向上收束的"顶"还是显得利索而干净，尤其是护住"怀中"的那颗"宝珠"，让这屋顶的"锋芒"颇有些英雄气概。

环球金融中心 490 余米上的那顶有些瘦削而尖利，窄而长，在上海中心的 121 层看过去，它颇锋利，好似一把"刀片"。所以站在上海中心之上看着"腋下"的环球金融中心，与上海中心颇有"一尺"与"一丈"之寓，正应了"咫尺之内有江湖"的那句老话。

自然范儿清新前卫

众所周知，这些年的建筑摹物仿形之趋势越来越明显，模仿得好的自然倍受青睐。

北外滩那"一滴水"，硬是将水欲止又摇、欲坠又歇的样子变成了候船室，整栋房子就是一片屋顶，还是水珠形的屋顶就是一座房子？房子与屋顶的界限已然模糊，我们观念的定势悄然被打破。

浦西那朵很著名的"花儿"顶，老上海人都熟得不得了，尽管提起它就总被业内人士揶揄一番，但老百姓说看起来倒挺顺眼的：这么大的上海滩，有这么朵"花儿"高高绽放，让钢精水泥也少了些呆板的感觉，不也很棒？尤其是碧空蓝天之下，站在十六铺，往北偏西望去，那朵花儿仿佛蓝蓝苍穹之下的一朵雪莲，还挺提神。

人民广场边上的那栋整体像帆、船首有舵的大楼，正昂首向东驶向蔚蓝；徐家汇的恒隆广场 35 米高的中庭全玻璃顶，不但采光效果好，圆圆鼓鼓的形状也超级前卫；还有浦东的喜马拉雅中心，其艺术展览功能十分抢眼，于是设计师在立方体的体量上安排了一个"空洞"作为屋顶，并且称"这是一种隐喻，立方体内放置美术作品的隐喻"……诸如此类，不一而足，人类极丰富、极活跃的创意在申城的屋顶跳跃、飞扬。

尤其是，夜幕初上之际，飞机下降，从浦东往西划过，你如果坐在眩窗边，就尽情地往下看，看上海那"盖头"的海洋，简直就是"繁花渐欲迷人眼"了，"魔都"可不是浪得虚名！

个性范儿更重内涵

无论是国际范儿，还是自然范儿，作为国际化大都市，上海那些新潮的建筑正是"海纳百川"的话语最新版的建筑实践。

国际上，也许是经济发达国家的各种需求已经饱和，新奇建筑并不如咱中国这般生猛活跃。世界十大当代建筑，属于西方的只有纽约新世贸中心、韦莱集团大厦，其余大半都被中国建筑占据。但是，国外还有不少有着新奇屋顶的房子：加拿大安大略省的里普利大厦（Ripley's Building）是为了纪念这里曾经的地震而设计，所以它的墙壁屋顶都被设计成裂开的样子，裂得让人心惊肉跳；设计者说为了纪念那次地震——虽然看起来有些惊悚。西雅图的"体验音乐计划"博物馆远远看上去就像一个巨大的灰斑，我看那没窗户没门疑似没顶的样子倒像一只巨大的混沌太岁。

外国也有精彩的"盖头"设计。印度德里的莲花寺的顶被设计成了优美开放着的莲花：寓意无论你信仰什么，这座寺庙的大门都永远为你敞开；德国达姆施塔特的百货大楼被设计成了螺旋上升的波浪，又像华尔兹舞者不知疲倦地在转动，其螺旋上升的屋顶上种了礼敬自然的树，而彩色的房子在冰天雪地里让人有回家般的温暖。

好屋顶、坏屋顶，无论是何种房子，如何稀奇的顶，设计应该有思想，并且应该契合历史潮流，顺应自然的脾性，这是不变的铁律。顺应了历史，有讲头；顺应了自然，有看头。这样的顶、这样的房子民众才会亲近它、喜欢上它，就像印度的莲花寺，无论何种信仰的人都喜欢走进去。

如何打造中国经济的升级版，如何让我们的生活品质进入 2.0 版？以艺术为底蕴的设计深入到日常生活的每一条缝隙中，已指日可待。正因为如此，我们对 2014 年 12 月 9 日的首个"中国设计活动日"鼓掌且欢呼。但是设计真的成为百姓生活的一部分了吗？

设计"大咖"领头跑　老百姓何时跟上

如今，以"设计"为名设立的各种创意园区、街区、机构少说也以"千"为单位计，随着国家政策的调整，改革阔步走向深水区，原先那种依赖资源、罔顾环境求发展的思路越来越没有出路，各地将目光转向创意、设计、文化等领域者却趋之若鹜。

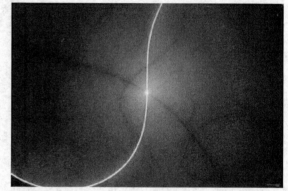

设计的力量

就拿设计之都——北京来说吧。去年金秋时节这里简直成了设计的大秀场，仅北京设计周就吸引了世界各地数不清的设计大咖们前来，还记得那匹炫酷的"巴萨骑士"不？那是主宾城市巴塞罗那送给北京设计周的金属马，看到这匹马就感到血脉贲张的观众大有人在，因为它是力量和速度的象征。再看设计周的活动内容，包括各类展览、论坛、年会、研讨会、推介会、洽商、嘉年华、沙龙、雅集、对话、讲座 350 多项，30 多个国家的设计师及设计机构代表参与其间；中华世纪坛、中关村科技园区、751 时尚设计广场、798 艺术区、草场地艺术区、朝阳公园"设计猫"主题公园、尚 8 创意园区、三里屯太古里、国贸三期、南锣鼓巷、首钢园区等，北京稍有名气的地方都参与其中了。

但是，我们发现，北京的设计还是一如既往地维持着"大咖们主宰、民众做看客"的局面，观众能做的是看，是掏钱，基本没有介入设计的机会。当然"设计为民生"的主题活动还是有的，但是凑近看：那是 12 位著名室内设计师为农民做回迁房的室内设计活动，"高品质、低造价""每平方米 1 千元"是关键词。百姓还是看客，热闹有余，思考不足。

再看另一座设计之都——深圳，刚刚落下帷幕的深圳第二届国际工业设计大展吸引了无数人的眼球，但其所走的路线、展览模式与北京大同小异，"我展你看""我吃喝你掏钱"的模式固定不变；展览有好多展区，像设计未来展区、国际设计大师展区、智慧生活展区、设计前沿展区、创意家居展区、创客空间展区、设计品牌策略展区……国际"大师"来了，新晋设计师来了，民众都是看客和潜在的买家，只是每件创意作品的价格大多贵得令人啧啧。

民间设计高手：有才未必要出名

在民间正是"高手"如云，别看设计展、设计周上活跃的都是外国大拿、资深设计师，那都是小众，真正的民间高手其实都在街道的犄角旮旯、乡野的青灰石板街上。

高手在民间，美国也是如此。美国西雅图崇山峻岭中有座德国小镇——莱文沃思，小镇随着伐木业的式微而衰落，危机到来时小镇成立了 LIFE 委员会来拯救自己的未来。一个小店主提出用小镇山水酷似阿尔卑斯山的特点复刻一个巴伐利亚小镇，初看疯狂的点子几十年后变成了现实，而今这里成了美国版的巴伐利亚小镇。小镇啤酒馆门口站着一个扎着两条金黄大辫子的巴伐利亚女郎，热情邀请你进店品尝 AOBULL 生啤。正是设计的力量改变了小镇的命运。

把玩手中的"路路通"银饰，圆润的扁圆宝形、细细但每一个都略不一样的卷草纹，串起来戴在腕上，看见的人都说好看，那是妈妈在云南边陲的一个少数民族寨子里买回来的、纯手工制作的；上海多伦路公厕自然排风机关设在顶部，还是古法今用，甚至有游客称赞道："这儿的级别和宾馆的没差别"，"大上海的气质就是没话说"。这样的设计不是出自什么国际大师，而是来自"沉默的大多数"——老百姓中的能工巧匠。在老的行当铺子前，常听到游客问铁匠、皮匠、银匠："这么好的手艺窝在这里可惜了！"我颇不以为然：人家把刀做好，把鞋子做到完美，把路路通做到让人爱不释手，技术化成了艺术，设计提升了生活的品质，花香还愁蜂不来？

评论：不要错过民众智慧

"设计无所不在"如今几乎人人都知道，北京国际设计周策划人曾辉称，从建筑到工业、环境、服装、视觉传达到手工工艺品，设计涵盖了所有生产和生活的领域。但笔者观察，中国当今很多人对设计的认识仍然模糊，许多产品最终都

257

输在设计上，特别是没有将设计贯穿到民生的各个环节。比如，在过街天桥上放置风景和趣味盆栽，让人不再望而生畏？加强城市设计，使我们的城市不再为上下地铁而纠结，汽车不再乱停乱靠。这些关乎民生的设计，艺术都大有用武之地。

再者，民众完全可以参与设计。千万不要迷信所谓的大师、专家，没有谁做得到如自来水管一般，一拧就能涌出设计灵感的；民众的创造力也不容小觑，正应了那句"高手在民间"。最近，上海的社区创意金点子大赛就涌现出了许多精彩的设计：用废弃可乐瓶做成了立体花园墙，原本大家都不愿意走的墙根，现在常常有人在此早锻炼了；废弃电路板做成了能动会跑的机器人，还有输液报警器……民众从看客开始往设计者转变了。

遗憾的是，仍有一些中国创意人只愿意模仿跟风，而民众还在围观，所以设计创意仍止步在机构和园区里，最后的成果出现在展会和创意商店里，普通商场和社区里难觅其踪迹。

德国柏林斯图加特广场从规划编制之前就邀请市民参与并发表意见，各种意见汇集起来，经过审评，有的最后就变成了实施方案；在美国的街头，就经常看到造型如香蕉、鲸鱼状的DIY汽车，撇开"是否合法上路"这条，这些都是民众创意的冰山一角。当经济和社会进入成熟期时，只有在意识到自身的文化长处，并用艺术感充盈的设计表现出来时，人类才能生成与成熟文化相称的典雅气质，才会有从容而淡定的幸福感。

所以，我们设计师们别再抱怨设计的价值被低估了，回头想想，你是否努力地引导大家、启发大家，让民众参与到设计中来过？民众的设计也许不够专业，但一定与生活有关，正如台湾的"伴手礼"那样，生活的品位、审美的品位从凤梨酥、牛轧糖、台湾阿里山茶叶、金门高粱酒这些普普通通的日常物品上绽放出来，设计的魅力弥漫开来。

　　新闻话题：最近，新的艺术形式可谓是层出不穷。数字艺术、3D艺术、机器人艺术、太空艺术、地景艺术、再生资源艺术，跨界艺术，可谓是繁花渐欲迷人眼，云到尽处是激情。可以想见，随着时间的推移，这些艺术的新形式必然携带着喜人的成绩逐渐走到艺术舞台的中央，并成为我们品质生活的组成部分。

艺术"新丁"大起底

机器人作画、3D画笔，你方唱罢我登场

　　打开电视、翻开报纸，不管你有意无意，类似机器人作画、3D画笔之类艺术神器就会进入你的眼帘。

　　最近你若去欧洲海边，说不定在哪家海滩上就能碰见托尼·普兰特（Tony Plant）和安德烈斯·阿马多尔（Andres Amador）正在指挥他们的机器人以沙做布、以耙为笔作画。这款名叫"海滩漫步"（Beachbot）的机器人，只要你把心仪的形象、图案输入它的大脑，它立刻就能沾湿耙子，开始在沙滩上漫步，于是它的身后就立刻深浅棕灰、粗细弯曲各不同，不一会一只泰迪熊、一幅长城图就栩栩如生、潇潇洒洒地展现在你的面前了。

　　还有3D笔，你听说过3D立体笔吗？3D立体笔又叫3D打印笔，你拿起笔按压出料开关，颜料出笔就变硬成型，你就随心所欲想画啥就能画出个啥了，比如一条鱼、一棵树、一辆车。只要你想象力够丰富，你就是神笔"马良"。

　　数字艺术如今也到了3D阶段，很火的电影《智取威虎山》就是。电影里，森林会撞向你的眼帘、老虎会扑向你的鼻子，子弹也会经常从你的头顶划过，你甚至会不由自主地低头蜷身：没啥不好意思的，那是人的本能。电脑作画如今在网上有多款软件好下，"电脑作画也有鼠绘和板绘之分"。"梵高绘画中色彩对比与笔触的运用是赝品根本模仿不出来的，但只需在电脑'艺术家'菜单下选择'自动梵高'命令，不到一秒，梵高画风跃然纸上。""电脑作画甚至出现了萌派、卡通、写意山水等不同流派，"资深人士如是说。

艺风再炫，还得技术打底

　　纵观各种高科技背景下的艺术风，却有天高风劲的势头。但仔细观察，这些或明亮撩人、或深沉耍酷的背后，都有一根隐隐牵拽的线——技术。

"海滩漫步"者，那只憨憨乌龟样的机器人"娘家人"是苏黎世联邦理工学院，对了，就是那所出了爱因斯坦的学校。画家与科学家一起，在小乌龟里面装了数据处理器、惯性测量和激光扫描仪器，我们熟知的 GPS 它瞧不上就不装了。你想过假如有一张 1 公里 ×1 公里那么大的画布没有？你的心有多大，沙滩漫步者的舞台就能多大，只怕那时你得坐上飞机空中俯瞰你心中的梦想变成了的现实了。哦！对了，机器人的轮胎是可充气的气球轮胎，这样就不会压坏沙子了。

宇宙艺术，听说过没？就是那种色彩斑斓、奇形怪状的像雨像雾又像风、仿佛一碰就散的画面，其实那是宇宙的景象，那里的每一个小点可能都是比银河系、太阳系大上几十、几百倍的星系，如今它们借助电子技术正成为一个新的艺术种类。这些美丽的画面大都是哈雷望远镜等地外观测器发回的，看着这些借助神奇技术绘制的精美绝伦画面我们在想：目前，望远镜观测距离已达 100 亿光年以上，在所见的范围内，有无数的星系团存在，它们各安其位、各转各的圈儿，卫星绕着行星转动，行星、彗星绕着恒星转动……繁星满天、宇宙之大，实在令人惊叹。假如天外还有一个"太阳系"，假如那里也存在生命或人类呢；假如我们能和他们微信，到他们那个星球观光，多么美妙的事情！如果我们美的使者们、艺术的创作者们拥有足够的力量与能量，把宇宙中所有的高等生命如人类拉到一起，大家一起自由来往、交流、合作，甚至通婚，那就太好了！顺便把我们的天空美化美化，不要黑洞只要灿烂的星云，到了过年过节，抓一把天空中的星星就当作了银花火树的烟花，那时美的普同性就有了宇宙的证明式啦。

跨界艺术、再生资源艺术，都是浪漫"第二春"

新技术、新手段也给艺术创作提供了广阔的空间。

可以说没有了显微镜，就不可能看到纳米艺术的炫和酷。何谓纳米？假如一个人是一纳米长的话，10 亿人站在一起，才是一米长。你想想纳米的世界是多么微小！可是借助高倍显微镜，尘埃般的碳粉，有的像波光粼粼的海洋，有的如蜿蜒绵连的山脉；发丝一样的纤维，成了辽阔无边的沙漠，就像绵延无尽头的丝绸之路；餐桌上残留的虾壳，显微镜下也成了晚霞中海天相连的美景；剪下的指甲和头发成了一幅幅水墨画；枯萎的莲蓬呈现出梵高神经质般的油画笔触，好像梵高的佚画在微观世界里现身。艺术家所做的，就是把显微镜里的这些放大并印制给我们看，画面纯为自然天成；更跨界的是，艺术家呈现纳米艺术世界，是昆仑、是香格里拉还是你家临窗的街景，还得靠大家来"跨界"想象而完成。

再生资源艺术则不同，它是基于废弃物（放对了地方就叫"再生资源"）而产生的一种艺术形式。比如可乐瓶，做花瓶插花的，做绿化墙植绿的，做成首饰挂件的、水果盆、蜡烛灯挡风罩的，还有在上面彩绘出萌哒哒玩偶的，不一而足。需要指出的是，在所有新艺术中，再生资源艺术是门槛最低、创意最容易激发、生活化最浓的一种群众艺术形式，在我们的城市里应该得到大力推广：艺术不在天边，艺术就在生活设计里，设计创意当然要靠机构、政府激发引导了。

评论：智慧艺术能成为城市标志物吗

智慧艺术能成为城市标志物吗？答案当然是肯定的。

何谓智慧艺术？广义地说，所有的艺术形式当然都是智慧艺术。但基于科技的进步与不断发明，我们指的智慧艺术应该是新的技术应用条件下的艺术新形式，如机器人艺术、灯光艺术、地景艺术等等。

1933 老场坊 4D 灯光秀

比如 4D 灯光艺术，最近在很多城市都很火，但都还处在探索尝试阶段，尚未形成叫得响的品牌；比如电子艺术，因为科技的迅猛发展，呈现出的颠覆性的势头越来越强劲，关键是它还让原本小众的艺术逐步大众化、草根化，这很好。顺应这一潮流，上海在 2007 年设立了电子艺术节，决心用全新、独立的审美姿态，加入当今世界创意设计领域的"核心竞赛"。

地景艺术当然也是突破的方向之一。地景艺术当然是大地艺术、环境艺术，但它又不同。1970 年代，美国许多画家、雕塑家跑到户外，开始探求艺术创作材料的平等化和无限化，试图打破艺术与生活的界限。这些艺术家反对艺术作品的买卖行为，主张艺术作品应该走入生活里。于是，艺术家门以大地为画布，展现对自然的浪漫情怀；或者在自然中延伸内在空间，仿佛回到远古的自然神秘崇拜。像克里斯托

这件作品很跨界

的"被包装的议会"和"雨伞"系列地景艺术则是其中的佼佼者了。其实，在上海地景艺术同样大有涌现标志物的潜力，像广阔的水岸，可否利用潮汐浪涌而创作"大地作品"，可否利用高楼充分展现灯光电子化的魅力？上海中心的超大屏幕肯定会出彩并"标志"城市的。

新闻背景：期末考试采取什么样式？是背书，还是写篇小论文，这些都OUT啦，现在有大学生开始行动了。成都一所大学的女生们就用废旧纸张剪裁出一件件酷毙了、炫极了的婚纱，一时间引来点赞声一片。

废纸变婚纱　"秀"出青春智慧

不但胸前花儿朵朵，不但长裙曳地，而且姹紫嫣红千般黄绿，色彩绚烂极了！这里就是成都一所高校的大学生们正在进行的期末考试——穿上用废旧报纸、卷纸、邹纹纸亲手制作的婚纱，结束一个学期的创意设计学习。

废旧纸张做婚纱谈何容易！但26名女生偏要试试，收集纸张，找来婚纱图片，有的干脆就把心仪的婚纱样式画出来，然后依样操作。经过近半个月的紧张劳作，裁剪、扎花、缝缀，哦！对了，她们有的是直接用报纸裁成衣服；有的是用薄纱打底，然后缝上各种创意；有的则是编花为朵，连线成片，然后一件件让人眼花缭乱的婚纱就新鲜出炉了。

看看这些美丽的婚纱，红的如霞，白的像雪，蓝的如海，最是那亮煞眼的还是热闹的斑斓。姑娘们对镜梳妆，众人当然很愿

大学生穿上自己亲手做的纸婚纱，完成毕业设计

意帮忙，上了身的婚纱让人顿生冰清玉洁、青春无限的感觉。凑近前，发现被剪成裙子的旧报纸字虽不成行，但标题、正文说的内容还是能猜出一些，都是最近的报纸。女生们说，当新娘是女生的天性，所以创作起来特别有激情、有干劲，梦里甚至都想着如何搭配颜色，裙边领口怎么处理更服帖，花儿怎么缀法。"那几天，忙呢，兴奋！"

一件以报纸为材料制作而成的婚纱

1月12日，是展示的日子。穿上婚纱的"新娘"们走出化妆、穿戴的工作坊，来到了操场上。天很帮忙，多云；没有T台，跑道就当T台啦，绿茵茵的草坪更是照相的好地方。热热闹闹了半天，完成了"期末考试"：没有了考试的紧张，只有忘我的新鲜、美好和甜丝丝的幸福。

没想到的是，不但媒体来了，每一位同学市民都纷纷微信："这些由卷纸、报纸、皱纹纸等纸张制作成的风格各异的婚纱，为学生们两年的专业学习递交上一份'最美'的答卷！！小编表示，童鞋们都太有才了！这些婚纱都美爆了！！"这是成都官方微信的头条，引来跟帖无数。

废报纸，随手一丢；创意，那是专业人士的事情。可是，成都这些大学生们，却把原本风马牛不相及的事情用制作婚纱的点子"激活"了，于是，我们一下子明白了很多：报纸没有废的，它是错放地方的资源；创意不是一味高大上的，关键是我们如何激活它们。所以，为这群大学生们点个赞。

点个赞：为身边创意，大学生们"蛮拼的"

仿佛是一夜春风来，全国各地的艺术类、设计类大学生都加入了各种创意社团，参加到各种社会设计活动中去，各种展览中，大学生的身影当然常见。

养老院的环境有些荒凉凄清，大学生们拿起画笔，找来再生资源，自己动手写写画画、拼拼搭搭，不用多久院里的环境就焕然一新。这种创意十足、艺术灵动的活动，比那些一到重阳节就去为老人洗脚强出多少倍数都数不清了，你说呢？

"大学生设计周"，经常能见到；关键是干什么，最近中原大学生的设计周亮出"生活是设计的基础，设计是生活的需要"的旗，学生们就选择用"一流的设计思维、一等的创意灵感"作为这次"可抛弃式手机小充电宝"的征集令，要求：像干电池那样随处可售、提供长期稳定功率输出，像超级电容器那样快速发出高能量，并且可循环不像传统电池那样污染环境。

最近，国外一家募集资金的网站上出现一款很炫酷的空气伞（Air Umbrella）。这款雨伞只有一个伞柄，光溜溜的就像一根棒槌。"这是一款'看不见的雨伞'，它利用气流来帮助人们避雨。"网站里说，设计原理是：流动的空气能够改变物体的运动轨迹。空气运动速度越快，它的能量也就越强。而喷射的气流也可以将一些物体隔离开来。仔细看，原来光溜溜的伞顶下方，密布着气孔，打开开关，风就朝四面八方吹，雨水就被吹到别处，不会掉人身上了。你知道这伞的设计者是谁吗？南京航空航天大学的一名研究生，功能和形态手感的美学品质提升之后，他们就把伞放到了这家筹资网站上，很快募集到了产品化的起步资金。

不光是实用设计，美化环境同样需要艺术灵感。大家都还记得那个石家庄女孩吧，就是在大连读大学的、在家乡树洞里画画的王月。调皮的小松鼠正趴在树洞前瞪着黑眼珠观察来往的行人；一只大白兔仰着头守望着吊在绳子上的胡萝卜；两只小浣熊惬意地窝在树洞里；一湾清泉缓缓地从树干流入树根……冬日石家庄的街上，树叶落光，树洞豁口，生气欠缺，但忽一天，行人惊奇地发现，原本丑陋的树洞和电线杆子上不知啥时候如此生鲜活泼起来！这不，小狗瞅着洞里的松鼠，也不挪动了。原来，所有这些都是王月的创意，她根据树洞的大小和形状来精心设计绘画内容，为它们和周围环境量身定制了一幅幅独特的艺术风景。

树洞画

环境美了，女孩也被大家亲切地成为"树洞画女孩"。

艺术深一度：趁年轻，放手去做

艺术不是殿堂里的供品，更不是小众作秀的"媒子"，随着后工业化社会的到来，艺术已然与生活、与普通人建立起鱼水关系。于是，艺术创意也就更广更深地进入到街巷里弄，院落课堂，大学生理应成为生活设计、艺术创意的主力军，就像成都那些婚纱女孩、树洞画女孩（为什么都是女孩）。

首先，大学生是艺术创意的主力军。年轻人的思维极为活跃，大好时光里应该多做些有意义、有意思、有创意的事情，如号召大家设计一款能量强劲、环保可持续，且让人爱不释手的便携式充电宝就挺好。虽然，这种纸做的充电宝已经被台湾大学生做出来了。

再者大学生不但灵感勃发，而且条条框框少。只要他们心中有生活，平时有不便，脑子里有根绷着的创意的弦，就会去琢磨，去创造，说不定哪天就设计出了叫人爱不释手的艺术品，就像现在很多的年轻创客那样。

纸废弃的多，但以纸为媒介并创造出大美作品的同样惊艳。洛杉矶的杰夫·西中（Jeff Nishinaka）便是世界上首屈一指的纸雕塑家，他在加州大学洛杉矶分校上学的时候开始第一次尝试使用纸张来雕塑，他的作品无法用言语形容，完美得不像纸，让你完全无法想象其创作流程：那纸雕的斜拉桥，云蒸霞蔚，幽蓝暖黄，美得你根本不会想到那是用纸雕的。还有马特·史廉（Matt Shilan），即使用纯白的纸雕出来的艺术作品，只有简单的几何图案、错列成排成组，但光线下动感立刻十足，原本静静的物品也把人撩得欲亲不忍。德国艺术家皮特·达门（Peter Dahmen）的纸雕塑具备了弹出功能，他的每一件作品都是立体的，他想到了：若是人家要买，我得想到方便人家携带。于是，纸雕塑就被设计成折叠的模样。

虽然，成都大学生的纸婚纱还不如国外这些专业人士的精致和灵气充盈，但谁说她们明天不能和大师们并肩站立呢：只要从身边入手动起来。

新闻话题：2015，三阳开泰，相信大家手边都有中意的挂历、台历，它们创意如何、给你的感觉如何？由此而推开，我们的品质生活有多少可以品味升级，可手可心又可意。

身边的创意是座艺术矿

日历，稀松平常的生活必需品，一般人家都有，办事游玩安排起来方便。可是，你想过除了白纸黑字（节日一般都是红字了）的老模样，日历还有新鲜花样没？

现在，小小的日历就是一个精彩纷繁的世界了。日历可以和火柴连起来吗？乌克兰一位设计师就把它们结合到了一起。具体做法是：日期号码都设计成窄窄长长的模样，一头是日期，一头是火柴头，一天划一根，表示你和昨天说"再见"，你是放眼未来的品位人士；如果你看着火光燃着日子慢慢熄灭，若有所思，表明你就是念旧的的人。不管你怎么想，设计师用如此简单又充满哲理韵味的设计，挖掘出的东西很多，怪不得有人评价"实用、直白又带点残酷，用着还上瘾"。

日历设计，还有不同的流派呢。叮咛型的：把日历设计成了卷纸，每一张日历中标明了月份、日期、星期等，最特别的是还有一个超大号的数字显示倒计日：比如，1月1日写着365，1月2日写着364……随着时间一天一天地过去，数字在不断减少，卷纸筒也在不断变小，你的心随着收小变紧了吧。享受型的：把日历设计成365块茶饼（包），每块印上日期，每天都可以享受香茶一杯，还有一个很好听的名字叫"一茶一天"。决裂型的：日历被装在一个红色的方盒里，每过一天，昨天的那张就流出并被切碎，还有一个咬牙的名称叫"粉碎时光"。浪漫型的：一张白纸，那是一张写满一个月日期的日期板，旁边挂着一瓶小小的墨水（买的时候要问清使用方法）。原来

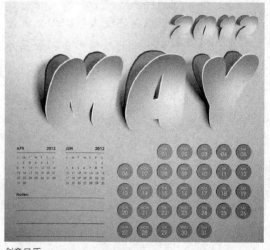

创意日历

它利用了毛细原理,彩色的墨水会随着时间的推移慢慢地渗到纸张上的数字之中。记好了,渗透的速度是严格计算好的(必须恰恰好到点出字哦,否则日子过冒了),这样墨水渗透到哪,日子过到哪;一年 12 个月,日期板 12 张,墨水 12 瓶,心细的设计师还在每一瓶上标了月份,为何? 因为每月日子多少不一呢,想刚好就得算。不光如此,墨水还有这个日历一共有 12 张日期板,代表一年的 12 个月。墨水也有 12 瓶,每个瓶身上标注着月份。而且墨水有多种颜色可以选择,要酷的、浪漫的、心情起伏的、淡定的都有相应的颜色。这款日历当然艺术到家啦。

要科技的更多,像怀旧的螺丝旋在螺栓上,最底层标"today is(今天是)";往上依次是两层螺丝,十个面写着 0—9,是用来组合日期的;最上面就是月份了。这是款勤快并严谨的人适用的日历,懒人用它估计会乱套。

不光日历,生活中艺思灵动的创意人士真的很多。大腕像英国的贾斯珀·莫里森(Jasper Morrison),他设计的椅子、厨房用具风格简朴,却又怎么看都舒服,甚至他的名字成了"极简主义"的代名词。展示他 35 年生活用具设计成绩的作品展今年跻身世界十大最值得期待的国际展事。普通人就更多了,给小宝宝洗头怎么才不会弄到他的眼睛? 蓝色的镂空檐帽你可以试试;下雨后,户外座椅大都湿漉漉,想坐? 你试试这款可以翻面的椅子,原来背面是干的;等信号灯单调还容易违规,但如果你盯着沙漏型的信号灯呢,肯定被吸引;礼物配上包装纸,当然浪漫又神秘了,如果这张纸上还用笔圈着特定的句子,比如"MERRY CHRISTMAS""HAPPY BIRTHDAY"等等,一定更加地高端大气上档次。现在,印着 20 种组合字母的包装纸已经面世了;还有,下雨当然要打伞;不下呢? 伞能变成手提袋多好。告诉你,现在有得卖了。

生活中,身边的创意没有太高的门槛,也不需要太多的物质条件,只要我们多个心眼,多点巧思,创意就能与我们如影随形。

专家观点:品质生活,艺术创意在路上

为品质生活的上品味、上美感,设计的艺术化追求正前所未有地受到追捧,这是好现象。

改革开放几十年,国人的物质生活水平得到极大的提高,吃得好、穿得好,东西用的舒坦已经成为普遍的要求。正如市民所说,在上海除了买房子其他都不是事儿。物质生活丰富了,品味追求当然就提上了日程,于是设计创意者的迫切感就来了,"我拿什么来满足你"就成了日日紧、日日追的"影子",它天天跟

着你。

最近看到一只烛台,简简单单的外形:两端是托,中间是透明的管。凑近看,原来插蜡烛的地方预留了空隙,烛油顺着管子就流到透明的管子里了,管中间还有一根白白的烛芯。原来,燃烧的同时还在制作,谁说如此巧思不艺术?还有会"唱歌"的T恤、360度无死角插座、可当杯托的雨伞……百姓的心思像绣花的锦缎。

但是,毋庸置疑的是创意的主力军还是专业人士,我们如何让平常的生活增添乐趣和美感?在最近的一个国际设计展上,我看见一家展台上摆放着一个银色的闹钟,与我们一般见到的闹钟不同,这款闹钟"顶"着一个宠物食盒,闹钟的铃声也换作更为柔和的节拍器。询问站台边的设计师,她说这个闹钟运用了条件反射原理,"想想吧,每天清晨由亲爱的宠物把你唤醒,起床后的心情会更加愉悦的"。

灵感来自生活,艺术的无限可能性必须要与用户的需求结合在一起,"音乐水壶"就是这样诞生的;1983年,意大利一家公司设计出一种特别漂亮的水壶。面世之后,有消费者提出"能不能让水壶发出乐声呢"?需求就是命令,最终水壶上加上一个调音器,水开时气流穿出就开始抑扬顿挫了,"这种能'奏乐'的水壶成为公司20世纪80年代最为成功的设计"。

艺术和创意不仅源于生活,还需要文化的滋养。大家都知道,竹子在中国有着特殊的位置。它既是日常生活用品,是环境友好的表征,还是品味品格的象征,所谓宁可食无肉不可居无竹就是这个意思。竹既是文化之竹,又是工艺之竹、日用之竹、建筑之竹,还是悟性灵性之竹。竹品展上,望着橘黄的光从筛箩状的竹灯罩里溢出来,从丝丝墨黑的"橄榄"中泛出来,顿时觉得生活清雅了许多;一件件竹制的家具、自行车、箱包、水杯、拖鞋,设计当然精巧,更可贵的是这些竹制品让人顿生"假如我有一件,生活顿时清雅"的念头。

文化创意,艺术设计当然也要贴近生活。近日很火的朝珠耳机就是这样一款很生活的设计:产品创意来源于故宫院藏清代朝珠,当然是那时的宫廷物件了,但设计的用途是耳机,于是文物造型与现代生活产生了"化学反应",面世后持续热销并被网友调侃为"老佛爷专用,听歌上朝两不误"。不稀奇,因为它极好地满足了大家功能和心理的需求。

言论:让创意比欲望跑得快

心理学的研究揭示:人有一种本能,一般不会去想自己已经有了什么,而是总想我还缺什么。这是因为自古以来，人们的生存环境都充满了危险，所以占有欲与生俱来。

我们在后天管束这种没有边界的占有欲望的同时，我们的设计创意可否跑得更快些？

因为，在现在物质生活已经极大丰富的今天，过艺术感十足、创意味很浓的日子是百姓的共同梦想。比如：假如我们能够培育出会发声的植物，那会是什么样？假如信息可以通过牙齿接收，那会是什么样？假如机器能阅读我们的情绪，那会是什么样？

还有，我们的设计师可以用美的设计去引导人们尊重自然、循环自然、简约生活。韩国设计师在斯德哥尔摩家具展览会上发布的"琥珀可乐瓶"（amber bottle）给我的印象深极了！他把空的可乐瓶"埋"进方方的琥珀状晶体中，瓶子里插上花，那模样简简单单，温润如玉，看见了就不忍离开。至今，记忆中那温润黄中的翠绿依然鲜亮。

看了琥珀玻璃瓶，我明白了：创意可以比欲望跑得快。

新闻话题：2015 看什么？最近，英国 Dezeen 杂志官网列出了 10 个值得期待的建筑与设计展览，您看看是否有心仪的一站？

2015 世界顶级设计展看过来

除了米兰世博会，还有后现代

米兰世博会又开幕了。向来高大上的综合类世博会更因为五年一次而吊足了人们的胃口，2015 年 5 月世博会又要在意大利米兰上演。米兰世博会将会给我们带来怎样的惊喜和回忆？想想 5 年前的上海世博会吧，那时鲜的话题所带来的展览艺术演绎、那些新奇的建筑，美好得一塌糊涂，还是您亲自去看吧。

后现代主义是一个广泛的概念，它从宗教和社会学领域振动翅膀然后就掀起一场深刻的意识形态革命。其中包括建筑，都不按既有的规则出牌了，像那种在设计中吸收其他艺术或自然科学概念，如片段、反射、折射、裂变、变形等手法来组合熟悉的东西，用断裂、错位、扭曲、矛盾共处等处理方法把传统构建组合在新的情境中。

后现代主义建筑总体有象征性、装饰性和融于环境等三大特点。文丘里的"母亲之家"、弗兰克·盖里（Frank O. Gehry）设计古根海姆博物馆就是其代表作，中国的鸟巢、水立方等都是。要看完整版的后现代主义建筑展，今年当然要去赫尔辛基了。

回顾的都是经典的符号

代表服装设计一个时代的是亚历山大·麦昆（Alexander McQueen）。他20世纪90年代为时尚界带来了超低腰露臀裤，并成为高街流行；带来了礼服外套，将男装的风格不露痕迹地融入女装；他还尝试不同的廓形，自信地玩弄比例，将重点从腰部移开，填充臀部，沿着身体螺旋剪裁。他不仅让人们看到了女人应该如何穿衣——充满力量、令人敬畏、富有性别魅力——也让人们看到了时尚应该是什么样的——层层叠叠、充满视觉冲击力，他设计的服装黑暗中透出些许人性光辉的幻觉。杂志将其列入"十大"，你若想知道究竟，去伦敦V&A博物馆去看吧。

听到 Army of Me 的旋律，相信乐迷们肯定就能想起比约克（Björk）。她是当年独立音乐圈中显赫一时的"糖"乐队的主唱，她夺得多项大奖，包括戛纳影后；她的演唱和音乐动用了很多前卫的乐器，加入了大量电子元素，比时下音乐的表现手法要早20年；她的服装、为人、造型、声音，无不特立独行，因此被世界称为艺术家，她的回顾展今年在美国纽约现代艺术博物馆举办。

最耍酷的还是建筑设计

十大展览，有设计家具的，有自行车的，但内容最丰富的还是建筑设计，美国芝加哥艺术学院的戴维·艾德加耶专展、芬兰赫尔辛基设计博物馆的后现代主义展、德国维特拉设计博物馆展示的"独立建筑：非洲现代主义"等等，个个值得期待。

重点说说戴维·艾德加耶吧。作为新锐设计师，他的作品包括诺贝尔和平中心、丹佛当代艺术博物馆等；他设计的"光盒子"因为几乎颠覆了建筑的概念，所以影响巨大。

"光盒子"是一栋别墅，由一实一虚两个立方体组成。实体部分是一个从基地上架起的60米细长箱体，横亘在小溪前面，内部空间在箱体里直线排开：门厅、厨房、餐厅、起居室、工作室以及位于三处夹层空间的面向道路的位置是一个人工种植的矩形竹林，形成了一个虚的立方体，其后是别墅的主入口。设计理念上，整座房子就像一个精密的光的容器，外墙除了两个起居室开有大玻璃窗，其余的墙只有小小的方洞，采光主要来自屋顶的带形天窗，阳光透过天窗投下细细的光带充满整个室内，随着时辰和四季太阳高度的变化，这些光带缓慢移动，像首诗歌。不仅如此，

光盒子

底层镂空，夜晚让灯光从底部溢出，外墙嵌本地黑色石条板，建筑和大自然变得和谐起来。

新闻背景： 媒体爆料，今年春节都市年轻人的休闲去处一是电影院，一是图书馆。我们很高兴在微信时代，我们的年轻人又向传统回归。问题是，电影院里有巨星、新偶们撑着票房，还好理解，图书馆是因为什么也具备了这样的吸"睛"力？

古典的 or 当代的，都很美

让大家走进图书馆，当然是因为书，尤其是别处没有独此一家的奇书异书，可是对于大部分人来说，这些馆中孤本常常不是他们关心的东西。那是什么？当然是那种模样看上去很美想进去的馆舍，进去后很尊贵很舒服，然后就不想出来且心生"这要是我家的该多好"的图书馆。哦！没关系，这样的想法虽有点小非分，但也是人之常情嘛！

世上绝美的图书馆，已经有好事者遍访而介绍过了，看了之后心中最为神驰神往的当然是瑞士的圣加伦修道院图书馆了。外表就是常见的巴洛克式建筑风格，不知道巴洛克？阿拉上海四川路上的上海邮政总局大楼、外滩的亚细亚大楼和东方汇理银行大楼都是。圣加伦修道院的第一块石头是公元612年放的，所以建筑就成了一本厚重的历史大书，9世纪、15世纪、18世纪重建、扩建了3次，一

直在原址。所以我们现在就可以看到 7 世纪的石基和柱头、9 世纪的修道小堂、15 世纪的壁画，而主体建筑的风貌都属于 18 世纪。最让人震撼的当然是院里的图书馆了。望楼领着的长条形建筑，其外观低调而简洁，但进去之后一个不可思议的世界立刻展现在眼前：窄窄长长高度足有两层楼的拱窗把光线泼洒到室内，洛可可风格的室内装修精细绚烂，大幅彩色壁画和浮雕铺满天花板，一排排高大的橡木书架上，那些年代久远的书籍被装订得很精致……

位于威尼斯圣马可广场上的圣马可图书馆是 16 世纪的桑索维诺（文艺复兴后意大利巴洛克雕塑风格的雕刻家、建筑家）留下的一个杰作。一个狭长的地带上，双层拱廊结构的样子就像总统府邸，罗马爱奥尼克式柱子把走廊撑出好远好远，宽宽的廊道甚至成了人们遮阴休闲的场所。浮雕，到处都是浮雕，柱子上、拱廊的肩部、屋顶上的石栏杆上；屋内天花板上的绘画出自提香之手，对了，就是那位画了《圣母升天》和《乌比诺的维纳斯》的提香。"华美的内部设计仍让人切身体会到当时的威尼斯人拥有怎样丰富的文化生活。"介绍世界著名图书馆的普莱塞如是说。

历览而观，现代图书馆更多展现的则是大气和灵性。荷兰代尔夫特科技大学图书馆远远望去活脱脱一只圆锥形的磨坊气窗，气窗周围是绿茵茵广阔的草坪，正适合躺下日光浴；不进去，谁也想不到草坪的下面就是一座大大的图书馆了。原来，透明圆锥体的天窗正处于图书馆的中心位置，引入天然光，将馆内的热气带走，一举多得。馆内的图书就围着天窗四周布置；阅读座位有的传统向壁，有的朝着透露日光的圆锥体。读书用的台子、凳子形状不一、用色不同，把空间装点得整洁、灵性而恬静。"图书馆是个有灵性的地方（spiritual），在宁静的环境里，读者可以感觉到自己的内心感受，就像在教堂灵修一样，与自然、世界，以至宇宙交流。"该图书馆的馆长说。

这样美妙的图书馆还有挪威文讷斯拉（Vennesla，地名）图书馆。看到黄黄的温暖的木栅一样的矮矮建筑（要是傍晚亮灯，屋内的暖黄宛如家在召唤），你走进去，图书馆建筑内部结构与家具被一体化地设计了，进入大厅你就犹如置身在生物体内，因为这里有韵律感极强的 27 根"肋骨"。肋骨的颜色是温暖的木头黄，功能包括照明、书架、阅读座椅。在这里看书，无论想私密，还是想躺下，都能轻易实现。埃及的亚历山大图书馆远远看去宛如中国的日晷：建筑呈圆形、倾斜的样子，跨径达到 160 米，最高处 32 米，斜斜地嵌入地面 12 米，青灰的墙上满刻着古埃及的文字；整座建筑被大广场和盈盈水池包裹着，设计师试图让"古代埃及世界在现代复活，让建筑回忆知识，循环历史，并呼应亚历山大港的圆形布局"。温哥华的公共图书馆外形更像是古罗马的斗兽场，进去之后的那个先进和美意，你亲自去看吧。

专家观点：进图书馆，除了书还有……

无论是世界上最古老的图书馆之一——天一阁，还是柏林自由大学图书馆、巴西的皇家葡萄牙阅览室、奥地利梅尔克修道院图书馆……图书馆的核心当然是图书了。

圣加伦修道院图书馆虽然只有3万册图书，但书龄超过千年的图书就有400本，这些古书包括了拉丁文手抄本、古老的德文书、大量的古爱尔兰语书籍，因为这家修道院的创始者是爱尔兰人。所以，这座图书馆还有"灵魂的药房"的美称，正如副馆长卡穆基说的："当你生病的时候，你总会吃些药。书籍就像灵魂的一味良药，你在读一本书的时候深深入迷，就会忘记自己的问题。"

于是，来此参观的游客感慨："这些图书中，珍贵的手抄本就有2000本。那一本本的手抄本，是怎样的珍贵，古代人是怎样的一笔一划地抄写，才把老祖宗的文化留下来，传给后人啊！现代，还有人这样经年累月手抄吗？看着这些手抄本，百感交集。"

好的图书馆不仅有书，如温哥华的公共图书馆。这里，你可以在本馆借书，就近还书，因为这家公共图书馆有遍布全市的22个社区级分部；还有，只要你是温哥华市民，就可获得免费的图书卡。而且，温哥华图书馆还提供读书会、民事对话、电脑培训、孩童故事会、招聘培训及各类讲座，甚至免费的音乐会。于是，这里成了吸引市民的大磁场，人们甚至问："没有图书馆，生活会变得怎样？"

不光是服务，挪威文讷斯拉新图书馆甚至想到了：靠近街道处的部分被设计成亲民的低矮样子，人路过、进去都觉得格外舒服；临街入口处还有供人休息的公共座椅。怪不得见到它的中国游客说："我们不需要所谓的世界第一，全球最大，需要的仅仅是一份家的感觉。"

当然，建筑的美轮美奂也必不可少。奥地利梅尔克修道院那道著名的螺旋形的楼梯在书海（还是山？）前层层环绕，盘旋上升。美国新罕布什尔州的菲利普斯—埃克塞特学院图书馆，普普通通的红砖表皮里，洞天巨大：清水混凝土的撑柱墙体上，到处都是弧形圆框，圆框背后的木头书架层层叠叠，仿佛万马，遭勒缰而齐奋蹄。

图书馆想留住读者，首先当然要吸引读者，古典风格图书馆让人获得尊贵感，现代图书馆让人有回家的舒适温暖感，都是烘托读者"因书而尊贵"的好做法。

评论：让更多地年轻人回家

春节，年轻人回到图书馆，大好事，因为图书馆本就是年轻人精神的家。

问题是，如何让更多的年轻人回家？像宁波天一阁，其实你是无法在馆内看书的，因为500多年的天一阁创始人范钦当初定下了严苛的规矩；奥地利的阿德蒙特修道院图书馆里也没有一张桌子，要看书的修士们得拿回房间慢慢看，但是无论是天一阁还是阿德蒙特，建筑本身就是一件艺术品，一件被洗礼了数百年的艺术品，站在它面前慢慢品味就是件美事；或者，你站在葡萄牙科英布拉大学的若安妮娜图书馆的木梯子上面，慢慢浏览那些装帧精美的图书，你就会被惊到美得一塌糊涂。

你知道圣加伦图书馆为什么每年吸引那么多的人吗？首先是建筑的美，修道院里的主要建筑地面、下部都用木和石料铺就，立柱基本没有装饰，为的就是把人们的目光引向屋顶，因为那象征着天堂。去过的人描述："圣加伦修道院是这次欧洲行印象最深刻的地方，圣加伦的美是你想象不到的，这个修道院图书馆，没去时书上介绍说美轮美奂，我不知道怎么理解这个词，可到了就知道这个词都不足道其美的万一。"

网友们描述海牙议会图书馆："好温馨、好浪漫的书屋哦，我喜欢！这里是荷兰海牙议会图书馆！！！"不是激动得不行，怎么会用上3个惊叹号？

挪威 VENNESLA 图书馆

设计更美的图书馆，让更多的年轻人回"家"吧。

挪威 VENNESLA 图书馆内景

美国巴尔的摩的皮博迪图书馆

刚出元宵，不少人还对今年春节的各类节目历历在目，科技带来的视觉盛宴还是大家微信、微博上热议的话题。比如在全息投影技术支持下李宇春完成的歌舞《蜀绣》，一人变四人的逼真效果让人意识到：用心"玩"科技，才能呈现最艺术的效果。

新科技让春晚不仅热闹，更有艺术范

全息投影领衔有看头

● **本世纪以来，全息技术迅猛发展，央视春晚则成为它出名的重要舞台。早在 2010 年的春晚，全息投影就让春晚有了艺术"大片"效果**

全息技术其实是一种光的产生与反射技术，春晚舞台上的全息投影是一种无需配戴眼镜的 3D 技术，观众可以看到立体的虚拟人物。它需要全息立体投影设备，投影设备将不同角度的影像投影至一种国外进口的全息膜上，利用角度的变化就能让你看到舞台上出现四个李宇春了。

2010 年春晚实体造型退出舞台，王菲唱歌时背后的那颗悬空水滴中的葱翠大树、《对弈》背景中爆炸的火球、真实的南方街道，还有那墨竹弄影、《荷塘月色》那摇曳的荷花，全靠全息、LED、3D 等新技术支撑艺术化了这部舞台"大片"。

● **全息投影是科学"新贵"，之所以能呈现出突出的艺术效果，关键是背后设计的用心，没有基于文化内涵的巧思，再先进的技术也无法大放异彩**

何谓用心？至少应具备灵性、敏感，并深谙中国味道，至少有了这三个特质，方可驰骋艺术疆场，呈现出出神入化的意境来。2010 年春晚，我们看到的舞台春色满园、意境优美，中国风劲吹，但繁花褪去、灯光熄灭，其实舞台空荡荡的什么都没有。这种美轮美奂的舞台，假如没有一颗中国情愫和韵味浸泡了许久许久、晶莹剔透的艺术玻璃心，很难做到如此原汁原味、出神入化，让人大呼过瘾并余音总在绕梁的。

2012 年春晚更是将这种新技术"拼"到了极致，大量的 LED 拼接屏，大型的工程投影、水雾、烟雾、激光等等，全场费用超过 1.2 亿元。但想出彩，仅有技术远远不够。技术可以完成各种特效，但真正让观众觉得美轮美奂，就得用艺术心去参透、去拿捏并细细酿造了。

● 所以，为了给国人端上丰盛的"精神年夜饭"，技术和艺术的"联手"不仅要默契十足，还得早做准备、用心配合，才能保证细节到位，做到最佳舞台效果

于是 2012 年的春晚策划在 2011 年初就开始了；设备进场、调试搭建 2011 年 9 月份就已经按部就班的进行中。专家解释，别看电视机前的舞台生鲜有活，其实灯头、反射膜之类的位置、角度等等摆弄起来很枯燥；2012 年春晚满台的 LED 大屏让台上演员宛处立体画面中。可是，LED 拼接屏的显示屏颗粒还不够细，艺术创作人员就更需敏感和灵性来配合，并深谙技术特点、自如驾驭艺术才行。

那些升降的可用来当幕布的柱子可谓是春晚舞台上最大的亮点，一升一降、此升彼降之间，大到宇宙星空小到花瓣微尘，全能在观众眼前纤毫毕现，主创人员之一陈岩把它比作大幕，说："晚会导演要在这块大幕上放一部大片。130 多根升降柱，因了不同的造型和灯光，一会儿是墨竹丹青，瞬间又钱塘涌潮，先进的技术能让你的创意在 4 秒钟内倒转乾坤，勾勒出天上人间，实现与每个节目的无缝互动，创意出令人神往的舞台效果。"

题内话："年味"求新

如今的春晚不流行大手笔、大制作，而是倡导节俭办春晚，这不仅意味着每一分投入都要用在刀刃上，来保证表演质量，也意味着舞台的推陈出新更需要艺术创意的"金点子"。

每年的表演，小品、相声、歌曲、舞蹈等大类都不可少，要玩出新意除了表演内容与时俱进，舞台技术的革新自然也少不了，要真正能打动人，还需要编导

用心考虑观众的口味如何。要做到人人叫好显然很难，毕竟众口难调，但是在视觉效果上营造地更艺术、更精致、更细腻，恐怕没人会不喜欢。作为最重要的节日庆典，春晚要如何体现中国文化的传统与现代、继承与发展，无疑是每年都会出现的课题，要保证春晚舞台上的"中国味"不但年年有，而且年年新，就要考验编导们了。就像今年李宇春唱着曲风复古的《蜀绣》，却利用全息技术舞出现代感，让人印象深刻。有了日新月异的舞台技术，还需有推陈出新的巧妙设计跟上才行。

　　编者按：一栋完好的房子，虽然旧点，但只要一欧元就能买下。这不是骗局，而是真有其事，事情就发生在意大利西西里岛上风景名胜区里的甘吉（Gangi）古村。背靠雪山，面对草场的20多座独栋老屋都是1欧元一座。

一欧元买栋建筑？赚到更需负责

■ 让多种风格的建筑、绘画、装饰艺术并存，能小修绝不大修，要修，就要不惜代价

　　一欧元一栋的房子，背后一定有"陷阱"，但却未必是坏事。当地政府为何要这样便宜地卖房子？因为这里风景虽好，房屋虽都是因岁月而稀贵的古董，但小镇上的居民出去了就不回来了，于是房屋因遗弃而空置；没人住，房子当然也就无人保护。一欧元买房这个几乎"白送"的措施自然也有条件，当地政府要求买家要在五年内对房屋翻新。为了确保买家修缮房屋，政府还会额外收取5 000欧元保证金。一般而言，修缮费用大约3.5万欧元。

　　甘吉小城人口数量不断萎缩，现在只剩下7 000多人，历史建筑遗产一旦离开"活态保护"，境况立刻堪忧，而且这样难堪的情况在世界各地比较普遍。安徽的歙县包括古桥、古塔、老祠堂、旧民居在内的不可移动文物有3 700多处，其中至少三到五成需要修缮。静态地看，往往一栋好点的老房子的修缮费用就在数百万元；而有些地方对古建筑遗产的开发态度常常是把古村古镇当成一种产业，看中的是商业价值，而不是保护利用，所以往往是修缮完毕，乡愁就无从挂寄了，因为原来的建筑风味不再。

也有商业开发成功的，像江南古镇周庄、古城平遥，但其间的原有生活状态被消解，同质化古镇批量出现等问题同样严重。正如阮仪三教授所言：江南古镇的发展虽然开创了保护与发展兼顾、经济与文化并重的新路，但其过程中暴露出旅游资源同质化、空间承载超负荷、商业发展失控、居民生活结构变异、城镇生活景观消逝等问题。

世界遗产第一大国——意大利其实是走在世界遗产保护的前列。不说罗马、威尼斯，就说佛罗伦萨，这里走出了但丁、达·芬奇、米开朗基罗、拉斐尔……这座城1982年就被列为世界文化遗产。走在老城素有"黄金比例"美称的街道上，那些上千年历史老建筑的斑驳墙壁，教堂与博物馆中无数的大家真迹，那些楼房与楼房之间的黄金分割，让人不由自主就想起了徐志摩对这座城市的称呼："翡冷翠（Firenze）"。极符合佛罗伦萨高冷加瑰丽的气质。古老与时尚其实可以并肩而行的，佛罗伦萨就是时尚之都，这里诞生了许多知名的奢侈品牌，它举办的世界时尚博主盛会举世闻名。

一欧元买栋建筑乍看有些荒唐，但因为这里是老镇子，因为这里是风景区，因为这里的建筑栋栋都是有年头的，具有很高的艺术价值，让人占了大便宜买下之后，自然同时要肩负起保护风貌的责任，当然这离不开意大利人对待历史建筑的负责态度。意大利人对历史遗存长期养成一种自豪感并视为精神支柱，因此老建筑、老街道如何修，修到何种地步，人人都有参与权、否决权，还有种种……因此，一欧元不是问题，问题是一欧元买下之后，无关于钱的事太多，像是怎样"与古为新"，如何在艺术感十足的老屋里生活得惬意舒适，问题接踵而至。

观点：省钱之后，艺术就该上场

可以说，世界各地类似甘吉村的"一欧元"房子世界各地到处都有。假设一下，我买下了一栋甘吉村房子，短暂的兴奋之后，接下来的就是如何打理它了。

在意大利，任何一个有关文物古迹的保护、修复或是利用，都会成为当地百姓关注的焦点。所以，当我想着修缮方案时，首先要做的就是征求当地主管部门的意见，因为他们熟悉风土人情、历史传承；然后要去了解历史建筑保护理念的更新和发展水平，比如现在意大利致力于保护各个历史时期的老建筑，让多种风格的建筑、绘画、装饰艺术并存，"能不修就不修，能小修决不大修"。当地还有一种理念："要修，就要不惜代价"，佛罗伦萨罗伦滋米图书馆中由米开朗基罗设计的凳子，由于年代久远破损严重，馆里钱不够无法一次修完八十八张，于是只修了四张，每条花费人民币 50 000 元。重新做一条顶多也就 500 元！

　　费用奇高，如何修缮古建筑遗存？应该艺术上场了。德国鲁尔曾经是世界著名的产煤区，1986 年最后一家矿场关闭后，如何处置广袤走廊上的工业遗存就成为摆在鲁尔区 53 个城市乡镇面前的难题。而今天，我们站在高高的运煤井架上看到的，则是恢弘且有些悲壮苍凉的 200 个足球场大小的旧厂区，这种苍凉感在傍晚天空阴沉的环境中感觉更强烈。现在，这里有 19 个工业遗产旅游景点、6 个国家级博物馆、12 个典型群落及 9 个瞭望塔，是观光的好地方。没有良好的艺术规划、高品位的设计，还有巧夺天工的技巧，这是无法完成的任务。

　　还有，历史遗存由内而外透出的质感是外表光鲜无法比拟的，所谓"质感存真，色感呈伪"。要使质感显现，就要善待老艺人。现代工艺和材料多有过人之处，但不适合古建筑，比如侗乡鼓楼的掌墨师，仅凭一把尺子、一个墨斗、一根丈杆进行地形测量，一座鼓楼的高矮大小便了然于胸。鼓楼的 4 根主柱、12 根檐柱、上百根瓜柱、上千条穿枋，以杉木凿榫衔接，不用一钉一铆，却丝毫不差，建好了就百年不倒。他们都是艺术存真的秘方"篓子"。

　　想起了一个制作毛笔师傅的故事。老宋制了一辈子笔，朋友们都说他是"笔痴"。他对每一位进店的客人，问得仔细、试得仔细，挑笔只选对的，不一定选贵的，有人说他傻，有人说他痴。老宋把笔搁下，手心朝下，摊开手给人看：所有的关节上都有裂口，冻疮则零散遍布整个手背，红肿发亮。老宋轻按那些冻疮说："30 年制笔留下的纪念，一到冬天，它们就回来找我了，痛痒的位置都一模一样。你看，不认真，哪对得住这双手？"

　　用制笔的精气神对待一欧元的房子，艺术气息自然就来了，魅力当然就会从里到外透出来。

新闻背景：今年刚好是中英文化交流年，前不久到访中国的威廉王子无疑来得正好，而他来上海给"创意英伦"盛典站台也让世界把目光集中到了上海的创意设计上。一天之内接连三次亲临盛典现场的威廉为中英友好交流年加足了"柴"，更引来了更多英国人关注上海创意设计。

威廉，找到创意"小伙伴"了吗

——英国王子来访，留给上海更多思考

● 威廉到访上海，无疑为上海这座"东方魔都"加了高分，无论中国人还是英国人恐怕都想知道代表"创意之都"的威廉为何选择了上海

这几天，我看到英国各大媒体上几乎都有关于威廉王子访华的报道。据英国媒体报道，威廉王子这次上海行，最初是威廉王子主动提出访华的想法而成行的。正好今年是中英文化交流年，他去启动 GREAT 创意英伦盛典开幕式，这是一个很好的契机。尤其是威廉王子在上海一天内三次亲临创意英伦盛典的举动，让不

历史悠久的伦敦皇家阿尔伯特音乐厅剧场在现代创意的加盟后，显得时尚又年轻

少英国时尚人士敏锐地抓住了重点，更加关注起上海的创意设计。几十家英国品牌、机构、公司来到上海摆摊设点展示其傲人的创意成果，捷豹、路虎、汇丰银行、BT……哪一个都大名鼎鼎。当然，还有最潮、最呆萌又最温馨的《帕丁顿熊》首映式，威廉不仅亲自到场，还力主张艺谋等中国大腕一起站台。在展示了英国人善于把动物戏拍得风生水起、有声有色的特色外，电影的中国首秀也创意十足。

众所周知，创意产业是英国人最先提出的，经过 20 多年的发展如今已成为向世界输出创意的重要"水源地"，上海受到如此重视，首先是因为这座城市有着良好的创意基础：上海是世界大品牌心仪的入驻城市，国际知名设计也纷纷在此设立分支机构或者举办展会，像米兰设计周今年将在上海办展览，而巴黎设计

周则打定主意要抢在竞争对手之前进入上海。

伦敦的街头廊道

更值得说的是，最近数年上海颇具世界影响的事情，像上海自贸区、APEC会议、世博会、亚信峰会，作为舞台和影响力的源头，上海创意设计、上海接受世界创意设计的胸怀都给地球人留下了深刻的印象，比如自贸区里的文化市场开放，让世界对上海文化创意产业充满了期待。还有，2011年，上海加入全球"创意城市网络"，被联合国教科文组织授予"设计之都"称号，目前美国迪士尼、东方梦工厂等世界级研发中心和重大项目已相继落户上海。

正因为好事在后头，所以当威廉王子站在上海滩上为英国的创意和艺术造势时，英国人自然会为他的先见之明而叫好"点赞"。

● 那么问题来了，当英国人有意选择上海成为自己的创意"小伙伴"时，上海的创意艺术究竟会以怎样的态度来应对

回国后，面对英国媒体，威廉亲和地称，"中国人民很热情"，"中国人很智慧很富于创造激情"。我曾看到威廉王子在中国接受采访，他还谈到了鸡缸杯，称中国的陶瓷艺术影响了整个欧洲，包括英国王室，中国人送给他的鸡缸杯太漂亮了；中国的创意艺术十分高超，那尊熊猫吃竹子扮相的小羊十分可爱，也很国际化，他十分期待文化交流年来到英国，以便让更多的英国人感受到精彩的中国创意艺术。同时，他表示相信，中国也会像英国这样加速培养好创意艺术的肥沃土壤。

在中国几个创意产业相对发达的城市中，上海的创意产业起步较早，发展较为迅速，但也存在趋利行为"驱赶"创意内涵、同质化竞争严重等问题。全球创意网络中的许多城市，像美国东海岸的纽约、波士顿，西海岸的旧金山、洛杉矶均表现出创新创意效率高、创意转化率高及产品接力效率高等特点；日本虽然缺少美国式的强劲势头，但其创新创意的极致追求，让人叹为观止。曾经风靡全球的索尼"随身听"（walkman），无论颜色、质感，还有随形贴耳的造型，细节之处体现出的人性化设计想必很多人都有体会，但你我都不知道它的发明者是谁。也许你知道"液晶之父"是夏普，再往下深究就只能回答"全体研发人员"了：这些经典创意设计问世，都与研发、创意团队在自己"创意田园"里拥有绝对的

自主权，甚至可以否定领导的决策有关。

而上海，这种欧美式的"计划外"创意和"计划内"的日本式创新模式都不是量身定做，因此，上海的创意要想更上一层楼，就必须破除"业态重于形态""重硬件、轻软件"的传统格局，提高专业化服务水平，让"市场"回到创意园中，让创意也有机会强劲点生长。

● 英国，尤其伦敦是个十分讲求规则文化的城市，但这并不妨碍它成为全球创意之都。规则意识被导入创意活动之中，如同法律保护成为创意设计的最大保护伞

相较中国其他城市创意艺术的环境和土壤，与英国伦敦最为接近还是上海。再加上，高屋建瓴的谋划，1997 年，时任英国首相布莱尔倡导的"创意产业特别工作组"诞生，布莱尔亲自担任工作组主席，并专门成立了一个文化、媒体与体育部，分管创意产业，"创意伦敦"的概念应运而生；伦敦本就是世界金融之都，政府的倡导、法律的护航，风险投资于是纷纷看好襁褓中的创意；还有，世界一流的高校开设了更多、更具有领先潮流的创意课程；伦敦拥有全英国最多的高等教育人才，尤其是创意艺术课程排在全球前三位。于是，这座城市云集了掌握 300 多种语言的世界各地人士，有了 40 多万人的创意大军，风险投资是其他产业的两倍：这一切，都是创意的源泉。

而上海，也有这样的潜力，所以，英国人把这里看作是自己创意的"小伙伴"，颇有些惺惺相惜的味道。英国有部著名动画《小羊肖恩》，这次在创意伦敦盛典上化身成了三十座雕塑，邀请了全球著名艺术家进行创作。中国艺术家徐冰等人创作的两只小羊，被陈列在最醒目的位置，他们分别描绘了吃竹子的熊猫和中国西北虎共枕的风情，威廉王子亲自为它们"点睛"。威廉见到马云，第一句话就问："生意进展得挺好吧？"因为已有超过 130 家英国品牌在马云网上铺子里开店，其中就包括爱德华八世专供茶 TWININGS 红茶、伊丽莎白女王专用的折叠伞品牌 Fulton、凯特王妃最爱的便携美发梳品牌 Tangle Teezer、乔治小王子同款背心 Cath Kidston、威廉王子脚上穿的 130 多个工匠 200 多道工序的鞋子 Loake、英国王室婴儿手推车品牌 Silver Cross 等。正是看中了上海相似的创意潜力，才让威廉王子如此钟意上海，也希望上海能抓住这样的机遇，让创意设计成为更加响当当的城市名片。

话题缘起：春节过了，上班族们又要回归天天挤地铁的生活中，不过只要稍加留心就会发现，地铁环境正变得养眼起来，国内拥有地铁的城市纷纷用艺术装点车厢、站台，得到了网友们疯狂转载和点赞。地铁艺术正不知不觉来到我们身边了。

为艺术氛围，地铁"蛮拼的"

这些年，我国的一线、二线甚至三线城市掀起一股"地铁热"。现在的地铁建设不光是拼进度、拼长度了，还得拼舒适、拼环境，拼艺术品位了。上海、北京就不说了，就说杭州、宁波、南京地铁就能感受到。

杭州地铁的艺术精品已经小有名气，应时开花结果、枯萎凋落的"四季葵园"装饰于墙，正应了人生的轮回流转绵延，彰显的是四季分明的美丽多彩；"莲湘节拍"属于杭州民俗故事，40 位身着窄腰藏青色衣服女子，手持"莲湘"，在充满江南韵味的建筑前，围绕桂花树翩翩起舞，跳起"打莲湘"。打莲湘雕塑宽 40 米、高 2.2 米，渲染的是杭州特有的节庆气氛，表达杭州人的热情好客；壁画中还有"西兴古渡""跨湖问史""盛话交通"

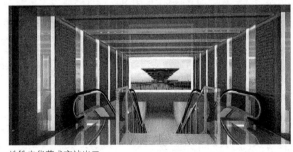

地铁中华艺术宫站出口

等历史故事；另外，"坊巷生活"则是杭州百姓故事。这些地铁艺术作品，纷纷斩获近期的城市雕塑大奖。

展示乡土风情，展现城市历史似乎成了新时期地铁的一致行动。宁波地铁充分调动了梁祝、天一阁、宁波帮等历史资源，扮靓梁祝站等六个大站。远远地，你就看到颜色鲜艳的蝴蝶趴在站棚上，那就是梁祝站；东门口（天一广场）站是海上丝绸之路重要遗存之一——庆安会馆所在地，站内壁画安装了许多三角柱，柱的右侧绘制的是三江口唐宋年间码头繁忙的景象：画中，古城门清晰可见，江边人头攒动，江中商船往来穿梭；三角柱的左侧是现代三江口繁华夜景图，夕阳未尽、火云烧天的背景下，华灯初上的三江口舞动着炫目光影，绚烂夺目。这是画家金林观的作品，你有时间尽可从左侧看过去、再从右侧看过来，效果大不同。

南京地铁则把述说历史上升到了民族节庆层面。也许因为南京是六朝古都的原因，艺术工作者们把传统节日中的元宵节、国庆节、中秋节、清明节、端午节、春节、重阳节、冬至、元旦等等都化作了地铁环境艺术作品，其中最为浪漫的当然要数苜蓿园站的"七夕节"了。"一边是暖色调，一边是冷色调，通过冷色过渡为暖色的渐变手法，暗示牛郎与织女之间的'天国'爱情故事。"主创者说，牛郎采用了暖色，以表现他给织女带来温暖；织女用冷色，以表现她被王母娘娘打入冷宫的遭遇。鹊桥如何展现？地铁站台中间的日月型天桥就是，艺术工作者们在天桥周边镶刻了12个传统的玉璧纹样，表达"一年聚一次"的概念，牛郎织女的爱情如天与地遥不可及、悲切婉约。苜蓿园站两侧立柱上画的爱情故事，如罗密欧与朱丽叶、西厢记、红楼梦等等，烘托的都是该站的爱情主题。

最近，南京的3号线更是将眼光瞄向了世界。主题定的是"红楼梦"，包括太虚幻境、元春省亲、宝玉见宝钗、湘云眠芍等9个，一一用雕塑、绘画等形式展现于地铁文化墙上。不过这回，南京想走国际范儿。业内专家说，策划团队在全球征集壁画绘画方案，试图融汇外国人看东方的主题，这一提议得到外国朋友的积极响应，不少外国人前来投标。"五塘广场的《太虚幻境》就是法国一位画家画的，在造型、色彩和构图方式上，有西方特征；有的画是三四个人合作完成的。"

看来，地铁环境艺术，可不仅是看上去很美，更要有城市文化打底。

点评：就该专业点

上海城市科学研究会副会长　束昱

地铁环境艺术在中国，这几年可谓是突飞猛进，已经不是当初的可有可无、附着点缀了，现已与规划设计同步，在投资建设中的占比也与国际同步了。

近几年，我参加国内城市地铁的规划设计咨询，发现决策者们都把"看上去很美"作为地铁建设十分重要的内容，要求专家们坦言直说，这是一件令人欣慰的好事。所以，我们无论是在宁波、杭州、南京、西安、武汉等城市乘坐地铁，无不眼前一亮，感到美不胜收，大为欢欣，心生"时间允许，再坐一回"之念。

因为新造的地铁都重视文化艺术氛围的营造，于是，市民也好游客也罢，稍稍放慢脚步，就可在地铁里读到这座城市的历史、风土人情，比如西安永宁门站的《迎宾图》：那是一面长14米、高2.65米金碧辉煌的天然花岗岩材质、高浮雕塑造技术与金属锻造的质感结合的大型壁雕。驻足，抬头，环视，就会发现大明宫、唐代侍女在喜迎外国使者，以"喜"迎宾客为主题，在花团簇锦、彩灯高挑的情境下，盛唐气象跃到眼前。

我们还欣喜地看到，现在的地铁环境营造，各地都是请艺术专业人士做专业的事情。上海请的是上大美院、杭州请的是中国美院团队、武汉请的是武汉美院、南京请的是南京艺术学院；宁波还让当地高校与清华合作，既提升艺术品位又提升当地艺术创作的水准，可谓一举两得。

艺术专业人士的艺术能量从策划开始，一直浸透到每一个艺术细节。南京地铁3号线，专家们不仅向国际艺术家们发出邀请，而且还定下"之前没画过《红楼梦》的不考虑；不知道南京为红楼梦故事发生地者不考虑"，问为什么？专家以《元春省亲》为例，说："元春省亲时穿的衣服应该是什么颜色，作为皇帝的女眷，她在什么场合才能露面，都有讲究，不能马虎。这幅画的作者是中国红学会的会员。"

因为请专家做专业的事情，中国地铁环境艺术上台阶的速度肯定会大大加快，无论是讲述城市历史、乡土风情，还是展现国际范儿，都不会再跑调。因此，我要为这种好做法点个赞！当然，如能进一步吸纳民间智慧就更好了！

夸张的灯，有点瘆人的蓝。这是国外地铁环境艺术的一种

新闻背景：今年两岸四地建筑设计论坛 3 月 28 日在香港举办。在已经评选出的建筑设计大奖获奖名单上，一件名叫"缝之宅"的金奖作品让我们对民宅建筑设计的关注热情再次燃烧。今天，我们的民居是否要在保留中国气派的前提下注入当代生活品质元素，老建筑、老民居保护设计除了"修旧如旧"，还可以将民居美术化。

烹调"民居"艺术味道
——美术化意识渗入建筑设计之后

● 全名叫做"混凝土缝之宅"的民居用一条"Z"字形裂缝摘得两岸四地建筑设计大奖的金奖，善玩砖头的张雷这回用水泥创造了一种抽象的房屋形式

全名叫做"混凝土缝之宅"的房子是大陆中生代设计师张雷的作品，位于南京。这座民宅被设计师有意安排了一道从屋顶贯通至屋脚的"裂缝"，填缝的则是时下流行的玻璃，他还让青灰纹路的墙面宛如细细的浪在层层地推，于是这栋楼在普普通通的旧楼群中探出半个身位，颇有些鹤立鸡群的意思。

外墙仿佛钢刀还未打磨的刀面，水波样的细纹一层层推到塔形的屋顶尖，方方的"田"

混凝土缝之宅

字窗、窄窄的"椅"字形状裂缝里溢出暖暖的光。这样一来，周围的房屋就成了衬托它的"绿叶"，在普通的街巷里看着小学生来来往往。最特别的就是房体上的裂缝，呈"Z"字的缝从屋顶一直划到地基之下，用设计师的话就是"裂缝发挥着出人意料的作用。裂缝利用自己的黑色能量，在主体和环境之间设置下一个外在的、最终的对立"。

● 那条"Z"字缝，让人想起大厨的"掂锅"，设计师不就是这样在那里"掂"着设计的锅吗？一条看似普通的缝，让房子顿时有了艺术的灵气

在我们看来，由于裂缝的存在，这栋民宅与周围的黄瓦、砖墙，空调外挂的宅子大不同，它虽然颜色是灰的，但由于长细的条纹便时尚了许多；裂缝探入地下，

暖暖的光也让傍晚的环境灵动起来；木条铺设的场所地面，让房体的灰添了许多的灵气和恬静。

进入房间里，你能想到的现代、舒适、生态、环保，应有尽有：木条装饰，从地面到墙面、到屋顶，森林的气息扑面而来；留出部分墙面刷上奶色的白，再摆上一张原木的丹麦格调的桌子，你坐在那里望着阳光洒在屋外的烟囱上，挂在对面屋上的空调还是那样的不协调：是啊，你的生活品质上了一个台阶，老房子当然就土了，你的生活品质就有了参照物。

● 其实，很多设计师都在烹调"民居"的艺术味道，房子还是常见的灰砖黛瓦，但艺术的品位已经天差地别了

记得住乡愁的关键是留得住美好的东西，是把民居的适居性用艺术手法"调"出来。

可喜的是，现在着眼提升品味的设计师不少，他们的实践品格让我们很温暖。有个叫做"清境原舍"的地方就是"一个是新田园主义梦想，一个是活化乡村概念"。设计师说，第一眼见到，这里的土地像是被炸弹炸过的，到处是巨大的坑；但这里的风景很好，这里的民居也很江南，这里是莫干山麓。于是设计师在这里构筑了十几间房子的清境原舍。村民说，这些房子让人想起曾经的小学校；建筑师说，我造了一个属于那里的房子。

如何造一个属于那里的房子？工艺和建造都是现代的了，水泥砂浆能造得出过去的味道吗？连建造房子铺地的老工艺都快消失了。但设计师还是用素混凝土、中空玻璃造了一座属于青山绿水江南的江南民居。地板、家具，包括里面的器物都是用循环材料。夜晚在那里可以闲看萤火虫飞舞，可以拍到闪烁的星空。结果，这家只有十三间房的小民宿已经被选为今年全国最佳民宿，也拿到了最时尚的各种奖项。正所谓，房子还是常见的房子，但因艺术而已然尚品。

评论：复苏记忆

无论是"缝之宅"，还是清境原舍，都是在原有的场所里长出来的新民居，无论获奖与否，重要的是，这些都是有思想的房子。设计师在其中加入了人生的思考，加入了美术化、艺术化的元素，于是这些外表有些异样，内涵已大不同的

住宅就成了鸭群中的天鹅。

这让我们想起了我们的民居保护、我们的城市更新，我们当然要在保护的前提下修旧如旧，但我们更要学会用艺术化、美术化的方法去创新设计，去更新场所的品质，去有机更新我们的城市。

清境原舍外表素朴，内质优雅，特别是其场所意蕴：沿阡陌小道盘踞而上，一路竹声涛涛，小溪湍湍；复前行，山腰豁然开朗处忽现野地近60亩，其远山近林的视觉层次感极佳，苍翠之中的村公所、竹编厂、茶场废弃已久，还有不远处那所紧藏在记忆里的山间小学堂。而

今，这里出现了十三间房对着那郁郁葱葱的林荫山峦，背倚的是绿茵茵的茶园梯田。这就是现代版的江南新民居。

中国的民居富有独特的美，我们要做的就是复苏老土地的记忆，用艺术、用美术感极强的形式。

新闻背景： 4月2日，世界建筑、室内设计和城市设计"大伽"们汇聚上海，围绕"设计的力量"这一主题展开了激烈的讨论。设计的力量有多大，还得看它能怎样巧妙满足人的各项需求。

灵动设计源自洞察人心
——2015 上海国际建筑师大会后思考

艺术是改变生活的"定心丸"

2015 上海国际建筑师大会围绕"设计的力量"这一主题展开了"内装设计

VS建筑设计，由谁做主？""大师论坛——城市设计""材料的变革""城市的时间逆流，改建or拆建"四大议题的探讨。

因为讨论的话题时新而且公众关注度高，所以也吸引了将近1 000位建筑业内人士与会。设计者们活跃在世界各地，

荷兰空中玻璃生态屋

进行着建筑设计、室内设计和城市设计，尝试着使用各种时兴的材料，在造型、结构、色彩到空间肌理、材料运用，努力地尝试着为城市、为环境、为人们创造更新颖、更有品质的生活。

荷兰空中玻璃屋的设计者保罗德瑞特（Paul de Ruiter），讲的是生态建筑，但我听完他的故事觉得这更像一个艺术改变生活的童话。他设计的玻璃屋是应业主"一座全年都能舒适居住"的要求而设计，高效节能、环境友好是必须的。于是，这栋建筑的一半被架空，另一半则位于它正下方的水池里。"建筑由两个长方块组成，一个浮于空中，一个沉于地下，我们创造出一座简洁、抽象同时壮观的别墅。"保罗介绍，主要的起居空间、厨房以及三间卧室及卫生间都容纳在空中长盒子中，通过玻璃门及不同的分区相互隔开。周圈通体的落地窗让周围空旷的景观平静如画地完全呈现。地下空间主要由车库、储藏间、卧室以及办公空间组成。其中在办公房间的尽端是一扇巨大的窗，可以远眺人工湖的风景。

这样的设计如没有锦心哪来巧思的绣手？要知道，这是在荷兰，一眼就望见海的地方。

设计营造现代居家最高美学

无论是建筑设计还是室内设计，抑或建筑材料，都和钱有关，可是艺术品位真的和钱有关吗？我看有，但边界清楚。

上海有档很火的电视节目《梦想改造家》，其中有位叫做刘昊威的嘉宾说的一句话特别好："设计是门应用艺术，好作品的核心是'人'，人一看就觉得好，品味就上乘。"这次建筑论坛上，他与大家一起分享了12平方米袖珍房的设计，用节目中的话来说叫："化腐朽为神奇。"

更神奇的是，上海滩14平方米的老房子，一家十几口人就挤在这里，以至于大家不能够同时坐下来吃饭。女儿照顾父母只能打地铺，而四五十岁的小儿

子也因为房子问题至今没有结婚。卫生间特别小，没有冲水马桶……生活很不方便。但经过设计师的精心设计改造，一切变得井然有序，房屋更是显得宽敞明亮，14平方米的老屋变魔术般地焕发出新的生命！

是装置，还是广告？肯定是创意作品

这家的小儿子的房间在阁楼上，可是你看不见楼梯，怎么上去呢？原来在进门的地方，高处有一副黑白相框，上面有许多老上海曼妙记忆的老照片。可当你用钩杆把相框拉下来，一个伸缩的钢梯就妥妥地站在地面了；更灵的是，阁楼被设计成了玻璃房，与整个公寓融为一体的同时还让一楼通透敞亮。怪不得有设计师在大会上感慨："浑然天成的设计理念营造现代人居家风格的最高美学。"

先抓住人心才能传递正能量

其实，无论是建筑、室内还是材料，甚至于城市设计，设计关乎人心，设计上乘的作品艺术一定是散发出正能量的。

令人高兴的是，这些理念已经被与会者清楚地认识到。设计师们说，建筑关乎城市，每做一个建筑就会改变城市一点。不要小看哪怕一个公共厕所，它都会对周围环境产生影响，对生活在它周围的人产生影响。因此，建筑不是单体的，它要与周围的交通流线、人的行为模式、生存环境、未来城市发展的整体规划等连动起来综合考量，因为建筑在与周边环境和谐的同时也改变着周围的环境，因此艺术的尺度和眼光就如设计的双眼。

再者，拿捏艺术的尺度和眼光，需要的是理念：设计源于人对自然的感谢。因此，一件好的作品是因为一个好的设计、好的艺术形式，而不是奢华材料的堆砌，尊重生命、尊重自然、尊重未来是好作品的"压舱石"。

评论：城市细节要慢慢磨

对于城市建设的速度要求，我们既要快，又要慢。从不同出发点考虑，我们在总体上需要快，这是符合社会发展要求的；然而，在城市细节打造上，我们又需要慢慢来，很多问题不慢一点，就很难做到精细。

对于上海这样拥有许多历史建筑的城市而言，城市细节更需要慢慢磨出来。在改天换地中保护老建筑所蕴含的记忆，慢慢拆、慢慢设计、慢慢地想好了再添再减也不迟。老祖宗传下来的法子是好用的，比如一栋建筑上保留南北朝直至明清的信息，这叫"信息沉积层"；而每代的必要添作那叫"有机更新"：能留则留，略修修就能留存的一定留，实在不好使的那就部分更新。当然，各代有

墙上是啥？还有一辆童车，创意无处不在

各代的艺术巧思，恰恰好的就填上去。于是，慢慢修、慢慢描，就让一栋建筑一座塔变成了一部艺术史。

城市细节要做精，离不开设计的力量，这就一定要艺术来掌勺。2015上海国际建筑师大会上，无论是隈研吾、罗伯特、保罗德瑞特都无一例外地谈到新文明时代里艺术和设计、科学和哲学的跨界整合等问题。他们说，"创世纪"是人类的使命，更是艺术发展的终极目标。隈研吾的发言颇值得我们品味：城市里的建筑是什么？对于建筑来说最重要的不是形态或造型，而是构成这个建筑的粒子。成功地设计出最合适的粒子，建筑与环境就能相互融合，建筑也就消失了。如何找到"最合适的种子"，需要经过一次次思考才能找到答案，但可以肯定，匆匆忙忙搞设计，肯定不会精彩。

话题缘起：春暖花开，国人的脚又开始痒痒了。逛闹市、看风景、尝美食，异国风光当然都欢迎越来越文明的中国人。可是你想到过去看欧美东洋的创意工场（园）不？最近，文化部的中国文化传媒网发布了题为"八个你此生不得不去的艺术创意圣地"的文章，读了大快朵颐，相信你去了定会大呼过瘾的。

这里不说艺术，但艺术无处不在

苏荷：不是艺术区，但艺术无处不在

苏荷（SOHO）位于曼哈顿的下城西部，您到纽约旅行，除了大都会和现代美术馆等大型博物馆外，我强烈建议你在苏荷的街道上逛逛，这里街道狭窄，很适合闲逛且没有巴黎那样的小偷光顾之忧。苏荷是被好事者点赞为创意指数四星、

艺术指数五星的艺术创意朝圣之地，因为这里"不是艺术区但艺术无处不在，是朝圣者心中元老级创意圣地"。

苏荷世界闻名是因为这间艺术区出现的时间早、涌现的大师多、从中走出来的名画廊多。苏荷原是纽约19

纽约苏荷区

世纪最集中的工厂与工业仓库区，20世纪中叶，美国率先进入后工业时代，工厂倒闭，商业萧条，仓库空间闲置废弃。五六十年代，美国艺术新锐群起，各地艺术家以低廉租金入住该区，这里渐渐就发展成为艺术家的天堂了。到60年代末，聚居在苏荷区的画家、雕塑家、舞蹈家、表演艺术家已经超过3 000人，现在这里的艺术家已近万人。

艺术家们对这里的厂房仓库进行修旧如旧式的适量改造；这里还建立了"替换空间"提供给租不起纽约市博物馆的艺术青年办展览；到后来，苏荷的画廊超过了千间，"新美术馆"及世界顶级现代艺术馆"古根汉姆下城分馆"先后落成，书肆、餐馆、咖啡座、时装店生意兴隆，苏荷的每一条街缝里都浸润着艺术范儿，就连空气里都弥漫着浓浓的艺思墨香。

于是，奢侈品牌来了，中产阶级也纷纷把家搬到这里，闲暇时与家人漫步在19世纪的鹅卵石街面上，或坐在阳光照亮的伞下慢慢搅动咖啡，悠闲地看着一家家奢侈品牌（这里有600家奢侈品店和100余家餐馆）：苏荷房价开始因艺术而飙升。

苏荷，涌现出了安迪·沃霍尔（Andy Warhol），他是波普艺术的倡导者和领袖，也是对波普艺术影响最大的艺术家；罗伊·李奇登斯坦（Roy Lichtenstein），另一位波普艺术大师，他创作于苏荷的漫画《酣睡的女郎》最近的成交价高达4 488.2万美元；苏荷还养育了劳森柏格、约翰斯等大家：他们都是这里的第一代居民。

巴黎与伦敦，右岸花钱左（南）岸赏艺

巧的是，巴黎与伦敦的市区都有一条大河穿城而过，一条名叫塞纳河，一条名叫泰晤士河。工业革命都是从河边兴起的，因为水上大宗物品运输较为方便。但20世纪中后期，工业革命换质，巴黎左岸与伦敦南岸相继衰退。于是，如同苏荷，

工厂、仓库废弃，艺术家进入：故事的起源都一样。

去过巴黎左岸的驴友们这样形容："巴黎右岸是用来看的，而左岸是用来走的；巴黎右岸是拜物的，而左岸是用来激情生活的。塞纳河左岸的艺术气息是从骨子里往外流露的。""左岸"，最早仅仅是一个地理上的区域而已，它指的是塞纳河左岸圣日耳曼大街、蒙巴纳斯大街和圣米歇尔大街构成的区域。这里有不计其数的个性咖啡馆、酒吧、书店、画廊、艺术品商店、美术馆、博物馆；在这里，一不留神你就歇在海明威坐过的椅子上，发现了毕加索框住的线条，看见了魏尔伦发过呆的窗口；你进入咖啡馆或者啤酒馆，说不定店家就会跟你说你坐的位子当年海明威、魏尔伦经常坐。这里的艺术观点和别处有些不同：现代艺术不是让作品看上去"美"，而是要用"前人没有的，不一样的方式"来表达对世界和美的理解。

伦敦泰晤士河南岸更多受到布莱尔政府文化创意产业政策的鼓励和引导，所以在这里的废旧港口码头和古老仓库中，你可以看见极富特色的电影院、优雅的餐厅、时尚的艺廊、风格迥异的咖啡馆；河畔的泰特当代美术馆当然不能错过，那是世界三大现代艺术展览馆之一，还有英国艺术中心、莎士比亚环球剧场；如果时间充裕，你可以买上一杯冷饮然后停下来，欣赏街边千奇百怪、滑稽搞笑的行为艺术、沙雕、个人乐队，他们个个古怪精灵；当然，这里有面墙壁还会唱歌，一张椅子还能和你的手机交换歌曲，哪一个？你去试试手气吧。

亚洲也有不错的艺术创意圣地

亚洲的创意圣地，咱们中国北京的 798、上海的 M50 就不说了，日本的立川公共艺术区、韩国首尔 Heyri 艺术村，还有泰国清迈宁曼路也不错。

立川公共艺术区的艺术范儿把这座小小的东京卫星城浓浓地"泡"起来了，从饭店门外的艺术街景，到消防箱、水龙头、通风口等，每一个环境细节都是艺术家精细打磨、重新包装而成的。晴朗的下午，背着行囊漫步在立川街头，你会发现自行车躲在玻璃箱里，红红的冷饮杯大喇喇地站在小广场上，广告牌上的爱因斯坦正在看你转过街角，就连字母"B"的站姿都这般耍酷。猛一抬头草丛里站一群异乡的人在那里集会，那是雕塑：如果你无法适应快节奏的生活，就来立川求"播"并乐呵吧。如果走着走着，被红红的大茶杯挡住了去路，你就问问肚子"该喝一杯了"。

韩国京畿道的 Heyri 艺术村展示的是艺术的温情。这是一个韩国作家、电影界人士、建筑师、音乐家等多领域艺术家群居的文化村，他们的工作室、美术馆，众多漂亮的建筑共同形成了一个集创作、展示和休闲为一体的复合空间。原来，1997年，一群出版人相中了这块偏僻但价格便宜的地方，打算在这里联合经营。但消息不胫而走，画家、摄影师、雕塑家、作家、建筑师，甚至电影人纷纷来到，他们齐心协力从政府手里买下这片土地，然后立下规矩：房子不准超过三层，环境一定卡通。不信？你带小朋友去看看，草莓主题公园、红色烟囱、卡通人物、迷你装置，走几步就碰上一个，保证小朋友不愿走了！当然，如果你们恋爱中，那这里就更加可人了。

还有清迈，被中国的艺术青年亲切地称为"充满文艺范儿的达人街"，说它一点也不逊色于欧美国家主流的艺术街区，这里的精品店里你轻易就能淘到好货；如果你是泰国某影星的粉丝，说不定还能碰到她们手绘、编制的艺术品，当然都是泰风劲吹的东西哦。具体是啥？泰国很近很方便，哪天您抽空去转转。

题内话：艺术创意，不要硬闯要生长

其实，媒体所说的创意圣地说法不一，但纽约、巴黎、伦敦无论哪家榜单都有它们的席位。为何？

因为这些地方都曾是标记一个时代的工业大哥大，它们转型都是在老厂房、老码头、老仓库中进行的，不大拆大建，不割断文脉，于是艺术生长的境遇和痕迹就接地气，长成的东西就来历清晰，谱系历历分明，也就很有艺术范儿。这些地气，往往变身成为艺术家们创作的灵感和格调。

因为可持续，我们的城市就有故事，一个有故事的城市也就会是有胸怀、有品位、有艺术范儿的城市。在这样的城市里，我们的创意不会是"Duang"地一声无厘头、不礼貌地闯入，而是顺着老房子、老码头的墙根、石头缝慢慢长出来的。要那么快干嘛！慢慢长好了，这样艺术的文理就清晰，脉络就清晰，端进日子的艺术品当然就适合永日的下午慢慢欣赏把玩了。

这样地方，世界方位内还有意大利托尔托纳、美国亚历山大的鱼雷工厂、伦敦克勒肯维尔、美国的洛杉矶酿酒厂艺术村……有空您都得去转转呢。

创意抑或耍酷

这里，石不能言最可人

——丹阳天地石刻园印象

这里，万石吹响集结号

对于很多上海市民而言，丹阳的"天地石刻园"还是个较为陌生的名字，虽然它就在距上海一小时高铁路程圈内。

但，这并不妨碍石刻园展露出的天地霸气：40万平方米的展览面积、1.5万平方米的建筑面积，室内室外陈列着8000件大大小小的古代石刻艺术品，它们包括文臣武将石像、真武帝君石像、麻姑献寿石屏、关公像、牛王菩萨、铭文碑刻、门当（面子）龟趺，光是拴马桩就乌压压将近600根，风一吹，稠稠的草丛里立刻万马嘶鸣，铁蹄匝匝有声。

这些石刻珍宝上至西汉，下至民国，跨越2000余年，从室内蔓延到室外，汇成了面积1200亩的浩瀚露天（室内）博物馆：一厅七馆的室内石刻主题区，石塔石佛荟萃，麒麟天禄成群，石兽碑碣林立，小的几十斤，大的重至20多吨，个个形态逼真、呼之欲出。

走过石狮迎宾大道，进馆，一抬头，我们猛然见两层楼高的金刚怒目下视，一惊，那边还有一尊；藏在金刚身后的则是一条浅浅淡淡的黄色灯光带，那就是曲曲长长的展廊。是展廊，更是石窟，每个石窟里都"藏着"一尊石像，它们从何时何地何方来到这里，墙不言石不语，廊道便沉默成一条塞满了故事盛满了阅历的时光隧道。怪不得一位南京的游客感慨："不去丹阳走一走，怎知石头会唱歌。"

相当高超的展示艺术，让石头在这片齐梁故土上起舞唱歌

这里是齐梁故地，为何？齐朝开国皇帝萧道成、梁朝开国皇帝萧衍（多次舍身佛寺、创梁皇忏）的老家传说就是这里；再者，丹阳地名民间还别解为"丹凤朝阳"，多美妙！

有着6000年文明史和2400多年的建城史的丹阳文化底蕴深厚，至今丹阳的田野里还蹲着沐浴了近2000年风雨的天禄（古代传说中的神兽，多雕刻成形以避邪，谓能被除不祥，永绥百禄）。

8000件文物当然大都是无法复制、精美得很的艺术品，好好保护它们并让

其发挥应有的审美、教育作用就成了丹阳市的头等大事。专业的事找专业的人，中国美术学院就成了肩负这一使命的艺术团队。

"采用凤凰意象，将展馆设计成为一主七羽的样子。"团队设计出主体展馆作凤身，七支羽翼作凤尾，这样就形成了"凤凰展翅"的独特造型，馆馆之间用弯弯的、长长的走廊接续相连，丝丝相扣；连接廊道用玻璃廊房呼应外面的绿树碧水、草中石狮。这样，空中俯瞰，红红的展馆与竹林石凳、小桥溪水绘成的就是"万绿丛中一点红凤"的意象，构成的就是一幅石刻与自然浑然一体，圈而不隔、藏露呼应的恢弘展图。

驴友直言石刻园适合小雨的天穹下细细观赏："微微的细雨里，信步走去，随意便可以发现，湿漉漉的花草丛中有一只石马静静站立，仿佛等待着它的主人然后向远方奔去；前面那尊石俑就是它的主人吗，他在想什么呢？我们就这样在雨里、在草地里任性地走着，那些历史的石迹就在我们伸手可触的地方。"你能想象出，室外文物艺术品超过 6 000 件是何等气象！

捐赠者的资料十分稀罕难寻，但 8 000 件珍藏一朝捐献的慷慨足以说明一切

终于，发现了捐赠者名字叫做吴杰森，他是一位加拿大籍台商，目前在大陆做生意。他多年来醉心收集各种时刻作品，小的巴掌大小，大的有数十米高的千佛塔，至于石碑、石门当之类，那更是数不胜数了。

渐渐地，宝贝越收越多，吴先生就想着为这些珍宝找个"家"，这消息被丹阳市有关领导获悉，立刻反复前来商讨，最终确定都放在石刻园里。2008 年，吴杰森将其收藏的 6 000 多件石刻全部捐赠，当年石刻从上海运到丹阳，连运几个月；2009 年，他再次为未来的石刻园捐赠了近 1 400 件石刻文物。

如何保管好并让这些珍贵的东西发挥滋养作用？精明的丹阳人联手中国社科院为文物量身裁剪，在馆内馆外让艺术品各安其所。"有些还未弄清它们的身世，还希望海内外方家前来探奇鉴美。"丹阳市委宣传部的同志说。

至于吴杰森是做什么的，身世如何，一概不知。不信？你上网查查，晓得了，告诉我。因为我除了石刻园，只知道他有年冬天给山西运城贫困家庭送去了近万元的生活用品。不知道他是何方神圣又有什么关系？上万件艺术品就是他最好的"名片"，因为这让我明白了一个简单的道理：热爱就要学会放弃。

言论：博物馆当然可以是露天的

吴杰森当然是酷爱痴迷石刻艺术，要不然那些原本散落在天南地北五彩缤纷的石刻如何能够揽入怀中，那是需要长时间投入、不畏艰辛搜罗并具备相当的艺术鉴赏力才能完成的。当热爱成痴，痴而持满，吴杰森终于让自己也淹没在数千年的"石头传奇"大海里了，于是，终于到了必须为成"海"的石头找个稳妥的家的时候了。

可是，即使再大的博物馆也纳不下八千之数，石刻园的设计者就让好多石头就在夕阳古道的草丛里看斜阳、唱大风，浅唱低吟那秦时明月汉时关。

原来，博物馆本就可以露天的。不信，你上网，输入"露天博物馆"，跳出的网页就有数十万条，大多是属于欧美等国，大多是建筑、地质或者先民生活遗址之类；但华盛顿却有许多博物馆也把展品布置到了馆外，和丹阳石刻园一样。

选择那些能够经历风雨阳光的展品，让更多的人前来欣赏，让老人在这里打盹、让孩子们在这里嬉闹或者临摹，艺术岂不是更得一片广阔天地？但愿更多的艺术露起天来。

新闻背景： 在"美国偶像"最新一期中，著名歌星詹妮弗·洛佩兹演唱的 *Feel the light* 堪称美偶史上最美表演。洛佩兹的歌声没话说了，关键是她穿的那条裙子，巨长。多长？20英尺半径40英尺直径（长6米多、直径12米多），纯白色长裙，想象力不够使了吧？最奇妙的是，设计师将五彩灯光打照在这条私人定制的巨型白裙上，于是，台上一会儿星光灿烂，一会儿浪花朵朵，一会儿春暖花开，一会儿灿烂银河系旋转成涡，美极了。

灯光艺术：除了炫目还可以极少

工业技术、自动化技术和数字化技术为灯光艺术提供了任性的本钱

近年来，自动化技术和数字化技术为灯光艺术的推陈出新提供了强大的支撑，灯具已经远非聚光灯、回光灯、泛光灯等这几种，功能远非遮光、调焦、水平和竖直转动这些简单动作，自动控制、事先光编程，应有尽有。

微电子技术、计算机应用技术、机电一体化技术出现后，灯光艺术跨入全面数字化的时代。就说电脑灯具，就包括了镜片反射式电脑灯、摇头式电脑灯、变色灯、电脑追光灯、激光灯等等，它们都是应用计算机技术的灯具。遮光、频闪、

调节焦距、光圈、变换颜色、图形以及在三维空间流畅移动光束等等，都是现代灯具的基本功，甚至还有三基色任意调色、空中三维成像功能。

灯具变为奇幻的灯光汇演，还需要灯光控制方式的革命。电脑灯具与传统灯具相比功能丰富得多，每一只电脑灯具一般都具有十种至三十种以上的功能；而这样的电脑灯具一台晚会就有几十上百种，要对它们的变化进行控制并释放灯光华章，数字电子技术就该上场了。最近，我在英国千年眼、法国埃菲尔铁塔所看到的灯光艺术汇演，都是由数字技术实现的。

灯光表演当然是一门艺术，它是一种动态艺术，当代的灯光艺术已经发展成为具有自我表现能力的艺术形式。以机电一体化及数字技术为根基，才思横溢的灯光设计师就可以随心所欲地进行灯光艺术作品的创作。最近的成果是洛佩兹的音乐会，灯光美学诠释出的舞台艺术魅力让人非常愉悦。

面对无极繁华，我倒觉得：少到极处是功力，淡到白处是七彩

但我觉得，每逢晚会必是灯光的海洋，可以吗？当然可以。必要吗？不一定。

最近，在纽约看了弗拉文（Dan Flavin）回顾展，图标系列（icons series）、对角线系列（the Diagonal）、纪念碑系列（Monuments to V. Tatlin）……都只有简简单单的几根日光灯管，简简单单地排成对角线、矩阵、圆形，或者布置一个似乎有倒影的走廊，走廊仿佛被"鱼眼"镜头"翻译"过。

弗拉文早年服过兵役，学过四个学期的绘画，在哥伦比亚大学学过艺术史，然后干的工作是开电梯。开电梯时，他遇见了几位极少主义的艺术家索尔·勒维特（Sol Lewitt）、露西·利帕德（Lucy Lippard）和罗伯特·赖曼（Robert Ryman），然后他用荧光灯管和日光灯管开始灯光装置创作，他也以巨大的成功进入极少主义艺术家行列。

我看到的就是这位大师的回顾展，弗拉文用数量极少的荧光灯管发出的光让空间内部具备了无限可能性，灯管里的光色彩是那样地不由分说就"插入观众的眼球"，每一位观众都被他营造的光环境和周遭空间深深迷住了。

观看"无题（untitled【1972-1975】）"，我从黄色、粉红色光渲染的廊道中踩着光的倒影走过，心中莫名地想起杜尚用非艺术的材料去唤起人们对传统的油画色与光的幻觉，其做法就在弗拉文身上再现了，他们都是极少主义门里人。弗拉文在 1968 年之后，将艺术创作推向更大的空间，德国卡塞尔的整个 Documenta 4 博物馆都变成了他创作的灯光装置；他甚至将灯光雕塑的空间扩大到了整个建筑及建筑外围，纽约古根海姆博物馆的灯光装置就是他的艺术装置品。

有部分批评家批评他的作品"只是一些排列的灯管而已"。我倒要说，弗拉文手里，灯管就如同画家的笔、雕刻家的刀，创作出的灯光空间才是作品；更何况，他的作品呈现出的美纯净如水、神韵天成，他用最少的元素营造出最棒的效果。

正如白色，虽然蕴含的是赤橙黄绿青蓝紫七色，但因为均匀调和谐"端"出的却是白。

应该捡起"少就是多"的大旗，为了地球，为了人类

就美学原理论，弗拉文的作品就是单纯到毫无装饰的天籁，没有装饰，作品物质形态就是观众视觉经验的全部内容。正因为极少，他的光空间张力强大，观众不去欣赏、不去遐想是不可能的。

弗拉文走的是极少主义路线，其鼻祖杜尚就开始呼吁艺术创作"减少、减少、再减少"，画面单纯、色彩单纯、造型语言简练；到后来，极少主义在美国蔚为大观，有的将其称之为"ABC艺术"，浪潮波及绘画、文学、建筑、音乐等领域，力主艺术回到它的本原，以极简的方式崇尚自然、崇尚本原。

如果你在街头碰见左右前后看上去形象都差不多的雕塑，那就是极少主义的了。极少主义不主张用天然材料，因为他们想让作品没有历史内涵，所以喜用不锈钢、电镀铝、玻璃等材料；极少主义创作崇尚机械加工，刻意追求画面或雕塑表面的光滑平整，作品中只出现一两种颜色；极少主义雕塑基本没有基座，且从哪个方向和角度看，作品的形象都基本一样。

有人说，极少主义艺术品的"意义"在作品之外，作品本身提供的不过是一种契机。我觉得，极少主义是工业革命成果辉煌之时，艺术工作者们自觉不自觉的一种反思逆动行为：我们为什么要营造花团簇锦的辉煌效果，我们不可以歇一歇，不再无限度索取自然呢？

我赞赏极少主义艺术，因为地球只有一个。

观点：艺术应该有"悲悯情怀"

弗拉文的灯光艺术，对照今天灯光艺术的无所不能，越发觉其珍贵。珍贵就在于，几根简单的灯管，经由艺术家的巧思和设计就能幻化出惊艳的作品（环境、空间）。原来，少就是多。

当今，越来越多的人认识到：人是地球的过客而不是主人，人是借居地球而不是主宰。所以我们的态度应该谦逊，而不能当那只进入瓷器店里的大象。如何以更合适的方式对待我们眼中的一切？应该以艺术的方式，艺术的方式当然是真

善美的，艺术的方式当然具备"悲悯情怀"。

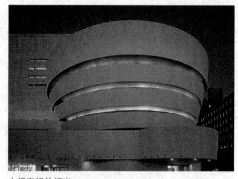
古根海姆的灯光

何谓悲悯情怀？悲悯情怀不是悲情主义，而是以己所不欲勿施于自然的心，是因为喜欢而不去剥离的换位思考之心。比如，我们喜欢朱砂，就尽量少去开矿，因为朱砂都埋在生态脆弱的地方；我们喜欢花儿，就别去摘它；我们喜欢热闹，就少去灯光繁华的地方。

悲悯情怀，让艺术消耗自然更少，作品更有分寸，更有韵味，就如同弗拉文的灯光艺术，让我们过目难忘、回味悠长。

新闻背景：再过 12 天，五年一次的世博会就在意大利米兰开幕了。仿佛上海世博会的辉煌情景还在眼前，以"滋养地球、生命能源"为主题的米兰世博会又将给我们带来什么样的惊喜？面对米兰世博会主题，我们不禁还要问——

地球，我们拿什么来滋养你

米兰是谁，米兰有什么？

米兰对于大多数中国人来说，还是个陌生的名字，虽然球迷们都知道米兰足球队，虽然拍过婚纱的人也许知道"米兰"二字，但米兰究竟在哪，它为何斩获 2015 年世界博览会的主办权？

米兰是意大利第二大城市，米兰都会区 GDP 占意大利全国总量的 1/4；米兰是欧洲三大国际大都会之一（另俩是伦敦大都会、巴黎大都会），拥有四个机场，其中三个为大型国际机场；米兰拥有世界半数以上的时装著名品牌，是世界四大时尚之都之首，阿玛尼、范思哲、普拉达、杜嘉班纳、华伦天奴、古奇、莫斯奇诺等世界顶级服装大本营都在那；米兰时装周甚至有"世界时装晴雨表"的美称。

当然，这里还有米兰大教堂、斯卡拉大剧院。还不够？作为文艺复兴的重镇之一，米兰拥有的艺术大师数量多得如天上的星星：达·芬奇的《最后的晚餐》和众多手稿就在米兰，米开朗基罗生前最后一个雕塑也在这里，还有拉斐尔、提香、佩鲁吉诺、毕加索等大师的绘画收藏在布雷拉美术馆；米兰还有博物馆之城的美誉：斯福尔扎城堡、斯卡拉大剧院博物馆、二十世纪博物馆、达芬奇科技博物馆、米兰国家科学技术博物馆、尤立科·赫依颇利天文馆、巴加蒂·瓦尔塞基博物馆、波尔迪·佩佐利博物馆、米兰现代艺术博物馆等，数不过来啦。

作为工业革命的发源地之一，米兰还有一个雅号——设计之都。在这里，你漫步在大街小巷，大大小小的室内空间里，美感无所不在，设计在街头巷尾不经意却又匠心独运，让你常常感叹：这才是诗意栖居的地方！

从工业到后工业，从攫取到回馈，熟透了的大都会在想"只有善待滋养地球，生命才有源源不绝的能源"

工业革命的成果让米兰成为了意大利乃至欧洲的重要城市，不信？它可是全球居住昂贵排名第十二的城市。这里，你想得出来的工业门类它基本都有，人家早在 1906 年就举办了一届世界博览会。那一年，瑞士首都伯尔尼至意大利米兰的铁路线上一条全长 19.8 公里的辛普朗隧道通车，这条隧道海拔高、施工难度巨大，为表庆贺米兰承办了世博会，更值得一提的是中国也成为了 25 个参展国之一。

如果说，那年，米兰展示的是人类的肌肉，今年世博会主题就大变了。靠什么"滋养地球"？减少消耗、减少碳排放，但只要人口在增加，地球的负担总是在变大的。于是，滋养地球就需要艺术上场：都说扔掉的是垃圾，不，那是放错了地方的资源、财富，所以现在"再生艺术"大行其道，就是人类向零排放、自循环的方向前进。

如果说，上海世博会"城市让生活更美好"还是人本位，米兰世博会传达的显然就是"人是地球的寄居者"的理念了。问题是，我们该采取怎样的态度，该用什么方式寄居？人类经过数千年的繁衍发展，已经不可能再回"山顶洞"了，生活品质不降低，但地球环境要养护，那就倒逼我们人类别再一味高飞而忘记回归，忘记了人与自然的和与顺。用艺术就能找到人与自然的平衡点，助推生活品质的提升。

正因为如此，占地面积为 170 万平方米的米兰世博园采取的是一个整体化的展区，并让每个参展国在世博大道上获得一块土地，种植本国特有的蔬菜水果，所以它更像世界农展会。如果你去游园，进园前千万别吃太饱，因为园内的世博大道上世界各地的美食会让你眼花缭乱的，它们甚至美得你不忍下口，当然最后还是要大吃特吃的。你还会在进园时领到一个 Life 纸水壶，很漂亮、很干净，白色和翠绿搭配，纸做的，有些古典的味道，淑女拿着最相配了。想喝水了，拿着纸壶到饮水器上接就行了；水壶出园时被收回。嘿嘿，知道你想留；可壶再美，你也得交，滋养地球呗。这样，就可少用或不用一次性塑料瓶，排放就少了，地球就好了："器用艺术化"，人与自然就能"腻"到一起，你说呢？

滋养地球，艺术还可以做得更多

世博会，当然不能少了中国，意大利人从去年 10 月就开始了中国路演，北京去过了，上海来过了，指望国人去看的心情地球人都知道。

中国也给面子，万科馆是米兰世博园区第一家竣工的展馆，企业馆也已就绪，国家馆现在也进入调试阶段。

企业馆外部由半透明、会呼吸的"生命之膜"裹起、建筑本身呈现出"负阴抱阳"的姿态、参观坡道是从 DNA 螺旋结构中汲取灵感……"中国种子"为主题的企业联合馆一定会在米兰"滋养地球"。中国国家馆，设计理念叫"风吹麦浪"，不清楚是何种景象？北方的麦子马上就要成熟了，你站在山丘上，就能感受到它的气势。我倒觉得它很像当年大禹在陕县开会时的"大草棚"，一棚能坐上千人呢。设计师说，我们的祖先就是"滋养地球"的模范，华夏古代文明就是生态文明的典范。

这回，你在米兰世博园里，远远地看见麦田和高高的大草棚，那就是中国国家馆了。"颠覆了传统展馆的模式（设计师语）"，5 000 平方米的展馆被融入了"当城市与大自然和谐共存时，'希望'就能够被人们感知"的核心理念，展馆的浮顶上，波状木结构诠释的是城市地平线与自然景观的阴阳（天人）和谐，你若不知道当年大禹会议厅的模样，看着这间竹木瓦式结构的中国馆屋顶就知道了，设计师说"屋顶面板穿插着中国传统木结构设计与传统中国的陶土屋面建筑意象"，体现中国建筑营造从古到今一脉相承的"活性"及与自然的"有机连接"。

进馆，来自中国的 40 个省市魅力一一为你绽放，场馆中央的多媒体为你呈现"希望的田野"，每一个 LED 灯的光束就是一根小麦了；你还可以走上升降台，鸟瞰场馆内外那"金黄麦穗的希望田野"：这一切，都是艺术手段呈现的了。

不光是中国，奥地利馆就像一座脚手架与框架结构粘在一起的未完工的房子，无数的桁条纵横穿插、层层叠加，设计师把这叫做"网格结构，木材框架"；里面放着好些土壤，游客进去就可得到种子，然后种下，设计师"喂养地球"的思路就实现了。意大利馆叫做"生活之树",从万神殿到布鲁内莱斯基再到内尔维,圆屋顶和树整合为一套结构网络,转化为一种抽象的根系。大树林立的意大利馆很乡村,设计师说"这是生命的完美象征"。法国馆网格状的"多产市场"、伊朗的波斯花园:本届世博会的设计师大都喜欢用网格化、种子化、森林化等艺术手段来诠释米兰世博主题、亲近自然。

题内话:艺术与自然的距离最近

人类经过数千年的发展,已经用无数的智慧和大量的财富证明,地球有了人才有"盎然生机";也因为人,正越来越不堪重负。

于是,米兰在用数百年的时间展示了人类强健的肌肉后,现在开始收束锋芒回归自然,滋养地球。文明已至今日,人类不可能再回山顶洞中,我们滋养地球,完全可以采取聪明的方式——艺术。

艺术于人,展示的是美,是愉悦;艺术于地球、于自然,表达的是和谐,是圆融一体。因此,艺术在人与自然之间搭建的桥是最近最便捷的。

这不,米兰世博会中国馆政府总代表、中国馆组委会副主任王锦珍正在说话:"我们把这个建筑称作'麦浪'。建筑方案通过建筑的屋顶、地面和空间,将'天、地、人'的概念和水稻、小麦的元素融入其中,屋顶采用竹编材料覆盖,在意大利灿烂阳光地照射下,折射出金色的光彩。对应米兰的日照轨迹,屋顶选择不同透光率的竹编面材,将自然采光引入室内。"演绎中国味道,高张天人合一,一切都让艺术唱主角,滋养地球,庶几可达。

米兰世博中国馆

新闻背景：春天里，百花开，各种艺术展览也热起来。就如5月9日的威尼斯双年展，眼花缭乱的艺术形式纷纷亮相，这些艺术品让我脑子里又一次出现徜徉东京立川街头的情景。那个晴朗的下午看到的东西让我知道了——

原来，人还可以生活在露天艺术馆里

早就知道立川的街头有很多公共艺术作品，但没想到它们还可以这样：一抬头，就看见远远地，玻璃盒内装着一辆自行车，与银行标志相互辉映，感觉有些奇怪，往下一看，原来这是自行车停车处的"招牌"：玻璃盒里装的自行车是国际知名波普艺术家罗伯特·劳申伯格（Robert Rauschenberg）的现成品装置。当然是艺术品了，而且这辆装有霓虹灯的自行车就在银行入口的正上方，夜间还可以为人们指引方向。

立川街头的艺术品很多，因为商店及服务机构多：商场东面的停车场出口挂着一幅绘画作品；北口停车场入口处则是尊人脸造型的雕塑，眼睛上面的部分看上去很像一辆汽车的造型，原来这是斯特西斯·爱得里格维奇乌斯的《脸·车》；还有一座停车场的入口，放的作品很有意思：锯子从对面墙上的整体中切割下来，切下来的部分墙体与整体遥相呼应，仿佛残垣与断墙在对话，所以作品的名字就叫"部分和整体的共鸣"。

类似这样的作品很多很多。在立川，公共艺术作品都有待解读的实用与艺术合为一体的功能。远远就能看到的差不多3个成人高的红红的咖啡杯，那是提醒你肚子饿了，该进这扇门里去吃东西了；那杯子还是这家商场的通风塔，只看见红红的杯子不见塔吧；而且，鲜红的颜色在灰色的环境中显得格外跳跃：可谓一举三得。立川中央图书馆门前，你能看到天桥楼梯下有只巨大的购物篮子，3米8，篮子是我们家里常用的那种，名字叫做"最后的采购"，你可知道篮子里面也隐藏着一个通风塔。在立川，各种大型构筑物的通风塔，都被来自世界各地艺术家们的作品包裹得一干二净，名字也五花八门像"访客""靶子的背面""紧张缓和的形态"等等；中国艺术家牛波也有一幅作品，名字叫"缝起来"。红色的背景板，缝补过的裂痕，顺着缝线看过去就看到了插在板上的针，你说这样的作品应该放在哪里，想不出来？我看到了大红板上的禁烟标志了：可以想见，每一位到此吸烟的人看到这样的情景肯定不舒服。还不如戒了算了！

有的艺术作品还有指路功能。前面所说的自行车装置，它的指路功能十分鲜明；而霓虹装置等艺术作品更是如此。当你走到十字路口，看到红色的霓虹灯大门，如果你和朋友约定的就是这个地点集合，就到了；伊势丹商场的霓虹装置是瑞士艺术家史蒂芬·安托纳斯库设计的；伊势丹商场过道里是以色列艺术家梅纳什·卡迪舒曼的《自然不笑，人却微笑》壁画。这里，艺术家为人行道设计了三叶虫地砖，走着看着欣赏着，一路上心情都很愉快。这些街头公共艺术作品，有的利用了建筑物的一角，有的利用停车场附近的一根柱子，它们都巧妙的利用了街头的物件，并自然消融在城市生活环境之中。

不仅如此，立川的街头还有一些需要你去琢磨的作品，而且越琢磨越有意思。你很容易就能看到街头有张高高的椅子，椅子旁边还有一双鞋，鞋头对着椅子的靠背。应该还有人，但人到哪去了？如果你碰上晴天，扶着椅背，顺着鞋头看过去，就能看到一个人影子，在街面上斜斜地拖过去。在高岛屋商场附近的天桥上，有幅作品也很有意思：天桥外墙面不同位置上一段段由黑色涂料画成的弧线，初看像是随手涂鸦，可是当你走到斜对面的株式会社商店门口，站在一个直径大约10厘米的圆中，抬头朝天桥上看，本来七零八落的弧线被你的眼睛组成了一个圆；除此位置，其他地方都无法《圆满》。真有意思！

原来，立川人还可以生活在露天艺术馆里。

专家观点：关键是选对人

立川 5.9 公顷的街区被打造成了公共艺术的露天博物馆，其艺术与生活的水乳交融已经成为一个著名的城市公共艺术范例。仔细琢磨立川能成为世界学习的榜样，我觉得关键还是选对了人。

立川原来是一个名不见经传的东京卫星城之一，虽然它曾经作为美军空军基地。美军撤走后，这里被定位为"城市商业核心工程"，但只有七个街区的小城如何吸引人？立川的决策者们想到了"艺术"，20 世纪 90 年代初，立川举办了"FARET 立川"策划人公开招标会，结果北川弗拉姆中标，成为立川城市公共艺术顶层设计的大拿。

北川中标是因为他关于立川公共艺术工程的构想与城市管理者的想法不谋而合，这些想法包括：作品要反映 20 世纪艺术多元化的特点；满足建筑功能的艺术化要求，即把建筑设备、公共设施（通风口、车道、铺装等）都艺术处理了，让它们可亲可爱起来；第三条是城市环境艺术化、艺术作品生活化，让艺术成为城市生活的一部分。

北川果然不负众望。他突破种种限制，走遍世界各地，用钱精打细算，最后从世界上的 36 个国家，征集到 92 名艺术家的 109 件公共艺术作品，把大到饭店门口的造景，小至水龙头、消防箱、公共坐椅、地面铺装、通风口，都一一艺术范儿化，结果小小的立川市竟成为全日本公共艺术最密集，也最融入市民生活场域的美妙市镇。

需要指出的是，北川在作品征集、遴选和裁定方面具有至高无上的权力，就像中国民间谚语所说的"请师师做主"。虽然跑累了腿、说破了嘴，但北川征集来的作品，把那些像垃圾焚化炉等负面形象的公共设施一律美化了；建筑的入口、楼梯口，敞在视野里的排气孔、窨井盖、消防栓、停车标识等，遮挡修饰它们的艺术作品既实用又耐欣赏；当然，城市有些地方乱乱的那还是要用广告牌遮一遮、藏一藏的。

更值一提的是，北川选择作品的四条原则立意之高令人肃然起敬。立川虽是弹丸小城，但北川选择作品秉持的用国际化、多元化的尺度让立川的国际性一下子高大上起来；波普主义、极少主义等等体现时代特征的作品，你在立川一样经常碰到；作品所反映出艺术家的个人文化背景也很鲜明；选择拥有国际声誉，或具备未来发展潜力者的作品，让立川的国际性、前瞻性大增。

尽职的北川数年里 6 次出国寻找，相中艺术家后他很抠门地只买创意，让作品设计与施工分离，并请艺术家把关，这样大大减少了费用支出。于是，立川虽没有美国"百分比艺术"那样的出手阔绰，但总共千万美元的公共艺术资金还是征集到了超过百件出自世界各地知名艺术家之手的作品。

观点：思路变，天地宽

艺术与环境完美结合，艺术让生活变得有诗意，你就到立川去体会。

这里，整个街区就是一座露天艺术馆；这里，实用与艺术浑然一体；这里，人们生活在艺术氛围里。

仔细琢磨立川为何能小城赢得大声誉，关键是做到了请对了人，并赋予这个人一言九鼎的裁量权。

于是，我们在立川就看见了隐藏在生活里的艺术品：在路边停车位突然看见一辆截了一半缩小了空间的汽车雕塑；在行人道上休息椅旁发现正在打盹的女孩塑像；在路边看见花蛇盘绕对话的椅子；走着走着，不自觉就去伸手摸摸被"缝"的墙；去端详那只高近 4 米的藤编购物篮：这里，我们可以感受到公共艺术赋予生活的无限魅力；这里，艺术品随时随地挑战我们的感官，立川真正成为了不折不扣由艺术家创造的城市。

话题缘起：眼下跨界在艺术界很流行，各种各样的展现形式都有。恰巧今年 7 月初，我跟随国家文艺家交流协会组织的参观团，到欧洲考察文艺机构。其中，德国的旅程给我的触动很大，我们围绕"浪漫派与总体艺术"参访德国旧国家画廊，观看时装秀、音乐舞蹈等等，感受颇深——

跨界艺术缘何红火

与其说它是一幅画，不如说是一首诗

在柏林著名的旧国家画廊（Alte Nationalgalerie），我们享受了一次"浪漫派与总体艺术"大餐。

我们被弗里德里希·威廉四世这样的文艺拥趸者折服，看着他的铜像和他脚下围着的宗教、艺术、历史、哲学四位人物，心想着，文艺青年是一位皇帝，挺好！

威廉四世的十九世纪，德国和其他欧洲国家一样，弥漫着浓郁的浪漫主义和艺术跨界的气氛，画廊里的《海边的僧人》《沿河的中世纪城市》《橡树林中的修道院》等等作品，都在努力消除绘画、雕塑、建筑等艺术形式之间的界限。

给我印象最深的还是莫里兹·冯·施温德（Moritz von Schwind）《玫瑰或艺术家的旅行》，与其说它是一幅画，还不如说是一首诗：观景台上的女子和她背后高耸的城堡，这是一位贵族新娘；路上的玫瑰大约是台上丢下来的，前面远远地骑着马的大约是她的新郎，根本没去注意花儿；后面的流浪歌手看见了已经被踩扁的花儿，伸手去捡似乎被踩过的花：一位多么有情调的歌手啊！虽然相貌平凡、地位卑贱，却背着乐器向往纯洁的爱情。画面，景物简单写实，情节却复杂婉转。画面中，建筑的空间感、绘画的意境感，画面与情节的起伏跌宕，让我一下子在浪漫主义的氛围中不能自拔。

消除艺术形式之间的界限

这一浪漫艺术风潮是有理论旗帜的。它的名字叫"总体艺术",是由瓦格纳(Richard Wagner)在《歌剧与话剧》中最先提出的:两种或两种以上的艺术形式在同一艺术品中的融合。其目的是要消除各种艺术形式之间的界限。

其实,跨界在文艺复兴时期就有大咖达·芬奇、米开朗基罗,他们用自己的实践横跨多个艺术领域;"新艺术运动"时期的莫里斯、麦金托什等,堪称跨界艺术的佼佼者,他们打破纯艺术和实用艺术之间的界限,在以艺术对抗工业、以手工对抗机器的热情与信念中,创作出大量跨界艺术作品,建筑、家具、服装、平面设计、书籍插图以及雕塑和绘画等,文学、音乐、戏剧及舞蹈的界限也被他们轻松跨越。这一时期,德国的《青年》杂志是摇旗呐喊者,被称为运动中的德国"青年风格"。

近年来,像跨界艺术家——德国的康斯坦丁·格里奇,2010年就被迈阿密设计展评为年度设计师。他从家具、建筑到服装,兴之所至,无所不能。他的360°系列作品被纽约现代艺术馆列为永久馆藏。

跨界舞蹈强调互动性

在慕尼黑,我们还欣赏到了数场精彩的跨界舞蹈。音乐剧作品《黑巫师》长达5小时,情节取自浮士德民间故事,杂凑而俗气,但是舞美大型化、全环境(用灯光把观众席也当作了舞美环境的一部分)沉浸式,让人感觉如仙境一般。

各种街头舞蹈,形式早已超出传统"舞蹈式舞蹈"的范畴,每场跨界、实验的特点强烈,与其说是"舞蹈",不如说是"即兴表演",与观众的互动性极强。

英国编舞家纳森·巴罗斯带来的《展示与叙述》:布景只有两把椅子、投影屏幕和一架钢琴,还有电影《马太福音》开头的长镜头,音乐、舞蹈、剧场和电影作品……演出冗长,全靠演出者的幽默和睿智让满场欢欣。另一场我们看过的舞蹈,剧场光线忽明忽暗,地板颤抖,观众被排山倒海的实验音乐"炸"晕了:现实世界不就是这样吗?还有旧仓库里的奇幻灯光舞蹈,幽蓝、清冷而唯美,声音、灯光和舞蹈节奏居然那样的天衣无缝!

为何跨界艺术在德国如此红火?这得益于近年来德国一系列的刺激政策。像2007年提出"文化创意经济行动",随后成立创意经济职能中心为大家牵线搭桥;还成立电影促进基金、音乐倡议行动组,举办音乐舞蹈节、创意设计节等;在鲁尔区等旧工业区改造中,船头指向文化创意,受益的鲁尔区也获得了"欧洲文化之都"的称号。

新闻背景： 昨天是"五一"劳动节，一座城市用什么样的方式庆祝并铭记这个日子？杭州地铁用环境艺术很好地回答了这个问题。最近，我们跟随地下空间专家束昱教授来到杭州，用一天的时间亲身体验了这座城市地铁里的精彩艺术世界，感受到了神采飞扬的劳动者风采。

杭州地铁，用艺术为劳动者放歌

忙碌的上班族、滚滚向前的车轮、欢快的莲响节拍……杭州地铁的环境艺术展示的都是劳动者的精彩生活

杭州地铁向日葵

几乎清一色时尚女子，点缀些许时尚先生，还有欢快的小孩儿活跃着人流的节奏，他们都朝着一个方向匆匆而去，是去赶清晨的早班地铁？那些女子拉着清新时髦的拉杆箱，手部线条纤细，脚踩高跟鞋，发型或短或长、或堕髻乱颤或秀发飘洒，她们的嘴角线全都微微上扬：劳动着的日子是美好的；客人来了要欢迎，于是杭州的"小嫂儿"就打起莲响。"打莲响"是流行于江南的一种舞蹈，一根竹竿，两头挂上麻钱和各式装饰物，当人们拿着这根竹竿跳起舞来，就发出清脆响声，好听又好看。画面中的"小嫂儿"都着窄腰身藏青色侧开襟的衫儿，脸盘干净俊俏，身段曲线丰满；她们手持两头串着数个铜钱、扎着彩绸花穗的竹竿花棍，围绕着画面中心的桂花树，弯腰跳跃、俯身仰面，翩翩起舞，场面活泼极了、喜庆极了。

杭州地铁公共艺术以"一站一故事，百站一部史，一线一表情，十线城市景"的手法尽情展示杭州人的丰富生活，被专家誉为"杭州劳动者的精神运河"；被熟悉杭州历史的人称之为"光看画面就知道是哪儿"，比如看到向日葵就知道到了曾经的红太阳广场、今天的武林广场了：可见作为公共艺术的地铁壁画，被艺术家们研磨到了何种境界。

都市青花、阳光葵园、火车巨轮、坊巷生活……都是中国美院的艺术家们辛勤劳动的艺术作品，它们现在都成了水云杭州的一部分

熟悉中国美院艺术家风格的人们一看就知道这是许江他们的作品。"作为劳动者，搞艺术的人当然可以服务社会、服务地方，这是责任更是使命。"艺术家们这样表述自己参与杭州地铁艺术环境创作的心情。于是，从 2008 年，地铁建设还在酝酿时，他们就欣然接受指挥部的邀请，开始了长达数年的调研、孕育和创作。

调研，那是一幅怎样的图景？ 37℃的夏天，沿着 1 号线的 37 个车站考察，"亲历环境才能寻找到合适的视觉元素，挖掘地域人文因子"，艺术家们如是说，为了杭州，大多已经不再青春的他们每天挥汗不已、四处奔波，真的蛮拼的。

最终，艺术家们选择了 15 个站点，分为重点站、次重点站和特色站三类，安装公共艺术墙。按什么标准定站的轻重？当然是地理位置重要，凸显周边特色文化，反映老杭州的历史和新时代的变迁这几条啦。"城市文脉是一代又一代劳动者延续下来的，并且还要传承下去，艺术能为这种传承做点贡献是我们的福分，也是常说的机遇。"艺术家们说，机遇来了就应该抓住。

一色一象征、一物一关怀、一站一故事、一线一人文，艺术家们用色彩、用材料、用理念装扮每一片精彩的空间

调研、创意、设计，最终中国美院的这些艺术家们撷取了 156 项杭州的意象珠玑组合渲染一号线的地铁环境。"风蒲猎猎弄清柔，欲立蜻蜓不自由。五月临平山下路，藕花无数满汀州。"这就是北宋诗僧道潜笔下的《临平道中》，它如今已由画面再现于地铁环境里了。

创作团队结合杭州山水历史文化，提出一色一象征，一物一关怀、一站一故事、一线一人文的设计方案。采用朱砂、桃红、墨绿、贵紫、藕白、秋黄、湖蓝、靛青等传统色彩，塑造一色一象征；以青瓷、漆器、篆刻、书法、剪纸、折扇、石雕、竹编等当地物产，塑造一物一关怀；以历史、人文、都市、自然等，表现一线一人文。

艺术家工作环境怎样？《都市青花》是美院周刚的作品，要布置在客运中心站的站厅里。"艺术墙由石材、金属和烤漆材料组成，制作程序复杂。""每一次下刀，都要非常准确，薄一分、厚一点，都会影响到画面的质量，影响雕塑语言的传达。"在制作现场，我们看到《都市青花》艺术墙长 40 米，宽 2.2 米。据了解，仅仅 5 米的长度就让周刚和助手花了 20 天的时间；为了防止泥稿开裂，工场大厅里没有空调，艺术家只有一边擦汗一边细细勾勒。

正因为创作不易，艺术家们把日后公共艺术墙的维护都想好了："所用材料都是防裂、防火、抗砸的，清洁时用布擦擦就行了。"

题内话：想为更多的艺术家点赞

上海城市科学研究会副理事长　束昱　教授

走在杭州地铁 1 号线各站点里，被这里的艺术空间深深吸引了，我要为奉献如此精彩的艺术大餐的艺术家们点个赞。

作为特殊劳动者，艺术家们为历史、为未来奉献精品，都是使命感的体现方式。但，中国美院的一群艺术家们走出了画室、工坊，他们用艺术服务我们的城市，点亮我们的平常日子。

随着生活水平的不断提高，人们对生活品质的提升要求也越来越强烈，这就需要我们的艺术工作者们更多、更广泛地走出画室、琴房，走向城市的街道、公共广场和地下空间，美化我们的环境，净化我们的心灵，亮化我们的艺术品位。像杭州地铁 1 号线这样的艺术环境，毫无疑问成为了提升城市艺术品质、增强城市软实力的厚重砝码。

点赞中国美院的艺术家们，为我们的城市而奉献，当然是新时代"美的劳动者"。当然，我还希望更多的"美的劳动者"加入"让城市艺术起来"的队伍：艺术家真的可以打造一座艺术城市。

打莲响

新闻背景：已经走过 120 年历史的威尼斯双年展今天开幕。在为期半年的展期里，将有来自世界各地的 136 位重量级艺术家展示他们的作品，这些作品设计绘画、雕塑、装置、声音及跨界作品，它们都在——

用艺术告诉"全世界的未来"

自从 1893 年威尼斯市长里卡多·塞瓦提可（Ricardo Sewa Ti può）说，"我们办一个意大利艺术双年展吧"，于是该市议会就通过一项决议，威尼斯双年展就一直办到今天，已经穿越 3 个世纪、120 年的光阴。如今，它已经成为世界三大艺术展（另两个是卡塞尔文献展、巴西圣保罗双年展）的"带头大哥"。今年，它的举办地点名字你听听：威尼斯的绿园城堡（Giardini）和军械库区（Arsenale），要不皇家气派，要不军事禁地，但你别紧张，展示期间你是都可以自由出入这些地方的。

第 56 届威尼斯双年展的总策展人是奥奎·恩威佐（Aokui Enwezor），主题是"全世界的未来"。这是一个初看十分平淡的题目，但是它的开放性却无与伦比，非常适合各种新鲜大胆的艺术形式的展示，所以，主题一公布，欧洲发行量最大的日报《图片报》就称："这里将展示全世界最前沿、最敏感、最极致的当代艺术。"

艺术展的核心当然是艺术家，本届威尼斯双年展邀请了 53 个国家的 136 位艺术家参与主题馆展览，其中不乏布鲁斯·瑙曼（Bruce Nauman）、乔治·巴塞利兹（George Baselitz）、阿德里安·派普（Adrian Piper）等。布鲁斯·瑙曼是一位典型的跨界艺术家，他创作了一系列包括雕塑、电影、录像、摄影、霓虹灯、版画、装置、声音在内的作品，数次获得金狮奖；乔治·巴塞利兹是德国新表现主义代表性画家之一。

威尼斯双年展主要分为主题展和国家馆两部分。主题展的作品需要在全世界范围内遴选，像前面提到的几位大腕儿当然都是主题展的角儿，中国艺术家徐冰、邱志杰、季大纯、曹斐受邀参加主题馆展览；国家馆，当然由各国自己打理了，中国馆由北京当代艺术基金担纲策展，展览主题为"民间未来"，刘家琨、陆扬、谭盾、文慧和生活舞蹈工作室以及吴文光和草场地工作站将参加展览。除此之外，还邀请艺术家开展平行展，是在威尼斯城里的大街小巷举行，这是人家获利的部分（所谓你借我的名，我收你的费）；还有外围展，和平行展一样，是要交各种费用的，像今年威尼斯双年展期间，外围展之一宋庄的"无东西之东西"就选择在意大利的马克·波罗艺术学校举办。

恩威佐说，贯彻展会总主题，"通过一系列相互交叉的'滤镜'（Filters），这些滤镜将是集合多种想法的界限，将会既有想象元素，又实现多元的实践"。滤镜通过"现场性：史诗般的持续""资本：鲜活的阅读"及"混乱的花园"来展现。比如史诗般的阅读，就是"在半年的时间内对卡尔·马克思《资本论》全册进行不间断的朗读。对，六个月，声情并茂地阅读，《资本论》将成为一类清唱剧"，恩威佐补充道。

就连艺术家的性别比例、来自州别都成为媒体追逐的话题：有人专门划出曲线图，说："正如曲线图显示的一样，在所有参展的艺术家代表里，男性独立艺术家的数量明显高于女性独立艺术家，所占比例分别约为54%对33%，但还有13%是男女艺术家合作。"而州别，欧洲居首，美洲紧随，非州、亚洲居后，但今年澳大利亚风头占尽，7位获邀参加主题展。

现在，艺术游已经成为新的热门，威尼斯人很想大家都来看展览，来意大利不仅可以看到世博会，还可以看到威尼斯双年展。

为中国艺术家"热销"点个赞

今年威尼斯双年展，中国艺术家甚至抢了主办方的风头，那是因为中国艺术家被一些参展国如肯尼亚、圣马力诺借去"贴牌"参展了，圣马力诺一口气借了7人。当地一些媒体、艺术家甚至说"这是威尼斯的耻辱"。

但我不赞成这种说法，原因有二：

一是，艺术本无国界。英国《卫报》对肯尼亚代表团的构成表示质疑。该报说，肯尼亚团里的半数艺术家从未踏上肯尼亚的土地；而且他们翻出2013年这种现象就存在，那时肯尼亚12人代表团只有两人是土生土长的肯尼亚人，其余为意大利和中国艺术家（中国有5人代表该国）。但邀请中国艺术家的国家却不这么看，"选择同中国艺术家合作是我国参展规划的一部分，我们称其为'友谊计划'，未来还将邀请俄、美等艺术家参与"。该国一位官员称；当地媒体甚至将该计划称为"艺术无国界合作的典范"。这个观点，我认为是恰当的，艺术和很多东西不一样，你不需要精通某国语言，不需要吃透该国文化，你只需要一颗敏感的心、一颗对一切充满好奇的心，你就能接近并欣赏他国艺术家的作品。

再者，随着国力的增强，一国艺术家被世界上更多的人们所了解是一个必然的过程。我记得，威尼斯双年展倾力青睐中国是在 1999 年。那一年，主策展人哈罗德·塞曼（Harold Zeeman）邀请了 20 余位中国艺术家参加主题展，占全部参展艺术家的近 1/5，也是历史上第一次有一个国家的参展人数超过美国。中国当代艺术成为双年展上众人瞩目的焦点，展会艺术大奖——金狮奖也由蔡国强的《威尼斯收租院》夺得。

从那以后，中国艺术家参加威尼斯的主题展、平行展、外围展（卫星展）也就多了起来。像今年，恩威佐为了邀请徐冰参展，去年盛夏季节亲自来到徐冰位于北京的工作室，观看升级版的《凤凰》创作，他说："我看到了很棒的图纸和绘画作品。""曹斐的单频录像《la Town》也很棒，季大纯 4 幅 2 米 ×2 米的油画作品很震撼。"

不仅如此，中国馆的主题被确定为"民间未来"，展示野生漫长的艺术所具有的力量，像将在馆内展示的"电子世界的民谣"，就是把中国馆的主题移植到虚拟空间，在网上，那些民间的新生代艺术家将运用新技术、新手段，展示艺术的无限张力。

因此，我要为中国艺术家的"热销"和广泛参与世界艺术盛事点个赞：走出去，就能赢得世界、赢得艺术。

观点：中国表现真的很棒

威尼斯双年展被称为世界艺术嘉年华，世界三大艺术展的大哥大。今年，又是双甲子轮回后崭新一番展。尽管今年意大利的米兰办世博会，但威尼斯双年展依然风头正劲。下面，我们摘录欧洲媒体的一些评论，以飨读者：

意大利《24 小时太阳报》：欧洲参展者遍布各国，莎拉·卢卡斯以其反传统又大胆的作品风格成为英国最具代表性的前卫当代艺术家之一，将代表英国参展；帕梅拉·罗森克朗茨（Pamela Rosenkranz）将代表瑞士参展；德国馆策展人弗洛里安·埃布（Florian Ebner）宣布的艺术家名单包括托比亚斯（Tobias Zielony）、日塔（Hito Steyerl）、尼古拉·奥拉夫（Olaf Nicolai）、亚斯米娜（Jasmina Metwaly）及菲利普·里兹克（Philip Rizk）。

中国艺术家成为各大媒体津津乐道的话题。《罗马日报》："中国艺术家徐冰的《凤凰——2015》很像本杰明的雕塑，有着很好的丰富的细节；季大纯的作品融合了中国传统绘画的形式和意向，让观众很容易联想到文艺复兴时期的东方艺术。"《法国世界报》："中国艺术家表现杰出，中国馆今年的参展人选呈

水城威尼斯

现出跨界趋势。陆扬是驻留纽约的年轻新媒体艺术家，刘家琨是一位建筑设计师，而谭盾将会为国家馆带去一场音乐表演。与此同时，李磊等7位中国艺术家受邀参加圣马力诺国家馆的展览。"法国《费加罗报》："中国台北市立美术馆组成策展团队，与吴天章共同打造第56届威尼斯国际美术双年展台湾馆。吴天章的作品让人仿佛回到20世纪30年代的上海美术界。"意大利《晚邮报》："中国艺术家代表'别国'，对世界来说是个好消息。"

意大利的《24小时太阳报》、法国《20分钟报》、德国《每日镜报》纷纷都将焦距对准了异军突起的新兴艺术疆域——中国。

新闻背景：汉诺威工业博览会已经落下帷幕，作为当今世界上最负盛名的博览会，2015年汉诺威工业博览会祭出"工业4.0"的大旗。何谓工业4.0？恐怕不少人语焉而不能详，其实它就是用联网化、数字化、智能化手段为私人定制个性化的产品，但我还要说——

请为私人定制加入艺术

大家都知道，当今社会物质已经极大富裕起来，日常生活所需的东西基本都能买到，但是否件件桩桩称心如意？工业化大生产不一定能满足你的个性化需求了吧，比如你需要知道周围的温度是多少，能有一款手表为你显示吗？你想为自己定制一辆个性化的汽车，累了它就自己开，能行吗？并且手表、汽车艺术范儿

很浓，行吗？

工业4.0作为一场革命性浪潮，首倡者德国的目标是想从根本上改变现有的生产思维模式，把原有的流水线式大规模生产变成以客户需求为导向的小批量定制化生产，真正贯彻以人为本的理念。比如，你要定制一辆汽车，你需要预约高级顾问、去4S店选定样式，然后等待到望穿秋水，并且为手工制造支付昂贵的费用；现在，你只需要通过汽车企业的网络服务，说出你想要的样式，然后通过手机把订单传到汽车企业，确定订单的一刹那，生产就已经在工厂开始了，单品单件一样好使，私人定制就这样轻易实现。

汉诺威展览会上，德国政府宣布启动升级版的"工业4.0平台"，这意味着大家都要行动起来了。于是，柔性生产、智能生产在展会上很常见。你想要在定制的香水瓶上签上自己手写体名字，只要微信一下，厂家在电脑中输入你的大名，瓶子上的无线射频码就自动与激光打印"接上头"并印上独一无二的"宝书"；在飞机制造和一些精密制造中，不同部件的螺丝钉上的圈数是不同的，德国一家公司开发的联网机器人，就知道哪里该上几圈、用多大力。因为它们能够记住并一一对应，绝不拧错。所以有人把现在的智能制造称之为"一场化学反应"。

中国当然是汉诺威工业博览会上的耀眼明星，1 100余家企业纷纷拿出自己的绝活与会。中国大打"绿色"牌，像华为、南车、上汽，规模较小的组团参加，他们都将汉诺威工博会作为捕捉世界工业发展动向的窗口。一些德国专家看毕规模庞大的展馆后坦言："中国的互联网、数字化发展都在飞跃式进步。"

但汉诺威应该加上"艺术"。个性化时代，许多设备的要求个性十足，比如手机人人都在用，问题是每个人的手型大小是不一样的，你的iPhone是否刚好盈盈一握、或者屏幕足够放大片？如果能够实现我与生产线的对接，输入我的手型尺寸，定制的手机恰恰好，颜色最好随着心情变，那就艺术到家了；朋友聚会，我想拍张360度全景照片，如果我的"连连拍"手机往桌上一放，一个指令，它自动旋转起来。想想吧，那该赚到多少艳羡的眼球？还有，如果我看到《廊桥遗梦》，想自己变成"梦"中之人；或者，想在玛丽莲·梦露曾经探头的窗户里张望，莉香离开的火车站里徘徊，你说那该是件多么惊梦的事情？看到这样让人脑洞大开的好产品，当然想买！艺术的物件是懂你心思的，你说呢？

正因为如此，现在创客大行其道。对于创客而言，创意和动手是唯一也是最大的门槛，"做着玩"是他们亮给世界的旗帜，一只仅有钥匙扣大小的"生毛豆（智能温度计，钥匙扣大小，可以插进手机的耳机孔）"，插上手机，打开 APP，马上手机屏幕上就显示出精确到千分之一的环境温度，还能清楚看到全球使用同一设备的用户大数据地图；更酷的是，不仅智能化、社交性极高，而且其造型很酷、颜色很炫，让人心情爽爽的，舍不得放下。于是，"生毛豆"没事就会有人在手心把玩。谷歌眼镜能拍街景，你 out 了。现在有款眼镜，当你的航班降落在斯德哥尔摩、伦敦或者别的机场，眼镜马上会告诉你当地交通、天气、餐饮、景点等等信息，你只需说话，它就能按你的指令拍照片、拍录像；你要到景点，它马上就先为你放映景点影像，并告诉你精华所在，如果景点人太多它还会建议你避开高峰；当你疲劳开车时，它还会发脾气并"罢工"，直到你离开方向盘为止。这款眼镜当然还有炫酷的外表，颇值得聚会时和小（老）伙伴们一块儿分享。

既然是个性化私人定制，艺术加入当然旧炫酷到家。

加入艺术，中国制造便可弯道超车

相对德国工业 4.0，中国提出了"互联网 +""工业 2025"，都是想把中国制造升级为"中国智造"，提高质量、加强监督认证当然都是必须的，但我认为在摈弃"流水线思维"的同时，还要加入个性化、艺术化的元素。

在中国做访问学者时，我曾到深圳的柴火创客空间访问，那是一个让有梦想的人有实现梦想机会的地方，在那里，有潜力无穷的产品、倾力创新的精神、开放共享的态度。那里有位年轻人叫王滔，2006 年就开始研制无人机，现在他那些既好用又好看的无人机已经占领世界市场的半壁江山。现在，这种创客空间已经遍布上海、北京等大中城市，它们上接传统工业、设计行业，下联客户终端，集艺术、个性化服务于一身，把想法动手做出来并形成创意集散地。

在世界艺术视野里，创业已经 out，创客正在走入，他们在千千万万的车库里、旧仓库里诞生。年龄不到 30 岁的黄铭杰和他的团队设计的微空气监测仪：黄黄暖暖的木头匣子，圆圆的提线，木头上方一只圆圆的、湛蓝的圆眼，上面还有密密的毛孔，一副可爱的复古模样；见了，你会忍不住提着它测空气的。它的名字叫"Dita"，最近在网上卖得很火。"自然地，因创意而创业，从'爱玩族'升级到'创意族'，然后中科院来了，北大深圳研究院来了，因创意'智慧贵族'与'草根创客'共享一切资源。"一位中国学者这样说。

刚刚在北京举办的工业设计论坛吸引了世界众多的著名设计大师与会，其中包括德国的，分享其创新秘笈，"我们不缺制造能力，我们缺的是艺术元素和让人眼前一亮的设计"，本土设计师纷纷表示，到 Art Center 这个工业设计的最高艺术殿堂里来，能获得很多遐想。是否真的了解用户，是否真的做了美到极致的产品，是否在本土市场建立了良好的品牌和口碑？如何通过海外合作或向海外学习来走海外路线？我认为，设计师总要走在时代前头，如果想引领消费者的生活方式，你必须更早走出去，与海外设计师交流，这样才能更好地推动中国设计的国际化、艺术化。

言论："互联网+"，加什么

2011 年 10 月 6 日，科学技术发明上的传奇人物——乔布斯去世。美国总统奥巴马在第一时间发表讲话，说：他在车库里建立了这个星球上最成功的公司之一，充分体现了美国人的创造力。

体现美国人创造力的帕罗奥图镇有一条不起眼的路，路边竖着一块陈旧的木牌子，上面写着"硅谷发源地"。现在赫赫有名的硅谷当初就是小镇上一个个普普通通的车库，其中不仅产生了乔布斯，还有惠普创始人休利特和帕卡德。

中国现在也有很多年轻人在车库、旧仓库中当"创客"，上海崇明还为热衷创新的人们准备了"免费午餐"，真的！不但租金水电几乎免了，午餐都给你准备好了，人家也希望培育中国的乔布斯。

"互联网+""中国制造2025"需要什么？你看见那个"+"没？这是在提醒创客们加入艺术、加入美感，让作品艺术感十足、美感十足、人性化十足。

新闻背景：近日，应邀为国内一座特大城市做艺术规划，会上，领导们"某地点搞一座雕塑，要××高、要××大""××厂房改造成为艺术工坊""××路弄成艺术一条街"云云，听得人心里有些发毛、脑子有些大。忽然想起法国一位摄影师兼画家，最近很火，被称之为"天空艺术家"，他让原本钢筋水泥的城市森林有了盎然生机，他的画作还有些幽默和小狡黠。他的做法让我心生——

涂鸦的高级境界是城市艺术

最近大火的拉马迪奥其实潜心创作 N 年了

最近，拉马迪奥（Lamadieu Thomas）的摄影&绘画大火，有人说他跨界，有人说他的画是涂鸦的高级境界，有人说他让我们的城市艺术范儿更浓了，还有人说画中大胡子男人像阿凡提……总之，拉马迪奥在这个星球上现在是名人了。

其实，拉马迪奥潜心在此道上摸索已经 N 年了。他原本是法国的摄影师，他喜欢周游世界，但他与别人有不同的爱好。人家都是去名胜古迹、商场超市，但他爱去高楼林立，或者楼宇特点特别的城市一隅。为何？特别之处就在于，他以楼房为实，天空为虚，用相机圈出形状各异的蓝色"画布"，当然要先通过鱼眼镜头的过滤，滤出合用的那一块：那块天际线围合而成的空间就是他将要挥洒才情的"画布"了。

勤奋的拉马迪奥为了自己的"天空艺术"，真的蛮拼的，仅去年一年他就去过比利时、德国、加拿大、美国和韩国，为其插图寻找完美的天空。虽然我们不知道他遇见自己的天空时的那种兴奋与忘我是怎样一副情景，但我们知道要干一件事，不容易，要干到高级境界就更不容易。他在接受英国《独立报》采访时说："拍摄天空照片时，透过镜头我就在构思画面的布局和人物、动物的位置了。我努力发挥想象力，在这些城市环境中看似空旷的天

拉马迪奥的艺术实践：慢观察才能做出精细活

空里想象着'填充物'，我努力以不同的创作方式赋予它们新意。"

拉马迪奥的天空里，真个是"一花一世界，一叶一菩提"

站在狭窄的两楼之间，手拿鱼眼相机，楼和天空都划着优美的弧线，于是我们看到了图片顶上的那片点缀些许白云的湛蓝天空。先看左边，湛蓝而纯净；再看右边已经被拉马迪奥画过了，一只立在楼顶、俯瞰我们的猫头鹰，天空从它夸张的细长（猫头鹰的脖子原本很短的）脖子两边"漏"下来。

如果说这样的画还是"儿童画"色彩浓厚的话，那再看一张：还是两栋楼，楼的一侧已经变成了我们熟悉的弄堂，一男一女在"弄堂"里放风筝（或者气球），风筝上头，阿凡提样的老者正往一只貌似魔匣里放风筝，结果原本蛋青的小风筝过了魔匣就变成了男子手中五彩的大风筝：颇让人心生错觉，尤其是喝了二两烧酒之后。

拉马迪奥在照片上的创作内容极为丰富。左边还是空空的天空，右边就是丰满时髦的女郎正在凝神静望（望谁？）；晾着衣服的房子上面，一名男子打开了可能是刚买的玩具，盒子一开，弹出一个缩小版的他，那弹簧还在颤抖呢；一名手拿相机的男子正在笑眯眯地对着我们拍照；一片"凸"字形的天空，阿凡提正在画布上喷洒颜料，原来他正在作画：典型的超现实主义手法；瞧，这张照片显然是拉马迪奥躺在地上拍的，三个男人在这片硕大的天空里画画；这不，阿凡提又骑着猫周游列国了；这片天空比较大，拉马迪奥让阿凡提和他的爱人相拥，脚下的小猫显然也爱意翻腾得欢，你看你看它的鼻子都红了。最绝的是，天空变成了海洋，水中鱼鳍翩翩，阿凡提正在小船上悠闲地读书。拉马迪奥在其网站上称："我的艺术创作目是要展现和感知不同的城市建筑及我们周围的日常环境，我们可以通过无尽的想象力构建它们。"

拉马迪奥让我们想起了树洞画女孩，他们都是城市艺术家

毫无疑问，拉马迪奥是位艺术怪才，怪在他搞起了摄影与画画的跨界，怪就怪在他是以别人不曾想到的城市楼宇作为创作的"媒子"，从而探索出一片独一无二的艺术新天空。拉马迪奥把自己的这种艺术形式称之为"Roots Art（罗茨艺术）"，什么意思我查了半天也不明所以，但"Roots"翻译过来就是"根"的意思，你懂的。

城市里，其实有很多"媒子"。还记得那位树洞画女孩吧？石家庄的，一个叫王月的大四女生在九中街路两边脱了皮的树上和一些残破的电线杆上，画山水，画猫和狐，画害羞的小浣熊……小朋友看到了忍不住去摸模。和拉马迪奥一

样，王月画画也不是信手拈来随便画。比如那幅大家争着和它拍照的熊猫画，王月的创作过程是这样的：先将树干要画的部位擦干净，然后拿出一袋画笔、一袋颜料，她坐在折叠小板凳上，对着手机里存储的熊猫图片开始调色作画。一下午过去了，才完成一半。

拉马迪奥作品

但这还只是现场部分，王月说："我很早就注意到这棵树了，因为树皮残缺部分太大（0.3 米见方，但窄而长），我一直不敢画，也不知道该画什么？"画前一个月，她就用相机拍了这棵树的照片，反复琢磨。一直想到作画前的那个晚上的凌晨 2 点，终于，熊猫的形象出现了，但如何将熊猫与树干形状融为一体？直到画画当天上午 10 点，她才想到了"竹海里的熊猫"。然后，她在网上寻找与树干匹配的熊猫和竹林照片，再对着画到树干上，就成了一幅画卷。树洞很高，王月还搬来梯子在树洞里画。"树干的高处，是一片竹海，竹海深处是蓝天白云。林子里，还有几只小熊猫。"画了一天多，王月的画终于完成了，很漂亮。

王月与拉马迪奥艺术创作的共通之处在哪儿？

评论：城市艺术，得"化"生才能出活

拉马迪奥的艺术实践让我们感慨良多，他把城市当作了画布，然后作插图画。在这些画中，他尽情地驾驭着自己所喜爱的艺术形式，比如超现实主义中的视错觉，绘出一幅幅生鲜的城市美景。他想"捉弄"一下欣赏者，想让我们感到迷惑，然后用这种形式教我们分清现实和错觉。于是，看着他的画，我们原本被高耸林立的楼房挤压的紧张感踪影全无，看到的是他绽放在狭窄天空中绚烂的才情之花，感到的则是豁然开朗、绚烂美妙的城市天空。

王月则用树洞作画。树洞同样是城市里与"枯燥""衰败""无奈"等词汇连在一起的生活环境，但王月让它灵动起来，鲜艳起来，因为树洞里现在的景象是：挂在葱翠前川的瀑布、碧翠的溪流、林中悠闲的熊猫和它的幼崽。于是，大人小孩都上前拍照、合影，还有轻轻抚摸：我们的城市原来还可以这样美！

对这些不走寻常路的艺术创作，我要说的是：城市艺术，得靠艺术家的"化"

生才能出活；然后，城市生活才能鲜艳如花。急不得的，更拍不得脑袋，得去培土养气育环境。道理不言自明，无需多说。何谓"化"？《荀子·七法篇》："渐也，顺也，靡也，久也，服也，羽也，谓之化。"也就是说，要慢，要顺而导之，要像风吹过草低头那样，急不得，疾不得，正所谓"疾而不速"：想快走，结果迟到。

　　新闻背景： 最近，不时传来村民抗议垃圾处理（填埋）厂选址的消息，甚至堵路不让垃圾车进入场区，村民担心污染环境，担心村子在垃圾处理厂边上殃及子孙后代。市民的这种担心我们以为很正常。如果我们能做到垃圾处理厂环评达标的同时，经常有人说"喏，那个'儿童乐园'边就是某某村"，那该多么童话和艺术。我们看来——

垃圾焚烧厂，像施比特劳那样艺术

一个是星星的家，一个是童话城堡，垃圾处理厂原来也可以这样好看

　　垃圾处理厂该是怎样一副模样？我想所有人脑海里都有自己的答案，正面的当然少啦。

　　可是，我要告诉你世界上还真的有艺术气息极浓的垃圾处理厂，这里"垃圾蓝色焚烧"。环评当然没话说啦，不但没有那些令人生厌的气味、蚊蝇，它还是一件件精美的艺术品。

　　丹麦罗斯基勒自治市建造的一座焚化炉就是一座实践蓝色经济理念的范例：艺术也可以拥抱垃圾焚烧厂。焚烧垃圾是用来发电、供暖的，环保当然达标；这座被称为"能源之塔"的焚化炉采用的是多孔设计。设计师说："灵感来自于罗斯基勒大教堂，比如发电厂所使用的斜屋顶及较矮的建筑部分。"墙上密密麻麻的孔让能源之塔在日暮时分的蓝色苍穹下，因内部的燃烧火光深浅浓淡各不同，闪着五彩"星光"。这些从塔体小窗孔里"溢"出来的焚烧火光，仿佛天上的星星大把地歇息在这里，美极了！设计师说，发电塔分为两层，内层是焚化反应的保护屏障，而镀铝外层反射并强化光芒的美学效果。

维也纳的施比特劳垃圾焚烧厂，驴友们这样描述："感觉就像用积木搭成的房子，楼面花花绿绿、鲜艳跳跃，线条弯弯曲曲，形状或方或拱，前后左右看过去，整栋建筑仿佛孩童走路般东倒西歪，宛如一座童话城堡。最打眼的就是那根高耸入云的大烟囱了，站在皇家宫殿美泉宫上向北眺望，就能看见那只

施特劳斯垃圾焚烧厂

光闪闪的金球，别误会，那可不是供人观光的旋转餐厅哦。还有，外立面上那些不规则的'窗户'不是窗户，那些色彩斑斓的红苹果、蓝剪刀等卡通图案中才是真的窗户。"

能源塔、施比特劳，当然功能强大，这些成功范例透露出的核心气质是创新

"能源之塔"燃烧的是垃圾，发的是电和暖气。垃圾从周边9个市及国外运来，能源的利用率高达95%，产生的电能和热能可为6.5万户人家供电，为近4万户人家供暖；施比特劳，不止有个"施特劳斯"样的名字，不但功能强大，现在它还成了维也纳一处游客必到的景点，因为美得一塌糊涂。

这样艺术拥抱垃圾处理厂的例子在很多国家都有，有的还成为输出别国的高端技术，他们赢在理念创新。比如东京中心城区有21座垃圾处理厂，像丰岛区的一座垃圾处理厂所在位置不但人口密集，且紧邻区政府与池袋车站。附近居民既欣赏它美妙的艺术氛围，还享受体育中心的消费优惠；这里还成为年均7万名中小学生的环保、美育教育基地。

有着126米高蓝柱、体金圆球的大烟囱，施比特劳也是10岁以上孩子学习垃圾分类、环境保护和艺术审美的基地。

建设面向未来的蓝色垃圾焚烧厂，建设中国的"施比特劳"，垃圾处理厂就能成为城市最美的风景线

蓝色垃圾焚烧厂，法国有依塞纳生态垃圾焚烧厂，它是一座建在塞纳河畔的地下垃圾焚烧厂，如一座豪华写字楼般与周围环境和谐辉映；日本大阪的舞洲垃圾焚烧厂，像一座充满童趣的儿童游乐场；韩国首尔的麻浦垃圾焚烧厂，距离市政厅直线距离仅6个地铁站。而且，许多国外垃圾焚烧设施都与游乐场、公园、体育场、图书馆、健身中心等公共设施相伴而生，像施比特劳垃圾焚烧站还因为

新颖独到的外观设计，成为当地标志性建筑，形成城市中一道靓丽的风景。

我们期待建设中国的"施比特劳"垃圾焚烧厂，它可以是一个主题建筑，可以像花园般宁静，他完全可以被艺术紧紧拥抱并成为附近居民的骄傲。

题内话：我们要从百水身上学什么

百水，一个圈内名头响当当的设计艺术家。6 岁开始创作绘画，少年时期进入维也纳艺术学院学习，并改名为百水。作为奥地利最古怪的艺术家之一，他拒绝理论，相信感官直觉，一生排斥直线和刻板，厌恶对称和规则。他设计的建筑带有强烈的装饰艺术风格：抽象的如梦境一般的画面、明亮艳丽的色彩，观者仿佛来到童话世界，天真萌哒到了家。你可以去维也纳的百水公寓、维也纳艺术馆看看，但他最有名的还是垃圾处理厂设计。

当年，维也纳市长慕名邀请他设计施比特劳垃圾处理厂，被他一口拒绝。市长也很执着，再三恳请，而且保证将用最严格的环保技术实现处理厂的环境友好，百水最后才答应。于是，我们今天就能看到建筑上歪歪扭扭的线条、打了彩色补丁的墙，还有屋顶上种的树，百水世界里的建筑符号中洋溢着孩童般的顽皮和热情，还有葱翠的生命力和旺盛的创造力。

施比特劳几乎没有烟冒出，更没有难闻的气味，附近居民不但享受优惠的暖气，还有这座可爱的"怪房子"；注意看，戴着鸭舌帽的百水也在建筑的墙上呢：百水坚持的价值就在于此。

舞洲垃圾处理厂

百水还为大阪设计了舞洲垃圾处理厂，那里离我们近，就在大阪湾，环球影城边上。

我们呼唤"中国百水"。

新闻背景：2015 年红点设计大奖（Red Dot Design Award）正在如火如茶地进行中，5 月 20 日报名已经截止，全世界数十个国家的超过 5 000 件设计作品又将被这只"红点"筛一遍。如今，已经走过一个甲子的红点为何在世界声誉日隆，人气炽且旺？

红点，用艺术告诉工业

红点设计大奖由德国设计协会 1955 年创立，每年喜迎超过 60 个国家、一万件作品参赛

红点设计大奖（Red Dot Design Award）是由德国著名设计协会 1955 年创立，至今已经走过 60 年的历程，通过对产品设计、传达设计及设计概念的竞赛，每年吸引超过 60 个国家、数千件作品投稿参赛。如今，它被冠以"设计界的奥斯卡"之名。

红点奖分为红点之星奖、红点最佳设计奖、红点奖和佳作奖，想获得任何一个奖项都非易事。而"红点之星"每年只有一件作品获奖，去年被 BMW i3 斩获，因为它理念先进、车型优美而成为"新一代豪华"设计语言的标志。

不仅如此，红点奖参赛作品只分初选和终评两级，没有层层淘汰这一说；且评委每年都从全世界遴选，年年更换一批，今年的十几位评委和往年一样分别代表亚非拉欧洲及北美，还有当上了评委就不能有作品参赛；评委们初选、终评，每件作品都独立拿意见，终评时还得到现场感受真切的设计，因此哪个设计获奖不到"红点之夜"谁也不知道。

评委们按照什么标准来评奖？组委会给出的评选内容包括创新程度、实现可能性、功能与效用、影响，这都是传统标准；还有概念的外形赏心悦目的"美感质量"，也就是要求你的设计艺术范儿必须是看过后就一直念想。艺术范儿足，你的设计当然就会在感觉上舒服、用起来称手、情感上依恋，能很好地满足"情感需求"了。所以，今年评委 Kuan Cheng-Neng 说："设计概念就要有一些诗的感觉。"

上面说过的，你上"红点奖"网站，一目了然：公开透明，参加者众自然可以理解。

红点的影响力巨大，是因为产品代表了人类进步的方向

红点奖的评选过程漫长而独立，每件作品都将被"双盲"地对待，评委不知道是谁设计的，设计者不知道谁来评审。没有预选或候选名单，网上提交如果是一万件，候选的就是一万；评审们将在评审现场实地审查每项参赛作品，所有参赛者的条件均平等，美学设计的高标准将是每一位评委坚持的最高艺术尺子。对于新人，红点设立了初级特优奖，颁给前途无可限量的设计新秀。

去年"佳作中的佳作"颁给了 NEST 鸡舍、二维码扫描磁吸、枫木集刀具、Boti á 巢形包装等产品。鸡舍（我们习称"鸡笼"）也获奖？对，新西兰梅西大学设计师斯泰·西肯尼（Stacey　Kenny）出于动物福利以及得到更优质鸡蛋的考虑，设计了 Nest 鸡舍。鸡舍采取模块化设计，拥有可拆卸的栖息平台，整体悬空、可以 360 度旋转，便于清洗，而且顶部的调节器控制光线和气流。还有，金属感极强的表皮、明黄的格挡式转门，时髦得很。刀都是钢做的，但加拿大人用枫木嵌刀刃就做成了菜刀，炫且酷，关键是你能想到不；还有 Boti á 巢形包装，椰子壳的范儿也很高端大气上档次。

以上几件小作品，贯穿的一样是红点的宗旨：代表人类进步的方向，满足人们对美的追求，有诗一样的境界。

每一件获奖作品都将进入红点博物馆，如今，世界上已经有三处了：当你把坚持进行到底，丰碑也就铸就了

红点奖不仅有奖，还有一座红点设计博物馆，就在德国西北部的工业小镇埃森。它是收藏、展示红点奖获奖作品的博物馆。有意思的是，它也是建立在废弃煤矿的厂房里，颇有点上海的当代艺术博物馆的故事。

一进大门，远远地就看见了煤矿的绞车井架，红红的房子与粗犷的钢铁骨架并生共存，颇有些后现代的味道。厂区里，许多博物馆并存，红点只是其中之一。馆内，获得奖项的产品包括汽车、建筑、家用、电子、时尚、生活科学及医药等，门类之多、产品之丰富、制作之精良，常常令人叫绝，关键是各时代不同的设计理念和消费理念展露无遗。展厅内，老旧的锅炉、斑驳的砖墙、生锈的构件，西方大工业时期粗犷与强悍扑面而来。它们与红点奖得主的现代工业材料、玻璃、抛光的合成材料、合金钢具、灯具等细腻与精湛产生了强烈的对比、融合，相映成辉。

2005 年，红点设计博物馆在新加坡有了第二间，最近在宝岛台湾又开了第三间，都是在老房子里，展示的都是货真价实的红点奖作品：红点已经连点成线。

题内话：红点为何越来越红

红点越来越红已经是不争的事实，在这个越来越重视人与自然的和谐、越来越要求生活品质、越来越重视审美情趣的年代，红点正好契合了这一本质。关键是，红点为何越来越红？

我看要点有三：一是，邀请全世界。红点的数十个奖项，每个奖项要获奖都须从千军万马中杀出来，问题是，无论获奖与否，没人去说"黑幕""操纵""内定"，而是"这里的选手静悄悄"地明年再来。因为全世界参赛的选手一律平等，一样对待，一样都在悄悄地提交后静静地等待，谁也不知道结果如何。

二是评审全世界。所有的评委都来自世界的各个角落，欧美的可能多一些，但没有关系。第一，作为评委你不能参赛，第二你评谁你不知道，第三结果你也不知道。因此，你能做的就是坚持你的审美标准，无人干涉你。

三是奖项代表全世界。获奖了，当然高兴了，因为你的设计代表了当今世界的主流价值观、主流审美观，代表了世界的未来趋势。尤其是那件"红点之星"作品，因为唯一，所以有皇冠上的那颗钻石的美誉。不知今年花落谁家？

新闻背景："上有天堂，下有苏杭"这是流传千年的老话，不光说的苏杭市井生活如画，还有这里自古以来就是手工艺与民间艺术的天堂。但传统工艺的美如何在今天绽放新活力？刚刚落幕的苏州文化创意设计产业交易博览会上推出的"新手工艺运动"能告诉我们，城市也可以让传统变身时尚。

传统玩跨界秀出新民艺

借助第四届苏州文化创意设计产业交易博览会的平台，来自上海的设计顾问公司设计总监杨明洁等发起"新手工艺运动"。有趣的是，看到这个运动的名字，就让人在两种读法中掂来量去，是"新手"连读，还是"新—手工艺"？若是前者，那就着重在培养工艺艺术的新人，若是后者则重在将传统手工工艺现代化了。无论何种读法，传统手工艺的出新、出奇，嵌入当代生活都应是题意的核心。

正因为如此，苏州、上海的一批设计团队，本着当代化、艺术化、国际化的眼光针对苏州这座古老的"手工艺之都"沉淀下来的3 000余个工艺品种进行再发现、再思考、再设计，结合当代设计手段与品牌创新体系，让创新的传统手工艺产品"走合"当下人们的审美标准，最终飞入寻常百姓家。"让百姓的生活品质起来，诗化起来，需要艺术和设计创意点睛。"业内专家如是说。

太湖石的意象，或瘦窄而鹤立，或敦实而倚斜，扇面上船、水、山意境符号，寥寥数笔略略点染，远看似云近观如烟，那是刺绣功夫；奇的是，三扇独立的刺绣屏风，缓缓移动，错位叠加，境界已经迥然不同。再加上，不要传统的木质框架，而用金属边框，清雅的外表更契合现代生活的风格。"作品把山、水、石都抽象化，传统的苏绣饱含了当代的生气和意趣。"展示现场，创意人士杨明洁介绍。

仅仅杨明洁团队，就在过去的半年时间内，走访了苏州所有传统手工艺基地。核雕、石雕、琉璃、巧生炉、仿古青铜器、红木家具、刺绣、戏剧服装……对传统手工艺项目实地考察的过程，杨明洁与艺人也成了无话不谈的艺友，日子长了，坛坛罐罐、琉璃木雕的内涵也就自然显露了，设计团队便用现代视角和方法对其重新设计，重做产品线的规划。

"传统苏绣艺术大多为具体的花卉、动物、人物，形象十分写实，传统手法已经将这些动植物、人物的神韵发挥到了极致；突破点在哪？将山、水、石全部抽象化，让画面更加柔和、让意境更加淡远，方能走出传统工艺的新路来，上海杨明洁的作品给了我们很大的启发。"苏绣研究所的负责人表示，这次跨界合作，给苏绣艺术创新找到了方向。

作为苏州文化创意设计产业交易博览会上的重头戏之一，山、水、石的巧劲和灵性让很多人意识到，中国画的意境原来还可以这样表现！现场，苏绣专家的介绍更让观众啧啧称奇，原来这三帧小屏风最精密处用的丝线只有普通丝线的1/48。"用这么细的丝线绣出来的水，正面是看不出来的，从侧面看则见到波光粼粼层层晕染。"刺绣大家黄春娅说。另外，整件作品的绣法是苏绣的细绣与乱针绣两种经典针法的混搭，船的绣法用的则是市井已经失传的特殊绣针，传统工艺与设计艺术的跨界合作让苏绣的将来方向大明。

据了解，"新手工艺运动"的相关作品还会到米兰、北京、伦敦等各大创意设计展会上展出，演绎"新手工艺"所展示的传统文化底蕴及当下的生活方式与审美。这些作品包括核雕、木雕、刺绣、缂丝、桃花坞年画、巧生炉、金砖等传统艺术门类，它们都是苏州传统手工艺的再创作。

专家观点：传承有余创意也要足

新手工艺运动的提出十分关键，尤其是在苏州去年底加入"全球创意城市网络"平台之后，就更有意义，因为苏州就是以"手工艺与民间艺术之都"主题城市的名义加入这个网络的。

传承有余而创意不足是传统艺术的共同问题。据我所知，在苏州 3 000 余个工艺美术品种中，因循守旧的品种占了大头，真正创意出新的，不到两成。核雕艺人只会雕面貌相似的罗汉头，玉雕艺人只会做形状差不多的瓶、碗……深厚的传统，反而束缚了创意。苏州拥有联合国教科文组织"人类非物质文化遗产代表作" 6 项，还拥有国家级非物质文化遗产代表性项目 32 项，如何让这些"宝藏"在当下继续发光是个大课题。

传统工艺出新意，需要更多的创新人才。新石器时代的纹饰跟当时宗教紧密结合，简单古朴而具野性美；明清时代，因为帝王大多鉴赏水平很高，各种工艺的纹饰更加细腻、雕工也更加精细雅俏，因为那时大多喜欢繁花锦簇。今天，如何创新？今天的人们生活节奏快、生活质量高，追求的旨趣更加多元，在此情形之下，核雕艺人创作的《童年》，通过孩子背负硕大书包的夸张造型，喊出"为学生减负"的心声，就颇有新意。

2014 年 APEC 会议上大放异彩的宋锦更值得大书一笔，它是苏州创意而出新的代表。创意设计师解释，宋锦"新中装"的根为"中"，其魂为"礼"，其形为"新"。具体而言，男领导人服装采取立领、对开襟、连肩袖，提花万字纹宋锦面料、饰海水江崖纹的设计；女领导人服装为立领、对襟、连肩袖，双宫缎面料、饰海水江崖纹外套；女配偶为开襟、连肩袖外套，内搭立领旗袍裙。这些既有气派，又具现代气息，继承了传统并将其变为时尚的元素。

但是，传统手工艺的当代之路还很长，所以我很赞赏苏州有关部门的做法。包括以"创博会"为平台，加大创意设计人才的培育和引进力度；充分挖掘资源，开发更多符合现代人审美观念的手工艺品；加大宣传，扩大苏州新手工艺的知名度；加大政策扶持，优化传统手工艺的创新发展环境等。全国传统工艺美术 11 个大类中，苏州就拥有 10 大类共 3 000 余个品种，我相信苏州通过这些措施来推动"手工艺与民间艺术之都"的构建，一段时间的努力之后必有喜人的成绩。

关键是在传统工艺的现代化过程中，一定要加入设计创意和艺术美感因子。

评论：老手艺更需时时更新

如何让包括很多非物质文化遗产在内的传统艺术走进当代人的生活，是个意义重大的命题。

无论是国内外的大小展会、交易会，还是品鉴会，如果今人绣刻镂漆的艺术品到头来还是古人那时模样，比如唐三彩、比如邵大亨壶，一味模仿即便技艺再高超，也失去了生命力，因为不加创新地复制传统而没有注重差异性，没有作为今人的审美情趣和意境追求：模仿得再精致，也是别人的辉煌。

喝绿茶的人都知道，如果有一只上好的锡罐，那品味就上去了。锡罐是马来西亚的名品，但你知道为何马来锡罐畅销百年而不衰吗？皇家雪兰莪锡罐的杨永礼告诉笔者，他的曾祖父 100 年前创立了这一锡器品牌，130 多年畅销的根本原因在于产品的持续创新设计。锡罐的制作工艺是要延续传统的，然而设计却离不开与时俱进的新点子，只有时刻更新时尚的标准，才能经久不衰。

传统工艺的创新设计，灵魂就是要在延续中突出差异性，这种差异化最为本质的要素就是吃准摸透当代人的审美心理。每代人都有自己的西施，吃准摸透并通过传统智慧将之表达出来，你就能奉献成功的创意，收获人心并征服市场。

新闻背景： 鲜花盛开的五月，中国艺术界有件大事不能不说：最近，120 余位中国艺术家携带着 500 多件艺术作品，奔赴遥远的德国，他们的作品在德国鲁尔地区的 8 座城市、9 家博物馆里闪亮登场，展出将持续到今年的秋天。展出刚开始便引起了德国观众的强烈反响，不少观众看了展出对中国文化非常感兴趣，可见艺术这位使者的实力不容小觑。

艺术使者，请大胆走出国门

今年从初夏的 5 月 15 日至金秋的 9 月 13 日，"'中国 8'莱茵—鲁尔中国当代艺术展"（简称"中国 8"展览）在德国莱茵—鲁尔区举行。据悉，举办开幕式的库珀斯米尔勒现代艺术博物馆一派节日的热闹景象，艺术家们盛装出席，德国的副总理来了，圈内艺术家、周围老百姓也纷至沓来，大家纷纷争睹中国的当代艺术究竟是怎样一幅情景。

中国和德国策展方分别是德国和中国的民间组织。德方策展人之一、波恩艺术与文化基金会主席兼库珀斯米尔勒现代艺术博物馆馆长瓦尔特·斯迈林（Walter Smilin）表示："我们想要打造一场鲁尔区艺术之旅。在这场旅行中，人们可以参观一系列博物馆，同时体验中国艺术的多样性。"

120位艺术家的500件雕塑、装置、绘画、书法、声音和视频、摄影等作品，分别在8座城市的9家博物馆展出。每个博物馆都依据其自身的收藏历史、展览空间特性和中国当代艺术分支状况布置展览：勒姆布鲁克博物馆展出雕塑作品，米尔海姆艺术博物馆展出装置和雕塑作品，格尔森基尔欣美术馆展出水墨和书法作品，雷克林豪森艺术馆展出新批判绘画作品，MKM当代艺术博物馆展出蜚声海内外的画家名作，马尔玻璃方雕塑博物馆展出声音和视频作品，哈根奥斯特豪斯博物馆展出装置和物件作品，弗柯望博物馆展出中国最新摄影作品，北威斯特法伦会展中心则引导观众关注不同领域的艺术家及其作品。所有展馆相互配合，展现当代中国艺术的层次感和丰富感，所以通票才18欧元。

"这是中国艺术第一次如此大规模地走向海外。"中方策展人、中央美术学院院长范迪安介绍，"不管观众是否去过中国、了解中国，都能感受到中国创作的蓬勃活力和艺术智慧的生机，感受到中国社会充满活力的变革和发展，尤其感受到中国在文化上建构起来的新生态和新氛围。"开幕式上，看完作品的当地艺术家多萝特·因佩曼评论说："这些作品不但折射出中国传统文化的影子，我还从作品纯粹、自由的表达方式上，看到了中国当代艺术发展的良好生态。"

展览吸引了鲁尔地区远远近近的百姓前来参观，据不完全统计，开幕当天参观人数就突破了20万人，这无疑证明了中国艺术对他们的吸引力很大。一位名叫霍斯特·奥博登布什的观众特地从20多公里外的小城赶来观展，他感叹："没想到，中国艺术如此地美；先前看媒体报道，以为中国还很落后，看了展览我打算去看看这个伟大的国家。"让艺术先行走出国门，让国外观众也能了解中国文化艺术，从而喜爱上中国，无疑证明了艺术是最好的中外友好使者。

民间运作谋划"可持续"

见到中国艺术军团走向莱茵—鲁尔，我的心里十分快慰。向来，我们都对达·芬奇、梵高、毕加索顶礼膜拜，中国当代艺术在欧洲早几年还不被看好。而今，居然这么大规模走入以音乐、艺术和哲学闻名于世的德国，是件大好事。

关键是，这次百人规模、数百件各种艺术门类的作品，还是民间组织运作最后成行的。民间运作，迥然异于官方，面临的问题很多，比如资金、比如吸引观众等等，没人出资，就买不起飞机票；没有观众来，就没有了门票收入。而今，"中国8"通过民间运作且如期举办，就成功了一半，下一步就是要谋划"可持续"了，能够不断吸引观众才是真正的成功。如果效果理想，这种艺术运营模式就会被不断复制；不像官方的，往往是一次性消费，难以可持续。

还有，这是一次当代艺术门类最全的中国作品海外展，能够较为全面的展示中国艺术的风采。利用杜伊斯堡内港老建筑设馆的 MKM 库珀斯米尔勒当代艺术博物馆，重点收藏 1945 年以后的绘画作品，常年展出乔治·巴塞利兹、约瑟夫·博伊斯、K.O.格茨、安塞姆·基弗、马库斯·吕佩尔茨、格哈德·里希特、伯纳德·舒尔茨和弗雷德·提勒等等大师的杰出作品，这些作品深深地影响并引领着德国艺术的发展。这次"中国8"展览中，该馆将展出中国丁乙、严培明、曾梵志、张恩利、张晓刚等 10 名艺术家的作品。"对于这些蜚声国内外的著名艺术家，我们也已经关注了 20 多年。"该馆馆长斯迈林说。勒姆布鲁克是一位跨界艺术家，以他名字命名的博物馆这次展出的作品包括是方力钧的薄如蝉翼的陶瓷雕塑系列，还展出钢制假山石、人像雕塑，一共 13 位中国艺术家，门票不菲，5 至 8 欧元。

展览将助推老工业基地的转型。据我所知，本次展览是鲁尔地区决心从工业转向艺术区的一次大战役。遍布莱茵—鲁尔的近 4 600 平方公里地域上分布着科隆、埃森、多特蒙德、杜塞尔多夫、杜伊斯堡、哈根等大大小小城市 30 余座。要转型，首先就要点化旧建筑，"与旧维新"地改造完善很多的文化设施，变着法子吸引人气，于是"中国8"就成为这个夏天（5—9 月是该地区旅游黄金期）的又一卖点——以艺术的名义。

鲁尔，原本也是煤污染的重灾区，现在艺术、文化让它变成了文质彬彬的绅士，业内甚至称它在全球文化艺术领域都享有独一无二地位。从欧洲文化年"鲁尔 2010"开始，莱茵—鲁尔区作为新艺术与文化景观区风头正劲，模样正青春。

评论：不妨学学鲁尔

在素以艺术和音乐闻名的德国土地上大受好评，让我们的当代艺术着实扬眉吐气了一把。但我认为，随着中国国力的不断提升，艺术走出国门，更多以民间形式走出去展示风采只是时间问题，"中国8"火得恰是时候。

关键是，为什么在莱茵—鲁尔地区火了？其实，我们的艺术家成规模走出去已不稀奇，但细究鲁尔成为中国艺术魅力的展示舞台，发现人家是有大格局、远视野的，我们只是它文化艺术大棋盘上的一颗东方"棋子"，鲁尔要的是东方当代艺术的话语权，展出办成功了，日后自然会有更多国家的艺术资源愿意来这里展出和交流。

我们不妨学学鲁尔，因为我们的老工业城市和地区也成片成片的，到处都有不少，这些资源的利用是个大课题。鲁尔的模式是：双方民间先沟通，然后找到赞助商，再来落实协助者。最后，组织者确定了展出地点，于是艺术家都跟着来了。关键是要让展出者看到主办地的积极态度，才会有信心到你这里来办展；一旦成为艺术展出"黄金宝地"，还怕没人来吗？

文化艺术深一度：后天就是"六一"国际儿童节了，不少家长会带孩子出去玩，让孩子在自己的节日从各类学习活动中"放个假"。很多家长虽然也希望能让孩子自由玩耍，但却不能免俗地让孩子和别人一样学习各种技艺，生怕落后。对于如何解放孩子天生的想象力和创造力，家长又如何表现自己的亲和力？不妨看看以下两个故事，女儿对父亲，父亲对女儿，他（她）都在创想与实践。

画张图画给天上的爸爸看

● 美国13岁小女孩丝蒂绮想给常年驻守太空、维护空间站的爸爸写封信，以表达自己的思念。在某公司帮助下，她以干枯的湖床为"画布"，给了爸爸一个大惊喜

编者语：有时候，孩子天马行空的想象力和创造力是大人所不及的，让孩子放纵艺术想象力，也能让孩子在成长中不留下遗憾，同时收获更丰富的情感体验。

13岁的丝蒂绮跟常年驻守太空的父亲经常通电话，但每次都匆匆忙忙，话匣子刚打开，就要挂电话了，再加上长期无法与爸爸见面，让她心中的思念越发强烈。于是，丝蒂绮想用自己擅长的方式——画画来表达对爸爸的崇拜和爱意。

在哪里画，怎么画，爸爸才能看见？那段日子里，丝蒂绮颇有些茶饭不思。首先得找一个空旷的地方，然后用什么作笔呢？最后，一家公司知道了丝蒂绮的愿望，决定帮助她完成这件"惊天动地"的事情。经过一段时间的勘察，"画纸"选定内华达州的一处干枯的湖床，"画笔"选用经过特殊改装的车轮，车轮能够留下深深的痕迹，绘制出画面。

画多大合适？太空站距地面400公里左右，如此远的距离画面多大才能看见？11辆轿车，排成很帅的雁阵型状，有时也一字排开，这样碾扎过去，就是一笔。这一笔的宽度足有30多米！除了11辆轿车，"画"这幅画还要动用直升机，负责协调轿车的步伐，以保证丝蒂绮的画能准确地放大。完成那天，仿佛老天也被孩子的孝心感动，阳光灿烂，这张硕大的画面积有5.56平方公里，内容是"丝蒂芬（丝蒂绮的昵称）爱你！"

消息传来，激动的爸爸在太空舱里用长焦镜头看到了这幅世界上最大、最美的图画，虽然太空中看起来只有一张 A4 纸大小，但爸爸收获的感动却无限大。

● 农民爸爸为了圆女儿的"公主梦"，就找到一块面积两千余平方公里的"无主"土地建城堡，用艺术守护孩子善良纯真的心

编者语：孩子的异想天开有时只是希望能实现他们的梦想，然而当现实无法实现梦想，这时候，同样充满想象的艺术或许能够让孩子得到满足和快乐。

同样在美国，农民耶利米·希顿今年 37 岁。他本来是弗吉利亚州一个普普通通的农民，可是他的女儿艾米丽说出的一个愿望改变了他的一切，女儿说"想当公主"。一般而言，大人听完孩子的这句话大都报以善意的"哦，好"当成是童言无忌，可是耶利米却当了真。

做公主，就得有城堡，就得有领地，就得生活在美如仙境的城堡里。可是一个农民，手既不是大富翁，脚下也无领地，怎么圆女儿的"公主梦"？

经过长久的寻找，耶利米终于在女儿生日的那一天，把自己设计的国旗插在了比尔泰维勒（Bir Tawi）的土地上，"建立"了属于自己的王国，名字叫"北苏丹王国"。这片土地在苏丹和埃及之间，是地球上仅有的不属于任何一个国家或政府的无主土地，希顿寻找了 6 000 多英里才找到这片属于他的 2 000 平方公里土地，很荒凉。虽然十分荒凉，却是他的领地了。耶利米宣布北苏丹王国成立，他的女儿艾米丽就正式晋升为公主，两个儿子也成为王子了。有人问小女孩为什么想成为公主？艾米丽说："我想帮助更多的穷人，让他们不会饿肚子。"或许耶利米正是想通过这样的做法，保留住孩子最真挚的善良吧。

既然是公主，肯定要有文化范儿的城堡居住，最好还能有绣架、画房什么的。耶利米爱护女儿美好心愿的意图虽然有些天马行空，但孩子的纯真善良确实是最珍贵的。如果有哪位设计师或者大富豪也愿意帮助他们圆梦，不妨联系他们，设计一座"古韵新风"的新派建筑守住孩子的梦。

● 中国式"虎爸虎妈"普遍是爱之深、责之切，送孩子去学钢琴、学绘画、学舞蹈，却很少有家长真正让孩子开发想象力，从兴趣出发快乐学习、自主学习，尤其是大胆实践

编者语：培养孩子的学习能力固然重要，但不要忽略了孩子最难能可贵的想象力，中国式教育却往往约束了孩子的成长。请给孩子一些自由，他们可能会带给你无限惊喜。

尽管想给女儿造城堡的耶利米没有钱，但他有创意。他想出了"公主"一个签名多少钱，一幅画多少钱，想获得该国骑士勋章得交 300 美元的主意，来筹集修建城堡的资金。没有钱的农民照样为实现女儿"不想让人饿肚子"梦想，发起了"怎样在贫瘠的土地上耕种粮食"的研究，希望可以将他的王国打造成一个巨大的花园。

相比之下，中国的父母爱子之心绝不输给耶利米，但比起为孩子实现梦想，大多数家长还是以成绩、才艺为重。中国家长的常态是在严寒酷暑的清晨，或者夜深人静的晚上，送孩子去各种各样的学习班，

接受高强度的苛严训练。不少大人有意无意将自己未曾实现的艺术梦强加到了孩子头上。因此，有媒体呼吁，家长应该做一盏"无影灯"，从孩子的兴趣出发，针对孩子自身的心理、性格特点选择艺术门类，鼓励孩子做他们喜欢做的事，在轻松愉快中发挥天性和创造力，不留"阴影"和遗憾；家长应更注重艺术学习的过程，而不是结果。在家长的"无影灯"辉映下，让孩子从小养成发现美、欣赏美、创造美的良好习惯。

在生活中发现并驰骋孩子的无边创意，并让其变成无边的艺术春色，就像可爱的丝蒂绮和可亲的耶利米一样。

最近，由国务院印发的《中国制造 2025》引发热议，这份旨在全面推进实施制造强国的行动纲领规划了中国版的"工业 4.0"。"互联网 +"的时代里，中国制造当然要以创新驱动，但问题是创新从何处着手，我们要"创"的是什么，什么可称之为"新"？

"互联网 +"时代还需"工匠精神"

其实当下，创新的土壤、条件和氛围都不错，各级政府都竭尽全力为创新创业的年轻人搭台、服务。

对于大多数创新创业者而言，智能制造、绿色制造专业入门门槛相对低，是人人都可以试一把的。现在几乎人人都玩的微信，就是一群中国年轻人从 whatsapp、twitter、skype、facebook 等境外社交软件中得到灵感创造的应用软件，让我们能免费享受可随意语音、发信息、传照片。

创新更多的是体现在创客空间里。创客为何出现？是因为当今的物质条件已经极大上位了，人们的个性化追求越来越强烈而迫切，于是从兴趣出发，想到什么做什么，在线上线下满足客户的个性化要求。

上网，输入"无人机"，马上就出来 6 位数的网页。但我们说的不是全球鹰之类的军事用途无人机，而是民用的，像用来航拍、进入有毒环境、进入灾区的民用无人机。有这么一款：四只乳白且带有漏窗的翅膀，每只翅膀上一支同样乳白并玲珑的螺旋桨；关键是腹部的高清摄影机，每秒可拍 60 帧的高清录像、1 200 万像素的照片更不在话下。这样有设计感的外观加上技术含量十足的设备居然只要 5 999 元。这就是创客们为摄影发烧友们量身定制的拍摄神器。网上限量 500 台，早已销售殆尽。

力耕穿戴设备的创客们大有人在，他们不仅玩技术，更将外观时尚时刻放在心上。对于大多数创客而言，"互联网 +"可能面临的最大问题是他们的创新产品上网后获得的是差评，很快就被更多新的创意淘汰了。所以在创客们中流行"北京'高颜值'、上海'技术宅'、深圳'低门槛'的说法"。所谓高颜值，当然是离不开吸引眼球的艺术设计。北京的小米如今无疑是千军万马中杀出来的偶像级的存在了，他们发布的每一款产品在外观上都越发简约精致，在功能上也绝对领先，而价格却比其他国外知名品牌便宜一半还不止。每一件产品送到顾客手里时，都有精美而环保的纸盒保护着，既不浪费空间，从头到尾的设计也是"送礼也体面过人"。这样贴心又美观的产品怎么能不火？

有人还说，"互联网＋"背景下的创新就是要鼓励更多的年轻人玩起来。玩技术、玩款式、玩新颖，当然更要玩艺术。"互联网＋"是典型的"眼球加评语"的经济，好不好看，眼球决定；好不好使，评语决定。差评多了，当然就被淘汰了；但不入大家法眼，连参评的资格都没有，一切都无从谈起。所以，大凡受到百姓追捧的，都是那些养眼又实用的好东西。

那么中国制造在"互联网＋"时代中又将处于什么样的地位呢？我想，中国传统工艺的工匠精神在其中还将发挥极为重要的作用。建盏听说过没？素有"铁胎"之称的建盏是宋朝盛行斗茶用具。建盏造型别致，口大腹深，沿薄底厚，胎质粗硬，具有良好的保温性；且水面较大，好变乾坤。更加上胎体厚重，呈黑灰色、紫黑色，其变幻莫测、绚烂多彩的窑变釉给人以奇特的美感。建窑出产的黑釉瓷产品主要有曜变、金兔毫、银兔毫、油滴、鹧鸪斑纹为主。这些斑纹，人工无法控制，它既依靠釉料配方的变化，又依托窑内烧成温度与气氛生出不同的纹理，效果常常令人意外，堪称鬼斧神工。最近，建阳的叶礼忠、詹桂溪等建阳创客已经找回宋代建盏的风采：兔毫盏漆黑发亮的釉面上，并排闪着金色光芒的丝状条纹，密密麻麻、齐齐匝匝，从碗底满铺直到碗口，贵气、大气再加一点魅气，宛如飞机上见到阳光下密密的原始森林。绝对"高颜值"！

能将传统工匠手艺继承下来，并通过"互联网＋"使之成为新艺术形态，恐怕将会成为工业4.0时代热门的发展模式。

"国匠"就这么"牛"

机器、智能化，还有互联网能为我们做很多事情，但是很多人依旧信奉"最好的东西是手工做的"。

最近的"大国工匠"报道的8位身怀绝技的"国匠"给我印象深刻。中国航天"发动机焊接第一人"高凤林、"蛟龙号"载人深潜器首席装配钳工顾秋亮、中国大飞机首席钳工胡双钱、LNG船焊工"牛人"张冬伟、高铁首席研磨师宁允展、宣纸捞纸工周东红、港珠澳大桥岛隧工程首席钳工管延安、錾刻大师孟剑锋，他们个个都是把活儿干到了艺术的境界。

胡双钱说，曾经碰到一个零件要100多万元的，为啥？它是精锻出来的，一个零件上有 36 个孔，大小不一，孔的精度要求是 0.24 毫米，约 3 根头发丝粗细。胡师傅仅用了一个多小时，将 36 个孔悉数打造完毕，一次通过检验，"金属雕花"的本领出神入化。APEC 会议上，曾经发生过一件有趣的事情，外国夫人们参观"国礼"，其中一位发现了一只果盘上搭着一块银白的丝巾，下意识地伸手去摸，结果发现那块丝巾和盘子是"长"在一起的：它就是錾刻师孟剑锋的作品。这块"丝巾"折光亮闪，衬着果盘的黄色粗糙，更加灿烂，制作这样一块光闪闪的"丝巾"，孟剑锋需要从不同角度上百万次錾刻敲击。为了用银丝做出支撑果盘的四个中国结，孟剑锋需要反复将银丝加热并迅速编织，银丝快速冷却变硬无法弯曲，需要无数次尝试才能成功。"其他人可能会选择机械造出中国结底托再粘合上去，而他却无法容忍伴随机械制造而来的细小砂眼，也不愿违背纯手工的诺言，于是哪怕手被烫出大泡，也要追求极致美感。"采访的记者说。

工匠精神就是追求极致美感的精神。我在云南通海小新村三圣宫见到几扇格子门，春秋战国、三国演义、封神演义、水浒传、大禹治水、十八罗汉、八仙故事……生鲜活泼，美极了！雕此门的工匠名叫高应美，他干活不但吃的是上等伙食，工资计算也很特别：前期大料做好后，细活时第一阶段二两木渣兑一两银子，第二段一两木渣兑一两银子，最后阶段一两木渣兑一两金子。一生 30 多年的雕刻生涯里，高应美共雕这样一堂六扇的门近 20 堂，一年不到一堂。目前，只有三圣宫这套还如几百年前一样光鲜。之所以这么"牛"，还是因为"国匠"的手艺活儿太艺术了！这是智能化仍然无法取代的。

观点：拒绝"差不多"

胡适先生笔下的"差不多先生"无论什么年代都存在，在互联网＋时代的创客们中，也流行"差不多"，从产品到营销，到服务，都有"差不多先生"的影子。有人说，我们有世界一流的技术、一流的设备、

一流的规范，但因为缺少专注的"工匠精神"，从而缺少一流的产品。

日式创新现在"黯然神伤"，就是另一种意义上的差不多思想在作祟。移动互联网其实是日本率先推出的，可如今日本制造业在集成电路、软件、互联网和移动网络的国际标准竞争中"四连败"。除了闷头创新外，日本这种"用户不在现场的创新"导致创新根本把不准用户的脉，搞不清客户的审美需求、个性化要求等等，最终沦入"创新孤岛"中。

日式创新十分推崇"匠人传统"，但沦入"创新孤岛"的匠人传统则成了失去了与时代接轨的变通，从而少了活力。所以，我们提倡的"匠人精神"是互联网＋条件下即"O2O（线上线下）"的精益求精、极致美感追求，这种追求以客户的美学品味和品质要求为核心。

编者按：2015 上海婚博会今天在世博展览馆盛大开幕。已经是第十年举办的婚博会当然会吸引众多年轻人前来采购、洽谈，不少人都想以一个不同凡响的婚礼，来纪念一生中最重要的大事。这其中，有关婚礼形式的创意设计越发成为年轻人关注的焦点，与众不同也要让人眼前一亮才行。

定制婚礼已成为创意设计新类别

● 作为文化现象的塔尖，如今艺术婚礼无疑是块"香饽饽"，在多数地区，许多创意婚礼的实现有一定的条件限制，而艺术婚礼不仅魅力十足，且可操作性也强

"在画廊里参加婚礼，今生还是头一遭。"鹤发童颜的嘉宾宋大爷意犹未尽的样子。原来，一对热爱画画的年轻人，以画为媒相识了。他们的作品获了奖，广州画廊见证了他们的成长历程，于是他们的婚礼就在画廊的 1 号展厅举办，媒人就是两位青年艺术家各 30 多幅艺术作品。一边是新郎的油画，一边是新娘的工笔重彩，画廊因为这些作品，满堂生辉。更加上，鲜花和紫幔把原本素净的展厅装扮得春意盎然、浪漫温馨。当地的艺术名流来了，新郎新娘的家人好友都来了。现场，最耀眼的当然是新郎和新娘了，一个巧笑嫣然、娴静清淑，一个西装

笔挺、潇洒俊朗：是画展，是婚礼？一时真不知是幻还是真。唯有现场的气氛让人感慨"活着真好"。

上网一查，艺术婚礼还真不少，有舞蹈婚礼的，有冰上芭蕾婚礼的，还有戏曲婚礼。有一位父亲在女儿的婚礼上展出了自己收藏了 10 多年的书画作品，婚礼举办地点富阳渔山乡顿时因为"新婚书画展"而文化起来，艺术品味浓了起来。那位父亲话说话很时鲜："那些名家送我作品的初衷就是要我把中国文化传递到最基层，山村需要文化，画家的'群众路线'走得好！"

还有与唐代的女诗人同名的新绛县普通市民薛涛，他也把女儿的婚礼办成了当地书画家的画展。艺术家的作品挂满了薛涛家的厅堂和院子，婚庆现场透出一股别样的喜气、一股清新的翰墨香。还有，用图画记日记的新郎在婚礼上展出自己与新娘的每一个美好时刻。卡通、温馨、唯美的图画受到来宾交口称赞。

● 创意的发挥当然不仅仅是办一场画展，还有搞怪、刺激加浪漫的婚礼也令人难忘，这些创意需要精心策划，甚至花费不菲，不过新人开心才是最重要的

环保牌婚礼、怀旧式婚礼、传统烧钱式婚礼，创新的形式主要体现在迎亲的路上，其他方面还是我们熟悉的。还有一些则更加另类，绝对是大部分人没有，也不太会去尝试的形式。

去年，澳大利亚的春天，名叫安斯提（Paul Anstey）的新郎和名叫布鲁默（Iris Brummer）的新娘要办婚礼了，婚礼选定礼典（Lee Point）海滩，共邀请了 9 名亲友出席。不过，这对准夫妻抵达婚礼现场的方式把在场的亲友们刺激得尖叫声、欢呼声连连。原来，两人从 1.2 万英尺的高空一起飞跃而下，跳进了婚礼现场！这样的开场方式不仅是他们的第一次尝试，对于亲友来说无疑也毕生难忘。创新的形式固然让大家惊喜，这样的婚礼带来的独一无二的幸福感相信才是最美的回忆。

在婚礼形式上，外国人真的是创意无限。法属波利尼西亚群岛的波拉波拉岛被称为世界上最接近天堂的地方。一对情侣于去年 10 月 25 日潜入当地海水中，在一位波利尼西亚神父的见证下喜结连理。这场婚礼的美恐怕很难用言语来形容，只有当事人最清楚。而今年 1 月 22 日，极寒的西伯利亚，一名当地游泳俱乐部的成员抱着他的新娘，在零下 30 度的极端天气条件下踏过了一条河！这是他的新娘第一次体验这种零下的快乐！

从这些婚礼中，我们能看到如今的婚礼形式无疑都是个性化定制，先天马行空地构想，然后开始联系各个环节，看看具体可操作性如何。我们也从中领悟到，

结婚可不等于喝喜酒就完事的，策划得好了，这完全就是一场艺术盛会，关键就看新人们如何来发挥创意。

● **婚礼形式创新其实还能涵盖到更广的范围，形式的创新既可以是全盘颠覆，也可以局部发挥。国内不少年轻人流行的环保迎娶，同样成为了新人们施展创意的一大环节**

步入婚姻殿堂是人一生中大事之一，既要浪漫也要来点别出心裁，无论花费是多是少，无论婚礼形式是传统还是现代、中式还是西式，邀请亲朋好友办一场别开生面的庆典就需要多动脑筋去创新，只要想到就可能实现。

要说到婚礼的创新形式，年轻人的想象力往往出人意料。自行车婚礼，40多辆自行车系上粉红色心形气球、红色彩带，一路欢天喜地去接亲，这是今年初发生在湖南安乡的事，当地媒体标题就叫"40多辆自行车助阵'简单奢华'的婚礼'好拉风'"；还有公交车婚礼，18米长的大公交载着一众亲朋好友，既热闹又环保，这是去年底发生在青岛巴士公司的事；30余辆高档摩托车组成的车队，酷爱摩托车的新郎直言："喜欢摩托车，方便实用，既经济又体面。"新娘甚至说："一路上丝丝小雨，很浪漫！"融入了自己的兴趣爱好与生活方式，更能体现出新郎新娘的价值观，同时也与众不同，这些创意未必要花大钱，有新意最重要。

其他还有板车婚礼、机车婚礼、古装花轿婚礼，无论是走向乡野还是回到唐宋元明清，它们都是别出心裁的婚礼。

有人说，现在的婚礼形式依然成为了一种新的创意设计类别，这话也很有道理，创意设计往往涉及到生活的各方面，婚礼这样的活动更能体现出创新意识。个性化定制也成为了婚礼形式的新特征。

婚礼审美来自天性

传统婚礼如何改？办法是用艺术，不是婚庆公司的"一条龙"服务，而是新郎、新娘发自天性的艺术。

有这样一位青年，平日里喜欢画画。不管心情好坏、境遇如何，每天都要涂上几笔。大学毕业后，设计成了他的职业，但他仍然保留着小时候的习惯，只不过画笔变成了专业电脑绘画软件。认识了新娘之后，画画就成了他记录幸福时光的方式。有一次，他和爱人在公园里散步，两人正指着天际的一道彩虹，恰巧云层里钻出一架飞机，从彩虹上掠过，回家后这个奇特的场景就被画进了画里。于是，婚礼上大家就见到了这样的"奇遇记"。"每幅画后面都有温馨的故事,而且都那么美!"婚礼上,来宾们纷纷为这份新意点赞、竞相微信转发。"这50多幅只是他最近一年多的画,还有好多呢!"小伙子的家人眉宇间流淌着止不住的美意。

人生喜事,用古话说就是"金榜题名时,洞房花烛夜,他乡遇故知",婚礼当然要让人记忆深刻。要做到,不妨多用艺术思维来思考。因为每一位新郎新娘对艺术创意都是有自己的喜好,未必人人都喜欢奔驰宝马来迎娶,也未必对自行车车队青睐,关键还是自己喜欢。如果自己的艺术创意还与当下的环保、节能、绿色发展、循环发展挂起钩来,那不仅可以节省婚礼开销,同时也让婚礼更有意义了。

婚姻文化是中国文化的重要篇章。在古代,一套婚礼程序中就有拦门喜歌、轿夫喜歌、撒草喜歌、撒帐喜歌、铺床喜歌、闹房喜歌、祈子喜歌等婚事喜歌,还要闹新房、吃喜蛋。而今,除了这些传统,聪明且受过良好教育的年轻人朝着艺术、朝着创意的路子往下想,往前走,就会创新出奇,运动型的、搞怪型的各种新形式,都可以是艺术范儿浓、设计款儿新的婚礼样式。

新闻背景:这两天,德国各大报纸纷纷登出了有关易北河谷的消息,因为又快到 6 月 25 日了。6 年前的这一天,德国的易北河谷被世界文化遗产名录除名。对于素以严谨、细致、认真和品质闻名于世的德国而言,这无疑是个不小的打击。善于反思的德国人又开始老话重提,这让我联想到 13 日正是中国文化遗产日,也希望通过易北河谷的"滑铁卢",给 2015 年的纪念日活动带来一些信息。

文化遗产还须原汁原味

写在德国德累斯顿易北河谷被剔除出世遗名录 6 周年之际

对于生活在易北河谷周围的人而言,回想起 6 年前这片文化与自然交融的宝地从"世界遗产名录"被除名,依然还能想起当时的震惊和遗憾。联合国教科文组织在 2006 年将包括德累斯顿在内的易北河谷列入世界文化遗产名录,可是,2009 年就被除名了,原因是当地政府不顾该组织的警告,在河谷修建瓦肖罗辛大桥。大桥很现代很漂亮，也给当地居民带来了便利，然而就是这个现代化大桥，让易北河谷只享用了"世界遗产"头衔3年。

被撤下世遗名单时，当时的评委们认为它不再具有"杰出而普遍的价值"了。虽然很多人问：作为一座依然生机勃勃向前进步的城市，今人的营建都必须因为"世遗"而停顿吗？更何况，易北河谷正是因为营造的不断累加，才有今日的被列入"世遗"的结果，为什么要让城市的发展定格呢？其实这也是世界上很多国家同样面临的困扰：是让文化遗产保留原汁原味，还是为城市建设发展让步？

易北河是一条发源于捷克、波兰两国边境的克尔科诺谢山南麓，流经捷克和德国，全长1165千米、流域面积超过14万平方千米的大河，孕育了德累斯顿、汉堡等大城市。德累斯顿是德国东部的重要城市，18世纪以来逐步进入辉煌。蜿蜒于易北河谷的景观纵深有18公里长，它主要由古老的牧场、宫殿、纪念碑、公园、郊区别墅及花园组成。老老的钢桥、老老的铁路、老老的造船厂和更加古老的渡口、葡萄园让两岸风光怎一个"旖旎"了得！

虽然，1945年的大轰炸曾把德累斯顿的老城夷为平地，就连标志性建筑——圣母教堂也未能幸免。美国人库尔特·冯尼格以饱受创伤的城市为背景写了荒诞小说《第五号屠场》，说：在隆隆的炮火中，这座二战中遭受毁灭的城市从时空隧道里逃逸了，变成人类命运的诡异象征。可是，认真的德国人却硬是把萨克森选帝侯腓特烈·奥古斯特时期以来的老建筑、老物件修得让全世界咋舌不已，当大家看到深浅不一的墙砖、新老参差的构件，感叹："假的也修复得这么真！"

不仅如此，人们还在德累斯顿的老城里发现了更多。圣母教堂倒塌后，躲过浩劫的德国人立即开始收集、整理教堂的残片，并一一编号然后集中归置一处。后来，这座教堂成为了古建修复的样本。古建筑废墟体积在战后德累斯顿有近2000万立方米，德国人硬是一块一块、一片一片地挑拣、编号、归类，有条不紊地存放起来以待来日，即使当时的苏联到来也未停下这项工作：德国人似乎已经预见到它们能够穿越时空，神奇"复位"。

即使不修复，易北河谷的古风古貌也很惊艳。18公里长的景观从城市近郊一直延伸到皮尔尼茨宫。皮尔尼茨宫是奥古斯特二世的作品，在距德累斯顿约15公里的皮尔尼茨镇。城堡被改建成东方色彩浓郁的休闲宫殿，用来举办庆典。河边宫殿与上层宫殿中间的大庭院，称为皮尔尼茨宫公园，当中是巴洛克式水池，配上大喷泉，被长满鲜花的大花园包围着。宫殿闻名欧洲。看着这些精美的建筑和环境，我惊叹德国人视觉艺术和科学携手得天衣无缝，惊叹该国集艺术家和工程师于一身的品格。这座宫殿在二战中未遭受轰炸侵扰。

加入现代化元素无疑是城市发展的必然，但在已经申遗成功的地方建造现代化大桥，是否破坏了那里的古朴？值得所有人思考。

市民怎会反对申遗？

易北河谷下世遗名单，不是因为管理不善，不是因为玩命地卖门票，更不是因为失修，而是因为增修了一座桥，破坏了专家们心目中的"那时景观"。

修建一座桥以方便德累斯顿的市民来往方便早在1996年就进入当地政府的议事日程。瓦肖罗辛桥是1996年市议会立项的旨在缓解交通的建设项目。后来，申遗工作也进入该市议事日程。该市两件大事并行不悖。

2004年，因为河道景观与城市生活的完美结合，联合国教科文组织于2004年将易北河谷以文化景观类型列入世界遗产名录。但同时世界遗产组织也警告大桥的建设将影响景观，要求该市重新考虑修桥计划。

随后2005年的全民公决，选票上只有一项——"你是否支持修建大桥"，公决票被68%的人选择了"支持"。这次公投，后来被认为是"社区意愿"的体现，也是"市民反对世界遗产"的最重要依据。

现在来看，这张公决票的内容至少应该列出为何修建大桥、修桥与世遗的利害关系、除了修桥还有无其他选项等等。不说背景，不说前因后果，只列出一个带有明显诱导倾向的问题，显然不妥。

结果，"公投"一年后的2006年，易北河谷就被列入世界遗产濒危名录。市民发觉后开始频繁组织游行，反对大桥修建。德累斯顿市收到联合国教科文组织的警告之后，立刻组织亚琛大学的专家对新桥进行了考察，并得出结论：新建的大桥将破坏易北河谷文化景观。

依据这次调查的结果，以及教科文组织的警告，德累斯顿市积极采取措施，试图中止建设项目的进行，提出修建一条地下隧道，即能解决交通问题，又不影响景观。

最终，桥还是修了，因为德累斯顿的上级政府——萨克森州认为"民意"不可违。

易北河谷下世遗留给我们的警示很多。最重要的一条就是：必须先让百姓有充分的知情权，然后才能充分尊重百姓的选择权，真正让百姓参与城市的文化保护。

观点：旧的未必一定换新

下名单之前，易北河谷已经有了 7 座桥，但第 8 座——出问题了。7 座老桥中，距离现在最近的一座桥修建于 1935—1936 年，假设当年世界遗产已经存在，那这座桥是否也破坏了彼时的景观呢？换过来说，如果再过 30 年世界遗产组织才建立，那今天修建的第 8 座桥或许也成为整个易北河谷文化景观的一部分，被予以高度评价了呢？

一切假设都是徒劳的。易北河谷在被列为世界遗产的那一刻，历史就被定格了，任何新的变动只会被判定为一种破坏，而不是延续。易北河谷的故事告诉我们：必须尊重世遗组织的游戏规则，必须在保护与开发问题上慎之又慎，切不可拿到金牌之后我想干啥就干啥，任性不得，乱来不得。

或许这样的规则显得有些严苛，但在世遗问题上，旧的总比新的好。越能保持旧貌，自然越能让文化遗产的完整性得以体现，这一点是肯定的。毕竟文化遗产具有不可逆性，一旦被破坏，就无可挽回，慎重点也好。

新闻背景： 随着国力的增强，中国民间资本进入海外已是常态。最近，华彬集团购买并改造伦敦泰晤士河畔三一广场 10 号一事在伦敦引起了热议。历史悠久的三一广场 10 号是伦敦最弥足珍贵的地标之一，升级之后是否仍维系了荣耀的历史？

用心维系建筑背后的荣耀历史

● **三一广场是伦敦地标性建筑，因为英国人强烈的建筑保护意识，让参与建筑修缮的人必须更谨慎**

伦敦三一广场 10 号是伦敦老城中引人注目的一个项目，建筑靠近伦敦眼，其大受关注不仅因为中国资本在 2010 年欧洲经济最困难的时候豪掷 1.06 亿英镑将其买下，更重要的是这栋大楼的显赫身世。

19 世纪以前，这里是东印度公司的仓库，用来存放来自东方的香料、茶叶、丝绸和瓷器。1912 年，刚成立三年的伦敦港务局决定修建一座气派的办公楼，以体现出英国在全球贸易中的统治地位。港务局看中了三一广场10号，并花费了当年全部收入的一半即80万英镑，来修建这栋办公楼。直到1922年，这座新古典主义风格的办公大楼落成，时任英国首相大卫·罗德·乔治（David Lloyd George）亲自剪彩。由于大楼的奢华和象征意义，1946年联合国第一期会议的招待酒会就在此举办。

虽然二战期间大楼遭到轰炸，损毁严重，但作为地标建筑，其建筑构造依然堪称完美。可从那以后，这栋大楼就一直闲置在那里。

在英国，老城更新项目有非常繁琐的限定。2010年时，华彬斥巨资收购了三一广场10号。作决定只用了5分钟，但更新和功能再拓展却等了好几年，因为这栋楼是伦敦二级历史保护建筑。

● 伦敦是爱德华的"田园城市"思想重要源头，人们逃离雾都，于是旧城的改造运动开始了

伦敦是一座有着悠久历史的城市，城市规模随着工业革命的进展而不断扩张。随之而来的人口爆炸式增长，一度让伦敦成为世界第一大都市。

二战后爱德华田园城市思想的流行，其思想认为建设新城是摆脱伦敦这样拥挤不堪城市生活的最佳途径。于是，大力建设可提供足够多的工作机会、城镇被绿化带环绕、农产品供应充足、休闲娱乐设施齐备的几十万人的"社会化城市"的想法在英国应运而生，风靡一时。

随着新城的茁壮成长，伦敦这些超级城市中的人们纷纷迁出中心城区，因为工业化而成为雾都的伦敦魅力风光不再，入夜后的伦敦甚至变得很冷清。"抛弃原来的繁华肯定是一种浪费"，有识之士疾呼。于是，英国在1978年通过《内城地区法》，开始注重旧城改造和保护；1992年伦敦甚至提出了伦敦战略规划白皮书，根据伦敦老城不同的发展水平，制定了不同的战略，其中三一广场所在的中心区交通最为方便，应该平衡办公楼、商业、文化娱乐等与住宅之间的发展；老城更新还包括空间要素的整治，如开放公园、广场绿带、泰晤士河、历史遗产等。

英国业内专家指出，伦敦老城的更新从规划编制到批复之间有着较大的空间和弹性，"规划和设计紧密相连又可以反复双向验证，这对城市更新有着直接的影响，城市更新是集规划与设计于一身的过程"。于是，三一广场也受到这些规划和法规的约束，其等待过程的漫长，说明英国人对待历史保护建筑的审慎态度，更说明法律的公平性，虽然企业的等待付出的是高昂的代价。

● **参与英国古建"更新"，需要懂得更多的城市文化，才能保持原来的风貌**

澳大利亚一家设计公司主持了三一广场 10 号的修缮更新。远远地我们看见绿树掩映中形状展翅昂首的新古典主义建筑，楼顶上的那塔楼宛如一扇缩小版的凯旋门，廊下四根大立柱撑起三层楼高的大门厅；走进去，大堂里一派皇家气象，棕黄的装饰墙，繁富的木头墙花，在气势不凡的大吊灯映衬之下顿时让身份尊贵荣华起来；走在灯光映照下的浅绿走廊里，仿佛来到了童话世界。

更新城市、修复古建，不是一般的设计创作，如何尽量多地保留下历史建筑原貌，都必须在改造前充分想明白，这其中每一个环节都要到位，才能保证不出差错地进行原貌更新，整个过程都需要专业的精神和足够的耐心。在这个案例成功后，相信也会有更多国家及城市愿意让中国公司来帮忙"更新"城市建筑。

题内话：麦粒儿开花的艺术活

工业化是人类社会发展的大进步，尤其是现在大机器遇上大智能、大数字，所谓的"工业 4.0""互联网＋"，连房子都可以工厂化生产，到了基地上只需装配。

可是，任何一座城市都是有历史的，任何一座历史城市都是有自己独特个性的。岁月的痕迹在它们身上留下了或欢乐、或心酸的故事，这样的故事经历了漫长的岁月就成了历史和文化。

城市更新，当然不能草率，了解历史，传承文脉，慢工细活才出精品。

我想起了先人煮弦的故事。古代的琴弦是用蚕丝做的，但把蚕丝变成琴弦却是一个非常复杂且专业的过程，从工艺上说丝弦的选料、用胶、煮弦、缠弦、晒弦等个个环节都拿人，你稍有差池就失败了。

现在让我们来看看古人是如何煮弦的。琴弦要在明胶中煮，加入鱼汁和植物混合物，煮弦的器具选择也有讲究，"须择清水锅子，不得肥腻"。也就是说，锅要干净，不能有铁锈、污垢、油腻。这样还不行，还"须候天气晴明"。空气清新、天空明亮方可以架锅煮弦。煮弦的火候呢？"用小麦少许同煮，如见麦绽，丝即熟也。"就是这样把握火候，并且一件原本平常的工作变得神秘、浪漫，还有些小清新起来：蓝天，白云，麦粒儿在"清水锅子"里缓缓滚动，突然，伴随着缕缕清香，它们像一朵朵小花，在蔚蓝色的天空下绽放开来……

这个工艺过程记录在清代蒋克谦的《琴书大全》中，它告诉我们工业化取代手工是一种"进步"，但同时也让我们丢掉了许多宝贵的东西。麦粒儿作伴煮出来的蚕丝琴弦，韵悠味醇，苍古圆润。

新闻背景： 目前，各地"十三五"规划正在火热制定中，地下空间越来越成为城市开发开放的重要内容。如今的地下空间早已走出人防设施、避难场所的视域，成为了市民品质生活的一部分。因此，在规划之初，就将地下空间的艺术化与生态化、节能化综合考虑起来，我看是十分必要的。地下空间环境营造艺术如何展现城市独特的魅力，南京——

从历史中汲取艺术灵感

与地铁并行较早的城市不同，南京地铁一号线开通已是 2011 年 9 月了，吸取了世界地铁运营智慧的南京人，自觉地把艺术环境的营造与地铁建设综合考虑在一起。

当然要考虑到人性、绿色和可持续，所以南京地铁把垃圾桶挂在"墙上"，乘客们经过时举手就能把纸盒、包装袋扔进去。"垃圾桶高度按照人体工程学设计，扔垃圾一点都不费力气，真可谓举手之劳。"工作人员还给我们做起了示范。人性化还包括椅子的设计：联排有靠背的候车椅经常被人占住睡觉，于是 2 号线的椅子变得没有靠背，一排三个，中间有扶手隔开。"这下一人只能一个了。"工作人员说。

停电了怎么办？万一在地铁里碰上停电，车站墙壁马上就会出现一道绿色带箭头的荧光带，你顺着光带往前走就到出口了，它的原理就如手表指针上的荧光。其他类似卫生间、书报亭在地铁里那是必须的。

但，地下空间的环境如何能艺术得有个性，这是个颇费思量的问题。经过反复斟酌，南京最后采取的是从历史中寻找艺术题材与灵感，然后将之贯彻到各条线路的环境的营造之中。

"烟笼寒水月笼沙，夜泊秦淮近酒家。"这是唐代大诗人杜牧的《泊秦淮》中的诗句，秦淮与酒家、歌妓、灯会是人们关于明清时南京繁华的印象符号；云锦素有"天上云霞地上锦"的美誉，而南京云锦元、明、清以来都是皇家御用之物，号称"东方瑰宝""中华一绝"；宋齐梁陈等六朝时期，南京生发出中华文化的许多种子，还有中华民国择都南京，都是这座古城区别于任何一座历史文化名城的独特个性，当然要进入地铁环境里。

还有，漫长历史长河中形成的传统节日，像元旦（西历实行之前的"春节"）、清明、端午节、中秋节、冬至节，还有国庆节、五一劳动节，浪漫的七夕节等等。冬至节？对，在古代这是一个十分重要的节日，周朝就开始过冬至节了，盛行不衰以至今日。汉代以冬至为"冬节"，官府要举行祝贺仪式称为"贺冬"，官方例行放假，官场流行互贺的"拜冬"礼俗。还要挑选"能之士"，鼓瑟吹笙，奏"黄钟之律"，以示庆贺；并吃好的。中国地方广大，北方饺子江南糯米饭，汤圆、麻糍、擂圆都是美食，所以钟灵街站的壁画以传统节日入题，采取传统石雕的方式表达了祭孔拜师、祭天、消寒、贺冬、做汤圆包馄饨等传统民俗活动。横卷构图、青灰色调，既体现冬季的静谧清冷，又传达这一节气应该"安身静体"的中华养生意蕴。

还有些乍看平常，凑近前还是让历史照进了现实。喜上眉梢，中国人喜欢，这幅图景如今就在地铁花神庙站。原来，它以南京市花为主题，围绕花神庙展开。历史上，花神庙以育花为业，明朝时成为皇家御花园。主题墙创作者以中国屏风式的构图，把历史场景、民间习俗和自然的梅花串在一起，再加上穿梭其间的喜鹊，一幅喜鹊欲登梅的祥和气象。还有"东山再起"紫铜锻铸主题墙，在河定桥站。故事讲的是东晋谢安的故事。谢安为家族利益，舍弃在东山舒适的隐居生活，40岁时接受征西大将军桓温的征召，走出东山，出任桓温的军司马，东晋与前秦国的淝水一战，让苻坚的百万大军觉得"八公山上草木皆兵"。虽然胜利的消息传来，他跨门槛生生踢断木屐鞋底的钉子而不自知，但画中的他文韬武略、气度不凡并且淡定从容。

徜徉在南京地铁里，回想着上海、杭州地铁的情景，被南京深厚的底蕴和独特的地域风情深深吸引。无论是一号线的金陵揽胜、水月玄武、六朝古都、民国叙事、彩灯秦淮、明城遗韵，还是云彩地锦，让人体会到的都是坐看青山流水去，我自云卷云舒的南京式淡定。艺术表现手法也很多样，有雕塑，有浮雕、有铜蚀、有陶瓷、有电子画，虽然画面、意境、手法有的还有上升空间，但艺术家们都很努力。关键是，这群艺术家们抓住了南京独特的牌：六朝古都，风韵摇曳，这是它处没有的艺术风景。

专家观点：不妨来点儿国际视野

上海城市科学研究会副会长　束昱

南京地铁因为其独特的历史意蕴出现在艺术环境的构建之中，让人印象深刻，但有的作品艺术表达还有提升的空间。

从公共艺术特性的角度看，不少的题材，其构成元素的提炼，构图的铺展，手法的运用及其艺术效果的达成，艺术家们有预估不足之处。从观瞻的效果来看，有的画面适合室内而不适合公共艺术来表现；有的手法适合艺术家的私人表达而不适合这种公共环境；有的颜色适合画展而在这种公众环境里显得灰暗了些，等等。

因此，我想到了，要想好的初衷最后达成好效果，应该发英雄帖，延请海内外艺术家，并请第三方把艺术关。

据我所知，南京地铁2号线的艺术墙就邀请了日本、新加坡的艺术家参与，被称为"红楼专线"的三号线全线29座车站中，有9座车站是以红楼为主题的，分别是五塘广场站的"太虚幻境"、南京站的"元春省亲"、大行宫站的"金陵十二钗"、常府街站的"品茗"、夫子庙站的"除夕夜宴"、武定门站的"眠芍"、雨花门站的"黛玉葬花"、卡子门的"大观园"、九龙湖的"诗社"。

3号线吸收了法国、加拿大艺术家参与创作，虽然由于文化的差异他们的作品被录用的较少，但"太虚幻境"的画面你去看看，很吸睛的。至于表达手段，也一改先前的石头、砖雕之类不太适宜地铁公共环境的材质，转用彩雕艺术玻璃、色彩鲜艳的天然石材马赛克，所以当您一进到这条地铁里，你立刻就会被那些明丽的画面吸引而不再是"低头族（玩手机）"。

法国人设计的五塘广场站"太虚幻境"，鲜艳无比的正能量色彩，宏大广阔的场面，离奇诡异的构图，让人颇有些怀疑是幻还是真，是盛唐还是浪漫法国？作品采用的当然是彩雕艺术玻璃，场面大有咄咄逼人、非看不可的牛气冲天。南京站的"元春省亲"，场面同样宏大，颜色同样鲜艳，制作材料是进口天然石材马赛克。南京地铁三号线的制作材料也高度的统一，看上去就热烈、明艳，而不再是视线收缩、色调灰冷的"今宵酒醒"式路子了，看着相当养眼。

艺术是文化的体现，找国际人士是为了开阔我们的视野，所谓他山之石。但是，根在哪？"曹雪芹笔下的《红楼梦》中的场景，大部分都在南京，可以说，《红楼梦》也是南京的文化遗产之一。"业内专家说，3号线站点中的鸡鸣寺、夫子

莲花朵朵，鱼儿群群

庙、大行宫等，都在《红楼梦》中有所体现，与金陵文脉交相呼应。

国际范儿朵朵绽放，还是要从历史底蕴中去找艺术的食粮。

题内话：地铁环艺，可不敢任性

随着中小城市纷纷加入地铁建设的大潮，头脑发热的决策亦时常见于报端，我们且不问这些决策是否出于公心，至少决策者应该明白：地铁环艺，不能任性。

地下不同于地面，往往在地面明白的人到了地下就真的糊涂了，东南西北分不清还算是轻的。所以我们得找专家，所谓专业的人做专业的事情，它要比外道决策要强上百倍；还要善于吸取国际智慧，不懂不要紧，请师傅，那些见多识广的国际师傅提供的方案，你如果觉得好看，市民也觉得好看，大多数人的看法总是靠谱的。每座城市都有自己的来龙去脉，绝不混同，所以从历史、乡土中找艺术灵感也是不错的法子。

青花瓷烧制的壁画，都是南京风物

如此种种，都做到了，我们的中小城市地下环境就会有一个高的起点。关键是，在艺术面前，还是要把权力的欲望关进规矩的笼子里，别任性。

新闻背景：炎炎夏日，同事们纷纷避暑去了，我也借此机会与家人休假离开巴黎，背着行囊来到了莫扎特的故乡——奥地利的萨尔茨堡。虽然是被莫扎特的音乐故事吸引到了这里，但我们却在这儿意外收获了文化遗产独特的人文艺术。恰逢上海的编辑微信约稿，我也乐得将这里的文化魅力介绍给家乡朋友们。

在萨尔茨堡感受文化遗产魅力

● 走在萨尔茨堡老城的粮食胡同老街上，最鲜亮的就是各种铸铁招牌，琳琅满目美极了。萨尔茨堡如今依旧保持着原汁原味的街景，无疑正是得益于这严

谨的招牌保护手段，只有老手艺留下了，老风景才能延续

阿尔卑斯山脚下的萨尔茨堡被认为是美丽得让人目瞪口呆的城市，和欧洲很多中世纪老城一样，现代化的新城和千年以上历史的老城空间上截然分开，吸引我们的当然是老城风光了。

阳光从山那边洒过来，五六层高的街巷里明暗分明；蓝天顽强地从窄窄的街道上方漏下来，湛蓝湛蓝的犹如硕大的背景画布；房子如同古典油画，老则老矣，但粉红、淡青、青灰的墙让人丝毫感受不到破旧，反而在高高短短的屋檐下边显得色彩斑斓。

最抢眼球的就是街道半空的各种铸铁招牌了，它们或作猫头形状，白底橘红地写着"souvenir（纪念品）"，或者写着店家的品牌名，更多的文字（德文）我看不懂；尽管形状千奇百怪，还扭转着各种各样的花纹，卷草的、麻花的、"X"字的，有的招牌漆黑的身骨上写着赤金的文字，像"1980"表明这家门面应该是那年开张的；还有的颇像酒馆旗幡，两根铸铁环吊起半透明的一只圆盘，颇似飞镖盘的模样，盘下面吊着的就是店面的营生内容了。远远地看过去，山为背景，蓝天下的街上，最打眼的就是这些密密麻麻的铸铁招牌了，虽然基色都是黑的，但千般万状的长相，各显神通地用鲜艳颜色一打扮，我仿佛进了灿烂的铸铁招牌博物馆。

● 当地官员告诉我，这是老街管理部门统一的"胎记"，表明这里是萨尔茨堡。为了让老建筑不在城市更新中失去它的风情，粮食胡同便在招牌上下足了功夫，这样的细致无疑也能给我们不少启示

为何要如此看重招牌？我问当地管理部门工作人员。一位名叫 Adalia（阿黛丽雅）的女士告诉我，这是当地世界文化遗产管理部门的规定，"所有招牌必须用铸铁，半空悬挂"，"这算是我们区别其他地方的'胎记'"。

城市是要不断更新的，因为老街区、老建筑如果没有人气，很快就会颓毁下去。但是，无论房屋作何用途，你要在文化遗产管理部门指导下开展适当的装修（奥地利关于历史街区、保护建筑的法律十分复杂），但像在粮食胡同这样的老街上开店，"店招牌一律得用铸铁招牌，以延续中世纪的传统和记忆"。哦，怪不得 1980 年的招牌也是铸铁的！

我们来到了粮食胡同 9 号一座米黄色 6 层楼房里。三、四层楼之间的外墙上镶着很大的白色艺术字："莫扎特出生处"，楼上还挂着一面长长的奥地利国旗，从六楼一直垂到二楼。拱形大门顶端是莫扎特头像浮雕，门旁刻着"莫扎特博物

馆"。1917 年起，这座公寓楼房就成了莫扎特纪念馆并对外开放。

站在门口，环顾四周，阿尔卑斯山那时的白雪、碧树一定也和今天一样，让少年莫扎特心中一片蔚蓝，满心纯净。我明白了，莫扎特为什么能 6 岁就开始创作乐谱，7 岁时就能以创作并弹奏的《奏鸣曲》一鸣惊人，14 岁时他就被任命为宫廷乐师；虽然一生穷困潦倒，35 岁时就在贫病交迫中逝世，但他给我们留下了歌剧《魔笛》《唐·璜》《后宫的诱逃》及《费加罗的婚礼》等艺术瑰宝：是这里的山、这里的天，还有这座美丽的城市给了他天赋和气韵，而今这天这山这城市就在我的眼前，虽已千年但纯净依旧。正因为保持了百年前的纯净，它也被《音乐之声》选为拍摄地，如今这部电影也成为了经典，陶醉了一代又一代人。

● 联合国鲜有把一座城和一个人连在一起，而萨尔茨堡正是"一人一城"的经典代表。优美的环境造人，而优秀的人也能为环境加分，正是这样造就了萨尔茨堡独特的艺术氛围

萨尔茨堡老城在 1996 年被联合国科教文组织列入世界文化遗产名单，他们评价说："当萨尔茨堡还是大主教统治下的一个城邦的时候，就一直在尽力保护那些建于中世纪至 19 世纪的珍贵城市建筑。在它广为人知之前就以其火焰样的哥特式艺术吸引了大批工匠和艺术家。后来，意大利建筑师文森佐·斯卡莫齐（Vincenzo Scamozzi）和山迪尼·索拉里（Santini Solari）为这里带来了大量巴洛克风格的建筑，通过他们的作品，这个城市也得到了更高的知名度。也许正是这种南北欧艺术的交融才成就了萨尔茨堡最著名的天才——乌夫冈·阿马戴乌斯·莫扎特（Wolfgang Amadeus Mozart）。"

把一座城市和一个人连在一起，这在联合国教科文组织的世遗城市评语中十分少见。莫扎特、一座城，共同点是"人间性"——在历史长河中的每一阶段都留住蓝天碧水和成长足迹。人间的莫扎特以他朴素天真的语调和温婉蕴藉、行云流水的旋律，歌颂和平、友爱、幸福，这正是全人类自始至终向往的最高境界，生在今日的我们不也在热烈争取、努力为之奋斗吗？

徜徉在老城里，美丽的盐河（萨尔扎河）上一座座各具特色的桥、伦塔尔桥、莫扎特人行桥、州桥，马卡尔特人行桥、慕尔恩人行桥（都仅供步行）都是停伫眺望的好地方；远远近近一座座尖塔教堂和修道院都很雄伟，包括大教堂、萨尔茨堡大城堡、主教官邸，圣彼得修道院、圣芳济会教堂；还有一条条迷人的小巷：犹太巷、黄金巷、码头巷、林茨街，石头巷，这些巷子当年都走过莫扎特、卡拉

扬（生在此城的当代著名指挥家）……

"生活在这么美丽的城市是多么美好的事情啊！"我被这里深深迷住了。

观点：该留下"城市年轮"

萨尔茨堡这座小城从远古时代就有人居住，到了中世纪更是蓬勃发展，但是，不管怎么发展，不管多少种艺术花朵在这里绽放，萨尔茨堡始终不毁旧的盖新的，而是先来后到历历分明、井井有条。

所以，这座小而古老的城市什么风格的街区、建筑都有，中世纪的、哥特式的、巴洛克式的、新古典主义等等，各安其位各美其美，城市不断更新但从不拆旧建新，现在一个时髦的说法就是"有机更新"，因为他们深谙"城市也是在不断生长的，也是有年轮的"这个道理。

反观许多其他城市和乡村，很遗憾做不到。殊不知，建筑是有年轮的，是有来历、有故事的。推倒了重建，建筑无根无源，年轮的信息就被割断，故事也就没了，城市的生命历程也就断了，魅力也就支离破碎了。

萨尔茨堡不但做到了不干扰每个时代的成长信息，而且做了一件很细小但深谋远虑的事情：那就是铸铁招牌。它就像一根皮带扎住了城市的裤腰，于是城市的风采就成为了一个整体；这铸铁招牌还如宏大乐章中的"标识符"，把漫长的城市记忆串到了一起，铸铁标识成了城市魅力的爆发点。

我们在有机更新城市时，也应该像萨尔茨堡人一样，留下"城市年轮"。

新闻背景：今年进入 7 月，多座城市漫起了大水，上海也因着连绵降雨破天荒地体验到最低 17.6℃的"炎夏"。于是，继第一批 16 座国家"海绵城市"试点城市出炉后，各地对"海绵城市"的呼声越来越高。但是，我们要打造的"海绵城市"应该是什么样的呢？

"海绵城市"还需艺术来搭把手

针对一下雨城市里汽车就几乎无法动弹的现象，城市管理者只好先求速排快排；可这种做法只要一个月不下雨，城市就喊渴。我们的水泥地面阻隔了脚下的土地喝水，我们的管网系统再好也挡不住一小时 200 毫米的降雨量。于是"海绵城市"概念被提出。

何谓"海绵城市"？降雨时能就地、就近吸收、存蓄、渗透、净化雨水，补充地下水、调节水循环；干旱缺水时把蓄存的水释放出来，并加以利用。这样的城市被称为"海绵城市"。但现在"雨季一来，城里看海"已是不争的事实，于是，国家去年出台《海绵城市建设技术指南》，今年 5 月包括武汉、白城、镇江、嘉兴、池州、厦门、萍乡、济南、常德、南宁、重庆、西安西咸新区等 16 座城市成为国家首批"海绵城市"建设试点，不可谓不快捷。但遍寻这些试点城市，没有一家明确地将艺术创意和设计列入海绵城市建设计划，哪怕只言片语也没有，说的都是如何防涝解旱，只重功能。

艺术是海绵城市建设不可或缺的重要成员。其实，我国的有识之士、专业设计、景观创意人员早就开始了"海绵城市"的创意设计。当下热销的彩色透水混凝土大行其道即是一例；上海世博会上，后滩的大地艺术就是著名的"海绵城市"实验，其纯靠自然之力的水质净化系统、生态防洪系统，加上溪谷生态景观，有幸目睹那年秋天湿地收

群力国家城市湿地公园

割黄灿灿谷子的人至今还津津乐道；设计者们还在原来的污水处理厂中就势布置了"荻台江风"景观，登上竹木平台，看老老的厂房，听芦苇沙沙低吟，夕阳下别是一番渔舟唱晚的美景。

迁安三里河生态走廊

类似的湿地还有哈尔滨群力新区的一块面积34公顷的湿地公园，现在改名叫做"群力国家城市湿地公园"。除了在功能方面要解决年降雨量近600毫米，但集中在6—8月下造成的洪涝问题，公园还被设计得充满情趣，场地中部的大部分区域作为自然生态链区，湿地四周通过挖填，设计出一系列深浅不一的水坑和高低不一的土丘，成为一条蓝绿色的项链，形成自然与城市之间的一层过滤膜和体验界面。沿四周布置雨水管，收集城市雨水，沉淀过滤后就可以浇灌了，水洼中广植乡土水生和湿生植物；高架栈桥连接山丘，布道网络蜿蜒穿越丘林。水洼中设临水平台，丘林之上有观光亭塔，水畔林间草地中设计木栈步道，真是非常令人赏心悦目。这项设计还获得了美国景观设计师协会（ASLA）2012年专业组唯一的"综合设计类杰出奖"，可见其设计之精彩。

这样的景观艺术范儿还绽放在贵州六盘水，那里的湿地公园被设计成"水舞钢城"，红色的竹木栈道宛如一条飘舞的彩带婀娜在碧水绿树之间；河北迁安三里河，原本是一条臭气熏天的"臭河浜"，设计者充分利用生态技术并融入了大地艺术，用一条钢做的红(黄)折纸作为蜿蜒河沿的标志符号，配以蜿蜒的木步道，衬以绿树繁花，托以夜晚的霓灯，这里如今早已成为小学生放学的好去处，幼儿园小朋友戏耍的天堂；还有天津的桥园已成为很好的"城市—自然"谱系样本。

"海绵城市"在欧美日本等国早就是城市建设的自觉行为了。日本东京的立川在开展城市公共艺术招标时，就把城市环境功能、艺术功能的艺术化作为主要内容，下水道、湿地、广场都必须加以艺术处理，并且要在世界范围内延请顶尖艺术家来实施，于是我们看到了下水道上的大篮子，还看到了水池中7块白色大理石组成的《北斗星》，移动中观看位置微妙的变化也在发生；吉赛帕·潘农的作品《指》设于休息广场的水池中，大理石中嵌入一块大玻璃手指，玻璃是法国工艺，大理石采自意大利卡拉拉。

还有新加坡的滨海堤坝，蓄雨水的堤坝早已成为文艺范儿浓浓、神秘浪漫的所在了，功能化的大堤也是一件大气的艺术品。老百姓看不到这些功能，却能充分感受这些设计所带来的视觉享受，所谓"海绵城市"，不正应该是这样既有实力又优雅的样子吗？

专家观点：艺术建设形式功能化

海绵城市建设当然要有智慧，比如最近大火的南京明城墙的"龙吐水"，600年前的明朝朱元璋时代，城墙的建设者们就能先知先觉地预想到暴雨如注、大雨倾盆时城墙的排水问题，墙稍高处设大孔以泄山涧之水，墙脚设细孔泄去急雨时城墙里所积之水，你说如此未雨绸缪、兼具城市美观的古人智慧能不叫今人感到万分敬佩吗？其实这样的智慧还有很多，古代泉州的内外沟壕（八卦沟）、赣州老城的福寿沟，你几时听说过这两座城市闹过"城中看海"？几百年了，祖宗的智慧让我们享用到今，依旧很美。

如今能够点缀城市的元素就更多了。让泵站迷彩一下，让城市屋顶绿意盎然肯定很美，让河湖、湿地、坑塘、沟渠等"海绵体"集教育、文化、科技、休闲综合体为一体，艺术就成为了重要的建设手段。这样的案例在德国、美国、法国、日本等地很常见。

德国柏林的波茨坦广场水环境设计，水体被设计成复杂多变的形式流向玛琳·黛德丽广场（Marlene Dietrich Platz）的最低点。流水旁的阶梯上，三三两两地坐着读书、看天的人们，设计者说"细部设计精确至厘米，由全比例的模型制作而成，顺着阶梯滑落的粼粼水波映着日光，很美"。德国《明镜周刊》在广场开放之后指出："正如这一设计概念带给我们所有迷人的景致，我们也能够非常清楚地看到如果建造人工的大水面，则需要高能耗的技术干预和化学添加物的使用。阶梯流水的设计，水质保持很好，减缓大雨的冲击，同时能够节约建筑物内部的净水消耗量。"《周刊》还说：用设计语言来讲，这一处具有城市水敏特征的设计赋予了波茨坦广场开放空间独特的魅力！

如果你想到新加坡旅游，上网查一定就能见到"情侣必游的新加坡十大神秘景点"的网页，"滨海堤坝（Marina Barrage）"就是其中之一："如果你在城市边缘寻找一处宁静之地，那就带上几包下午茶，到滨海堤坝来吧。一起坐在堤岸'绿色屋顶'郁郁葱葱的草坪上，一起遥望远方的天际线，一起看新加坡的夕阳西下，一起在滨海堤坝的艺术走廊悠闲地漫步，一起欣赏海内外艺术大家的杰作。"大堤在功能化的同时，也成了浪漫的面向大海、心暖花开之地。

海绵城市建设，让艺术参与吧。

热门话题：进入暑假，很多家长带着孩子参加沪上各类丰富的艺术活动。为了提高城市品位，发展模式转型升级，城市有机更新，大家不约而同都想用艺术为城市未来涂抹上鲜艳的色彩。于是，我们的城市里，各种关乎艺术的事件你方唱罢我登场，甚至在街头就能与艺术不期而遇。可是，热闹之后，我们还该做什么？

为艺术建档　让文化脉络更清晰

从看展到品展，厘清艺术来龙去脉

毫无疑问，各种关涉艺术的展览频繁举办，对于一座城市来说，当然是件幸事，说明这座城市的吸引力越来越强大，艺术消费能力越来越强。有人统计，上海每年各种展览将近千场，其中1/3是各种艺术文化展览，最近很热门的就有"不朽的梵高"展、俞云阶艺术大展，等等。

可是，随着艺术展览种类的多如繁星，观众经常性地流连在展览现场，仅仅是看一张画、一件雕塑、观一场戏一部电影，已经渐渐不能满足其好奇心和探索欲了，他们想知道艺术作品背后的故事，这些故事可能是关于作品创作的奇遇和甘苦，可能是作者不为人知的经历或心路历程，也可能是某种大背景中的小涟漪，大家都想知道，知道了再看作品就有了温度和亲近感，于是观众中先觉者就从看展览到品读展览了，光看热闹无法满足他们的需求了。

从艺术到文化，挖掘台前幕后故事

最近在中华艺术宫举办的俞云阶艺术大展被称为"串起了中国油画的艺术脉络"，从艺术到文化，艺术发展的关联性越来越受到重视。正是出于这样的考虑，最近三年上海油画雕塑院相继推出的文献展——"陈逸飞文献展1960—1980""张充仁文献展1936—1966""这里阳光灿烂——哈定文献展"就是一个相互关联却又各自成篇的艺术文献大展，用主办者的话说就是"文献展不停留于艺术，更侧重文化层面的思考，帮助观众更全面、更深入地阅读艺术作品"。

为什么把这三位艺术家串到一起连续三年办展览？陈逸飞和哈定相信熟悉的人不少；但张充仁，知道的就少了，但了解三人之间的关系后，你会很吃惊：哈定是他的学生和得力助手，陈逸飞是他的关门弟子。张充仁还是现代中国雕塑艺术奠基人之一。据法国文化部估计，世界法语国家中，知道张充仁这个名字的总计约有 10 亿人；他的手模与罗丹、毕加索一起并列在法国艺术博物馆。

油画雕塑院将这样珍贵的艺术家档案收藏起来，并办展览让观众回到历史，研读艺术作品诞生的过程，体味艺术家在特定历史状态下的精神、生活和思想，真可谓"艺术不言自贞珉"。

从展示到建档，意识到位重现魅力

为艺术建档是必须的。任何艺术形式，都要经受时间的洗磨，于是岁深月久之后，当年的繁华恐怕也无人问津。

周信芳演《霸王别姬》中的霸王角色大家都知道，但他自创的海派京剧新戏服——"改良蟒"，知道的人恐怕就少了。这件改良蟒乾坤全在袖子。左袖为宽大的蟒袖，右袖为紧口的靠袖，在红蟒中加入戎装元素，并采用传统手工平金绣，历时半年多绣成，是周信芳为 1950 年 5 月天蟾舞台首演《五坡岭》而制，而今它从档案库里走上展览厅，引来的是观众此起彼伏的赞叹声。如果不为其建档，任是巧舌如簧千言万语也难道那时神韵了。

公益坊被拆了，清末建筑"陆氏民宅"被拆了，原裕通面粉厂宿舍被拆了，广东路 102 号身为优秀历史保护建筑的懿德大楼被涂了……但冷静下来想想，这些宝贝的前世今生市民一无所知，因为无处无档可查，怎么去监督，怎么去欣赏？所以，最近市里在细密调查的基础上要求各县市区迅速建档上报，并列为"文物保护点"，仅新增的就有 1761 处三普点（第三次全国文物普查，到地方上具体落实为文物点的范围、数量等普查，简称"三普点"）。相信通过为艺术建档，更多充满魅力的艺术瑰宝将重现光彩。

题内话：留点痕迹

在衣食住行满足之后，艺术的事情就要上位。

现在，在各种艺术领域中耕耘的人难以计数，人们怀揣着"艺术梦"，在"创意""设计""空间""艺术坊"里驰骋，无论是否能够成为知名艺术家或是著名策展人之类的大咖，这些人在艺术事业中留下的脚步使得艺术能够不断发展前进。

为艺术建立档案，不仅厘清了零星的艺术之间存在的文化脉络，更是将那些有价值但却被历史长河掩盖住光芒的人和事也理了出来。当人们要问起英雄出处，艺术足迹档案就成了关键。对于我们的城市文化而言，通过对艺术的建档，无疑也是补充了城市文化的一个重要部分。尤值一提的是，如今能见到的较为完整的艺术档案保存常常都是在或兵荒马乱、或动荡不安的时代留下的，反而和平环境之下，因为没有局促、颠簸甚至磨难，自觉为自己的艺术之旅留下档案者反而稀少，也许这也是一种"生于忧患，死于安乐"心态造成的吧。

意识到这一点，我们更加要重视艺术建档的工作，这并不是一朝一夕就能完成的人任务，更重要的是，这项工作应该伴随着艺术发展延续下去，为过去、现在和将来打造着"艺术梦"的人们留些痕迹。

新闻背景：英国 *Courier*（《信使》）杂志于本月初发布消息：得益于"互联网+"，昔日难登大雅之堂的街头涂鸦正在艺术商业化道路上高歌猛进，去年创下 2.5 亿元的交易额，"今年还会大幅增加"，文章如是说。对于英国老百姓而言，涂鸦艺术家尽管被警察"盯着梢"，但好的作品还是相当有人气。

互联网让涂鸦画家晋升为城市"美容师"

● **街头涂鸦，昔日总是"无名英雄"在城市中留下的印记，不过在互联网的帮助下，这些作品有名自身无名的画家，也逐渐走进了观众的视线，甚至能够大赚一笔**

英国 *Courier*（《信使》）杂志报道说，康纳·哈灵顿（Conor Harrington）

不久前还在跟都柏林的警察玩着躲猫猫，偷偷在城市的大街小巷挥洒他的涂鸦艺术。但转眼间，他正准备着在伦敦办一场大型展览，展示他以"帝国的衰落"为主题的个人作品。每幅画的预计售价都将在 6 万英镑以上。哈灵顿代表了新一辈街头艺术家，他们先以涂抹墙壁为人所知，继而通过互联网公开作品打响名头，接着靠出售画布画和印刷复制品赚得盆满钵满。

当然，涂鸦只是这些街头艺术家们艺术创作的先头部队和番号旗帜。他们依靠互联网和社交媒体的传播，在某处留下不具名的涂鸦作品，随着各种社交软件的"互联网＋"传播形式随即获得全世界的广泛关注，街头艺术家由此建立强大的粉丝群。

现在，随着涂鸦的行情看涨，这一艺术形式也神奇地由城市风景的破坏者变身成了美化者，先破而化，化平淡腐朽为靓丽神奇，再加上街头艺术借助互联网现已成为一个没有画廊作捐、没有拍卖行鼓噪的大卖场。《信使》说："过去一年，街头艺术作品的交易量达到 2.5 亿英镑，市场一致预期今年这个数字仍将猛增。"该杂志的结语很有意思："此前，购买者都是对艺术品不感兴趣，只是为了家装而出手的买家，现在更多画界大咖也将街头艺术视为可靠的投资。"

● 就在一二十年前，就连凯斯·哈林（Keith Haring）和让·米切尔·巴斯奎特（Jean-Michel Basquiat）这样一些大师级人物，常常都因涂鸦被警察追得亡命奔逃，如今他们却成了时尚人士"追逐"的对象

回头想想，也就是在一二十年前，街头艺术家的命运还颇为"坎坷"，即使凯斯·哈林和让·米切尔·巴斯奎特也曾常常是警局的常客。

凯斯·哈林是美国宾夕法尼亚州人，曾在纽约视觉艺术学院就学。他最早期的作品是在 1980 年创作的，带有浓厚的波普艺术风格，经常犹如某种复杂花纹，各种图案充满了整个构图，往往没有透视，也没有肌理，但具有许多象征性的感情，如吠叫的狗、跪趴着的小人等。在当时的人们眼中，这并不是美丽的装饰，而是对城市面貌的"污染"，一度遭到不少人诟病。

而今，世界各地纷纷为他活动，哈林作品 T 恤成为了世界范围内的"热货"，人们说："哈林的作品真正传达了 DKNY（品牌名）的精髓，亦即年轻的都会风格，以及全然原创的可穿搭艺术。""凯斯·哈林的作品是 20 世纪醒目的视觉语言之一，凸显了鲜明的城市生活风格。我们以凯斯·哈林的标志风格为基础，创造了一系列创意 T 恤。"精明的商家不会放弃任何一个赚钱的机会，但当年被警察追时，谁能有欣赏哈林作品就如欣赏一幅画那样的愉悦心情呢？

● 如今通过互联网，人们不再轻视涂鸦，而是客观地让这些作品成为城市美化中的一员，将这一艺术形式的优势用以释放艺术的感染力，同时展现了艺术品市场巨大的潜力和包容胸怀

而今，相对早期街头艺术家如凯斯·哈林，最大且最为瞩目的变化是今日艺术品市场的巨大潜力在不断释放。就连一向不苟言笑的《泰晤士报》也在发声，近年来很多城市发生的老旧社区中产化（gentrification）现象及社交媒体的兴起，极大地推动了人们对街头艺术的兴趣。

街头艺术家出身的画廊老板查理·乌泽尔·爱德华（Charley Uzzell-Edwards）对英国广播公司说："街头艺术是第一个真正的全球艺术运动，因为它是由互联网推动的。如果有谁在巴拿马画了什么，第二天我们就知道了。"

街头艺术正在改变欧洲的艺术生态圈结构。脸谱网站说，扎布（Zabou）是一位居住在伦敦的法国艺术家，是一位和她一起上艺术课的同学把她带入了街头涂鸦的世界。当她把第一幅街头艺术的作品放上网后，没出一个礼拜就有一位迈阿密的收藏家发邮件来订购五幅作品。

来到巴黎她想要一展拳脚，她只是在脸谱网站上喊了一声，就有一个陌生人答应带她在巴黎来一场街头艺术之旅。第二天，她们就开始在巴黎的墙壁上到处施展艺术才华，还被警察发现，不得不狼狈奔逃。真可谓街头涂鸦艺术依然"理想很丰满，现实很骨感"。可是，她的"铁粉"在网上看到她的作品后，欢喜得竟然将它文在了自己身上。

专家观点："画廊 + 拍卖行"模式在怕什么

今年6月1日，英国街头涂鸦艺术家班克斯（Banksy）于1998年在格拉斯顿伯里音乐节期间在一辆货车车厢表面创作的巨型涂鸦作品《沉默的大多数》（*Silent Majority*）在巴黎 Digard 拍卖行以 445 792 英镑（约 676 668 美元）售出。

但是，互联网时代，一切都变了。新的街头涂鸦画作，在给艺术家带来强烈的艺术体验的同时，也在社交媒体催生热点话题，进一步提升名气，画当然就更好卖了。

这种艺术出名的形式，彻底改变了延续百年的"画廊 + 拍卖行"的小众炒作模式，一些画廊老板私下承认震惊地看到街头艺术家借助网络媒体打出名头，获得关注和销售。言语间流露的尽是街头艺术通过"互联网 +"爆出的天量交易额，已经让纽约等地的著名画廊大咖们坐不住了。著名涂鸦艺术家班克斯（Banksy）

的代理人、画廊老板史蒂夫·拉扎里迪斯（Steve Lazarides）对《太阳报》说："现在，身家亿万的收藏家开始来找我们，他们将购得的街头艺术作品与他们收藏的毕加索和伦勃朗的作品摆在一起。"

"互联网＋"如何让名不见经传的街头艺术大出风头？"互联网＋"里最容易的当然就是上传照片、网店购买了；或者朋友圈中竞相点赞，然后买，这是个体购买行为。本·伊恩（Ben Eine）就是从用丝印技术复制班克斯的街头画作，以低廉的价格销售50到200幅签名版印制品。乌泽尔·爱德华（Wu Zeer Edward）的街头画作通常一幅画卖100到150张印刷复制品，每张200英镑。到2008年，班克斯《凯特·摩丝》的50幅丝印画中的一张在拍卖会上已经卖出9.6万英镑的价格。"拍卖很好地促进了网上围观、点赞和销售"，《德国明镜周刊》如是评论。

现在，法国一家创业公司"我的艺术投资（My Art Invest）"则从事街头涂鸦份额认购，可谓抓住了现代街头艺术全球化、数字化及金融化的特点，开创了艺术"互联网＋"交易的新模式。这种模式基于街头涂鸦的复制性，与艺术家展开磋商；然后，将磋商结果放入互联网进行交易。比如，一幅涂鸦作品，复制份数为200份（一般都不会超过这一数字），网民认购10%，那就是20幅。这样的行情如何不让传统的"画廊＋拍卖行"模式产生危机感？

观点：这就是点化

相对于主流艺术世界，互联网和社交媒体推介艺术家的力量越来越强大，不可阻挡。

"入侵者"（Invader）是来自法国的街头艺术家，他的作品出现在60多个城市，其低像素式的特点一眼就能认出来。艺术家甚至推出苹果手机APP，用户在世界上任何地方发现疑似"入侵者"都能用它拍照验证。那么，他的商业价值在哪里？他的网站出售各式各样的印制版本"入侵者"，还有印刷品、瓷砖、书、地图，甚至录像带。几年前，有一份"入侵者"复制品以约 25 万英镑的价格成交。

因互联网点化，街头艺术商业化的还有谢帕德·费瑞（Shepard Fairey）。就是那位以美国总统奥巴马为原型创作涂鸦招贴画"希望"的人，在因此赢得巨大的国际声誉后，他之前建立了一个服装品牌"阿卑（Obey）"，如今已成了一个数百万美元的生意链，现在，"希望"当然是主打的印记。

"互联网+"介入艺术，街头涂鸦将会颠覆传统艺术创作、运营模式，且时间不会太长。

话题缘起：今年适逢抗战胜利 70 周年，作为一名在英国生活多年的华人，我不禁想起那些在英国亲眼见到的由于战乱流失海外的艺术瑰宝。这些艺术珍品，即便是在那烽火连天、艰苦卓绝的日子里，也在向全世界爱好和平的人们展现着中华文化艺术的精彩绝伦；乃至到了今天，它们依旧那么美。

历经沧桑也难掩东方艺术之美

历经劫难　中华依然瑰宝无数

1912 年，清朝退出历史舞台。当时积贫积弱的中华民族虽然飘摇在一片腥风血雨之中，但艺术瑰宝一点也不减盛世的风采。

1931 年，日寇的魔爪伸向了东北，战火很快燃烧到了长城边。为避劫难，故宫国宝南迁，经过细挑精选，最终将精品中的精品且便于搬运的字画、青铜器、瓷器等等，装了 19816 箱余、72 包、15 件、13 扎，千辛万苦从当时的北平运到了南京、上海，最后运到了贵州、四川等大后方，用艰苦卓绝、空前绝后来形容这次大迁徙再合适不过了。光是这些被千挑万选出来的宝贝，就有文献档案约 45 万件，图书古籍约 30 万件，陶瓷、青铜器、书画、玉石器、漆木器、文玩、珠宝等共约 30 万件。今天，它们绝大部分都在保存在台北故宫博物馆。

连英国人都知道的中国国宝是翡翠白菜和《清明上河图》，可那时比这珍贵的更是不计其数。翡翠白菜是光绪妃子瑾妃的一件嫁妆，清朝后期的艺术品；

那时故宫所藏的《清明上河图》就是摹本。那时,价值连城的国宝价值比它们更高:父辛鬲、饕餮纹簋、宋定窑莹白划文柳编篓瓶、元临川窑牙白镂空龙凤笔筒、唐李昭道的《洛阳楼阁图》、宋米芾的《春山瑞松图》、宋徽宗的《池塘晚秋图卷》、元赵孟頫的《重江叠嶂图卷》、明唐寅的《山路松声图》。它们价值几何几乎难以想象,比如一对元代青花云龙纹象耳瓶,2013 年在澳门春拍会上以约 3.98 亿元成交。即便是如此天价的艺术品,也无法和当时皇家所用的同时代瓷器相比。

挑选国宝　千里挑一万众期待

如果问一问英国还健在的 90 岁以上老人,想必他们一定还记得年轻的时候有一场轰动伦敦的中国艺术展,这是他们第一次见到如此丰富而精彩的东方艺术。20 世纪 30 年代初,英国汉学家向当时中国驻英大使郭泰琪提议,希望能在伦敦举办一次中国古代艺术品展览,于是故宫艺术珍品踏上了首次跨洋之旅。

因为是国宝第一次走出国门,当时的国民政府非常重视,在故宫博物院理事会可行性研究的基础上,成立了以时任教育部长的王世杰为主任委员的 11 人伦敦中国艺术国际展览会筹备委员会,负责展览筹备事宜。

艺术品挑选酌定的程序是,中方专家负责初选,英国人定夺。经过数月的遴选,最后故宫博物院共有 735 件艺术品入选展览,其中青铜器 60 件、瓷器 352 件、书画 170 件、缂丝 28 件、玉器 65 件、景泰蓝 16 件、剔红 5 件、折扇 20 件、文具 16 件、家具 3 件,占伦敦中国艺术国际展览会中方提供展品总数的 77%。

仅挑选就用了两个多月,英方包括斐西瓦乐·大维德（Percival David）在内的 5 名专家鉴选古画每每以放大镜一寸一寸地检视,不放过任何一个瑕疵。一次,英国专家发现一南宋绢本画中描绘的壶形与清代的器物相类似,怀疑并非真迹,即将其排除在入选名单之外。英国人也了解中国艺术史,乾隆、嘉庆等留下御宝朱印的名画尤被他们情钟;郎世宁的作品也被他们固执地挑了两幅前往伦敦。

要知道,那时候天下已不太平,运输条件也有局限,但为何还要远赴英国?来看当时媒体反应,比如《泰晤士报》的标题夺人眼球:"中国珍宝太美了!"第二天,该报还用"波林顿大厦人头攒动"作为主标题描述展览盛况,可见中国艺术在其国民心中的影响力。当年的《中央日报》则用"展示泱泱华夏神韵""传播中华文化"等字眼来描述、评论这次珍宝海外首秀。

上海预展　万千民众争睹风采

为了检验国宝的魅力，组委会决定在上海组织预展，地点就选择外滩 23 号德国总会。1935 年 4 月 8 日清晨，人们早早地就从四面八方来到了这栋外滩最漂亮、最宏伟的大楼门口。上午 9 时，大门徐徐打开，人们鱼贯而入。虽然入场券每张 2 元，比当时上海最高档的卡尔登、兰心等戏院贵一倍，比普通影院更是贵四五倍，但大家依然趋之若鹜，这是因为"往昔在故宫陈列展览时，每人门票须售一元，而复须三日始能走遍故宫各殿，以窥全豹。今则撷其精英，得于一日之间，全部浏览之，则不论在时间及金钱上，均经济多多矣"。（《申报》）

首日，参观者 2 000 多人，到了 14 日不得不限定每天观众不超过 3 000 人。许多人看一次尚不过瘾，接连几日前往，名士叶恭绰就是其中之一；有的在应邀参观后又购票再前往观看数次，更有从福建、湖北长途跋涉来沪参观者。

展览引爆空前的"故宫珍宝热"。《申报》的报道跟随展览始终，前后长达一个多月，天津《大公报》为预展印行了特刊；英国《泰晤士报》也专门配发了报道和评论，特别对精雕细凿的玉器大加赞赏。《申报》评论："展览以来，因事属创举，大受本埠中外人士欢迎，可谓极一时之盛。"这样的高人气和高度赞誉，使当时的伦敦人民也早早期待了起来，这也让中国艺术在国外的名气更加响亮。

盛大汇聚　世界观众纷至沓来

亲历伦敦展的庄严回忆："举行预展，展毕回国之后更在南京复展一次，稗国人可据图对照实物，是否原件完璧，以昭信实。"（《前生造定故宫缘》）所以上海预展的一个目的，就是"昭示世人，哪些东西即将走出国门"；庄严说，委员会选送参展的标准还有一条"凡只有一件之绝品不入选"，所以像董巨（南唐画家董源、五代宋画家巨然）、荆关（荆浩、关仝）等名画，铜器中的散氏盘等都未选入。

1935 年 6 月 7 日，参展艺术品从上海启运。英国政府派军舰萨福克号载运，沿途还有该国海军提供保护。7 月 25 日，展品到达英国伦敦皇家艺术学院展览会。

经过数月的整理、布展，11 月 28 日，"中国艺术国际展览会"在伦敦市中心的英国皇家艺术学院波林顿大厦举行。3 个多月的展期内，42 万从世界各地赶来的观众走进展厅，为之倾倒。1936 年 3 月 7 日展览最后一天，观众高达两万多人。英王乔治和王后、罗马尼亚国王以及普鲁士菲德烈克王子等各国王室贵胄，都纷纷前来参观。其中，瑞典王子不仅提供藏品参展，还亲自协助布展。

伦敦刮起中国风，商铺别出心裁地把中国古代皇帝的画像贴在橱窗玻璃上，展览组委会宣传海报用的是宋太祖画像，报纸、杂志铺天盖地竞相报道。"他们的衣服和我们不一样。""这些瓷器太美了！""他们不仅有面目狰狞的龙，还有这么漂亮的艺术品！"《泰晤士报》《卫报》《金融时报》，甚至连保守的《每日电讯》都不吝版面，连篇累牍地报道展览及民众的热烈反应。清宫旧藏的官窑玉壶春瓶被选为展览中最美的瓷器，刊登在专门宣传本次展览的《伯灵顿艺术鉴赏》杂志专刊的首页。据统计，相关刊物上共刊登以中、英、法、德、日等语言撰写的有关中国艺术的研究文章 100 多篇。有学者甚至宣称："展览使世界中国艺术史的研究进入了现代！"

流失海外　中国文物精品盘点

来自 15 个国家的 240 位公私收藏单位提供的中国艺术品，从史前到公元 1800 年间的 3 080 件艺术精品正式成为这次艺术大展的展品。展览可看作流失海外中国文物精品的一次大盘点，尤其是近代出土的青铜等器物，往往国内无而海外富。因为从 19 世纪后半叶到二战爆发前的这几十年正是中国文物流失海外的高峰，直到 1935 年民国政府颁发《古物出国护照规则》限制文物出口。

亲历者那志良感慨："展览期间，有过 25 次公开讲演，所讲内容都是中国艺术，演讲者没有一个是中国人。""展览期间，所编研究中国美术书籍、刊物，如雨后春笋，不下数十百种之多。反观我国，对于此次艺展，竟无一本有系统之英文著作，供诸外人参考。"

展览轰动一时，美国大都会博物馆的负责人温洛克希望在伦敦艺展结束文物回到中国之前，故宫可以先到美国纽约展览。当时的国民政府也想通过国宝赴美展出以利国家形象宣传，获得美国民众对中国抗战的同情和支持。但因随之而来的淞沪抗战，国宝南迁，美国人没能如愿，倒是苏联捷足先登。抗日正酣之时，1940 年 1 月，国宝按照

伦敦展模式在苏联国立东方文化博物馆"中国艺术展览会"展出，同样轰动。国宝在苏联延滞一年多，先是莫斯科后到列宁格勒展览，第二年苏德战争爆发，国宝命悬一线，好在最后有惊无险辗转回到陪都重庆，这时已是1942年6月了。

新闻背景： 8月19日，一年一度的上海书展就要开幕了。可以预见的是，今年展会上最热门的书，非涂色书莫属。仿佛一夜之间，以涂鸦书为领头羊的"零基础"艺术制作风靡欧美，横扫日韩。打着都市减压名头的涂鸦书，为啥在最近一年的时间里都占据了图书畅销排行榜的鳌头？有人认为，纸质图书时代并未过时，有人则认为是涂色创意在吸引人，而可以肯定的是，没有艺术感十足的设计，人们不会买账。

有人认为纸质图书时代并未过时，有人则认为是涂色创意在吸引人

"零基础"也能进行艺术创作吗

● 随着涂色书在短时间内风靡全球，可以轻松让普通人动手做艺术的DIY形式，让无数成年人沉浸其中，既轻松上手，又能做出自己的风格

苏格兰画家乔安娜·贝斯夫德恐怕怎么也没想到，自己2013年创作的96张图、264个字的涂色书大火。欧美的成人"关上手机、电脑和电视机，集中精力填色，所有烦恼一扫而光"，小说家麦特·凯恩在英国《卫报》上说。

不但涂鸦书为白领提供了一种优雅的解压途径，许多年轻人们争先恐后地玩

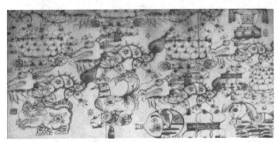

艺术源于生活，因此能够打动人心的艺术往往离不开城市的文化，扎根传统，取源民俗，反而更令人难忘。图为在南京地铁站一面墙上孩子们的画和涂色

生活就像这画一样，简单的构图，经过色彩的点缀就顿时鲜活了起来；都市人的生活不乏枯燥，但学会用艺术的心态去调剂，自然也会更轻松

起了更多手工制作艺术小件的 DIY。专家解释说，许多人由于在自己的儿童和青少年阶段，喜欢的玩具、游戏以及其他兴趣常因学习被剥夺；现今，又常面临职场压力大、就业难等，追忆重温儿时的欢乐就成了涂鸦书这类"零基础"艺术制作的畅销密码。

在我国，涂色书同样受到热烈追捧。同样图案的涂色，有的"大神"级作品真是堪称艺术品，一张张充满创意的涂色被上传到网络，通过微博、微信等社交软件，在网友之间疯狂转载，从此让更多人也迷上了它。

● 在忙碌的工作之余适当"浪费"一下时间，也能激发怀旧情绪，关键是在动手的过程中也让更多普通人亲手参与了艺术

涂鸦书的火爆带出一个潜力巨大、前景无限光明的"无字天书"大市场，也让我们看到了普通人对艺术制作的向往。最近一种名为 3Doodler 的笔也很风靡，它利用最先进的 2D 打印技术，让人能够直接制作各种 3D 形状模型、艺术品、首饰、装饰品，甚至是个性化的日常用品。制作难度不高，让很多年轻人都迷上了它。

不仅填色书，写字书、点线书、刺绣书，甚至烹饪书都跟着火了。这些或动手画，或动手写的书，让习惯于数码产品的人们回归到传统的书写和绘画中，也以一种更轻松的方式参与到了艺术的制作中去，人们享受的不一定是最终完成的作品有多美，反而这个动手的过程才是在快节奏生活中难得的奢侈——可以"浪费"时间一下了。

● "零基础"艺术制作的火爆，离不开社交网络的推动，如何更客观地看待这个现象，如何客观地评价这些作品的艺术价值，是互联网时代所面临的现实问题

有人说，涂色书的走红，很大程度上得益于社交媒体。这一点并没说错，像美国歌手佐伊·丹斯切尔在社交平台上分享自己完成的填色作品，韩国歌手金基范把涂色作品晒到网上，都获十万级数的点赞。于是，互联网时代的"艺术＋"该如何更准确地评价，更理性地参与，就成为摆在我们面前的现实问题。

除了名人效应，不少人在朋友圈内互相攀比着自己的手工作品，有些甚至沉迷其中，不但没能得到压力的舒缓，反而让自己受累，让 DIY 的目的变了质。在数码时代，人们越来越少有机会动手做，这样的创意 DIY 反而让人能够转换心情，从动手过程中得到快乐，但如果过度追求制作成果，反而失去了 DIY 的真正价值。无论制作成果好坏，只要过程中得到了快乐，那才是最重要的。

评论：互联网时代，艺术如何＋

最近，各类填色书风靡全球。有人追捧其为人人都能创造的艺术，也有人质疑其艺术性有几分。

不妨进一步思考下去：艺术究竟是什么，艺术的门槛究竟多高合适，艺术与生活应该距离多大？《清明上河图》《蒙娜丽莎》之类经典名画当然是艺术，是人类的共同财产，不过那都是普通人难得一见，更难以创造的；路边一个小小的水龙头原本毫不起眼，但经过某个3D涂鸦艺术家之手后，那里就多了一个华丽的"浴缸"，水龙头下一个"小孩"正享受着露天浴：只要一点点距离，身边熟悉的生活立刻就成为了让你会心一笑的艺术！

涂色书也一样。原本让孩子挠头的"作业"，变成了生活与艺术边界处的小小点化，生活的一部分就变身"艺术＋"，门槛不高，只需要在生活的边界处转换一下思路。况且，边界一旦打破，世界立刻灿烂，如今，为生活涂色正风靡世界："我正在为家具换色"，"再过几天你就能看到我的刺绣新作品了"，大家闲了就画几笔、绣几针，心情也更美好。

涂色书的大火，让人感叹：生活无处不艺术，关键是我们要在生活与艺术的边界策动创造，来一次"艺术＋"。

编者按：暑假是许多学生朋友"行万里路"的大好机会。走出国门，怎么能错过赫赫有名的博物馆？比如伦敦的大英博物馆，巴黎的卢浮宫，还有纽约的大都会博物馆等。不过，如果你以为这些博物馆都身段高高，那你就错了。这不，我们伦敦、纽约、巴黎的特约评论员不约而同发来这几家博物馆大走亲民路线的见闻。

大英博物馆：卖萌新花样

大家都知道大英博物馆的主体建筑在伦敦的布隆斯伯里区，核心建筑占地约56 000平方米，风格是高洁典雅的罗马式。亮眼的当然是2000年建成开放的大中庭（Great Court），它位于博物馆的中心，是欧洲最大的有顶广场。广场的顶部是用 1656 块形状奇特的玻璃片组成的，看上去极为现代化。

大英博物馆是目前世界上数量最多、人类代表性艺术精品最齐全的博物馆，怎么看得过来？所以，馆方制作了 APP 版的 The British Museum，分为免费版和收费版，网上有。比如前不久办的"古埃及文物展"，你就可以看到 600 多件展品的图片和文字介绍。

当然，大英博物馆让人亮煞眼的是今年初成为电影《博物馆奇妙夜 3》的拍摄地，馆藏文物齐动员，来了一场浪漫、卖萌又搞怪的逆袭。电影里，大英博物馆卸下"一本正经"，来了场"奇妙夜"。噱头是"黄金碑"即将失效，必须到大英博物馆里求助法老王阿卡曼拉的父亲，因为他知道如何拯救黄金碑。于是，保安赖瑞和《唐顿庄园》中的"大表哥"丹·史蒂文斯扮演的兰斯洛特爵士，还与中国传说中的九头妖蛇"相柳"展开了一场生死激战，惊心动魄。

影片中，无论是本·斯蒂勒扮演的博物馆守卫赖瑞，还是博物馆老古董伙伴们，都是笑份天成，一路笑到爆。博物馆中，许多藏品也神奇地复活了，包括三角恐龙、蜡像、雕塑、木乃伊法老王等。虽然故事发生在室内和夜晚，但电影画面清晰明亮，丝毫没有"夜游"感。影片开头金光闪耀的法老墓葬、纽约博物馆夜宴中如梦如幻的星座表演、亚洲馆内细致而含蓄的东方设计都绚丽清晰，观众大呼过瘾："我就在想，现在再去博物馆，那个展品会不会动一下？"影片也成功入围今年奥斯卡视觉效果奖。

卖萌的还不只是奇妙夜，还有小黄鸭。小黄鸭在英国文化中，承载的是童年的记忆，他们的浴缸里，常常都是要漂着几只橡皮小黄鸭，孩子从此爱洗澡。最近，大英博物馆纪念品商店推出了小黄鸭系列，它们有的扮成古埃及狮身人面像斯芬克司的样子，黄黄的鸭子脑袋变成了斯芬克斯，胡子、头发变成了蔚蓝的条纹，煞是可爱；有的披上了古罗马战士的铠甲，黑色的帽子绕着卷草的边，黑色的上衣系着白色的排扣，战士显然营养不错下半身啤酒肚很是圆鼓；维京海盗鸭一看就不是干正经活计的，那眼神、那表情仿佛在说："金银细软银行卡校园一卡通统统拿出来！"还有武士鸭，那铠甲那装束一看就知道"虽武士亦有道"的江湖套路。店家告诉我："小黄鸭推出以来，萌翻了游客"，"不断补货，还是供不应求"，"中国人一来，货架很快就空了"。摊手搞怪的表情，让我觉得只有幸福时刻的英国人才这样。

还有，大英博物馆推出了木乃伊 U 盘，青春靓丽、头扎花环的埃及少女像，下半 U 盘花草纹、粉色底，网友说："做 presentation（介绍）时拿出这个 U 盘，瞬间 hold 住全场！"还有拉丁文领带、浮世绘指甲锉、中国蟋蟀笼。领带上写着"Omnia vincit amor（爱能战胜一切）""Semper paratus（时刻准备着）"等，都是拉丁系文物上的文字；蟋蟀笼则为全牛骨手工制作，附有介绍中国斗蟋蟀传统的说明卡片。

看到这里，你还认为大英博物馆身段高高，不肯亲民？我是已经被萌翻了。

卢浮宫：蒙娜丽莎当导游

法国人，天生浪漫、自由，喜欢天马行空。比如卢浮宫推出的 APP"卢浮宫 HD"，把馆内 1 200 多张作品高清扫描后搬到了手机屏幕上，人们可以按照年代、风格、作者等分类进行浏览。更有趣的是，还有艺术家们的八卦趣闻和馆藏位置说明。点击后画作可以放大，欣赏油画的细节。不过，巴黎人把这款应用分为收费版和收费升级版，基础的收费版 18 欧元，可以看到 1 200 幅作品，幸运的话，在 APP STORE 搞活动时或许能免费下载。卢浮貌似没有大英和大都会那样大方会算大账，而且这款 APP 没有中文解说，颇不便国人。

当然，人家这里名画家多、名画多，像《蒙娜丽莎》就是其中一件。不过，最近蒙娜丽莎改行了，改行当起导游了。到过卢浮宫的人都知道，蒙娜丽莎在该馆随处可见，出镜率极高、人气极旺，于是在卢浮宫的纪念品商店里，蒙娜丽莎也屡屡"变身"，融入到各种纪念品中，魔方、七巧板、马克杯等等都能见到蒙娜丽莎的影子。而其中最"萌"的就是面向儿童观众的一本《卢浮宫导览》了。封面上，蒙娜丽莎怀抱着一只蓝色的考拉，这只考拉正准备畅游卢浮宫，蒙娜丽莎将当小考拉的向导。

卢浮宫充满喜感的还不止这些，最近一位年轻的法国摄影师还给卢浮宫里的裸体雕像穿上了衣服。于是，这些雕像一个个都变成了很潮很酷的现代人，让人眼前一亮，充满喜感：那位拎着猎物、肩扛砍刀的小伙子，上身穿蓝色牛仔衫、下身着浅橙色休闲短裤，网友惊呼："神果然是神，穿上现代人的服装也如模特般有型，绝不流于平庸。"还有健美的大叔、漂亮的姑娘，赞词潮水般："衣服掩盖了健美的身材，可是掩饰不了充满仙气的内在。""这绿色的裤子太扎眼了，不过竟然毫无违和感。""T 恤很普通，亮点在墨镜上，一戴墨镜，方显江湖地位。"有位还仔细介绍如何为雕像们穿上衣服的："因为有雕像禁止令，摄影师人只好用人体模特穿着衣服摆着和雕塑一样的姿势和形态，然后用万能的 PS 将雕像取代人体模特。"

法国卢浮宫的创意别具特色，得益于其专业化的培训机构——法国文化遗产学院。该学院培养的策展人、创意人遍及卢浮宫的东方文物部、埃及文物部、希腊文物部、伊斯兰艺术部、艺术作品部等 8 个部门。是他们策划了蒙娜丽莎出镜当导游、掌上 APP 开发等创意活动。

大都会：APP 大玩家

美国纽约大都会博物馆，不用说了，全球最大的私人博物馆，世界三大博物馆之一，名头响当当。作为一个由私人创办的非营利组织，大都会每年都会在全球范围内征集藏品，观众几乎可以欣赏到地球仪上每个标识地的代表性艺术品。

但现在，大都会博物馆是业内首屈一指的 APP 大玩家。"Faking It"是大都会博物馆最近推出的一款 iPad 游戏，这款游戏要求玩家在两张照片中找出伪造的一张。其照片素材都是馆藏珍贵的影像资料，让你看到历史的"本来面目"，游戏选定了超过 40 组照片配合猜谜游戏，告诉玩家为何这些历史照片被"动刀"了，其中就包括美国第 18 任总统格兰特、艺术大师达利和摇滚歌手猫王的照片。

该馆馆长兼 CEO 托马斯·P. 坎贝尔直言："掌上互动让大都会博物馆人气越来越旺。"他告诉我，去年博物馆旗舰智能手机应用——名为"The Met"的 APP 成功上线。这一免费的电子资源成为了世界各地的观众了解大都会博物馆每日动态的最便捷途径。用户可以通过"The Met"应用探索展厅、艺术品，了解最感兴趣的新闻、活动、设施和资源；还提供所有展览信息、活动清单及参观路线。如果你是会员，你的专区还提供各种活动和优惠预告。浏览馆藏精华，保存喜爱的艺术品，在线购票，查询家庭及儿童活动，那都是必须的，关键是还可通过社交媒体账号实现无缝分享。正因为好处多多、方便多多，这款应用一

出就广受好评，《赫芬顿邮报》称："令人啧啧称奇、爱不释手。"《纽约时报》："精巧的设计……丰富而便捷的体验。"

坎贝尔直言："这些APP在朋友圈的分享让博物馆变得更友好。"他说，过去3年，大都会年接待观众量超过600万人次，其中35%是国外观众。很多年轻人在博物馆里拍下那些他们感到好奇、感兴趣的藏品，然后在社交网络上与朋友分享。"这些分享会让博物馆变得更友好、更有吸引力，所以我们要抓住观众的这种好奇心，引导他们发现藏品新奇有趣的一面。"

现在，大都会已经推出20余款APP，同时邀请人气明星如NBA球星卡梅罗·安东尼、好莱坞影星休·杰克曼等人，很卡通、很喜庆地介绍馆中藏品，朋友圈中竞相转发自然情在理中了。坎贝尔馆长介绍，最近他们刚到过南京，推广博物馆、推广APP，收获了更旺的中国人气。

新闻背景： 又到金秋时节，世界各地各式各样的艺术展、双年展纷纷登场，如法国里昂双年展、意大利佛罗伦萨双年展、巴西里约国际艺术博览会等，它们无一例外地试图扮靓世界。展会情况如何？对我们有无启迪？不妨凑近一看究竟。

里昂双年展：我们将如何现代

9月10日拉开帷幕的第十三届里昂双年展包括三场展览："现代生活"（La vie moderne）、"这个繁华现代世界"（Ce fabuleux monde moderne）、"约会15"（Rendez-vous 15）和"安尼施·卡普尔在勒·柯布西耶家"（Anish Kapoor chez le Corbusier），并延续往届传统设置了"查看"（Veduta）和"共振"（Résonance）两个项目，前者为艺术家驻地项目，后者则为在罗讷–阿尔卑斯地区（Rhône-Alpes，法国文化机构、艺术中心和画廊最集中的地区之一）同时举办200余场展览和表演等各类艺术活动，成为与里昂双年展同时启动的艺术"发电厂"。

今年里昂双年展由蒂埃里·拉斯拜尔（Thierry Raspail）担任艺术总监，他邀请了拉尔夫·儒果甫（Ralph Rugoff）策划"现代生活"，演绎今年本届双年展的"现代"主题。在"现代生活"中，他们将邀请来自 28 个国家的 60 位艺术家，共同探索世界不同地区中当代文化自相矛盾的特点。

今年受邀的中国艺术家包括中国人何翔宇、赖志盛、刘骁、袁广鸣、关小等。何翔宇参展的是他最新的影像装置"乌龟，狮子和熊"（2015）与"可乐计划（2009—2012）"。20 世纪 80 年代生人何翔宇在进入装置艺术领域之前是一位架上艺术家，他的"可乐计划"是用空的可乐瓶、表现萃取、蒸煮等场景，"自己的方式、自己的视角和自己的身份去解读，讨论中国在过去 30 多年的现代化进程中，为什么无力抵制西方的文化入侵"，他说。赖志盛的《边境》（Border_Lyon）等作品在里昂当代艺术博物馆展出，这是一幅现地作品，因地制宜的立体装置，观众可在作品上行走，体验另类观点。赖志盛的作品融合极简、理性与浪漫，表现形式包括（现地）装置、雕塑、绘画、影像等，以此来检视社会和艺术的种种问题，他提供的视角常常出乎我们的预料。

在里昂双年展艺术总监蒂埃里的眼里，"现代"是一个宏大的展览命题，今年揭开，将延续两届至 2019 年，共同构成展览三部曲。面对这样一群思维出奇的人，我们不仅也条件反射地想"现代"，觉得它与什么词语组合，如果孑孓一词呢，这是个问题。现代与"生活""人""社会""主义"……一旦组词，意义立刻不同；对于展览呢，现代"艺术""现场""风景""感觉"……一旦成词，展览的主题也就各异。但在策划者眼里，"我们知道得很清楚，而且已经这么做很久了，那就是'人必须彻底地现代'。"

里约艺博会：艺术与市场亲密联手

大家都知道，2016 年奥运会将在巴西里约举行；但您可能不知道的是，在世界大大小小 400 种左右的艺术博览会中，巴西的里约热内卢国际艺术博览会近年来由于特点鲜明也逐渐受到世界艺术界的重视。

这场艺术盛事 9 月 10 日至 13 日在当地马凹码头（Píer Mauá）和活动枢纽站举行，来自阿根廷、西班牙、美国、法国、意大利、日本、卢森堡、葡萄牙、英国、瑞士和乌拉圭等 11 个国家的画廊参加，其中包括高古轩画廊（Gagosian）、大卫·兹沃纳画廊（David Zwirner）、维多利亚·米罗画廊（Victoria Miro）和白魔方（White Cube）等国际知名画廊；当然还有巴西本土画廊以及来自墨西哥的画廊。

展览共设置三个板块：PANORAMA（全景，参展画廊是已经在现代和当代艺术市场上较为有经验的画廊）；VISTA（视线，年轻画廊展区，可以看到一些具有实验性的策展项目）；PRISMA（展出主要为策展项目）。

　　里约艺术博览会年年办，得益于巴西艺术市场的迅速发展，所以国际知名艺术机构纷纷到来。里约艺博会将国际知名画廊高古轩安排在 1 000 平方米的的废旧飞机库里，用来展示雕塑和其它艺术品。高古轩拥有约翰·张伯伦、亚历山大·考尔德、草间弥生、大卫·史密斯、罗伯特·劳森伯格、马克·纽森和朱塞佩·皮诺尼等众多艺术家的作品，吸引了大批买家。

　　但是，这样一个艺术与市场亲密联手的博览会，也有瓶颈。单件作品近 50% 的税收和无序的竞争一度成为里约艺博会发展的障碍，直到 2012 年申请到了免税等相关优惠政策后，才甩开圣保罗艺博会成为了艺术市场上的"蓝筹股"。

　　税额高昂的时候，高古轩画廊展台上本应出现的毕加索等巨匠画作被换成了价值百万美元的村上隆、塞西莉·布朗以及乔治·巴塞利兹作品；大卫·兹沃纳画廊也只将展出奥斯卡·穆里略及阿德尔·阿贝德赛梅等艺术家的作品。画廊代表坦言："将画作运到巴西原本就是一件花费高昂的事情。鉴于当前巴西艺术市场还不是很成熟，所以我们不打算全面展示自己的实力了。"

佛罗伦萨双年展：民间、推星、私募

　　将于 2015 年 10 月 17 日—10 月 25 日举办的佛罗伦萨国际艺术双年展，还和往年一样在该市展览中心主办，创办人矢志让世人知道：佛罗伦萨不仅是文艺复兴的发源地，还是世界年轻艺术家的成名地。

　　本届展览的主题是"事件中的事件"，中国一家名叫"享悦"的艺术机构成为该双年展的特别合作伙伴，负责新水墨展区的各项组织工作，同时夏可君博士担任新水墨展区的策展人。

　　随着中国国力的增强，艺术家走出国门出现在各种国际展事的舞台上，甚至成为策展人已经日渐稀松平常。上届佛罗伦萨双年展策展人之一就是中国的武洪滨，他把内地艺术家薛松、李孝萱、雷子人、何汶玦、王劼音、魏青吉、吕山川、朱雅梅、韩啸、王斐、钱忠平、白苓飞等引入"中国单元"主题展，十天的展期中，水墨、油画、观念影像等艺术方式向世界展现一个当下的中国。

　　本届双年展延续以往民间、推星及资金私募的传统。佛罗伦萨双年展组委会副主席皮埃罗·切罗纳（Piero Celona）介绍，佛罗伦萨双年展和威尼斯双年展不同，威尼斯双年展政府提供资金支持，每年三千万，而佛罗伦萨双年展的资金来源纯粹民间，艺术家需要寻找赞助商。

再者，威尼斯双年展有主题，而佛罗伦萨不限定主题、语言、艺术形式、艺术结构和艺术作品，艺术家的背景也不限制。并且，我们将所有的艺术家都集中一起而不是分区隔断，美国艺术家作品的旁边可能就是来自中国的艺术家。

还有，佛罗伦萨双年展上展出的都是即将成名的艺术新星。"如何把关？"皮埃罗说，我们成立了一个国际评审委员会，国际上著名的艺术批评家都很乐意为作品把关，选出的都是优秀作品。"一旦作品入选，这些'新星'就要去私募资金和赞助，以便成行。"皮埃罗说，经我们遴选的当代才俊大都已经成名，"像中国的赵文华，他的《视野》和《甬道》获得2007年双年展绘画类的大奖，他的影响也从国内到了国际艺术界了"。

话题缘起： 2015（上海）国际建筑遗产保护博览会刚刚在上海展览中心闭幕不久，作为我国首个国际建筑遗产保护博览会，它的诞生意味着建筑遗产保护在我国正受到前所未有的高度关注。而最近，一位比利时人在北京修复智珠寺的故事，正切合了首届"遗产保护"博览会的主题："砖石建筑的保护和利用"，教给我们的好多"修旧如旧"的新知识。随着土司遗址被列入世界文化遗产，我国各地对古建筑的关注热情越发高涨，但究竟怎样对待古建筑，怎样更新我们的城市？

"复活"断垣残壁之美

——城市更新中建筑遗产"旧"出新时尚

2007 年的一天，一位在华工作的比利时人骑着自行车在北京的胡同里瞎转，他在一片民房里发现了破败已久的智珠寺，"断垣残壁在夕阳的余晖里，散发着一种动人心魄的绝望之美"，这个比利时人的名字叫温守诺（Juan van Wassenhove），那一刻他决心复活这座古庙。

智珠寺有着辉煌的前世。智珠寺坐北朝南，从山门殿至后殿共五层殿宇。山门外有大门及红围墙。山门三间，大式硬山筒瓦大脊，门楣有石额"敕建智珠寺"。雕梁画栋、重檐攒尖是这座皇家寺庙的本来特色。

这片古雅的建筑群保留了 600 多年的历史记忆。明成祖永乐七年（1409），伴随着皇宫的修建，朱棣选址宫殿东北角和景山东沿创建皇家御用印经厂，印刻汉文和梵文经文典籍。巅峰时，曾有 60 至 80 名秀才与大约 860 名僧人共同在印经厂内工作。

康熙五十一年（1712）时，"奏请命名嵩祝寺"。北京的原御用印经厂被选为建造三座重要寺庙的地址，这三座寺庙自东向西排成一线，分别为智珠寺、法渊寺和嵩祝寺，形成了一组较大规模的佛教寺院群。"智珠寺"三字为乾隆题写。康乾盛世之时，智珠寺和相邻的嵩祝寺、法源寺，成为北京城内最重要的藏传佛教圣地，地位曾在雍和宫之上。

1949 年后，北京的 3 000 座寺庙大多转变为民用，智珠寺也一样。1950 年代，嵩祝寺及智珠寺、法渊寺停止宗教活动，嵩祝寺成了北京市盲人橡胶厂的厂房，之后嵩祝寺的天王殿、钟鼓楼被拆除，建成了生产车间，法渊寺全部被拆，建成了组装车间。1991年，北京东风电视机厂同牡丹集团合并，三大寺被牡丹集团的下属单位开发为"牡丹园公寓"，但该地产变成高层烂尾楼，致使嵩祝寺的现存建筑长期处于阴影之下。如今，嵩祝寺的中路南侧及东路南侧建筑均无存，中路主要建筑仅余正殿、宝座殿、藏经楼。

三大寺虽不伶仃却飘零，直到比利时人发现了它残破凄清的美。

在温守诺的保护下，2011年，智珠寺修缮阶段性竣工并通过北京市文物局验收。2012年，该寺荣获联合国教科文组织颁发的亚太地区文物保护工程年度范例奖。联合国的颁奖评语说："修缮前，院内古建破败不堪，湮没在与其格格不入的新建筑中。尤其值得注意的是，这项由私人部门发起的浩大工程始终坚持尊重古建本身各方面的历史价值与建筑成就。参与其中的工匠和画师以其专业技能高质量地完成了对180块木制彩绘天花板的修复工作。"

如今，已经变为商业文化建筑的智珠寺引得驴友纷纷前来。"在这里，历史是触手可及的存在：一扇难以承担挡风遮雨功能的木门，说不定就诞生于600年前；脚下一块裂开的灰砖，可能就是乾隆年间留下的；数百年前的梵文画板与标语"团结紧张严肃活泼"共存；二十世纪五六十年代的招待所沙发和价值不菲的当代艺术并置。"夜幕降临，华灯初上，徜徉在古寺院子里，耳边传来的言语中西杂陈，仿佛时空在穿越。""夏夜，着正装，举酒杯，皮鞋踢踏地踩在石板上，真不知古今中西了。"博客里、微信里，大家晒着、传颂着智珠寺里的奇妙夜。

物质文化遗产保护不分国界

一位比利时人的温情坚守

一眼看上便不离不弃。2007年，当智珠寺被比利时人温守诺发现时，它已经破败不堪，周围是由不同时代风格的房屋组成的建筑群，古寺早已被人们淡忘，但温守诺决心拯救这抹行将逝去的美。

拯救谈何容易？共清出了200卡车瓦砾，相当于500吨生活垃圾。翻新重建工作购买了80立方米的新木材，换掉了71根木柱；整修了1400平方米的棚顶，共修复了43 000块棚顶瓦片。

不仅如此，古建修缮随时都有意外发现，温守诺就在拆吊顶时发现了那时的天花板，藏式，极美。于是请来艺术家汤国，该团队共清理了400多块面板，但其中只有70块可以完全恢复，120块能够恢复到良好情形。汤国采取的是古法呵护面板：不用钉子，用油灰作为黏合剂（由日本油桐树上的桐油、细砂、石灰等调拌而成），面板的背面填上细麻。汤国说："艺术并不是一种发现过程。艺术是懂得如何利用传统进行创造。让认为'无用'、即将'扔掉'、甚至觉得'破烂肮脏'的东西重新呈现原来的样子展示它的容颜，延续它的生命。"经过整理之后，大殿屋顶有部分地方没有了梵文画板，空了出来。于是，我们抬头便可以看到那时彩画和今日空豁相交叉的屋顶。

每一块砖、一块瓦都被小心翼翼地揭起来，编上号，一块块打理整洁后再原位复原，于是原定的工期大大延长，两年变成了五年多，温守诺说，修缮还要继续20年。修复建筑师说："我们非常小心地比对和挑选修复方式，修旧如旧是我们的原则。"从旧建筑里挑选能使用的材料，再寻找到最接近旧材料的新材料，按建筑原貌一比一重建。"这种方法比全部拆掉再用新材料按旧图纸重建的方式费时费力得多，很多人说我们太'奢侈'了。"而温守诺则很淡定："希腊神庙、吴哥窟都是这样修复的。"

不但如此，每个时代在古寺身上留下的印记都被保留了。明清民国自不必言，60年代的门拉手、电线杆、"团结紧张严肃活泼"的标语，都被留下。于是修复就按照先挪出瓦砾，露出柱身，再一个一个横梁、有时甚至是一块块砖地展开。即使同一根柱子下面的大红（作为厂子时涂的）和上面截然不同的木色也保持原样，那是作为电视机厂假顶留下的信息："全方位保存历史风貌"的理念在这里成为现实。

这里有新的吗？有，穿插在房前檐下妙趣横生的小品，还有夜晚美妙的灯光。德国灯光设计师英戈·莫利尔和他的团队充满诗意和灵性的灯光设计点缀了寺院的各个角落，为整个寺庙增色不少。古今

结合，中西并用，如今的智珠寺依然是建筑遗迹，但却有了新的生命力。

观点：修旧不是还原

古建修复业内奉为圭臬的"修旧如旧"原则，在看到比利时人温守诺等民间力量修复的智珠寺后，让人有了更为深入的认识。

温守诺说，自己从小在老房子里长大，对古建筑有一种迷恋。他说："'修旧如旧'在中国可能概念被偷换了。在中国要修古建的时候，经常是把老的东西全拆了，按照原来的样子，用新的材料恢复，他们把这叫做'修旧如旧'。但我们不这么认为。比如说希腊的神殿，破就破，不会按照过去神殿的样子再补整齐，我们也是这样的理念。"

请来专业团队，每一块砖瓦、每一根柱子都小心翼翼地加以呵护。"院子里的古建筑部分，60%的材料都是原来的。"温守诺说。

智珠寺从明清到六七十年代的信息都被保留，于是这里就成了一条静静流淌的建筑历史小溪，古今混搭自成一格别有风味。檐廊下的一列红色喇嘛手握白色霓虹灯，蹲在院子里的黑黑小人围成了圈，温守诺他们院子整成了一部沉淀城市时光的书。"整体效果不错，但是又说不清是哪种具体的风格，院子里的东西年代是连续的、不间断的。"一位慕名而来的艺术评论家如是说。

智珠寺的"修旧如旧"秉承了欧洲修复古建筑的理念，不是为了还原某个时代的建筑原貌，而是让建筑如今的面貌能够继续保留给下一代。和我们所谓的"修旧如旧"看似相同，实则完全不同的理念值得我们好好借鉴。

新闻背景： 8月底，文化部分别在济南和上海举办的"中国非物质文化遗产传承人群研修培训班"结业。组织培训的目的是想把传统工艺之美带进"90后"非遗传承人的作品中，提高他们的综合文化素养、设计创新意识。由此我们想到一个十分迫切的课题，非遗凭借什么融入当代？

"90后"能否当好非遗传承人

这次文化部组织的大规模培训分为两个层次，第一层次选出的20多名高水平传统手工艺传承人，拟分别进入清华美术学院、中央美术学院等5所高校研修；第二层次是上海大学、山东艺术学院等18所院校分别选出60到100名传统手工艺学徒，在暑假普及培训一个月。

培训效果如何？济南班学员解印权说："我们临沂只知道用茅草、麦秆、柳条'草柳编'出筐、篓、篮，现在我明白了还有美术设计，下一步我准备注册一个草柳编的品牌。"日照市剪纸传承人辛崇花说："以前我们的剪纸，漂亮那是漂亮，不实用啊，现在思路开了，把它做成抱枕、挂件、壁挂之类，艺术和当代生活结合起来了。"而上海培训班结业式上，纳西东巴刺绣传承人木玉芳满怀感激地说："这次培训，我知道了怎样做一个当代传承人。"

据统计，截至目前，中国非遗入选世界非遗名录数量在各国中居于首位，入选世界非遗名录的包括安徽宣纸、雕版印刷、养蚕及制丝工艺、龙泉青瓷的传统烧制工艺等，还有藏剧、新疆柯尔克孜族史诗玛纳斯、蒙古族呼麦歌唱艺术、贵州侗族大歌、中国朝鲜族农民舞、甘肃花儿等民族艺术形式；在国内，国家层面的非遗总数达到1 585项，各省非遗总数更是超过万数，内容包罗万象。但，各地重申报轻保护的现象普遍存在，至于有计划、有步骤地组织非遗项目的传承人将传统融入当代的工作更是稀少。湖南省有22人入选第三批非遗传承人名单，涉及民间文学、传统音乐、传统舞蹈、传统戏剧、曲艺、传统美术、传统技艺7个领域，但这些传承人中不少都在感叹"徒弟难找，有灵气的年轻人很少愿意学这些老的东西"。

需要指出的是，中国非遗数量巨大，单民族优秀的东西同样巨量存在濒危之虞。号称兰州一绝的兰州泥塑，其传承人古稀之人岳云生就独守作坊拒绝产业化。

兰州的民间艺人圈，岳云生大名鼎鼎。由于他的作品生动、细腻、朴实，被亲切地称为"泥人岳"，他亲手捏的3 000个丑人脸谱，丑到极致，但你凑近前仔细看，那眉眼、那嘴角、那鼻子、那表情，无不恰好让你跟着喜怒哀乐、忍俊不禁。问他为何不开厂引入机器生产，他说："产业化的生产模式，丰富微妙的感情，无法刻画出来；失去了思想、灵气与创意的泥塑，我是不会去做的。"机器无法取代，那么，寻找传承人行不行？岳云生不是没有想过，但捏好泥人，用他的话讲，"需要丰富的想象力，独特的审美眼光和较高的文学素养，技术三天就能学会，但这些素质却是没法教的"。

正因为如此，冯骥才大声呼吁：抢救古代优秀文化遗产。他说，我们的非遗80%以上没有专家保护的，我们的艺人没有科学支持、没有保护，而且只有开发。而日本、韩国每一项"无形文化"和"人间国宝"，后面都是一批专家保护它，帮助传承人。我最反对对文化用"开发"这个词的，野蛮，世界上没有一个国家对自己的文化遗产用"开发"这个词，联合国用的是"利用"，香港和台湾地区用的是"活化"，我也赞同。开发的目的是为了经济，不是为了精神、文化的传承。

活化，只有活化的非遗才能融入当代生活。

非遗活化呼唤"创客+"

非遗的活化，需要一批又一批的年轻人加入。

何谓非遗？人类口述和非物质遗产（简称非物质文化遗产）又称无形遗产，是相对于有形遗产，即可传承的物质遗产而言的概念。是指各民族人民世代相承的、与群众生活密切相关的各种传统文化表现形式（如民俗活动、表演艺术、传统知识和技能，以及与之相关的器具、实物、手工制品等）和文化空间。

非遗首先是中国古老文明的艺术结晶。成都漆器艺术起源于距今3 000多年的商周时期，以精美华丽、富贵典雅、光泽细润、图彩精致绚丽名扬四方，是成都传统工艺美术"四绝"之一，已进入国家级非物质文化遗产名录。其传承人邹小屏说，制作一件漆器的工序非常繁杂，往往需要3个月的时间。设计胎样、装饰图稿、制作木胎，经反复上灰、刷底漆、打磨，每一道都须干后研磨，这是第一步。就说第一步中的阴干吧，"生漆的干燥需要22℃的室温和60%的湿度"。邹小屏介绍，你就得耐心、细心齐备。阴干后，将设计好的装饰图稿拷贝到胎体上，用刀雕出阴刻的画面，然后用小牛角刀将调制好的彩漆刮入阴纹，干后再用细砂纸研磨，让纹路与漆面齐平，这一步大都在需要雕刻的部位贴上锡箔纸，再雕画，罩上多层透明漆，并研磨。最后就是抛光，使漆器表面光泽华丽。邹小屏说，漆器制作一道工序出了差错，前功尽弃，就得重来。

生漆制作在我国一直是项保密技术，她的爱人吕树强擅长这个，还擅长图稿设计、木胎制作，邹小屏擅长雕、画，在30多年的相伴中，两人一起合作完成了《百寿大桃盒》（中国工艺美术馆珍品馆收藏）、《九方龙纹大花瓶》（作为国礼赠送朝鲜领导人宾金日成、美国国务卿基辛格）。退休后，两人授徒为业，学员包括法国文物保护人员文森。即使如此，夫妻二人还是忧心忡忡：

"漆器的制作非常复杂，设计师、漆工、木工、雕工分工专业，某个环节人才流失，生产链就会断掉，能掌握漆器全部制作流程的人已经不多了。"

这都是民间单打独斗必然的结果，我们必须实施"非遗创客＋"。何谓"非遗创客＋"？就是借助政府、高校院所、社会团体、民间热心人士和传承人分工配合、齐心协力，鼓励、引导、选拔包括创业大学生、社会年轻人加入创客队伍；同时，在城市里辟出专门空间，出台鼓励措施，用好线上线下，从宣传、培训，到引导、扶持、渠道销售、展览展卖，集约化、系统化、全面助推非遗艺术的活化，当代化，让这些东西活在当代社会里。注意了，市场化不是"创客＋"的唯一内容，有些东西根本就不适合市场化，因为非遗项目之中，很多都是民族精神、灵魂深处的优秀东西，像蒙古的长调。

当"创客＋"真正成为非遗活化的主力军时，传统的现代化之路真成了康庄大道了。

评论：多来些"发酵器"！

当代中国是传统中国的延伸，传统中优秀的技艺、美好的艺术品太多太多，陕西腰鼓、正定战鼓就不说了，就说兰州太平鼓的粗犷雄浑；永登高高跷的惊险刺激，兰州鼓子的古韵悠扬……这些优秀的东西都以强烈的地域性特征见证了丝路文化、黄河文化和多民族文化交流融合。

可是，今天的社会已经从牛耕马走变为了铁流滚滚、飞机翱翔了，坐在茶馆里击节唱叹的环境已经不复，非遗融入当代生活非得寻找合适的新形式，而学者所说的"非遗创客＋"就是很好的中转站、发酵器和创意工坊。

事物发轫，非得强力推行。政府主导如"非遗创客培训班"就是一种好的形式，但还不够，非遗活化进入当代生活还得为创客加很多东西，所以我们点赞创客培训班并期待更多的"＋"。

话题缘起：前不久，12位非洲当代著名艺术家集体亮相曼哈顿理查德·泰亭哲画廊（Richard Taittinger Gallery）。6位男性、6位女性画家的作品风格各异。"作品彰显的是国际主流社会对非洲艺术家们的关注程度，这些艺术家都与达喀尔非洲当代艺术双年展有着密切的关联。"《纽约时报》如是评论。

达喀尔双年展启示我们什么

12位画家纽约展呈现不俗水准

在纽约曼哈顿下东区的这场展览的名字叫做"猜猜谁来晚餐"，策划者尼日利亚籍的恩泽伟（Ugochukwu-Smooth C. Nzewi）的初衷是想让西方社会更多地了解非洲艺术家们在观察什么、思考什么。他对媒体表示，国际主流社会对非洲艺术家的关注处于稳定上升中。拍卖行、美术馆和大型艺术机构都在争抢非洲艺术品，试图从中盈利。他说，巴塞尔艺博会甚至还策划了连续项目，来对非洲市场进行探讨。

两名黑人少年，一个坐在椅子上，一个蜷坐在桌肚子里，都在看着观者；另一端，一名白人女子红衫赤脚，双手自然下垂，眼端视，她面前的桌上白瓷大碗里装的应该是汤羹；桌上摆着篮球、蜡烛、果篮一应生活用品；画名为"潘多拉剧中的无名用餐者（2014）"，作者是哈利德·伯格利特（Halida Boughriet）。

还有《No4 时代的结束（2014）》《双层墙》《忠诚的维系》《你养的狼》《私人观点》《家族肖像里的匹兹堡区域》《禁果系列的未命名之作》《又被称作没有任何地方像家》《第四肉体的情绪》……作品或抽象、或魔幻，色彩或者明丽、或者凝重，表现的主题广泛而丰富。

"作品内容具有广泛的国际视野，参展的艺术家几乎都与达喀尔非洲当代艺术双年展有着渊源关系，这个展览对非洲艺术家走向国际艺术界的贡献尤多。"《纽约时报》评论说。

达喀尔究竟是一个怎样的展览会？

虽然，世界上各种各样的艺术展会太多、大场面太过热闹，但非洲大陆还是沉默时多。但，城市化起步较晚的非洲国家如塞内加尔，许多传统艺术还被顺利地保留在现代生活中，本地音乐歌星阿肯、尤苏·恩多尔也是西方乐坛的常客；达喀尔城里也有不少艺术创作基地，表面上以工艺品市场的形式维持盈亏，其实是为欧美市场开放的艺术家园地。

正是这样的土壤，催生了达喀尔当代非洲艺术双年展。1992 年第一届双年展时，达喀尔艺术市场还是一个欧美人踪影稀少的地方，但到了 2008 年，情况完全变了。当地媒体报道："2008 年 5 月 9 日上午 11 时，第八届达喀尔当代非洲艺术双年展在首都达喀尔正式拉开序幕。总统瓦德及政府官员和文化艺术界人士、驻塞外交官等 300 余人出席开幕式。来自南非、贝宁、埃及、摩洛哥、尼日利亚、塞内加尔、英国、美国、法国等 16 个国家的 40 余位艺术家的创作作为正式入选作品在达喀尔非洲艺术博物馆展出。这些作品包括绘画、雕塑、造型艺术、录像和摄影等，其中大多数创作真实地描绘了非洲大陆的现状。来自非洲各国及海外非洲侨民约 500 名艺术家、美术爱好者的作品各类画廊、剧院、文化中心、艺术村、学校、饭店、广场等 140 余处场所展出。"

现在，展览主会场达喀尔非洲艺术博物馆也因为丰富的木雕等藏品成为世界著名博物馆之一。非洲木雕意义如何？ 1907 年 5 月，毕加索在巴黎人类博物馆参观时，偶然间看到非洲木雕面具，他立即受到强烈震撼，预感到某种事情正降临到他的头上。当时他正在创作被誉为"20 世纪艺术试金石"的油画作品《亚威农的少女们》。在其完成的作品中，你会发现画面左边的一个人物和右边两个人物面部形象与非洲面具极为相似。这幅作品标志着"立体主义"等现代艺术流派出现。

达喀尔双年展为何越来越有影响力

达喀尔当代非洲艺术双年展现在已经发展成了"全球最重要的20个双年展"之一，其历史比上海双年展还早四年。并且，它还是非洲大陆唯一致力于发现和推广海内外非洲及非裔优秀青年艺术家的大型文化平台，所以它是塞内加尔的文化窗口和非洲十大最佳文化活动也就十分自然了，你甚至想不起来塞内加尔，但你一定知道达喀尔，因为先有达喀尔汽车拉力赛，现有达喀尔双年展。

达喀尔双年展为何知名度越来越高？归结起来，离不开政府精心打造、资金来源多元和展览形式丰富多彩视野开阔等因素。

先是政府投巨资并主导展会。指导委员会和组委会负责人均由文化部长任命，以确保展会的合规合度。到了业务层面，策展委员会成员由组委会通过全球公开报名和选拔产生，均为非洲或非裔专业人士，负责选拔参加主题展的非洲和海外非裔艺术家及其他各国艺术家，并评选桑戈尔大奖获奖人选。

展会的资金有五大渠道，一是中央和地方政府出的费用占一半；二是法语国家组织和西非经济货币联盟等国际组织承担了一部分非洲国家参展艺术家的住宿、作品运输等费用，并出资设立专项奖；驻塞外国机构为双年展提供小额赞助并推动和支持本国艺术家参展；企业赞助、自主创收也有一些资金。这些钱主要用于遴选策展人，吸引优秀艺术家参展，组织主题交流活动、媒体报道活动。

达喀尔双年展包括主题展和外围展，纯粹的国际范儿。2014年，达喀尔双年展共举办了"国际""致敬"和"文化多样性"3个主题展，来自30多个国家的65位非洲和非裔艺术家分别参加了"国际展"和"致敬展"，来自欧洲、美洲和亚洲等20多个国家的33位艺术家参加了"文化多样性展"。主题展设立桑戈尔大奖，各组织机构和合作伙伴亦可设立专项奖；外围展则不同，注重"创新"和"自由"，关键是外围展的艺术品交易屡创佳绩，号称"非洲罗丹"的雕塑家乌斯曼·索也被吸引而来，成为双年展的一道风景线。外围展由申请

双年展作品《No4 时代的结束（2014）》

者自行组织，自定主题、自选场所、自付经费，1 000 多名艺术家参加了双年展的外围展，平均每天有 15 场外围展开幕式，总展览数达 270 个。

2014 年，中国艺术家首次登陆达喀尔双年展，舒阳、赵宏利、金江波、王风华和姚志辉 5 位中国当代艺术家分别参加了主题展和外围展。其中，金江波和赵宏利的装置和多媒体作品"丝绸之路"入选了"文化多样性"主题展，舒阳、王风华和姚志辉 3 名中国当代艺术家参加外围展。

言论：艺术与贫富无关，关乎心灵

达喀尔非洲艺术双年展告我们：艺术与贫富无关，关乎心灵。

塞内加尔，恐怕很多人连它在地球上的什么地方都说不清楚，不过没关系，只要你到非洲，大都会买上一两件当地木雕，而木雕藏品最丰富的就是达喀尔的塞内加尔非洲艺术博物馆。博物馆则是每届双年展的主会场。

塞内加尔，非洲西部突出部最西端的一个小国，人口千余万，农业是其主要经济支柱。虽一步进入现代社会，但泛灵论在塞内加尔人的内心深处经常召唤，于是粗犷的线条、夸张的造型，像很多非洲部族一样，塞内加尔人的雕塑挥洒的还是最自然的人性，散发出的还是原始的生命之美。这些作品，结构多为几何形体，人体比例不循常规，头部通常很大，躯干较长，一对圆睁的大眼睛可以占去脸部的一半，隆起的乳房可以比上身还长，正在吼叫的嘴巴张得让人看不见鼻子和眼睛，头部可能会占整个雕像的 2/3。"外在形式被忽略，追求的是物体的本质，他们用这些来通灵祖先、神灵，对话上苍、太阳和月亮，祈求平安、丰收和多子多福。"业内人士说，这些非洲色彩浓厚的艺术品受到世界范围的艺术家钟爱，越来越多地走进了国人的视野和日常生活里。

这些古老的艺术，流行非洲数千年，至今还在双年展上散发出隽永的魅力，成为人们竞相"咔嚓"的艺术对象：心自由，艺无限。

深度观察：金秋时节，上海创意设计盛事不断，先是2015（上海）国际建筑遗产保护博览会，再是西岸艺术展，刚刚落幕的上海设计周，直到现在热闹开场的"城市空间艺术季"，除了声势浩大地纷纷打出国际牌外，从传统艺术中吸取祖先智慧，几乎成为各大展事的不二选择。

城市艺术大潮，我拿什么强你"筋骨"

从国际建筑遗产保护博览会，到西岸设计与艺术博览会，再到上海设计周、城市空间艺术季，唱主角的其实都是国内人士

和许多打着国际的旗号，实际上仍是黄头发黑眼睛的人唱主角的会议一样，这些浪头很大的各种展会，唱主角的依然是国内高校科研院所及商（厂）家，这既说明了中国的城市、中国建筑遗产保护、中国的城市空间艺术，想拉金发碧眼当"虎皮"，也说明国人现在的设计艺术水准较高。我则想说，国外的那些设计强国，还未定睛下来认真仔细地观察中国设计艺术力量的真正水平，我国的设计创意水平这些年来提升很快。

就说西岸设计与艺术博览会吧，说好的那些"大牛"如玛丽亚·阿布拉莫维奇（Marina Abramović）之类，大都没来，但她的《权利之地，瀑布》（照片）还是来了；现场常见的还是中国设计师的作品，我们虽然多处见过，但也无反胃之感，咱们的水平还真是能与他们同台竞技。

还有稍早前的建筑遗产国际博览会，洋人一样少见，国内知名的大学、科研机构基本到齐，谈论的话题十分丰富：倾斜古塔的科学纠偏、近代砖石建筑修复的高新技术、大足千手观音的保护、台湾近年砖石建筑修复、宋金砖室墓仿木结构建筑等等；讨论的都是新鲜出炉的各类古建修复经验和体会：让老建筑重生？如何弥合新旧空间的裂痕？修旧如旧究竟应该填充怎样的内容？城市更新应该是"新的在旧的里面长出来"……城市中，建筑不老是不易实现的梦，但尽量延续其寿命则是人们津津乐道的城市话题。

技艺：砖石艺术看上去当然很美

砖石艺术，是这几个艺术会上不断重复的话题，问题是当下设计浪潮里砖石艺术如何重生？历史长河里，人类走出丛林，学会构筑房舍开始就开始学着用石头、泥土和砖头作为建筑材料。但是，随着时间的推移，那些数百年数千年前的石头、砖头、泥土都面临着风化、退化等等恼人的问题。

如何让它们尽量延续生命，让其呈现出拂逆时光的别样魅力？就拿近代上海普遍存在的清水墙来说，用"沧桑斑驳"来形容其衰颓情形还算是不错的。当年上海勃兴时，清水墙的砌法就有中国式、英国式和荷兰式，砖缝形式也有凹式、平式和圆凸式，悠悠百十年过去，墙体裂缝、空洞，甚至长出一片片苔藓、一棵棵树来也很常见。但是，你现在去圣三一教堂、英国领事馆、外滩新天安堂、江湾体育馆看看，看起来栋栋房屋都是清水明丽的，那是专家们潜心琢磨修复技术结的艺术美果，这样的更新当然受人欢迎。

业内专家说，上海已经基本完成大规模城市建设，城市更新将是未来上海的主要发展方式。砖石建筑作为城市更新的对象，当然需要现代科技手段，但更需要工匠艺人的手寸手感和对老物件的心灵相应、气脉融通。岭南有一种传承数百年、很鲜亮很民间的建筑艺术——灰塑，你到了广州六榕寺、六榕寺、五层楼、光孝寺、陈家祠、三元古庙、锦纶会馆、资政大夫祠，还有广东的好多地方都能看到。灰塑用铜丝做成骨架，然后用草根灰、纸筋灰和色灰三种灰浆，配上干稻草、石灰膏、玉扣纸、红糖、颜料等，在工匠们一双妙手调制后，墙体上、屋脊上就出现了果实、花樽、书本、蝙蝠，你知道是什么吗？如果你读出"果真舒服"，那就对了；如果塑出的是麒麟、兔子和玉书呢？"麒麟吐玉书"，说明你知道谐音艺术了；还有……

你知道岭南为何灰塑大流行？这里夏季潮湿、高温，砖木结构的古建筑易被虫蚁破坏或遭腐蚀，而以石灰作原料的灰塑，能吸潮、抗虫，保护古建筑。置于室外的灰塑由于基底内有稻草，空间足够，风吹日晒、热胀冷缩也不开裂，只要维护得当，寿命百年不在话下。曾有人以水泥代替石灰制灰塑，成品色彩感虽明显增强，但三年内便龟裂、脱落且无法修复。老艺人说："手艺传统是现代技术取代不了的，它活在艺人的心里、现在手里，只有心手一体才能出神入化，这种魅力非经年累月用心滋养是渗不出、透不出，作品是靓不起来的。"

设计跨界，我们在说市场，在说生活化，就是很少去说传统技艺如何再生

说一下我们参观几场展会的遭遇。

第一场，我们按照世界建筑遗产博览会《节目单》上的名目，寻找组委会很有创新意识的"亲手体验"活动所在。介绍有说："展会上，展会将为公众提供遗产修缮技艺手工操作机会，包括：彩色玻璃修复、灰塑捏制、油饰彩绘、木构件修复、古琴弦修复等，丰富的手工坊体验活动，力争让每一位有兴趣的普通公众也能体验一把传统工艺的惊喜。"

可是，转遍了展会，除了岭南灰塑摊位真被找到，其它都踪影全无，是我们眼拙还是……灰塑台上放了一些灰白的泥，像是乡下常见的石灰拌草木灰那种，但无人在此展示，我们也就不敢造次地上前体验了；徘徊良久，见摊位上没人，我们犹豫了一下还是走到里面，仔细端详一只喜鹊的"诞生史"：六块板子，第一块上是构图，第二块上扎了铜丝骨架，第三块标明"草筋灰打底"，第四块"纸筋灰塑形"，第五块色灰塑形，第六块上彩，一只通体金黄、顶橘红、嘴脚蓝灰的鸟儿就成了。

说好的亲身体验终于还是未能如愿，有点心不甘。问知情人，说：这些传统技艺的传承人大都十分繁忙，即使徒弟也艺事缠身；技艺不熟的徒弟来了，怕演砸了反而不好。于是，大家最后还是选择了，开幕式时站站台，下午就找不到人了。知情人还说，有的干脆就没来露脸。大家都知道，砖石艺术的保护与光大，离不开艺人，没有他们精湛的塑捏刨锯、倒模雕刻，我们就无从欣赏一块木头上的高山流水、童子献桃，那么立体，那么缤纷，那么鲜艳。

第二场，被价格高昂的开幕式门票直接拦在了门外，探探头，看看展览内容，心仪的"大伽"们没看到，看到的都是先前多次看过的案例和名字，终于还是决心离开。这次，上海设计活动周，倒是看到了古代的拓印艺人手把手教观者学艺，羌绣妇女在那埋头走线，意大利的椅子如何制作倒是一目了然，但总体看来，传统是有，如何活化到当下并为更多人喜欢，路还很长。相较而言，城市艺术季免费让大家观赏城市更新的案例，则是不错的事情，而邀请公众"为上海点赞""为城市支招"则更显高大上了，只是不知道点赞啥、支什么招。

观点："+"的核心是创新

"互联网+"时代，创新已经说得很多了。就像这次设计周、城市空间艺术季，"设计+"也造出了很多新名词，但如果忘了所有的"+"的核心都是创新这一命门，一切都是枉然。好的设计就是将技艺酝孕臻于极致，而能够奉献完美作品者就是大匠。因此，互联网时代的城市更新生长，同样需高扬工匠精神，因为他们将创新诠释至化境。

说起工匠，我们很容易想到那些一砖一瓦为我们造大屋的古代匠人，那些为我们造出许多奇珍异宝的艺人们，他们的名字可以列出长长地一串串：鲁班、张衡、诸葛亮，他们造出了许许多多的木工工具、攻城器械、农业机具、造出了地动仪、木牛流马。还不够？你去看看《梦溪笔谈》《天工开物》吧，所以中国古来就有"技近乎道"的艺术追求、文化理想。正因如此，我们喜欢明式家具，因了明式家具同样"一年成二句，一吟双泪流"；好椅子做成，"日三摩挲，何如十五女肤"。

不仅中国，再来看世界创新大国——美国，本杰明·富兰克林、伊莱·惠特尼、塞勒斯·麦考密克、萨缪尔·摩尔斯、查尔斯·古德伊尔、托马斯·爱迪生和怀特兄弟等，他们无不是极富创新精神的工匠。

精美艺术品的出现是需要岁深月久的打磨，所以创新就需耐得住寂寞、悟透前人的技艺并光大之，从这两层意义上说，灯泡的发明肯定是因为耐得住寂寞、经得起挫折，明代的家具的制作则更需要在"一花一世界"的极简中把细腻精致研磨到极致。

艺术传承的内核当是创新。虽然，我们现在有先进的技术手段和良好的保护设备，但古代器物魅力的绽放还是得靠师徒传承，因为每一次创作都不可能是照葫芦画瓢，而是创造性地转化、升华，唯有不断地创新才能把遗产的精气神传承下来、光大开来。

话题缘起：基层文化设施如何打好服务牌？国庆节前夕，黄浦区五里桥社区文化服务中心正式开始为市民服务。走进整洁明亮、清新舒适的门厅，立刻被墙上一个个画框所吸引。问知情人，说："用画框艺术做公共建筑装饰，我们也是第一次尝试，现在看来效果还不错！"由此引出"基层文体设施中如何植入艺术因子"这个十分普通却又易被忽略的话题——

文体设施如何植入艺术因子

——黄浦区五里桥社区文化活动中心观后感

室内环境，淡雅中托出艺术画框

走进黄浦区五里桥新近落成的街道文化中心，立刻被墙上的大大小小、形式各异的画框、壁画吸引住了。

正厅主墙上，四米见方的大画框里，巨大的齿轮，轮子里浮绘的是当年江南造船厂的历史画面，船厂的官印、第一艘兵船下水的情景历历在目；右边，来自上海历史建筑上的各种各样的石柱撑起了一张历史大棚，顺着棚檐放眼望去：一大会址、世博会中国馆、海关大楼、东方明珠……上海发展的每一个脚印都在画里。仔细看，画面上还有聂耳。右下方柱子中间的他正在指挥歌唱《义勇军进行曲》，他身后就是国歌第一次唱响的地方——黄浦剧场。

回转身来，另一面墙上灰黑的壁画全是江南造船厂的历史画面了。洋务运动的产物——曾国藩力主建设的江南造船厂诞生了近代中国很多第一：自行建造了中国第一艘蒸汽推进的军舰"惠吉"号和第一艘铁甲军舰"金瓯"号，研制了中国第一支步枪、第一门钢炮、第一磅无烟火药。后来，又炼出了中国第一炉钢、中国第一艘潜艇、第一台万吨水压机、第一艘跨海火车渡轮、第一艘自行设计建造的万吨轮、第一艘石油液化气船、中国海军第一次环球航行的军舰……画面展现的则是方向盘、火炮、军舰，还有画框里的各种历史场景。"中心所在的位置就是当年江南造船厂的范围，但是年轻人鲜有知晓的。""画框软装艺术"的首倡者李保林介绍。

艺术的天性是激活点燃场所意蕴

这位毕业于中央工艺美院的画家接受了当地街道的邀请后，脑子里整天想着的就是如何装饰这处街道文化中心，是针对群艺群体特点弄点蓝天碧水、花鸟虫鱼、打球游泳的东西，侧重表现参加体育艺术活动的百姓面貌，还是……

这些不嫌老套吗？任何一栋建筑都有它的场所记忆，文化建筑更是如此。这里曾经是江南造船厂的厂区，虽然已经过去百年，很多居民现在已经不知道当年的辉煌了。这不正是文化中心建筑需要挖掘、提亮并告诉大家的吗？！

于是，李保林开始构思用何种方式表达场所的积淀和意蕴，场所精神的放大用什么样的艺术手段？他想起了自己的老本行——工艺美术。"对，用工艺美术的形式来表现中心、表现黄浦的光荣历史，这正是群众场所环境设计者的天职。"于是，就有了正面墙上大画框中的红色历史的艺术表达，就有了对面灰黑的江南造船厂，述历史于色彩、于构图，激活的是这里厚重的文化积淀，释放的则是原本潜藏的中华正能量。

今天，百姓中蕴藏的正能量如何激发

漫步在中心的各个角落，看着从江南造船厂一步步走来的黄浦、上海，看着

街道居民欢乐的场面，他们都在画框里，我们的心中被烘得暖暖的。街道有关领导告诉我们，用画框艺术作为建筑内装的主要手段，我们也是第一次尝试，"效果出乎意料的好，也受到市、区两级相关部门领导的高度赞许；中央有关部门领导来调研，也赞不绝口，说'这种环境育人的方式值得推广'"。

大家都知道，市民百姓在日子好起来之后，精神生活的要求近些年也日渐活跃起来，不时传来的广场舞纠纷就是一个典型。所以，各地大力推进社区居民文化中心建设，这是好事，但如何建设，则是值得深入研究的难事。

文化中心，当然是要让百姓有得玩、爱玩，玩出层次和境界，所以内容要好、形式要吸引人，居民想要玩的都能尽量满足，这是起码的；但，这就够了吗？既然中心是强健身体、陶冶情操、升华境界、提升品位的地方，环境育人的内容必不可少，这就对服务者、设计者们提出了更高的要求，我们该如何挖掘、如何表达场所精神？能不能像五里桥文化中心的设计者那样让环境成为一本历史教科书，成为一处赏心悦目的风景，成为生发百姓艺术潜能、天分的媒子，我们要走的路还很长。

题内话：期待更多的五里桥

五里桥文化中心正式开放之前就成为附近居民的热门去处了，大家来这里打乒乓、练腿功、唱越剧、弹钢琴，不亦乐乎；抗战胜利系列活动在中心举行，居民纷纷前来；"美丽五里水墨光彩"摄影书画展作品亦在火热征集中：一处有品位、上档次的场所吸引力实在太大了。

五里桥这样的基层文化中心，即使在经济发达的上海市也是凤毛麟角，何况其他地方？弘扬传统文化精髓，传播民族进步正能量，首先要从环境优化做起，把五里桥这样的个别变成人人都能分享的普遍，把个别基层单位的自发美化变成所有基层组织的自觉行动，需要我们思想意识到位、办事方针到位，请来专家做"美丽的事"。基层文化设施环境美了，品位高了，本就爱美之心强烈的市民群众自然就来了。

环境育人往往是"春风潜入夜，润物细无声"，因此我们期待更多的五里桥不断涌现。

近日，文化部透露的一个信息令我们的心一下子揪了起来：到今年 8 月为止，全国已有 250 多位国家级代表性传承人相继去世。传统技艺主要靠传承人传播、流传，传承人一个个走了，我们"非遗"的明天在哪里？

他们都走了，我拿什么光大"非遗"

大家都知道，我国非遗数量众多，国家层面上的现在就有数千项，各省加起来早已以万计数。所以针对这一严峻局面，文化部今年夏天启动了"中国非物质文化遗产传承人群研修培训计划"，以传统工艺为切入点，委托一批高等艺术院校、综合性大学、研究机构以及职业技术学校对非遗传承人群进行研修、研习和普及培训。成绩当然不错，传承人群在传统技艺当代化、生活化方面也算惊艳地起步了，古代的皮枕被做成了漂亮的饰品，大漆设计成了手包，陶器变身酒具，非遗很好地活态传承进入了当代生活。

但是，非遗本身还有很多技艺的"奥妙点"，还有工艺深处的精神气韵都不是培训班能够传播得了的。如果说瓦匠盖房铺瓦时不把瓦片行数铺成双数，是因为祖师爷鲁班小名单字"双"（不能犯忌）；木匠干完活会把当天的刨花留一点在地上，其中意思是"还有活干"，这是行规；酿酒师傅在粮食蒸馏和酒曲搅拌、发酵期间，不能高声言语，切忌男女之事，只是静静地等待酒曲与粮食相遇幻化出浓烈香味的液体：这些古代工匠的规矩，看似不合今天的"科学精神"，但只要你细细品味，这些规矩里包含的对人情世态的体察、对自然的敬畏、对师道的尊崇、对个人言行的约束，工艺是浸在博大且深沉的文化里的：这得靠师徒相传、耳濡目染。

景德镇，大家都知道，中国瓷都。宋代以来，这里的陶瓷蔚成大观，而今这里古老的瓷艺正依市场这只神奇的手活化、光大。离景德镇市区约 4.7 公里的叫"老厂"的村庄，2 000 年以来逐渐汇聚了 60 多家学生开设的工作室，这些年轻人基本都是全国各艺术院校的毕业生，他们有很多很棒的创意，但操作起来，学校学的那点技艺远不够使。恰好这里 1990 年以来聚集了众多下岗工人和农民工，十几年的光阴里，涌现出许多手艺精湛的工匠。于是，两者一拍即合，再加上景德镇数百年来形成的不同作坊间分工合作传统，奇妙的创意遇见娴熟的工艺，新颖的茶壶、茶杯、茶洗、花插、香具让追求精致雅趣的中产阶层趋之若鹜。

景德镇还有一处类似798的艺术区。这里以前是一个国营瓷厂，厂房宽大，租金不贵，现已被来自五湖四海的工匠及艺术家"占领"，开店铺、做

国家级非物质文化遗产景德镇传统磁窑作坊营造技艺

艺廊、开工作室；这里还集聚了许多从雕塑瓷厂下岗的工匠，他们的手工技艺恰恰是来自世界各地艺术家的最爱，因为这些匠人无论是针尖上绣花，还是油锅里炸雪糕，都能做到。

艺术创意与传统技艺之间，景德镇还有一个乐天陶社。乐天陶社的主要工作就是接待到景德镇来做陶艺的各国陶艺家，提供工作便利和翻译者。2005年至今，陶社已接待过千余位洋陶艺家搞创作。而今，曾驻乐天陶社的不少都开了自己的工作室，作品当然都到了世界各地。

景德镇的非遗传承的兴旺告诉我们一个朴素的道理：再好的创意，都需要与精湛的手工艺无缝对接才能活化、当代化；而对接靠人为地拉郎配是不行的，得靠市场，还需要一批熟谙艺术与市场的中介。

话题缘起："暮景斜芳殿，年华丽绮宫。寒辞去冬雪，暖带入春风。阶馥舒梅素，盘花卷烛红。共欢新故岁，迎送一宵中。"今年春节前夕，虹桥机场航站楼内，一阵古筝琴音响起，人群中立刻走出一群蓝、红、白学生装的清丽女生，朗诵李世民的这首《守岁》，原本熙熙攘攘、人来人往的大厅里，立刻安静下来：人们猝不及备、气氛反差太大！被"快闪"艺术撞了腰的归乡游子们纷纷拿起手机，刹那间大厅变成了手机的森林。

"快闪"到来时，生活顿时变成艺术

虹桥机场"快闪"，只是魔都里的一朵浪花

虹桥机场的这次"快闪"活动是由上海社会事业学校的同学们主导的，他们在悠扬略带点苍凉的琴声伴奏中，朗诵了《守岁》《游子吟》《春日》《念奴娇·赤壁怀古》等经典诗词，"慈母手中线，游子身上衣。临行密密缝，意恐迟迟归"……就看见有人悄悄地抹眼睛。

这次诗词吟诵"快闪"只是上海近年来快闪活动的一个小小的浪花。自从快闪艺术 2010 年代进入上海后，都市里的年轻人立刻将其烘焙至入化的境界。还记得 2010 年吴江路上的那次"快闪"不？一个普普通通的夏日，一条吃货们云集的街上，原本大家各忙各的、各美各的，忽然一阵音乐响起（"快闪"较为固定的路子），年轻人开始神采飞扬地甩头摆臀街舞起来，一个、两个、三个，渐渐地一群人和着节奏跳跃腾挪，街面为之激扬，仿佛跟着翻腾；还不够，看，那里又起了一群，正兴奋的人们转眼望过去，又是一片灿烂的街面。街上的人们不论皮肤、不论长幼，都跟着眉飞色舞起来，跟着扭身挥手起来，街活了、火了，一色地被欢乐包裹着。

后来，一位"快闪"大咖将这段《百人横扫吴江路》剪辑编辑成了电影，网民疯狂点击 300 万次，这个数字现在还在往上窜。

那以后，"快闪"就在上海的闹市、商场、机场、火车站、地铁里不断上演，年轻人用这种不请自来忽刺刺快如风的形式问候生活、点亮城市空间。

"快闪"兴起于纽约，灿烂于中国

"快闪"是指许多人同时出现在同一个地点，出人意料地唱歌、跳舞、展示，

通常伴有音乐。

2000 年 3 月，纽约曼哈顿时代广场玩具反斗城里，一位名叫比尔的人带领 400 多人朝拜一条机械恐龙，5 分钟后众人突然迅速离去，扔下一群惊且喜、表情一色蒙了的观众。人类首次"快闪"颇有搞笑、膜拜意味，"快闪族"于是传遍世界。

意大利罗马人的"假装买书：300 人同时蜂拥到了一家图书馆，查询一些根本不存在的书，时间一到，他们一同拍手 15 秒后迅速散去；加拿大多伦多年轻人在商场里扮成青蛙蹦蹦跳跳，柏林闹市街头 40 多人突然张伞跳高；而英国的"家具店聚会"快闪就属恶作剧了：2011 年 8 月 7 日晚，伦敦城里，约 200 人到了一间家具店，一批接一批在手机通话中称赞店内家具，该店经理心头大喜、热情非常，可是人们却在他大喜过望时迅速在他面前消失在茫茫夜色中。

而中国"快闪"，诙谐、幽默和热烈气氛之中一直传达的是满满的正能量。

全国各地一起"闪"，还是沪上闪出新名堂

香港最先"快闪"。2003 年 8 月，一位十来岁的小孩居然发起"快闪"：他约人一起到旺角一间电器店买游戏机售卖（该店不卖游戏机），集体拍手叫好后各自离开。时间到了，来店里的只有那名小孩：有些悲催。但随后的 8 月 22 日，一群外籍人士突然在铜锣湾时代广场的麦当劳，集体举起纸巾，大跳芭蕾舞，一分钟后四散离开。该行动被称为全港首个成功的"快闪"。

"快闪"如今已在上海、北京、成都、西安、武汉、广州蔚成大观。一色的年轻人，全在公共场合，全是出其不意的时刻，全是有备而来的年轻人，玩的都是行为艺术，卖的都是勾起您发自内心的惊喜和忙不迭地"拍拍拍"。

上海的公众场合先后上演了《七夕情人节求婚》《春节回家——虹桥火车站》《欢迎回来——浦东国际机场》《云办公，微软随我行》等主题鲜明的快闪。最为称道的当然是《英雄惊现新天地》：先将一只空的水瓶丢到垃圾桶边，然后一群人坐在四下凳子上，看来来往往的人们谁捡起来并丢到垃圾桶里。N 长时间后，一位脚步匆匆的年轻人这样做了！于是，大家一拥而上，开始欢呼、庆祝"英雄"现身并快闪。

题内话：城市，需要"快闪"

"快闪"当然是艺术，一种大家喜闻乐见，年轻人参与度高的艺术行为。它不需要多高的艺术涵养，只需要突破的勇气和团队的精神。

我们的城市很忙，我们的城市很累，甚至有些疲惫，我们需要眼前一亮且欢乐活泼的因子——"快闪"就是。

我要说的是，"快闪"是年轻人的艺术，但又不是年轻所专有，城市里的大爷大妈完全可以参与，形式不拘，只要具备：同一时间、同一地点、一群相识的人突然出现，用你的快乐和活力感染并荡漾开大家的脸庞，就够了；就像广场舞。

有人说，"快闪"族是忙碌都市里的一朵快乐的浪花，是都市人身边不请自来的一个善意的玩笑，它是平静生活中突然响起的悠扬旋律和浪漫的音符，不期而遇的人们不由分说地被惊喜、温暖和快乐撞了腰：平淡瞬间荡尽，品质生活、艺术指数齐齐爆棚。

城市欢迎更多的"快闪"。

金秋时节，"2015世界城市（上海）文化论坛"在上海举办，这次论坛目光瞄准的是"世界城市的公共文化"。何谓公共文化？论坛主持人、上海戏剧学院副院长、世界城市文化协同创新中心主任黄昌勇教授一语中的："通俗地说，公共文化就是面向市民的文化。"

且看世界城市文化如何亲民

● 世界城市文化论坛是世界最大城市协作的纽带，今年驻足上海让老百姓打破了对论坛的固有印象，感受到它的亲民

作为世界最大城市的协作网络，世界城市文化论坛（World Cities Culture Forum）一年一度，年年秋雁南飞的季节就驻足上海。本届论坛会聚来自伦敦、柏林、纽约、芝加哥、多伦多、上海、香港、台北、深圳等城市的知名学者和业界人士，以"世界城市的公共文化"

圆屋剧场透明大水箱中的性感水中舞

为题,探讨公共文化对于推动世界城市的可持续发展,提升人民生活品质的影响。

"与人们印象中正襟危坐、束之高阁、冷冰冰的传统雕塑不同,前不久举办的深圳雕塑展强调自然、有机以及互动交流,像'百年之音'和'玩的风景'还可供市民'把弄''游玩'",来自深圳的专家说,生态、环保、跨界,还有最重要的"亲民"要素会是未来城市公共文化艺术的主流。

会上,还有专家提到正在制定中的"十三五"城市规划。一个城市找准了城市主题文化,就能破解文化城市建设的密码,"亲民性就是城市公共文化建设的命门"。

● **在参加论坛的国家中,英国以圆屋剧场大获成功,它不仅为艺术家提供了能够尽情挥洒才情的场所,更为市民提供了一个不用西装革履就能入场欣赏的场所**

论坛吸引了众多外国专家,会场里满满的都是国际范儿。一位名叫康岚(Conor Roche)的文化创意专家所讲的故事引起了我的兴趣,他作为英国BOP文化创意产业资讯公司副总裁、数字艺术专家受邀参与圆屋剧场的设计。

圆屋剧场原是一家火车站的扇形车库,谁知建成15年后就因铁路运输业态变化而无法继续使用,怎么办? 1960年,英京剧作家阿诺德·威斯克(Arnold Wesker)接手这个已停用的场馆,建立了名为42中心的剧场。1964年,威斯克筹集到足够资金(相当于今天的530万英镑),把剧场改造成集戏剧、影院、画廊、图书馆、青年俱乐部、餐厅和舞厅为一体的创意表演艺术中心。

威斯克是一位愤青(虽然他不认可这个称呼),但他接手圆屋剧场时就立志打破艺术之间的界限。2012年,该剧场与全欧洲其他圆形剧场合作,打造360度全景新剧《扑克牌第一部曲:黑桃(Playing Cards 1: SPADES)》,该剧以2003年美国入侵伊拉克的战争背景为主题,场景设定为沙漠中的城市拉斯维加斯。

圆屋剧场外观独特,呈圆形尖顶,由黄砖砌成,是伦敦最易辨认的剧场之一。半个世纪以来,剧场不断利用其建筑特色来衬托演出内容,改造成功后,轮番上演的戏剧、音乐、马戏,每一场演出都是独特的,每一次演出剧场都要重新改造。"平日里,剧场就是一个空心的大棚子。像百变天后Lady Gaga臀部拉伤痊愈后第一次亮相就选择了这里,虽然这里只能容纳3 000人,但没有座位,每个人都只有站着。"康岚介绍,自己参加了场内数字设计,这次装修花费50万英镑,剧场焕然一新。

康岚说,半个多世纪以来,圆屋剧场在戏剧、音乐、多媒体等领域取得了一个个里程碑式的成就,但圆屋剧场最成功是为各路艺术家提供了一个能够尽情挥洒才情的场所，为市民提供了一个不用西装革履、花很少的钱就能入场欣赏的场所，当然圆屋还具备了与时代共同进步的能力。正因为如此，伦敦所有高大上的文化艺术场所都乐于与之合作。"呈现的作品和参与的项目真正实现了当年威斯克的愿景，结束了艺术神秘和自命不凡的一面。"康岚说。

● **总督岛，一个市民直接参与的艺术项目，它是一个开放的平台，将文化立在第一位，这种文化艺术营造之道值得思考与推广**

论坛上，纽约总督岛信托基金会主席的莱斯利·科赫的故事同样精彩，她说的是世界级的城市怎么样运营公共文化，总督岛是如何羽化振翅的？

纽约总督岛

总督岛，现在已经是一处游客必到的艺术饕餮之地了。可是，2006年以前这里还是一片荒凉，因为2003年前这里是军事基地，但这里一抬眼就能看到自由女神像。2003年，岛交给纽约市，荒了岂不可惜！于是，13万平方米（61公顷）就成了公共文化艺术的待开垦的处女地。

深入细致的调查后，科赫觉得"总督岛应该是一个开放的平台，文化应是一切"。于是，科赫他们确立了"由纽约人创建，为纽约人创建"的公共文化艺术理念，我们开始一个一个项目的策划，我们把这些想法张贴在街头闹市、布置在人群交汇的地方，吸引注意、征求意见，观察大家的反应，征求大家的看法。"我们的做法颠覆了以前，我们相信总督岛可以成为一个艺术和表演共享的空间，因此我们不断地策展、搭建，吸引大众参与"，科赫介绍，这是一张图，看上去他们在草地上玩，但其实是一件艺术品：是一个树房，就是玩耍的地方，小孩大人都可以玩。爵士乐、甲壳虫汽车聚会，也是总督岛文化的一部分：公园里、街角边，往那里一放、一站，就开始了，好奇的人们就会陆续驻足，停一会，看一会，摇头摆腰扭一会儿，然后看看手机星期六晚上吃什么好，就走开了，"这就是纽约市民生活，艺术文化与生存状态的界限在模糊"。

"我们还吸引世界各地的艺术家来到岛上"，科赫指着图片说，这是一个非洲的鼓节，今年早些时候人们谈到他们既是生产者也是消费者，他们叫"生产消费者"，在我们的岛上任何人都可以创造这种文化。"上了岛，不花钱，看艺术免费（世界各地的艺术），人们一来就是一天，岛上人气越来越旺；因为要消费呀，食物也很有文化。"她说。

在岛上，大家可以尽情地去摸雕塑；甚至在装置艺术作品中小憩，比如塑料瓶做的建筑里，你就可以欣赏、休息：原来废弃塑料瓶放对了地方就是艺术！当然，岛上还有亲子游戏艺术作品，比如"树屋"，大人孩子都可以在上面尽情戏耍，静坐看海，你想想，爸爸说："这个东西可以爬，孩子是怎样一副欢乐的表情；如果说，爸爸想和你一起爬呢？不乐翻了天才怪！艺术魅力就在于此。""岛上还鼓励大家使用社交媒体"，她说，大家拍下看到的、录下听到的，传播开去，艺术就推广了，文化就传承了，推广传承的过程中，文化就平易近人了。

总督岛上，艺术亲人。科赫说，岛上有一处雕塑，为因艾滋逝去的病患而立，作品上刻满了他生前认识的朋友、亲人的名字。"当你和这样的雕塑巧遇，了解了这些后，你的心里什么感觉？我们身边可以有很多这样的艺术作品，甚至你不需要经受过专业训练，或事先得到这些艺术品的背景资料，也能够欣赏它；在你去听音乐、看现代艺术展的路上就与艺术作品相遇，你可以不花任何钱就享受了知识和艺术的美妙：这就是总督岛的文化艺术营造之道。"

评论：多动脑子 转个弯

艺术和百姓是分不开的，艺术和儿童玩耍也是不可分的，这次习主席的访英，让英国的创意产业再次成为大家关注的焦点，英国创意产业成功，重要的一点就是清晰为谁而创意，比如圆屋剧场，创意方便了各种艺术家，艺术家奉献的节目就愉悦了远近的民众。

艺术为民，文化亲民是个老而弥新的话题，这也正是最近公开发表的习近平在文艺座谈会上的讲话之重要内容，艺术为民亲民其实只需脑子转个弯那么长的距离。总督岛上，市民、孩子和游客只要愿意谁都可以坐下来和艺术家坐在一起做作品，无论黄发，无论垂髫，老老少少都可以边做边请教，做一个自行车，做一个泥人，做一个纸板船，跳一回广场舞，都可以：生活、艺术、艺术家，不就轻松零距离、欢乐无间距了。

关键是，城市文化营造，我们的脑子里是否绷紧了"艺术亲民"这根弦，绷紧了，去做了，任何人都可以成为文化艺术的创造者。

"城市空间艺术"展览正在滨江西岸的老飞机库里举行，它终于把城市空间规划、设计和营造上升到艺术层面来了。观众走进大飞机库会发现，"城市空间艺术"展览就是一根红线，串起的东西好多好多，展览让我们感受到未来城市空间还将由艺术来拓展无限可能。

艺术，可为城市空间创造多少种可能

老街区更新：得用艺术激活历史

城市空间艺术展，当然要用艺术元素。但公允而论，早些年在营造打理城市空间的时候，是很少想到用艺术来装点，更别提让艺术成为主角了。但是，当大规模建设告一段落时，我们需要对老旧的建筑、街区更新之时，细活就来了，因为要让旧物看得养眼也很重要。

于是，城市里的老城区、老厂区、老建筑纷纷变身成为"艺术"打头的番号，创智天地、黄浦江沿岸、莫干山路58号、音乐谷、静安696、黄浦江北岸……既有大尺度的连片街区，也有迷你的温润小站，"令人欣喜的是，每一片老街区、老建筑，更新之时都有艺术元素的参与，艺术先行甚至唱主角"，业内专家评价，这表明我们的城市内在品质正悄悄迁化。

如何展现我们的更新案例？手段自然更多更丰富了，图片、文字、装置、模型，还有出人意料的创意手段，"激活"韩天衡美术馆、雅昌艺术中心、上海电子工业学院、五维创意园 J-OFFICE、外马路 1178 号创业办公……被艺术展示拼盘黏住的我们在想：城市，有时是要回望的，回望来时的路会让感觉很是别样。艺术看来挺有力量。

国外经验谈：得用艺术联通世界

这次展览无疑是最近关于城市的上乘艺事。这里不仅集中了较早开展城市更新且卓有成就的上海风采，还能看到更早进行城市空间更新的国外情况，说说展出的巴塞罗那、马德里、哈瓦那案例吧。

西班牙米耶雷斯的一处社会保障性住房，是用老房子改造而来的，外立面是深灰色波纹钢板，边缘呈圆形：内部有两层皮肤，一层是大型玻璃窗、一层是可移动的木质百叶窗，于是公寓的内部空间与露台轻松界定，透光好，私密性也有了，还将这座城市从前作为西班牙工业和煤矿巨头的特征完全保留了。马德里的卡拉万切尔住宅，相当的高大上，业内专家更赞叹不已；太阳门广场改造，专家说："可以算得上是马德里最派头的改造了。"虽然我们看到的还是欧洲古典建筑常见的样子，但内在却大不同了。

这些案例在这次展览上还有很多，这些国外城市明确提出城市更新艺术不可或缺。

百姓齐参与：得用艺术共建上海

展览上，我们还看到一个可喜的现象：城市空间不再是少数专业人士的事，公众的戏份很重。

市民在这次活动中空前地生鲜活泼。首先是分享，展览三个月，免费参观，地点就在上海西岸的老飞机库；不仅如此，分布于 11 个区县的 15 个实践案例展以及南京路雕塑邀请展、普陀大学生公共视觉优秀作品展、上海雕塑中心"1+1"雕塑与建筑邀请展犹如欢乐的烟花争着抢着亮相。

浦东市民参与空间营造活动更接地气。浦东城市设计实践竞赛，包括"塘桥社区街角空间更新改造参与式规划：街角社区 DIY"和"轨交 6 号线站点地区空间重塑：轨迹"。"两个项目都吸引了社区民众的广泛参与，取得了很好的成绩，现在它们都体现到这个展览上了。"发起人说。

"城市规划设计，是让城市更美好的艺术，这不是少数人的艺术，这是大家共同来创造的艺术，我们每个人的责任就是让这个城市变得更美好。"上海市有关部门负责人介绍。

评论：关键是"落地"

城市空间展，让艺术唱主角，当然好！

客观地说，本次"飞机库展"的主题，明确提出"城市空间艺术展"，这在国内外还是头一回。因为是头一回，所以珍贵，且有玉树临风、琼楼玉宇之感。

也因为是头一回，所以上升的空间广阔，其中"城市空间艺术"今后如何"落地"，贯彻渗透到规划、设计、建设和日常管理的每一个环节、每一处细节，都值得我们好好探索。

哈佛大学设计学院院长莫森·穆斯塔法维认为，现在全世界都在关注城市公共空间，越来越多的人意识到公共空间的重要性。但如何让城市的年轮、气质和品位不在建设大潮中淹没、迷失，我们可以通过切实的做法扭住冲动的"牛鼻子"：美国的城市空间设计营造，有个"百分比艺术"。现在，"百分比艺术"已成为美国 20 多个城市规划的法规，即规定在公共建筑上，须将工程费的 5% 用于美术作品。法国、日本也通过立法的方式将城市建筑工程费用的 1%~3% 用于城市艺术创作。

此外，我们还可以引入城市空间营造"市民一票否决制"，针对旧空间改造专门设立"市民举报奖励制度"等等，最终形成市民自觉参与旧城改造的监督环境，保证落地落得坚实。

最近，在沪上举办的艺术大展有个小众展引起了不少人的注意，尽管它隐在艺术展的一个角落里，但还是被敏锐的艺术爱好者们发现了，它的名字叫"2015密斯·凡德罗欧盟当代建筑奖"作品展，然而展览上的一件件作品不仅展示了建筑美，更展现了真正的艺术创造力。

怎样才是"恰恰好"
——城市元素叠加出艺术细节美

得奖秘诀：恰如其分更迷人

夺得今年密斯·凡德罗（Ludwig Mies van der Rohe）欧盟当代建筑艺术大奖的是波兰什切青爱音乐厅。乍一看，仿佛百褶裙那样的纯白，远远地看过去颇有哥特式教堂风韵的根根尖顶，你对它的另一印象就是窗户很少了；但是，转到正面，门楣上面几乎整面墙都是玻璃，还有玻璃里三层楼高通贯大空间里透出来的金灿灿，奶黄、橘黄、深棕，层次极丰富，仿佛云蒸霞蔚般的所在；内部空间一片白，

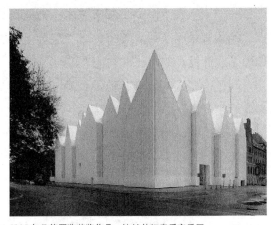
2015 年凡德罗奖获奖作品：波兰什切青爱音乐厅

音乐厅里则用淡淡的金黄作为背景颜色。夜晚，音乐厅仿佛变成了高贵纯洁的白衣少女，晶莹剔透，身姿曼妙。

这栋建筑最大的特点是"极少"。这栋建筑周围环境和建筑物对其很是约束，采用大片玻璃墙来通透空间，就是要用简洁、简单的材料，与周围颜色深暗、有些笨拙压抑的环境形成鲜明对比。音乐厅摆正了人与环境的关系，把"少即是多"臻至妙境。

设立之初："细节就是上帝"

密斯·凡德罗是最著名的现代主义建筑大师之一，他非建筑科班出身，也当过多年的学徒。他设计了很多有名的建筑，比如巴塞罗那国际博览会德国馆、曼

海姆国家剧院等。学徒出身的凡德罗打小就对石头等材料和工艺十分敏感，在他眼里"细节就是上帝"。在其漫长一生中，他把玻璃、石头、水以及钢材等都按需要加入自己的设计。1929 年巴塞的德国馆作为"现代主义建筑"最初的成果及代表作之一，展会结束后拆除又在近 60 年后重建，就是因为凡德罗的直线特征风格设计让人念念难忘。于是，今天去巴塞还能看到他的建筑，将建筑学的完整与结构的朴实完美地结合在一起，其建筑艺术将自然环境、人性化与建筑融在一起。

简约、开敞、精简、自然都是凡德罗突出的艺术特点。像他的国际风格建筑图根德哈特别墅从一面墙宽的玻璃窗户向外望就是满眼的葱翠，现在房子已经成了世界文化遗产；柏林国家新美术馆已经成为广场一景，高层住宅底层挑空通透见绿因为凡德罗的作品半个世纪以前就面世了：应该说凡德罗是人—设计—环境关系的一个标杆，之所以他的设计能称得上艺术也与此有关。

细节艺术：把握精准"尺度"

除了音乐厅获得大奖外，本次展会上还展示了丰富的获奖、入围作品，充分体现了欧洲设计的水平和实力。

酒庄很多人都知道，但设计酒庄研究地貌学恐怕知道的人就少了，安提诺里家族酒庄就是这样。因为葡萄酒厂与土地的关系根深蒂固，于是建筑形象入于土地之中。这样，项目的立面沿着自然坡度横向延伸，斜坡上土地里依然是成排的葡萄藤架，它就是建筑的"屋顶"了。斜坡上的切口小心翼翼地揭开了建筑（地下空间）的面纱：办公区域、葡萄酒生产区、装瓶和存储区域，一切井井有条。最神的就是窖藏室了，橡木桶当然在酒厂的心脏部位，当然要与外界隔绝，这里光线阴暗正合适。进去看，酒桶投影在赤褐色的拱顶上，酒香曼妙的韵律，神圣空灵的空间，我们立刻身在"水云间"。建筑本身就很艺术，更别提这些细节的琢磨更值得细细品尝。

评论：关键是画好底线

综观欧洲密斯·凡德罗奖，每两年决出的头奖及入围作品，给人的印象都是看着很舒服，很熨帖。而那些狂野且开阔无度的设计大都无缘此奖项。

这些建筑的设计者，都处于各种材料、手段大爆炸的时代，由此引申出对于欧洲艺术审美的一些思考。在这个艺术大爆发的时代，艺术早已不局限于设计之中，而是可以体现在生活的每一处细节上，正所谓"不怕做不到，就怕想不到"，大到建筑，小到一个杯子，都可以成为艺术。

正因为艺术大爆炸，创意随处可以萌发，所以也会有不少发挥过度的时候，如何画好底线就变得至关重要。参考凡德罗奖会发现，得奖者们没有让作品惊悚骇世，而是遵循着"人—设计—环境"的互动共生关系，艺术可以天马行空，但还需要尊重城市元素，扎根城市文化，才能形成具有概念的艺术，而非仅仅是形式上的炫目。学会按住内心的冲动，像凡德罗那样用极少的设计符号、语言和手段表达精致，臻于极致：底线画好并牢牢守住，艺术设计的世界就会越来越友好，我们的环境也会因此而舒适、美丽。

艺术深一度：11 月 21 日，全球私立博物馆峰会在上海召开，25 位世界各地民间博物馆大佬们齐聚一堂，讨论"互联网+"条件下私立博物馆向何处去。在这个艺术爆发式兴盛的年代，也是艺术遭到空前毁坏的年代，成立联盟固然重要，但民间博物馆要做的其实还有很多。

看私立博物馆如何定义时代

今年的全球私立博物馆峰会移师上海，是因为创始人菲利普·多德（Philip Dodd）等认为当代中国艺术对该峰会的贡献日益巨大，上海的私立博物馆更是蓬勃生长。于是，11 月 21 日，分别来自亚洲、欧洲、美国、拉丁美洲、中东地区的 12 个国家、17 个城市全球最高等级的私立博物馆创始人来到上海，他们成为了全球私立博物馆网络的创始成员，包括：鲁贝尔家族收藏馆（Rubell Family Collection，RFC）（迈阿密）、帕特崔西—桑德里托—勒—勒巴登戈（都灵）、戴斯特当代艺术基金会（雅典）等，个个声名显赫。

有意思的是，5 年前该峰会创立也是在中国的土地上，那是 2010 年香港艺术博览会期间，著名策展人菲利普·多德说大家组织一个全球私立博物馆峰会吧，于是过去 5 年里大家通过这个平台分享经验、坦诚沟通，甚至建立起联合委托约请式艺术创作并巡回展览等合作。

这些私立博物馆因何声名显赫？鲁贝尔家族收藏馆创办得早（1964 年），一天，鲁贝尔夫妇花了 50 美元买下第一件藏品后说"每周我们省出 25 美元买件艺术品吧"，就这样成就了今天世界上最大规模的私人当代艺术收藏之一。1993 年，鲁贝尔夫妇收购了迈阿密一处旧仓库，建成了 4 000 余平方米的展览空间。他们的藏品题材广泛，每年就其馆藏提炼出相应的主题来布展，可见好东西之多，而且这些展览该馆首展后还经常在纽约布鲁克林博物馆、加州棕榈泉博物馆巡展。不仅如此，该馆还与多哈、毕尔巴鄂等地的知名博物馆展开频繁、丰富的借展计划，正所谓"富在深山有远亲"！

瓦尔特（Artur Walther）创建的瓦尔特收藏致力于研究、收藏、展示及出版摄影及影像艺术，现在谁要研究非洲及亚洲当代影像艺术作品、19 世纪欧洲及非洲摄影，他这家博物馆非去不可。德国克莱因夫妇（Alison and Peter W. Klein）的收藏专注于绘画、纸艺及人像摄影作品；还有土著艺术作品，包括点状绘画、空心原木棺材、mimihs 和其他土著艺术作品。伊斯坦布尔的埃尔吉兹夫妇（Can and Canda Elgiz）创立的博物馆专注于公共当代艺术并承担起该国年轻艺术家成长托底的基金会使命，其 2 000 平方米的 Proje4L 大空间成了年轻、新锐艺术家和策展人的大舞台。

正因为私立博物馆大佬们个个眼光独到，走的都是独门秘径，等你觉悟，人已登峰，所以如今个个实力雄厚。他们第五番聚首时，提出了要将私立博物馆置于当代艺术世界的中心位置，协助其成员确立和认可其角色不只是简单地展示艺术，而在于参与定义我们时代的艺术。"一切皆有可能"，私立博物馆任重而道远。

专家观点：私人馆藏如何接地气？

上海几家私立博物馆成为国际私立博物馆网络创始成员，我们很高兴。

高兴之余，我在想，当下中国博物馆事业可谓是如日中天、方兴未艾，每年我国新增的博物馆数量十分可观，其中大部分都是民间私立的。而他们有不少是竣工、开业时热闹了一阵子，随后就销声匿迹了。为什么出现这种状况？

就拿全球私立博物馆联盟创始成员来说，ESMoA 博物馆则致力于一系列艺术体验活动，画廊空间、博物馆二层（兼具生活空间的工作室）专门用于"艺术家驻地项目"；OHD 博物馆全部精力都在印度尼西亚最重要的现当代艺术家作品的收集上，绘画、雕塑、装置及新媒体艺术全收；我的收藏室（meCollectors Room）/Olbricht 基金会则靠互动艺术项目吸引孩子和年轻人。

中国民间私立博物馆的接地气之路同样在民间。"民间"一是指当代各个创意空间里那些正在奋斗的艺术家，更多的则是民间工艺。刺绣、陶瓷、玉石，那都是国粹了，藏者众，不说了；小的如一只油灯，民间样式就数不胜数，这次海昏侯墓中的青铜连枝灯，灯盘五只，总高近一米。数千年的历史长河中这些灯又该如何演变、发展？如果哪家博物馆将它收得齐了，不就是一部中国灯艺发展史？

令人欣喜的是，现在收藏农具的、衣服的、石碣碑刻的、玻璃的民间博物馆渐渐多了起来，说明大家日益重视特色收藏了。但，民间博物馆除了不考虑即刻盈利，还要有持之以恒的毅力，丹阳石刻园规模宏大、气象万千，各种石刻近万件，拴马桩就有数百件，这都是藏家几十年的心血慢慢凝结而成的。

再举个例子：波士顿有座糟糕艺术博物馆，里面挂着全世界最差劲的艺术品。博物馆成立于 1994 年，目前拥有两家分馆和 600 多幅油画藏品，其中还有几幅镇馆之宝。无名画家的油画作品《花园里的露西》是馆长司各特·威尔森从波士顿街头两个并排而立的垃圾桶之间捡到的，谁知立刻有人要买。威尔森大受启发，成立博物馆，致力于收藏"太难看以至于不能不看的艺术品"，《花园里的露西》就成了第一件镇馆之宝。看过该馆藏品的波士顿的艺术评论家塞克认为："糟糕艺术博物馆让人大笑、让人深思，让人更勇于说出自己的想法……"不仅如此，糟糕艺术博物馆的作品入选标准并不低：成熟高超的绘画技巧，画作必须真诚、有内涵，而且绝对不能无聊。

看来，私立博物馆之路有千万条，但突破固有思维是头一条。

评论：民间性是根本

民间博物馆，不管是否联姻"互联网＋"，不管是否有好使的脑子，其民间性无疑都是最为重要的根本。也就是说，私立博物馆，不管馆主多么的财大气粗和"土豪"，毕竟不是这支队伍中的主流；更多的，还是要立定脚跟，走向民间去发现、去留住即将逝去的艺术。

现在，非洲木雕、苗族银饰都有大批拥趸者了。秘鲁库斯科小村庄里，对外交通是一处深涧上的绳桥。它是全村百姓手工编织的，一年编一次，编了一次走一年，第二年再编，这项传统延续了500年。桥长30米多点，编桥草绳是自家农田里的谷草；编桥那三天，1 000名村民聚在一起，每天工作12小时，将旧桥拆除，编织新桥，第四天则举办一场盛大的庆典为索桥"上岗"。看看吧，空阔湛蓝的天空下、清澈如镜的溪流上、坚硬灰白的岩石间一座柔软棕黄的绳桥：一幅多美的画面啊！原来在民间，从稻草到桥梁、从稻草到艺术、从艺术到文化传统的距离就这么近！

假如我们把那些拆下来的旧桥（草绳）收进"我"的博物馆呢？艺术馆要接地气，还得到民间多"采风"。

话题缘起："iF 奖""红点奖"和"IDEA 奖"，是独领世界工业设计艺术潮流的三大奖项。近年来，在获奖作品中，我们开始见到越来越多中国设计师的名字。2015"IDEA 奖"评委之一格雷姆·斯坎内尔先生，前段时间出现在 2015 上海中国国际工业博览会上。

参观完声势浩大的工博会，他表示：很期待中国设计更多地走到世界工业设计三大奖的聚光灯下。趁格雷姆先生在上海，我们与他当面聊起了设计艺术。

设计艺术为生活点睛

作为世界工业设计界著名三大奖项之一的"IDEA 奖"，其所走的路线不同于"iF 奖"及"红点奖"，IDEA 的作品不仅包括工业产品，而且也包括包装、软件、展示设计、概念设计等，每年评委们都要从上万参赛作品中挑选出一百件左右的优秀作品。"IDEA 美国工业设计优秀奖共有三重使命，一是引导工业设计的发展方向；二是通过教育启发设计师设计理念，提升其职业素养；三是提升工业设计领域的水平和价值观。"格雷姆说。

iF 奖作品 Audi quattro BAR 酒吧

比较而言，德国的"iF 奖"注重"产品整体品质"与"价值感"的平衡，大家称其为工业设计界的"金像奖"。另外一个奖项也在德国，叫"红点奖"。"德国这两个奖项侧重点不一样，红点奖侧重于设计师这个主体，iF 奖把焦点回归到厂商的身上，希望促进工业界与设计之间的对话，使两者之价值能互动交融。"格

红点设计博物馆

雷姆如数家珍，iF 奖延续德国工业设计包豪斯学院的"形式追寻于功能"传统，衡量时除了功能性、便利性、创新度、生产质量，对产品的造型美感很是挑剔，也就是说 iF 奖更重视某一产品的设计能否为工业界的未来指出方向。"与这两个奖项相比，IDEA 奖创办时间短，所以我们有更宽裕的审视距离来确定我们的定位，最终我们将 IDEA 奖的侧重点放在讲究'人性化设计'上，从现在这个奖项的影响力来看，当初的考量是对的。"他说。

我们再来看今年三大奖的作品，它们可以说是千姿百态，无不独具魅力。垃圾桶该是什么样子？获得今年 IDEA 奖的 T2B 垃圾桶由 0.85 公斤的废弃报纸制成。模具一压，四合扣一扣，它就可以风里雨里健康站立 6 小时，样子还挺酷，木纹棕色的爽爽的；价格还便宜，5 美元以下，关键是对环境没有任何负担：它得奖了。"得奖的还有中国的壹基金救灾帐篷，好处在于它在恶劣条件下能保持完好一年多，它安全、舒适，外观就像蟾宫里露营的蝉房透着晶晶亮。"格雷姆对我竖起大拇指。还有如何保证视力受损的人们有尊严地吃饭？Tangi 碗外观当然精美，一个汤碗和另外三个碗，一字排开就像打击乐器一般；碗的托盘内部由磁铁构成，稳固，外部不同的纹理可以轻松区分每个碗。

谈到工博会观感，格雷姆说，中国工业的设计水平很高，很多产品和艺术品的界限已经很模糊了，不少已经走到世界的前沿了。格雷姆也谈到，中国的设计不少尝试着与传统文化结合起来，但要看对象。对象分为两类，一是产品本身，比如电视，现在基本上都是越薄越轻、屏幕越大越好，你安上一个中国结，它就不干净利落了（看来格雷姆研究过中国文化，知道的还不止中国结），可能出来的就是失败的产品。

还有就是产品的消费对象，像茶杯、茶壶，我们把中国元素放到茶具设计上，西方人就不一定喜欢，因为它根本不清楚"隐居""清韵""君子"这些概念，所以你只管画些竹子、溪流、钓鱼的人，他们看到这些图案说不定就买了。"若是设计翻译文化的手段太复杂，产品很可能就失败了，比如大红的色彩，西方人就不像中国人这样喜欢。"格雷姆说。

好的产品设计，抓住的是人的感受。对于欧美各国的人来说，大部分的消费者都受过良好的教育，他们对产品感觉不好用就不会购买，因此需要下大力气琢磨消费对象，研究他们现在在想什么、追求什么、喜欢什么。比如一件乡野趣味的产品，是和风吹拂的花田边，还是晴日微风的柳树下，或者硕果累累的藤架里，抑或池塘边嘎嘎叫唤的鹅群，要身临其境地去体会，然后设计合适的作品。"你在设计的过程中十分高兴愉悦，你的作品也就一定会把这种愉悦带给他们。"格雷姆说，很高兴在工博会上看到不少这样的设计，很期待中国设计更多地走到世界工业设计三大奖的聚光灯下。

刨根问底：为何设这三大奖

三大设计奖，独领世界工业设计艺术的潮流，为何？

先从三大奖的诞生时间说起。iF 奖最早，诞生于 1954 年的汉诺威工业设计论坛；接着就是创办于 1955 年的红点设计大奖，由德国诺德海姆威斯特法伦设计中心主办；IDEA 奖则是由美国商业周刊主办、美国工业设计师协会（IDSA）担任评审的工业设计竞赛，该奖项设立于 1979 年。三大奖项都是产生于人类生活从追求数量到提升质量（品质）的转型时期。

正因为生活特质在悄悄地变化，三大奖设置的各种奖项、获奖的作品都和我们生活中的产品一模一样的，日常所用就是评奖所关注的，关键是如何通过设计出奇出新，满足人们日益增长的美学需要、满足人们对生活品位的追求和个性化的趣味，比如"正是那几天，不喜欢冰冰凉的杯子，它是恰恰好的体感温度，我好愿意拿"，这就是设计的人性化和艺术真谛。

红点最佳设计奖，这样人性化、小资化、小众化（私人定制级的）的作品很多，像黑莓 Passport 的键盘触感顺滑到没事你就想去摸，就想去滑动操作一番，那种感觉就像是炎炎的夏日你到了竹海里的山泉边；还有它背部上扬的弧线，屏幕两侧平滑的弧线与机身巧妙地融为一体，不仅使用手感一流，拿出的瞬间也拉风无比。

现在，小资的人大多是环保的人，所以红点奖今年把设计奖颁给了 Raymond Lao 设计的竹制眼镜，竹子特有的木黄和纹路看着与自然很近，薄到只有 2.3 毫米让它戴起来舒服、偶尔叼在嘴里帅呆了。不仅如此，它的链接和镜架后部都是黑黑的钛合金，很有古堡绅士的风范。

耍酷的还有 OM 遮阳伞。西班牙设计师 Andreu Carulla Studio 设计的这款遮阳伞走着黑而亮的路线，它撑开后就是蝙蝠侠的翅膀。关键是，它可以随你的意愿，遮住你想遮挡的阳光，90 度、180 度，或者 270 度都可以。

生活的品质就在我们日常的轨迹里，所以 iF 奖把眼光对焦到环境设计、展览设计，甚至有些猎奇。商店里：一根根红线密密地垂下来，延展开，把你的视线缓缓地引向橱柜，白白的格子里摆的是玲珑而花样多多的鞋子，环境的颜色红得如火，墙壁橱柜白得如雪，鞋就在那润泽的"雪"里，你肯定会上前端详的；冰天雪地里、深蓝苍穹下，木纹斜撑沿着外檐廊道走着"V"字，里面透出早杏般青黄的光，你不想进去喝一杯？那可是热腾腾的咖啡哦！还有图书馆，这里台阶可坐，地板可卧，放眼望去，花花绿绿的书把白白的书架装扮得我也想去，就是远了点，它在巴西圣保罗，名叫 Cultura 书店，完全颠覆了我脑子里关于书店的概念。

当然，生活品质提高，艺术扮演的角色越来越重要，但是如果我说冬天里我们一起去住冰雪旅馆，你哆嗦不？今年，瑞典的冰雪酒店套房就获得了 iF 奖。纯粹用冰雪打造，一间套房用去数千吨冰雪，房间可能被打造成一头大象俯视着你的冰床；如果你难以入睡，房间里那些可爱的冰羊可供你"数羊"；当然还有帝国歌剧院模样的套房、爱情胶囊套房、罗密欧与朱丽叶套房……都是通过巧手幻化而出。每个房间都有门，豪华套房还有安全玻璃门、套间浴室（热水）和私人桑拿房。酒店里有数不清的手工水晶冰灯，甚至还配有教堂和酒吧，如果你够有勇气，还可以在这里喝到冰鸡尾酒、热甜红豆汁，各种稀奇的食物。只是你要尽快去，来年三月冰雪一化，人家就"我本洁来还洁去"了。

点评：品位，是生长着的

工业博览会也有奖项，只是不像三大件那样专注设计。三大奖的颁奖领域十分广泛，像 iF 设计奖类别就包括产品、传达、包装、室内建筑以及专业概念等五大项目，红点奖也有产品设计奖、传播设计奖及设计概念奖三大类，可谓是包罗万象。

不仅如此，奖项设计者深深知道，人类的品位追求也是有历史的，如何将过往的品位拉到眼前？红点奖的颁奖地点永久设在艾森红点设计博物馆，在过去矿业同盟矿区中的巨大锅炉房内，在 1928 年的斑驳着铁锈的管道和铁柱中间，来自全球的人们感受那时的风景，享受着红点之夜的顶尖设计，然后众嘉宾端着红酒漫步在老厂房改造而来的展馆里，欣赏着历届得奖设计作品，它们摆在管道上、挂在悬空里，五彩缤纷地装扮着老老的楼层、长廊：穿越？谁说不是亲历？一夜亲历 60 年。

我们在博物馆出门处，读着德国现代主义设计大师奥托·艾舍（Otl Aicher）的话："哲学和设计通向同一点，哲学在思想方，设计是在动手方。这点就是我们的世界处于被创造的状态，它被起草、被实现，我们只能从实践结果，来判断我们是成功，还是不成功。"

日复一日、年复一年的设计艺术实践，铸就了品位的历史、生活艺术的长河，不是吗？

新闻背景：12月初刚刚在深圳结束的艾特奖颁奖礼，被看作是中国真正意义上的国际设计艺术奖，今年有来自世界各地的17件作品分别斩获大奖。尤值一提的是，艾特奖吸引了包括美国、法国、德国等35个国家和地区的5 682件优秀设计作品参赛，规模直追国际设计三大奖（分别是德国"红点奖"、德国"iF奖"及美国"IDEA奖"）。

国际空间"艾特奖"为何魅力四射

● **"艾特奖"最突出的特点是全球性，它以真正的国际性加上第三方评价来确保大奖的公平、公正**

国际空间环境设计奖是由中国室内设计协会联合中央美院等于2010年设立的，面向世界征集参赛作品，"全球性"这一点颇似目前红透世界的红点奖、IF奖、IDEA奖等奖项。

还有，评委的国际化程度也极高，十名评委中中国大陆一名、中国香港一名，其余分别来自美国、荷兰、澳大利亚、法国、德国、瑞士和日本，外国来的评委都出自设计强国。

不仅如此，每届奖项的初评都是在网上进行，"这样就可以更好地确保参赛作品的公平公正性"，郑曙旸评委介绍，"不受干扰纯粹从设计艺术、专业水平上拿出独立的观点很重要"。同时，他也建议参赛作品应进一步加强作品首页的设计艺术"戏份"。强化首页，让评委一打开你的作品，就能立马感受到你作品的独特和创意的重点。毕竟面对这么多的参赛作品，评委很难从第一张认真看到最后一张。

● **时鲜性在获奖作品中得到充分体现，比如今年红火的米兰世博会中那些别出心裁的国家馆身上就有着最佳体现**

2015 年最热门的空间环境设计艺术是什么？当然是米兰世博会。虽然中国人专程去参观的不多，但奥地利馆的样子宛如大花架还是十分别出心裁的，它的名字叫做"喂养地球"。木材搭成的框架，网格里种着各种蔬菜、水果和草药种子，远远望去建筑宛如一架葱翠的艺术大棚；走进去，你会发现当木头遇见绿色原来如此迷人！

意大利馆还是沿着上海世博会的风格，大方盒子，不过这回变身水广场里的"意大利幼儿园"了，建筑贯穿着通透、能源、水、自然和技术等设计理念。建筑就像大树兜上长出的方盒，树洞样的展厅里，顶层是玻璃天幕，天幕上是太阳能电池板；最神奇的是，建筑使用的是光催化性的水泥，模样和普通水泥没啥区别，但阳光一照，它就"吃"掉了空气里脏东西，转成了盐。这栋建筑在世博会后不拆，作为城市技术创新的象征放在那里，所以到米兰就可以看到它。

还有智利馆、中国馆、土耳其馆、以色列馆都来到了艾特奖上，角逐公共建筑、绿色建筑、数字建筑等奖项，大多数都获奖了。

● **艺术性是艾特奖不变的主旋律，无论是书店还是住宅，有品位、有文化的格调绝对少不了**

艺术性是艾特奖不变的主旋律。

成都今年开业的方所书店，你走进去，立刻就走进了太空舱，那悬梯、那窗户、那直直的大圆筒，就连灯光的设计都和太空舱一样。但，这是书店，以书店为基础，同时涵盖美学生活、植物、服饰、展览空间、文化讲座与咖啡屋的一处文化综合体。"这样的城市文化公共空间，当然受欢迎。"书店主人对设计赞不绝口。

"面向大海，春暖花开"是好多人的梦想，西班牙人罗曼（Ramon Esteve）设计的巴伦西亚（Casa Sardinera）住宅就是这样的：极简风格的房子，粼粼皱起的屋前水波，还

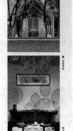

有远处湛蓝湛蓝的海，干净而纯粹，霞光辉映时宛如一幅水粉画。沙发就在全景的玻璃房里，真想上去坐一回。

今年艾特奖的 17 个奖项中，华人拿了 11 个大奖。既因为华人设计师机会多，更重要的是他们已经站在了世界设计艺术的舞台中央。台湾设计师陈相好以"光井"斩获最佳别墅豪宅设计奖，这项设计以"穿透"为主题，将阳光、空气融入室内成为建筑的一部分，整个空间中穿透性强，玻璃、楼梯、地面，从楼上可以一直看到楼下。李保华设计的云居草堂，你立刻就能想起某位方外大师隐居的山林，空间极其古、朴、雅、幽，意境十分仙风道骨。

评论：与环境对话

本届艾特奖获奖作品既有鸿篇巨制，也有芝麻小品，但它们都有一个共同的特点：用艺术的手法与环境对话，并达成和谐。

设计小品，就像云居草堂，再小也要艺术来养心，不能惊扰只能呼应环境。于是，作者用门庭竹林将城市喧嚣挡在外，让翠竹和水井、片瓦残墙、游动的侍女身影，印痕落在白墙上、洒在水面上；坐在竹林中的竹亭里喝茶，亭间水气氤氲，四周清冷幽静。人间清旷之乐，不过如此。

设计者说，不需要太多技巧，我试着从最普遍的、初始的角度出发，重新审视人与自然的关系，回到人与建筑、环境与空间、自然与人工的融合中。于是，建成环境——草堂便水石潺湲，风竹相吞，炉烟方袅，草木自馨。

这样的意境正是千古第一士大夫——苏东坡的最爱：翠竹、素墙，黛瓦，青地，白顶。艺术与环境和谐相处，自然得到评委的青睐，因为艺术的天性是中外相通及融合而成。

话题缘起： 热热闹闹的城市艺术季已经落幕，艺术季给市民带来了全新的概念"城市更新"。城市更新需要艺术，那么乡村呢？环境由谁来充实美化？那些古风清韵的老房子谁来"更新"？如今有一群城里的艺术家，想来做这些事，于是成立"碧山共同体"。

艺术再造谁的乡村

乘着出差徽州的机会，我来到今年 5 月刚刚开馆的理农馆参观。这是碧山计划的主人欧宁他们的乡间寓所兼创作室，欧宁和他的同伴现在都是小有名气的艺术家，成名之后却举家迁往黟县碧山村———一处典型的徽派农村村庄，在这里成立了"碧山共同体"，并开始了他们的艺术改变乡村的试验。

在理农馆里，我看到了农业、地方文化和传统手工艺的免费展览，另一间作坊里，师傅带着徒弟正在编织斗笠；主题图书馆摆着各种各样的书，更多的是艺术类书籍，都是免费阅读的；馆里还有专门的喝茶室、咖啡厅，颇有点高大上；杂货铺里东西就多了，观察发现消费对象主要是游客、短期驻留者，不多。欧宁说，理农馆还可提供村里房源，为研究者、作家、艺术家、设计师、音乐人、电影人、有机农场志愿者和普通游客服务。

村里转过一遍之后，我马上想起了古代的士大夫，他们挂冠退隐或者守孝之时的乡居情景与此颇为相似。说当下的中国农村空心化了，因为村里的人大都是老幼妇，少了青壮年，乡村文化也就空心了。想着这些，看着欧宁，艺术乌托邦来到农村我看就有了用武之地。

或许正因为如此，欧宁在有了一定的国际声誉之后，选择回到乡村。但是，他的"碧山计划"2011 年的启动仪式选择的是广州时代美术馆，欧宁说："这个艺术计划是要探索徽州乡村重建新的可能，并在北京 798 和上海莫干山这类城市改造和再生模

"理农馆"

式之外，拓展出一种全新的徽州模式——集合土地开发、文化艺术产业、特色旅游、体验经济、环境和历史保护、建筑教学与实验、有机农业等多种功能于一体的新型的乡村建设模式。"

"越后妻有大地艺术祭"

紧接着就来到台湾台北市立美术馆举办展览，碧山村在欧宁手里已经被分为碧山村入口、检查站、时间银行、牛院、粮站、猪栏乡村客栈、村官菜园、泰来农庄、碧山书局和出口等十个单元。展览期间，艺术家们还发行碧山时分券（Bishan Hours），你可以在碧山检查站用它来换取碧山共同体护照，采取的是饥饿疗法——60 本，先来先得，发完为止。你参观结束，护照上可盖 16 个章哦。碧山计划轰动的活动就是 2011 年的"碧山丰年祭"了，由于策划周密，活动办得很是红火，大有回到羲皇上人时的穿越感。

因此，2012 年，碧山计划就受到地球那边的《华尔街日报》青睐，欧宁挟碧山计划及丰年祭活动斩获"中国创新人物奖"，获奖评语说："碧山计划赋予了艺术家和中国社会更深入接触的机会和空间，由于它对乡村文化的传统进行了启动和再生设计，因此有可能促成乡村和文化的复兴。"

随后，碧山计划似乎就陷入了无休无止的质疑和责问漩涡之中。先是哈佛博士的"艺术家 VS 乡村建设"之疑，博士说：村民要路灯不要艺术，游客说"没有路灯可以看星星"；碧山共同体是谁的共同体？还有声音说这个计划是"区隔"，这群艺术家是"小资"，云云。

于是，漩涡中的欧宁他们现在默默地在创作，默默地策划着中国和外国艺术家的碧山写生、展览，刘传宏"皖南纪事"个展、斯洛文尼亚艺术家马蒂阿士·坦契奇的"时间纪录者"展览，"我们就是想让农村换一种存在方式，农民换一种活法，虽然现在我们的处境很艰难，但我们的艺术再造乡村之梦未破灭"。

观点：激活乡村，挺好

毫无疑问，欧宁的做法带有艺术家们先入为主的印记，他们不问农民是否需要，就朝着碧山村扔出一个"艺术改造计划"。所以，被哈佛社会学女博士周韵诟病，被老村民说计划跟他"没有关系"，是一群城里人到村里来买地、买房子，做他们的事。有的网友甚至批评："知识分子带着一种桃花源想象来到乡村，把乡村的某一角落改造成小资式的生活场所，复式建筑、沙发、无线网络、葡萄酒等等，这不是乡村建设，而是艺术殖民。"

但我不这么看。自古以来，中国就有知识分子归老乡里的传统，更加上被贬的、守孝三年者，士人与乡村从来就是水乳交融。就拿守孝三年来说吧，无论官多大都得在家至少待三年，即如首辅张居正也不例外，于是，他们带头兴学校、修路桥、兴水利，自家也会造园子、修亭子，乡村文化也就跟着韵味悠扬起来。所以，那时的田园是诗意的田园，士大夫在其中读书、书画、写书，乡村的文化艺术味儿渐渐地就浓起来了，传承下去了，谁说我国繁复的民间工艺后面没有李渔这样文人在支撑、在指导，谁说李渔在自家园亭吊嗓子的时候没有孩童张望（张望体现的就是影响力，就可能出现一个梅兰芳）？而今，城乡二元日益鸿沟化，在外为官之人老而不再归乡了。

所以，欧宁想用艺术拯救乡村，有何不可？当年费孝通不也是怀着这样的心情走到江村，晏阳初不也是耶鲁背景的乡村平民运动先锋？因此，欧宁的方式我觉得挺好，他的碧山计划至少让这个默默无闻的小村庄的村民：知道了理农馆和自家的房子不一样，干干净净、井井有条，还有很多没有见过的书、画，稀奇物件儿；还可以在这里会友、聊天，看到外面的世界，并且这里发生的事情地球另一边立刻就知道；至少，农家的孩童知道了一群和他们原来周围不一样的人，知道人还可以这样活着，我长大了可不可以也这样，于是有了童年的梦，也许还是和艺术有关的梦。

更加上，欧宁进入国际比进入农村更早、更容易，有了他，国际上艺术圈内很多的人也许不知道黟县，但知道碧山，多好。碧山就是注意力经济典型。因此，斯洛文尼亚人跑到这里，以碧山农民的生活状况搞了一部"时间纪录者"的艺术摄影，2013年在伦敦获得"世界最佳 3D 摄影奖"。

所以，我赞成你有空去碧山村转转，经过检查站，转转时间银行、牛院、粮站、猪栏乡村客栈、村官菜园、泰来农庄，花一回"碧山时分券"，也算是对"艺术改造乡村之梦"的支持。

点评：油菜花法则

碧山计划让我们深深感到理想与现实之间的鸿沟，想到了"油菜花法则"。

油菜花是徽州农村春天里最常见的花，漫山遍野地泼在葱翠的山、碧绿的水、粉黛的屋之间，醉了游客，也醉了春天。但是，在农民的眼里，它是一种农作物，它是从"选种—播种—管理—收获—卖钱"（如果年成不好，就卖不到钱）的一套程序、一种期盼、一种收获。一个是审美逻辑，一个是生存逻辑。

如何调和这两种逻辑？

日本有个名叫"越后妻有大地艺术祭"的艺术拯救乡村案例。越后妻有是日本包括十日町市、津南町在内 760 平方公里的乡村，距东京约 2 小时车程。这片被雪水滋润的土地，保留着日本传统的农耕方式，200 多个村庄随着日本城市化进程，渐渐人口稀少，老龄化现象日趋严重。2000 年开始，越后妻有大地艺术祭每三年举办一次，通过鼓励艺术家进入社区，融合当地环境，与农村里的老人家及外面来的义工，创造出数百件与大自然及社区共生的艺术作品，每届艺术祭都会留下一些优秀且易于保存的作品，成为当地环境的一部分。现在，观光客逐年增多，乡村气息渐渐浓郁，这里也成为艺术改造乡村的成功案例，因为它把审美与生存很好地结合在了一起。

日本的城乡差别不大，中国则是不然，但我们还是要呼唤中国出现"越后妻有"，让油菜花统合艺术与生存。

话题缘起： 国际遗产大会召开前夕，塞纳河畔的巴黎中国文化中心，包括《阿房宫图》《大壑腾云》等近40件来自中国的精湛刺绣作品，再次用"锦绣丝路"连接起欧亚大陆，场面宏大、气场壮阔。其实，千百年来，中国灿烂的文化艺术早已通过各种方式流布世界各个角落。

海外中国艺术遗产，值得一看

纽约刮起浓浓中国风

其实，中国文化艺术走出去与世界交流互动已成为这些年来的常态。古代有丝绸之路分为陆路和海路，几乎与中国封建社会同步，唐宋以后渐臻鼎盛，中国的丝绸、瓷器、茶叶改变了世界的生活方式。2014年，中国、哈萨克斯坦、吉尔吉斯斯坦三国联合申报的丝绸之路成功申报世界文化遗产，就是中国文化与世界交融的一个生动案例。

近年来，中国优秀艺术走出去越来越频繁。文化部经过6年打造的"欢乐春节"已经实现全球主要国家和地区的全覆盖，其中2015年"欢乐春节"共开展项目900多个，覆盖119个国家和地区的335座城市，近千位国家元首和政要出席，辐射人群超过一个亿。

今年春天，在纽约策划"中国艺术展"的余丁将主题定为"天籁"：空中一行白鹭飞过，天上悬挂一轮圆月，中国传统的梅兰竹菊、青山绿水，还有水流、石头、草木和花鸟等自然界的声音谱写的旋律：纯纯的中国风。"中国派"晚会的现场，观众的手机也变成了乐器，鸟鸣、风声、交响乐凤鸣不已，合奏齐鸣。作为纽约中国艺术展的一个组成部分，系列艺术活动中还推出"用艺术理解中国"为主题的纽约国际艺术与创意博览会。1 200多件中美艺术家作品汇聚于此，从绘画作品到雕塑、装置，从传统中国手卷到互动新媒体体验，艺术家们甚至还在现场为观众演示如何欣赏册页及画卷。

观展形式也在创新，策展人还专门为观众准备了一种"雅集"的看画方式。"不是把中国画直接挂在墙上，而是布置一个看画的空间，有古典家具、柔和的灯光、古琴曲衬托……看画者要提前预约，进来先洗手，然后，打开卷轴，一个一个讲给他们听。抓住了纽约，就抓住了世界。"余丁说。

大都会请专家干专业事

中国传统艺术很多都成了非物质文化遗产，中国艺术在纽约的声名越来越大；平日里看中国，就得到纽约大都会博物馆。用 130 年成为了世界三大博物馆之一，且是唯一一家私立博物馆。它有 17 个部，仅亚洲部藏品就约有 3.5 万件，其中中国的艺术品约有 1.2 万件，包括书画、陶瓷、青铜器、玉器、漆器、金银器、石雕、彩塑，还有相当丰富的纺织品和古典家具等。有何秘密？请专业的人干专业的事情。

大都会博物馆的中国艺术收藏始于 1879 年，早期主要靠转让和捐赠。但有识之士认识到，可持续的增加收藏品必须选择专家，"请专家干专业的事"。

1915 年，大都会博物馆成立了远东部（现名亚洲部），特地从欧洲请来一位研究中国文化的荷兰学者波世莱兹（S. C. Bosch Reitz）担任部主任。陶瓷专家波世维兹上任后，眼光宽阔长远，不再仅靠收藏家的随机捐赠，而是开始有目的地寻求和收购中国艺术文物，建窑、磁州窑、汝窑等等中国代表性瓷器都进入他的收购范围；青铜器、佛像、丝织品也开始收纳。他收购的北魏至辽代石雕佛像、鎏金铜佛造像、夹纻脱胎的干漆佛像和三彩罗汉塑像现在已成了国际同行们艳羡的宝物，如北魏初年的释迦立像。

同一时期，博物馆还聘请"中国通"福开森（John C. Ferguson），主任只有一位，他就担任中国文物收藏的顾问，其实是博物馆驻中国的收购总代理。这位加拿大传教士跟同时代的很多中国鉴赏家、古董商、知名藏家与上层人物交往密切，并将中国传统的鉴赏和研究方法介绍到西方。他为大都会博物馆收购了数件举世闻名的古代青铜器，包括传为河北易县出土、有长篇铭文的"齐侯四器"和陕西宝鸡出土的西周青铜器，是从端方（清末大臣，金石学家）后代中购得的。他还帮助大都会博物馆收购了中国书画和汉代陶器。

"我捐，是因为看中了方闻"

大都会请专家做专业的事还在继续。20 世纪 70 年代，60 年代做过美国财政部长的大都会董事会主席的狄龙（Douglas Dillion）调查发现，大都会博物馆的中国书画是收藏弱项，于是他找到普林斯顿大学的方闻教授，此人是美国著名的中国书画研究专家，他的中国美术史研究甚至被同行称为"普林斯顿学派"。

他上任后，在狄龙为首的董事会支持下，收购了大批宋元书画，其中许多曾经是二十世纪著名画家张大千的收藏，包括唐韩幹的《照夜白》、北宋屈鼎的《夏山图》、南宋马远的《观瀑图》、元代赵孟頫的《双松平远》、倪瓒的《虞山林鍙》等。

公心自有世人追。狄龙捐资千万美元用于艺术品收购，方闻将鉴别中国古代著录、印章、题款和笔墨的方法与西方美术史分析作品结构、风格的方法相结合，对过去传为唐、宋、元、明的书画重新审定、研究，并以此作为基础探索中国书画的发展历史，蔚成大家。狄龙的公心与慷慨、方闻的学术威望和专业精神让各地藏家纷纷将收藏捐赠给大都会博物馆，其中最有名的要数收藏家顾洛阜（John Crawford）捐赠的北宋郭熙的《树色平远》、北宋黄庭坚的《廉颇蔺相如传》和米芾的大字《吴江舟中诗》等绘画、书法作品，这批稀世珍宝的加入，使大都会的中国书画形成系列、颇具规模。狄龙又捐资赞助修建中国书画展厅，以便更好地陈列这批稀世艺术珍品。

"我捐，是因为我看中了狄龙和方闻这两个人。"顾洛阜在接受当地媒体采访时表示。

评论：艺术富矿是这样炼成的

数百年来不断流布到世界各地，让世界各地的人们深深认识到中国艺术的璀璨与博大精深。

流传是件好事，互动才能欣赏，才能让中国古老的文明绽放出迷人的魅力。但我们更感兴趣的是，原本一无所有的大都会，为何现在成了中国典藏的富矿？

首先是因为意识。当大都会意识到中国艺术的魅力无穷之时，他们立刻开始行动，通过各种方式收集中国的各门类艺术品，并且持之以恒坚持上百年，才有了今天的海量典藏；并且还将丰富下去。

更重要的是"公心"。一百多年来，作为一家私立博物馆，大都会的基金会长官无一例外都是公心满满的大企业家、大学问家等等，如摩根、狄龙等，他们热心公益，于是包括洛克菲勒在内的爱心人士都愿意把好东西送到这里。如今，这家博物馆今天的馆藏超过两百万件，轮换展览一遍也得半个多世纪。

有超前意识，有满满的公心，所定的规则才能发挥作用，艺术才能流光溢彩、历久弥新。

新闻背景： 12、13号线的开通，让魔都上海成为城市单一轨道系统的世界第一。拥有600公里的上海地铁，早已超越了功能第一的时代，而今地铁环境也远比当初1、2号线舒适惬意，但今天城市品质、人的品位在不断提升，上海地铁环境艺术是否也在水涨船高？

地铁环境艺术发展史，这样抒写

抬脚就进入地下，来一场穿越之旅

暖阳高照的冬日，我们经由1号线进入13号线，立刻穿越了两个时代，一个是空间逼仄、光线灰旧，一个则是干净宽敞、照明和人。上海城市科学研究会副会长束昱教授告诉我们，这些年上海地铁建设取得了长足的进步，已经从满足功能需求上升为营造美好地铁环境的层次了。

这从大家对地铁的昵称就可以看出端倪，比如1号线"根正苗红老黄牛"，因为它是上海的第一条地铁，连接了上海火车站、人民广场、上海南站，跨越宝山、闸北、黄浦、徐汇、闵行，最繁忙；2号线名叫"人气王"，乘飞机、坐火车它最方便。到后来，就有了11号梦幻线（通往迪斯尼），郊游快线9、16号线，小资10号线等等称呼，是不是很萌、很个性、很定制了？

地铁功能不断优化，地铁环境当然也要跟着亮闪才对。

上海地铁里，装着中国地铁艺术发展史

因为地铁总不如地面，没有阳光、绿色，空间狭小，人很容易产生疲劳不适感，所以用艺术来装扮地铁环境就成为必然。

于是，当年1号线开通，就出现了万体馆站以体育运动为主题的《生命的旋律》、山西路站的《祖国颂》等等画作，说实话这些壁画至今我也没见到过真容，小，不好找；即使人民广场的《万国建筑博览》，我也是在听说后专门去寻找费尽周折后才看到它：那时的环境艺术还停留在"对应地域特征来一幅画"的层次，谈不上统一的环境设计和统一的主题统领，更谈不上统一的表现手段：用艺术提升环境品质缺乏通盘思考。

到了第二条地铁线，环境艺术策划者就开始尝试整条线突出一个主题——上海历史元素，但表现手段依然是壁画、浅浮雕等，挂在墙上装点环境。束昱说，

很长一段时间里，艺术与环境处于分立、贴附和若即若离的状态之中，"我是艺术，你是环境"，"我来美化你，升华你"，就像油和水，也像博物馆模式。

到后来，环境成为了艺术的主角

看了12、13号线，我们欣喜地发现，今天的地铁，环境成了艺术的主角儿。

虽然，13号线淮海中路站百余米长的"老上海图片墙"景观通道，还是照片主打，但照片组成的景观廊道一下子就把我们穿越到当年的魔都。"很震撼。""看着看着就忘我。"你问行人人家大都这样跟你说。江宁路站站厅，一幅场面宏大的小清新画作迎面而来，它是长24米、高2.7米的铝板彩色喷绘巨幅山水画，画上用景德镇彩陶塑立体山峦。青黛相映、云雾缥缈的山水间，乌篷、钓竿的独钓渔翁，坐于扁舟之上，垂钓他的日子，画面流泻一片"江山宁和"的韵味：任你喧嚣我独宁静的环境。如果我告诉你，这处车站地面的清水泥宛如一泓"小石历历可数"的清水，这上面就是玉佛寺，你一定会"哦，原来这样"！

12号线汉中站的"魔法森林"，环境就是一件艺术品了。扑闪扑闪的蝴蝶，成群成列地飞翔在整面墙上、游动在粗大、茂密的树林里。达人说，这是模拟"丁达尔效应"（丁达尔效应就是光的散射现象或称乳光现象，柱内的蝴蝶就是这样闪出的）。

13号线自然博物馆站，一到站厅，海浪还是鱼群，棕、黄形如地板的样子哗啦啦、轰隆隆如箭如梭满墙满顶，呼啸而去；再往前走，一条巨大无比的鲸鱼，分明在那里游动，你会一下子随它进入无边的海洋的；还有新天地站的老砖在讲着天地穿越的故事，1号线与12号线接驳处的一个个奶白玉润的大大小小圆圈，仔细看，里面一幅幅老照片，它们共同绘成了当年1号线建设时那激情如火的流金岁月：艺术墙的洁白照进了历史的峥嵘。

题内话：来一场艺术全民总动员，如何

上海城市科学研究会副会长　束昱

欣喜地发现，上海地铁环境艺术一路走来，从当年的点缀，到今天的环境被作为艺术表达的"主场"，作为艺术表达的主角，当初作为画布的地下环境变成了今天环境艺术的"男（女）一号"：当环境成为主角后，地下环境焉能不高大上？让人流连忘返不回到地面也就成为了必然。

忽然想到并念念不忘，可否来一场地铁环境艺术的全民总动员？上海地铁要向运营里程800公里迈进，我们的环境艺术题材、手段总会有不敷使用的那一天。

"高手在民间"，向民间要智慧，呼唤民间达人参与艺术创意，绘画、雕塑、照片、工艺品，哪怕是专设一面墙、一段路，把他们的手印、脚印"模"上去，再来一个个性化签名。有了个性化定制艺术，地铁环境和市民肯定建立起了鱼水联系，他们的子孙、亲戚就在这座城市多了一处个性化的景点：这是我家××的脚印、手印。于是，他们立刻都跟着高大上起来、身轻体健起来。

全民总动员，我们的地铁环境艺术更定会注入新的活力，别开新生面，地铁环境艺术发展史必然会翻开崭新的一章。"追求卓越的全球城市，建设创新之城、生态之城、人文之城"就多了一条路径，你说呢？

新闻背景： 再过两天，2016 普利兹克建筑奖颁奖仪式就在联合国总部举行，今年的大奖颁给了 48 岁的智利帅哥亚历杭德罗·阿拉维纳（Alejandro Ara-vena）。这位 1994 年执业至今的智利设计师一直在用行动思想着。

用艺术承诺穷人的幸福

——2016 普利兹克建筑奖得主阿拉维纳作品观察

阿拉维纳设计了很多作品，风格带有鲜明的智利风格，外表坚硬、直白且简单，但建筑内部总是装着一颗柔软的心。"用行动来思想"是他一直挂在嘴边的一句话，普利兹克奖评委会给他的评语则是：1994 年至今，它的设计展现出始终如一的清晰愿景和高超技巧。他曾为自己的母校智利天主教大学设计了多座建筑，其中包括数学学院（1998 年）、医学院（2001 年）、建筑学院翻新（2004 年）、连体塔楼（2005 年）以及最近的 UC 创新中心—安纳科莱托·安西里尼（2014 年）；等等。

智利天主教大学 UC 创新中心，甲方希望设计一座与众不同的建筑，阿拉维纳就采取仿佛天上扔下一块大疙瘩的设计符号，简单、坚硬、突兀，简单到有些笨拙、粗野，几扇巨大的窗，每扇都有几层楼高，一个个巨型的大洞（窗）深深内陷，仿佛是谁抠出来的，丢在那里；整栋建筑仿佛远古时天上掉下来的大石头，上帝都搬不动它。可是，内部却一派现代主义气息，金属、玻璃以及木头的应用

429

将感觉又拉回到了人的范畴，柔软、亲切、温馨。既然是创新中心，采光和通风那是特别要紧的，不着急，设计师早已通过中央通高中庭泄了天光，空气已在中庭与四周大洞之间呼呼生风了。"他的作品颠覆了传统公共建筑的设计语言，坚硬的外表里有颗柔软的心。"该奖评委克里斯汀·费雷思（Kristen Ferris）评价说。

智利天主教大学的连体塔楼，甲方要求他设计一座玻璃塔楼。玻璃的温室效应如何解决？聪明的阿拉维纳在外层用玻璃，在里层设计了一座高效节能的楼宇，空气就在玻璃与墙体之间形成一股垂直的风，又在被勒了一下的腰部加速，然后流出建筑：就这样实现被约束环境下的节能目的。好看吗？当然，尤其是太阳半空时，晶莹剔透、通体变色，宛如五彩缤纷的水晶体，美哭了。

阿拉维纳的作品遍及拉美、欧洲美国，上海也有座诺华中心，他的作品全部充盈着思考和方案。美国德克萨斯奥斯汀市是个降雨不多的地方，为了抵御每年300天的阳光，他把该市的圣爱德华大学宿舍设计成了最外面一层坚硬而耐久的砂岩墙，但你走进去，建筑物的核心就是柔性、越细腻的舒适宿舍。

阿拉维纳设计思想最杰出的表现当然是金塔蒙罗伊住宅了。智利等拉美发展中国家，面临的问题通常是穷人多、地价贵、房子更贵，因此在伊基克市金塔蒙罗伊这样的好地段（这里有30年历史的贫民窟），政府为百户人家每户提供7500美元的补助金，房子该如何造？阿拉维纳心里想的是：这些家庭必须保持与市中心的便捷联系，住在这里能实现中产阶级梦，但这点钱连房屋成本的三分之一都做不到。"如果我们没有足够的钱给每个人建一栋好的房子，为什么不给每个人建一栋'半成品'房屋呢，然后让他们自己去完善这些房子"，阿拉维纳对英国《卫报》电话采访时说。于是，造好框架、预留空间以备日后家庭自行安排升级、装扮内部空间。后来，他又开发了智利伊基克住宅的"改进版"，下部是普通住宅，上部是复式公寓，初始成本2万美元，经过居民自助式扩建后，可以达到72平方米的中等收入标准。而今，这里的房价已经涨到5万美元了，居民们的房屋外形未变，居住面积也从当初的57平方米涨到了85平方米。目前为止，阿拉维纳和他的团队建成了2500多套这样的低

金塔蒙罗伊住宅，成长性很好

成本社会保障住房。

　　智利高原湛蓝的天空下，阳光下金塔蒙罗伊的房屋明黄的步梯现在或橘红，或海蓝，或者酷酷的银灰；房屋之间原本宽宽的缝隙现在也被五彩的房间填满——那是居民自己加出来的房子（不是违章建筑），房屋里面更是想象力、诗性和艺术美感放飞的地方了，不信？你去探访一下。

专家点评：建筑设计还可以做什么

普利兹克建筑奖评委 玛莎·索恩（Martha Thorne）

　　阿拉维纳和我是多年的同事，我们一同在普利兹克奖名义下共事 7 年。他在2015 年辞去普利兹克奖评委一职，我问他为什么要退出，他说："这当然是一项荣耀，但同时也几乎成了一道诅咒。当你不断看到世界上那些非常了不起的建筑作品，真的很想把自己过去的项目统统毁掉。"辞去评委，同时一门心思投入建筑设计。

　　阿拉维纳出生在智利圣地亚哥的一个中产阶级家庭。在智利天主教大学学习建筑时，正是皮诺切特独裁统治的末期，当时智利国内几乎看不到国际建筑杂志，却令他免受后现代主义的"灌装"，那些经过时间沉淀的建筑设计经典书籍养成了他心中的现代主义。

　　我的印象中，阿拉维纳是个很好地使用材料，很好地考虑到设计、立面、空间以外的设计师，他的设计作品中充满了对服务对象月收入、街道安全的关切，并且用恰当的语言在美学基础上抵达了伦理——关心环境、关爱弱势群体的心理需求。

　　智利是个环境较为恶劣、资源较为短缺的国家，再加上多地震，阿拉维纳说："我们的建筑设计更重视地理上的多样性；更注重对抗水平方向的地震波，我们不会去搬其他国家成功案例来证明自己。"正是在这一思想指导下，它的设计回到了建筑本质——与人的生活相关。从生活出发，他的建筑拓宽了建筑学的边界：资源匮乏的情况下，用建筑师与社群合作的方式回应居民的需求，回应"月收入""街道安全""城市生活"等底层社群的关切。比如，他设计的建筑群，较低楼层采用可倒塌（以便过水）的围挡材料；他还在城市和海洋之间营造林带，用地理手段应对地理威胁。

　　阿拉维纳的设计美学语言的运用十分娴熟。与他共事，我们经常讨论来自世界各地的作品，我常常被他独到而美妙的见解迷住。粗看外表粗糙、坚硬，走进去则非常现代、十分赏心悦目，这是我看他众多作品的印象，正如获奖评语所说：

"很少有人能像他一样，将人们对建筑实践需求上升到对艺术追求的高度，同时应对当今社会和经济挑战。"

最后，我引用帕伦博勋爵的话来描述他："普利兹克评委会感觉自己好像从空中观看一颗新生行星游入自己同类的行列：虽然峰顶并不安静，但他们面面相觑，充满疑惑，迷住了，惊呆了，被亚历杭德罗·阿拉维纳的作品和金色的前景倾倒了。"

链接：玛莎·索恩，1996年至2005年，她曾在芝加哥艺术学院建筑系担任副主任，现为马德里IE建筑学院院长。她著有《普利兹克建筑奖：最初二十年》等书，2005年至今担任普利兹克建筑奖评审委员会常务理事。

观点：中国建筑师该学什么

中国建筑师应该像阿拉维纳学什么？

阿拉维纳用他不算太长的建筑实践告诉我们：建筑设计师对社会需求的响应，是人类趋势的现实回应，建筑设计必须与社会发展趋势合拍。

几十年来，我们的建筑设计先是见"西"就迷，后来又见"古"就拜，很多人非左即右，就是不平心静气地坐下来，琢磨"裤衩""秋裤""巨蛋"放在这合适吧？我们的设计师们眼里，建筑就是消费品：你出钱，想要什么我就提供什么，不去考虑其他。于是，海外设计明星纷至沓来，中国成了奇奇怪怪建筑的大展场。

建筑的本质是人生活其中很有品、很舒适。"我在'裤衩'里上班"，"咱到'秋裤'去吃饭"……什么感觉？"行动派"阿拉维纳用他的作品在思想：智利今天的建筑师所具备的重要特质就是，完全着眼于本土的现状与需求，他说："设计处处受限能够避免人们过分自信，也因此造就了他的设计较为朴素的作风。"

受限的大鹏鸟，志向还在九万里外，你说呢？

维特拉儿童工作坊

后 记

2005年初春时节，《新民晚报·副刊》主编黄伟民来同济，与同济宣传部姜锡祥教授商量一档新的栏目，两人一致认定：随着新一轮大规模城市建设向纵深发展，有必要让建筑艺术、城市环境艺术得到应有的反映；再加上，世博会选定上海，同济"戏份"很重，媒体上也应该得到充分的反映。栏目的名称就叫"国家艺术杂志"，侧重刊登建筑与城市艺术、摄影艺术。

从那以后，同济人所从事的建筑设计、桥梁工程、古城保护、老街改造、室内环境、地铁建设就在《国家艺术杂志》上连续、大量刊发，高峰时周六的艺术话题版面达到8个。

杂志创刊不久，我就加入团队，一起舞动那些火热的岁月。跟随郑时龄院士访问外滩、常青院士到椒江、卢济威教授到杭州钱塘江，访问世博总规划师吴志强、城市最佳实践区总策划师唐子来，还有戴复东院士、吴庐生、殷正声、莫天伟、项秉仁、吴国欣、郝洛西、束昱、曾群、陈剑秋、李麟学、章明……，他们都在繁忙的工作之余，接受我的采访，带着我到现场去参观，为我细致入微地讲解，没有他们的帮助，这些小文是不可能一一与世人见面的。

开过专栏的人都知道，文章写着写着到最后就会江郎才尽没词儿了，但在十几年的时间里持续写作，我的"弹药库"并未出现衰竭的迹象，一是得益于同济学者们的强大支撑，再者就是《国家艺术杂志》主编黄伟民先生的悉心帮助，还有姜锡祥教授的鼓励与提携。当我的文字"走神"时，黄老师总是毫不客气地"怎么怎么"，你应该"如何如何""要接地气"，以至于现在经常回味那"激情燃烧的岁月"；姜锡祥先生是我的老搭档，每当重要任务来临时，他总是带着我冲到一线，无论是5平方公里的世博园，还是5·12后的汶川，有他在就有料在，他常说的一句话就是："写写唛好咧，还能难住你？"于是，无论我是否有料，总能冲上前去。

至今脑海里还时常浮起2009年的冬天，我们俩走在外形初现的世博轴上，伞已经撑起，轴还未光坦，我记得那段文字是这么写的：

久违的阳光重又洒到浦江两岸，我们立刻风风火火来到热火朝天的世博工地，来到人类智慧与灵感吹响集结号的上海世博园，站在了名闻遐迩的世博轴上。

虽然我们已经记不清多少次接触中国馆的讨论、设计、创意，不知多少次接触世博轴设计汇聚的全球智慧，于是我们知道了"东方之冠"、中国红，知道了"芙蓉出水"样阳光谷、片片云彩样世博轴大屋顶、浪漫而写意的空中廊道……但站在阳光灿烂的世博轴上，我的心仍然被震撼了！

蓝天白云下的火热中国红迎面扑来，写意的斗拱层层出挑，越挑越远，越挑越高，直到"铸"出一个周周正正的"中国鼎"；"鼎"下那些轻盈的"云彩"伸展着、簇拥着，张开"嘴"冲着蓝天欢呼着，阳光下热热闹闹舒展着潇潇洒洒的蝉翼样翅膀……可别忘了，到了夜晚，他们都成了百变精灵，变幻出万千色彩。这就是中国馆，这就是世博轴！

一年前，眼前所有的情景大都还是一张草图、一份文案，甚至一场争论；两年前，所有这些都还是一个想法、一份标书，甚至一个念头……可是，今天它成为了眼前真真切切、空灵俊逸的"云彩"、浪漫的长廊、厚重的中国巨鼎：艺术把人类的建造思想挥洒得如此灵动而热血沸腾！这就是2010年上海世博会。

届时，去世博轴敞开你的胸怀，拥抱这个充满智慧的人类艺术吧。

前面还有一段按语："当纸上所有的智慧、灵感、争论都变成了眼前的现实，当阳光照射在长长的世博轴上，眼前的一切凝重而热烈、轻盈而优雅，如梦、如童话、如仙境……我们被震撼了！这是人类的艺术杰作！这是2010上海世博会奉献给世界的视觉盛宴！"这是先睹者的我们真实心情的反映，我们为世界的智慧汇聚上海、同济人的激情挥洒给世界看而兴奋激动。当时一起激动着的还有姜锡祥老哥。

这样的经历洒在城市、乡村的角角落落，洒在世界的角角落落，而今它们都汇成了一篇篇文字，变成了历史，我相信这些文字忠实地记录了十年来同济人有关建成环境的每一个坚实的脚印，这些脚印必将汇成"一所大学与一个国家"同呼吸共命运的壮阔历史。

令人欣喜的是，随着栏目影响的不断扩大，校内外忠实的读者也越来越多，以至于现在经常还有人问：最近没看见您和姜老师在《新民晚报》上的文章了。可以说，没有同事们、校友们的热情支持和强力捧场，我们也不大可能取得这些成绩。感谢同济大学有关领导将其列入 110 周年出版计划，感谢宣传部部长朱大章博士，出版社华春荣社长、卢元姗责任编辑、徐春莲责任校对等，没有他们的帮助，小书不可能面世。谢谢大家！

　　说说书名吧。梓者，匠人，柳宗元有《梓人传》。同济大学园林学家陈从周把自己的书斋命名为"梓室"。笔者取其义而名学校曰"梓园"。走进新时代，故有新艺典尔。

　　一段经历虽已结束，但由此形成的美好回忆却成了永恒！我怀念、我享受这段美好的经历。

程国政
2017 年春天雨水时节